Massimo Bergamini
Graziella Barozzi
Anna Trifone

5 Matematica.azzurro

Seconda edizione

con TUTOR matematica

W0215703

Matematica e arte

Ellsworth Kelly di Emanuela Pulvirenti

Che cos'è quella strana macchia azzurra in copertina? Difficile crederlo, ma è un quadro: un'opera di Ellsworth Kelly dal titolo *Blue Curve in Relief*. Certo, ha una forma anomala, dimensioni esagerate, non presenta immagini né disegni astratti, non si capisce quale sia il significato... eppure è un dipinto a tutti gli effetti. E come tutti i dipinti, anche quelli più essenziali, nasce dall'esigenza di rappresentare un aspetto della realtà. Nel caso di Kelly, artista americano morto a dicembre del 2015 all'età di 92 anni, quell'aspetto è la forma che hanno le cose, soprattutto quelle della natura e delle piante a lungo disegnate negli anni della formazione.

"Non sono interessato alla struttura di una roccia ma alla sua ombra", amava dire Kelly.

I contorni delle cose, dunque, sono per Kelly più importanti di quello che ci sta dentro; la sagoma del quadro è più interessante del colore con cui è riempito. Si tratta quindi di un'esplorazione precisa e paziente delle infinite geometrie del quadro. Un'operazione di reinvenzione del mondo attraverso un linguaggio "pulito" e astratto. Talmente rigoroso e oggettivo che l'opera deve quasi sembrare essersi fatta da sé, senza l'intervento della volontà dell'artista.

La sua produzione è vicina al movimento del *Hard Edge Painting*, la pittura realizzata con campiture uniformi accostate in modo netto, ed è affine al *Minimalismo*, la corrente artistica che si esprime con elementi geometrici semplici e basilari. Eppure la sua opera sfugge a queste definizioni, perché riduce la tavolozza a pochi colori base, per di più usati separatamente, e poi perché le sue tele, con quelle forme originali e non classificabili, possiedono un dinamismo estraneo all'arte minimalista.

Le sue sagome colorate parlano lo stesso linguaggio essenziale ed esatto della matematica, sono formule visive che raccontano, proprio come fa questo libro, un universo misterioso tutto da scoprire.

Ellsworth Kelly, *Blue Curve in Relief*, 2009
olio su tela, due pannelli uniti
198,1 × 149,9 × 6,7 cm

Per saperne di più vai **su.zanichelli.it/copertine-bergamini**

ZANICHELLI

SOMMARIO

Nell'eBook (Capitolo 21)

1 video (• Dominio di una funzione)

e inoltre 15 animazioni

TUTOR matematica — **45 esercizi interattivi in più**

risorsa riservata a chi ha acquistato l'edizione con tutor

Nell'eBook (Capitolo 22)

4 video (• Limite finito di una funzione in un punto • Limite di una funzione in un punto • Limite di una funzione all'infinito • Teorema del confronto)

e inoltre 12 animazioni

TUTOR matematica — **45 esercizi interattivi in più**

risorsa riservata a chi ha acquistato l'edizione con tutor

CAPITOLO 25

TEOREMI DEL CALCOLO DIFFERENZIALE, MASSIMI, MINIMI E FLESSI

Nell'eBook

7 video (• Teorema di Lagrange • Segno della derivata e funzioni crescenti e decrescenti • Punti di flesso • Punti stazionari e derivata prima di funzioni derivabili • Massimi, minimi e cuspidi • Flessi e derivata seconda • Massimi, minimi, flessi e funzioni con parametri)

e inoltre 16 animazioni

TUTOR matematica **45 esercizi interattivi in più**

risorsa riservata a chi ha acquistato l'edizione con tutor

CAPITOLO 26

STUDIO DELLE FUNZIONI

Nell'eBook

2 video (• Studio di funzioni • Studio di una funzione logaritmica)

e inoltre 11 animazioni

TUTOR matematica **45 esercizi interattivi in più**

risorsa riservata a chi ha acquistato l'edizione con tutor

CLIL / MATHS HIGHLIGHTS
STUDY OF FUNCTIONS

CAPITOLO 27

INTEGRALI INDEFINITI

Nell'eBook

4 video (• Integrali di funzioni composte: le potenze • Integrali di funzioni composte: il logaritmo • Integrazione per sostituzione • Integrazione per parti)

e inoltre 12 animazioni

TUTOR matematica **45 esercizi interattivi in più**

risorsa riservata a chi ha acquistato l'edizione con tutor

Fonti delle immagini

Capitolo 21 Funzioni, successioni e loro proprietà

1047: Stokkete/Shutterstock
1050: Subbotina Anna/Shutterstock
1055: Inu/Shutterstock
1059: Federico Rostagno/Shutterstock
1060: aprilvalery/Shutterstock
1070: Sergey Peterman/Shutterstock
1077: Andrey_Popov/Shutterstock
1078: Joat/Shutterstock
1080 (a): mandritoiu/Shutterstock
1080 (b): Pakhnyushchy/Shutterstock
1081: Billion Photos/Shutterstock
1082: isak55/Shutterstock
1084: Africa Studio/Shutterstock
1087: Giovanni Cancemi/Shutterstock
1088: Barnaby Chambers/Shutterstock
1093: Kostin/Shutterstock
1094 (a): taa22/Shutterstock
1094 (b): Supertrooper/Shutterstock
1095 (a): André Klaassen/Shutterstock
1095 (b): Syda Productions/Shutterstock

Capitolo 22 Limiti

1128: Armin Rose/Shutterstock
1137: TorriPhoto/Shutterstock
1143: Jason Batterham/Shutterstock
1147: svarshik/Shutterstock
1153 (a): chromatos/Shutterstock
1153 (b): Georgios Kollidas/Shutterstock
1161: Fouad A. Saad/Shutterstock

Capitolo 23 Calcolo dei limiti e continuità delle funzioni

1187: Anton Bocaling, 2000
1196: Noumad Soul/Shutterstock
1204 (a): Istvan Csak/Shutterstock
1204 (b): Chainfoto24/Shutterstock
1207: Singkham/Shutterstock
1210 (a): abcphotosystem/Shutterstock
1210 (b): IM_photo/Shutterstock
1214: Bildagentur Zoonar GmbH/Shutterstock
1216 (a): Pete Niesen/Shutterstock
1216 (b): Peter Gudella/Shutterstock
1222 (a): Tomas Urbelionis
1222 (b): Sergey Nivens/Shutterstock
1231: Rodrigo Garrido
1232: angellodeco/Shutterstock
1233: Numeber001/Shutterstock
1237 (a): zhang kan/Shutterstock
1237 (b): Marcel Clemens/Shutterstock
1237 (c): Andreas Kraus/Shutterstock
1238: momente/Shutterstock
1239: SMA Studio/Shutterstock

Limits of functions

E5: Zvonimir Atletic

Capitolo 24 Derivate

1282: Analia26/Shutterstock
1245: Tim UR/Shutterstock
1246: Mircea Bezergheanu/Shutterstock
1270: Flat Design/Shutterstock
1279: servickuz/Shutterstock
1286 (a): Ivan Smuk/Shutterstock
1286 (b): wavebreakmedia/Shutterstock
1294: Comaniciu Dan/Shutterstock
1298: PHOTOMDP/Shutterstock
1302: Nickolay Stanev/Shutterstock
1304: Pavel Tops/Shutterstock
1305: Lena Pan/Shutterstock
1307: Franco Nadalin/Shutterstock
1311: Spantomoda/Shutterstock
1312 (a): marcovarro/Shutterstock
1312 (b): Barrawel/Shutterstock
1312 (c): Ruth Peterkin/Shutterstock
1313: Lucy Liu/Shutterstock

Derivatives

E13: Zvonimir Atletic

Capitolo 25 Teoremi del calcolo differenziale, massimi, minimi e flessi

1320: Zimmytws/Shutterstock, Tim Scott/Shutterstock
1333: GoodMood Photo/Shutterstock/Shutterstock
1340 (a): katalinks/Shutterstock/Shutterstock
1340 (b): Paulo Goncalves/Shutterstock
1342: Osadchaya Olga/Shutterstock
1352: Dokmaihaeng/Shutterstock
1360 (a): andersphoto/Shutterstock
1360 (b): Ken Weinrich/Shutterstock
1361: alex7370/Shutterstock
1376 (a): Villiers Steyn/Shutterstock
1376 (b): yurchello108/Shutterstock
1377: Vadim Ratnikov/Shutterstock
1381: Lighthunter/Shutterstock
1382 (a): Coprid/Shutterstock
1382 (b): Beneda Miroslav/Shutterstock
1382 (c): Alexander Chaikin/Shutterstock
1383: Dmitry Kalinovsky/Shutterstock

Capitolo 26 Studio delle funzioni

1389: Jan van der Hoeven/Shutterstock
1401 (a): Elena Kharichkina/Shutterstock
1401 (b): TK Studio/Shutterstock
1408: Mary Rice/Shutterstock
1413: Izf/Shutterstock
1423 (a): Scanrail1/Shutterstock
1423 (b): Gelpi/Shutterstock
1430 (a): urfin/Shutterstock
1430 (b): makuromi/Shutterstock

Study of functions

E22 (a): DeymosHR
E22 (b): photo.ua

Capitolo 27 Integrali indefiniti

1435: Potapov Alexander/Shutterstock
1447: Natalya Chumak/Shutterstock
1448 (a): Berents/Shutterstock
1448 (b): spinetta/Shutterstock
1458: sheff/Shutterstock
1466 (a): canbedone/Shutterstock
1466 (b): M. Unal Ozmen/Shutterstock
1466 (c): DONOT6_Studio/Shutterstock
1467: Ingrid Balabanova/Shutterstock

Capitolo 28 Integrali definiti

1484: Jurie Maree/Shutterstock
1494 (a): allegro/Shutterstock
1494 (b): Pedarilhos/Shutterstock
1502: dvoevnore/Shutterstock
1503 (a): givaga/Shutterstock
1503 (b): givaga/Shutterstock
1505: SherSor/Shutterstock
1506: T-gomo/Shutterstock
1507: BlueRingMedia/Shutterstock
1510 (a): Syda Productions/Shutterstock
1510 (b): Aleks vF/Shutterstock
1511: Gita Kulinitch Studio/Shutterstock

Capitolo C10 Geometria analitica nello spazio

C101: chinahbzyg/Shutterstock
C116: Maxx-Studio/Shutterstock
C125: Anesee/Shutterstock
C126: dade72/Shutterstock
C128: Vector3D/Shutterstock

Capitolo C11 Distribuzioni di probabilità

C137: kurhan/Shutterstock
C145:nazarovsergey/Shutterstock
C150: O.Bellini/Shutterstock
C155: Chutima Chaochaiya/Shutterstock
C160: Swapan Photography/Shutterstock

COME ORIENTARSI NEL LIBRO

Tanti tipi di esercizi

AL VOLO — **Esercizi veloci**
Per esempio: esercizi dal 110 al 112, pagina 1449.

CACCIA ALL'ERRORE — **Evita i tranelli**
Per esempio: esercizi dal 384 al 387, pagina 1208.

COMPLETA — **Inserisci la risposta giusta**
Per esempio: esercizio 50, pagina 1272.

EUREKA! — **Una sfida per metterti alla prova**
Per esempio: esercizio 473, pagina 1210.

FAI UN ESEMPIO — **Se lo sai fare, hai capito**
Per esempio: esercizi 216 e 217, pagina 1066.

LEGGI IL GRAFICO — **Ricava informazioni dall'analisi di un grafico**
Per esempio: esercizio 326, pagina 1457.

REALTÀ E MODELLI — **La matematica di tutti i giorni**
Per esempio: esercizio 723, pagina 1305.

RIFLETTI SULLA TEORIA — **Spiega, giustifica, argomenta**
Per esempio: esercizio 379, pagina 1076.

YOU & MATHS — **La matematica in inglese**
Per esempio: esercizio 29, pagina 1339.

VERO O FALSO? **TEST** **ASSOCIA** — **Vedi subito se hai capito**
Per esempio: esercizio 350, pagina 1153.

473 ●● **EUREKA!** Discuti al variare di $n \in \mathbb{N}$ il risultato di $\lim_{x \to +\infty} \frac{2x^n + x + 1}{x^2 - 1}$.
[se $0 \leq n < 2$, 0; se $n = 2$, 2; se $n > 2$, $+\infty$]

326 ●○ **LEGGI IL GRAFICO** Determina l'equazione della funzione rappresentata nel grafico, sapendo che è una primitiva di $y = 3x^2 - 1$.
[$F(x) = x^3 - x + 2$]

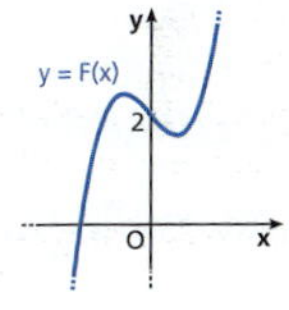

723 ●○ **REALTÀ E MODELLI** **Giro in bici** Sofia percorre con la sua bici una strada rettilinea seguendo la legge oraria riportata in figura finché non si ferma.
Calcola la distanza percorsa dall'istante iniziale (tempo misurato in secondi e posizione in metri).
[75 m]

$s(t) = -\frac{3}{400}t^4 + \frac{3}{2}t^2$

I rimandi alle risorse digitali

Video — **2 ore di video**
Per esempio: *Volume dei solidi*, pagina 1481.

Animazione — **110 animazioni interattive**
Per esempio: esercizi a pagina 1334.

Listen to it — **La lettura di 50 definizioni ed enunciati in inglese**
Per esempio: *The Mean-Value Theorem*, pagina 1314.

TUTOR matematica
risorsa riservata a chi ha acquistato l'edizione con tutor — **400 esercizi interattivi in più**
con suggerimenti teorici, video e animazioni per guidarti nel ripasso.

VERSO L'INVALSI

90 minuti

1 Andrea si è dimenticato il codice che deve digitare per aprire il portone del palazzo in cui vive. Sa che è formato da 5 cifre (da 0 a 9) tutte diverse, e si ricorda che le ultime due sono 7 e 5. Quanti tentativi dovrebbe fare Andrea, al massimo, per entrare nel palazzo?

2 Considera il polinomio $p(x) = x^3 + 2x^2 - x - 2$.

a. $p(x)$ è divisibile per $x + 1$. V F

b. $p(-2) = 0$. V F

c. $p(x) > 0$ per $x > -1$. V F

d. $\frac{p(x)}{x+2} \leq 0$ se $x < -2 \vee x \geq -1$. V F

3 La soluzione dell'equazione $2\cos(2x) + 1 = 0$ nell'intervallo $\left[\pi; \frac{3}{2}\pi\right]$ è:

A $-\frac{2\pi}{3}$.

B $\frac{2\pi}{3}$.

C $\frac{4\pi}{3}$.

D $\frac{7\pi}{6}$.

E $\frac{17\pi}{12}$.

4 Una stanza a forma di parallelepipedo ha le dimensioni in figura. Si vuole passare una mano di vernice sulle pareti e sul soffitto. Se 25 litri di vernice sono sufficienti per 225 m², quanti litri di vernice sono necessari per dipingere la stanza? (Approssima il risultato al decimo.)

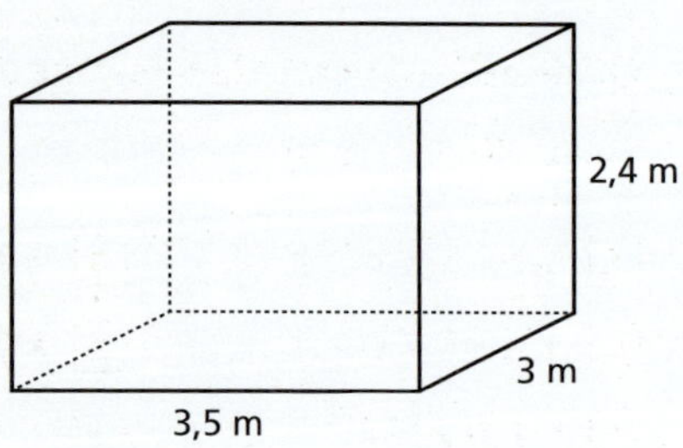

5 Se

$$0 < \alpha < \frac{\pi}{2} \text{ e } \sin\alpha = \frac{4}{5},$$

quanto vale $\tan\alpha$?

6 Lo specchio in figura ha la forma di un cerchio.

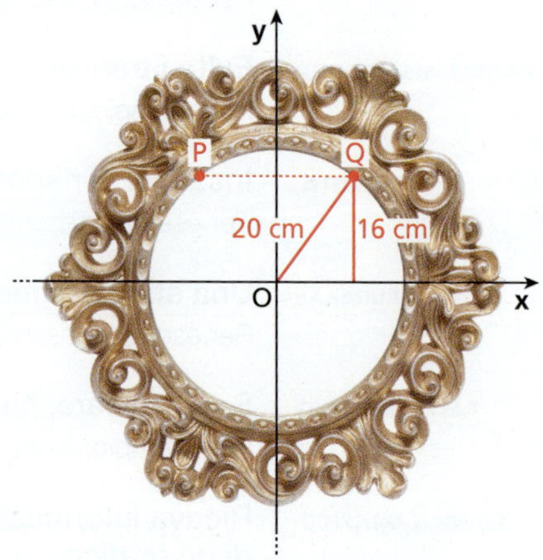

a. Qual è l'equazione del bordo dello specchio nel sistema di riferimento cartesiano Oxy?

A $x^2 + y^2 = 1600$

B $x^2 + y^2 = 400$

C $x^2 + y^2 = 800$

D $x^2 + y^2 = 256$

E $x^2 + y^2 + 256 = 0$

b. Lo specchio viene appeso tramite due gancetti situati nei punti P e Q (sul retro dello specchio). Quanto distano tra loro i due gancetti?

7 Un albero alto 4 m proietta un'ombra lunga 9 m. Qual è, approssimativamente, l'angolo di inclinazione dei raggi solari rispetto all'orizzonte?

A 66°

B 64°

C 26°

D 25°

E 24°

8 Nel piano cartesiano le rette di equazioni $x + ky = 2$ e $y = -x + 1$, dove k è un numero reale, sono parallele. Quanto vale k?

9 Nel seguente grafico è rappresentata una funzione del tipo $y = a^x + b$. Trova a e b.

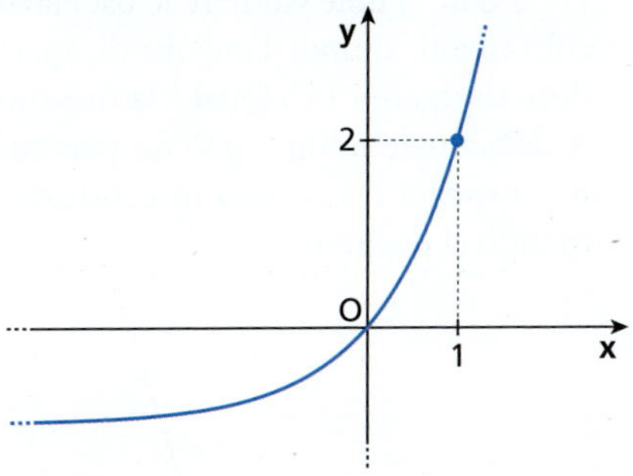

A $a = 2, b = 1$

B $a = 2, b = 0$

C $a = 2, b = -1$

D $a = 3, b = 0$

E $a = 3, b = -1$

10 Nel gioco della briscola si distribuiscono 3 carte (da un mazzo di 40) a ciascun giocatore. Qual è la probabilità, per un giocatore, di avere una mano formata da 3 assi?

11 La parabola in figura è rappresentata da una delle equazioni seguenti. Quale?

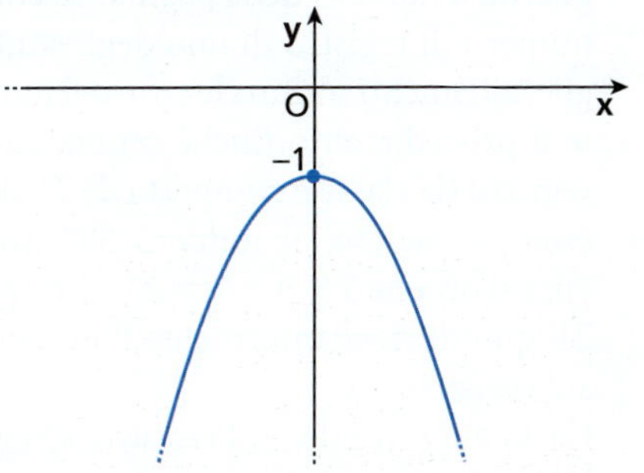

A $y = \frac{1}{2}x^2 - 1$

B $y = -(x-1)^2$

C $y = -x^2 - 1$

D $y = -\frac{1}{2}x^2 + 1$

E $y = 2(x^2 - 1)$

12 Se $f(x) = \frac{x^2+1}{x+1}$, allora $f(x-1) =$

A $\frac{x^2-2x+2}{x}$.

B $x - 2$.

C x.

D $\frac{x^2+2}{x}$.

E $\frac{x^2-x}{x+1}$.

13 Un foglio A4 (21 cm × 29,7 cm) viene ritagliato come mostrato in figura. Qual è l'area del foglio (in cm²) dopo i due tagli? (Approssima il risultato all'unità.)

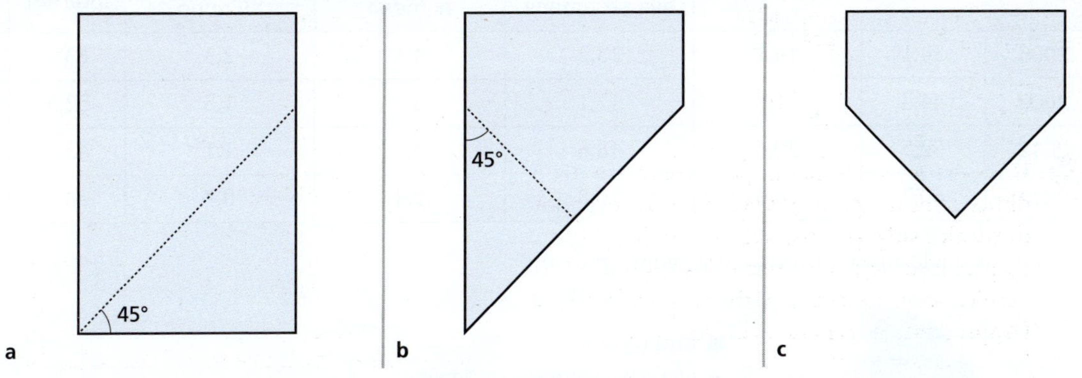

14 Sul tetto schematizzato in figura si è accumulato uno strato uniforme di neve alto $h = 30$ cm. Se la densità della neve è 120 kg/m³, qual è la massa, in kg, della neve sul tetto?

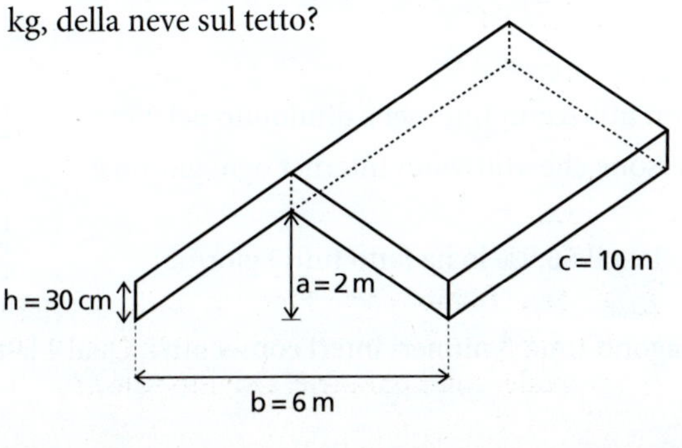

15 Quale delle seguenti è la soluzione della disequazione $\frac{x^2-1}{(x-1)^2} \geq 0$?

A $x \leq -1 \vee x \geq 1$

B $x \leq -1 \vee x > 1$

C $-1 \leq x \leq 1$

D $-1 \leq x < 1$

E $x \neq 1$

16 Del quadrilatero $ABCD$ sai che l'angolo in B misura 80°, l'angolo in C 105°, l'angolo in D 100° e che i lati AB e BC sono congruenti. Quanto misura l'angolo $C\widehat{A}B$?

17 Oggi la professoressa di italiano interroga. Per farlo, apre a caso il libro (che ha 612 pagine) e guarda il numero della pagina. Se coincide con il numero di registro di uno degli studenti, lo sceglie, altrimenti somma le cifre del numero, e ripete il procedimento finché ottiene un numero di registro (la classe è composta da 21 studenti). Per esempio, se esce il numero 599, sommando le cifre si ottiene $5 + 9 + 9 = 23$, che è più grande di 21, quindi viene interrogato il numero $2 + 3 = 5$ sul registro.
Carlo è il secondo sul registro. Qual è la probabilità che venga interrogato?

A $\frac{1}{612}$

B $\frac{1}{306}$

C $\frac{1}{204}$

D $\frac{1}{153}$

E $\frac{1}{102}$

18 Nel laboratorio di fisica Johnny sta facendo un esperimento con un pendolo di lunghezza $l = 0,8$ m. Vuole studiare le oscillazioni per piccoli angoli, quindi l'angolo di apertura α non deve superare i 15°. Qual è la massima ampiezza A dalla quale Johnny può far partire l'oscillazione? Esprimi il risultato in centimetri, approssimando al decimo.

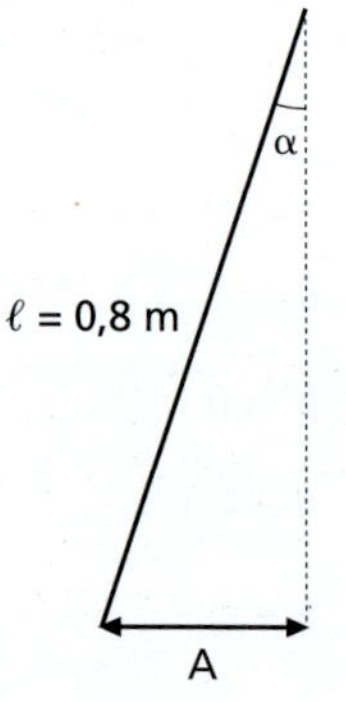

19 Nella seguente tabella sono riportati i dati sull'utilizzo di Internet da parte di persone al di sopra dei 6 anni, in percentuale sul totale della popolazione italiana (fonte Istat).

	Utilizzo di Internet da parte di persone di 6 anni e più						
Anno	Usano Internet	Frequenza di utilizzo di Internet				Non usano Internet	Non hanno risposto
		Tutti i giorni	Una o più volte alla settimana	Qualche volta al mese	Qualche volta all'anno		
2006	34,1	14,1	13,2	4,4	2,3	63	2,9
2009	44,4	21,8	17,1	4	1,5	52,5	3,1
2012	52,5	29,6	18,6	3,3	1,1	45,6	1,9
2015	60,2	40,3	16,8	2,4	0,7	38	1,8

a. A quale anno si riferisce il seguente grafico?

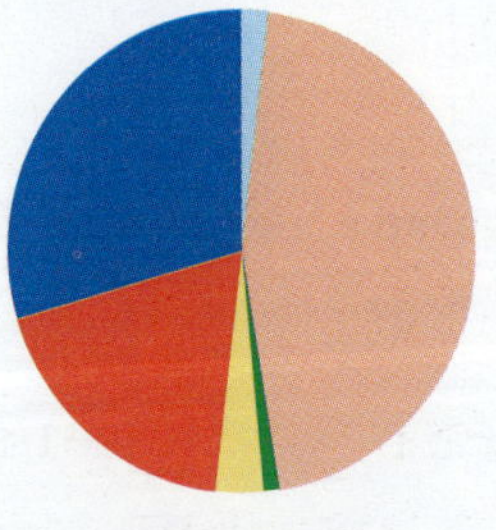

b. Tra il 2006 e il 2015, il numero di persone che non utilizzano Internet è diminuito del 25%. V F

c. Tra il 2006 e il 2012, il numero percentuale di persone che utilizzano Internet ogni giorno è più che raddoppiato. V F

d. Nel 2015, tra le persone che utilizzano Internet, circa il 66,9% lo ha fatto tutti i giorni. V F

20 Le misure, espresse in gradi, degli angoli di un pentagono sono 5 numeri interi consecutivi. Qual è la misura dell'angolo maggiore?

21 Qual è il dominio naturale della funzione

$$y = \frac{1}{\sqrt{x^2 - 9}}?$$

A $x \neq 3$

B $x > 3$

C $x < -3 \vee x > 3$

D $-3 < x < 3$

E $x < 3$

22 Se $\pi < \alpha < \frac{3}{2}\pi$, allora:

A $\cos\alpha > 0$ e $\sin\alpha > 0$.

B $\cos\alpha > 0$ e $\sin\alpha < 0$.

C $\cos\alpha < 0$ e $\sin\alpha > 0$.

D $\cos\alpha < 0$ e $\sin\alpha < 0$.

E Nessuna delle precedenti.

23 Quale delle seguenti espressioni *non* è definita?

A $\tan\left(-\frac{\pi}{2}\right)$

B $\frac{1}{\cos 0}$

C $\tan\pi$

D $\sqrt{\cos 0}$

E $\sin 0$

24 Considera i punti $A(-1; -1)$ e $B(5; 1)$ nel piano cartesiano.
Se il triangolo ABC è rettangolo in A, quali fra le seguenti coordinate possono essere quelle del punto C?

A $(2; -3)$

B $(-1; 5)$

C $(0; -4)$

D $(1; -5)$

E $(-2; 3)$

25 In un esperimento di laboratorio si sta studiando una popolazione batterica che inizialmente (al tempo $t = 0$) conta 200 individui: si osserva che questo numero raddoppia ogni 30 minuti.

a. Qual è la funzione che esprime il numero N di batteri presenti al tempo t, se questo è misurato in ore?

A $N(t) = 2^{\frac{t}{30}}$

B $N(t) = 200 \cdot 2^{\frac{t}{2}}$

C $N(t) = 2^{2t}$

D $N(t) = 200 \cdot 2^{30t}$

E $N(t) = 200 \cdot 2^{2t}$

b. Dopo quanto tempo la popolazione avrà superato i 10 000 individui? Approssima il risultato al minuto.

26 Determina le soluzioni della disequazione

$$\sqrt{x^{-2}} < x,$$

mostrando il procedimento.

27 Qual è la soluzione di $3^{5x} = 7$?

A $\log_7 \frac{3}{5}$

B $\log_3 \frac{7}{5}$

C $\log_3 \sqrt[5]{7}$

D $\log_3 7^5$

E $\log_7 \sqrt[5]{3}$

28 L'equazione $x^2 + ax - 3 = 0$, dove a è un numero reale, ha due soluzioni distinte, di cui una è $x = 2$. Quanto vale a?

29 Quale delle seguenti equazioni rappresenta nel piano cartesiano una conica che *non* passa per il punto $(-1; -2)$?

A $y^2 - x^2 = 3$

B $x^2 + \frac{y^2}{4} = 1$

C $x^2 + y^2 + 2x + 2y + 1 = 0$

D $y = x^2 - 3$

E $xy = 2$

30 Considera la funzione $f(x)$ rappresentata in figura.

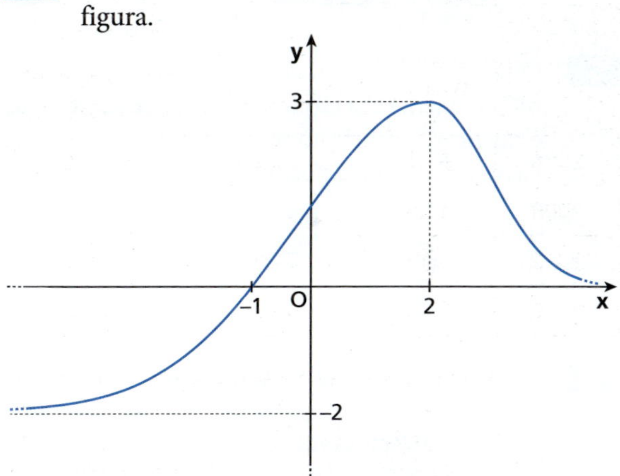

a. $f(2) = 3$. V F

b. $f(x)$ è crescente nell'intervallo $]-\infty; 2]$. V F

c. $f(x)$ è una funzione dispari. V F

d. Il dominio di $f(x)$ è $]-2; 3]$. V F

e. Qual è la soluzione della disequazione $f(x) > 0$?

A $x > -1$

B $x < 3$

C $x > -2$

D $-1 < x < 2$

E $x > 0$

VERSO L'INVALSI

90 minuti

1 x e y sono due numeri reali tali che $y^2 > x^2$. Lorenzo afferma che allora certamente $y > x$. Mostra con un controesempio che Lorenzo si sbaglia.

2 Con un pentolino di forma cilindrica, pieno d'acqua fino all'orlo, si riescono a riempire completamente 5 bicchieri identici, di forma cilindrica e con la stessa altezza del pentolino. Qual è il rapporto tra il raggio di base del pentolino e quello di un bicchiere?

3 Ogni sabato sera Daria va alla gelateria Pinguino. Può scegliere tra 26 gusti di gelato. Decide che ogni settimana dovrà ordinare una combinazione diversa di tre gusti. Per quante settimane potrà rispettare questa decisione?

4 Quali sono le soluzioni dell'equazione

$$\frac{\sqrt{x^2-1}}{x-3}=-1?$$

5 Quale tra le seguenti equazioni rappresenta una retta tangente alla circonferenza di centro $C(1;0)$ e raggio $r=2$ nel suo punto di intersezione con l'asse y di ordinata positiva?

A $\sqrt{3}y+x-3=0$
B $y=3$
C $y=\sqrt{3}x+\sqrt{3}$
D $y=\sqrt{3}$
E $x=\sqrt{3}y-3$

6 Luigi ha in tasca 3 monete da 50 centesimi e 2 da 20 centesimi. In un negozio deve pagare un articolo da 70 centesimi. Se prende dalla tasca 2 monete a caso, qual è la probabilità che ottenga la somma giusta?

7 Il ramo di un albero è lungo 1,2 m e forma con il tronco un angolo di 38°. Qual è la distanza, in metri, fra il tronco e l'estremità del ramo? (Approssima il risultato alla seconda cifra decimale.)

8 La funzione $f(x)=\frac{1}{2^x}$:

a. è crescente. V F
b. ha come dominio $\mathbb{R}$. V F
c. ha come insieme immagine $f(x)\geq 0$. V F
d. non ha zeri. V F

9 Considera la seguente figura.

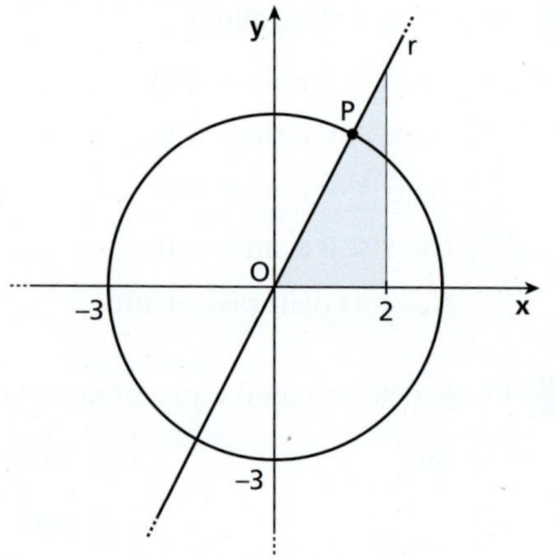

a. Se il triangolo colorato in figura ha area 4, qual è l'equazione della retta r?

A $y=-\frac{1}{2}x$
B $y=2x$
C $y=x-\frac{1}{2}$
D $y=2x-1$
E $y=x$

b. Qual è l'equazione della circonferenza?
c. Determina le coordinate del punto P.

10 Il volume di un parallelepipedo a base quadrata è 288, mentre la sua superficie laterale è 192. Qual è la superficie totale del parallelepipedo?

11 Due fratelli possiedono un terreno di forma triangolare, rappresentato in figura dal triangolo ABC. Vogliono dividerlo in due parti che abbiano la stessa area, posizionando una recinzione lungo il segmento PQ, parallelo al lato BC. Se il lato AB è lungo 80 m, quale deve essere la distanza tra il punto P e il punto A?

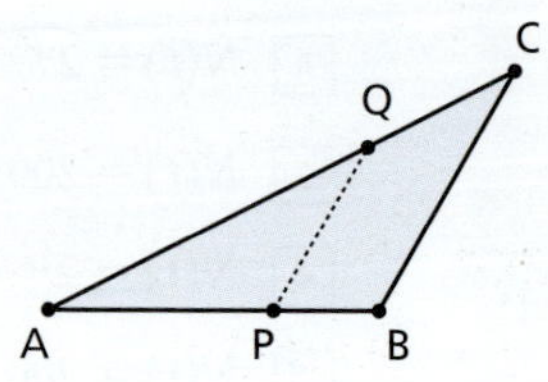

A 60 m
B 40 m
C Circa 57 m.
D Circa 53 m.
E Non si può rispondere senza conoscere le dimensioni del triangolo.

12 Giorgio toglie una torta dal forno. La temperatura T della torta al tempo t segue la legge di raffreddamento

$$T(t) = 18 + 182e^{-0{,}01t},$$

dove il tempo t è misurato in minuti dal momento in cui la torta esce dal forno.

a. Qual è la temperatura della torta appena uscita dal forno?

A 182 °C B 198,2 °C C 201,8 °C D 200 °C E 18 °C

b. Dopo quanti minuti la torta raggiunge la temperatura di 50 °C? (Approssima il risultato all'unità.)

13 Quale dei seguenti è il grafico di $f(x) = -\log_2(x+4)$?

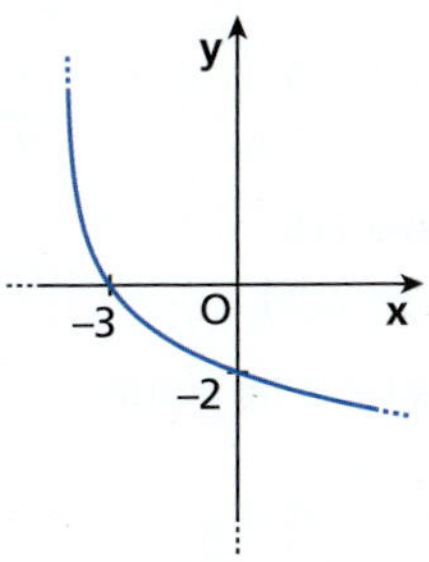

A

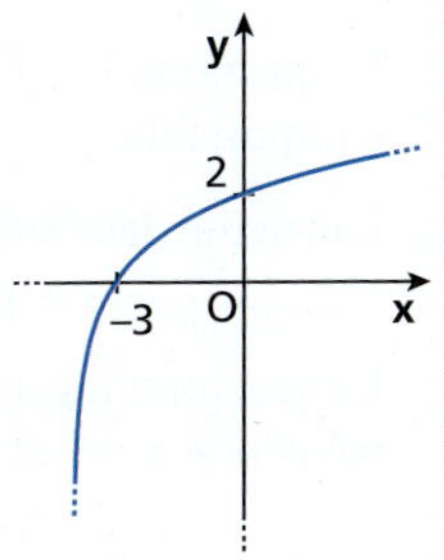

B

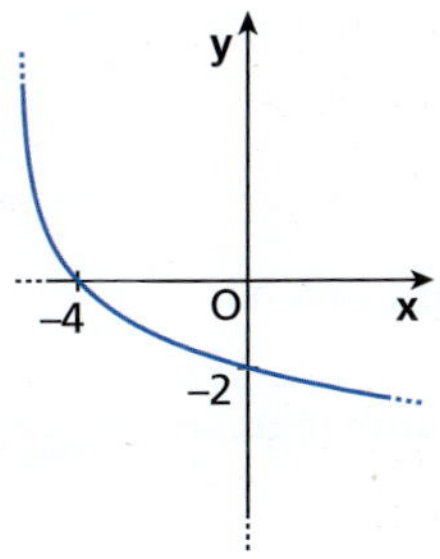

C

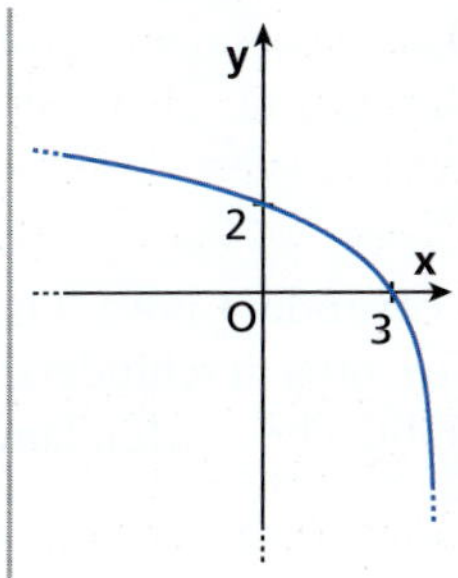

D

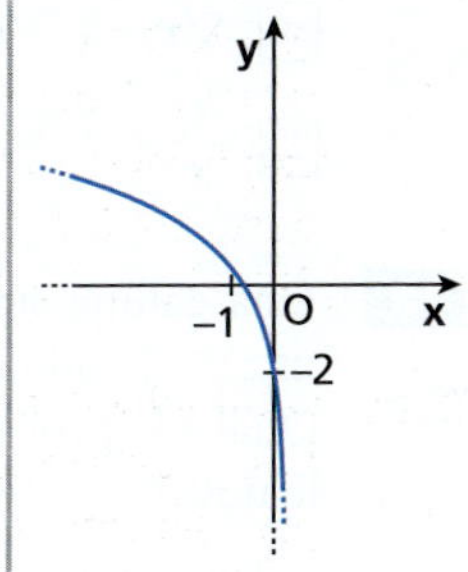

E

14 Nel grafico seguente sono riportati i dati (in milioni di unità) sulla popolazione e sul numero di autovetture in Italia nel periodo 1951-2011.

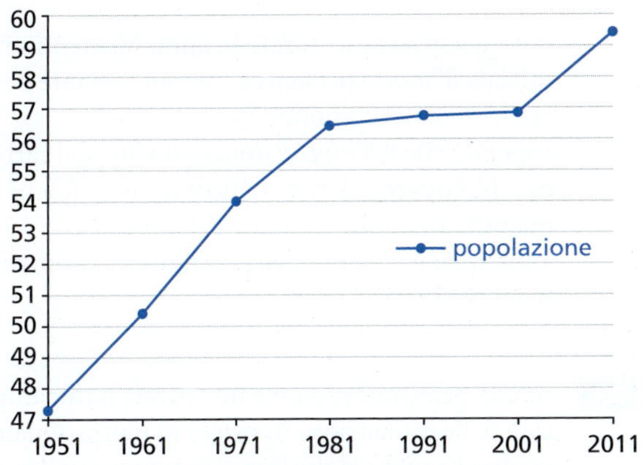

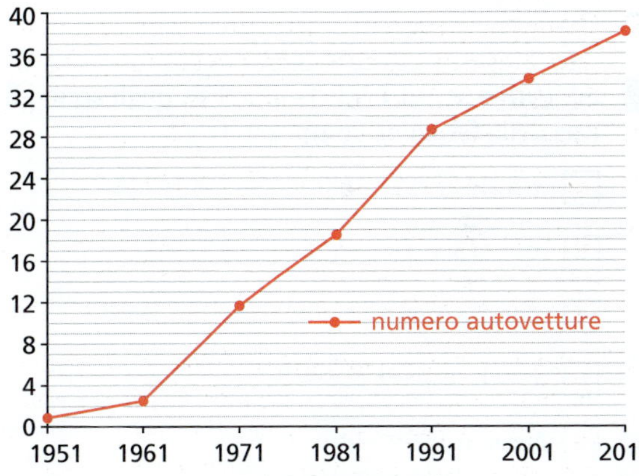

a. Tra il 1951 e il 1981 la popolazione è aumentata in media di circa 3 milioni di persone ogni 10 anni. V F

b. Il numero di autovetture è aumentato del 50% circa tra il 1981 e il 1991. V F

c. Il numero di autovetture pro capite è diminuito tra il 2001 e il 2011. V F

15 In una rampa inclinata di 18° si vogliono realizzare dei gradini come quello in figura.
Se la pedata d del gradino è lunga 40 cm, quanto è lunga, approssimativamente, l'alzata h?

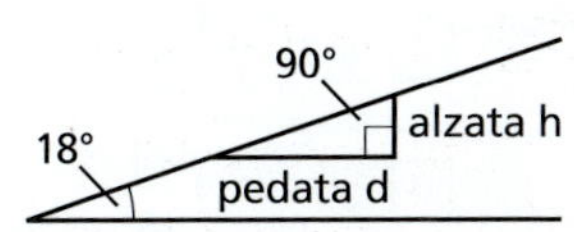

A 38 cm C 12 cm E 8 cm

B 123 cm D 13 cm

16 In un rettangolo di perimetro 30 la differenza tra base e altezza è 5.
Qual è l'area del rettangolo?

17 Quale delle seguenti disequazioni *non* è equivalente a $x > 1$?

A $\frac{1}{x-1} > 0$

B $\sqrt{x} > 1$

C $\sqrt{x^2} > \sqrt{x}$

D $\sqrt{x-1} > 0$

E $\frac{1}{x} < 1$

18 Una gallina sta covando 3 uova. Ogni uovo ha una probabilità del 60% di schiudersi.
Qual è la probabilità che si schiudano tutte e tre le uova?

A 21,6%

B 27%

C 20%

D 60%

E 6,4%

19 Se $f(x) = x^2 - 1$ e $g(x) = -x + 2$, quali sono gli zeri della funzione composta $f \circ g$?

A $x = 1$.

B $x = \sqrt{3}$ e $x = -\sqrt{3}$.

C $x = 1$ e $x = 3$.

D $x = 1$, $x = -1$ e $x = 2$.

E Nessuno.

20 Quale tra le seguenti è una funzione biunivoca da $\mathbb{R}$ in $\mathbb{R}$?

A $y = x^5 - 1$

B $y = x^2 + 3$

C $y = \frac{1}{x-2}$

D $y = x^3 + \frac{1}{x^3}$

E $y = x^4$

21 Quante soluzioni ha l'equazione $\ln(x^2 - 1) = 0$?

22 Sia ε l'ellisse con centro nell'origine, con gli assi coincidenti con gli assi cartesiani e passante per i punti (3; 0) e (0; 1).
La retta di equazione

$$y = x - 1$$

incontra ε nei punti A e B.
Calcola l'area del triangolo OAB, dove O è l'origine degli assi.

23
a. L'equazione $\ln x^2 = 1$ è equivalente a $2\ln x = 1$. V F

b. L'equazione $\log_2(-x^2) = 4$ è impossibile. V F

c. L'insieme delle soluzioni di $\log_{10}(x^2 - 3x) = 1$ è $\{-2, 5\}$. V F

d. L'equazione $\log_2(-x) = 3$ ha come soluzione $x = -8$. V F

24 Dopo la morte di un organismo, il numero N di atomi di carbonio-14 (un isotopo radioattivo del carbonio) presenti in esso diminuisce secondo la legge

$$N(t) = N_0 e^{-\frac{t}{\tau}},$$

dove il tempo t è misurato in anni, N_0 è il numero iniziale di atomi presenti e τ è una costante detta *vita media* del carbonio-14.
Sapendo che il *tempo di dimezzamento* del carbonio-14 (ovvero il tempo necessario affinché la quantità di atomi si riduca della metà) è di 5730 anni, qual è il valore della costante τ? Approssima il risultato all'unità.

25 In una palestra è presente una parete da arrampicata delle dimensioni riportate in figura. Quanto misura l'angolo α che la parete forma con il pavimento? Esprimi il risultato in gradi, approssimando all'unità.

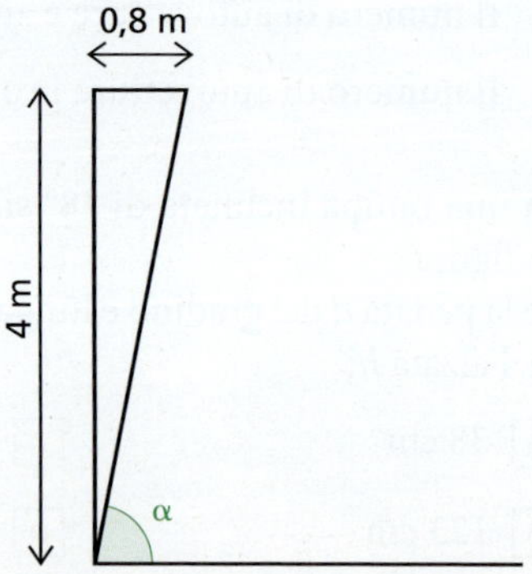

26 Qual è l'equazione della retta rappresentata nel seguente grafico?

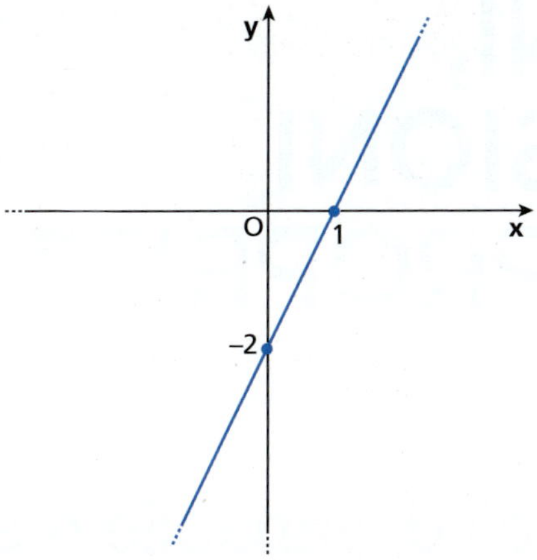

A $y = 2x + 2$

B $y = 2x - 2$

C $y = -2x - 2$

D $y = \frac{1}{2}x - 2$

E $y = \frac{1}{2}x + 1$

27 Il professore di matematica ha raccolto in un grafico i voti dell'ultimo compito in classe.

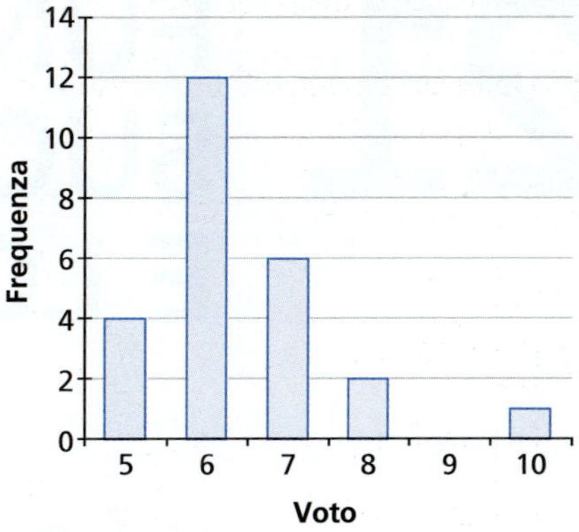

Qual è la media dei voti?

28 Quale delle seguenti funzioni ha come dominio $x \geq 0$?

A $y = x^2$

B $y = 2^x$

C $y = \sqrt{x}$

D $y = \frac{1}{x}$

E $y = \sqrt[3]{x}$

---

29 Il portone che vedi nella fotografia è schematizzato nella figura a fianco, composta da un quadrato di lato 1,8 m e da una semicirconferenza. Qual è l'area, in m^2, del portone? Approssima il risultato con una cifra dopo la virgola.

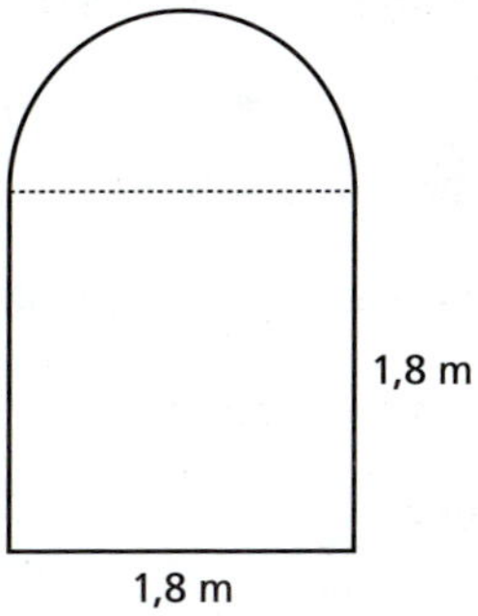

30

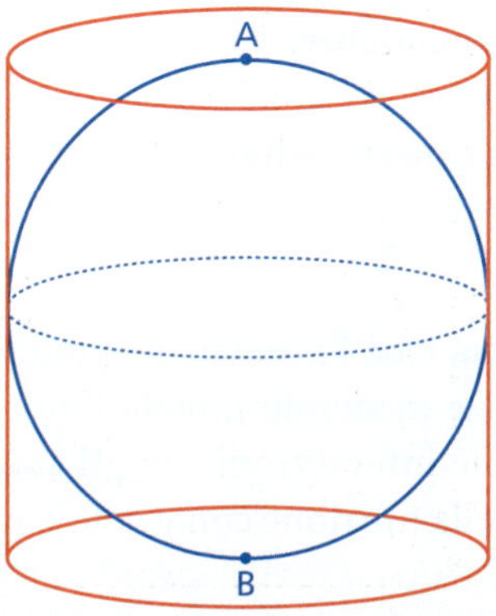

Nella figura è rappresentata una sfera inscritta in un cilindro. La sfera è tangente al cilindro nei punti antipodali A e B e nell'equatore tratteggiato. Qual è il rapporto tra il volume della sfera e quello del cilindro?

CAPITOLO

21 FUNZIONI, SUCCESSIONI E LORO PROPRIETÀ

1 Funzioni reali di variabile reale

Definizione di funzione

▶ Esercizi a p. 1057

Richiamiamo il concetto di funzione reale di variabile reale.

DEFINIZIONE

Dati due sottoinsiemi A e B (non vuoti) di $\mathbb{R}$, una **funzione** f da A a B è una relazione che associa a *ogni* numero reale di A *uno e un solo* numero reale di B.

Listen to it

A **function** from a subset A of $\mathbb{R}$ to a subset B of $\mathbb{R}$ is a relation that assigns to each element in the set A exactly one element in the set B.

Scriviamo: $f: A \rightarrow B$.

Se a $x \in A$ la funzione f associa $y \in B$, diciamo che y è **immagine** di x mediante f.
La legge che definisce la funzione f molto spesso viene indicata con l'equazione $y = f(x)$, detta **espressione analitica** della funzione.
In una funzione $y = f(x)$, x è detta **controimmagine** di y.

A viene detto **dominio** della funzione, e lo indicheremo anche con D, mentre il sottoinsieme di B formato dalle immagini degli elementi di A è detto **codominio** o **insieme immagine** o **immagine** di A ed è indicato con C o con $f(A)$ o con I.

ESEMPIO

La funzione $f: \mathbb{R} \rightarrow \mathbb{R}$, descritta dalla legge matematica $y = -\frac{3}{2}x + 3$, associa a ogni valore di x uno e un solo valore di y. Per esempio, per $x = 4$ si ha $y = -3$.

▶ Considera la funzione $y = x^2 - 3$. Quale valore di y associa a $x = 2$?

x è detta **variabile indipendente**, y **variabile dipendente**.
Una funzione può essere anche indicata con un'espressione del tipo $f(x; y) = 0$, detta **forma implicita**, mentre $y = f(x)$ è detta **forma esplicita**. Per esempio, la funzione $3x + 2y - 6 = 0$ è la forma implicita di $y = -\frac{3}{2}x + 3$.

Di una funzione f possiamo disegnare il **grafico**, cioè l'insieme dei punti $P(x; y)$ del piano cartesiano tali che y è immagine di x mediante f, ossia l'insieme dei punti $P(x; f(x))$. Del grafico possiamo cercare le **intersezioni con gli assi**, che si determinano mettendo a sistema l'equazione della funzione con $y = 0$ (equazione dell'asse x) o con $x = 0$ (equazione dell'asse y).

Esistono funzioni, dette **funzioni definite a tratti**, date da espressioni analitiche diverse a seconda dei valori attribuiti alla variabile indipendente.

ESEMPIO

La **funzione valore assoluto** è definita nel modo seguente:

$$y = |x| = \begin{cases} x & \text{se } x \geq 0 \\ -x & \text{se } x < 0 \end{cases}.$$

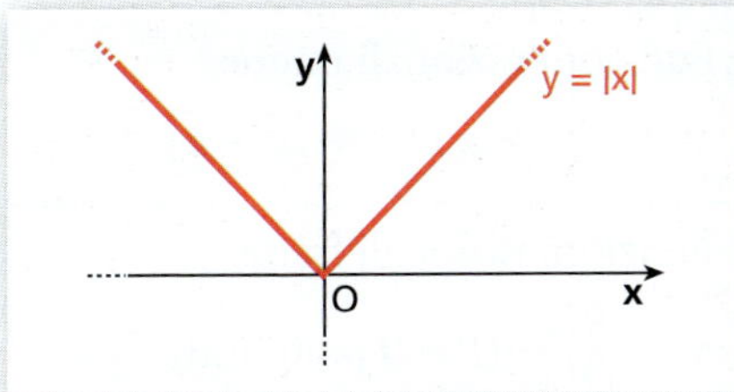

Classificazione delle funzioni

La funzione è **algebrica** se l'espressione analitica $y = f(x)$ che la descrive contiene solo, per la variabile x, operazioni di addizione, sottrazione, moltiplicazione, divisione, elevamento a potenza o estrazione di radice.

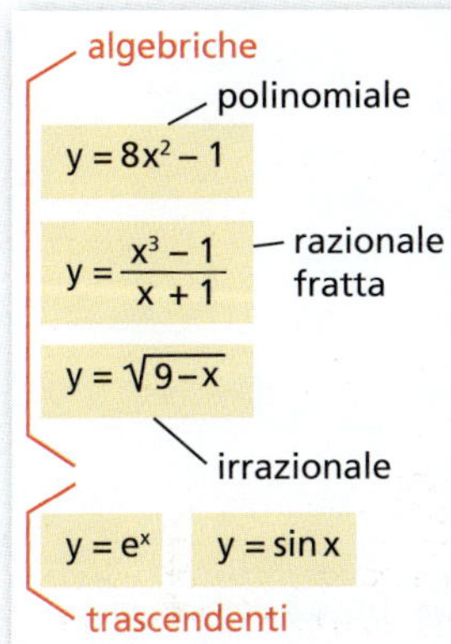

Una funzione algebrica è:

- **razionale intera** o **polinomiale** se è espressa mediante un polinomio; in particolare se il polinomio è di primo grado rispetto alla variabile x, la funzione è **lineare**, se il polinomio in x è di secondo grado, la funzione è **quadratica**;
- **razionale fratta** se è espressa mediante quozienti di polinomi;
- **irrazionale** se la variabile indipendente x compare sotto il segno di radice.

Se una funzione $y = f(x)$ non è algebrica, si dice **trascendente**.

Dominio di una funzione

▶ Esercizi a p. 1061

Dominio naturale

Molto spesso una funzione viene assegnata senza indicare il dominio.
In questi casi deve essere determinato il suo *dominio naturale*.

DEFINIZIONE

Il **dominio naturale** (o **campo di esistenza**) della funzione $y = f(x)$ è l'insieme più ampio dei valori reali che si possono assegnare alla variabile indipendente x affinché esista il corrispondente valore reale y.

Chiamiamo il dominio naturale anche soltanto **dominio** e lo indichiamo con D.

ESEMPIO

La funzione $y = \sqrt{x^2 - 4}$ ha come dominio l'insieme dei numeri reali x per i quali il radicando dell'espressione a secondo membro è positivo o nullo, ossia $x \leq -2 \lor x \geq 2$. In sintesi, D: $x \leq -2 \lor x \geq 2$.

▶ Qual è il dominio di $y = \dfrac{\sqrt{-x^2 + 6x - 8}}{x - 3}$?

Animazione

Nell'animazione, oltre al dominio della funzione dell'esercizio, studiamo anche le intersezioni del suo grafico con gli assi e il segno.

Domini delle principali funzioni	
Funzione	**Dominio**
Funzioni razionali intere: $y = a_0x^n + a_1x^{n-1} + \ldots + a_n$	$\mathbb{R}$
Funzioni razionali fratte: $y = \frac{P(x)}{Q(x)}$ (P e Q polinomi)	$\mathbb{R}$ esclusi i valori che annullano $Q(x)$
Funzioni irrazionali: $y = \sqrt[n]{f(x)}$	$\{x \in \mathbb{R} \mid f(x) \geq 0\}$, se n è pari dominio di $f(x)$, se n è dispari
Funzioni logaritmiche: $y = \log_a f(x)$ $\quad a > 0, a \neq 1$	$\{x \in \mathbb{R} \mid f(x) > 0\}$
Funzioni esponenziali: $y = a^{f(x)}$ $\quad a > 0, a \neq 1$ $y = [f(x)]^{g(x)}$ $f(x)^\alpha$ $\quad \alpha$ irrazionale	 dominio di $f(x)$ $\{x \in \mathbb{R} \mid f(x) > 0\} \cap$ dominio di $g(x)$ $\{x \in \mathbb{R} \mid f(x) \geq 0\}$, se $\alpha > 0$ $\{x \in \mathbb{R} \mid f(x) > 0\}$, se $\alpha < 0$
Funzioni goniometriche: $y = \sin x$, $y = \cos x$ $y = \tan x$ $y = \cot x$ $y = \arcsin x$, $y = \arccos x$ $y = \arctan x$, $y = \operatorname{arccot} x$	 $\mathbb{R}$ $\mathbb{R} - \left\{\frac{\pi}{2} + k\pi\right\}$, con $k \in \mathbb{Z}$ $\mathbb{R} - \{k\pi\}$, con $k \in \mathbb{Z}$ $[-1; 1]$ $\mathbb{R}$

▶ Trova il dominio di
a. $y = (x-1)^{\sqrt{x}}$;
b. $y = x^{\pi}$;
c. $y = (x-2)^{-\pi}$.

Video

Dominio di una funzione
Il dominio della funzione $f(x) = \tan x \cos x$ è lo stesso di quello della funzione $f(x) = \sin x$? Facciamo alcuni esempi.

Funzioni uguali

DEFINIZIONE

$y = f(x)$ e $y = g(x)$ sono **funzioni uguali** se hanno lo stesso dominio D e $f(x) = g(x)$ per ogni $x \in D$.

ESEMPIO

Le funzioni $f(x) = \frac{x(x^2+1)}{x^2+1}$ e $g(x) = x$ sono uguali perché hanno lo stesso dominio $\mathbb{R}$ e $f(x) = \frac{x(x^2+1)}{x^2+1} = x$ per ogni $x \in \mathbb{R}$.

$f(x) = \frac{x^2 - x}{x-1}$ e $g(x) = x$ *non* sono uguali: $\frac{x(x-1)}{x-1} = x$ *solo se* $x \neq 1$.

Zeri e segno di una funzione

▶ Esercizi a p. 1068

Un numero reale a è uno **zero della funzione** $y = f(x)$ se $f(a) = 0$.

Nel grafico di $f(x)$ gli zeri sono le ascisse dei punti di intersezione con l'asse x.
Gli eventuali punti di intersezione con l'asse y si ottengono calcolando $y = f(0)$, se $x = 0$ appartiene al dominio di f.

È possibile anche **studiare il segno** di una funzione $y = f(x)$, cioè cercare per quali valori di x appartenenti al dominio il corrispondente valore di y è positivo, e per quali è negativo. Per esempio, la funzione $y = 2x - 6$ risulta positiva per $x > 3$, nulla per $x = 3$, negativa per $x < 3$.

Animazione

Studiamo i tre casi della figura sotto, partendo dalla funzione $y = 9 - x^2$ e utilizzando una figura dinamica al variare di a e b nel vettore di traslazione $\vec{v}(a; b)$.

Grafici delle funzioni e trasformazioni geometriche

▶ Esercizi a p. 1071

Traslazioni

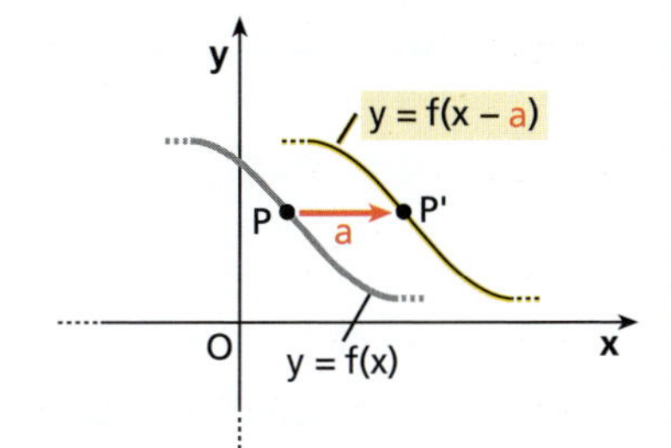

a. Traslazione di vettore parallelo all'asse *x*.

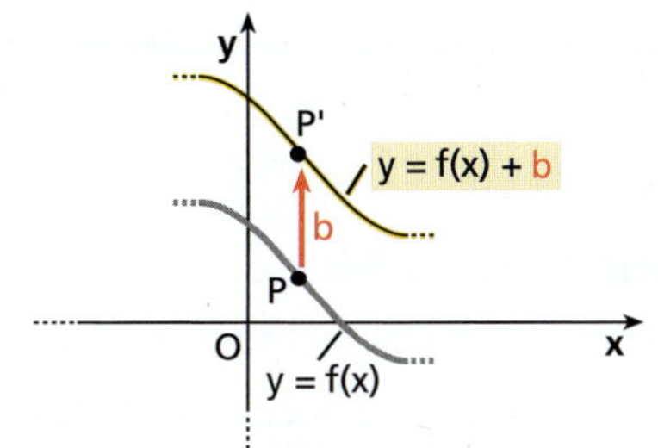

b. Traslazione di vettore parallelo all'asse *y*.

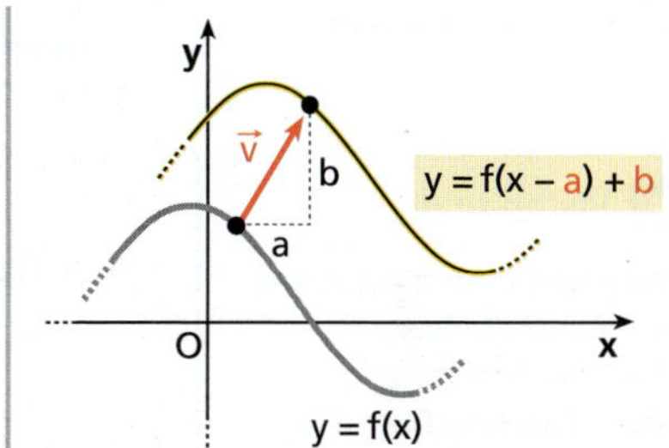

c. Traslazione di vettore $\vec{v}(a;\, b)$.

Simmetrie

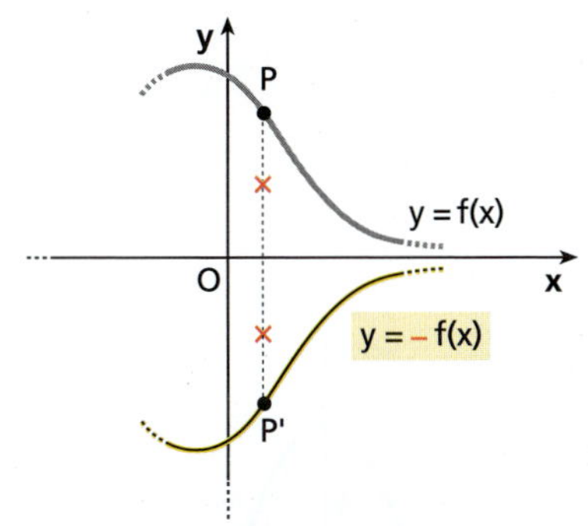

a. Simmetria rispetto all'asse *x*.

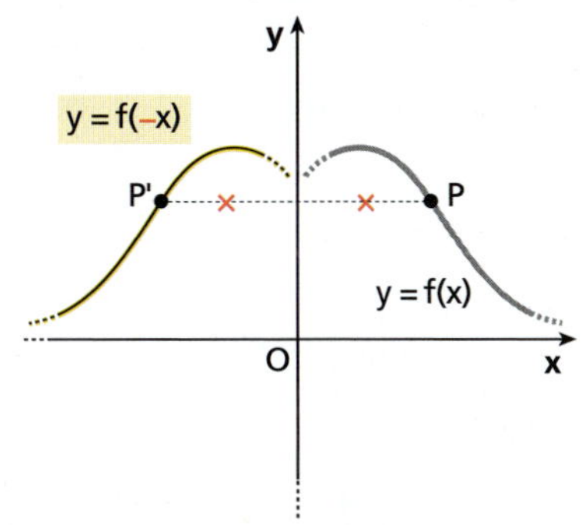

b. Simmetria rispetto all'asse *y*.

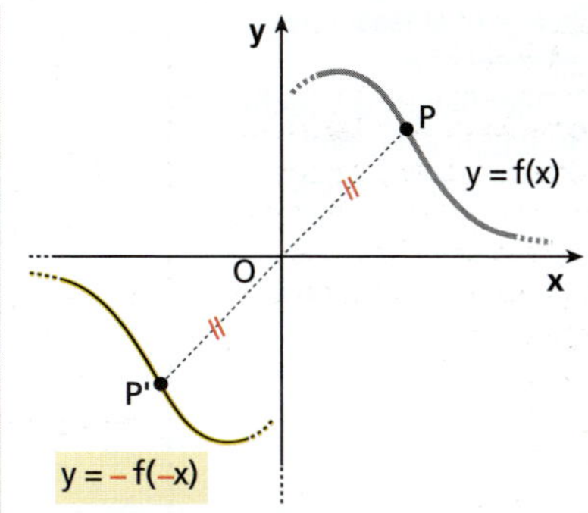

c. Simmetria centrale rispetto a *O*.

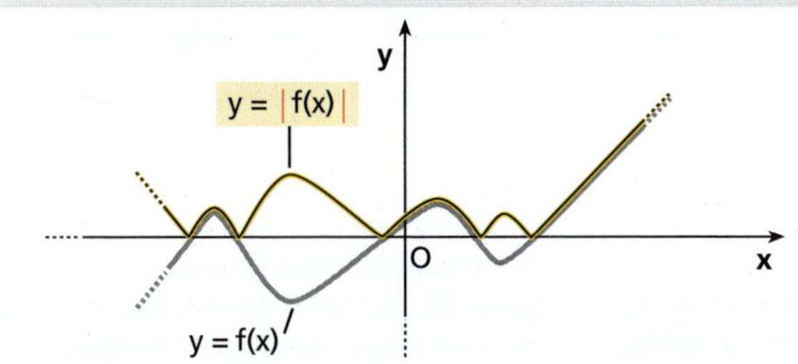

d. Simmetria rispetto all'asse *x* delle parti del grafico di $y = f(x)$ con $y < 0$.

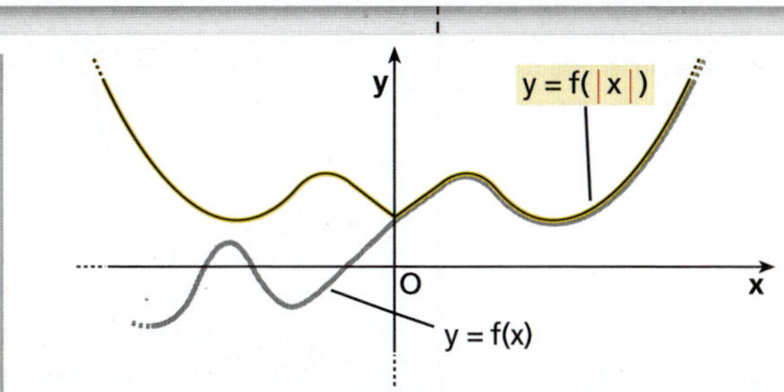

e. Per $x \geq 0$ il grafico è lo stesso di $y = f(x)$, per $x < 0$ il grafico è il simmetrico rispetto all'asse *y* di quello che $y = f(x)$ ha per $x > 0$.

Dilatazioni

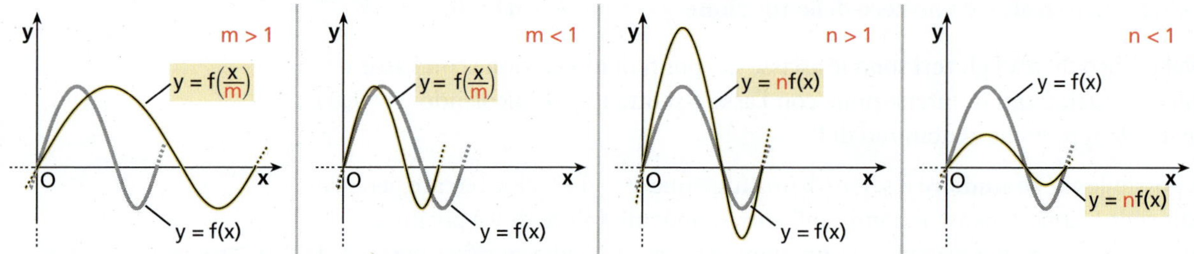

a. Dilatazione orizzontale. **b.** Contrazione orizzontale. **c.** Dilatazione verticale. **d.** Contrazione verticale.

Animazione

Studiamo i quattro casi della figura sopra, partendo dalla funzione $y = x^2 - 3x$ e utilizzando una figura dinamica in cui possiamo variare *m* e *n*.

Listen to it

A **function** from a set *A* to a set *B* is said to be:

- an **injection** (or an **injective function**) if it maps distinct objects of set *A* to distinct objects of set *B*;
- a **surjection** (or a **surjective function**) if each element of *B* is the image of at least one element of *A*;
- a **bijection** (or a **bijective function**) if it is both injective and surjective.

2 Proprietà delle funzioni

Funzioni iniettive, suriettive e biunivoche

▶ Esercizi a p. 1073

DEFINIZIONE

Una funzione da *A* a *B* è:

- **iniettiva** se ogni elemento di *B* è immagine di al più un elemento di *A*;
- **suriettiva** se ogni elemento di *B* è immagine di almeno un elemento di *A*;
- **biunivoca** (o biiettiva) se è sia iniettiva sia suriettiva.

Una definizione equivalente di funzione iniettiva è la seguente:

una funzione è *iniettiva* se a elementi distinti di *A* corrispondono elementi distinti di *B*, ossia

$$x_1 \neq x_2 \quad \rightarrow \quad f(x_1) \neq f(x_2).$$

ESEMPIO

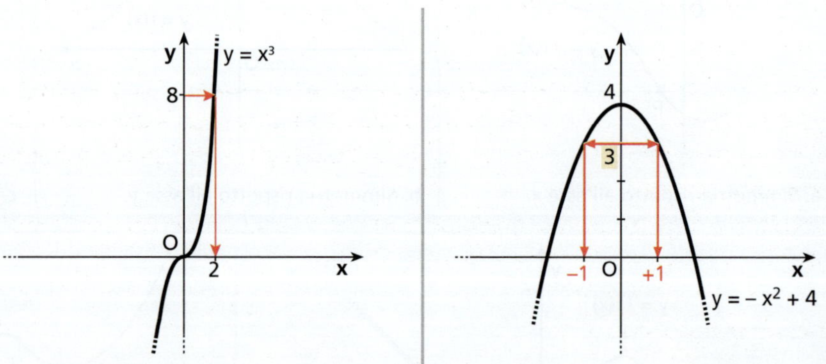

a. La funzione $y = x^3$ è sia iniettiva sia suriettiva perché a ogni valore scelto sull'asse *y* corrisponde *un* valore (suriettiva) e *un solo* (iniettiva) valore sull'asse *x*. La funzione è quindi biunivoca.

b. La funzione $y = -x^2 + 4$ è suriettiva se si considera come insieme *B* quello degli *y* tali che $y \leq 4$, ma *non* è iniettiva perché, scelto nel codominio un *y* diverso da 4, esso è l'immagine di **due** valori distinti di *x*.

Animazione

Studiamo l'iniettività e la non iniettività delle due funzioni dell'esempio, anche mediante figure dinamiche.

▶ Disegna il grafico di una funzione suriettiva su $\mathbb{R}$ che non sia iniettiva.

Funzioni crescenti, decrescenti, monotòne

▶ Esercizi a p. 1074

Funzioni crescenti

DEFINIZIONE

$y = f(x)$ di dominio $D \subseteq \mathbb{R}$ è una **funzione crescente** in senso stretto in un intervallo I, sottoinsieme di D, se, comunque scelti x_1 e x_2 appartenenti a I, con $x_1 < x_2$, risulta $f(x_1) < f(x_2)$.

ESEMPIO

La funzione $y = \cos x$ è crescente in senso stretto in $[\pi; 2\pi]$.

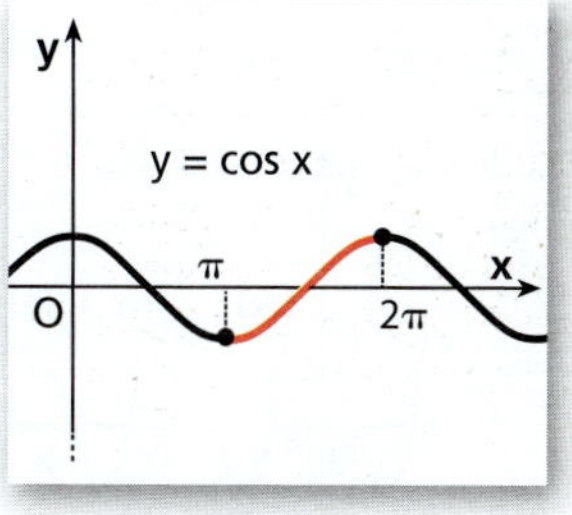

Se nella definizione sostituiamo la relazione $f(x_1) < f(x_2)$ con $f(x_1) \leq f(x_2)$, otteniamo la definizione di funzione **crescente in senso lato**, o anche **non decrescente**. Si può anche dire che la funzione è **debolmente crescente**.

ESEMPIO

$$f(x) = \begin{cases} x+1 & \text{se } x \leq 1 \\ 2 & \text{se } 1 < x < 4 \\ 2x-6 & \text{se } x \geq 4 \end{cases}$$

è crescente in senso lato in $\mathbb{R}$.

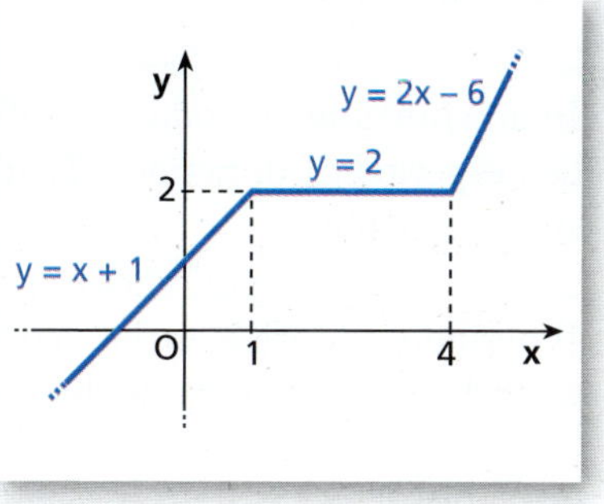

▶ In quale intervallo la funzione $y = x^2 - 2x + 1$ è strettamente crescente?

Funzioni decrescenti

DEFINIZIONE

$y = f(x)$ di dominio $D \subseteq \mathbb{R}$ è una **funzione decrescente** in senso stretto in un intervallo I, sottoinsieme di D, se, comunque scelti x_1 e x_2 appartenenti a I, con $x_1 < x_2$, risulta $f(x_1) > f(x_2)$.

Se nella definizione precedente sostituiamo la relazione $f(x_1) > f(x_2)$ con $f(x_1) \geq f(x_2)$, otteniamo la definizione di funzione **decrescente in senso lato**, o anche **non crescente**. In questo caso si può anche dire che la funzione è **debolmente decrescente.**

In seguito, se diremo che una funzione è crescente (o decrescente), senza aggiungere altro, sarà sottinteso che lo è in senso stretto.

Funzioni monotòne

DEFINIZIONE

Una funzione di dominio $D \subseteq \mathbb{R}$ è **monotòna** in senso stretto in un intervallo I, sottoinsieme di D, se in quell'intervallo è sempre crescente o sempre decrescente in senso stretto. Analoga definizione può essere data per una funzione monotòna in senso lato.

TEORIA

▶ Quale delle due funzioni

$y = x^2 - 4x + 4$,

$y = \frac{1}{2}x + 1$

è monotòna?

Una funzione f monotòna in senso stretto è sempre iniettiva. Infatti, se f è monotòna in senso stretto, allora per ogni $x_1 \neq x_2$ si ha $f(x_1) < f(x_2)$ oppure $f(x_1) > f(x_2)$; quindi risulta $f(x_1) \neq f(x_2)$, cioè f è iniettiva.

ESEMPIO
$y = \sin x$ è monotòna in senso stretto nell'intervallo $\left[-\frac{\pi}{2}; \frac{\pi}{2}\right]$ e in tale intervallo è iniettiva. Invece, la stessa funzione non è monotòna in $[0; \pi]$, dove non è iniettiva.

Funzioni periodiche

▶ Esercizi a p. 1075

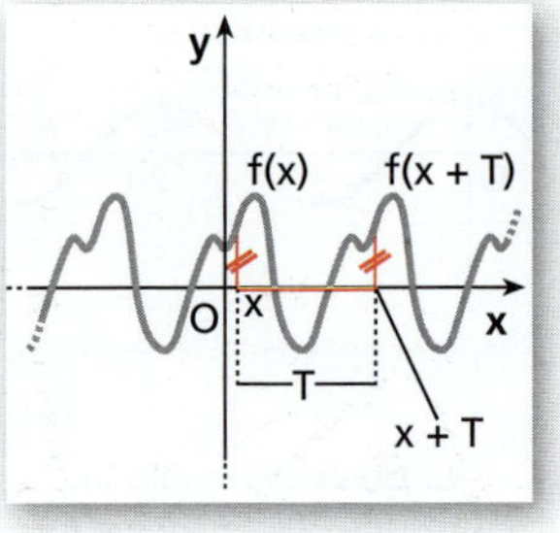

DEFINIZIONE
$y = f(x)$ è una **funzione periodica** di periodo T, con $T > 0$, se, per qualsiasi numero k intero, si ha:

$$f(x) = f(x + kT).$$

In una funzione periodica il grafico si ripete di periodo in periodo.
Se f è periodica di periodo T, allora non è iniettiva, perché x e $x + kT$ hanno la stessa immagine.
Se una funzione è periodica di periodo T, essa lo è anche di periodo $2T, 3T, 4T, \ldots$
Il periodo minore è anche detto **periodo principale** ed è quello che di solito è considerato come periodo della funzione.

▶ Qual è il periodo di $y = 2\cos x$? E quello di $y = \cos 2x$?

ESEMPIO
$y = \sin x$ e $y = \cos x$ sono funzioni periodiche di periodo 2π.

$y = \tan x$ e $y = \cot x$ sono funzioni periodiche di periodo π.

Funzioni pari e funzioni dispari

▶ Esercizi a p. 1076

DEFINIZIONE
Indichiamo con D un sottoinsieme di $\mathbb{R}$ tale che, se $x \in D$, allora $-x \in D$.
$y = f(x)$ è una **funzione pari** in D se $\boldsymbol{f(-x) = f(x)}$ per qualunque x appartenente a D.

▶ La funzione $y = \frac{1}{-x^2 + 4}$ è pari?

ESEMPIO
$y = f(x) = -x^4 + 2x^2$ è pari perché:

$$f(-x) = -(-x)^4 + 2(-x)^2 = -x^4 + 2x^2 = f(x).$$

Animazione

Nell'animazione risolviamo i tre esercizi relativi a funzioni pari e funzioni dispari, quello qui sopra e i due della pagina successiva.

In generale, se una funzione polinomiale ha espressione analitica contenente soltanto potenze della x con *esponente pari*, allora è pari.
Verifica invece che la funzione $y = f(x) = 2x^4 - x$ **non** è pari perché, sostituendo a x il suo opposto $-x$, non si ottiene $f(x)$.

Se una funzione è **pari, il suo grafico è simmetrico rispetto all'asse** $\boldsymbol{y}$. Infatti, se il punto $P(x; y)$ appartiene al grafico, vi appartiene anche il punto $P'(-x; y)$.

Pertanto, le coordinate di P', pensate come $(x'; y')$, soddisfano le equazioni della simmetria rispetto all'asse y:

$$\begin{cases} x' = -x \\ y' = y \end{cases}.$$

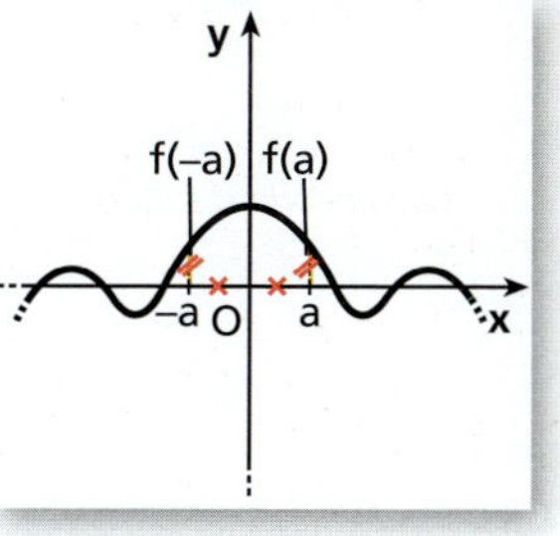

DEFINIZIONE

Indichiamo con D un sottoinsieme di $\mathbb{R}$ tale che, se $x \in D$, anche $-x \in D$.
$y = f(x)$ è una **funzione dispari** in D se $\boldsymbol{f(-x) = -f(x)}$ per qualunque x appartenente a D.

ESEMPIO

$y = f(x) = 4x^5 - x$ è dispari perché:

$$f(-x) = 4(-x)^5 - (-x) = -4x^5 + x = -(4x^5 - x) = -f(x).$$

▶ Verifica che la funzione $y = f(x) = x^3 + 1$ **non** è dispari.

Una funzione polinomiale con espressione analitica contenente solo potenze della x con *esponente dispari* è una funzione dispari.

Se una funzione è **dispari, il suo grafico è simmetrico rispetto all'origine degli assi**. Infatti, se il punto $P(x; y)$ appartiene al grafico, vi appartiene anche il punto $P'(-x; -y)$. Pertanto le coordinate di P', pensate come $(x'; y')$, soddisfano le equazioni della simmetria centrale avente come centro l'origine:

$$\begin{cases} x' = -x \\ y' = -y \end{cases}.$$

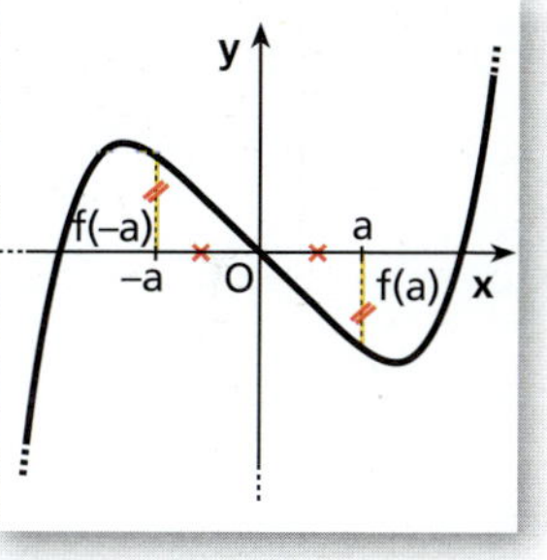

Una funzione che non sia pari non è necessariamente dispari (e viceversa).

▶ Verifica che $y = f(x) = x^3 - x^2$ non è né pari né dispari.

Proprietà delle principali funzioni trascendenti

Funzione esponenziale

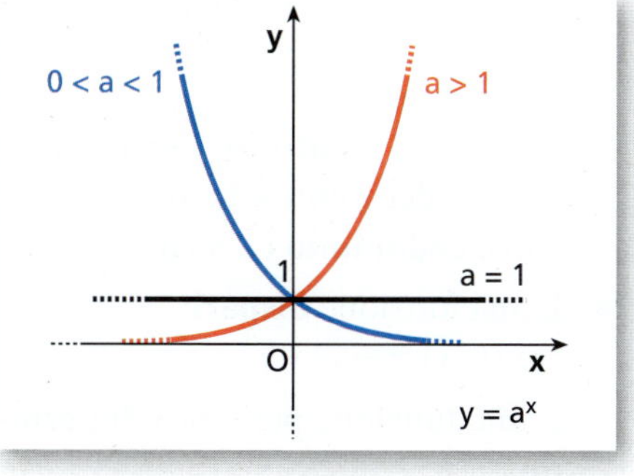

- Ha come **dominio** $\mathbb{R}$ e come **codominio**, se $a \neq 1$, $\mathbb{R}^+$.
- Il grafico **non interseca** l'asse x, **interseca** l'asse y in $(0; 1)$.
- Se $a > 1$, è una funzione sempre **crescente**; se $0 < a < 1$, è sempre **decrescente**; se $a = 1$, è **costante** e vale 1.

Funzione logaritmica

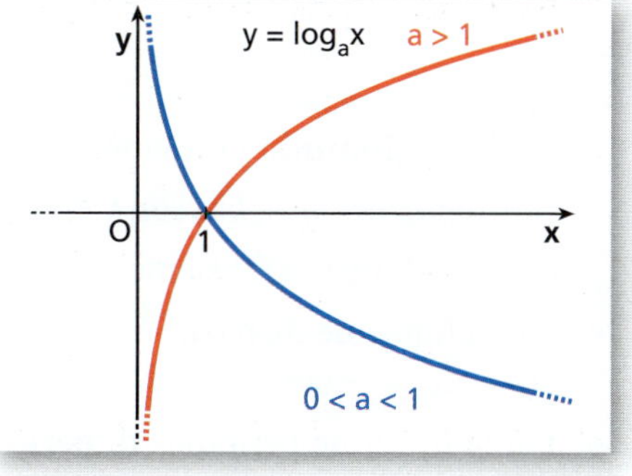

- Ha come **dominio** $\mathbb{R}^+$, come **codominio** $\mathbb{R}$.
- Il grafico **interseca** l'asse x in $(1; 0)$, **non interseca** l'asse y.
- Se $a > 1$, è una funzione sempre **crescente**; se $0 < a < 1$, è sempre **decrescente**.

Funzione seno

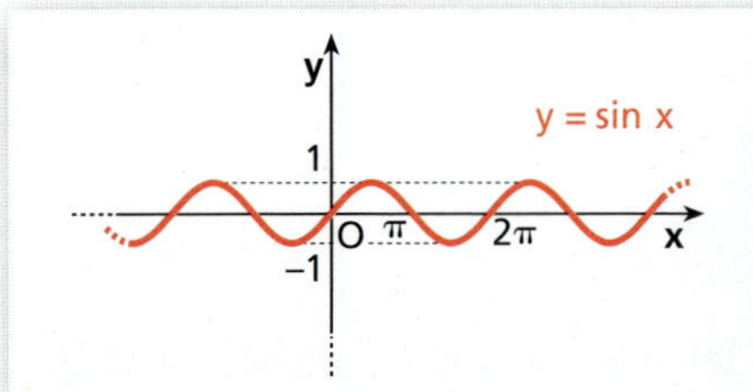

- Ha come **dominio** $\mathbb{R}$ e come **codominio** $[-1; 1]$.
- È una funzione **dispari**: $\sin(-x) = -\sin x$.
- È una funzione periodica di **periodo** 2π: $\sin x = \sin(x + 2k\pi)$, con $k \in \mathbb{Z}$.
- È **crescente** in $\left[-\frac{\pi}{2} + 2k\pi; \frac{\pi}{2} + 2k\pi\right]$.

Animazione

Funzione coseno

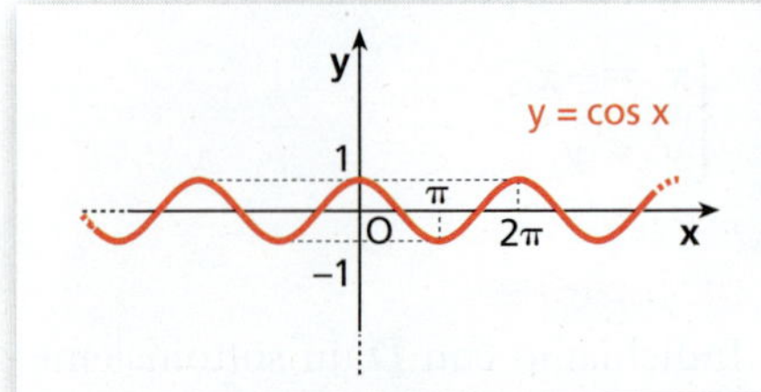

- Ha come **dominio** $\mathbb{R}$ e come **codominio** $[-1; 1]$.
- È una funzione **pari**: $\cos(-x) = \cos x$.
- È una funzione periodica di **periodo** 2π: $\cos x = \cos(x + 2k\pi)$, con $k \in \mathbb{Z}$.
- È **crescente** in $[-\pi + 2k\pi; 0 + 2k\pi]$.

Animazione

Ti riproponiamo due animazioni con le quali abbiamo esaminato, mediante figure dinamiche, le caratteristiche delle funzioni seno e coseno, quando abbiamo studiato le funzioni goniometriche.

Funzione tangente

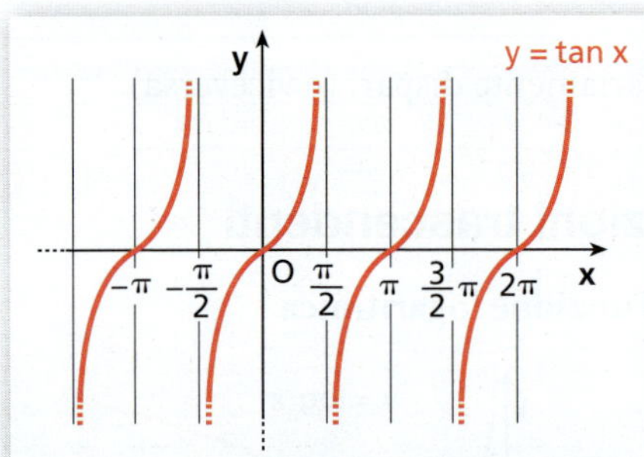

- Ha come **dominio** l'insieme $\mathbb{R}$ privato dei valori $\frac{\pi}{2} + k\pi$, con $k \in \mathbb{Z}$, e come **codominio** l'insieme $\mathbb{R}$.
- È una funzione **dispari**: $\tan(-x) = -\tan x$.
- È una funzione periodica di **periodo** π: $\tan x = \tan(x + k\pi)$, con $k \in \mathbb{Z}$.
- È **crescente** in $\left]-\frac{\pi}{2} + k\pi; \frac{\pi}{2} + k\pi\right[$.

Animazione

Funzione cotangente

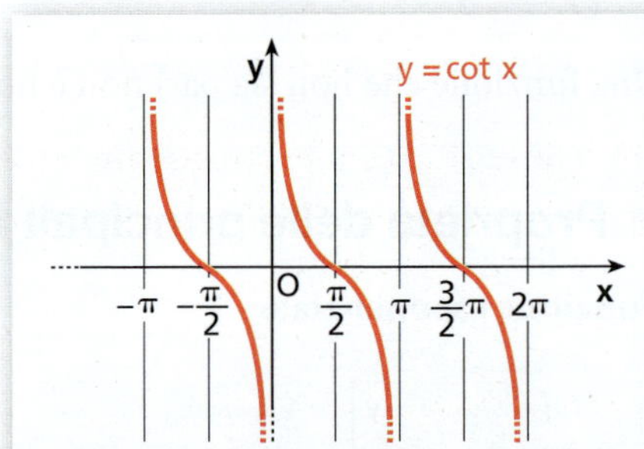

- Ha come **dominio** l'insieme $\mathbb{R}$ privato dei valori $k\pi$, con $k \in \mathbb{Z}$, e come **codominio** l'insieme $\mathbb{R}$.
- È una funzione **dispari**: $\cot(-x) = -\cot x$.
- È una funzione periodica di **periodo** π: $\cot x = \cot(x + k\pi)$, con $k \in \mathbb{Z}$.
- È **decrescente** in $]0 + k\pi; \pi + k\pi[$.

Animazione

In queste animazioni puoi osservare in modo dinamico tutte le caratteristiche delle funzioni tangente e cotangente.

3 Funzione inversa

▶ Esercizi a p. 1078

DEFINIZIONE

Data la funzione biunivoca

$y = f(x)$ da A a B,

la **funzione inversa** di f è la funzione biunivoca

$x = f^{-1}(y)$ da B ad A

che associa a ogni y di B il valore x di A tale che $y = f(x)$.

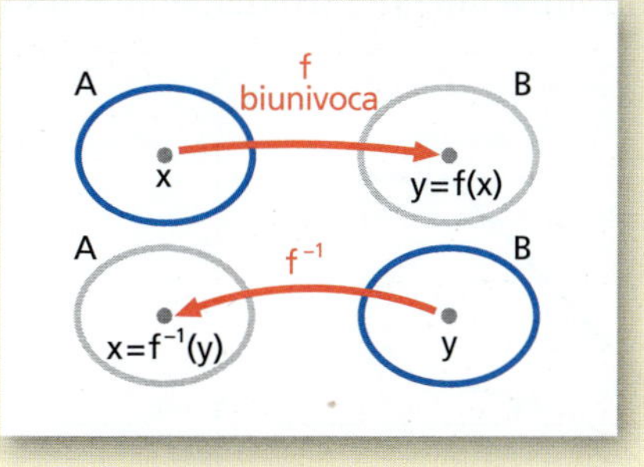

Listen to it

Given a bijective function f from A to B, its **inverse function** f^{-1} is the bijective function from B to A which associates to each y in B the value x in A such that $y = f(x)$.

Se una funzione ammette inversa, si dice che è **invertibile**.
Se una funzione $f(x)$ non è biunivoca in A, è possibile effettuare una **restrizione D' del dominio** in cui sia biunivoca. Infatti, per l'invertibilità è sufficiente scegliere in A un sottoinsieme D' in modo che $f(x)$ sia iniettiva in D', perché $f(x)$ è senz'altro suriettiva se come insieme B di arrivo consideriamo l'immagine di $f(x)$.

ESEMPIO

La funzione $y = f(x) = x^2$ ha come dominio $\mathbb{R}$ e non è biunivoca. Per renderla biunivoca dobbiamo considerare come dominio un insieme più ristretto, quello dei numeri reali positivi o nulli, cioè prendiamo $x \geq 0$. Con la restrizione del dominio operata possiamo considerare la sua funzione inversa,

$$x = f^{-1}(y) = \sqrt{y},$$

definita associando a un numero quel valore che, elevato al quadrato, dà il numero stesso.
Per esempio,

$$f^{-1}(9) = \sqrt{9} = 3,$$

perché $9 = f(3) = 3^2$.

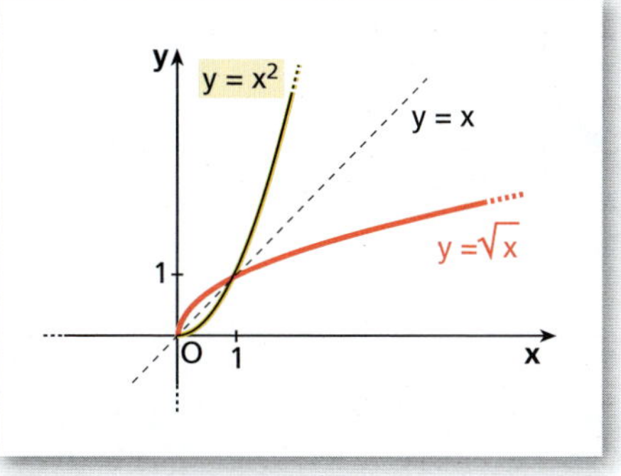

Per rappresentare la funzione f^{-1} insieme alla funzione f, scambiamo le variabili nell'espressione della funzione inversa, considerando:

$$y = \sqrt{x}.$$

Il grafico di una funzione e quello della sua inversa sono simmetrici rispetto alla bisettrice del primo e del terzo quadrante.

▶ Restringi il dominio della funzione

$y = 9 - x^2$

in modo che sia invertibile e determina la funzione inversa.

Animazione

Sfruttando questa proprietà, conoscendo anche soltanto il grafico di una funzione possiamo disegnare il grafico della sua inversa.

Le funzioni monotòne in senso stretto sono biunivoche se si considera come insieme di arrivo la loro immagine.
Quindi esse ammettono sempre la funzione inversa.

Grafici delle funzioni inverse

Funzione esponenziale e funzione logaritmica

La funzione logaritmica è l'inversa della funzione esponenziale (e viceversa). Sono entrambe funzioni strettamente monotòne e quindi biunivoche.

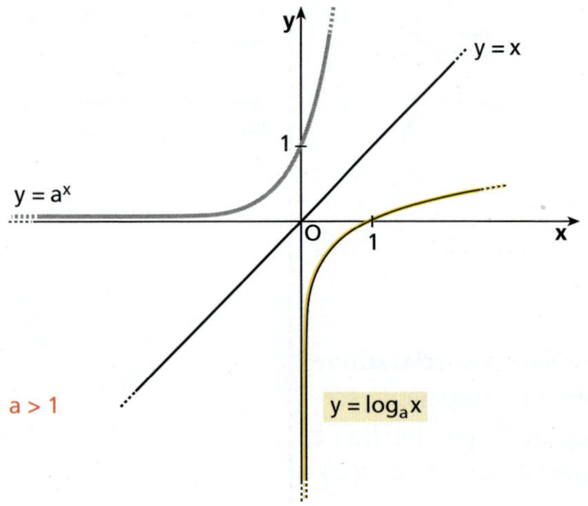

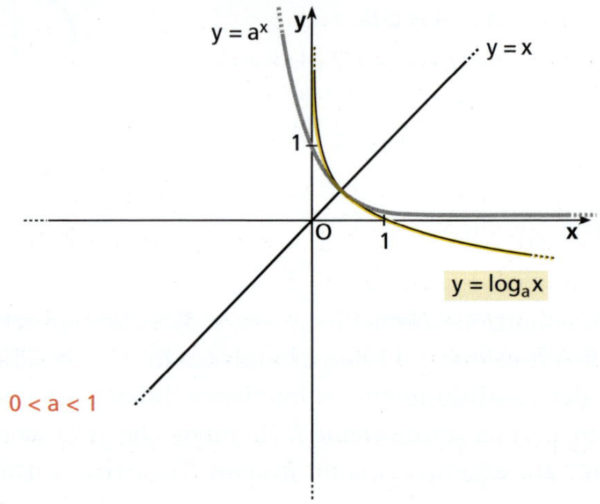

Funzioni goniometriche e loro inverse

Poiché le funzioni goniometriche sono periodiche, e quindi non biunivoche, è necessario effettuare una restrizione del dominio, in modo che risultino biunivoche.

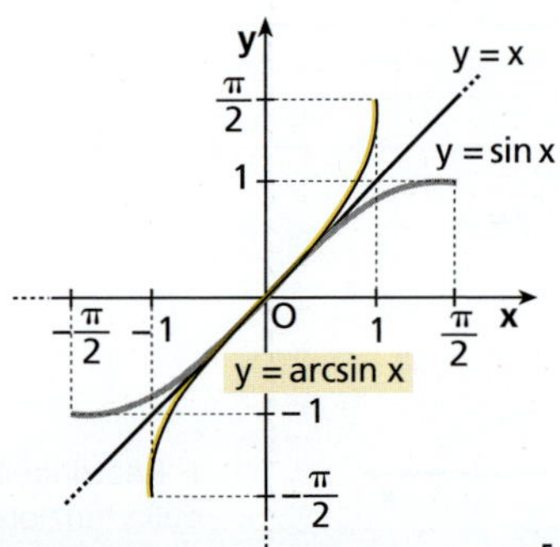

a. Considerata la funzione seno nel dominio $\left[-\frac{\pi}{2}; \frac{\pi}{2}\right]$, la **funzione arcoseno** ha dominio $D = [-1; 1]$ e codominio $C = \left[-\frac{\pi}{2}; \frac{\pi}{2}\right]$.

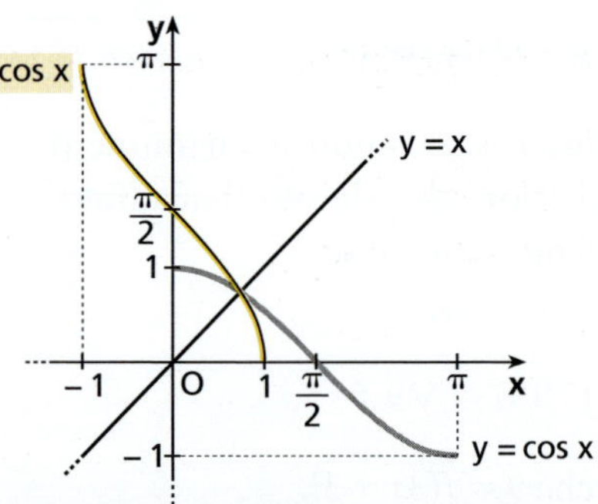

b. Considerata la funzione coseno nel dominio $[0; \pi]$, la **funzione arcocoseno** ha dominio $D = [-1; 1]$ e codominio $C = [0; \pi]$.

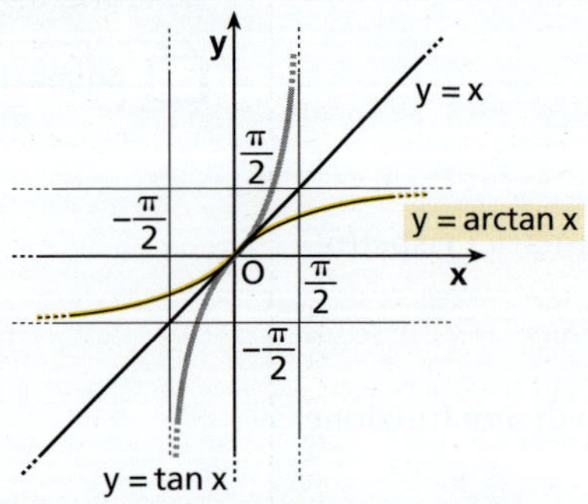

c. Considerata la funzione tangente nel dominio $\left]-\frac{\pi}{2}; \frac{\pi}{2}\right[$, la **funzione arcotangente** ha dominio $D = \mathbb{R}$ e codominio $C = \left]-\frac{\pi}{2}; \frac{\pi}{2}\right[$.

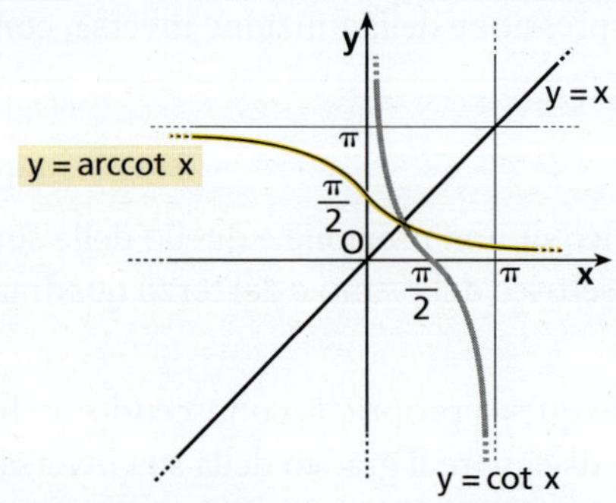

d. Considerata la funzione cotangente nel dominio $]0; \pi[$, la **funzione arcocotangente** ha dominio $D = \mathbb{R}$ e codominio $C =]0; \pi[$.

4 Funzione composta

▶ Esercizi a p. 1080

Date le funzioni f e g, indichiamo con $g \circ f$ (si legge «g composto f») oppure con $y = g[f(x)]$ la **funzione composta** che si ottiene associando a ogni elemento x del dominio di f, che abbia immagine $f(x)$ appartenente al dominio di g, il valore y immagine di $f(x)$ mediante g.

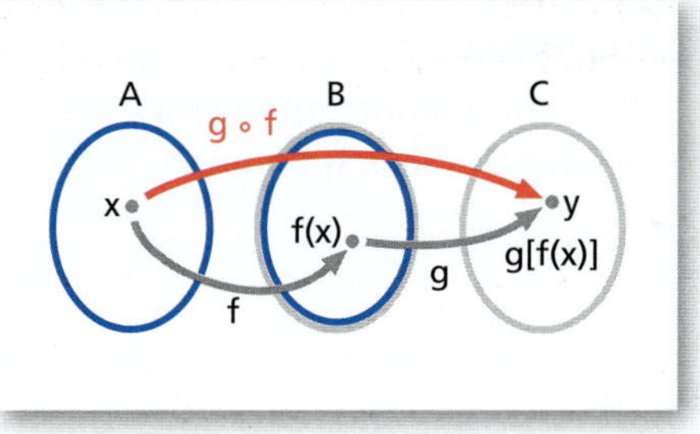

Per comporre le due funzioni, occorre che l'immagine di x mediante la prima funzione, cioè $f(x)$, sia un valore per il quale si può determinare l'immagine tramite la seconda funzione. Quindi il dominio di $y = g[f(x)]$ è costituito da tutti gli x del dominio di f tali che $f(x)$ appartiene al dominio di g.

In generale, **la composizione delle funzioni non è commutativa**: $g \circ f \neq f \circ g$.

ESEMPIO

Consideriamo le funzioni f e g, da $\mathbb{R}$ a $\mathbb{R}$, $f(x) = x^2$, $g(x) = x + 1$.

La funzione composta $g \circ f$ è:

$$y = g[f(x)] = g(x^2) = x^2 + 1.$$

Invece $f \circ g$ è:

$$y = f[g(x)] = f(x + 1) = (x + 1)^2.$$

Per esempio:

$$g[f(5)] = g(25) = 26, \quad \text{mentre} \quad f[g(5)] = f(6) = 36.$$

▶ Date le seguenti funzioni f e g, determina $f \circ g$ e $g \circ f$:

a. $f(x) = x^2 - 1, \quad g(x) = \frac{1}{x}$;

b. $f(x) = x - 1, \quad g(x) = x^3$.

Animazione

Se si compone la funzione f con la sua inversa f^{-1}, si ottiene la **funzione identità**, che associa a ogni elemento di un insieme se stesso:

$$f[f^{-1}(x)] = f^{-1}[f(x)] = x.$$

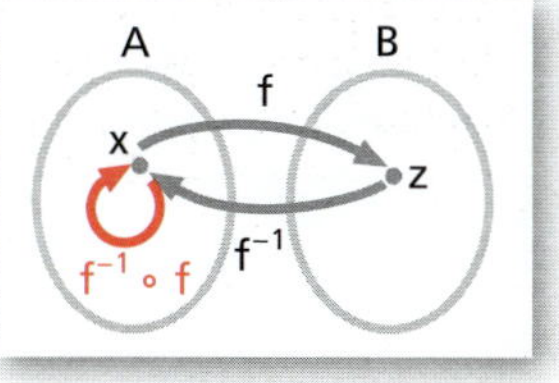

MATEMATICA INTORNO A NOI

Il prezzo giusto Ogni volta che acquistiamo un prodotto o un servizio, paghiamo in cambio una certa cifra di denaro.

▶ Chi stabilisce qual è il prezzo «giusto»?

La risposta

TEORIA

5 Successioni numeriche

DEFINIZIONE

Una **successione numerica** è una funzione $f: \mathbb{N} \to \mathbb{R}$ che associa a ogni numero naturale n un numero reale a_n:

$$a_n = f(n).$$

Listen to it

A **numerical sequence** is a function $f: \mathbb{N} \to \mathbb{R}$ that associates with each natural number n a real value a_n: $a_n = f(n)$.

Una successione è costituita da un insieme ordinato e infinito di numeri, detti **termini**:

$$a_0, \quad a_1, \quad a_2, \quad a_3, \quad \ldots, \quad a_n, \quad \ldots$$

In particolare, quando non si specifica il numero n, a_n si chiama **termine generico**. L'**indice** 0, 1, … indica che i termini a_0, a_1, … sono i corrispondenti, rispettivamente, dei numeri 0, 1, …

ESEMPIO

La successione costituita da tutti i quadrati dei numeri naturali è una funzione che associa a ogni numero naturale il suo quadrato:

$$f(n) = n^2;$$

$$a_0 = 0 \qquad a_1 = 1 \qquad a_2 = 4 \qquad a_3 = 9 \qquad \ldots$$

L'insieme immagine di questa successione, cioè il codominio, è l'insieme dei quadrati dei numeri naturali.

Rappresentazioni delle successioni

▶ Esercizi a p. 1082

Rappresentazione per elencazione

I numeri naturali sono infiniti; sarebbe dunque impossibile descrivere una successione tramite tutte le assegnazioni. In alcuni casi è possibile rappresentare una successione come una lista ordinata indicando i primi cinque o sei termini seguiti dai puntini di sospensione.

▶ Completa la successione fino al decimo termine:

$0, \frac{1}{2}, 1, \frac{3}{2}, 2, \frac{5}{2},$ ____, ____, ____, ____.

ESEMPIO

0, 10, 20, 30, … è la successione dei multipli di 10.

Questa rappresentazione è consigliabile soltanto se, leggendo i primi termini, si possono dedurre gli altri senza ambiguità.

Rappresentazione mediante espressione analitica

È il modo più comune di rappresentare una successione numerica e consiste nello scrivere esplicitamente la relazione che lega l'indice n e il termine a_n.

ESEMPIO

1. $a_n = 2n + 1, \quad n \in \mathbb{N}$.
   Scriviamo i primi termini della successione sostituendo alla lettera n, nell'espressione $2n + 1$, i valori 0, 1, 2, 3, …
   Si ha $a_0 = 1$, $a_1 = 3$, $a_2 = 5$, $a_3 = 7$, …
   Si vede facilmente che si tratta della successione dei numeri naturali dispari.

2. Consideriamo la seguente successione definita tramite espressione analitica:

$$a_n = \frac{2n+1}{3+n^2}, \quad n \in \mathbb{N}.$$

Sostituendo a n i valori 0, 1, 2, 3, 4, ..., si ottengono i seguenti termini:

$$\frac{1}{3}, \frac{3}{4}, \frac{5}{7}, \frac{7}{12}, \frac{9}{19}, \ldots$$

In questo caso non è facile capire quali sono i termini successivi, dunque la rappresentazione per elencazione può essere inefficace.

▶ Scrivi l'espressione analitica della successione:
$-1, 0, 3, 8, 15, 24, 35, 48, \ldots$

In alcuni casi è preferibile, comunque, rappresentare la successione per elencazione. Per esempio, la successione

0, 0,6, 0,66, 0,666, 0,6666, ...

non ha una rappresentazione mediante espressione analitica facile da ricavare.

Rappresentazione ricorsiva o per ricorsione

Questo tipo di rappresentazione di una successione consiste nel fornire il primo termine della successione a_0 e una relazione che lega il termine generale a_n a quello precedente a_{n-1}.

$$\begin{cases} a_0 \\ a_n = f(a_{n-1}) \quad \text{se } n > 0 \end{cases}$$

ESEMPIO

$$\begin{cases} a_0 = 1 \\ a_n = a_{n-1} + 2 \quad \text{se } n > 0 \end{cases}$$

Ogni termine si ottiene dal precedente sommando 2. A partire dal primo termine, si determinano quelli successivi:

$$a_1 = a_0 + 2 = 1 + 2 = 3,$$

$$a_2 = a_1 + 2 = 3 + 2 = 5,$$

$$a_3 = a_2 + 2 = 5 + 2 = 7, \ldots$$

Osserviamo che abbiamo ottenuto ancora la successione dei numeri dispari.

▶ Scrivi i primi sei termini della seguente successione.
$\begin{cases} a_0 = 2 \\ a_n = 3a_{n-1} - 2 \quad \text{se } n > 0 \end{cases}$

A volte la rappresentazione ricorsiva è data fornendo i primi k termini della successione e una relazione che lega il termine generale ai k termini precedenti.

Per esempio:

$$\begin{cases} a_0 = 0, a_1 = 1 \\ a_n = a_{n-1} + a_{n-2} \quad \text{se } n > 1 \end{cases}$$

$$a_2 = a_1 + a_0 = 1 + 0 = 1, \quad a_3 = a_2 + a_1 = 1 + 1 = 2,$$
$$a_4 = a_3 + a_2 = 2 + 1 = 3, \quad a_5 = a_4 + a_3 = 3 + 2 = 5, \ldots$$

Questa successione è detta **successione di Fibonacci**.

Successioni monotòne

▶ Esercizi a p. 1084

Una successione è:

- **crescente** se ogni termine è maggiore del suo precedente, ossia:

  $a_n < a_{n+1}, \quad \forall n \in \mathbb{N};$

MATEMATICA E STORIA

I conigli di Fibonacci

Nel *Liber Abaci*, pubblicato nel 1202, Leonardo Fibonacci riporta questo problema. «Un tale mise una coppia di conigli in un luogo completamente circondato da pareti, per scoprire quante coppie di conigli discendessero da questa in un anno: per natura ogni mese le coppie di conigli generano un'altra coppia e cominciano a procreare nel secondo mese dalla nascita.»

▶ Quale successione si ottiene se si considera il numero di conigli mese dopo mese?

La risposta

Listen to it

A numerical sequence is an **arithmetic progression** if the difference between any two consecutive terms is constant.

▶ Verifica se la successione

$2, \frac{8}{3}, \frac{10}{3}, 4, \frac{14}{3}, \ldots$

è una progressione aritmetica.

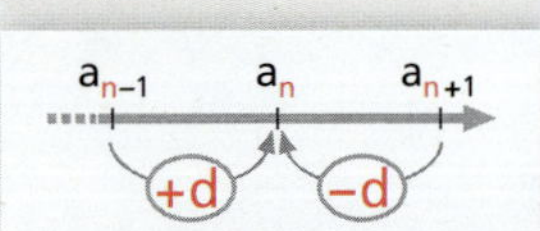

▶ Fai un esempio di progressione aritmetica:
- crescente;
- decrescente;
- costante.

- **decrescente** se ogni termine è minore del suo precedente, ossia:

  $a_n > a_{n+1}, \quad \forall n \in \mathbb{N};$
- **non decrescente** (o **crescente in senso lato**) se: $a_n \leq a_{n+1}$, $\forall n \in \mathbb{N}$;
- **non crescente** (o **decrescente in senso lato**) se: $a_n \geq a_{n+1}$, $\forall n \in \mathbb{N}$;
- **costante** se ogni termine è uguale al suo precedente: $a_n = a_{n+1}$, $\forall n \in \mathbb{N}$.

In generale, una successione per cui vale una di queste proprietà si dice **monotòna**.

ESEMPIO

1. La successione 0, 3, 6, 9, 12, … è monotòna crescente.
2. La successione 20, 12, 4, − 4, − 12, − 20, − 28, … è monotòna decrescente.
3. La successione 0, 0, 1, 2, 2, 3, 4, 4, 5, 6, 6, 7, … è monotòna non decrescente.
4. La successione $1, \frac{1}{2}, \frac{1}{2}, \frac{1}{3}, \frac{1}{3}, \frac{1}{3}, \frac{1}{4}, \frac{1}{4}, \frac{1}{4}, \frac{1}{4}, \ldots$ è monotòna non crescente.
5. La successione 5, 5, 5, 5, 5, 5, … è costante.

6 Progressioni aritmetiche

▶ Esercizi a p. 1084

Consideriamo la successione: 2, 5, 8, 11, 14, …

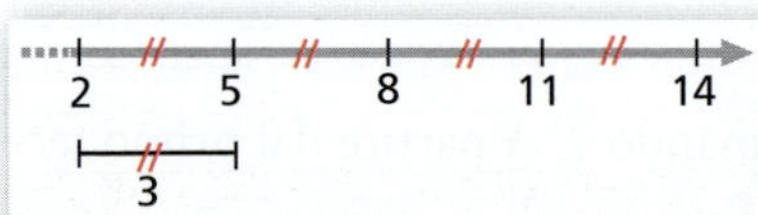

Ogni termine si ottiene dal precedente aggiungendo 3. Possiamo anche dire che la differenza fra ogni termine e il suo precedente è uguale a 3.
Disponendo i termini su una retta come in figura, si può vedere che la distanza fra due punti consecutivi è sempre uguale a 3.

Diciamo in questo caso che la successione è una *progressione aritmetica*.

DEFINIZIONE

Una successione numerica è una **progressione aritmetica** quando la differenza fra ogni termine e il suo precedente è costante; questa differenza è la **ragione della progressione**.

In una progressione aritmetica di ragione d ogni termine si calcola da quello precedente addizionando d oppure dal successivo sottraendo d:

$$\boldsymbol{a_n = a_{n-1} + d} \quad \text{oppure} \quad \boldsymbol{a_n = a_{n+1} - d}.$$

A volte si considera un numero finito di termini consecutivi di una progressione. In tal caso il primo e l'ultimo termine di questo insieme ordinato sono detti **estremi** della progressione.

Una progressione aritmetica di ragione d è:

crescente se $d > 0$; **decrescente** se $d < 0$; **costante** se $d = 0$.

Calcolo del termine a_n di una progressione aritmetica

Consideriamo la progressione aritmetica di ragione 7 e di primo termine 3. Qual è il decimo termine?

Per rispondere alla domanda scriviamo i termini della progressione, utilizzando il primo termine e la ragione. In questo paragrafo e nel successivo definiremo le successioni con $n \geq 1$.

	In simboli:
$a_1 = 3$	
$a_2 = 3 + 7$	$a_2 = a_1 + d$
$a_3 = 3 + 7 + 7 = 3 + 2 \cdot 7$	$a_3 = a_1 + 2d$
$a_4 = 3 + 7 + 7 + 7 = 3 + 3 \cdot 7$	$a_4 = a_1 + 3d$
$a_5 = 3 + 7 + 7 + 7 + 7 = 3 + 4 \cdot 7$	$a_5 = a_1 + 4d$
...	...
$a_{10} = 3 + 9 \cdot 7 = 66$	$a_{10} = a_1 + (10 - 1)d$

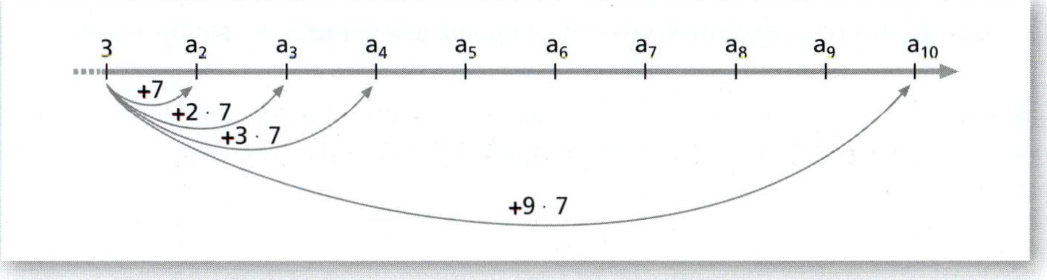

Vale il seguente teorema.

TEOREMA
In una progressione aritmetica, il termine a_n è uguale alla somma del primo termine a_1 con il prodotto della ragione d per $(n - 1)$:

$$\boldsymbol{a_n = a_1 + (n - 1) \cdot d}, \text{ con } n \geq 1.$$

DIMOSTRAZIONE
In una progressione aritmetica la differenza tra ogni termine e quello precedente è uguale alla ragione d:

$$a_2 - a_1 = d, \quad a_3 - a_2 = d, \quad \ldots, \quad a_n - a_{n-1} = d.$$

Sommiamo membro a membro le $n - 1$ uguaglianze e semplifichiamo:

$$a_n - a_1 = (n - 1)d \quad \rightarrow \quad a_n = a_1 + (n - 1)d.$$

Animazione
Oltre alla dimostrazione, nell'animazione trovi la sua interpretazione geometrica e la risoluzione dell'esercizio.

Il teorema mette in relazione i numeri a_1, n, a_n, d.

Conoscendo tre di essi, è possibile ricavare il quarto numero.

ESEMPIO
Calcoliamo il numero n dei termini estratti dalla progressione aritmetica di ragione 6, avente per estremi 9 e 45.
I dati sono: $d = 6$, $a_1 = 9$, $a_n = 45$.
Sostituiamo nella formula $a_n = a_1 + (n - 1) \cdot d$ e ricaviamo n. Si ha:

$$45 = 9 + (n - 1) \cdot 6 \quad \rightarrow \quad 6n - 6 = 36 \quad \rightarrow \quad n = 7.$$

L'insieme è formato da 7 termini: 9, 15, 21, 27, 33, 39, 45.

▸ Calcola la ragione d della progressione aritmetica che ha come primo termine 1 e come settimo termine 25.

Somma di due termini equidistanti dagli estremi

La **distanza fra due termini** a_r e a_s di una successione è data dal valore assoluto della differenza degli indici: $|r-s|$. Per esempio, a_4 dista $|4-6|=2$ da a_6.

Due termini sono **equidistanti** da un termine se hanno la stessa distanza da esso.

Scriviamo i primi sei termini di una progressione aritmetica di estremi 10 e 25 e ragione 3: 10, 13, 16, 19, 22, 25.
Diciamo che 13 e 22 sono equidistanti dagli estremi, perché il numero dei termini che precedono 13 è uguale al numero dei termini che seguono 22. Così pure sono equidistanti dagli estremi 16 e 19. Osserviamo che la somma di due termini equidistanti dagli estremi è costante e uguale alla somma dei termini estremi:

$$10+25=35, \qquad 13+22=35, \qquad 16+19=35.$$

Vale il seguente teorema, che non dimostriamo.

TEOREMA
Nei primi k termini di una progressione aritmetica, la somma di due termini equidistanti dagli estremi è costante e uguale alla somma dei termini estremi.

Se consideriamo un numero k dispari di termini, il termine centrale, che è equidistante dagli estremi, va considerato raddoppiato. Per esempio, se prendiamo 1, 4, 7, 10, 13, abbiamo: $7+7=1+13$.

Somma di termini consecutivi di una progressione aritmetica

TEOREMA
La somma S_n dei primi n termini di una progressione aritmetica è uguale al prodotto di n per la semisomma dei due termini estremi a_1 e a_n:

$$S_n = n \cdot \frac{a_1+a_n}{2}.$$

DIMOSTRAZIONE
Scriviamo per esteso la somma dei primi n termini della progressione e poi la stessa somma con i termini scritti in ordine inverso:

$$S_n = a_1 + a_2 + a_3 + \ldots + a_{n-2} + a_{n-1} + a_n$$
$$S_n = a_n + a_{n-1} + a_{n-2} + \ldots + a_3 + a_2 + a_1.$$

Sommiamo termine a termine i due membri delle uguaglianze:

$$2 \cdot S_n = (a_1+a_n) + (a_2+a_{n-1}) + (a_3+a_{n-2}) + \ldots + (a_{n-1}+a_2) + (a_n+a_1).$$

Abbiamo ottenuto le n somme dei termini equidistanti dagli estremi, che, per il teorema precedente, possiamo sostituire con a_1+a_n:

$$2 \cdot S_n = \underbrace{(a_1+a_n)+(a_1+a_n)+\ldots+(a_1+a_n)}_{n \text{ addendi}} = n \cdot (a_1+a_n) \quad \rightarrow$$

$$S_n = n \cdot \frac{a_1+a_n}{2}.$$

Animazione
Oltre alla dimostrazione del teorema, nell'animazione trovi la risoluzione dell'esercizio.

ESEMPIO

Calcoliamo la somma dei primi 10 termini della progressione aritmetica di primo termine 1 e ragione 2:

1, 3, 5, 7, 9, 11, 13, 15, 17, 19, …

Poiché $n = 10$, $a_1 = 1$, $a_{10} = 19$, calcoliamo S_{10}:

$$S_{10} = 10 \cdot \frac{1 + 19}{2} = 10 \cdot 10 = 10^2.$$

► Calcola la somma dei primi 6 termini della progressione aritmetica di primo termine 2 e ragione 3.

La progressione che abbiamo considerato nell'esempio è quella dei numeri dispari. In generale, **la somma dei primi n numeri dispari è uguale a n^2.**

7 Progressioni geometriche

► Esercizi a p. 1086

Consideriamo la successione:

4, 8, 16, 32, 64, …

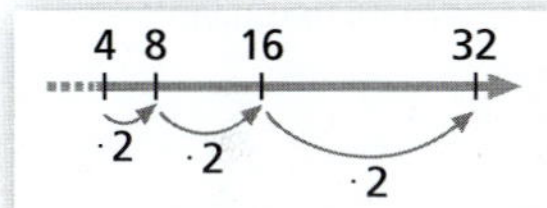

Osserviamo che ogni termine si ottiene dal precedente moltiplicandolo per 2. Disponendo i termini della successione su una retta, si può vedere che la distanza fra un termine e il suo successivo raddoppia a ogni passo. Possiamo anche dire che il quoziente fra ogni termine e il suo precedente è uguale a 2. Le successioni di questo tipo sono chiamate *progressioni geometriche*.

DEFINIZIONE

Una successione numerica è una **progressione geometrica** quando il quoziente fra ogni termine e il suo precedente è costante; il rapporto è la **ragione della progressione**.

Listen to it

A numerical sequence is a **geometric progression** if the ratio between any two consecutive terms is constant.

La ragione, che indichiamo con q, non può essere mai uguale a 0 e nemmeno i termini della progressione possono essere 0, perché non ha significato la divisione $\frac{n}{0}$.

Se consideriamo un numero finito di termini consecutivi di una progressione geometrica, il primo e l'ultimo termine sono detti **estremi** della progressione.

In una progressione geometrica di ragione q ogni termine si calcola da quello precedente moltiplicandolo per q, oppure dal successivo dividendolo per q:

$$\boldsymbol{a_n = q \cdot a_{n-1}} \quad \text{oppure} \quad \boldsymbol{a_n = \frac{a_{n+1}}{q}}.$$

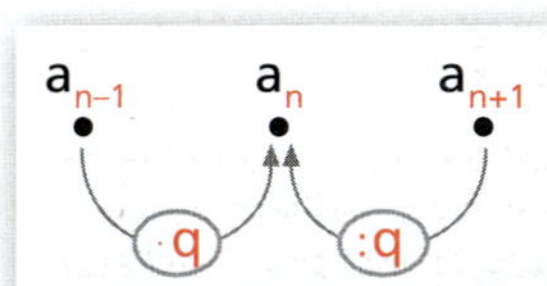

Possiamo dedurre da queste proprietà che in una progressione geometrica:

- se $q > 0$, i termini sono tutti **positivi** oppure tutti **negativi**;
- se $q < 0$, i termini sono **alternativamente** di **segno opposto**.

▶ Stabilisci se la successione

$24, 4, \frac{2}{3}, \frac{1}{9}, \frac{1}{54}, \ldots$

è una progressione geometrica.

ESEMPIO

1. $q > 0$. Date le progressioni geometriche, di ragione $q = 2$,

$$-6, \quad -12, \quad -24, \quad -48, \quad \ldots$$
$$6, \quad 12, \quad 24, \quad 48, \quad \ldots$$

nella prima i termini sono tutti negativi, nella seconda tutti positivi.

2. $q < 0$. Nella progressione geometrica, con $q = -2$,

$$-6, \quad 12, \quad -24, \quad 48, \quad \ldots$$

i termini sono alternativamente negativi e positivi.

Una progressione geometrica di ragione q positiva è:

- **crescente** se $q > 1$ e i termini sono positivi, oppure se $0 < q < 1$ e i termini sono negativi;
- **decrescente** se $0 < q < 1$ e i termini sono positivi, oppure se $q > 1$ e i termini sono negativi;
- **costante** se $q = 1$.

Se la ragione è negativa, la progressione geometrica ha segno alterno, per cui non è né crescente né decrescente.

▶ Fai un esempio di:
- progressione geometrica crescente di ragione 4;
- progressione geometrica decrescente a termini negativi.

Calcolo del termine a_n di una progressione geometrica

Consideriamo la progressione geometrica di ragione 3 e primo termine 2. Qual è il valore del quinto termine?

Per rispondere alla domanda possiamo calcolare i termini della progressione fino ad a_5 utilizzando il primo termine e la ragione.

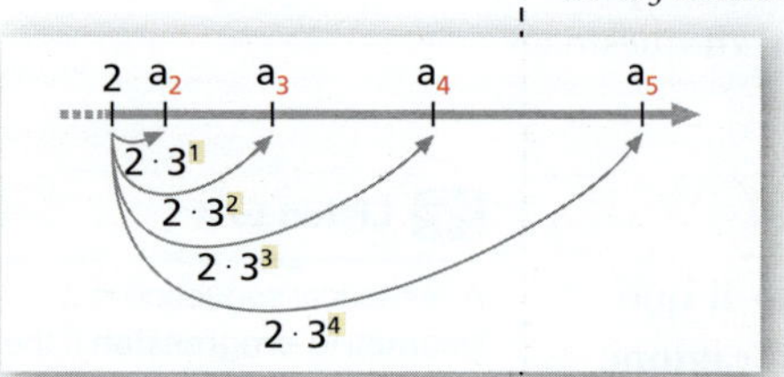

	In simboli:
$a_1 = 2$	
$a_2 = 2 \cdot 3$	$a_2 = a_1 \cdot q$
$a_3 = (2 \cdot 3) \cdot 3 = 2 \cdot 3^2$	$a_3 = a_1 \cdot q^2$
$a_4 = (2 \cdot 3^2) \cdot 3 = 2 \cdot 3^3$	$a_4 = a_1 \cdot q^3$
$a_5 = (2 \cdot 3^3) \cdot 3 = 2 \cdot 3^4$	$a_5 = a_1 \cdot q^4$

Il quinto termine è $2 \cdot 3^4 = 162$. La progressione è 2, 6, 18, 54, 162, …

Vale il seguente teorema.

TEOREMA

In una progressione geometrica il termine a_n è uguale al prodotto del primo termine a_1 per la potenza della ragione con esponente $(n - 1)$:

$$\boldsymbol{a_n = a_1 \cdot q^{n-1}}, \text{ con } n \geq 1.$$

DIMOSTRAZIONE

In una progressione geometrica ogni termine è uguale al prodotto del precedente per la ragione q:

$$a_2 = a_1 \cdot q, \quad a_3 = a_2 \cdot q, \quad a_4 = a_3 \cdot q, \quad \ldots, \quad a_n = a_{n-1} \cdot q.$$

Moltiplichiamo membro a membro le $n - 1$ uguaglianze, e semplifichiamo:

$$\cancel{a_2} \cdot \cancel{a_3} \cdot \cancel{a_4} \cdot \ldots \cdot a_n = a_1 \cdot \cancel{a_2} \cdot \cancel{a_3} \cdot \ldots \cdot \cancel{a_{n-1}} \cdot \underbrace{q \cdot q \cdot \ldots \cdot q}_{n-1 \text{ termini}},$$

da cui $a_n = a_1 \cdot q^{n-1}$.

Partendo dalla formula $a_n = a_1 \cdot q^{n-1}$, si può ricavare ciascuno dei valori a_n, a_1, q, n, noti gli altri tre.

Animazione

Oltre alla dimostrazione, nell'animazione trovi la risoluzione di tre esercizi.

ESEMPIO

1. Calcoliamo il primo termine della progressione geometrica di ragione 3, sapendo che il settimo termine vale 3645. Poiché $q = 3$, $n = 7$, $a_n = 3645$:

   $$3645 = a_1 \cdot 3^6 \to 5 \cdot 3^6 = a_1 \cdot 3^6 \to a_1 = 5.$$

   La progressione è: 5, 15, 45, 135, 405, 1215, 3645, …

2. Calcoliamo la ragione della progressione geometrica di primo termine 1 e quarto termine 64. I dati sono: $a_1 = 1$; $a_n = 64$; $n = 4$.

   $$64 = 1 \cdot q^3 \to q = 4.$$

   La progressione è: 1, 4, 16, 64, …

3. Consideriamo ora la progressione geometrica di primo termine 1 e quinto termine 16. Ricaviamo q: $16 = 1 \cdot q^4 \to q = \pm 2$.
   Scriviamo i primi cinque termini delle progressioni con $a_1 = 1$ e ragione $q = 2$ o $q = -2$: 1, 2, 4, 8, 16, … oppure 1, -2, 4, -8, 16, …

Somma di termini consecutivi di una progressione geometrica

TEOREMA

La somma S_n dei primi n termini di una progressione geometrica di ragione q diversa da 1 è:

$$\boldsymbol{S_n = a_1 \cdot \frac{q^n - 1}{q - 1}}.$$

DIMOSTRAZIONE

Scriviamo la somma S_n dei primi n termini della progressione:

$$S_n = a_1 + a_2 + a_3 + \ldots + a_n.$$

Poiché $a_n = a_1 \cdot q^{n-1}$, abbiamo: $S_n = a_1 + a_1 \cdot q + a_1 \cdot q^2 + \ldots + a_1 \cdot q^{n-1}$.

Moltiplichiamo S_n e il secondo membro per la ragione q:

$$S_n \cdot q = a_1 \cdot q + a_1 \cdot q^2 + a_1 \cdot q^3 + \ldots + a_1 \cdot q^n.$$

Eseguiamo la sottrazione membro a membro fra quest'ultima uguaglianza e la precedente:

$$S_n \cdot q - S_n = \cancel{a_1 \cdot q} + \cancel{a_1 \cdot q^2} + \ldots + \cancel{a_1 \cdot q^{n-1}} + a_1 \cdot q^n +$$
$$- a_1 - \cancel{a_1 \cdot q} - \cancel{a_1 \cdot q^2} - \ldots - \cancel{a_1 \cdot q^{n-1}}$$

Eliminando i termini opposti otteniamo:

$$S_n \cdot q - S_n = a_1 \cdot q^n - a_1 \to S_n \cdot (q - 1) = a_1 \cdot (q^n - 1).$$

Essendo $q \neq 1$ per ipotesi, dividiamo entrambi i membri per $(q - 1)$:

$$S_n = a_1 \cdot \frac{q^n - 1}{q - 1}.$$

ESEMPIO

Calcoliamo la somma dei primi 5 termini della progressione geometrica

2, 8, 32, 128, 512, …

Poiché $q = 4$, $a_1 = 2$, calcoliamo S_5: $S_5 = 2 \cdot \frac{4^5 - 1}{4 - 1} = 2 \cdot \frac{1024 - 1}{3} = 682.$

MATEMATICA E INDOVINELLI

La strada per Camogli Un celebre indovinello recita: «Per la strada che porta a Camogli / passava un uomo con sette mogli. / Ogni moglie aveva sette sacchi, / in ogni sacco sette gatti, / ogni gatto sette gattini. / Fra gatti, gattini, sacchi e mogli / in quanti andavano a Camogli?».

▶ Qual è la risposta all'indovinello?

La risposta

Animazione

Oltre alla dimostrazione, nell'animazione c'è la risoluzione dell'esercizio qui sotto.

▶ Calcola la somma dei primi 5 termini della progressione geometrica di primo termine 4 e ragione 3.

IN SINTESI
Funzioni, successioni e loro proprietà

Funzioni reali di variabile reale

- **Dominio naturale**: è il più ampio sottoinsieme di $\mathbb{R}$ che può essere preso come dominio. È costituito da tutti i valori per i quali esiste l'espressione analitica che definisce la funzione.
- **Codominio** o **immagine**: è il sottoinsieme di $\mathbb{R}$ costituito dalle immagini degli elementi del dominio.
- $y = f(x)$ e $y = g(x)$ sono **funzioni uguali** se hanno lo stesso dominio D e $f(x) = g(x)$ per ogni $x \in D$.

Proprietà delle funzioni

- Una funzione da A a B è:
  - **iniettiva** se due qualunque elementi *distinti* di A hanno immagini distinte in B;
  - **suriettiva** se *tutti* gli elementi di B sono immagini di almeno un elemento di A;
  - **biiettiva** (o biunivoca) se è iniettiva e suriettiva.
- Una funzione $y = f(x)$, di dominio D, è:
  - **crescente in senso stretto** in un intervallo $I \subseteq D$, se $\forall x_1, x_2 \in I$, con $x_1 < x_2$, risulta $f(x_1) < f(x_2)$;
  - **decrescente in senso stretto** in un intervallo $I \subseteq D$, se $\forall x_1, x_2 \in I$, con $x_1 < x_2$, risulta $f(x_1) > f(x_2)$.
  - **monotòna** in un intervallo $I \subseteq D$ se in esso è sempre crescente o sempre decrescente.
- Una funzione $y = f(x)$ è **periodica** di periodo T se: $f(x) = f(x + kT)$, $\forall k \in \mathbb{Z}$, con $T > 0$.
- $y = f(x)$, definita in $D \subseteq \mathbb{R}$, è:
  pari se $f(-x) = f(x)$, $\forall x \in D$; **dispari** se $f(-x) = -f(x)$, $\forall x \in D$.

Funzione inversa e funzione composta

- Una funzione f ammette la **funzione inversa** f^{-1} se e solo se è biunivoca.
  $a = f^{-1}(b) \quad \leftrightarrow \quad b = f(a)$
  Il grafico di una funzione e quello della sua inversa sono simmetrici rispetto alla bisettrice del primo e terzo quadrante.
- Date le funzioni f e g, la **funzione composta** $g \circ f$ associa a ogni x del dominio di f che ha immagine $f(x)$ nel dominio di g il valore $y = g[f(x)]$.

Successioni numeriche e progressioni

- **Successione numerica**: è una funzione $a_n = f(n)$.
  n si chiama **indice della successione** e a_n **termine della successione**.
- Una successione a_n è una **progressione aritmetica di ragione d** se $a_{n+1} - a_n = d, \forall n \in \mathbb{N}$.
  - In una progressione aritmetica $a_n = a_1 + (n-1) \cdot d$, con $n \geq 1$.
  - La somma S_n dei primi n termini di una progressione aritmetica è: $S_n = n \cdot \dfrac{a_1 + a_n}{2}$.
- Una successione a_n è una **progressione geometrica di ragione q** se $\dfrac{a_{n+1}}{a_n} = q, \forall n \in \mathbb{N}$.
  - In una progressione geometrica $a_n = a_1 \cdot q^{n-1}$, con $n \geq 1$.
  - La somma S_n dei primi n termini di una progressione geometrica, di ragione $q \neq 1$, è:

$$S_n = a_1 \cdot \frac{q^n - 1}{q - 1} = a_1 \cdot \frac{1 - q^n}{1 - q}.$$

CAPITOLO 21
ESERCIZI

1 Funzioni reali di variabile reale

Definizione di funzione

► Teoria a p. 1036

1 LEGGI IL GRAFICO Quali dei seguenti grafici rappresentano una funzione?

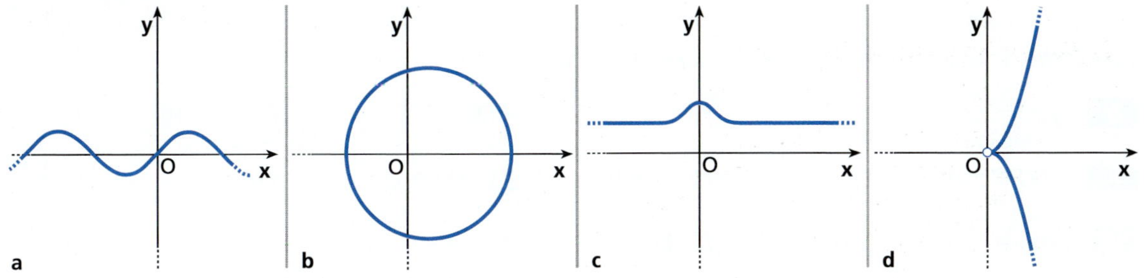

2 Indica il motivo per cui ciascuna delle seguenti scritture non può rappresentare una funzione.

a. $y = 1 - \ln(-\sqrt{x})$ b. $x^2 + y^2 = 9$ c. $x = 6$ d. $y = \begin{cases} x - 1 & \text{se } x \leq 0 \\ x^2 + 3 & \text{se } x \geq 0 \end{cases}$

3 Quale delle seguenti scritture rappresenta una funzione?

$x^2 = y^3 + 1$ $x = y^2 - 4$ $xy = x + 1$ $y^2 = x^2 - 1$

4 Traccia i grafici corrispondenti alle seguenti equazioni:

a. $y = x - 1$; b. $x^2 + y^2 = 4$; c. $y = x^2 - 2x$.

Quali di queste equazioni rappresentano una funzione?

LEGGI IL GRAFICO

5 Deduci dal grafico il dominio delle seguenti funzioni.

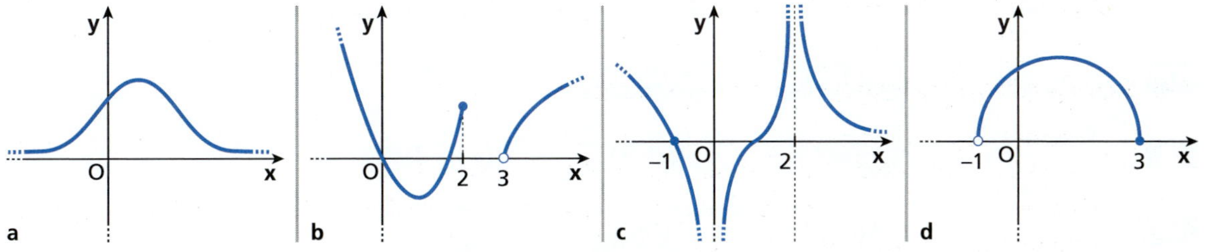

6 Indica dominio e insieme immagine delle funzioni osservando il loro grafico.

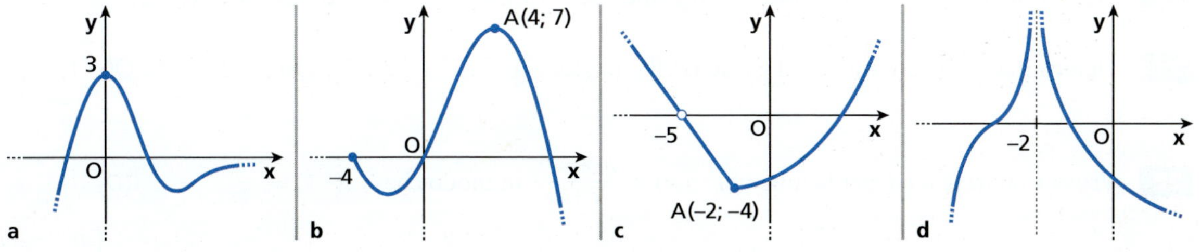

ESERCIZI

7 ●○

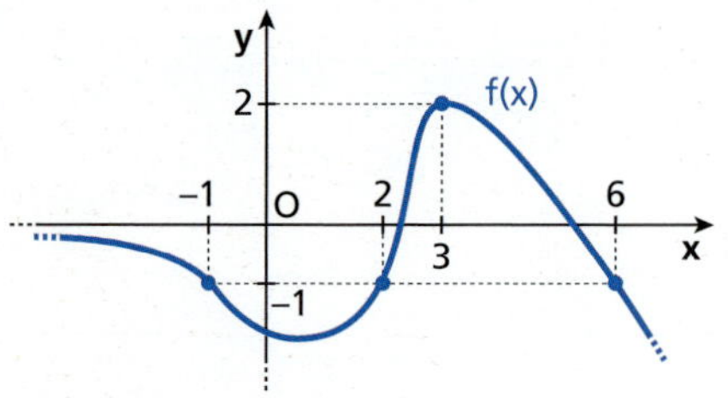

Dal grafico deduci:

a. il dominio e l'insieme immagine della funzione;
b. l'immagine di 3;
c. le controimmagini di -1.

COMPLETA le uguaglianze per ogni funzione assegnata.

8 ●○ $f(x)=5x-2$; $f(0)=\square$, $f(3)=\square$, $f(\square)=10$, $f(\square)=-12$.

9 ●○ $f(x)=-6x^2$; $f(\square)=0$, $f(-2)=\square$, $f(2)=\square$, $f\left(\frac{1}{2}\right)=\square$.

10 ●○ $f(x)=\frac{3-4x}{x^2+1}$; $f(-1)=\square$, $f(\square)=4$, $f(0)=\square$, $f(\square)=3$.

11 ●○ $f(x)=2^{x-1}+2$; $f(\square)=\frac{5}{2}$, $f(\square)=3$, $f(3)=\square$, $f(-2)=\square$.

12 ●○ $f(x)=2\ln x-1$; $f(1)=\square$, $f(e)=\square$, $f(\square)=-3$, $f(\square)=3$.

Per ogni funzione calcola, se esistono, i valori indicati a fianco.

13 ●○ $f(x)=\frac{x^2-1}{\sqrt{x}}$; $f(0)$, $f(-1)$, $f(4)$, $f(1)$, $f(1-x)$.

14 ●○ $f(x)=\frac{x-4}{\sqrt{\ln x}}$; $f(4)$, $f(1)$, $f(e)$, $f(x+4)$.

15 ●● $f(x)=\frac{x^2-1}{x}$; $f(-x)$, $f(3x)$, $3f(x)$, $f(x^2)$, $f^2(x)$.

16 ●● $f(x)=\sqrt{x-1}$; $f(2)$, $-f(-x)$, $f(x^2+1)$, $f(x+1)$.

Data la funzione $y=f(x)$, indica quali tra i punti dati appartengono al suo grafico.

17 ●○ $y=x^2-4x-1$; $A(1;-4)$, $B(0;-1)$, $C(-1;2)$.

18 ●○ $y=\frac{x^3+1}{x}$; $P(2;1)$, $Q(1;2)$, $R(-1;-2)$.

19 ●○ $y=e^{2x}-1$; $A(0;-1)$, $B(0;0)$, $C\left(\frac{1}{2};e\right)$.

20 ●○ Determina il valore di a in modo che il grafico della funzione $y=ax-8$ passi per $A(1;2)$. $[a=10]$

21 ●● Determina a e b in modo che il grafico della funzione $y=ax^2+bx+2$ passi per $P(1;3)$ e $Q(-1;-1)$. $[a=-1, b=2]$

22 ●● Trova i valori di a e b per la funzione $f(x)=\frac{ax^2-2}{x+b}$ in modo che $f(-1)=-\frac{4}{5}$ e $f(0)=-\frac{1}{3}$. $[a=-2, b=6]$

23 ●○ REALTÀ E MODELLI **Tra domanda e offerta** Un consulente analizza il modello di marketing di una piccola azienda agricola che vende pomodori. Il consulente trova che la domanda di pomodori sul mercato segue la funzione $q_1 = \frac{600}{p}$, mentre l'offerta è descritta dalla funzione $q_2 = 2p - 40$. In questi modelli, p è il prezzo al quintale dei pomodori.

a. Rappresenta le due funzioni, indicando dominio e insieme immagine.

b. Calcola il prezzo di equilibrio che porta domanda e offerta ad assumere lo stesso valore. [b) $p = 30$ €/q]

Classificazione delle funzioni

24 ●○ Scrivi le seguenti funzioni in forma esplicita e classificale.

a. $x^2 - 2xy + 1 = 0$ c. $y \sin x + y - 1 = 0$ e. $2^y + 1 - x = 0$

b. $x + 2\ln y - 5 = 0$ d. $2xy + y - x - 1 = 0$ f. $xy^3 - 4 = 0$

Esplicita le seguenti equazioni rispetto alla variabile *y* e indica le condizioni di esistenza di *y*.

25 ●○ $4x^2 + y^2 - 16 = 0$

26 ●○ $3x^2 - 4y^2 + x - y = 0$

---

27 ●○ YOU & MATHS For each function in the first row, select the adjective that best describes it.

a. $y = \frac{3}{4}$ b. $y = \log_3 2x$ c. $y = 4^x$ d. $y = \frac{1}{5}\tan x$

1. trigonometric 2. exponential 3. logarithmic 4. constant

28 ●○ Indica, tra le seguenti funzioni, quali sono razionali (intere o fratte), irrazionali, trascendenti.

$y = \frac{\sqrt{x^2}}{x-1}$, $y = \tan x + 2$, $y = \frac{x^4+1}{x-3}$, $y = \frac{\sqrt{x+1}}{x}$, $y = \frac{1}{x + \sin x}$.

Funzioni definite a tratti

LEGGI IL GRAFICO

29 ●○ Dal grafico deduci:

a. il dominio e l'immagine della funzione;

b. $f(-4), f(0), f(3), f\left(\frac{1}{2}\right)$;

c. l'equazione di $y = f(x)$.

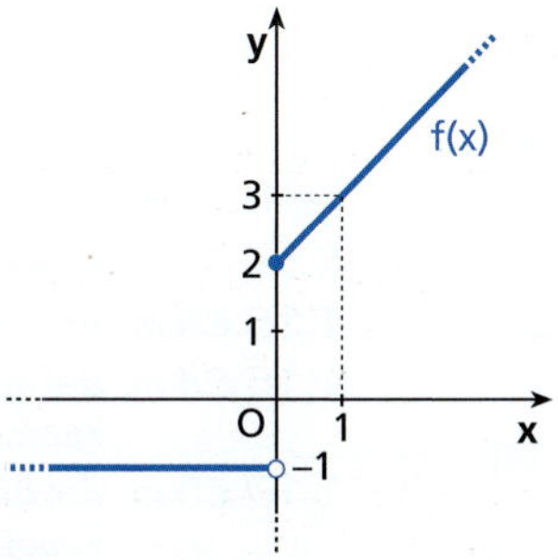

30 ●○ Osservando il grafico della figura determina:

a. il dominio e l'immagine della funzione;

b. l'equazione di $f(x)$ che, per $x \leq 1$, è rappresentata da un arco di parabola con vertice sull'asse y;

c. $f(1), f(2), f(-1), f(0), f(-2), f(3)$.

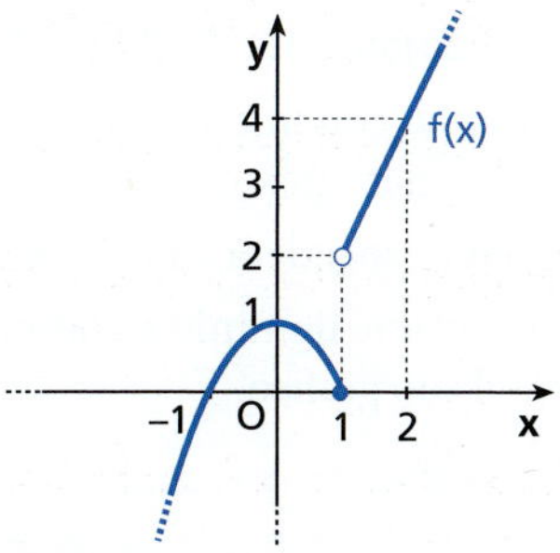

31 Considera la funzione:

$$f(x)=\begin{cases}-2 & \text{se } x<-1\\ 4x-3 & \text{se } x\geq -1\end{cases}.$$

Calcola $f(-10)$, $f(-2)$, $f(-1)$, $f(0)$, $f(2)$, e trova per quali valori di x si ha $f(x)=5$.

32 È data la funzione:

$$f(x)=\begin{cases}x & \text{se } -3\leq x\leq 1\\ 4x^2+4x & \text{se } x>1\end{cases}.$$

a. Trova $f(-4)$, $f(-3)$, $f(0)$, $f(1)$, $f(2)$.

b. Calcola per quali valori di x si ha $f(x)=-1$ e per quelli per cui $f(x)=0$.

---

33 Disegna il grafico della seguente funzione.

$$f(x)=\begin{cases}x-2 & \text{se } x>2\\ x^2-4 & \text{se } x\leq 2\end{cases}$$

Calcola $f(-4)$, $f(0)$, $f(2)$, $f(3)$ e deduci dal grafico l'immagine di $f(x)$.

34 Disegna il grafico della seguente funzione.

$$f(x)=\begin{cases}x+4 & \text{se } x<-1\\ 2^{x-1} & \text{se } x\geq -1\end{cases}$$

Calcola $f(-5)$, $f(-1)$, $f(0)$, $f(2)$ e indica l'immagine di $f(x)$. Trova poi per quali valori di x si ha $f(x)=8$ e $f(x)=-4$.

35 Scrivi $f(x)=|x-2|$ come funzione definita a tratti. Calcola $f(3)$ e $f(1)$, poi disegna il grafico della funzione.

36 Disegna il grafico della funzione $f(x)=\begin{cases}\dfrac{1}{x} & \text{se } x<1\\ x^2-5x+6 & \text{se } x\geq 1\end{cases}$.

Trova l'immagine di $f(x)$ e calcola $f(-1)$, $f(1)$, $f(3)$. Determina per quali valori di x si ha $f(x)=-3$.

37 Disegna il grafico della funzione $f(x)=\begin{cases}x+2 & \text{se } x<-2\\ x^2+2x & \text{se } -2\leq x<0\\ 2 & \text{se } x\geq 0\end{cases}$.

Determina l'immagine di $f(x)$ e calcola $f(-4)$, $f(-1)$, $f(0)$, $f(3)$. Trova poi per quali valori di x si ha $f(x)=-1$.

38 Disegna il grafico della funzione $f(x)=\begin{cases}|x|+1 & \text{se } -2\leq x<1\\ \log_{\frac{1}{2}} x & \text{se } x\geq 1\end{cases}$.

Trova l'immagine di $f(x)$ e calcola $f(-1)$, $f(0)$, $f(1)$, $f(2)$. Determina per quali valori di x si ha $f(x)=-3$ e $f(x)=2$.

39 REALTÀ E MODELLI **Taxi in… funzione!** Alice chiama un taxi per andare in aeroporto.

a. Descrivi con una funzione come varia la tariffa del taxi in base ai kilometri percorsi.

b. Quanto spenderà Alice, che si trova a 18 km dall'aeroporto?

c. Determina dominio e codominio della funzione trovata e traccia il suo grafico.

[b) € 23,50]

tariffe feriali diurne:

€ 3,00	diritto di chiamata
1,20 €/km	per i primi 4 km
1,15 €/km	dal quarto al decimo kilometro
1,10 €/km	dal decimo kilometro in poi

Dominio di una funzione

▶ Teoria a p. 1037

40 TEST Una sola delle seguenti funzioni *non* è definita per ogni $x \in \mathbb{R}$. Quale?

A $y = \dfrac{1}{x^2+4}$ B $y = \sqrt[3]{x-1}$ C $y = x^2 - 4x$ D $y = \dfrac{1}{x^2+2x}$ E $y = \sqrt{x^2+1}$

41 LEGGI IL GRAFICO Indica il dominio delle seguenti funzioni.

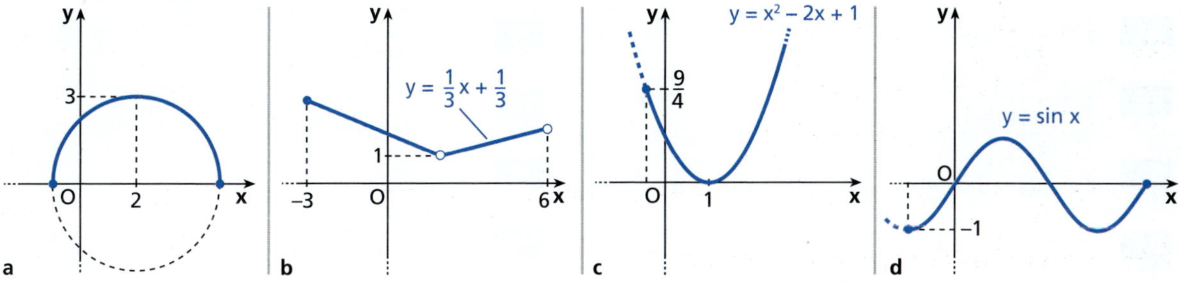

42 ASSOCIA ogni funzione al proprio dominio.

a. $y = \dfrac{2}{x^2-x}$ b. $y = \dfrac{1}{\sqrt{x-1}}$ c. $y = x^2 - 1$ d. $y = \dfrac{1}{x+|x|}$ e. $y = \dfrac{1}{x^3+x}$

1. $\mathbb{R}$ 2. $x \neq 0$ 3. $x \neq 0 \wedge x \neq 1$ 4. $x > 1$ 5. $x > 0$

Funzioni algebriche

43 ESERCIZIO GUIDA Determiniamo il dominio delle seguenti funzioni:

a. $y = \dfrac{x^2-1}{x^3-9x}$; b. $y = \sqrt{\dfrac{x+2}{x^2-6x+5}}$.

a. L'espressione esiste solo se il denominatore è non nullo:

$x^3 - 9x \neq 0 \quad \to \quad x(x^2-9) \neq 0.$

Dominio: $x \neq 0 \wedge x \neq 3 \wedge x \neq -3$.

b. L'indice della radice è pari, quindi y esiste soltanto se:

$$\frac{x+2}{x^2-6x+5} \geq 0.$$

Studiamo il segno del numeratore e del denominatore:

$x + 2 > 0 \quad$ per $\quad x > -2$;

$x^2 - 6x + 5 > 0 \quad$ per $\quad x < 1 \vee x > 5$.

Compiliamo il quadro dei segni.

		−2		1		5	
Segno di N	−	0	+		+		+
Segno di D	+		+	0	−	0	+
Segno di $\frac{N}{D}$	−	0	+	∄	−	∄	+

Dominio: $-2 \leq x < 1 \vee x > 5$.

Determina il dominio delle seguenti funzioni.

44 AL VOLO

$y = \dfrac{1}{4x}$ $y = 2x^3 - x$ $y = \dfrac{1}{x^2+4}$ $y = \sqrt{x+6}$

45 $y = x^3 - 4x$ $[\mathbb{R}]$

46 $y = 4 - \dfrac{x}{3}$ $[\mathbb{R}]$

47 $y=\frac{1}{x}+x$ $[x\neq 0]$

48 $y=\frac{x^2-3x+1}{x+2}$ $[x\neq -2]$

49 $y=\sqrt{3}\,x^2-1$ $[\mathbb{R}]$

50 $y=x^2-\frac{1}{2x}$ $[x\neq 0]$

51 $y=\frac{1}{(x-5)^2}$ $[x\neq 5]$

52 $y=\frac{5}{x(x+4)}$ $[x\neq 0 \wedge x\neq -4]$

53 $y=\frac{3+x}{4x-5}$ $\left[x\neq \frac{5}{4}\right]$

54 $y=\frac{2x-7}{x}$ $[x\neq 0]$

55 $y=\frac{4x}{x^2+x+17}$ $[\mathbb{R}]$

56 $y=\frac{3x^2+12}{x-1}$ $[x\neq 1]$

57 $y=\frac{x-1}{x^2(x+8)}$ $[x\neq 0 \wedge x\neq -8]$

58 $y=\frac{x-2}{x^2-4x+4}$ $[x\neq 2]$

59 $y=\frac{x^2-9}{x+3}$ $[x\neq -3]$

60 $y=\frac{|x|}{x^2+2}$ $[\mathbb{R}]$

61 $y=\frac{x-5}{x^2-25}$ $[x\neq \pm 5]$

62 $y=\frac{x-1}{x^2-4x}$ $[x\neq 0 \wedge x\neq 4]$

63 $y=\frac{x}{2x^2-5x-3}$ $\left[x\neq -\frac{1}{2} \wedge x\neq 3\right]$

64 $y=\frac{1}{(2x^2-4x)(x+5)}$ $[x\neq 0 \wedge x\neq 2 \wedge x\neq -5]$

65 $y=\frac{2x-1}{x^3+4x^2-2x-8}$ $[x\neq \pm\sqrt{2} \wedge x\neq -4]$

66 $y=\frac{1}{|x-2|+2}$ $[\mathbb{R}]$

67 $y=\frac{2x}{x^2-x^3+4x-4}$ $[x\neq \pm 2 \wedge x\neq 1]$

68 $y=\frac{5}{\left(2-\frac{1}{x}\right)(4-x^2)}$ $\left[x\neq 0 \wedge x\neq \frac{1}{2} \wedge x\neq \pm 2\right]$

69 $y=\frac{x}{x^3-2x^2+x}$ $[x\neq 0 \wedge x\neq 1]$

70 $y=\frac{1-4x}{x^3-2x^2-9x+18}$ $[x\neq 2 \wedge x\neq \pm 3]$

71 $y=\frac{x}{x^3-3x^2+2x-6}$ $[x\neq 3]$

72 $y=\frac{x-3}{x^4-3x^2+2}$ $[x\neq \pm\sqrt{2} \wedge x\neq \pm 1]$

73 $y=\frac{x+5}{x^3+x^2-2x}$ $[x\neq -2 \wedge x\neq 0 \wedge x\neq 1]$

74 $y=\frac{1}{x^3-4x^2+4x}$ $[x\neq 0 \wedge x\neq 2]$

75 $y=\frac{1}{|x-1|-3}$ $[x\neq -2 \wedge x\neq 4]$

76 $y=\frac{x^2-1}{x^3+3x^2-4x-12}$ $[x\neq -3 \wedge x\neq \pm 2]$

77 $y=\frac{2+x}{x-|x|}$ $[x<0]$

78 $y=\frac{4x}{4x^2-4x-3}$ $\left[x\neq -\frac{1}{2} \wedge x\neq \frac{3}{2}\right]$

79 $y=\frac{3+x}{(9-x^2)(x^2+2x+3)}$ $[x\neq \pm 3]$

80 $y=\frac{x-1}{x^2-4|x|}$ $[x\neq 0 \wedge x\neq \pm 4]$

81 $y=\sqrt{x-6}$ $[x>6]$

82 $y=-\sqrt{5-x}$ $[x\leq 5]$

83 $y=-\sqrt{-x}$ $[x\leq 0]$

84 $y=\sqrt{x^2+4}+\frac{1}{x+3}$ $[x\neq -3]$

85 $y=\frac{2}{\sqrt{x^2+2}}$ $[\mathbb{R}]$

86 $y=\sqrt{\frac{x-1}{x}}$ $[x<0 \vee x\geq 1]$

87 $y=\frac{\sqrt{x-1}}{\sqrt{x}}$ $[x\geq 1]$

88 $y=\sqrt[3]{\frac{x-1}{x}}$ $[x\neq 0]$

89 $y=\sqrt{4x-x^2}$ $[0\leq x\leq 4]$

90 $y=\frac{1-x}{\sqrt{x^2+10}}$ $[\mathbb{R}]$

91 $y=\sqrt{x^2+9x}$ $[x\leq -9 \vee x\geq 0]$

92 $y=\sqrt{x^3+6x}$ $[x\geq 0]$

93 $y=\frac{3x}{\sqrt{x^2-16}}$ $[x<-4 \vee x>4]$

94 $y=\sqrt{2x}-\sqrt{3-x}$ $[0\leq x\leq 3]$

95 $y=\frac{\sqrt{4-2x}}{\sqrt{1-x}}$ $[x<1]$

96 $y=\sqrt[3]{x^2-x-1}$ $[\mathbb{R}]$

97 $y=\dfrac{\sqrt{x}}{4x^2-3x}$ $\left[x>0 \wedge x\neq \frac{3}{4}\right]$

98 $y=\sqrt{\dfrac{-2x}{x^2+4x+4}}$ $[x\leq 0 \wedge x\neq -2]$

99 $y=\sqrt{\dfrac{2x^2+x-1}{x-1}}$ $\left[-1\leq x\leq \frac{1}{2} \vee x>1\right]$

100 $y=\sqrt{\dfrac{x^2-1}{x}}$ $[-1\leq x<0 \vee x\geq 1]$

101 $y=\sqrt{2x-1}+\sqrt{4-x}$ $\left[\frac{1}{2}\leq x\leq 4\right]$

102 $y=\dfrac{2}{\sqrt{1-3x}}+\sqrt{1-x^2}$ $\left[-1\leq x<\frac{1}{3}\right]$

103 $y=\sqrt{\dfrac{6+x}{9x-x^2}}$ $[x\leq -6 \ \vee \ 0<x<9]$

104 $y=\dfrac{\sqrt{x+6}}{x^2}$ $[x\geq -6 \ \wedge \ x\neq 0]$

105 $y=\dfrac{2x}{\sqrt[3]{x^2-2x}}$ $[x\neq 0 \wedge x\neq 2]$

106 $y=\sqrt{\dfrac{x-3}{3x-5}}$ $\left[x<\frac{5}{3} \vee x\geq 3\right]$

107 $y=\sqrt{13x-4-3x^2}$ $\left[\frac{1}{3}\leq x\leq 4\right]$

108 $y=\sqrt{\dfrac{x^2-4x}{x^2-5x+4}}$ $[x\leq 0 \vee 1<x<4 \vee x>4]$

109 $y=\sqrt{|x|-1}$ $[x\leq -1 \vee x\geq 1]$

110 $y=\sqrt{\dfrac{x^3}{x-1}}$ $[x\leq 0 \vee x>1]$

111 $y=\dfrac{\sqrt{1-x^5}}{x^2-x}$ $[x<1 \wedge x\neq 0]$

112 $y=\sqrt{\dfrac{x-1}{2x^3-5x^2+2x}}$ $\left[x<0 \vee \frac{1}{2}<x\leq 1 \vee x>2\right]$

113 $y=\dfrac{\sqrt{x^2-6x+8}}{|x|}$ $[(x\leq 2 \wedge x\neq 0) \vee x\geq 4]$

114 $y=\dfrac{1}{\sqrt[7]{x^2-2x-8}}$ $[x\neq -2 \wedge x\neq 4]$

115 $y=\sqrt[3]{\dfrac{1}{|x|-2}}+\dfrac{2}{x-4}$ $[x\neq \pm 2 \wedge x\neq 4]$

116 $y=\sqrt{\dfrac{|x|}{x-1}}+\sqrt{x^2-9}$ $[x\geq 3]$

117 $y=\sqrt{\dfrac{2x^2-x-1}{6x+3}}$ $[x\geq 1]$

118 $y=\dfrac{1}{\sqrt{x^2-5x+6}}+\dfrac{1}{\sqrt{x-1}}$ $[1<x<2 \vee x>3]$

119 $y=\dfrac{\sqrt{16-x^2}}{\sqrt{2x-1}}$ $\left[\frac{1}{2}<x\leq 4\right]$

120 $y=\dfrac{1}{\sqrt{x}-\sqrt{x^2-2}}$ $[x\geq \sqrt{2} \wedge x\neq 2]$

121 $y=\dfrac{\sqrt{x}}{|x-1|+|x^2-x|}$ $[x\geq 0 \wedge x\neq 1]$

122 $y=\dfrac{1}{\sqrt{x^2(x+1)}}+\dfrac{1}{\sqrt{|x-1|}}$ $[x>-1 \wedge x\neq 0 \wedge x\neq 1]$

123 $y=\dfrac{1}{\sqrt{x+3}-2x}$ $[x\geq -3 \wedge x\neq 1]$

---

124 YOU & MATHS Determine the domain of the following functions:

a. $f(x)=\sqrt{4-x^2}$; **b.** $f(x)=\dfrac{1}{\sqrt[3]{x-6}}$.

(USA *Southern Illinois University Carbondale*, Final Exam)

$[a)\ -2\leq x\leq 2;\ b)\ x\neq 6]$

Funzioni trascendenti con esponenziali e logaritmi

125 TEST Solo una delle seguenti funzioni non ha dominio $\mathbb{R}$. Quale?

A $y=2^{x-4}$

B $y=\ln(x^2+1)$

C $y=\dfrac{1}{\sqrt{x^4+4x^2}}$

D $y=\sqrt[3]{x-1}$

E $y=\dfrac{1}{e^{x-1}}$

126 ESERCIZIO GUIDA Determiniamo il dominio di:

a. $y=e^{\frac{1}{x^4-x^2}}$; **b.** $y=\dfrac{x}{\ln x-1}$.

ESERCIZI

a. L'esponente di e può essere qualsiasi numero reale. L'unica condizione che dobbiamo porre riguarda dunque l'esistenza della frazione: il denominatore deve essere non nullo.

$x^4 - x^2 \neq 0 \quad \rightarrow \quad x^2(x^2-1) \neq 0$

Dominio: $x \neq 0 \wedge x \neq 1 \wedge x \neq -1$.

b. Per l'esistenza di $\ln x$ deve essere $x > 0$.

Per l'esistenza della frazione deve essere: $\ln x - 1 \neq 0 \rightarrow \ln x \neq \ln e \rightarrow x \neq e$.

Dominio: $x > 0 \wedge x \neq e$.

Determina il dominio delle seguenti funzioni.

127 $y = e^{3x} + 1$ $[\mathbb{R}]$

128 $y = \sqrt{3^{x-1}}$ $[\mathbb{R}]$

129 $y = \ln(x-2)$ $[x > 2]$

130 $y = e^{\sqrt{x}}$ $[x \geq 0]$

131 $y = \ln(x+8)$ $[x > -8]$

132 $y = \ln\sqrt{x}$ $[x > 0]$

133 $y = \ln(x^2+1)$ $[\mathbb{R}]$

134 $y = \ln(1+2x+x^2)$ $[x \neq -1]$

135 $y = e^{\frac{1}{x}}$ $[x \neq 0]$

136 $y = \dfrac{1}{e^{2x}}$ $[\mathbb{R}]$

137 $y = \sqrt{-\ln x}$ $[0 < x \leq 1]$

138 $y = 4^{\ln x^2}$ $[x \neq 0]$

139 $y = \ln(x^2 - 4x - 12)$ $[x < -2 \vee x > 6]$

140 $y = \ln(x^2-4)$ $[x < -2 \vee x > 2]$

141 $y = \ln(3x) - x^2$ $[x > 0]$

142 $y = \dfrac{4\ln x}{x+4}$ $[x > 0]$

143 $y = 3^{\frac{x}{5-x}}$ $[x \neq 5]$

144 $y = e^{\ln x}$ $[x > 0]$

145 $y = \dfrac{1}{5^x - 1}$ $[x \neq 0]$

146 $y = 3\ln(x+7)^2$ $[x \neq -7]$

147 $y = 1 + \sqrt{4^{x-2}}$ $[\mathbb{R}]$

148 $y = (1-2x)\,e^{-2x}$ $[\mathbb{R}]$

149 $y = \dfrac{\ln x}{\sqrt{x-5}}$ $[x > 5]$

150 $y = \dfrac{1}{\ln x + 1}$ $\left[x > 0 \wedge x \neq \frac{1}{e}\right]$

151 $y = 2^{\sqrt{\frac{x}{x-3}}}$ $[x \leq 0 \vee x > 3]$

152 $y = 3^{\sqrt{x^2-4}} + \dfrac{1}{6+x}$ $[x \leq -2 \vee x \geq 2 \wedge x \neq -6]$

153 $y = \dfrac{1}{2\ln x - 2}$ $[x > 0 \wedge x \neq e]$

154 $y = \sqrt{\ln(x+3)}$ $[x \geq -2]$

155 $y = \dfrac{1}{e^{x+2} - 1}$ $[x \neq -2]$

156 $y = \dfrac{\ln^2 x}{1 - \ln x}$ $[x > 0 \wedge x \neq e]$

157 $y = \ln(\ln x)$ $[x > 1]$

158 $y = 3^{\frac{2}{x}} + 6^{\frac{1}{x^2-4}}$ $[x \neq 0 \wedge x \neq \pm 2]$

159 $y = \dfrac{7x-11}{1-e^x}$ $[x \neq 0]$

160 $y = \ln 3^{x^2-2x}$ $[\mathbb{R}]$

161 $y = \dfrac{1}{5^{x-6} - 5}$ $[x \neq 7]$

162 $y = \dfrac{\sqrt{2^x - 1}}{2x}$ $[x > 0]$

163 $y = \ln[\ln(x-2)]$ $[x > 3]$

164 $y = \sqrt{\ln x} + \sqrt{4 - x}$ $[1 \le x \le 4]$

165 $y = \ln(2x - \sqrt{x})$ $\left[x > \frac{1}{4}\right]$

166 $y = \frac{1}{\ln(x+1)}$ $[x > -1 \land x \ne 0]$

167 $y = \frac{1}{2^{x+4} - 2}$ $[x \ne -3]$

168 $y = \frac{3^{\frac{1}{x}}}{\sqrt{x+1}}$ $[x > -1 \land x \ne 0]$

169 $y = \sqrt{-\ln x} + \sqrt{2x - 1}$ $\left[\frac{1}{2} \le x \le 1\right]$

170 $y = \frac{\ln(e^x - 1)}{|x - 1|}$ $[x > 0 \land x \ne 1]$

171 $y = \frac{\ln(x - 4)}{\ln x - 4}$ $[x > 4 \land x \ne e^4]$

172 $y = \sqrt{2^x - 4^x}$ $[x \le 0]$

173 $y = \ln \frac{x+1}{x-3}$ $[x < -1 \lor x > 3]$

174 $y = \ln \frac{3 - x}{1 - x^2}$ $[-1 < x < 1 \lor x > 3]$

175 $y = \ln(x^2 - 9) + \ln x$ $[x > 3]$

176 $y = x \ln|x|$ $[x \ne 0]$

177 $y = \frac{1}{\ln(2^x - 1)}$ $[x > 0 \land x \ne 1]$

178 $y = \ln \frac{1}{x^2 - 4} + \ln(x^3 - x)$ $[x > 2]$

179 $y = \frac{1}{e^{-x} \ln x}$ $[x > 0 \land x \ne 1]$

180 $y = \sqrt{\ln x} + \sqrt{e^x}$ $[x \ge 1]$

181 $y = \frac{1}{9^{x^2} - 3}$ $\left[x \ne \pm \frac{\sqrt{2}}{2}\right]$

182 $y = \frac{\ln|x - 3|}{e^x - 1}$ $[x \ne 0 \land x \ne 3]$

183 $y = \sqrt{\ln x - \ln^2 x}$ $[1 \le x \le e]$

184 $y = \begin{cases} \log_2(x+2) & \text{se } x \ge 0 \\ \frac{1}{\sqrt{x^2 - 4}} & \text{se } x < 0 \end{cases}$ $[x < -2 \lor x \ge 0]$

Funzioni trascendenti goniometriche

185 ESERCIZIO GUIDA Determiniamo il dominio di $y = \frac{\tan x - 1}{2 \sin x - 1}$.

Per l'esistenza di tan x: $x \ne \frac{\pi}{2} + k\pi$.

Per l'esistenza della frazione:

$$2 \sin x - 1 \ne 0 \quad \to \quad \sin x \ne \frac{1}{2} \quad \to \quad x \ne \frac{\pi}{6} + 2k\pi \ \land \ x \ne \frac{5}{6}\pi + 2k\pi.$$

Dominio: $x \ne \frac{\pi}{2} + k\pi \ \land \ x \ne \frac{\pi}{6} + 2k\pi \ \land \ x \ne \frac{5}{6}\pi + 2k\pi$.

Determina il dominio delle seguenti funzioni.

186 $y = \frac{1}{2 \sin x}$ $[x \ne k\pi]$

187 $y = \frac{1}{2 \cos x - 1}$ $\left[x \ne \pm \frac{\pi}{3} + 2k\pi\right]$

188 $y = \frac{1}{\tan x - 1}$ $\left[x \ne \frac{\pi}{2} + k\pi \land x \ne \frac{\pi}{4} + k\pi\right]$

189 $y = \tan 2x$ $\left[x \ne \frac{\pi}{4} + k\frac{\pi}{2}\right]$

190 $y = \frac{1}{\cos x - 2}$ $[\mathbb{R}]$

191 $y = \sqrt{\sin x}$ $[2k\pi \le x \le \pi + 2k\pi]$

192 $y = \ln(2 + \sin x)$ $[\mathbb{R}]$

193 $y = e^{\sqrt{\sin^2 x}}$ $[\mathbb{R}]$

194 $y = \frac{\sin 2x}{\cos x - 1}$ $[x \ne 2k\pi]$

195 $y = \tan x + \frac{1}{\sin x}$ $\left[x \ne k\frac{\pi}{2}\right]$

196 $y = \frac{1}{\sin x} + \sqrt{\tan x}$ $\left[k\pi < x < \frac{\pi}{2} + k\pi\right]$

ESERCIZI

197 $y = \frac{\sin x}{\cos^2 x - \cos x}$ $\left[x \neq \frac{\pi}{2} + k\pi \wedge x \neq 2k\pi\right]$

198 $y = \sqrt{\ln(2\sin x)}$ $\left[\frac{\pi}{6} + 2k\pi \leq x \leq \frac{5}{6}\pi + 2k\pi\right]$

199 $y = \frac{1}{\sin x} + \frac{1}{2\cos x + 1}$ $\left[x \neq k\pi \wedge x \neq \pm\frac{2}{3}\pi + 2k\pi\right]$

200 $y = \frac{1}{3\cos^2 x - \sin^2 x}$ $\left[x \neq \pm\frac{\pi}{3} + k\pi\right]$

201 $y = \frac{1}{\tan^2 x - 3}$ $\left[x \neq \frac{\pi}{2} + k\pi \wedge x \neq \pm\frac{\pi}{3} + k\pi\right]$

202 $y = \frac{1}{\tan x(1 - 2\cos x)}$ $\left[x \neq k\frac{\pi}{2} \wedge x \neq \pm\frac{\pi}{3} + 2k\pi\right]$

203 $y = \sqrt{\sin x} + \sqrt{\cos x}$ $\left[2k\pi \leq x \leq \frac{\pi}{2} + 2k\pi\right]$

204 $y = \sqrt{2\sin x - 1}$ $\left[\frac{\pi}{6} + 2k\pi \leq x \leq \frac{5}{6}\pi + 2k\pi\right]$

205 $y = \frac{1}{2\sin^2 x - 1}$ $\left[x \neq \frac{\pi}{4} + k\frac{\pi}{2}\right]$

206 $y = e^{\arcsin x}$ $[-1 \leq x \leq 1]$

207 $y = \sqrt{\ln\cos x}$ $[x = 2k\pi]$

208 $y = \frac{1}{\sin x \cdot \cos\left(x - \frac{\pi}{4}\right)}$ $\left[x \neq k\pi \wedge x \neq \frac{3}{4}\pi + k\pi\right]$

209 $y = \frac{\sqrt{\tan x - 1}}{\sqrt{\sin x}}$ $\left[\frac{\pi}{4} + 2k\pi \leq x < \frac{\pi}{2} + 2k\pi\right]$

210 $y = \ln(\sin x) + \ln(\tan x)$ $\left[2k\pi < x < \frac{\pi}{2} + 2k\pi\right]$

211 $y = \sqrt{2\cos x - 1} + \sqrt{\sin x}$ $\left[2k\pi \leq x \leq \frac{\pi}{3} + 2k\pi\right]$

212 $y = \sqrt{4\sin^2 x - 1}$ $\left[\frac{\pi}{6} + k\pi \leq x \leq \frac{5}{6}\pi + k\pi\right]$

213 $y = \frac{\tan x}{1 - \tan^2 x}$ $\left[x \neq \frac{\pi}{2} + k\pi \wedge x \neq \frac{\pi}{4} + \frac{\pi}{2}k\right]$

214 $y = \ln(\cos x) + \sqrt{2\sin x - 1}$ $\left[\frac{\pi}{6} + 2k\pi \leq x < \frac{\pi}{2} + 2k\pi\right]$

215 $y = \arcsin x + \arctan x$ $[-1 \leq x \leq 1]$

Riepilogo: Dominio di una funzione

216 **FAI UN ESEMPIO** di funzione razionale fratta che abbia dominio:
a. $D = [1; 2]$; **b.** $x \neq 1 \wedge x \neq 2$.

217 **FAI UN ESEMPIO** di funzione irrazionale che abbia dominio:
a. $x \geq 0$; **b.** $x < -2 \vee x > 1$.

Determina il dominio delle seguenti funzioni.

218 $y = \frac{x^2}{x^4 + 6x^2}$ $[x \neq 0]$

219 $y = \frac{1}{e^x - 1} - \frac{4}{x - 2}$ $[x \neq 0 \wedge x \neq 2]$

220 $y = \frac{\ln(x+1)}{x+1}$ $[x > -1]$

221 $y = \sqrt{|x+3| + 1}$ $[\mathbb{R}]$

222 $y = \sqrt{\ln x} - \sqrt{6 - 5x}$ $\left[1 \leq x \leq \frac{6}{5}\right]$

223 $y = \sqrt{\frac{2^x - 4}{x - 2}}$ $[x \neq 2]$

224 $y = \sqrt[5]{\log x - 7x}$ $[x > 0]$

225 $y = e^{\frac{3+x}{8-x}}$ $[x \neq 8]$

226 $y = \frac{e^{2x}}{\sqrt{x - 4}}$ $[x > 4]$

227 $y = 2^{\sqrt{3x}} + 4$ $[x \geq 0]$

228 $y = \sqrt{-x} - \frac{1}{x^2 - 3x}$ $[x < 0]$

229 $y = \sqrt{x^2 + 2} + e^x$ $[\mathbb{R}]$

230 $y = \frac{1}{\ln^2 x - 2\ln x + 1}$ $[x > 0 \wedge x \neq e]$

231 $y = \ln(1 - 4\cos^2 x)$ $\left[\frac{\pi}{3} + k\pi < x < \frac{2}{3}\pi + k\pi\right]$

232 $y = \sqrt{\frac{x^8 - 15x^4 - 16}{|x - 6|}}$ $[x \leq -2 \vee x \geq 2 \wedge x \neq 6]$

233 $y = \ln(x - \sqrt{4 - x^2})$ $[\sqrt{2} < x \leq 2]$

234 $y = \begin{cases} \frac{x-1}{\sqrt{3-x}} & \text{se } x \leq 0 \\ 2^{\frac{1}{x-4}} & \text{se } x > 0 \end{cases}$ $[x \neq 4]$

235 $y = \ln(\ln|x-3|)$ $[x < 2 \vee x > 4]$

236 $y = \ln\frac{|x|}{|x-3|-5}$ $[x < -2 \vee x > 8]$

237 $y = \sqrt{|x^2-3x+4|-2}$ $[x \leq 1 \vee x \geq 2]$

238 $y = \frac{\sqrt{x^2+x-12}}{x+4}$ $[x < -4 \vee x \geq 3]$

239 $y = \frac{1}{2x^3-x^2-x}$ $\left[x \neq -\frac{1}{2} \wedge x \neq 0 \wedge x \neq 1\right]$

240 $y = \frac{\sqrt{1-\tan^2 x}}{\sin x}$ $\left[-\frac{\pi}{4}+k\pi \leq x \leq \frac{\pi}{4}+k\pi \wedge x \neq k\pi\right]$

241 $y = \sqrt{\frac{x^3-x^2}{x+1}}$ $[x < -1 \vee x \geq 1 \vee x = 0]$

242 $y = \sqrt{x+3-\sqrt{x^2-2x-3}}$ $\left[-\frac{3}{2} \leq x \leq -1 \vee x \geq 3\right]$

243 $y = \frac{\sqrt{9-x^2}}{\sqrt{x^2-4x}}$ $[-3 \leq x < 0]$

244 $y = \frac{\ln(x^2-5x)}{\ln(7-x)}$ $[x < 0 \vee 5 < x < 7 \wedge x \neq 6]$

245 $y = \arcsin\frac{x-1}{x}$ $\left[x \geq \frac{1}{2}\right]$

---

246 $y = \frac{1}{\sqrt{\sin x}+\sqrt{1-\tan x}}$ $\left[2k\pi \leq x \leq \frac{\pi}{4}+2k\pi \vee \frac{\pi}{2}+2k\pi < x \leq \pi+2k\pi\right]$

Dominio e parametri

Trova per quali valori di k le seguenti funzioni hanno dominio $\mathbb{R}$.

247 AL VOLO $y = \frac{1}{x+k}$

248 $y = \frac{1}{x^2-4x+k+1}$ $[k > 3]$

249 $y = \sqrt{kx^2-2x+k}$ $[k > 1]$

250 $y = \sqrt{x^2+k-4}$ $[k \geq 4]$

---

251 EUREKA! Determina il dominio della funzione $y = \sqrt[n]{\frac{x}{x-3}}$ al variare di n. [n dispari: $x \neq 3$; n pari: $x \leq 0 \vee x > 3$]

Determina per quale valore di a le funzioni hanno il dominio indicato.

252 $y = \frac{1}{x^2+ax-8}$ D: $x \neq -2 \wedge x \neq 4$ $[a = -2]$

253 $y = \ln(a-2x)$ D: $x < -6$ $[a = -12]$

254 $y = e^{\frac{1}{x^2-a}}$ D: $\mathbb{R}$ $[a < 0]$

Funzioni uguali

Tra le seguenti coppie di equazioni indica quali rappresentano la stessa funzione.

255 $y = \ln\sqrt{x}$, $y = \frac{1}{2}\ln x$.

256 $y = \ln(x-3)^2$, $y = 2\ln(x-3)$.

257 $y = \frac{x}{\sqrt{x^2}}$, $y = 1$.

258 $y = \frac{\sin x}{\sin x}+1$, $y = 2$.

259 $y = \sqrt{x}\cdot\sqrt{2-x}$, $y = \sqrt{x(2-x)}$.

260 $y = \frac{x^3}{x^2}$, $y = x$.

261 $y = \frac{\sqrt[3]{x^2-2x}}{\sqrt[3]{x}}$, $y = \sqrt[3]{x-2}$.

262 $y = x^2+4$, $y = |-x^2-4|$.

Immagine di una funzione

263 ESERCIZIO GUIDA Determiniamo l'immagine della funzione $y = x^2 - 4x + 2$.

Dobbiamo trovare l'insieme dei valori di y immagini di qualche valore x del dominio, che in questo caso coincide con $\mathbb{R}$. Riscriviamo l'equazione esplicitandola rispetto a x:

$$y = x^2 - 4x + 2 \quad \to \quad x^2 - 4x + 2 - y = 0 \quad \to \quad x = 2 \pm \sqrt{4 - 2 + y} = 2 \pm \sqrt{2 + y}.$$

x esiste per: $2 + y \geq 0 \to y \geq -2$.

L'immagine della funzione è pertanto l'insieme $I = [-2; +\infty[$.

Trova l'immagine delle seguenti funzioni.

264 $y = \dfrac{x-4}{3}$ $[\mathbb{R}]$

265 $y = \sqrt{1 - x^2}$ $[0 \leq y \leq 1]$

266 $y = \dfrac{x}{2x-1}$ $\left[y \neq \dfrac{1}{2}\right]$

267 $y = x^2 - 6x + 8$ $[y \geq -1]$

268 $y = 1 - \sqrt{x^2 + 4}$ $[y \leq -1]$

269 $y = \sqrt{x^2 - 9} - 3$ $[y \geq -3]$

Zeri e segno di una funzione

▶ Teoria a p. 1039

LEGGI IL GRAFICO **Osservando i seguenti grafici, indica il dominio e l'immagine di ciascuna funzione. Indica inoltre gli zeri e per quali valori di x ogni funzione è positiva o negativa.**

270

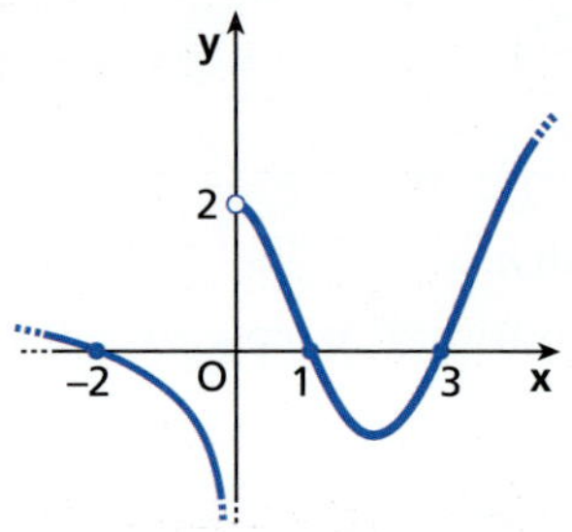

272

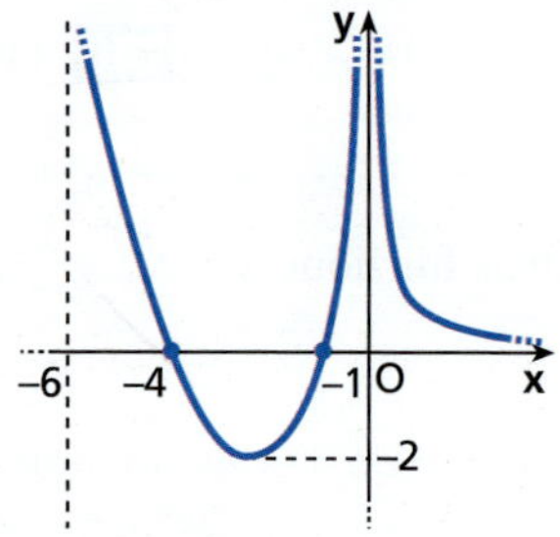

274

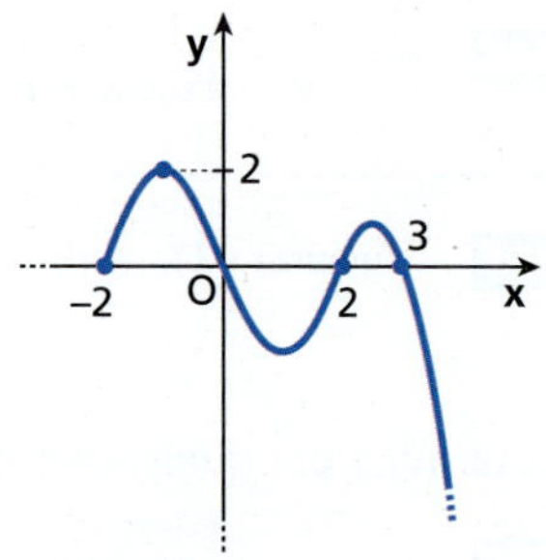

271

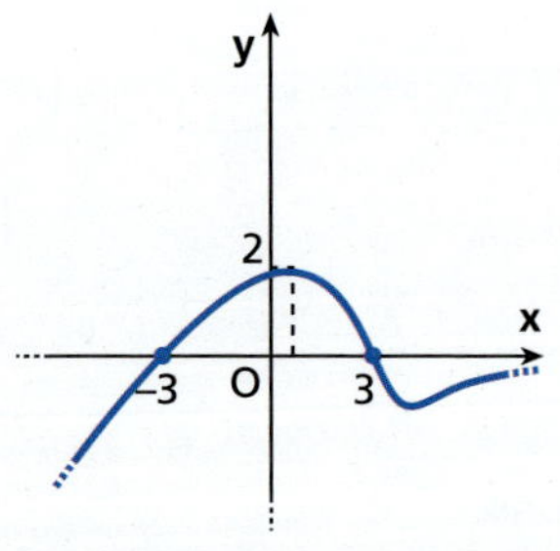

273

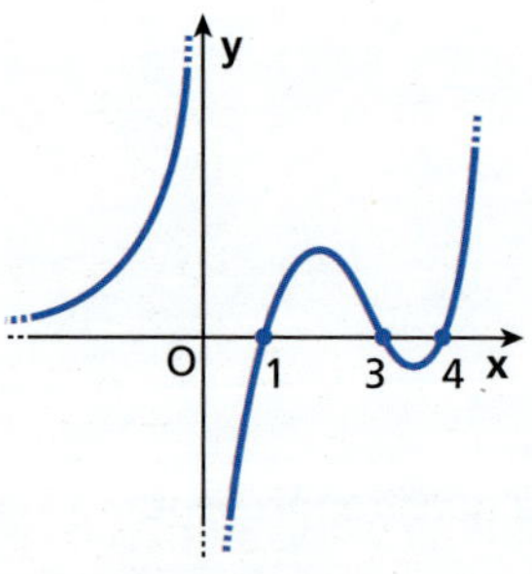

275

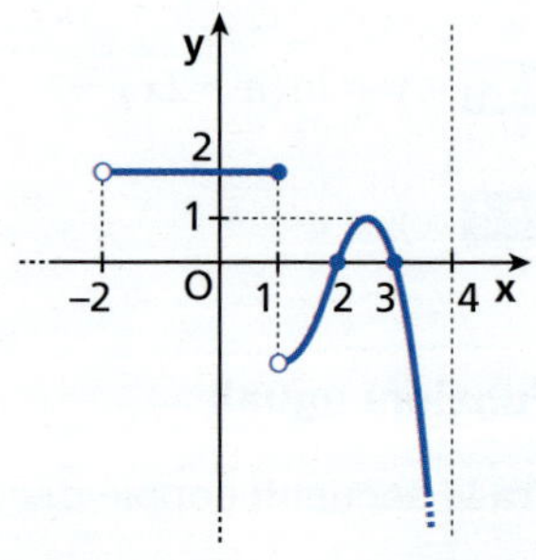

276 ESERCIZIO GUIDA Studiamo il segno della seguente funzione nel suo dominio, troviamo gli zeri e rappresentiamo nel piano cartesiano le zone in cui si trova il grafico:

$$y = f(x) = \frac{\ln x - 1}{x\sqrt{x+2}}.$$

- Determiniamo il dominio D:

$$\begin{cases} x > 0 & \text{esistenza di } \ln x \\ x \neq 0 & \text{esistenza della frazione} \\ x+2 \neq 0 & \\ x+2 \geq 0 & \text{esistenza del radicale} \end{cases} \rightarrow D: x > 0.$$

- Studiamo il segno della funzione:

$N > 0$: $\ln x - 1 > 0 \rightarrow \ln x > 1 \rightarrow \ln x > \ln e \rightarrow x > e$;

$D > 0$: $x\sqrt{x+2} > 0 \rightarrow x > 0$.

Compiliamo il quadro dei segni, ricordando che la funzione $y = f(x)$ esiste soltanto per $x > 0$.

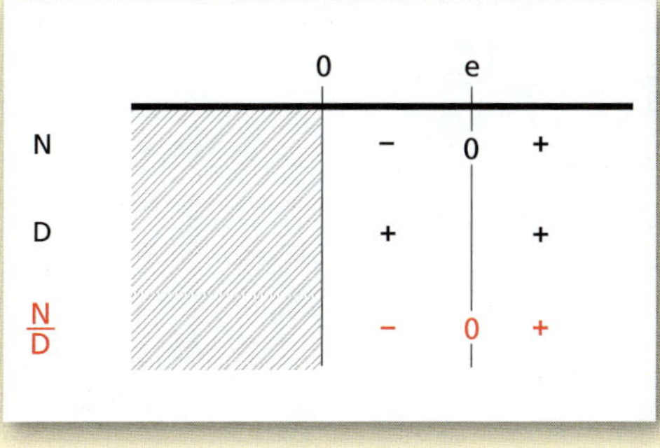

$f(x) > 0$ per $x > e$;

$f(x) < 0$ per $0 < x < e$;

$f(x) = 0$ per $x = e$.

Il grafico della funzione si trova nelle zone non cancellate nel grafico e interseca l'asse x nel punto $(e; 0)$.

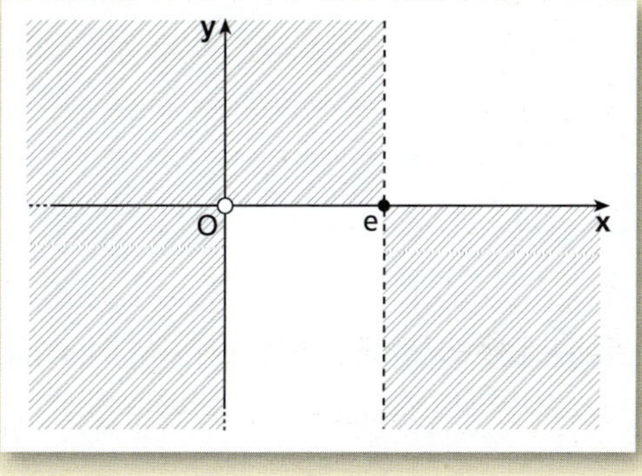

277 AL VOLO Indica il dominio e il segno delle seguenti funzioni.

$y = (x+2)^4$ $\quad$ $y = -(x-3)^{-2}$ $\quad$ $y = e^{x^2}$ $\quad$ $y = \left(\frac{1}{e}\right)^{-3x}$

Studia il segno delle seguenti funzioni nel loro dominio e trova eventuali punti di intersezione del grafico con gli assi (nei risultati indichiamo soltanto gli intervalli in cui le funzioni sono positive). Rappresenta nel piano cartesiano le zone in cui si trova il grafico.

278 $y = x^2 + x - 12$ $\quad [x < -4 \vee x > 3]$

279 $y = x^3 + x$ $\quad [x > 0]$

280 $y = x^7 - 4x^5$ $\quad [-2 < x < 0 \vee x > 2]$

281 $y = \frac{9-x^2}{5x}$ $\quad [x < -3 \vee 0 < x < 3]$

282 $y = x^3|7-x|$ $\quad [x > 0 \wedge x \neq 7]$

283 $y = \frac{\sqrt{3x-8}}{x-5}$ $\quad [x > 5]$

284 $y = \frac{x-12}{x+6}$ $\quad [x < -6 \vee x > 12]$

285 $y = \frac{x^2+1}{\sqrt{4x-12}}$ $\quad [x > 3]$

286 $y = \frac{-6x}{x^2-16}$ $\quad [x < -4 \vee 0 < x < 4]$

287 $y = \frac{5x+x^2}{x^3+x}$ $\quad [x > -5 \wedge x \neq 0]$

288 $y = \sqrt{1-x} + \sqrt{x^2-4}$ $\quad [x \leq 2]$

289 $y = \frac{x-3}{x(6-x)^2}$ $\quad [x < 0 \vee (x > 3 \wedge x \neq 6)]$

290 $y = \frac{x-5}{x^3-4x^2}$ $\quad [(x < 4 \wedge x \neq 0) \vee x > 5]$

291 $y = \frac{|x|-7}{\sqrt{2x-9}}$ $\quad [x > 7]$

292 $y = \sqrt{\frac{x^5}{x^2+2x}}$ $\quad [x > -2 \wedge x \neq 0]$

ESERCIZI

293 $y = \dfrac{\sqrt{|2x|+3}}{x^3-8}$ $[x > 2]$

294 $y = \dfrac{x^3-1}{5x}$ $[x < 0 \vee x > 1]$

295 $y = x\sqrt{\dfrac{1}{x}-1}$ $[0 < x < 1]$

296 $y = e^{3x} - 1$ $[x > 0]$

297 $y = 2 - \ln x$ $[0 < x < e^2]$

298 $y = \dfrac{e^x - e^{3x}}{3}$ $[x < 0]$

299 $y = \dfrac{2^x}{2^x - 2}$ $[x > 1]$

300 $y = \ln\dfrac{x-1}{x-4}$ $[x > 4]$

301 $y = \dfrac{x+4}{1-e^x}$ $[-4 < x < 0]$

302 $y = \dfrac{\sqrt{x-3}}{\ln x - 3}$ $[x > e^3]$

303 $y = \dfrac{e^{2x-1}-1}{e^x - 1}$ $\left[x < 0 \vee x > \dfrac{1}{2}\right]$

304 $y = (x^3-1)\sqrt{\dfrac{x^2}{x^2-2x+1}}$ $[x > 1]$

305 $y = \dfrac{\sqrt{x-1}}{\ln(x-2)}$ $[x > 3]$

306 $y = \dfrac{\ln x}{\ln(x-1)}$ $[x > 2]$

307 $y = \dfrac{\sqrt{\log_2 x}}{1-\log_2 x}$ $[1 < x < 2]$

---

308 $y = \dfrac{\sqrt{1-\sin x}}{\sin x}$ $\left[D: x \neq k\pi;\ y > 0: 2k\pi < x < \pi + 2k\pi \wedge x \neq \dfrac{\pi}{2} + 2k\pi\right]$

309 $y = \cos x + \cos^2 x$ $\left[D: \mathbb{R};\ y > 0: -\dfrac{\pi}{2} + 2k\pi \leq x < \dfrac{\pi}{2} + 2k\pi\right]$

310 ASSOCIA a ogni funzione la figura che indica la zona in cui si trova il grafico.

a. $y = \dfrac{e^{\sqrt{x+2}}}{x} \cdot (x-1)$ b. $y = \dfrac{4x^2-16x+16}{x\sqrt{x+2}}$ c. $y = \dfrac{x}{\ln\sqrt{x+2}}$ d. $y = \dfrac{\ln(x-1)}{x^2-9x+18}$

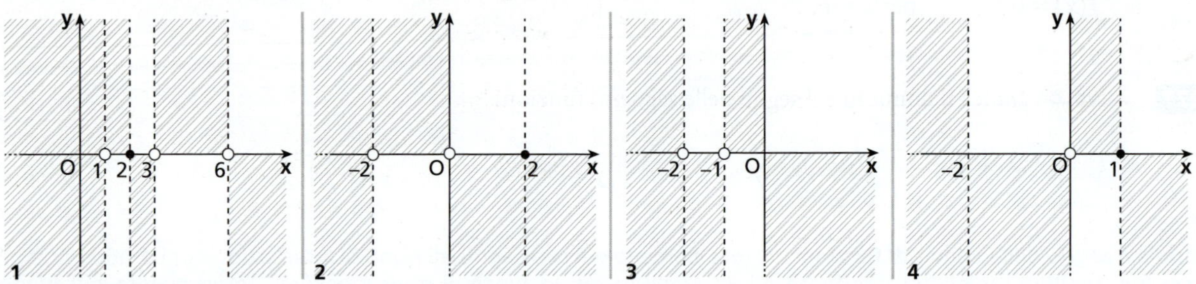

311 Considera la funzione $f(x) = \dfrac{a - x^2}{x^2 + bx + 1}$.

a. Trova a e b in modo che $f(2) = 5$ e $f(-1) = 2$.

b. Determina il dominio e gli zeri di $f(x)$.

c. Studia il segno.

$[a)\ a = 9, b = -2;\ b)\ x \neq 1; x = \pm 3;\ c)\ f(x) > 0: -3 < x < 3 \wedge x \neq 1]$

312 REALTÀ E MODELLI **A delfino!** Valeria analizza la propria bracciata a delfino insieme alla sua allenatrice.
A regime, l'altezza, in centimetri, a cui si trovano le sue mani rispetto al pelo dell'acqua è descritta dalla funzione $h(x) = 20\cos\left(\dfrac{5}{6}\pi x\right) - 10$, dove x è la distanza, in metri, percorsa in acqua.

a. Indica dominio e immagine di h alla luce del modello che stai analizzando.

b. Studia il segno di h e stabilisci in quali zone della vasca le mani di Valeria sono fuori dall'acqua.

c. Quali sono gli zeri di h? A che cosa corrispondono?

$\left[c)\ x = \dfrac{2}{5} + \dfrac{12}{5}k \vee x = 2 + \dfrac{12}{5}k\right]$

MATEMATICA AL COMPUTER

Intersezioni Con Wiris determiniamo le intersezioni con gli assi cartesiani del grafico della funzione $f: \mathbb{R} \to \mathbb{R}$ definita dalla legge $y = 12x^4 - 20x^3 - 231x^2 - 145x + 132$; tracciamo il grafico, dove evidenziamo le intersezioni trovate.

Risoluzione – 8 esercizi in più

Grafici delle funzioni e trasformazioni geometriche

▶ Teoria a p. 1039

Traccia il grafico di f(x) e poi esegui le trasformazioni indicate a fianco; scrivi infine le equazioni delle curve trasformate.

313 $f(x) = -2x + 4$; traslazione di vettore $\vec{v}(-2; 1)$; simmetria rispetto all'asse y.

314 $f(x) = x^2 - 2x$; simmetria rispetto al punto $(0; 1)$; simmetria rispetto alla retta $y = 3$.

315 $f(x) = 2^x$; simmetria rispetto alla retta $x = 2$; traslazione di vettore $\vec{v}(-4; 1)$.

316 $f(x) = \ln x$; traslazione di vettore $\vec{v}(-3; -1)$; simmetria rispetto all'asse x.

317 $f(x) = \cos x$; dilatazione verticale con $n = 2$; traslazione di vettore $\vec{v}\left(\frac{\pi}{3}; 0\right)$.

Disegna il grafico di f(x) e rappresenta nello stesso piano cartesiano le funzioni indicate a fianco, dopo aver individuato quali trasformazioni geometriche devono essere applicate.

318 $f(x) = x^2$; $y = (x+1)^2$, $y = -x^2$.

319 $f(x) = \frac{1}{x}$; $y = \frac{1}{x} + 3$, $y = \frac{1}{x-4}$.

320 $f(x) = e^x$; $y = e^{x+3}$, $y = e^x + 3$.

321 $f(x) = \ln x$; $y = \ln x + 1$, $y = 2\ln x$.

322 $f(x) = 2^x$; $y = -2^x + 2$, $y = 2^{x-2} - 1$.

323 $f(x) = \ln x$; $y = \ln(-x)$, $y = -\ln(x)$.

324 $f(x) = \sin x$; $y = \sin 2x$, $y = 2\sin x$.

325 $f(x) = \cos x$; $y = \cos\frac{x}{2}$, $y = \frac{\cos x}{2}$.

326 $f(x) = \tan x$; $y = \tan(x+1)$, $y = \tan x + 1$.

327 YOU & MATHS Graph the function $f(x) = \begin{cases} e^{-x} & \text{if } x < 0 \\ e^x + 1 & \text{if } x \geq 0 \end{cases}$.

(USA *Southern Illinois University Carbondale,* Final Exam)

328 Dopo aver disegnato il grafico di $y = f(x) = \sin x$, traccia i grafici di

$y = |f(x)|$, $y = -f(x)$, $y = f(x) + 1$, $y = |f(|x|)|$.

329 Disegna il grafico della funzione $y = f(x) = \log_2 x$. Successivamente traccia i grafici di

$y = -f(x)$, $y = f(x+2)$, $y = f(x) + 2$, $y = f(-x)$.

330 ESERCIZIO GUIDA Disegniamo il grafico delle funzioni: **a.** $y = 2 + \ln(x + 1)$; **b.** $y = -\sin|x| + 1$.

a. Tracciato il grafico di $y = f(x) = \ln x$, otteniamo quello di $y = 2 + f(x + 1) = 2 + \ln(x + 1)$, con una traslazione di vettore $\vec{v}(-1; 2)$.

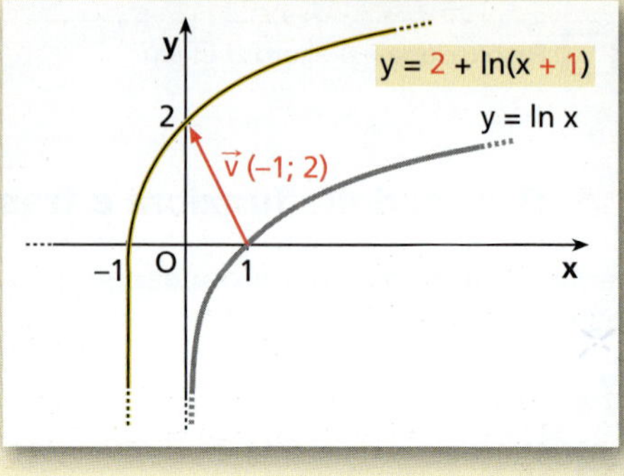

b. Tracciato il grafico di $y = f(x) = \sin x$ (figura **a** sotto), disegniamo separatamente i grafici delle funzioni che si ottengono applicando in sequenza le trasformazioni geometriche. Otteniamo quello di $y = f(|x|) = \sin|x|$ per $x < 0$ con una simmetria rispetto all'asse y del grafico di $y = f(x)$ che si ha per $x \geq 0$ e che rimane invariato (figura **b** sotto).

Otteniamo poi il grafico di $y = -\sin|x|$ con una simmetria rispetto all'asse x (figura **c**). Eseguiamo poi una traslazione di vettore $\vec{v}(0;1)$ per ottenere il grafico di $y = -\sin|x| + 1$ (figura **d**).

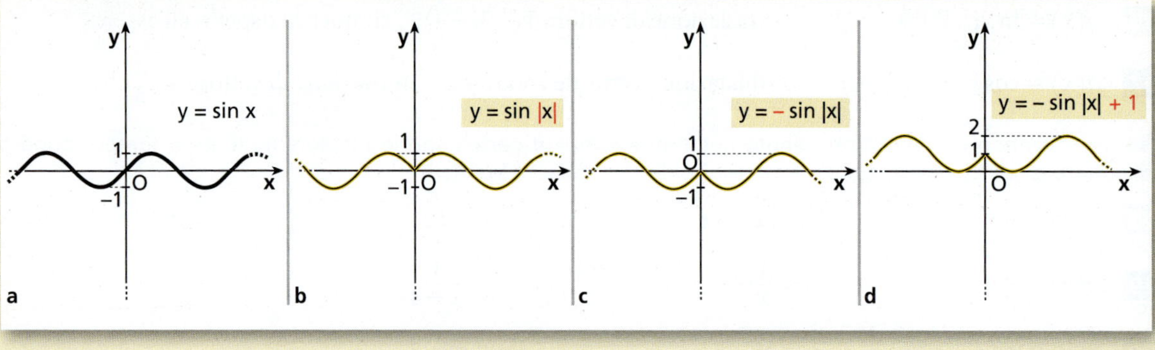

Disegna i grafici delle seguenti funzioni.

331 $y = \sin|x| + 3$; $\quad y = -|\sin x|$.

332 $y = |x^3| + 1$; $\quad y = |x^3 + 1|$.

333 $y = 2|x| - 1$; $\quad y = |x - 2| - 3$.

334 $y = \cos\left(x - \frac{\pi}{6}\right)$; $\quad y = \frac{1}{2}\cos x$.

335 $y = 2^x - 1$; $\quad y = 3^{|x-2|}$.

336 $y = -e^{|x|}$; $\quad y = e^{x-1} + 4$.

337 $y = |-\cos x + 2|$; $\quad y = \cos 2x - 1$.

338 $y = |2\tan x|$; $\quad y = -\tan 2x$.

339 $y = \sin\frac{x}{4} + 2$; $\quad y = \frac{1}{4}\sin x + 2$.

340 $y = -2\ln(-x)$; $\quad y = -|\ln x| + 1$.

---

341 Data la funzione $y = f(x)$ rappresentata nel grafico della figura, disegna i grafici delle funzioni:

$$y = |f(x)|,\ y = f(|x|),\ y = -f(x) - 2,\ y = f(-x).$$

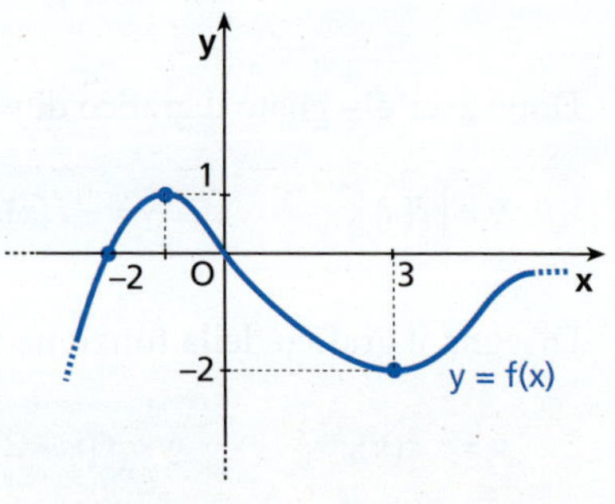

342 In figura è rappresentato il grafico della funzione $y = f(x)$. Disegna i grafici delle funzioni:

$$y = f(x-1),\ y = f(-x)+3,\ y = -|f(x)|.$$

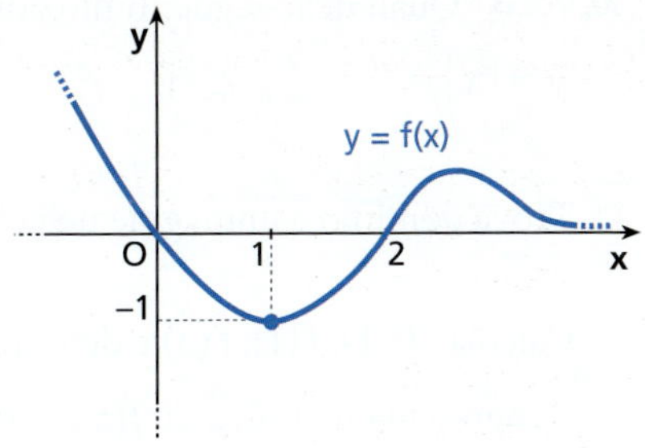

---

343 Disegna il grafico di $f(x) = 2^{x-1}$ e dimostra che $f(-x) \cdot f(x) = f(-1)$.

344 Disegna il grafico di $f(x) = \ln x + 1$ e poi traccia i grafici di $-f(-x)$, $f(x-4)$, $f(x-1) - 1$.

345 Determina la funzione $y = f(x) = ax^2 + bx + c$, il cui grafico passa per $A(-1; -1)$, per $B(-2; 0)$ e per l'origine O degli assi, e rappresentala graficamente. Utilizzando il grafico di $f(x)$ disegna i grafici di

$y = f(-x) + 1$, $y = -2f(-x)$, $y = |f(x)| - 2$. $[y = x^2 + 2x]$

346 YOU & MATHS Determine the domain and the image of $f(x) = \frac{1}{4}\sin 2x$, then sketch its graph.

2 Proprietà delle funzioni

Funzioni iniettive, suriettive e biunivoche

▶ Teoria a p. 1040

LEGGI IL GRAFICO Ogni grafico rappresenta una funzione $f: \mathbb{R} \to \mathbb{R}$. Indica se è una funzione iniettiva, suriettiva o biunivoca.

347

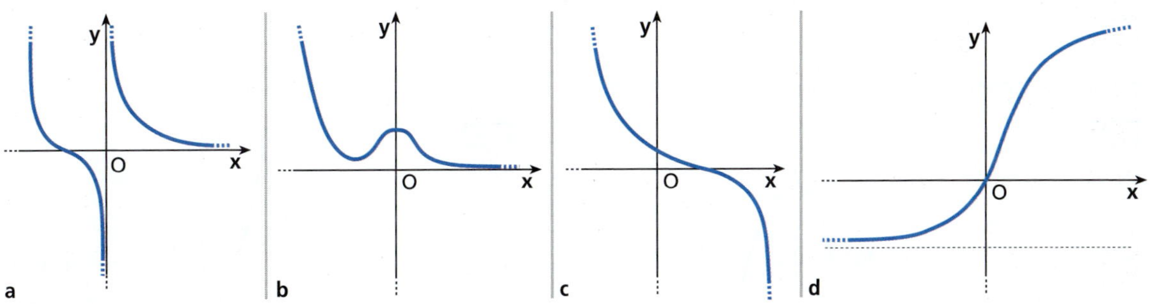

348

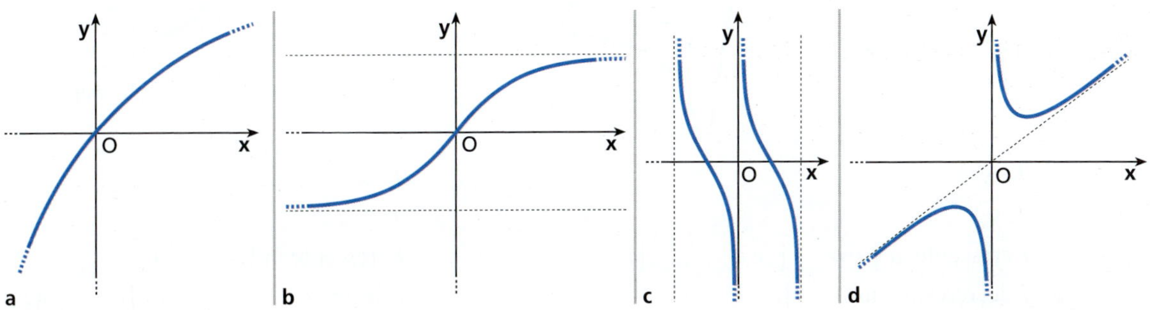

349 ●○ **AL VOLO** Quali delle seguenti funzioni sono iniettive su $\mathbb{R}$?

a. $y = |x|$ **b.** $y = x^2$ **c.** $y = x$ **d.** $y = 1 + x$

350 ●○ **a.** Trova dominio e immagine della funzione $f(x) = \begin{cases} -x & \text{se } x < 1 \\ x - 3 & \text{se } x \geq 1 \end{cases}$. Studia il suo segno.

b. Calcola $f(-1), f(1), f(3)$ e determina le controimmagini di 0 e $-\frac{2}{5}$.

c. Rappresenta il grafico di $f(x)$ e conferma graficamente i risultati trovati.

d. $f(x)$ è una corrispondenza biunivoca?

$\left[\text{a) } D: \mathbb{R}, I: y \geq -2;\ f(x) > 0 \text{ per } x < 0 \vee x > 3;\ \text{b) } 1, -2, 0, 0 \vee 3, \frac{2}{5} \vee \frac{13}{5};\ \text{d) no}\right]$

Funzioni crescenti, decrescenti, monotòne

▶ Teoria a p. 1041

351 ●○ **LEGGI IL GRAFICO** Per ogni grafico studia gli intervalli di monotonia precisando in quali intervalli la funzione rappresentata è sempre crescente o decrescente e se lo è in senso stretto o in senso lato.

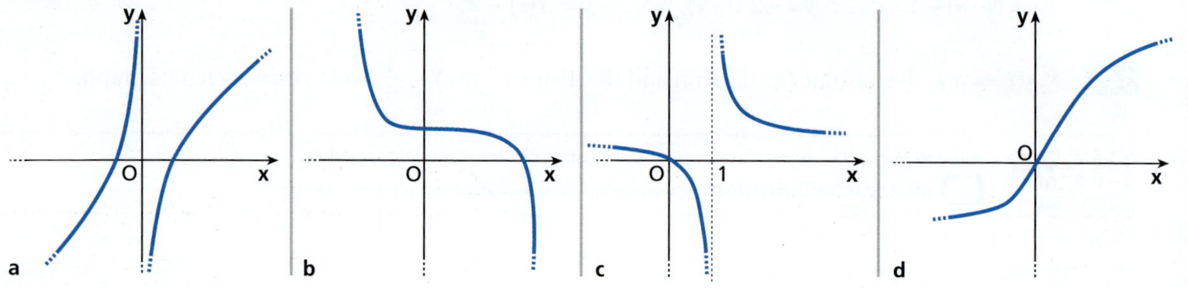

FAI UN ESEMPIO

352 ●○ Disegna il grafico di una funzione che abbia dominio $\mathbb{R} - \{0\}$, crescente in senso stretto per $x < 0$ e decrescente in senso lato per $x > 0$.

353 ●○ Disegna il grafico di una funzione che abbia come dominio $\{x > 0\}$, decrescente in senso stretto per $0 < x < 4$ e crescente in senso stretto per $x > 4$.

COMPLETA osservando il grafico. Con *D* indichiamo il dominio, con *I* l'immagine di *f*.

354 ●○

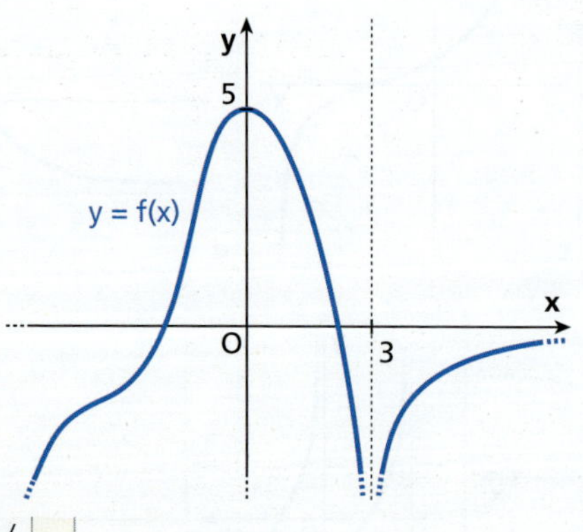

a. $D: x \neq$ ☐

b. $I: y \leq$ ☐

c. f crescente in $]-\infty;$ ☐$[$ e $]$☐$;$☐$[$.

d. f decrescente in $[0;$ ☐$[$.

355 ●○

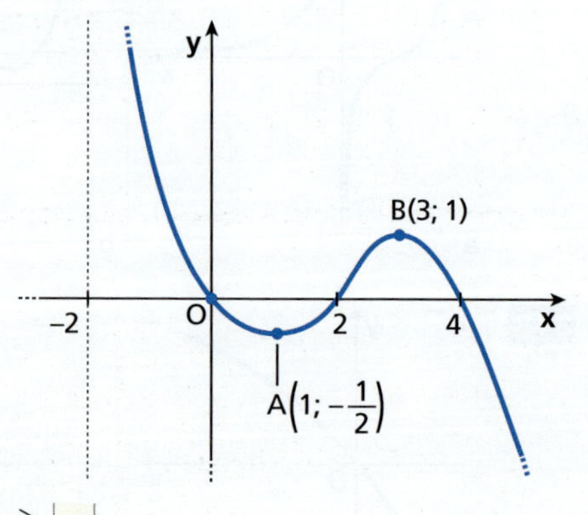

a. $D: x >$ ☐.

b. I: ☐.

c. f crescente in $[$☐$;$☐$]$.

d. f decrescente $]$☐$;$☐$]$ e $[$☐$;$☐$[$.

356 VERO O FALSO?

a. La funzione $y = \tan x$ è crescente in $[0; \pi]$. V F

b. La funzione $y = \cot x$ è sempre decrescente. V F

c. Una funzione biunivoca è sempre monotòna. V F

d. La funzione $y = 3^{-x-1}$ è crescente. V F

357 YOU & MATHS Is $f(x) = \frac{1}{3}x^2 + 6$ an increasing function?

358 RIFLETTI SULLA TEORIA Siano f e g due funzioni definite sullo stesso dominio, entrambe crescenti in senso stretto. Cosa puoi dire sulla monotonia di $f + g$? E se f è crescente e g decrescente in senso stretto, cosa si può dire sulla monotonia di $f - g$?

Dopo aver rappresentato le seguenti funzioni, indica in quali intervalli sono crescenti e in quali decrescenti.

359 $y = \begin{cases} 2x - 1 & \text{se } x \leq 2 \\ 7 - x^2 & \text{se } x > 2 \end{cases}$ [cresc. per $x < 2$; decr. per $x > 2$]

360 $y = \begin{cases} 4 - x & \text{se } x \leq 1 \\ \ln x & \text{se } x > 1 \end{cases}$ [decr. per $x < 1$; cresc. per $x > 1$]

361 $y = \begin{cases} e^{-x} & \text{se } x \leq 0 \\ x^2 + 1 & \text{se } x > 0 \end{cases}$ [decr. per $x < 0$; cresc. per $x > 0$]

362 $y = x^2 - 8x + 7$ [decr. per $x < 4$; cresc. per $x > 4$]

363 $y = \begin{cases} 2^{x+1} & \text{se } x < -1 \\ 2x + 3 & \text{se } x \geq -1 \end{cases}$ [cresc. $\forall x \in \mathbb{R}$]

364 $y = \begin{cases} \sin x & \text{se } -\frac{\pi}{2} \leq x \leq \frac{\pi}{2} \\ -\tan x & \text{se } \frac{\pi}{2} < x < \frac{3}{2}\pi \end{cases}$ $\left[\text{cresc. per } -\frac{\pi}{2} < x < \frac{\pi}{2}; \text{ decr. per } \frac{\pi}{2} < x < \frac{3}{2}\pi\right]$

Funzioni periodiche

▶ Teoria a p. 1042

365 LEGGI IL GRAFICO Indica il periodo delle seguenti funzioni periodiche.

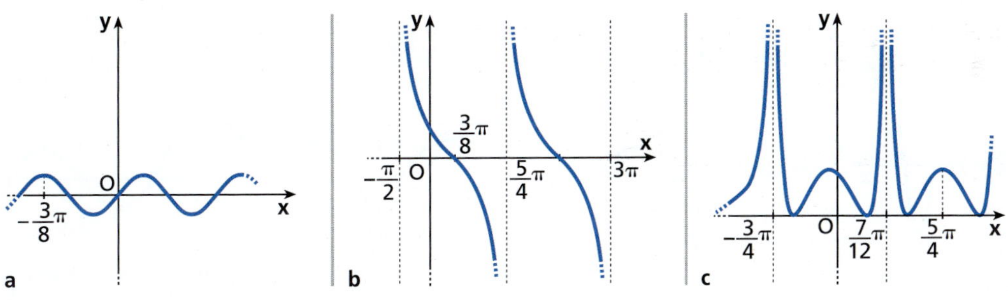

Periodo delle funzioni goniometriche

366 ESERCIZIO GUIDA Determiniamo il periodo di: **a.** $y = \cos\frac{2}{5}x$; **b.** $y = \tan 4x$.

Se $f(x)$ è una funzione di periodo T_1, allora $f(mx)$ è periodica di periodo $T = \frac{T_1}{m}$.

a. Il periodo della funzione $y = \cos x$ è 2π, quindi il periodo cercato è $T = \frac{2\pi}{\frac{2}{5}} = 2\pi \cdot \frac{5}{2} = 5\pi$.

b. Il periodo della funzione $y = \tan x$ è π, quindi il periodo cercato è $T = \frac{\pi}{4}$.

ESERCIZI

Trova il periodo delle seguenti funzioni.

367 $y = \sin \frac{2}{3} x$ $[3\pi]$

368 $y = \sin x + \cos \frac{x}{2}$ $[4\pi]$

369 $y = \tan 5x$ $\left[\frac{\pi}{5}\right]$

370 $y = \tan x + \sin x$ $[2\pi]$

371 $y = 2\cos 2x + \sin x$ $[2\pi]$

372 $y = \frac{1}{\cos 4x}$ $\left[\frac{\pi}{2}\right]$

373 $y = \cos \frac{x}{3}$ $[6\pi]$

374 $y = 4\sin(8x + 2)$ $\left[\frac{\pi}{4}\right]$

375 YOU & MATHS Give an example of a periodic function with period 4π.

Funzioni pari e funzioni dispari

Teoria a p. 1042

376 FAI UN ESEMPIO Che cosa significa che una funzione è pari? Di quali proprietà gode il suo grafico? Completa le tue risposte con un esempio.

377 VERO O FALSO?

a. Una funzione che non è dispari è pari. V F

b. Una funzione pari è simmetrica rispetto all'asse x. V F

c. Una funzione dispari è simmetrica rispetto all'asse y. V F

d. Se una funzione $f(x)$ è pari, allora $-f(x)$ è dispari. V F

378 Dimostra che, date due funzioni f e g, entrambe dispari, allora $f + g$ è dispari e $f \cdot g$ è pari. Fai un esempio.

379 RIFLETTI SULLA TEORIA Date due funzioni f e g, una pari e l'altra dispari, cosa puoi dire del quoziente $\frac{f}{g}$?

380 LEGGI IL GRAFICO I seguenti grafici rappresentano alcune funzioni. Indica quali di esse sono pari, quali dispari e quali né pari né dispari, motivando la risposta.

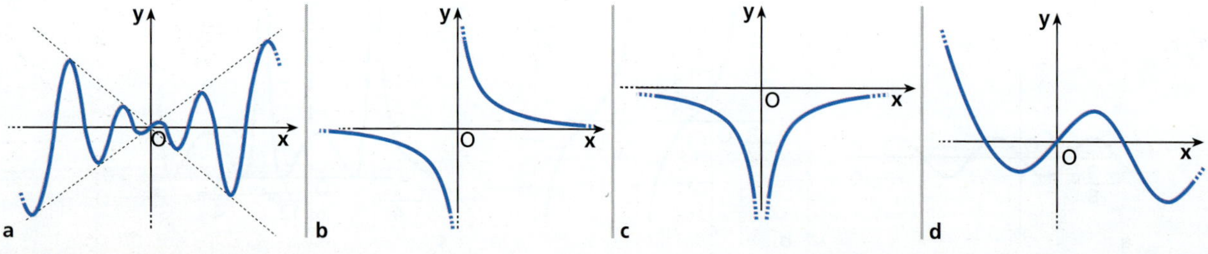

381 ESERCIZIO GUIDA Stabiliamo se le seguenti funzioni sono pari o dispari:

a. $f(x) = \frac{x^4 - x^2}{-2|x|}$; b. $f(x) = \sqrt[3]{x} + 6x^3$.

a. Determiniamo il dominio. La funzione è fratta:

$$-2|x| \neq 0 \quad \rightarrow \quad D: x \neq 0.$$

Preso un generico x nel dominio:

$$f(-x) = \frac{(-x)^4 - (-x)^2}{-2|-x|} = \frac{x^4 - x^2}{-2|x|} = f(x) \quad \rightarrow \quad f \text{ è pari.}$$

f è pari se $f(-x) = f(x)$

f è dispari se $f(-x) = -f(x)$

b. Il dominio è $\mathbb{R}$.

$$f(-x) = \sqrt[3]{-x} + 6(-x)^3 = -\sqrt[3]{x} - 6x^3 = -f(x) \quad \rightarrow \quad f \text{ è dispari.}$$

Verifica che le seguenti funzioni sono pari.

382 $y = \dfrac{1+x^2}{4-x^2}$; $\quad y = \dfrac{x^2-2}{3x^4}$.

383 $y = \left|\dfrac{3x}{x^2-1}\right|$; $\quad y = \dfrac{\sqrt{x^2-3}}{2-x^2}$.

Verifica che le seguenti funzioni sono dispari.

384 $y = \dfrac{3}{x^3} + 2x^3$; $\quad y = \dfrac{\sqrt[3]{x}}{x^2}$.

385 $y = x\sqrt{5-x^2}$; $\quad y = \dfrac{x}{\sqrt{9-x^2}}$.

Stabilisci se le seguenti funzioni sono pari, dispari o né pari né dispari.

386 $y = 3x^3 + 2x - 1$

387 $y = x^2 - |5x|$

388 $y = x \cdot \dfrac{|2x|}{3}$

389 $y = \dfrac{\sqrt{7-x^2}}{x}$

390 $y = \dfrac{x^3-1}{1-x^2}$

391 $y = 2\sqrt{x+1} - x$

392 $y = \sqrt{x^2+9} - x^4$

393 $y = \dfrac{\sqrt[3]{x^2}}{x}$

394 $y = 3x - \sqrt[3]{x}$

395 $y = \dfrac{|x|}{1+\sqrt{x^2-1}}$

396 $y = \dfrac{2x}{2^x + 2^{-x}}$

397 $y = \dfrac{x^4+2}{x}$

398 $y = \dfrac{3}{\sqrt{3-x^2}}$

399 $y = \sqrt{\dfrac{x^2-1}{5+x^2}}$

400 $y = x\sqrt{x^2-1}$

401 $y = \ln|x| + 1$

402 $y = \dfrac{|x| + x^2}{2x}$

403 $y = \sin\left(x - \dfrac{\pi}{2}\right)$

404 $y = \dfrac{e^x + e^{-x}}{x}$

405 $y = |\cos x|$

406 $y = (\sin x - \cos x)^2 - 1$

LEGGI IL GRAFICO Per ognuna delle funzioni rappresentate nei seguenti grafici indica:
a. il dominio; **b.** l'immagine; **c.** se è pari o dispari; **d.** se è monotòna.

407

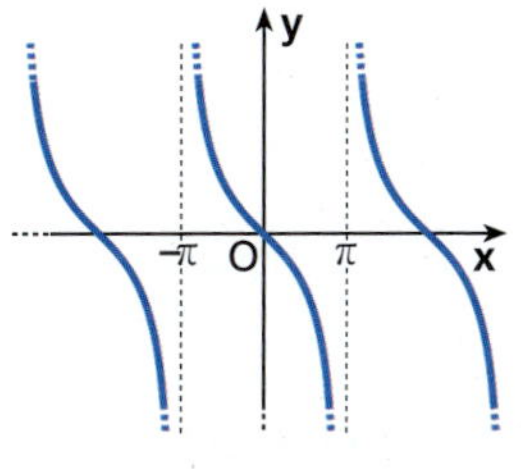

408

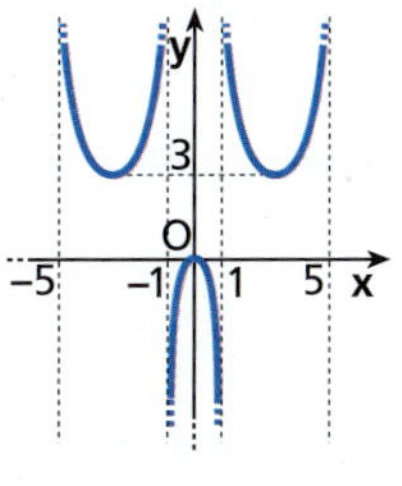

409

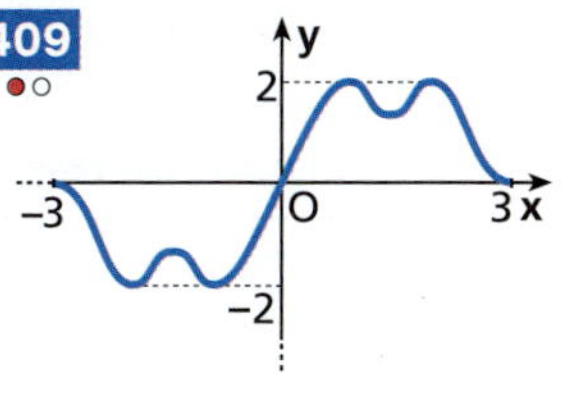

410

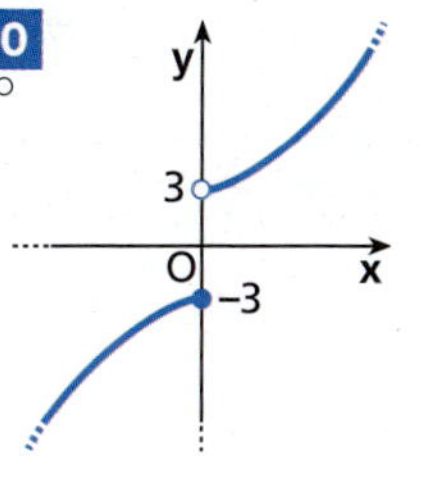

411 **EUREKA!** Dimostra che la funzione $y = -4\cos\left(x + \dfrac{\pi}{2}\right)$ è dispari.

Problemi REALTÀ E MODELLI

412

Corrente che scalda La quantità Q di calore prodotta ogni secondo dalla lavatrice di Ernesto per scaldare l'acqua è funzione dell'intensità di corrente i secondo la legge:

$$Q(i) = 42i^2.$$

a. Traccia il grafico di $Q(i)$ considerando un'opportuna restrizione del dominio.

b. È una funzione iniettiva? È monotòna? È pari?

413 ●● **L'orologio** Considera un orologio analogico (a lancette) e costruisci la seguente funzione: la variabile indipendente h corrisponde all'ora (dall'ora 1 all'ora 24), la variabile dipendente è l'angolo (in gradi) che la lancetta delle ore forma con la posizione verticale delle 12.

a. Determina l'espressione analitica della funzione e rappresentala nel piano cartesiano.

b. Costruisci una funzione analoga considerando la lancetta dei minuti nell'arco di un'ora; rappresentala analiticamente e nel piano cartesiano.

c. Quale delle due funzioni è iniettiva? Quale è crescente in senso stretto in tutto il suo dominio?

$$\left[\text{a) } f(h)=\begin{cases}30h & \text{se } 1\leq h\leq 12, h\in\mathbb{N}\\ 30(h-12) & \text{se } 12<h\leq 24, h\in\mathbb{N}\end{cases}; \text{ b) } g(m)=6m, \text{ con } 0\leq m<60, m\in\mathbb{N}\right]$$

3 Funzione inversa

▶ Teoria a p. 1045

414 ●○ LEGGI IL GRAFICO Per ognuna delle funzioni rappresentate, considera un'eventuale restrizione del dominio in modo che la funzione ammetta la funzione inversa e disegnane il grafico.

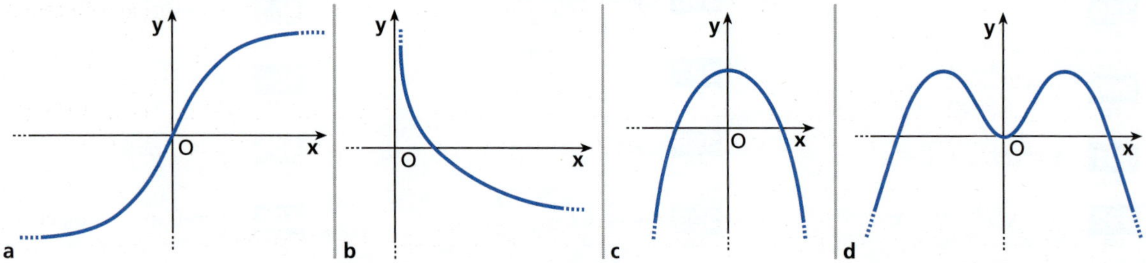

415 ●○ Indica quali delle seguenti funzioni sono invertibili e spiega perché, utilizzando eventualmente il loro grafico.

a. $y=2x-5$; b. $y=\dfrac{4}{x}+1$; c. $y=\sqrt{x+5}$; d. $y=-\tan x$; e. $y=\ln(x-2)$.

416 ESERCIZIO GUIDA Determiniamo l'espressione analitica della funzione inversa di:

$$f(x)=\frac{1}{1+e^x}.$$

La funzione $y=\dfrac{1}{1+e^x}$ è definita $\forall x\in\mathbb{R}$. Determiniamo la relazione inversa $f^{-1}(y)$ ricavando x,

$$1+e^x=\frac{1}{y}\rightarrow e^x=\frac{1}{y}-1\rightarrow x=\ln\left(\frac{1}{y}-1\right),$$

e notiamo che è una funzione perché a ogni valore di y corrisponde un solo valore di x, pertanto la funzione è invertibile. Poiché y è ora variabile indipendente, scriviamo la funzione inversa scambiando x con y:

$$y=\ln\left(\frac{1}{x}-1\right).$$

Il dominio della funzione inversa, che coincide con il codominio di $f(x)$, si ottiene risolvendo la disequazione $\dfrac{1}{x}-1>0$. Esso risulta essere l'insieme $\{x\in\mathbb{R}\,|\,0<x<1\}$.

Determina l'espressione analitica della funzione inversa delle seguenti funzioni, verificando che sono invertibili.

417 ●○ $f(x)=\dfrac{1}{3}x-4$ $\quad[f^{-1}(x)=3x+12]$

418 ●○ $f(x)=-5x+1$ $\quad\left[f^{-1}(x)=-\dfrac{1}{5}x+\dfrac{1}{5}\right]$

419 $f(x)=\frac{1}{1+2x}$ $\left[f^{-1}(x)=\frac{1-x}{2x}\right]$

420 $f(x)=\frac{6}{x}-1$ $\left[f^{-1}(x)=\frac{6}{x+1}\right]$

421 $f(x)=3+\frac{4}{2-x}$ $\left[f^{-1}(x)=\frac{10-2x}{3-x}\right]$

422 $f(x)=\frac{3x+1}{x-4}$ $\left[f^{-1}(x)=\frac{4x+1}{x-3}\right]$

423 $f(x)=\frac{1}{\sqrt{2x}}$ $\left[f^{-1}(x)=\frac{1}{2x^2}\right]$

424 $f(x)=\sqrt[3]{x-3}$ $[f^{-1}(x)=x^3+3]$

425 $f(x)=2-x^3$ $[f^{-1}(x)=\sqrt[3]{2-x}]$

426 $f(x)=\sqrt{2x-4}$ $\left[f^{-1}(x)=\frac{x^2+4}{2}\right]$

427 $f(x)=1+\sqrt[3]{x+7}$ $[f^{-1}(x)=(x-1)^3-7]$

428 $f(x)=2+e^x$ $[f^{-1}(x)=\ln(x-2)]$

429 $f(x)=\log_2(1+x)$ $[f^{-1}(x)=2^x-1]$

430 $f(x)=2^{x+3}+4$ $[f^{-1}(x)=\log_2(x-4)-3]$

431 $f(x)=-e^{-2x}-1$ $\left[f^{-1}(x)=\frac{\ln(-x-1)}{-2}\right]$

432 $f(x)=1-2\ln(x-2)$ $\left[f^{-1}(x)=2+e^{\frac{1-x}{2}}\right]$

433 $f(x)=\ln\frac{1}{x}$ $\left[f^{-1}(x)=\frac{1}{e^x}\right]$

434 $f(x)=e^{\frac{x-1}{x}}$ $\left[f^{-1}(x)=\frac{1}{1-\ln x}\right]$

435 **ESERCIZIO GUIDA** Determiniamo l'espressione analitica della funzione inversa di $f(x)=4x-x^2$ dopo aver effettuato un'opportuna restrizione del dominio in modo che $f(x)$ sia biunivoca e rappresentiamo la funzione inversa.

Il grafico di $f(x)=4x-x^2$ è quello di una parabola rivolta verso il basso che ha il vertice in $V(2;4)$ e che interseca l'asse in $x=0$ e $x=4$.

$f(x)$ ha dominio $\mathbb{R}$, ma non è biunivoca.

Nell'intervallo $]-\infty;2]$, invece, risulta biunivoca e la sua immagine è l'intervallo $]-\infty;4]$.
Determiniamo la funzione inversa ricavando x:

$$y=4x-x^2 \rightarrow y=4x-x^2-4+4 \rightarrow y=4-(x-2)^2 \rightarrow$$

completiamo il quadrato

$$(x-2)^2=4-y \rightarrow x-2=\pm\sqrt{4-y} \rightarrow x=2\pm\sqrt{4-y}.$$

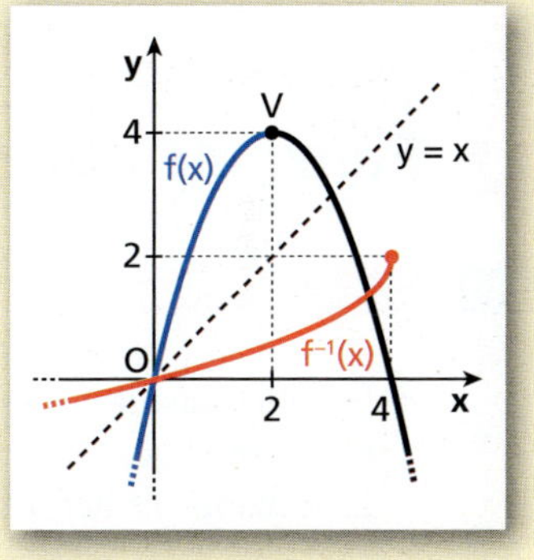

Scegliamo $x=2-\sqrt{4-y}$, perché deve essere $x\leq 2$, e nell'espressione scambiamo x con y per poter rappresentare la funzione inversa nello stesso piano cartesiano di $f(x)$:

$$y=2-\sqrt{4-x}.$$

La funzione inversa è definita per $x\leq 4$ e otteniamo il suo grafico tracciando il simmetrico di quello di $f(x)$ rispetto alla bisettrice del primo e terzo quadrante.

In un diagramma cartesiano disegna le seguenti funzioni e le loro inverse, dopo aver considerato, se necessario, opportune restrizioni del dominio, tali che le funzioni siano biunivoche. Scrivi l'espressione analitica della funzione inversa.

436 $y=x^2-25$

437 $y=x^2-6x$

438 $y=-4x^2+8x$

439 $y=-2x-2$

440 $y=\ln x-2$

441 $y=-2\ln x+3$

442 $y=\begin{cases}4x+1 & \text{se } x\geq 0\\ 2^x-1 & \text{se } x<0\end{cases}$

443 $y=e^{-x}-1$

444 $y=x^2-6x+5$

445 ●○ Dimostra che la funzione $f(x) = \frac{2x}{3x-1}$ è invertibile e determina la funzione inversa $f^{-1}(x)$. Disegna i grafici delle due funzioni $f(x)$ e $f^{-1}(x)$. $\left[f^{-1}(x) = \frac{x}{3x-2}\right]$

446 ●● Data la funzione $f(x) = \ln\frac{1}{x-3}$, trova il dominio, traccia il grafico utilizzando le trasformazioni geometriche, determina l'espressione della funzione inversa e traccia il relativo grafico. $[x > 3;\ f^{-1}(x) = e^{-x} + 3]$

REALTÀ E MODELLI

447 ●○

La crema di bellezza Un'azienda che produce cosmetici deve stabilire il prezzo di una nuova crema di bellezza. La funzione che individua il numero di confezioni di crema richieste ogni mese a un dato prezzo è $q = 240 - 0,1p^2$ (funzione della domanda).

a. Scrivi la funzione che determina il prezzo corrispondente al numero di confezioni richieste, indicando dominio e codominio.

b. Quante confezioni al mese potrebbe vendere l'azienda se il prezzo fosse quello suggerito dalla clientela, cioè non più di 26 euro?

[a) $p = \sqrt{2400 - 10q}$; b) almeno 172]

448 ●○ **Test tra le nuvole** Arianna e Lucia, appassionate di meteorologia, decidono di lanciare una piccola sonda a motore, programmata per salire in verticale con un andamento della quota espresso da $h(t) = \frac{t^2}{3000} + 2t$ (t è il tempo in secondi trascorso dal lancio), per effettuare alcune misurazioni.
Arianna afferma che non è necessario che a bordo ci sia un orologio o un cronometro, perché t si può ricavare sfruttando l'altimetro.
Ha ragione? Giustifica la tua risposta.

4 Funzione composta

▶ Teoria a p. 1047

449 ESERCIZIO GUIDA Date le funzioni $f(x) = \ln x$ e $g(x) = x^2 - 2x$, determiniamo $f \circ g$ e $g \circ f$.

- Per effettuare la composizione $f \circ g$ si deve applicare prima la funzione g e al risultato applicare la f, e ciò è possibile solo se il codominio di g è contenuto nel dominio di f.
  La funzione f è definita per $x > 0$, per cui occorre che:
  $$g(x) = x^2 - 2x > 0, \text{ cioè } x < 0 \vee x > 2.$$
  Quindi $f \circ g$ è definita sull'insieme $]-\infty; 0[\cup]2; +\infty[$.
  Per determinare la sua espressione, applichiamo alla variabile x la funzione g, per ottenere $z = g(x)$, e a z la funzione f, per ottenere $y = f(z)$:
  $$z = x^2 - 2x \text{ e } y = \ln z = \ln(x^2 - 2x).$$
  La funzione $f \circ g:]-\infty; 0[\cup]2; +\infty[\to \mathbb{R}$ è $y = \ln(x^2 - 2x)$.
- Poiché la funzione g è definita $\forall x \in \mathbb{R}$, la funzione composta $g \circ f$ è sempre definita e il suo dominio coincide con quello di f, cioè $]0; +\infty[$. Per determinare $g \circ f$, applichiamo alla variabile x la funzione f, per ottenere $z = f(x)$, e a z la funzione g, per ottenere $y = g(z)$:
  $$z = \ln x \quad \text{e} \quad y = z^2 - 2z = \ln^2 x - 2\ln x.$$
  La funzione $g \circ f:]0; +\infty[\to \mathbb{R}$ è $y = \ln^2 x - 2\ln x$.

Date le seguenti funzioni f e g, determina $f \circ g$ e $g \circ f$ negli opportuni domini.

450 $f(x) = x + 4$; $g(x) = x^2 - x$. $[f \circ g = x^2 - x + 4; g \circ f = x^2 + 7x + 12]$

451 $f(x) = \sqrt[3]{x}$; $g(x) = 8x^3 - 8$. $[f \circ g = 2\sqrt[3]{x^3 - 1}; g \circ f = 8x - 8]$

452 $f(x) = \frac{1}{4x^2}$; $g(x) = 4x^2$. $\left[f \circ g = \frac{1}{64x^4}; g \circ f = \frac{1}{4x^4}\right]$

453 $f(x) = 2^x$; $g(x) = \sqrt{x} - 2$. $[f \circ g = 2^{\sqrt{x}-2}; g \circ f = \sqrt{2^x} - 2]$

454 $f(x) = 3x$; $g(x) = \ln x$. $[f \circ g = 3\ln x; g \circ f = \ln 3x]$

455 $f(x) = 3\cos x$; $g(x) = x^2$. $[f \circ g = 3\cos x^2; g \circ f = 9\cos^2 x]$

456 $f(x) = \ln 2x$; $g(x) = e^{-x}$. $\left[f \circ g = -x + \ln 2; g \circ f = \frac{1}{2x}\right]$

457 $f(x) = \sin 2x$; $g(x) = \sqrt{x} - 1$. $[f \circ g = \sin(2\sqrt{x} - 2); g \circ f = \sqrt{\sin 2x} - 1]$

458 Considera la funzione $f(x) = 1 + \ln(x + 1)$ e calcola $f(0)$ e $f[f(0)]$. $[1; 1 + \ln 2]$

459 Date le funzioni $g(x) = x^3 - 9$ e $h(x) = e^{\frac{x}{3}}$, calcola $g[h(0)]$ e $h[g(3)]$. $[-8; e^6]$

460 Considera le funzioni $f(x) = \sqrt{x} + 3$ e $g(x) = \ln x + 1$. Verifica che $f \circ g \neq g \circ f$. Calcola poi $f \circ f^{-1}$ e $(f \circ g)^{-1}$.
$[f \circ f^{-1} = x; (f \circ g)^{-1} = e^{(x-3)^2 - 1}]$

461 Date le funzioni $f(x) = e^{x^2}$ e $g(x) = x + 2$, determina $h(x) = (f \circ g)(x)$ e risolvi la disequazione $h(x) \leq 1$. $[x = -2]$

462 Date le funzioni $f(x) = x + 1$ e $g(x) = 2x - 3$, trova $f(x + 1)$ e $g(x - 1)$ e risolvi l'equazione:
$f[g(x)] = f(x + 1) - g(x - 1)$. $[x = 3]$

463 Sono date le funzioni $f(x) = \sqrt{x^2 + 4}$, $g(x) = 2e^x$, $h(x) = \ln\sqrt{x}$. Determina $f \circ (g \circ h)$ e calcola $f \circ (g \circ h)(3)$. $[f \circ (g \circ h) = 2\sqrt{x + 1}; 4]$

464 Data $f(x) = \frac{ax + 1}{x + b}$, trova a e b in modo che $f(1) = -2$ e $f(4) = \frac{5}{2}$. Verifica che f è invertibile, trova f^{-1} e verifica che $f \circ f^{-1} \neq f^{-1} \circ f$. Determina poi la restrizione del dominio D' tale che $f \circ f^{-1} = f^{-1} \circ f$.
$\left[a = 1; b = -2; f^{-1} = \frac{2x + 1}{x - 1}; D' = \mathbb{R} - \{1, 2\}\right]$

465 RIFLETTI SULLA TEORIA Se due funzioni f e g sono entrambe dispari, cosa puoi dire della loro composizione?

Problemi REALTÀ E MODELLI

RISOLVIAMO UN PROBLEMA

Praline sopraffine

Valentino vuole preparare dei cioccolatini da regalare alla sua fidanzata. Ha degli stampini sferici di raggio 2 cm; la ricetta prevede che il volume di latte da utilizzare sia $\frac{1}{25}$ del volume totale dell'impasto.

Scrivi la funzione che fornisce a Valentino la quantità di latte in funzione del numero di cioccolatini che vuole preparare.

► **Esplicitiamo le funzioni che descrivono il problema.**

Chiamiamo V_L il volume di latte, V_T il volume totale dell'impasto. Allora $V_L = \frac{1}{25}V_T$.

Ricordiamo inoltre che la formula per ricavare il volume di una sfera a partire dal raggio è $V_S = \frac{4}{3}r^3\pi$, quindi ciascuno dei cioccolatini di Valentino avrà un volume $V = \frac{4}{3}2^3\pi \text{ cm}^3 = \frac{32}{3}\pi \text{ cm}^3$. Il volume totale dell'impasto per fare n cioccolatini sarà perciò $V_T = n \cdot \frac{32}{3}\pi \text{ cm}^3$.

► **Scriviamo la funzione che lega n a V_L.**

Componendo le funzioni trovate al punto precedente otteniamo $V_L(n) = \frac{1}{25}V_T = \frac{1}{25}\left(n \cdot \frac{32}{3}\pi\right) = \frac{32\pi}{75}n \text{ cm}^3$.

466 ●○ **I signori degli anelli** La misura italiana di un anello è data da un numero intero compreso tra 1 e 33. Damiano e Ilaria osservano che approssimativamente la misura I dell'anello si ottiene prendendo il numero intero che più si avvicina al valore ottenuto dalla funzione $I = \frac{29}{25}d^2 + \frac{137}{5}d - \frac{73}{2}$, dove d è il diametro del dito in cm. La misura USA, che indichiamo con U, si ottiene da quella italiana I con la relazione $U = \frac{3}{8}I + \frac{3}{2}$ (anche questa relazione è approssimata e per la misura consideriamo solo valori interi).

a. Sai esprimere la misura americana in funzione del diametro del dito?

b. Il dito di Damiano ha il diametro di 2,1 cm, quello di Ilaria di 1,5 cm. Quali sono le misure (italiana e americana) dei loro anelli?

$\left[\text{a) } U = \frac{87}{200}d^2 + \frac{411}{40}d - \frac{195}{16}; \text{ b) } I_{\text{Damiano}} = 26, U_{\text{Damiano}} = 11, I_{\text{Ilaria}} = 7, U_{\text{Ilaria}} = 4\right]$

467 ●○ **Fiumi di agrumi** L'azienda agricola di Ingrid ed Emanuele vende marmellata di arance. La produttività q in kg di un albero di arance in funzione della sua età t in anni ha l'andamento della parabola in figura; il numero di barattoli di marmellata ottenuti è descritto invece dalla funzione $n = \frac{4}{25}q$.

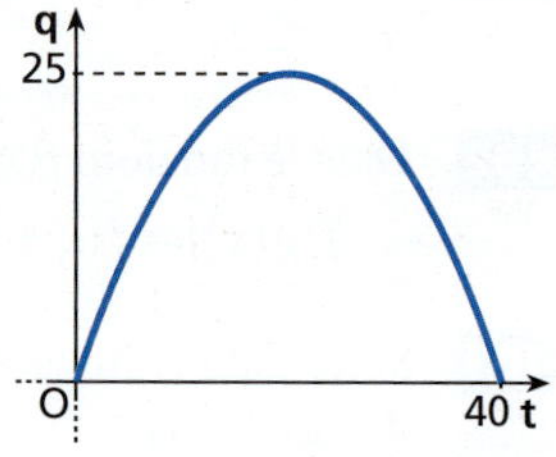

a. Scrivi la funzione che esprime il numero di barattoli ottenuti da un albero in funzione della sua età.

b. Se Ingrid ed Emanuele hanno 300 alberi piantati tutti nello stesso momento, quale funzione descrive i barattoli di marmellata che ottengono in funzione dell'età delle loro piante?

$\left[\text{a) } n(t) = -\frac{1}{100}t^2 + \frac{2}{5}t; \text{ b) } n(t) = -3t^2 + 120t\right]$

5 Successioni numeriche

Rappresentazioni delle successioni

► Teoria a p. 1048

Rappresentazione per elencazione

Rappresenta per elencazione le seguenti successioni.

468 ●○ La successione costituita dai multipli di 4.

469 ●○ La successione costituita dai quadrati dei numeri dispari.

470 ●○ La successione costituita dai reciproci dei numeri pari.

471 ●○ La successione costituita dalle potenze di 2 con esponente intero positivo.

472 ●○ La successione costituita dai quadrati dei numeri interi negativi.

473 La successione costituita dagli opposti dei cubi dei numeri interi negativi.

474 COMPLETA le seguenti successioni.

a. 0, ☐, 8, 12, 16, ☐, …

b. 2, $\frac{5}{2}$, 3, $\frac{7}{2}$, 4, ☐, ☐, …

c. 1, 4, 7, 10, 13, ☐, …

d. 1, $\frac{2}{3}$, $\frac{3}{5}$, $\frac{4}{7}$, ☐, ☐, …

Rappresentazione mediante espressione analitica

Scrivi i primi cinque termini delle seguenti successioni.

475 $a_n = 3^n, n \in \mathbb{N}$; $\quad a_n = (-1)^n, n \in \mathbb{N}$; $\quad a_n = 2n(-1)^n, n \in \mathbb{N}$.

476 $a_n = \frac{2}{n}, n \in \mathbb{N} - \{0\}$; $\quad a_n = \frac{1}{2n+1}, n \in \mathbb{N}$; $\quad a_n = \frac{n+2}{n+1}, n \in \mathbb{N}$.

477 $a_n = 2n - 4, n \in \mathbb{N}$; $\quad a_n = \frac{1}{2}n + 2, n \in \mathbb{N}$; $\quad a_n = \frac{n^2}{2} + 1, n \in \mathbb{N}$.

478 ESERCIZIO GUIDA Rappresentiamo mediante una possibile espressione analitica la seguente successione:

$$\frac{1}{2}, \frac{2}{3}, \frac{5}{4}, \frac{10}{5}, \frac{17}{6}, \frac{26}{7}, \dots$$

Possiamo notare che in ogni frazione il numeratore si ottiene aggiungendo 1 al quadrato di ogni numero naturale, cioè $n^2 + 1$, infatti:

$$1 = 0^2 + 1, \quad 2 = 1^2 + 1, \quad 5 = 2^2 + 1, \quad 10 = 3^2 + 1, \quad 17 = 4^2 + 1, \quad 26 = 5^2 + 1, \quad \dots$$

I denominatori invece rappresentano tutti i numeri naturali a partire da 2, cioè $n + 2$.
Possiamo allora scrivere il termine generico della successione:

$$a_n = \frac{n^2 + 1}{n + 2}, n \in \mathbb{N}.$$

Rappresenta mediante espressione analitica le seguenti successioni.

479 0, 3, 6, 9, 12, 15, 18, 21, 24, …

480 1, $\frac{1}{2}$, $\frac{1}{3}$, $\frac{1}{4}$, $\frac{1}{5}$, $\frac{1}{6}$, $\frac{1}{7}$, $\frac{1}{8}$, …

481 1, − 3, 9, − 27, 81, − 243, …

482 2, $\frac{3}{2}$, $\frac{4}{3}$, $\frac{5}{4}$, $\frac{6}{5}$, $\frac{7}{6}$, …

483 $\frac{1}{2}$, $\frac{4}{3}$, $\frac{9}{4}$, $\frac{16}{5}$, $\frac{25}{6}$, $\frac{36}{7}$, …

484 3, $\frac{4}{2}$, $\frac{5}{3}$, $\frac{6}{4}$, $\frac{7}{5}$, $\frac{8}{6}$, …

485 2, 5, 8, 11, 14, 17, …

486 1, 6, 11, 16, 21, 26, …

Rappresentazione ricorsiva o per ricorsione

Scrivi i primi cinque termini delle seguenti successioni definite ricorsivamente.

487 $\begin{cases} a_0 = -1 \\ a_{n+1} = \dfrac{a_n - 1}{3} \end{cases}$

488 $\begin{cases} a_0 = 1 \\ a_{n+1} + a_n = 6 \end{cases}$

489 $\begin{cases} a_0 = 1 \\ a_n = a_{n-1} + 6 \end{cases}$

490 $\begin{cases} a_0 = 5, a_1 = -1 \\ a_{n+1} = a_n + a_{n-1} \end{cases}$

REALTÀ E MODELLI

491 ●○ **Money for London** Elisa vuole mettere da parte dei soldi per andare in vacanza a Londra. A gennaio ha € 50 e da quel momento decide di aggiungere ogni mese € 12.

a. Scrivi in forma analitica la successione che descrive i risparmi di Elisa al passare dei mesi.

b. Se il biglietto dell'aereo costa € 140, in che mese potrà acquistarlo? [a) $a_n = 50 + 12n$; b) agosto]

492 ●○ **Ricorsione in banca** Claudia deposita in banca € 15 000 al tasso di interesse annuo del 2%.

a. Scrivi per ricorsione la successione che descrive l'andamento del deposito, sapendo che ogni anno gli interessi vengono calcolati sulla somma incrementata degli interessi dell'anno precedente.

b. Calcola quanto vale il deposito dopo 5 anni.

$$\left[\text{a) } \begin{cases} a_0 = 15000 \\ a_{n+1} = 1{,}02 \cdot a_n \end{cases}; \text{ b) € } 16561\right]$$

Successioni monotòne

▶ Teoria a p. 1049

Per ogni successione scrivi i primi dieci termini, rappresentali su una retta orientata e stabilisci se si tratta di una successione crescente, decrescente o costante, oppure crescente in senso lato o decrescente in senso lato.

493 ●○ $a_n = 2n$; $a_n = -2n$; $a_n = 2n - 1$; $a_n = 2n + 1$; $a_n = 1 - 2n$.

494 ●○ $a_n = (+1)^n$; $a_n = \frac{2}{3n}, n > 0$; $a_n = -\frac{1}{n}, n > 0$; $a_n = (-1)^{2n}$.

6 Progressioni aritmetiche

▶ Teoria a p. 1050

Determina se le seguenti successioni numeriche sono o non sono progressioni aritmetiche e, nel caso lo siano, determina la ragione e indica se si tratta di una progressione crescente, decrescente o costante.

495 ●○ 11, 14, 17, 20, 23, 26, ...

496 ●○ 3, $\frac{5}{2}$, 2, $\frac{3}{2}$, 1, $\frac{1}{2}$, ...

497 ●○ 4, 7, 10, 14, 18, 22, ...

498 ●○ $\frac{1}{2}$, $\frac{3}{4}$, 1, $\frac{5}{4}$, $\frac{3}{2}$, $\frac{7}{4}$, ...

499 ●○ 20, 18, 16, 14, 12, 10, ...

500 ●○ −6, −2, −2, 2, 2, 6, ...

501 ●○ RIFLETTI SULLA TEORIA Una progressione aritmetica è sempre monotòna? Può essere monotòna crescente in senso lato?

502 ●○ AL VOLO Quali tra le seguenti rappresentano una progressione aritmetica?

a. Le altezze dal suolo dei gradini di una scala.

b. I rintocchi di un orologio che batte solo le ore.

c. La statura di un individuo di anno in anno.

Calcolo dei termini di una progressione aritmetica

503 ESERCIZIO GUIDA

a. Calcoliamo il sesto termine a_6 di una progressione aritmetica di ragione $d = 4$ il cui primo termine è $a_1 = 5$.

ESERCIZI

b. Calcoliamo la ragione d di una progressione aritmetica il cui primo termine è $a_1 = 32$ e il cui sesto termine è $a_6 = 42$.

a. Utilizziamo:

$$a_n = a_1 + (n-1) \cdot d.$$

Essendo $n = 6$, $a_1 = 5$ e $d = 4$, otteniamo:

$$a_6 = 5 + (6-1) \cdot 4 = 25.$$

b. Sostituendo in $a_n = a_1 + (n-1) \cdot d$, abbiamo:

$$42 = 32 + (6-1) \cdot d \rightarrow 10 = 5 \cdot d \rightarrow d = 2.$$

La progressione è la seguente:

32, 34, 36, 38, 40, 42, ...

Date le seguenti informazioni relative a una progressione aritmetica, determina ciò che è richiesto.

504 $a_1 = 3$ e $d = 7$, calcola a_8. [52]

505 $a_1 = \frac{15}{2}$ e $d = -\frac{3}{2}$, calcola a_5. $\left[\frac{3}{2}\right]$

506 $a_4 = 5$ e $d = 3$, calcola a_1. [−4]

507 $a_4 = 50$ e $a_1 = 32$, calcola d. [6]

508 $a_6 = 69$ e $d = 3$, calcola a_1. [54]

509 $a_4 = -5$ e $d = -3$, calcola a_1. [4]

510 $a_8 = \frac{37}{6}$ e $a_1 = \frac{1}{3}$, calcola d. $\left[\frac{5}{6}\right]$

511 $a_9 = \frac{31}{3}$ e $d = \frac{1}{6}$, calcola a_1. [9]

512 $a_1 = 4$, $a_n = 39$ e $d = 5$, calcola n. [8]

513 $a_n = 59$, $a_1 = 3$ e $d = 7$, calcola n. [9]

Somma dei termini consecutivi di una progressione aritmetica

514 ESERCIZIO GUIDA Calcoliamo la somma dei primi sei multipli di 5 diversi da 0.

I numeri di cui vogliamo conoscere la somma sono i primi sei termini della progressione aritmetica di primo termine 5 e ragione 5: 5, 10, 15, 20, 25, 30.

Applichiamo $S_n = n \cdot \frac{a_1 + a_n}{2}$.

Sostituendo i nostri dati, $n = 6$, $a_1 = 5$, $a_6 = 30$, otteniamo: $S_6 = 6 \cdot \frac{5+30}{2} = 105$.

515 Calcola la somma dei primi dieci termini di una progressione aritmetica di ragione $d = 3$, il cui primo estremo è $a_1 = 5$. [185]

516 Calcola la somma dei primi otto multipli di 4 diversi da 0. [144]

517 Calcola la somma dei primi cento numeri naturali diversi da 0. Quanto vale la somma dei primi n numeri naturali diversi da 0? $\left[5050; \frac{n \cdot (n+1)}{2}\right]$

518 Calcola la somma dei primi dieci numeri pari diversi da 0. Quanto vale la somma dei primi n numeri pari diversi da 0? $[110; n \cdot (n+1)]$

519 Calcola la somma dei primi dieci numeri dispari. Trova la somma dei primi n numeri dispari. $[100; n^2]$

Date le seguenti informazioni relative a una progressione aritmetica, determina ciò che è richiesto.

520 $a_6 = 40$ e $d = -\frac{1}{2}$, calcola S_6. $\left[\frac{495}{2}\right]$

521 $a_1 = \frac{1}{2}$ e $a_6 = 9$, calcola S_6. $\left[\frac{57}{2}\right]$

ESERCIZI

522 $a_7 = 42$ e $S_7 = \frac{149}{2}$, calcola a_1. $\left[-\frac{145}{7}\right]$

523 $a_1 = 9$ e $S_8 = 200$, calcola d. $\left[\frac{32}{7}\right]$

524 $a_3 = -8$ e $a_8 = 27$, calcola S_8. [20]

525 $a_2 = -2$ e $a_{10} = 18$, calcola S_{10}. $\left[\frac{135}{2}\right]$

526 $a_3 = 1$ e $a_{12} = 4$, calcola S_{15}. [40]

527 $a_5 = \frac{1}{2}$ e $a_{13} = 10$, calcola S_{20}. $\left[\frac{1125}{8}\right]$

528 Calcola il numero dei termini e la ragione di una progressione aritmetica di cui si sa che il primo termine vale 1, il secondo estremo vale 19 e la somma di tutti i termini è 70. [7; 3]

529 Le età di 5 fratelli sono in progressione aritmetica. Il minore ha 7 anni e il maggiore 19. Quanti anni ha il fratello di mezzo? E gli altri due? [13; 10; 16]

7 Progressioni geometriche

▶ Teoria a p. 1053

Determina se le seguenti successioni sono o non sono progressioni geometriche e, nel caso lo siano, determina la ragione e indica se si tratta di una progressione crescente, decrescente o costante.

530 $-2, \quad -6, \quad -18, \quad -54, \quad -162, \quad \dots$ [progressione decrescente, $q = 3$]

531 $4, \quad 6, \quad 9, \quad \frac{27}{2}, \quad \frac{81}{4}, \quad \dots$ $\left[\text{progressione crescente, } q = \frac{3}{2}\right]$

532 $4, \quad 16, \quad 64, \quad 320, \quad 1280, \quad 5120, \quad \dots$ [non è una progressione]

533 $9, \quad 3, \quad 1, \quad \frac{1}{3}, \quad \frac{1}{9}, \quad \dots$ $\left[\text{progressione decrescente, } q = \frac{1}{3}\right]$

534 $\frac{2}{3}, \quad \frac{1}{2}, \quad \frac{3}{8}, \quad \frac{9}{32}, \quad \frac{27}{128}, \quad \dots$ $\left[\text{progressione decrescente, } q = \frac{3}{4}\right]$

535 FAI UN ESEMPIO di una progressione geometrica a termini negativi decrescente.

Calcolo dei termini di una progressione geometrica

536 ESERCIZIO GUIDA

a. Calcoliamo la ragione di una progressione geometrica di 6 termini i cui estremi sono, nell'ordine, 5 e 160.

b. Calcoliamo il numero n dei primi termini di una progressione geometrica di ragione 6 avente per estremi 5 e 38 880.

---

a. Utilizziamo $a_n = a_1 \cdot q^{n-1}$.

Sostituiamo $n = 6$, $a_1 = 5$ e $a_6 = 160$:

$a_n = a_1 \cdot q^{n-1}$

$$160 = 5 \cdot q^5 \quad \rightarrow \quad q^5 = 32 \quad \rightarrow \quad q = 2.$$

La progressione è: 5, 10, 20, 40, 80, 160, …

b. I dati del problema sono: $q = 6$, $a_1 = 5$, $a_n = 38\,880$. Calcoliamo n sostituendo i dati nella formula:

$$38\,880 = 5 \cdot 6^{n-1} \quad \rightarrow \quad 7776 = 6^{n-1} \quad \rightarrow \quad 6^5 = 6^{n-1} \quad \rightarrow \quad n = 6.$$

(dividiamo per 5) (scriviamo i numeri come potenze di 6) (uguagliamo gli esponenti)

Date le seguenti informazioni relative a una progressione geometrica, determina ciò che è richiesto.

537 $a_1 = -6$ e $q = -\frac{1}{4}$, calcola a_5. $\left[-\frac{3}{128}\right]$

538 $a_1 = 256$ e $q = \frac{1}{2}$, calcola a_8. [2]

539 $a_1 = 32$ e $q = 1$, calcola a_{15}. [32]

540 $a_5 = 1701$ e $q = 3$, calcola a_1. [21]

541 $a_5 = -8$ e $a_1 = -\frac{1}{2}$, calcola q. [2 oppure −2]

542 $a_1 = 16$, $a_n = 2$ e $q = \frac{1}{2}$, calcola n. [4]

543 $a_4 = 5$ e $q = -5$, calcola a_1. $\left[-\frac{1}{25}\right]$

544 $a_4 = -216$ e $a_1 = 8$, calcola q. [−3]

545 $a_4 = -192$ e $q = 2$, calcola a_1. [−24]

546 $a_1 = -1$, $a_n = -1000$ e $q = 10$, calcola n. [4]

Somma dei termini consecutivi di una progressione geometrica

547 ESERCIZIO GUIDA Calcoliamo la somma delle prime sei potenze di 3 con esponente diverso da 0.

I numeri da sommare sono i primi sei termini della progressione geometrica di ragione 3 e primo termine 3: 3, 9, 27, 81, 243, 729. Sostituiamo $n = 6$, $a_1 = 3$, $q = 3$:

$$S_6 = 3 \cdot \frac{3^6 - 1}{3 - 1} = 3 \cdot \frac{729 - 1}{2} = 3 \cdot \frac{728}{2} = 1092.$$

$$S_n = a_1 \frac{q^n - 1}{q - 1}$$

548 Calcola la somma delle prime dieci potenze di 2 con esponente diverso da 0. [2046]

549 Calcola quanti sono i termini di una progressione geometrica di ragione $q = 2$, sapendo che la loro somma è 51 e che il primo termine è $\frac{1}{5}$. [8]

550 Calcola la somma dei primi cinque termini di una progressione geometrica, di ragione $q = 3$, il cui primo termine è $a_1 = -1$. [− 121]

551 Determina il primo termine di una progressione geometrica di ragione $q = 3$, sapendo che la somma dei primi sei termini è 91. $\left[\frac{1}{4}\right]$

Calcola le seguenti somme.

552 $1 + 4 + 4^2 + \ldots + 4^7$ [21 845]

553 $1 + \frac{2}{3} + \left(\frac{2}{3}\right)^2 + \ldots + \left(\frac{2}{3}\right)^7$ $\left[\frac{6305}{2187}\right]$

Date le seguenti informazioni relative a una progressione geometrica, determina ciò che è richiesto.

554 $a_4 = 3$ e $q = \frac{1}{2}$, calcola S_4. [45]

555 $a_2 = 12$ e $a_5 = 324$, calcola S_5. [484]

556 $a_3 = 24$ e $a_6 = 1536$, calcola S_3. $\left[\frac{63}{2}\right]$

557 $a_1 = -3$, $q = 2$ e $S_n = -93$, calcola n. [5]

558 $S_6 = \frac{126}{5}$ e $q = 2$, calcola a_1. $\left[\frac{2}{5}\right]$

559 $a_5 = 18$ e $q = \frac{1}{2}$, calcola S_4. [540]

560 $a_2 = 6$ e $a_7 = 192$, calcola S_3. [21]

561 $a_4 = \frac{3}{5}$ e $q = 3$, calcola S_5. $\left[\frac{121}{45}\right]$

RISOLVIAMO UN PROBLEMA

Alcool e salute

Il tasso alcolemico si misura in grammi di alcool per litro di sangue; un tasso alcolemico di 1 g/L indica che in ogni litro di sangue di un soggetto è presente 1 grammo di alcool puro. Supponiamo che una persona abbia assunto una quantità di alcool tale che il tasso alcolemico raggiunga il valore massimo di 1,6 g/L. In media il fegato di una persona riesce a smaltire ogni ora una quantità di alcool ingerito in modo tale che il tasso alcolemico si riduca del 30% ogni ora.

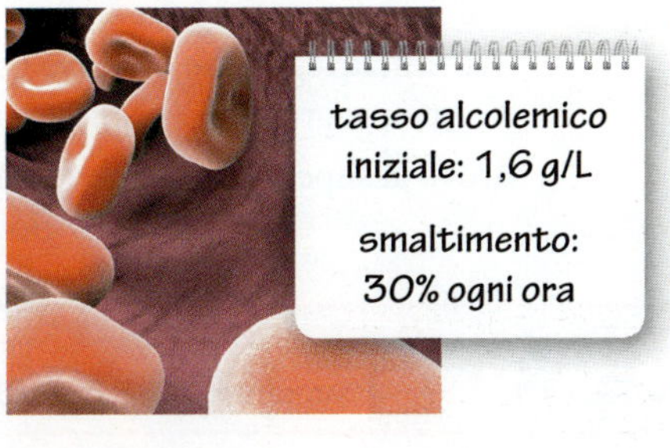

- Scriviamo la successione che descrive il tasso alcolemico del sangue ogni ora.
- Calcoliamo il valore del tasso alcolemico dopo 5 ore dal valore massimo.
- Determiniamo graficamente dopo quanto tempo il tasso alcolemico si è ridotto a una quantità trascurabile (non più di 0,1 g/L).

▶ **Troviamo il termine generale della successione.**

Chiamiamo a_n il termine generale che descrive il tasso alcolemico nel sangue al trascorrere delle ore $n = 1, 2, 3, \ldots$; il testo del problema ci dice che $a_0 = 1{,}6$ g/L e che ogni termine della successione è il 30% in meno del precedente, ovvero:

$$a_n = \frac{70}{100} a_{n-1} = 0{,}7 a_{n-1}.$$

Quindi i termini della successione sono in progressione geometrica di ragione $q = 0{,}7$. Possiamo anche scrivere, considerando che la successione parte da $n = 0$:

$$a_n = a_0 (0{,}7)^n \quad \rightarrow \quad a_n = 1{,}6 \cdot (0{,}7)^n.$$

▶ **Troviamo il tasso alcolemico dopo 5 ore.**

Per calcolare il tasso alcolemico dopo 5 ore dobbiamo sostituire nell'espressione che abbiamo ricavato $n = 5$:

$$a_5 = 1{,}6 \cdot (0{,}7)^5 \simeq 0{,}27 \text{ g/L}.$$

▶ **Costruiamo una rappresentazione grafica.**

Rappresentiamo in uno stesso grafico la successione, come una funzione che ha come dominio i numeri naturali, e la retta $y = 0{,}1$.

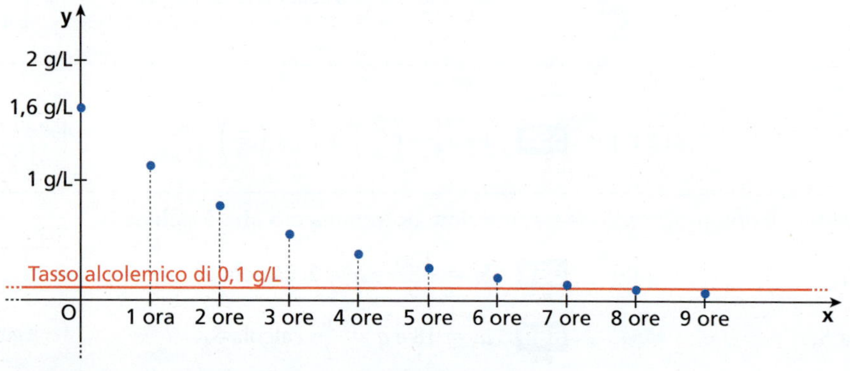

Dal grafico vediamo che i termini della successione sono inferiori al valore 0,1 g/L per $n = 8$, cioè il tasso alcolemico nel sangue è trascurabile dopo 8 ore.

562 ●○ **Ninfee** La superficie di un lago è di 25 600 m^2. Le ninfee che si trovano nel lago impiegano un giorno per raddoppiare la loro superficie. Sapendo che le ninfee dopo 7 giorni occupano metà della superficie del lago:

a. determina quanti giorni occorrono per ricoprire tutta la superficie del lago;

b. esprimi la legge che descrive l'accrescimento dimostrando che si tratta di una progressione geometrica crescente;

c. trova la superficie iniziale occupata dalle ninfee.

[a) 8 giorni; b) $a_n = 100 \cdot 2^n, n \in \mathbb{N}$; c) $a_0 = 100$]

VERIFICA DELLE COMPETENZE ALLENAMENTO

ARGOMENTARE

1 Una funzione non crescente è sicuramente decrescente?
Giustifica la risposta e fai un esempio.

2 Una funzione pari può essere strettamente monotòna? Fai un esempio a sostegno della tua risposta e individua quale, tra le seguenti funzioni, è una funzione strettamente monotòna:

a. $y = x^2$;
b. $y = |\sin x|$;
c. $y = x^3$;
d. $y = |x|$.

3 Perché, se una funzione è iniettiva nel suo dominio, puoi trovare la sua inversa senza preoccuparti della suriettività?

4 Fornisci la definizione di funzione inversa di una funzione. Disegna il grafico di una funzione e della sua inversa e illustra la proprietà che li collega.

5 Scrivi la definizione di funzione pari e fai un esempio. Una delle seguenti funzioni è pari, l'altra no. Spiega perché utilizzando la definizione.

a. $y = x^2 + 1$;
b. $y = \sqrt{x+1}$.

6 La funzione $g(x) = \sqrt{\ln x}$ può essere l'inversa di una funzione f biunivoca su $\mathbb{R}$? Giustifica la risposta.

UTILIZZARE TECNICHE E PROCEDURE DI CALCOLO

7 TEST Soltanto una delle seguenti funzioni è dispari. Quale?

A $y = \ln|x| + 5$
B $y = x^3 + x^2$
C $y = \sqrt[3]{x}$
D $y = \sin 2x + x^2$
E $y = e^x + e^{-x}$

8 VERO O FALSO?

a. La funzione $y = x^3 - \dfrac{2}{x} + 1$ è dispari. V F
b. Il periodo della funzione $y = \sin\left(\dfrac{x}{3} + \pi\right)$ è $T = \dfrac{2}{3}\pi$. V F
c. La funzione $y = \dfrac{1}{\ln(x-1)}$ ha dominio $x > 1$. V F
d. Se $f(x) = x^2 - 1$ e $g(x) = \sqrt{x^2 - 1}$, allora $(f \circ g)(x) = x^2 - 2$. V F
e. La funzione $y = \dfrac{3x-3}{x-1}$ è uguale alla funzione $y = 3$. V F

Determina il dominio delle seguenti funzioni.

9 $y = \dfrac{1}{2x} + \dfrac{1}{x-1}$ $[x \neq 0 \wedge x \neq 1]$

10 $y = \dfrac{1}{(x-3)(2x-1)}$ $\left[x \neq \dfrac{1}{2} \wedge x \neq 3\right]$

11 $y = \dfrac{4x^2 - 1}{4x^2}$ $[x \neq 0]$

12 $y = \dfrac{1}{3x^2 - x - 2}$ $\left[x \neq -\dfrac{2}{3} \wedge x \neq 1\right]$

13 $y = \sqrt{x+7} - \sqrt{4x-3}$ $\left[x \geq \dfrac{3}{4}\right]$

14 $y = \dfrac{2}{x^3 - 25x} + \sqrt{x-1}$ $[x \geq 1 \wedge x \neq 5]$

15 $y = \dfrac{x}{x^4 - 7x^2 + 12}$ $[x \neq \pm 2 \wedge x \neq \pm\sqrt{3}]$

16 $y = \dfrac{x-3}{x^2 - 5x + 6}$ $[x \neq 2 \wedge x \neq 3]$

17 $y = \dfrac{x}{x^2 + 16}$ $[\mathbb{R}]$

18 $y = \dfrac{x+1}{x^3 - 2x^2}$ $[x \neq 0 \wedge x \neq 2]$

19 $y = \dfrac{4}{\sqrt{x^2 - 2x}}$ $[x < 0 \vee x > 2]$

20 $y = \dfrac{2x + 7x^2 - 4}{x^2 - 4x + 4}$ $[x \neq 2]$

21 $y = \sqrt{\dfrac{x-1}{x+5}}$ $[x < -5 \vee x \geq 1]$

22 $y = \dfrac{\sqrt{(x-4)^2}}{x^2 - 5x + 6}$ $[x \neq 2 \wedge x \neq 3]$

23 $y = \sqrt{x^2 - 4x + 3}$ $[x \leq 1 \vee x \geq 3]$

24 $y = \sqrt{\dfrac{x-5}{3x^2 - 5x - 2}}$ $\left[-\dfrac{1}{3} < x < 2 \vee x \geq 5\right]$

25 $y = \dfrac{\sqrt{-x}}{1-x^2} + \sqrt{4+2x}$ $[-2 \leq x < -1 \vee -1 < x \leq 0]$

26 $y = \sqrt{\dfrac{x^2-4}{x}} + \sqrt{1-x}$ $[-2 \leq x < 0]$

27 $y = \dfrac{1}{2^{4x} - 16}$ $[x \neq 1]$

28 $y = \log_2(8x+4)$ $\left[x > -\dfrac{1}{2}\right]$

29 $y = \ln[(2x-7)(x+1)]$ $\left[x < -1 \vee x > \dfrac{7}{2}\right]$

30 $y = \ln(x^2 - 1) + \sqrt{x-1}$ $[x > 1]$

31 $y = \dfrac{\ln(2x-4)}{x^2 - 4x + 3}$ $[x > 2 \wedge x \neq 3]$

32 $y = \dfrac{e^{\sqrt{1-x^2}}}{|x|}$ $[-1 \leq x \leq 1 \wedge x \neq 0]$

33 $y = \dfrac{\ln(x+1)}{2^x - 1}$ $[x > -1 \wedge x \neq 0]$

34 $y = \sqrt{e^{\frac{x-1}{x}} - 1}$ $[x < 0 \vee x \geq 1]$

35 $y = \ln(2x+9) - \sqrt{\ln(5x-3)}$ $\left[x \geq \dfrac{4}{5}\right]$

36 $y = \ln\left(\ln \dfrac{x+1}{2x-3}\right)$ $\left[\dfrac{3}{2} < x < 4\right]$

37 $y = \sin\left(\dfrac{1}{\sqrt{x}}\right)$ $[x > 0]$

38 $y = \dfrac{\sqrt{\sin x}}{\cos x}$ $\left[2k\pi \leq x \leq \pi + 2k\pi \wedge x \neq \dfrac{\pi}{2} + 2k\pi\right]$

39 $y = \sqrt{\tan x - 1}$ $\left[\dfrac{\pi}{4} + k\pi \leq x < \dfrac{\pi}{2} + k\pi\right]$

40 $y = \ln(1 - \tan^2 x)$ $\left[-\dfrac{\pi}{4} + k\pi < x < \dfrac{\pi}{4} + k\pi\right]$

41 $y = \dfrac{1}{2\sin^2 x - 3\sin x + 1}$ $\left[x \neq \dfrac{\pi}{6} + 2k\pi \wedge x \neq \dfrac{\pi}{2} + 2k\pi \wedge x \neq \dfrac{5}{6}\pi + 2k\pi\right]$

42 $y = \dfrac{\sin x}{1 - \tan x}$ $\left[x \neq \dfrac{\pi}{4} + k\pi \wedge x \neq \dfrac{\pi}{2} + k\pi\right]$

Stabilisci se le seguenti funzioni sono pari, dispari o né pari né dispari.

43 $y = |x+4|$

44 $y = \dfrac{x^3 - x}{1 + x^2}$

45 $y = \dfrac{x+2}{\sqrt{4-x^2}}$

46 $y = |x| - 3$

47 $y = e^x - e^{-x}$

48 $y = \ln(1 - x^4)$

Stabilisci se le seguenti successioni sono progressioni, in caso affermativo specifica di che tipo e determina la ragione.

49 $5, \quad 5\sqrt{2}, \quad 10, \quad 10\sqrt{2}, \quad 20, \quad \ldots$

50 $\dfrac{25}{4}, \quad \dfrac{5}{2}, \quad 1, \quad \dfrac{2}{5}, \quad \dfrac{4}{25}, \quad \ldots$

51 $\dfrac{5}{3}, \quad 5, \quad 15, \quad 18, \quad 21, \quad \ldots$

52 $2, \quad 8, \quad 18, \quad 32, \quad 50, \quad \ldots$

Date le seguenti informazioni, determina ciò che è richiesto.

53 a_n progressione geometrica: $a_4 = 12$, $q = 2$; calcola S_6. $\left[\dfrac{189}{2}\right]$

54 a_n progressione aritmetica: $a_1 = \dfrac{1}{5}$, $a_8 = \dfrac{38}{15}$; calcola d. $\left[\dfrac{1}{3}\right]$

55 a_n progressione geometrica: $a_1 = \dfrac{9}{4}$, $a_5 = \dfrac{4}{9}$; calcola S_4. $\left[\dfrac{65}{12}\right]$

56 a_n progressione geometrica: $a_{20} = 300$, $q = -1$; calcola a_1. $[-300]$

57 a_n progressione aritmetica: $a_1 = 20$, $d = -3$, $a_n = -37$; calcola n. $[20]$

58 a_n progressione geometrica: $a_2 = \dfrac{3}{2}$, $a_5 = \dfrac{4}{9}$; calcola a_1. $\left[\dfrac{9}{4}\right]$

59 a_n progressione aritmetica: $S_9 = 135$, $d = 3$; calcola a_9. $[27]$

ANALIZZARE E INTERPRETARE DATI E GRAFICI

LEGGI IL GRAFICO Per ognuna delle funzioni rappresentate nelle figure seguenti indica:

a. il dominio; **b.** l'immagine; **c.** se è pari o dispari; **d.** se è monotòna; **e.** se è invertibile.

60 ●○

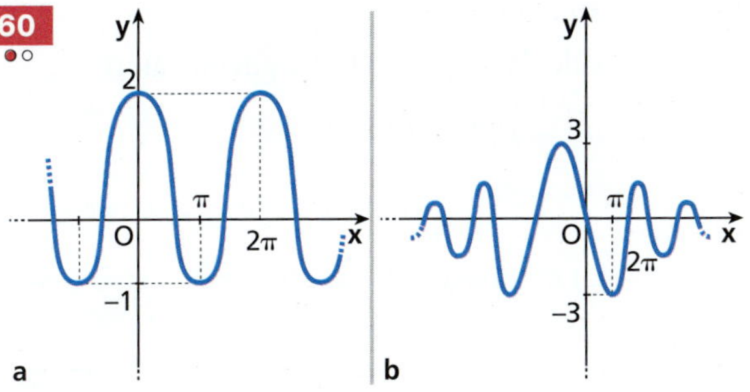

61 ●○

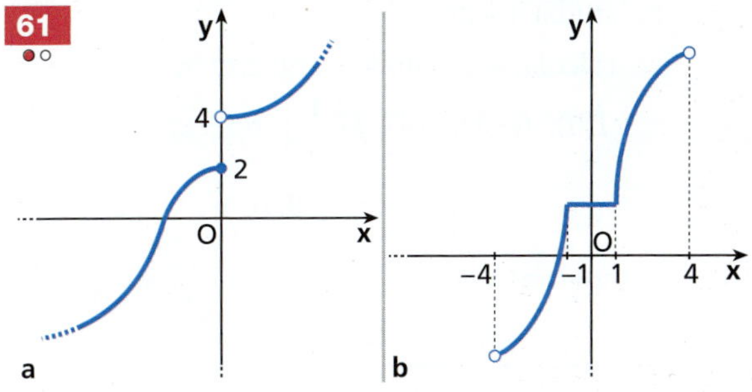

62 ●○ Disegna il grafico delle seguenti funzioni applicando le trasformazioni geometriche:

$y = |4 - x^2| + 2;\quad y = |2\sin(-x)|;\quad y = \cos\left(x + \frac{\pi}{4}\right) - 1;\quad y = e^{x+4};\quad y = |\ln(x-2)|.$

63 ●○ Disegnato il grafico della funzione $y = \sqrt{x}$, rappresenta graficamente le funzioni $y = \sqrt{|x|}$, $y = 1 - \sqrt{x}$ e $y = |\sqrt{x} - 2|$. Per ciascuna indica il dominio, l'immagine e il segno. Quale di esse è pari? Quale è dispari? Quale ammette inversa?

LEGGI IL GRAFICO

64 ●○ L'equazione del grafico della funzione in figura è del tipo

$$f(x) = \frac{1}{ax^2 + bx + c}.$$

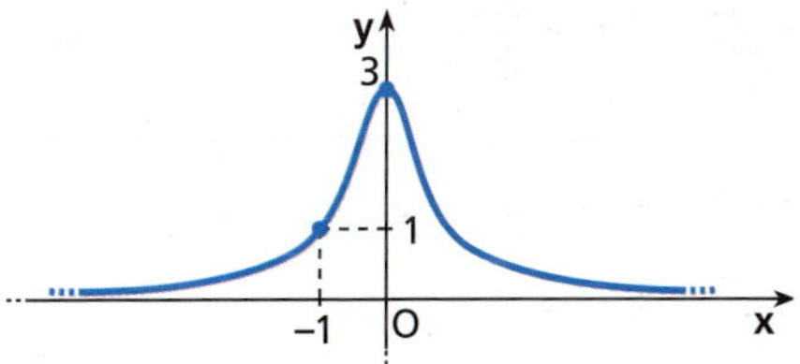

a. Trova a, b, c.

b. Indica il dominio e l'immagine di $f(x)$.

c. Considera la restrizione della funzione per $x > 0$, trova l'espressione analitica della funzione inversa e disegnane il grafico.

$\left[\text{a) } a = \frac{2}{3}, b = 0, c = \frac{1}{3}; \text{ b) } D: \mathbb{R}, I: 0 < y < 3; \text{ c) } f^{-1}(x) = \sqrt{\frac{3}{2x} - \frac{1}{2}}\right]$

65 ●● Nel grafico è rappresentata la funzione $f(x) = e^{\frac{x+k}{x}}$.

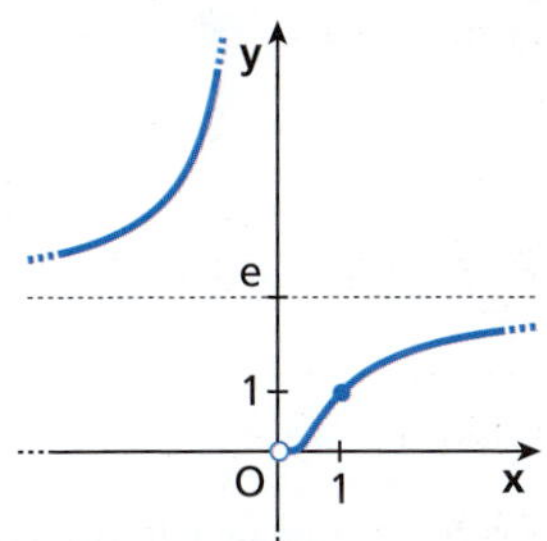

a. Trova il valore di k.

b. Determina il dominio e l'immagine di $f(x)$ e individua gli intervalli in cui è crescente.

c. Indica se è invertibile e trova l'espressione analitica della funzione inversa.

$\left[\text{a) } k = -1; \text{ b) } D: x \neq 0; I: y > 0 \land y \neq e; \text{ cresc. per } x < 0 \lor x > 0; \text{ c) } f^{-1}(x) = \frac{1}{1 - \ln x}\right]$

Studia il segno delle seguenti funzioni nel loro dominio e trova eventuali punti di intersezione del grafico con gli assi (nei risultati non li indichiamo). Rappresenta nel piano cartesiano le zone in cui si trova il grafico.

66 ●○ $y = \frac{3x - 2}{x + 9}$ $\left[D: x \neq -9; y > 0: x < -9 \lor x > \frac{2}{3}\right]$

67 ●○ $y = \frac{\sqrt{x - 5}}{x^2 + 3}$ $[D: x \geq 5; y > 0: x > 5]$

68 ●○ $y = \frac{1 + e^x}{x^3 - 4x^2}$ $[D: x \neq 0 \land x \neq 4; y > 0: x > 4]$

69 ●○ $y = \sqrt{\frac{x^2 - 6x}{12 - 5x}}$ $\left[D: x \leq 0 \lor \frac{12}{5} < x \leq 6; y > 0: x < 0 \lor \frac{12}{5} < x < 6\right]$

70 ●○ $y = \ln\frac{x - 1}{x - 5}$ $[D: x < 1 \lor x > 5; y > 0: x > 5]$

71 ●○ $y = \frac{e^{3x} - 1}{x}$ $[D: x \neq 0; y > 0: x \neq 0]$

RISOLVERE PROBLEMI

72 ●○ Data la funzione $f(x) = \frac{x^2-1}{\sqrt{x}}$,

a. determina il dominio;

b. studia il segno;

c. calcola, se possibile, i seguenti valori:

$f(0)$, $f(-1)$, $f(4)$, $f\left(\frac{1}{2}\right)$, $f(1-x)$.

[a) $D: x > 0$; b) $y > 0$ per $x > 1$; c) non esiste; non esiste; $\frac{15}{2}$; $-\frac{3\sqrt{2}}{4}$; $\frac{x^2-2x}{\sqrt{1-x}}$]

73 ●○ Data la funzione $f(x) = \frac{x-4}{\sqrt{\ln x}}$,

a. determina il dominio;

b. studia il segno;

c. calcola, se possibile, i seguenti valori:

$f\left(\frac{1}{2}\right)$, $f(1)$, $f(e)$, $f(x+4)$.

[a) $D: x > 1$; b) $y > 0$ per $x > 4$; c) non esiste; non esiste; $e-4$; $\frac{x}{\sqrt{\ln(x+4)}}$]

---

74 ●○ Data la funzione $f(x) = \begin{cases} \frac{1}{x-3} & \text{se } x \leq 2 \\ 3x+1 & \text{se } x > 2 \end{cases}$,

a. determina il suo dominio;

b. calcola $f(0)$, $f(2)$, $f(3)$, $f(4)$;

c. stabilisci se il punto $A\left(5; \frac{1}{2}\right)$ appartiene al grafico della funzione. [a) $D: \mathbb{R}$; b) $-\frac{1}{3}$; -1; 10; 13]

75 ●○ **a.** Determina il dominio della funzione $f(x) = \frac{\sin x - 1}{\tan x}$. [$D: x \neq k\frac{\pi}{2}$]

b. Studia il segno e determina le intersezioni con gli assi. [$y > 0$ per $\frac{\pi}{2} + k\pi < x < \pi + k\pi$]

c. Stabilisci se è pari o dispari. [né pari né dispari]

d. $f(x)$ è periodica? [$T = 2\pi$]

76 ●○ Date le funzioni $f(x) = \ln x$ e $g(x) = x^3 - 1$, determina $f \circ g$ e $g \circ f$. [$f \circ g = \ln(x^3-1)$; $g \circ f = \ln^3 x - 1$]

77 ●○ Date le funzioni $f(x) = \frac{4}{1-2x}$ e $g(x) = e^{2x}$, determina f^{-1}, g^{-1}, $f \circ g$ e $g \circ f$.

[$f^{-1}(x) = \frac{x-4}{2x}$, $g^{-1}(x) = \frac{\ln x}{2}$, $f \circ g = \frac{4}{1-2e^{2x}}$, $g \circ f = e^{\frac{8}{1-2x}}$]

78 ●○ Considera le funzioni $g(x) = 4x - 7$ e $h(x) = \ln(x+7)$. Determina g^{-1}, h^{-1} e $(h \circ g)^{-1}$.

[$g^{-1}(x) = \frac{x+7}{4}$, $h^{-1}(x) = e^x - 7$, $(h \circ g)^{-1} = \frac{e^x}{4}$]

79 ●○ Siano f e g le funzioni così definite:

$f(x) = \frac{1}{x+2}$, con $x \in]-2; 4]$; $\qquad g(x) = 3x - 1$, con $x \in \mathbb{R}$.

a. Spiega perché f è invertibile e determina la sua inversa.

b. Risolvi l'equazione $g[f(x)] = \frac{1}{4}$. [b) $\frac{2}{5}$]

80 ●● Siano $f(x) = 4 + \ln(x+2)$ e $g(x) = \sqrt{x} + k$.

a. Determina k in modo che $g \circ f$ passi per il punto $(-1; 4)$.

b. Per il valore di k trovato, calcola $g^{-1}(x)$ e $f^{-1}(x)$.

[a) $k = 2$; b) $g^{-1}(x) = x^2 - 4x + 4$, $f^{-1}(x) = e^{x-4} - 2$]

81 ●● Data la funzione $f(x) = \frac{2-a}{1+\ln x}$,

a. trova per quale valore di a si ha $f(1) = 1$;
b. determina il dominio;
c. determina l'espressione e il dominio della funzione inversa $f^{-1}(x)$ per il valore di a già trovato.

$\left[\text{a) } a = 1; \text{ b) } D: x > 0 \wedge x \neq \frac{1}{e}; \text{ c) } f^{-1}(x) = e^{\frac{1-x}{x}}, D: x \neq 0\right]$

82 ●○ In una progressione aritmetica i primi n termini sono tali che i due estremi sono opposti. Determina la somma S_n. [0]

83 ●○ Calcola le misure dei lati di un triangolo rettangolo di perimetro 96 cm, sapendo che sono in progressione aritmetica. [24 cm; 32 cm; 40 cm]

84 ●○ Determina l'ultimo termine di una progressione aritmetica di otto termini il cui primo termine è -6, sapendo che la somma degli otto termini è 120. [36]

85 ●○ In una progressione aritmetica $a_1 = -2$ e la somma dei primi sette termini è 49. Trova la ragione. [3]

86 ●○ La somma fra il primo e il secondo termine di una progressione geometrica è 30, mentre la differenza fra il terzo e il primo è -15. Determina la ragione della progressione. $\left[\frac{1}{2}\right]$

87 ●○ Determina tre numeri positivi in progressione geometrica tali che la loro somma sia 86 e che la differenza tra il terzo e il primo sia 70. [2; 12; 72]

COSTRUIRE E UTILIZZARE MODELLI

RISOLVIAMO UN PROBLEMA

Un lancio adeguato

Una grande industria di biscotti programma la campagna pubblicitaria televisiva per il lancio di una nuova linea. I minuti dedicati agli spot in funzione dei giorni x trascorsi dall'inizio della campagna pubblicitaria seguono l'andamento della funzione $f(x) = -\frac{5}{12}x^2 + 10x + \frac{800}{3}$; il giorno in cui sarà messo in vendita il prodotto ci sarà il maggior tempo dedicato agli spot.

- Disegna il grafico di f e trova dominio e codominio, giustificandoli alla luce del modello che stai analizzando.
- Dopo quanti giorni dall'inizio della campagna sarà messo in vendita il prodotto? Dopo quanti giorni si concluderà la campagna?

▶ **Analizziamo f e gli adattamenti che subisce per descrivere il fenomeno.**

Il grafico di $f(x)$ è una parabola che assume il valore massimo nel vertice V di ordinata $y_V = -\frac{\Delta}{4a} = \frac{980}{3}$.

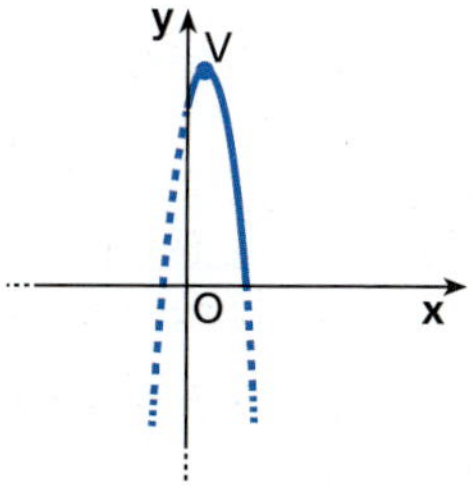

Il dominio naturale di f è $\mathbb{R}$.

Nel nostro caso, però, x sono i giorni trascorsi e $f(x)$ i minuti al giorno dedicati allo spot, quindi ha senso considerare solo valori positivi o nulli per x e $f(x)$.
Pertanto, $D: x \geq 0 \wedge f(x) > 0$.

Risolvendo l'equazione $-\frac{5}{12}x^2 + 10x + \frac{800}{3} = 0$ troviamo l'intersezione $(40; 0)$ con il semiasse positivo delle x.

Quindi D: $0 \leq x \leq 40$ e il codominio è $0 \leq y \leq \frac{980}{3}$.

► **Troviamo il giorno del lancio e la durata della campagna.**

Il giorno del lancio corrisponde all'ascissa del vertice (quando $f(x)$ assume il valore massimo):

$$x_V = -\frac{b}{2a} = 12.$$

La campagna si concluderà in corrispondenza dello zero che ha ascissa positiva. Risolviamo quindi l'equazione

$$-\frac{5}{12}x^2 + 10x + \frac{800}{3} = 0 \to 5x^2 - 120x - 3200 = 0 \to x^2 - 24x - 640 = 0 \to x = 12 \pm 28 < \begin{matrix} -16, & \text{non accettabile} \\ 40. & \end{matrix}$$

La campagna durerà quindi 40 giorni.

88 ●● **Bibita alla spina** Nel bar di Giulio all'inizio di un mese viene rifornito il contenitore di una bibita alla spina. Osservando il calo al passare dei giorni, Giulio vede che in 10 giorni il recipiente si svuota seguendo, in modo approssimato, l'andamento della funzione in figura, di equazione $y = a - \frac{18x}{bx + 10}$.

a. Trova a e b.

b. Se all'inizio del mese successivo vengono introdotti 6 litri di bibita in più, con un consumo giornaliero identico, in quanti giorni si svuoterà il contenitore?

c. Quanti litri è necessario introdurre all'inizio del mese per avere a disposizione la bibita per 30 giorni?

[a) $a = 9$; $b = 1$; b) 50; c) 13,5]

89 ●○

Paola in scooter Paola acquista uno scooter a rate con la formula «interesse zero». Il pagamento avviene in questa forma: € 150 il primo mese, € 158 il secondo e così via: ogni mese i pagamenti crescono di € 8 finché il debito è estinto. Sapendo che l'ultimo pagamento è di € 318:

a. dimostra che per estinguere il debito occorrono 22 mesi;

b. trova quanto è costato lo scooter;

c. determina in quale mese vengono pagati € 230.

[b) € 5148; c) 11°]

90 ●○ **Affitti** In una rinomata zona balneare, il proprietario di un appartamento stabilisce le quote di affitto per l'alta stagione. Ipotizzando di affittare l'appartamento per periodi di due settimane consecutive, fissa il calendario e gli importi riportati nella tabella a fianco.

Periodo	Costo
16 giugno - 30 giugno	1200
1 luglio - 15 luglio	1440
16 luglio - 31 luglio	1730
1 agosto - 15 agosto	2083

a. Determina se i prezzi sono in progressione, specificandone il tipo, e calcola la ragione (approssima alla prima cifra decimale).

b. Volendo affittare anche per singole settimane, il proprietario stabilisce per la prima settimana (16-23 giugno) la quota di € 600 e per l'ultima (8-15 agosto) la quota di € 1169. Calcola i prezzi delle varie settimane.

c. Quale sarà il ricavo totale del proprietario nelle due ipotesi?

[c) $S_4 = 6442$, $S_8 = 6862$]

VERIFICA DELLE COMPETENZE PROVE

1 ora

PROVA A

1 Trova il dominio delle seguenti funzioni.

a. $y = \frac{x^2}{x^2 + 3x - 4}$ **b.** $y = \frac{1}{\sqrt{x^3 + 5x^2}}$ **c.** $y = \frac{x}{\ln(x+2)}$

2 Determina dominio, zeri e segno della funzione $y = \frac{x^3 - 9x}{x^2 + 4x + 3}$.
Evidenzia nel piano cartesiano le zone in cui la funzione è positiva.

3 Considera la funzione $f(x)$ della figura.

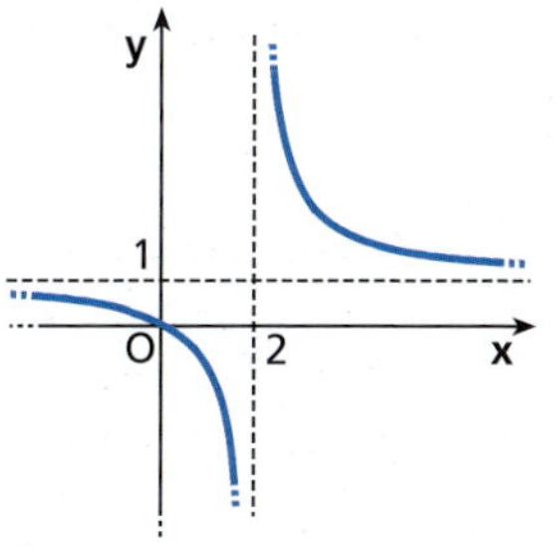

a. Determina il dominio, l'immagine e indica se è monotòna, pari o dispari.

b. Se l'equazione è del tipo $f(x) = \frac{x+a}{x+b}$, trova a e b.

c. Indica se è invertibile e trova la funzione inversa algebricamente e graficamente.

4 Disegna i grafici delle seguenti funzioni utilizzando le trasformazioni geometriche.

a. $y = |e^x - 2|$ **b.** $y = -\sqrt{x-5}$ **c.** $y = \ln(x+1)$

5 Rappresenta mediante espressione analitica e per ricorsione le seguenti successioni, specificando, eventualmente, se si tratta di progressioni e indicandone il tipo e la ragione.

a. 2, 5, 8, 11, 14, … **b.** 54, 36, 24, 16, $\frac{32}{3}$, … **c.** $\frac{3}{2}$, $\frac{5}{2}$, $\frac{9}{2}$, $\frac{17}{2}$, $\frac{33}{2}$, …

Date le seguenti informazioni, determina ciò che è richiesto.

6 a_n progressione geometrica: $S_5 = \frac{605}{9}$, $q = 3$; calcola a_3.

7 a_n progressione aritmetica: $a_1 = 4$, $a_5 = 16$; calcola S_7.

PROVA B

1 **Le montagne russe** In un luna park, il percorso di un tratto delle rotaie delle montagne russe ha l'andamento della funzione:

$$y = 2\sin\frac{x+\pi}{2} + 2, \qquad \text{con } -3\pi \leq x \leq 3\pi.$$

a. Disegna il grafico della funzione e descrivi le sue proprietà (dominio, codominio, funzione pari o dispari).

b. Stabilisci in quali tratti i vagoni salgono e in quali scendono (i vagoni si spostano, in riferimento al grafico, da sinistra verso destra).

c. Qual è l'altezza massima da terra e in quali punti si trova?

2 **Penale** Un'impresa edile firma un contratto per la costruzione di un edificio entro una certa data. In caso di ritardo della fine dei lavori si impegna a pagare una penale con rate mensili progressive: € 500 la prima, € 700 la seconda, € 900 la terza e così via. Quanto dovrebbe pagare complessivamente l'impresa per 8 mesi di ritardo?

T

CAPITOLO 22

LIMITI

1 Insiemi di numeri reali

Ricordiamo alcune nozioni fondamentali riguardanti l'insieme $\mathbb{R}$ dei numeri reali. Poiché esiste una corrispondenza biunivoca tra $\mathbb{R}$ e i punti di una retta orientata r, detta **retta reale**, possiamo identificare ogni sottoinsieme di $\mathbb{R}$ (*insieme numerico*) con un *sottoinsieme di punti* della retta r.

Intervalli

▶ Esercizi a p. 1131

Un **intervallo** è un sottoinsieme di numeri reali che corrisponde a una semiretta (intervallo **illimitato**) o a un segmento (intervallo **limitato**) della retta reale.

Un intervallo può essere **chiuso** o **aperto**, a seconda che gli estremi appartengano o meno all'intervallo.

Un intervallo può essere rappresentato in tre modi diversi, come puoi osservare nelle figure seguenti.

Intervalli limitati

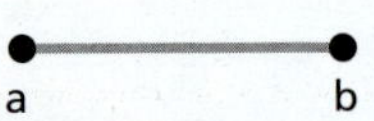

[a; b]

$a \leq x \leq b$

a. Intervallo chiuso.

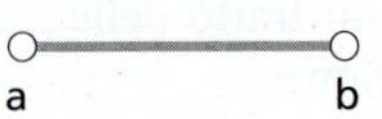

] a; b [

$a < x < b$

b. Intervallo aperto.

[a; b [

$a \leq x < b$

c. Intervallo chiuso a sinistra e aperto a destra.

] a; b]

$a < x \leq b$

d. Intervallo aperto a sinistra e chiuso a destra.

Gli intervalli limitati corrispondono a segmenti della retta reale aventi **estremi** a e b e lunghezza $b - a$, che viene detta **ampiezza** dell'intervallo. I valori $\frac{b-a}{2}$ e $\frac{b+a}{2}$ sono rispettivamente il **raggio** e il **centro** dell'intervallo.

Intervalli illimitati

a.	b.	c.	d.
$[a; +\infty[$	$]a; +\infty[$	$]-\infty; a]$	$]-\infty; a[$
$x \geq a$	$x > a$	$x \leq a$	$x < a$
a. Intervallo chiuso illimitato superiormente.	**b.** Intervallo aperto illimitato superiormente.	**c.** Intervallo chiuso illimitato inferiormente.	**d.** Intervallo aperto illimitato inferiormente.

Un intervallo illimitato corrisponde a una semiretta di origine a; pertanto uno degli estremi dell'intervallo è a, mentre indichiamo l'altro estremo con i simboli $+\infty$ (più infinito) o $-\infty$ (meno infinito). $+\infty$ e $-\infty$ non sono numeri reali e quindi sono sempre *esclusi* dall'intervallo.
L'insieme $\mathbb{R}$ dei numeri reali corrisponde all'intervallo $]-\infty; +\infty[$.
Spesso utilizziamo l'unione di intervalli per indicare particolari insiemi. Per esempio, le soluzioni della disequazione $x^2 - 1 > 0$ sono $]-\infty; -1[\, \cup\,]1; +\infty[$.

▶ Rappresenta nei tre modi che abbiamo esaminato l'insieme $\mathbb{R} - \{4\}$.

Intorni di un punto

▶ Esercizi a p. 1132

DEFINIZIONE

Dato un numero reale x_0, un **intorno completo** di x_0 è un qualunque intervallo aperto $I(x_0)$ contenente x_0:

$$I(x_0) =]x_0 - \delta_1;\ x_0 + \delta_2[,$$

con δ_1, δ_2 numeri reali positivi.

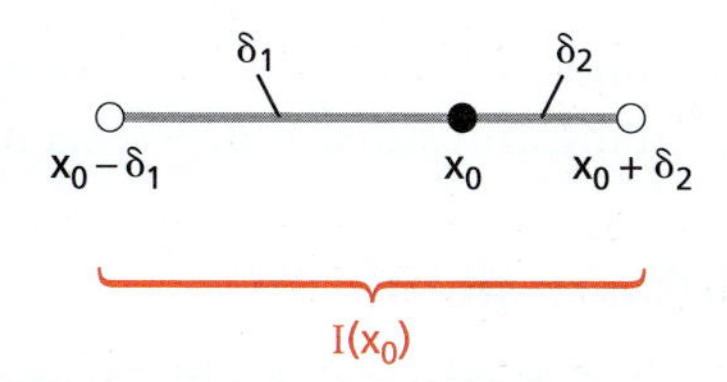

Listen to it

A **neighbourhood** of a point x_0 is an open interval containing x_0.

ESEMPIO

Se $x_0 = 1$, l'intervallo aperto $I =]0; 3[$ è un intorno completo di 1. In questo caso $\delta_1 = 1$ e $\delta_2 = 2$, perché possiamo scrivere $I =]1 - 1; 1 + 2[$, e l'ampiezza dell'intervallo è 3.

Anche $]-1;\ 2[$ e $\left]\frac{1}{2}; 4\right[$ sono intorni completi di 1.

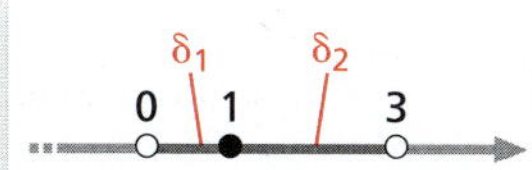

Quando $\delta_1 = \delta_2$, il punto x_0 è il punto medio dell'intervallo. In questo caso parliamo di *intorno circolare* di x_0.

DEFINIZIONE

Dati un numero reale x_0 e un numero reale positivo δ, un **intorno circolare** di x_0, di raggio δ, è l'intervallo aperto $I_\delta(x_0)$ di centro x_0 e raggio δ:

$$I_\delta(x_0) =]\,x_0 - \delta; x_0 + \delta\,[.$$

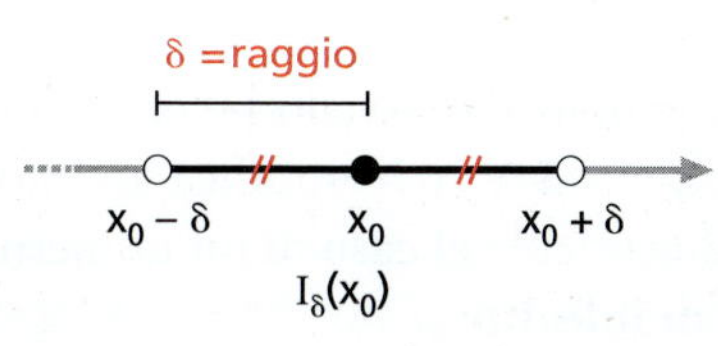

▶ Scrivi un intorno completo e un intorno circolare di 8.

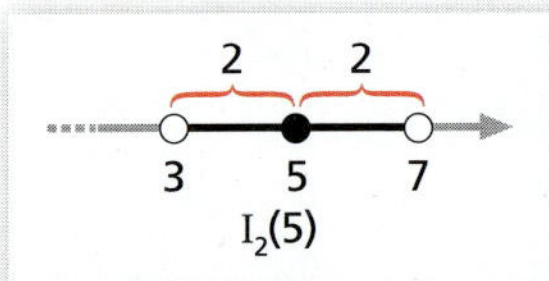

L'intorno circolare del punto 5 di raggio 2 è $]5-2; 5+2[$, ossia $]3; 7[$.

L'intorno circolare di x_0 di raggio δ è l'insieme dei punti $x \in \mathbb{R}$ tali che

$$x_0 - \delta < x < x_0 + \delta,$$

cioè tali che $-\delta < x - x_0 < \delta$. Ricordando che la disequazione $|A(x)| < k$ è equivalente a $-k < A(x) < k$, possiamo anche scrivere:

$$I_\delta(x_0) = \{x \in \mathbb{R}: |x - x_0| < \delta\}.$$

PROPRIETÀ

L'intersezione e l'unione di due o più intorni completi, e in particolare circolari, di x_0 sono ancora degli intorni completi, e in particolare circolari, di x_0.

Intorno destro e intorno sinistro di un punto

Dato un numero $\delta \in \mathbb{R}^+$, chiamiamo:

- **intorno destro** di x_0 l'intervallo $I_\delta^+(x_0) =]x_0; x_0 + \delta[$;
- **intorno sinistro** di x_0 l'intervallo $I_\delta^-(x_0) =]x_0 - \delta; x_0[$.

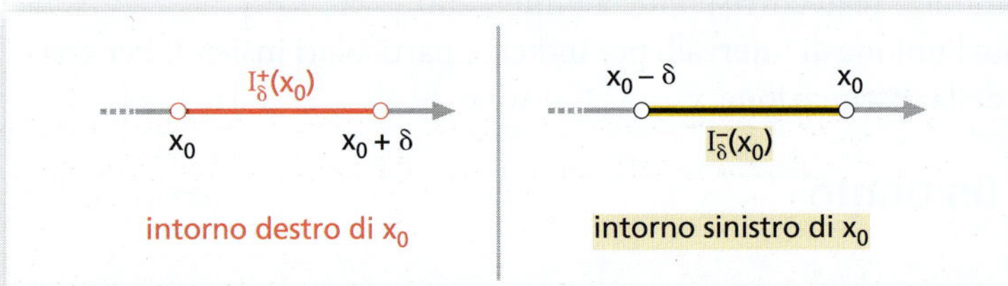

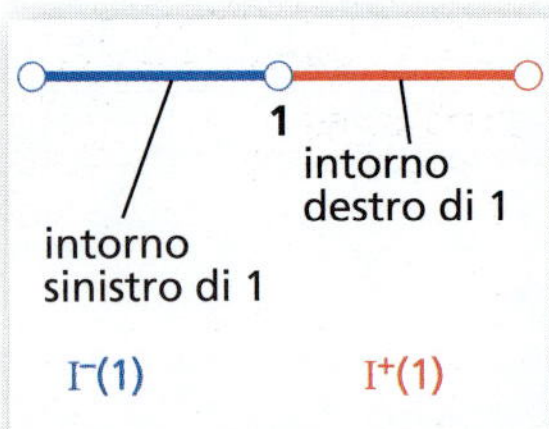

Per esempio, l'intervallo $]2; 2+\delta[$ è un intorno destro di 2; l'intervallo $]-5; -3[$ è sia un intorno sinistro di -3, sia un intorno destro di -5.

Intorni di infinito

▶ Esercizi a p. 1133

Dati $a, b \in \mathbb{R}$, con $a < b$, chiamiamo:

- **intorno di meno infinito** un qualsiasi intervallo aperto illimitato inferiormente:
  $$I(-\infty) =]-\infty; a[= \{x \in \mathbb{R}: x < a\};$$
- **intorno di più infinito** un qualsiasi intervallo aperto illimitato superiormente:
  $$I(+\infty) =]b; +\infty[= \{x \in \mathbb{R}: x > b\}.$$

Si definisce inoltre **intorno di infinito** l'unione tra un intorno di $-\infty$ e un intorno di $+\infty$, cioè:

$$I(\infty) = I(-\infty) \cup I(+\infty) = \{x \in \mathbb{R}: x < a \vee x > b\}.$$

La scrittura ∞, priva di segno, indica contemporaneamente sia $-\infty$ sia $+\infty$. Quindi, se si vuole indicare solo $+\infty$, bisogna esplicitamente scrivere il segno $+$ davanti al simbolo ∞.

Per esempio, l'intervallo $]-\infty; -7[$ è un intorno di meno infinito, mentre la scrittura $x < -2 \vee x > 4$ indica un intorno di infinito.

Analogamente al caso di un numero reale x_0, possiamo parlare di **intorno circolare di infinito**:

$$I_c(\infty) =]-\infty; -c[\cup]c; +\infty[, \quad \text{con } c \in \mathbb{R}^+.$$

▶ Considera le soluzioni delle disequazioni:

a. $3x - 9 > 0$;
b. $x^2 - x > 0$;
c. $|x| > 4$.

Indica quale tipo di intorno di infinito è rappresentato da ciascuna di esse.

Punti isolati

▶ Esercizi a p. 1133

DEFINIZIONE

Sia x_0 appartenente a un sottoinsieme A di $\mathbb{R}$. x_0 è un **punto isolato** di A se esiste almeno un intorno I di x_0 che non contiene altri elementi di A diversi da x_0.

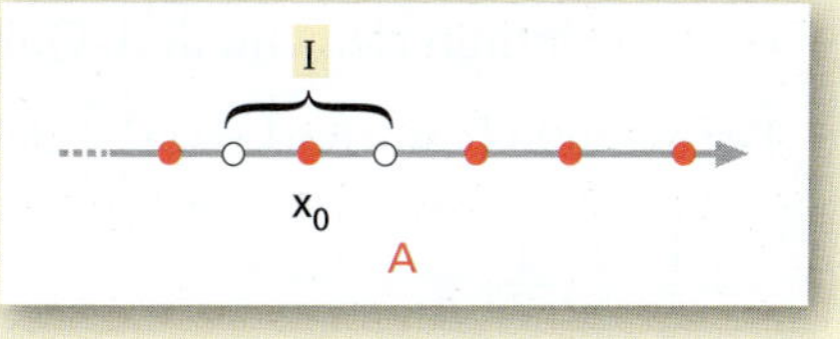

Osserviamo che per verificare che un punto di un insieme è isolato basta determinare **un solo** intorno di quel punto che non contenga altri punti dell'insieme stesso.

ESEMPIO

Consideriamo l'insieme $A = \left\{0, \frac{1}{2}, \frac{2}{3}, \frac{3}{4}, \frac{4}{5}, \frac{5}{6}, \frac{6}{7}, \dots, \frac{n}{n+1}\right\}, n \in \mathbb{N}$.

Rappresentiamo l'insieme A sulla retta orientata e consideriamo il suo punto 0. Osserviamo che è possibile determinare un intorno di 0 che non contenga altri elementi di A, per esempio $\left]-\frac{1}{4}; \frac{1}{4}\right[$. Allora 0 è un punto isolato di A.

Nello stesso modo, è possibile dimostrare che tutti gli elementi dell'insieme A sono punti isolati.

▶ Verifica che l'insieme {1, 2, 8, 10} è formato da punti isolati.

Se un insieme contiene un numero finito di punti, questi sono tutti punti isolati.
Per esempio, l'insieme $B = \left\{-2, 0, \frac{1}{2}, 4\right\}$ è formato da quattro punti tutti isolati.

Anche un insieme di infiniti punti può essere costituito da punti tutti isolati.
Per esempio, l'insieme dei numeri naturali $\mathbb{N}$ è un insieme infinito, ma tutti i suoi punti sono punti isolati: basta prendere per ciascun punto il suo intorno circolare di raggio $\frac{1}{2}$ e osservare che non contiene altri numeri naturali.

Punti di accumulazione

▶ Esercizi a p. 1134

DEFINIZIONE

Il numero reale x_0 è un **punto di accumulazione** di A, sottoinsieme di $\mathbb{R}$, se ogni intorno completo di x_0 contiene infiniti punti di A.

Si dimostra che è equivalente alla definizione data dire che x_0 è punto di accumulazione di A se ogni intorno completo di x_0 contiene almeno un elemento di A distinto da x_0.

Listen to it

A point $x_0 \in \mathbb{R}$ is a **limit point** of the subset S of $\mathbb{R}$ if every neighbourhood of x_0 contains at least one point $s \in S$, $s \neq x_0$.

ESEMPIO

Consideriamo l'insieme: $A = \left\{1, \frac{1}{2}, \frac{1}{3}, \frac{1}{4}, \frac{1}{5}, \frac{1}{6}, \frac{1}{7}, \dots, \frac{1}{n}\right\}$, con $n \in \mathbb{N} - \{0\}$, e rappresentiamolo sulla retta reale.

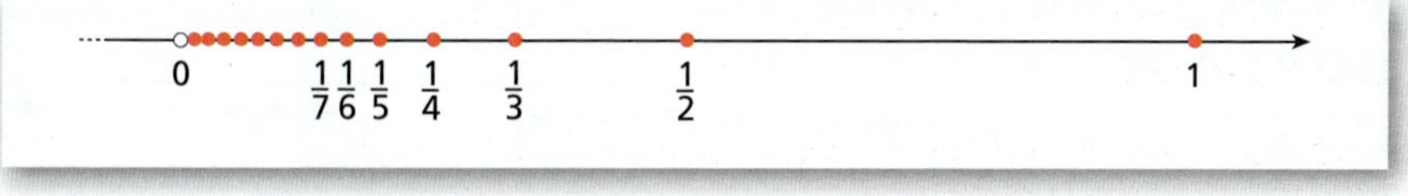

All'aumentare di n, i corrispondenti elementi di A si avvicinano al valore 0.
È possibile verificare che il punto 0 gode della seguente proprietà: comunque scegliamo un intorno completo di 0 (anche di raggio molto piccolo), questo contiene infiniti elementi di A. Quindi 0 è un punto di accumulazione di A.

Per esempio l'intorno $\left]-1; \frac{1}{4}\right[$ del punto 0 contiene infiniti punti di A:

$$\frac{1}{5}, \frac{1}{6}, \frac{1}{7}, \ldots$$

Osserviamo che il punto 0 è punto di accumulazione di A, ma non appartiene ad A; inoltre 0 è l'unico punto di accumulazione per A.
Infatti, preso un qualunque elemento di A, esiste almeno un suo intorno che non contiene altri elementi di A.

Per esempio, scegliendo $\frac{1}{4}$, l'intorno $\left]\frac{1}{5}; \frac{1}{3}\right[$ non contiene elementi di A, eccetto $\frac{1}{4}$.

Un insieme può non avere punti di accumulazione o averne un numero finito o infinito.
Per esempio, gli intervalli hanno infiniti punti di accumulazione perché ogni punto di un intervallo è di accumulazione per l'intervallo stesso.
Anche gli estremi dell'intervallo sono suoi punti di accumulazione.

ESEMPIO

Sia A l'insieme dei numeri reali compresi fra 2 e 5, ossia $A =]2; 5[$.

Il punto 3 di A è di accumulazione per A perché ogni intorno di 3 contiene infiniti punti di A.

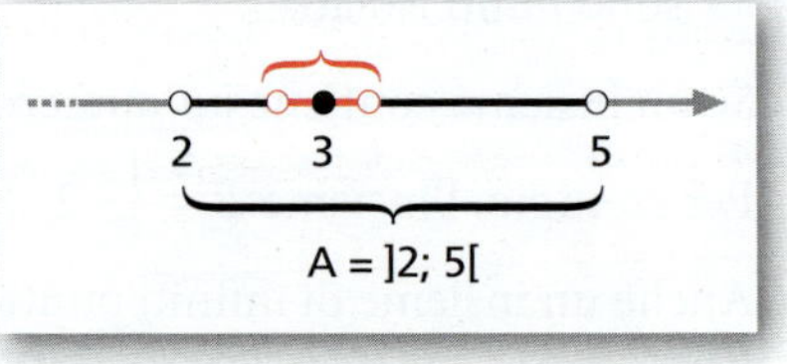

Gli esempi che abbiamo esaminato mostrano che **un punto di accumulazione di un insieme può appartenere o non appartenere all'insieme stesso.**

2 $\lim_{x \to x_0} f(x) = \ell$

In questo paragrafo introduciamo il concetto di limite di una funzione.

Definizione e significato

▶ Esercizi a p. 1135

Consideriamo la funzione $y = f(x)$, definita nell'insieme D, e studiamo il suo comportamento quando x assume valori prossimi a x_0, punto di accumulazione per D.
In base al grafico, se x si avvicina a x_0, $f(x)$ si avvicina a l, ma in questo caso l non coincide con $f(x_0)$, perché $x_0 \notin D$.

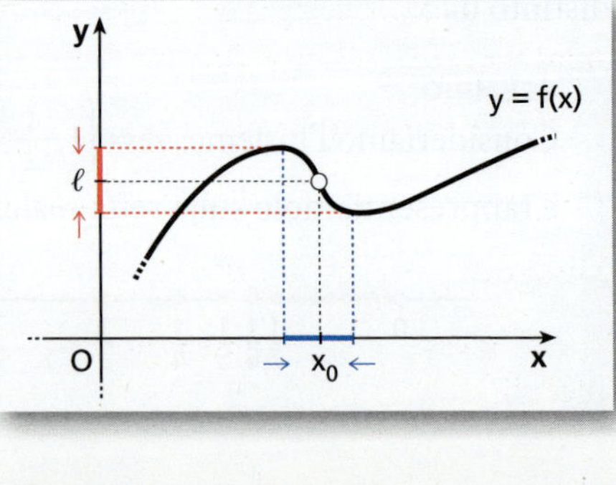

Introduciamo uno strumento matematico che permetta di descrivere con precisione la proprietà vista nella figura: **più scegliamo x vicino al valore x_0 e più la sua immagine $f(x)$ si avvicina a un certo valore l.**
Consideriamo, per esempio, la funzione:

$$y = f(x) = \frac{2x^2 - 6x}{x - 3}, \qquad D = \mathbb{R} - \{3\}.$$

Vogliamo studiare il comportamento della funzione vicino al punto $x_0 = 3$.

Poiché $f(x)$ non è definita in 3, non ha senso considerare $f(3)$. Cerchiamo allora a quale valore l si avvicina la funzione quando x si approssima al valore 3.

Diamo alla variabile x dei valori che si avvicinano sempre più a 3 (per eccesso o per difetto) e calcoliamo le loro immagini $f(x)$, come indicato nella tabella seguente.

x	2,9	2,99	2,999	2,9999	→ 3 ←	3,0001	3,001	3,01	3,1
f(x)	5,8	5,98	5,998	5,9998	→ ? ←	6,0002	6,002	6,02	6,2

Vediamo che quanto più x si avvicina a 3, tanto più $f(x)$ si avvicina al valore 6.

Più in generale, se prendiamo un qualunque valore di x in un intorno di 3 sempre più piccolo, allora $f(x)$ si trova sempre più vicino a 6, cioè si trova in un intorno di 6 sempre più piccolo. Per comodità, consideriamo degli intorni circolari.

▶ Assegna a x dei valori sempre più vicini a 1 e osserva a che valore si avvicina $f(x) = \frac{x^2 - 1}{x - 1}$.

Possiamo esprimere lo stesso concetto anche in un altro modo: considerato un *qualunque* intorno circolare di 6 di ampiezza ε, che indichiamo con $I_\varepsilon(6)$, esiste sempre un intorno di 3 i cui punti x (con $x \neq 3$) hanno immagine $f(x)$ contenuta in $I_\varepsilon(6)$.
Infatti i punti di tale intorno sono quei valori di x che soddisfano la disequazione

$$|f(x) - 6| < \varepsilon \;\rightarrow$$

$$\left|\frac{2x^2 - 6x}{x - 3} - 6\right| < \varepsilon.$$

Raccogliamo $2x$ nel numeratore della frazione:

$$\left|\frac{2x(x-3)}{x-3} - 6\right| < \varepsilon \rightarrow \left|\frac{2x(x-3) - 6(x-3)}{x-3}\right| < \varepsilon \rightarrow \left|\frac{(2x-6)(x-3)}{x-3}\right| < \varepsilon.$$

Essendo $x \neq 3$, possiamo semplificare, e otteniamo:

$$|2x - 6| < \varepsilon \;\rightarrow\; 2 \cdot |x - 3| < \varepsilon \;\rightarrow\; |x - 3| < \frac{\varepsilon}{2} \;\rightarrow\; 3 - \frac{\varepsilon}{2} < x < 3 + \frac{\varepsilon}{2}.$$

Le soluzioni della disequazione sono i punti dell'intorno

$$I(3) = \left]3 - \frac{\varepsilon}{2}; 3 + \frac{\varepsilon}{2}\right[.$$

Riassumendo: per ogni $\varepsilon > 0$ esiste un intorno $I(3)$, che dipende da ε, tale che per ogni $x \in I(3)$, con $x \neq 3$,

$$|f(x) - 6| < \varepsilon.$$

Possiamo osservare questa proprietà anche nel grafico della funzione.

Disegniamo il grafico di $f(x) = \frac{2x^2 - 6x}{x - 3}$, che è uguale a quello di $y = 2x$ per $x \neq 3$, e consideriamo degli intorni di 3 assegnando a ε alcuni valori sempre più piccoli.

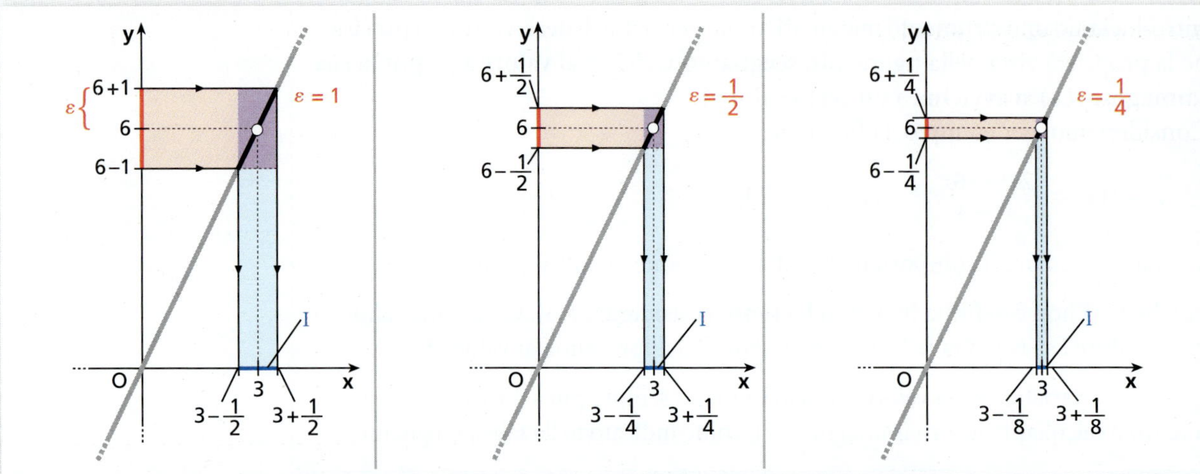

Osserviamo che i valori di $f(x)$ si trovano sempre più *vicini* a 6.
Diciamo allora che «per x che tende a 3, $f(x)$ ha *limite* 6» e scriviamo:

$$\lim_{x \to 3} f(x) = 6.$$

Come abbiamo visto, non è necessario che il punto $x_0 = 3$ appartenga al dominio D della funzione, ma poiché dobbiamo considerare le immagini di punti sempre più vicini a x_0, occorre che la funzione sia definita in questi punti. Ciò significa che x_0 deve essere un *punto di accumulazione* per D.
Diamo ora la seguente definizione generale.

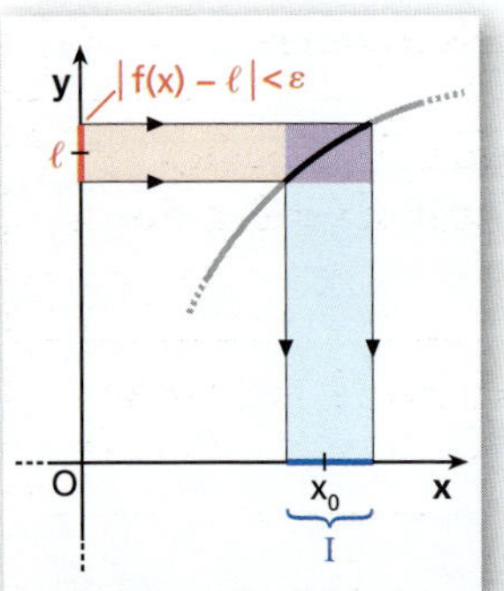

DEFINIZIONE

Limite finito per x che tende a x_0
La funzione $f(x)$ ha per limite il numero reale l, per x che tende a x_0, quando, comunque si scelga un numero reale positivo ε, si può determinare un intorno completo I di x_0 tale che

$$|f(x) - l| < \varepsilon$$

per ogni x appartenente a I, diverso (al più) da x_0.
Si scrive: $\boldsymbol{\lim_{x \to x_0} f(x) = l}$.

▶ Scrivi in forma simbolica il significato di $\lim_{x \to 0} f(x) = 5$.

La validità della condizione $|f(x) - l| < \varepsilon$ presuppone che $f(x)$ sia definita in tutti i punti dell'intorno $I(x_0)$ (escluso al più x_0). Il punto x_0 è di accumulazione per il dominio della funzione. Non interessa il valore che la funzione $f(x)$ assume eventualmente in x_0. In simboli la definizione si può formulare così:

$$\lim_{x \to x_0} f(x) = l \quad \text{se} \quad \forall \varepsilon > 0 \; \exists \, I(x_0): \; |f(x) - l| < \varepsilon, \forall x \in I(x_0), x \neq x_0.$$

per ogni — esiste — tale che

Animazione

Nell'animazione, per studiare $\lim_{x \to 1}\left(\frac{1}{2}x^2 + \frac{1}{3}\right) = \frac{5}{6}$ in modo dinamico:

- scegliamo $\varepsilon > 0$;
- individuiamo l'intorno I di 1;
- facciamo scegliere a caso al computer $x \in I$;
- verifichiamo che $\left|\left(\frac{1}{2}x^2 + \frac{1}{3}\right) - \frac{5}{6}\right| < \varepsilon$.

Nella definizione appena data, considerando ε, pensiamo a valori *che diventano sempre più piccoli*. Diciamo che ε è preso «piccolo a piacere».

Inoltre, se esplicitiamo il valore assoluto nell'espressione $|f(x) - l| < \varepsilon$, otteniamo

$$-\varepsilon < f(x) - l < \varepsilon \quad \to \quad l - \varepsilon < f(x) < l + \varepsilon,$$

ossia $f(x)$ *appartiene all'intorno* $]l - \varepsilon; l + \varepsilon[$.

Interpretazione geometrica

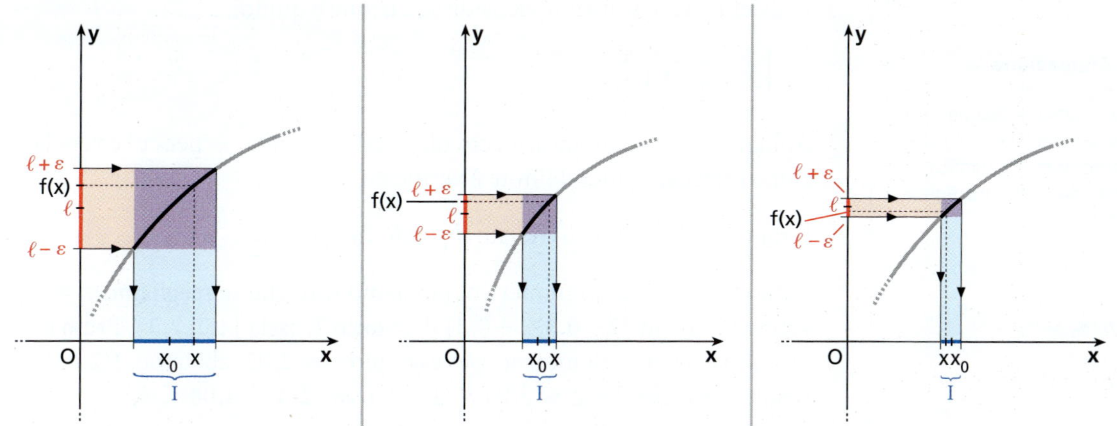

a. Fissiamo $\varepsilon > 0$. Individuiamo un intorno I di x_0 tale che $f(x) \in]\ell - \varepsilon; \ell + \varepsilon[$ per ogni $x \in I$.

b. Se riduciamo ε, troviamo un intorno di x_0 più piccolo.

c. Più piccolo scegliamo ε, più piccolo diventa, in genere, l'intorno I.

In sintesi

In simboli	A parole	Geometricamente
$\forall \varepsilon > 0 \ldots$	Per ogni ε positivo …	Per ogni fissata distanza ε da l presa piccola a piacere …
$\ldots \exists I(x_0)$ tale che $\forall x \in I(x_0), x \neq x_0 \ldots$	… troviamo sempre un intorno di x_0 tale che per ogni x dell'intorno diverso (al più) da x_0 …	… troviamo infiniti punti x *vicini* a x_0 per i quali si verifica che …
$\ldots \lvert f(x) - l \rvert < \varepsilon$	… $f(x)$ appartiene all'intorno di l di raggio ε.	… $f(x)$ è vicino a l, a distanza minore di ε.

Verifica del limite

La definizione data non permette di calcolare il valore del limite l, ma solo di *verificare* se l è il limite della funzione o no.

ESEMPIO

Verifichiamo che $\lim_{x \to 2}(2x - 1) = 3$.

Dobbiamo provare che, scelto $\varepsilon > 0$, esiste un intorno completo di 2 tale che, per ogni x che appartiene all'intorno (escluso al più 2), si ha $\lvert \underbrace{(2x-1)}_{f(x)} - \underbrace{3}_{\ell} \rvert < \varepsilon$, ossia:

$\lvert 2x - 4 \rvert < \varepsilon$ — esplicitiamo il valore assoluto

$-\varepsilon < 2x - 4 < \varepsilon$ — aggiungiamo 4 ai tre membri

$4 - \varepsilon < 2x < 4 + \varepsilon$ — dividiamo ciascun membro per 2

Video

Limite finito di una funzione in un punto

Come possiamo verificare che una funzione ha un limite finito in un punto?
Lo spieghiamo con un esempio:

$\lim_{x \to 2} \frac{x^2 - 3x + 2}{x - 2} = 1.$

TEORIA

$$2-\frac{\varepsilon}{2}<x<2+\frac{\varepsilon}{2}.$$

L'insieme delle soluzioni della disequazione è quindi:

$$\left]2-\frac{\varepsilon}{2};2+\frac{\varepsilon}{2}\right[.$$

Abbiamo trovato un intorno circolare di 2 di raggio $\frac{\varepsilon}{2}$ per cui è vera la condizione iniziale, quindi il limite è verificato.

Il raggio δ dell'intorno trovato *dipende da* ε: $\delta=\frac{\varepsilon}{2}$.

Facendo un esempio numerico, possiamo dire che se scegliamo $\varepsilon=0,6$, troviamo l'intorno $]2-0,3;2+0,3[$ del punto 2, ossia $]1,7;2,3[$. Preso un valore di x appartenente all'intorno, per esempio $x=2,02$, abbiamo $f(2,02)=3,04$. Risulta vero che $3-\varepsilon<3,04<3+\varepsilon$, ossia $2,4<3,04<3,6$.

Animazione

Nell'animazione risolviamo l'esercizio che segue e proponiamo anche la verifica grafica, mediante una figura dinamica.

▶ Verifica che $\lim_{x\to4}\left(\frac{x}{2}+3\right)=5$.

Osserviamo nell'esempio precedente che $\lim_{x\to2}f(x)=f(2)$.

In generale, l'esistenza del limite di una funzione in un punto x_0 è indipendente dal comportamento della funzione in x_0. Sono possibili i seguenti casi:

- **esiste** $\lim_{x\to x_0}f(x)=l$ **e** $l=f(x_0)$;
- **esiste** $\lim_{x\to x_0}f(x)=l$ **e** $l\neq f(x_0)$;
- **esiste** $\lim_{x\to x_0}f(x)=l$ **e** **non esiste** $f(x_0)$.

Funzioni continue

▶ Esercizi a p. 1138

Abbiamo visto che una funzione può ammettere limite l in un punto x_0, anche se in x_0 non è definita. Quando invece x_0 appartiene al dominio di f, possiamo considerare la sua immagine $f(x_0)$. Se essa coincide con il limite di $f(x)$ per x che tende a x_0, allora si dice che f è **continua in x_0**.

Listen to it

A function f is **continuous** at the point x_0 of its domain if f is defined in x_0 and its limit as x approaches x_0 exists and is equal to $f(x_0)$.

DEFINIZIONE

Siano $f(x)$ una funzione definita in un intervallo $[a;b]$ e x_0 un punto interno all'intervallo. La funzione $f(x)$ è **continua nel punto x_0** quando esiste il limite di $f(x)$ per $x\to x_0$ e tale limite è uguale al valore $f(x_0)$ della funzione calcolata in x_0:

$$\lim_{x\to x_0}f(x)=f(x_0).$$

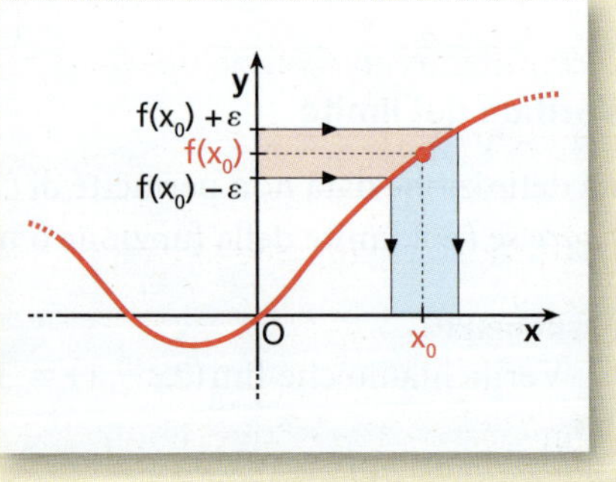

Diciamo poi che f è **continua nel suo dominio D** quando risulta continua in ogni punto di D.
Sono funzioni continue nel loro dominio quelle il cui grafico è una curva senza interruzioni; è il caso, per esempio, di una retta o di una parabola.

Se una funzione è continua in un punto, il calcolo del limite in quel punto risulta semplice, perché basta calcolare il valore della funzione in quel punto. Per esempio, sapendo che la funzione $f(x)=2x$ è continua nel punto 7, risulta $\lim_{x\to7}2x=2\cdot7=14$.

Elenchiamo le funzioni continue in $\mathbb{R}$ (o in intervalli di $\mathbb{R}$) più utilizzate.

Funzione costante

La funzione $f(x) = k$ è continua in tutto $\mathbb{R}$. Infatti, in ogni punto x_0 di $\mathbb{R}$ si ha $\lim_{x \to x_0} k = k$.

Funzione polinomiale

La funzione $f(x) = 3x^2 - 2x + 5$, espressa mediante un polinomio, è continua in $\mathbb{R}$. Per esempio, per $x = -1$:

$$\lim_{x \to -1} (3x^2 - 2x + 5) = 3(-1)^2 - 2(-1) + 5 = 10.$$

In generale, è continua in tutto $\mathbb{R}$ ogni **funzione polinomiale**:

$$f(x) = a_0 x^n + a_1 x^{n-1} + \ldots + a_{n-1} x + a_n.$$

In particolare, sono continue in $\mathbb{R}$ le funzioni che sono potenze di x: $x, x^2, x^3, \ldots$

Funzione radice quadrata

La funzione, definita in $\mathbb{R}^+ \cup \{0\}$, $y = \sqrt{x}$ è continua per ogni x reale positivo o nullo.

Per esempio, $\lim_{x \to 2} \sqrt{x} = \sqrt{2}$.

In generale, sono continue in $\mathbb{R}^+$ le funzioni potenza con esponente reale:

$$y = x^\alpha, \quad \text{con } x \in \mathbb{R}^+, \alpha \in \mathbb{R}.$$

Per esempio, $\lim_{x \to 2} x^{\frac{3}{4}} = 2^{\frac{3}{4}} = \sqrt[4]{2^3} = \sqrt[4]{8}$.

Funzioni goniometriche

Sono continue in $\mathbb{R}$ le funzioni $\sin x$ e $\cos x$.

Per esempio, $\lim_{x \to \pi} \sin x = \sin \pi = 0$ e $\lim_{x \to 0} \cos x = \cos 0 = 1$.

È continua anche la funzione tangente in $\mathbb{R} - \left\{\frac{\pi}{2} + k\pi,\ k \in \mathbb{Z}\right\}$.

Per esempio, $\lim_{x \to \frac{\pi}{3}} \tan x = \tan \frac{\pi}{3} = \sqrt{3}$.

La funzione cotangente è continua in $\mathbb{R} - \{k\pi, k \in \mathbb{Z}\}$.

Per esempio, $\lim_{x \to \frac{\pi}{4}} \cot x = \cot \frac{\pi}{4} = 1$.

Infine, si può dimostrare che le funzioni secante, cosecante, arcoseno, arcocoseno, arcotangente, arcocotangente sono continue nel loro dominio.

Funzione esponenziale

La funzione esponenziale, definita in $\mathbb{R}$, $y = a^x$, con $a > 0$, è continua in $\mathbb{R}$. Per esempio, $\lim_{x \to 2} 3^x = 3^2 = 9$.

Funzione logaritmica

La funzione logaritmica, definita in $\mathbb{R}^+$, $y = \log_a x$, con $a > 0$, $a \neq 1$, è continua in $\mathbb{R}^+$. Per esempio, $\lim_{x \to 9} \log_3 x = \log_3 9 = 2$.

Limite per eccesso e limite per difetto

Esercizi a p. 1139

Limite per eccesso

Diciamo che $f(x)$ **tende a l per eccesso** e scriviamo

$$\lim_{x \to x_0} f(x) = l^+$$

se $f(x)$ è una funzione con limite finito l per x che tende a x_0 e assume sempre valori maggiori di l in un intorno di x_0, con al più $x \neq x_0$.

Pertanto, la definizione di limite per eccesso si ottiene da quella più generale di limite, che abbiamo già visto, aggiungendo la condizione $f(x) > l$ in un intorno di x_0. Poiché

$$|f(x) - l| < \varepsilon \ \wedge \ f(x) > l \ \to \ 0 < f(x) - l < \varepsilon,$$

per verificare che $\lim_{x \to x_0} f(x) = l^+$, basta provare che per ogni $\varepsilon > 0$ esiste un intorno I di x_0 tale che per ogni $x \in I$, con al più $x \neq x_0$, si ha $0 < f(x) - l < \varepsilon$, ossia $l < f(x) < l + \varepsilon$.

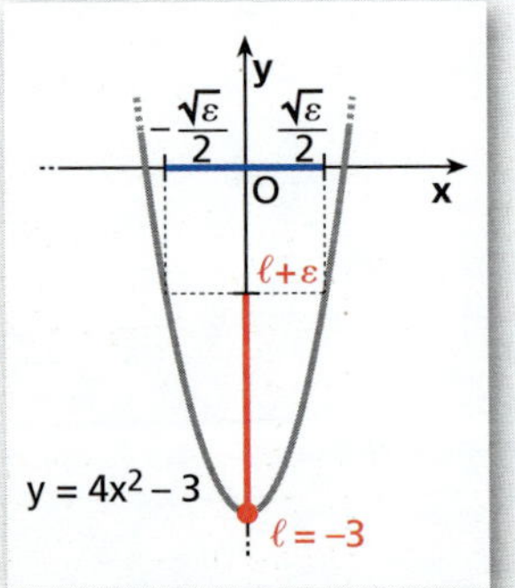

ESEMPIO

Verifichiamo che $\lim_{x \to 0} (4x^2 - 3) = -3^+$.

Fissiamo $\varepsilon > 0$ e risolviamo la disequazione:

$$0 < (4x^2 - 3) - (-3) < \varepsilon, \quad \text{ossia} \quad 0 < 4x^2 < \varepsilon.$$

La prima disuguaglianza è sempre vera perché x^2 è sempre positivo, per ogni x diverso da 0; dalla seconda disuguaglianza invece otteniamo:

$$x^2 < \frac{\varepsilon}{4} \ \to \ -\frac{\sqrt{\varepsilon}}{2} < x < \frac{\sqrt{\varepsilon}}{2}.$$

Quindi è verificata la condizione $-3 < f(x) < -3 + \varepsilon$, per ogni x, diverso da 0, appartenente all'intorno $\left]-\frac{\sqrt{\varepsilon}}{2}; \frac{\sqrt{\varepsilon}}{2}\right[$ del punto 0.

▶ Verifica che $\lim_{x \to 0} (x^2 - 2) = -2^+$.

Limite per difetto

Diciamo che $f(x)$ **tende a l per difetto** e scriviamo

$$\lim_{x \to x_0} f(x) = l^-$$

se $f(x)$ è una funzione con limite finito l per x che tende a x_0 e assume sempre valori minori di l in un intorno di x_0, con al più $x \neq x_0$.

La definizione di limite per difetto si ottiene, quindi, aggiungendo alla definizione generale di limite la condizione $f(x) < l$ in un intorno di x_0, ossia ponendo:

$$-\varepsilon < f(x) - l < 0.$$

Allora, per verificare che $\lim_{x \to x_0} f(x) = l^-$, basta provare che per ogni $\varepsilon > 0$ esiste un intorno I di x_0 tale che per ogni $x \in I$, con al più $x \neq x_0$, si ha $-\varepsilon < f(x) - l < 0$, ossia $l - \varepsilon < f(x) < l$.

▶ Verifica che $\lim_{x \to 2} (4x - x^2) = 4^-$.

Limite destro e limite sinistro

▶ Esercizi a p. 1140

Limite destro

Il limite destro di una funzione viene indicato con il simbolo:

$$\lim_{x \to x_0^+} f(x) = l.$$

$x \to x_0^+$ si legge «x tende a x_0 da destra». Significa che x si avvicina a x_0 restando però sempre maggiore di x_0.
La definizione del limite destro è analoga a quella già data di limite, con la sola differenza che la disuguaglianza $|f(x) - l| < \varepsilon$ deve essere verificata per ogni x appartenente a un intorno *destro* di x_0, ossia a un intorno del tipo $]x_0; x_0 + \delta[$.

Limite sinistro

Il limite sinistro di una funzione viene indicato con il simbolo:

$$\lim_{x \to x_0^-} f(x) = l.$$

$x \to x_0^-$ si legge «x tende a x_0 da sinistra». Significa che x si avvicina a x_0 restando però sempre minore di x_0.
Anche per il limite sinistro valgono le stesse considerazioni fatte per il limite destro, con la sola differenza che $|f(x) - l| < \varepsilon$ deve essere verificata per ogni x appartenente a un intorno *sinistro* di x_0, ossia un intorno del tipo $]x_0 - \delta; x_0[$.

ESEMPIO

Consideriamo la funzione il cui grafico è illustrato nella figura.

$$f(x) = \begin{cases} 3x - 1 & \text{se } x < 1 \\ 2x + 1 & \text{se } x \geq 1 \end{cases}$$

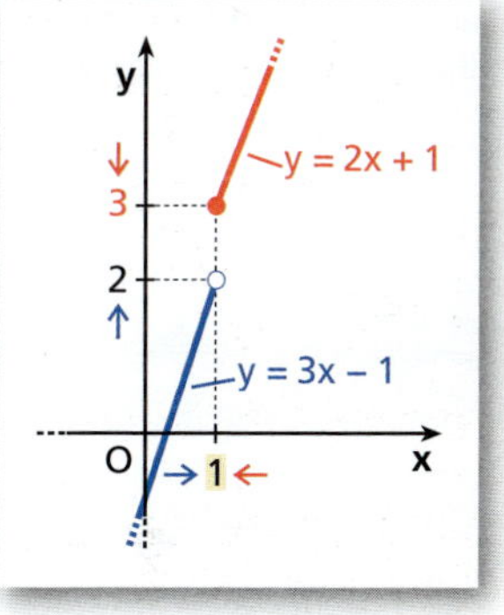

Verifichiamo che $\lim_{x \to 1^+} f(x) = 3$, mentre $\lim_{x \to 1^-} f(x) = 2$.

Limite destro
Fissiamo $\varepsilon > 0$ e verifichiamo che esiste un intorno *destro* di 1 tale che $|f(x) - 3| < \varepsilon$ per ogni x di tale intorno.

Poiché dobbiamo considerare valori di x maggiori di 1, sostituiamo a $f(x)$ la sua espressione nell'intervallo $x \geq 1$ e risolviamo la disequazione:

$$|(2x + 1) - 3| < \varepsilon \quad \to$$

$$|2x - 2| < \varepsilon \quad \to \quad -\varepsilon < 2x - 2 < \varepsilon \quad \to$$

$$1 - \frac{\varepsilon}{2} < x < 1 + \frac{\varepsilon}{2}.$$

Considerando $x > 1$, la soluzione diventa $1 < x < 1 + \frac{\varepsilon}{2}$, cioè la disuguaglianza iniziale è verificata per x nell'intorno destro $\left]1; 1 + \frac{\varepsilon}{2}\right[$ del punto 1.

Limite sinistro
Fissiamo $\varepsilon > 0$ e verifichiamo che esiste un intorno *sinistro* di 1 tale che $|f(x) - 2| < \varepsilon$, per ogni x di quell'intorno.

Poiché consideriamo valori di x minori di 1, sostituiamo a $f(x)$ la sua espressione per $x < 1$ e risolviamo la seguente disequazione.

$$|(3x-1)-2|<\varepsilon \rightarrow$$

$$|3x-3|<\varepsilon \rightarrow -\varepsilon<3x-3<\varepsilon \rightarrow$$

$$1-\frac{\varepsilon}{3}<x<1+\frac{\varepsilon}{3}$$

Considerando $x<1$, abbiamo

$$1-\frac{\varepsilon}{3}<x<1,$$

ossia la disuguaglianza iniziale è verificata per x nell'intorno sinistro $\left]1-\frac{\varepsilon}{3};1\right[$ del punto 1.

▶ Rappresenta la funzione

$$f(x)=\begin{cases}2x & \text{se } x\geq 2\\ 6-x & \text{se } x<2\end{cases}$$

e verifica che

$\lim\limits_{x\to 2^+} f(x)=\lim\limits_{x\to 2^-} f(x)=4.$

Osserviamo che il $\lim\limits_{x\to x_0} f(x)=l$ esiste se e solo se esistono entrambi i limiti destro e sinistro e coincidono:

$$\lim_{x\to x_0} f(x)=l \leftrightarrow \lim_{x\to x_0^+} f(x)=l \wedge \lim_{x\to x_0^-} f(x)=l.$$

Infatti, fissato $\varepsilon>0$, la disuguaglianza $|f(x)-l|<\varepsilon$ è verificata in un intorno completo I di x_0, con al più $x\neq x_0$, se e solo se è verificata sia in un intorno destro di x_0 sia in un intorno sinistro di x_0.

I limiti per eccesso e per difetto sono definiti anche per $x\to x_0^+$ oppure $x\to x_0^-$. In questi casi si considerano rispettivamente solo intorni destri o sinistri di x_0.

Listen to it

A **one-sided limit** is either of the two limits of $f(x)$ as x approaches a point x_0 from below (from the **left**) or from above (from the **right**). If the two one-sided limits exist and are equal at a point x_0, then the limit of $f(x)$ at x_0 exists.

3 $\lim\limits_{x\to x_0} f(x)=\infty$

Definizioni e significato

▶ Esercizi a p. 1142

Il limite è $+\infty$

Consideriamo la funzione $f(x)=\frac{1}{(x-1)^2}$, definita per $x\neq 1$.

Calcoliamo i valori della funzione per valori di x che si avvicinano sempre di più (per eccesso o per difetto) a 1.

x	0,9	0,99	0,999	→ 1 ←	1,001	1,01	1,1
$f(x)$	100	10 000	1 000 000	→ ? ←	1 000 000	10 000	100

Osserviamo che, per valori di x sempre più vicini a 1, i valori di $f(x)$ crescono sempre di più.
Diciamo allora che per x che tende a 1 la funzione tende a $+\infty$.
Per essere sicuri che l'avvicinamento non sia dovuto ai particolari valori che abbiamo scelto, ma sia vero sempre, è necessario poter affermare che, preso un numero reale positivo M grande quanto vogliamo, esiste sempre un intorno di 1 i cui punti hanno immagine $f(x)$ ancora più grande del valore scelto.
Diamo allora la seguente definizione.

DEFINIZIONE

Limite $+\infty$ per x che tende a x_0

Sia $f(x)$ una funzione definita in un intervallo $[a; b]$ e non definita in x_0 interno ad $[a; b]$. $f(x)$ tende a $+\infty$ per x che tende a x_0 quando per ogni numero reale positivo M si può determinare un intorno completo I di x_0 tale che

$$f(x) > M$$

per ogni x appartenente a I e diverso da x_0.

Si scrive: $\lim_{x \to x_0} f(x) = +\infty$.

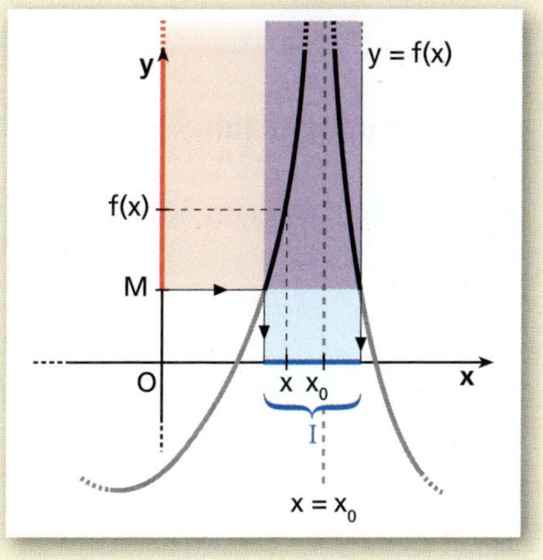

Animazione

Nell'animazione, per studiare

$\lim_{x \to 2} \frac{1}{|x-2|} = +\infty$

in modo dinamico:

- scegliamo $M > 0$;
- individuiamo l'intorno I di 2;
- facciamo scegliere a caso al computer $x \in I$;
- verifichiamo che $\frac{1}{|x-2|} > M$.

Sinteticamente possiamo dire che:

$$\lim_{x \to x_0} f(x) = +\infty \quad \text{se} \quad \forall M > 0 \; \exists I(x_0): \; f(x) > M, \forall x \in I(x_0), x \neq x_0.$$

Quando diciamo «per ogni numero reale positivo M», pensiamo a valori di M che diventano *sempre più grandi*. Diremo allora che M è preso *grande a piacere*.
Se $\lim_{x \to x_0} f(x) = +\infty$, si dice anche che **la funzione f diverge positivamente**.

► Rappresenta graficamente una funzione $y = f(x)$ per la quale $\lim_{x \to 3} f(x) = +\infty$.

Interpretazione geometrica

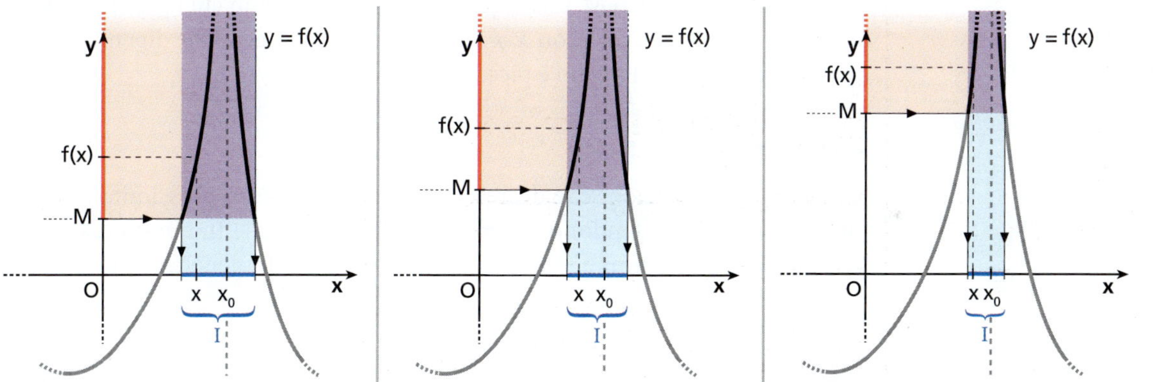

a. Fissiamo $M \in \mathbb{R}^+$. Individuiamo un intorno I di x_0 tale che $f(x) > M$ $\forall x \in I - \{x_0\}$.

b. Se prendiamo M più grande, I esiste ancora e risulta, in genere, più piccolo.

c. Scegliamo un valore di M ancora più grande. Se I è abbastanza piccolo, ossia se x è abbastanza vicino a x_0, allora $f(x)$ supera M.

In sintesi

In simboli	A parole	Geometricamente
$\forall M > 0 \ldots$	Per ogni M positivo …	Per ogni ordinata fissata M presa grande a piacere …
… $\exists I(x_0)$ tale che $\forall x \in I(x_0), x \neq x_0 \ldots$	… troviamo sempre un intorno di x_0 tale che per ogni x dell'intorno diverso da x_0 …	… troviamo infiniti punti x *vicini* a x_0 per i quali si verifica che …
… $f(x) > M$.	… $f(x)$ supera il valore M.	… $f(x)$ è maggiore di M: si *avvicina* a $+\infty$.

TEORIA

Verifica del limite

ESEMPIO

Verifichiamo che $\lim_{x \to 1} \frac{1}{(x-1)^2} = +\infty$.

Fissato ad arbitrio un M reale positivo, risolviamo la disequazione:

$$\frac{1}{(x-1)^2} > M.$$

Passiamo ai reciproci e cambiamo il verso della disuguaglianza.

$$(x-1)^2 < \frac{1}{M}$$

applichiamo la radice quadrata a entrambi i membri, ricordando che $\sqrt{x^2} = |x|$

$$|x-1| < \frac{1}{\sqrt{M}}$$

esplicitiamo il valore assoluto

$$1 - \frac{1}{\sqrt{M}} < x < 1 + \frac{1}{\sqrt{M}}.$$

Tenendo conto del dominio, otteniamo come insieme delle soluzioni della disequazione l'intorno di 1 dato da

$$\left]1 - \frac{1}{\sqrt{M}}; 1 + \frac{1}{\sqrt{M}}\right[$$

privato del punto 1.
Fissato un generico M, esiste quindi un intorno di 1 in cui i punti verificano la condizione $f(x) > M$, con $x \neq 1$. L'intorno ha il raggio che dipende da M: più M è grande, più il raggio è piccolo.

Video

Limite di una funzione in un punto
Qual è il limite di una funzione per x che tende a x_0? Vediamo come possiamo verificarlo aiutandoci con i grafici di alcune funzioni.

► Verifica che $\lim_{x \to 0} \frac{3}{x^2} = +\infty$.

Il limite è $-\infty$

Ci sono anche funzioni che decrescono sempre di più in prossimità di un certo punto x_0, ossia che tendono a $-\infty$ per x che tende a x_0. In questo caso diciamo che la funzione ha limite $-\infty$ per x che tende a x_0. In generale vale la seguente definizione.

DEFINIZIONE

Limite $-\infty$ per x che tende a x_0
Sia $f(x)$ una funzione definita in un intervallo $[a; b]$ e non definita in x_0 interno ad $[a; b]$. $f(x)$ tende a $-\infty$ per x che tende a x_0 quando per ogni numero reale positivo M si può determinare un intorno completo I di x_0 tale che

$$f(x) < -M$$

per ogni x appartenente a I e diverso da x_0.
Si scrive:

$$\lim_{x \to x_0} f(x) = -\infty.$$

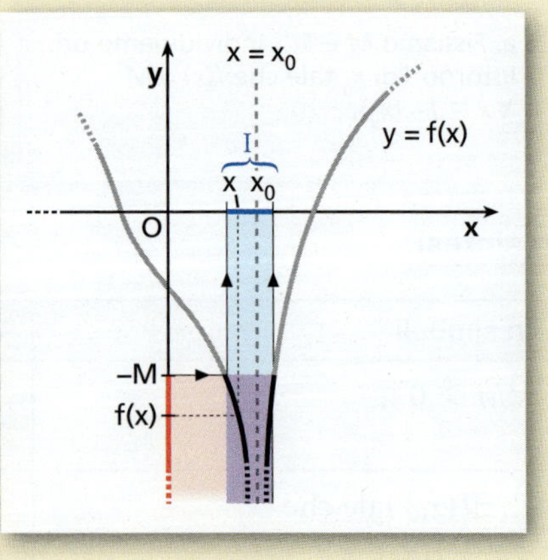

In simboli:

$$\lim_{x \to x_0} f(x) = -\infty \quad \text{se} \quad \forall M > 0\, \exists\, I(x_0):\ f(x) < -M, \forall x \in I(x_0), x \neq x_0.$$

Se $\lim_{x \to x_0} f(x) = -\infty$, si dice anche che **la funzione f diverge negativamente**.

Interpretazione geometrica

L'interpretazione della definizione è analoga a quella data per funzioni che divergono positivamente.

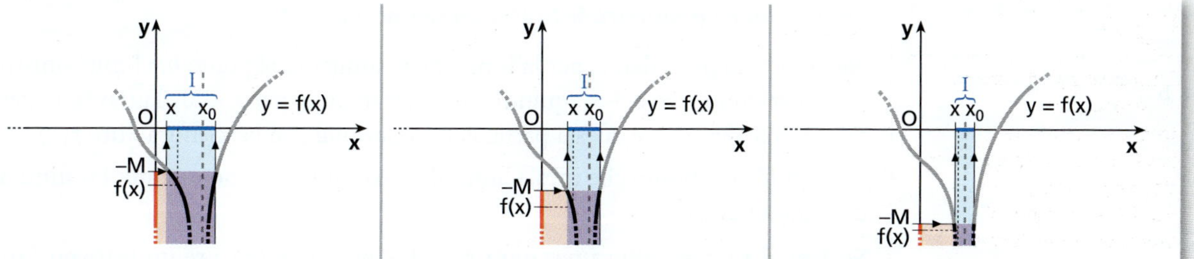

a. Fissiamo $M \in \mathbb{R}^+$. Individuiamo un intorno I di x_0 tale che $f(x) < -M$ $\forall x \in I - \{x_0\}$.

b. Se prendiamo M più grande, ossia $-M$ minore, I esiste ancora e risulta, in genere, più piccolo.

c. Scegliamo un valore di M ancora più grande ($-M$ ancora minore). Se I è abbastanza piccolo, ossia se x è abbastanza vicino a x_0, allora $f(x)$ è minore di $-M$.

Limiti destro e sinistro infiniti

Anche per i limiti infiniti si possono distinguere limiti destri e sinistri.

Se ...	scelto $M > 0$ la disequazione ...	è soddisfatta per $x \neq x_0$, in un ...
$\lim_{x \to x_0^+} f(x) = +\infty$	$f(x) > M$	intorno *destro* di x_0
$\lim_{x \to x_0^-} f(x) = +\infty$	$f(x) > M$	intorno *sinistro* di x_0
$\lim_{x \to x_0^+} f(x) = -\infty$	$f(x) < -M$	intorno *destro* di x_0
$\lim_{x \to x_0^-} f(x) = -\infty$	$f(x) < -M$	intorno *sinistro* di x_0

Animazione

Nell'animazione verifichiamo, sia mediante la definizione, sia con una figura dinamica, che:

$\lim_{x \to 0^+} \ln x = -\infty$.

ESEMPIO

Verifichiamo che per la funzione $y = \frac{1}{x}$ è

$$\lim_{x \to 0^+} \frac{1}{x} = +\infty \text{ e } \lim_{x \to 0^-} \frac{1}{x} = -\infty.$$

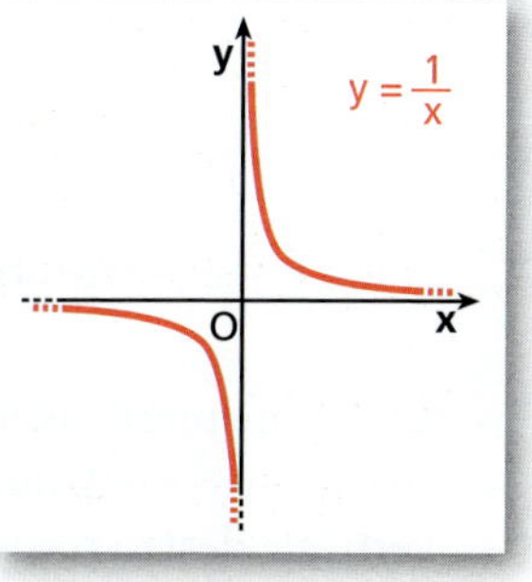

Limite destro

Fissiamo $M > 0$. Risolviamo, con $x \neq 0$:

$$\frac{1}{x} > M \quad \to \quad \frac{1}{x} - M > 0 \quad \to \quad \frac{1 - Mx}{x} > 0.$$

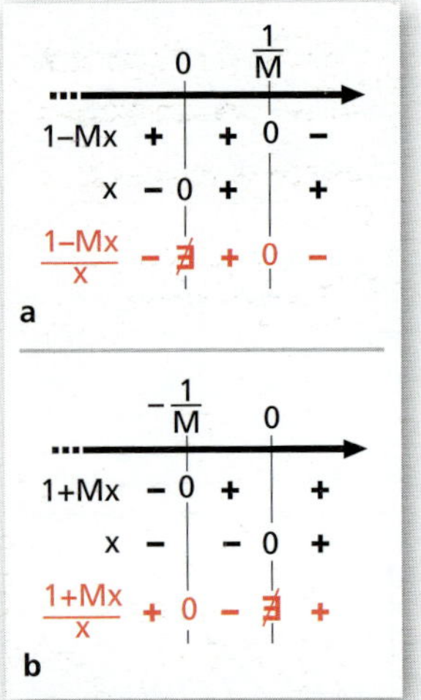

La disequazione ha come soluzione l'intervallo $\left]0; \frac{1}{M}\right[$, che è un intorno destro di 0 (figura **a**, a lato).

Limite sinistro

Fissiamo $M > 0$. Risolviamo, con $x \neq 0$:

$$\frac{1}{x} < -M \quad \rightarrow \quad \frac{1}{x} + M < 0 \quad \rightarrow \quad \frac{1+Mx}{x} < 0.$$

La disequazione ha come soluzione l'intervallo $\left]-\frac{1}{M}; 0\right[$, che è un intorno sinistro di 0 (figura **b**, a lato).

Limiti destro e sinistro infiniti con segno opposto

Nell'esempio precedente, per la funzione esaminata nel punto 0, i limiti sinistro e destro valgono $-\infty$ e $+\infty$, quindi *non esiste* il limite per $x \rightarrow 0$. Tuttavia, in generale, è utile descrivere questa particolare situazione con la scrittura $\lim_{x \rightarrow x_0} f(x) = \infty$, che significa appunto che in x_0 i limiti destro e sinistro sono entrambi infiniti, ma di segno opposto.

Se $\lim_{x \rightarrow x_0} f(x) = \infty$, allora per ogni $M > 0$ è possibile trovare un intorno I di x_0 tale che $|f(x)| > M$, per ogni $x \in I$ nel dominio di $f(x)$, con $x \neq x_0$.

La disequazione $|f(x)| > M$ si può scrivere in modo equivalente come

$$f(x) > M \ \vee \ f(x) < -M,$$

e quindi le sue soluzioni sono l'unione delle soluzioni delle singole disequazioni.

ESEMPIO

Se consideriamo ancora la funzione $y = \frac{1}{x}$ dell'esempio precedente:

$$\lim_{x \rightarrow 0^+} \frac{1}{x} = +\infty, \ \lim_{x \rightarrow 0^-} \frac{1}{x} = -\infty \rightarrow \lim_{x \rightarrow 0} \frac{1}{x} = \infty.$$

Le soluzioni di $\left|\frac{1}{x}\right| > M$ sono:

$$-\frac{1}{M} < x < \frac{1}{M}, \quad \text{con } x \neq 0,$$

quindi nell'intorno circolare di centro 0 e raggio $\frac{1}{M}$, escluso 0, è vero che

$$\frac{1}{x} < -M \ \vee \ \frac{1}{x} > M.$$

Asintoti verticali

▶ Esercizi a p. 1144

DEFINIZIONE

Data la funzione $y = f(x)$, se si verifica che

$$\lim_{x \rightarrow c} f(x) = +\infty, -\infty \text{ oppure } \infty,$$

la retta $x = c$ è **asintoto verticale** per il grafico della funzione.

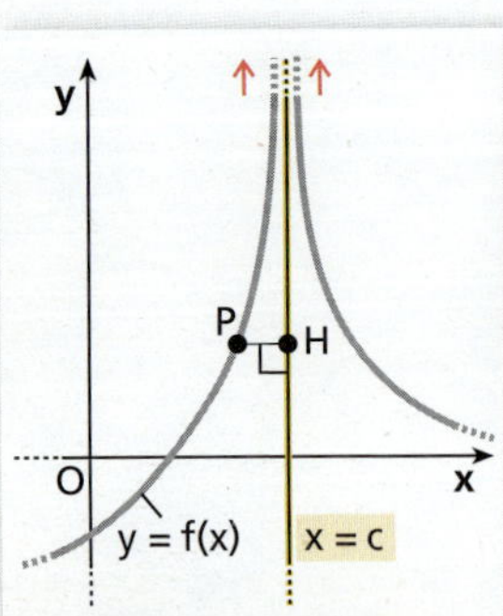

Asintoto verticale

- La definizione di asintoto verticale è ancora valida se consideriamo il limite destro ($x \rightarrow x_0^+$) o il limite sinistro ($x \rightarrow x_0^-$). In questo caso parleremo di asintoto verticale **destro** o **sinistro**, rispettivamente.

- La distanza di un generico punto del grafico di una funzione da un suo asintoto verticale, di equazione $x = c$, tende a 0 quando $x \to c$.
  Infatti, essendo $P(x; y)$ il generico punto del grafico, si ha:

$$\lim_{x \to c} \overline{PH} = \lim_{x \to c} |x - c| = 0.$$

Possiamo esprimere questa proprietà dicendo che per $x \to c$ il grafico della funzione si avvicina sempre più a quello della retta.

Nella figura che segue esaminiamo diversi casi di asintoti verticali.

▸ Verifica che il grafico di $y = \frac{1}{1-x}$ ha un asintoto verticale di equazione $x = 1$.

Animazione

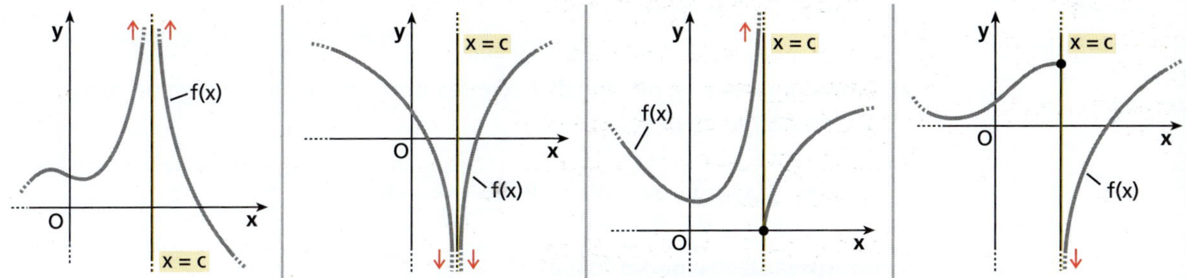

a. Asintoto verticale. $\lim_{x \to c} f(x) = +\infty$

b. Asintoto verticale. $\lim_{x \to c} f(x) = -\infty$

c. Asintoto verticale sinistro. $\lim_{x \to c^-} f(x) = +\infty$

d. Asintoto verticale destro. $\lim_{x \to c^+} f(x) = -\infty$

Il grafico di una funzione può avere più asintoti verticali, anche infiniti, come nel caso di $y = \tan x$.

4 $\lim_{x \to \infty} f(x) = \ell$

Definizioni e significato

▸ Esercizi a p. 1145

x tende a $+\infty$

Dicendo «x tende a $+\infty$» intendiamo dire che consideriamo valori di x sempre più grandi e tali da superare qualsiasi numero reale positivo c fissato.

Consideriamo la funzione $f(x) = \dfrac{3x+2}{x}$, definita per $x \neq 0$.

Assegniamo a x valori positivi sempre più grandi e otteniamo per $f(x)$ i valori indicati nella tabella.

x	10	100	1000	10 000	100 000
$f(x)$	3,2	3,02	3,002	3,0002	3,000 02

Osserviamo che per valori di x crescenti, i valori della funzione si avvicinano al valore 3, ossia per x che tende a $+\infty$ la funzione tende a 3.

Per essere sicuri che l'avvicinamento non sia dovuto ai particolari valori che abbiamo scelto ma sia vero sempre, occorre che, preso a piacere un intorno di 3, anche molto piccolo, esista un intorno di $+\infty$ in cui per ogni valore di x il valore corrispondente di $f(x)$ appartiene all'intorno di 3 scelto.

Diamo allora la seguente definizione.

TEORIA

Animazione

Nell'animazione, studiamo

$\lim_{x \to +\infty} f(x) = \ell$

in modo dinamico, utilizzando la funzione

$f(x) = \frac{3}{2}\left(1 - e^{-x-\frac{1}{3}}\right)$.

DEFINIZIONE

Limite finito di una funzione per x che tende a $+\infty$

Una funzione $f(x)$, definita in un intervallo illimitato a destra, tende al numero reale l per x che tende a $+\infty$ quando, per ogni $\varepsilon > 0$ fissato, si può determinare un intorno I di $+\infty$ tale che

$$|f(x) - l| < \varepsilon \text{ per ogni } x \in I.$$

Si scrive: $\lim_{x \to +\infty} f(x) = l$.

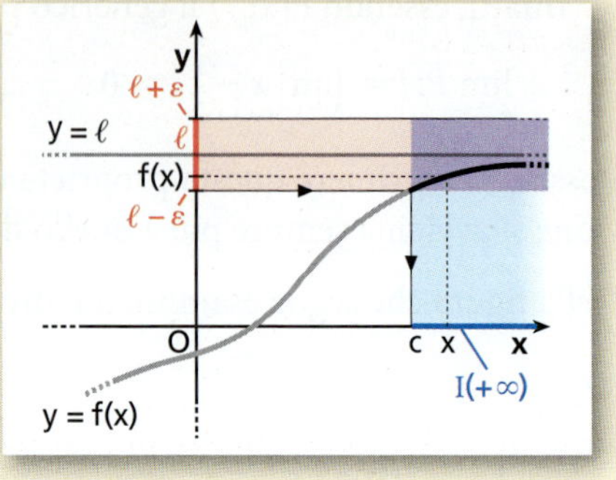

Considerato che un intorno di $+\infty$ è costituito da tutti gli x maggiori di un numero c, possiamo dire che

$$\lim_{x \to +\infty} f(x) = l \quad \text{se} \quad \forall \varepsilon > 0\, \exists c > 0: |f(x) - l| < \varepsilon, \forall x > c.$$

Interpretazione geometrica

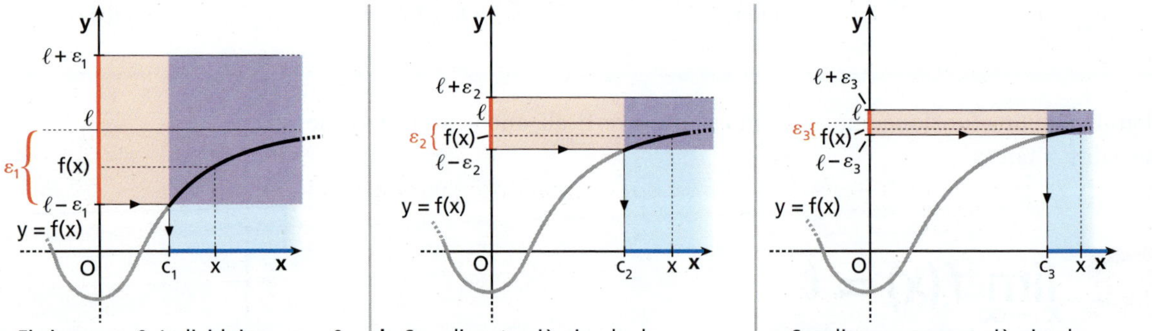

a. Fissiamo $\varepsilon > 0$. Individuiamo $c_1 > 0$ tale che $|f(x) - \ell| < \varepsilon$ per ogni $x > c_1$, ossia per ogni punto dell'intorno di $+\infty$: $]c_1; +\infty[$.

b. Se ε diventa più piccolo, la disuguaglianza $|f(x) - \ell| < \varepsilon$ è ancora vera, per valori di x più grandi di $c_2 > c_1$.

c. Scegliamo ε ancora più piccolo. In genere, perché $f(x)$ sia distante da ℓ meno di ε, dovremo prendere c_3 ancora più grande.

Ciò significa che, al crescere dei valori di x, $f(x)$ si avvicina al valore l.

x tende a $-\infty$

Il caso in cui «x tende a $-\infty$» è analogo al precedente.

DEFINIZIONE

Limite finito di una funzione per x che tende a $-\infty$

Una funzione $f(x)$, definita in un intervallo illimitato a sinistra, ha limite reale l per x che tende a $-\infty$ se, per ogni $\varepsilon > 0$ fissato, è possibile trovare un intorno I di $-\infty$ tale che

$$|f(x) - l| < \varepsilon \text{ per ogni } x \in I.$$

Si scrive: $\lim_{x \to -\infty} f(x) = l$.

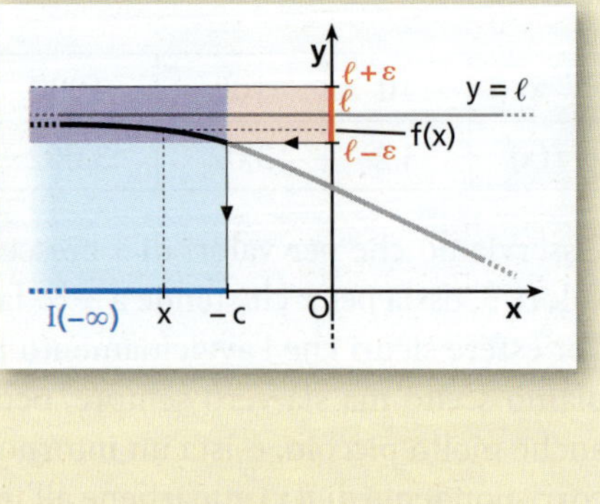

In simboli: $\lim_{x \to -\infty} f(x) = l$ **se** $\forall \varepsilon > 0\, \exists c > 0$: $|f(x) - l| < \varepsilon$, $\forall x < -c$.

▶ Verifica che
$\lim_{x \to -\infty} \frac{2x-1}{x} = 2.$

Animazione

x tende a ∞

I due casi precedenti possono essere riassunti in uno solo se si considera un intorno di ∞ determinato dagli x per i quali

$|x| > c$, ossia $x < -c \vee x > c$,

dove c è un numero reale positivo grande a piacere.
Diciamo allora che **x tende a ∞** omettendo il segno + o −:

$\lim_{x \to \infty} f(x) = l$ quando per ogni $\varepsilon > 0$ è possibile trovare un intorno I di ∞ tale che $|f(x) - l| < \varepsilon$ per ogni $x \in I$.

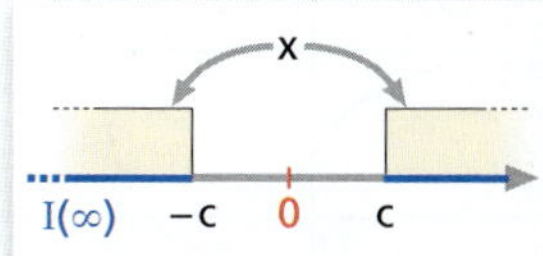

ESEMPIO
Consideriamo la funzione $y = \frac{4x+5}{x}$, definita in $D = \mathbb{R} - \{0\}$.

Verifichiamo che $\lim_{x \to \infty} \frac{4x+5}{x} = 4$. Fissato $\varepsilon > 0$, risolviamo la disequazione:

$$\left|\frac{4x+5}{x} - 4\right| < \varepsilon \;\rightarrow\; \left|\frac{5}{x}\right| < \varepsilon \;\rightarrow\; \left|\frac{x}{5}\right| > \frac{1}{\varepsilon} \;\rightarrow\; |x| > \frac{5}{\varepsilon} \;\rightarrow$$

$$\underbrace{x < -\frac{5}{\varepsilon} \vee x > \frac{5}{\varepsilon}}_{\text{intorno di } \infty}.$$

Abbiamo trovato un intorno di ∞ per cui è vera la condizione iniziale, quindi il limite è verificato.

▶ Verifica che
$\lim_{x \to \infty} \frac{1}{x^3 - 1} = 0.$

Limiti per eccesso e per difetto

Anche per $x \to -\infty$ o $x \to +\infty$ possiamo parlare di limite per eccesso e limite per difetto: vale ancora la definizione data in precedenza per $x \to x_0$, ma occorre considerare intorni rispettivamente di $-\infty$ e di $+\infty$ anziché intorni di x_0.

Asintoti orizzontali

▶ Esercizi a p. 1148

DEFINIZIONE
Data la funzione $y = f(x)$, se si verifica una delle condizioni

$$\lim_{x \to +\infty} f(x) = q \quad \text{o} \quad \lim_{x \to -\infty} f(x) = q \quad \text{o} \quad \lim_{x \to \infty} f(x) = q,$$

la retta $y = q$ è **asintoto orizzontale** per il grafico della funzione.

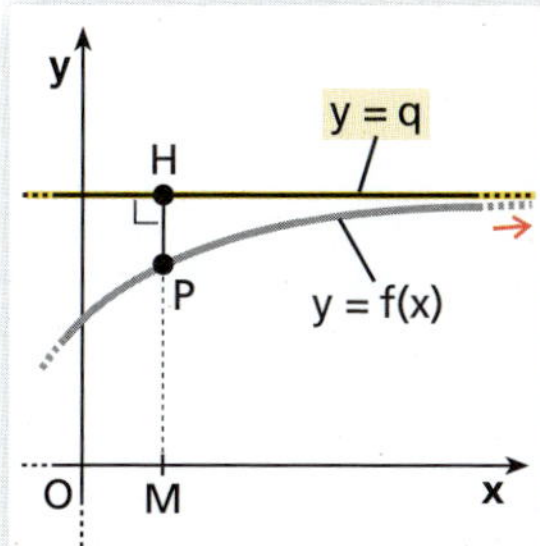

Asintoto orizzontale

- Se il limite esiste finito soltanto per $x \to +\infty$ (o $x \to -\infty$), abbiamo un asintoto orizzontale **destro** (o **sinistro**).
- La distanza $\overline{PH}$ di un generico punto $P(x; f(x))$ del grafico di una funzione da un suo asintoto orizzontale, di equazione $y = q$, tende a 0 quando x tende a $+\infty$:

$$\lim_{x \to +\infty} \overline{PH} = \lim_{x \to +\infty} |f(x) - q| = 0.$$

Considerazioni analoghe si hanno per $x \to -\infty$ o $x \to \infty$.

▶ Verifica che il grafico di $y = \frac{3x}{x+1}$ ha un asintoto orizzontale di equazione $y = 3$.

Animazione

Il grafico di una funzione $f(x)$ può ammettere un solo asintoto orizzontale, come nell'esempio precedente, ma anche due, quando i limiti della funzione per $x \to +\infty$ e per $x \to -\infty$ sono entrambi finiti, ma diversi fra loro, ossia:

$$\lim_{x \to +\infty} f(x) = q_1 \quad \text{e} \quad \lim_{x \to -\infty} f(x) = q_2, \quad \text{con } q_1 \neq q_2.$$

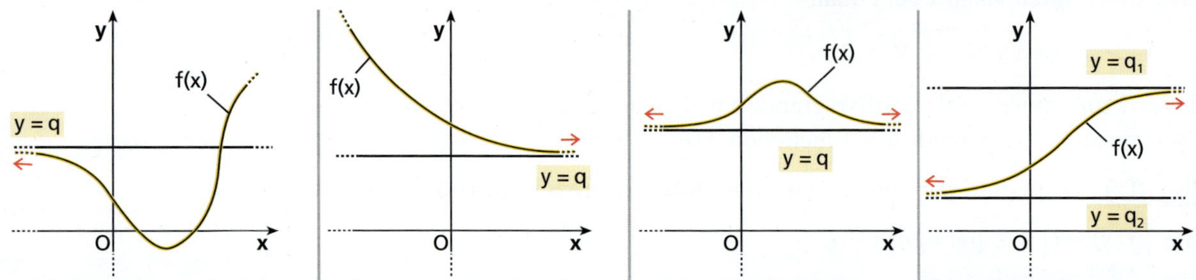

a. Asintoto orizzontale sinistro. $\lim_{x \to -\infty} f(x) = q$

b. Asintoto orizzontale destro. $\lim_{x \to +\infty} f(x) = q$

c. Asintoto orizzontale. $\lim_{x \to \infty} f(x) = q$

d. Due asintoti orizzontali. $\lim_{x \to -\infty} f(x) = q_2$ $\lim_{x \to +\infty} f(x) = q_1$

Rispetto all'asintoto orizzontale, il grafico della funzione può stare tutto «al di sopra» della retta o tutto «al di sotto», ma può anche intersecare l'asintoto stesso in un punto, due punti, ..., infiniti punti.

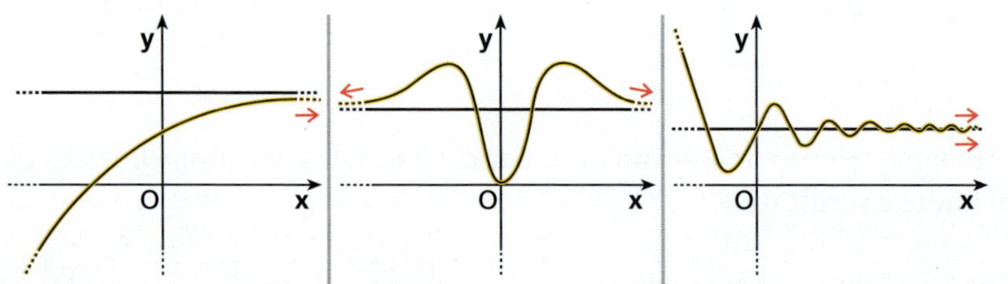

a. Il grafico non interseca l'asintoto.

b. Il grafico interseca l'asintoto in due punti.

c. Il grafico interseca l'asintoto in infiniti punti.

5 $\lim_{x \to \infty} f(x) = \infty$

Esercizi a p. 1149

Il limite è $+\infty$ quando x tende a $+\infty$ o a $-\infty$

In questo caso si può anche dire che **la funzione diverge positivamente**.

Studiamo i due casi: $\lim_{x \to +\infty} f(x) = +\infty$ e $\lim_{x \to -\infty} f(x) = +\infty$.

Consideriamo la funzione $y = x^3$.
Se attribuiamo a x valori positivi crescenti, per esempio 1, 2, 3, 4, ..., i corrispondenti valori x^3, ossia 1, 8, 27, 64, ..., aumentano sempre più.
Diciamo che quando x tende a $+\infty$ i valori della funzione tendono a $+\infty$ e scriviamo $\lim_{x \to +\infty} x^3 = +\infty$.

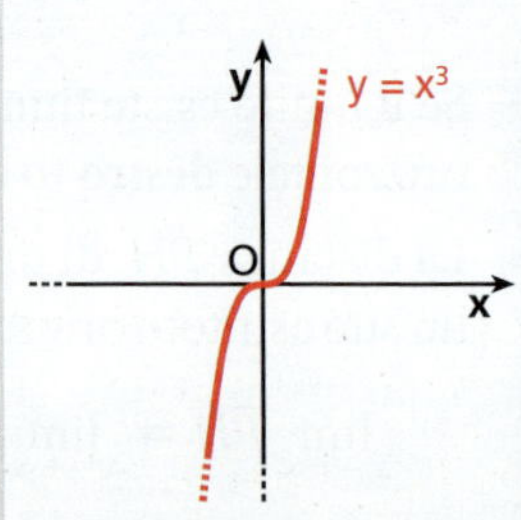

DEFINIZIONE

Limite $+\infty$ di una funzione per x che tende a $+\infty$

Una funzione $f(x)$, definita in un intervallo illimitato a destra, ha per limite $+\infty$ per x che tende a $+\infty$ quando per ogni numero reale positivo M si può determinare un intorno I di $+\infty$ tale che

$f(x) > M$ per ogni $x \in I$.

Si scrive: $\lim_{x\to+\infty} f(x) = +\infty$.

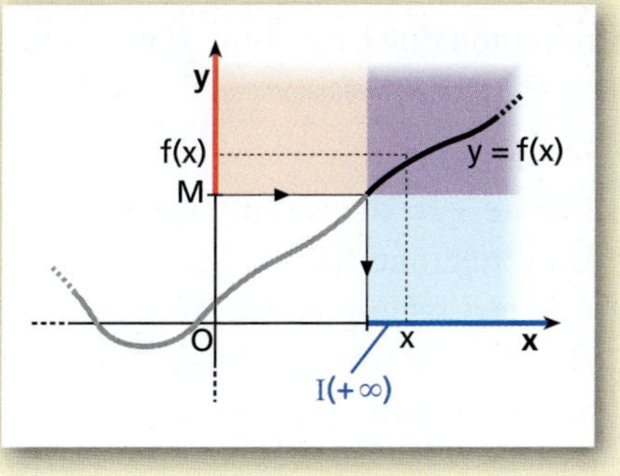

In simboli:

$$\lim_{x\to+\infty} f(x) = +\infty \quad \text{se} \quad \forall M > 0\ \exists c > 0: f(x) > M, \forall x > c.$$

Consideriamo ora la funzione $y = x^2$.
Se attribuiamo a x valori negativi decrescenti, per esempio $-1, -2, -3, -4, \ldots$, i corrispondenti valori x^2, ossia $1, 4, 9, 16, \ldots$, aumentano sempre più. Diciamo che quando x tende a $-\infty$ i valori della funzione tendono a $+\infty$ e scriviamo $\lim_{x\to-\infty} x^2 = +\infty$.

DEFINIZIONE

Limite $+\infty$ di una funzione per x che tende a $-\infty$

Una funzione $f(x)$, definita in un intervallo illimitato a sinistra, ha per limite $+\infty$ per x che tende a $-\infty$ quando per ogni numero reale positivo M si può determinare un intorno I di $-\infty$ tale che

$f(x) > M$ per ogni $x \in I$.

Si scrive: $\lim_{x\to-\infty} f(x) = +\infty$.

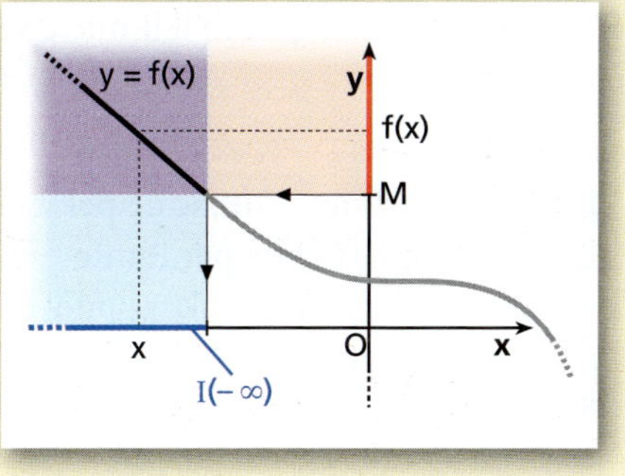

In simboli:

$$\lim_{x\to-\infty} f(x) = +\infty \quad \text{se} \quad \forall M > 0\ \exists c > 0: f(x) > M, \forall x < -c.$$

ESEMPIO

Verifichiamo il limite precedente, $\lim_{x\to-\infty} x^2 = +\infty$, applicando la definizione.

Scelto $M > 0$, dobbiamo determinare un intorno di $-\infty$ tale che risulti:

$x^2 > M$ per ogni x dell'intorno.

Questa disequazione di secondo grado è verificata per valori esterni all'intervallo delle radici $x = \pm\sqrt{M}$, ossia ha per soluzioni $x < -\sqrt{M} \vee x > +\sqrt{M}$. In particolare, se $x < -\sqrt{M}$, che rappresenta un intorno di $-\infty$, la disuguaglianza è vera, quindi il limite è verificato.

Animazione

Nell'animazione, studiamo $\lim_{x\to+\infty}\left(\frac{1}{12}x^2+1\right) = +\infty$ in modo dinamico.

▸ Verifica che $\lim_{x\to+\infty} x^3 = +\infty$.

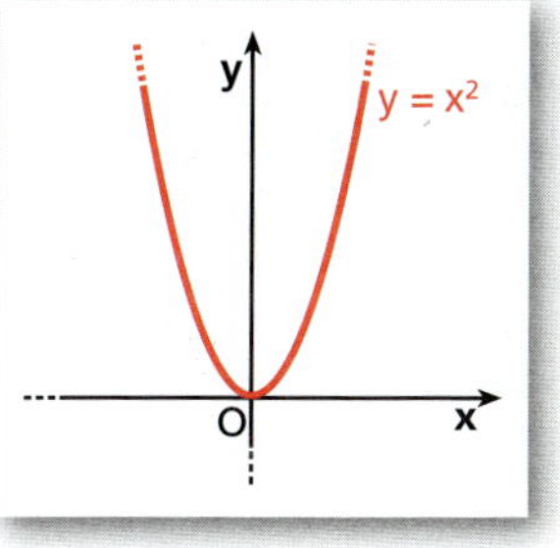

Listen to it

If the limit of $f(x)$ at a point x_0 or at $\pm\infty$ is $+\infty$, we say that *f* **diverges** or **grows without bound**.

▸ Verifica che $\lim_{x\to-\infty} (4-3x) = +\infty$.

Il limite è $-\infty$ quando x tende a $+\infty$ o a $-\infty$

In questo caso si può anche dire che **la funzione diverge negativamente**.

Studiamo i due casi: $\lim_{x \to +\infty} f(x) = -\infty$ e $\lim_{x \to -\infty} f(x) = -\infty$.

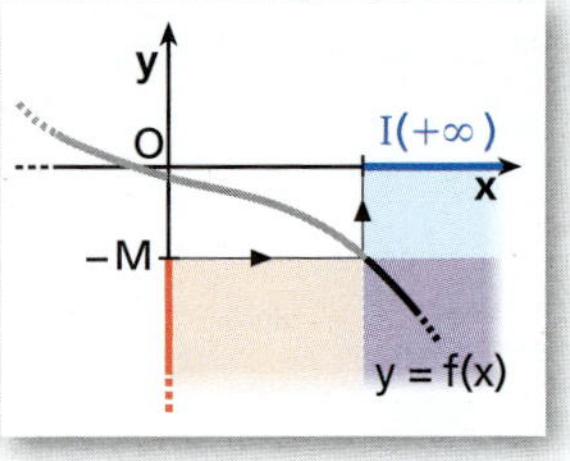

DEFINIZIONE

Limite $-\infty$ di una funzione per x che tende a $+\infty$

Una funzione $f(x)$ ha per limite $-\infty$ per x che tende a $+\infty$ quando per ogni numero reale positivo M si può determinare un intorno I di $+\infty$ tale che $f(x) < -M$ per ogni $x \in I$.

Si scrive: $\lim_{x \to +\infty} f(x) = -\infty$.

In simboli: $\lim_{x \to +\infty} f(x) = -\infty$ **se** $\forall M > 0\ \exists c > 0$: $f(x) < -M, \forall x > c$.

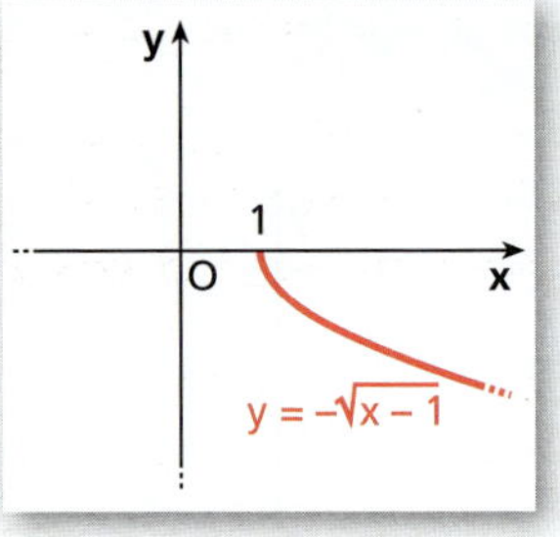

ESEMPIO

Verifichiamo il limite $\lim_{x \to +\infty} (-\sqrt{x-1}) = -\infty$, applicando la definizione.

La funzione è definita in $D = [1; +\infty[$. Scelto un numero $M > 0$, dobbiamo determinare un intorno di $+\infty$ tale che risulti:

$-\sqrt{x-1} < -M$ per ogni x dell'intorno.

Moltiplichiamo entrambi i membri per -1 ed eleviamoli al quadrato:

$$\sqrt{x-1} > M \quad \rightarrow \quad x-1 > M^2 \quad \rightarrow \quad x > 1 + M^2.$$

Le soluzioni della disequazione sono date da $x > 1 + M^2$, che rappresenta un intorno di $+\infty$, quindi il limite è verificato.

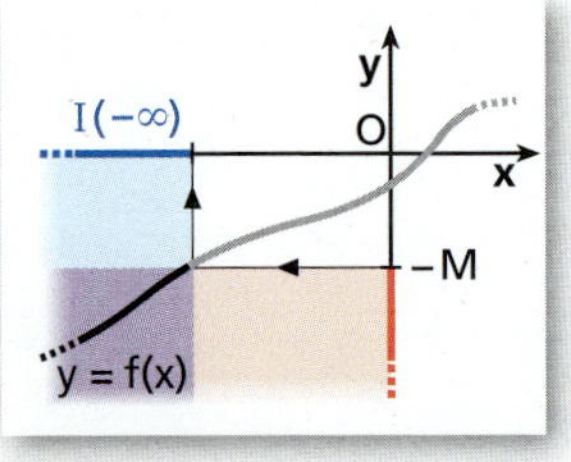

DEFINIZIONE

Limite $-\infty$ di una funzione per x che tende a $-\infty$

Una funzione $f(x)$ ha per limite $-\infty$ per x che tende a $-\infty$ quando per ogni numero reale positivo M si può determinare un intorno I di $-\infty$ tale che $f(x) < -M$ per ogni $x \in I$.

Si scrive: $\lim_{x \to -\infty} f(x) = -\infty$.

In simboli:

$\lim_{x \to -\infty} f(x) = -\infty$ **se** $\forall M > 0\ \exists c > 0$: $f(x) < -M, \forall x < -c$.

▶ Verifica che $\lim_{x \to -\infty} \frac{1+2x^2}{x} = -\infty$.

Animazione

Video

Limite di una funzione all'infinito

Qual è il limite di una funzione per x che tende all'infinito?
È sempre possibile determinarlo? Vediamo come si comportano due funzioni aiutandoci con il loro grafico.

In sintesi

Se ...	scelto $M > 0$ la disequazione ...	è soddisfatta, con $c > 0$, per ...
$\lim_{x \to +\infty} f(x) = +\infty$	$f(x) > M$	$x > c$
$\lim_{x \to -\infty} f(x) = +\infty$	$f(x) > M$	$x < -c$

$\lim_{x \to +\infty} f(x) = -\infty$	$f(x) < -M$	$x > c$
$\lim_{x \to -\infty} f(x) = -\infty$	$f(x) < -M$	$x < -c$

Nella figura mostriamo i limiti della funzione esponenziale e della funzione logaritmica agli estremi del dominio.

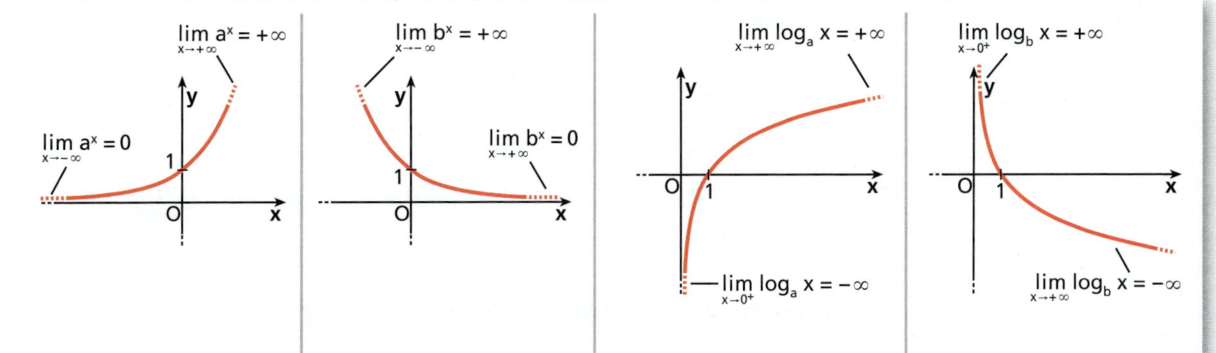

a $y = a^x$ $(a > 1)$ **b** $y = b^x$ $(0 < b < 1)$ **c** $y = \log_a x$ $(a > 1)$ **d** $y = \log_b x$ $(0 < b < 1)$

6 Primi teoremi sui limiti

▶ Esercizi a p. 1154

I teoremi e le proprietà che enunceremo in questo paragrafo sono validi sia per x che tende a un valore finito x_0, sia per x che tende a infinito.
I teoremi valgono anche se invece di l, valore finito, abbiamo $+\infty$ o $-\infty$.

Teorema di unicità del limite

TEOREMA
Se per x che tende a x_0 la funzione $f(x)$ ha per limite il numero reale l, allora tale limite è unico.

DIMOSTRAZIONE
Dimostriamo la tesi per assurdo.
Supponiamo che la tesi sia falsa e cioè che l non sia unico, quindi:

$$\lim_{x \to x_0} f(x) = l \quad \text{e} \quad \lim_{x \to x_0} f(x) = l', \quad \text{con } l \text{ e } l' \text{ entrambi finiti e } l' \neq l.$$

Possiamo supporre $l < l'$ e, poiché nella definizione di limite possiamo scegliere ε arbitrariamente purché sia positivo, consideriamo:

$$\varepsilon < \frac{l' - l}{2}.$$

Applichiamo la definizione di limite in entrambi i casi. Dovrebbero esistere due intorni I e I' di x_0 tali che:

$$|f(x) - l| < \varepsilon \ \text{per ogni } x \in I, \qquad |f(x) - l'| < \varepsilon \ \text{per ogni } x \in I'.$$

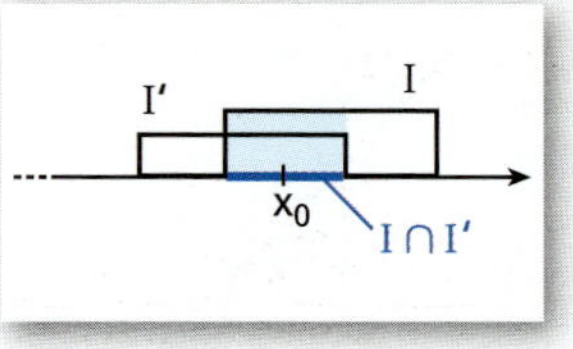

Osserviamo che anche $I \cap I'$ è un intorno di x_0.
In $I \cap I'$ devono valere contemporaneamente le due disequazioni, ossia:

$$\begin{cases} |f(x) - l| < \varepsilon \\ |f(x) - l'| < \varepsilon \end{cases} \rightarrow \begin{cases} l - \varepsilon < f(x) < l + \varepsilon \\ l' - \varepsilon < f(x) < l' + \varepsilon \end{cases}.$$

Dal confronto delle disuguaglianze, ricordando che $l < l'$, risulta che

$$l' - \varepsilon < f(x) < l + \varepsilon \quad \rightarrow \quad l' - \varepsilon < l + \varepsilon.$$

Esplicitando ε otteniamo:

$$-\varepsilon - \varepsilon < l - l' \quad \rightarrow \quad -2\varepsilon < l - l' \quad \rightarrow \quad 2\varepsilon > l' - l,$$

da cui $\varepsilon > \frac{l' - l}{2}$, contro l'ipotesi di $\varepsilon < \frac{l' - l}{2}$.

La supposizione che ci siano due limiti è falsa. Pertanto, se $\lim_{x \to x_0} f(x) = l$, il limite l è unico.

Teorema della permanenza del segno

Il teorema afferma che in un intorno di x_0 la funzione $f(x)$ ha lo stesso segno di l.

TEOREMA

Se il limite di una funzione per x che tende a x_0 è un numero l diverso da 0, allora esiste un intorno I di x_0 (escluso al più x_0) in cui $f(x)$ e l sono entrambi positivi oppure entrambi negativi.

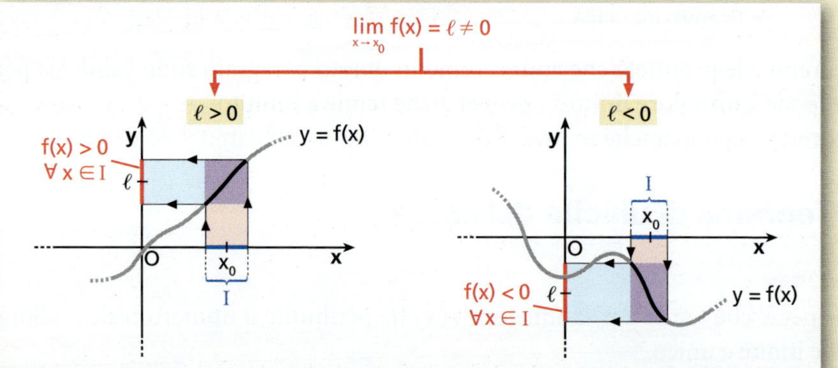

DIMOSTRAZIONE

Dalla definizione di $\lim_{x \to x_0} f(x) = l$, scelto qualsiasi ε positivo, deve essere:

$$|f(x) - l| < \varepsilon \quad \rightarrow \quad l - \varepsilon < f(x) < l + \varepsilon.$$

Posto allora $\varepsilon = |l|$, abbiamo:

$$l - |l| < f(x) < l + |l|.$$

Se $l > 0$, allora $0 < f(x) < 2l \quad \rightarrow \quad f(x) > 0$.

Se $l < 0$, allora $2l < f(x) < 0 \quad \rightarrow \quad f(x) < 0$.

Il teorema afferma che in un intorno di x_0 la funzione $f(x)$ ha lo stesso segno di l.

Il teorema non è valido nel caso in cui il limite l sia uguale a 0.

Per esempio, consideriamo $\lim_{x \to 1}(1-x)=0$: in un qualunque intorno completo del punto 1, i valori assunti dalla funzione $y=1-x$ sono in parte positivi e in parte negativi. La funzione $f(x)$ è positiva in ogni intorno sinistro di 1 e negativa in ogni intorno destro. Il teorema non si applica.

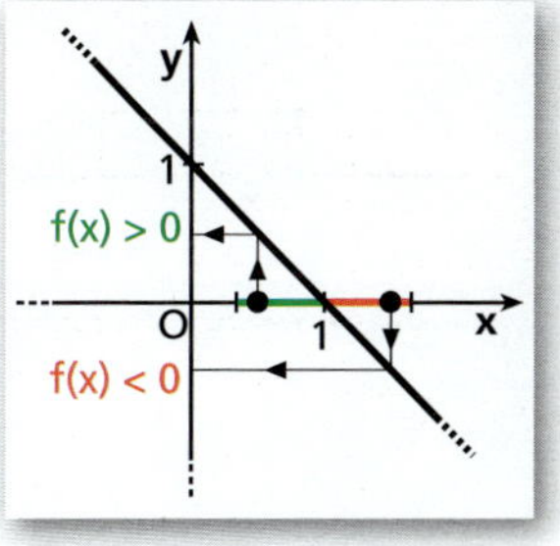

Il teorema della permanenza del segno si può opportunamente invertire: vale il seguente teorema.

TEOREMA

Se una funzione $f(x)$ ammette limite finito l per x che tende a x_0 e in un intorno $I(x_0)$ di x_0, escluso al più x_0, è:

- positiva o nulla, allora $l \geq 0$;
- negativa o nulla, allora $l \leq 0$.

Teorema del confronto

Il teorema che ora esamineremo ci dà alcune indicazioni per il calcolo dei limiti.

TEOREMA

Siano $h(x)$, $f(x)$ e $g(x)$ tre funzioni definite in uno stesso intorno H di x_0, escluso al più il punto x_0. Se in ogni punto di H diverso da x_0 risulta

$$h(x) \leq f(x) \leq g(x)$$

e il limite delle due funzioni $h(x)$ e $g(x)$, per x che tende a x_0, è uno stesso numero l, allora anche il limite di $f(x)$ per x che tende a x_0 è uguale a l.

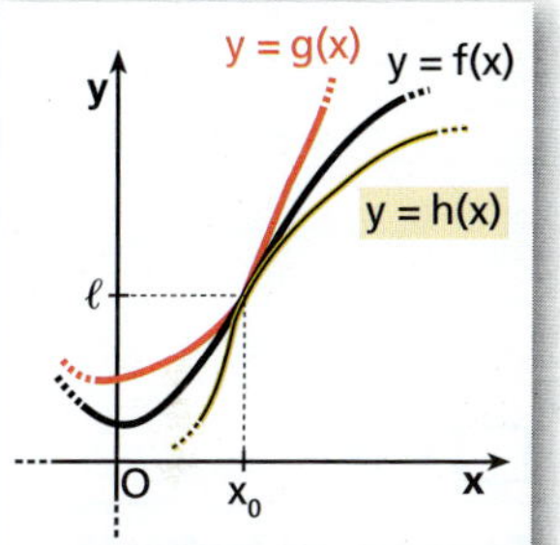

Poiché la funzione f viene «costretta», da h e da g, a tendere a l, il teorema viene anche detto *teorema dei due carabinieri*.

Listen to it

The **squeeze theorem**, or **sandwich theorem**, states that if $h(x) \leq f(x) \leq g(x)$ in H and $\lim_{x \to x_0} h(x) = \lim_{x \to x_0} g(x) = \ell$, $x_0 \in H$, then $\lim_{x \to x_0} f(x) = \ell$.
The functions h and g are said to be **lower and upper bounds** of f.

DIMOSTRAZIONE

Fissiamo $\varepsilon > 0$ a piacere. È vero che:

$$|h(x) - l| < \varepsilon, \text{ per ogni } x \in I_1 \cap H, \text{ perché } \lim_{x \to x_0} h(x) = l;$$

$$|g(x) - l| < \varepsilon, \text{ per ogni } x \in I_2 \cap H, \text{ perché } \lim_{x \to x_0} g(x) = l.$$

Le disuguaglianze valgono entrambe per ogni x appartenente all'intorno $I = I_1 \cap I_2$, escluso al più x_0.
Quindi, per ogni $x \in I$, abbiamo:

$$l - \varepsilon < h(x) < l + \varepsilon,$$

$$l - \varepsilon < g(x) < l + \varepsilon.$$

Poiché per ipotesi $h(x) \leq f(x) \leq g(x)$, scriviamo

$$\underline{l - \varepsilon} < h(x) \leq \underline{f(x)} \leq g(x) < \underline{l + \varepsilon} \text{ per ogni } x \in I,$$

che implica

$$l - \varepsilon < f(x) < l + \varepsilon \text{ per ogni } x \in I,$$

ossia:

$$|f(x) - l| < \varepsilon, \forall x \in I.$$

Quest'ultima relazione significa proprio che $\lim_{x \to x_0} f(x) = l$.

ESEMPIO

Sono date le funzioni

$h(x) = -x^2 + 4x - 2$,

$f(x) = 2x - 1$,

$g(x) = x^2$.

$h(x)$ e $g(x)$ sono funzioni polinomiali e quindi continue, pertanto:

$$\lim_{x \to 1} h(x) = \lim_{x \to 1} (-x^2 + 4x - 2) = 1,$$

$$\lim_{x \to 1} g(x) = \lim_{x \to 1} x^2 = 1.$$

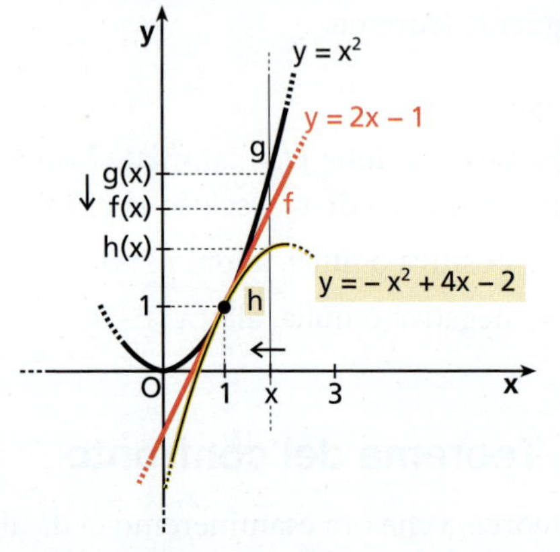

Per x che tende a 1, $h(x)$ e $g(x)$ tendono a 1. Anche $f(x)$, essendo compreso fra $h(x)$ e $g(x)$, deve tendere a 1.

Calcoliamo $\lim_{x \to 1} f(x)$. Possiamo osservare che per ogni valore x appartenente all'intervallo $]0; 3[$, i rispettivi valori delle tre funzioni h, f e g sono, nell'ordine, uno minore dell'altro, ossia $h(x) \leq f(x) \leq g(x)$.

Il teorema permette di affermare che è anche vero:

$$\lim_{x \to 1} f(x) = \lim_{x \to 1} (2x - 1) = 1.$$

Video

Teorema del confronto

Qual è il limite di $\frac{\sin x}{x}$ per x che tende a zero?
Vediamo come si calcola applicando il teorema del confronto.

Il teorema vale anche nel caso dei limiti per $x \to +\infty$ o $x \to -\infty$.
Un esempio grafico nel caso $x \to +\infty$ è illustrato nella figura sotto.

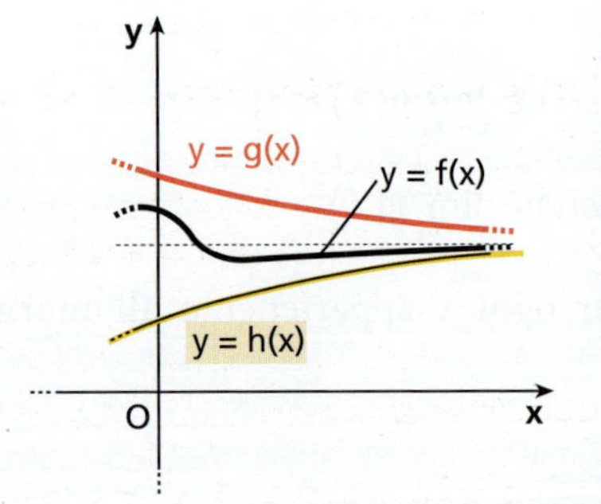

7 Limite di una successione

Il concetto di limite di una successione è simile a quello di limite di una funzione di variabile reale. Tuttavia, nel caso delle successioni il dominio è l'insieme dei numeri naturali, che non è un intervallo. Nell'insieme $\mathbb{N}$ l'unico punto di accumulazione è $+\infty$. Quindi, diversamente dalle funzioni di variabile reale, l'unico limite di successione che si può calcolare è per infinito, cioè n non può tendere a un valore finito ma solo a $+\infty$.

$\lim_{n \to +\infty} a_n = +\infty$

▶ Esercizi a p. 1155

Consideriamo la successione $a_n = 3^n$:

$1, 3, 9, 27, 81, \ldots$

Al crescere di n, i termini diventano sempre più grandi. Diciamo allora che al tendere di n a $+\infty$ la successione tende a $+\infty$ e che, scelto un numero M grande a piacere, da un certo n in poi i termini della successione lo superano. Per esempio, se $M = 10$ si ha $3^n > M$ da $n = 3$ in poi, se $M = 100$ da $n = 5$ in poi, ...

DEFINIZIONE

$\lim_{n \to +\infty} a_n = +\infty$

Data la successione di termine generale a_n, per n tendente a $+\infty$ la successione ha per limite $+\infty$ quando, fissato ad arbitrio un numero M positivo, è possibile determinare un corrispondente numero p_M positivo tale che:

$$a_n > M \quad \text{per ogni } n > p_M.$$

In questo caso la successione si dice **divergente positivamente**.

Dire che M è un numero positivo fissato ad arbitrio equivale a dire che quanto enunciato vale *per ogni* $M > 0$.

ESEMPIO

Verifichiamo che $\lim_{n \to +\infty} 3n = +\infty$.

Fissato $M > 0$, dobbiamo trovare un numero positivo p_M per cui:

$$3n > M \quad \forall n > p_M.$$

Dividendo entrambi i membri per 3 otteniamo $n > \frac{M}{3}$.

Se poniamo $p_M = \frac{M}{3}$, abbiamo trovato che

$$\forall n > p_M \quad \to \quad 3n > M,$$

ossia tutti i termini con indice $n > \frac{M}{3}$ sono maggiori di M.

▶ Verifica che $\lim_{n \to +\infty} \left(\frac{n^2}{8} + 1\right) = +\infty$.

Animazione

$\lim_{n \to +\infty} a_n = -\infty$

▶ Esercizi a p. 1155

DEFINIZIONE

$\lim_{n \to +\infty} a_n = -\infty$

Data la successione di termine generale a_n, per n tendente a più infinito la successione ha per limite $-\infty$ quando, fissato ad arbitrio un numero M positivo, è possibile determinare un corrispondente numero p_M positivo tale che:

$$a_n < -M \quad \text{per ogni } n > p_M.$$

Quindi, fissato ad arbitrio un numero $M > 0$, da un certo indice in poi tutti i termini della successione sono minori di $-M$.

▶ Verifica che
$\lim_{n \to +\infty} (-n^2) = -\infty$.

In questo caso la successione è detta **divergente negativamente**.
Per esempio, è divergente negativamente la successione:

$$a_n = -n^2.$$

$\lim_{n \to +\infty} a_n = \ell$

▶ Esercizi a p. 1156

Consideriamo la successione $a_n = \frac{1}{n^2}$, con $n \neq 0$:

$$1, \frac{1}{4}, \frac{1}{9}, \frac{1}{16}, \ldots$$

Al crescere di n i suoi termini si avvicinano sempre più a 0. Diciamo allora che al tendere di n a $+\infty$ la successione tende a 0. Comunque scegliamo un numero positivo ε piccolo quanto vogliamo, da un certo n in poi i termini della successione si discostano da 0 a meno di ε, cioè:

$$\left| \frac{1}{n^2} - 0 \right| < \varepsilon.$$

Per esempio, se $\varepsilon = 0{,}1$, la condizione $\left| \frac{1}{n^2} - 0 \right| < \varepsilon$ è vera da $n = 4$ in poi; se $\varepsilon = 0{,}01$, da $n = 11$ in poi, ...

▶ Verifica che
$\lim_{n \to +\infty} \frac{1}{2n} = 0$.

▶ Verifica che
$\lim_{n \to +\infty} (-1)^n \cdot \frac{8}{n+1} = 0$.

Animazione

DEFINIZIONE

$\lim_{n \to +\infty} a_n = l$

Data la successione di termine generale a_n, per n tendente a $+\infty$ la successione ha per limite il numero reale l quando, fissato ad arbitrio un numero ε positivo, è possibile determinare un corrispondente numero p_ε positivo tale che:

$$|a_n - l| < \varepsilon \quad \text{per ogni } n > p_\varepsilon.$$

Una successione di questo tipo si dice **convergente**.

$\lim_{n \to +\infty} a_n$ non esiste

▶ Esercizi a p. 1156

Può capitare che una successione non sia né divergente (positivamente o negativamente) né convergente: in questi casi si dice che **non esiste il limite**, oppure che la successione è **indeterminata**.

ESEMPIO

Nella successione $a_n = (-1)^n$, con $n \in \mathbb{N}$, tutti i termini hanno come valore $+1$ o -1:

$$a_n = \begin{cases} +1 & \text{se } n \text{ è pari} \\ -1 & \text{se } n \text{ è dispari} \end{cases}.$$

Anche considerando indici molto grandi, la successione oscilla tra $+1$ e -1, pertanto non è possibile determinare un unico valore a cui si avvicina, quindi il limite non esiste.

▶ Scrivi i primi dieci termini della successione
$a_n = (-1)^n + 2$
e spiega perché è indeterminata.

Due limiti particolari

Il numero e

Il numero e, il cui valore approssimato è 2,718 281 828... è un numero decimale illimitato non periodico, quindi irrazionale.

Si ottiene come limite della successione il cui termine generale è:

$$a_n = \left(1 + \frac{1}{n}\right)^n, \qquad \text{con } n \in \mathbb{N} \wedge n \geq 1.$$

Si può infatti dimostrare che per $n \to +\infty$ la successione converge proprio al numero e (numero di Nepero).

Il numero π

π è un numero irrazionale il cui valore approssimato è 3,141 592 65…; rappresenta il rapporto costante che c'è tra la misura di una circonferenza e quella del suo diametro, o, come vedremo, il limite di una particolare successione numerica.

Consideriamo l'insieme dei poligoni regolari inscritti in una circonferenza.
In geometria si dimostra che, aumentando il numero dei lati, la lunghezza del perimetro dei poligoni regolari inscritti approssima sempre meglio la lunghezza della circonferenza.

Poiché π esprime la misura della lunghezza di una circonferenza di raggio $\frac{1}{2}$, consideriamo la successione delle misure delle lunghezze dei perimetri dei poligoni regolari in essa inscritti.

Indichiamo con n il numero dei lati del poligono regolare inscritto, con l_n la misura di un lato, con p_n quella del perimetro.
Per individuare il termine generale della successione, calcoliamo la misura del perimetro del poligono regolare di n lati.

Poiché consideriamo poligoni regolari, gli angoli al centro della circonferenza opposti ai lati sono tutti uguali e misurano:

$$A\widehat{O}B = \frac{360°}{n} \quad \to \quad A\widehat{O}H = \frac{1}{2} \cdot \frac{360°}{n} = \frac{180°}{n}.$$

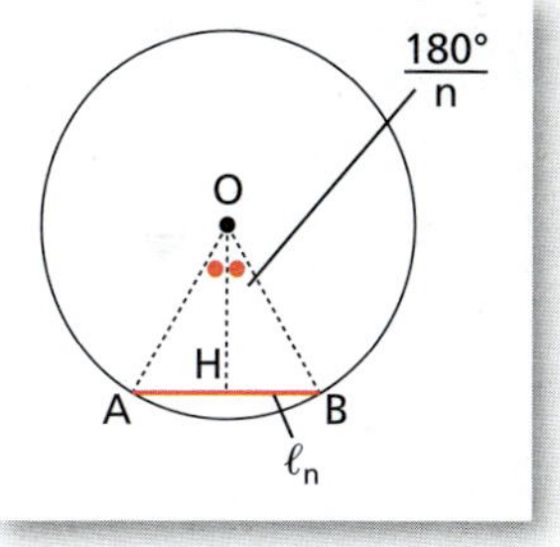

Calcoliamo la misura dei lati:

$$\overline{AH} = \overline{AO} \cdot \sin\frac{180°}{n} = \frac{1}{2} \cdot \sin\frac{180°}{n} \quad \to$$

$$l_n = \overline{AB} = 2 \cdot \overline{AH} = \sin\frac{180°}{n}.$$

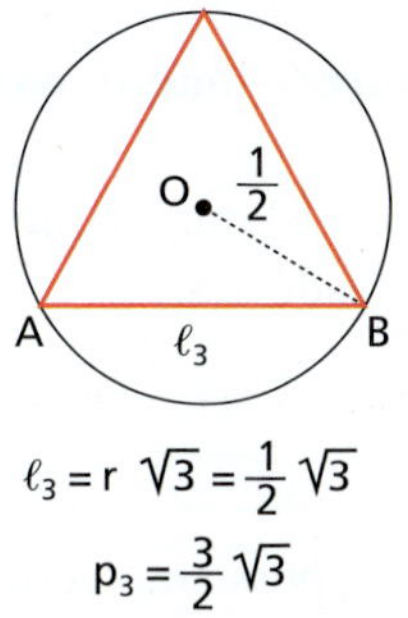

a. Se $n = 3$, si ha un triangolo equilatero.

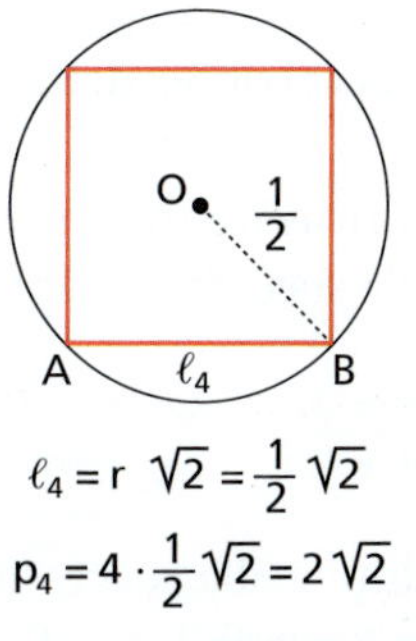

b. Se $n = 4$, si ha un quadrato.

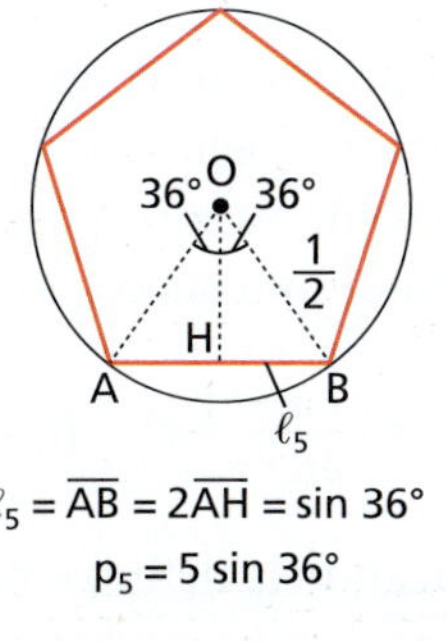

c. Se $n = 5$, si ha un pentagono regolare:

Il termine generico della successione è dato dalla misura del perimetro:

$$p_n = n \cdot \sin\frac{180°}{n},$$

dove $n \in \mathbb{N}$ è il numero dei lati del poligono inscritto, quindi $n \geq 3$ e il primo termine della successione è p_3. La successione è la seguente:

$$p_3 = \frac{3}{2}\sqrt{3}, \quad p_4 = 2\sqrt{2}, \quad p_5 = 5 \cdot \sin 36°, \quad \ldots, \quad p_n = n \cdot \sin\frac{180°}{n}, \quad \ldots$$

La successione è crescente e, al crescere degli indici, le cifre decimali dei termini della successione tendono a coincidere con quelle di π. Per esempio:

$$p_{1000} = 1000 \sin \cdot \frac{180°}{1000} = 3{,}14158.$$

Scriviamo pertanto:

$$\lim_{n \to +\infty} \left(n \cdot \sin \cdot \frac{180°}{n}\right) = \pi.$$

Teoremi sui limiti di successioni

▶ Esercizi a p. 1156

I teoremi che abbiamo dimostrato per i limiti delle funzioni sono validi, come casi particolari, anche per le successioni.

Vediamo, per esempio, il **teorema del confronto**.

Date le successioni a_n, b_n, c_n tali che $a_n \leq b_n \leq c_n$, $\forall n \in \mathbb{N}$, se $\lim_{n \to +\infty} a_n = \lim_{n \to +\infty} c_n = l$, con $l \in \mathbb{R}$, allora esiste anche il limite di b_n per n tendente a $+\infty$ ed è uguale a l; analogamente, date a_n e b_n tali che $a_n \leq b_n$, $\forall n \in \mathbb{N}$, se $\lim_{n \to +\infty} a_n = +\infty$, anche b_n tende a $+\infty$ per n tendente a $+\infty$ e, se $\lim_{n \to +\infty} b_n = -\infty$, anche a_n tende a $-\infty$ per n tendente a $+\infty$.

Sottosuccessioni

Consideriamo la successione $a_n = \frac{n-1}{n+2}$, con $n \in \mathbb{N}$, e prendiamo i termini che hanno come indice i multipli di 3 non nulli (cioè a_3, a_6, a_9, …):

$$\frac{2}{5}, \frac{5}{8}, \frac{8}{11}, \ldots, \frac{3n-1}{3n+2}, \ldots$$

Abbiamo ottenuto un'altra successione detta **sottosuccessione** o **successione estratta** da quella data.
Da una successione possiamo ricavare infinite sottosuccessioni. Diamo altri due esempi di sottosuccessioni della successione appena considerata:

▶ Prova a scrivere i primi dieci termini di queste sottosuccessioni e confrontali con quelli della successione di partenza.

$$\alpha_n = \frac{2n-1}{2n+2}, \qquad \beta_n = \frac{5n-1}{5n+2}.$$

Applicando la definizione di limite alla successione data, possiamo verificare che $\lim_{n \to +\infty} a_n = 1$. In modo analogo è possibile verificare che le tre sottosuccessioni tendono tutte a 1 per n tendente a $+\infty$.
Questa è una proprietà generale delle successioni convergenti; infatti è possibile dimostrare il seguente teorema.

TEOREMA

Limite delle sottosuccessioni

Se una successione a_n ammette limite $l \in \mathbb{R}$, oppure $+\infty$ o $-\infty$, per n tendente a $+\infty$, allora ogni successione estratta ammette lo stesso limite per n tendente a $+\infty$.

- Se una successione è indeterminata, non è detto che anche le sue sottosuccessioni lo siano.
  Per esempio, la successione indeterminata $1, -1, 1, -1, \ldots$ ha per sottosuccessione $1, 1, 1, 1, \ldots$, che è convergente a 1.
- Inoltre, se da una successione è possibile estrarre una sottosuccessione convergente, non possiamo dedurre che anche la successione sia convergente.

Successioni limitate e illimitate

Una successione è **limitata superiormente** se tutti i suoi termini risultano minori o uguali di un numero reale M, ossia $a_n \leq M$, $\forall n \in \mathbb{N}$.

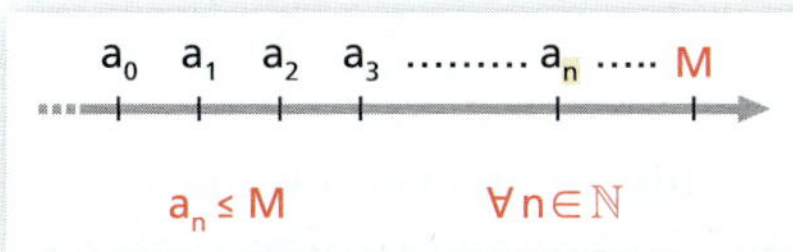

ESEMPIO

La successione

$$2,\ 1,\ \frac{2}{3},\ \frac{2}{4},\ \frac{2}{5},\ \ldots,\ \frac{2}{n+1},\ \ldots$$

è limitata superiormente, perché tutti i suoi termini sono minori o uguali a 2.

Una successione è **limitata inferiormente** se tutti i suoi termini risultano maggiori o uguali a un numero reale m, ossia $a_n \geq m$, $\forall n \in \mathbb{N}$.

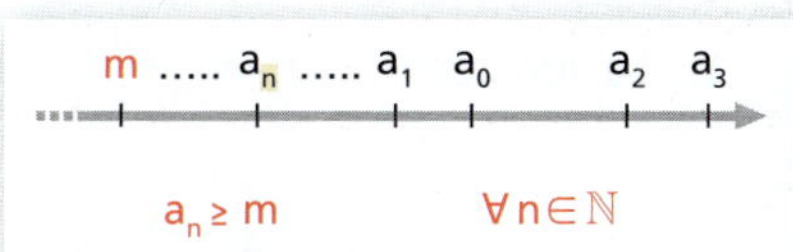

ESEMPIO

La successione $a_n = \dfrac{n^2+1}{n}$, con $n \neq 0$, i cui termini sono

$$2,\ \frac{5}{2},\ \frac{10}{3},\ \frac{17}{4},\ \frac{26}{5},\ \ldots,\ \frac{n^2+1}{n},\ \ldots,$$

è limitata inferiormente: tutti i suoi termini sono maggiori o uguali a 2.

Una successione è **limitata** quando è limitata sia superiormente sia inferiormente, ossia quando esistono due numeri reali m e M tali che $m \leq a_n \leq M$, $\forall n \in \mathbb{N}$.

ESEMPIO

La successione $a_n = \dfrac{n}{n+1}$, i cui termini sono

$$0,\ \frac{1}{2},\ \frac{2}{3},\ \frac{3}{4},\ \frac{4}{5},\ \frac{5}{6},\ \frac{6}{7},\ \ldots,\ \frac{n}{n+1},\ \ldots,$$

è una successione limitata inferiormente, perché tutti i suoi termini risultano maggiori o uguali a 0 ed è anche limitata superiormente perché la frazione

$\frac{n}{n+1}$ è una frazione propria, pertanto minore di 1. Tutti i termini della successione risultano minori di 1, anche se 1 non fa parte di essi.
La successione è allora una successione limitata.

Una successione non limitata si dice **illimitata**.

ESEMPIO

La successione $a_n = 2n + 1$ dei numeri dispari

$$1, \quad 3, \quad 5, \quad 7, \quad 9, \quad 11, \quad \ldots, \quad 2n+1, \quad \ldots$$

è illimitata (superiormente).

Limiti delle successioni monotòne

Per le successioni monotòne vale il seguente teorema.

TEOREMA

Limite di una successione monotòna

- Se una successione *crescente* è limitata superiormente, allora è convergente; se è illimitata superiormente, allora diverge positivamente.
- Se una successione *decrescente* è limitata inferiormente, allora è convergente; se è illimitata inferiormente, allora diverge negativamente.

Si deduce che *una successione monotòna non è mai indeterminata.*

ESEMPIO

1. La successione $a_n = \frac{n}{n+1}$, ossia

$$0, \ \frac{1}{2}, \ \frac{2}{3}, \ \frac{3}{4}, \ \ldots,$$

è crescente e limitata, quindi è convergente.

2. La successione dei numeri pari è crescente e illimitata, quindi è divergente.

► Verifica che ogni termine della successione $a_n = \frac{n}{n+1}$ è minore del suo successivo e che ogni termine è minore di 1.

MATEMATICA E NATURA

Quanto freddo fa? Non c'è limite al caldo, ma esiste un limite al freddo. La temperatura più bassa teoricamente raggiungibile nell'Universo si definisce *zero assoluto* ed è pari a −273,15 °C.

► Perché il termometro non può scendere sotto lo zero assoluto?

La risposta

IN SINTESI
Limiti

Insiemi di numeri reali

- **Intorni**
  - **Intorno completo di x_0**: $I(x_0) =]x_0 - \delta_1; x_0 + \delta_2[, \delta_1, \delta_2 \in \mathbb{R}^+$.
  - **Intorno circolare di x_0**: $I_\delta(x_0) =]x_0 - \delta; x_0 + \delta[, \delta \in \mathbb{R}^+$.
  - **Intorno destro di x_0**: $I_\delta^+(x_0) =]x_0; x_0 + \delta[, \delta \in \mathbb{R}^+$.
  - **Intorno sinistro di x_0**: $I_\delta^-(x_0) =]x_0 - \delta; x_0[, \delta \in \mathbb{R}^+$.
  - **Intorno di $-\infty$**: $I(-\infty) =]-\infty; a[, a \in \mathbb{R}$.
  - **Intorno di $+\infty$**: $I(+\infty) =]b; +\infty[, b \in \mathbb{R}$.

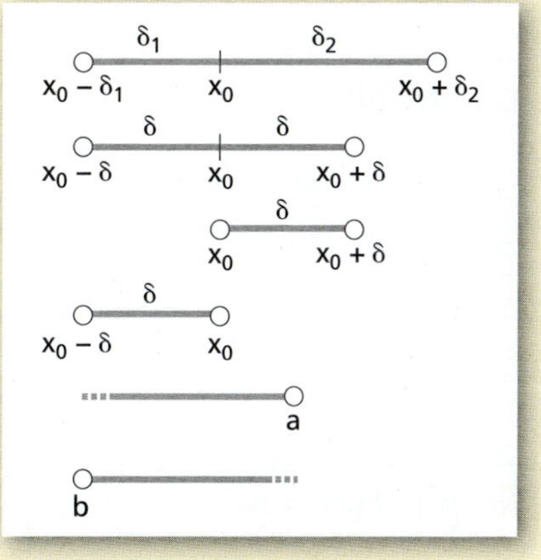

- Se A è un sottoinsieme di $\mathbb{R}$ e x_0 è un punto di A:
  - x_0 è un **punto isolato** di A se esiste un intorno di x_0 che non contiene elementi di A diversi da x_0;
  - x_0 è un **punto di accumulazione** per A se ogni intorno di x_0 contiene infiniti punti di A.

$\lim_{x \to x_0} f(x) = \ell$

- $\lim_{x \to x_0} f(x) = l$ se per ogni $\varepsilon > 0$ esiste un intorno I di x_0 tale che:
  $|f(x) - l| < \varepsilon$ per ogni $x \in I, x \neq x_0$.
- Una funzione è **continua in un punto** x_0 del suo dominio se $\lim_{x \to x_0} f(x) = f(x_0)$.
  Una funzione è **continua nel suo dominio** quando è continua in ogni punto del suo dominio. Sono continue nel loro dominio: le funzioni polinomiali, le funzioni potenza, le funzioni goniometriche, la funzione esponenziale, la funzione logaritmica.
- **Limite per eccesso**: $\lim_{x \to x_0} f(x) = l^+$ se
  - $\lim_{x \to x_0} f(x) = l$,
  - $f(x) > l$ in un intorno di x_0 (con al più $x \neq x_0$).
- **Limite per difetto**: $\lim_{x \to x_0} f(x) = l^-$ se
  - $\lim_{x \to x_0} f(x) = l$,
  - $f(x) < l$ in un intorno di x_0 (con al più $x \neq x_0$).
- **Limite destro**: $\lim_{x \to x_0^+} f(x) = l$ se per ogni $\varepsilon > 0$ esiste un intorno **destro** di x_0, $I^+(x_0)$, tale che $|f(x) - l| < \varepsilon$ per ogni $x \in I^+(x_0)$.
- **Limite sinistro**: $\lim_{x \to x_0^-} f(x) = l$ se per ogni $\varepsilon > 0$ esiste un intorno **sinistro** di x_0, $I^-(x_0)$, tale che $|f(x) - l| < \varepsilon$ per ogni $x \in I^-(x_0)$.
- Esiste $\lim_{x \to x_0} f(x) = l$ se e solo se esistono entrambi $\lim_{x \to x_0^+} f(x)$ e $\lim_{x \to x_0^-} f(x)$ e sono entrambi uguali a l.

$\lim_{x \to x_0} f(x) = \infty$

- $\lim_{x \to x_0} f(x) = +\infty$
- $\lim_{x \to x_0} f(x) = -\infty$

se per ogni $M > 0$ esiste un intorno I di x_0 tale che $f(x) > M$ / $f(x) < -M$ per ogni $x \in I, x \neq x_0$.

- $\lim_{x \to x_0} f(x) = \infty$ se per x che tende a x_0 i limiti destro e sinistro sono entrambi infiniti, con segno opposto.

In questi casi, la retta $x = x_0$ è **asintoto verticale** per il grafico di f.

$\lim_{x \to \infty} f(x) = \ell$

- $\lim_{x \to +\infty} f(x) = l$
- $\lim_{x \to -\infty} f(x) = l$
- $\lim_{x \to \infty} f(x) = l$

se per ogni $\varepsilon > 0$ esiste un intorno I di $+\infty$ / di $-\infty$ / di ∞ tale che $|f(x) - l| < \varepsilon$ per ogni $x \in I$.

In questi casi, la retta $y = l$ è **asintoto orizzontale** per il grafico di f.

$\lim_{x \to \infty} f(x) = \infty$

- $\lim_{x \to +\infty} f(x) = +\infty$
- $\lim_{x \to -\infty} f(x) = +\infty$

se per ogni $M > 0$ esiste un intorno I di $+\infty$ / di $-\infty$ tale che $f(x) > M$ per ogni $x \in I$.

- $\lim_{x \to +\infty} f(x) = -\infty$
- $\lim_{x \to -\infty} f(x) = -\infty$

se per ogni $M > 0$ esiste un intorno I di $+\infty$ / di $-\infty$ tale che $f(x) < -M$ per ogni $x \in I$.

Primi teoremi sui limiti

- **Teorema di unicità del limite**: se per x che tende a x_0 la funzione f ha limite l, allora tale limite è unico.
- **Teorema della permanenza del segno**: se $\lim_{x \to x_0} f(x) = l$, con $l \neq 0$, allora esiste un intorno I di x_0 tale che $f(x) > 0$ (< 0) $\forall x \in I, x \neq x_0$, quando $l > 0$ (< 0).
- **Teorema del confronto**: date le funzioni $h(x), f(x), g(x)$ definite in $H \subseteq \mathbb{R}$, escluso al più il punto $x_0 \in H$, se $h(x) \leq f(x) \leq g(x)$ per ogni $x \in H$, con $x \neq x_0$, e $\lim_{x \to x_0} h(x) = \lim_{x \to x_0} g(x) = l$, allora anche $\lim_{x \to x_0} f(x) = l$.

Limite di una successione

- $\lim_{n \to +\infty} a_n = +\infty$ se, fissato ad arbitrio un numero M positivo, è possibile determinare un corrispondente numero p_M positivo tale che $a_n > M$, $\forall n > p_M$. La successione si dice **divergente positivamente**.
- $\lim_{n \to +\infty} a_n = -\infty$ se, fissato ad arbitrio un numero M positivo, è possibile determinare un corrispondente numero p_M positivo tale che $a_n < -M$, $\forall n > p_M$. La successione si dice **divergente negativamente**.
- $\lim_{n \to +\infty} a_n = l, l \in \mathbb{R}$, se, fissato ad arbitrio un numero ε positivo, è possibile determinare un corrispondente numero p_ε positivo tale che risulti: $|a_n - l| < \varepsilon$, per ogni $n > p_\varepsilon$. La successione si dice **convergente**.
- $\lim_{n \to +\infty} a_n$ **non esiste** se a_n è non divergente e non convergente. La successione si dice **indeterminata**.

CAPITOLO 22
ESERCIZI

1 Insiemi di numeri reali

Intervalli

▶ Teoria a p. 1096

1 Indica se i seguenti intervalli sono limitati o illimitati superiormente o inferiormente, chiusi o aperti.

a. $A =]-\infty; 1]$; $\quad B =]1; 4]$; $\quad C = \{x \in \mathbb{R}: 2 \leq x < 7\}$.

b. $A = \{x \in \mathbb{R}: x \geq 4\}$; $\quad B = \left\{x \in \mathbb{R}: -\frac{1}{2} \leq x \leq 1\right\}$; $\quad C =]-3; +\infty[$.

2 **FAI UN ESEMPIO** di intervallo aperto e limitato e uno di intervallo aperto illimitato superiormente.

3 **VERO O FALSO?**

a. L'insieme $I = \{1, 2\}$ è un intervallo. V F

b. Un intervallo limitato è un insieme formato da un numero finito di elementi. V F

c. Un insieme con infiniti elementi è un intervallo. V F

d. L'insieme dei numeri naturali dispari è un intervallo limitato inferiormente. V F

e. Un intervallo chiuso è limitato. V F

f. Un intervallo limitato è chiuso. V F

4 **AL VOLO** L'insieme $I = \left\{4, \frac{11}{2}, 9\right\}$ è un intervallo limitato?

5 Rappresenta con la notazione degli intervalli i seguenti insiemi.

a. $\{x \in \mathbb{R}: -5 \leq x < 2\}$ $\quad$ **b.** $\mathbb{R} - \{8\}$ $\quad$ **c.** $\left\{x \in \mathbb{R}: \frac{1}{x-2} > 0\right\}$ $\quad$ **d.** $\{x \in \mathbb{R}: x^2 - 7x \leq 0\}$

6 Rappresenta con le altre notazioni i seguenti intervalli.

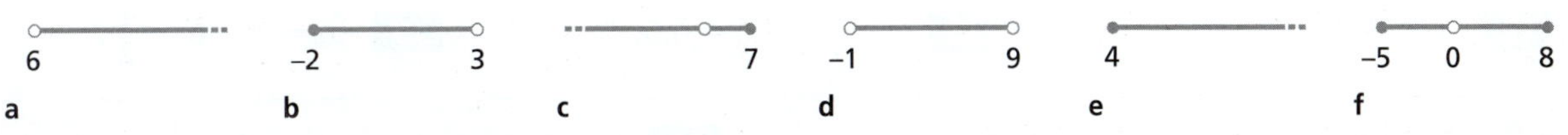

7 L'insieme $I = \{x \in \mathbb{R}: x^2 < 9\}$ è un intervallo limitato? È chiuso?

8 **VERO O FALSO?**

a. $]-\infty; 9]$ è equivalente a $x < 9$. V F

b. $]-\infty; -2[\cup]2; +\infty[$ equivale a $x^2 - 4 > 0$. V F

c. $[-3; 16[$ equivale a $x \leq -3 \vee x > 16$. V F

d. $]-\infty; 5] \cup]5; +\infty[$ equivale a $x \neq 5$. V F

e. $]-\infty; 0[$ rappresenta l'insieme dei numeri reali negativi. V F

ESERCIZI

9 LEGGI IL GRAFICO Deduci il dominio e l'insieme immagine delle funzioni rappresentate e indica se sono intervalli (o unioni di intervalli) limitati o illimitati, chiusi o aperti.

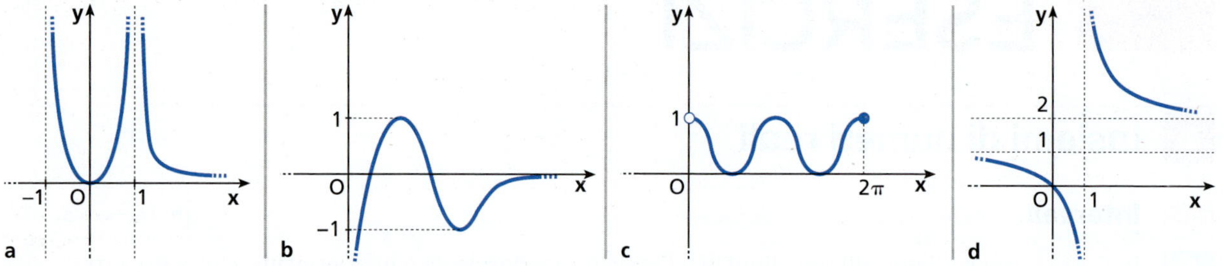

Trova il dominio delle seguenti funzioni e stabilisci se sono intervalli (o unioni di intervalli) limitati o illimitati.

10 a. $y = 1 + \sqrt{x^2 - 1}$ b. $y = \frac{1}{x^2 - 4x - 5}$ c. $y = \frac{1}{\sqrt{\ln x}}$

[a) $x \leq -1 \vee x \geq 1$; b) $\mathbb{R} - \{-1, 5\}$; c) $x > 1$]

11 a. $y = \frac{2}{x^2 + 8}$ b. $y = \frac{1}{x^3 + 8}$ c. $y = e^{\sqrt{x-2}}$

[a) $\mathbb{R}$; b) $\mathbb{R} - \{-2\}$; c) $x \geq 2$]

12 Date le funzioni $f(x) = \ln(1 - x)$ e $g(x) = \sqrt{x}$, trova il dominio di $f(x)$, $g(x)$, $(f \circ g)(x)$ e $(g \circ f)(x)$ e indica se sono intervalli limitati o illimitati, chiusi o aperti. [$x < 1$; $x \geq 0$; $0 \leq x < 1$; $x \leq 0$]

Intorni di un punto

▶ Teoria a p. 1097

Stabilisci se i seguenti intervalli sono intorni del punto x_0. In caso affermativo indica se sono intorni circolari.

13 $x_0 = 2$; $]3; 8[$; $]-3; 8[$; $]1; 3[$.

14 $x_0 = -1$; $]-3; 1[$; $]0; 3[$; $]-4; 8[$.

Per ciascuno dei seguenti punti scrivi un intorno destro e un intorno sinistro.

15 2; 8; −3.

16 $\frac{1}{3}$; $\frac{7}{2}$; 0.

Per ciascuno dei seguenti punti determina almeno due intorni, di cui uno sia l'intorno circolare di raggio assegnato a fianco.

17 $x_0 = 1$ e $\delta = 2$.

18 $x_0 = -3$ e $\delta = 0,5$.

19 $x_0 = 12$ e $\delta = \frac{1}{2}$.

20 Dei seguenti intorni trova il centro e l'ampiezza.
$]-1; 2[$, $]4; 9[$, $]4,3; 4,6[$, $]-8; -3[$.

21 Scrivi un intorno circolare di $-\frac{1}{2}$ con raggio δ.

22 RIFLETTI SULLA TEORIA L'insieme $A = \{x \in \mathbb{R}: |x + 5| < \delta\}$ è un intervallo? È un intorno completo di un solo punto? È un intorno circolare di 5?

23 VERO O FALSO? Nei seguenti quesiti considera $\delta, \varepsilon \in \mathbb{R}^+$.

a. $|x - 3| < \delta$ è un intorno circolare di 3. V F
b. $|-x - 4| < \delta$ è un intorno circolare di −4 di raggio δ. V F
c. $-5 - 2\delta < x < -5 + 2\delta$ è un intorno circolare di −5 di raggio δ. V F
d. $x > 2$ è un intorno di 3. V F
e. $-\frac{\varepsilon}{\varepsilon + 1} < x < 2\varepsilon$ è un intorno di 0. V F

24 Indica se i seguenti intervalli sono intorni completi, destri o sinistri di $\frac{1}{2}$: $\left]0; \frac{1}{2}\right[$; $]0; 1[$; $\left]\frac{1}{2}; \frac{9}{2}\right[$; $]-2; 3[$.

Risolvi le disequazioni e i sistemi seguenti, e indica se l'insieme soluzione è un intorno del punto assegnato, specificando se è circolare, destro o sinistro.

25 $\frac{x}{2-x} > 0$; 1.

26 $\frac{14-2x}{x^2} < 0$; 7.

27 $x^2 + x - 6 < 0$; 2.

28 $\begin{cases} 1 < x^2 < 9 \\ 2x + 4 < 2 \end{cases}$; -2.

Intorni di infinito

▶ Teoria a p. 1098

Stabilisci se i seguenti intervalli o unioni di intervalli sono intorni di $+\infty$, $-\infty$, ∞.

29 $]-3; +\infty[$; $]2; +\infty[$; $]-\infty; -1[$.

30 $]-\infty; 2[\cup]3; +\infty[$; $]-\infty; -14[$; $]100; +\infty[$.

31 FAI UN ESEMPIO di intorno circolare di ∞.

Rappresenta le soluzioni delle seguenti disequazioni e specifica se si tratta di intorni di $+\infty$, $-\infty$ o ∞.

32 $4x - 1 < 0$

33 $8 - x < 0$

34 $x^2 - 3x + 2 > 0$

35 $5 - |x| > 0$

36 $9 - |x| < 1$

37 $x^2 + 4x - 5 > 0$

38 FAI UN ESEMPIO di disequazione di primo grado che abbia come soluzione un intorno circolare di ∞.

39 TEST Quale di questi insiemi non rappresenta un intorno di ∞?

A $A = \{x \in \mathbb{R}: |x| > 2\}$

B $B = \{x \in \mathbb{R}: x^2 - 2x - 3 > 0\}$

C $C = \{x \in \mathbb{R}: x > 7 \vee x < 2\}$

D $D = \left\{x \in \mathbb{R}: \frac{1-x}{x} \geq 0\right\}$

E $E = \{x \in \mathbb{R}: \ln|x| \geq 0\}$

Punti isolati

▶ Teoria a p. 1099

40 ESERCIZIO GUIDA Dato l'insieme $A = \left\{x: x = \frac{1}{n}, n \in \mathbb{N} - \{0\}\right\}$, dopo averne rappresentato alcuni elementi, ne scegliamo uno a caso e verifichiamo che è un punto isolato.

Determiniamo alcuni elementi di A costruendo la seguente tabella.

n	1	2	3	4	5	6
x	1	$\frac{1}{2}$	$\frac{1}{3}$	$\frac{1}{4}$	$\frac{1}{5}$	$\frac{1}{6}$

Rappresentiamo sulla retta orientata gli elementi di A trovati.

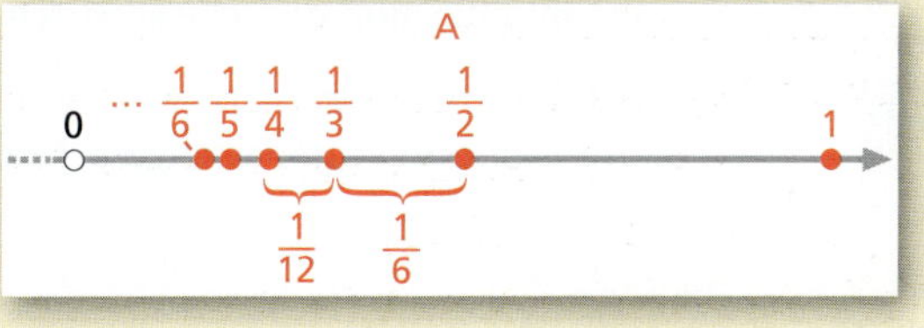

Verifichiamo, per esempio, che $\frac{1}{3}$ è un punto isolato. Dobbiamo trovare un intorno $\left]\frac{1}{3} - \delta; \frac{1}{3} + \delta\right[$ che non contenga altri elementi di A. Dalla figura possiamo osservare che l'elemento di A più vicino a $\frac{1}{3}$ è $\frac{1}{4}$. Infatti la distanza di $\frac{1}{3}$ da $\frac{1}{4}$ è $\frac{1}{3} - \frac{1}{4} = \frac{1}{12}$, mentre la distanza di $\frac{1}{3}$ da $\frac{1}{2}$ è $\frac{1}{2} - \frac{1}{3} = \frac{1}{6}$.

Se poniamo $\delta = \frac{1}{12}$, otteniamo l'intervallo $\left]\frac{1}{3} - \frac{1}{12}; \frac{1}{3} + \frac{1}{12}\right[= \left]\frac{1}{4}; \frac{5}{12}\right[$, che è un intorno di $\frac{1}{3}$ e non contiene altri punti di A, dunque $\frac{1}{3}$ è un punto isolato di A.

Determina alcuni elementi di ciascuno dei seguenti insiemi e rappresentali sulla retta orientata. Scegli uno o più punti dell'insieme e verifica che sono punti isolati.

41 $A = \left\{x: x = \frac{n}{2} + 1, n \in \mathbb{N}\right\}$

42 $B = \left\{x: x = 3 + \frac{1}{n}, n \in \mathbb{N} - \{0\}\right\}$

43 $A = \{x: x = \sqrt{n}, n \in \mathbb{N}\}$

44 $B = \left\{x: x = \frac{2}{n^2}, n \in \mathbb{N} - \{0\}\right\}$

45 $D = \left\{x: x = \frac{n-3}{n}, n \in \mathbb{N} - \{0\}\right\}$

46 $A = \{x: x = (-1)^n \cdot n, n \in \mathbb{N}\}$

Punti di accumulazione

▶ Teoria a p. 1099

47 VERO O FALSO? Se x_0 è un punto di accumulazione per l'insieme A:

a. A è un insieme infinito. V F

b. A può essere un insieme limitato. V F

c. x_0 deve appartenere ad A. V F

d. ogni intorno di x_0 deve contenere almeno un punto di A. V F

Trova i punti di accumulazione dei seguenti insiemi.

48 $[2; 4]$

49 $\{2, 4\}$

50 $\mathbb{R} - \{2, 4\}$

51 $[5; +\infty[$

52 $]5; +\infty[$

53 $[5; 8[$

54 $]-1; 2] \cup \{3\}$

55 $\{x \in \mathbb{N}: 2 < x < 8\}$

56 $\{x \in \mathbb{R}: 2 < x < 8\}$

57 ESERCIZIO GUIDA Dato l'insieme $A = \left\{x: x = \frac{1}{n}, n \in \mathbb{N} - \{0\}\right\}$, verifichiamo che 0 è un punto di accumulazione per A.

Riscriviamo l'insieme A e rappresentiamolo geometricamente.

$$A = \left\{1, \frac{1}{2}, \frac{1}{3}, \frac{1}{4}, \frac{1}{5}, \ldots\right\}$$

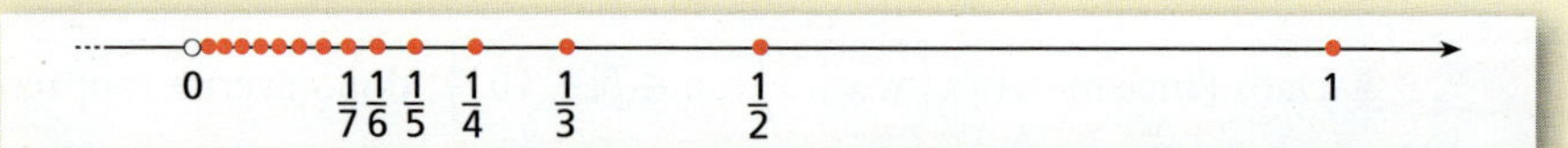

Vediamo che i punti si accumulano vicino a 0. Per dimostrarlo prendiamo un qualunque intorno di 0, di generica apertura δ: $]-\delta; \delta[$. Mostriamo che esistono infiniti valori di A che appartengono a tale intorno.

Affinché un punto di A appartenga a $]-\delta; \delta[$, deve valere:

$$-\delta < \frac{1}{n} < \delta.$$

Poiché $\frac{1}{n} > 0$, è anche $\frac{1}{n} > -\delta$, quindi basta considerare:

$$\frac{1}{n} < \delta.$$

Passiamo alla disuguaglianza fra i reciproci (essendo n e δ numeri positivi):

$$n > \frac{1}{\delta}.$$

Tutti gli elementi di A con $n > \frac{1}{\delta}$ appartengono all'intorno di $]-\delta; \delta[$.

Per esempio, scegliendo $\delta = 0{,}1$, i valori di n che rendono vera $n > \frac{1}{\delta} = \frac{1}{0{,}1} = 10$ sono: 11, 12, 13, … e quindi all'intervallo $]-0{,}1; 0{,}1[$ appartengono i seguenti elementi di A: $\frac{1}{11}, \frac{1}{12}, \frac{1}{13}, \ldots$

Scegliendo un qualsiasi altro valore per δ, esistono sempre infiniti numeri naturali maggiori di $\frac{1}{\delta}$, quindi 0 è un punto di accumulazione per A.

Verifica che il punto x_0 scritto a fianco all'insieme dato è un punto di accumulazione per l'insieme.

58 $A = \left\{x: x = \frac{1}{n+2}, n \in \mathbb{N}\right\}, x_0 = 0.$

59 $A = \left\{x: x = 2 + \frac{1}{n}, n \in \mathbb{N} - \{0\}\right\}, x_0 = 2.$

60 $A = \left\{x: x = \frac{n}{n+1}, n \in \mathbb{N}\right\}, x_0 = 1.$

61 $A = \left\{x: x = 3 - \frac{1}{n}, n \in \mathbb{N}\right\}, x_0 = 3.$

62 $B = \left\{x: x = \frac{n+2}{n}, n \in \mathbb{N} - \{0\}\right\}, x_0 = 1.$

63 $C = \left\{x: x = \frac{4n-5}{n-1}, n \in \mathbb{N} - \{0, 1\}\right\}, x_0 = 4.$

2 $\lim_{x \to x_0} f(x) = \ell$

Definizione e significato

▶ Teoria a p. 1100

LEGGI IL GRAFICO Deduci i limiti indicati.

64

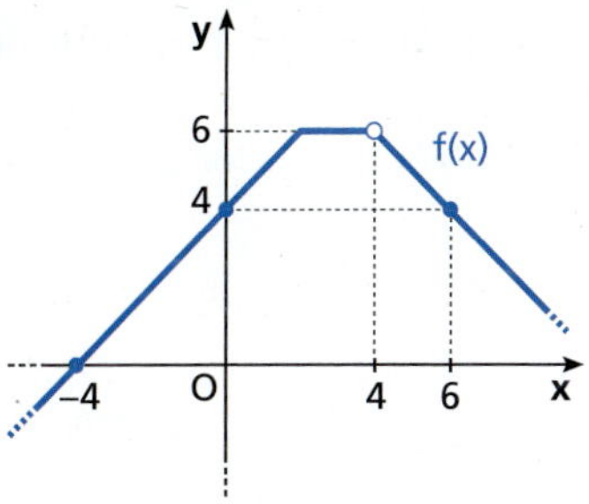

$\lim_{x \to -4} f(x)$; $\lim_{x \to 0} f(x)$;
$\lim_{x \to 4} f(x)$; $\lim_{x \to 6} f(x)$.

65

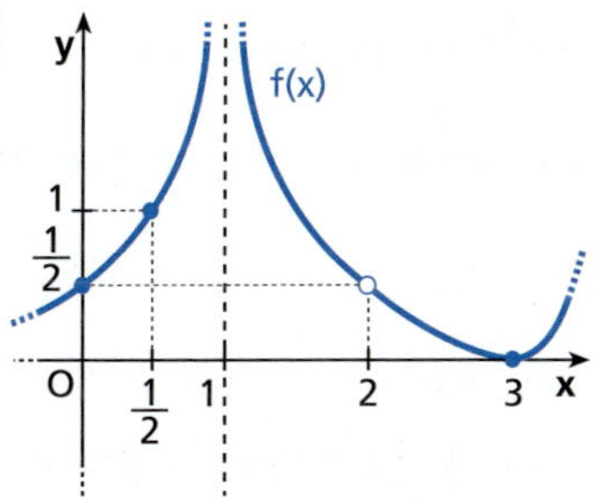

$\lim_{x \to 0} f(x)$; $\lim_{x \to 3} f(x)$;
$\lim_{x \to 2} f(x)$; $\lim_{x \to \frac{1}{2}} f(x)$.

66

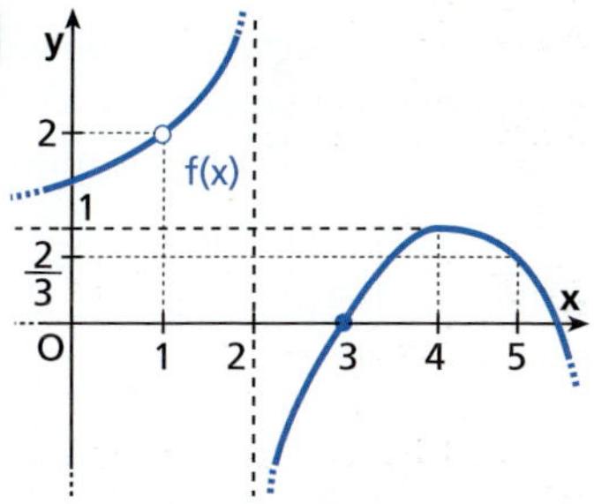

$\lim_{x \to 1} f(x)$; $\lim_{x \to 3} f(x)$;
$\lim_{x \to 4} f(x)$; $\lim_{x \to 5} f(x)$.

67 Disegna il grafico di una funzione $f(x)$ che abbia dominio $\mathbb{R}$ e per la quale sia $\lim_{x \to 1} f(x) = -2$, $\lim_{x \to -1} f(x) = 3$ e $\lim_{x \to 0} f(x) = 0$.

Rappresenta graficamente le seguenti funzioni, dopo averle eventualmente trasformate, e deduci dai grafici i limiti indicati.

68 $f(x) = x^2 - 1$, $\lim_{x \to -1} f(x)$, $\lim_{x \to 0} f(x)$.

69 $f(x) = \frac{2x^2 - x}{x}$, $\lim_{x \to 0} f(x)$, $\lim_{x \to 2} f(x)$.

70 $f(x) = \frac{x^2 + 2x - 8}{x - 2}$, $\lim_{x \to 2} f(x)$, $\lim_{x \to 0} f(x)$.

71 $f(x) = \frac{x(x-1)}{|x|}$, $\lim_{x \to 0} f(x)$, $\lim_{x \to 1} f(x)$.

72 **COMPLETA** la tabella utilizzando la calcolatrice, per stimare a cosa tende la funzione $f(x) = \frac{x^2 - 4}{2 - x}$ per x che tende a 2.

x	1,9	1,99	1,999	→ 2 ←	2,001	2,01	2,1
f(x)	☐	☐	☐	→ ? ←	☐	☐	☐

73 Crea una tabella di valori per stimare a cosa tende la funzione $f(x) = \frac{x^2 + x - 2}{x - 1}$ per x che tende a 1.

Scrivi in forma simbolica il significato dei seguenti limiti e rappresentali graficamente utilizzando una funzione $f(x)$ scelta a piacere.

74 $\lim_{x\to 2} f(x) = -1$

75 $\lim_{x\to -1} f(x) = 4$

76 $\lim_{x\to 3} f(x) = 0$

Che cosa significano le seguenti scritture per la funzione $y = f(x)$?

77 $\forall\varepsilon > 0\ \exists\, I(0)$: $\forall x \in I(0)$, $x \neq 0$, $|f(x) - 3| < \varepsilon$.

78 $\forall\varepsilon > 0\ \exists I(-2)$: $\forall x \in I(-2)$, $x \neq -2$, $-\varepsilon < f(x) < \varepsilon$.

79 RIFLETTI SULLA TEORIA Il punto (2; 6) appartiene al grafico di una funzione $y = f(x)$, con dominio $\mathbb{R}$. Puoi dedurre da ciò che $\lim_{x\to 2} f(x) = 6$? Viceversa, se $\lim_{x\to 2} f(x) = 6$, puoi affermare che $f(2) = 6$?

Verifica del limite

80 ESERCIZIO GUIDA Applicando la definizione, verifichiamo che

$$\lim_{x\to 4}(2x+1) = 9.$$

$\lim_{x\to x_0} f(x) = \ell$: per $\varepsilon > 0$, cerchiamo un intorno di x_0 dove $|f(x) - \ell| < \varepsilon$

Scelto un $\varepsilon > 0$ dobbiamo risolvere la disequazione $|(2x+1) - 9| < \varepsilon$ e verificare che fra le sue soluzioni vi sia un intorno di 4.

Abbiamo visto che una disequazione del tipo $|f(x)| < a$ è equivalente a $-a < f(x) < a$, cioè al sistema

$$\begin{cases} f(x) < a \\ f(x) > -a \end{cases}$$

La disequazione data è perciò equivalente a $-\varepsilon < 2x - 8 < \varepsilon$, cioè a

$$\begin{cases} 2x - 8 < \varepsilon \\ 2x - 8 > -\varepsilon \end{cases} \to \begin{cases} 2x < 8 + \varepsilon \\ 2x > 8 - \varepsilon \end{cases} \to \begin{cases} x < \dfrac{8+\varepsilon}{2} \\ x > \dfrac{8-\varepsilon}{2} \end{cases} \to \begin{cases} x < 4 + \dfrac{\varepsilon}{2} \\ x > 4 - \dfrac{\varepsilon}{2} \end{cases}.$$

Le soluzioni sono: $4 - \frac{\varepsilon}{2} < x < 4 + \frac{\varepsilon}{2}$.

Poiché l'intervallo $\left]4 - \frac{\varepsilon}{2}; 4 + \frac{\varepsilon}{2}\right[$ rappresenta un intorno completo di 4, il limite è verificato.

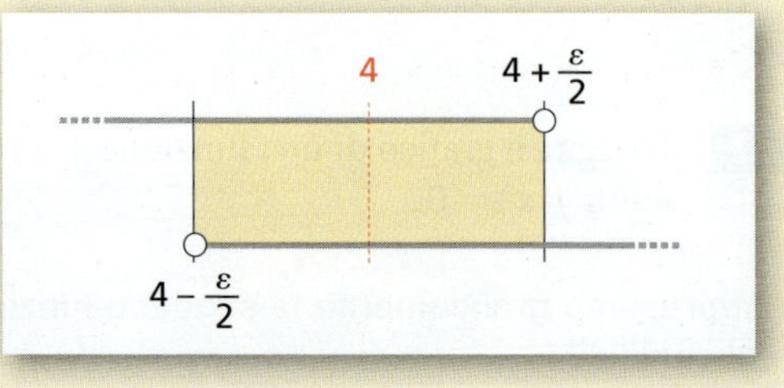

Utilizzando la definizione di limite, verifica i seguenti limiti.

81 $\lim_{x\to 0}(3x+4) = 4$

82 $\lim_{x\to 1} 5x = 5$

83 $\lim_{x\to 2}(6-x) = 4$

84 $\lim_{x\to 1}(2-3x) = -1$

85 $\lim_{x\to -3}(x+5) = 2$

86 $\lim_{x\to \frac{1}{2}}(4x-1) = 1$

87 $\lim_{x\to 0}(x-7) = -7$

88 $\lim_{x\to -2}(2x+9) = 5$

89 $\lim_{x\to 5}(4-2x) = -6$

90 ESERCIZIO GUIDA Applicando la definizione, verifichiamo che

$$\lim_{x\to 2}(x^2+1) = 5.$$

Scelto un $\varepsilon > 0$, risolviamo la disequazione $|(x^2+1)-5| < \varepsilon$ e verifichiamo che l'insieme delle sue soluzioni contiene un intorno di 2.

$$|(x^2+1)-5| < \varepsilon \;\rightarrow\; \begin{cases} x^2-4 < \varepsilon \\ x^2-4 > -\varepsilon \end{cases} \;\rightarrow\; \begin{cases} x^2 < 4+\varepsilon \\ x^2 > 4-\varepsilon \end{cases}$$

Prima disequazione Equazione associata: $x^2-4-\varepsilon = 0 \rightarrow x^2 = 4+\varepsilon \rightarrow x = \pm\sqrt{4+\varepsilon}$.

La prima disequazione ha per soluzioni $-\sqrt{4+\varepsilon} < x < \sqrt{4+\varepsilon}$.

Seconda disequazione Equazione associata:

$x^2-4+\varepsilon = 0 \;\rightarrow\; x^2 = 4-\varepsilon$.

ε è positivo e arbitrariamente piccolo, quindi possiamo considerare $\varepsilon < 4$.

Se $\varepsilon < 4$, ossia $4-\varepsilon > 0$: $x = \pm\sqrt{4-\varepsilon}$.

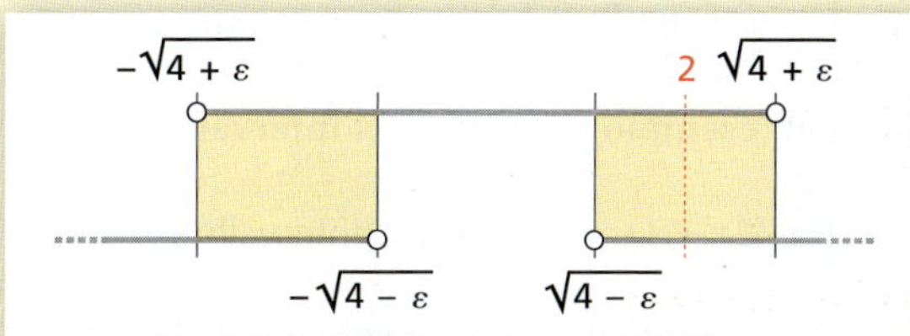

La seconda disequazione ha per soluzioni $x < -\sqrt{4-\varepsilon} \vee x > \sqrt{4-\varepsilon}$.

Dal quadro delle soluzioni deduciamo le soluzioni del sistema:

$$-\sqrt{4+\varepsilon} < x < -\sqrt{4-\varepsilon} \vee \sqrt{4-\varepsilon} < x < \sqrt{4+\varepsilon}.$$

Il primo intervallo, $]-\sqrt{4+\varepsilon}; -\sqrt{4-\varepsilon}[$, costituito da numeri negativi, non è un intorno di 2; invece l'intervallo $]\sqrt{4-\varepsilon}; \sqrt{4+\varepsilon}[$ è un intorno di 2, come possiamo verificare:

$$\sqrt{4-\varepsilon} < 2 < \sqrt{4+\varepsilon} \;\rightarrow\; \cancel{4}-\varepsilon < \cancel{4} < \cancel{4}+\varepsilon \;\rightarrow\; -\varepsilon < 0 < +\varepsilon.$$

Poiché l'intervallo $]\sqrt{4-\varepsilon}; \sqrt{4+\varepsilon}[$ è un intorno di 2, il limite è verificato.

Utilizzando la definizione, verifica i seguenti limiti.

91 $\lim_{x \to -2} x^2 = 4$

92 $\lim_{x \to -2} (4-x^2) = 0$

93 $\lim_{x \to 1} (x^2+8) = 9$

94 $\lim_{x \to 3} (2x^2-11) = 7$

95 $\lim_{x \to 0} (x^2-3x) = 0$

96 $\lim_{x \to 1} (x^2-2x+2) = 1$

97 $\lim_{x \to 1} x^3 = 1$

98 $\lim_{x \to 0} (x^3-1) = -1$

99 $\lim_{x \to 2} \frac{x^2-4}{x-2} = 4$

100 $\lim_{x \to 1} \frac{x^2-x}{x-1} = 1$

101 $\lim_{x \to 0} \frac{x^2+x}{x} = 1$

102 $\lim_{x \to 8} \sqrt{x+1} = 3$

103 $\lim_{x \to 16} \sqrt{x} = 4$

104 $\lim_{x \to 1} \ln x = 0$

105 $\lim_{x \to 2} 2^x = 4$

106 REALTÀ E MODELLI **Quanto compri?** La quantità di un bene richiesta sul mercato dipende dal suo prezzo. La funzione della domanda di un prodotto dolciario realizzato da un panificio è approssimata dalla funzione $f(p) = 100 - 10p$, definita nell'intervallo $[0; 10]$, dove p è il prezzo espresso in euro. Verifica, applicando la definizione, che se il prezzo tende a € 4 la domanda è intorno ai 60 pezzi.

107 ESERCIZIO GUIDA Applicando la definizione di limite verifichiamo che *non* vale $\lim_{x \to 4} (2x+1) = 7$.

Scelto un $\varepsilon > 0$, risolviamo la disequazione $|(2x+1)-7| < \varepsilon$.

La disequazione data è equivalente al sistema:

$$\begin{cases} 2x-6<\varepsilon \\ 2x-6>-\varepsilon \end{cases} \rightarrow \begin{cases} 2x<6+\varepsilon \\ 2x>6-\varepsilon \end{cases} \rightarrow$$

$$\begin{cases} x<\dfrac{6+\varepsilon}{2} \\ x>\dfrac{6-\varepsilon}{2} \end{cases} \rightarrow \begin{cases} x<3+\dfrac{\varepsilon}{2} \\ x>3-\dfrac{\varepsilon}{2} \end{cases}.$$

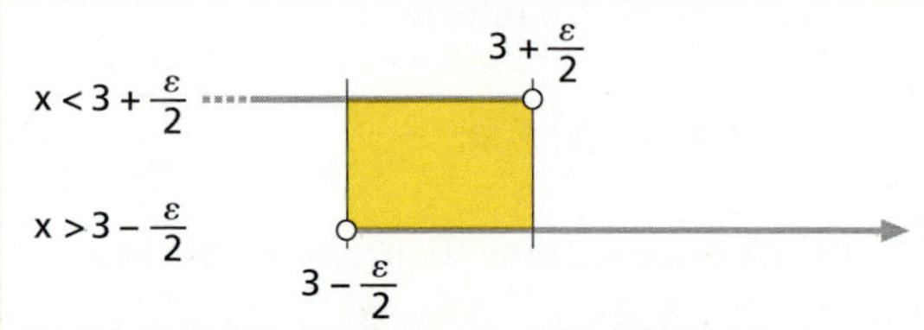

L'intervallo $\left]3-\frac{\varepsilon}{2};3+\frac{\varepsilon}{2}\right[$ può non rappresentare un intorno completo di 4 per *qualsiasi* valore di ε. Per esempio se $\varepsilon=\frac{1}{2}$, l'intervallo $\left]3-\frac{1}{4};3+\frac{1}{4}\right[$ non è un intorno di 4. Quindi l'uguaglianza $\lim_{x\to 4}(2x+1)=7$ è falsa. L'intervallo $\left]3-\frac{\varepsilon}{2};3+\frac{\varepsilon}{2}\right[$ è invece *sempre* un intorno completo di 3 di raggio $\frac{\varepsilon}{2}$, pertanto il limite corretto è $\lim_{x\to 3}(2x+1)=7$.

Verifica, con la definizione, che i seguenti limiti sono errati.

108 $\lim_{x\to 0}(2-3x)=-7$

109 $\lim_{x\to 3}(x+5)=-2$

110 $\lim_{x\to 1}(4x^2-1)=-1$

111 $\lim_{x\to -1}\ln(-x)=1$

112 $\lim_{x\to 1}(1-\ln x)=-1$

113 $\lim_{x\to -1}\left(\frac{1}{x}-5\right)=-4$

Stabilisci, applicando la definizione, se i seguenti limiti sono corretti o errati.

114 $\lim_{x\to -1}(1+x^2)=0$

115 $\lim_{x\to 8}(\sqrt[3]{x}-2)=0$

116 $\lim_{x\to 1}\frac{2x-1}{x+1}=\frac{1}{2}$

Funzioni continue

▶ Teoria a p. 1104

117 **VERO O FALSO?**

a. Se $\lim_{x\to x_0} f(x)$ esiste, allora f è continua in x_0. V F

b. La funzione $f(x)=x^3-10x$ è continua in tutto $\mathbb{R}$. V F

c. $\lim_{x\to 2}2^x=4$. V F

d. $\lim_{x\to 7}\sqrt{x}=\sqrt{7}$. V F

118 **LEGGI IL GRAFICO** Spiega perché le funzioni con i seguenti grafici non sono continue nei punti indicati.

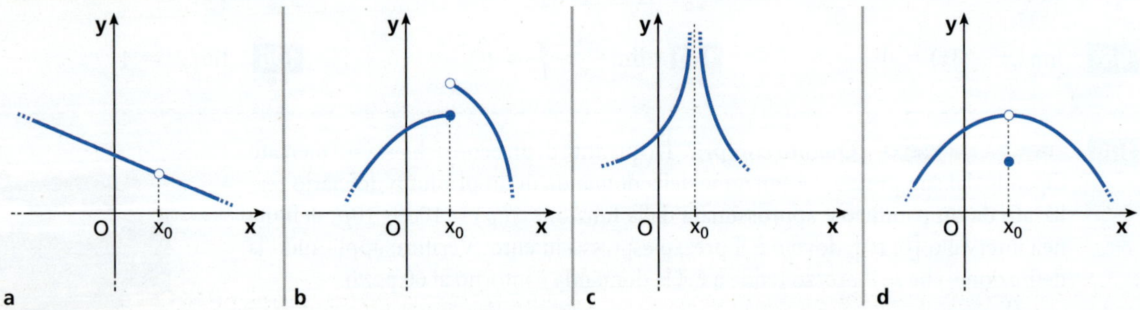

119 **ESERCIZIO GUIDA** Verifichiamo che la funzione

$f(x)=3x-5$

è continua nel punto $x_0=2$.

$f(x)$ continua in x_0 se $\lim_{x\to x_0}f(x)=f(x_0)$

Deve essere $\lim_{x \to 2} f(x) = f(2)$, ossia $\lim_{x \to 2} (3x - 5) = 1$.

Scelto $\varepsilon > 0$, risolviamo la disequazione $|(3x-5)-1| < \varepsilon$.

$$|3x-6| < \varepsilon \;\rightarrow\; \begin{cases} 3x - 6 < \varepsilon \\ 3x - 6 > -\varepsilon \end{cases} \;\rightarrow\; \begin{cases} x < \dfrac{6+\varepsilon}{3} \\ x > \dfrac{6-\varepsilon}{3} \end{cases} \;\rightarrow\; \begin{cases} x < 2 + \dfrac{\varepsilon}{3} \\ x > 2 - \dfrac{\varepsilon}{3} \end{cases} \;\rightarrow\; 2 - \frac{\varepsilon}{3} < x < 2 + \frac{\varepsilon}{3}$$

Poiché l'intervallo $\left]2 - \frac{\varepsilon}{3}; 2 + \frac{\varepsilon}{3}\right[$ rappresenta un intorno completo di 2, il limite è verificato e la funzione data è continua nel punto 2.

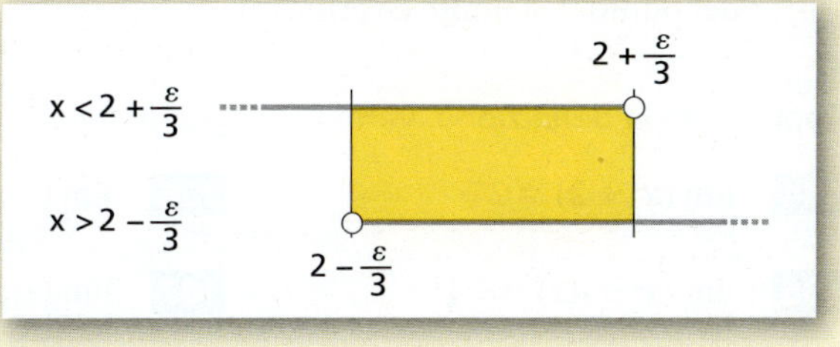

Verifica, applicando la definizione, che le seguenti funzioni sono continue nel punto indicato a fianco.

120 $f(x) = -4x + 1$, $\quad x_0 = -1$.

121 $f(x) = x^2 - 2x$, $\quad x_0 = 1$.

122 $f(x) = \sqrt{x}$, $\quad x_0 = 4$.

123 $f(x) = x^3 + 1$, $\quad x_0 = 1$.

124 $f(x) = \frac{1}{2}x - 2$, $\quad x_0 = -1$.

125 $f(x) = \frac{1}{x}$, $\quad x_0 = 2$.

---

126 Verifica con la definizione che la funzione

$$y = \frac{x^2 - 1}{x - 1}$$

non è continua in $x_0 = 1$.

Limite per eccesso e limite per difetto

▶ Teoria a p. 1106

127 **VERO O FALSO?** Data la funzione $f(x)$ rappresentata in figura, puoi dire che:

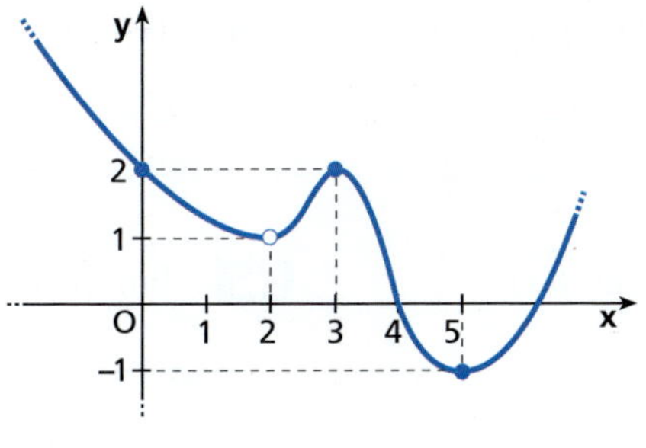

a. $\lim_{x \to 3} f(x) = 2^-$. V F

b. $\lim_{x \to 2} f(x) = 1^+$. V F

c. $\lim_{x \to 0} f(x) = 2^+$. V F

d. $\lim_{x \to 5} f(x) = -1^-$. V F

128 Rappresenta graficamente una funzione $y = f(x)$ per la quale siano veri i seguenti limiti.

$\lim_{x \to -2} f(x) = -\frac{1}{2}^+$; $\quad \lim_{x \to 1} f(x) = 1^+$; $\quad \lim_{x \to 0} f(x) = 3^-$.

Disegna una funzione che ammetta il limite indicato e scrivilo in forma simbolica.

129 $\lim_{x \to 1} f(x) = 2^-$

130 $\lim_{x \to -2} f(x) = -1^+$

131 $\lim_{x \to 0} f(x) = -1^-$

132 $\lim_{x \to 4} f(x) = 2^+$

ESERCIZI

133 ESERCIZIO GUIDA Applicando la definizione di limite, verifichiamo che $\lim_{x\to 0}(-x^2+4) = 4^-$.

Dobbiamo verificare che, scelto $\varepsilon > 0$, esiste un intorno di 0 per ogni $x \neq 0$ del quale si ha:

$4-\varepsilon < -x^2+4 < 4$.

Risolviamo: $-\varepsilon < -x^2 < 0 \quad \to \quad 0 < x^2 < \varepsilon \quad \to \quad -\sqrt{\varepsilon} < x < \sqrt{\varepsilon} \wedge x \neq 0$.

È verificata la condizione $4-\varepsilon < f(x) < 4$ per ogni x, diverso da 0, appartenente all'intorno $]-\sqrt{\varepsilon}; \sqrt{\varepsilon}[$ del punto 0: il limite è verificato.

Applicando la definizione, verifica i seguenti limiti.

134 $\lim_{x\to 0}(x^2+2) = 2^+$

135 $\lim_{x\to 2}(x^2-4x) = -4^+$

136 $\lim_{x\to 1}(-x^2+2x) = 1^-$

137 $\lim_{x\to 3}(-x^2+6x-9) = 0^-$

138 $\lim_{x\to 0}(|x|+3) = 3^+$

139 $\lim_{x\to 0}\sqrt{x^2+1} = 1^+$

Limite destro e limite sinistro

Teoria a p. 1107

COMPLETA osservando i grafici di $y = f(x)$.

140

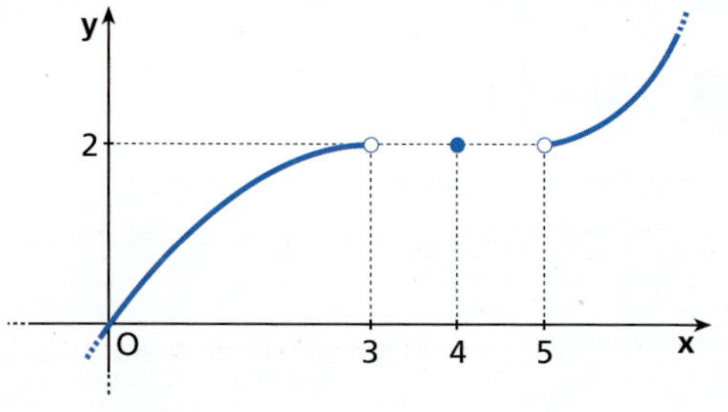

$\lim_{x\to 4} f(x) = \square$; $\lim_{x\to 3} f(x) = \square$;

$\lim_{x\to 3^-} f(x) = \square$; $\lim_{x\to 5^+} f(x) = \square$.

141

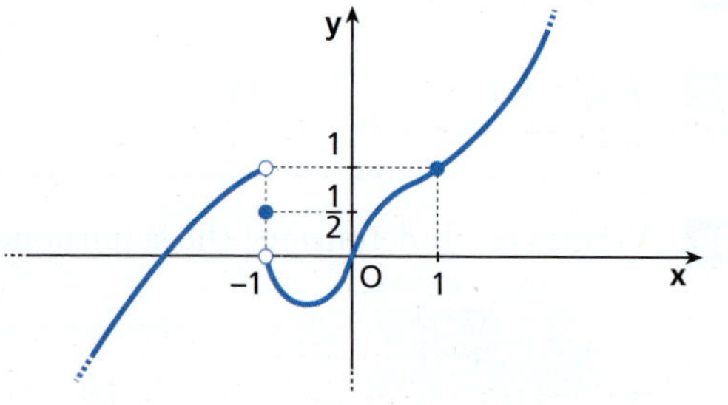

$\lim_{x\to -1} f(x) = \square$; $\lim_{x\to -1^+} f(x) = \square$;

$\lim_{x\to -1^-} f(x) = \square$; $\lim_{x\to 1} f(x) = \square$.

Rappresenta graficamente una funzione $y = f(x)$ per la quale siano veri i seguenti limiti.

142 $\lim_{x\to 2^+} f(x) = 1$; $\lim_{x\to 2^-} f(x) = 0$.

143 $\lim_{x\to 0^-} f(x) = 1$; $\lim_{x\to 1^+} f(x) = 0^+$.

Scrivi in forma simbolica il significato dei seguenti limiti e rappresenta una funzione che ammette ciascuno dei limiti.

144 $\lim_{x\to 1^+} f(x) = -4$

145 $\lim_{x\to 3^-} f(x) = 1$

146 $\lim_{x\to 2^+} f(x) = \frac{1}{2}$

147 $\lim_{x\to 5^-} f(x) = 2^-$

Che cosa significano le seguenti scritture per la funzione $y = f(x)$?

148 $\forall \varepsilon > 0\ \exists I^+(1): \forall x \in I^+(1), |2-f(x)| < \varepsilon$.

149 $\forall \varepsilon > 0\ \exists I^-(-2): \forall x \in I^-(-2), |f(x)+5| < \varepsilon$.

150 RIFLETTI SULLA TEORIA Data la funzione $y = f(x)$, il cui dominio è $D = \{1; 2\} \cup [7; 10[$, indica, motivando le risposte, se è possibile calcolare:

a. $\lim_{x\to 2} f(x)$; **b.** $\lim_{x\to 7^+} f(x)$; **c.** $\lim_{x\to 10^-} f(x)$.

YOU & MATHS

151 Suppose that the graph of $y = f(x)$ is as given below.

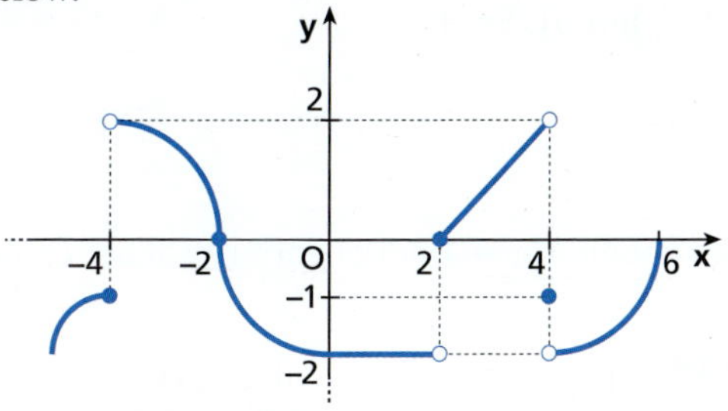

Find the following limits, if they exist:

a. $\lim\limits_{x\to -4} f(x)$;

b. $\lim\limits_{x\to -2} f(x)$;

c. $\lim\limits_{x\to 2^+} f(x)$;

d. $\lim\limits_{x\to -4^+} f(x)$;

e. $\lim\limits_{x\to 4^+} f(x)$;

f. $\lim\limits_{x\to 4^-} f(x)$.

(USA *Southern Illinois University Carbondale*, Final Exam)

[a) it doesn't exist; b) 0; c) 0; d) 2; e) -2; f)2]

152 Suppose the graph of $y = f(x)$ is given below.

a. What is $\lim\limits_{x\to 1^-} f(x)$?

b. What is $\lim\limits_{x\to 1^+} f(x)$?

c. What is $\lim\limits_{x\to 1} f(x)$?

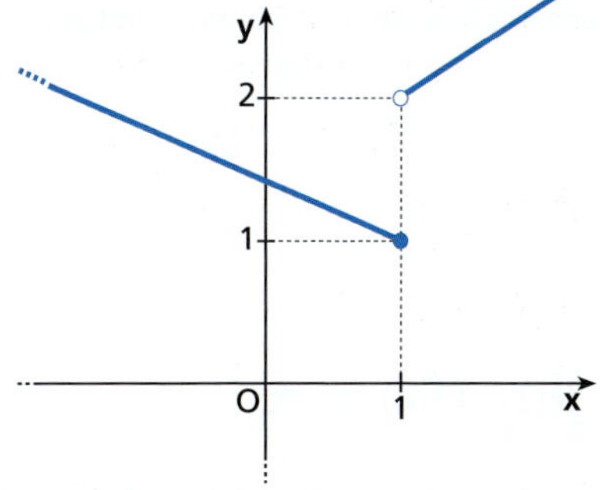

(USA *Southern Illinois University Carbondale*, Final Exam)

[a) 1; b) 2; c) it doesn't exist]

Verifica di $\lim\limits_{x\to x_0^-} f(x) = \ell$ e $\lim\limits_{x\to x_0^+} f(x) = \ell$

153 ESERCIZIO GUIDA Applicando la definizione di limite, verifichiamo che $\lim\limits_{x\to 2^-} (3^x - 1) = 8$.

Dobbiamo verificare che, scelto $\varepsilon > 0$, esiste un intorno sinistro di 2 per ogni x del quale si ha $|(3^x - 1) - 8| < \varepsilon$. Risolviamo la disequazione:

$$|(3^x - 1) - 8| < \varepsilon \;\to\; -\varepsilon < 3^x - 9 < \varepsilon \;\to\; 9 - \varepsilon < 3^x < 9 + \varepsilon.$$

Poiché ε è piccolo a piacere, è lecito considerare $\varepsilon < 9$ in modo che sia $9 - \varepsilon > 0$. Applichiamo la funzione logaritmo in base 3 a tutti i membri della disequazione, conservando i versi perché la funzione è crescente.

$$\log_3(9-\varepsilon) < \log_3 3^x < \log_3(9+\varepsilon) \;\to\; \log_3(9-\varepsilon) < x < \log_3(9+\varepsilon)$$

$\log_3 3^x = x$

Osserviamo che:

$$\log_3(9-\varepsilon) < \log_3 9 \;\to\; \log_3(9-\varepsilon) < 2 \quad \text{e} \quad \log_3(9+\varepsilon) > \log_3 9 \;\to\; \log_3(9+\varepsilon) > 2.$$

Quindi la disequazione è verificata in un intorno completo di 2. In particolare, è verificata in un suo sottoinsieme, ossia l'intorno sinistro di 2: $]\log_3(9-\varepsilon); 2[$. Pertanto il limite è verificato.

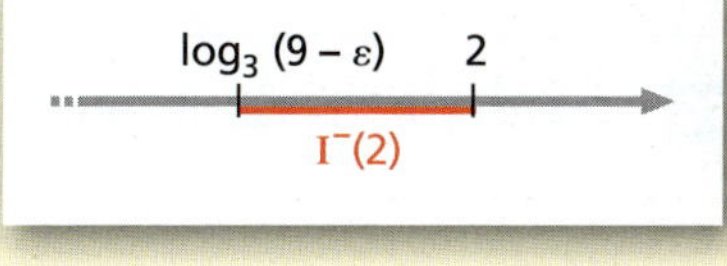

Applicando la definizione, verifica i seguenti limiti.

154 $\lim\limits_{x\to 1^+} (4^x + 1) = 5$

155 $\lim\limits_{x\to 0^+} \sqrt{x} = 0$

156 $\lim\limits_{x\to -1^-} (2x + 3) = 1$

157 $\lim\limits_{x\to 2^-} \sqrt{2 - x} = 0$

158 $\lim\limits_{x\to 2^-} (1 - 2x) = -3$

159 $\lim\limits_{x\to 1^+} (x^2 - 1) = 0$

160 $\lim\limits_{x\to -3^+} \dfrac{x^2 + 5x + 6}{x + 3} = -1$

161 $\lim\limits_{x\to 3^-} \dfrac{x^2 - x - 6}{x - 3} = 5$

162 $\lim\limits_{x\to 0^-} (2 - \sqrt{-x}) = 2$

ESERCIZI

163 $y = f(x) = \begin{cases} 2x - 4 & \text{se } x \geq 1 \\ 2 - x & \text{se } x < 1 \end{cases}$ $\lim_{x \to 1^+} f(x) = -2;$ $\lim_{x \to 1^-} f(x) = 1.$

164 $y = f(x) = \begin{cases} x^2 & \text{se } x \geq 0 \\ x^2 + 1 & \text{se } x < 0 \end{cases}$ $\lim_{x \to 0^+} f(x) = 0;$ $\lim_{x \to 0^-} f(x) = 1.$

165 Verifica che $\lim_{x \to 0^+} (\sqrt{x} - 1) = 1$ è *errato.*

Rappresenta le seguenti funzioni utilizzando le trasformazioni geometriche. Deduci poi dal grafico i limiti indicati a fianco e verificali mediante la relativa definizione.

166 $f(x) = |\sqrt{x} - 1|,$ $\lim_{x \to 0^+} f(x),$ $\lim_{x \to 1^-} f(x).$

167 $f(x) = \frac{|x|}{x} + 1,$ $\lim_{x \to 0^\pm} f(x).$

3 $\lim_{x \to x_0} f(x) = \infty$

Definizioni e significato

▶ Teoria a p. 1108

LEGGI IL GRAFICO Deduci i limiti indicati.

168

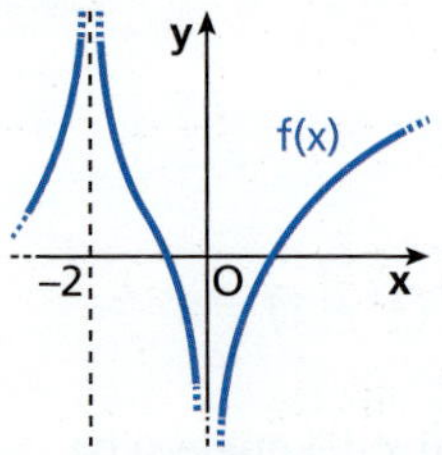

$\lim_{x \to -2^-} f(x);$ $\lim_{x \to 0^-} f(x);$
$\lim_{x \to -2^+} f(x);$ $\lim_{x \to 0^+} f(x).$

169

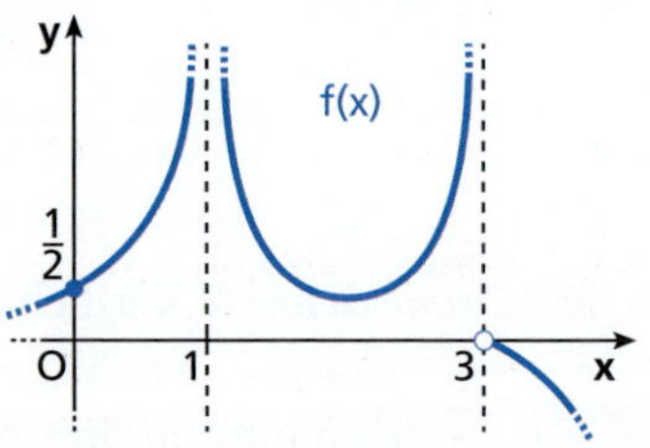

$\lim_{x \to 1^-} f(x);$ $\lim_{x \to 3^-} f(x);$
$\lim_{x \to 1^+} f(x);$ $\lim_{x \to 3^+} f(x).$

170

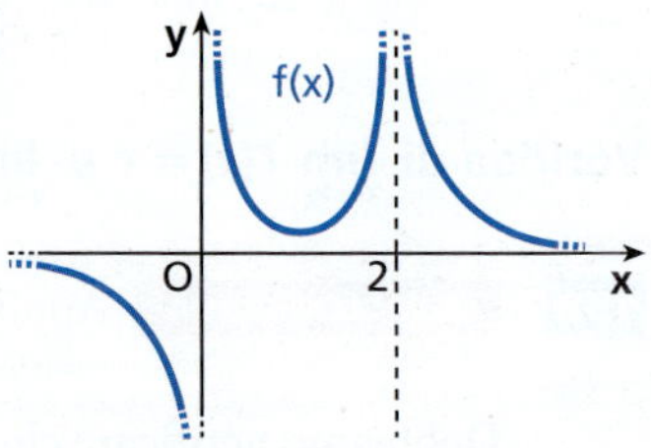

$\lim_{x \to 0^-} f(x);$ $\lim_{x \to 2^-} f(x);$
$\lim_{x \to 0^+} f(x);$ $\lim_{x \to 2^+} f(x).$

Rappresenta graficamente una funzione $y = f(x)$ per la quale siano veri i seguenti limiti.

171 $\lim_{x \to -1^-} f(x) = +\infty;$ $\lim_{x \to -1^+} f(x) = -\infty.$

172 $\lim_{x \to 0^+} f(x) = +\infty;$ $\lim_{x \to 0^-} f(x) = -1^-.$

Rappresenta graficamente le seguenti funzioni e deduci dai grafici i limiti indicati.

173 $f(x) = \frac{1}{x-1},$ $\lim_{x \to 1^-} f(x),$ $\lim_{x \to 1^+} f(x).$

174 $f(x) = -\frac{1}{x},$ $\lim_{x \to 0^-} f(x),$ $\lim_{x \to 0^+} f(x).$

175 **COMPLETA** la tabella utilizzando la calcolatrice per stimare a cosa tende la funzione $f(x) = \frac{x}{x^2 - x^3}$ per $x \to 1^+$.

x	1,3	1,2	1,1	1,01	1,001	1,0001	$\to 1^+$
$f(x)$							$\to ?$

176 Crea una tabella di valori per stimare a cosa tende la funzione $f(x) = 2^{\frac{1}{x-3}}$ per x che tende a 3^+.

Scrivi in forma simbolica il significato dei seguenti limiti.

177 $\lim_{x \to 2} f(x) = +\infty;$ $\lim_{x \to 1^+} f(x) = -\infty.$

178 $\lim_{x \to -2^-} f(x) = +\infty;$ $\lim_{x \to 1} f(x) = \infty.$

Che cosa significano le seguenti scritture per la funzione $y = f(x)$?

179 $\forall M > 0 \; \exists I(-4): \forall x \in I(-4), x \neq -4, f(x) < -M.$

180 $\forall M > 0 \; \exists I(0): \forall x \in I(0), x \neq 0, f(x) > M.$

Verifica di $\lim_{x \to x_0} f(x) = +\infty$

181 ESERCIZIO GUIDA Applicando la definizione, verifichiamo che

$$\lim_{x \to -1^+} \frac{1}{x+1} = +\infty.$$

> $\lim_{x \to x_0} f(x) = +\infty$:
> per $M > 0$, cerchiamo un intorno di x_0 dove $f(x) > M$

Fissiamo $M > 0$ e cerchiamo un intorno destro di -1 in cui $\frac{1}{x+1} > M$.
Poiché x tende a -1 da destra, è $x > -1$ e quindi $x + 1 > 0$, per cui:

$$\frac{1}{x+1} > M \;\rightarrow\; 1 > M(x+1) \;\rightarrow\; Mx < 1 - M \;\rightarrow\; x < \frac{1-M}{M}.$$

Poiché $\frac{1-M}{M} = -1 + \frac{1}{M}$, allora $-1 + \frac{1}{M}$ è maggiore di -1, quindi per $x > -1$ otteniamo l'intorno destro di -1: $\left]-1; -1 + \frac{1}{M}\right[$.

Verifica i seguenti limiti, applicando la definizione.

182 $\lim_{x \to 3^-} \frac{1}{3-x} = +\infty$

183 $\lim_{x \to -4^+} \frac{1}{x+4} = +\infty$

184 $\lim_{x \to 0} \frac{4}{x^2} = +\infty$

185 $\lim_{x \to 1} \frac{3}{(x-1)^2} = +\infty$

186 $\lim_{x \to 0^+} \frac{1}{\sqrt{x}} = +\infty$

187 $\lim_{x \to 0^+} (-\ln x) = +\infty$

188 $\lim_{x \to 0^+} e^{\frac{2}{x}} = +\infty$

189 $\lim_{x \to \frac{1}{2}} \frac{1}{(2x-1)^2} = +\infty$

190 $\lim_{x \to 2^-} \frac{1}{\sqrt{2-x}} = +\infty$

191 $\lim_{x \to 5} \frac{5}{(x-5)^4} = +\infty$

192 $\lim_{x \to 0} \ln \frac{1}{x^2} = +\infty$

193 $\lim_{x \to 1} \frac{4}{x^2-1} = +\infty$

194 REALTÀ E MODELLI **Un desiderio verso l'alto** Una lanterna cinese sale seguendo un percorso approssimabile con il grafico della funzione $y = \frac{8}{(2-x)^2}$, con $x \geq 0$.

a. A che distanza dal punto di lancio si trova la verticale a cui la traiettoria tende ad avvicinarsi?

b. Formalizza la tua risposta scrivendo un limite e fai la verifica.

[(a) 2 m]

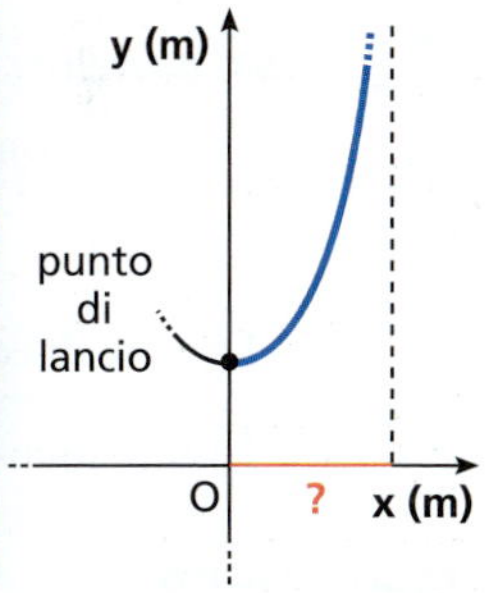

Verifica di $\lim_{x \to x_0} f(x) = -\infty$

195 ESERCIZIO GUIDA Verifichiamo che $\lim_{x \to 2} \frac{-2}{|x-2|} = -\infty$, mediante la definizione.

> $\lim_{x \to x_0} f(x) = -\infty$:
> per $M > 0$, cerchiamo un intorno di x_0 dove $f(x) < -M$

Dobbiamo verificare che, scelto $M > 0$, arbitrariamente grande, esiste un intorno completo di 2 per ogni x del quale, escluso al più 2, si ha $\frac{-2}{|x-2|} < -M$.

$$\frac{-2}{|x-2|} < -M \;\rightarrow\; \frac{2}{|x-2|} > M \;\rightarrow\; \frac{|x-2|}{2} < \frac{1}{M} \;\rightarrow\; |x-2| < \frac{2}{M} \;\rightarrow$$

poiché $x \neq 2$, passiamo ai reciproci

$$-\frac{2}{M} < x-2 < \frac{2}{M} \;\rightarrow\; 2-\frac{2}{M} < x < 2+\frac{2}{M}$$

Per ogni x, escluso $x = 2$, dell'intorno completo di 2 $\left]2-\frac{2}{M}; 2+\frac{2}{M}\right[$, il valore della funzione è minore di $-M$, quindi il limite è verificato.
L'intorno è circolare e ha raggio $\delta = \frac{2}{M}$.

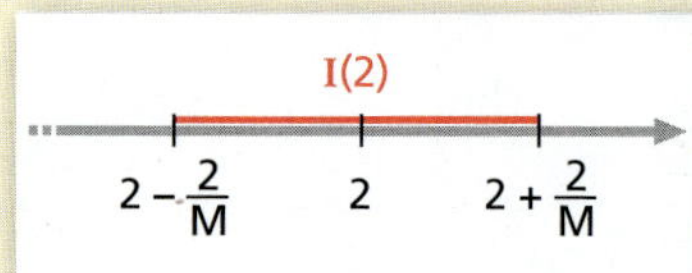

Verifica i seguenti limiti, applicando la definizione.

196 $\lim_{x\to 4^-} -\frac{5}{x-4} = -\infty$

197 $\lim_{x\to 6} \frac{-1}{|x-6|} = -\infty$

198 $\lim_{x\to 0} -\frac{1}{3x^4} = -\infty$

199 $\lim_{x\to \frac{3}{2}^-} \frac{1}{4x^2-9} = -\infty$

200 $\lim_{x\to -1} \frac{-1}{x^2+2x+1} = -\infty$

201 $\lim_{x\to 3^-} \frac{1}{x-3} = -\infty$

202 $\lim_{x\to 0} \frac{-1}{|x|} = -\infty$

203 $\lim_{x\to 1^-} \frac{1}{\sqrt{x}-1} = -\infty$

204 $\lim_{x\to 2^+} \log_2(x-2) = -\infty$

Controlla, mediante il procedimento di verifica, *se* i seguenti limiti sono errati.

205 $\lim_{x\to 4^-} \frac{3}{x-4} = +\infty$

206 $\lim_{x\to -2} \frac{1}{(2-x)^2} = -\infty$

207 $\lim_{x\to 0^+} \frac{-1}{\sqrt{x}} = -\infty$

Rappresenta graficamente le seguenti funzioni, deduci dai grafici i limiti nei punti indicati a fianco ed esegui la verifica.

208 $y = \ln x - 1$, in $x = 0$, limite destro.

209 $y = \frac{2}{x-1}$, in $x = 1$.

Asintoti verticali

▶ Teoria a p. 1112

210 **VERO O FALSO?**

a. Una funzione può avere al massimo un asintoto verticale. V F

b. Se $\lim_{x\to 4} f(x) = +\infty$, allora $x = 4$ è un asintoto verticale per $f(x)$. V F

c. La retta di equazione $x = -2$ è asintoto verticale per $g(x)$ se $\lim_{x\to +\infty} g(x) = -2$. V F

d. La funzione $y = \tan x$ ha infiniti asintoti verticali. V F

LEGGI IL GRAFICO Scrivi le equazioni degli asintoti verticali delle funzioni rappresentate e scrivi i limiti che li esprimono.

211

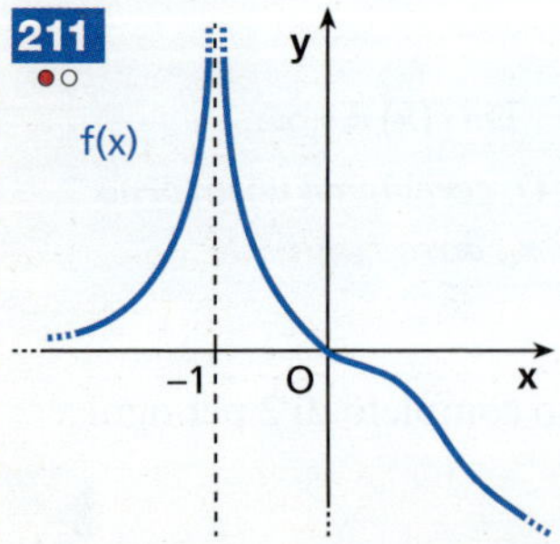

212

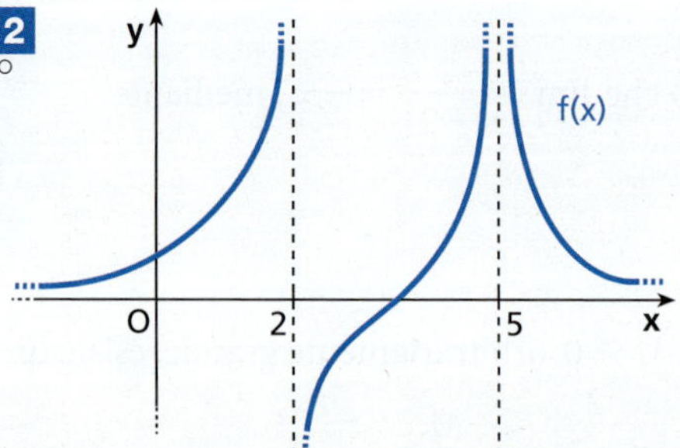

213

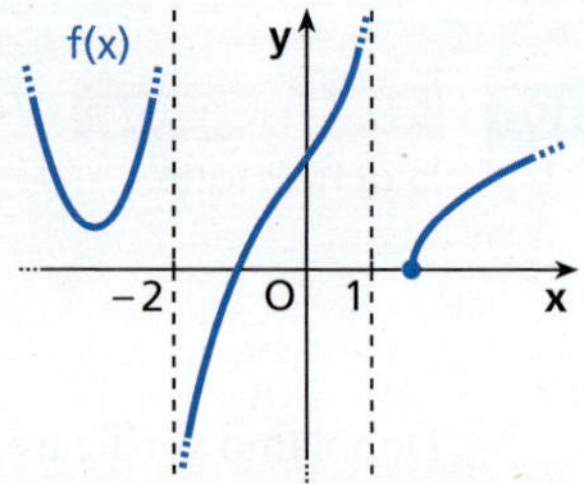

214 Utilizzando il linguaggio dei limiti, scrivi che la funzione $y = f(x)$ ha un asintoto verticale di equazione $x = -1$.

215 FAI UN ESEMPIO Disegna il grafico di una funzione che abbia un asintoto verticale sinistro di equazione $x = -3$ e un asintoto verticale destro di equazione $x = 5$.

216 RIFLETTI SULLA TEORIA Una funzione $y = f(x)$ ha dominio $D = \mathbb{R}$ e codominio $C = [-2; 2]$. Può avere asintoti verticali?

217 ESERCIZIO GUIDA Verifichiamo che la funzione $f(x) = \frac{1}{(x-4)^2}$ ha un asintoto verticale in $x = 4$.

Deve essere $\lim_{x \to 4} \frac{1}{(x-4)^2} = \infty$ (eventualmente anche soltanto il limite destro o il limite sinistro).

Se il limite è vero, allora, scelto $M > 0$, arbitrariamente grande, deve esistere un intorno di 4 per ogni x del quale, escluso 4, si ha:

$$\left| \frac{1}{(x-4)^2} \right| > M.$$

Possiamo eliminare il valore assoluto perché è $(x-4)^2 \geq 0$, $\forall x \in \mathbb{R}$; ci riconduciamo quindi al caso della definizione di limite uguale a $+\infty$:

$$\frac{1}{(x-4)^2} > M.$$

Passiamo ai reciproci:

$$(x-4)^2 < \frac{1}{M}, \quad \text{con } x \neq 4.$$

Ricordando che una disequazione del tipo $x^2 < k$ è verificata per $-\sqrt{k} < x < \sqrt{k}$, scriviamo:

$$-\frac{1}{\sqrt{M}} < x - 4 < \frac{1}{\sqrt{M}} \quad \to$$

$$4 - \frac{1}{\sqrt{M}} < x < 4 + \frac{1}{\sqrt{M}}.$$

L'intervallo delle soluzioni è un intorno completo di 4, quindi è vero che $\lim_{x \to 4} \frac{1}{(x-4)^2} = +\infty$.

Pertanto $x = 4$ è asintoto verticale per il grafico della funzione.

Verifica che le seguenti funzioni hanno come asintoto verticale la retta di equazione data.

218 $y = \frac{3}{x}$, $x = 0$.

219 $y = \frac{4}{1-x}$, $x = 1$.

220 $y = \frac{1}{x-2}$, $x = 2$.

221 $y = \frac{2}{(x-1)^2}$, $x = 1$.

222 $y = \frac{2}{\sqrt{x} - 2}$, $x = 4$.

223 $y = \frac{1}{\ln x}$, $x = 1$.

4 $\lim_{x \to \infty} f(x) = \ell$

Definizioni e significato

▶ Teoria a p. 1113

LEGGI IL GRAFICO **Deduci i limiti indicati.**

224

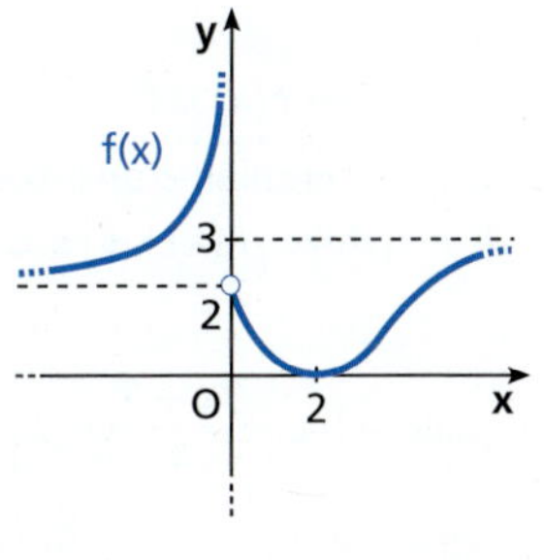

$\lim_{x \to -\infty} f(x)$; $\lim_{x \to +\infty} f(x)$; $\lim_{x \to 0^+} f(x)$.

225

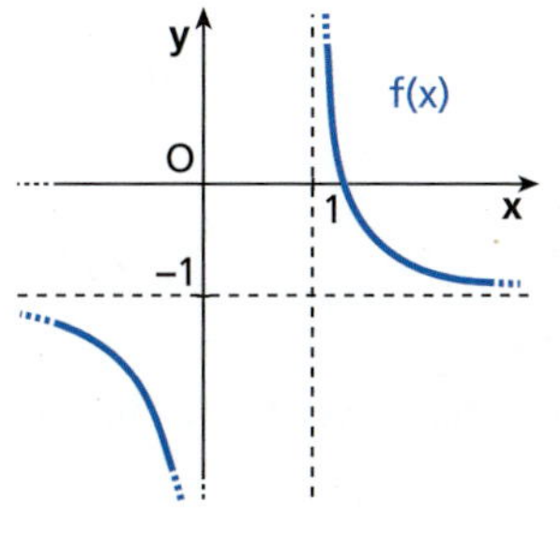

$\lim_{x \to +\infty} f(x)$; $\lim_{x \to -\infty} f(x)$; $\lim_{x \to 1^+} f(x)$.

ESERCIZI

226 ●○

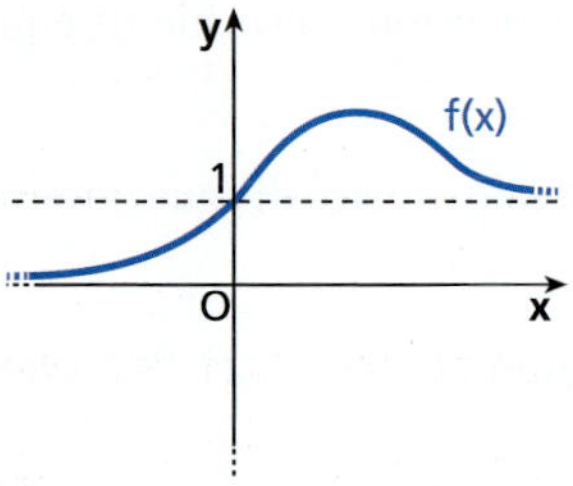

$\lim\limits_{x\to+\infty} f(x)$; $\lim\limits_{x\to-\infty} f(x)$; $\lim\limits_{x\to 0} f(x)$.

227 ●○

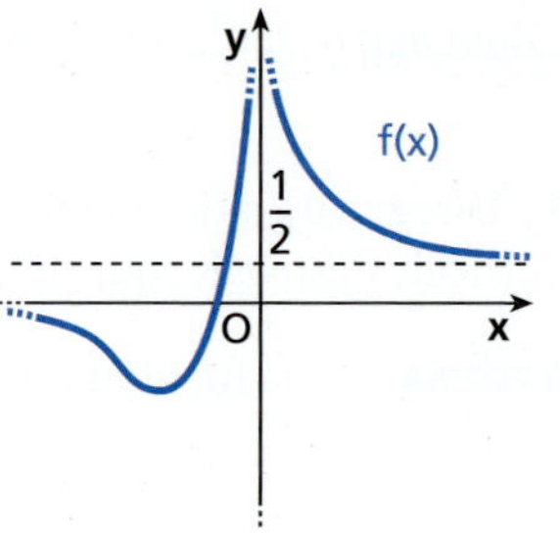

$\lim\limits_{x\to-\infty} f(x)$; $\lim\limits_{x\to+\infty} f(x)$; $\lim\limits_{x\to 0} f(x)$.

Rappresenta graficamente le seguenti funzioni con le trasformazioni geometriche e deduci dal grafico i limiti indicati.

228 ●○ $f(x) = 1 + \frac{3}{x}$, $\lim\limits_{x\to-\infty} f(x)$, $\lim\limits_{x\to+\infty} f(x)$.

229 ●○ $f(x) = e^{-x} + 1$, $\lim\limits_{x\to+\infty} f(x)$, $\lim\limits_{x\to 0} f(x)$.

---

230 ●○ COMPLETA la tabella utilizzando la calcolatrice per stimare a cosa tende la funzione $f(x) = \frac{x^2-2}{4-x^2}$ per x che tende a $+\infty$.

x	1	10	50	100	1000	10 000	$\to +\infty$
$f(x)$							$\to$?

231 ●○ Crea una tabella di valori per stimare a cosa tende la funzione $f(x) = \frac{2\ln x}{x}$ per x che tende a $+\infty$.

Rappresenta graficamente una funzione $y = f(x)$ per la quale siano veri i limiti indicati.

232 ●○ $\lim\limits_{x\to+\infty} f(x) = 3^-$ e $\lim\limits_{x\to-\infty} f(x) = -1^+$.

233 ●○ $\lim\limits_{x\to-\infty} f(x) = 0^+$ e $\lim\limits_{x\to+\infty} f(x) = 1^-$.

---

234 ●○ Scrivi in forma simbolica il significato dei seguenti limiti.

a. $\lim\limits_{x\to+\infty} f(x) = 2$ **b.** $\lim\limits_{x\to-\infty} f(x) = 1$ **c.** $\lim\limits_{x\to\infty} f(x) = -2$

Che cosa significano le seguenti scritture per la funzione $y = f(x)$?

235 ●○ $\forall \varepsilon > 0\, \exists c > 0$: $\forall x > c$, $|f(x) - 2| < \varepsilon$.

236 ●○ $\forall \varepsilon > 0\, \exists c > 0$: $\forall x < -c$, $|f(x) + 1| < \varepsilon$.

237 ●○ $\forall \varepsilon > 0\, \exists c > 0$: $\forall x$, con $|x| > c$, $|f(x)| < \varepsilon$.

238 ●○ $\forall \varepsilon > 0\, \exists c > 0$: $\forall x > c$, $|f(x)| < \varepsilon$.

---

239 ●○ RIFLETTI SULLA TEORIA Spiega perché non è possibile calcolare i seguenti limiti.

a. $\lim\limits_{x\to+\infty} \sqrt{4-x^2}$ **b.** $\lim\limits_{x\to+\infty} \ln(1-x)$

Verifica di $\lim\limits_{x\to+\infty} f(x) = \ell$

240 ESERCIZIO GUIDA Applicando la definizione di limite, verifichiamo che $\lim\limits_{x\to+\infty} \frac{3x+1}{x} = 3$.

> $\lim\limits_{x\to+\infty} f(x) = \ell$:
> *per $\varepsilon > 0$, cerchiamo un intorno di $+\infty$ dove $|f(x) - \ell| < \varepsilon$*

Scelto $\varepsilon > 0$, dobbiamo verificare che esiste un intorno di $+\infty$ per ogni x del quale si ha: $\left|\frac{3x+1}{x} - 3\right| < \varepsilon$.

Risolviamo la disequazione, con $x \neq 0$:

$$\left|\frac{3x+1-3x}{x}\right| < \varepsilon \to \left|\frac{1}{x}\right| < \varepsilon \to |x| > \frac{1}{\varepsilon} \to$$

$$x < -\frac{1}{\varepsilon} \vee x > \frac{1}{\varepsilon}.$$

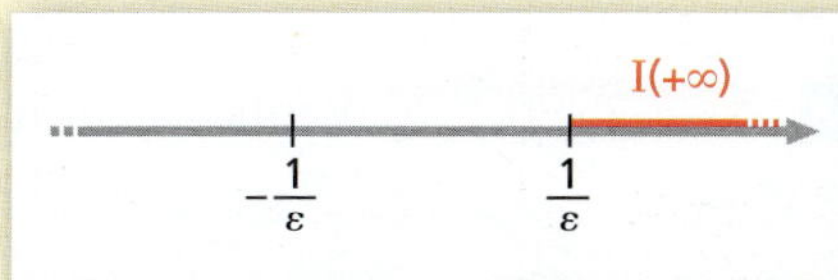

La disequazione è verificata in particolare per $x > \frac{1}{\varepsilon}$, cioè per ogni x dell'intorno $\left]\frac{1}{\varepsilon}; +\infty\right[$ di $+\infty$: il limite è verificato.

Mediante la definizione, verifica i seguenti limiti.

241 $\lim_{x\to+\infty} \frac{1}{x} = 0$

242 $\lim_{x\to+\infty} \frac{2}{x^2} = 0$

243 $\lim_{x\to+\infty} \frac{x}{x+3} = 1$

244 $\lim_{x\to+\infty} \frac{2}{x+10} = 0$

245 $\lim_{x\to+\infty} \frac{4}{x-3} = 0$

246 $\lim_{x\to+\infty} \frac{4x-1}{2x+1} = 2$

247 $\lim_{x\to+\infty} \frac{2}{\sqrt{x}} = 0$

248 $\lim_{x\to+\infty} \frac{x^3+4}{x^3} = 1$

249 $\lim_{x\to+\infty} \frac{1}{1+e^x} = 0$

---

250 REALTÀ E MODELLI **Verso l'infinito (piano piano)** Una tartaruga scende lungo un sentiero, il cui profilo, indicato in figura, si può modellizzare con il grafico della funzione $y = \frac{x+3}{x+1}$, con $x \geq 0$. Verifica con la definizione di limite che se la tartaruga andasse avanti all'infinito lungo il sentiero non scenderebbe comunque mai al di sotto di 1000 metri s.l.m.

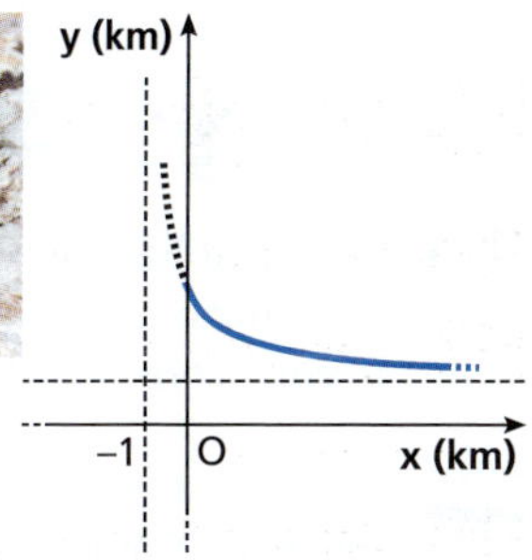

Verifica di $\lim_{x\to-\infty} f(x) = \ell$

251 ESERCIZIO GUIDA Mediante la definizione, verifichiamo $\lim_{x\to-\infty} e^{2x} = 0$.

Dobbiamo verificare che, fissato $\varepsilon > 0$, esiste un intorno di $-\infty$ per ogni x del quale si ha $|e^{2x} - 0| < \varepsilon$. Risolviamo la disequazione:

$$|e^{2x}| < \varepsilon \underset{e^{2x} > 0\ \forall x}{\to} e^{2x} < \varepsilon.$$

Applichiamo il logaritmo in base e a entrambi i membri, mantenendo il verso poiché la base è $e > 1$:

$$\ln e^{2x} < \ln\varepsilon \underset{\ln e^{2x} = 2x}{\to} 2x < \ln\varepsilon \to x < \frac{\ln\varepsilon}{2}.$$

La disequazione è verificata in $\left]-\infty; \frac{\ln\varepsilon}{2}\right[$ che è un intorno di $-\infty$; quindi il limite è verificato.

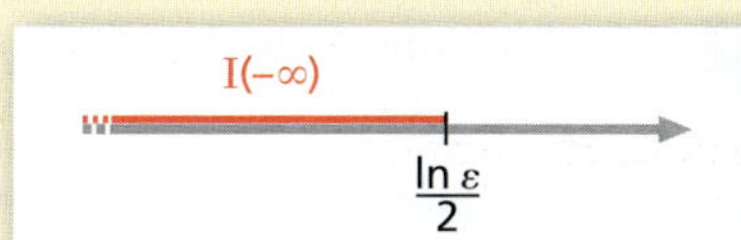

Mediante la definizione, verifica i seguenti limiti.

252 $\lim_{x\to-\infty} \frac{2}{2x+1} = 0$

253 $\lim_{x\to-\infty} \frac{2x-1}{x+1} = 2$

254 $\lim_{x\to-\infty} \frac{x^3+1}{2x^3} = \frac{1}{2}$

255 $\lim_{x\to-\infty} \frac{3x+1}{1-2x} = -\frac{3}{2}$

256 $\lim_{x\to-\infty} e^x = 0$

257 $\lim_{x\to-\infty} \frac{1}{\ln(-x)} = 0$

Verifica di $\lim_{x \to \infty} f(x) = \ell$

258 ESERCIZIO GUIDA Verifichiamo $\lim_{x \to \infty} \frac{x}{x-1} = 1$.

Scelto $\varepsilon > 0$, cerchiamo un intorno di ∞ per ogni x del quale si ha $\left|\frac{x}{x-1} - 1\right| < \varepsilon$.
Risolviamo la disequazione, con $x \neq 1$:

$$\left|\frac{x}{x-1} - 1\right| < \varepsilon \rightarrow \left|\frac{x-x+1}{x-1}\right| < \varepsilon \rightarrow \left|\frac{1}{x-1}\right| < \varepsilon \rightarrow |x-1| > \frac{1}{\varepsilon} \rightarrow$$

$$x-1 < -\frac{1}{\varepsilon} \vee x-1 > \frac{1}{\varepsilon} \quad \rightarrow \quad x < 1-\frac{1}{\varepsilon} \vee x > 1+\frac{1}{\varepsilon}.$$

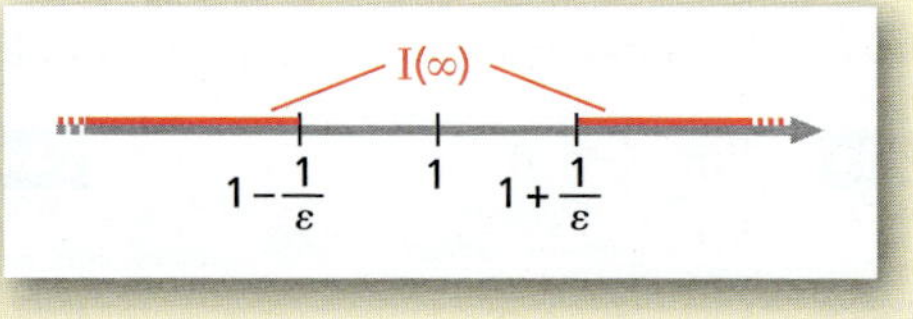

La disequazione è vera in $\left]-\infty; 1-\frac{1}{\varepsilon}\right[\cup \left]1+\frac{1}{\varepsilon}; +\infty\right[$, che è un intorno di ∞, quindi il limite è verificato.

Verifica i seguenti limiti.

259 $\lim_{x \to \infty} \frac{1}{x^3} = 0$

260 $\lim_{x \to \infty} \frac{x+4}{x} = 1$

261 $\lim_{x \to \infty} \frac{2x}{x-1} = 2$

Asintoti orizzontali

▶ Teoria a p. 1115

262 Scrivi, utilizzando il linguaggio dei limiti, che una funzione $y = f(x)$ ha un asintoto orizzontale di equazione $y = 4$.

263 LEGGI IL GRAFICO Scrivi le equazioni degli asintoti della funzione $y = f(x)$ rappresentata e scrivi i limiti che li esprimono.

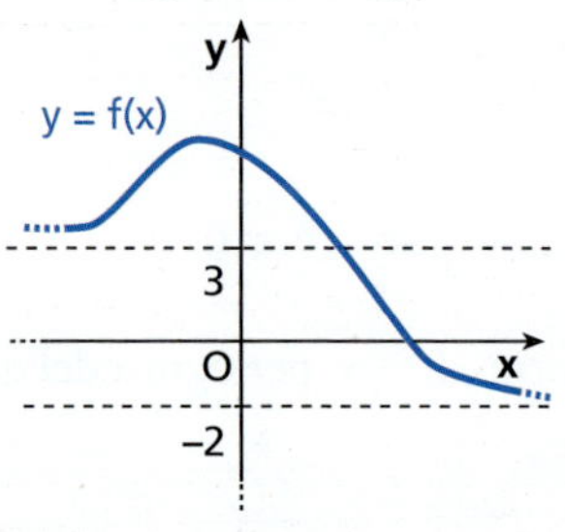

264 Disegna il grafico di una funzione che abbia un asintoto orizzontale sinistro di equazione $y = -\frac{1}{2}$ e che non abbia asintoto orizzontale destro.

265 TEST Una funzione $y = f(x)$:

A ha al massimo un asintoto orizzontale.
B ha al massimo due asintoti orizzontali.
C ha sempre almeno un asintoto orizzontale.
D ha al massimo due asintoti.
E non può avere sia asintoto orizzontale sia asintoto verticale.

RIFLETTI SULLA TEORIA

266 La funzione $y = f(x)$ ha come dominio $D = [0; 5]$. Può avere un asintoto orizzontale? E verticale?

267 Una funzione periodica può avere un asintoto orizzontale? E verticale?

Verifica, applicando la definizione, che le seguenti funzioni ammettono come asintoti orizzontali le rette le cui equazioni sono indicate a fianco.

268 $y = \frac{x}{1-x}$, $y = -1$ per $x \to \pm\infty$.

269 $y = \frac{1}{x-3}$, $y = 0$ per $x \to \pm\infty$.

270 $y = \frac{\sqrt{x}+1}{\sqrt{x}-1}$, $y = 1$ per $x \to +\infty$.

271 $y = \frac{1}{\ln(x-1)}$, $y = 0$ per $x \to +\infty$.

272 Rappresenta il grafico della funzione $y = 1 - e^{-x}$ e verifica, applicando la definizione, l'esistenza di un asintoto orizzontale.

5 $\lim_{x\to\infty} f(x) = \infty$

Teoria a p. 1116

LEGGI IL GRAFICO Deduci i limiti indicati.

273

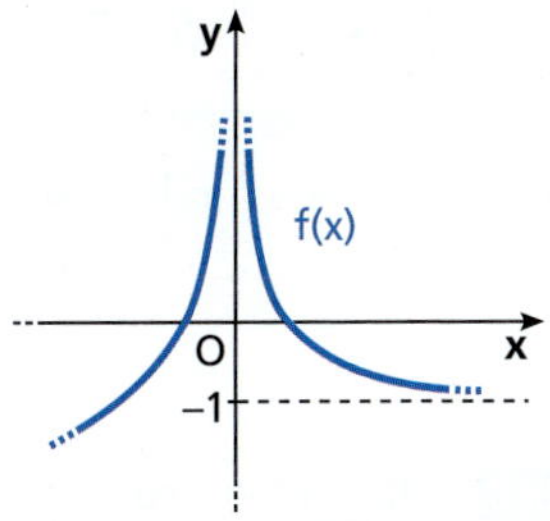

$\lim_{x\to-\infty} f(x)$; $\lim_{x\to0^-} f(x)$;
$\lim_{x\to+\infty} f(x)$; $\lim_{x\to0^+} f(x)$.

274

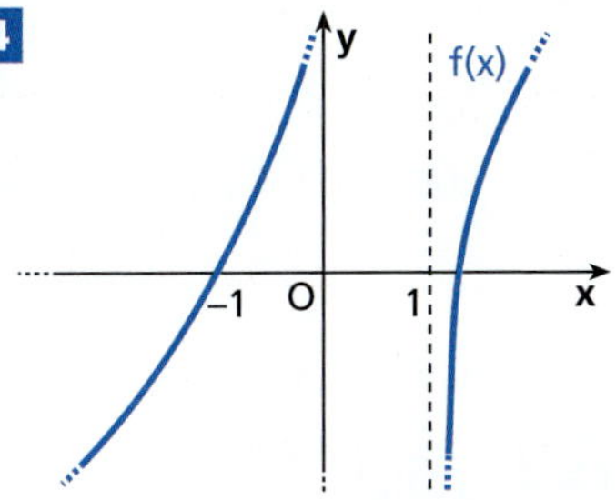

$\lim_{x\to-\infty} f(x)$; $\lim_{x\to0^-} f(x)$;
$\lim_{x\to+\infty} f(x)$; $\lim_{x\to1^+} f(x)$.

275

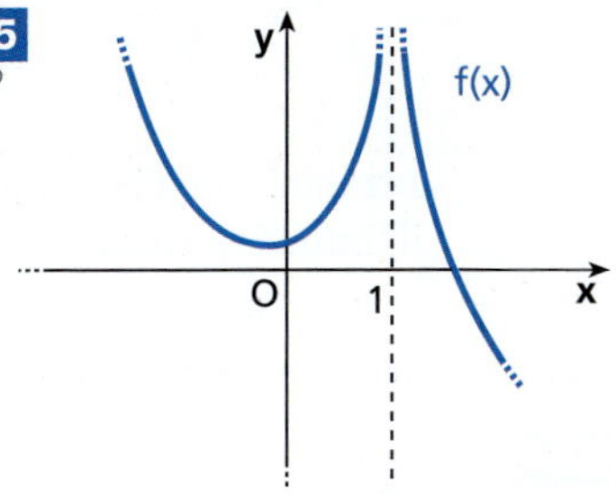

$\lim_{x\to-\infty} f(x)$; $\lim_{x\to1} f(x)$.
$\lim_{x\to+\infty} f(x)$;

Rappresenta graficamente le seguenti funzioni e deduci dai grafici i limiti indicati.

276 $f(x)=x^2-4x$, $\lim_{x\to+\infty} f(x)$, $\lim_{x\to-\infty} f(x)$.

277 $f(x)=\dfrac{x^3-x^2}{x^2}$, $\lim_{x\to+\infty} f(x)$, $\lim_{x\to-\infty} f(x)$.

278 $f(x)=-\ln x-1$, $\lim_{x\to+\infty} f(x)$, $\lim_{x\to0^+} f(x)$.

279 Crea una tabella di valori per stimare il limite della funzione $f(x) = e^{2x+1}$ per x che tende a $+\infty$.

280 **COMPLETA** la tabella utilizzando la calcolatrice per stimare a cosa tende la funzione $f(x)=\dfrac{x^2+3}{x}$ per x che tende a $-\infty$.

x	-1	-5	-10	-100	-1000	$-10\,000$	$\to-\infty$
$f(x)$							$\to ?$

Scrivi in forma simbolica il significato dei seguenti limiti.

281 $\lim_{x\to+\infty} f(x) = -\infty$; $\lim_{x\to\infty} f(x) = -\infty$.

282 $\lim_{x\to-\infty} \sqrt{1-x} = +\infty$; $\lim_{x\to\infty} (x^4-4) = +\infty$.

Che cosa significano le seguenti scritture per la funzione $f(x)$?

283 $\forall M > 0\ \exists c > 0$: $\forall x$ con $x > c$, $f(x) < -M$.

284 $\forall M > 0\ \exists c > 0$: $\forall x < -c$, $f(x) > M$.

285 **ESERCIZIO GUIDA** Verifichiamo i limiti:

a. $\lim_{x\to+\infty} (x^3+2) = +\infty$;

b. $\lim_{x\to\infty} (x^2+1) = +\infty$.

> $\lim_{x\to+\infty} f(x) = +\infty$:
> *per $M > 0$, cerchiamo un intorno di $+\infty$ dove $f(x) > M$*

a. Dobbiamo verificare che, scelto $M > 0$, esiste un intorno di $+\infty$ per ogni x del quale si ha $x^3+2 > M$. Risolviamo la disequazione:

$$x^3+2 > M \quad \to \quad x^3 > M-2 \quad \to \quad x > \sqrt[3]{M-2}.$$

L'insieme delle soluzioni è l'intervallo $]\sqrt[3]{M-2}; +\infty[$, che è un intorno di $+\infty$, quindi il limite è verificato.

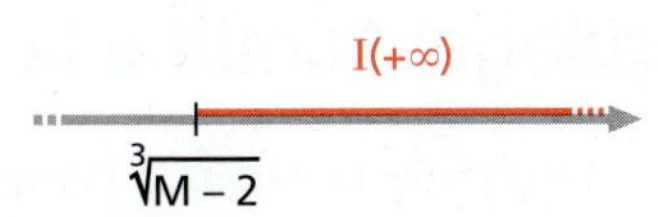

b. Scelto $M > 0$, cerchiamo un intorno di ∞, per ogni x del quale si abbia $x^2 + 1 > M$. Risolviamo la disequazione, per la quale, supponendo $M > 1$, otteniamo:

$$x^2 + 1 > M \quad \to \quad x^2 > M - 1 \quad \to$$
$$x < -\sqrt{M-1} \vee x > \sqrt{M-1}.$$

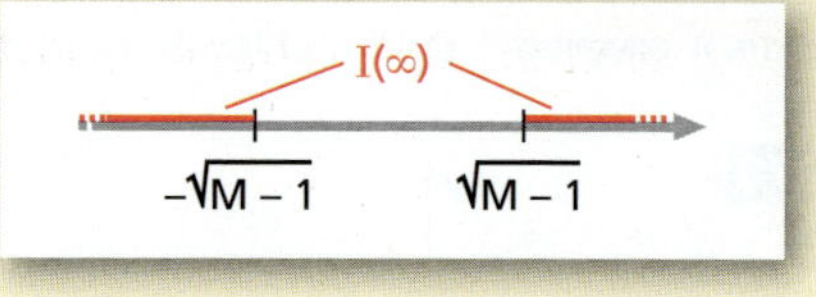

Per ogni x dell'intorno di ∞ $]-\infty; -\sqrt{M-1}[\cup]\sqrt{M-1}; +\infty[$ è vera la condizione $x^2 + 1 > M$, quindi il limite è verificato.

Verifica i seguenti limiti mediante le relative definizioni.

286 $\lim_{x \to +\infty} (4x + 5) = +\infty$

287 $\lim_{x \to +\infty} (x^3 + 3) = +\infty$

288 $\lim_{x \to +\infty} (4x^2 + 1) = +\infty$

289 $\lim_{x \to -\infty} (3 - 2x) = +\infty$

290 $\lim_{x \to +\infty} \sqrt{x^2 + 1} = +\infty$

291 $\lim_{x \to -\infty} (x^2 - 1) = +\infty$

292 $\lim_{x \to +\infty} (-3x^3) = -\infty$

293 $\lim_{x \to -\infty} \sqrt{2 + x^2} = +\infty$

294 $\lim_{x \to +\infty} \sqrt[3]{x} = +\infty$

295 $\lim_{x \to +\infty} 2^{x-4} = +\infty$

296 $\lim_{x \to +\infty} \sqrt{x^3 - 1} = +\infty$

297 $\lim_{x \to +\infty} (\log_2 x - 2) = +\infty$

298 $\lim_{x \to +\infty} e^x = +\infty$

299 $\lim_{x \to +\infty} \ln x = +\infty$

300 $\lim_{x \to +\infty} \frac{1 + \sqrt{x}}{3} = +\infty$

301 $\lim_{x \to +\infty} e^{x^2} = +\infty$

302 $\lim_{x \to +\infty} (8x^3 - 1) = +\infty$

303 $\lim_{x \to +\infty} \ln \frac{3}{x - 2} = -\infty$

MATEMATICA AL COMPUTER

Limiti di funzioni Data la famiglia di funzioni $f(x) = \frac{px + q}{ax^2 + bx + c}$, con $a \neq 0$, costruiamo un foglio elettronico che, dopo aver ricevuto i valori dei parametri, stabilisca il dominio della funzione corrispondente e permetta di ottenere delle tabelle di valori in prossimità degli estremi del dominio.
Proviamo il foglio supponendo $p = 3, q = -6, a = 1, b = -5, c = 6$.

Risoluzione – 20 Esercizi in più

Verifica che i seguenti limiti sono errati.

304 $\lim_{x \to +\infty} \frac{1}{\sqrt{x - 1}} = -\infty$

305 $\lim_{x \to -\infty} 2^{x-4} = -\infty$

Controlla mediante il procedimento di verifica se i seguenti limiti sono errati.

306 $\lim_{x \to +\infty} (6 - x^3) = +\infty$

307 $\lim_{x \to -\infty} \sqrt{-x} = -\infty$

308 $\lim_{x \to +\infty} (\ln x - 1) = -\infty$

Rappresenta graficamente le seguenti funzioni, deduci dai grafici i limiti indicati a fianco ed esegui la verifica.

309 $y = \sqrt{x - 1}$, $\quad \lim_{x \to +\infty} y$.

310 $y = \begin{cases} e^x & \text{se } x \geq 0 \\ 1 - 3x & \text{se } x < 0 \end{cases}$, $\quad \lim_{x \to -\infty} y$, $\quad \lim_{x \to +\infty} y$.

311 $y = -\ln(x + 2)$, $\quad \lim_{x \to +\infty} y$.

312 $y = \begin{cases} x^2 - 1 & \text{se } x > 0 \\ -e^{-x} & \text{se } x \leq 0 \end{cases}$, $\quad \lim_{x \to -\infty} y$, $\quad \lim_{x \to +\infty} y$.

Riepilogo: I limiti e la loro verifica

313 RIFLETTI SULLA TEORIA Per quale dei seguenti domini di $f(x)$ ha senso calcolare $\lim_{x \to 4} f(x)$?

$D_1 = \mathbb{R} - \{4\}$ $\qquad D_2 = [1; 3] \cup \{4\}$ $\qquad D_3 =]-\infty; 4]$

TEST

314 ●● Risolvendo la disequazione $(x+1)^2 < \varepsilon$, puoi verificare *uno solo* fra i seguenti limiti. Quale?

A $\lim\limits_{x \to -1} (x^2 + 2x) = -1$

B $\lim\limits_{x \to 0} (x^2 + 2x + 1) = 1$

C $\lim\limits_{x \to 1} (x^2 + 2x) = 3$

D $\lim\limits_{x \to 0} (x^2 + 2x) = 0$

E Nessuno dei precedenti.

315 ●● Se $\forall \varepsilon > 0$ la disequazione $|f(x) - 2| < \varepsilon$ è verificata per $x < 3 - \frac{1}{\varepsilon}$, allora:

A $\lim\limits_{x \to -\infty} f(x) = 3$.

B $\lim\limits_{x \to 3^-} f(x) = +\infty$.

C $\lim\limits_{x \to +\infty} f(x) = -2$.

D $\lim\limits_{x \to -\infty} f(x) = 2$.

E $\lim\limits_{x \to +\infty} f(x) = 2$.

LEGGI IL GRAFICO Dal grafico della funzione $y = f(x)$ deduci, se esistono, i limiti indicati.

316 ●○

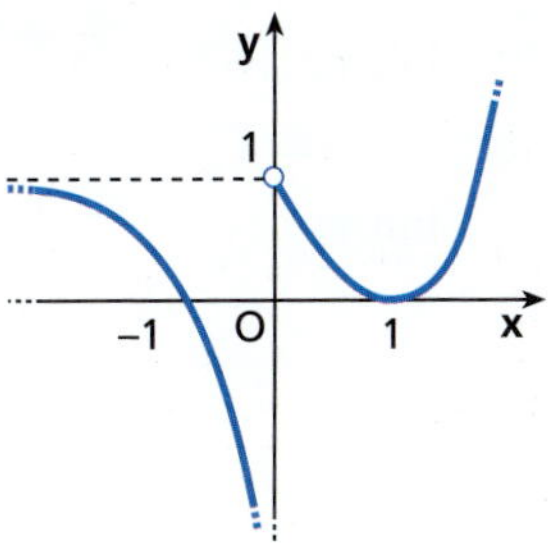

a. $\lim\limits_{x \to -\infty} f(x)$;

b. $\lim\limits_{x \to 0^-} f(x)$;

c. $\lim\limits_{x \to 1} f(x)$;

d. $\lim\limits_{x \to +\infty} f(x)$;

e. $\lim\limits_{x \to 0^+} f(x)$.

Esprimi mediante la definizione i casi **a**, **b**, **d**.

318 ●○

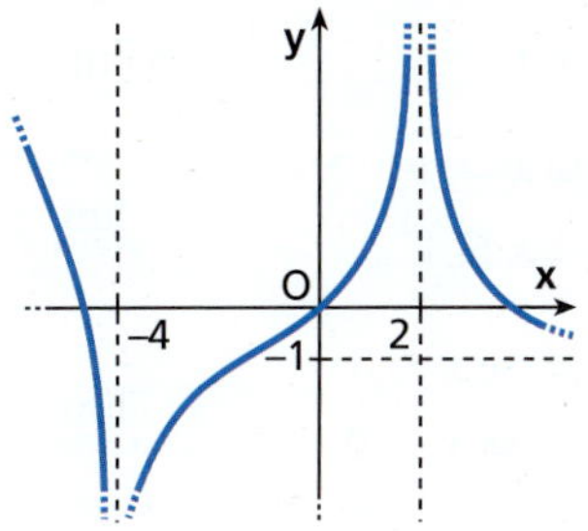

a. $\lim\limits_{x \to -\infty} f(x)$;

b. $\lim\limits_{x \to -4} f(x)$;

c. $\lim\limits_{x \to 0} f(x)$;

d. $\lim\limits_{x \to 2} f(x)$;

e. $\lim\limits_{x \to +\infty} f(x)$.

Esprimi mediante la definizione i casi **b**, **d**.

317 ●○

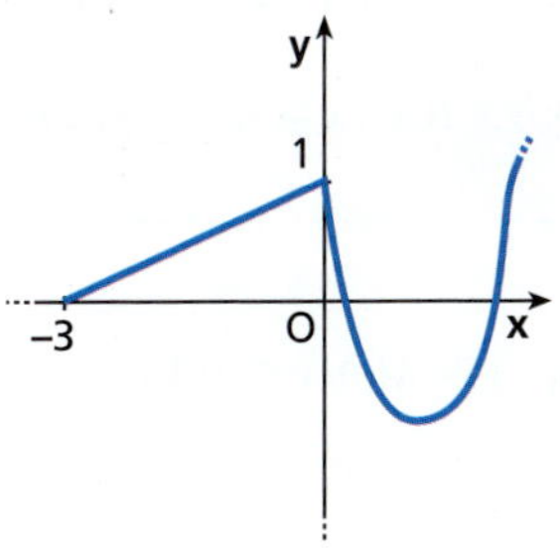

a. $\lim\limits_{x \to -\infty} f(x)$;

b. $\lim\limits_{x \to -3^-} f(x)$;

c. $\lim\limits_{x \to 0^-} f(x)$;

d. $\lim\limits_{x \to -3^+} f(x)$;

e. $\lim\limits_{x \to 0^+} f(x)$.

Esprimi mediante la definizione i casi **d**, **e**.

319 ●○

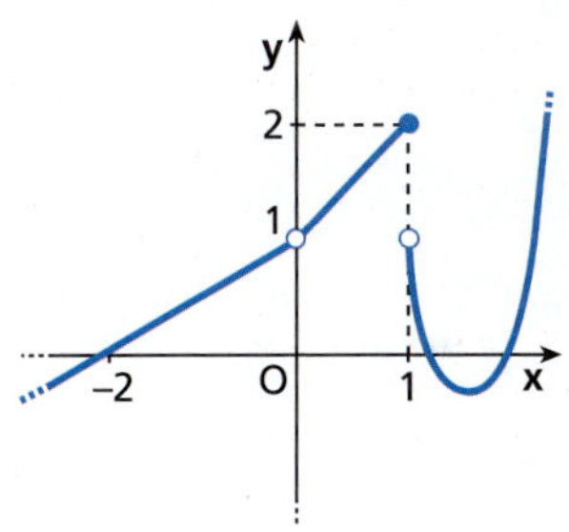

a. $\lim\limits_{x \to -\infty} f(x)$;

b. $\lim\limits_{x \to 0} f(x)$;

c. $\lim\limits_{x \to 1^+} f(x)$;

d. $\lim\limits_{x \to +\infty} f(x)$;

e. $\lim\limits_{x \to 1^-} f(x)$.

Esprimi mediante la definizione i casi **a**, **e**.

320 ●○ **VERO O FALSO?**

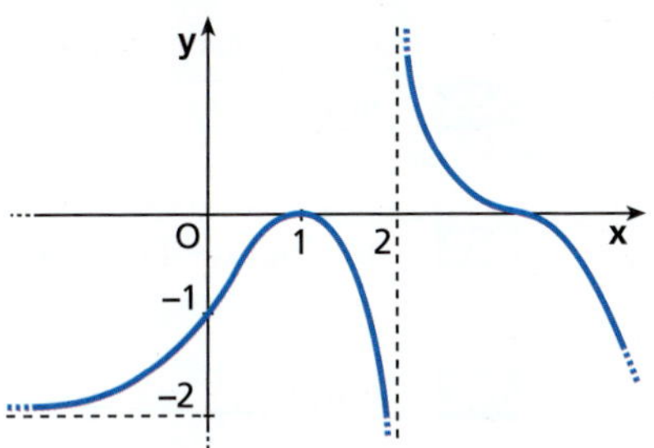

a. $\lim\limits_{x \to -\infty} f(x) = -\infty$ V F

b. $\lim\limits_{x \to 0^+} f(x) = -1$ V F

c. $\lim\limits_{x \to 1^+} f(x) = 1$ V F

d. $\lim\limits_{x \to 2^+} f(x) = +\infty$ V F

e. $\lim\limits_{x \to +\infty} f(x) = +\infty$ V F

f. $\lim\limits_{x \to 0^-} f(x) = -1$ V F

g. $\lim\limits_{x \to 1^-} f(x) = 0$ V F

h. $\lim\limits_{x \to 2^-} f(x) = -\infty$ V F

Disegna il grafico di una funzione $y = f(x)$ che soddisfi le condizioni date.

321 ●○ $\lim\limits_{x \to 1} f(x) = 3$, $\quad f(1)$ non definita;

$\lim\limits_{x \to 4} f(x) = 1$, $\quad f(4) = 5$.

322 ●○ $\lim\limits_{x \to -1} f(x) = 2$, $\quad f(-1) = 2$;

$\lim\limits_{x \to 3} f(x)$ non esiste, $\quad f(3) = 1$.

323 ●○ $D=\mathbb{R}$; $f(-2)=0$; $f(-1)=0$; $y>0$ per $x<-2 \vee x>-1$;
$\lim_{x\to-\infty} f(x)=+\infty$; $\lim_{x\to+\infty} f(x)=0$.

324 ●○ $D=]-1;1[\,\cup\,]1;+\infty[$; $y>0$ per $-1<x<1 \vee x>2$;
$\lim_{x\to-1^+} f(x)=+\infty$; $\lim_{x\to1} f(x)=\infty$; $\lim_{x\to+\infty} f(x)=1^-$.

325 ●○ $D=\mathbb{R}-\{2\}$; $f(0)=0$; $y>0$ per $-3<x<0 \vee x>\frac{3}{2}$;
$\lim_{x\to-\infty} f(x)=-\infty$; $\lim_{x\to2} f(x)=+\infty$; $\lim_{x\to+\infty} f(x)=0^+$.

Rappresenta graficamente le seguenti funzioni, mediante le trasformazioni geometriche, e deduci dal grafico i limiti indicati a fianco, se esistono.

326 ●○ $y=\frac{1}{x}+3$; $\lim_{x\to+\infty} y$; $\lim_{x\to-\infty} y$; $\lim_{x\to0^+} y$; $\lim_{x\to0^-} y$.

327 ●○ $y=-\sqrt{x-1}+1$; $\lim_{x\to1^+} y$; $\lim_{x\to+\infty} y$; $\lim_{x\to2} y$.

328 ●○ $y=\begin{cases}\ln x & \text{se } x>1\\ e^x-1 & \text{se } x\le1\end{cases}$; $\lim_{x\to+\infty} y$; $\lim_{x\to-\infty} y$; $\lim_{x\to0} y$; $\lim_{x\to1^+} y$.

329 ●○ $y=\begin{cases}-(x+1)^2 & \text{se } x\le0\\ x & \text{se } x>0\end{cases}$; $\lim_{x\to+\infty} y$; $\lim_{x\to-\infty} y$; $\lim_{x\to0^+} y$; $\lim_{x\to0^-} y$.

Indica quale limite rappresenta ciasuna delle seguenti scritture.

330 ●○ $\forall\varepsilon>0\,\exists c>0$: $\forall x<-c \rightarrow f(x)<1+\varepsilon$

331 ●○ $\forall M>0\,\exists c>0$: $\forall x>c \rightarrow x^3+2>M$

332 ●○ $\forall\varepsilon>0\,\exists I^+(-2)$: $\forall x\in I^+(-2)\rightarrow|f(x)+4|<\varepsilon$

333 ●○ $\forall M>0\,\exists I(4)$: $\forall x\, I(4), x\ne4 \rightarrow f(x)<-M$

---

334 ●○ ASSOCIA a ogni limite la sua forma simbolica.

a. $\lim_{x\to+\infty} f(x)=1$
b. $\lim_{x\to1} f(x)=+\infty$
c. $\lim_{x\to-\infty} f(x)=-1$
d. $\lim_{x\to+\infty} f(x)=-\infty$

1. $\forall M>0\,\exists I(1)$: $f(x)>M, \forall x\in I(1), x\ne1$
2. $\forall\varepsilon>0\,\exists c>0$: $|f(x)+1|<\varepsilon, \forall x<-c$
3. $\forall\varepsilon>0\,\exists c>0$: $|f(x)-1|<\varepsilon, \forall x>c$
4. $\forall M>0\,\exists c>0$: $f(x)<-M, \forall x>c$

Verifica i seguenti limiti, utilizzando le definizioni.

335 ●○ $\lim_{x\to2}(5+4x)=13$

336 ●○ $\lim_{x\to3^+}(2-3x)=-7$

337 ●○ $\lim_{x\to2^+}\frac{1}{2-x}=-\infty$

338 ●○ $\lim_{x\to7}\frac{1}{(x-7)^2}=+\infty$

339 ●○ $\lim_{x\to-3}\frac{1}{x^2+6x+9}=+\infty$

340 ●○ $\lim_{x\to0^+}\frac{-2}{x^3}=-\infty$

341 ●○ $\lim_{x\to0}-\frac{1}{x^6}=-\infty$

342 ●○ $\lim_{x\to-\infty}(x^2+3)=+\infty$

343 ●○ $\lim_{x\to+\infty}\frac{1}{(2x-3)^2}=0$

344 ●○ $\lim_{x\to-\infty}\frac{x^2}{1-x^2}=-1$

345 ●○ $\lim_{x\to-\infty}\sqrt{2-x}=+\infty$

346 ●● $\lim_{x\to1^+}\log(x-1)=-\infty$

347 ●● $\lim_{x\to+\infty}\log\frac{1}{x}=-\infty$

348 ●● $\lim_{x\to-\infty}2e^{-4x^2}=0$

349 ●● $\lim_{x\to+\infty}\left(\frac{1}{2}\right)^{2x}=0$

350 ●○ **ASSOCIA** ogni limite al grafico in cui è rappresentato l'asintoto corrispondente.

a. $\lim_{x \to 1^-} f(x) = +\infty$ **b.** $\lim_{x \to 1} f(x) = \infty$ **c.** $\lim_{x \to +\infty} f(x) = 1^-$ **d.** $\lim_{x \to 1} f(x) = -\infty$

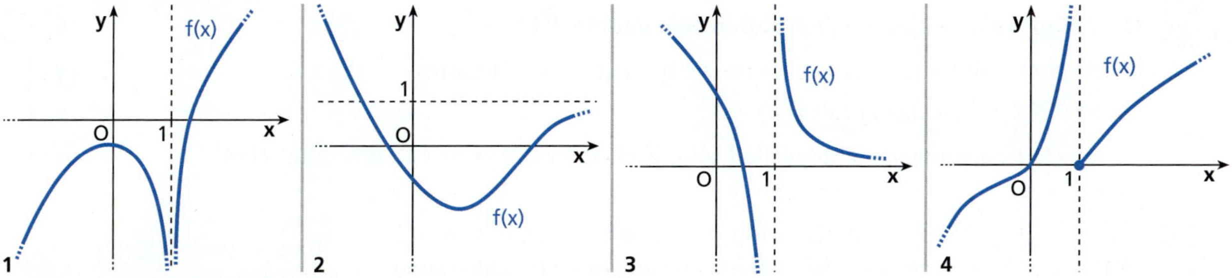

351 ●○ Traduci la seguente scrittura con il linguaggio dei limiti: $\forall M > 0 \, \exists I^-(1): \forall x \in I^-(1), \dfrac{1}{x-1} < -M$.
Rappresenta graficamente la funzione evidenziando nel grafico il limite precedente. Poi deduci il limite per $x \to +\infty$ e verificalo con la definizione.

352 ●● Traccia il grafico della funzione $y = |x^2 - 2x - 3|$ e verifica che $\lim_{x \to \pm\infty} f(x) = +\infty$.

353 ●● Data la funzione $f(x) = \dfrac{2}{|1-x|}$:

a. trova il dominio, studia il segno e trova le intersezioni del grafico con gli assi cartesiani;

b. verifica che $\lim_{x \to \pm\infty} f(x) = 0^+$, $\lim_{x \to 1} f(x) = +\infty$;

c. rappresenta graficamente $f(x)$.

[a) $x \neq 1$; $f(x) > 0 \; \forall x \neq 1$; $(0; 2)$]

354 ●● Rappresenta graficamente la funzione $f(x) = \begin{cases} x+3 & \text{se } x \leq 1 \\ 4^x & \text{se } x > 1 \end{cases}$.

Osservando il grafico deduci i limiti: $\lim_{x \to -\infty} f(x)$, $\lim_{x \to 1^\pm} f(x)$, $\lim_{x \to +\infty} f(x)$, quindi verificali, usando le definizioni.

355 ●○ **REALTÀ E MODELLI** **Chi più e chi meno** Per la legge di Coulomb, due cariche elettriche puntiformi di segno opposto Q_+ e Q_- poste a una distanza r nel vuoto si attraggono con una forza di intensità $F = 9 \cdot 10^9 \left| \dfrac{Q_+ Q_-}{r^2} \right|$, con le grandezze espresse nelle unità di misura del Sistema Internazionale.

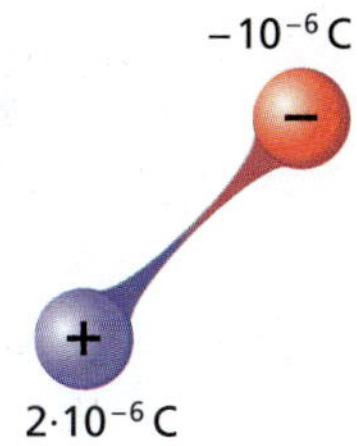

a. Scrivi F come funzione di r considerando le cariche in figura, espresse in coulomb.

b. Verifica, applicando la definizione, che se la distanza tende a 0 la forza tende a $+\infty$, se la distanza tende a $+\infty$ la forza tende a 0.

$\left[\text{a) } F(r) = \dfrac{9}{500 r^2} \right]$

MATEMATICA E STORIA

Limiti e infinito «Se $a > 1$, allora a^z ha un valore maggiore se il valore di z è maggiore di quanto fosse originariamente, e come z va a infinito, così a^z va a infinito. Se $z = 0$, allora $a^z = 1$; se $z < 0$, allora i valori di a^z diventano minori di 1 e come z va a $-\infty$, a^z va a 0.»

Leonhard Euler, *Introductio in analysin infinitorum*, 1748

a. Illustra con un esempio numerico l'affermazione iniziale: «Se $a > 1$, allora a^z ha un valore maggiore se il valore di z è maggiore di quanto fosse originariamente».

b. Esprimi in termini di limiti l'affermazione: «come z va a infinito, così a^z va a infinito».

c. Giustifica con un esempio l'affermazione: «se $z < 0$, allora i valori di a^z diventano minori di 1».

d. Esprimi in termini di limiti l'affermazione conclusiva: «come z va a $-\infty$, a^z va a 0».

Risoluzione – Esercizio in più

ESERCIZI

6 Primi teoremi sui limiti

▶ Teoria a p. 1119

356 VERO O FALSO? Considera una funzione $f(x)$.

a. Se $\lim_{x\to 1} f(x) = -2$, allora $f(x) < 0$ in ogni intorno $I(1)$. V F

b. Se $f(x) < 0\ \forall x \in I(2)$, allora, se esiste $\lim_{x\to 2} f(x)$, esso è negativo. V F

c. Se $0 \le f(x) \le x$, allora $\lim_{x\to 0} f(x) = 0$. V F

d. Se $f(x)$ è definita in un intervallo I, allora per ogni $c \in I$ esiste ed è unico $\lim_{x\to c} f(x)$. V F

357 ESERCIZIO GUIDA Date le funzioni $h(x) = -x^2 + 4x - 3$, $f(x) = 2x - 2$, $g(x) = x^2 - 1$, e sapendo che $\lim_{x\to 1} h(x) = \lim_{x\to 1} g(x) = 0$, calcoliamo $\lim_{x\to 1} f(x)$ usando il teorema del confronto.

Date le funzioni $h(x)$, $f(x)$ e $g(x)$ definite in I, se
1. $h(x) \le f(x) \le g(x)$,
2. $\lim_{x\to x_0} h(x) = \lim_{x\to x_0} g(x) = \ell$,
allora $\lim_{x\to x_0} f(x) = \ell$.

Verifichiamo che $h(x) \le f(x) \le g(x)$ in un intorno di 1:

$$-x^2 + 4x - 3 \le 2x - 2 \le x^2 - 1 \rightarrow$$

$$\begin{cases} -x^2 + 4x - 3 \le 2x - 2 \\ 2x - 2 \le x^2 - 1 \end{cases} \rightarrow$$

$$\begin{cases} -x^2 + 2x - 1 \le 0 \\ -x^2 + 2x - 1 \le 0 \end{cases} \rightarrow \quad \forall x \in \mathbb{R}.$$

Le disequazioni sono verificate $\forall x \in \mathbb{R}$, quindi anche in un intorno di 1. Essendo per ipotesi $\lim_{x\to 1} h(x) = \lim_{x\to 1} g(x) = 0$, possiamo applicare il teorema del confronto e affermare che $\lim_{x\to 1} f(x) = 0$.

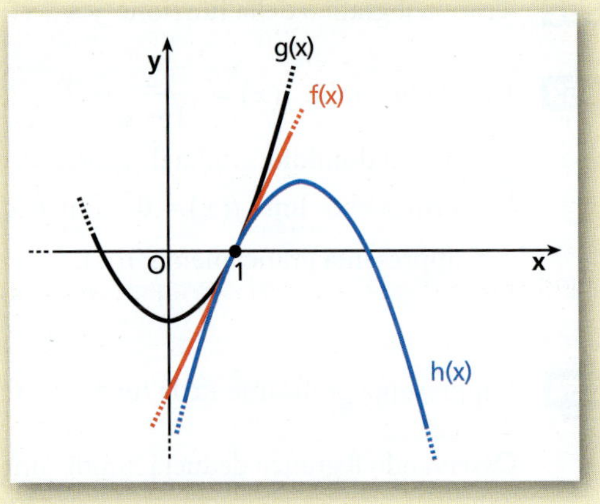

In ciascuno dei seguenti esercizi sono date tre funzioni, di cui due aventi lo stesso limite in un punto. Controlla se sono soddisfatte le ipotesi del teorema del confronto e applicalo per calcolare il limite della terza funzione.

358 $h(x) = 10x - 10$; $f(x) = x^2 + 15$; $g(x) = 2x^2 - 10x + 40$; $\lim_{x\to 5} h(x) = \lim_{x\to 5} g(x) = 40$.

359 $h(x) = \sqrt{1 - x^2}$; $f(x) = x^2 + 1$; $g(x) = 2x^2 + 1$; $\lim_{x\to 0} h(x) = \lim_{x\to 0} g(x) = 1$.

360 $h(x) = -x^2 - 4x - 4$; $f(x) = x^2 + 4x + 4$; $g(x) = \sqrt{|x+2|}$; $\lim_{x\to -2} h(x) = \lim_{x\to -2} g(x) = 0$.

361 Data una funzione $f(x)$ definita $\forall x \in \mathbb{R}$, sapendo che $2 \le f(x) \le x^2 + 2$, determina $\lim_{x\to 0} f(x)$.

362 EUREKA! Utilizzando il teorema del confronto, verifica che $\lim_{x\to +\infty} \left|\frac{\sin x}{x}\right| = 0$.

(SUGGERIMENTO Confronta $\left|\frac{\sin x}{x}\right|$ con 0 e con $\frac{1}{x}$.)

363 È data una funzione $f(x)$ definita in $]-1;1[$ e tale che $\cos x \le f(x) \le 1$ in $]-1;1[$. È possibile calcolare $\lim_{x\to 0} f(x)$? Se sì, quanto vale?

364 Dimostra che, date due funzioni $f(x)$ e $g(x)$, definite nello stesso dominio, tali che

$$|f(x)| \le |g(x)| \text{ e } \lim_{x\to c} g(x) = 0,$$

allora $\lim_{x\to c} f(x) = 0$.

365 ●● Date due funzioni $f(x)$ e $g(x)$, definite nello stesso dominio e tali che $f(x) \geq g(x)$, dimostra che:

- se $\lim_{x \to c} g(x) = +\infty$, allora $\lim_{x \to c} f(x) = +\infty$;
- se $\lim_{x \to d} f(x) = -\infty$, allora $\lim_{x \to d} g(x) = -\infty$.

7 Limite di una successione

$\lim_{n \to +\infty} a_n = +\infty$

▶ Teoria a p. 1123

366 **ESERCIZIO GUIDA** Verifichiamo che la successione $a_n = n^2 - 1$ diverge positivamente.

Dobbiamo verificare che $\lim_{n \to +\infty} (n^2 - 1) = +\infty$.

Scelto $M > 0$, dobbiamo trovare un numero $p_M > 0$ tale che, $\forall n > p_M$:

$n^2 - 1 > M$) isoliamo il termine con n^2

$n^2 > M + 1$) risolviamo la disequazione di secondo grado

$n < -\sqrt{M+1} \; \vee \; n > \sqrt{M+1}$.

Accettiamo solo $n > \sqrt{M+1}$ perché $n \to +\infty$.

Poniamo $p_M = \sqrt{M+1}$: risulta $n_2 - 1 > M$, $\forall n > p_M$, pertanto la successione data diverge positivamente.

> $\lim_{n \to +\infty} a_n = +\infty$
> se $\forall M > 0, \exists p_M$ tale che:
> $a_n > M$ per ogni $n > p_M$

Verifica che le seguenti successioni divergono positivamente.

367 ●○ $a_n = 6n, \; n \in \mathbb{N}$.

368 ●○ $a_n = n + 5, \; n \in \mathbb{N}$.

369 ●○ $a_n = 3n - 1, \; n \in \mathbb{N}$.

370 ●○ $a_n = n - 1000, \; n \in \mathbb{N}$.

371 ●○ $a_n = n^2, \; n \in \mathbb{N}$.

372 ●○ $a_n = 2n^2 - 3, \; n \in \mathbb{N}$.

373 ●○ $a_n = 8n^3 - 2, \; n \in \mathbb{N}$.

374 ●○ $a_n = 16n^4 + 6, \; n \in \mathbb{N}$.

375 ●● $a_n = \frac{n^2}{n+1}, \; n \in \mathbb{N}$.

376 ●● $a_n = \sqrt{n} + 1, \; n \in \mathbb{N}$.

377 ●● $a_n = 2^{n+1}, \; n \in \mathbb{N}$.

378 ●● $a_n = \log_3 n, \; n \in \mathbb{N} - \{0\}$.

$\lim_{n \to +\infty} a_n = -\infty$

▶ Teoria a p. 1123

379 **ESERCIZIO GUIDA** Verifichiamo che la successione $a_n = 3 - n$ diverge negativamente.

Occorre verificare che $\lim_{n \to +\infty} (3 - n) = -\infty$.

Fissato $M > 0$, dobbiamo trovare un numero $p_M > 0$ tale che, $\forall n > p_M$:

$3 - n < -M$) risolviamo la disequazione

$-3 + n > M \; \rightarrow \; n > M + 3$.

Poniamo $p_M = M + 3$: risulta $3 - n < -M$, $\forall n > p_M$, pertanto la successione data diverge negativamente.

> $\lim_{n \to +\infty} a_n = -\infty$
> se $\forall M > 0, \exists p_M$ tale che:
> $a_n < -M$ per ogni $n > p_M$

Verifica che le seguenti successioni divergono negativamente.

380 ●○ $a_n = 6 - n, \; n \in \mathbb{N}$.

381 ●○ $a_n = 2 - 7n, \; n \in \mathbb{N}$.

382 ●○ $a_n = -\frac{1}{2} - 3n, \; n \in \mathbb{N}$.

383 ●○ $a_n = -n^2, \; n \in \mathbb{N}$.

384 ●○ $a_n = 1 - 2n^2, \; n \in \mathbb{N}$.

385 ●○ $a_n = -8n^3, \; n \in \mathbb{N}$.

$\lim\limits_{n\to+\infty} a_n = \ell$

▶ Teoria a p. 1124

386 **ESERCIZIO GUIDA** Verifichiamo che $\lim\limits_{n\to+\infty} \dfrac{2n-1}{n} = 2$.

Scelto $\varepsilon > 0$, dobbiamo trovare un numero $p_\varepsilon > 0$ tale che, $\forall n > p_\varepsilon$:

> $\lim\limits_{n\to+\infty} a_n = \ell$
> se $\forall \varepsilon > 0, \exists p_\varepsilon$ tale che:
> $|a_n - \ell| < \varepsilon$ per ogni $n > p_\varepsilon$

$$\left|\frac{2n-1}{n} - 2\right| < \varepsilon$$ risolviamo la disequazione

$$\left|\frac{2n-1-2n}{n}\right| < \varepsilon \to \left|-\frac{1}{n}\right| < \varepsilon \to \left|\frac{1}{n}\right| < \varepsilon \to \frac{1}{n} < \varepsilon \to n > \frac{1}{\varepsilon}.$$

Poniamo $p_\varepsilon = \dfrac{1}{\varepsilon}$: risulta $\left|\dfrac{2n-1}{n} - 2\right| < \varepsilon, \forall n > p_\varepsilon$.

Quindi la successione converge a 2.

Verifica i seguenti limiti.

387 $\lim\limits_{n\to+\infty}\left(\dfrac{1}{n} + 3\right) = 3$

388 $\lim\limits_{n\to+\infty}\dfrac{n-1}{n} = 1$

389 $\lim\limits_{n\to+\infty}\dfrac{1-n}{2-2n} = \dfrac{1}{2}$

390 $\lim\limits_{n\to+\infty}\dfrac{n+1}{2n} = \dfrac{1}{2}$

391 $\lim\limits_{n\to+\infty}\dfrac{2n-1}{5n} = \dfrac{2}{5}$

392 $\lim\limits_{n\to+\infty}\dfrac{1}{3n^2+10} = 0$

$\lim\limits_{n\to+\infty} a_n$ non esiste

▶ Teoria a p. 1124

Spiega perché le seguenti successioni, con $n \in \mathbb{N}$, non ammettono limite.

393 $a_n = 10 - 2\cdot(-1)^n$

394 $a_n = \dfrac{1}{2} + 4\cdot(-1)^n$

395 $a_n = \dfrac{n-1}{n+1}(-1)^n$

Teoremi sui limiti di successioni

▶ Teoria a p. 1126

Successioni limitate e illimitate

396 **ESERCIZIO GUIDA** Stabiliamo se la successione $a_n = \dfrac{2n}{n-1}$, con $n > 1$, è limitata superiormente, limitata inferiormente, limitata o illimitata.

Scriviamo alcuni elementi della successione e li rappresentiamo su una retta orientata.

$$4, 3, \frac{8}{3}, \frac{5}{2}, \frac{12}{5}, \frac{7}{3}, \ldots, \frac{2n}{n-1}, \ldots$$

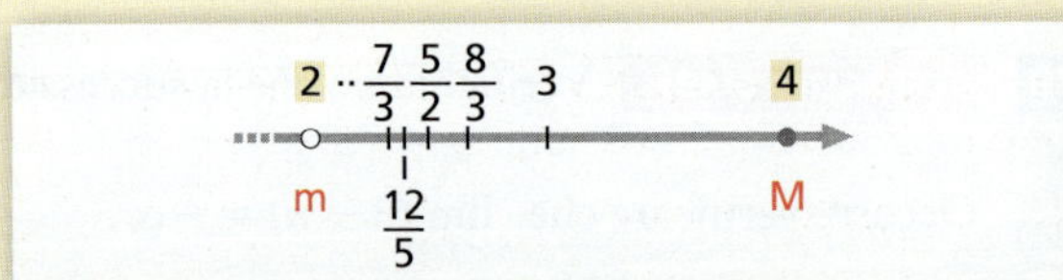

La successione è limitata superiormente, perché tutti i suoi termini risultano minori o uguali a 4. Infatti, la disuguaglianza

$$\frac{2n}{n-1} \le 4 \to \frac{2n-4(n-1)}{n-1} \le 0 \to \frac{-2n+4}{n-1} \le 0 \to -2\cdot\frac{n-2}{n-1} \le 0$$

è sempre verificata, essendo $n > 1$.

Essa è anche limitata inferiormente, perché tutti i suoi termini risultano maggiori di 2. Infatti la frazione $\dfrac{2n}{n-1}$ può essere scritta come $2\cdot\dfrac{n}{n-1}$; poiché $\dfrac{n}{n-1}$ è una frazione impropria, essa è maggiore di 1, quindi risulta $\dfrac{2n}{n-1} > 2$. Tutti i termini della successione sono maggiori di 2, anche se 2 non fa parte di essi.

Pertanto la successione data è una successione limitata.

Per ogni successione scrivi i primi dieci termini e stabilisci se si tratta di una successione limitata superiormente, limitata inferiormente, limitata o illimitata.

397 $a_n = \frac{3n}{n-1}$, $n > 1$.

398 $a_n = \frac{1}{n}$, $n > 0$.

399 $a_n = -\frac{1}{n}$, $n > 0$.

400 $a_n = -2n - 1$.

401 $a_n = 1 + 2n^2$.

402 $a_n = \frac{5n}{n^2+1}$.

403 $a_n = \frac{5n^2}{n+1}$.

404 $a_n = \frac{5n}{n+1}$.

---

405 **VERO O FALSO?**

a. Una successione limitata è formata da un numero finito di termini. V F

b. Una successione crescente non può essere limitata. V F

c. La successione $a_n = \frac{3}{n}$ è crescente. V F

d. La successione $a_n = 2 + n^2$ è illimitata. V F

406 **TEST** Solo una delle seguenti successioni è limitata superiormente. Quale?

A $a_n = n^2 - 7$

B $a_n = 1 - n$

C $a_n = 1 + \sqrt{n}$

D $a_n = \frac{n^3}{2}$

E $a_n = n(-1)^n$

Limiti delle successioni monotòne

407 Dimostra che la successione il cui termine generale è $a_n = -\frac{1}{n}$, con $n \in \mathbb{N} - \{0\}$, è monotòna crescente e superiormente limitata da 0. Verifica che $\lim_{n \to +\infty} a_n = 0$.

---

408 Data la successione il cui termine generale è

$$a_n = \frac{2-3n}{n}, n \in \mathbb{N} - \{0\}:$$

a. dimostra che è monotòna decrescente;

b. verifica che $\lim_{n \to +\infty} a_n = -3$.

409 È data la successione il cui termine generale è

$$a_n = \frac{4n-1}{5-n}, n \in \mathbb{N} - \{5\}.$$

a. Dimostra che è monotòna crescente per $n > 5$.

b. Rappresentala graficamente nel suo dominio.

c. Verifica che $\lim_{n \to +\infty} a_n = -4$.

Verifica che le seguenti successioni sono monotòne e per ciascuna, dopo aver controllato se è limitata o illimitata, indica se è convergente o divergente.

410 $a_n = \frac{4n-1}{n}$, $n > 0$. [cresc., lim., conv.]

411 $a_n = 1 - n^2$ [decresc., illim. inferior., div.]

412 $a_n = \frac{1}{n+1}$ [decresc., lim., conv.]

413 $a_n = 5^n$ [cresc., illim. super., div.]

414 $a_n = \frac{2n+2}{n}$, $n > 0$. [decresc., lim., conv.]

415 $a_n = n^2 + 3$ [cresc., illim. super., div.]

VERIFICA DELLE COMPETENZE ALLENAMENTO

ARGOMENTARE

1 Scrivi la definizione di asintoto verticale e quella di asintoto orizzontale. Descrivi la loro proprietà aiutandoti con due grafici. Per la funzione $y = \frac{3}{x+2}$ verifica l'esistenza di un asintoto verticale e uno orizzontale di equazioni $x = -2$ e $y = 0$, sia graficamente sia applicando la definizione.

2 Dimostra, applicando la definizione, che la scrittura $\lim_{x \to x_0} f(x) = l$ è equivalente a $\lim_{x \to x_0} [f(x) - l] = 0$.

3 Scrivi la definizione di punto di accumulazione per un insieme A di numeri reali e spiega se è necessario che un punto x_0 appartenga ad A per essere di accumulazione per A. Aiutati considerando i punti di accumulazione degli intervalli $[1; 5]$ e $]1; 5[$. Infine fai un esempio di sottoinsieme di $\mathbb{R}$ che non ha nessun punto di accumulazione e di uno che ne ha infiniti.

4 La definizione di $\lim_{x \to x_0} f(x) = l$ richiede che $f(x)$ sia definita in un intervallo contenente x_0, eccetto al più x_0. Spiega perché è richiesta questa ipotesi. Fai un esempio di funzione non definita in un punto x_0 ma con limite finito per $x \to x_0$.

5 Considera una funzione $f(x)$ tale che $\lim_{x \to +\infty} f(x) = -\infty$. Esprimi in simboli la definizione di limite e interpretala graficamente. Quindi verifica, sia graficamente sia con la definizione, che $\lim_{x \to +\infty} (1 - \sqrt{x}) = -\infty$.

6 Enuncia il teorema del confronto, aiutandoti con un disegno. Quindi usalo per determinare $\lim_{x \to 1} f(x)$, sapendo che il dominio di $f(x)$ è $\mathbb{R}$ e che $1 - 2x \leq f(x) \leq -1$.

7 Scrivi la definizione di successione numerica. Fornisci un esempio per ciascun tipo di successione: convergente, divergente e indeterminata.

UTILIZZARE TECNICHE E PROCEDURE DI CALCOLO

8 È dato l'insieme $A = \left\{x: x = 3 + \frac{2}{n}, n \in \mathbb{N} - \{0\}\right\}$. Verifica che $x_0 = 3$ è punto di accumulazione per A e che $x_1 = \frac{11}{3}$ è un punto isolato.

9 Dimostra che l'insieme $A \subset \mathbb{R}$ tale che $A = \left\{x: x = \frac{2n-1}{n+1}, n \in \mathbb{N}\right\}$ ammette $x = 2$ come punto di accumulazione.

TEST

10 Se $\forall \varepsilon > 0$ esiste un intorno destro di -2 tale che $4 - \varepsilon < f(x) \leq 4$, allora:

- **A** $\lim_{x \to -2} f(x) = -4$.
- **B** $\lim_{x \to 4} f(x) = -2$.
- **C** $\lim_{x \to -2^-} f(x) = 4^-$.
- **D** $\lim_{x \to -2^+} f(x) = 4^+$.
- **E** $\lim_{x \to -2^+} f(x) = 4^-$.

11 Se $\lim_{x \to 1} (x^2 - 3) = -2$, allora $\forall \varepsilon > 0 \, \exists \, I(1)$ tale che per $x \in I(1)$ si ha:

- **A** $-\sqrt{\varepsilon} < x < \sqrt{\varepsilon}$.
- **B** $-\sqrt{\varepsilon} - 1 < x < \sqrt{\varepsilon} + 1$.
- **C** $\sqrt{1 - \varepsilon} < x < \sqrt{1 + \varepsilon}$.
- **D** $-\sqrt{1 + \varepsilon} < x < -\sqrt{1 - \varepsilon}$.
- **E** $-\sqrt{\varepsilon} + 1 < x < \sqrt{\varepsilon} + 1$.

Verifica i seguenti limiti mediante le relative definizioni.

12 $\lim_{x\to+\infty} \frac{2x-1}{x+1} = 2$

13 $\lim_{x\to 3^-} \sqrt{3-x} = 0$

14 $\lim_{x\to 4} (2x-3) = 5$

15 $\lim_{x\to 2} \left(\frac{x^2}{2}+1\right) = 3$

16 $\lim_{x\to-\infty} (4-x^2) = -\infty$

17 $\lim_{x\to+\infty} \frac{1}{x^3+2} = 0$

18 $\lim_{x\to 2} (x^2-8) = -4$

19 $\lim_{x\to 8} \sqrt{2x-3} = 1$

20 $\lim_{x\to+\infty} \frac{2^x-1}{2^x} = 1$

21 $\lim_{x\to-\infty} \frac{1}{e^x} = +\infty$

22 $\lim_{x\to+\infty} \frac{1}{1+\sqrt{x}} = 0^+$

23 $\lim_{x\to+\infty} \frac{\log_2 x+1}{\log_2 x} = 1$

24 $\lim_{x\to 2^+} \ln(2x-4) = -\infty$

25 $\lim_{x\to 0} \frac{e^{4x}}{4} = \frac{1}{4}$

26 $\lim_{x\to 1^-} \frac{1}{\ln x} = -\infty$

27 $\lim_{x\to+\infty} (\sqrt{x}+1) = +\infty$

28 $\lim_{x\to+\infty} (2-3^x) = -\infty$

29 $\lim_{x\to+\infty} \frac{3x-5}{1-2x} = -\frac{3}{2}$

Per ogni successione scrivi i primi dieci termini e stabilisci se si tratta di una successione limitata superiormente, limitata inferiormente, limitata o illimitata.

30 $a_n = (-1)^{n+1}$

31 $a_n = 2^n$

32 $a_n = 3^n + (-1)^n$

Verifica i seguenti limiti di successioni applicando le relative definizioni.

33 $\lim_{n\to+\infty} \left(\frac{1}{n}-1\right) = -1$

34 $\lim_{n\to+\infty} \frac{1}{4n^2-1} = 0$

35 $\lim_{n\to+\infty} (2-5n) = -\infty$

Verifica che le seguenti successioni sono monotòne e per ciascuna, dopo aver controllato se è limitata o illimitata, indica se è convergente o divergente.

36 $a_n = 1 + 3^n$ [cresc., illim. super., div.]

37 $a_n = \frac{2n+2}{n}$, $n > 0$. [decresc., lim., conv.]

ANALIZZARE E INTERPRETARE DATI E GRAFICI

38 **LEGGI IL GRAFICO** Dal grafico della funzione $y = f(x)$ deduci, se esistono, i limiti indicati.

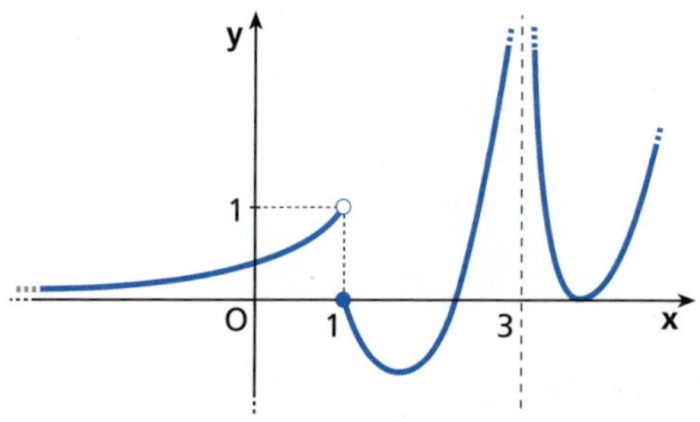

a. $\lim_{x\to-\infty} f(x)$;

b. $\lim_{x\to 1^+} f(x)$;

c. $\lim_{x\to 3^+} f(x)$;

d. $\lim_{x\to+\infty} f(x)$;

e. $\lim_{x\to 1^-} f(x)$;

f. $\lim_{x\to 3^-} f(x)$.

Esprimi mediante la definizione i casi **a**, **b**, **c**.

39 **COMPLETA** osservando il grafico di $y = f(x)$.

$\lim_{x\to 0^-} f(x) = \square$; $\lim_{x\to 0^+} f(x) = \square$; $\lim_{x\to 2} f(x) = \square$;

$\lim_{x\to -\frac{5}{2}^-} f(x) = \square$; $\lim_{x\to -\frac{5}{2}^+} f(x) = \square$; $\lim_{x\to+\infty} f(x) = \square$.

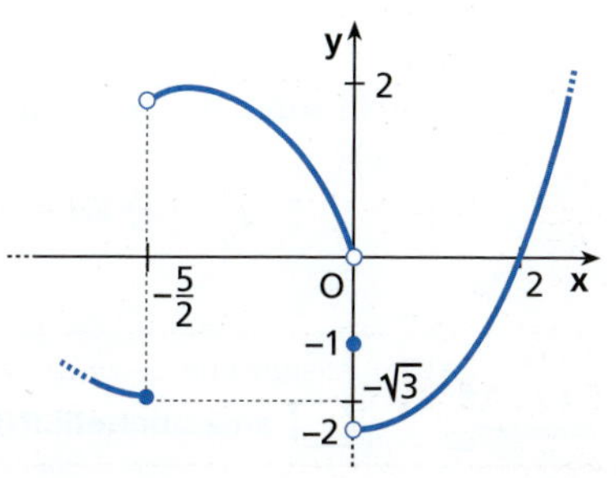

VERIFICA DELLE COMPETENZE

40 COMPLETA osservando il grafico.

$\lim_{x\to 1} f(x) = \square$; $\lim_{x\to -\infty} f(x) = \square$; $\lim_{x\to 0^-} f(x) = \square$;

$\lim_{x\to 3} f(x) = \square$; $\lim_{x\to \square} f(x) = -\infty$; $\lim_{x\to +\infty} f(x) = \square$.

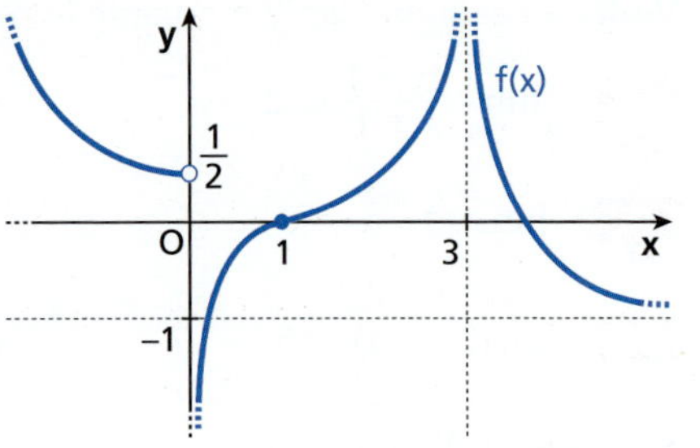

Rappresenta le seguenti funzioni utilizzando le trasformazioni geometriche. Deduci poi dal grafico i limiti indicati e verificali utilizzando la definizione.

41 $f(x) = \dfrac{1}{|x|}$, $\lim_{x\to 0} f(x)$.

42 $f(x) = -2^x + 3$, $\lim_{x\to 0} f(x)$, $\lim_{x\to +\infty} f(x)$.

43 $f(x) = 1 - \ln x$, $\lim_{x\to 0^+} f(x)$, $\lim_{x\to 1} f(x)$.

44 $f(x) = \begin{cases} e^{-x} & \text{se } x \geq 0 \\ 2x - 1 & \text{se } x < 0 \end{cases}$, $\lim_{x\to 0^-} f(x)$, $\lim_{x\to 0^+} f(x)$.

---

45 a. Rappresenta graficamente la funzione $y = 2e^{x+1}$.
b. Verifica che $\lim_{x\to -\infty} f(x) = 0$.
c. Trova la funzione inversa e rappresentala graficamente. La funzione inversa ha degli asintoti?

46 a. Traccia il grafico della funzione $f(x) = \begin{cases} \dfrac{1}{x+1} & \text{se } x < 0 \\ e^{-x} - 1 & \text{se } x \geq 0 \end{cases}$.
b. Verifica l'esistenza di due asintoti orizzontali mediante le definizioni di limite.

47 a. Rappresenta graficamente la funzione $y = \dfrac{1}{x-4}$ e verifica l'esistenza di un asintoto verticale e uno orizzontale mediante le definizioni di limite.
b. Deduci dal grafico il valore di $\lim_{x\to 2} y$ ed esegui la verifica mediante la relativa definizione.

Disegna il grafico di una funzione $y = f(x)$ che soddisfi le condizioni date.

48 $D = \mathbb{R} - \{0; 2\}$; $y > 0$ per $-1 < x < 0 \vee x > 2$;
$\lim_{x\to -\infty} f(x) = -\infty$; $\lim_{x\to 0^+} f(x) = 0$; $\lim_{x\to 0^-} f(x) = +\infty$; $\lim_{x\to 2^+} f(x) = +\infty$; $\lim_{x\to 2^-} f(x) = -\infty$.

49 $D = \mathbb{R} - \{0\}$; $f(-2) = 0$; $y < 0$ per $x < -2$;
$\lim_{x\to -\infty} f(x) = -2^+$; $\lim_{x\to 0^-} f(x) = 0^+$; $\lim_{x\to 0^+} f(x) = +\infty$; $\lim_{x\to +\infty} f(x) = +\infty$.

50 $D = \mathbb{R}$; $f(0) = 0$; $y > 0$ per $x < -2 \vee x > 0$;
$\lim_{x\to -\infty} f(x) = +\infty$; $\lim_{x\to -2^-} f(x) = 0$; $\lim_{x\to -2^+} f(x) = -\infty$; $\lim_{x\to +\infty} f(x) = 2$.

51 LEGGI IL GRAFICO Considera la funzione $f(x)$ rappresentata in figura.
a. Quali sono il dominio D_f e l'immagine I di $f(x)$?
b. Per quali valori di x_0 si ha $\lim_{x\to x_0} f(x) = 1$?
c. Quali sono gli eventuali asintoti, verticali e/o orizzontali, di $f(x)$?

[a) $D_f = \mathbb{R} - \{6\}$; $I = [-1; +\infty[$; b) 0; 5; $+\infty$; c) a.o.: $y = 0$, $y = 1$; a.v.: $x = 6$]

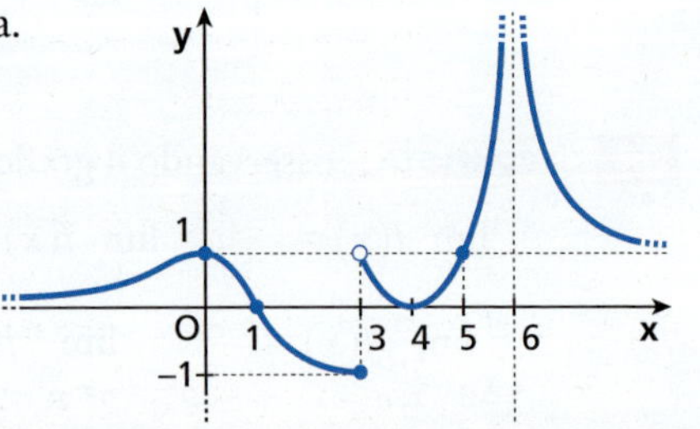

TUTOR matematica Allenati con **15 esercizi interattivi** con feedback "hai sbagliato, perché..."
su.zanichelli.it/tutor3 risorsa riservata a chi ha acquistato l'edizione con tutor

VERIFICA DELLE COMPETENZE PROVE

1 ora

PROVA A

1 COMPLETA osservando il grafico.

a. $\lim\limits_{x \to \square} f(x) = -2$

b. $\lim\limits_{x \to 0^+} f(x) = \square$;

c. $\lim\limits_{x \to 0^-} f(x) = \square$;

d. $\lim\limits_{x \to +\infty} f(x) = \square$;

e. $\lim\limits_{x \to 1} f(x) = \square$.

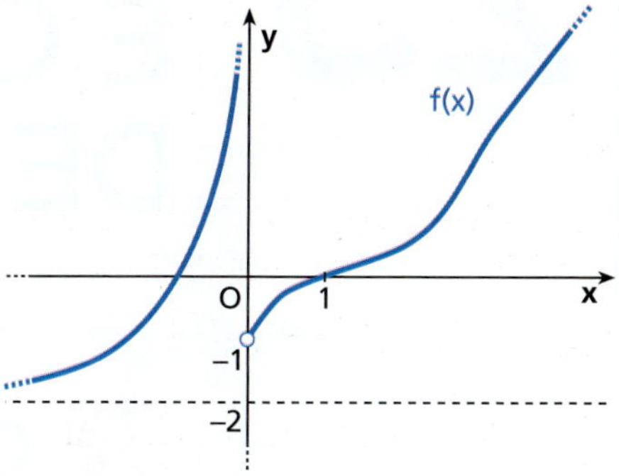

2 a. Disegna il grafico di una funzione $y = f(x)$ che abbia le seguenti caratteristiche:

$$\lim_{x \to -1} f(x) = -\infty, \qquad \lim_{x \to -\infty} f(x) = -\infty, \qquad \lim_{x \to +\infty} f(x) = 4.$$

b. Scrivi le equazioni degli asintoti presenti.

Verifica i seguenti limiti mediante le relative definizioni.

3 $\lim\limits_{x \to 2} \sqrt{5x - 1} = 3$

4 $\lim\limits_{x \to -\infty} \dfrac{2x}{1 - x} = -2$

5 $\lim\limits_{x \to 2^-} \log(2 - x) = -\infty$

6 Verifica che la successione $a_n = n^2 + 3$ è monotòna e, dopo aver controllato se è illimitata o limitata, indica se è convergente o divergente.

PROVA B

1 **Pressione e volume** Una certa quantità di gas subisce la trasformazione termodinamica rappresentata nel grafico.

a. Approssimando il grafico con un ramo di iperbole equilatera ricava l'equazione della curva che descrive la trasformazione.

b. Osservando il grafico ipotizza a cosa tende la pressione quando:

- il volume tende ad annullarsi;
- il volume aumenta sempre di più.

Descrivi le due situazioni mediante il linguaggio dei limiti e verifica i due limiti utilizzando le definizioni.

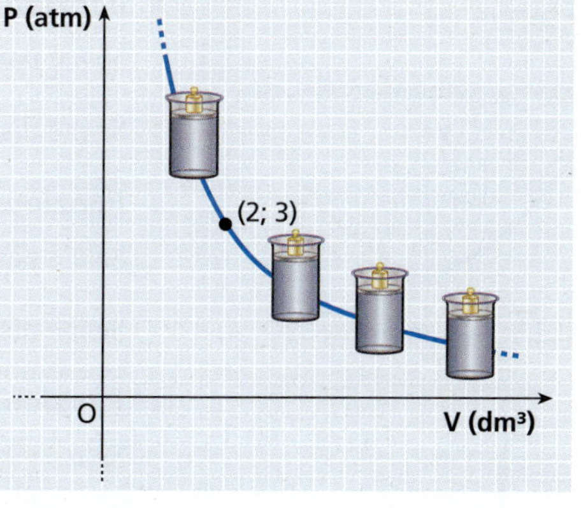

2 **Acclimatarsi** Un corpo che ha una temperatura iniziale di 25 °C viene posto all'istante $t = 0$ in un ambiente dove la temperatura è di 20 °C. Il corpo si raffredda secondo la legge $T(t) = 5e^{-\frac{t}{c}} + 20$, dove t è il tempo in secondi, c è una costante positiva, espressa anch'essa in secondi, e $T(t)$ esprime la temperatura in °C. Verifica, graficamente e con la definizione di limite, che al passare del tempo il corpo tende a raggiungere la temperatura dell'ambiente.

T

CAPITOLO 23

CALCOLO DEI LIMITI E CONTINUITÀ DELLE FUNZIONI

1 Operazioni sui limiti

Nel capitolo precedente abbiamo definito e analizzato il concetto di limite. Ora è necessario imparare a calcolarlo.
Il calcolo di $\lim_{x \to x_0} f(x)$ è semplice quando $f(x)$ è una funzione continua in x_0, perché basta valutare la funzione in x_0. Sono poi utili alcuni teoremi relativi alle operazioni sui limiti che ora esaminiamo.

I teoremi che enunceremo sono validi sia nel caso di limite per x che tende a un valore finito, sia nel caso di limite per x che tende a $+\infty$ o $-\infty$.
Perciò, quando non sarà importante distinguere, indicheremo con «$x \to \alpha$» una qualsiasi delle seguenti scritture:

$$x \to x_0;\ x \to x_0^+;\ x \to x_0^-;\ x \to +\infty;\ x \to -\infty.$$

Prima di proseguire, mettiamo in evidenza alcuni importanti limiti di funzioni elementari verificabili con la definizione e che si possono osservare anche nei grafici rispettivi.

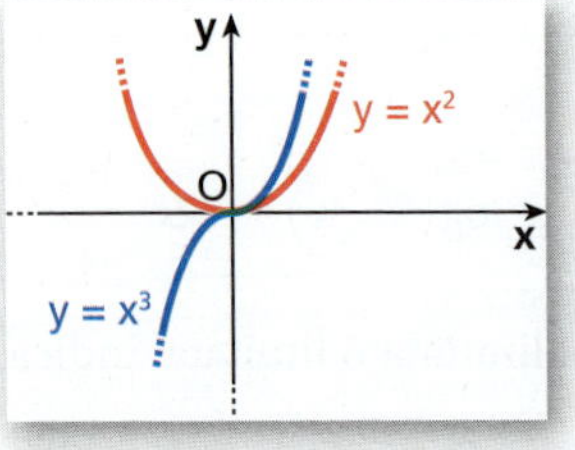

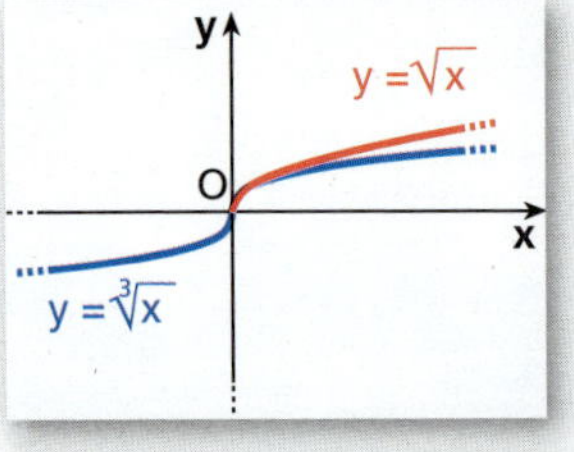

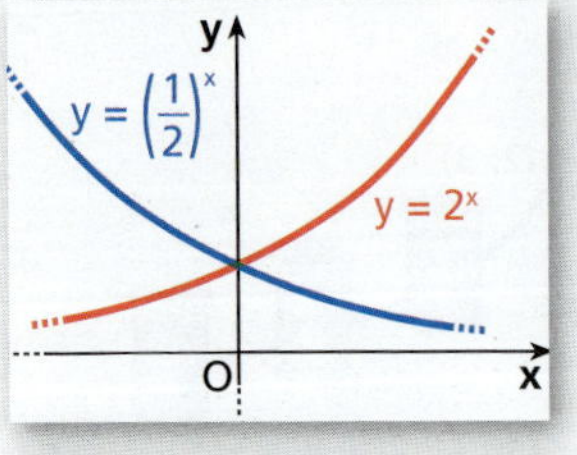

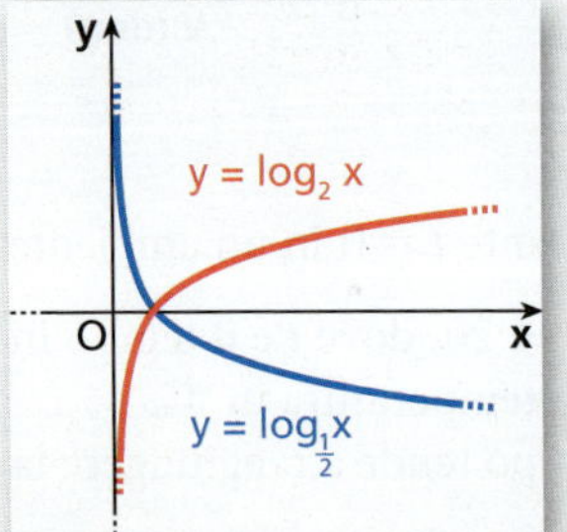

Limiti di funzioni elementari

▶ Esercizi a p. 1192

- **Funzioni potenza $y = x^n$**
  Se n è pari: $\lim_{x \to \pm\infty} x^n = +\infty$.
  Se n è dispari: $\lim_{x \to +\infty} x^n = +\infty$, $\lim_{x \to -\infty} x^n = -\infty$.
- **Funzioni radice $y = \sqrt[n]{x}$**
  Se n è pari: $\lim_{x \to 0^+} \sqrt[n]{x} = 0$, $\lim_{x \to +\infty} \sqrt[n]{x} = +\infty$.
  Se n è dispari: $\lim_{x \to -\infty} \sqrt[n]{x} = -\infty$, $\lim_{x \to +\infty} \sqrt[n]{x} = +\infty$.
- **Funzioni esponenziali $y = a^x$**
  Se $a > 1$: $\lim_{x \to -\infty} a^x = 0$, $\lim_{x \to +\infty} a^x = +\infty$.
  Se $0 < a < 1$: $\lim_{x \to -\infty} a^x = +\infty$, $\lim_{x \to +\infty} a^x = 0$.
- **Funzioni logaritmiche $y = \log_a x$**
  Se $a > 1$: $\lim_{x \to 0^+} \log_a x = -\infty$, $\lim_{x \to +\infty} \log_a x = +\infty$.
  Se $0 < a < 1$: $\lim_{x \to 0^+} \log_a x = +\infty$, $\lim_{x \to +\infty} \log_a x = -\infty$.

Limite della somma

Esercizi a p. 1192

Le funzioni hanno limite finito

ESEMPIO

Consideriamo $f(x) = 2x - 6$ e $g(x) = x + 3$ e i loro limiti per $x \to 4$:

$$\lim_{x \to 4} (2x - 6) = 2 \text{ e } \lim_{x \to 4} (x + 3) = 7,$$

perché f e g sono funzioni continue.

La funzione somma $s(x) = f(x) + g(x)$ è: $s(x) = (2x - 6) + (x + 3) = 3x - 3$.

Il limite di $s(x)$ per x che tende a 4 è: $\lim_{x \to 4} (3x - 3) = 9$.

Osserviamo che $9 = 2 + 7$, ossia il limite di $s(x)$ è uguale alla somma dei limiti di $f(x)$ e di $g(x)$.

► Considera le funzioni $f(x) = x$, $g(x) = x^2 - x + 3$ e verifica che $\lim_{x \to 2} [f(x) + g(x)] = \lim_{x \to 2} f(x) + \lim_{x \to 2} g(x)$.

In generale, si può dimostrare il seguente teorema.

TEOREMA

Se $\lim_{x \to \alpha} f(x) = l$ e $\lim_{x \to \alpha} g(x) = m$, dove $l, m \in \mathbb{R}$, allora:

$$\lim_{x \to \alpha} [f(x) + g(x)] = \lim_{x \to \alpha} f(x) + \lim_{x \to \alpha} g(x) = l + m.$$

Listen to it

The limit of a sum of functions is the sum of the limits of the functions.

Quindi il limite della somma di due funzioni è uguale alla somma dei loro limiti.

Le funzioni non hanno entrambe limite finito

Cosa succede quando una delle due funzioni ha limite infinito? E quando entrambe hanno limite infinito?

Con i simboli $+\infty$ e $-\infty$ non si possono eseguire operazioni ragionando come se si trattasse di numeri reali. Per esempio, si può dimostrare che se $\lim_{x \to \alpha} f(x) = l$, con $l \in \mathbb{R}$, e $\lim_{x \to \alpha} g(x) = +\infty$, allora $\lim_{x \to \alpha} [f(x) + g(x)] = +\infty$, che è come dire:

$$l + (+\infty) = +\infty.$$

Una relazione simile per i numeri reali $a + b = b$ è vera solo se $a = 0$.

Riassumiamo nella tabella i vari casi che si possono presentare nei calcoli dei limiti della somma di due funzioni quando almeno una delle due funzioni ha limite infinito.

$\lim f(x)$	$\lim g(x)$	$\lim [f(x) + g(x)]$
l	$+\infty$	$+\infty$
l	$-\infty$	$-\infty$
$+\infty$	$+\infty$	$+\infty$
$-\infty$	$-\infty$	$-\infty$

Nella tabella puoi notare che manca il caso in cui si sommano $+\infty$ e $-\infty$, che non ha come risultato 0, come ci si potrebbe erroneamente aspettare.

► Calcola:

a. $\lim_{x \to +\infty} (x + x^2)$;

b. $\lim_{x \to -\infty} (x + 2^x)$.

$+\infty - \infty$ è una **forma di indecisione** o **forma indeterminata**.

Consideriamo, per esempio, la funzione $f(x) = 2x$ e le tre funzioni:

$$g_1(x) = -2x + 1; \quad g_2(x) = -x; \quad g_3(x) = -3x.$$

Per $x \to +\infty$, il limite di $f(x)$ è $+\infty$, mentre i limiti di $g_1(x)$, $g_2(x)$ e $g_3(x)$ sono $-\infty$.

Calcoliamo le funzioni somma:

$$s_1(x) = f(x) + g_1(x) = 2x - 2x + 1 = 1;$$

$$s_2(x) = f(x) + g_2(x) = 2x - x = x;$$

$$s_3(x) = f(x) + g_3(x) = 2x - 3x = -x.$$

Calcoliamo il limite per $x \to +\infty$ di tali funzioni:

$$\lim_{x \to +\infty} s_1(x) = \lim_{x \to +\infty} 1 = 1; \qquad \lim_{x \to +\infty} s_2(x) = \lim_{x \to +\infty} x = +\infty;$$

$$\lim_{x \to +\infty} s_3(x) = \lim_{x \to +\infty} (-x) = -\infty.$$

Abbiamo ottenuto tre limiti diversi: non può quindi esistere una regola che permetta di ottenere in generale il limite della funzione somma $f(x) + g(x)$ quando i limiti delle funzioni $f(x)$ e $g(x)$ sono rispettivamente $+\infty$ e $-\infty$.
Per questo motivo diciamo che $+\infty - \infty$ è una forma indeterminata. Vedremo nel prossimo paragrafo come eliminare l'indeterminazione e calcolare i limiti che si presentano in questa forma.

Limite del prodotto

▶ Esercizi a p. 1193

Le funzioni hanno limite finito

Listen to it

The limit of a product of functions is the product of the limits of the functions.

TEOREMA
Se $\lim_{x \to \alpha} f(x) = l$ e $\lim_{x \to \alpha} g(x) = m$, con $l, m \in \mathbb{R}$, allora:

$$\lim_{x \to \alpha} [f(x) \cdot g(x)] = \lim_{x \to \alpha} f(x) \cdot \lim_{x \to \alpha} g(x) = l \cdot m.$$

Quindi il limite del prodotto di due funzioni è uguale al prodotto dei loro limiti.

▶ Calcola: $\lim_{x \to -1} 4xe^{-x}$.

ESEMPIO
Essendo $\lim_{x \to 1} 3x = 3$ e $\lim_{x \to 1} (x + 1) = 2$, allora $\lim_{x \to 1} 3x(x + 1) = 3 \cdot 2 = 6$.
Infatti, la funzione prodotto è $p(x) = 3x(x + 1) = 3x^2 + 3x$, e il limite per x che tende a 1 di tale funzione è proprio uguale a 6.

In particolare, se $f(x)$ è una funzione costante $f(x) = k$, si ha:

$$\lim_{x \to \alpha} f(x) \cdot g(x) = \lim_{x \to \alpha} k \cdot g(x) = k \lim_{x \to \alpha} g(x) = k \cdot m.$$

Dal teorema del prodotto si ricava quello della **potenza di una funzione**.

▶ Calcola: $\lim_{x \to 1} (3x^2 - x)^4$.

TEOREMA
Se $\lim_{x \to \alpha} f(x) = l$, con $l \in \mathbb{R}$, allora $\lim_{x \to \alpha} [f(x)]^n = l^n$, $\forall n \in \mathbb{N} - \{0\}$.

Questa regola si può estendere anche al caso di esponente reale diverso da 0.
In particolare, $\lim_{x \to \alpha} \sqrt[n]{f(x)} = \sqrt[n]{l}$ se $\lim_{x \to \alpha} f(x) = l$.

Le funzioni non hanno entrambe limite finito

Se le funzioni non hanno entrambe limite finito, per il limite del prodotto si possono presentare diversi casi che riassumiamo nella tabella, osservando che anche quando si usano i simboli $+\infty$ e $-\infty$ vale ancora la regola dei segni.

$\lim f(x)$	$\lim g(x)$	$\lim [f(x) \cdot g(x)]$
$l > 0$	$+\infty$ $-\infty$	$+\infty$ $-\infty$
$l < 0$	$+\infty$ $-\infty$	$-\infty$ $+\infty$
$+\infty$	$+\infty$	$+\infty$
$-\infty$	$-\infty$	$+\infty$
$+\infty$	$-\infty$	$-\infty$

ESEMPIO

Supponiamo noti $\lim_{x \to 0^+} (x-2) = -2$ e $\lim_{x \to 0^+} \ln x = -\infty$. Allora:

$$\lim_{x \to 0^+} [(x-2) \cdot \ln x] = +\infty.$$

▶ Calcola:
$\lim_{x \to +\infty} -xe^x$ e $\lim_{x \to 1^+} x\ln(x-1)$.

Notiamo che nella tabella precedente manca il caso in cui una funzione ha limite $l = 0$ e l'altra ha limite infinito.

$0 \cdot \infty$ è una forma indeterminata.

Consideriamo, per esempio, le funzioni $f(x) = 3x^2$, $g_1(x) = \frac{1}{x^2}$ e $g_2(x) = \frac{1}{x^4}$.

Quando $x \to 0$, il limite di $f(x)$ è uguale a 0, mentre applicando la definizione si può verificare che limiti di $g_1(x)$ e $g_2(x)$ sono entrambi $+\infty$.

Calcoliamo le funzioni prodotto:

$$p_1(x) = f(x) \cdot g_1(x) = 3x^2 \cdot \frac{1}{x^2} = 3;$$

$$p_2(x) = f(x) \cdot g_2(x) = 3x^2 \cdot \frac{1}{x^4} = \frac{3}{x^2}.$$

Si ha quindi $\lim_{x \to 0} p_1(x) = 3$, mentre con la definizione si verifica che $\lim_{x \to 0} p_2(x) = +\infty$.

L'esempio mostra che non esiste una regola generale. Ecco perché $0 \cdot \infty$ è una forma indeterminata.

Limite del quoziente

▶ Esercizi a p. 1193

Le funzioni hanno limite finito

TEOREMA

Se $\lim_{x \to \alpha} f(x) = l$ e $\lim_{x \to \alpha} g(x) = m$, con $l, m \in \mathbb{R}$ e $m \neq 0$, allora:

$$\lim_{x \to \alpha} \frac{f(x)}{g(x)} = \frac{\lim_{x \to \alpha} f(x)}{\lim_{x \to \alpha} g(x)} = \frac{l}{m}.$$

Listen to it

The limit of a quotient of two functions is the quotient of their limits (provided that the limit of the denominator is not 0).

TEORIA

▶ Calcola:
a. $\lim_{x\to 0} \frac{\sin x}{x-1}$;
b. $\lim_{x\to -5} \frac{1}{5-x}$.

ESEMPIO

1. Essendo $\lim_{x\to 3}(x-1) = 2$ e $\lim_{x\to 3}(2x+1) = 7$, allora $\lim_{x\to 3}\frac{x-1}{2x+1} = \frac{2}{7}$.
2. Essendo $\lim_{x\to 3}(x-3) = 0$ e $\lim_{x\to 3}(2x+1) = 7$, allora $\lim_{x\to 3}\frac{x-3}{2x+1} = \frac{0}{7} = 0$.

Se invece $m = 0$, allora abbiamo due casi.

- $l \neq 0 \rightarrow \lim_{x\to\alpha}\frac{f(x)}{g(x)}$ — $f(x)$ tende a ℓ, $g(x)$ tende a 0

Si dimostra che in questo caso il risultato è ∞ e per il segno vale la regola dei segni.

▶ Calcola:
a. $\lim_{x\to 0}\frac{3}{x^2}$;
b. $\lim_{x\to 1^-}\frac{2x}{x^2-1}$.

ESEMPIO

Essendo $\lim_{x\to 3^+} -2x = -6$ e $\lim_{x\to 3^+}(x-3) = 0^+$, allora

$$\lim_{x\to 3^+}\frac{-2x}{x-3} = -\infty.$$

- $l = 0 \rightarrow \lim_{x\to\alpha}\frac{f(x)}{g(x)}$ — $f(x)$ tende a 0, $g(x)$ tende a 0

$\frac{0}{0}$ è una **forma indeterminata**.

Le funzioni non hanno entrambe limite finito

▶ Calcola:
a. $\lim_{x\to -\infty}\frac{x+1}{-10}$;
b. $\lim_{x\to +\infty}\frac{-7}{x}$.

Si possono presentare i casi riassunti nella tabella, in cui l può anche essere uguale a 0. Inoltre per il segno del limite vale la regola dei segni.

$\lim f(x)$	$\lim g(x)$	$\lim \frac{f(x)}{g(x)}$
l	∞	0
∞	l	∞

Nella tabella manca il caso in cui entrambe le funzioni $f(x)$ e $g(x)$ hanno limite infinito perché:

$\frac{\infty}{\infty}$ è una **forma indeterminata**.

Limite della potenza del tipo $[f(x)]^{g(x)}$

▶ Esercizi a p. 1194

Consideriamo funzioni potenza del tipo $[f(x)]^{g(x)}$ aventi sia la base sia l'esponente variabili. Per l'esistenza di tali funzioni occorre che $f(x) > 0$.

TEOREMA

Se $\lim_{x\to\alpha} f(x) = l > 0$ e $\lim_{x\to\alpha} g(x) = m$, con $l, m \in \mathbb{R}$, allora:

$$\lim_{x\to\alpha}[f(x)]^{g(x)} = l^m.$$

ESEMPIO

$$\lim_{x\to 4}(\sqrt{x})^{x-1} = 2^3 = 8$$

Nei calcoli dei limiti di questo tipo,

0^0, 1^∞, ∞^0 sono **forme indeterminate**.

$\lim f(x)$	$\lim g(x)$	$\lim [f(x)]^{g(x)}$
$0 \le l < 1$	$+\infty$ $-\infty$	0^+ $+\infty$
$l > 1$	$+\infty$ $-\infty$	$+\infty$ 0^+

In tutti gli altri casi è possibile determinare il valore di $\lim_{x \to \alpha} f(x)^{g(x)}$ utilizzando le proprietà degli esponenziali.

ESEMPIO

a. $\lim_{x \to 0^+} \left(x + \frac{1}{2}\right)^{\frac{1}{x}} = 0^+$. (base: tende a $\frac{1}{2}$; esponente: tende a $+\infty$)

Infatti una potenza con base compresa tra 0 e 1, se l'esponente tende a $+\infty$, tende a 0^+.

b. $\lim_{x \to 0^+} \left(\frac{1}{x}\right)^{-\frac{1}{x}} = 0^+$. (base: tende a $+\infty$; esponente: tende a $-\infty$)

Una potenza con base maggiore di 1, con esponente che tende a $-\infty$, tende a 0^+.

▶ Calcola:

a. $\lim_{x \to +\infty} (x+1)^x$;

b. $\lim_{x \to 0^-} (x+2)^{\frac{1}{x}}$.

Limite delle funzioni composte

Consideriamo due funzioni, $y = f(z)$ e $z = g(x)$, per le quali possiamo fare la composizione $f(g(x))$, cioè tali che $g(x)$ appartiene al dominio di f per ogni x appartenente al dominio di g.

TEOREMA

Siano $y = f(z)$ e $z = g(x)$ tali che $f(z)$ è continua in z_0 e $\lim_{x \to \alpha} g(x) = z_0$.
Allora:

$$\lim_{x \to \alpha} f(g(x)) = f(\lim_{x \to \alpha} g(x)) = f(z_0).$$

ESEMPIO

La funzione $y = 2^{\sin x}$ è la funzione composta di $z = g(x) = \sin x$ e $y = f(z) = 2^z$, quindi:

$$\lim_{x \to \pi} 2^{\sin x} = 2^{\lim_{x \to \pi} \sin x} = 2^0 = 1.$$

▶ Calcola:
$\lim_{x \to 0} \ln \cos x$.

2 Forme indeterminate

Come abbiamo visto nel paragrafo precedente, le forme indeterminate che possiamo incontrare nel calcolo dei limiti sono sette:

$$+\infty - \infty,\ \infty \cdot 0,\ \frac{\infty}{\infty},\ \frac{0}{0},\ 1^\infty,\ 0^0,\ \infty^0\ .$$

Esaminiamo ora, attraverso alcuni esempi, come calcolare i limiti che si presentano in forma indeterminata. Non esistono regole generali per il calcolo delle forme indeterminate, che vanno quindi risolte caso per caso.

Listen to it

When substitution doesn't give enough information to determine the value of the limit, we have found an **indeterminate form**.

Forma indeterminata $+\infty - \infty$

▶ Esercizi a p. 1196

Limite di una funzione polinomiale

ESEMPIO

$\lim_{x \to +\infty} (x^4 - 3x^2 + 1)$ si presenta nella forma indeterminata $+\infty - \infty$.

Raccogliendo il fattore x^4, il limite diventa:

$$\lim_{x \to +\infty} \left[x^4 \left(1 - \frac{3}{x^2} + \frac{1}{x^4} \right) \right].$$

Poiché $\lim_{x \to +\infty} \left(-\frac{3}{x^2} \right) = 0$ e $\lim_{x \to +\infty} \frac{1}{x^4} = 0$, risulta $\lim_{x \to +\infty} \left(1 - \frac{3}{x^2} + \frac{1}{x^4} \right) = 1$.

Inoltre, sappiamo che $\lim_{x \to +\infty} x^4 = +\infty$, quindi, per il teorema del limite del prodotto, risulta:

$$\lim_{x \to +\infty} \left[x^4 \left(1 - \frac{3}{x^2} + \frac{1}{x^4} \right) \right] = +\infty.$$

Il procedimento utilizzato nell'esempio si generalizza come segue.

In generale, per calcolare il limite di una funzione polinomiale di grado n per $x \to +\infty$ (o per $x \to -\infty$),

$$\lim_{\substack{x \to +\infty \\ (x \to -\infty)}} (a_0 x^n + a_1 x^{n-1} + \ldots + a_n),$$

in cui compare la forma indeterminata $+\infty - \infty$, procediamo così:

- raccogliamo a fattor comune x^n:

$$\lim_{\substack{x \to +\infty \\ (x \to -\infty)}} x^n \left(a_0 + \frac{a_1}{x} + \frac{a_2}{x^2} + \ldots + \frac{a_n}{x^n} \right);$$

- poiché, per x che tende a $+\infty$ o $-\infty$, i limiti di $\frac{a_1}{x}, \frac{a_2}{x^2}, \ldots, \frac{a_n}{x^n}$ valgono 0:

$$\lim_{\substack{x \to +\infty \\ (x \to -\infty)}} \left(a_0 + \frac{a_1}{x} + \frac{a_2}{x^2} + \ldots + \frac{a_n}{x^n} \right) = a_0,$$

e quindi:

$$\lim_{\substack{x \to +\infty \\ (x \to -\infty)}} (a_0 x^n + a_1 x^{n-1} + \ldots + a_n) = \lim_{\substack{x \to +\infty \\ (x \to -\infty)}} a_0 x^n.$$

Tale limite vale $+\infty$ o $-\infty$. Il segno si determina applicando la regola dei segni al prodotto $a_0 x^n$.

▶ Calcola:
a. $\lim_{x \to +\infty} (x^2 - 2x)$;
b. $\lim_{x \to -\infty} (x^3 + x^2)$.

Animazione

ESEMPIO

$$\lim_{x \to -\infty} (6x^3 + 4x^2 - 5) = \lim_{x \to -\infty} x^3 \cdot \left(6 + \frac{4}{x} - \frac{5}{x^3} \right) = \lim_{x \to -\infty} 6x^3 = -\infty$$

Limite di una funzione irrazionale

ESEMPIO

$\lim_{x \to +\infty} (x - \sqrt{x^2 + 1})$ si presenta nella forma indeterminata $+\infty - \infty$.

TEORIA

Per calcolare questo limite possiamo riscrivere la funzione data in modo che scompaia la differenza $x - \sqrt{x^2 + 1}$ e appaia invece la somma $x + \sqrt{x^2 + 1}$. Per far ciò, moltiplichiamo e dividiamo la funzione per $x + \sqrt{x^2 + 1}$, che è sicuramente diverso da 0 per x che tende a $+\infty$, e utilizziamo il prodotto notevole $(a - b)(a + b) = a^2 - b^2$:

$$x - \sqrt{x^2+1} = (x - \sqrt{x^2+1}) \cdot \frac{x + \sqrt{x^2+1}}{x + \sqrt{x^2+1}} = \frac{x^2 - (x^2+1)}{x + \sqrt{x^2+1}} = \frac{-1}{x + \sqrt{x^2+1}}.$$

Se $x \to +\infty$, il denominatore $x + \sqrt{x^2 + 1}$ tende a $+\infty$, quindi, la frazione tende a 0, ossia:

$$\lim_{x \to +\infty} (x - \sqrt{x^2+1}) = \lim_{x \to +\infty} \frac{-1}{x + \sqrt{x^2+1}} = 0.$$

► Calcola: $\lim_{x \to +\infty} (x + 1 - \sqrt{x^2 + 2x})$.

Animazione

► Calcola: $\lim_{x \to +\infty} (\sqrt{x} - \sqrt{x-1})$.

Forma indeterminata $0 \cdot \infty$

► Esercizi a p. 1198

ESEMPIO

Calcoliamo $\lim_{x \to \frac{\pi}{2}^-} [(1 - \sin x) \cdot \tan x]$.

Otteniamo la forma indeterminata $0 \cdot \infty$, perché:

$$\lim_{x \to \frac{\pi}{2}^-} (1 - \sin x) = 0 \quad \text{e} \quad \lim_{x \to \frac{\pi}{2}^-} \tan x = +\infty.$$

Ricordiamo che $\tan x = \frac{\sin x}{\cos x}$ e moltiplichiamo e dividiamo la funzione data per $(1 + \sin x)$, che è diverso da 0 per x vicino a $\frac{\pi}{2}$:

$$(1 - \sin x) \cdot \tan x \cdot \frac{1 + \sin x}{1 + \sin x} =$$

$$\frac{1 - \sin^2 x}{1 + \sin x} \cdot \frac{\sin x}{\cos x} = \frac{\cos^{\not 2} x}{1 + \sin x} \cdot \frac{\sin x}{\not{\cos x}} = \frac{\sin x \cdot \cos x}{1 + \sin x}.$$

Abbiamo semplificato per $\cos x$ poiché è diverso da 0 per $x \to \frac{\pi}{2}^-$. A questo punto, il numeratore $\sin x \cdot \cos x$ tende a 0, mentre il denominatore $1 + \sin x$ tende a 2, quindi, per il teorema del limite del quoziente di due funzioni, la frazione tende a $\frac{0}{2}$, ossia a 0:

$$\lim_{x \to \frac{\pi}{2}^-} [(1 - \sin x) \cdot \tan x] = 0.$$

► Calcola: $\lim_{x \to 0^+} 2(\cos x - 1) \cdot \cot x$.

Animazione

► Calcola: $\lim_{x \to 0^+} \sin x \cot x$.

Forma indeterminata $\frac{\infty}{\infty}$

► Esercizi a p. 1198

Limite di una funzione razionale fratta per $x \to \infty$

Dato il limite

$$\lim_{\substack{x \to +\infty \\ (x \to -\infty)}} \frac{a_0 x^n + a_1 x^{n-1} + \ldots + a_n}{b_0 x^m + b_1 x^{m-1} + \ldots + b_m},$$

quando almeno un coefficiente delle potenze di x è diverso da 0 sia a numeratore sia a denominatore, questo limite si presenta nella forma $\frac{\infty}{\infty}$, perché il numeratore e il denominatore tendono a ∞ quando x tende a ∞.

Forniamo tre esempi di calcolo di limite con $n > m$, $n = m$, $n < m$, dove n e m sono rispettivamente il grado del numeratore e quello del denominatore.

Il grado del numeratore è maggiore del grado del denominatore

ESEMPIO

Calcoliamo il limite

$$\lim_{x\to+\infty} \frac{x^5 - 2x^2 + 1}{3x^2 - 2x + 6}.$$

Raccogliamo a fattor comune x^5 al numeratore e x^2 al denominatore e semplifichiamo; possiamo infatti supporre $x \neq 0$ perché x tende a $+\infty$ (lo stesso accadrebbe se x tendesse a $-\infty$):

$$\lim_{x\to+\infty} \frac{x^5 \cdot \left(1 - \frac{2}{x^3} + \frac{1}{x^5}\right)}{x^2 \cdot \left(3 - \frac{2}{x} + \frac{6}{x^2}\right)} = \lim_{x\to+\infty} \boxed{x^3} \cdot \frac{\boxed{\left(1 - \frac{2}{x^3} + \frac{1}{x^5}\right)}}{\boxed{\left(3 - \frac{2}{x} + \frac{6}{x^2}\right)}} = +\infty.$$

tende a 1; tende a 3; tende a $+\infty$

Il grado del numeratore è uguale al grado del denominatore

ESEMPIO

Calcoliamo il limite $\lim\limits_{\substack{x\to+\infty \\ (x\to-\infty)}} \frac{1 - 2x^2}{3x^2 + 2x - 5}$.

Raccogliamo a fattor comune x^2 sia nel numeratore sia nel denominatore e semplifichiamo:

$$\lim_{\substack{x\to+\infty \\ (x\to-\infty)}} \frac{x^2 \cdot \left(\frac{1}{x^2} - 2\right)}{x^2 \cdot \left(3 + \frac{2}{x} - \frac{5}{x^2}\right)} = \lim_{\substack{x\to+\infty \\ (x\to-\infty)}} \frac{\boxed{\left(\frac{1}{x^2} - 2\right)}}{\boxed{\left(3 + \frac{2}{x} - \frac{5}{x^2}\right)}}.$$

tende a −2; tende a 3

Per il teorema del quoziente dei limiti, la frazione tende a $-\frac{2}{3}$, pertanto:

$$\lim_{\substack{x\to+\infty \\ (x\to-\infty)}} \frac{1 - 2x^2}{3x^2 + 2x - 5} = -\frac{2}{3}.$$

Osserviamo che $-\frac{2}{3}$ è il rapporto fra i coefficienti della potenza di grado massimo, ossia di x^2, del numeratore e del denominatore.

Il grado del numeratore è minore del grado del denominatore

ESEMPIO

Calcoliamo il limite $\lim\limits_{x\to-\infty} \frac{2x - 1}{x^3 + 2x}$.

Raccogliamo x al numeratore, x^3 al denominatore e semplifichiamo:

$$\lim_{x\to-\infty}\frac{x\cdot\left(2-\frac{1}{x}\right)}{x^3\cdot\left(1+\frac{2}{x^2}\right)}=\lim_{x\to-\infty}\underbrace{\boxed{\frac{1}{x^2}}}_{\text{tende a 0}}\cdot\frac{\overbrace{\boxed{\left(2-\frac{1}{x}\right)}}^{\text{tende a 2}}}{\underbrace{\boxed{\left(1+\frac{2}{x^2}\right)}}_{\text{tende a 1}}}=0.$$

Limite di una funzione razionale fratta per $x\to\infty$: caso generale

In generale, data una funzione razionale fratta

$$f(x)=\frac{a_0x^n+a_1x^{n-1}+\ldots+a_n}{b_0x^m+b_1x^{m-1}+\ldots+b_m},$$

con il numeratore di grado n e il denominatore di grado m, abbiamo:

$$\lim_{\substack{x\to+\infty\\(x\to-\infty)}}\frac{a_0x^n+a_1x^{n-1}+\ldots+a_n}{b_0x^m+b_1x^{m-1}+\ldots+b_m}=\begin{cases}\pm\infty & \text{se } n>m\\ \frac{a_0}{b_0} & \text{se } n=m\\ 0 & \text{se } n<m\end{cases}.$$

Il segno di ∞ nel caso $n>m$ è dato dal prodotto dei segni di:

$$\lim_{\substack{x\to+\infty\\(x\to-\infty)}} x^{n-m} \quad \text{e} \quad \frac{a_0}{b_0}.$$

▶ Calcola:

a. $\lim_{x\to+\infty}\frac{3x}{x^2+1}$;

b. $\lim_{x\to-\infty}\frac{4x^2+x}{-2x^2+3}$;

c. $\lim_{x\to+\infty}\frac{1+x-x^5}{2+x^2}$.

Animazione

Forma indeterminata $\frac{0}{0}$

▶ Esercizi a p. 1200

ESEMPIO

Calcoliamo il limite $\lim_{x\to3}\frac{x^2-2x-3}{2x^2-9x+9}$, che si presenta in forma indeterminata $\frac{0}{0}$, perché:

$$\lim_{x\to3}(x^2-2x-3)=0 \quad \text{e} \quad \lim_{x\to3}(2x^2-9x+9)=0.$$

Poiché il valore 3 annulla sia il polinomio al numeratore sia quello al denominatore, scomponiamo in fattori entrambi,

$$x^2-2x-3=(x-3)(x+1),$$
$$2x^2-9x+9=(x-3)(2x-3),$$

e semplifichiamo, poiché per $x\to3$ possiamo supporre $x-3\neq0$.

$$\lim_{x\to3}\frac{x^2-2x-3}{2x^2-9x+9}=\lim_{x\to3}\frac{(x-3)(x+1)}{(x-3)(2x-3)}=\lim_{x\to3}\frac{x+1}{2x-3}=\frac{4}{3}$$

La tecnica utilizzata in questo esempio si applica, più in generale, al caso del quoziente di due polinomi $f(x)$ e $g(x)$ che si annullino entrambi per $x\to x_0$.

Video

Le forme indeterminate $0\cdot\infty$, $\frac{0}{0}$

▶ Calcoliamo:

$$\lim_{x\to1^+}\frac{x^2+1}{x^2-1}\cdot(\sqrt{x}-1).$$

▶ Calcola:

$$\lim_{x\to2}\frac{x^2-4x+4}{x^3-3x^2+4}.$$

Animazione

▶ Calcola:

$$\lim_{x\to-1}\frac{x+1}{x^2-x-2}.$$

Forme indeterminate 0^0, ∞^0, 1^∞

▶ Esercizi a p. 1201

Le forme indeterminate 0^0, ∞^0, 1^∞ si incontrano nei calcoli di limite del tipo

$$\lim_{x\to\alpha} f(x)^{g(x)}, \quad \text{con } f(x)>0.$$

Ricorrendo all'identità $a=e^{\ln a}$ possiamo scrivere:

$$f(x)^{g(x)}=e^{\ln f(x)^{g(x)}} \quad \to \quad f(x)^{g(x)}=e^{g(x)\ln f(x)}.$$

Video

Le forme indeterminate 0^0, ∞^0, 1^∞

▶ Come si calcola il limite di potenze di base variabile con un esponente variabile?

TEORIA

Allora se, per esempio, $g(x) \to 0$ e $f(x) \to 0^+$, nella funzione $e^{g(x)\ln f(x)}$ all'esponente compare la forma indeterminata $0 \cdot \infty$.

ESEMPIO

Calcoliamo $\lim_{x \to +\infty} x^{\frac{1}{\ln x}}$.

Poiché $\lim_{x \to +\infty} \frac{1}{\ln x} = 0$, si ha la forma indeterminata ∞^0.

Scriviamo: $x^{\frac{1}{\ln x}} = e^{\ln x^{\frac{1}{\ln x}}} = e^{\frac{1}{\ln x} \cdot \ln x} = e$. Il limite vale allora e.

► Calcola:

$\lim_{x \to 0^+} (3x)^{-\frac{1}{\ln 3x}}$.

3 Limiti notevoli

▶ Esercizi a p. 1204

Illustriamo alcuni limiti particolari, detti *notevoli* perché sono fondamentali nelle applicazioni dell'analisi.

Limiti di funzioni goniometriche

Consideriamo $\lim_{x \to 0} \frac{\sin x}{x}$. Poiché $\lim_{x \to 0} \sin x = 0$ e $\lim_{x \to 0} x = 0$, siamo in presenza della forma indeterminata $\frac{0}{0}$. Dimostriamo che

$$\lim_{x \to 0} \frac{\sin x}{x} = 1.$$

► Calcola:

$\lim_{x \to 0} \frac{\sin x + 4x}{\sin 4x + x}$.

Animazione

DIMOSTRAZIONE

Osserviamo che la funzione $\frac{\sin x}{x}$ è pari, poiché

$$f(-x) = \frac{\sin(-x)}{-x} = \frac{-\sin x}{-x} = \frac{\sin x}{x} = f(x),$$

e perciò il suo grafico è simmetrico rispetto all'asse y. Concludiamo che

$$\lim_{x \to 0^-} \frac{\sin x}{x} = \lim_{x \to 0^+} \frac{\sin x}{x},$$

e possiamo quindi limitarci nella dimostrazione al caso $\lim_{x \to 0^+} \frac{\sin x}{x}$.

Consideriamo la circonferenza goniometrica e un angolo positivo di ampiezza x. Poiché $x \to 0^+$, si può supporre $x < \frac{\pi}{2}$.

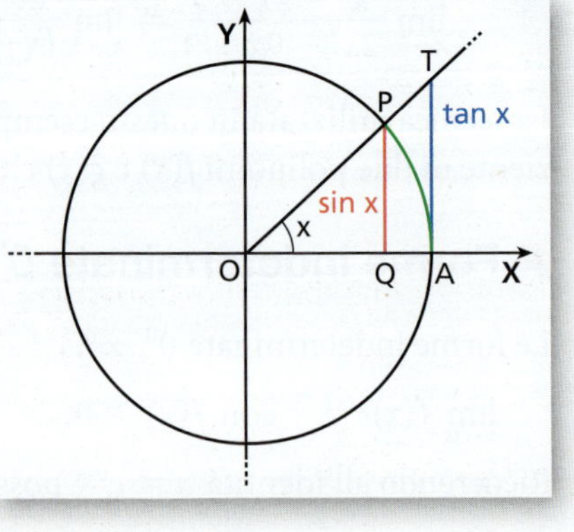

Se x è in radianti, la sua misura coincide con quella di $\widehat{AP}$, mentre la misura di PQ è $\sin x$ e quella di TA è $\tan x$. Essendo

$$\overline{PQ} < \widehat{AP} < \overline{TA},$$

abbiamo che

$$\sin x < x < \tan x.$$

Dividiamo i termini della disuguaglianza per sin x, mantenendo i versi delle disuguaglianze perché $\sin x > 0$ se $0 < x < \frac{\pi}{2}$:

$$1 < \frac{x}{\sin x} < \frac{1}{\cos x} \rightarrow \cos x < \frac{\sin x}{x} < 1.$$

Poiché $\lim_{x \to 0^+} \cos x = 1$ e $\lim_{x \to 0^+} 1 = 1$, per il teorema del confronto si ha che

$$\lim_{x \to 0^+} \frac{\sin x}{x} = 1.$$

Se l'angolo è in gradi invece che radianti, si può dimostrare che:

$$\lim_{x^\circ \to 0} \frac{\sin x^\circ}{x^\circ} = \frac{\pi}{180^\circ}.$$

Osservazione. Il limite studiato si può applicare anche quando al posto della variabile x compare una funzione $y = f(x)$. Per esempio:

$$\lim_{x \to 2} \frac{\sin(x-2)}{x-2} = 1.$$

Infatti, se poniamo $y = x - 2$, per $x \to 2$ anche $y \to 0$, quindi:

$$\lim_{y \to 0} \frac{\sin y}{y} = 1.$$

In generale, quindi, se $\lim_{x \to c} f(x) = 0$, allora

$$\lim_{x \to c} \frac{\sin f(x)}{f(x)} = 1.$$

La stessa osservazione vale per i limiti notevoli che stiamo per analizzare.

Dal limite notevole $\lim_{x \to 0} \frac{\sin x}{x} = 1$ si deducono i seguenti limiti, che si presentano anch'essi nella forma indeterminata $\frac{0}{0}$.

$$\lim_{x \to 0} \frac{1 - \cos x}{x} = 0$$

DIMOSTRAZIONE

Moltiplicando numeratore e denominatore per $1 + \cos x$, otteniamo

$$\frac{1-\cos x}{x} \cdot \frac{1+\cos x}{1+\cos x} = \frac{1-\cos^2 x}{x(1+\cos x)} = \frac{\sin^2 x}{x(1+\cos x)} =$$

$$\frac{\sin x}{x} \cdot \sin x \cdot \frac{1}{1+\cos x},$$

e quindi, per il teorema del prodotto dei limiti, risulta:

$$\lim_{x \to 0} \frac{1-\cos x}{x} = \lim_{x \to 0} \left(\frac{\sin x}{x} \cdot \sin x \cdot \frac{1}{1+\cos x} \right) = 1 \cdot 0 \cdot \frac{1}{2} = 0.$$

In modo analogo si dimostra: $\lim_{x \to 0} \frac{1 - \cos x}{x^2} = \frac{1}{2}$.

► Calcola:

$\lim_{x \to 0} \frac{1 - \cos 4x}{3x^2}$.

Animazione

Limiti di funzioni esponenziali e logaritmiche

Consideriamo $\lim_{x \to \pm\infty} \left(1 + \frac{1}{x}\right)^x$.

Poiché $\lim_{x \to \pm\infty} \frac{1}{x} = 0$, siamo in presenza della forma indeterminata 1^∞. Si può dimostrare che:

$$\lim_{x \to \pm\infty} \left(1 + \frac{1}{x}\right)^x = e.$$

Ricordiamo che e rappresenta il numero di Nepero, che è un numero irrazionale di valore compreso fra 2 e 3.

Anche da questo limite notevole possiamo dedurne altri, che sono nella forma indeterminata $\frac{0}{0}$.

▶ Calcola: $\lim_{x \to +\infty} \left(\frac{x-4}{x}\right)^x$.

Animazione

$$\lim_{x \to 0} \frac{\ln(1+x)}{x} = 1$$

▶ Calcola: $\lim_{x \to 0} \frac{\ln(1-9x^2)}{x}$.

Animazione

DIMOSTRAZIONE

Applicando le proprietà dei logaritmi possiamo scrivere

$$\frac{\ln(1+x)}{x} = \frac{1}{x}\ln(1+x) = \ln(1+x)^{\frac{1}{x}}$$

e quindi, per la continuità della funzione logaritmica:

$$\lim_{x \to 0} \ln(1+x)^{\frac{1}{x}} = \ln\left[\lim_{x \to 0} (1+x)^{\frac{1}{x}}\right].$$

Poniamo ora $y = \frac{1}{x}$, allora $x = \frac{1}{y}$ e per $x \to 0$ abbiamo $y \to \pm\infty$.

Effettuando la sostituzione di variabile nel limite precedente, otteniamo:

$$\lim_{x \to 0} \frac{\ln(1+x)}{x} = \ln\left[\lim_{y \to \pm\infty} \left(1 + \frac{1}{y}\right)^y\right] = \ln e = 1.$$

Più in generale, si dimostra che, se $a > 0$:

$$\lim_{x \to 0} \frac{\log_a(1+x)}{x} = \log_a e.$$

Dimostriamo anche il seguente limite.

$$\lim_{x \to 0} \frac{e^x - 1}{x} = 1$$

▶ Calcola: $\lim_{x \to 0} \frac{e^{4x} - e^x}{4x}$.

Animazione

DIMOSTRAZIONE

Poniamo $y = e^x - 1$, allora $e^x = 1 + y$ e $x = \ln(1+y)$. Inoltre, per $x \to 0$ risulta $y \to 0$, quindi, sostituendo la variabile x, otteniamo

$$\lim_{x \to 0} \frac{e^x - 1}{x} = \lim_{y \to 0} \frac{y}{\ln(1+y)} = \lim_{y \to 0} \frac{1}{\frac{\ln(1+y)}{y}} = \frac{1}{1} = 1.$$

Video

Il limite notevole $\lim_{x \to 0} \frac{e^x - 1}{x}$

▶ Calcoliamo: $\lim_{x \to 0} \frac{x^2}{2^x - 1}$.

Più in generale, si dimostra che, se $a > 0$: $\lim_{x \to 0} \frac{a^x - 1}{x} = \ln a$.

4 Infinitesimi, infiniti e loro confronto

Infinitesimi

▶ Esercizi a p. 1211

DEFINIZIONE

Una funzione $f(x)$ è un **infinitesimo per $x \to \alpha$** quando il limite di $f(x)$ per $x \to \alpha$ è uguale a 0.

α può essere finito oppure $+\infty$ oppure $-\infty$.

ESEMPIO

1. La funzione $f(x) = x - 1$ è un infinitesimo per $x \to 1$ perché $\lim_{x \to 1} (x - 1) = 0$.
2. La funzione $f(x) = \frac{1}{x+2}$ è un infinitesimo per $x \to +\infty$, perché

$$\lim_{x \to +\infty} \frac{1}{x+2} = 0,$$

e per $x \to -\infty$, perché

$$\lim_{x \to -\infty} \frac{1}{x+2} = 0.$$

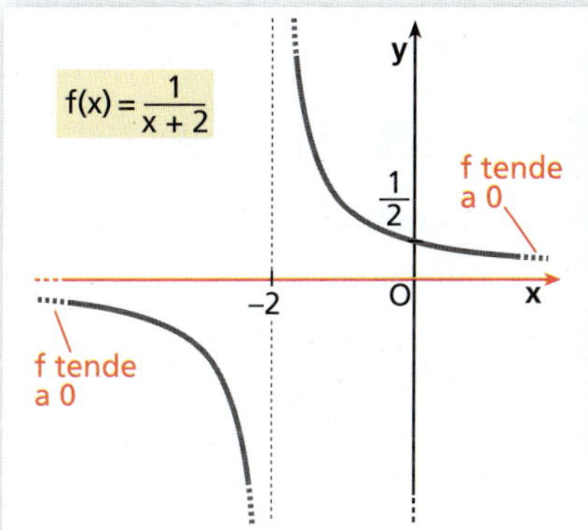

Funzioni del tipo $\frac{1}{x}, \frac{1}{x^2}, \frac{1}{x^3}, \ldots$ e $\frac{1}{\sqrt{x}}, \frac{1}{\sqrt[3]{x}}, \ldots$ sono tutte infinitesimi per $x \to +\infty$ e per $x \to -\infty$ (da quest'ultimo caso sono esclusi i reciproci delle radici di indice pari).

▶ Verifica che la funzione $f(x) = x^3 - 2x$ è un infinitesimo per $x \to 0$.

Confronto tra infinitesimi

Se $f(x)$ e $g(x)$ sono entrambi degli infinitesimi per $x \to \alpha$, allora $\lim_{x \to \alpha} \frac{f(x)}{g(x)}$ si presenta nella forma indeterminata $\frac{0}{0}$ e si dice che $f(x)$ e $g(x)$ sono **infinitesimi simultanei**.
In questo caso è interessante vedere quale dei due infinitesimi tende a 0 «più rapidamente»; possiamo stabilire ciò determinando il limite (se esiste) del loro rapporto per $x \to \alpha$.

Siano dunque $f(x)$ e $g(x)$ due infinitesimi simultanei per $x \to \alpha$ e supponiamo che esista un intorno I di α tale che $g(x) \neq 0$ per ogni $x \in I$, con $x \neq \alpha$.

- Se $\lim_{x \to \alpha} \frac{f(x)}{g(x)} = l \neq 0$ (l finito), si dice che $f(x)$ e $g(x)$ sono **infinitesimi dello stesso ordine** (vuol dire che tendono a 0 con la stessa rapidità).
- Se $\lim_{x \to \alpha} \frac{f(x)}{g(x)} = 0$, si dice che $f(x)$ è un **infinitesimo di ordine superiore** a $g(x)$ (cioè f tende a 0 più rapidamente di g).

- Se $\lim_{x \to \alpha} \frac{f(x)}{g(x)} = \pm\infty$, si dice che $f(x)$ è un **infinitesimo di ordine inferiore** a $g(x)$ (cioè f tende a 0 meno rapidamente di g).
- Se *non esiste* il $\lim_{x \to \alpha} \frac{f(x)}{g(x)}$, si dice che **gli infinitesimi** $f(x)$ e $g(x)$ **non sono confrontabili.**

ESEMPIO

1. Gli infinitesimi $f(x) = \ln(1 + x)$ e $g(x) = x$, per $x \to 0$, sono dello stesso ordine perché $\lim_{x \to 0} \frac{\ln(1+x)}{x} = 1 \neq 0$.
2. $f(x) = (x - 3)^2$ è un infinitesimo di ordine superiore a $g(x) = x - 3$, per $x \to 3$, perché:
$$\lim_{x \to 3} \frac{(x-3)^2}{x-3} = \lim_{x \to 3} (x - 3) = 0.$$
3. $f(x) = e^x - 1$ è un infinitesimo di ordine inferiore a $g(x) = x^3$, per $x \to 0$, perché:
$$\lim_{x \to 0} \frac{e^x - 1}{x^3} = \lim_{x \to 0} \frac{e^x - 1}{x} \cdot \lim_{x \to 0} \frac{1}{x^2} = 1 \cdot (+\infty) = +\infty.$$
4. Gli infinitesimi $f(x) = x \sin\frac{1}{x}$ e $g(x) = x$, per $x \to 0$, non sono confrontabili, perché
$$\lim_{x \to 0} \frac{x \sin\frac{1}{x}}{x} = \lim_{x \to 0} \sin\frac{1}{x}$$
non esiste.

► Confronta fra loro gli infinitesimi $f(x) = 1 - \cos x$ e $g(x) = x^4$ per $x \to 0$.

► Puoi dimostrare che $x \sin\frac{1}{x}$ è un infinitesimo per $x \to 0$ con il teorema del confronto.

Infiniti

► Esercizi a p. 1211

DEFINIZIONE

Una funzione $f(x)$ è un **infinito per $x \to \alpha$** quando il limite di $f(x)$ per $x \to \alpha$ vale $+\infty$, $-\infty$ o ∞.

α può essere finito oppure $+\infty$ oppure $-\infty$.

ESEMPIO

La funzione $f(x) = \frac{1}{x-1}$ è un infinito per $x \to 1$ perché $\lim_{x \to 1} \frac{1}{x-1} = \infty$.

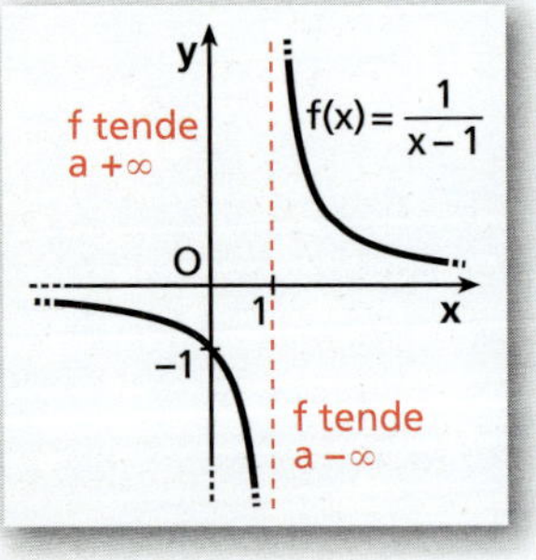

Le funzioni del tipo $x, x^2, x^3, \ldots$ e anche $\sqrt{x}, \sqrt[3]{x}, \ldots$ sono infiniti per $x \to +\infty$ e per $x \to -\infty$ (da quest'ultimo caso sono escluse le radici di indice pari).

Confronto tra infiniti

Per gli infiniti possiamo introdurre dei concetti analoghi a quelli visti per gli infinitesimi.

Se $f(x)$ e $g(x)$ sono entrambi infiniti per $x \to \alpha$, allora $\lim_{x \to \alpha} \frac{f(x)}{g(x)}$ si presenta nella forma indeterminata $\frac{\infty}{\infty}$ e si dice che $f(x)$ e $g(x)$ sono **infiniti simultanei**.

Siano $f(x)$ e $g(x)$ due infiniti simultanei per $x \to \alpha$.

Video

Infinitesimi, infiniti e loro confronto

► Facciamo alcuni esempi per spiegare come si applica il teorema del confronto.

- Se $\lim_{x\to\alpha}\dfrac{f(x)}{g(x)} = l \neq 0$ (l finito), si dice che $f(x)$ e $g(x)$ sono **infiniti dello stesso ordine** (vuol dire che tendono a ∞ con la stessa rapidità).
- Se $\lim_{x\to\alpha}\dfrac{f(x)}{g(x)} = 0$, si dice che $f(x)$ è un **infinito di ordine inferiore** a $g(x)$ (cioè f tende a ∞ meno rapidamente di g).
- Se $\lim_{x\to\alpha}\dfrac{f(x)}{g(x)} = \pm\infty$, si dice che $f(x)$ è un **infinito di ordine superiore** a $g(x)$ (cioè f tende a ∞ più rapidamente di g).
- Se *non esiste* il $\lim_{x\to\alpha}\dfrac{f(x)}{g(x)}$, si dice che **gli infiniti** $f(x)$ e $g(x)$ **non sono confrontabili.**

ESEMPIO

1. Gli infiniti $f(x) = x^5$ e $g(x) = 3x^5 + 2$, per $x \to +\infty$, sono dello stesso ordine perché
$$\lim_{x\to+\infty}\frac{x^5}{3x^5+2} = \frac{1}{3} \neq 0.$$
2. $f(x) = (x-1)^2$ è un infinito di ordine superiore a $g(x) = x+1$, per $x \to +\infty$, perché
$$\lim_{x\to+\infty}\frac{(x-1)^2}{x+1} = \lim_{x\to+\infty}\frac{x^2-2x+1}{x+1} = +\infty.$$
3. $f(x) = \dfrac{1}{x}$ è un infinito di ordine inferiore a $g(x) = \dfrac{1}{x^4}$, per $x \to 0$, perché
$$\lim_{x\to0}\frac{\frac{1}{x}}{\frac{1}{x^4}} = \lim_{x\to0} x^3 = 0.$$
4. Gli infiniti $f(x) = x^3(\cos x + 2)$ e $g(x) = x^3$, per $x \to +\infty$, non sono confrontabili perché
$$\lim_{x\to+\infty}\frac{x^3(\cos x+2)}{x^3} = \lim_{x\to+\infty}(\cos x + 2)$$
non esiste.

▶ Confronta fra loro gli infiniti $f(x) = -4x^3 - 1$ e $g(x) = x^4 - x^3$ per $x \to +\infty$.

▶ Dimostra che $x^3(\cos x + 2)$ è un infinito per $x \to +\infty$ mediante il teorema del confronto.

Gerarchia degli infiniti

Spesso non è facile confrontare due infiniti e calcolare il limite del loro rapporto.

Per esempio, anche con l'aiuto di limiti notevoli, non possiamo calcolare $\lim_{x\to+\infty}\dfrac{e^x}{x^2}$.

Si può però dimostrare che, per $x \to +\infty$, le funzioni logaritmiche del tipo $(\log_a x)^\alpha$, con $a > 1$ e $\alpha > 0$, tendono a infinito meno rapidamente delle potenze x^β, con $\beta > 0$, le quali a loro volta tendono a infinito meno rapidamente delle funzioni esponenziali b^x, con $b > 1$.

Sinteticamente, possiamo scrivere, riferendoci agli ordini di infinito:

$$(\log_a x)^\alpha < x^\beta < b^x.$$

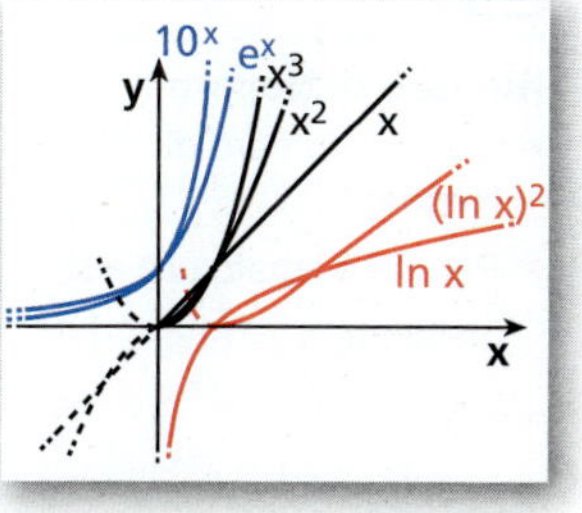

ESEMPIO

$$\lim_{x\to+\infty}\frac{(\ln x)^3}{x^2} = 0, \quad \lim_{x\to+\infty}\frac{(\log_2 x)^{100}}{\sqrt{x}} = 0, \quad \lim_{x\to+\infty}\frac{\sqrt{x}}{2^x} = 0.$$

▶ Calcola:

a. $\lim_{x\to+\infty}\dfrac{(\log x)^{1000}}{x^4}$;

b. $\lim_{x\to+\infty}\dfrac{x^{50}}{3^x}$;

c. $\lim_{x\to+\infty}\dfrac{\sqrt[3]{x}}{\left(\frac{3}{2}\right)^x}$.

TEORIA

5 Limiti delle successioni

Operazioni con le successioni

Esercizi a p. 1212

Date le successioni $a_0, a_1, a_2, \ldots, a_n, \ldots$ e $b_0, b_1, b_2, \ldots, b_n, \ldots$, definiamo le seguenti successioni.

Successione	Termini
somma	$a_0+b_0,\ a_1+b_1,\ a_2+b_2,\ \ldots,\ a_n+b_n,\ \ldots$
differenza	$a_0-b_0,\ a_1-b_1,\ a_2-b_2,\ \ldots,\ a_n-b_n,\ \ldots$
prodotto	$a_0\cdot b_0,\ a_1\cdot b_1,\ a_2\cdot b_2,\ \ldots,\ a_n\cdot b_n,\ \ldots$
quoziente	$\frac{a_0}{b_0},\ \frac{a_1}{b_1},\ \frac{a_2}{b_2},\ \ldots,\ \frac{a_n}{b_n},\ \ldots,$ con $b_n \neq 0\ \forall n \in \mathbb{N}$.

ESEMPIO

Date le successioni $a_n = 2n$ e $b_n = n^2 - 3n$:

$$a_n + b_n = 2n + n^2 - 3n = n^2 - n;$$

$$a_n \cdot b_n = 2n \cdot (n^2 - 3n) = 2n^3 - 6n^2.$$

Se $\lim_{n\to+\infty} a_n = l$ e $\lim_{n\to+\infty} b_n = l'$, con $l, l' \in \mathbb{R}$, sono validi i seguenti teoremi.

- Teorema della **somma dei limiti**: $\lim_{n\to+\infty}(a_n + b_n) = l + l'$.
- Teorema della **differenza dei limiti**: $\lim_{n\to+\infty}(a_n - b_n) = l - l'$.
- Teorema del **prodotto dei limiti**: $\lim_{n\to+\infty}(a_n \cdot b_n) = l \cdot l'$.
- Teorema del **quoziente dei limiti**: se $b_n \neq 0\ \forall n \in \mathbb{N}$ e $l' \neq 0$, allora $\lim_{n\to+\infty}\frac{a_n}{b_n} = \frac{l}{l'}$.

Questi teoremi sono analoghi a quelli studiati per le funzioni per $x \to +\infty$.
Analoghi sono anche i teoremi validi quando si presentano una o più successioni divergenti. Per esempio, se

$$\lim_{n\to+\infty} a_n = -\infty \text{ e } \lim_{n\to+\infty} b_n = -\infty, \text{ allora } \lim_{n\to+\infty}(a_n + b_n) = -\infty.$$

Per le successioni valgono i limiti notevoli studiati per le funzioni per $x \to +\infty$.
Per esempio:

$$\lim_{n\to+\infty}\left(1 + \frac{1}{n}\right)^n = e.$$

Anche nel calcolo dei limiti delle successioni, negli esercizi, procederemo come con i limiti delle funzioni.

Video

Numero di Nepero

- Cos'è il numero di Nepero?
- Perché è legato alla successione $a_n = \left(1 + \frac{1}{n}\right)^n$?

Limiti delle progressioni

Esercizi a p. 1214

Limite di una progressione aritmetica

In una progressione aritmetica di ragione d, $a_n = a_1 + (n-1)\cdot d$, quindi:

1. se $d = 0$, cioè $a_n = a_1$, $\forall n > 1$, allora la successione è costante e $\lim_{n\to+\infty} a_n = a_1$;
2. se $d \neq 0$, allora:

$$\lim_{n\to+\infty} a_n = \lim_{n\to+\infty}[a_1 + (n-1)\cdot d] = \begin{cases} +\infty, & \text{se } d > 0 \\ -\infty, & \text{se } d < 0 \end{cases}.$$

- Calcola il limite per $n \to +\infty$ della progressione aritmetica: $2, \frac{11}{6}, \frac{5}{3}, \frac{3}{2}, \ldots$

Pertanto vale la seguente proprietà.

PROPRIETÀ
Una progressione aritmetica di ragione $d \neq 0$ è sempre divergente.

Limite di una progressione geometrica

In una progressione geometrica di ragione q, vale $a_n = a_1 \cdot q^{n-1}$, pertanto:

- se $q \leq -1$, allora a_n cambia alternativamente segno: il suo valore assoluto tende a $+\infty$ per n tendente a $+\infty$, ma *non esiste il limite* $\lim\limits_{n \to +\infty} a_n$;
- se $-1 < q < 1$, allora $\lim\limits_{n \to +\infty} q^n = 0$ e quindi $\lim\limits_{n \to +\infty} a_n = \lim\limits_{n \to +\infty} a_1 q^{n-1} = 0$;
- se $q = 1$, la progressione geometrica è costante e quindi $\lim\limits_{n \to +\infty} a_n = a_1$;
- se $q > 1$, $\lim\limits_{n \to +\infty} a_n = \lim\limits_{n \to +\infty} a_1 q^{n-1} = \begin{cases} +\infty, & \text{se } a_1 > 0 \\ -\infty, & \text{se } a_1 < 0 \end{cases}$.

$a_n = a_1 \cdot q^{n-1}$			
convergente →	$\begin{cases} a_1 \text{ se } q = 1 \\ 0 \text{ se } -1 < q < 1 \end{cases}$	se	$-1 < q \leq 1$
divergente →	$\begin{cases} +\infty \text{ se } a_1 > 0 \\ -\infty \text{ se } a_1 < 0 \end{cases}$	se	$q > 1$
indeterminata →	non ammette limite	se	$q \leq -1$

▶ Calcola i limiti per $n \to +\infty$ delle seguenti progressioni geometriche.

a. $\frac{2}{3}, 1, \frac{3}{2}, \frac{9}{4}, \frac{27}{8}, \ldots$

b. $\frac{3}{2}, 1, \frac{2}{3}, \frac{4}{9}, \frac{8}{27}, \ldots$

c. $2, -1, \frac{1}{2}, -\frac{1}{4}, \frac{1}{8}, \ldots$

6 Funzioni continue

Definizioni

▶ Esercizi a p. 1215

Approfondiamo ora il concetto di funzione continua.
Ricordiamo la definizione data nel capitolo precedente.
Una funzione $f(x)$, definita in un intorno di un punto x_0, è **continua in x_0** se:

$$\lim_{x \to x_0} f(x) = f(x_0).$$

Una funzione $f(x)$ è quindi continua in x_0 se:

- è definita in x_0, cioè esiste $f(x_0)$;
- esiste finito $\lim\limits_{x \to x_0} f(x)$;
- il valore del limite è uguale a $f(x_0)$.

Consideriamo le funzioni i cui grafici sono illustrati in figura.

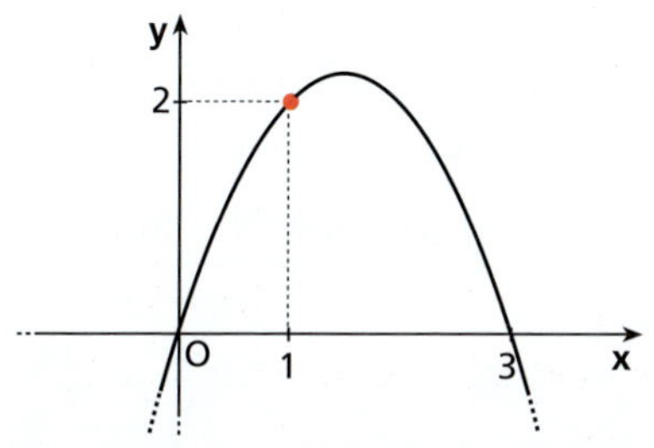

a. La funzione $f(x) = -x^2 + 3x$ è definita in $\mathbb{R}$ e $\lim\limits_{x \to 1} f(x) = 2 = f(1)$.

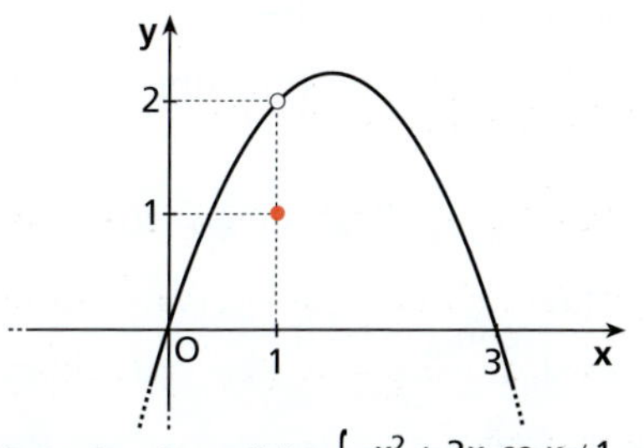

b. La funzione $f(x) = \begin{cases} -x^2 + 3x & \text{se } x \neq 1 \\ 1 & \text{se } x = 1 \end{cases}$ ha limite $\lim\limits_{x \to 1} f(x) = 2 \neq f(1)$.

Esse hanno lo stesso limite per x che tende a 1; nel caso **a** tale limite coincide con il valore $f(1)$ della funzione nel punto 1, mentre nel caso **b** questo non accade. Nel primo caso la funzione è *continua in* $x = 1$, mentre nel secondo la funzione è *discontinua in* $x = 1$.

ESEMPIO

1. La funzione $y = 1 - x^4$, di dominio $\mathbb{R}$, è continua in $x_0 = 2$ perché
   - esiste $f(2) = -15$,
   - $\lim_{x \to 2} (1 - x^4) = -15 = f(2)$.

2. La funzione

$$y = \begin{cases} x^3 & \text{se } x < 1 \\ x + 2 & \text{se } x \geq 1 \end{cases}$$

non è continua in $x_0 = 1$.
La funzione ha dominio $\mathbb{R}$ e $f(1) = 3$, ma $\lim_{x \to 1} y$ non esiste perché

$$\lim_{x \to 1^-} y = 1 \quad \text{e} \quad \lim_{x \to 1^+} y = 3.$$

▶ Stabilisci se la funzione $f(x) = \begin{cases} 1 - x & \text{se } x < 0 \\ 2e^x - 1 & \text{se } x \geq 0 \end{cases}$ è continua in $x_0 = 0$.

Se consideriamo solo il limite destro o sinistro di una funzione $f(x)$, possiamo dare le seguenti definizioni:

- $f(x)$ è **continua a destra** in x_0, se $f(x_0)$ coincide con il limite destro di $f(x)$ per x che tende a x_0:

$$\lim_{x \to x_0^+} f(x) = f(x_0);$$

- $f(x)$ è **continua a sinistra** in x_0, se $f(x_0)$ coincide con il limite sinistro di $f(x)$ per x che tende a x_0:

$$\lim_{x \to x_0^-} f(x) = f(x_0).$$

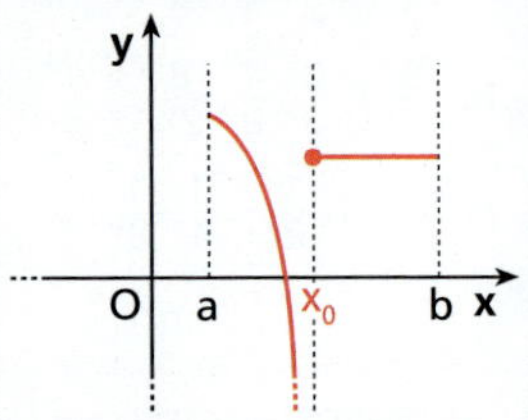

a. La funzione è continua a destra in x_0.

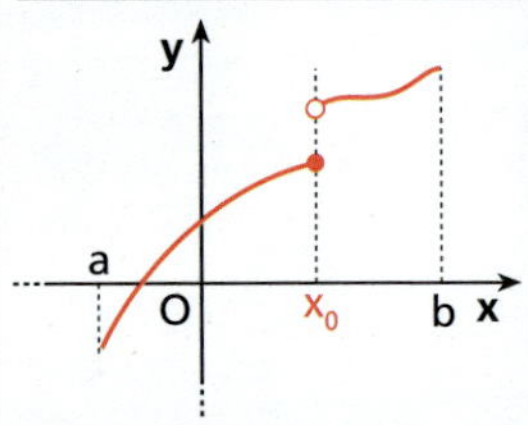

b. La funzione è continua a sinistra in x_0.

È possibile allora parlare di continuità anche per punti che sono estremi dell'intervallo $[a; b]$ in cui la funzione è definita; nel punto a si parla di continuità a destra, mentre nel punto b si parla di continuità a sinistra.
La funzione dell'esempio **2** è continua a destra in $x_0 = 1$.

DEFINIZIONE

Una funzione definita in $[a; b]$ si dice **continua nell'intervallo $[a; b]$** se è continua in ogni punto dell'intervallo.

- Sono continue in ogni intervallo del loro dominio le funzioni razionali e irrazionali (intere e fratte), le funzioni esponenziali, le funzioni logaritmiche, le funzioni goniometriche.
- Se $f(x)$ e $g(x)$ sono funzioni continue in un punto o in un intervallo, allora sono continue nello stesso punto o intervallo anche le funzioni:

$$f(x) \pm g(x); \quad kf(x), k \in \mathbb{R}; \quad f(x) \cdot g(x); \quad [f(x)]^n, n \in \mathbb{N} - \{0\};$$

$$\frac{f(x)}{g(x)} \text{ con } g(x) \neq 0.$$

- Data una funzione composta $y = g(f(x))$, si può dimostrare che se $f(x)$ è continua nel punto x_0 e g è continua nel punto $f(x_0)$, allora $g(f(x))$ è continua in x_0.

Teoremi sulle funzioni continue

▶ Esercizi a p. 1217

Enunciamo, senza dimostrare, alcuni teoremi che esprimono proprietà importanti di cui godono le funzioni continue e ne illustriamo graficamente le conseguenze.
Data la funzione $y = f(x)$ definita nell'intervallo I, chiamiamo:

- **massimo assoluto** di $f(x)$, se esiste, il massimo M dei valori assunti dalla funzione in I;
- **minimo assoluto** di $f(x)$, se esiste, il minimo m dei valori assunti dalla funzione in I.

TEOREMA

Teorema di Weierstrass
Se f è una funzione continua in un intervallo limitato e chiuso $[a; b]$, allora essa assume, in tale intervallo, il massimo assoluto e il minimo assoluto.

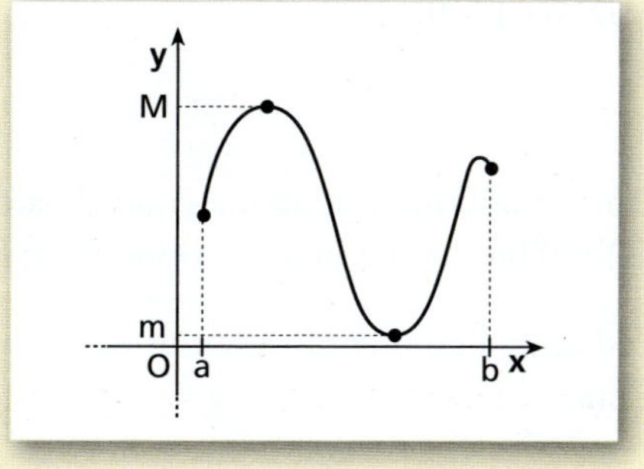

Listen to it

The **Weierstrass extreme value theorem** states that if *f* is continuous in [*a*; *b*], then *f* must attain a maximum and a minimum in [*a*; *b*].

Se alcune ipotesi del teorema non sono verificate, il risultato non è più vero come mostrano i seguenti controesempi.

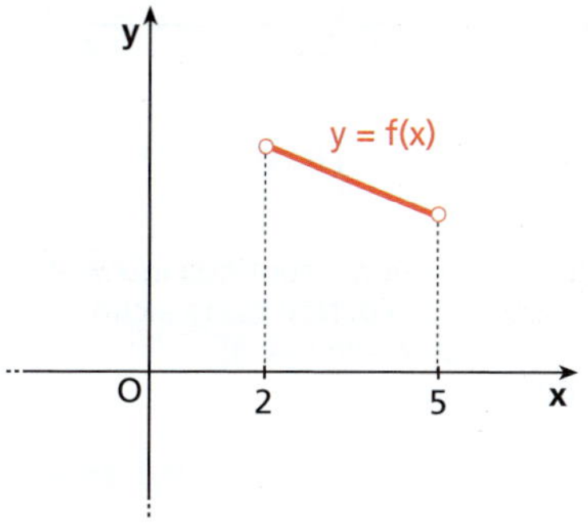

a. La funzione è continua nell'intervallo limitato aperto $]2; 5[$. Essa è priva di massimo e minimo in questo intervallo, in quanto gli estremi non appartengono all'intervallo.

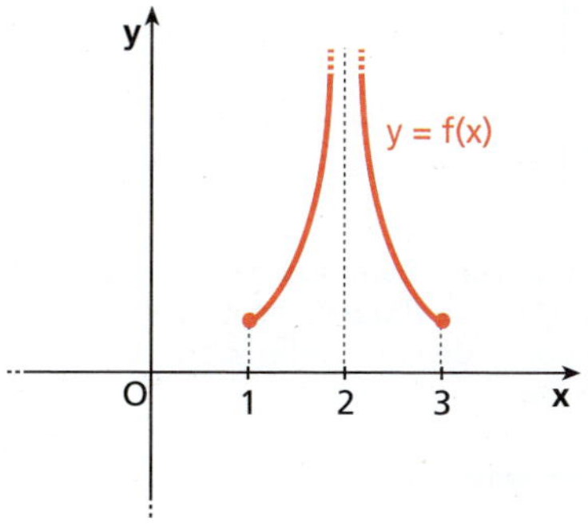

b. La funzione non è continua nel punto $x = 2$. Nell'intervallo $[1; 3]$ essa assume minimo, ma è priva di massimo.

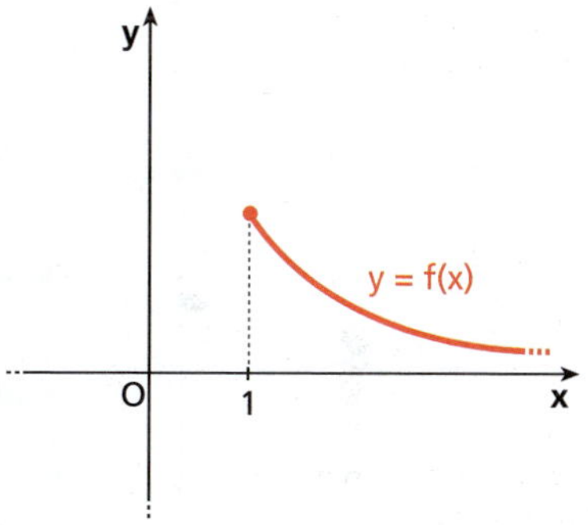

c. La funzione è continua nell'intervallo illimitato $[1; +\infty[$. Non vale il teorema di Weierstrass e la funzione è priva di minimo assoluto.

TEOREMA

Teorema dei valori intermedi
Se f è una funzione continua in un intervallo limitato e chiuso $[a; b]$, allora essa assume, almeno una volta, tutti i valori compresi tra il massimo e il minimo.

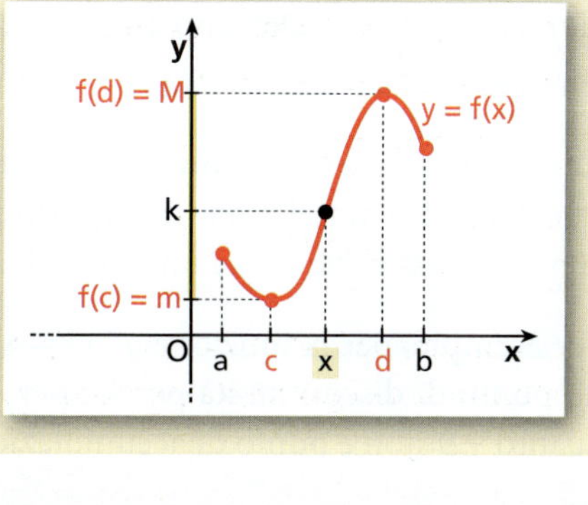

▶ Disegna il grafico di una funzione che non soddisfa tutte le ipotesi del teorema dei valori intermedi e per la quale la tesi è falsa.

Video

Teoremi sulle funzioni continue

► Spieghiamo con l'aiuto dei grafici il teorema di Weierstrass, il teorema dei valori intermedi e il teorema di esistenza degli zeri.

Questo significa che ogni retta di equazione $y = k$, tale che $m < k < M$, interseca il grafico di $f(x)$ almeno in un punto.

TEOREMA

Teorema di esistenza degli zeri

Se f è una funzione continua in un intervallo limitato e chiuso $[a; b]$ e negli estremi di tale intervallo assume valori di segno opposto, allora esiste almeno un punto c, interno all'intervallo, in cui f si annulla, ossia $f(c) = 0$.

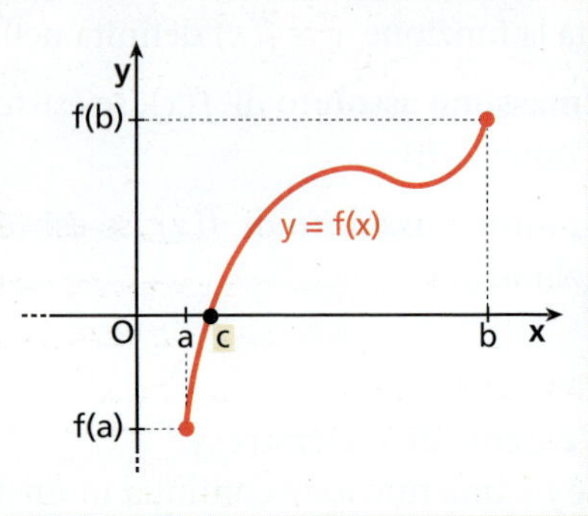

Ciò che afferma il teorema equivale a dire che, nelle ipotesi indicate, l'equazione $f(x) = 0$ ha almeno una soluzione in $]a; b[$.

Vediamo alcuni controesempi in cui non sono verificate tutte le ipotesi del teorema.

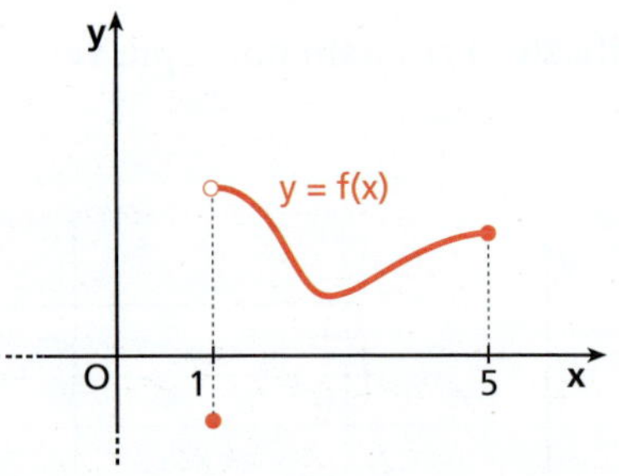

a. La funzione è continua nell'intervallo $]1; 5]$, $f(1) < 0$ e $f(5) > 0$, ma non esiste alcun punto dell'intervallo in cui essa si annulla.

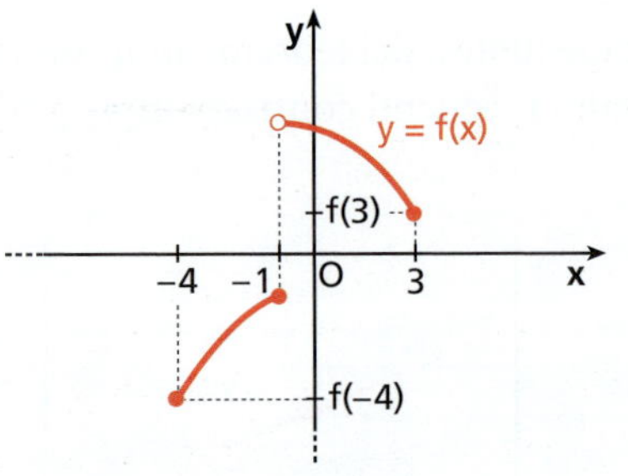

b. La funzione non è continua in $x = -1$; $f(-4) < 0$ e $f(3) > 0$. Non esiste alcun punto dell'intervallo $[-4; 3]$ in cui essa si annulla.

7 Punti di discontinuità di una funzione

► Esercizi a p. 1219

Una funzione $f(x)$, definita in un intorno di un punto x_0, **non è continua** in x_0 se $\lim_{x \to x_0} f(x) \neq f(x_0)$. Diciamo anche che x_0 è un **punto di discontinuità** o **punto singolare** della funzione $f(x)$.

Listen to it

If a function f is not continuous at a point x_0 in its domain, then f has a **discontinuity** in x_0.

Come si riconoscono i punti x_0 di discontinuità? In x_0 la funzione $f(x)$ può essere definita o non definita, ma quello che è necessario è che sia possibile valutare $\lim_{x \to x_0} f(x)$, ossia che x_0 sia un punto di accumulazione per $f(x)$.

Per esempio, per la funzione $f(x) = \sqrt{x}$, che ha dominio $x \geq 0$, $x_0 = -9$ non è un punto di discontinuità perché per $f(x)$ non è possibile calcolare $\lim_{x \to -9} \sqrt{x}$, in quanto -9 non è punto di accumulazione.

Invece, per la funzione $f(x) = \frac{1}{x-4}$, $x_0 = 4$ è un punto di discontinuità perché non appartiene al dominio ma si può calcolare $\lim_{x \to 4} f(x)$, che vale ∞.

È possibile classificare i punti di discontinuità di una funzione in tre categorie: di prima specie, di seconda specie e di terza specie. Il criterio usato per tale classificazione si basa sullo studio di $\lim_{x \to x_0} f(x)$.

Punti di discontinuità di prima specie

DEFINIZIONE

Un punto x_0 si dice **punto di discontinuità di prima specie** per la funzione $f(x)$ quando, per $x \to x_0$, il limite destro e il limite sinistro di $f(x)$ sono entrambi finiti ma diversi fra loro.

$$\lim_{x \to x_0^-} f(x) = l_1 \neq \lim_{x \to x_0^+} f(x) = l_2$$

La differenza $|l_2 - l_1|$ si dice **salto** della funzione.

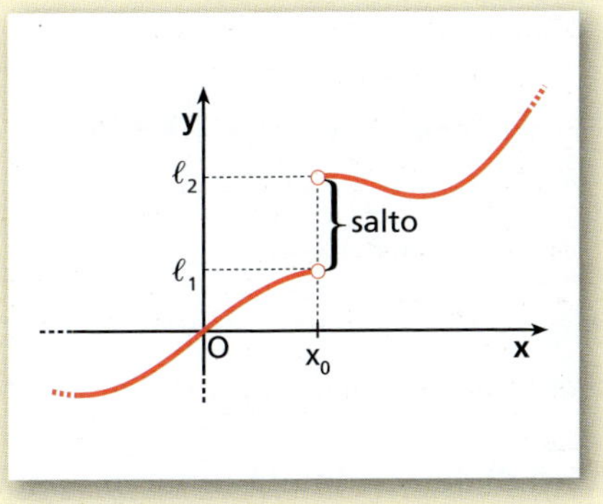

Listen to it

The point x_0 is a **jump discontinuity** for *f* if the one-sided limits at x_0 exist and are finite but are not equal.

ESEMPIO

Consideriamo la funzione seguente:

$$f(x) = \begin{cases} -3x & \text{se } x < 2 \\ x-1 & \text{se } x \geq 2 \end{cases}.$$

Poiché

$$\lim_{x \to 2^+} (x-1) = 1 \text{ e } \lim_{x \to 2^-} (-3x) = -6,$$

2 è un *punto di discontinuità di prima specie*. La distanza fra i punti A e B in figura è il salto e vale: $1 - (-6) = 7$.

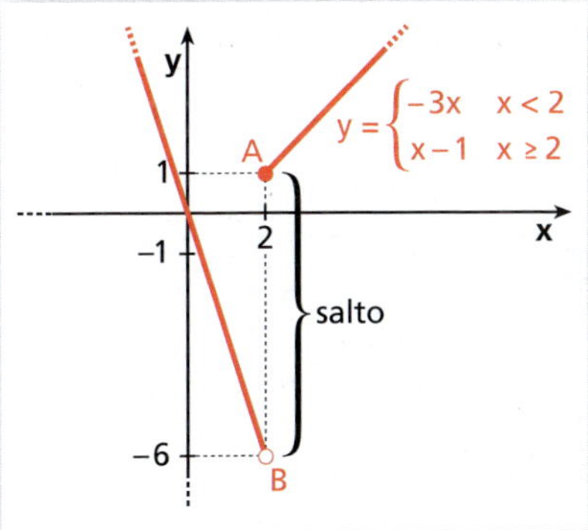

► Verifica che 3 è punto di discontinuità di prima specie per $f(x) = \begin{cases} x & \text{se } x \geq 3 \\ 1-x & \text{se } x < 3 \end{cases}$.

Punti di discontinuità di seconda specie

DEFINIZIONE

Un punto x_0 si dice **punto di discontinuità di seconda specie** per la funzione $f(x)$ quando per $x \to x_0$ almeno uno dei due limiti, destro o sinistro, di $f(x)$ è infinito oppure non esiste.

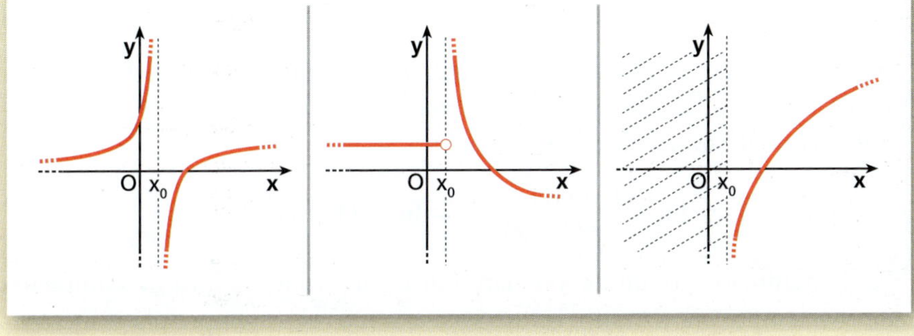

Listen to it

The point x_0 is an **infinite** or **essential discontinuity** for *f* if *one or both* of the one-sided limits at x_0 don't exist or are infinite.

TEORIA

► Stabilisci se la funzione $f(x) = \tan x$ ammette discontinuità di prima o di seconda specie.

Consideriamo gli esempi in figura.

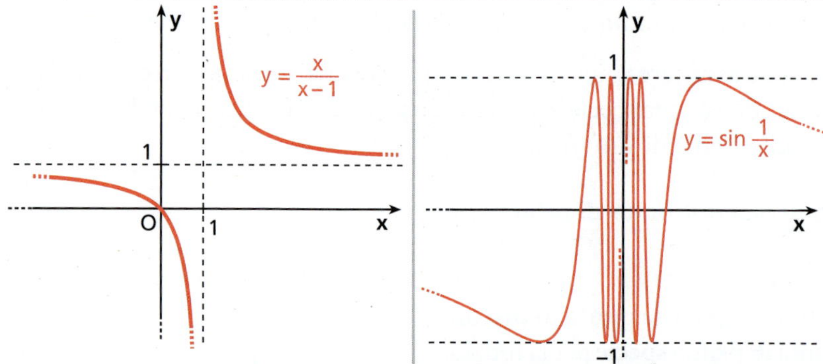

a. La funzione $y = \frac{x}{x-1}$ non è definita nel punto $x_0 = 1$ e $\lim_{x \to 1^-} f(x) = -\infty$, mentre $\lim_{x \to 1^+} f(x) = +\infty$.

b. La funzione $y = \sin\frac{1}{x}$ non è definita in $x_0 = 0$ e per $x \to 0$ non ammette né limite destro né limite sinistro: infatti $t = \frac{1}{x}$ tende all'infinito e $\sin t$ continua a oscillare tra −1 e 1.

In entrambi i casi il punto x_0 è un *punto di discontinuità di seconda specie.*

Video

Punti di discontinuità

► Quando una funzione è continua?

► Cosa sono i punti di discontinuità?

Punti di discontinuità di terza specie (o eliminabile)

DEFINIZIONE

Un punto x_0 si dice **punto di discontinuità di terza specie** per la funzione $f(x)$ quando:

1. esiste ed è finito il limite di $f(x)$ per $x \to x_0$, ossia $\lim_{x \to x_0} f(x) = l$;
2. f non è definita in x_0, oppure, se lo è, risulta $f(x_0) \neq l$.

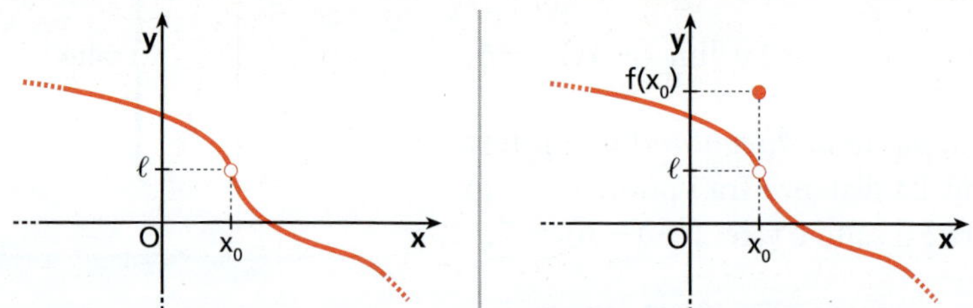

a. f non è definita in x_0.

b. f è definita in x_0, ma $f(x_0) \neq \ell$.

Listen to it

The point x_0 is a **removable discontinuity** for f if the limit at x_0 exists but is not equal to $f(x_0)$, or if $f(x_0)$ is not defined.

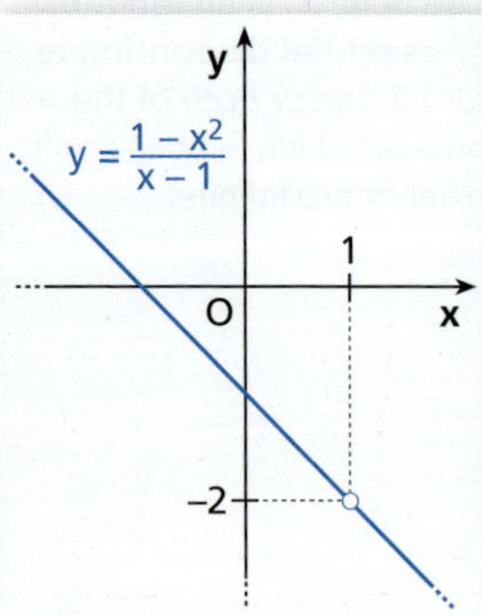

ESEMPIO

Consideriamo la funzione:

$$f(x) = \frac{1-x^2}{x-1}.$$

Il dominio è $\mathbb{R} - \{1\}$. La funzione coincide con la funzione $y = -1 - x$ nell'insieme $\mathbb{R} - \{1\}$ ed è discontinua in $x_0 = 1$.

Calcoliamo il limite per $x \to 1$:

$$\lim_{x \to 1} \frac{1-x^2}{x-1} = \lim_{x \to 1} \frac{\cancel{(1-x)}(1+x)}{-\cancel{(1-x)}} = \lim_{x \to 1} -(1+x) = -2.$$

Per la definizione di limite, possiamo dire che, scelto un intorno completo di $x_0 = 1$ sempre più ristretto, la funzione assume valori sempre più vicini a −2, e quindi possiamo dire che $f(x)$ è *quasi continua*, perché rimane escluso il solo punto $x_0 = 1$, come si può osservare nel grafico.

Il punto 1 viene anche detto punto di **discontinuità eliminabile**, perché la funzione può essere modificata nel punto 1 in modo da risultare continua in tale punto, rimanendo invariata nel suo dominio naturale:

$$f(x) = \begin{cases} \dfrac{1-x^2}{x-1} & \text{se } x \neq 1 \\ -2 & \text{se } x = 1 \end{cases}.$$

Tale funzione è continua in $x = 1$, infatti $\lim_{x \to 1} f(x) = -2 = f(1)$.

► Determina il punto di discontinuità di terza specie per la funzione $f(x) = \dfrac{x^2 - 5x + 6}{x - 2}$.

8 Asintoti

Abbiamo visto che all'infinito il grafico di una funzione può avvicinarsi sempre più a quello di una retta. In tal caso la retta è un *asintoto* del grafico della funzione.

DEFINIZIONE

Una retta è un **asintoto** del grafico di una funzione se la distanza di un generico punto del grafico da tale retta tende a 0 quando l'ascissa o l'ordinata del punto tendono a ∞.

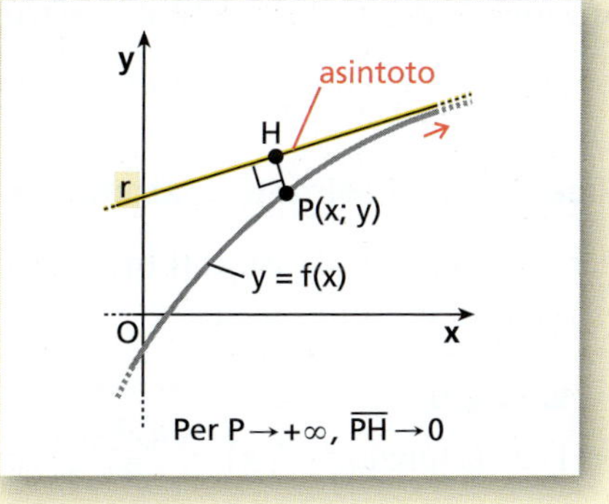

Gli asintoti possono essere verticali, orizzontali, obliqui.

Asintoti verticali e orizzontali

► Esercizi a p. 1223

Asintoto verticale

La retta di equazione $x = x_0$ è un asintoto verticale del grafico di una funzione se, al tendere di x a x_0, la funzione tende a $+\infty$ o $-\infty$ o ∞.

Se soltanto il limite sinistro è infinito si ha un asintoto verticale sinistro, mentre se soltanto il limite destro è infinito si ha un asintoto verticale destro.

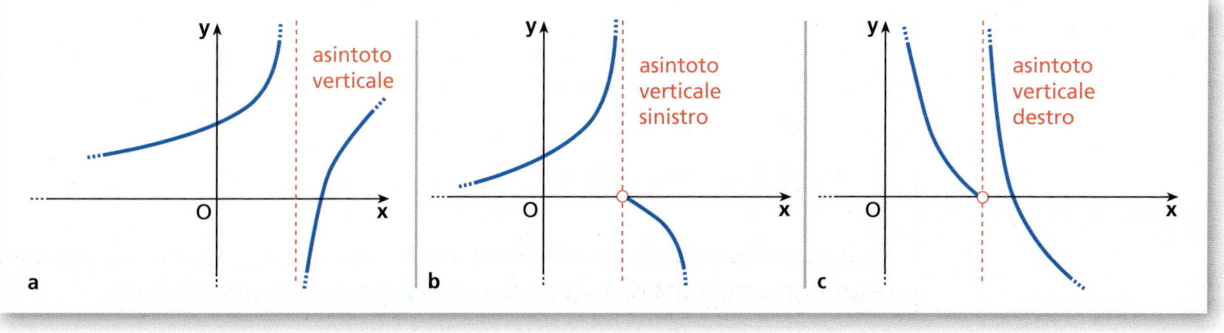

TEORIA

Asintoto orizzontale

La retta di equazione $y = l$ è un asintoto orizzontale del grafico di una funzione $f(x)$ se $\lim_{x\to\infty} f(x) = l$.

Anche in questo caso si parla di

- asintoto orizzontale destro → $\lim_{x\to+\infty} f(x) = l$;
- asintoto orizzontale sinistro → $\lim_{x\to-\infty} f(x) = l$.

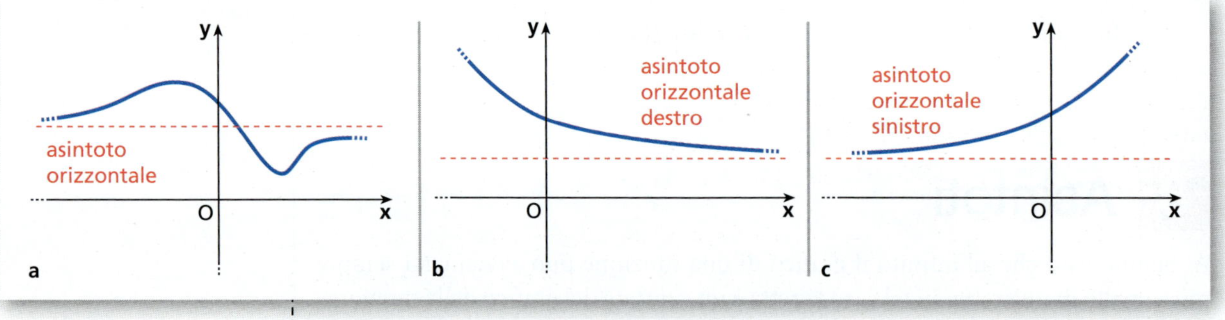

Inoltre, il grafico di una funzione può avere contemporaneamente un asintoto orizzontale destro e un asintoto orizzontale sinistro distinti fra loro, se

$$\lim_{x\to+\infty} f(x) = l_1 \text{ e } \lim_{x\to-\infty} f(x) = l_2, \quad \text{con } l_1 \neq l_2.$$

Ricerca degli asintoti orizzontali e verticali

Per determinare gli asintoti orizzontali e verticali, occorre calcolare i limiti agli estremi del dominio di $f(x)$.

ESEMPIO

Data la funzione $f(x) = \dfrac{4x^2+3}{x^2-1}$, cerchiamo le equazioni dei suoi asintoti orizzontali e verticali calcolando i limiti agli estremi del dominio $D: \mathbb{R} - \{\pm 1\}$.

$$\lim_{x\to\infty} \frac{4x^2+3}{x^2-1} = 4$$

La retta di equazione $y = 4$ è asintoto orizzontale per il grafico della funzione.

$$\lim_{x\to+1} \frac{4x^2+3}{x^2-1} = \lim_{x\to-1} \frac{4x^2+3}{x^2-1} = \infty$$

Le rette di equazioni $x = 1$ e $x = -1$ sono asintoti verticali.

▶ Determina le equazioni degli asintoti orizzontali e verticali della funzione $y = \dfrac{x+1}{3-x}$.

Animazione

Asintoti obliqui

▶ Esercizi a p. 1225

DEFINIZIONE

La retta di equazione $y = mx + q$, con $m \neq 0$, è **asintoto obliquo** per il grafico di una funzione $f(x)$ se

$$\lim_{x\to\infty} [f(x) - (mx+q)] = 0.$$

Analoga definizione si ha se si sostituiscono $+\infty$ o $-\infty$ a ∞. Per $x \to +\infty$ parliamo di **asintoto obliquo destro**, per $x \to -\infty$ di **asintoto obliquo sinistro**.

La definizione è equivalente alla richiesta che la distanza tra il punto P del grafico di $f(x)$ e il punto Q della retta di equazione $y = mx + q$ con la stessa ascissa tenda a 0 per $x \to \infty$.

Dimostriamo, con questa definizione, che la distanza PH di P dall'asintoto tende a 0 quando x tende a ∞.

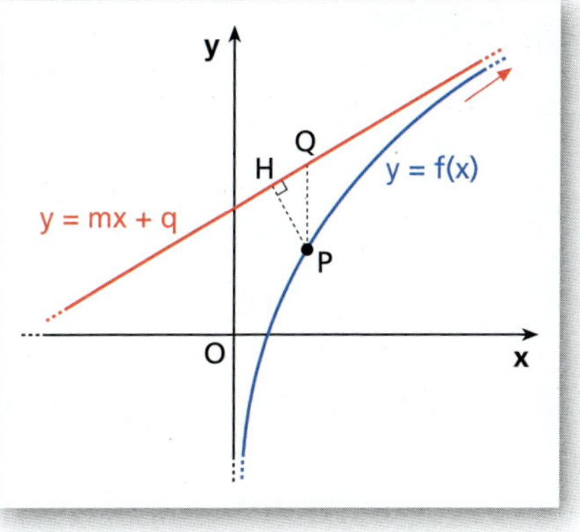

Per la definizione di asintoto obliquo,

$$\lim_{x\to\infty} \overline{PQ} = \lim_{x\to\infty} |\, f(x) - (mx+q) \,| = 0,$$

ma, poiché PQ e HP sono rispettivamente l'ipotenusa e un cateto del triangolo rettangolo QHP, si ha: $\overline{PQ} > \overline{PH} > 0$.

Per il teorema del confronto: $\lim_{x\to\infty} \overline{PH} = 0$.

Osservazione. Da $\lim_{x\to\infty} [f(x) - (mx+q)] = 0$ ricaviamo $\lim_{x\to\infty} f(x) = \lim_{x\to\infty} (mx+q)$, da cui: $\lim_{x\to\infty} f(x) = \infty$, condizione necessaria (ma non sufficiente) per l'esistenza dell'asintoto obliquo.

Ricerca degli asintoti obliqui

TEOREMA

Se il grafico della funzione $y = f(x)$ ha un asintoto obliquo di equazione $y = mx + q$, con $m \neq 0$, allora m e q sono dati dai seguenti limiti:

$$\boldsymbol{m = \lim_{x\to\infty} \frac{f(x)}{x}};$$

$$\boldsymbol{q = \lim_{x\to\infty} [f(x) - mx]}.$$

Il teorema è valido anche se al posto di ∞ mettiamo $+\infty$ o $-\infty$.

DIMOSTRAZIONE

Se esiste un asintoto obliquo, è vero che

$$\lim_{x\to\infty} [f(x) - (mx+q)] = 0,$$

e quindi, dividendo per $x \neq 0$,

$$\lim_{x\to\infty} \frac{f(x) - (mx+q)}{x} = 0 \to \lim_{x\to\infty} \left[\frac{f(x)}{x} - m - \frac{q}{x}\right] = 0,$$

e, poiché $\lim_{x\to\infty} m = m$ e $\lim_{x\to\infty} \frac{q}{x} = 0$, deve essere:

$$\boldsymbol{m = \lim_{x\to\infty} \frac{f(x)}{x}}.$$

Per ipotesi è $m \neq 0$, e per calcolare q consideriamo nuovamente:

$$\lim_{x\to\infty} [f(x) - (mx+q)] = 0 \to \lim_{x\to\infty} [(f(x) - mx) - q] = 0 \to$$

$$\lim_{x\to\infty} [f(x) - mx] - q = 0 \to \boldsymbol{q = \lim_{x\to\infty} [f(x) - mx]}.$$

Viceversa, si può dimostrare che se $\lim_{x\to\infty} f(x) = \infty$ ed esistono finiti i limiti

MATEMATICA E ARCHITETTURA

Un limite da disastro

▶ Perché nei grattacieli si adottano forme aerodinamiche?

La risposta

Video

Asintoti

▶ Cos'è un asintoto?

▶ Come possiamo calcolarlo?

TEORIA

$m = \lim_{x \to \infty} \frac{f(x)}{x}$ e $q = \lim_{x \to \infty} [f(x) - mx]$, con $m \neq 0$, allora il grafico della funzione $y = f(x)$ presenta un asintoto obliquo di equazione $y = mx + q$.

ESEMPIO

Determiniamo, se esiste, l'asintoto obliquo della funzione:

$$y = \frac{3x^2 - 2x + 1}{x - 1}.$$

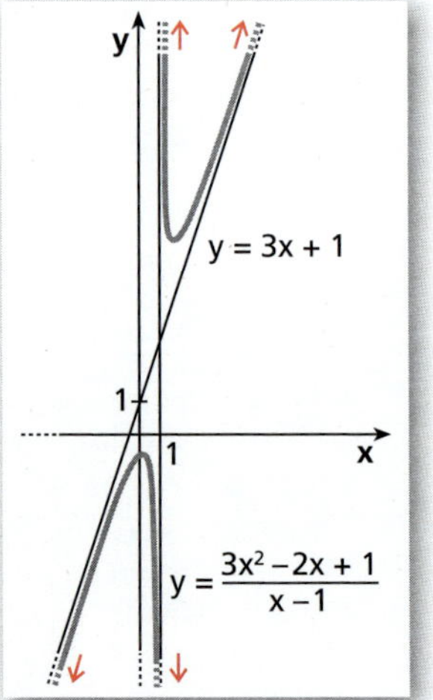

Essendo $\lim_{x \to \infty} f(x) = \infty$, la curva può avere un asintoto obliquo. Calcoliamo m:

$$m = \lim_{x \to \infty} \frac{f(x)}{x} = \lim_{x \to \infty} \frac{3x^2 - 2x + 1}{x^2 - x} = 3.$$

Calcoliamo q, sostituendo nella formula il valore 3 al posto di m:

$$q = \lim_{x \to \infty} [f(x) - mx] = \lim_{x \to \infty} \left(\frac{3x^2 - 2x + 1}{x - 1} - 3x \right) =$$

$$= \lim_{x \to \infty} \frac{3x^2 - 2x + 1 - 3x^2 + 3x}{x - 1} = \lim_{x \to \infty} \frac{x + 1}{x - 1} = 1.$$

I calcoli svolti sono validi sia per $x \to +\infty$ sia per $x \to -\infty$; quindi, in entrambi i casi, il grafico della funzione ha un asintoto obliquo di equazione:

$$y = 3x + 1.$$

Un asintoto obliquo si può avere sia per $x \to +\infty$ sia per $x \to -\infty$, oppure in uno solo dei due casi, come si può osservare negli esempi della figura seguente.

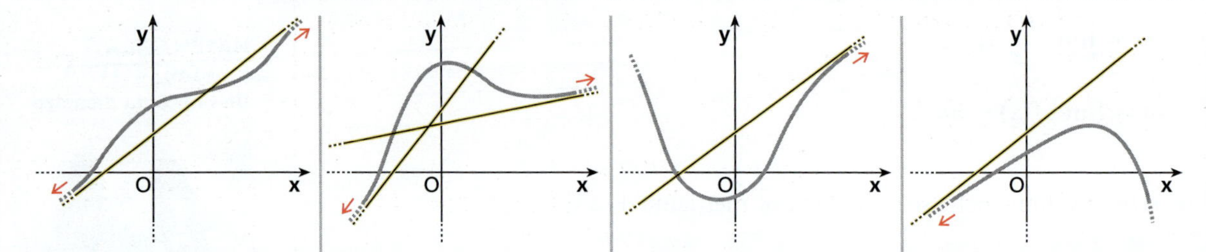

a. La funzione ha lo stesso asintoto obliquo per $x \to +\infty$ e per $x \to -\infty$.

b. La funzione ha due asintoti obliqui diversi per $x \to +\infty$ e per $x \to -\infty$.

c. La funzione ha un asintoto obliquo soltanto per $x \to +\infty$.

d. La funzione ha un asintoto obliquo soltanto per $x \to -\infty$.

Un caso particolare

Sia $f(x)$ una *funzione razionale fratta*

$$f(x) = \frac{A(x)}{B(x)}$$

tale che $A(x)$ sia un polinomio di grado n e $B(x)$ un polinomio di grado $n - 1$. Allora, considerando la divisione con resto tra i due polinomi, possiamo scrivere

$$A(x) = B(x) \cdot Q(x) + R(x),$$

e, dividendo i due membri dell'uguaglianza per $B(x)$, otteniamo:

$$f(x) = \frac{A(x)}{B(x)} = Q(x) + \frac{R(x)}{B(x)},$$

dove $Q(x)$ è il quoziente, che è un polinomio di primo grado, e $R(x)$ è il resto, che è un polinomio di grado inferiore a $B(x)$.

Quindi:

$$Q(x) = mx + q \text{ e } \lim_{x\to\infty} \frac{R(x)}{B(x)} = 0.$$

Essendo $f(x) = mx + q + \dfrac{R(x)}{B(x)}$:

$$\lim_{x\to\infty} f(x) = \infty, \ \lim_{x\to\infty} \frac{f(x)}{x} = m \quad \text{e} \quad \lim_{x\to\infty} [f(x) - mx] = q.$$

Allora, la retta di equazione $y = mx + q$, determinata dal quoziente tra $A(x)$ e $B(x)$, è un asintoto obliquo per il grafico di $f(x)$.

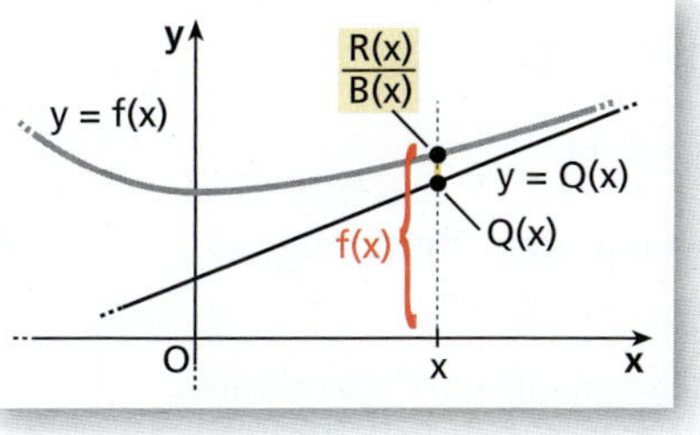

ESEMPIO
Consideriamo la funzione

$$f(x) = \frac{2x^4 - 2x + 1}{x^3 - 1}.$$

Osserviamo che il grado del numeratore supera di una unità quello del denominatore, quindi la funzione ammette un asintoto obliquo, che troviamo eseguendo la divisione tra $A(x) = 2x^4 - 2x + 1$ e $B(x) = x^3 - 1$.
Otteniamo come quoziente $Q(x) = 2x$ e come resto $R(x) = 1$, quindi possiamo scrivere

$$f(x) = 2x + \frac{1}{x^3 - 1}$$

e la retta di equazione $y = 2x$ è un asintoto obliquo per il grafico di $f(x)$.

► Trova l'equazione dell'asintoto obliquo per la funzione $f(x) = \dfrac{x^3 - 10}{x^2 + 1}$.

Animazione

9 Grafico probabile di una funzione

► Esercizi a p. 1228

Data una funzione $y = f(x)$, poiché siamo in grado di determinare molte sue caratteristiche, possiamo tracciare il suo grafico anche se solo in modo approssimato. Lo chiameremo **grafico probabile**.
Per rappresentare il grafico probabile di una funzione occorre:

1. determinare il dominio;
2. studiare eventuali simmetrie rispetto all'asse y o rispetto all'origine;
3. determinare le intersezioni con gli assi cartesiani;
4. studiare il segno;
5. calcolare i limiti agli estremi del dominio e studiare i punti di discontinuità;
6. determinare gli asintoti.

IN SINTESI
Calcolo dei limiti e continuità delle funzioni

Operazioni sui limiti

- **Limite della somma e limite del prodotto**
  Se $\lim_{x \to \alpha} f(x) = l$ e $\lim_{x \to \alpha} g(x) = m$, con $l, m \in \mathbb{R}$, allora:

  $\lim_{x \to \alpha} [f(x) + g(x)] = l + m$,

  $\lim_{x \to \alpha} [f(x) \cdot g(x)] = l \cdot m$.

  Se i limiti non sono entrambi finiti valgono i risultati delle tabelle.

  I casi non indicati nelle tabelle corrispondono a forme indeterminate.

lim $f(x)$	**lim $g(x)$**	**lim $[f(x) + g(x)]$**
l	$+\infty$	$+\infty$
l	$-\infty$	$-\infty$
$+\infty$	$+\infty$	$+\infty$
$-\infty$	$-\infty$	$-\infty$

lim $f(x)$	**lim $g(x)$**	**lim $[f(x) \cdot g(x)]$**
$l > 0$	$+\infty$	$+\infty$
	$-\infty$	$-\infty$
$l < 0$	$+\infty$	$-\infty$
	$-\infty$	$+\infty$
$+\infty$	$+\infty$	$+\infty$
$-\infty$	$-\infty$	$+\infty$
$+\infty$	$-\infty$	$-\infty$

- **Limite della potenza $[f(x)]^n$**
  Se $\lim_{x \to \alpha} f(x) = l$, allora $\lim_{x \to \alpha} [f(x)]^n = l^n$, $\forall n \in \mathbb{N} - \{0\}$.

- **Limite del quoziente**
  Se $\lim_{x \to \alpha} f(x) = l$ e $\lim_{x \to \alpha} g(x) = m$, con $l, m \in \mathbb{R}$ e $m \neq 0$, allora $\lim_{x \to \alpha} \frac{f(x)}{g(x)} = \frac{l}{m}$.

  Se $m = 0$ e $l \neq 0$, $\lim_{x \to \alpha} \frac{f(x)}{g(x)} = \infty$, con segno dato dalla regola dei segni.
  Se le funzioni non hanno entrambe limite finito, vale la tabella a fianco.

  I casi non considerati portano a forme indeterminate.

lim $f(x)$	**lim $g(x)$**	**lim $\frac{f(x)}{g(x)}$**
l	∞	0
∞	l	∞

- **Limite della potenza $[f(x)]^{g(x)}$**
  Se $\lim_{x \to \alpha} f(x) = l > 0$ e $\lim_{x \to \alpha} g(x) = m$, allora $\lim_{x \to \alpha} [f(x)]^{g(x)} = l^m$.
  Per gli altri casi in cui non si abbia una delle forme indeterminate 1^∞, 0^0, ∞^0, il valore del limite si determina mediante le proprietà degli esponenziali.

Forme indeterminate

- **Forme indeterminate:** $+\infty - \infty$, $\infty \cdot 0$, $\frac{\infty}{\infty}$, $\frac{0}{0}$, 1^∞, 0^0, ∞^0.

- **Forma indeterminata $+\infty - \infty$ (funzioni razionali)**

  $\lim_{\substack{x \to +\infty \\ (x \to -\infty)}} (a_0x^n + a_1x^{n-1} + \ldots + a_{n-1}x + a_n) = \lim_{\substack{x \to +\infty \\ (x \to -\infty)}} a_0x^n = \infty$, secondo la regola dei segni del prodotto a_0x^n.

- **Limite in forma indeterminata $\frac{\infty}{\infty}$ (funzioni razionali fratte)**

$$\lim_{\substack{x \to +\infty \\ (x \to -\infty)}} \frac{a_0x^n + a_1x^{n-1} + \ldots + a_n}{b_0x^m + b_1x^{m-1} + \ldots + b_m} = \begin{cases} \pm\infty & \text{se } n > m \\ \frac{a_0}{b_0} & \text{se } n = m \\ 0 & \text{se } n < m \end{cases}$$

Limiti notevoli

- $\lim\limits_{x \to 0} \dfrac{\sin x}{x} = 1;$
- $\lim\limits_{x \to 0} \dfrac{1 - \cos x}{x^2} = \dfrac{1}{2};$
- $\lim\limits_{x \to 0} \dfrac{\ln(1 + x)}{x} = 1;$
- $\lim\limits_{x \to 0} \dfrac{1 - \cos x}{x} = 0;$
- $\lim\limits_{x \to \pm\infty} \left(1 + \dfrac{1}{x}\right)^x = e;$
- $\lim\limits_{x \to 0} \dfrac{e^x - 1}{x} = 1.$

Infinitesimi, infiniti e loro confronto

- Una funzione $f(x)$ è un:
  - **infinitesimo**, per $x \to \alpha$, se $\lim\limits_{x \to \alpha} f(x) = 0$;
  - **infinito**, per $x \to \alpha$, se $\lim\limits_{x \to \alpha} f(x) = \pm\infty$.
- **Gerarchia degli infiniti**: $(\log_a x)^\alpha < x^\beta < b^x$, con $\alpha, \beta > 0$ e $a, b > 1$.

Limiti delle progressioni

- **Progressione aritmetica di ragione d**

$$\lim_{n \to +\infty} a_n = \begin{cases} +\infty & \text{se } d > 0 \\ -\infty & \text{se } d < 0 \\ a_1 & \text{se } d = 0 \end{cases}$$

- **Progressione geometrica di ragione q**

$$\lim_{n \to +\infty} a_n = \begin{cases} a_1 & \text{se } q = 1 \\ 0 & \text{se } |q| < 1 \\ \pm\infty & \text{se } q > 1 \\ \nexists & \text{se } q \leq -1 \end{cases}$$

Funzioni continue e discontinuità

- **$f(x)$ continua in x_0**: $\lim\limits_{x \to x_0} f(x) = f(x_0)$; **continua in $[a; b]$**: f è continua in ogni punto di $[a; b]$.
- Teorema di **Weierstrass**: f continua in $[a; b] \to \exists\, c, d \in [a; b] \mid f(c) = m$, $f(d) = M$, dove m e M sono il minimo e il massimo dell'insieme dei valori assunti dalla funzione quando x varia in $[a; b]$.
- Teorema dei **valori intermedi**: f continua in $[a; b] \to \forall\, k$: $m \leq k \leq M\ \exists\, x \in [a; b]$: $f(x) = k$.
- Teorema di **esistenza degli zeri**: f continua in $[a; b]$, $f(a) \cdot f(b) < 0 \to \exists\, c \in [a; b]$: $f(c) = 0$.
- **x_0 è punto di discontinuità di prima specie** se $\lim\limits_{x \to x_0^-} f(x) = l_1 \neq \lim\limits_{x \to x_0^+} f(x) = l_2$.
- **x_0 è punto di discontinuità di seconda specie** se per $x \to x_0$ almeno uno dei due limiti, destro o sinistro, di $f(x)$ è infinito oppure non esiste.
- **x_0 è punto di discontinuità di terza specie** se esiste ed è finito $\lim\limits_{x \to x_0} f(x) = l$, ma f non è definita in x_0 oppure, se lo è, risulta $f(x_0) \neq l$.

Asintoti

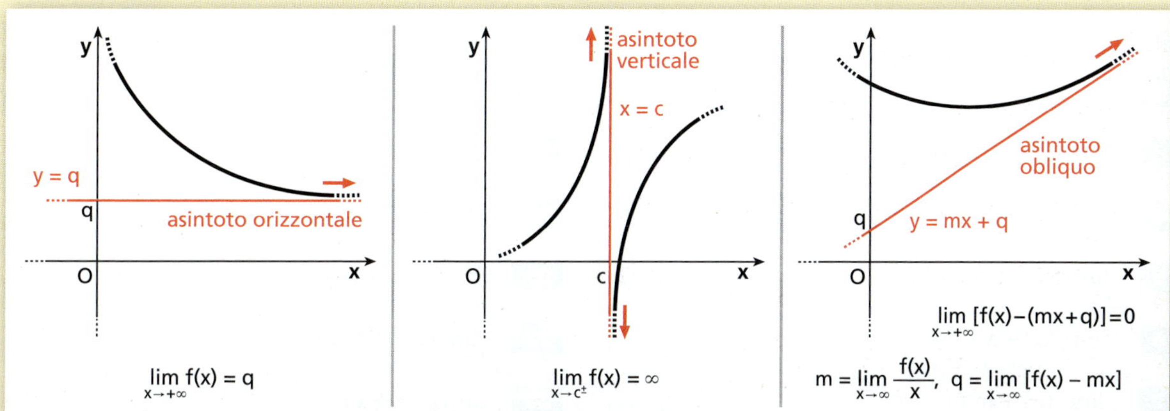

ESERCIZI

CAPITOLO 23
ESERCIZI

1 Operazioni sui limiti

Limiti di funzioni elementari

▶ Teoria a p. 1162

AL VOLO Calcola i seguenti limiti di funzioni elementari.

1 $\lim_{x\to 2} 5e^3$; $\quad \lim_{x\to 1} \frac{2}{\ln e^2}$.

2 $\lim_{x\to 10} x$; $\quad \lim_{x\to -\infty} x^5$.

3 $\lim_{x\to 3} e^x$; $\quad \lim_{x\to -\infty} e^x$.

4 $\lim_{x\to 1} \ln x$; $\quad \lim_{x\to -\frac{\pi}{6}} \sin x$.

5 $\lim_{x\to 0} \cos x$; $\quad \lim_{x\to \frac{3}{4}\pi} \cos x$.

6 $\lim_{x\to +\infty} \left(\frac{1}{3}\right)^x$; $\quad \lim_{x\to -\infty} 4^x$.

7 $\lim_{x\to +\infty} 2^{-x}$; $\quad \lim_{x\to +\infty} 2^{2x}$.

8 $\lim_{x\to +\infty} \sin x$; $\quad \lim_{x\to 0^+} \log x$.

9 Spiega se ha senso calcolare i seguenti limiti e, in caso affermativo, calcolali.

$\lim_{x\to -\infty} \sqrt{x}$; $\quad \lim_{x\to -\infty} \log(-x)$; $\quad \lim_{x\to +\infty} (-2)^x$.

10 **ASSOCIA** ciascun limite al suo valore.

a. $\lim_{x\to 0^-} x^3$ **b.** $\lim_{x\to +\infty} x^3$ **c.** $\lim_{x\to -\infty} x^3$ **d.** $\lim_{x\to -\infty} 3^x$

1. $+\infty$ **2.** 0^+ **3.** $-\infty$ **4.** 0^-

Limite della somma

▶ Teoria a p. 1163

11 **ESERCIZIO GUIDA** Calcoliamo i limiti: **a.** $\lim_{x\to 1} (x+\ln x)$; **b.** $\lim_{x\to -\infty} (x^2-2x)$.

a. Abbiamo

$$\lim_{x\to 1} x = 1 \text{ e } \lim_{x\to 1} \ln x = 0,$$

quindi per il teorema del limite della somma:

$$\lim_{x\to 1} (x+\ln x) = 1.$$

b. Abbiamo

$$\lim_{x\to -\infty} x^2 = +\infty, \quad \lim_{x\to -\infty} (-2x) = +\infty,$$

quindi:

$$\lim_{x\to -\infty} (x^2-2x) = +\infty.$$

Calcola i limiti.

12 $\lim_{x\to -2} (2x^3+x^2)$ $[-12]$

13 $\lim_{x\to -1} (x^4-x^3-4)$ $[-2]$

14 $\lim_{x\to 3} (3x-x^2)$ $[0]$

15 $\lim_{x\to 10} (5x+1)$ $[51]$

16 $\lim_{x\to -1} (3x^5-x-1)$ $[-3]$

17 $\lim_{x\to +\infty} (e^x+\ln x)$ $[+\infty]$

18 $\lim_{x\to -\infty} (-x^2+x)$ $[-\infty]$

19 $\lim_{x\to -1} (\sqrt{2x+6}-x)$ $[3]$

20 $\lim_{x\to e} (3-\ln x)$ $[2]$

21 $\lim_{x\to \frac{\pi}{2}} (\sin x+\cos x)$ $[1]$

22 $\lim_{x\to +\infty} (3x^2+\sqrt{x})$ $[+\infty]$

23 $\lim_{x\to 2} (e^{x-2}+x)$ $[3]$

Limite del prodotto

▶ Teoria a p. 1164

24 ESERCIZIO GUIDA Calcoliamo: **a.** $\lim_{x \to 0^+} (x+1) \cdot \ln x$; **b.** $\lim_{x \to +\infty} x \cdot \frac{e^x}{2}$.

a. $\lim_{x \to 0^+} (x+1) = 1$; $\lim_{x \to 0^+} \ln x = -\infty$.

I valori dei due limiti sono discordi, quindi:

$$\lim_{x \to 0^+} (x+1) \ln x = -\infty.$$

b. $\lim_{x \to +\infty} x = +\infty$; $\lim_{x \to +\infty} \frac{e^x}{2} = +\infty$.

I valori dei due limiti sono concordi, pertanto:

$$\lim_{x \to +\infty} x \cdot \frac{e^x}{2} = +\infty.$$

Calcola i limiti.

25 $\lim_{x \to 4} 3(5x - x^2)$ [12]

26 $\lim_{x \to 1} x(3x^2 + 1)$ [4]

27 $\lim_{x \to 0} (1 - \cos x)\left(\sin x - \frac{\pi}{2}\right)$ [0]

28 $\lim_{x \to 3^+} \sqrt{x-3}(3 - x)$ [0]

29 $\lim_{x \to +\infty} \frac{2-x}{3}(x^3 - 1)$ [$-\infty$]

30 $\lim_{x \to +\infty} x \ln x$ [$+\infty$]

31 $\lim_{x \to +\infty} (1 - x^2) e^x$ [$-\infty$]

32 $\lim_{x \to +\infty} (4 + x)^3$ [$+\infty$]

33 $\lim_{x \to 1^-} (x - 1)e^x$ [0]

34 $\lim_{x \to -\infty} (7 - 2x)^5 (x^2 + 1)$ [$+\infty$]

35 $\lim_{x \to -\infty} (2x^2 + 1)^6$ [$+\infty$]

36 $\lim_{x \to -\infty} (7 - x)^{\frac{3}{5}}$ [$+\infty$]

Limite del quoziente

▶ Teoria a p. 1165

37 ESERCIZIO GUIDA Calcoliamo: **a.** $\lim_{x \to 2} \frac{x^2 + 3x - 1}{x - 1}$; **b.** $\lim_{x \to -2^+} \frac{6x+1}{x+2}$.

a. Poiché $\lim_{x \to 2} (x^2+3x-1) = 9$ e

$\lim_{x \to 2} (x - 1) = 1$,

abbiamo

$$\lim_{x \to 2} \frac{x^2 + 3x - 1}{x - 1} = \frac{9}{1} = 9.$$

b. $\lim_{x \to -2^+} (6x + 1) = -11$ e $\lim_{x \to -2^+} (x + 2) = 0^+$.

Il numeratore tende a un numero negativo, mentre il denominatore tende a 0^+ (cioè resta sempre positivo); i limiti hanno segno discorde, pertanto:

$$\lim_{x \to -2^+} \frac{6x+1}{x+2} = -\infty.$$

Calcola i limiti.

38 $\lim_{x \to 4} \frac{3x}{x+5}$ $\left[\frac{4}{3}\right]$

39 $\lim_{x \to -2} \frac{1-x}{x^2+3}$ $\left[\frac{3}{7}\right]$

40 $\lim_{x \to -2^-} \frac{4x+3}{x^2-4}$ [$-\infty$]

41 $\lim_{x \to 0} \frac{2x^2 + x}{2x + 5}$ [0]

42 $\lim_{x \to 1} \frac{2 + \ln x}{1 - \ln x}$ [2]

43 $\lim_{x \to -3^-} \frac{x^2 - 1}{x + 3}$ [$-\infty$]

44 $\lim_{x \to 1} \frac{x+1}{x^2 - 2x + 1}$ [$+\infty$]

45 $\lim_{x \to -1} \frac{x+1}{x^2 - 2x + 1}$ [0]

46 $\lim_{x \to 0^-} \frac{1}{x^3}$ [$-\infty$]

47 $\lim_{x \to -\infty} \frac{-2}{x^4}$ [0]

ESERCIZI

48 $\lim_{x\to\pi}\frac{\sin x}{2\cos x}$ [0]

49 $\lim_{x\to 2}\frac{1+e^x}{x-1}$ [$1+e^2$]

50 $\lim_{x\to 4^+}\frac{\sqrt{x-4}}{2x}$ [0]

51 $\lim_{x\to -7^+}\frac{\sqrt{2-x}+x}{7+x}$ [$-\infty$]

Limite della potenza del tipo $[f(x)]^{g(x)}$

▶ Teoria a p. 1166

Calcola i limiti.

52 $\lim_{x\to 1}(x+2)^{2x}$ [9]

53 $\lim_{x\to 2}x^{\sqrt{x-1}}$ [2]

54 $\lim_{x\to 4}(\sqrt{x})^{\frac{1}{x-2}}$ [$\sqrt{2}$]

55 $\lim_{x\to 0^+}(x+3)^{\frac{1}{x}}$ [$+\infty$]

56 $\lim_{x\to 1}(5-x)^{x-1}$ [1]

57 $\lim_{x\to +\infty}\left(\frac{1}{x+2}\right)^x$ [0]

58 $\lim_{x\to 0^+}\left(\frac{1}{4}+x\right)^{\frac{1}{x}}$ [0]

59 $\lim_{x\to 0^+}\left(2x+\frac{1}{3}\right)^{-\frac{2}{x}}$ [$+\infty$]

60 $\lim_{x\to +\infty}\left(\frac{1}{x-1}\right)^x$ [0]

61 $\lim_{x\to +\infty}\left(\frac{1}{x}\right)^{2x+1}$ [0]

Riepilogo: Operazioni sui limiti

VERO O FALSO?

62 Se $\lim_{x\to c}f(x)=0$ e $\lim_{x\to c}g(x)=-\infty$, allora:

a. $\lim_{x\to c}\left[\frac{1}{f(x)}+\frac{1}{g(x)}\right]=\infty$. V F

b. $\lim_{x\to c}\frac{g(x)}{f(x)}=0$. V F

c. $\lim_{x\to c}\frac{f(x)}{g(x)}=0$. V F

d. $\lim_{x\to c}f(x)g(x)=\infty$. V F

63 Se $\lim_{x\to c}f(x)=-1$ e $\lim_{x\to c}g(x)=-\infty$, allora:

a. $\lim_{x\to c}[f(x)-g(x)]=-\infty$. V F

b. $\lim_{x\to c}\frac{f(x)}{g(x)}=0$. V F

c. $\lim_{x\to c}\frac{g(x)}{f(x)}=-\infty$. V F

d. $\lim_{x\to c}[-f(x)-[g(x)]^2]=-\infty$. V F

TEST

64 Se $\lim_{x\to 1}f(x)=+\infty$, quanto vale $\lim_{x\to 1}\frac{f(x)}{-e^{x-1}}$?

A 0 B $+\infty$ C $-\infty$ D 1 E e

65 Se $\lim_{x\to\frac{\pi}{4}}[f(x)\cdot\cos x]=2$, quanto vale $\lim_{x\to\frac{\pi}{4}}f(x)$?

A $2\sqrt{2}$ B 2 C 1 D $\frac{\sqrt{2}}{2}$ E 0

Calcola i limiti.

66 $\lim_{x\to -\infty}\left(x+\frac{5}{x}\right)$ [$-\infty$]

67 $\lim_{x\to 0}\left(\frac{1}{x^4}+\frac{1}{x^2}\right)$ [$+\infty$]

68 $\lim_{x\to -\infty}(x^2+7)^3$ [$+\infty$]

69 $\lim_{x\to 2}\left(\frac{2}{x}-3\right)$ [-2]

70 $\lim_{x\to 3}(-2x+1)(x-2)$ [-5]

71 $\lim_{x\to -4}e^{\frac{-4}{x}}$ [e]

72 $\lim_{x\to -3}\log_3(24-x)$ [3]

73 $\lim_{x\to 1}\frac{x^2+x+1}{x^2-3x+3}$ [3]

74 $\lim_{x\to 4}\frac{x+\sqrt{x}}{x^2-13}$ $[2]$

75 $\lim_{x\to 5}\frac{\sqrt{x+4}}{x+1}$ $\left[\frac{1}{2}\right]$

76 $\lim_{x\to \frac{\pi}{2}}(2\sin x+\cos x)$ $[2]$

77 $\lim_{x\to \frac{\pi}{3}}(2\cos x-1)$ $[0]$

78 $\lim_{x\to 1}\frac{x}{x^2-4\sqrt{x}+2}$ $[-1]$

79 $\lim_{x\to 3^+}\frac{5x-2}{3-x}$ $[-\infty]$

80 $\lim_{x\to -1^+}\frac{1}{x+1}$ $[+\infty]$

81 $\lim_{x\to +\infty}\frac{1}{x-2}$ $[0]$

82 $\lim_{x\to 3^-}\frac{1}{x-3}$ $[-\infty]$

83 $\lim_{x\to -\infty}\frac{1}{6-3x}$ $[0]$

84 $\lim_{x\to -1}\frac{-5}{(x+1)^2}$ $[-\infty]$

85 $\lim_{x\to -2^\pm}\frac{x+1}{x+2}$ $[-\infty; +\infty]$

86 $\lim_{x\to 1^+}\frac{3x+2}{x-1}$ $[+\infty]$

87 $\lim_{x\to 0}\frac{x^2+3x+2}{x^2}$ $[+\infty]$

88 $\lim_{x\to \frac{3}{2}}\frac{x-2}{(2x-3)^2}$ $[-\infty]$

89 $\lim_{x\to 0^-}\left(\frac{1}{x^2}-\frac{1}{x^3}\right)$ $[+\infty]$

90 $\lim_{x\to 8}\frac{x+\sqrt[3]{x^2}}{\sqrt[3]{x}+2}$ $[3]$

91 $\lim_{x\to +\infty}\frac{e^x+e^{-x}}{e^{-x}}$ $[+\infty]$

92 $\lim_{x\to 4}\frac{\log_2 x+1}{3\log_4 x}$ $[1]$

93 $\lim_{x\to 1}\frac{2x-1}{\log x-3}$ $\left[-\frac{1}{3}\right]$

94 $\lim_{x\to 2}\sqrt{x+\log_2 x}$ $[\sqrt{3}]$

95 $\lim_{x\to 0^+}\left[\log(\cos x)+\frac{1}{x}\right]$ $[+\infty]$

96 $\lim_{x\to 2}\frac{\sqrt{x^2+x+1}}{\cos(\pi x)}$ $[\sqrt{7}]$

97 $\lim_{x\to 3}\cos\left(\frac{\log_3 x-1}{x+3}\right)$ $[1]$

98 $\lim_{x\to 2}\frac{\log(x^2+x-5)}{2^x-1}$ $[0]$

99 $\lim_{x\to 0}\frac{\cos x+2^x}{\sqrt{x^2+4}}$ $[1]$

100 $\lim_{x\to \frac{\pi}{2}}\frac{\sin x+\cos x}{2x}$ $\left[\frac{1}{\pi}\right]$

101 $\lim_{x\to \pi}(\sin x+2\cos x-1)$ $[-3]$

102 $\lim_{x\to \frac{\pi}{4}}(\tan x+8x)$ $[1+2\pi]$

103 $\lim_{x\to 0^-}\frac{2x+1}{\sin x}$ $[-\infty]$

104 $\lim_{x\to 0}\frac{\cos^2 x-2}{3^x-2}$ $[1]$

105 $\lim_{x\to 2}\frac{2x^2-x+1}{2^{2x}-2^x+2}$ $\left[\frac{1}{2}\right]$

106 $\lim_{x\to 2}\frac{3^x-2^x}{4^{2x}-4^x-20}$ $\left[\frac{1}{44}\right]$

107 $\lim_{x\to 0^+}\frac{2x+3}{5^x-1}$ $[+\infty]$

108 $\lim_{x\to 10}(\log x+2)$ $[3]$

109 $\lim_{x\to \pi}\frac{e^{\cos x}+\sin x}{\sqrt{1+\tan x}}$ $\left[\frac{1}{e}\right]$

110 $\lim_{x\to 1}\frac{2x-2+2^x}{\sqrt{1+\log x}}$ $[2]$

111 $\lim_{x\to 1}\log(1-\log x)$ $[0]$

112 $\lim_{x\to 3}\frac{\log_3 x+\log_3\frac{3}{x}}{x-2}$ $[1]$

113 $\lim_{x\to -\infty}\frac{e^x}{x}$ $[0]$

114 $\lim_{x\to 0^+}\frac{3^x\ln x}{2+x}$ $[-\infty]$

115 $\lim_{x\to +\infty}\left(\frac{\ln x}{e^{-x}}+\frac{2}{x}\right)$ $[+\infty]$

116 $\lim_{x\to 1^-}\left(\frac{2^x}{\ln x}+\frac{1}{x-1}\right)$ $[-\infty]$

ESERCIZI

117 $\lim_{x\to+\infty}\left(\log_{\frac{1}{3}}x - xe^{x}\right)$ $[-\infty]$

118 $\lim_{x\to0^+}\left(\frac{\sin x}{\ln x}+\frac{1}{\cos x}\right)$ $[1]$

119 $\lim_{x\to0^+}\frac{\log_2 x}{-x}$ $[+\infty]$

120 $\lim_{x\to1^-}\frac{\arcsin x}{x-1}$ $[-\infty]$

121 $\lim_{x\to\left(\frac{\pi}{2}\right)^{\pm}} e^{\frac{1}{\cos x}}$ $[0^+; +\infty]$

122 $\lim_{x\to1^-}\ln\arccos x$ $[-\infty]$

123 $\lim_{x\to0^+}\arctan\ln x$ $\left[-\frac{\pi}{2}\right]$

124 $\lim_{x\to0^+}x^{\frac{1}{x}}$ $[0^+]$

125 $\lim_{x\to+\infty}(\ln x)^x$ $[+\infty]$

126 $\lim_{x\to0}(1-\cos x)^{\frac{1}{x^2}}$ $[0^+]$

127 $\lim_{x\to1^-}\left(\frac{1}{1-x}\right)^{x-3}$ $[0^+]$

128 $\lim_{x\to-\infty}(x^2+1)^{x^2}$ $[+\infty]$

---

129 Trova per quale valore di a la funzione $f(x)=\begin{cases}2x^2-ax+1 & \text{se } x\le-1\\ \frac{ax-1}{x+2} & \text{se } x>-1\end{cases}$ ammette limite nel punto $x=-1$. $[a=-2]$

130 EUREKA! Determina per quali valori di k: $\lim_{x\to+\infty}(k^2-8)^x=0$. $[-3<k<-2\sqrt{2} \vee 2\sqrt{2}<k<3]$

131 REALTÀ E MODELLI **Più veloce!** Pietro percorre 30 km per andare al lavoro. Oggi ha impiegato complessivamente 1 ora tra andata e ritorno.

a. Qual è stata la sua velocità media in km/h?

b. Dette v e w le velocità medie, in km/h, che ha mantenuto rispettivamente all'andata e al ritorno, verifica che $w=\frac{30v}{v-30}$, quindi calcola il valore a cui tende w quando v tende a 30. Come interpreti questo risultato?

$v_m = \frac{\text{spazio totale}}{\text{tempo totale}}$

[a) 60 km/h; b) $w\to\infty$]

2 Forme indeterminate

132 TEST Solo una fra le seguenti è una forma indeterminata. Quale?

A $\frac{\infty}{0}$ B $\frac{0}{\infty}$ C $0\cdot\infty$ D 0^{∞} E $(+\infty)^{-\infty}$

133 ASSOCIA ciascun limite alla forma indeterminata corrispondente.

a. $\lim_{x\to-\infty}\frac{2x+1}{x^3-1}$ **b.** $\lim_{x\to+\infty}x^4-3x$ **c.** $\lim_{x\to+\infty}\left(\frac{1}{x}\right)^{\frac{2}{x}}$ **d.** $\lim_{x\to0^+}x\cdot\log x$

1. $+\infty-\infty$ **2.** 0^0 **3.** $\frac{\infty}{\infty}$ **4.** $0\cdot\infty$

Forma indeterminata $+\infty-\infty$

▶ Teoria a p. 1168

134 ESERCIZIO GUIDA Calcoliamo:

a. $\lim_{x\to-\infty}(x^3+2x^2-3)$; **b.** $\lim_{x\to+\infty}\left(\sqrt{x+7}-\sqrt{x-5}\right)$.

a. Poiché $\lim_{x\to-\infty}x^3=-\infty$ e $\lim_{x\to-\infty}(2x^2-3)=+\infty$, abbiamo la forma indeterminata $-\infty+\infty$.

Raccogliamo a fattor comune x^3:

$$\lim_{x\to-\infty}(x^3+2x^2-3) = \lim_{x\to-\infty}\left[\boxed{x^3}\cdot\left(1+\boxed{\frac{2}{x}}-\boxed{\frac{3}{x^3}}\right)\right] = -\infty.$$

(tende a $-\infty$; tende a 0; tende a 0)

b. Poiché $\lim_{x\to+\infty}\sqrt{x+7}=+\infty$ e $\lim_{x\to+\infty}\sqrt{x-5}=+\infty$, abbiamo la forma indeterminata $+\infty-\infty$.

Scriviamo la funzione $f(x)=\sqrt{x+7}-\sqrt{x-5}$ in modo che compaia la somma delle radici anziché la differenza, moltiplicando e dividendo $f(x)$ per $(\sqrt{x+7}+\sqrt{x-5})$:

$$\sqrt{x+7}-\sqrt{x-5}=(\sqrt{x+7}-\sqrt{x-5})\cdot\frac{\sqrt{x+7}+\sqrt{x-5}}{\sqrt{x+7}+\sqrt{x-5}}=\frac{(x+7)-(x-5)}{\sqrt{x+7}+\sqrt{x-5}}=$$

$$=\frac{12}{\sqrt{x+7}+\sqrt{x-5}}.$$

Calcoliamo $\lim_{x\to+\infty}(\sqrt{x+7}-\sqrt{x-5})=\lim_{x\to+\infty}\frac{12}{\boxed{\sqrt{x+7}+\sqrt{x-5}}}=0$

(tende a $+\infty$)

Calcola i limiti.

135 $\lim_{x\to+\infty}(4x^2-x)$ $[+\infty]$

136 $\lim_{x\to+\infty}(2x-1-x^3)$ $[-\infty]$

137 $\lim_{x\to-\infty}(x^4-x^2-9)$ $[+\infty]$

138 $\lim_{x\to-\infty}(-2x^5+3x^2-x+3)$ $[+\infty]$

139 $\lim_{x\to-\infty}\frac{9x^3+x^2}{2}$ $[-\infty]$

140 $\lim_{x\to+\infty}\left(-x^7+\frac{1}{2}x+1\right)$ $[-\infty]$

141 $\lim_{x\to+\infty}(-2x^4+x^3-2x^2)$ $[-\infty]$

142 $\lim_{x\to-\infty}(-3x^3+2x^2-x)$ $[+\infty]$

143 $\lim_{x\to+\infty}(\sqrt{x+1}-\sqrt{x+2})$ $[0]$

144 $\lim_{x\to+\infty}(\sqrt{x^2+1}-\sqrt{x^2-4})$ $[0]$

145 $\lim_{x\to+\infty}\frac{x}{\sqrt{2x-1}-\sqrt{2x+2}}$ $[-\infty]$

146 $\lim_{x\to-\infty}(\sqrt{1-2x}-\sqrt{3-2x})$ $[0]$

147 $\lim_{x\to-\infty}\frac{\sqrt{1-x}-\sqrt{1-2x}}{3x}$ $[0]$

148 $\lim_{x\to+\infty}\frac{\sqrt{x^2-1}-x}{3x+1}$ $[0]$

149 $\lim_{x\to+\infty}\frac{\sqrt{x}-\sqrt{x-5}}{2}$ $[0]$

150 $\lim_{x\to-\infty}\frac{-2}{x^4+x^3+2}$ $[0]$

151 $\lim_{x\to-\infty}\ln(-x^3+x)$ $[+\infty]$

152 $\lim_{x\to+\infty}(x^2-5x)^2$ $[+\infty]$

153 $\lim_{x\to-\infty}(x^4+x^3-x^2)^3$ $[+\infty]$

154 $\lim_{x\to+\infty}\frac{1}{-x^4+x^2}$ $[0^-]$

155 $\lim_{x\to-\infty}4^{x^3+x^2}$ $[0]$

156 $\lim_{x\to-\infty}(4x+\sqrt{16x^2-1})$ $[0]$

EUREKA!

157 Calcola $\lim_{x\to+\infty}(\sqrt[4]{x^3}-\sqrt[3]{x^2}+\sqrt{x}-x)$. $[-\infty]$

158 Calcola $\lim_{x\to+\infty}(\sqrt[3]{x^3-x^2}-x)$ ricordando che $A^3-B^3=(A-B)(A^2+AB+B^2)$. $\left[-\frac{1}{3}\right]$

159 **YOU & MATHS** Find $\lim_{x\to+\infty}(\sqrt[3]{x^3+x^2}-\sqrt[3]{x^3-x^2})$. (USA *Harvard-MIT Mathematics Tournament*) $\left[\frac{2}{3}\right]$

Forma indeterminata $0 \cdot \infty$

▶ Teoria a p. 1169

160 ESERCIZIO GUIDA Calcoliamo $\lim_{x \to 0^+} (\sin 2x \cdot \cot x)$.

Poiché $\lim_{x \to 0^+} \sin 2x = 0$ e $\lim_{x \to 0^+} \cot x = +\infty$, abbiamo la forma indeterminata $0 \cdot \infty$.

Utilizzando le formule goniometriche, trasformiamo $\sin 2x$ e $\cot x$ per semplificare l'argomento del limite:

$$\sin 2x \cdot \cot x = 2 \sin x \cos x \cdot \frac{\cos x}{\sin x} = 2\cos^2 x.$$

$$\lim_{x \to 0^+} (\sin 2x \cdot \cot x) = \lim_{x \to 0^+} (2\cos^2 x) = 2 \cdot 1 = 2.$$

Calcola i limiti.

161 $\lim_{x \to \frac{\pi}{2}} [(1 + \tan x)\cot x]$ [1]

162 $\lim_{x \to 0^-} (\sin x \cot^2 x)$ $[-\infty]$

163 $\lim_{x \to \frac{\pi}{2}} (\cos^2 x \tan x)$ [0]

164 $\lim_{x \to \frac{3\pi}{2}} [(1 + \sin x)\tan^2 x]$ $\left[\frac{1}{2}\right]$

165 $\lim_{x \to 0} [(2 - \cot x)\tan x]$ $[-1]$

166 $\lim_{x \to 0} \left[(1 - \cos 2x)\frac{x+1}{\sin x}\right]$ [0]

Forma indeterminata $\frac{\infty}{\infty}$

▶ Teoria a p. 1169

167 ESERCIZIO GUIDA Calcoliamo:

a. $\lim_{x \to +\infty} \frac{-x^4 + 2x}{x^2 - 2}$; **b.** $\lim_{x \to +\infty} \frac{1 + 6x^3}{x^3 - x}$; **c.** $\lim_{x \to +\infty} \frac{2x - x^2}{x^3 + 1}$.

a. Raccogliamo a fattor comune le potenze di grado massimo al numeratore e al denominatore:

$$\lim_{x \to +\infty} \frac{x^4\left(-1 + \frac{2}{x^3}\right)}{x^2 \cdot \left(1 - \frac{2}{x^2}\right)} = \lim_{x \to +\infty} \left(x^2 \cdot \frac{-1 + \frac{2}{x^3}}{1 - \frac{2}{x^2}} \right).$$

(tende a -1: $\frac{-1 + \frac{2}{x^3}}{1 - \frac{2}{x^2}}$; tende a $+\infty$: x^2)

Quindi:

$$\lim_{x \to +\infty} \frac{-x^4 + 2x}{x^2 - 2} = -\infty.$$

b. Ordiniamo il numeratore e il denominatore secondo il grado decrescente:

$$\lim_{x \to +\infty} \frac{6x^3 + 1}{x^3 - x}.$$

Raccogliamo a fattor comune i monomi di grado massimo al numeratore e al denominatore:

$$\lim_{x \to +\infty} \frac{x^3 \cdot \left(6 + \frac{1}{x^3}\right)}{x^3 \cdot \left(1 - \frac{1}{x^2}\right)} = \lim_{x \to +\infty} \frac{6 + \frac{1}{x^3}}{1 - \frac{1}{x^2}} = 6.$$

(tende a 6: $6 + \frac{1}{x^3}$; tende a 1: $1 - \frac{1}{x^2}$)

c. Ordiniamo il numeratore e il denominatore secondo il grado decrescente:

$$\lim_{x \to +\infty} \frac{-x^2 + 2x}{x^3 + 1}.$$

Raccogliamo a fattor comune le potenze di grado massimo al numeratore e al denominatore:

$$\lim_{x\to+\infty}\frac{x^2\cdot\left(-1+\frac{2}{x}\right)}{x^3\cdot\left(1+\frac{1}{x^3}\right)}=\lim_{x\to+\infty}\boxed{\frac{1}{x}}\cdot\boxed{\frac{-1+\frac{2}{x}}{1+\frac{1}{x^3}}}=0\cdot(-1)=0.$$

tende a 0 — tende a −1

Calcola i limiti.

168 $\lim_{x\to+\infty}\frac{3x^2+x}{x^2-2}$ [3]

169 $\lim_{x\to+\infty}\frac{x^3-1}{5x+x^2}$ [$+\infty$]

170 $\lim_{x\to-\infty}\frac{2-x^2}{6+x}$ [$+\infty$]

171 $\lim_{x\to+\infty}\frac{6x^3}{x^4+2}$ [0]

172 $\lim_{x\to-\infty}\frac{x^6-3x^4}{2x^2-2x+1}$ [$+\infty$]

173 $\lim_{x\to+\infty}\frac{1+x^5}{3x^2-2x+1}$ [$+\infty$]

174 $\lim_{x\to+\infty}\frac{3x^3-4x^2+6}{3x^2-2x+x^3}$ [3]

175 $\lim_{x\to-\infty}\frac{x^2-6x^4+3x^6}{7x^5+4x^3-2x}$ [$-\infty$]

176 $\lim_{x\to-\infty}\frac{x^2-3x^4-27}{7+4x^3+x}$ [$+\infty$]

177 $\lim_{x\to+\infty}\frac{2x-6x^3+x^2}{x^2-3x^3}$ [2]

178 $\lim_{x\to-\infty}\frac{x-2x^3+3x^2}{x^2-2-x^4}$ [0]

179 $\lim_{x\to-\infty}\frac{2x^2+x+4x^3}{x^5-x^2}$ [0]

180 $\lim_{x\to-\infty}\frac{2x^5-x^3+x^4}{x^5-6x^2}$ [2]

181 $\lim_{x\to-\infty}\frac{x^3-2x^6+4}{2x^6-7-x^3}$ [-1]

182 $\lim_{x\to+\infty}\frac{x^2-3x^4}{2x^2-x+4x^4}$ $\left[-\frac{3}{4}\right]$

183 $\lim_{x\to+\infty}\frac{x^2-x^4}{x^2-x+x^6}$ [0]

184 $\lim_{x\to+\infty}e^{\frac{-x^3+2x}{x^2-1}}$ [0^+]

185 $\lim_{x\to-\infty}\ln\frac{x^2-x}{x^4-x^3+1}$ [$-\infty$]

Determina per quali valori di $n\in\mathbb{N}$ sono verificati i seguenti limiti.

186 $\lim_{x\to+\infty}\frac{2x^2+3}{x^n-1}=2$

187 $\lim_{x\to-\infty}\frac{x+1}{4-x^n}=0$

188 $\lim_{x\to+\infty}\frac{4x+x^n}{x^3+1}=+\infty$

189 **ESERCIZIO GUIDA** Calcoliamo $\lim_{x\to-\infty}\frac{\sqrt{x^2+1}}{2x-1}$.

Osserviamo che per x che tende a $-\infty$ il numeratore tende a $+\infty$, mentre il denominatore tende a $-\infty$ e quindi il limite è nella forma indeterminata $\frac{\infty}{\infty}$.

Raccogliamo a fattor comune i termini in x di grado massimo all'interno della radice e al denominatore:

$$\lim_{x\to-\infty}\frac{\sqrt{x^2\left(1+\frac{1}{x^2}\right)}}{x\left(2-\frac{1}{x}\right)}=\lim_{x\to-\infty}\frac{\sqrt{x^2}\cdot\sqrt{1+\frac{1}{x^2}}}{x\left(2-\frac{1}{x}\right)}=\lim_{x\to-\infty}\frac{|x|\cdot\sqrt{1+\frac{1}{x^2}}}{x\left(2-\frac{1}{x}\right)}.$$

Poiché x tende a $-\infty$, possiamo supporre $x<0$, quindi abbiamo $|x|=-x$. Il limite perciò diventa:

$$\lim_{x\to-\infty}\frac{-x\sqrt{1+\frac{1}{x^2}}}{x\left(2-\frac{1}{x}\right)}=\lim_{x\to-\infty}\frac{\boxed{-\sqrt{1+\frac{1}{x^2}}}}{\boxed{\left(2-\frac{1}{x}\right)}}=-\frac{1}{2}.$$

tende a −1 — tende a 2

ESERCIZI

Calcola i limiti.

190 $\lim_{x \to +\infty} \frac{\sqrt{x^2+8}}{x+1}$ [1]

191 $\lim_{x \to +\infty} \frac{\sqrt{4x^2-3}}{x+1}$ [2]

192 $\lim_{x \to +\infty} \frac{x+\sqrt{x^2+8}}{2x+1}$ [1]

193 $\lim_{x \to +\infty} \frac{\sqrt{x^2+3x-1}}{x^2+x-1}$ [0]

194 $\lim_{x \to -\infty} \frac{3x-2}{\sqrt{x^2-x+1}}$ [−3]

195 $\lim_{x \to +\infty} \frac{x^3+x+2}{\sqrt{2x^2+1}}$ [+∞]

196 $\lim_{x \to +\infty} \frac{\sqrt{x^2-x}-\sqrt{x^2}}{x-2}$ [0]

197 $\lim_{x \to -\infty} \frac{\sqrt{x^2-1}+2x}{8x-4}$ $\left[\frac{1}{8}\right]$

Forma indeterminata $\frac{0}{0}$

Teoria a p. 1171

198 ESERCIZIO GUIDA Calcoliamo $\lim_{x \to 2} \frac{2x^3-x^2-5x-2}{2x^2-5x+2}$.

Calcolando il limite del numeratore e del denominatore, otteniamo la forma indeterminata $\frac{0}{0}$.

Poiché 2 è uno zero sia del numeratore sia del denominatore, scomponiamo in fattori. Per il numeratore usiamo la regola di Ruffini:

	2	−1	−5	−2
2		4	6	2
	2	3	1	0

→ $2x^3-x^2-5x-2=(x-2)(2x^2+3x+1)$.

Scomponendo il denominatore abbiamo: $2x^2-5x+2=(x-2)(2x-1)$.
Calcoliamo il limite:

$$\lim_{x \to 2} \frac{2x^3-x^2-5x-2}{2x^2-5x+2} = \lim_{x \to 2} \frac{\cancel{(x-2)}(2x^2+3x+1)}{\cancel{(x-2)}(2x-1)} = \lim_{x \to 2} \frac{2x^2+3x+1}{2x-1} = 5.$$

Calcola i limiti.

199 $\lim_{x \to 0} \frac{x^2+4x}{x}$ [4]

200 $\lim_{x \to -3} \frac{9-x^2}{x+3}$ [6]

201 $\lim_{x \to 0} \frac{5x}{x^2+3x}$ $\left[\frac{5}{3}\right]$

202 $\lim_{x \to 5} \frac{x^2-25}{x^3-5x^2}$ $\left[\frac{2}{5}\right]$

203 $\lim_{x \to 1} \frac{(x-1)^2}{3x^2-3x}$ [0]

204 $\lim_{x \to -2} \frac{3x^2+x-10}{x^2-5x-14}$ $\left[\frac{11}{9}\right]$

205 $\lim_{x \to 2} \frac{x^2-4}{x^2-x-2}$ $\left[\frac{4}{3}\right]$

206 $\lim_{x \to 1} \frac{x^8-x^7}{x-1}$ [1]

207 $\lim_{x \to -1^+} \frac{x^2+x}{x^2+2x+1}$ [−∞]

208 $\lim_{x \to 1} \frac{(x-1)^3}{x^2-1}$ [0]

209 $\lim_{x \to -4^-} \frac{x^4-16x^2}{(x+4)^2}$ [+∞]

210 $\lim_{x \to 2} \frac{x^3+2x^2-8x}{x^3-2x^2+2x-4}$ [2]

211 $\lim_{x \to -3^-} \frac{x^2+x-6}{x^3+6x^2+9x}$ [−∞]

212 $\lim_{x \to -2} \frac{x^3+6x^2+12x+8}{x^2+4x+4}$ [0]

213 $\lim_{x \to 1} \frac{x^3-7x+6}{x^2-1}$ [−2]

214 $\lim_{x \to 2} \ln \frac{x^2+x-6}{x^3-2x^2+x-2}$ [0]

215 $\lim_{x \to 0} e^{\frac{x^6-x^5}{x^4-x^3}}$ [1]

216 EUREKA! Determina per quali valori di a esiste finito $\lim_{x \to a} \frac{x^2+2x-8}{x-a}$. [$a=2 \vee a=-4$]

217 ESERCIZIO GUIDA Calcoliamo $\lim_{x\to 0}\dfrac{1-\sqrt{x+1}}{x^2-x}$.

Calcolando il limite, si ha la forma indeterminata $\dfrac{0}{0}$.

Razionalizziamo il numeratore e scomponiamo il denominatore in fattori:

$$\lim_{x\to 0}\frac{1-\sqrt{x+1}}{x(x-1)}\cdot\frac{1+\sqrt{x+1}}{1+\sqrt{x+1}}=\lim_{x\to 0}\frac{\cancel{1}-\cancel{x}-\cancel{1}}{\cancel{x}(x-1)(1+\sqrt{x+1})}=\lim_{x\to 0}\frac{-1}{(x-1)(1+\sqrt{x+1})}=\frac{1}{2}.$$

Calcola i limiti.

218 $\lim_{x\to 0}\dfrac{\sqrt{4+x}-2}{3x}$ $\left[\dfrac{1}{12}\right]$

219 $\lim_{x\to 9}\dfrac{3-\sqrt{x}}{9-x}$ $\left[\dfrac{1}{6}\right]$

220 $\lim_{x\to 0^+}\dfrac{2x-\sqrt{x}}{2x+\sqrt{x}}$ $[-1]$

221 $\lim_{x\to 16}\dfrac{x-16}{\sqrt{x}-4}$ $[8]$

222 $\lim_{x\to 4^+}\dfrac{x-4}{\sqrt{x^2-16}}$ $[0]$

223 $\lim_{x\to 3}\dfrac{3x-9}{\sqrt{6+x}-3}$ $[18]$

224 $\lim_{x\to 5^+}\dfrac{\sqrt{x^2-5x}}{\sqrt{x^2-25}}$ $\left[\dfrac{\sqrt{2}}{2}\right]$

225 $\lim_{x\to 2^-}\dfrac{\sqrt{2-x}}{\sqrt{x+2}-\sqrt{2x}}$ $[+\infty]$

Forme indeterminate 0^0, ∞^0, 1^∞

Teoria a p. 1171

226 RIFLETTI SULLA TEORIA Riconosci quali fra i seguenti limiti presentano una forma indeterminata.

$\lim_{x\to 0^+} 1^{\frac{1}{x}}$; $\lim_{x\to +\infty}\left(1+\dfrac{3}{x}\right)^x$; $\lim_{x\to 1}\left(\dfrac{2}{1-x}\right)^x$; $\lim_{x\to +\infty} x^{\frac{1}{x+1}}$; $\lim_{x\to -\infty}(x^2)^x$.

227 ESERCIZIO GUIDA Calcoliamo $\lim_{x\to 0^+} x^{\frac{1}{\ln x}}$.

Per $x\to 0^+$ si ha $\ln x\to -\infty$, quindi $\dfrac{1}{\ln x}\to 0^-$, perciò abbiamo la forma indeterminata 0^0.

Usiamo l'identità scritta a fianco:

$f(x)^{g(x)}=e^{g(x)\ln f(x)}$ con $f(x)>0$

$$\lim_{x\to 0^+} x^{\frac{1}{\ln x}}=\lim_{x\to 0^+} e^{\ln x^{\frac{1}{\ln x}}}=\lim_{x\to 0^+} e^{\frac{1}{\cancel{\ln x}}\cdot\cancel{\ln x}}=\lim_{x\to 0^+} e^1=e.$$

Osservazione. Anche forme indeterminate dei tipi ∞^0 e 1^∞ possono essere risolte utilizzando la proprietà $a=e^{\ln a}$, con $a>0$.

Calcola i limiti.

228 $\lim_{x\to 0^+}(2x)^{\frac{2}{\ln 2x}}$ $[e^2]$

229 $\lim_{x\to +\infty} x^{\frac{4}{3\ln x}}$ $\left[e^{\frac{4}{3}}\right]$

230 $\lim_{x\to 0^+}\left(\dfrac{x^2}{4}\right)^{\frac{1}{3\ln x}}$ $\left[e^{\frac{2}{3}}\right]$

231 $\lim_{x\to 0^+}\left(\dfrac{x}{2}\right)^{\frac{-3}{\ln x}}$ $\left[\dfrac{1}{e^3}\right]$

232 $\lim_{x\to +\infty} x^{\frac{1}{\ln^2 x^2}}$ $[1]$

233 $\lim_{x\to 0^+} x^{-\frac{1}{\ln x^2}}$ $\left[\dfrac{1}{\sqrt{e}}\right]$

Riepilogo: Forme indeterminate

TEST

234 Considera le funzioni $f(x) = 2x^2$, $g(x) = \frac{1}{x}$, $h(x) = -x$. Quale, fra i seguenti limiti, *non* è una forma indeterminata?

A $\lim_{x\to\infty} [f(x)\cdot g(x)]$

B $\lim_{x\to\infty} \frac{f(x)}{h(x)}$

C $\lim_{x\to+\infty} [f(x) - h(x)]$

D $\lim_{x\to 0} [g(x)\cdot h(x)]$

E $\lim_{x\to 0} \frac{h(x)}{f(x)}$

235 Fra i seguenti limiti, solo uno è una forma indeterminata. Quale?

A $\lim_{x\to\infty} \left(\frac{1}{x} - \frac{3}{x^2}\right)$

B $\lim_{x\to 0} -\frac{1}{x^3}$

C $\lim_{x\to 0} \frac{2x+1}{3}$

D $\lim_{x\to 0} (x^2 - 3x^3)$

E $\lim_{x\to-\infty} (2x^2 + x^3)$

236 Quale, fra i seguenti limiti, si presenta in forma indeterminata?

A $\lim_{x\to\frac{\pi}{2}} x\cdot\tan x$

B $\lim_{x\to-\infty} \frac{e^x}{x}$

C $\lim_{x\to 1} \frac{x-1}{x+1}$

D $\lim_{x\to+\infty} x^2\cdot\sin x$

E $\lim_{x\to 0^+} x\cdot e^{\frac{1}{x}}$

Calcola i limiti.

237 $\lim_{x\to-\infty} (-x^3 - 9)$ $[+\infty]$

238 $\lim_{x\to+\infty} (x + 2x^3 - x^2)$ $[+\infty]$

239 $\lim_{x\to-\infty} (-x^4 - x^3 + x^6 - x)$ $[+\infty]$

240 $\lim_{x\to+\infty} (x^5 - 11x)$ $[+\infty]$

241 $\lim_{x\to-2^+} \frac{x^2+2x}{x^3+2x^2-4x-8}$ $[+\infty]$

242 $\lim_{x\to 5} \frac{x^2-25}{x^2-4x-5}$ $\left[\frac{5}{3}\right]$

243 $\lim_{x\to-3^+} \frac{x+3}{x^3+8x^2+21x+18}$ $[-\infty]$

244 $\lim_{x\to 4^+} \frac{x-4}{x^2-8x+16}$ $[+\infty]$

245 $\lim_{x\to-\infty} \frac{x-5x^3+x^2}{2x^3+4x^2-x}$ $\left[-\frac{5}{2}\right]$

246 $\lim_{x\to-\infty} \frac{x^2-2x^3+x^4}{x^5+x^3-2x}$ $[0]$

247 $\lim_{x\to+\infty} \frac{x^2-2x^3+x}{4x^2-2x^5+1}$ $[0]$

248 $\lim_{x\to-1^-} \frac{4x-4}{1-x^2}$ $[+\infty]$

249 $\lim_{x\to-\infty} \frac{x^2-2x^3+5}{2x^2-3x^3+1}$ $\left[\frac{2}{3}\right]$

250 $\lim_{x\to-3^-} \frac{x+3}{x^3+9x^2+27x+27}$ $[+\infty]$

251 $\lim_{x\to-\infty} \frac{x-2x^3+x^5+x^7}{x^2-2x^4+10x^6}$ $[-\infty]$

252 $\lim_{x\to 0^-} \frac{x^2-x}{8x^3-7x^2}$ $[-\infty]$

253 $\lim_{x\to 3^+} \frac{x-3}{x^2-6x+9}$ $[+\infty]$

254 $\lim_{x\to+\infty} \frac{x-2x^3+x^4}{2x^3-x}$ $[+\infty]$

255 $\lim_{x\to 2} \frac{x^3-4x}{x^3-x^2-2x}$ $\left[\frac{4}{3}\right]$

256 $\lim_{x\to+\infty} \left(\frac{x^2+1}{x}\right)^{\pi}$ $[+\infty]$

257 $\lim_{x\to-\infty} (x + \sqrt{x^2+2})$ $[0]$

258 $\lim_{x\to+\infty} (3x - \sqrt{9x^2+1})$ $[0]$

259 $\lim_{x\to+\infty} \frac{1}{\sqrt{x^2-1}-x}$ $[-\infty]$

260 $\lim_{x\to-\infty} \frac{-x+\sqrt{x^2-8}}{6x+7}$ $\left[-\frac{1}{3}\right]$

261 $\lim_{x\to+\infty} \frac{1}{2x-\sqrt{3+4x^2}}$ $[-\infty]$

262 $\lim_{x\to+\infty} \frac{x^2}{x+\sqrt[3]{x^3+2x}}$ $[+\infty]$

263 $\lim_{x\to-\infty} \frac{1}{\sqrt{1+x^2}+x}$ $[+\infty]$

264 $\lim_{x\to-\infty} \frac{8x+2}{x-\sqrt{x^2-3}}$ $[4]$

265 $\lim_{x\to+\infty} \frac{x}{x^2+\sqrt{3+x^4}}$ $[0]$

266 $\lim_{x\to 1} \frac{1-x}{1-\sqrt{x}}$ $[2]$

267 $\lim_{x\to 8} \frac{\sqrt[3]{x}-2}{x-8}$ $\left[\frac{1}{12}\right]$

268 $\lim_{x\to 0} \frac{\sqrt{2-x}-\sqrt{2+x}}{x}$ $\left[-\frac{\sqrt{2}}{2}\right]$

269 $\lim_{x\to-2} e^{\frac{x^2-4}{x+2}}$ $[e^{-4}]$

270 $\lim_{x\to\infty} \log_2\left(\frac{x+1}{x}\right)$ $[0]$

271 $\lim_{x\to+\infty} \left(2^{\frac{1}{x}}-2^{\frac{x-1}{x+1}}\right)$ $[-1]$

272 $\lim_{x\to 0} \frac{\tan^2 x}{\sin x}$ $[0]$

273 $\lim_{x\to+\infty} e^{\frac{x^2-2}{-2x+1}}$ $[0^+]$

274 $\lim_{x\to 2} \left(\sqrt{\log 5x}-\frac{x^2-4}{x-2}\right)$ $[-3]$

275 $\lim_{x\to+\infty} \frac{2}{2-2^{\frac{x-1}{x}}}$ $[+\infty]$

276 $\lim_{x\to 1} \frac{\sqrt{x+3}-\sqrt{5-x}}{\sqrt{1+x}-\sqrt{2}}$ $[\sqrt{2}]$

277 $\lim_{x\to\frac{\pi}{2}} \left[(1-\sin x)\cdot\frac{1}{\cos x}\right]$ $[0]$

278 $\lim_{x\to\pi} \left[(\cos x+1)\cdot\frac{1}{\sin x}\right]$ $[0]$

279 $\lim_{x\to\infty} \arcsin\frac{1+x^2}{2x^2}$ $\left[\frac{\pi}{6}\right]$

280 $\lim_{x\to+\infty} e^{\frac{x-1}{4-x}}$ $\left[\frac{1}{e}\right]$

281 $\lim_{x\to+\infty} \ln\frac{x^2+1}{x^4-4}$ $[-\infty]$

282 $\lim_{x\to-\infty} e^{\frac{x^2}{1+x}}$ $[0]$

283 $\lim_{x\to-2} \ln\frac{x^2-4x-12}{4x-x^3}$ $[0]$

284 $\lim_{x\to 4} \frac{\sqrt{x}-2}{\sqrt{5+x}-\sqrt{2x+1}}$ $\left[-\frac{3}{2}\right]$

285 $\lim_{x\to-\infty} \frac{\sqrt{6-x}}{x+4}$ $[0]$

286 $\lim_{x\to+\infty} \left(\frac{x+1}{2x-3}\right)^{x-1}$ $[0^+]$

287 $\lim_{x\to+\infty} \left(\frac{4x^2-x}{x+1}\right)^{x^2}$ $[+\infty]$

288 $\lim_{x\to+\infty} \left(\frac{x^2-1}{x}\right)^{-\ln x}$ $[0^+]$

289 $\lim_{x\to+\infty} \left(\frac{3x-2}{x+1}\right)^{\frac{x-1}{2x}}$ $[\sqrt{3}]$

---

290 Data la funzione $f(x)=\frac{x-1}{2a-x^2}$, determina per quale valore di a si ha $\lim_{x\to-1} f(x)=\infty$. $\left[a=\frac{1}{2}\right]$

291 Considera $f(x)=\frac{3ax^2+1}{bx-x^2}$. Trova i valori di a e b per cui: $\lim_{x\to+\infty} f(x)=-1$ e $\lim_{x\to 1} f(x)=\infty$. $\left[a=\frac{1}{3}; b=1\right]$

COMPLETA

292 $\lim_{x\to\square} \frac{x-1}{x^2-5x+6}=\infty$ $[2; 3]$

293 $\lim_{x\to\square} 2^{\frac{-x^2}{x-2}}=0$ $[2^+; +\infty]$

294 $\lim_{x\to\square} \frac{x-5x^2}{2x-x^2}=\infty$ $[2]$

295 $\lim_{x\to\square} \ln\frac{2x+1}{x^2-x}=+\infty$ $[0^-; 1^+]$

ESERCIZI

REALTÀ E MODELLI

296 ●● **Allunga lo scivolo** In un parco acquatico, il profilo dello scivolo di una piscina è rappresentato dal tratto di grafico della funzione

$$y = \frac{ax^2 + b}{4x^2 + 5}$$

evidenziato in figura, dove le misure indicate sono in metri (l'acqua è ad altezza 0).

a. Trova a e b.

b. Quale sarebbe l'altezza limite del punto più basso dello scivolo se aumentassimo sempre più la sua lunghezza?

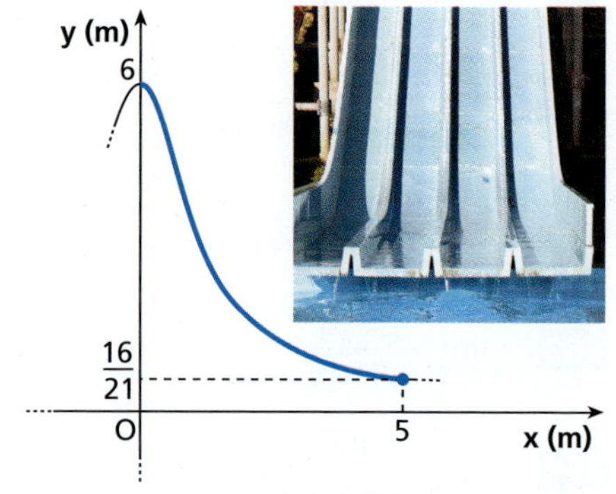

[a) 2; 30; b) 0,5 metri]

297 ●● **Qual è il profilo?** La sezione di uno scavo deve seguire l'andamento rappresentato in figura.

a. Quale delle funzioni mostrate rappresenta meglio il grafico dello scavo? Motiva la risposta.

$f(x) = \dfrac{k - x^2}{x^2 + 2}$ $\qquad g(x) = \dfrac{k}{x^2 + 2}$

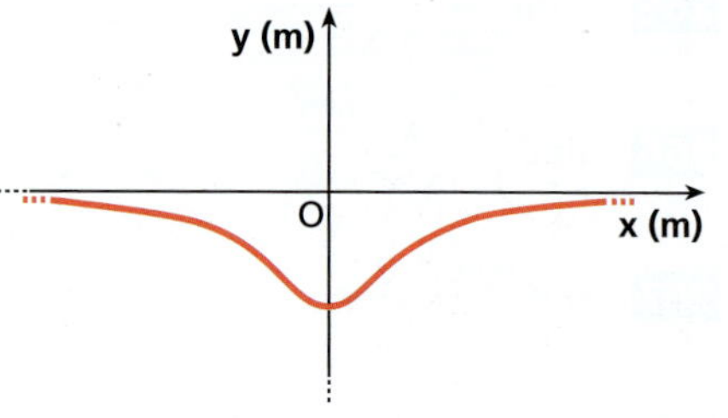

b. Per quale valore di k la profondità massima è di 2 metri? [b) -4]

3 Limiti notevoli

▶ Teoria a p. 1172

Limiti di funzioni goniometriche

$\lim\limits_{x \to 0} \dfrac{\sin x}{x} = 1$ $\qquad \lim\limits_{x \to 0} \dfrac{1 - \cos x}{x} = 0$ $\qquad \lim\limits_{x \to 0} \dfrac{1 - \cos x}{x^2} = \dfrac{1}{2}$

298 ESERCIZIO GUIDA Calcoliamo $\lim\limits_{x \to 0} \dfrac{\tan x + 3x}{x + \sin x}$.

Il limite presenta la forma indeterminata $\dfrac{0}{0}$. Sostituiamo $\tan x = \dfrac{\sin x}{\cos x}$, poi raccogliamo x al numeratore e al denominatore:

$$\lim_{x \to 0} \frac{\tan x + 3x}{x + \sin x} = \lim_{x \to 0} \frac{\frac{\sin x}{\cos x} + 3x}{x + \sin x} = \lim_{x \to 0} \frac{\cancel{x}\left(\boxed{\frac{\sin x}{x}} \cdot \boxed{\frac{1}{\cos x}} + 3\right)}{\cancel{x}\left(1 + \boxed{\frac{\sin x}{x}}\right)} = \frac{1 \cdot 1 + 3}{1 + 1} = 2.$$

(tende a 1; tende a 1; tende a 1)

Calcola i limiti.

AL VOLO

299 ●○ $\lim\limits_{x \to 0} \dfrac{x}{\sin x}$

300 ●○ $\lim\limits_{x \to 0} \dfrac{\cos x - 1}{x}$

301 ●○ $\lim\limits_{x \to 0} \dfrac{\cos x - 1}{x^2}$

302 ●○ $\lim\limits_{x \to 0} \dfrac{\sin x}{2x}$

303 ●○ $\lim\limits_{x \to 0} \left(\dfrac{\sin x}{x}\right)^3$

304 ●○ $\lim\limits_{x \to 1} \dfrac{(1 - \cos x)^2}{x^2}$

ESERCIZI

305 $\lim_{x\to 0} \frac{\tan x}{x}$ [1]

306 $\lim_{x\to 0} \frac{x^2}{\sin x}$ [0]

307 $\lim_{x\to 0} \frac{x+\sin x}{x}$ [2]

308 $\lim_{x\to 0} \frac{\cos^2 x - 1}{2x}$ [0]

309 $\lim_{x\to 0} \frac{\sin^n x}{x^n}$ [1]

310 $\lim_{x\to 0} \frac{2\tan x + x}{x}$ [3]

311 $\lim_{x\to 0} \frac{\sin x - 2x}{x}$ [− 1]

312 $\lim_{x\to 0} \frac{x^2+x}{2x+\sin x}$ $\left[\frac{1}{3}\right]$

313 $\lim_{x\to 0} \frac{2x^2}{1-\cos x}$ [4]

314 $\lim_{x\to 0} \frac{\sin x + 5x}{x+2\sin x}$ [2]

315 $\lim_{x\to 0} \frac{1-\cos x}{\tan x \sin x}$ $\left[\frac{1}{2}\right]$

316 $\lim_{x\to 0} \frac{2x\sin x}{\tan^2 x}$ [2]

317 $\lim_{x\to 0} \frac{\sin x + 2x\cos x}{x\cos x + 2\sin x}$ [1]

318 $\lim_{x\to 0} \frac{2\sin x + 5x}{3\sin x - x}$ $\left[\frac{7}{2}\right]$

319 $\lim_{x\to 0} \frac{1-\cos x - \sin x}{x}$ [− 1]

320 $\lim_{x\to 0} \frac{\sin^2 x}{x\tan x}$ [1]

321 $\lim_{x\to 0} \frac{x - x\cos x}{\sin^2 x}$ [0]

322 $\lim_{x\to 0^+} \frac{\sqrt{1-\cos x}}{x}$ $\left[\frac{\sqrt{2}}{2}\right]$

323 $\lim_{x\to 0} \frac{1-\sqrt{\cos x}}{x}$ [0]

324 $\lim_{x\to 0^-} e^{\frac{\sin x}{1-\cos x}}$ [0^+]

325 TEST Sapendo che $\lim_{x\to 0^-} f(x) = 0$, quanto vale il $\lim_{x\to 0^-} \frac{x\cdot f(x)}{\sin x}$?

A $+\infty$ B 0 C 1 D $-\infty$ E -1

$$\lim_{f(x)\to 0} \frac{\sin f(x)}{f(x)} = 1, \qquad \lim_{f(x)\to 0} \frac{1-\cos f(x)}{f(x)} = 0, \qquad \lim_{f(x)\to 0} \frac{1-\cos f(x)}{[f(x)]^2} = \frac{1}{2}$$

Calcola i limiti.

326 $\lim_{x\to 0} \frac{\sin 5x}{x}$ [5]

327 $\lim_{x\to 0} \frac{\sin kx}{x}$ [k]

328 $\lim_{x\to 0} \frac{\sin^2 2x}{x^2}$ [4]

329 $\lim_{x\to 0} \frac{\sin 6x}{7x}$ $\left[\frac{6}{7}\right]$

330 $\lim_{x\to 0} \frac{\tan 3x}{\sin x}$ [3]

331 $\lim_{x\to 1} \frac{\sin(x-1)}{x-1}$ [1]

332 $\lim_{x\to 2} \frac{1-\cos(2-x)}{2-x}$ [0]

333 $\lim_{x\to 0^+} \frac{\sin\sqrt{x}}{x}$ [$+\infty$]

334 $\lim_{x\to 2} \frac{x^2-2x}{\sin(x-2)}$ [2]

Cambiamo la variabile

335 ESERCIZIO GUIDA Calcoliamo $\lim_{x\to \frac{\pi}{2}} \frac{\cos x}{x-\frac{\pi}{2}}$.

Il limite presenta la forma indeterminata $\frac{0}{0}$.

Ci riconduciamo al limite notevole $\lim_{x\to 0} \frac{\sin x}{x} = 1$ con un cambiamento di variabile:

$y = x - \frac{\pi}{2}$, da cui $x = y + \frac{\pi}{2}$.

Per $x \to \frac{\pi}{2}$, $y \to 0$ e quindi il limite dato, utilizzando le formule degli archi associati, diventa:

$$\lim_{x\to \frac{\pi}{2}} \frac{\cos x}{x-\frac{\pi}{2}} = \lim_{y\to 0} \frac{\cos\left(y+\frac{\pi}{2}\right)}{y} = \lim_{y\to 0} \frac{-\sin y}{y} = -1.$$

Calcola i seguenti limiti mediante i cambiamenti di variabile scritti a fianco.

336 $\lim_{x\to 0} \frac{\sin 3x + 2x}{5x + \sin 3x}$, $y = 3x$. $\left[\frac{5}{8}\right]$

337 $\lim_{x\to 0} \frac{\sin\frac{x}{6} + 4x}{x}$, $y = \frac{x}{6}$. $\left[\frac{25}{6}\right]$

338 $\lim_{x\to \infty} \left(x \sin\frac{1}{x}\right)$, $y = \frac{1}{x}$. $[1]$

339 $\lim_{x\to \frac{\pi}{2}} \left[\left(x - \frac{\pi}{2}\right)\tan x\right]$, $y = x - \frac{\pi}{2}$. $[-1]$

340 $\lim_{x\to 2} \frac{x-2}{\sin(\pi x)}$, $y = \pi(x-2)$. $\left[\frac{1}{\pi}\right]$

341 $\lim_{x\to -1} \frac{\sin(\pi x)}{x+1}$, $y = \pi(x+1)$. $[-\pi]$

Limiti di funzioni esponenziali e logaritmiche

$\lim_{x\to\infty}\left(1+\frac{1}{x}\right)^x = e$ $\qquad \lim_{x\to 0}\frac{\ln(1+x)}{x} = 1$ $\qquad \lim_{x\to 0}\frac{e^x - 1}{x} = 1$

342 ESERCIZIO GUIDA Calcoliamo $\lim_{x\to+\infty}\left(\frac{5+x}{x}\right)^x$.

Per $x \to +\infty$ si ha la forma indeterminata 1^∞.

«Spezziamo» la frazione tra parentesi dividendo ciascun addendo del numeratore per x e semplificando:

$$\lim_{x\to+\infty}\left(\frac{5+x}{x}\right)^x = \lim_{x\to+\infty}\left(\frac{5}{x}+1\right)^x.$$

Poniamo $y = \frac{x}{5}$, cioè $x = 5y$. Per $x \to +\infty$ anche $y \to +\infty$.

Il limite dato diventa:

$$\lim_{x\to+\infty}\left(\frac{5}{x}+1\right)^x = \lim_{y\to+\infty}\left(\frac{1}{y}+1\right)^{5y} = \lim_{y\to+\infty}\left[\left(1+\frac{1}{y}\right)^y\right]^5 = e^5.$$

Calcola i limiti.

343 $\lim_{x\to+\infty}\left(\frac{x+8}{x}\right)^x$ $[e^8]$

344 $\lim_{x\to-\infty}\left(\frac{x-7}{x}\right)^x$ $[e^{-7}]$

345 $\lim_{x\to+\infty}\left(1+\frac{1}{4x}\right)^x$ $[\sqrt[4]{e}]$

346 $\lim_{x\to-\infty}\left(1+\frac{3}{x}\right)^x$ $[e^3]$

347 $\lim_{x\to+\infty}\left(1-\frac{5}{x}\right)^x$ $[e^{-5}]$

348 $\lim_{x\to+\infty}\left(1+\frac{1}{x}\right)^{x+2}$ $[e]$

349 $\lim_{x\to-\infty}\left(\frac{x+2}{x+1}\right)^x$ $[e]$

350 $\lim_{x\to+\infty}\left(\frac{x^2+1}{x^2}\right)^{2x^2}$ $[e^2]$

351 $\lim_{x\to 0}(1+x)^{\frac{1}{x}}$ $[e]$

352 $\lim_{x\to 0}(1+3x)^{\frac{2}{x}}$ $[e^6]$

353 $\lim_{x\to+\infty}\left(1-\frac{2}{x}\right)^{3x}$ $[e^{-6}]$

354 $\lim_{x\to 0}\frac{\ln(1+3x)}{x}$ $[3]$

355 $\lim_{x\to 0}\frac{\ln(x+5)-\ln 5}{x}$ $\left[\frac{1}{5}\right]$

356 $\lim_{x\to 0}\frac{\ln(1-4x)}{x}$ $[-4]$

357 $\lim_{x\to 0}\frac{\ln(1+x^3)}{x}$ $[0]$

358 $\lim_{x\to+\infty}\left(x\ln\frac{x+2}{x}\right)$ $[2]$

359 $\lim_{x\to+\infty}\{x[\ln(x+1)-\ln x]\}$ $[1]$

360 $\lim_{x\to 0}\frac{e^{-2x}-1}{x}$ $[-2]$

361 $\lim_{x\to 0}\frac{e^x-1}{3x}$ $\left[\frac{1}{3}\right]$

362 $\lim_{x\to 0}\frac{1-e^{5x}}{x}$ $[-5]$

363 $\lim_{x\to 0^+}\frac{e^{\sqrt{4x}}-1}{\sqrt{x}}$ $[2]$

364 $\lim_{x \to \infty} x\left(1 - e^{\frac{1}{x}}\right)$ $[-1]$

365 $\lim_{x \to -2} \frac{e^{2x+4} - 1}{x+2}$ $[2]$

366 $\lim_{x \to 0} \frac{e^{-4x} - 1}{x^2 - x}$ $[4]$

367 $\lim_{x \to +\infty} \left(1 + \frac{x}{2x^2+1}\right)^x$ $[\sqrt{e}]$

368 $\lim_{x \to \infty} \left(\frac{3x-1}{3x+2}\right)^{\frac{x}{2}}$ $\left[\frac{1}{\sqrt{e}}\right]$

369 $\lim_{x \to +\infty} \left(x \ln \frac{3x+1}{3x}\right)$ $\left[\frac{1}{3}\right]$

370 $\lim_{x \to 1} \frac{e^x - e}{2x - 2}$ $\left[\frac{e}{2}\right]$

371 $\lim_{x \to 0} \frac{e^x - e^{-x}}{8x}$ $\left[\frac{1}{4}\right]$

372 ESERCIZIO GUIDA Calcoliamo $\lim_{x \to 2} \frac{(e^{x-2} - 1)(3x - 6)}{\sin^2(x-2)}$.

Per $x = 2$ otteniamo la forma indeterminata $\frac{0}{0}$.

Effettuiamo un cambiamento di variabile.

Poniamo $t = x - 2$, ossia $x = t + 2$.

Otteniamo:

$$\lim_{t \to 0} \frac{(e^t - 1) \cdot 3t}{\sin^2 t}.$$

Dividiamo numeratore e denominatore per t^2 (essendo $t \neq 0$):

$$\lim_{t \to 0} \frac{\frac{(e^t - 1) \cdot 3t}{t^2}}{\frac{\sin^2 t}{t^2}} = \lim_{t \to 0} \frac{\frac{3 \cdot (e^t - 1)}{t}}{\frac{\sin^2 t}{t^2}} =$$

$$\lim_{t \to 0} 3 \cdot \boxed{\frac{e^t - 1}{t}} \left(\boxed{\frac{\sin t}{t}}\right)^{-2} = 3.$$

tende a 1

tende a 1

Calcola i limiti.

373 $\lim_{x \to 0} \frac{9 \ln(1+2x)}{\sin 3x}$ $[6]$

374 $\lim_{x \to 0} \frac{\cos x - \ln(1+x) - 1}{2x}$ $\left[-\frac{1}{2}\right]$

375 $\lim_{x \to 0} \frac{1 - e^{2x}}{\sin x}$ $[-2]$

376 $\lim_{x \to 0} \frac{1 - \cos^2 x}{e^{x^2} - 1}$ $[1]$

377 $\lim_{x \to 0} \frac{e^{2+x^2} - e^2}{1 - \cos^2 x}$ $[e^2]$

378 $\lim_{x \to 0} \frac{\tan x}{e^{\sin x} - \cos x}$ $[1]$

379 $\lim_{x \to 0} \frac{e^{\sin 4x} - 1}{\ln(1 + \tan x)}$ $[4]$

380 $\lim_{x \to +\infty} \frac{\ln\left(1 + \frac{1}{2x}\right)}{1 - e^{\frac{1}{x}}}$ $\left[-\frac{1}{2}\right]$

---

381 YOU & MATHS Prove that the following limit exists and determine its value:

$$\lim_{x \to 0} \frac{3 \sin 2x - x}{5e^{2x} - 5}.$$

(UK *Manchester Metropolitan University, Centre for Mathematics Education,* Bank of Questions)

$\left[\frac{1}{2}\right]$

ESERCIZI

Riepilogo: Calcolo dei limiti

TEST

382 Quale dei seguenti limiti *non* si presenta in forma indeterminata?

A $\lim_{x \to 1} \frac{x-1}{x^3+2x-3}$

B $\lim_{x \to 0^+} \frac{\ln x}{x}$

C $\lim_{x \to +\infty} \frac{x}{e^x}$

D $\lim_{x \to 0} \frac{1-\cos 2x}{x}$

E $\lim_{x \to +\infty} \left(\frac{x+1}{x-1}\right)^x$

383 Quale dei seguenti limiti *non* vale 0?

A $\lim_{x \to 1} \frac{x^2-2x+1}{x-1}$

B $\lim_{x \to 0} \frac{x^2}{\sin x}$

C $\lim_{x \to +\infty} \frac{x+5}{x^2}$

D $\lim_{x \to +\infty} (\sqrt{x^2+1}-\sqrt{x^2-1})$

E $\lim_{x \to +\infty} \frac{\sqrt{x}}{\sqrt{x}-1}$

CACCIA ALL'ERRORE Trova l'errore e correggi i seguenti limiti.

384 $\lim_{x \to +\infty} \frac{x^2+4x-3}{4-x^2} = 1$

385 $\lim_{x \to +\infty} \frac{\sqrt{x^2+2}}{4+x} = +\infty$

386 $\lim_{x \to 0} \frac{\sin 2x}{x} = 1$

387 $\lim_{x \to +\infty} \left(1+\frac{1}{2x}\right)^x = e^2$

Calcola i limiti.

AL VOLO

388 $\lim_{x \to +\infty} (-x^4+3x^3-5x^2+x)$

389 $\lim_{x \to -\infty} (-5x^3+2x^2+5)$

390 $\lim_{x \to -\infty} \frac{2x}{1-x}$

391 $\lim_{x \to +\infty} (\sqrt{1+2x}-\sqrt{3+2x})$ [0]

392 $\lim_{x \to -\infty} \frac{x^4-x^3+x^2}{-x^2+x^3-2x}$ [$-\infty$]

393 $\lim_{x \to -\infty} \frac{-2x^3+x^2+1}{3x^2+4x^3-2x}$ [$-\frac{1}{2}$]

394 $\lim_{x \to -\infty} \frac{2x^3+7}{x^3-2x+6}$ [2]

395 $\lim_{x \to 0} \frac{x^3+3x+4x^2}{x^4-2x^3}$ [$-\infty$]

396 $\lim_{x \to 1} \frac{x^2-2x+1}{x-1}$ [0]

397 $\lim_{x \to +\infty} \frac{\sqrt{x}-\sqrt{x+3}}{3}$ [0]

398 $\lim_{x \to -4} \frac{2x^2+7x-4}{3x^2+10x-8}$ [$\frac{9}{14}$]

399 $\lim_{x \to -2^+} \frac{x^2-x-6}{2x^2+8x+8}$ [$-\infty$]

400 $\lim_{x \to 1^-} \frac{x}{x-1}$ [$-\infty$]

401 $\lim_{x \to -2^+} \frac{x^2}{x+2}$ [$+\infty$]

402 $\lim_{x \to -3^-} \frac{x^2-x-12}{x^3+6x^2+9x}$ [$-\infty$]

403 $\lim_{x \to -\infty} \frac{x+1}{|x|-1}$ [-1]

404 $\lim_{x \to +\infty} \frac{x-1}{|x|+1}$ [1]

405 $\lim_{x \to +\infty} (\sqrt{3+2x}-\sqrt{2+x})$ [$+\infty$]

406 $\lim_{x \to +\infty} (\sqrt{1+x+x^2}-\sqrt{3+x^2})$ [$\frac{1}{2}$]

407 $\lim_{x \to -\infty} (\sqrt{1+4x^2}-\sqrt{3+x^2})$ [$+\infty$]

408 $\lim_{x \to 9} \frac{2x-\sqrt{x}}{x^2-x+3}$ [$\frac{1}{5}$]

409 $\lim_{x \to +\infty} \frac{1}{\sqrt{x+2}-\sqrt{x+5}}$ [$-\infty$]

410 $\lim_{x \to +\infty} \frac{-3x}{\sqrt{2x+1}+\sqrt{x+2}}$ [$-\infty$]

411 $\lim_{x \to +\infty} \frac{x^2+3x+1}{1-2x}$ [$-\infty$]

412 $\lim\limits_{x\to-\infty}\frac{x^3+7x^2}{x^4-2x^3+6}$ $[0]$

413 $\lim\limits_{x\to+\infty}\frac{x^2+3x+1}{x+2x^3}$ $[0]$

414 $\lim\limits_{x\to-2}\frac{\sqrt[3]{x^3+8}}{\sqrt[3]{x^2-4}}$ $[-\sqrt[3]{3}]$

415 $\lim\limits_{x\to4}\frac{\sqrt{x}-2}{x^2-16}$ $\left[\frac{1}{32}\right]$

416 $\lim\limits_{x\to3}\frac{\log(x^2-2x-2)}{x^2+x-1}$ $[0]$

417 $\lim\limits_{x\to+\infty}[\log(x^2+2x)-\log(2x^2+3)]$ $\left[\log\frac{1}{2}\right]$

418 $\lim\limits_{x\to+\infty}\log\frac{1}{x+2}$ $[-\infty]$

419 $\lim\limits_{x\to+\infty}\{x[\log(2x-1)-\log(x+2)]\}$ $[+\infty]$

420 $\lim\limits_{x\to0^+}\frac{\log x}{x}$ $[-\infty]$

421 $\lim\limits_{x\to1}\frac{x^3-2x+1}{x^3-1}$ $\left[\frac{1}{3}\right]$

422 $\lim\limits_{x\to+\infty}\frac{\sqrt{e^3}}{\ln(2\pi)}$ $\left[\frac{\sqrt{e^3}}{\ln(2\pi)}\right]$

423 $\lim\limits_{x\to0^+}\log_{\frac{1}{2}}\frac{x+1}{x^2}$ $[-\infty]$

424 $\lim\limits_{x\to+\infty}e^{\frac{x+2}{x-1}}$ $[e]$

425 $\lim\limits_{x\to1^+}e^{\frac{x+2}{x-1}}$ $[+\infty]$

426 $\lim\limits_{x\to-\infty}\frac{e^{3x}+2}{e^{2x}-1}$ $[-2]$

427 $\lim\limits_{x\to+\infty}\frac{e^{3x}+2}{e^{2x}-1}$ $[+\infty]$

428 $\lim\limits_{x\to+\infty}\frac{e^{3x}+2e^x}{e^{4x}-e^x}$ $[0]$

429 $\lim\limits_{x\to-\infty}(x^4)^{e^{-3x}}$ $[+\infty]$

430 $\lim\limits_{x\to+\infty}\frac{(x+1)^{\sqrt{5}}}{e^{-x}}$ $[+\infty]$

431 $\lim\limits_{x\to0}\frac{2^{3x}-1}{2x}$ $\left[\frac{3}{2}\ln 2\right]$

432 $\lim\limits_{x\to1^\pm}\frac{1}{1+2^{\frac{1}{x-1}}}$ $[0; 1]$

433 $\lim\limits_{x\to0}e^{\frac{2x^2}{x}}$ $[1]$

434 $\lim\limits_{x\to+\infty}xe^x\ln x$ $[+\infty]$

435 $\lim\limits_{x\to0}\frac{3x}{\sin x+\cos x}$ $[0]$

436 $\lim\limits_{x\to\frac{\pi}{4}}(4\sin x-2\cos x)$ $[\sqrt{2}]$

437 $\lim\limits_{x\to\frac{\pi}{2}}\frac{x}{\sin x}$ $\left[\frac{\pi}{2}\right]$

438 $\lim\limits_{x\to-\frac{\pi}{2}}\left[\sin\left(x+\frac{\pi}{2}\right)\cdot\tan x\right]$ $[-1]$

439 $\lim\limits_{x\to0}[(3+\cot x)\cdot\sin x]$ $[1]$

440 $\lim\limits_{x\to0}\frac{\sin x}{\tan x}$ $[1]$

441 $\lim\limits_{x\to\frac{\pi}{2}}\frac{\cot x}{\cos x}$ $[1]$

442 $\lim\limits_{x\to0}\frac{\sin x}{x^2+2x}$ $\left[\frac{1}{2}\right]$

443 $\lim\limits_{x\to0}\frac{2\sin x-3x}{x}$ $[-1]$

444 $\lim\limits_{x\to0}\frac{\sin x-2x}{\sin x+x}$ $\left[-\frac{1}{2}\right]$

445 $\lim\limits_{x\to\pi}\frac{\sin(x-\pi)}{2x-2\pi}$ $\left[\frac{1}{2}\right]$

446 $\lim\limits_{x\to0}\frac{\sin 3x}{\sin 6x}$ $\left[\frac{1}{2}\right]$

447 $\lim\limits_{x\to0}\frac{\cos 2x-\cos x}{\cos x-1}$ $[3]$

448 $\lim\limits_{x\to0^+}(\log\sin x-\log x)$ $[0]$

449 $\lim\limits_{x\to+\infty}\left(1+\frac{4}{x}\right)^x$ $[e^4]$

450 $\lim\limits_{x\to-\infty}\left(1-\frac{9}{x}\right)^x$ $[e^{-9}]$

451 $\lim\limits_{x\to+\infty}\left(\frac{x}{x+3}\right)^x$ $[e^{-3}]$

452 $\lim\limits_{x\to+\infty}\left(\frac{x}{1+x}\right)^{-x}$ $[e]$

453 $\lim\limits_{x\to-\infty}\left(\frac{x+4}{x+2}\right)^x$ $[e^2]$

454 $\lim\limits_{x\to+\infty}\left(\frac{x+4}{2x+1}\right)^x$ $[0]$

455 $\lim\limits_{x\to+\infty}(\sqrt{3}-\sqrt{2})^x$ $[0^+]$

456 $\lim\limits_{x\to\pm\infty}\left(\frac{x+1}{2x-1}\right)^{\frac{x^2-1}{x}}$ $[0; +\infty]$

457 $\lim\limits_{x\to+\infty}x\ln\left(1+\frac{1}{x}\right)$ $[1]$

458 $\lim\limits_{x\to\frac{\pi}{2}}\left(1+\frac{1}{\tan x}\right)^{\tan x}$ $[e]$

459 ●● $\lim_{x \to 2^+} \ln 3^{\frac{-x}{x-2}}$ $[-\infty]$

460 ●● $\lim_{x \to 1} \frac{4 \sin \ln x}{2^x \ln x}$ $[2]$

461 ●● $\lim_{x \to +\infty} \frac{\ln x}{\ln(x+2)}$ $[1]$

462 ●● $\lim_{x \to 0} e^{\frac{-2x}{x^2}}$ [se $x \to 0^+, 0^+$; se $x \to 0^-, +\infty$]

463 ●● $\lim_{x \to -\frac{\pi}{4}} \frac{\sin x + \cos x}{\cos 2x}$ $\left[\frac{\sqrt{2}}{2}\right]$

464 ●● $\lim_{x \to 0} \frac{\cos x - e^x}{\sin x}$ $[-1]$

465 ●● $\lim_{x \to 0} \frac{3 \sin x}{\ln(1+x)^4}$ $\left[\frac{3}{4}\right]$

466 ●● $\lim_{x \to 0} \frac{2x^2 \sin^2 x}{\ln(1+4x^4)}$ $\left[\frac{1}{2}\right]$

467 ●● $\lim_{x \to 0} \frac{2 \sin(1-e^x)}{e^x - 1}$ $[-2]$

468 ●● $\lim_{x \to 4} \left(\frac{1}{3}\right)^{\frac{1}{(x-4)^2}}$ $[0]$

469 ●● $\lim_{x \to 0} \left(\frac{1+x}{1+2x}\right)^{\frac{1}{x}}$ $\left(\text{poni } \frac{1}{x} = y\right)$ $\left[\frac{1}{e}\right]$

470 ●● $\lim_{x \to \infty} \left(\frac{1+x^2}{x+x^2}\right)^{2x}$ $\left[\frac{1}{e^2}\right]$

---

471 ●● Data la funzione

$$f(x) = \begin{cases} \frac{\sin 5x}{2 \sin 2x} & \text{se } x < 0 \\ \frac{5}{4} + x \ln(1+x) & \text{se } x \geq 0 \end{cases}$$

calcola, se esiste, il $\lim_{x \to 0} f(x)$. $\left[\frac{5}{4}\right]$

472 ●● Calcola per quale valore di a si ha

$$\lim_{x \to 0} \frac{\sin ax}{5x} = -4.$$ $[a = -20]$

473 ●● **EUREKA!** Discuti al variare di $n \in \mathbb{N}$ il risultato di $\lim_{x \to +\infty} \frac{2x^n + x + 1}{x^2 - 1}$.

[se $0 \leq n < 2$, 0; se $n = 2$, 2; se $n > 2$, $+\infty$]

---

474 ●● **YOU & MATHS** Find the following limits. You must show all your work.

a. $\lim_{x \to 4} \frac{x^2 - x - 12}{x^2 - 3x - 4}$ **b.** $\lim_{x \to 0} \frac{2x}{\sin 3x}$ **c.** $\lim_{x \to +\infty} (x - \sqrt{x^2 - 2x + 3})$ **d.** $\lim_{x \to 1^-} \frac{x^2 - 1}{(x-1)^2}$

(USA *Southern Illinois University Carbondale,* Final Exam)

$\left[\text{a) } \frac{7}{5}; \text{ b) } \frac{2}{3}; \text{ c) } 1; \text{ d) } -\infty\right]$

REALTÀ E MODELLI

475 ●○ **L'alga si allarga** Una riserva naturale sottomarina di 10 000 m² viene infestata da un'alga; al giorno t l'alga occupa un'area

$$A(t) = \frac{10\,000}{99 \cdot \left(\frac{39}{99}\right)^t + 1} \text{ m}^2.$$

Riuscirà l'alga a colonizzare l'intera riserva? Giustifica la tua risposta calcolando $\lim_{t \to +\infty} A(t)$. [sì]

476 ●○ **L'infinito di Giulia** Il grafico della figura ha equazione

$$y = \frac{ax^2 + 10x + b}{(x+1)^2}, \; x \neq -1.$$

a. Determina a e b.

b. Per $x \geq 0$ il grafico approssima il profilo della pista da sci che Giulia sta percorrendo. Se le misure di x e y sono espresse in centinaia di metri, a che altezza si posizionerebbe Giulia se proseguisse all'infinito?

[a) $a = 2, b = 8$; b) 200 metri]

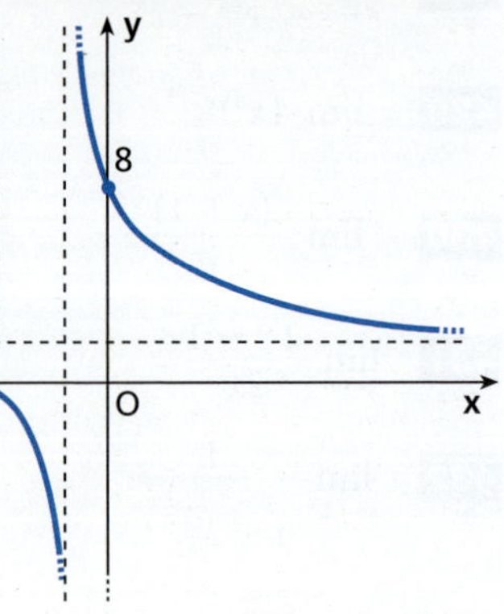

4 Infinitesimi, infiniti e loro confronto

Infinitesimi

▶ Teoria a p. 1175

477 FAI UN ESEMPIO di funzione che sia un infinitesimo:

a. per $x \to 2$;   b. per $x \to -\infty$.

Verifica che le seguenti funzioni sono infinitesimi.

478 $f(x) = \dfrac{x - \sin x}{\sin x}$, per $x \to 0$.

479 $f(x) = x^3 - 2x + 1$, per $x \to 1$.

480 $f(x) = \dfrac{\tan x}{x} - \cos x$, per $x \to 0$.

481 $f(x) = \dfrac{1}{x-3}$, per $x \to +\infty$.

Confronto tra infinitesimi

482 ESERCIZIO GUIDA Confrontiamo gli infinitesimi $f(x) = \ln(2x^2+1)$, $g(x) = e^{-x} - 1$, per $x \to 0$.

Le due funzioni sono infinitesimi perché $\lim\limits_{x\to 0} \ln(2x^2+1) = \lim\limits_{x\to 0}(e^{-x}-1) = 0$.

Consideriamo il rapporto fra i due infinitesimi e calcoliamo il limite per $x \to 0$. Tenendo conto che $x \neq 0$, moltiplichiamo e dividiamo sia per $2x^2$, sia per $-x$, in modo da poter utilizzare i limiti notevoli:

$$\lim_{x\to 0} \frac{\ln(2x^2+1)}{e^{-x}-1} = \lim_{x\to 0} \underbrace{\frac{\ln(2x^2+1)}{2x^2}}_{\text{tende a 1}} \cdot \underbrace{\frac{2x^2}{-x}}_{\text{tende a 0}} \cdot \underbrace{\frac{-x}{e^{-x}-1}}_{\text{tende a 1}} = 1 \cdot 0 \cdot 1 = 0.$$

Poiché $\lim\limits_{x\to 0} \dfrac{f(x)}{g(x)} = 0$, $f(x)$ è un infinitesimo di ordine superiore a $g(x)$.

Confronta tra loro gli infinitesimi.

483 $f(x) = \dfrac{1}{x^2}$, $g(x) = \dfrac{1}{x+6}$, per $x \to \infty$. [$f(x)$ ord. sup. a $g(x)$]

484 $f(x) = e^{2x} - 1$, $g(x) = \sin x$, per $x \to 0$. [stesso ordine]

485 $f(x) = \ln(1-2x)$, $g(x) = x(1 - e^{3x})$, per $x \to 0$. [$f(x)$ ord. inf. a $g(x)$]

486 $f(x) = x^2 \sin\dfrac{1}{x}$, $g(x) = x^2$, per $x \to 0$. [non confrontabili]

Infiniti

▶ Teoria a p. 1176

Controlla se le seguenti funzioni sono infiniti.

487 $f(x) = \dfrac{x-3}{x^3+2}$, per $x \to \infty$. [no]

488 $f(x) = \dfrac{x^4+1}{2x}$, per $x \to \infty$. [sì]

489 $f(x) = \dfrac{x}{\cos x}$, per $x \to \dfrac{\pi}{2}$. [sì]

490 $f(x) = \ln(1+x)$, per $x \to -1^+$. [sì]

491 TEST Fra le seguenti funzioni, solo una *non* è un infinito per $x \to +\infty$. Quale?

A $y = \log_2 x$ B $y = 3e^x$ C $y = -x^5$ D $y = \sqrt{1-x}$ E $y = \dfrac{x^2}{x+1}$

ESERCIZI

Confronto tra infiniti

492 ESERCIZIO GUIDA Confrontiamo gli infiniti $f(x) = \frac{1}{x^2}$, $g(x) = \frac{1}{(x^3 + x)(x^2 - 2x)}$, per $x \to 0$.

Le due funzioni sono infiniti, in quanto: $\lim_{x \to 0} \frac{1}{x^2} = \lim_{x \to 0} \frac{1}{(x^3 + x)(x^2 - 2x)} = \infty$.

Calcoliamo il limite del rapporto tra i due infiniti, tenendo conto che $x \neq 0$:

$$\lim_{x \to 0} \frac{\frac{1}{x^2}}{\frac{1}{(x^3 + x)(x^2 - 2x)}} = \lim_{x \to 0} \frac{1}{\cancel{x^2}} \cdot \frac{\cancel{x^2}(x^2 + 1)(x - 2)}{1} = \lim_{x \to 0} (x^2 + 1)(x - 2) = -2.$$

Poiché il limite è finito e diverso da 0, i due infiniti sono dello stesso ordine.

Confronta tra loro i seguenti infiniti.

493 $f(x) = x^4 + 3x^2 - 2x$, $g(x) = -3x^3 + x + 1$, per $x \to \infty$. [$f(x)$ ord. sup. a $g(x)$]

494 $f(x) = \frac{1}{(x - 1)^2}$, $g(x) = \frac{1}{(x^3 - x)(2x - 2)}$, per $x \to 1$. [stesso ordine]

495 $f(x) = \sqrt{x + 1}$, $g(x) = \sqrt{x} + 1$, per $x \to +\infty$. [stesso ordine]

496 $f(x) = \frac{1}{(2 - x)^2}$, $g(x) = \frac{1}{4 - x^2}$, per $x \to 2$. [$f(x)$ ord. sup. a $g(x)$]

Gerarchia degli infiniti

Calcola i limiti utilizzando la gerarchia degli infiniti.

497 $\lim_{x \to +\infty} \frac{\ln x}{x^2}$ [0]

498 $\lim_{x \to +\infty} \frac{\ln x^2}{e^x}$ [0]

499 $\lim_{x \to +\infty} \frac{x^4}{\ln x}$ [$+\infty$]

500 $\lim_{x \to -\infty} \frac{e^{-x}}{x^4}$ [$+\infty$]

501 $\lim_{x \to +\infty} \frac{x^3}{\ln^2 x}$ [$+\infty$]

502 $\lim_{x \to +\infty} \frac{x^2}{4 \ln x}$ [$+\infty$]

Disponi in ordine di infinito crescente le seguenti funzioni.

503 $y = x^2$, $y = \ln x^3$, $y = 2^x$, $y = (\ln x)^3$, per $x \to +\infty$.

504 $y = e^{2x}$, $y = (2x)^5$, $y = \sqrt{x^5}$, $y = x \ln x$, per $x \to +\infty$.

5 Limiti delle successioni

Operazioni con le successioni

▶ Teoria a p. 1178

505 VERO O FALSO?

a. Se le successioni a_n e b_n divergono positivamente, allora $\lim_{n \to +\infty} (a_n + b_n) = +\infty$. V F

b. Se $\lim_{n \to +\infty} a_n = +\infty$, allora $\lim_{n \to +\infty} a_n(-1)^n = +\infty$. V F

c. Il prodotto di due successioni convergenti è una successione convergente. V F

d. Se la successione a_n diverge negativamente e $\lim_{n \to +\infty} b_n = 4$, allora $\lim_{n \to +\infty} \frac{a_n}{b_n} = +\infty$. V F

506 ESERCIZIO GUIDA Calcoliamo $\lim_{n\to+\infty}\frac{1-n^2}{2n^2}$.

Poiché stiamo calcolando il limite per $n\to+\infty$, possiamo considerare $n\neq 0$; quindi, raccogliendo n^2 al numeratore, abbiamo:

$$\lim_{n\to+\infty}\frac{1-n^2}{2n^2}=\lim_{n\to+\infty}\frac{\cancel{n^2}\left(\frac{1}{n^2}-1\right)}{2\cancel{n^2}}=-\frac{1}{2}.$$

Osservazione. In analogia a quanto visto per il calcolo del limite per $x\to+\infty$ delle funzioni fratte, si ricava la seguente regola di calcolo del limite per $n\to+\infty$ del rapporto di due polinomi in n.
Detti g_N e g_D i gradi del numeratore e del denominatore:

- se $g_N>g_D$, il limite è più o meno infinito, con segno concorde con il segno del rapporto fra i coefficienti dei termini di grado massimo del numeratore e del denominatore;
- se $g_N<g_D$, il limite è uguale a 0;
- se $g_N=g_D$, il limite è uguale al rapporto fra i coefficienti dei termini di grado massimo del numeratore e del denominatore.

Calcola i seguenti limiti.

507 $\lim_{n\to+\infty}(1+n)$ $[+\infty]$

508 $\lim_{n\to+\infty}(2-3n)$ $[-\infty]$

509 $\lim_{n\to+\infty}\sqrt{2+n^2}$ $[+\infty]$

510 $\lim_{n\to+\infty}\left(\frac{7}{8}\right)^n$ $[0]$

511 $\lim_{n\to+\infty}\left(\frac{3}{2}\right)^n$ $[+\infty]$

512 $\lim_{n\to+\infty}(-1)^n\cdot\sqrt{n}$ [non esiste]

513 $\lim_{n\to+\infty}(\sqrt{n+4}-4)$ $[+\infty]$

514 $\lim_{n\to+\infty}(-2)^n$ [non esiste]

515 $\lim_{n\to+\infty}\left(e^{\frac{1}{n}}-n\right)$ $[-\infty]$

516 $\lim_{n\to+\infty}2^n+5$ $[+\infty]$

517 $\lim_{n\to+\infty}\left[\left(\frac{1}{2}\right)^n+\frac{3}{4}\right]$ $\left[\frac{3}{4}\right]$

518 $\lim_{n\to+\infty}\sin\frac{1}{n}$ $[0]$

519 $\lim_{n\to+\infty}(-1)^n\cdot n$ [non esiste]

520 $\lim_{n\to+\infty}\frac{\cos n}{n}$ $[0]$

521 $\lim_{n\to+\infty}\frac{5n+3}{n-2}$ $[5]$

522 $\lim_{n\to+\infty}\frac{n^2}{1-n}$ $[-\infty]$

523 $\lim_{n\to+\infty}\frac{3-n^3}{3n^3}$ $\left[-\frac{1}{3}\right]$

524 $\lim_{n\to+\infty}\frac{1-n}{n^2}$ $[0]$

525 $\lim_{n\to+\infty}\sqrt{\frac{2n-3}{3n+2}}$ $\left[\sqrt{\frac{2}{3}}\right]$

526 $\lim_{n\to+\infty}\frac{2n^2+5}{3n}$ $[+\infty]$

527 $\lim_{n\to+\infty}\frac{5-n^3}{1+n}$ $[-\infty]$

528 $\lim_{n\to+\infty}(\sqrt{n}-\sqrt{n+1})$ $[0]$

529 $\lim_{n\to+\infty}(n-\sqrt{n})$ $[+\infty]$

530 $\lim_{n\to+\infty}\frac{n^5+3}{9+n^2+2n^5}$ $\left[\frac{1}{2}\right]$

531 $\lim_{n\to+\infty}\frac{n^2}{2n+1}$ $[+\infty]$

532 $\lim_{n\to+\infty}\frac{2n^2}{3n^2+1}$ $\left[\frac{2}{3}\right]$

533 $\lim_{n\to+\infty}\frac{1-2n^2}{n^2+1}$ $[-2]$

534 $\lim_{n\to+\infty}\log_{10}\left(\frac{n^4+3}{2+n^4}\right)$ $[0]$

535 $\lim_{n\to+\infty}e^{\frac{n^2+5}{4-n^2}}$ $[e^{-1}]$

536 $\lim_{n\to+\infty}\frac{(-1)^n\cdot n^5}{n^6-1}$ $[0]$

537 $\lim_{n\to+\infty}(\sqrt{3n-5}-\sqrt{4n+1})$ $[-\infty]$

538 $\lim_{n\to+\infty}\frac{-n^4+\sqrt{n}}{n}$ $[-\infty]$

539 $\lim_{n\to+\infty} \frac{1}{\sqrt{n+3}-\sqrt{n}}$ $[+\infty]$

540 $\lim_{n\to+\infty} \log_{\frac{1}{4}} \frac{4n+3}{2n+1}$ $\left[-\frac{1}{2}\right]$

541 $\lim_{n\to+\infty} \sqrt{\frac{4n^3-2}{5n+n^3}}$ [2]

542 $\lim_{n\to+\infty} (-1)^n \cdot \frac{n^3}{n^4+1}$ [0]

543 $\lim_{n\to+\infty} \frac{n}{2n-1} \cdot (-1)^n$ [non esiste]

544 $\lim_{n\to+\infty} \frac{n^2+1}{n+1} \cos\frac{1}{n}$ $[+\infty]$

Discuti il valore del limite al variare del parametro k.

545 $\lim_{n\to+\infty} \frac{kn^2+n}{-2n^2+3}$ $\left[\forall k \in \mathbb{R}, -\frac{k}{2}\right]$

546 $\lim_{n\to+\infty} \frac{(k-1)n^3+2n^2}{4n^2+3}$ $\left[\text{se } k=1, \frac{1}{2}; \text{se } k>1, +\infty; \text{se } k<1, -\infty\right]$

547 REALTÀ E MODELLI **Legge di Verhulst** Una popolazione di rane tropicali viene tenuta sotto osservazione e censita ogni anno. Il primo censimento conta 1000 esemplari. Negli anni seguenti si verifica che l'andamento segue la legge di Verhulst: all'anno n le rane osservate sono $p_n = \frac{5000}{1+4e^{-\frac{n}{5}}}$.

a. Dopo quanti anni le rane sono raddoppiate?

b. Calcola il valore limite di p_n per $n \to +\infty$.

[a) $\simeq$5 anni; b) 5000]

Limiti delle progressioni

▶ Teoria a p. 1178

Stabilisci se le seguenti successioni, definite per $n \in \mathbb{N}$, sono progressioni aritmetiche o geometriche e calcolane i limiti.

548 $a_n = 3^n$ [geometrica, $+\infty$]

549 $a_n = 2n+1$ [aritmetica, $+\infty$]

550 $a_n = -3n-3$ [aritmetica, $-\infty$]

551 $a_n = n^2+2$ $[+\infty]$

552 $a_n = 2^{n+1}$ [geometrica, $+\infty$]

553 $a_n = \left(\frac{2}{3}\right)^n$ [geometrica, 0]

554 $a_n = 4(-2)^{n+2}$ [geometrica, $\nexists$]

555 $a_n = -\frac{1}{2} \cdot 3^{3n+1}$ [geometrica, $-\infty$]

Stabilisci quali di queste successioni sono progressioni aritmetiche e quali geometriche. Trova la ragione e scrivi il termine generale a_n in funzione di n. Calcola il loro limite per $n \to +\infty$.

556 2, 0, −2, −4, −6, … [arit., $d=-2$, $a_n = 4-2n$, $-\infty$]

557 $\frac{1}{2}$, $-\frac{3}{4}$, $\frac{9}{8}$, $-\frac{27}{16}$, $\frac{81}{32}$, … $\left[\text{geom., } q=-\frac{3}{2}, a_n = \frac{1}{2}\left(-\frac{3}{2}\right)^{n-1}, \nexists\right]$

558 2, 1, $\frac{1}{2}$, $\frac{1}{4}$, … $\left[\text{geom., } q=\frac{1}{2}, a_n = 2\left(\frac{1}{2}\right)^{n-1}, 0\right]$

559 $\sqrt{2}$, -2, $+2\sqrt{2}$, -4, … $[\text{geom., } q=-\sqrt{2}, a_n = (-1)^{n-1} \cdot \sqrt{2^n}, \nexists]$

560 Data la progressione geometrica con $a_1 = 2$ e ragione $\frac{3}{2}$, determina a_n e calcola il limite per $n \to +\infty$.

$\left[a_n = 2\left(\frac{3}{2}\right)^{n-1}, +\infty\right]$

ESERCIZI

6 Funzioni continue

Definizioni

▶ Teoria a p. 1179

561 Verifica, applicando la definizione, che le seguenti funzioni sono continue nel punto indicato.

a. $y = \frac{9-x^2}{3+x}$, $x_0 = 3$; **b.** $y = \frac{3x^2 - x}{x}$, $x_0 = 1$.

562 Indica in quale dei punti $x_0 = 0$ e $x_1 = 2$ la funzione $y = \frac{4x - 2x^2}{x-2}$ è continua e verificalo rappresentando la funzione.

563 LEGGI IL GRAFICO Quali delle funzioni rappresentate dai seguenti grafici non sono continue in c e perché?

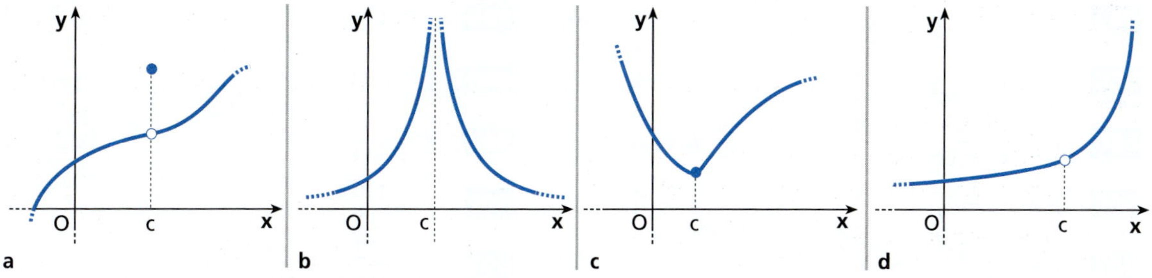

Disegna il grafico delle funzioni, verificando che sono continue nei punti segnati a fianco.

564 $f(x) = 4x + 3$, $x_0 = -4$.

565 $f(x) = 1 - 3x$, $x_0 = 0$.

566 $f(x) = x^2 - 6$, $x_0 = -1$.

567 $f(x) = 2 - 3x^2$, $x_0 = 1$.

568 $f(x) = \sqrt{4x+5}$, $x_0 = 5$.

569 $f(x) = \frac{x}{2x-1}$, $x_0 = 1$.

570 $f(x) = \begin{cases} x - 1 & \text{se } x \geq 1 \\ -2x + 2 & \text{se } x < 1 \end{cases}$, $x_0 = 1$.

571 $f(x) = \begin{cases} x^2 & \text{se } x \leq 0 \\ 2x & \text{se } x > 0 \end{cases}$, $x_0 = 0$.

572 YOU & MATHS Are the following functions continuous at $x = 0$? Justify your answers.

a. $y = 2x + 4$ **b.** $y = \begin{cases} x & \text{if } x > 0 \\ 1 & \text{if } x \leq 0 \end{cases}$

(CAN *University of New Brunswick*, Final Exam)

[a) sì; b) no]

573 TEST Solo una delle seguenti funzioni è continua su tutto $\mathbb{R}$. Quale?

A $f(x) = \sqrt{x+2}$

B $f(x) = \frac{1}{2^x}$

C $f(x) = \sin\left(\frac{1}{x}\right)$

D $f(x) = (x-1)^{-3}$

E $f(x) = \log(1-x)$

Rappresenta le seguenti funzioni e indica se sono continue nel loro dominio.

574 $f(x) = \begin{cases} e^x & \text{se } x < 0 \\ 2x + 1 & \text{se } x \geq 0 \end{cases}$

[$f(x)$ continua $\forall x \in \mathbb{R}$]

575 $f(x) = \begin{cases} \sqrt{1-x} & \text{se } x \leq 1 \\ 2x - 2 & \text{se } x > 1 \end{cases}$

[$f(x)$ continua $\forall x \in \mathbb{R}$]

576 $f(x) = \begin{cases} -2x + 1 & \text{se } x < 1 \\ \ln x & \text{se } x \geq 1 \end{cases}$

[$f(x)$ discontinua in $x = 1$]

577 $f(x) = \begin{cases} -\frac{1}{2}x & \text{se } x \leq 0 \\ x^2 + 1 & \text{se } x > 0 \end{cases}$

[$f(x)$ discontinua in $x = 0$]

578 ●○ Verifica graficamente che la funzione

$$y = \frac{x^2 - 4}{x - 2}$$

non è continua in $x_0 = 2$.

579 ●○ FAI UN ESEMPIO Disegna il grafico di una funzione:

a. continua a destra in $x_0 = -2$;

b. continua a sinistra in $x_0 = 3$.

580 ●○ Verifica che la funzione $f(x) = |x|$ è continua in tutto il suo dominio.

581 ●○ Verifica graficamente che la seguente funzione è continua a destra in $x_0 = 0$:

$$f(x) = \begin{cases} -x & \text{se } x < 0 \\ 2x + 1 & \text{se } x \geq 0 \end{cases}.$$

Indica per quali valori di x le seguenti funzioni sono continue.

582 ●○ $y = 3x^4 - x$ $[\forall x \in \mathbb{R}]$

583 ●○ $y = \frac{5x}{x - 6}$ $[x \neq 6]$

584 ●○ $y = \frac{2}{x^3 - 2x^2}$ $[x \neq 0 \wedge x \neq 2]$

585 ●○ $y = \frac{x^2}{x^2 + 3x - 4}$ $[x \neq -4 \wedge x \neq 1]$

586 ●○ $y = \frac{1}{\sqrt{x - 2}}$ $[x > 2]$

587 ●○ $y = \frac{2x}{x^2 - 5x + 7}$ $[\forall x \in \mathbb{R}]$

588 ●○ $y = \sqrt{12 - x^2 - x}$ $[-4 \leq x \leq 3]$

589 ●○ $y = 2^{\frac{1}{x}}$ $[x \neq 0]$

590 ●○ $y = \ln(1 - x^2)$ $[-1 < x < 1]$

591 ●○ $y = \frac{1}{\ln x}$ $[x > 0 \wedge x \neq 1]$

592 ●○ $y = \frac{\tan x}{x}$ $\left[x \neq \frac{\pi}{2} + k\pi \wedge x \neq 0\right]$

593 ●○ $y = \frac{2}{\cos x} + \frac{1}{\sin x}$ $\left[x \neq k\frac{\pi}{2}\right]$

REALTÀ E MODELLI

594 ●● **Che corsa!** In una gara sui cento metri, un atleta inizia correndo con accelerazione costante secondo la legge $s = 2t^2$, dove s è la distanza dalla linea di partenza e t il tempo. Al tempo $t = 3$ s raggiunge la velocità di 12 m/s e successivamente procede fino al traguardo a velocità costante.

a. Calcola il tempo totale della corsa.

b. Scrivi la funzione che esprime la posizione s rispetto alla linea di partenza al variare del tempo t e tracciane il grafico, indicando se si tratta di una funzione continua.

$\left[\text{a) } 9,83 \text{ s; b) } s(t) = \begin{cases} 2t^2 & \text{se } 0 \leq t \leq 3 \\ 18 + 12(t - 3) & \text{se } t > 3 \end{cases}; \text{ sì}\right]$

595 ●○ **Sale e scende** In un bacino idrico, al passare del tempo x, espresso in ore, il livello y dell'acqua, espresso in metri, cresce per 5 ore, a partire dall'istante 0, seguendo l'andamento della funzione $y = \frac{x^2}{10} + \frac{5}{2}$.
Si inizia poi a svuotare il bacino e il livello scende seguendo la funzione $y = \frac{30}{1 + x}$.

a. Scrivi la funzione complessiva $y = f(x)$, definita a tratti.

b. Rappresenta graficamente $f(x)$ e verifica, anche mediante la definizione, che in $x = 5$ la funzione è continua.

Funzioni continue e parametri

596 ESERCIZIO GUIDA Determiniamo per quali valori di a e b la seguente funzione è continua in tutto $\mathbb{R}$:

$$f(x) = \begin{cases} -x^2 - x + 1 & \text{se } x \leq 1 \\ 2x - a & \text{se } 1 < x \leq 3. \\ -x^2 + b & \text{se } x > 3 \end{cases}$$

La funzione $f(x)$ è continua negli intervalli $]-\infty; 1[$, $]1; 3[$ e $]3; +\infty[$. Dobbiamo scegliere il valore dei parametri a e b affinché risulti continua anche in $x = 1$ e in $x = 3$. Dovrà perciò valere:

$$\lim_{x \to 1^-} f(x) = \lim_{x \to 1^+} f(x) = f(1) \quad \to \quad -1 = 2 - a,$$

$$\lim_{x \to 3^-} f(x) = \lim_{x \to 3^+} f(x) = f(3) \quad \to \quad 6 - a = -9 + b.$$

Determiniamo a e b risolvendo il sistema:

$$\begin{cases} -1 = 2 - a \\ 6 - a = -9 + b \end{cases} \to \begin{cases} a = 3 \\ a + b = 15 \end{cases} \to \begin{cases} a = 3 \\ b = 12 \end{cases}.$$

Determina i valori dei parametri affinché le seguenti funzioni siano continue in tutto $\mathbb{R}$.

597 $f(x) = \begin{cases} x + a & \text{se } x < 2 \\ 4 - x & \text{se } x \geq 2 \end{cases}$ $[a = 0]$

598 $f(x) = \begin{cases} x^2 - 1 & \text{se } x \leq -3 \\ 2x + b & \text{se } x > -3 \end{cases}$ $[b = 14]$

599 $f(x) = \begin{cases} 4x + a & \text{se } x < 1 \\ \dfrac{6}{x} & \text{se } x \geq 1 \end{cases}$ $[a = 2]$

600 $f(x) = \begin{cases} 2x^2 - x + a & \text{se } x < 0 \\ e^x + 3 & \text{se } x \geq 0 \end{cases}$ $[a = 4]$

601 $f(x) = \begin{cases} x^2 + x - 6 & \text{se } x \leq -3 \\ ax + b & \text{se } -3 < x \leq 2 \\ x^3 + a & \text{se } x > 2 \end{cases}$ $[a = 2, b = 6]$

602 $f(x) = \begin{cases} x^2 - 2b & \text{se } x < -1 \\ 2x - b & \text{se } -1 \leq x < 3 \\ \sqrt{2x + a} & \text{se } x \geq 3 \end{cases}$ $[a = 3, b = 3]$

603 $f(x) = \begin{cases} \dfrac{x + a}{3 - x} & \text{se } x < 2 \\ 3^{x-1} & \text{se } x \geq 2 \end{cases}$ $[a = 1]$

604 $f(x) = \begin{cases} 2a - \cos x & \text{se } x < \pi \\ 2 \sin x + a & \text{se } x \geq \pi \end{cases}$ $[a = -1]$

605 $f(x) = \begin{cases} \ln(a - x) & \text{se } x < 1 \\ \ln ax - \ln 2 & \text{se } x \geq 1 \end{cases}$ $[a = 2]$

606 $f(x) = \begin{cases} \dfrac{\sin ax}{x} & \text{se } x < 0 \\ x^2 + 2a + 1 & \text{se } x \geq 0 \end{cases}$ $[a = -1]$

Teoremi sulle funzioni continue

Teoria a p. 1181

Teorema di Weierstrass

607 LEGGI IL GRAFICO Spiega perché, per le funzioni rappresentate nei seguenti grafici, non è possibile applicare il teorema di Weierstrass negli intervalli indicati.

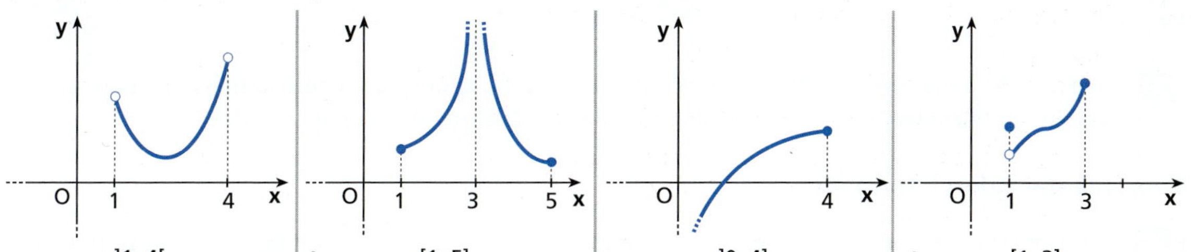

a]1; 4[b [1; 5] c]0; 4] d [1; 3]

608 ESERCIZIO GUIDA Stabiliamo *se* vale il teorema di Weierstrass per la funzione:

$$f(x) = \begin{cases} -x^2 + 4 & \text{se } x \leq 2 \\ \dfrac{1}{2}x - 1 & \text{se } x > 2 \end{cases}, \quad \text{nell'intervallo } [-1; 3].$$

Dobbiamo verificare l'ipotesi del teorema, ossia che la funzione è continua nell'intervallo $[-1; 3]$.
Per ogni $x \in [-1; 3]$, con $x \neq 2$, la funzione è continua perché sono continue le funzioni $y = -x^2 + 4$ e $y = \frac{1}{2}x - 1$ nel loro dominio. Inoltre, per $x = 2$, si ha:

$$\lim_{x \to 2^-} (-x^2 + 4) = \lim_{x \to 2^+} \left(\frac{1}{2}x - 1\right) = f(2) = 0,$$

quindi anche in 2 la funzione è continua.

Concludiamo che vale il teorema di Weierstrass.

Osservazione. Dal grafico della funzione possiamo dedurre che nell'intervallo $[-1; 3]$ il punto di massimo è $(0; 4)$ e quello di minimo è $(2; 0)$. Il massimo M della funzione è $M = 4$ e il minimo m è $m = 0$.

Se f è una funzione continua in un intervallo limitato e chiuso [a; b], allora f ha in [a; b] il massimo assoluto e il minimo assoluto.

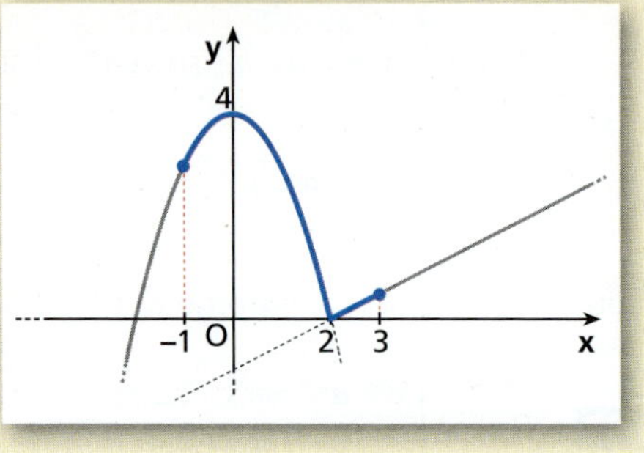

Stabilisci se, per le seguenti funzioni, vale il teorema di Weierstrass, nell'intervallo indicato a fianco.

609 $y = x + \cos x$, $[0; \pi]$. [sì]

610 $y = \frac{1}{x^2 - 3}$, $[0; 2]$. [no]

611 $y = \frac{1}{2^x - 1}$, $[-1; 2]$. [no]

612 $y = \sqrt{\frac{1}{x-1}}$, $[1; 2]$. [no]

613 $y = \ln(x + 1)$, $[1; 3]$. [sì]

614 $y = \frac{5x}{x^2 - 1}$, $[2; 7]$. [sì]

615 $y = \begin{cases} x^2 & \text{se } 0 \leq x \leq 1 \\ x + 1 & \text{se } 1 < x \leq 3 \end{cases}$, $[0; 3]$. [no]

Disegna i grafici delle seguenti funzioni nell'intervallo indicato a fianco, controlla le ipotesi del teorema di Weierstrass e, quando è possibile, determina il massimo *M* e il minimo *m* della funzione.

616 $y = x^2 - 4x$, $[0; 3]$. [sì, $M = 0$, $m = -4$]

617 $y = 1 + \ln x$, $[1; 3]$. [sì, $M = 1 + \ln 3$, $m = 1$]

618 $y = \frac{x}{x-1}$, $[0; 3]$. [no]

619 $y = -x^2 + 3x$, $[-1; 0]$. [sì, $M = 0$, $m = -4$]

620 $y = \begin{cases} -2^x + 1 & \text{se } 0 \leq x < 1 \\ x + 3 & \text{se } 1 \leq x \leq 4 \end{cases}$, $[0; 4]$. [no]

621 RIFLETTI SULLA TEORIA Se $f(x)$ non è continua in $[a; b]$, allora certamente non assume massimo e minimo assoluti in tale intervallo. È vero? Motiva la tua risposta aiutandoti con un grafico.

Teorema dei valori intermedi

622 RIFLETTI SULLA TEORIA Spiega perché la funzione $y = 3x^2 + 2$ assume certamente il valore 10 nell'intervallo $[1; 2]$.

Disegna i grafici delle seguenti funzioni nell'intervallo indicato; determina, quando possibile, il massimo *M* e il minimo *m* e stabilisci se assumono tutti i valori compresi tra *m* e *M*.

623 $y = x + 3x^2$, $[0; 2]$. [sì, $M = 14$, $m = 0$]

624 $y = \frac{1}{\sin x}$, $[0; \pi]$. [no]

625 $y = \begin{cases} x & \text{se } x < 0 \\ x+1 & \text{se } x \geq 0 \end{cases}$, $[-1; 1]$. [no, $M = 2$, $m = -1$]

626 $y = \begin{cases} x+2 & \text{se } x < -2 \\ \log(x+3) & \text{se } x \geq -2 \end{cases}$, $[-3; 7]$. [sì, $M = 1$, $m = -1$]

Teorema di esistenza degli zeri

627 **ESERCIZIO GUIDA** Stabiliamo *se* vale il teorema di esistenza degli zeri per la funzione $y = \frac{x}{2x^2 - 1}$, nell'intervallo $\left[-\frac{1}{2}; \frac{1}{2}\right]$.

La funzione è discontinua per i punti in cui $2x^2 - 1 = 0 \rightarrow$

$x^2 = \frac{1}{2}$, ossia per $x = \pm\frac{\sqrt{2}}{2}$.

Poiché tali punti non appartengono all'intervallo $\left[-\frac{1}{2}; \frac{1}{2}\right]$, la funzione è continua nell'intervallo.

Inoltre: $f\left(-\frac{1}{2}\right) = 1 > 0$ e $f\left(\frac{1}{2}\right) = -1 < 0$.

Sono quindi verificate le ipotesi del teorema di esistenza degli zeri.

Se f è una funzione continua in un intervallo limitato e chiuso $[a; b]$ e negli estremi di tale intervallo ha valori di segno opposto, allora esiste almeno un punto c, interno all'intervallo, in cui $f(c) = 0$.

Stabilisci se valgono le ipotesi del teorema di esistenza degli zeri per le seguenti funzioni, negli intervalli indicati.

628 $y = \frac{1}{x-1} - 2x$, $\left[0; \frac{1}{2}\right]$. [no]

629 $y = x^4 + 5x + 1$, $[-1; 0]$. [sì]

630 $y = 2x^5 + x^2 + 1$, $[0; 2]$. [no]

631 $y = 1 - x - \ln x$, $[1; 2]$. [no]

632 $y = 1 - e^{x-1}$, $[0; 2]$. [sì]

633 $y = \begin{cases} x-4 & \text{se } x \leq 1 \\ x^2+1 & \text{se } x > 1 \end{cases}$, $[0; 2]$. [no]

---

634 **RIFLETTI SULLA TEORIA** È data la funzione $f(x)$, continua in $[2; 5]$ e tale che $f(3) = 0$. Puoi concludere che $f(2)$ e $f(5)$ sono discordi? Perché?

635 **EUREKA!** È data la funzione $f(x)$ continua su $[1; 7]$ e tale che $f(1) \cdot f(7) < 0$. Esiste $x \in]1; 7[$ tale che $f(x) = 0$?

7 Punti di discontinuità di una funzione

▶ Teoria a p. 1182

636 **LEGGI IL GRAFICO** Per ciascun grafico classifica la discontinuità nel punto x_0.

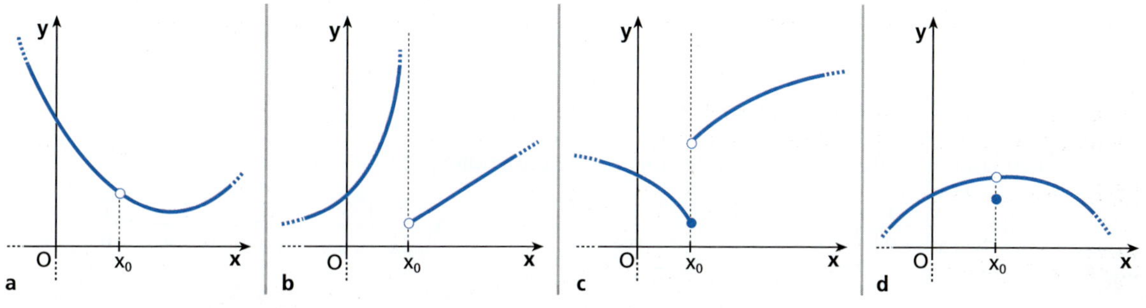

ESERCIZI

FAI UN ESEMPIO

637 Disegna una funzione che in $x = 0$ abbia una discontinuità di terza specie e in $x = 2$ una di seconda specie.

638 Disegna una funzione che abbia in $x = -1$ una discontinuità di prima specie con salto uguale a 2.

Disegna il grafico delle seguenti funzioni, classifica i loro punti di discontinuità e, in caso di discontinuità di prima specie, calcola il salto.

639 $y = \dfrac{x}{x-1}$ [$x = 1$: II specie]

640 $y = \dfrac{3x-9}{x-3}$ [$x = 3$: III specie]

641 $y = \dfrac{4-x^2}{2+x}$ [$x = -2$: III specie]

642 $y = \dfrac{x^2-x}{2x-2}$ [$x = 1$: III specie]

643 $y = \dfrac{x^2-1}{x^2+x-2}$ [$x = 1$: III specie; $x = -2$: II specie]

644 $y = \dfrac{(x-2)^2}{x^2-5x+6}$ [$x = 2$: III specie; $x = 3$: II specie]

645 $f(x) = \begin{cases} x & \text{se } x \leq 0 \\ x+3 & \text{se } x > 0 \end{cases}$ [$x = 0$: I specie, salto $= 3$]

646 $f(x) = \begin{cases} x^2 & \text{se } x < 1 \\ 4-x & \text{se } x \geq 1 \end{cases}$ [$x = 1$: I specie, salto $= 2$]

647 $f(x) = \begin{cases} -x^2-1 & \text{se } x \leq 0 \\ 2x & \text{se } x > 0 \end{cases}$ [$x = 0$: I specie, salto $= 1$]

648 $f(x) = \begin{cases} 2x & \text{se } x \leq 1 \\ \ln(x-1) & \text{se } x > 1 \end{cases}$ [$x = 1$: II specie]

649 $y = \dfrac{x}{|x|}$ [$x = 0$: I specie, salto $= 2$]

650 $y = \dfrac{2|x|}{x} - 3$ [$x = 0$: I specie, salto $= 4$]

651 $y = \dfrac{|x-3|}{x-3} + 1$ [$x = 3$: I specie, salto $= 2$]

652 $y = \dfrac{x^2-4}{|x+2|}$ [$x = -2$: I specie, salto $= -8$]

653 ESERCIZIO GUIDA Cerchiamo i punti di discontinuità della funzione $f(x) = \dfrac{x+3}{|x^2-9|}$ e classifichiamoli.

I punti di discontinuità di $f(x)$ sono i punti in cui si annulla il denominatore, cioè $x_1 = 3$ e $x_2 = -3$.
Stabiliamo il tipo di discontinuità.
Poiché $x^2 - 9 > 0$ per $x < -3 \vee x > 3$, possiamo scrivere:

$$f(x) = \begin{cases} \dfrac{x+3}{x^2-9} = \dfrac{x+3}{(x-3)(x+3)} = \dfrac{1}{x-3} & \text{se } x < -3 \vee x > 3 \\ \dfrac{x+3}{9-x^2} = \dfrac{x+3}{(3-x)(3+x)} = \dfrac{1}{3-x} & \text{se } -3 < x < 3 \end{cases}.$$

Calcoliamo il limite destro e il limite sinistro della funzione per $x \to -3$:

$$\lim_{x \to -3^-} \frac{x+3}{|x^2-9|} = \lim_{x \to -3^-} \frac{1}{x-3} = -\frac{1}{6}, \qquad \lim_{x \to -3^+} \frac{x+3}{|x^2-9|} = \lim_{x \to -3^+} \frac{1}{3-x} = \frac{1}{6}.$$

Poiché il limite destro e quello sinistro sono diversi e finiti, $x = -3$ è un punto di discontinuità di prima specie. Il salto della funzione vale $\frac{1}{3}$.

Calcoliamo il limite destro e il limite sinistro della funzione per $x \to 3$ e otteniamo:

$$\lim_{x \to 3} \frac{x+3}{|x^2-9|} = \lim_{x \to 3^-} \frac{1}{3-x} = \lim_{x \to 3^+} \frac{1}{x-3} = +\infty.$$

Poiché il limite è infinito, $x = 3$ è un punto di discontinuità di seconda specie.

Date le seguenti funzioni, individua e classifica i loro punti di discontinuità.

654 $f(x) = \frac{4-4x}{1-x}$ [$x = 1$: III specie]

655 $f(x) = \frac{|x^2-16|}{x-4}$ [$x = 4$: I specie]

656 $f(x) = \frac{x^2-x}{|x|}$ [$x = 0$: I specie]

657 $f(x) = \frac{x^2+2x+4}{x-2}$ [$x = 2$: II specie]

658 $f(x) = \frac{x^2-16}{x-4}$ [$x = 4$: III specie]

659 $f(x) = \frac{\sqrt{x}-2}{x^2-25}$ [$x = 5$: II specie]

660 $f(x) = \frac{x^4-1}{x^2-1}$ [$x = \pm 1$: III specie]

661 $f(x) = \frac{1}{4+2^{\frac{1}{x}}}$ [$x = 0$: I specie]

662 $f(x) = \frac{x^2+2x+1}{x^2-3x+9}$ [$\nexists$ discontinuità]

663 $f(x) = \frac{x^2+5x+6}{x+2}$ [$x = -2$: III specie]

664 $f(x) = \tan x$ $\left[x = \frac{\pi}{2} + k\pi \; (k \in \mathbb{Z})\text{: II specie}\right]$

665 $f(x) = 3 + \log|x|$ [$x = 0$: II specie]

666 $f(x) = e^{-\frac{1}{x}}$ [$x = 0$: II specie]

667 $f(x) = e^{-\frac{1}{x^2}}$ [$x = 0$: III specie]

668 $f(x) = \frac{\sin x}{x}$ [$x = 0$: III specie]

669 $f(x) = \frac{x^2-4x}{x}$ [$x = 0$: III specie]

670 $f(x) = \frac{x}{2x^2-x}$ $\left[x = 0\text{: III sp.; } x = \frac{1}{2}\text{: II sp.}\right]$

671 $f(x) = \frac{7}{x^2-4x-5}$ [$x = -1, x = 5$: II specie]

672 $f(x) = \frac{e^{2x}-1}{3x}$ [$x = 0$: III specie]

673 $f(x) = e^{\frac{2}{x-6}}$ [$x = 6$: II specie]

674 $f(x) = \frac{\ln x}{3x-9}$ [$x = 3$: II specie]

675 $f(x) = \frac{1}{e^{\frac{1}{x}}+1}$ [$x = 0$: I specie]

676 $f(x) = \cos\frac{1}{x+2}$ [$x = -2$: II specie]

677 $f(x) = \begin{cases} 2x-7 & \text{se } x \leq 5 \\ 2x+7 & \text{se } x > 5 \end{cases}$ [$x = 5$: I specie]

678 $f(x) = \begin{cases} \frac{1}{x} & \text{se } x > 0 \\ -\ln x & \text{se } x > 0 \end{cases}$ [$x = 0$: II specie]

679 $f(x) = \begin{cases} 3x+1 & \text{se } x < 2 \\ -x^2+4x & \text{se } x \geq 2 \end{cases}$ [$x = 2$: I specie]

680 $f(x) = \begin{cases} -2-2^x & \text{se } x \leq 1 \\ 2+2^x & \text{se } x > 1 \end{cases}$ [$x = 1$: I specie]

681 $f(x) = \begin{cases} x^2+2x & \text{se } x < 0 \\ 2 & \text{se } x = 0 \\ x^2-2x & \text{se } x > 0 \end{cases}$ [$x = 0$: III specie]

682 $f(x) = \begin{cases} 3^{\frac{1}{x}} & \text{se } x < 0 \\ \sqrt{x} & \text{se } x \geq 0 \end{cases}$ [$\nexists$ discontinuità]

683 $f(x) = \begin{cases} 2x+2 & \text{se } x < 0 \\ 1-\sqrt{x} & \text{se } 0 < x < 1 \\ \ln x & \text{se } x \geq 1 \end{cases}$ [$x = 0$: I sp.]

684 $f(x) = \frac{x^2+2x-3}{x^2-3x+2}$ [$x = 2$: II sp.; $x = 1$: III sp.]

685 $f(x) = \ln\frac{x}{x-4}$ [$x = 0$ e $x = 4$: II specie]

686 $f(x) = \frac{x+1}{|x+1|} + \frac{2}{x}$ [$x = 0$: II specie; $x = -1$: I specie]

687 $f(x) = \frac{|x|}{x} \cdot 2^{\frac{1}{x-1}}$ [$x = 0$: I specie; $x = 1$: II specie]

688 ●● $f(x) = \dfrac{4x^2}{1 - \cos x}$ [$x = 0$: III specie; $x = 2k\pi$ ($k \in \mathbb{Z} - \{0\}$): II specie]

689 ●● $f(x) = \dfrac{x}{\sin x}$ [$x = 0$: III specie; $x = k\pi$ ($k \in \mathbb{Z} - \{0\}$): II specie]

690 ●○ LEGGI IL GRAFICO

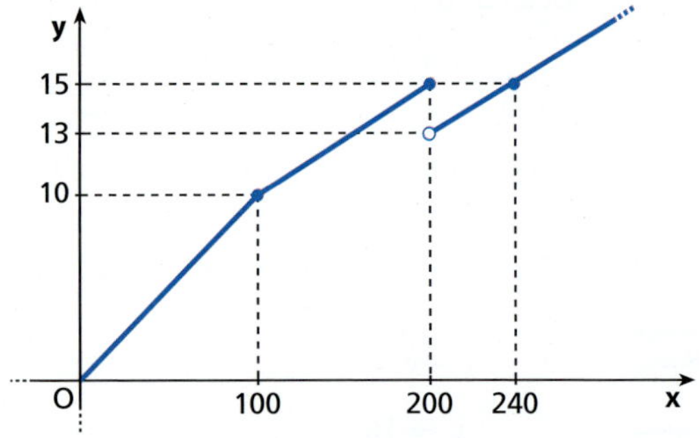

a. Scrivi l'espressione analitica della funzione.

b. Calcola, se esistono, $\lim_{x \to 100} f(x)$ e $\lim_{x \to 200} f(x)$.

$$\left[\text{a) } f(x) = \begin{cases} 0{,}10 \cdot x & \text{se } 0 \le x \le 100 \\ 0{,}05 \cdot x + 5 & \text{se } 100 < x \le 200\text{; b) } 10\text{; } \nexists \\ 0{,}05 \cdot x + 3 & \text{se } x > 200 \end{cases} \right]$$

REALTÀ E MODELLI

691 ●● **Cara bolletta** La tariffa del metano prevede una quota fissa trimestrale di € 12 e poi un costo di 0,70 €/m^3 per i primi 60 m^3 consumati, 0,80 €/m^3 per gli ulteriori consumi fino a 80 m^3 e 1 €/m^3 per i consumi superiori a 80 m^3.

a. Trova la funzione modello che esprime il costo della bolletta in termini di m^3 consumati.

b. Determina il dominio della funzione modello e rappresentane il grafico. Si tratta di una funzione continua?

c. Se un Comune decide di applicare una sovrattassa ecologica di € 20 una tantum per chi supera gli 80 m^3 di consumo, come si modifica la funzione modello trovata? Si tratta di una funzione continua?

692 ●○ **Italia chiama mondo** Una compagnia telefonica offre, per le chiamate internazionali, la tariffa indicata a fianco, a scatti anticipati della durata di 30 secondi.

a. Quanto si spende per una chiamata che dura 20 secondi? E per una di 1′30″?

b. Disegna il grafico della funzione del costo. Si tratta di una funzione continua? Se non lo è, che tipo di discontinuità presenta?

[a) € 1, € 3; b) I specie in $x = 30k$ secondi, $k \in \mathbb{N} - \{0\}$]

MATEMATICA AL COMPUTER

Funzioni continue Con Wiris classifichiamo i punti di discontinuità della funzione $f(x) = \dfrac{|3x^2 - 7x - 6|}{12x^2 + 5x - 2}$.

Risoluzione – 8 esercizi in più

Discontinuità e parametri

693 ●○ Trova per quali valori di a la funzione

$$f(x) = \begin{cases} 1 - x & \text{se } x \le 1 \\ x + a & \text{se } x > 1 \end{cases}$$

ammette una discontinuità di prima specie con salto uguale a 2 in $x = 1$. [$a = 1, a = -3$]

694 ●● Determina per quale valore di a si ha, per la funzione

$$y = \frac{-x^2 + ax}{2x + 1},$$

a. una discontinuità di terza specie in $x = -\dfrac{1}{2}$;

b. una discontinuità di seconda specie in $x = -\dfrac{1}{2}$. $\left[\text{a) } a = -\dfrac{1}{2}\text{; b) } a \neq -\dfrac{1}{2}\right]$

695 ●● Trova per quali valori di a la funzione

$$f(x) = \begin{cases} e^x + 1 & \text{se } x \leq 0 \\ x^2 - a & \text{se } x > 0 \end{cases}$$

ammette una discontinuità di prima specie con salto uguale a 3 in $x = 0$. Rappresenta la funzione ottenuta. $[a = 1, a = -5]$

696 ●○ Determina per quale valore di k la seguente funzione ha discontinuità eliminabile in $x = -2$:

$$f(x) = \frac{2x + k}{x + 2}.$$

$[k = 4]$

8 Asintoti

Asintoti verticali e orizzontali

▶ Teoria a p. 1185

697 ●○ **COMPLETA** osservando la figura e scrivi le equazioni degli asintoti.

a. $\lim_{x \to -\infty} f(x) = \square$

b. $\lim_{x \to 7} f(x) = \square$

c. $\lim_{x \to 2^+} f(x) = \square$

d. $\lim_{x \to \square} f(x) = 0$

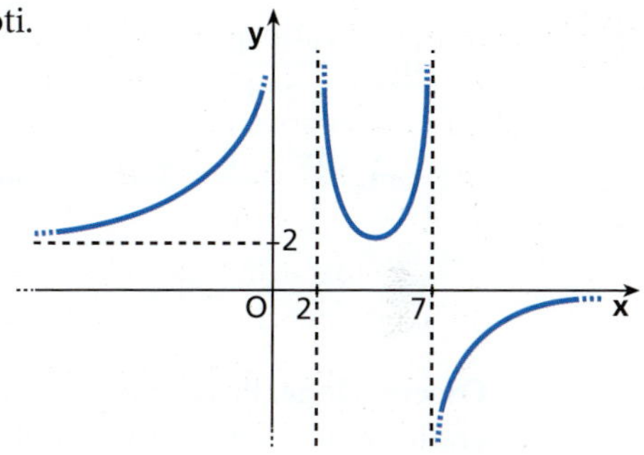

LEGGI IL GRAFICO Scrivi le equazioni degli asintoti delle funzioni rappresentate e i limiti che li definiscono.

698 ●○

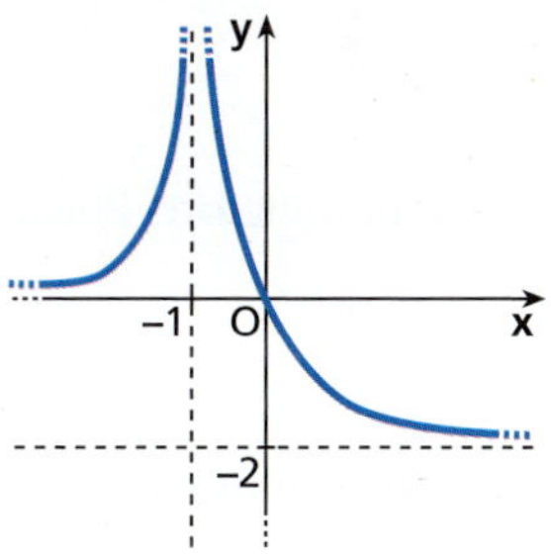

699 ●○

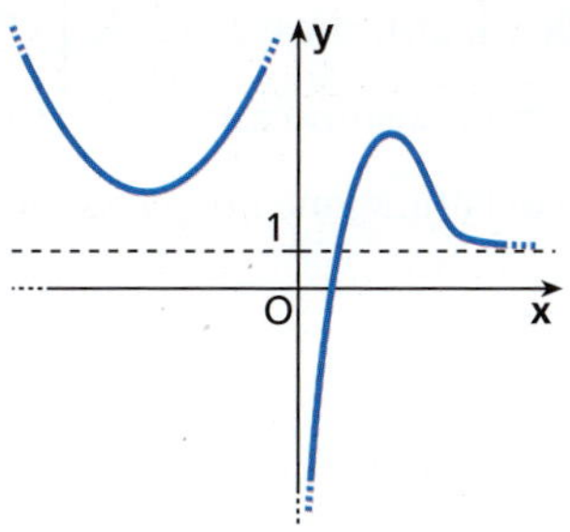

700 ●○

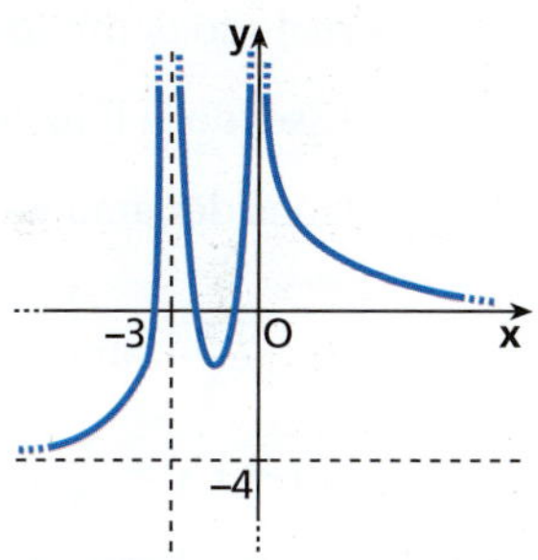

701 ●○ Disegna un grafico possibile per la funzione $f(x)$ e traccia i suoi asintoti, sapendo che:

$$\lim_{x \to -\infty} f(x) = 1^+, \quad \lim_{x \to 0^\pm} f(x) = +\infty, \quad \lim_{x \to +\infty} f(x) = 0^+.$$

702 ●○ Disegna un grafico possibile per la funzione $f(x)$ e traccia i suoi asintoti, sapendo che:

$$\lim_{x \to -\infty} f(x) = 0^-, \quad \lim_{x \to -1^-} f(x) = -\infty, \quad \lim_{x \to -1^+} f(x) = +\infty, \quad \lim_{x \to +\infty} f(x) = 2^-.$$

703 ●○ **VERO O FALSO?**

a. Se una funzione $f(x)$ ha un asintoto verticale di equazione $x = 2$, si ha $\lim_{x \to 2} f(x) = \infty$. V F

b. Una funzione può avere infiniti asintoti verticali. V F

c. Una funzione $f(x)$ può avere due asintoti orizzontali diversi. V F

d. Una funzione razionale fratta ha sempre un asintoto verticale. V F

AL VOLO Determina gli eventuali asintoti orizzontali e verticali delle seguenti funzioni.

704 $y = \sin x$

705 $y = e^x$

706 $y = \ln x$

707 $y = \tan x$

708 $y = \cos 2x$

709 $y = \log(x-1)$

710 $y = \frac{1}{x}$

711 $y = 2^{-x}$

712 **ESERCIZIO GUIDA** Determiniamo le equazioni degli eventuali asintoti orizzontali e verticali delle seguenti funzioni:

a. $y = \frac{3x^2+1}{x^2-1}$; **b.** $y = \frac{1}{\sin x - 1}$.

a. La funzione data è una funzione razionale fratta, il cui dominio è D: $x \neq \pm 1$, ossia $]-\infty; -1[\cup]-1; 1[\cup]1; +\infty[$.

Calcoliamo i limiti agli estremi del dominio.

$$\lim_{x \to \pm\infty} \frac{3x^2+1}{x^2-1} = 3 \quad \to \quad \text{asintoto orizzontale: } y = 3$$

$$\lim_{x \to -1^{\pm}} \frac{3x^2+1}{x^2-1} = \mp\infty \quad \to \quad \text{asintoto verticale: } x = -1$$

$$\lim_{x \to 1^{\pm}} \frac{3x^2+1}{x^2-1} = \pm\infty \quad \to \quad \text{asintoto verticale: } x = 1$$

Osservazione. Possiamo giungere più rapidamente al risultato se notiamo che la funzione è pari e il suo grafico è simmetrico rispetto all'asse y. Quindi basta calcolare i limiti per $x \to +\infty$ e $x \to 1^{\pm}$.

b. La funzione data è una funzione goniometrica fratta, periodica di periodo 2π. Limitiamoci a considerare il suo dominio nell'intervallo $[0; 2\pi]$, che è D: $\left[0; \frac{\pi}{2}\right[\cup \left]\frac{\pi}{2}; 2\pi\right]$.

Essendo la funzione periodica, non esistono asintoti orizzontali.

Consideriamo il valore $\frac{\pi}{2}$ in cui la funzione non esiste perché si annulla il denominatore. Poiché

$$\lim_{x \to \frac{\pi}{2}^{\pm}} \frac{1}{\sin x - 1} = -\infty,$$

la retta $x = \frac{\pi}{2}$ è asintoto verticale in D. Considerando poi la funzione nel suo dominio naturale, i suoi asintoti hanno equazioni: $x = \frac{\pi}{2} + 2k\pi$.

Determina le equazioni degli eventuali asintoti orizzontali e verticali delle seguenti funzioni. (Qui e in seguito, nei risultati, in caso di funzioni periodiche, per brevità indichiamo soltanto gli asintoti relativi a un periodo.)

713 $y = \frac{5}{x-2}$ $[x = 2, y = 0]$

714 $y = \frac{x^2}{x^2-25}$ $[x = \pm 5, y = 1]$

715 $y = \frac{2x^2-1}{x-3}$ $[x = 3]$

716 $y = \frac{2}{x-2} - \frac{4}{x+1}$ $[x = 2, x = -1, y = 0]$

717 $y = \frac{x^3-1}{x}$ $[x = 0]$

718 $y = \frac{2x^2+3x}{x^2+1}$ $[y = 2]$

719 $y = \frac{x+4}{2x^4+5}$ $[y = 0]$

720 $y = \frac{2x^3+9}{x^3-1}$ $[x = 1, y = 2]$

721 $y = \frac{x^2-2x}{x^2-4}$ $[x = -2, y = 1]$

722 $y = \frac{2x+1}{x^2-9}$ $[x = \pm 3, y = 0]$

723 $y = \sqrt{\dfrac{x-4}{x}}$ $[x = 0, y = 1]$

724 $y = \sqrt{\dfrac{x^3-1}{x^2-x}}$ $[x = 0]$

725 $y = \tan x + \cot x$ $\left[x = 0, x = \dfrac{\pi}{2}, x = \pi\right]$

726 $y = \dfrac{1-\cos x}{\cos x}$ $\left[x = \dfrac{\pi}{2}, x = \dfrac{3}{2}\pi\right]$

727 $y = \dfrac{\cos 2x}{1+\sin x}$ $\left[x = \dfrac{3}{2}\pi\right]$

728 $y = \dfrac{2e^{-x}}{x}$ $[x = 0, y = 0]$

729 $y = \dfrac{1}{\ln x}$ $[y = 0, x = 1]$

730 $y = \dfrac{1}{e^x - 1}$ $[x = 0, y = 0, y = -1]$

731 $y = e^{\frac{x+3}{x}}$ $[x = 0, y = e]$

732 $y = \ln(x^2 + 4x)$ $[x = 0, x = -4]$

733 $y = e^{\frac{5x}{1-x}}$ $[x = 1, y = e^{-5}]$

734 $y = \log_2\left(\dfrac{x-5}{2x-1}\right)$ $\left[x = \dfrac{1}{2}, x = 5, y = -1\right]$

Asintoti obliqui

▶ Teoria a p. 1186

735 LEGGI IL GRAFICO Scrivi le equazioni degli asintoti delle funzioni rappresentate nei seguenti grafici.

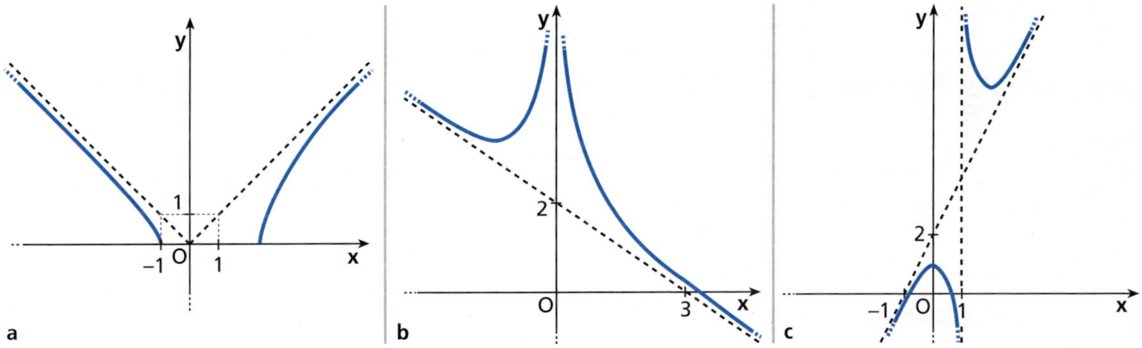

736 VERO O FALSO?

a. Se una funzione $f(x)$ ha un asintoto obliquo, allora $\lim_{x\to\infty} f(x) = \infty$. V F

b. Se una funzione $f(x)$ ha $\lim_{x\to\infty} f(x) = \infty$, allora ha un asintoto obliquo. V F

c. Una funzione può avere più di un asintoto obliquo. V F

d. Una funzione periodica non può avere asintoti obliqui o asintoti orizzontali. V F

Ricerca degli asintoti obliqui

737 ESERCIZIO GUIDA Data $f(x) = \dfrac{x^2-x+1}{x+3}$, determiniamo le equazioni degli eventuali asintoti obliqui.

Poiché, $\lim_{x\to\infty} \dfrac{x^2-x+1}{x+3} = \infty$, la funzione può ammettere un asintoto obliquo. Calcoliamo i limiti:

$$m = \lim_{x\to\infty} \frac{f(x)}{x} = \lim_{x\to\infty} \frac{x^2-x+1}{x\cdot(x+3)} = \lim_{x\to\infty} \frac{x^2-x+1}{x^2+3x} = 1,$$

$$q = \lim_{x\to\infty} [f(x) - mx] = \lim_{x\to\infty} \left(\frac{x^2-x+1}{x+3} - x\right) = \lim_{x\to\infty} \frac{x^2-x+1-x^2-3x}{x+3} = \lim_{x\to\infty} \frac{-4x+1}{x+3} = -4.$$

L'asintoto obliquo della funzione data è la retta di equazione $y = x - 4$.

ESERCIZI

Determina le equazioni degli eventuali asintoti obliqui delle seguenti funzioni.

738 ●○ $y = \frac{x^2+1}{x}$ $[y = x]$

739 ●○ $y = \frac{2x^2-1}{x+1}$ $[y = 2x - 2]$

740 ●○ $y = \frac{4-x^3}{2x^2-1}$ $\left[y = -\frac{1}{2}x\right]$

741 ●○ $y = \frac{3x^2-x-4}{x-1}$ $[y = 3x + 2]$

742 ●○ $y = \frac{6x^2+x+5}{6x-1}$ $\left[y = x + \frac{1}{3}\right]$

743 ●○ $y = \frac{5x^2-3x+2}{2x+4}$ $\left[y = \frac{5}{2}x - \frac{13}{2}\right]$

744 ●○ $y = \frac{3x^3-2}{x}$ [non esiste]

745 ●○ $y = \sqrt{x^2-1}$ $[y = \pm x]$

746 ●○ $y = \frac{9x^2-4}{3x-1}$ $[y = 3x + 1]$

747 ●○ $y = \frac{x^3-2x}{4-x^2}$ $[y = -x]$

748 ●○ $y = \frac{2x^4-3}{x^3}$ $[y = 2x]$

749 ●○ $y = \frac{x^3}{2x^2+3}$ $\left[y = \frac{x}{2}\right]$

750 ●○ $y = \frac{x}{x^2+1}$ [non esiste]

751 ●● $y = x + e^x$ $[y = x]$

752 ●● $y = \sqrt{\frac{x^3-1}{x}}$ $[y = \pm x]$

753 ●● $y = \sqrt{4x^2-3x+2}$ $\left[y = \pm 2x \mp \frac{3}{4}\right]$

Riepilogo: Ricerca degli asintoti

754 ●○ TEST Data la funzione $y = f(x)$, quale fra le seguenti affermazioni è sicuramente *falsa*?

A Può ammettere 3 asintoti verticali e uno orizzontale.
B Può ammettere 2 asintoti orizzontali.
C Può ammettere un asintoto orizzontale e uno obliquo.
D Può intersecare un suo asintoto orizzontale.
E Può avere un punto in comune con un suo asintoto verticale.

755 ●● RIFLETTI SULLA TEORIA Spiega perché una funzione non può avere simultaneamente asintoto orizzontale e obliquo per x tendente a $+\infty$ o a $-\infty$. Fai un esempio di funzione con asintoto orizzontale per x tendente a $+\infty$ $(-\infty)$ e obliquo per x tendente a $-\infty$ $(+\infty)$.

Determina le equazioni degli eventuali asintoti delle seguenti funzioni.

756 ●○ $y = \frac{4x^2-x+1}{x^2-1}$ $[x = -1, x = 1, y = 4]$

757 ●○ $y = \frac{4x^3-1}{x^2-4}$ $[x = -2, x = 2, y = 4x]$

758 ●○ $y = \frac{x+3}{x^2+4x+4}$ $[x = -2, y = 0]$

759 ●○ $y = \frac{x^4}{1-x^3}$ $[x = 1, y = -x]$

760 ●○ $y = \sqrt{x^2+1}$ $[y = \pm x]$

761 ●○ $y = \frac{\cos x}{1-2\sin x}$ $\left[x = \frac{\pi}{6}, x = \frac{5}{6}\pi\right]$

762 ●○ $y = \sqrt{\frac{x+3}{x}}$ $[x = 0, y = 1]$

763 ●○ $y = \frac{x^2-4x+1}{2x}$ $\left[x = 0, y = \frac{1}{2}x - 2\right]$

764 ●○ $y = \frac{1}{1-x^2}$ $[x = \pm 1, y = 0]$

765 ●○ $y = \frac{3}{1-2x} + x$ $\left[x = \frac{1}{2}, y = x\right]$

766 ●○ $y = \ln(1-x)$ $[x = 1]$

767 ●○ $y = \sqrt{x^2-9}$ $[y = \pm x]$

768 ●○ $y = \frac{x+2}{|x|-2}$ $[x = 2, y = \pm 1]$

769 ●○ $y = \frac{4x}{1-\sqrt{x}}$ $[x = 1]$

770 $y = \ln\dfrac{x+1}{x-2}$ $[x=-1, x=2, y=0]$

771 $y = \dfrac{\sqrt{x^2+4}}{x}$ $[x=0, y=\pm 1]$

772 $y = \left|\dfrac{x+2}{x-1}\right|$ $[x=1, y=1]$

773 $y = \dfrac{\sin x}{x}$ $[y=0]$

774 $y = x - \sqrt{x^2-1}$ $[y=0, y=2x]$

775 $y = \dfrac{\ln x}{x}$ $[x=0, y=0]$

776 $y = \dfrac{x}{\log x}$ $[x=1]$

777 $y = e^{\frac{x^2+1}{x^2-3x}}$ $[y=e, x=0, x=3]$

778 $y = \dfrac{2e^x}{x+4}$ $[x=-4, y=0]$

779 $y = \dfrac{1-x^4}{8x^3-1}$ $\left[x=\dfrac{1}{2}, y=-\dfrac{1}{8}x\right]$

780 $y = \dfrac{x^3-2x}{2x^2-4x}$ $\left[x=2, y=\dfrac{1}{2}x+1\right]$

781 $y = \sqrt{\dfrac{x^2}{x^2-9}}$ $[x=\pm 3, y=1]$

782 $y = \dfrac{e^x+3}{e^x-1}$ $[y=-3, y=1, x=0]$

Con i parametri

LEGGI IL GRAFICO

783

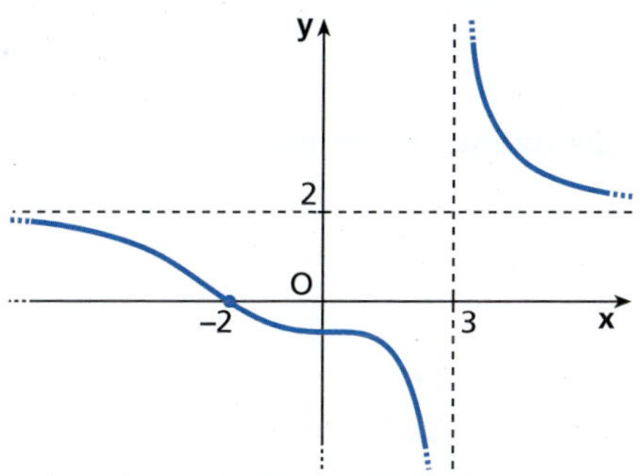

Nel grafico è rappresentata la funzione

$$y = \frac{ax^3+b}{x^3+c}.$$

Determina il valore di a, b e c.

$[a=2; b=16; c=-27]$

784

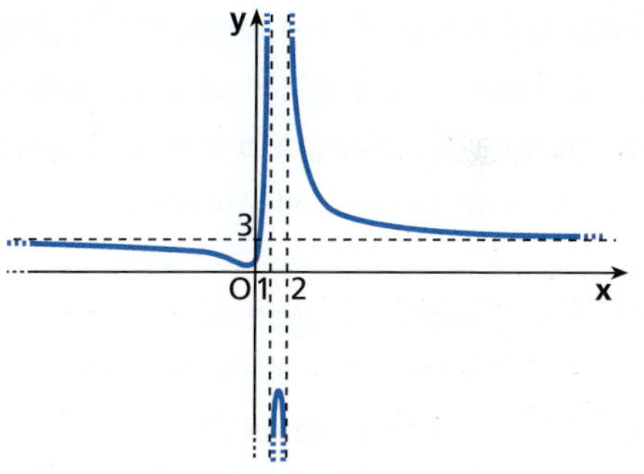

Determina a e b nella funzione

$$y = \frac{ax^2+2}{x^2+bx+2}.$$

Scrivi le equazioni di tutti gli asintoti.

$[a=3; b=-3]$

785 Trova a e b in modo che la funzione $y = \dfrac{ax^2+b}{x}$ abbia un asintoto di equazione $y=3x$.

$[a=3, b=0]$

786 Determina a e b nella funzione $y = \dfrac{ax^2+3x}{x+b}$, sapendo che il suo grafico ha come asintoti le rette di equazioni $x=2$ e $y=3$. $[a=0, b=-2]$

787 Trova il valore di k per il quale la retta di equazione $y=6$ è un asintoto della funzione $y = \dfrac{(k+2)\,x^3+x}{x^3-4}$.

$[k=4]$

788 Data la funzione $y = \dfrac{ax^3+bx^2+4}{x^2-1}$, trova a e b in modo che il suo grafico abbia un asintoto di equazione $y=2x-1$. $[a=2, b=-1]$

789 Il grafico della funzione $y = \dfrac{ax^2+bx}{cx-1}$ ha come asintoti le rette di equazione $y=x$ e $x=\dfrac{1}{4}$. Trova a, b e c.

$[a=c=4, b=-1]$

9 Grafico probabile di una funzione

▶ Teoria a p. 1189

LEGGI IL GRAFICO determinando per ciascuna funzione: dominio, insieme immagine, eventuali punti di discontinuità (classificandoli) ed eventuali asintoti.

790 ●○

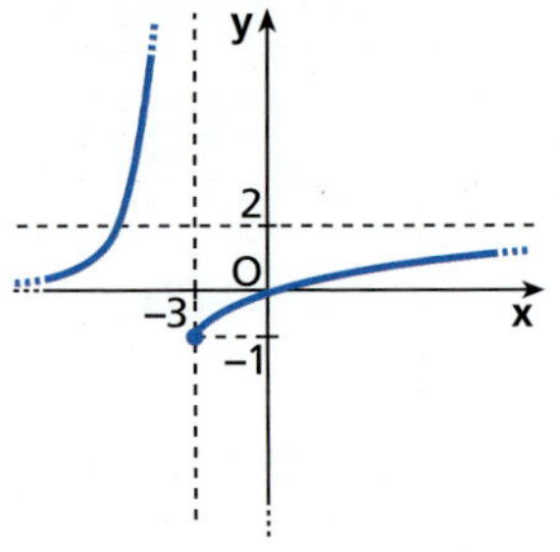

791 ●○

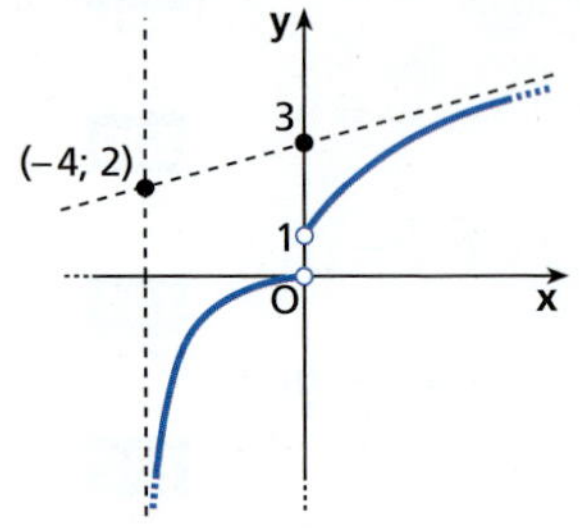

792 ●○

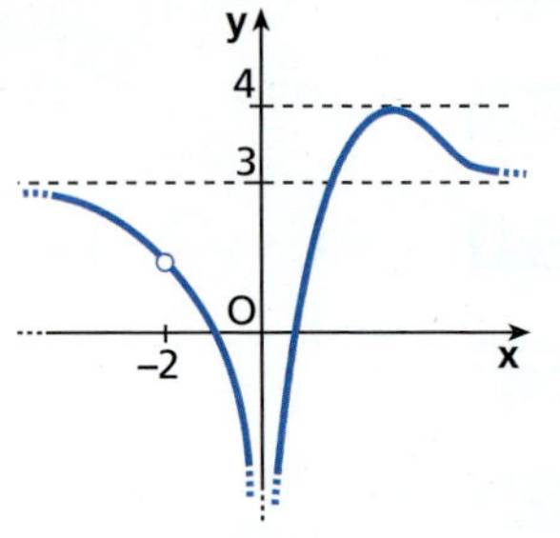

FAI UN ESEMPIO

793 ●● Traccia il grafico di una funzione tale che:

a. il dominio sia D: $[2; +\infty[$ e l'insieme immagine I sia $\mathbb{R}$;

b. sia continua a destra in $x = 4$ ma abbia in tale punto una discontinuità di prima specie;

c. abbia un asintoto obliquo destro di equazione $y = x$.

794 ●● Disegna il grafico di una funzione tale che:

a. il dominio sia D: $x \neq -1$ e l'insieme immagine I sia $]-2; +\infty[$;

b. abbia una discontinuità di seconda specie in $x = -1$ e la retta di equazione $x = -1$ sia asintoto verticale sinistro;

c. la retta di equazione $y = -2$ sia asintoto orizzontale destro e $\lim_{x \to -\infty} f(x) = +\infty$.

Funzioni algebriche

TEST

795 ●○ Individua l'equazione della funzione rappresentata nel grafico.

A $y = \dfrac{x}{x^2 - 1}$

B $y = \dfrac{2x^2 + 1}{x^2 - 1}$

C $y = \dfrac{2x + 1}{x^2 - 1}$

D $y = \dfrac{x^3 + 1}{x^2 - 1}$

E $y = \dfrac{x - 1}{x^2 - 1}$

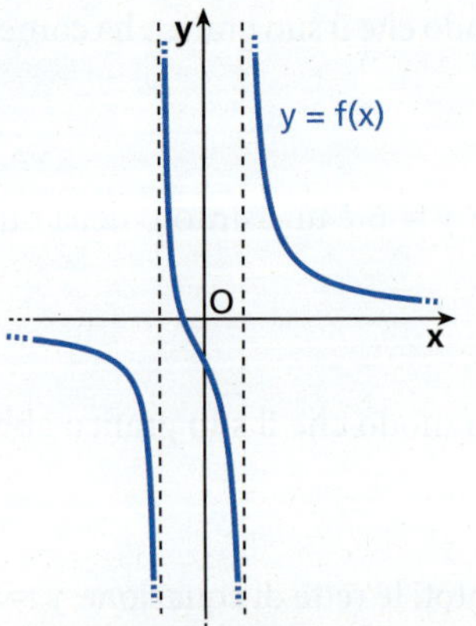

796 ●○ Individua l'equazione della funzione rappresentata nel grafico.

A $y = \dfrac{\sqrt{x^2 + 1}}{x}$

B $y = \dfrac{\sqrt{x^2 + 1}}{x^2}$

C $y = \dfrac{\sqrt{x^2 + 1}}{x + 1}$

D $y = \dfrac{\sqrt{x^2 + 1}}{x^2 + 1}$

E $y = \dfrac{\sqrt{x^4 + 1}}{x}$

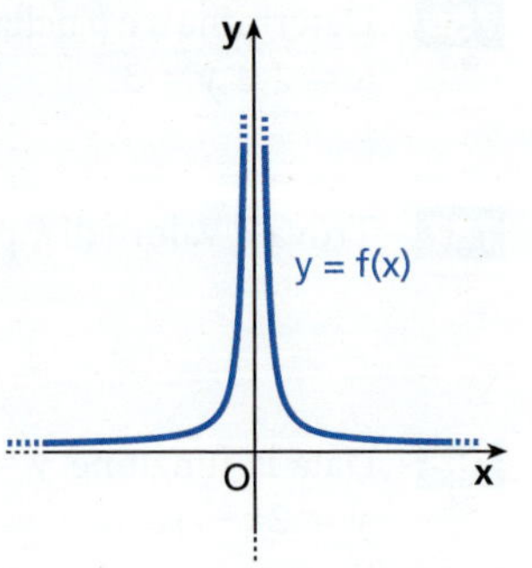

797 ASSOCIA ogni funzione al relativo grafico.

a. $y = \dfrac{x^3+1}{x}$ **b.** $y = \dfrac{x^3+1}{x^2}$ **c.** $y = \dfrac{x^3-1}{x^2}$ **d.** $y = \dfrac{x^3+1}{x^4}$

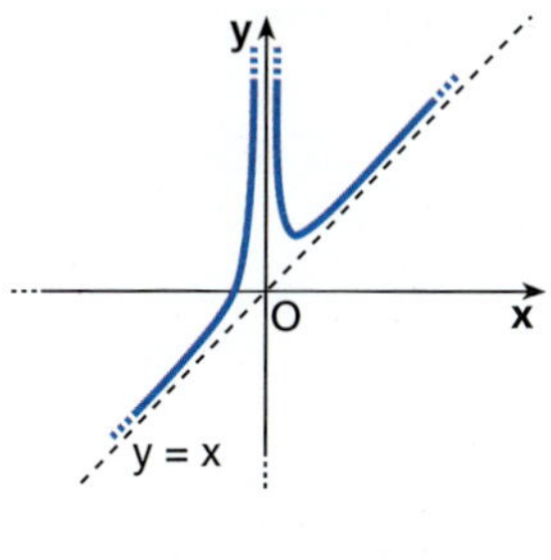

1

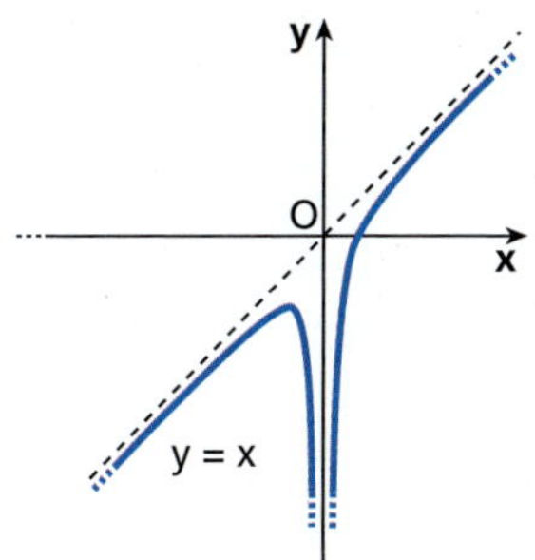

2

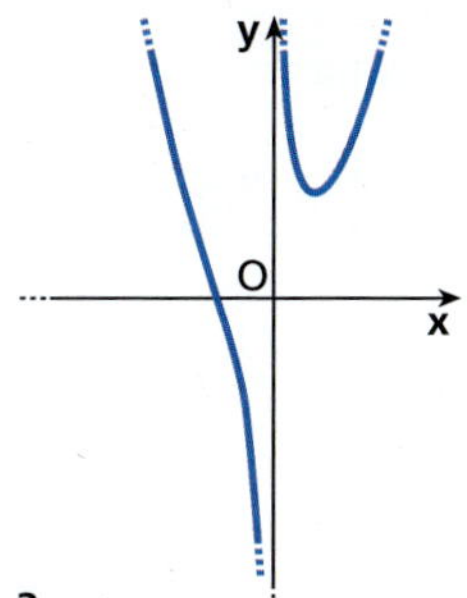

3

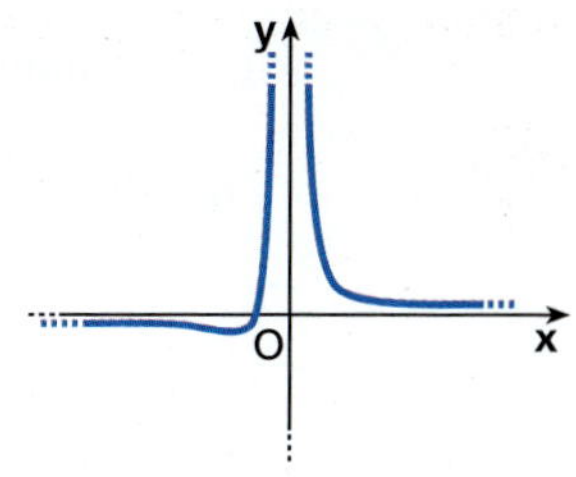

4

798 ESERCIZIO GUIDA Studiamo e rappresentiamo il grafico probabile della funzione $f(x) = \dfrac{x^2-1}{x}$.

1. Dominio D: $\mathbb{R} - \{0\}$.
2. Eventuali simmetrie:

$$f(-x) = \frac{(-x)^2-1}{-x} = -\frac{x^2-1}{x} = -f(x).$$

Il grafico è simmetrico rispetto all'origine degli assi.

3. Intersezioni con gli assi.
Asse y: nessuna intersezione, essendo $x = 0$ escluso dal dominio.
Asse x:

$$\begin{cases} y = \dfrac{x^2-1}{x} \\ y = 0 \end{cases} \rightarrow \begin{cases} \dfrac{x^2-1}{x} = 0 \\ y = 0 \end{cases} \rightarrow \begin{cases} x^2-1=0 \\ y=0 \end{cases} \rightarrow \begin{cases} x_{1,2} = \pm 1 \\ y = 0 \end{cases} \rightarrow A(-1;0), B(1;0).$$

4. Segno della funzione: $\dfrac{x^2-1}{x} > 0$.

$N > 0$ per $x < -1 \vee x > 1$,

$D > 0$ per $x > 0$.

Compiliamo il quadro dei segni.

		−1		0		1	
N	+	0	−		−	0	+
D	−		−	0	+		+
N/D	−	0	+	∄	−	0	+

Riportiamo questi risultati nel piano cartesiano, tratteggiando le zone del piano in cui non ci sono punti della funzione.

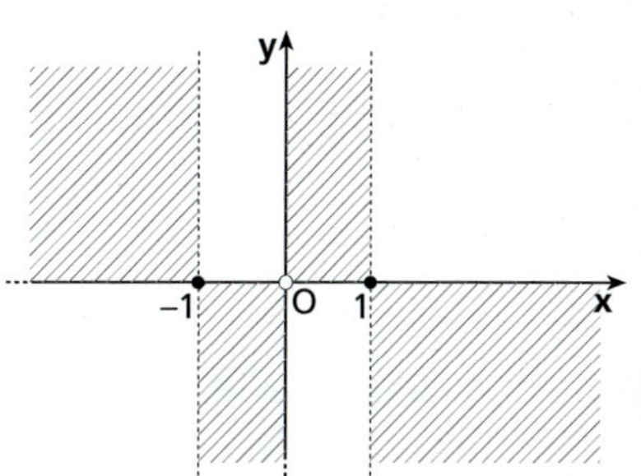

ESERCIZI

5. Limiti agli estremi del dominio:

- $\lim_{x \to \pm\infty} \frac{x^2 - 1}{x} = \pm\infty$; poiché il grado del numeratore supera di 1 quello del denominatore, esiste un asintoto obliquo di equazione $y = mx + q$.

$$m = \lim_{x \to \pm\infty} \frac{x^2-1}{x} \cdot \frac{1}{x} = \lim_{x \to \pm\infty} \frac{x^2-1}{x^2} = 1,$$

$$q = \lim_{x \to \pm\infty} \left(\frac{x^2-1}{x}\right) - x = \lim_{x \to \pm\infty} \frac{x^2-1-x^2}{x} = \lim_{x \to \pm\infty} \left(-\frac{1}{x}\right) = 0.$$

L'asintoto obliquo ha equazione $y = x$.

- $\lim_{x \to 0^\pm} \frac{x^2 - 1}{x} = \mp\infty \to x = 0$ è un asintoto verticale.

Tracciamo il grafico probabile della funzione.

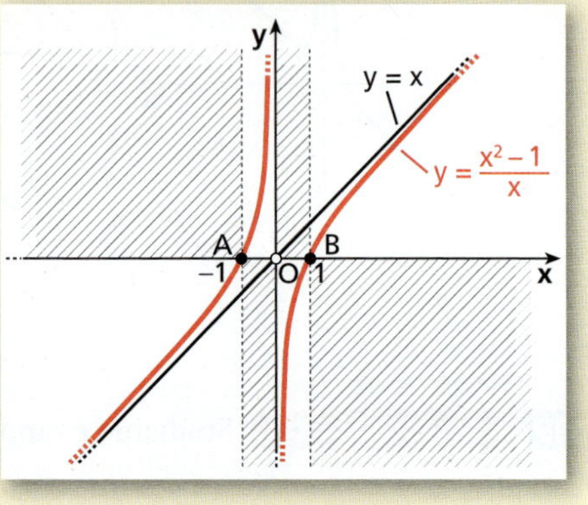

Traccia il grafico probabile delle seguenti funzioni.

799 $y = -x^3 + 4x$

800 $y = x^3 - x^2 - 2x$

801 $y = x^4 - x^2$

802 $y = \frac{2x}{x^2 - 9}$

803 $y = \frac{x^2 - 1}{x^2 - 2x}$

804 $y = \frac{x}{x^2 - 5x + 6}$

805 $y = \frac{x^2 - 1}{x^2 - 7x + 6}$

806 $y = \frac{x^3}{x^2 - 1}$

807 $y = \frac{2}{x^2 - 6x}$

808 $y = \frac{2x^4}{x^3 - 8}$

809 $y = \frac{|x|}{x^2 - 4}$

810 $y = \frac{x + 1}{x^3 - 4x^2}$

811 $y = \frac{2x}{(x - 1)^2}$

812 $y = \sqrt{x^2 - 16}$

813 $y = \sqrt{\frac{x - 1}{x + 1}}$

814 $y = x + \frac{4}{x} + 4$

815 $y = \frac{x^3 - 2x^2 - 8x}{x^2 + 1}$

816 $y = \frac{\sqrt{x^2 - 1}}{x - 3}$

817 $y = \frac{\sqrt{x^2 - 2x}}{x}$

818 $y = \frac{x^2}{\sqrt{x^4 + 4}}$

819 $y = \frac{x^3 + 1}{x^2 + 6x}$

820 $y = \frac{x^3 - x}{x^3 + 1}$

---

821 **a.** Determina i valori dei parametri reali p e q in modo che la funzione

$$y = \frac{x^3 + p}{(x + q)^2},$$

con $p, q \in \mathbb{R}$, passi per il punto $(1; 0)$ e abbia come asintoto la retta $x = -2$.

b. Ricerca gli ulteriori asintoti e disegna il grafico probabile. [a) $p = -1, q = 2$; b) $y = x - 4$]

822 ●● È data la funzione

$$f(x) = ax + b + \frac{1 - x^2}{x - 2}.$$

a. Trova per quali valori di a e b si ha $\lim_{x \to +\infty} f(x) = -1$.

b. Rappresenta la funzione per i valori trovati.

$\left[\text{a) } a = 1, b = 1; \text{b) } f(x) = \frac{-x-1}{x-2}\right]$

823 ●● REALTÀ E MODELLI **Il rally** Durante una gara, una macchina percorre un tratto di strada in piano, con una traiettoria che può essere descritta dalla funzione modello $y = \frac{3 - x^2}{x + 1}$, con $x < -\sqrt{3}$.

a. Disegna il grafico approssimativo della funzione modello nel suo dominio naturale.

b. Studia la continuità della funzione nel suo dominio naturale.

c. Determina eventuali asintoti. [b) $x = -1$: II specie; c) $y = -x + 1$]

Funzioni trascendenti

824 ●○ ASSOCIA ogni funzione al relativo grafico.

a. $y = \frac{e^x}{x^2}$ **b.** $y = \frac{e^{x+1}}{x+1}$ **c.** $y = \frac{e^{x+1}}{x^2+1}$ **d.** $y = \frac{e^{1-x}}{x-1}$

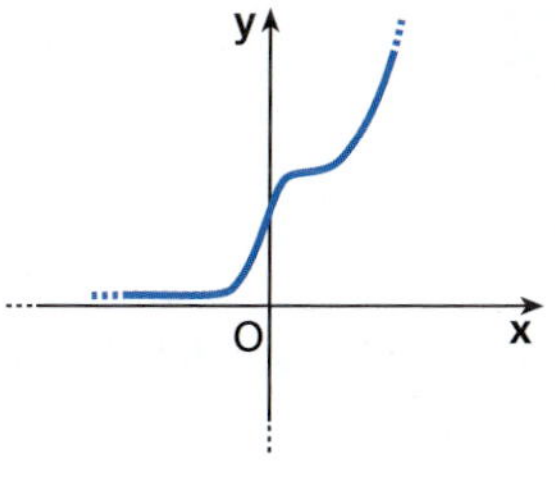

1

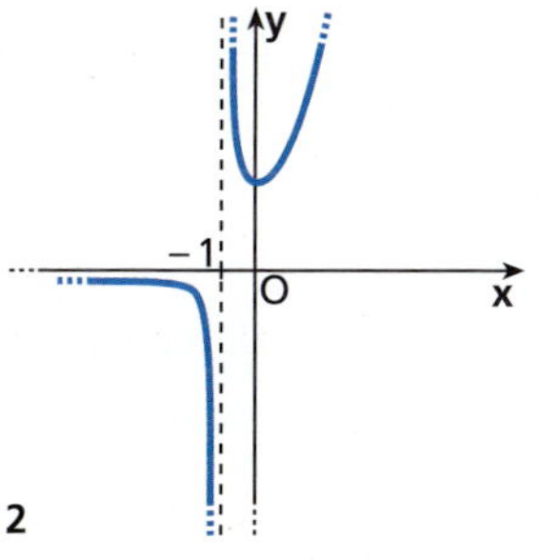

2

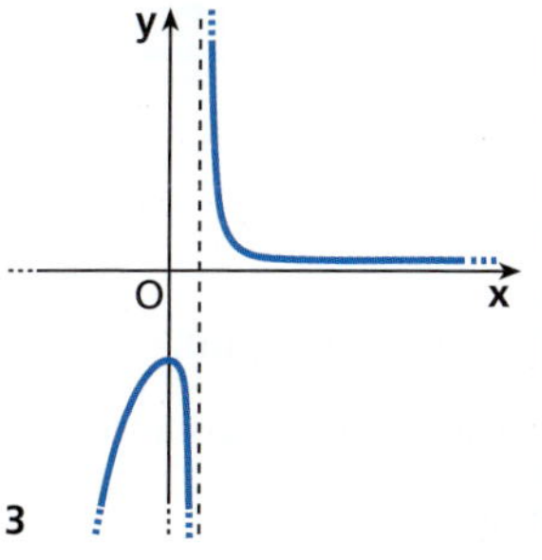

3

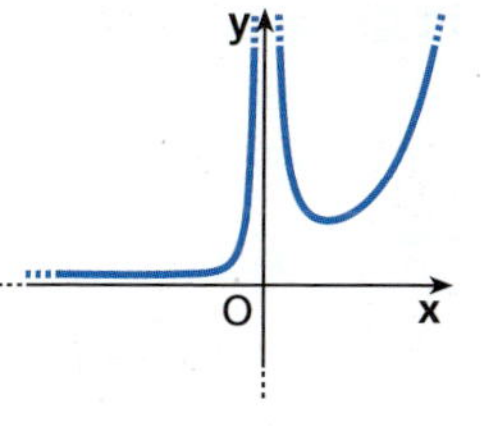

4

825 ESERCIZIO GUIDA Studiamo e rappresentiamo graficamente la funzione $y = \ln\frac{x}{x+6}$.

1. Dominio: $\frac{x}{x+6} > 0 \to x < -6 \vee x > 0$.
2. Simmetrie: la funzione non è né pari né dispari.
3. Intersezioni con gli assi.
   Asse y: nessuna intersezione, essendo $x = 0$ escluso dal dominio.
   Asse x:

$$\begin{cases} y = \ln\frac{x}{x+6} \\ y = 0 \end{cases} \to \begin{cases} \ln\frac{x}{x+6} = 0 \\ y = 0 \end{cases} \to \begin{cases} \frac{x}{x+6} = 1 \\ y = 0 \end{cases} \to \begin{cases} x = x + 6 \\ y = 0 \end{cases} \to \text{nessuna intersezione.}$$

4. Studio del segno.

$$\ln\frac{x}{x+6} > 0 \to \frac{x}{x+6} > 1 \to \frac{-6}{x+6} > 0$$

La funzione è positiva per $x < -6$.

5. Calcoliamo i limiti agli estremi del dominio.

- $\lim_{x\to\pm\infty} \ln\frac{x}{x+6} = \ln 1 = 0 \rightarrow y = 0$ asintoto orizzontale,
- $\lim_{x\to-6^-} \ln\frac{x}{x+6} = +\infty \rightarrow x = -6$ asintoto verticale sinistro,
- $\lim_{x\to 0^+} \ln\frac{x}{x+6} = -\infty \rightarrow x = 0$ asintoto verticale destro.

Tracciamo il grafico probabile della funzione.

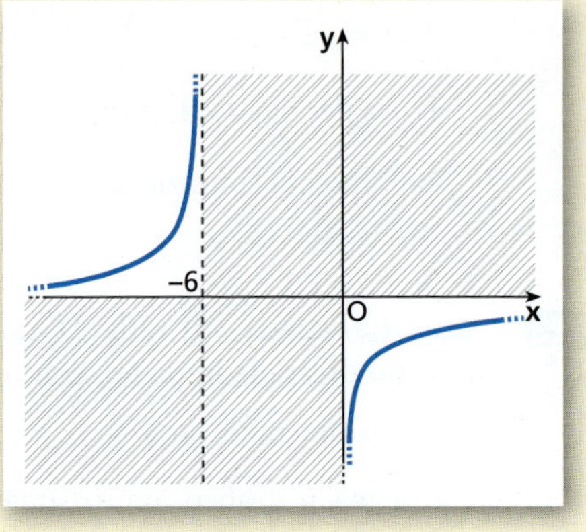

Traccia il grafico probabile delle seguenti funzioni.

826 ●○ $y = e^{\frac{1}{x-3}}$

827 ●○ $y = e^{1-x^2}$

828 ●● $y = e^{\frac{x+1}{x^2+1}}$

829 ●● $y = \log_2 \frac{x-1}{x-4}$

830 ●● $y = \ln\frac{x}{x+3}$

831 ●● $y = 2^{\frac{x-1}{x+2}}$

832 ●● $y = \frac{e^x - 1}{e^x + 4}$

833 ●○ $y = \frac{\ln x}{\ln x - 1}$

834 ●● $y = \frac{1}{\log x - 1}$

835 ●● $y = \frac{\cos x}{\sin x - 1}$

836 ●● $y = e^{\tan x}$

837 ●● $y = \frac{\tan x + 1}{\tan x}$

---

838 ●● Data la funzione $y = \frac{\ln(1-x)}{x}$:

a. determina il dominio e il segno;

b. ricerca e classifica i punti di discontinuità;

c. trova eventuali asintoti;

d. cerca eventuali intersezioni del grafico con la curva di equazione $y = \frac{1}{x}$;

e. traccia il grafico probabile.

[a) D: $x < 1 \wedge x \neq 0$; $y < 0\ \forall x \in D$; b) $x = 0$: III specie; c) $y = 0$ asint. orizz.; $x = 1$ asint. vert.; d) $x = 1 - e$]

Problemi REALTÀ E MODELLI

RISOLVIAMO UN PROBLEMA

Batteri in crescita

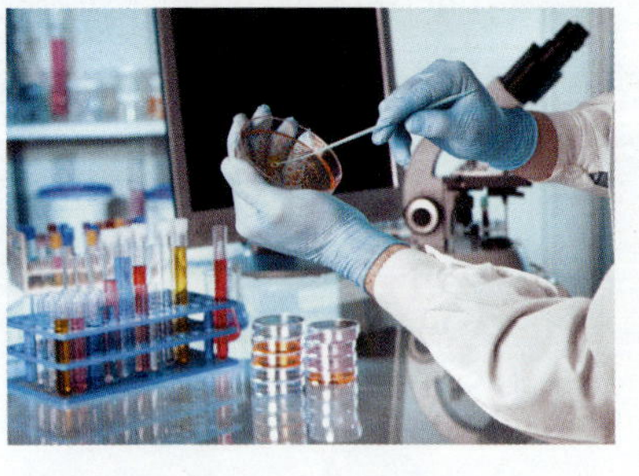

Una particolare popolazione di batteri conta inizialmente 50 individui. Secondo la legge di Malthus il numero di batteri della colonia al tempo t, $N_1(t)$, è dato dalla legge

$$N_1(t) = 50e^{\frac{t}{30}},$$

dove il tempo t è misurato in minuti.

Questa legge non tiene in considerazione i fattori ambientali: secondo tale modello la popolazione cresce senza limite. Il modello di Verhulst elimina questo difetto: il numero $N_2(t)$ di individui al tempo t è dato da

$$N_2(t) = \frac{500}{1 + 9e^{-\frac{t}{30}}}.$$

- Determina il dominio e il segno di $N_2(t)$.
- Calcola $\lim_{t\to+\infty} N_2(t)$. Che significato ha la costante 500 presente nella legge?
- Disegna il grafico di $N_2(t)$ e confrontalo con quello di $N_1(t)$. Dopo quanto tempo la popolazione raggiunge i 400 individui secondo ciascuno dei due modelli?

► Calcoliamo dominio e segno di $N_2(t)$.

Il denominatore è la somma di due termini positivi, pertanto non si annulla mai. Il dominio è quindi D: $[0; +\infty[$, tenuto conto del fatto che il tempo t non può essere negativo. Il numeratore è positivo, pertanto $N_2(t) > 0$ in tutto il suo dominio.

► Determiniamo il comportamento di $N_2(t)$ per $t \to +\infty$.

$$\lim_{t\to+\infty} N_2(t) = \lim_{t\to+\infty} \frac{500}{1+9\boxed{e^{-\frac{t}{30}}}} = 500.$$

tende a 0

La costante 500 è il limite a cui tende il numero di individui per $t \to +\infty$.
Possiamo dire che rappresenta il limite di popolazione che può essere sostenuto dall'ambiente.

► Disegniamo i grafici di $N_1(t)$ e $N_2(t)$.

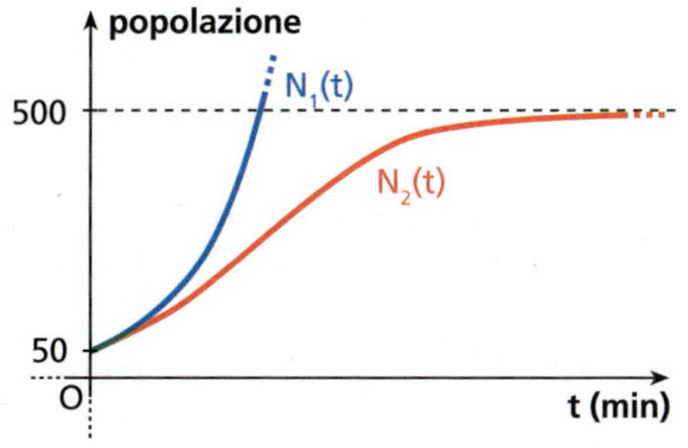

► Calcoliamo dopo quanto tempo la popolazione raggiunge i 400 individui.

Intersecando le due funzioni con la retta $y = 400$ troviamo:

- $N_1(t) = 400 \to 50e^{\frac{t}{30}} = 400 \to \frac{t}{30} = \ln 8 \to$

  $t = 30 \cdot \ln 8 \simeq 62$;

- $N_2(t) = 400 \to \frac{500}{1+9e^{-\frac{t}{30}}} = 400 \to$

  $e^{-\frac{t}{30}} = \frac{1}{36} \to -\frac{t}{30} = \ln\frac{1}{36} \to$

  $t = -30\ln\frac{1}{36} \simeq 108.$

Secondo Malthus, la popolazione raggiunge le 400 unità dopo circa 62 minuti; secondo Verhulst dopo circa 108 minuti.

839 ●● **Da asporto** La temperatura T di una pizza tolta dal forno e posta nel cartone, che si trova alla temperatura di 21 °C, diminuisce nel tempo secondo la legge:

$$T(t) = 21 + (T_0 - 21)e^{-\frac{t}{20}},$$

dove T_0 è la temperatura iniziale della pizza e t è il tempo misurato in minuti.

a. Se $T_0 = 110$ °C, qual è la temperatura della pizza dopo 30 minuti?

b. Calcola $\lim_{t\to+\infty} T(t)$ e interpreta il risultato fisicamente.

c. Disegna il grafico probabile della funzione $T(t)$ considerata.

d. Dopo quanti minuti la temperatura della pizza è dimezzata?

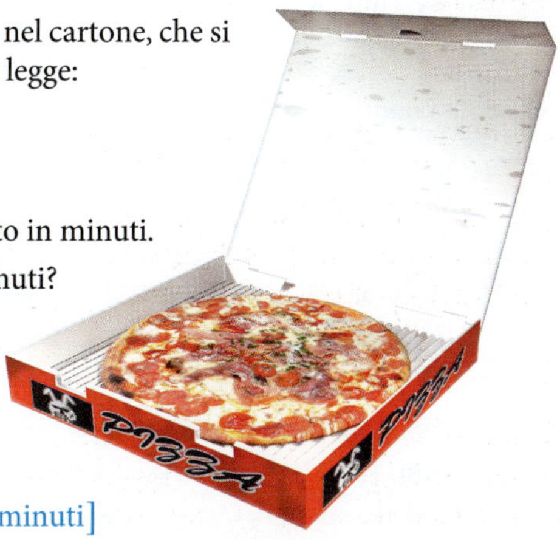

[a) $T \simeq 41$ °C; b) 21 °C; d) $\simeq 19$ minuti]

VERIFICA DELLE COMPETENZE ALLENAMENTO

ARGOMENTARE

1 Se $\lim_{x\to-\infty}(x-2)^m=+\infty$, che cosa puoi dire del numero naturale m?

2 Se $P(x)$ è un polinomio di grado 2, $Q(x)$ è un altro polinomio e $\lim_{x\to\infty}\frac{P(x)}{Q(x)}=0$, cosa puoi dire sul grado di $Q(x)$?

3 Se $P(x)$ e $Q(x)$ sono due polinomi e $\lim_{x\to+\infty}\frac{P(x)}{Q(x)}=-\infty$, è sempre vero che il coefficiente del termine di $Q(x)$ di grado più alto è negativo? Giustifica la tua risposta.

4 Sia f una funzione definita nel dominio D e che ha come asintoto orizzontale la retta $y=5$. È vero che $f(x)\neq 5\ \ \forall x\in D$? Giustifica la tua risposta, fornendo almeno un esempio a sostegno della tua tesi.

5 Sia f una funzione tale che $\lim_{x\to0}f(x)=2$. È vero che $\lim_{x\to0}f(x-2)=0$? Spiega perché fornendo almeno un esempio.

6 Sia f una funzione continua per cui $\lim_{x\to+\infty}f\left(\frac{1}{2}x\right)=0$. È vero che $\lim_{x\to+\infty}f(x)=0$?

UTILIZZARE TECNICHE E PROCEDURE DI CALCOLO

TEST

7 Quale dei seguenti limiti è *errato*?

A $\lim_{x\to1^+}\log_{\frac{1}{2}}(x-1)=-\infty$

B $\lim_{x\to+\infty}\log_2(x+3)=+\infty$

C $\lim_{x\to\frac{\pi}{2}^+}\tan^2x=+\infty$

D $\lim_{x\to-\infty}e^{3x}=0$

E $\lim_{x\to+\infty}2^{x+1}=+\infty$

8 Quale di queste funzioni soddisfa le condizioni $\lim_{x\to-2^+}f(x)=-\infty$ e $\lim_{x\to-\infty}f(x)=2$?

A $f(x)=\frac{2x}{x^2-4}$

B $f(x)=\frac{2x-1}{x+2}$

C $f(x)=\frac{2x^2+1}{x+2}$

D $f(x)=\frac{2x^2-10}{x^2-4}$

E $f(x)=\frac{-2x}{-x+2}$

Calcola i seguenti limiti di funzioni.

9 $\lim_{x\to3}\frac{4}{2+x}$ $\left[\frac{4}{5}\right]$

10 $\lim_{x\to-1}\frac{x^2-2}{x+1}$ $[\infty]$

11 $\lim_{x\to+\infty}\left(\frac{2}{x^2}-x+\frac{1}{x}\right)$ $[-\infty]$

12 $\lim_{x\to+\infty}[(1-x)(x^2+2)]$ $[-\infty]$

13 $\lim_{x\to-\infty}(-2x^4-x^3+10x^2)$ $[-\infty]$

14 $\lim_{x\to-3}\frac{x^2+x-6}{x^2+7x+12}$ $[-5]$

15 $\lim_{x\to+\infty}\frac{3x-4x^3+x^2}{2x^3+x^2+1}$ $[-2]$

16 $\lim_{x\to-\infty}\frac{5-2x+3x^2}{1+x^2-x^3-x^4}$ $[0]$

17 $\lim_{x\to-\infty}\frac{6x^2+x+3}{2x^2-2x+1}$ $[3]$

18 $\lim_{x\to+\infty}\frac{1}{\sqrt{2x+1}-\sqrt{x+2}}$ $[0]$

19 $\lim_{x\to-\infty}\frac{x+2}{\sqrt{4x^2+1}}$ $\left[-\frac{1}{2}\right]$

20 $\lim_{x\to2}\frac{x^3-x^2-2x}{x^3-6x^2+12x-8}$ $[+\infty]$

Disegna il grafico probabile delle seguenti funzioni.

57 $y = x^3 - 2x^2 + x$

58 $y = \frac{5}{3x^2 - x}$

59 $y = \ln\frac{x+5}{2x}$

60 $y = \frac{x^3 - 4x}{x^2 + 3x}$

61 $y = \frac{\sqrt{x-1}}{x-2}$

62 $y = x + 1 + \frac{1}{x-2}$

63 $y = \frac{x^2+9}{x^2-1}$

64 $y = \frac{e^x}{e^x - 1}$

65 $y = \frac{x^2-1}{x^3-4x}$

66 $y = \sqrt{\frac{x+2}{x-1}}$

67 $y = \frac{\log_3 x}{1 - \log_3 x}$

68 $y = \frac{\sin x}{1 - \cos x}$

COSTRUIRE E UTILIZZARE MODELLI

69 

Tariffe acqua Quest'anno l'ente erogatore dell'acqua potabile applica le seguenti tariffe sul consumo di acqua, per i nuclei formati da due persone.
Per esempio, a fronte di un consumo di 50 m^3, verranno addebitati € 0,20 al m^3 per i primi 40 m^3 e € 0,50 per i 50 − 40 = 10 m^3 restanti.
Scrivi l'espressione analitica della funzione modello $f(x)$ che fornisce il costo fatturato in base al consumo x di acqua nell'ipotesi che x possa assumere qualunque valore reale non negativo. Si tratta di una funzione continua?

Consumo x (m^3/anno)	Prezzo (€/m^3)
$0 \leq x \leq 40$	0,20
$40 < x \leq 80$	0,50
$80 < x \leq 120$	0,80
$120 < x \leq 160$	2,00
$x > 160$	3,00

70 **Gira gira** Ogni corpo di massa m che si trova a distanza r dal centro della Terra è attratto con una forza di intensità $F(r) = \frac{GMm}{r^2}$, dove $G = 6{,}67 \cdot 10^{-11}\ \mathrm{N \cdot m^2/kg^2}$ è la costante di gravitazione universale.
Considera un satellite di massa $m = 500$ kg.

a. Determina il dominio di $F(r)$, tenendo conto del suo significato fisico. Rappresenta la funzione e stabilisci se è continua.

b. Quanto vale $F(R)$? Che cosa rappresenta?

c. Cosa succede se il satellite si allontana sempre più dalla Terra?

$M = 5{,}97 \cdot 10^{24}$ kg
$R = 6{,}37 \cdot 10^{6}$ m

[a) $r \geq R$, continua; b) $4{,}9 \cdot 10^3$ N; c) $F(r) \to 0$]

71 **Light blue** In un colorificio, per ottenere una vernice azzurra, un dispositivo immette ogni minuto 4 litri di vernice blu in una vasca che all'inizio contiene 1200 litri di vernice bianca. In ogni litro di vernice blu immessa ci sono 12 grammi di polvere blu. Spiega perché nella vasca, dopo x minuti, la concentrazione C, in grammi per litro, della polvere blu è:

$$C = \frac{48x}{1200 + 4x}.$$

a. Qual è la concentrazione di polvere blu dopo un'ora?

b. Utilizza il limite per $x \to +\infty$ per calcolare a quale valore tende la concentrazione di polvere blu al passare del tempo.

[a) 2 g/L; b) 12 g/L]

72 ●● **La rendita finanziaria** Un risparmiatore, alla fine di ogni anno, versa una rata R di € 6000 a una banca che la capitalizza a un tasso d'interesse annuo i del 3,5%. Il montante M_n maturato alla fine dell'anno n, cioè l'ammontare che il risparmiatore potrebbe prelevare alla fine dell'anno n, costituito dalle rate versate e dagli interessi, è dato da:

$$M_n = R\frac{(1+i)^n - 1}{i}$$

(l'anno 1 è l'anno in cui si effettua il primo versamento).

a. Alla fine del quinto anno quanto hanno fruttato in tutto le rate versate dal risparmiatore?

b. A quanto tende il montante se il numero di anni dei versamenti aumenta sempre di più?

$\left[\text{a) € } 32174{,}80;\ \text{b) } \lim_{n\to+\infty} M_n = +\infty\right]$

RISOLVIAMO UN PROBLEMA

A tutto gas

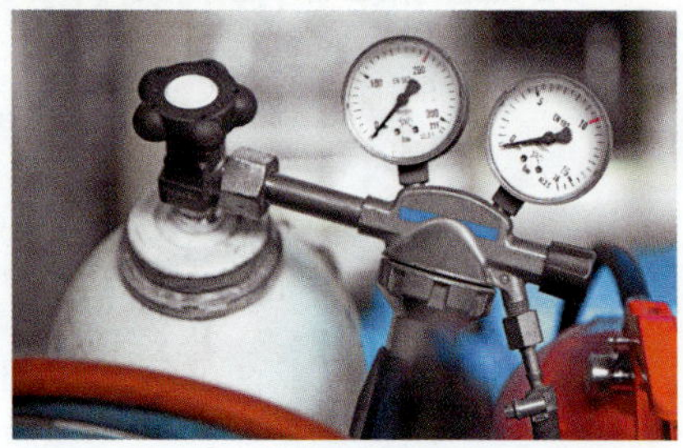

Un'azienda che produce acqua minerale frizzante conserva l'anidride carbonica in un recipiente in cui la pressione P e il volume V del gas, espressi in unità arbitrarie, sono legati dalla legge:

$$\left(P + \frac{2}{V^2}\right)(V-1) = 1.$$

- Esprimi P in funzione di V.
- Studia la funzione $P(V)$ indipendentemente dalla situazione fisica. Classifica le discontinuità e determina gli eventuali asintoti.
- Traccia un grafico probabile della funzione $P(V)$.
- Quale parte del grafico rappresenta la situazione reale?

► Determiniamo la funzione *P*(*V*).

$$P(V) = \frac{1}{V-1} - \frac{2}{V^2}$$

La funzione si può scrivere:

$$P(V) = \frac{V^2 - 2V + 2}{V^3 - V^2}.$$

Il dominio naturale di $P(V)$, indipendentemente dalla situazione fisica, è D: $]-\infty; 0[\, \cup\,]0; 1[\, \cup\,]1; +\infty[$.

$P(V)$ è positiva per $V > 1$.

► Studiamo la discontinuità e determiniamo gli asintoti.

$\lim_{V\to 0^\pm} P(V) = -\infty \to V = 0$ asintoto verticale.

$\lim_{V\to 1^\pm} P(V) = \pm\infty \to V = 1$ asintoto verticale.

$V = 0$ e $V = 1$ sono punti di discontinuità di seconda specie.

$\lim_{V\to\pm\infty} P(V) = 0 \to P = 0$ asintoto orizzontale.

► Tracciamo il grafico di *P*(*V*).

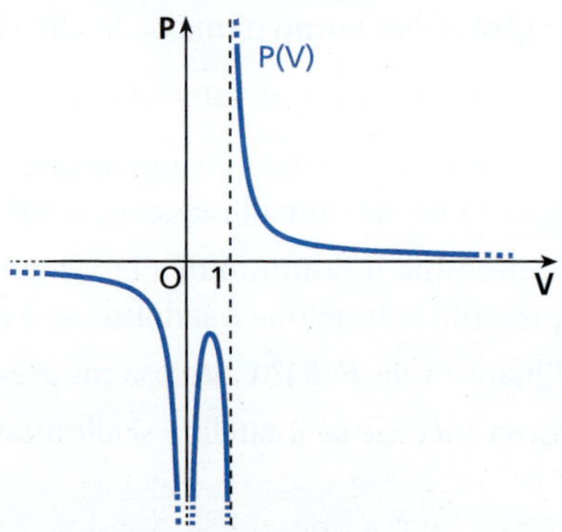

► Studiamo la situazione reale.

Osserviamo che sia il volume V sia la pressione $P(V)$ non possono essere negativi e che $P(V)$ è positiva per $V > 1$. Quindi la parte di grafico che rappresenta la situazione reale corrisponde al dominio fisico $]1; +\infty[$. Quando il volume tende al valore minimo, la pressione tende all'infinito. Mano a mano che il volume aumenta, la pressione diminuisce e tende a 0 quando il volume tende a $+\infty$.

TUTOR matematica — Allenati con **15 esercizi interattivi** con feedback "hai sbagliato, perché…"

su.zanichelli.it/tutor3 risorsa riservata a chi ha acquistato l'edizione con tutor

VERIFICA DELLE COMPETENZE PROVE

1 ora

PROVA A

1 Calcola i seguenti limiti:

a. $\lim_{x \to -\infty} (4x - x^3 + 5)$; **b.** $\lim_{x \to 1} \frac{x^2 + 4x - 5}{x^2 - 1}$; **c.** $\lim_{x \to 0} \frac{x^2 + \sin x}{x}$; **d.** $\lim_{x \to +\infty} \left(1 - \frac{4}{x}\right)^{2x}$.

2 Calcola i limiti per $n \to +\infty$ delle seguenti successioni.

a. $a_n = \frac{9n^2}{4n^2 + 1} - 2$ **b.** $b_n = \frac{1 - n^2}{n + 1}$ **c.** $c_n = n \cdot \sin\left(\frac{1}{n}\right)$

3 Determina per quale valore di a la funzione $y = \begin{cases} ax & \text{se } x < 3 \\ 2^x + 1 & \text{se } x \geq 3 \end{cases}$ è continua in tutto $\mathbb{R}$.

4 Individua e classifica i punti di discontinuità della funzione $y = \frac{x}{x^2 - 3x}$.

Disegna il grafico probabile delle seguenti funzioni, indicando in particolare eventuali discontinuità e asintoti.

5 $f(x) = \frac{x^3 - 9x}{x^2 - 1}$

6 $f(x) = 3^{\frac{1}{1-x}}$

7 Il grafico a fianco è relativo a una funzione $f(x)$ che ha equazione

$$y = \frac{ax^3 + bx}{x^2 + c}.$$

Determina a, b, c.

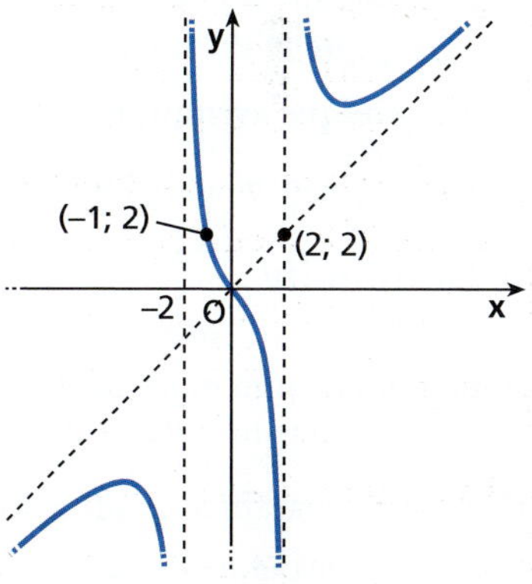

PROVA B

Flash in carica Se scatti una foto con il flash, la batteria ricomincia subito a ricaricare il condensatore del flash. La funzione che esprime la carica elettrica Q che si accumula in funzione del tempo t, in secondi, è:

$$Q(t) = a\left(1 - e^{-\frac{t}{b}}\right),$$

dove a e b sono costanti.

a. Utilizza il calcolo di un limite per stabilire qual è la carica massima che è messa a disposizione del flash.

b. Determina il tempo necessario per ottenere il 90% della carica massima se $b = 4$.

c. Disegna un grafico probabile della funzione per $a = 2$ e $b = 1$.

d. Durante la ricarica l'intensità di corrente $I(t)$ non è costante. Si dimostra che l'intensità di corrente all'inizio della ricarica, cioè all'istante $t = 0$, è data da $I(0) = \lim_{t \to 0^+} \frac{Q(t) - Q(0)}{t}$.

Calcola l'intensità di corrente iniziale $I(0)$.

MATHS HIGHLIGHTS
LIMITS OF FUNCTIONS

LEARN THE BASICS

Limit of a function
Let $f(x)$ be a function defined in a neighbourhood of x_0 (except possibly for x_0 itself). The limit of $f(x)$ as x approaches x_0 is l if, for any $\varepsilon > 0$, there can be found a neighbourhood I of x_0 such that $|f(x) - l| < \varepsilon$ for every x in I.

Asymptotes
An asymptote of a curve is a line such that the distance between the curve and the line approaches zero as they tend to infinity.

- The line $x = a$ is a **vertical asymptote** of the graph of the function $y = f(x)$ if $\lim_{x\to a} f(x) = \infty$.
- The horizontal line $y = c$ is a **horizontal asymptote** of the function $y = f(x)$ if $\lim_{x\to\infty} f(x) = c$.
- The **oblique asymptote** is $y = mx + q$ if $\lim_{x\to\infty} \frac{f(x)}{x} = m$ and $\lim_{x\to\infty} [f(x) - mx] = q$.

Continuity
The function f is **continuous at a limit point x_0** of its domain if the limit of $f(x)$ as x approaches x_0 exists and is equal to $f(x_0)$: $\lim_{x\to x_0} f(x) = f(x_0)$.

This means that three conditions have to be satisfied:

- f has to be defined at x_0;
- the limit has to exist;
- the value of the limit must equal $f(x_0)$.

We say that a function is continuous on an interval $[a, b]$ if it is defined on that interval and is continuous at every point of that interval. At the endpoints, we only use the appropriate one-sided limit.

Discontinuity
If a function is not continuous at a point in its domain, we say that it has a **discontinuity** there. Discontinuities are classified as follows.

- **Removable discontinuity**: the limit is a real number, but it is different from the value of the function. This may be because $f(x_0)$ is undefined, or it has a different value than the limit. The discontinuity can be removed by changing the definition of $f(x)$ at x_0 so that its new value there equals $\lim_{x\to x_0} f(x)$.
- **Jump** (or **step**) **discontinuity**: the limits from the left and the right both exist and they are finite but they are not equal to each other.
- **Infinite discontinuity**: at least one of the one-sided limits is $\pm\infty$.
- **Essential discontinuity**: at least one of the one-sided limits does not exist (not even as $\pm\infty$). For instance, $\sin\left(\frac{1}{x}\right)$ is a standard simple example of a function with an essential discontinuity at 0.

NUGGETS OF THEORY

Interval: a set of real numbers having one of these forms: $x < a$, $x > a$, $x \le a$, $x \ge a$, $a \le x \le b$, $a < x < b$, $a \le x < b$, or $a < x \le b$.
The collection of all real numbers may be expressed as the interval $]-\infty, +\infty[$.

Neighbourhood of a real number x_0: an open subset of $\mathbb{R}$ containing x_0. In symbols:
$I_\delta(x_0) = \{x \in \mathbb{R}; x_0 - \delta_1 < x < x_0 + \delta_2, \delta_1, \delta_2 \in \mathbb{R}^+\}$.

Open ball of centre x_0: the open subset of $\mathbb{R}$ that includes all points between $x_0 - \delta$ and $x_0 + \delta$. In symbols:
$I_\delta(x_0) = \{x \in \mathbb{R}; x_0 - \delta < x < x_0 + \delta, \delta \in \mathbb{R}^+\}$.

Limit point: x is a limit point of S if its every neighbourhood contains at least one point of S different from x itself.

Isolated point: x is an isolated point of S if x is an element of S but there exists a neighbourhood of x which does not contain any other point of S.

SPEAK LIKE A MATHEMATICIAN

Uniqueness theorem: if a function f has a limit at a point, then the limit of f at that point is unique.

Limits laws
Suppose that the limits $\lim_{x\to x_0} f(x)$ and $\lim_{x\to x_0} g(x)$ both exist, and let c be a constant. Then:

- $\lim_{x\to x_0} [f(x) + g(x)] = \lim_{x\to x_0} f(x) + \lim_{x\to x_0} g(x)$;
- $\lim_{x\to x_0} [f(x) - g(x)] = \lim_{x\to x_0} f(x) - \lim_{x\to x_0} g(x)$;
- $\lim_{x\to x_0} [cf(x)] = c \lim_{x\to x_0} f(x)$;
- $\lim_{x\to x_0} [f(x)\, g(x)] = \lim_{x\to x_0} f(x) \lim_{x\to x_0} g(x)$;
- $\lim_{x\to x_0} \frac{f(x)}{g(x)} = \frac{\lim_{x\to x_0} f(x)}{\lim_{x\to x_0} g(x)}$ if $\lim_{x\to x_0} g(x) \neq 0$;
- $\lim_{x\to x_0} [f(x)]^x = [\lim_{x\to x_0} f(x)]^x$.

READ IT ALOUD

1 Read the text aloud. Then, listen and see if you did well.

UP TO YOU

1 **MATCH** each example with the corresponding term.

1. 

2. 

3. 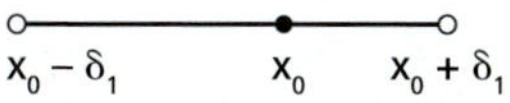

4. 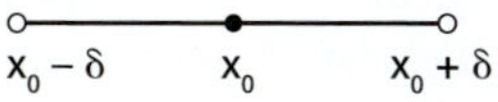

a. neighbourhood of x_0

b. open interval

c. closed interval

d. open ball of centre x_0

2 **COMPLETE** the table about the different kinds of discontinuity: removable discontinuities, jump discontinuities, infinite discontinuities, and essential discontinuities. Provide appropriate examples, where needed.

KIND OF DISCONTINUITY	EXAMPLE	CHARACTERISTICS
	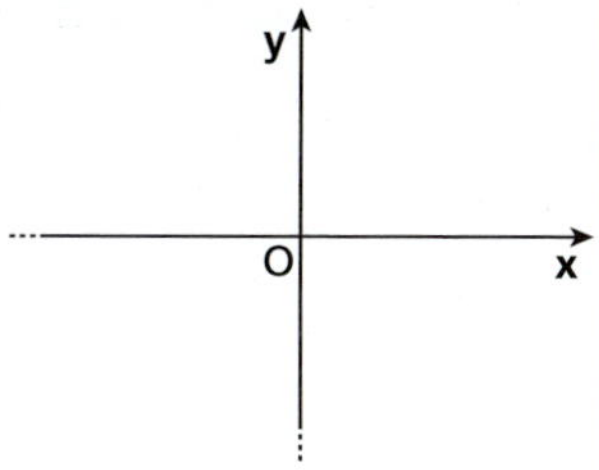	The graph stops at a given value of the domain and then begins again at a different ordinate for the same value of the domain.
Essential	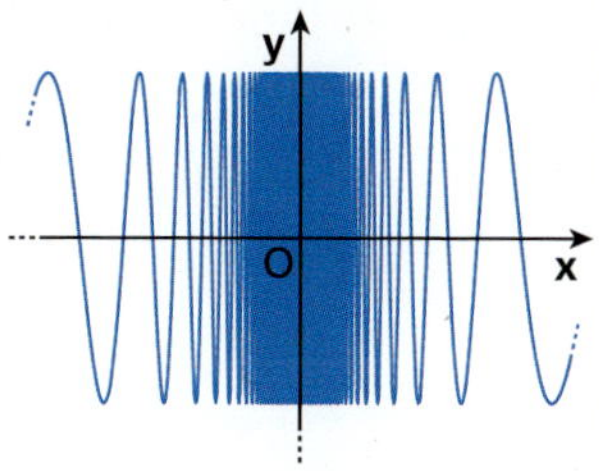	
Infinite	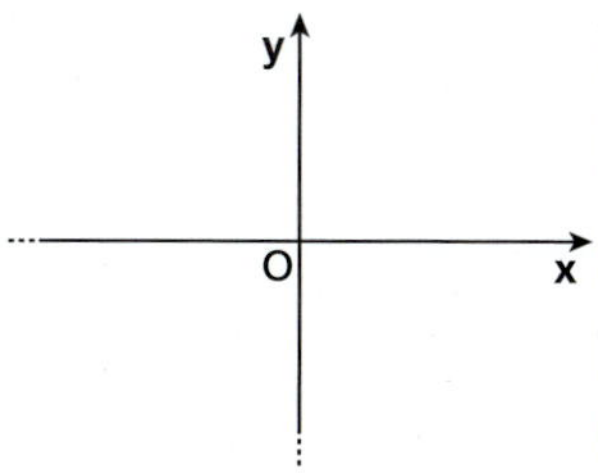	
	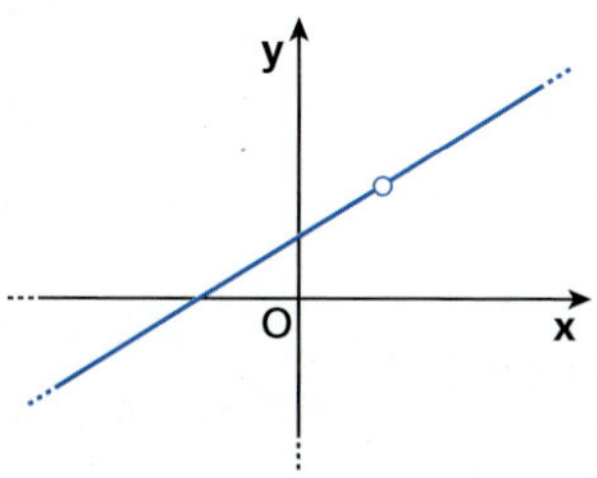	There is a value in the domain for which the function is undefined, but the pieces of the graph match up. There is a hole in the graph.

3 Here is the graph of the function $f(x) = \frac{1}{x^2}$. How does the function behave as x approaches $-\infty$?

- **A** It approaches negative infinity too.
- **B** It approaches zero.
- **C** It approaches positive infinity.
- **D** None of the above.

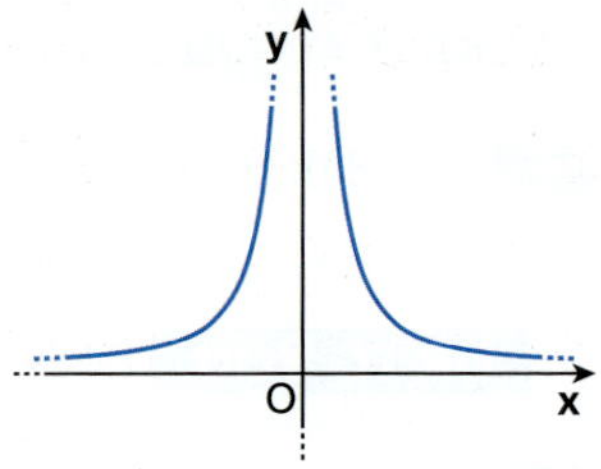

4 **TRUE OR FALSE?**

a. To evaluate a limit, you have to consider what the function is doing at the given point. T F

b. Limits may exist at a point even if the function itself does not exist at that point. T F

c. The limit of a function at a point, when it exists, will have the same value as the function at that point. T F

d. You can always evaluate the limit of a function at a given point. T F

5 Which of these statements concerning asymptotes is wrong?

- **A** Vertical asymptotes are vertical lines near which the function grows without bound.
- **B** The graph of a function can intersect the vertical asymptote once.
- **C** The graph of a function can intersect horizontal and oblique asymptotes.
- **D** If a function is continuous at each point in $\mathbb{R}$, it cannot have a vertical asymptote.

6 **TRUE OR FALSE?**

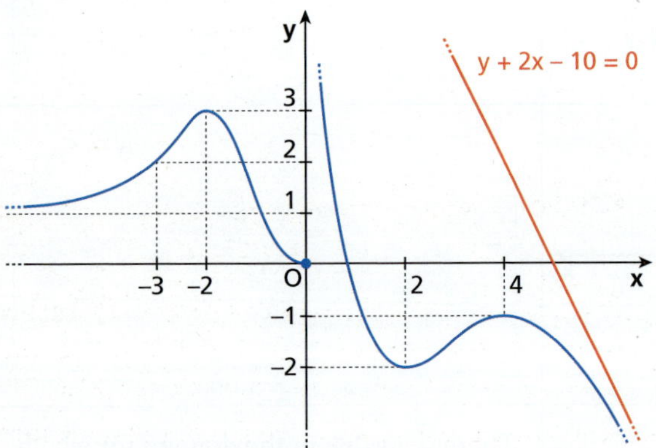

a. The limit of the function as x approaches 0 does not exist. T F

b. The function is continuous at 2. T F

c. 0 is a jump discontinuity. T F

d. The function has no linear oblique asymptotes. T F

e. The line $y = 1$ is a horizontal asymptote. T F

f. The limit of the function as x approaches $+\infty$ is 2. T F

7 **Limits game** Calculate each limit (**a-l**). Find the solution in the answer columns and note the word next to it. Write this word in the key box and discover an interesting quote by David Hilbert.

a. $\lim_{x\to+\infty} \frac{1 - x^5 - 2x^7}{3x^3 + x^2 - 2}$

b. $\lim_{x\to 1} \log_{\frac{1}{2}} x - 1$

c. $\lim_{x\to+\infty} e^x - e^{-x}$

d. $\lim_{x\to 4} \frac{\sqrt{x} - 2}{x - 4}$

e. $\lim_{x\to 2} \frac{x^2 - 4x + 4}{x^2 - 2x}$

f. $\lim_{x\to-\infty} \frac{3^x}{(x-1)^2} - 2$

g. $\lim_{x\to\pi} 2^{2\cos x - 1}$

h. $\lim_{x\to+\infty} \frac{x - 3x^2 + 2}{6x^2 - 1}$

i. $\lim_{x\to+\infty} \sin x$

j. $\lim_{x\to\infty} 3 - \frac{x-2}{x^2+1}$

k. $\lim_{x\to 1} \frac{2}{x-1}$

l. $\lim_{x\to+\infty} 2 - \frac{1}{x + \ln x}$

Answer columns

$-\frac{1}{2}$: the infinite	$+\infty$: and fertilized
$\nexists$: more than	3: any other notion,
-1: has stimulated	$\frac{1}{4}$: reason as
∞: is in need of	-2: have;
2: clarification.	$-\infty$: The infinite
0: few other ideas	$\frac{1}{8}$: but also

Key box

a.	The infinite	g.	
b.	has stimulated	h.	
c.		i.	
d.		j.	
e.		k.	
f.		l.	

LISTENING COMPREHENSION

A PIECE OF HISTORY **The Birth of the Concept of Limit**

1 **Here's an excerpt from a radio programme about maths and reality. Listen to the programme and complete the summary below.**

Isaac Newton and Gottfried Wilhelm von Leibniz, the ______ of calculus, never used limits in their treatises at least in the way we do, and clearly there is a difference between an idea and a ______ of a concept.
The ______ of the concept of limit dates to Eudoxus and his *method of exhaustion*, later used by Archimedes to ______ lengths and areas by summing an infinite series.
In particular Archimedes determined that the value of π lay between $\frac{22}{7}$ (approximately 3.1429) and $\frac{223}{71}$ (approximately 3.1408), consistent ______ its actual value of approximately 3.1416. With modern tools, we can build a function that describes the areas of the regular polygons with n sides circumscribed and inscribed in the circle and calculate the limit as n ______ infinity. This means that in this limit the circumscribed and inscribed polygons coincide with the circle, and its area is exactly π.
It was only in the 18th century that d'Alembert made the first ______ to define the concept of limit, while a formal definition in terms of a primitive notion called a *variable* ______ is attributed to Cauchy.
Weierstrass came up with the definitive modern definition, using epsilon and delta, in the 19th century.
The notion of limit was finally freed ______ the idea of motion, although expressions still in use such as "tends to" echo the original concept of motion, now replaced by the concept of "______".
Limits can be investigated in every field as long as you can write a function describing the phenomenon you want to study.

quantity, attempt, calculate, creators, from, nearness, formalization, with, germ, approaches

2 Search the web and create a timeline containing all the mathematicians mentioned by the speaker. Then write a few words about their contribution to the concept of limit.

400 BC — 300 BC — 200 BC … 1600 — 1700 — 1800 — 1900 — 2000

Newton, Eudoxus, Leibniz, Euclid, Cauchy, Archimedes, Weierstrass, d'Alembert

3 **SPEAKING** Read the following definitions of limit and attribute them to Weierstrass, d'Alembert or Cauchy. Then compare them with the definition of limit given in **Learn the basics** and identify, if possible, the equivalent of the expressions "for any neighbourhood U of L" and "there exists a neighbourhood V of x_0".

a. "When the values successively attributed to a variable approach indefinitely to a fixed value, in a manner so as to end by differing from it by as little as one wishes, this last is called the limit of all the others."

b. "$\lim_{x \to a} f(x) = L$ if and only if, for every $\varepsilon > 0$, there exists a $\delta > 0$ so that, if $0 < |x - a| < \delta$, then $|f(x) - L| < \varepsilon$."

c. "One says that one quantity is the limit of another quantity, when the second can approach nearer to the first than any given quantity, however small; nevertheless, without the quantity which is approaching ever being able to surpass the quantity which it approaches; so that the difference between a quantity and its limit is absolutely inassignable."

READING COMPREHENSION

A PIECE OF HISTORY The Origins of Infinite and Limit

1 **In the following text, seven sentences have been removed. Choose from the sentences (a-g) the one which fits each gap (1-6). There is one extra sentence which you do not need to use.**

Zeno of Elea (5th century BC) came up with paradoxes that have been debated ever since.

1. ☐

Zeno's arguments can be considered the first examples of a method of proof called *reductio ad absurdum*, or *proof by contradiction*, and they might have influenced the Socratic method.

2. ☐

In Book VI Aristotle attempts to solve Zeno's paradoxes. In particular, he writes:
"The second [paradox] is the so-called 'Achilles', and it amounts to this, that in a race the quickest runner can never overtake the slowest, since the pursuer must first reach the point whence the pursued started, so that the slower must always hold a lead. This argument is the same in principle as that which depends on bisection, though it differs from the latter in that the spaces with which we successively have to deal are not divided into halves [...] so that the solution must be the same."

3. ☐

Aristotle's argument concerns the possibility of dividing a length into infinite pieces. The same holds for time. So, if the runner proceeds at a constant pace, the time intervals are proportional to the corresponding intervals of length. If the latter accumulate to a finite distance, so do the former, adding up to a finite interval of time.

4. ☐

Achilles not only could never overcome the tortoise: he could not even reach it! Because, as Achilles approaches the tortoise, it has already moved.

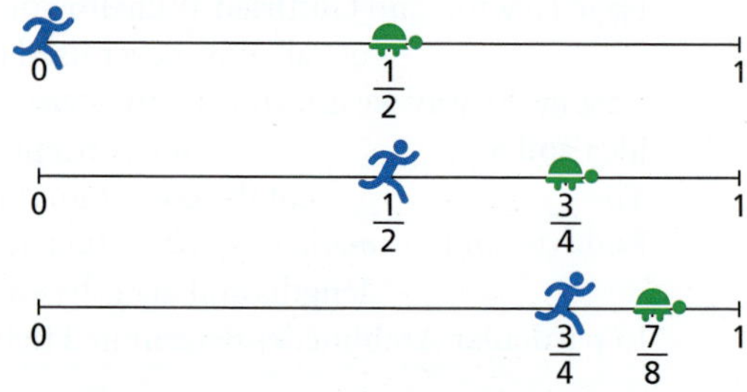

5. ☐

To understand this better we have to consider the sum of infinite elements, or rather, the limit of a sum of infinite elements, and realise that this is not necessarily infinite.

6. ☐

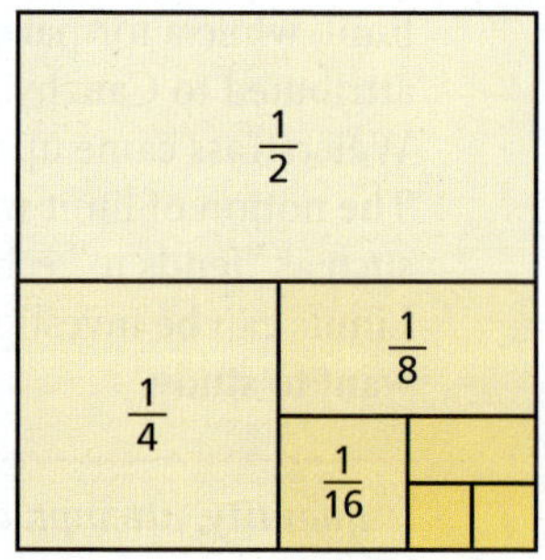

The sum of these items converges to 1, as shown in this picture. The area of the square is 1, and it is formed by squares and rectangles whose areas are exactly the numbers of the series.
More formally, we can write:

$$s_n = \frac{1}{2} + \frac{1}{4} + \frac{1}{8} + \ldots + \frac{1}{2^n} \text{ and } \lim_{n\to\infty} s_n = 1.$$

The fallacy in Zeno's reasoning is, therefore, to consider the sum of an infinite number of terms to be infinite, when this is not always true, precisely because the sum of a numerical series does not necessarily diverge.

Sentences

a. This is very similar to how contemporary mathematicians view the paradox. The sets of ever smaller time intervals and distances represent geometric series, both convergent to finite values.

b. "And the axiom that who holds a lead is never overtaken is false: it is true that it is not overtaken while it holds a lead: but it is overtaken nevertheless if it is granted that it traverses the finite distance prescribed."

c. His paradoxes are philosophical problems devised to support Parmenides' idea that, contrary to the evidence of one's senses, motion is nothing but an illusion.

d. Perhaps the most famous one, preserved in Aristotle's *Physics*, concerns the race between Achilles, the greatest warrior of Homer's *Iliad*, and a tortoise.

e. Take, for example, the fractions obtained by halving an integer over and over: $\frac{1}{2}, \frac{1}{4}, \frac{1}{8}, \dots$ The fractions form a geometric series, because there is a constant ratio between successive terms.
f. Even if we choose any finite time interval and the corresponding distance as the units of time and length, it is impossible to measure in finite terms any interval and any distance that Achilles may need to overtake the tortoise.
g. In other words, the distance between them would be insurmountable.

2 FIND THE MISTAKE in each sentence and correct it.

a. The most basic concept of modern mathematics, the notion of limit, was first defined by Zeno.
b. It was the Socratic method that led Zeno to reason by *reductio ad absurdum*.
c. The space separating Achilles from the turtle is divisible into a finite number of segments.
d. The limit of a sum of infinite elements is infinite.

3 SPEAKING in pairs.

Student A: explain why, in Zeno's paradox of Achilles and the tortoise, the latter must win the race.

Student B: answer how the paradox can be explained from a modern mathematical point of view.

4 **Geometric sequences** A geometric sequence is a sequence of terms such that, if we divide one of them by the preceding one, the ratio is a constant r, called the *common ratio of the series*. The sum of the first n terms of the series can be calculated with the formula

$$s_n = \frac{a_1(1-r^n)}{1-r},$$

where a_1 is the first term of the sequence.

a. Consider the following sequence: 3, 6, 12, 24, 48, … Verify that it is a geometric sequence.
b. Determine r and a_1. Then calculate s_5, that is, the sum of the first 5 terms.

5 **The sum of an infinite geometric series** Consider the following sequence:

$$\frac{1}{3}, \frac{1}{9}, \frac{1}{27} \dots$$

Calculate the limit of the sum of the first n terms of the sequence as n approaches $+\infty$.

6 The sum of the first four terms of a geometric series is $\frac{52}{25}$. If its first term is $\frac{5}{3}$, find the common ratio and the sum to infinity. $\left[\frac{1}{5}; \frac{25}{12}\right]$

7 COMPLETE **the following essay about the Koch snowflake.**

The Swedish mathematician Niels Fabian Helge von Koch invented a famous curve, called the *Koch snowflake*. He ______ it by starting from an equilateral triangle, dividing each side into three segments of equal length, then building another equilateral triangle on each middle segment and repeating the process indefinitely, as shown in the picture.

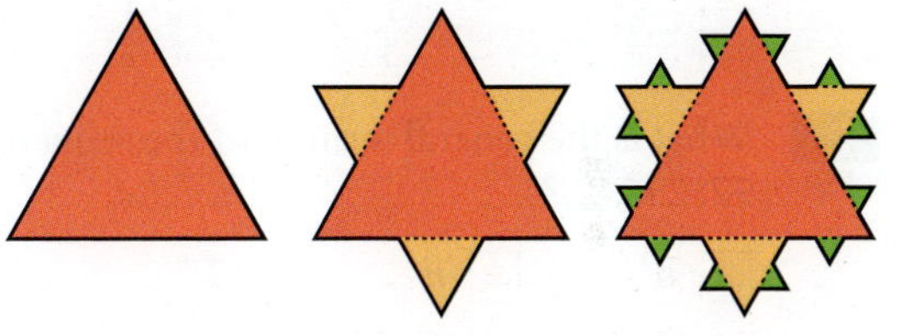

Each side of the orange triangle is exactly ______ of a side of the large red triangle, and therefore its area is exactly ______ of the original area. Similarly, each green triangle has one ninth of the area of an ______ triangle, and so ______.
Taking the red triangle as a unit of area, the total area of the snowflake is:

$$1 + 3\left(\frac{1}{9}\right) + 12\left(\frac{1}{9}\right)^2 + \square\left(\frac{1}{9}\right)^3.$$

The first term of this series represents the area of the ______ triangle, the second term the total area of the three orange triangles, the third term the total area of the ______ green triangles, and so forth. The terms of the sum, excluding the initial 1, represent a ______ sequence with r equal to $\frac{4}{9}$ and the first term equal to $\frac{1}{3}$, so the sum is:

$$1 + \frac{a}{1-r} = 1 + \frac{\frac{1}{3}}{1-\frac{4}{9}} = \text{______}.$$

Therefore, although the number of added triangles gets larger and ______, the area of the snowflake is finite.

MATHS ON VIDEO

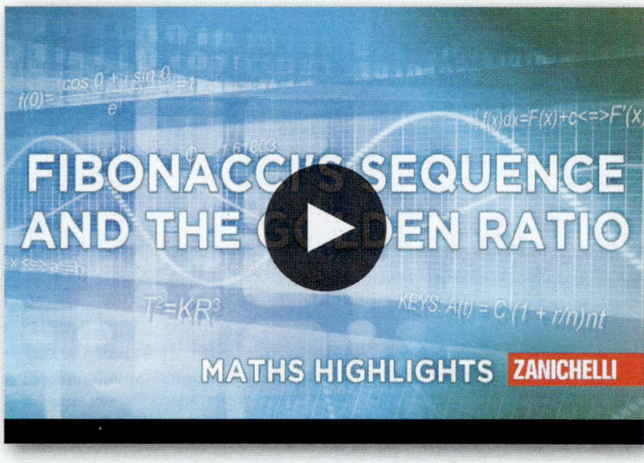

Fibonacci's Sequence and the Golden Ratio

In this lesson we will introduce sequences and take a closer look at Fibonacci's sequence, whose applications range from computer algorithms to biology. Fibonacci's sequence is closely correlated with the golden ratio.

1 If the general term of a sequence is $a_n = \frac{n-1}{n+1}$, what is a_3?

A -2 B $\frac{1}{3}$ C $\frac{1}{2}$ D 3

2 What is the general term a_n of the sequence 1, 4, 27, 256, …?

A n^2 B n C 2^{2n-1} D n^n

3 Which of these is not a geometric sequence?

A $4, 6, 9, \frac{27}{2}, \frac{81}{4}, \ldots$

B $4, 16, 64, 320, 120, 5120, \ldots$

C $-2, -6, -18, -54, -162, \ldots$

D $9, 3, 1, \frac{1}{3}, \frac{1}{9}, \ldots$

4 x^2, $2x+3$, 16 are in a geometric sequence. Find the possible values of x.

A $-\frac{1}{2}$ or $\frac{3}{2}$

B 6 or -2

C $-\frac{1}{4}$ or $\frac{3}{4}$

D $\frac{1}{2}$ or $-\frac{1}{2}$

5 Which of these sequences is convergent?

A $a_n = \frac{n^2-1}{n+1}$

B $a_n = \frac{n-1}{n^2+1}$

C $a_n = e^{n-1}$

D $a_n = n^2 - n + 3$

6 Fibonacci's sequence:

A is a particular case of a geometric sequence.

B is named after the Italian mathematician Leonardo of Pisa.

C is such that each term of the sequence is the sum of the two preceding ones.

D converges to the golden ratio.

7 Consider a golden rectangle of sides a and b. Which of these values for a and b are not appropriate?

A 21, 34. C 16, 26.

B 55, 89. D 34, 69.

8 Two line segments are in a golden ratio if:

A their ratio is equal to the ratio of their sum to the smaller of the two quantities.

B their product is equal to the ratio of their sum to the larger of the two quantities.

C their sum is to the larger quantity as the larger quantity is to the smaller.

D their sum is to the larger quantity as the smaller quantity is to the larger.

9 The shorter side of a golden rectangle is 30 m long. Give an approximation for the length of the longer side. [18.5 m]

10 Search the web to learn more about the possible applications of the golden number and how to avoid misinterpreting it. Present your findings to the class.

FINAL TEST

1 MATCH each half-sentence (**1-6**) to its mate (**a-f**).

1. The neighbourhood of a real number x_0 is…
2. An asymptote of a curve is a line such that…
3. If a function has a limit at a point, then…
4. A removable discontinuity is a point at which…
5. The neighbourhood of minus infinity is…
6. x_0 is a limit point of S if…

a. …the distance between the curve and the line approaches zero as they tend to infinity.
b. …the limit exists, but it is different from the value of the function.
c. …an open subset of $\mathbb{R}$ containing x_0.
d. …its every neighbourhood contains at least one point of S different from x itself.
e. …the limit of the function is unique.
f. …the set of real numbers less than any real number a.

2 The sum to infinity of a geometric series is 60 and its first term is 80. What's the common ratio?

A $-\frac{1}{3}$ B $-\frac{1}{2}$ C $\frac{1}{3}$ D $\frac{1}{4}$

3 $\lim_{x \to +\infty} \dfrac{3x^2+2x-1}{1+x+2x^3}$ is:

A $-\infty$. B 0. C -1. D $-\frac{3}{2}$.

4 $\lim_{x \to +2} \dfrac{2x^2-4x}{4-x^2}$ is:

A $+\infty$. B 0. C -1. D 1.

5 The graph of $y = \dfrac{x-1}{x^2-x}$ has:

A two vertical asymptotes at $x=0$ and $x=1$.
B a horizontal asymptote at $y=1$.
C no asymptotes.
D only a vertical asymptote at $x=0$.

6 TRUE OR FALSE?

a. A sequence is divergent if its limit as n approaches a real n_0 is infinite. T F
b. Limits were invented by Sir Isaac Newton and Gottfried Wilhelm von Leibniz. T F
c. The function $f(x) = \dfrac{x+3}{x^2+6x+9}$ has a removable discontinuity at $x=-3$. T F
d. We can estimate a limit numerically by substituting for x some values approaching x_0 from the left and from the right. T F
e. In evaluating a limit, if we find $\frac{0}{n}$, where n is a real number, we have an indeterminate form. T F
f. The limit of a sum of infinite elements is not necessarily infinite. T F

7 The longer side of a golden rectangle is 6.0 m long. Give an approximation for the length of the shorter side.

8 The magnitude of the attractive force exerted by an electron at the origin on a proton located at position x on the x-axis is $f(x) = \dfrac{1}{x^2}$. Draw a graph of the function and determine the limits $\lim_{x \to 0} f(x)$ and $\lim_{x \to \pm\infty} f(x)$, if they exist.

CAPITOLO

24 DERIVATE

1 Derivata di una funzione

Problema della tangente

Uno dei problemi classici che portarono al concetto di derivata è quello della determinazione della retta tangente a una curva in un punto.
In alcuni casi, come per esempio quello della parabola, sappiamo già come procedere. L'equazione della tangente a una parabola in un suo punto $P(x_0; y_0)$ si ottiene scrivendo il sistema fra l'equazione $y - y_0 = m(x - x_0)$ del fascio di rette passanti per P e quella della parabola, $y = ax^2 + bx + c$, e ponendo la condizione $\Delta = 0$ nell'equazione risolvente.
Infatti, se una retta è tangente, ha due intersezioni con la parabola coincidenti in P.

Lo stesso metodo non si può applicare in generale.

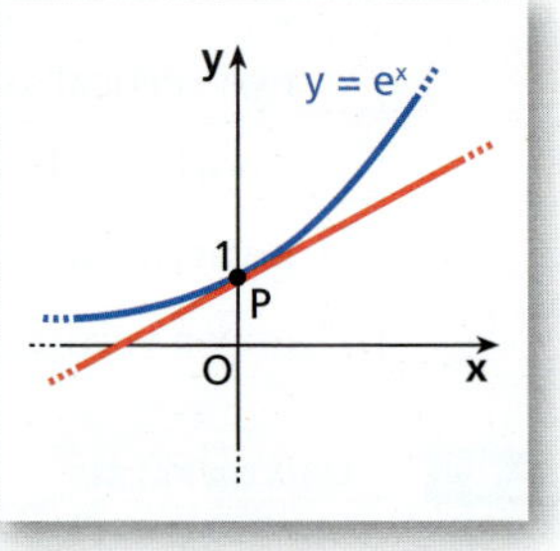

Per esempio, se vogliamo determinare la tangente al grafico di $y = e^x$ in (0; 1), e scriviamo il sistema

$$\begin{cases} y - 1 = mx & \text{equazione del fascio per } P \\ y = e^x & \text{equazione della funzione} \end{cases},$$

notiamo che l'equazione risolvente $mx + 1 = e^x$ non è di secondo grado, quindi non possiamo porre $\Delta = 0$.
Per ottenere allora m utilizziamo un metodo valido in generale basato sul concetto di limite, pensando a un procedimento nuovo secondo il quale si può approssimare la tangente mediante rette secanti che le si avvicinano sempre di più.

DEFINIZIONE

La **retta tangente a una curva** in un punto P è la posizione limite, se esiste, della secante PQ al tendere (sia da destra sia da sinistra) di Q a P.

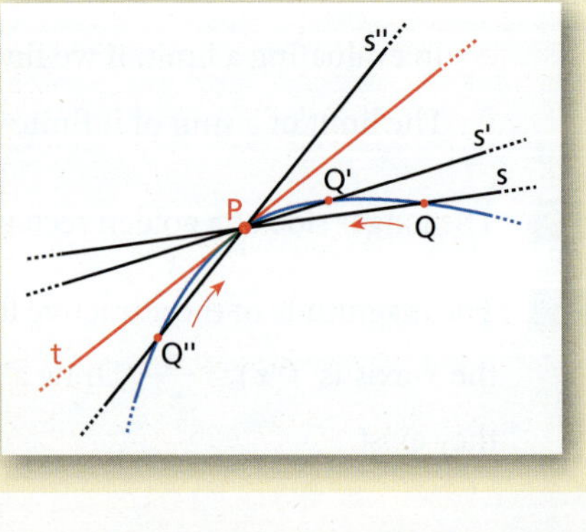

Consideriamo una funzione $y = f(x)$ e troviamo il coefficiente angolare della tangente al grafico in un suo punto applicando la definizione appena data.
Dobbiamo innanzitutto considerare il *rapporto incrementale.*

Rapporto incrementale

▶ Esercizi a p. 1269

Dati una funzione $y = f(x)$, definita in un intervallo $[a; b]$, e un punto del suo grafico $A(c; f(c))$, incrementiamo l'ascissa di A di una quantità $h \neq 0$ e così otteniamo il punto B di coordinate:

$$x_B = c + h, \quad y_B = f(x_B) = f(c + h) \quad \rightarrow \quad B(c + h; f(c + h)).$$

Sia c sia $c + h$ devono appartenere all'intervallo $]a; b[$, ossia essere **interni** all'intervallo $[a; b]$. h può essere positivo o negativo.
Consideriamo gli incrementi:

$$\Delta x = x_B - x_A = h \quad \text{e} \quad \Delta y = y_B - y_A = f(c + h) - f(c).$$

Il rapporto dei due incrementi è $\dfrac{\Delta y}{\Delta x}$.

DEFINIZIONE

Dati una funzione $y = f(x)$, definita in un intervallo $[a; b]$, e due numeri reali c e $c + h$ (con $h \neq 0$) interni all'intervallo, il **rapporto incrementale** di f nel punto c (o relativo a c) è il numero:

$$\frac{\Delta y}{\Delta x} = \frac{f(c + h) - f(c)}{h}.$$

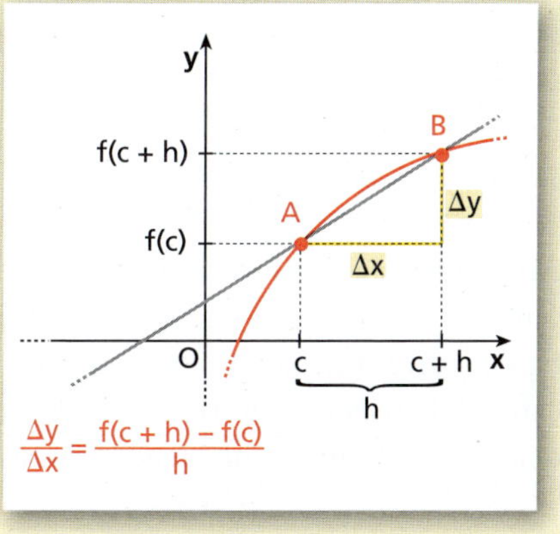

Considerati i punti $A(c; f(c))$ e $B(c + h; f(c + h))$ del grafico di f, *il rapporto incrementale di f nel punto c è* **il coefficiente angolare della retta passante per A e B.**

ESEMPIO

Calcoliamo il rapporto incrementale di $y = f(x) = 2x^2 - 3x$ relativo al punto $c = 1$ per un generico incremento $h \neq 0$.
Applicando la formula, troviamo:

$$\frac{\Delta y}{\Delta x} = \frac{f(1 + h) - f(1)}{h}.$$

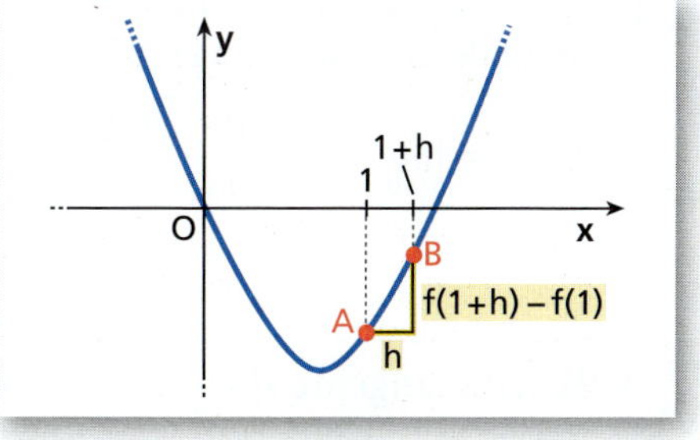

Determiniamo $f(1 + h)$ sostituendo alla x della funzione l'espressione $1 + h$:

$$f(1+h) = 2(1+h)^2 - 3(1+h) = 2(1 + 2h + h^2) - 3 - 3h = -1 + h + 2h^2.$$

Determiniamo $f(1) = -1$.
Calcoliamo il rapporto incrementale:

$$\frac{f(1 + h) - f(1)}{h} = \frac{\cancel{-1} + h + 2h^2 \cancel{-(-1)}}{h} = \frac{\cancel{h}(2h + 1)}{\cancel{h}} = 2h + 1.$$

Listen to it

The **difference quotient** is the average rate of change of a function $y = f(x)$ with respect to x. It is the ratio of the change in output to the change in input.

Animazione

Considerata
$f(x) = -x^2 + 6x - 4$,
nell'animazione calcoliamo il rapporto incrementale in $x_0 = 1$ e con una figura dinamica esaminiamo come cambia al variare di h.

▶ Calcola il rapporto incrementale della funzione $f(x) = -x^2 + 2x$ nel suo punto $c = 2$ e per un generico incremento h.

L'espressione trovata rappresenta, al variare di h, il coefficiente angolare di una generica retta secante passante per il punto A del grafico con $x = 1$.

Il valore del rapporto incrementale in un punto c dipende dal valore dell'incremento di h.
Nell'esempio precedente, se $h = 0{,}2$, il rapporto incrementale vale $2(0{,}2) + 1 = 1{,}4$; se $h = 0{,}1$, vale $2(0{,}1) + 1 = 1{,}2$ e così via.

MATEMATICA E STORIA

Chi è il padre del calcolo? Nel 1712 Newton accusò Leibniz di plagio.

► Chi è l'inventore del calcolo differenziale?

La risposta

Derivata di una funzione

► Esercizi a p. 1271

Consideriamo una funzione $y = f(x)$ definita in un intervallo $[a; b]$. Del grafico della funzione consideriamo i punti $A(c; f(c))$ e $B(c + h; f(c + h))$, con c e $c + h$ interni all'intervallo. Il punto A è fissato, il punto B varia al variare di h.
Tracciamo la retta AB, secante il grafico, per diversi valori di h. Disegniamo inoltre la retta t tangente al grafico in A.

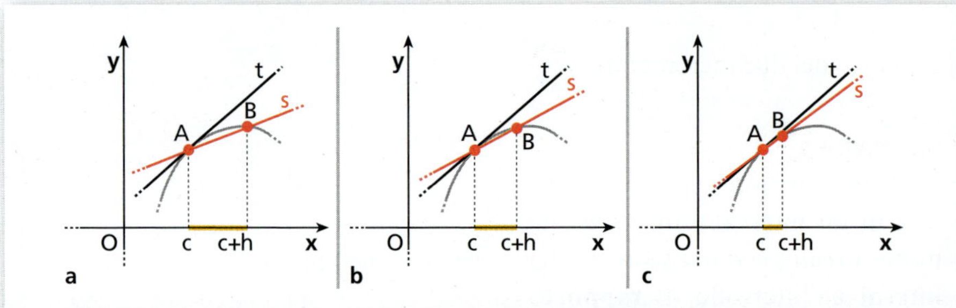

Attribuendo a h valori sempre più piccoli, il punto B si avvicina sempre di più al punto A. Quando $h \to 0$, il punto B tende a sovrapporsi al punto A e la retta AB tende a diventare la retta tangente alla curva in A. Il coefficiente angolare della secante AB, ossia il rapporto incrementale nel punto c, tende al coefficiente angolare della tangente in A, che viene chiamato *derivata* della funzione nel punto c.

DEFINIZIONE

Data una funzione $y = f(x)$, definita in un intervallo $[a; b]$, la **derivata della funzione** nel punto c interno all'intervallo, che indichiamo con $f'(c)$, è il limite, se esiste ed è *finito*, per h che tende a 0, del rapporto incrementale di f relativo a c:

$$f'(c) = \lim_{h \to 0} \frac{f(c + h) - f(c)}{h}.$$

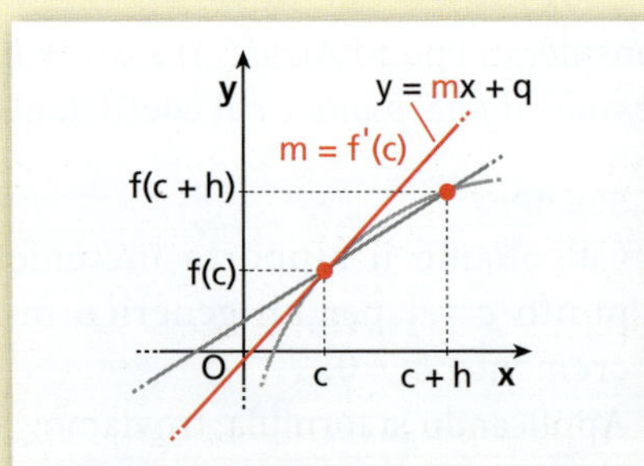

La derivata di una funzione in un punto c rappresenta **il coefficiente angolare della retta tangente** al grafico della funzione nel suo punto di ascissa c.

Una funzione è **derivabile** in un punto c se esiste la derivata $f'(c)$.
Quindi, se una funzione è derivabile in c:

1. la funzione è definita in un intorno del punto c;
2. esiste il limite del rapporto incrementale, relativo a c, per h che tende a 0, cioè esistono il limite destro e il limite sinistro di tale rapporto e tali limiti coincidono;

3. questo limite è un numero finito.

Indichiamo la derivata di una funzione $y = f(x)$ in un punto generico x con uno dei simboli seguenti:

$$f'(x); \quad \mathrm{D}\, f(x); \quad y'.$$

Se il limite per h che tende a 0 del rapporto incrementale di una funzione in un punto *non esiste o è infinito*, la funzione **non è derivabile** in quel punto.

In sintesi

Rapporto incrementale e derivata di una funzione			
Concetto	**Figura**	**Definizione**	**Significato geometrico**
Rapporto incrementale	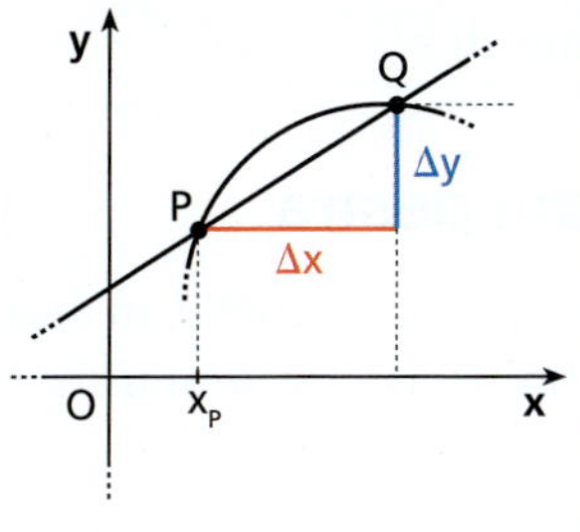	$\frac{\Delta y}{\Delta x}$	Coefficiente angolare della **secante** al grafico della funzione nei punti P e Q
Derivata in x_P	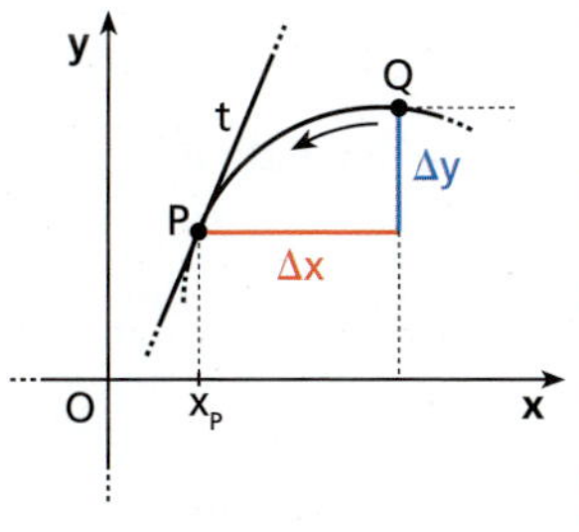	$\lim_{\Delta x \to 0} \frac{\Delta y}{\Delta x}$	Coefficiente angolare della **tangente** al grafico della funzione nel punto P

Calcolo della derivata con la definizione

Calcoliamo la derivata della funzione $f(x) = x^2 - x$ in $c = 3$.

Applichiamo la definizione:

$$f'(3) = \lim_{h \to 0} \frac{f(3+h) - f(3)}{h}.$$

Calcoliamo i valori che assume la funzione nei punti di ascissa 3 e $3 + h$:

$$f(3) = 6; \qquad f(3+h) = (3+h)^2 - (3+h) = 6 + 5h + h^2.$$

Sostituiamo nel rapporto incrementale:

$$f'(3) = \lim_{h \to 0} \frac{6 + 5h + h^2 - 6}{h} = \lim_{h \to 0} \frac{h(5+h)}{h} = \lim_{h \to 0} (5 + h) = 5.$$

Quindi $f'(3) = 5$.

La derivata $f'(3)$ è un numero reale ed è il coefficiente angolare della tangente al grafico di $f(x)$ nel punto $(3; f(3))$.

Video

Derivata in un punto

▶ Com'è definita la derivata in un punto? Vediamolo con un esempio:

$f(x) = \frac{1}{4}x^2 - x + 3.$

TEORIA

Possiamo calcolare la derivata di una funzione anche in un punto generico x. In questo caso il valore $f'(x)$ che otteniamo è funzione di x e, per questo, parliamo anche di **funzione derivata**.

La funzione derivata, al variare di x, fornisce il coefficiente angolare di tutte le rette tangenti al grafico della funzione data.

ESEMPIO

Calcoliamo la derivata della funzione $f(x) = 4x^2$ in un generico punto x:

$$f'(x) = \lim_{h \to 0} \frac{f(x+h) - f(x)}{h} = \lim_{h \to 0} \frac{4(x+h)^2 - 4x^2}{h} =$$

$$\lim_{h \to 0} \frac{\cancel{4x^2} + 4h^2 + 8hx - \cancel{4x^2}}{h} = \lim_{h \to 0} \frac{4h(h+2x)}{h} = \lim_{h \to 0} 4(h+2x) = 8x.$$

La derivata $f'(x) = 8x$ è una funzione di x.

▶ Calcola la derivata di $f(x) = x^2 + 1$ in un generico punto x.

Animazione

Derivata sinistra e derivata destra

▶ Esercizi a p. 1273

Poiché la derivata è il limite del rapporto incrementale, in analogia a quanto abbiamo detto per i limiti, possiamo definire la *derivata sinistra* e la *derivata destra* di una funzione.

DEFINIZIONE

Data una funzione $y = f(x)$, in un punto c:

la **derivata sinistra**

$$f'_-(c) = \lim_{h \to 0^-} \frac{f(c+h) - f(c)}{h};$$

la **derivata destra**

$$f'_+(c) = \lim_{h \to 0^+} \frac{f(c+h) - f(c)}{h}.$$

Una funzione è **derivabile** in un punto c se esistono *finite* e *uguali* tra loro la derivata sinistra e la derivata destra.

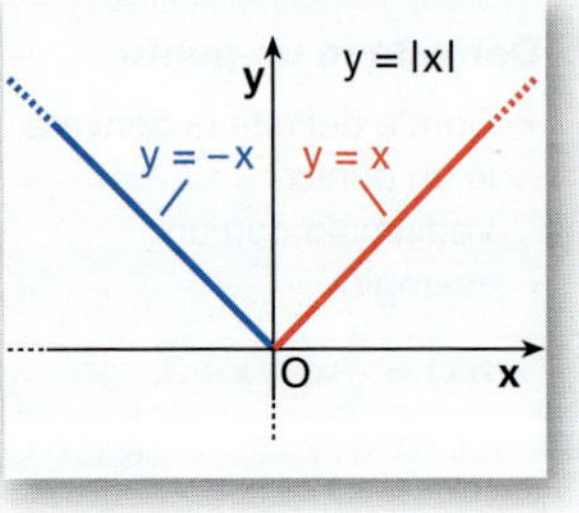

ESEMPIO

Consideriamo la funzione $f(x) = |x|$. Nel punto $x = 0$ abbiamo:

$$f'_-(0) = \lim_{h \to 0^-} \frac{f(0+h) - f(0)}{h} = \lim_{h \to 0^-} \frac{-h-0}{h} = -1;$$

$|h| = -h$ se $h < 0$

$$f'_+(0) = \lim_{h \to 0^+} \frac{f(0+h) - f(0)}{h} = \lim_{h \to 0^+} \frac{h-0}{h} = 1.$$

$|h| = h$ se $h > 0$

La derivata destra e quella sinistra esistono ma sono diverse, quindi nel punto $x = 0$ **non** esiste la derivata della funzione $y = |x|$.
A destra di $x = 0$, il grafico coincide con la retta $y = x$, cioè con la tangente di coefficiente angolare 1, quindi $f'_+(0) = 1$.
A sinistra di $x = 0$, il grafico della funzione e quello della tangente coincidono con la retta $y = -x$; il coefficiente angolare è -1, quindi $f'_-(0) = -1$.

▶ Verifica che, per $y = |x|$, nel punto $x = 2$, le derivate sinistra e destra coincidono e sono uguali alla derivata nel punto.

Esaminiamo graficamente un altro esempio nella figura a lato.

Nel punto $x = 1$, il grafico ha due tangenti diverse: la derivata sinistra e la derivata destra non coincidono.

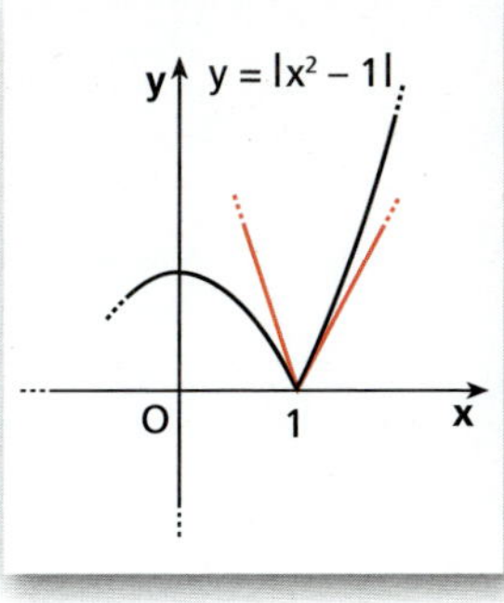

DEFINIZIONE

Una funzione $y = f(x)$ è **derivabile in un intervallo** chiuso $[a; b]$ se è derivabile in tutti i punti interni di $[a; b]$ e se esistono e sono finite la derivata destra in a e la derivata sinistra in b.

ESEMPIO

La funzione $y = |x|$ è derivabile nell'intervallo $[0; 2]$. Infatti:

- si può dimostrare che è derivabile in tutti i punti interni dell'intervallo;
- nell'esempio precedente abbiamo visto che esistono la derivata destra in 0 e la derivata sinistra in 2.

Derivata e velocità di variazione

Velocità di variazione di una grandezza rispetto a un'altra

Se versiamo del liquido in un bicchiere a forma conica come quello a lato, con quale velocità varia il volume del liquido al variare della sua altezza nel bicchiere?
Schematizziamo il problema con un modello matematico, considerando un cono il cui raggio di base è lungo la metà dell'altezza: $\overline{GA} = \frac{1}{2}\overline{GC}$.

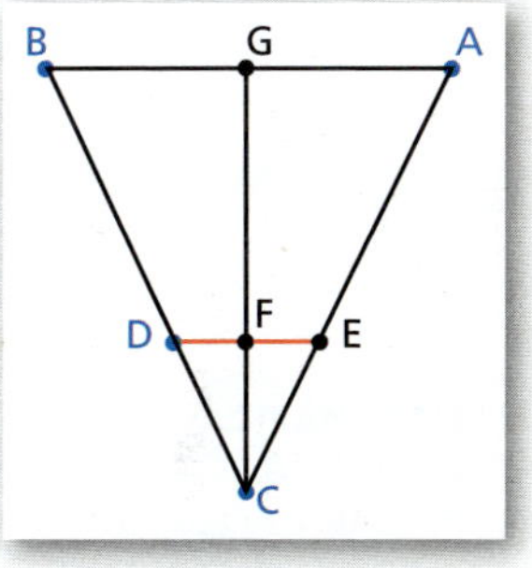

Esprimiamo il volume V del liquido in funzione dell'altezza FC, tenendo presente che, essendo simili i triangoli CFE e CGA, $\overline{FE} = \frac{1}{2}\overline{FC}$:

$$V = \frac{1}{3}\pi\,\overline{FE}^2 \cdot \overline{FC} = \frac{1}{3}\pi\left(\frac{1}{2}\overline{FC}\right)^2 \cdot \overline{FC} = \frac{1}{12}\pi\,\overline{FC}^3.$$

Se x è l'altezza del liquido e y il suo volume, abbiamo la funzione:

$$y = \frac{1}{12}\pi x^3, \quad \text{con } x \geq 0.$$

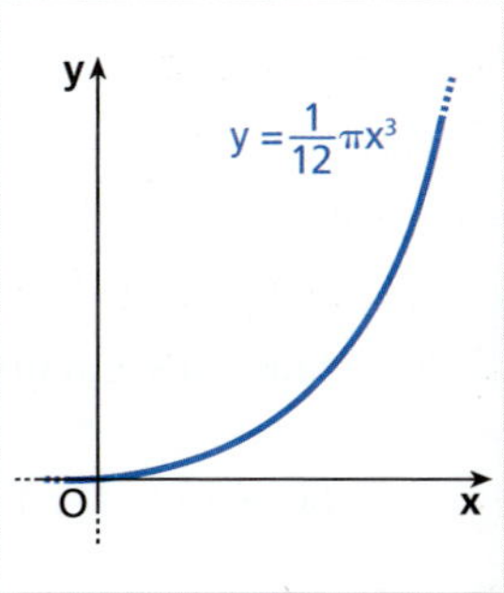

Dal suo grafico rappresentato in figura vediamo che al variare dell'altezza il volume cresce sempre più rapidamente.
Mediante il concetto di derivata possiamo calcolare la velocità di variazione del volume.

Consideriamo i punti x e $x + h$.
All'incremento $\Delta x = h$ corrisponde un incremento Δy. Il rapporto $\frac{\Delta y}{\Delta x}$ è la **velocità media** di variazione di y rispetto a x, perché indica l'incremento di y per ogni unità di incremento di x. Da un punto di vista geometrico, esso è il coefficiente angolare della retta PQ.
La **velocità istantanea** di variazione è il limite a cui tende il rapporto incrementale per $h \to 0$, cioè la derivata di y rispetto a x, ed è il coefficiente angolare della retta tangente in P.
Applicando quindi la definizione di derivata, otteniamo la velocità di variazione di y in funzione di x.

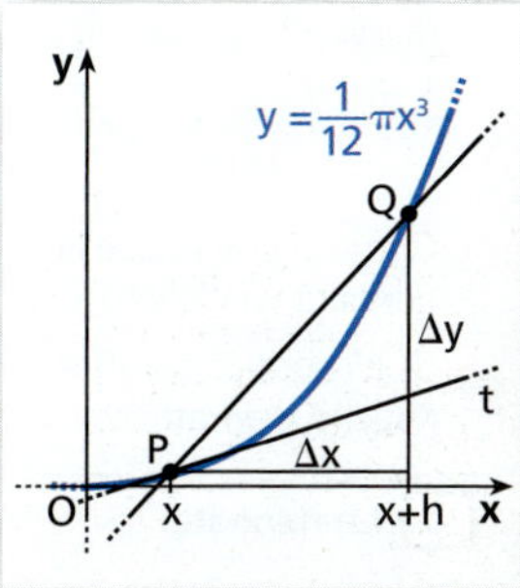

$$\lim_{h\to 0}\frac{\Delta y}{\Delta x}=\lim_{h\to 0}\frac{\frac{\pi}{12}(x+h)^3-\frac{\pi}{12}x^3}{h}=\lim_{h\to 0}\frac{\pi}{12}\cdot\frac{\cancel{x^3}+3x^2h+3xh^2+h^3-\cancel{x^3}}{h}=$$

$$\lim_{h\to 0}\frac{\pi}{12}\frac{\cancel{h}(3x^2+3xh+h^2)}{\cancel{h}}=\frac{\pi}{12}\cdot 3x^2=\frac{\pi}{4}x^2$$

2 Continuità e derivabilità

▶ Esercizi a p. 1275

Ci sono dei punti in cui una funzione è continua ma non è derivabile.

ESEMPIO

1. La funzione $y=|x|$ è continua in $x=0$, perché $\lim_{x\to 0}|x|=f(0)=|0|=0$; tuttavia essa non è derivabile in $x=0$. Abbiamo già visto infatti che:

   $f'_-(0)\neq f'_+(0)$.

   Nel punto di ascissa $x=0$ la derivata sinistra è diversa dalla derivata destra.
2. La funzione $y=\sqrt[3]{x-1}$ è continua in $x=1$, ma non è derivabile in questo punto perché il limite del rapporto incrementale non è finito, infatti:

$$\lim_{h\to 0}\frac{\sqrt[3]{\cancel{1}+h-\cancel{1}}-\sqrt[3]{1-1}}{h}=\lim_{h\to 0}\frac{\sqrt[3]{h}}{h}=\lim_{h\to 0}\sqrt[3]{\frac{h}{h^3}}=\lim_{h\to 0}\frac{1}{\sqrt[3]{h^2}}=+\infty.$$

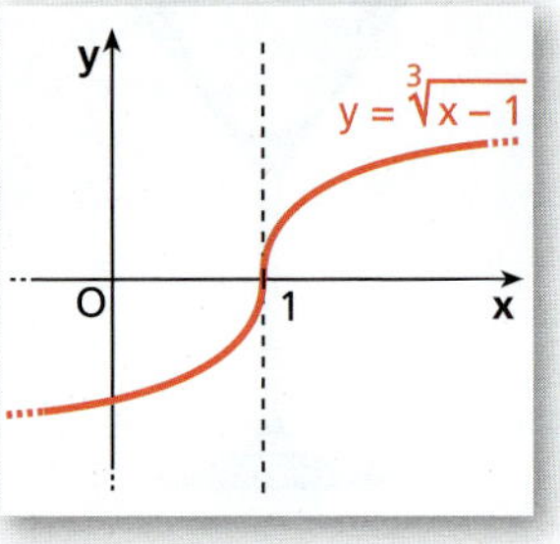

Viceversa, esistono punti in cui una funzione è derivabile ma non è continua? Il teorema seguente lo esclude.

TEOREMA

Se una funzione $f(x)$ è derivabile nel punto x_0, in quel punto la funzione è anche continua.

Ipotesi $\lim_{h\to 0}\frac{f(x_0+h)-f(x_0)}{h}=f'(x_0)$ **Tesi** $\lim_{x\to x_0}f(x)=f(x_0)$

DIMOSTRAZIONE

Scriviamo la seguente relazione, che è un'identità (per $h\neq 0$):

$$f(x_0+h)=f(x_0)+\frac{f(x_0+h)-f(x_0)}{h}\cdot h.$$

Calcoliamo il limite per $h\to 0$ dei due membri, ricordando che $f(x)$ è derivabile in x_0 per ipotesi:

$$\lim_{h\to 0}f(x_0+h)=\boxed{\lim_{h\to 0}f(x_0)}+\boxed{\lim_{h\to 0}\frac{f(x_0+h)-f(x_0)}{h}}\cdot\boxed{\lim_{h\to 0}h}=f(x_0).$$

tende a $f(x_0)$ — tende a $f'(x_0)$ — tende a 0

Posto $x_0+h=x$, se $h\to 0$, si ha che $x\to x_0$. Sostituendo nella relazione precedente, concludiamo che la funzione $f(x)$ è continua in x_0, in quanto:

$$\lim_{x\to x_0}f(x)=f(x_0).$$

MATEMATICA E NATURA

Frattali I frattali sono curve con alcune caratteristiche particolari: un esempio di frattale è la curva di von Koch, che è continua ma priva di tangente in ogni punto.

▶ Come si costruisce la curva di von Koch?

▶ Quali sono le caratteristiche dei frattali?

La risposta

Nella dimostrazione del teorema abbiamo visto che la scrittura $\lim_{h \to 0} f(x_0 + h) = f(x_0)$ è equivalente a $\lim_{x \to x_0} f(x) = f(x_0)$.

Possiamo quindi assumerla come definizione di funzione continua:

una funzione è continua in x_0 se $\lim_{h \to 0} f(x_0 + h) = f(x_0)$.

Per quanto abbiamo detto, possiamo affermare che l'insieme D delle funzioni derivabili è un sottoinsieme dell'insieme C delle funzioni continue. Esistono funzioni continue ma non derivabili, mentre le funzioni derivabili sono sempre continue: $D \subset C$.

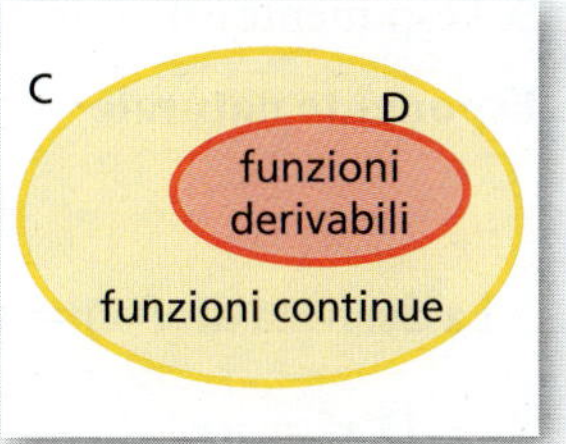

Possiamo dirlo in un altro modo: **la continuità è una condizione necessaria ma non sufficiente per la derivabilità**.

Video

Continuità e derivabilità

- La funzione $f(x) = \sqrt{|x| + 1}$ è continua?
- È derivabile?

3 Derivate fondamentali

Esercizi a p. 1276

Determiniamo ora le formule di derivazione che permettono di calcolare le derivate di alcune funzioni senza dover applicare la definizione.

Derivata della funzione costante

TEOREMA

La derivata di una funzione costante è 0: $\mathbf{D}\, \boldsymbol{k} = \mathbf{0}$.

DIMOSTRAZIONE

Ricordando che, se $f(x) = k$, anche $f(x + h) = k$, calcoliamo:

$$f'(x) = \lim_{h \to 0} \frac{f(x+h) - f(x)}{h} = \lim_{h \to 0} \frac{k-k}{h} = 0.$$

Evidenziamo che $\lim_{h \to 0} \frac{k-k}{h}$ non è una forma indeterminata perché il numeratore è costante e vale 0 prima ancora di calcolare il limite.

Interpretazione grafica

Dal grafico della funzione $y = k$ è intuitivo notare che la tangente al grafico in ogni suo punto è rappresentata da una retta parallela all'asse x, quindi con coefficiente angolare $m = f'(x) = 0$.

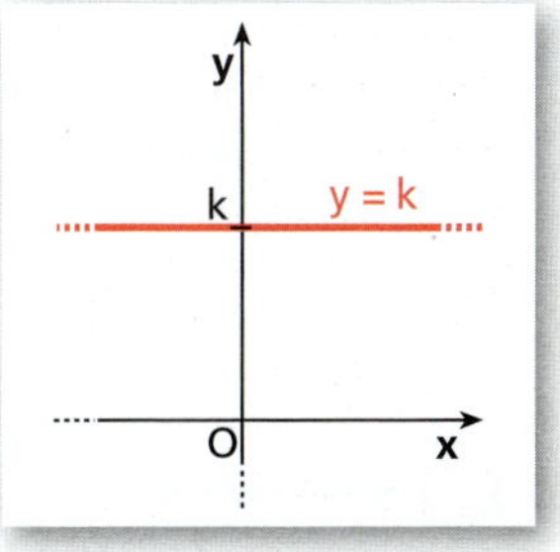

Derivata della funzione identità

TEOREMA

La derivata di $f(x) = x$ è $f'(x) = 1$: $\mathbf{D}\, \boldsymbol{x} = \mathbf{1}$.

DIMOSTRAZIONE

Se $f(x) = x$, risulta che $f(x + h) = x + h$. Calcoliamo $f'(x)$:

$$f'(x) = \lim_{h \to 0} \frac{f(x+h) - f(x)}{h} = \lim_{h \to 0} \frac{x+h-x}{h} = \lim_{h \to 0} \frac{h}{h} = 1.$$

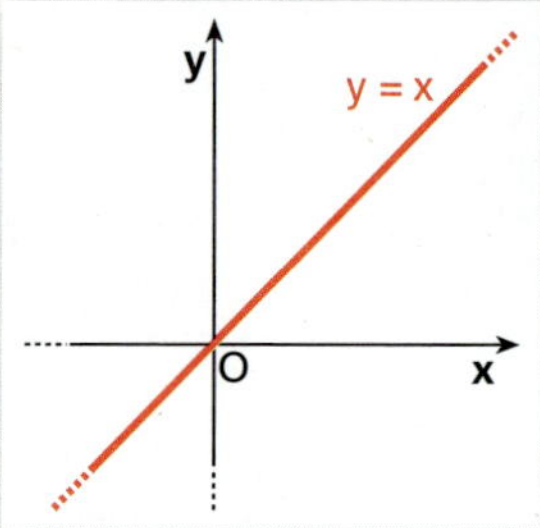

Interpretazione grafica

La funzione $y = x$ ha come grafico la bisettrice del primo e terzo quadrante e coincide con la tangente al grafico stesso in ogni suo punto; il suo coefficiente angolare è $m = f'(x) = 1$.

Derivata della funzione potenza

Se l'esponente è un numero naturale, vale il seguente teorema, che non dimostriamo.

Esponente naturale

TEOREMA

La derivata di $f(x) = x^n$, con $n \in \mathbb{N} - \{0\}$ e $\forall x \in \mathbb{R}$, è $f'(x) = nx^{n-1}$:

$$\mathbf{D}\, x^n = nx^{n-1}.$$

ESEMPIO

1. $y = x^2 \quad \rightarrow \quad y' = 2x$
2. $y = x^7 \quad \rightarrow \quad y' = 7x^6$

Il teorema precedente può essere esteso al caso in cui l'esponente non sia un numero naturale.

Esponente reale

TEOREMA

La derivata di $f(x) = x^\alpha$, con $\alpha \in \mathbb{R}$, per ogni x per cui $f(x)$ è derivabile, è $f'(x) = \alpha x^{\alpha-1}$:

$$\mathbf{D}\, x^\alpha = \alpha x^{\alpha-1}.$$

ESEMPIO

$$y = x^{\sqrt{2}} \quad \rightarrow \quad y' = \sqrt{2}\, x^{\sqrt{2}-1}, \text{ con } x > 0.$$

Con questa regola si possono calcolare le derivate di tutte le funzioni che possono essere scritte sotto forma di potenza di x. L'insieme dei valori di x per cui la funzione è derivabile varia da caso a caso.

ESEMPIO

1. $y = \frac{1}{x} = x^{-1} \quad \rightarrow \quad y' = -1x^{-1-1} = -\frac{1}{x^2}$, con $x \neq 0$.
2. $y = \sqrt[4]{x^3} = x^{\frac{3}{4}} \quad \rightarrow \quad y' = \frac{3}{4} x^{\frac{3}{4}-1} = \frac{3}{4} x^{-\frac{1}{4}} = \frac{3}{4} \cdot \frac{1}{\sqrt[4]{x}}$, con $x > 0$.
3. $y = \frac{1}{x^4} = x^{-4} \quad \rightarrow \quad y' = -4x^{-5} = \frac{-4}{x^5}$, con $x \neq 0$.

▶ Calcola la derivata delle funzioni:

a. $y = \frac{1}{x^6}$;

b. $y = \sqrt[5]{x^3}$.

Animazione

Derivata della funzione radice quadrata

Se come esponente di x^α, con $x > 0$, abbiamo $\alpha = \frac{1}{2}$:

$$\mathrm{D}\, x^{\frac{1}{2}} = \frac{1}{2} x^{\frac{1}{2}-1} = \frac{1}{2} x^{-\frac{1}{2}} = \frac{1}{2\sqrt{x}} \quad \rightarrow \quad \mathbf{D}\, \sqrt{x} = \frac{1}{2\sqrt{x}}.$$

Per $x = 0$ esiste la funzione $\sqrt{x}$, ma non la sua derivata.

Derivata della funzione seno

TEOREMA

La derivata di $f(x) = \sin x$, con x espresso in radianti, è $f'(x) = \cos x$:

$\mathbf{D \sin x = \cos x}$.

DIMOSTRAZIONE

$$f'(x) = \lim_{h \to 0} \frac{f(x+h) - f(x)}{h} =$$

$$\lim_{h \to 0} \frac{\sin(x+h) - \sin x}{h} =$$ $\sin(\alpha + \beta) = \sin\alpha\cos\beta + \cos\alpha\sin\beta$

$$\lim_{h \to 0} \frac{\sin x \cos h + \cos x \sin h - \sin x}{h} =$$

$$\lim_{h \to 0} \frac{\sin x(\cos h - 1) + \cos x \sin h}{h} =$$

$$\lim_{h \to 0} \left[\sin x \cdot \frac{(\cos h - 1)}{h} + \cos x \cdot \frac{\sin h}{h} \right] =$$

tende a 0 tende a 1

$$\sin x \cdot 0 + \cos x \cdot 1 = \cos x$$

Se x è misurato in gradi, si dimostra che: $\mathrm{D} \sin x° = \frac{\pi}{180°} \cdot \cos x°$.

In modo analogo si può dimostrare il seguente teorema.

Derivata della funzione coseno

TEOREMA

La derivata di $f(x) = \cos x$, con x espresso in radianti, è $f'(x) = -\sin x$:

$\mathbf{D \cos x = -\sin x}$.

Se x è misurato in gradi, si dimostra che: $\mathrm{D} \cos x° = -\frac{\pi}{180°} \cdot \sin x°$.

Derivata della funzione esponenziale

TEOREMA

La derivata di $f(x) = a^x$ è $f'(x) = a^x \ln a$:

$\mathbf{D\, a^x = a^x \ln a}$.

DIMOSTRAZIONE

$$f'(x) = \lim_{h \to 0} \frac{f(x+h) - f(x)}{h} = \lim_{h \to 0} \frac{a^{x+h} - a^x}{h} =$$

$$\lim_{h \to 0} \frac{a^x(a^h - 1)}{h} = \lim_{h \to 0} \left(a^x \cdot \frac{a^h - 1}{h} \right) = a^x \ln a$$

non dipende da h tende a $\ln a$

TEORIA

In particolare, quando $a = e$, $\ln e = 1$: $\mathbf{D}\, e^x = e^x$.

Derivata della funzione logaritmica

TEOREMA
La derivata di $f(x) = \log_a x$ è $f'(x) = \frac{1}{x} \cdot \log_a e$:

$$\mathbf{D} \log_a x = \frac{1}{x} \cdot \log_a e.$$

DIMOSTRAZIONE

$$f'(x) = \lim_{h \to 0} \frac{f(x+h) - f(x)}{h} = \lim_{h \to 0} \frac{\log_a(x+h) - \log_a x}{h}$$

Per la proprietà dei logaritmi $\log_a x - \log_a y = \log_a \frac{x}{y}$:

$$\log_a(x+h) - \log_a x = \log_a \frac{x+h}{x} = \log_a\left(1 + \frac{h}{x}\right),$$

$$f'(x) = \lim_{h \to 0} \frac{\log_a\left(1+\frac{h}{x}\right)}{h} = \lim_{h \to 0} \frac{\frac{1}{x}\log_a\left(1+\frac{h}{x}\right)}{\frac{1}{x}h} =$$

$$\lim_{h \to 0}\left[\frac{1}{x} \cdot \frac{\log_a\left(1+\frac{h}{x}\right)}{\frac{h}{x}}\right] = \frac{1}{x} \cdot \log_a e.$$

tende a $\log_a e$

In particolare, per $a = e$, essendo $\log_e e = 1$: $\mathbf{D} \ln x = \frac{1}{x}$.

4 Operazioni con le derivate

Derivata del prodotto di una costante per una funzione

▶ Esercizi a p. 1277

TEOREMA
La derivata del prodotto di una costante k per una funzione derivabile $f(x)$ è uguale al prodotto della costante per la derivata della funzione:

$$\mathbf{D}\,[k \cdot f(x)] = k \cdot f'(x).$$

DIMOSTRAZIONE

$$y' = \lim_{h \to 0} \frac{k \cdot f(x+h) - k \cdot f(x)}{h} = \lim_{h \to 0} \frac{k \cdot [f(x+h) - f(x)]}{h} =$$

$$\lim_{h \to 0} k \cdot \frac{f(x+h) - f(x)}{h} = k \cdot f'(x)$$

tende a $f'(x)$

ESEMPIO

1. $y = -3 \cdot \ln x \quad \rightarrow \quad y' = -3 \cdot \dfrac{1}{x} = -\dfrac{3}{x}$

2. $y = \dfrac{2}{3} \cdot \cos x \quad \rightarrow \quad y' = \dfrac{2}{3} \cdot (-\sin x) = -\dfrac{2}{3} \sin x$

▶ Calcola la derivata di:
a. $y = -5\sin x$;
b. $y = \dfrac{4}{3}e^x$.

Derivata della somma di funzioni

▶ Esercizi a p. 1277

TEOREMA

La derivata della somma algebrica di due o più funzioni derivabili è uguale alla somma algebrica delle derivate delle singole funzioni:

$$\mathbf{D}\,[f(x) + g(x)] = f'(x) + g'(x).$$

Listen to it

If *f* and *g* are differentiable functions, then the **derivative of their sum** is defined as $D[f(x) + g(x)] = f'(x) + g'(x)$.

DIMOSTRAZIONE

Calcoliamo il limite del rapporto incrementale di $f(x) + g(x)$:

$$y' = \lim_{h \to 0} \frac{[f(x+h) + g(x+h)] - [f(x) + g(x)]}{h} =$$

$$\lim_{h \to 0} \frac{[f(x+h) - f(x)] + [g(x+h) - g(x)]}{h}.$$

Ricordando che il limite di una somma è uguale alla somma dei limiti e l'ipotesi di derivabilità delle funzioni $f(x)$ e $g(x)$, possiamo scrivere:

$$y' = \lim_{h \to 0} \frac{f(x+h) - f(x)}{h} + \lim_{h \to 0} \frac{g(x+h) - g(x)}{h} = f'(x) + g'(x).$$

ESEMPIO

1. $y = x + 2 \cdot \sin x \quad \rightarrow \quad y' = 1 + 2 \cdot \cos x$

2. $y = 2 \cdot e^x - 3 \cdot \cos x + 1 \quad \rightarrow \quad y' = 2 \cdot e^x + 3 \cdot \sin x$

▶ Calcola la derivata di:
a. $y = 3x + \cos x$;
b. $y = \ln x - x$.

Derivata del prodotto di funzioni

▶ Esercizi a p. 1279

Animazione

Nell'animazione trovi sia la risoluzione dell'esercizio appena proposto, sia quelle degli esercizi successivi, relativi a derivate di prodotti.

TEOREMA

La derivata del prodotto di due funzioni derivabili è uguale alla somma della derivata della prima funzione moltiplicata per la seconda non derivata e della derivata della seconda funzione moltiplicata per la prima non derivata:

$$\mathbf{D}\,[f(x) \cdot g(x)] = f'(x) \cdot g(x) + f(x) \cdot g'(x).$$

Listen to it

If *f* and *g* are differentiable functions, then the **derivative of their product** is defined as
$D[f(x) \cdot g(x)] =$
$f'(x) \cdot g(x) + f(x) \cdot g'(x)$.

DIMOSTRAZIONE

$$y' = \lim_{h \to 0} \frac{f(x+h) \cdot g(x+h) - f(x) \cdot g(x)}{h} =$$

sottraiamo e sommiamo $g(x+h) \cdot f(x)$

$$\lim_{h \to 0} \frac{f(x+h) \cdot g(x+h) - g(x+h) \cdot f(x) + g(x+h) \cdot f(x) - f(x) \cdot g(x)}{h} =$$

$$\lim_{h \to 0} \frac{g(x+h) \cdot [f(x+h) - f(x)] + f(x) \cdot [g(x+h) - g(x)]}{h} =$$

$$\lim_{h \to 0} \left[g(x+h) \cdot \frac{f(x+h) - f(x)}{h} \right] + \lim_{h \to 0} \left[f(x) \cdot \frac{g(x+h) - g(x)}{h} \right] =$$

TEORIA

$$\lim_{h\to 0} g(x+h)\cdot\lim_{h\to 0}\frac{f(x+h)-f(x)}{h}+\lim_{h\to 0} f(x)\cdot\lim_{h\to 0}\frac{g(x+h)-g(x)}{h}$$

Poiché $g(x)$ è derivabile, e quindi anche continua, per ipotesi, abbiamo:

$$\lim_{h\to 0} g(x+h)=g(x).$$

Inoltre, $\lim_{h\to 0} f(x)=f(x)$ perché $f(x)$ è una costante rispetto a h. Di conseguenza:

$$y'=g(x)\cdot f'(x)+f(x)\cdot g'(x).$$

▶ Calcola la derivata di:
a. $y=e^x\cos x$;
b. $y=x\cos x+(x+2)\sin x$.

ESEMPIO

Calcoliamo la derivata della funzione $y=x\cdot\sin x$:

$$y'=1\cdot\sin x+x\cdot\cos x.$$

▶ Calcola la derivata di $y=x\sin x\cos x$.

Estendendo il teorema al prodotto di più funzioni, si può dimostrare che, per esempio, data la funzione $y=f(x)\cdot g(x)\cdot z(x)$, la sua derivata prima è:

$$y'=f'(x)\cdot g(x)\cdot z(x)+f(x)\cdot g'(x)\cdot z(x)+f(x)\cdot g(x)\cdot z'(x).$$

In generale la derivata del prodotto di più funzioni derivabili è la somma dei prodotti della derivata di ognuna delle funzioni per le altre funzioni non derivate.

Derivata del reciproco di una funzione

TEOREMA

La derivata del reciproco di una funzione derivabile non nulla è uguale a una frazione in cui:

- il numeratore è l'opposto della derivata della funzione;
- il denominatore è il quadrato della funzione.

$$\mathbf{D}\,\frac{1}{f(x)}=-\frac{f'(x)}{f^2(x)},\qquad \text{con } f(x)\neq 0.$$

DIMOSTRAZIONE

$$y'=\lim_{h\to 0}\frac{\frac{1}{f(x+h)}-\frac{1}{f(x)}}{h}=\lim_{h\to 0}\frac{\frac{f(x)-f(x+h)}{f(x)f(x+h)}}{h}=$$

$$\lim_{h\to 0}\frac{f(x)-f(x+h)}{hf(x)\,f(x+h)}=\lim_{h\to 0}\left[-\frac{f(x+h)-f(x)}{h}\cdot\frac{1}{f(x)f(x+h)}\right]=$$

$$-\lim_{h\to 0}\frac{f(x+h)-f(x)}{h}\cdot\lim_{h\to 0}\frac{1}{f(x)f(x+h)}$$

Essendo $f(x)$ derivabile (e quindi anche continua), si ha

$$\lim_{h\to 0} f(x+h)=f(x).$$

Quindi:

$$y'=-f'(x)\cdot\frac{1}{f(x)f(x)}=-\frac{f'(x)}{f^2(x)}.$$

ESEMPIO

1. $y = \frac{1}{\sin x} \rightarrow y' = -\frac{\cos x}{\sin^2 x}$

2. $y = \frac{5}{x^3 - 2} \rightarrow y' = -5 \cdot \frac{3x^2}{(x^3-2)^2} = -\frac{15x^2}{(x^3-2)^2}$

▶ Calcola la derivata di $y = \frac{1}{e^x}$.

Derivata del quoziente di due funzioni

▶ Esercizi a p. 1280

TEOREMA

La derivata del quoziente di due funzioni derivabili (con funzione divisore non nulla) è uguale a una frazione che ha:

- per numeratore la differenza fra la derivata del dividendo moltiplicata per il divisore non derivato e il dividendo non derivato moltiplicato per la derivata del divisore;
- per denominatore il quadrato del divisore.

$$\mathrm{D}\left[\frac{f(x)}{g(x)}\right] = \frac{f'(x) \cdot g(x) - f(x) \cdot g'(x)}{g^2(x)}, \quad \text{con } g(x) \neq 0.$$

Listen to it

For f and g differentiable functions, with $g(x)$ never equal to 0, the **derivative of the ratio** $\frac{f(x)}{g(x)}$ is

$\mathrm{D}\left[\frac{f(x)}{g(x)}\right] = \frac{f'(x) \cdot g(x) - f(x) \cdot g'(x)}{g^2(x)}$.

DIMOSTRAZIONE

Consideriamo la funzione quoziente come prodotto di due funzioni:

$$y = f(x) \cdot \frac{1}{g(x)}.$$

Applichiamo la regola della derivata di un prodotto:

$$\mathrm{D}\left[\frac{f(x)}{g(x)}\right] = \mathrm{D}\left[f(x) \cdot \frac{1}{g(x)}\right] = f'(x) \cdot \frac{1}{g(x)} + f(x) \cdot \mathrm{D}\left[\frac{1}{g(x)}\right].$$

Applichiamo la regola della derivata del reciproco di una funzione:

$$\mathrm{D}\left[\frac{1}{g(x)}\right] = -\frac{g'(x)}{g^2(x)} \rightarrow \mathrm{D}\left[\frac{f(x)}{g(x)}\right] = f'(x) \cdot \frac{1}{g(x)} + f(x) \cdot \left[\frac{-g'(x)}{g^2(x)}\right].$$

Riduciamo allo stesso denominatore e concludiamo:

$$\mathrm{D}\left[\frac{f(x)}{g(x)}\right] = \frac{f'(x) \cdot g(x) - f(x) \cdot g'(x)}{g^2(x)}.$$

Video

Regole di derivazione: quoziente

▶ Qual è la derivata della funzione $f(x) = \frac{\ln x}{x^2}$?

ESEMPIO

$$y = \frac{3x^2 - 1}{x^2 + x} \rightarrow y' = \frac{3 \cdot 2x \cdot (x^2 + x) - (2x + 1) \cdot (3x^2 - 1)}{(x^2 + x)^2} =$$

$$\frac{\cancel{6x^3} + 6x^2 - \cancel{6x^3} + 2x - 3x^2 + 1}{(x^2 + x)^2} = \frac{3x^2 + 2x + 1}{(x^2 + x)^2}.$$

▶ Calcola la derivata di $y = \frac{\ln x - x}{x^3}$.

Animazione

Dal teorema precedente, come casi particolari, si ricavano le derivate della funzione tangente e della funzione cotangente.

Derivata della funzione tangente e della funzione cotangente

Poiché $y = \tan x = \frac{\sin x}{\cos x}$, applichiamo la formula di derivazione di un quoziente.

uguale a 1

$$y' = \frac{\cos x \cdot \cos x - \sin x \cdot (-\sin x)}{\cos^2 x} = \frac{\boxed{\sin^2 x + \cos^2 x}}{\cos^2 x} \rightarrow y' = \frac{1}{\cos^2 x},$$

oppure

$$y' = \frac{\cos^2 x}{\cos^2 x} + \frac{\sin^2 x}{\cos^2 x} = 1 + \tan^2 x.$$

Quindi: $\mathbf{D}\tan x = \dfrac{1}{\cos^2 x} = 1 + \tan^2 x.$

Analogamente, se scriviamo $y = \cot x = \dfrac{\cos x}{\sin x}$, otteniamo:

$$\mathbf{D}\cot x = -\frac{1}{\sin^2 x} = -(1 + \cot^2 x).$$

5 Derivata di una funzione composta

▶ Esercizi a p. 1282

Richiamiamo il concetto di funzione composta, spiegando quali simboli utilizzeremo per il calcolo della sua derivata.
Consideriamo per esempio la funzione:

$$y = \ln(x^2 + 2).$$

Essa rappresenta il logaritmo del polinomio $x^2 + 2$, che a sua volta è una funzione di x.
Se poniamo $z = x^2 + 2$, otteniamo $y = \ln z$. In questo modo mettiamo in evidenza che l'argomento della funzione logaritmo non è la variabile indipendente x, ma è a sua volta un'altra funzione, cioè $z(x) = (x^2 + 2)$.
In generale, consideriamo $z = g(x)$ funzione della variabile x, dal dominio A all'immagine B, e $y = f(z)$ funzione della variabile z, dal dominio B all'immagine C. La funzione $y = f(g(x))$ è una funzione composta (o funzione di funzione) perché y è funzione di z, che a sua volta è funzione di x.
Le due funzioni $z = g(x)$ e $y = f(z)$ sono dette *componenti* della funzione composta.
Vale il seguente teorema.

TEOREMA

Se la funzione g è derivabile nel punto x e la funzione f è derivabile nel punto $z = g(x)$, allora la funzione composta $y = f(g(x))$ è derivabile in x e la sua derivata è il prodotto delle derivate di f rispetto a g e di g rispetto a x:

$$\mathbf{D}\,[f(g(x))] = f'(g(x)) \cdot g'(x).$$

DIMOSTRAZIONE

$$\mathrm{D}[f(g(x))] = \lim_{h \to 0} \frac{f(g(x+h)) - f(g(x))}{h}$$

Poiché $z = g(x)$, allora $g(x+h) - g(x) = \Delta z$, da cui:

$$g(x+h) = g(x) + \Delta z = z + \Delta z.$$

Sostituiamo nel limite: $\lim\limits_{h \to 0} \dfrac{f(z+\Delta z) - f(z)}{h}$.

Moltiplichiamo numeratore e denominatore per Δz:

$$\lim_{h \to 0} \frac{f(z+\Delta z) - f(z)}{\Delta z} \cdot \frac{\Delta z}{h}.$$

Poiché la funzione $z = g(x)$ è derivabile per ipotesi e quindi continua, si ha:

$$\lim_{h \to 0} \Delta z = \lim_{h \to 0} [g(x+h) - g(x)] = 0.$$

Calcoliamo allora:

$$\lim_{h \to 0} \frac{f(z+\Delta z) - f(z)}{\Delta z} \cdot \frac{g(x+h) - g(x)}{h} = f'(z) \cdot g'(x).$$

Concludiamo che:

$$\mathrm{D}[f(g(x))] = f'(g(x)) \cdot g'(x).$$

ESEMPIO

Calcoliamo la derivata di $y = \ln(x^2 + 2)$, in cui:

$$y = f(z) = \ln z \text{ e } z = g(x) = x^2 + 2.$$

$$y' = \left(\frac{1}{x^2+2}\right) \cdot (2x)$$

derivata della funzione della variabile x, argomento del logaritmo

derivata della funzione logaritmica

> ▶ Calcola la derivata di $y = e^{3x-1}$.

Consideriamo un esempio di derivazione della potenza di una funzione.

ESEMPIO

Calcoliamo la derivata di $y = (2x^3 - 3x^2 + x - 1)^4$, in cui consideriamo:

$$g(x) = 2x^3 - 3x^2 + x - 1 \quad \text{e} \quad y = f(g(x)) = [g(x)]^4.$$

Per la formula di derivazione della funzione composta, otteniamo:

$$y' = 4 \cdot [g(x)]^3 \cdot g'(x), \quad \text{dove } g'(x) = 6x^2 - 6x + 1.$$

Sostituendo:

$$y' = 4 \cdot (2x^3 - 3x^2 + x - 1)^3 \cdot (6x^2 - 6x + 1).$$

> **Animazione**
>
> Nell'animazione c'è la risoluzione di entrambi gli esercizi che proponiamo sulla derivazione di $y = e^{3x-1}$ e di $y = (4x^2 - 1)^2$.

> ▶ Calcola la derivata di $y = (4x^2 - 1)^2$.

Generalizzando, per una funzione $f(x)$ vale la regola di derivazione:

$$\mathbf{D}[f(x)]^\alpha = \alpha [f(x)]^{\alpha - 1} f'(x), \quad \text{con } \alpha \in \mathbb{R}.$$

Il teorema della derivazione di una funzione composta può essere esteso a un numero qualunque di funzioni componenti.

Per esempio, nel caso di tre funzioni, essendo $y = f(g(z(x)))$, abbiamo:

$$\mathbf{D}\, f(g(z(x))) = f'(g(z(x))) \cdot g'(z(x)) \cdot z'(x).$$

> ▶ Calcola la derivata di $y = \ln^4 \cos x$.
>
> **Animazione**

TEORIA

6 Derivata della funzione inversa

▶ Esercizi a p. 1287

TEOREMA

Consideriamo la funzione $y = f(x)$ definita e invertibile nell'intervallo I e la sua funzione inversa $x = f^{-1}(y)$. Se $f(x)$ è derivabile nel punto $x \in I$ con $f'(x) \neq 0$, allora anche $f^{-1}(y)$ è derivabile nel punto $y = f(x)$ e vale la relazione:

$$\mathbf{D}[f^{-1}(y)] = \frac{1}{f'(x)}, \quad \text{con } x = f^{-1}(y).$$

Supponendo che esistano le due derivate, per giustificare la relazione che intercorre fra loro, ricordiamo che:

$$f^{-1}[f(x)] = x.$$

Deriviamo i due membri di questa uguaglianza:

$$\mathrm{D}[f^{-1}(y)] \cdot f'(x) = 1 \quad \rightarrow \quad \mathrm{D}[f^{-1}(y)] = \frac{1}{f'(x)}.$$

Di particolare interesse è l'applicazione del teorema nel calcolo delle derivate delle funzioni goniometriche inverse.

$y = f(x) = \arcsin x$, definita per $x \in [-1; 1]$, è l'inversa di $x = f^{-1}(y) = \sin y$, con $y \in \left[-\frac{\pi}{2}; \frac{\pi}{2}\right]$. Inoltre, la funzione seno è derivabile in $\left]-\frac{\pi}{2}; \frac{\pi}{2}\right[$ con derivata non nulla. Per il teorema precedente la funzione $f(x) = \arcsin x$ è derivabile in $]-1; 1[$ e possiamo calcolare la sua derivata utilizzando $f'(x) = \frac{1}{\mathrm{D}[f^{-1}(y)]}$.

Tenendo conto che se $y \in \left]-\frac{\pi}{2}; \frac{\pi}{2}\right[$ si ha $\cos y > 0$, otteniamo:

$$\mathrm{D} \arcsin x = \frac{1}{\mathrm{D} \sin y} = \frac{1}{\cos y} = \frac{1}{\sqrt{1 - \sin^2 y}} = \frac{1}{\sqrt{1 - x^2}}.$$

Quindi:

$$\mathbf{D}\,\mathbf{arcsin}\,x = \frac{1}{\sqrt{1 - x^2}}.$$

In modo analogo si ottengono:

$$\mathbf{D}\,\mathbf{arccos}\,x = -\frac{1}{\sqrt{1 - x^2}},$$

$$\mathbf{D}\,\mathbf{arctan}\,x = \frac{1}{1 + x^2},$$

$$\mathbf{D}\,\mathbf{arccot}\,x = -\frac{1}{1 + x^2}.$$

▶ Sai che $y = e^x$ ha per derivata se stessa ed è la funzione inversa di $y = \ln x$. Utilizza il teorema della derivata della funzione inversa per dimostrare che:
$\mathrm{D} \ln x = \frac{1}{x}$.

▶ Calcola la derivata
$y = \arcsin \sqrt{1 - x}$.

Animazione

Video

Derivata della funzione inversa

▶ Come possiamo interpretare graficamente la derivata della funzione inversa?

7 Derivate di ordine superiore al primo

▶ Esercizi a p. 1292

Consideriamo la funzione:

$$y = f(x) = x^3 - 2x + 1, \quad \text{con } x \in \mathbb{R}.$$

La sua derivata,

$$y' = f'(x) = 3x^2 - 2,$$

è, a sua volta, una funzione della variabile x, definita sempre per $x \in \mathbb{R}$. Anche di tale funzione possiamo calcolare la derivata:

$$\mathrm{D}\, y' = 6x.$$

A tale derivata diamo il nome di **derivata seconda** di $f(x)$, e la indichiamo con y'' oppure con $f''(x)$.
Per analogia, $y' = f'(x)$ è anche detta **derivata prima**.

Anche la derivata seconda ottenuta è una funzione che possiamo derivare; derivando quindi $y'' = 6x$ otteniamo la **derivata terza**:

$$y''' = 6.$$

In generale, data una funzione $y = f(x)$, con il procedimento esaminato si possono ottenere la derivata seconda, terza, quarta, … che sono le **derivate di ordine superiore** della funzione data.

In generale, indichiamo la derivata di ordine n di una funzione $y = f(x)$ con $y^{(n)}$.

▶ Calcola la derivata terza della funzione $y = \ln x - \ln^2 x$ nel punto $x_0 = 1$.

Animazione

ESEMPIO

Le derivate prima, seconda, terza e quarta di $y = \sin x$ sono:

$$y = \sin x, \quad y' = \cos x, \quad y'' = -\sin x, \quad y''' = -\cos x, \quad y^{(4)} = \sin x.$$

▶ Calcola la derivata nona di $y = \cos x$.

8 Retta tangente e punti di non derivabilità

Retta tangente

▶ Esercizi a p. 1293

Determiniamo l'equazione della retta tangente alla parabola $f(x)$ di equazione $y = x^2 + 2x$ nel suo punto $A(1; 3)$.
Ricordando l'equazione del fascio di rette di centro $A(x_A; y_A)$, che nel nostro caso è $A(1; 3)$, otteniamo:

$$y - y_A = m(x - x_A) \;\rightarrow\; y - 3 = m(x - 1).$$

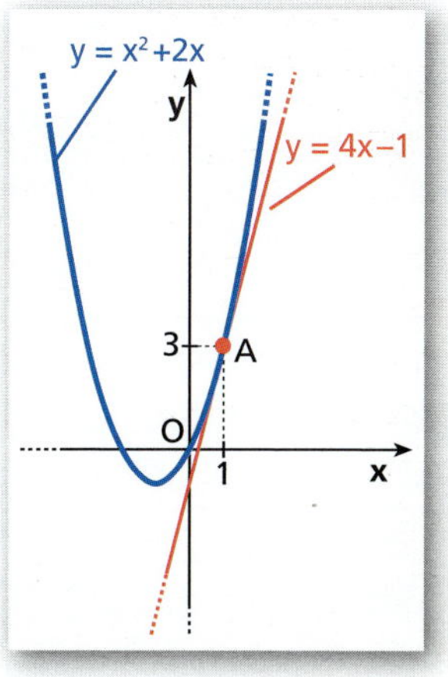

Il coefficiente angolare m è $f'(1)$, cioè il valore della derivata della funzione $y = x^2 + 2x$ calcolata nel suo punto $x = 1$:

$$f'(x) = 2x + 2 \;\rightarrow\; f'(1) = 2 + 2 = 4.$$

L'equazione della retta tangente in $A(1; 3)$ è: $y - 3 = 4(x - 1) \;\rightarrow\; y = 4x - 1$.

TEORIA

Animazione

Considerata la funzione $f(x) = 2x^3 - x^4 + \frac{1}{4}$, nell'animazione prima determiniamo la tangente nel punto di ascissa 1, poi, con una figura dinamica, esaminiamo come varia se consideriamo un punto di ascissa generica x_0.

In generale, data la funzione $y = f(x)$, l'equazione della retta tangente al grafico di f nel punto $(x_0; y_0)$, se tale retta esiste e non è parallela all'asse y, è:

$$y - y_0 = f'(x_0) \cdot (x - x_0).$$

Esamineremo fra poco il caso di punti con tangente parallela all'asse y.

Punti stazionari

▶ Esercizi a p. 1294

Nella figura vediamo alcuni esempi in cui la retta tangente al grafico della funzione in un suo punto di ascissa c è parallela all'asse x. In tutti i casi descritti l'equazione della tangente è del tipo $y = k$, ossia il suo coefficiente angolare è 0. Ciò significa che, in quel punto, la derivata è uguale a 0.

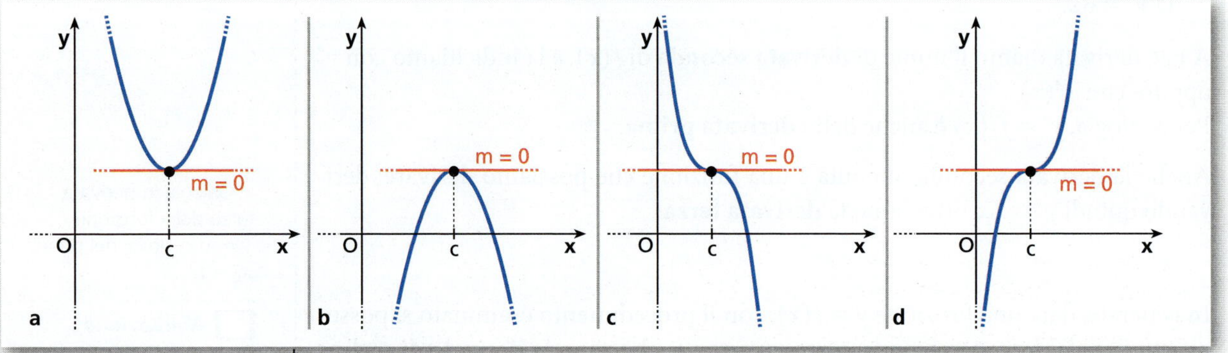

Listen to it

A **stationary point** of a function f is a value in the domain of f where the derivative of f is zero. At a stationary point the graph of f has a horizontal tangent.

DEFINIZIONE

Dati la funzione $y = f(x)$ e un suo punto $x = c$, se $f'(c) = 0$, allora $x = c$ è un **punto stazionario** o **punto a tangente orizzontale**.

Punti di non derivabilità

▶ Esercizi a p. 1295

Esaminiamo ora alcuni punti in cui la tangente è parallela all'asse y. In tali punti la funzione è continua ma **non** derivabile.

Flessi a tangente verticale

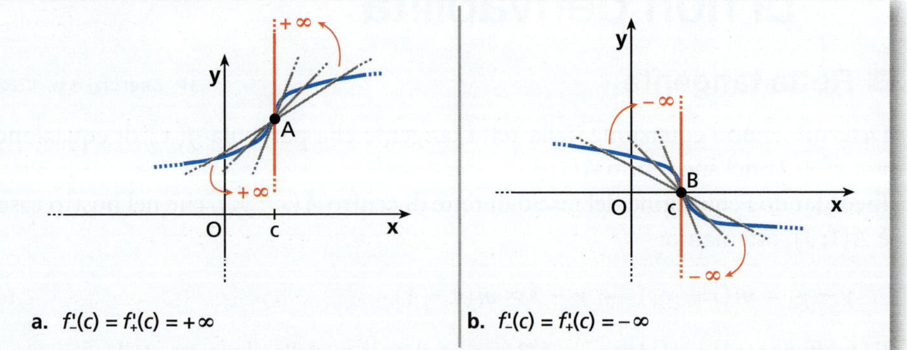

a. $f'_-(c) = f'_+(c) = +\infty$ **b.** $f'_-(c) = f'_+(c) = -\infty$

Osserviamo il grafico della figura **a**. Le rette secanti passanti per A tendono alla retta parallela all'asse y, man mano che gli ulteriori punti di intersezione si avvicinano ad A. Il coefficiente angolare delle secanti, ossia il rapporto incrementale della funzione, per $x \to c$, tende a $+\infty$, sia da destra sia da sinistra.

Poiché, per la definizione di derivata, il limite del rapporto incrementale $f'(c)$ deve essere un valore finito, la funzione non è derivabile in $x = c$. Per esprimere questo concetto possiamo anche scrivere: $f'_{-}(c) = f'_{+}(c) = +\infty$.
Si ragiona in modo analogo con la funzione della figura **b**.
Entrambe le funzioni hanno la proprietà che nel punto considerato sono continue e il limite del rapporto incrementale, pur non essendo finito, ha *la stessa tendenza sia da destra sia da sinistra* (o sempre a $+\infty$ o sempre a $-\infty$).

I punti di non derivabilità come A e B dei grafici delle figure **a** e **b** si chiamano punti di **flesso a tangente parallela all'asse** y o **a tangente verticale**.

Cuspidi

Osserviamo ora i grafici della figura seguente.

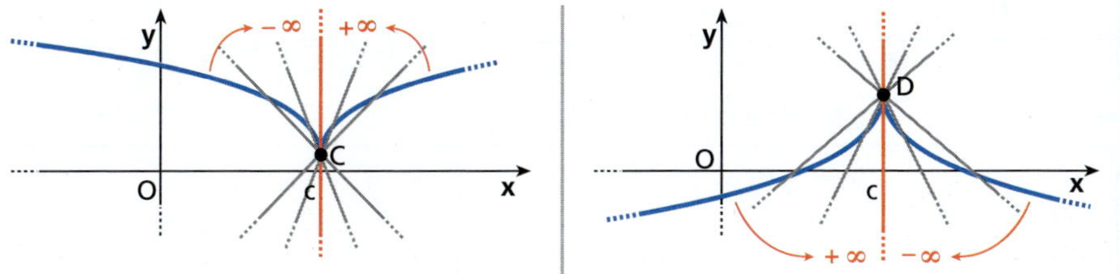

a. $f'_{-}(c) = -\infty$ e $f'_{+}(c) = +\infty$, quindi $f'_{-}(c) \neq f'_{+}(c)$.

b. $f'_{-}(c) = +\infty$ e $f'_{+}(c) = -\infty$, quindi $f'_{-}(c) \neq f'_{+}(c)$.

I punti di non derivabilità come C e D dei grafici della figura si chiamano **cuspidi**.

Punti angolosi

Consideriamo i grafici della figura sotto.
Così come si parla di derivata destra e derivata sinistra, possiamo parlare di tangente destra e tangente sinistra. Nel caso dei punti angolosi esistono due tangenti al grafico nello stesso punto e diverse tra loro.

I punti di non derivabilità come E e F dei grafici della figura si chiamano **punti angolosi**.

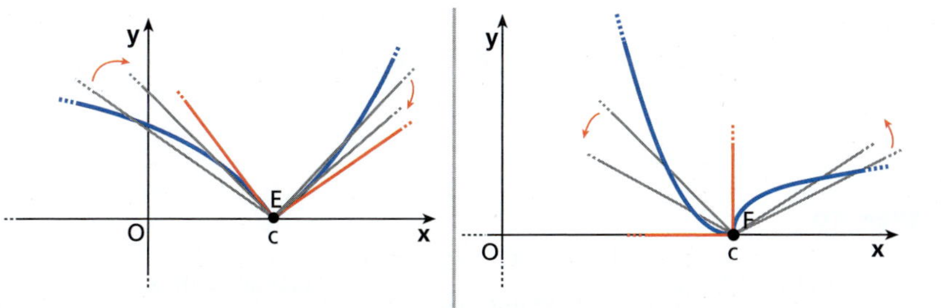

a. La derivata sinistra e la derivata destra nel punto c sono finite ma diverse fra loro: $f'_{-}(c) \neq f'_{+}(c)$.

b. Nel punto c la derivata sinistra è finita (uguale a 0), mentre $f'_{+}(c) = +\infty$.

Video

Retta tangente al grafico di una funzione
Consideriamo la funzione
$f(x) = x^2 - \sqrt[3]{x} + 1$.

▶ Come varia la retta tangente nei suoi punti?

In sintesi

Punti di non derivabilità	Grafico		Derivata
flesso a tangente verticale	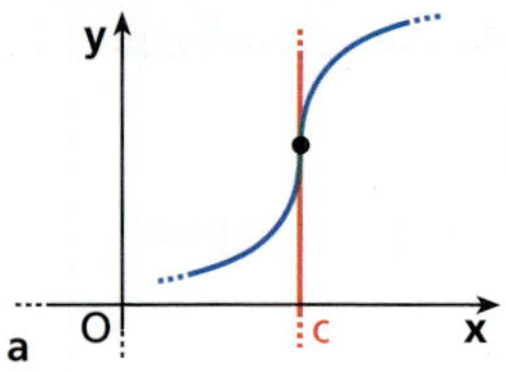	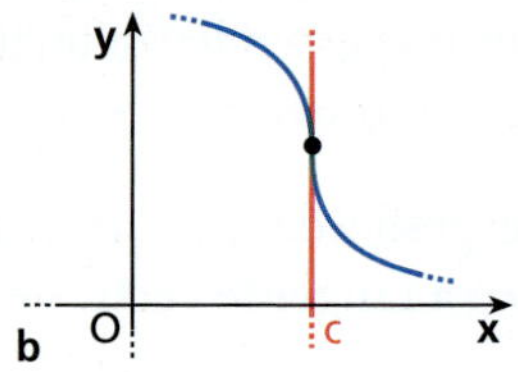	**a.** $f'_-(c) = f'_+(c) = +\infty$ **b.** $f'_-(c) = f'_+(c) = -\infty$
cuspide	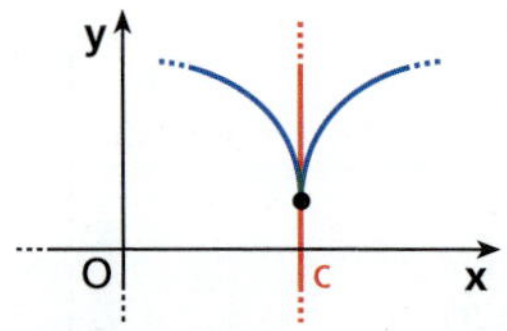 **a.** Verso il basso.	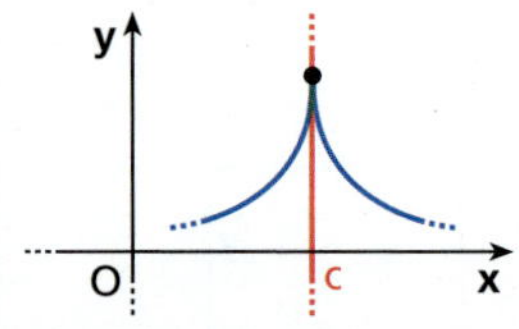 **b.** Verso l'alto.	**a.** $f'_-(c) = -\infty, \quad f'_+(c) = +\infty$ **b.** $f'_-(c) = +\infty, \quad f'_+(c) = -\infty$
punto angoloso	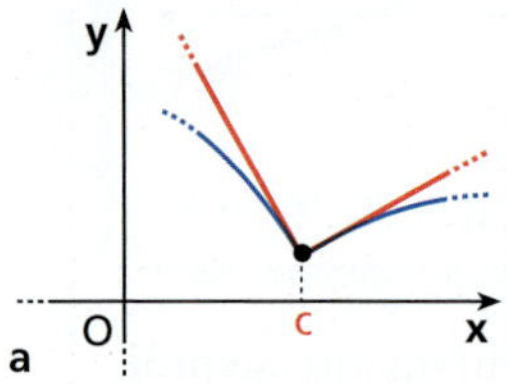	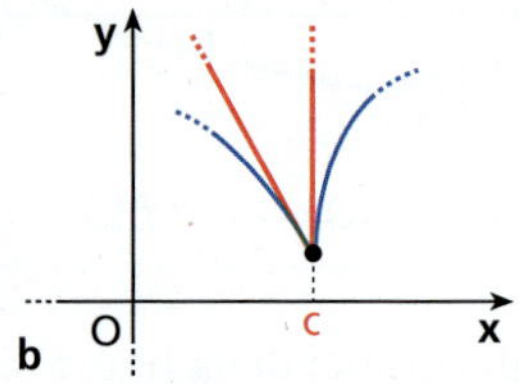	$f'_-(c) \neq f'_+(c)$ **a.** entrambe finite **b.** una finita, l'altra infinita

Criterio di derivabilità

▶ Esercizi a p. 1296

Enunciamo un criterio utile per esaminare la derivabilità di una funzione in un punto senza ricorrere al calcolo del limite del rapporto incrementale.

Se $f(x)$ è una funzione continua in $[a; b]$, derivabile in $]a; b[$ tranne al più in $x_0 \in]a; b[$ e se

$$\lim_{x \to x_0^-} f'(x) = \lim_{x \to x_0^+} f'(x) = l,$$

allora la funzione è derivabile in x_0 e risulta:

$$f'(x_0) = l.$$

ESEMPIO

Verifichiamo se $f(x) = \begin{cases} \sqrt[3]{x^3 - 1} & \text{se } x \leq 0 \\ -\sqrt{x^2 + 1} & \text{se } x > 0 \end{cases}$ è derivabile in $x = 0$.

La funzione è continua perché $\lim_{x \to 0^-} \sqrt[3]{x^3 - 1} = \lim_{x \to 0^+} -\sqrt{x^2+1} = f(0) = -1$.

Calcoliamo la derivata a sinistra e a destra in $x = 0$:

$$f'(x) = \frac{1}{\cancel{3}} \cdot \frac{\cancel{3}x^2}{\sqrt[3]{(x^3-1)^2}} = \frac{x^2}{\sqrt[3]{(x^3-1)^2}} \qquad \text{se } x < 0,$$

$$f'(x) = -\frac{1}{\cancel{2}} \cdot \frac{\cancel{2}x}{\sqrt{x^2+1}} = \frac{-x}{\sqrt{x^2+1}} \qquad \text{se } x > 0.$$

Poiché $\lim_{x \to 0^-} f'(x) = \lim_{x \to 0^+} f'(x) = 0$, la funzione è derivabile in $x = 0$ e

$f'(0) = 0$.

Osserviamo che il criterio esprime una **condizione sufficiente** ma non necessaria per la derivabilità. Quindi, anche se non sono verificate le ipotesi del teorema, la funzione potrebbe essere derivabile.

9 Applicazioni delle derivate

Applicazioni alla geometria

▶ Esercizi a p. 1298

Retta normale

Abbiamo già visto che l'equazione della retta tangente a una curva, che sia il grafico di una funzione $y = f(x)$, nel punto $(x_0; f(x_0))$ è

$$y - f(x_0) = f'(x_0)(x - x_0).$$

La **retta normale** a una curva in un suo punto $(x_0; f(x_0))$ è la retta perpendicolare alla tangente passante per il punto. L'equazione della retta normale al grafico di f in $(x_0; f(x_0))$ è quindi:

$$y - f(x_0) = -\frac{1}{f'(x_0)}(x - x_0),$$

con $f'(x_0) \neq 0$. Se $f'(x_0) = 0$, la tangente in x_0 è parallela all'asse x, quindi la normale è parallela all'asse y, con equazione $x = x_0$.

ESEMPIO

Determiniamo le equazioni della retta tangente e della retta normale al grafico della funzione $f(x) = \sqrt{x+3}$ nel suo punto A di ascissa 6.

Calcoliamo l'ordinata del punto A: $f(6) = \sqrt{6+3} = 3$.

Calcoliamo la derivata $f'(x) = \frac{1}{2\sqrt{x+3}}$.

I coefficienti angolari della tangente e della normale nel punto A sono:

$$f'(6) = \frac{1}{6} \quad \text{e} \quad -\frac{1}{f'(6)} = -6.$$

Scriviamo le equazioni:

tangente: $y - 3 = \frac{1}{6}(x - 6) \quad \to \quad x - 6y + 12 = 0$;

normale: $y - 3 = -6(x - 6) \quad \to \quad 6x + y - 39 = 0$.

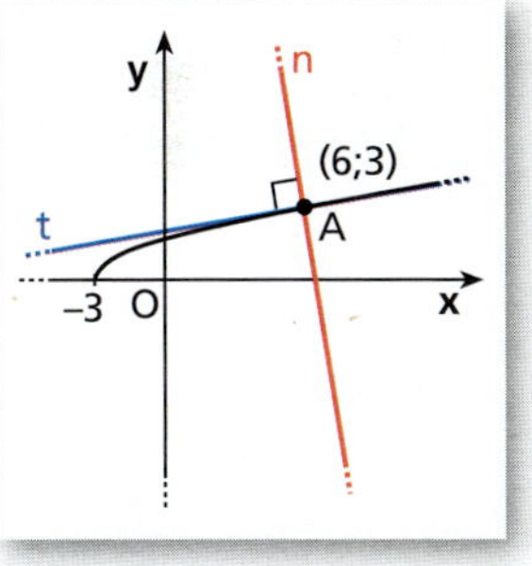

▶ Determina le equazioni della tangente e della normale al grafico di $f(x) = \frac{x}{x+2}$ nel suo punto di ascissa $x_0 = 1$.

Animazione

Grafici tangenti

Due curve sono tangenti in un punto se in quel punto hanno la stessa retta tangente.

Consideriamo i grafici di $y = f(x)$ e $y = g(x)$. Le due curve sono tangenti se:

- hanno un punto in comune, cioè esiste x_0 per cui $f(x_0) = g(x_0)$;
- nel punto in comune le rette tangenti alle curve hanno lo stesso coefficiente angolare:

  $f'(x_0) = g'(x_0)$, supponendo f e g derivabili.

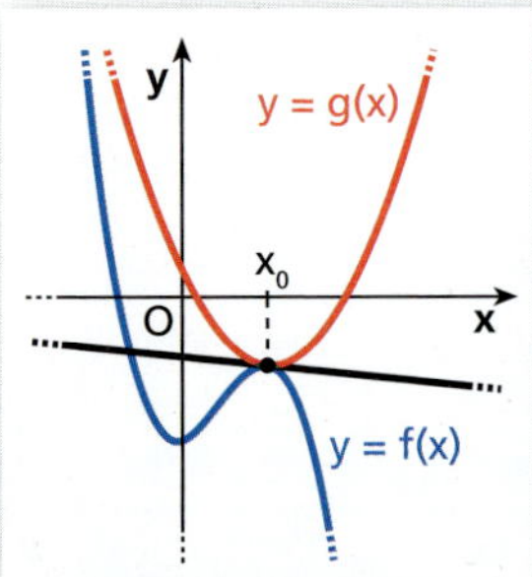

Quindi i grafici di f e g, funzioni derivabili nel loro dominio, sono tangenti in un punto di ascissa x_0 se e solo se

$$\begin{cases} f(x_0) = g(x_0) \\ f'(x_0) = g'(x_0) \end{cases}.$$

ESEMPIO

Determiniamo se i grafici delle funzioni

$$f(x) = x^3 - x^2 - 2x \quad \text{e} \quad g(x) = x^3 + x^2 + \frac{1}{2}$$

sono tangenti in un punto.

Calcoliamo le derivate: $f'(x) = 3x^2 - 2x - 2$; $g'(x) = 3x^2 + 2x$.

Cerchiamo x_0 che soddisfa il sistema

$$\begin{cases} \cancel{x^3} - x^2 - 2x = \cancel{x^3} + x^2 + \frac{1}{2} \\ \cancel{3x^2} - 2x - 2 = \cancel{3x^2} + 2x \end{cases} \rightarrow \begin{cases} 2x^2 + 2x + \frac{1}{2} = 0 \\ 4x = -2 \end{cases}.$$

La seconda equazione ha soluzione per $x = -\frac{1}{2}$. Verifichiamo che questo valore soddisfa anche la prima equazione:

$$2 \cdot \left(\frac{1}{4}\right) + 2 \cdot \left(-\frac{1}{2}\right) + \frac{1}{2} = \frac{1}{2} - 1 + \frac{1}{2} = 0.$$

Le due curve sono tangenti in $x_0 = -\frac{1}{2}$.

▶ Determina se i grafici delle funzioni $f(x) = x^2 - 3x$ e $g(x) = -x^3 + x^2 - 2$ sono tangenti in un punto.

Animazione

Applicazioni alla fisica

▶ Esercizi a p. 1304

Velocità

In fisica, per lo studio di un moto rettilineo, si scrive la **legge oraria** $s = f(t)$, ossia una funzione in cui la posizione s è la variabile dipendente e il tempo t è la variabile indipendente.

ESEMPIO

1. Nel moto rettilineo uniforme la legge oraria è

   $$s = vt + s_0,$$

   dove v è la velocità costante e s_0 la posizione al tempo $t = 0$.

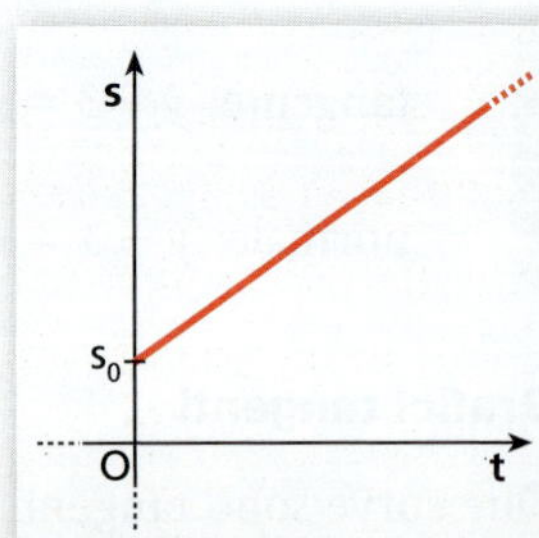

2. Nel moto rettilineo uniformemente accelerato la legge oraria è:

$$s = \frac{1}{2}at^2 + v_0t + s_0,$$

con a accelerazione costante, v_0 e s_0 velocità e posizione al tempo $t = 0$.

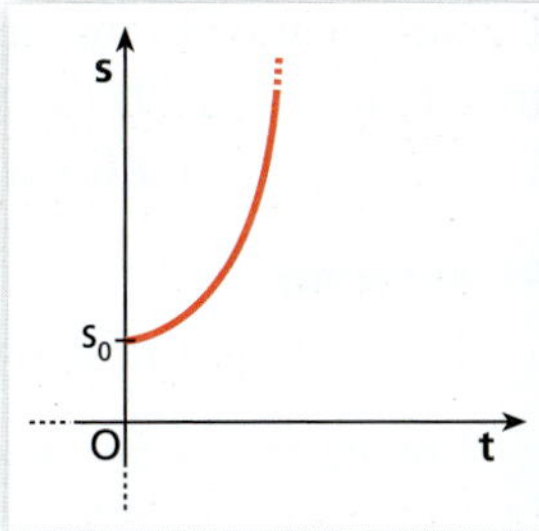

La grandezza *velocità media* è definita dal rapporto fra lo spazio percorso Δs, che è la differenza tra la posizione finale e la posizione iniziale del punto materiale, e il tempo Δt impiegato a percorrerlo:

$$v_{\text{media}} = \frac{\Delta s}{\Delta t} = \frac{f(t+\Delta t) - f(t)}{\Delta t}.$$

Quindi v_{media} rappresenta il rapporto incrementale della legge oraria $s = f(t)$.

La *velocità istantanea* del punto materiale all'istante t è il limite della velocità media v_{media} per $\Delta t \to 0$, cioè il limite del rapporto incrementale $\frac{\Delta s}{\Delta t}$:

$$v_{\text{istantanea}} = \lim_{\Delta t \to 0} \frac{\Delta s}{\Delta t} = \lim_{\Delta t \to 0} \frac{f(t+\Delta t) - f(t)}{\Delta t} = f'(t).$$

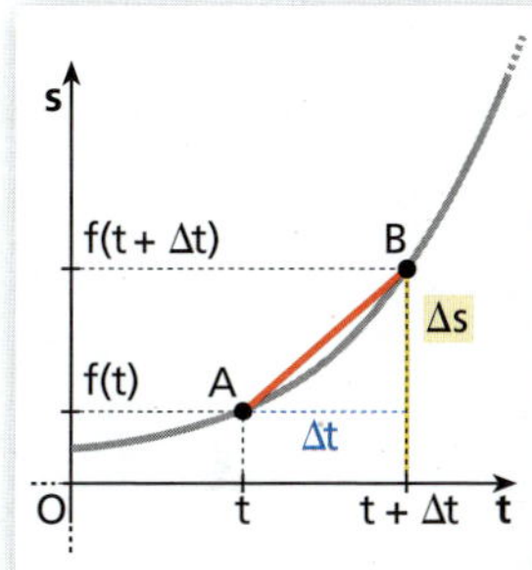

Quindi la velocità istantanea è la derivata della funzione che rappresenta la legge oraria calcolata nell'istante preso in considerazione.

ESEMPIO

Data la legge oraria $s(t) = 2t + 6t^2$, con s misurato in metri e t in secondi, calcoliamo la velocità istantanea all'istante $t = 3$ s.

$$s'(t) = 2 + 12t \to v_{\text{istantanea}} = s'(3) = 2 + 36 = 38 \to v_{\text{istantanea}} = 38 \text{ m/s}.$$

► Il moto di un corpo è descritto dalla legge oraria $s(t) = 3t + 4t^2$. Calcola la sua velocità istantanea a $t = 4$ s.

Puoi ricavare informazioni sulla velocità dal grafico di $s = f(t)$, sfruttando il significato geometrico della derivata.

La velocità istantanea indica la «rapidità» con cui varia la posizione al variare del tempo ed è il coefficiente angolare della retta tangente nel punto considerato. Con un grafico come quello della figura, puoi verificare, tracciando in più punti la tangente, che la velocità aumenta all'aumentare del tempo.

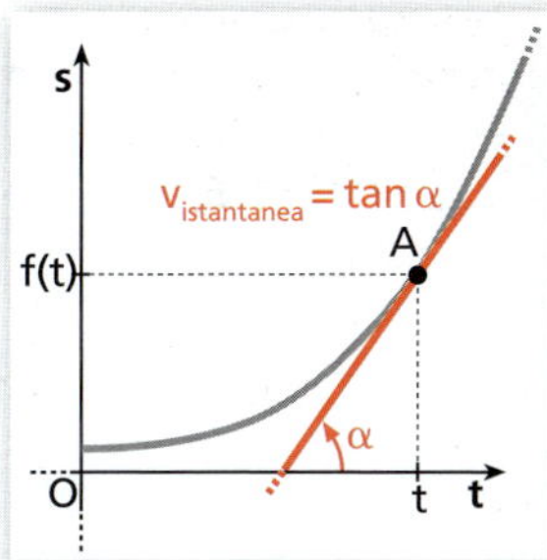

Accelerazione

Data la legge oraria $s = f(t)$, abbiamo visto che la velocità istantanea è data dalla relazione: $v = f'(t)$.

La grandezza *accelerazione media* è definita dal rapporto

$$a_{\text{media}} = \frac{\Delta v}{\Delta t}$$

fra la variazione della velocità istantanea e il tempo nel quale è avvenuta tale variazione, cioè l'accelerazione media è il rapporto incrementale della funzione $v(t)$.

Passando al limite del rapporto incrementale, al tendere a 0 dell'incremento Δt, questo limite, se esiste, rappresenta l'*accelerazione istantanea* che possiede il punto materiale all'istante t:

$$a_{\text{istantanea}} = \lim_{\Delta t \to 0} \frac{\Delta v}{\Delta t} = \lim_{\Delta t \to 0} \frac{v(t+\Delta t) - v(t)}{\Delta t} = v'(t) = f''(t).$$

Video

La legge oraria del moto

Il moto di un oggetto su una rotaia è descritto dalla legge oraria:

$$\ell = \frac{8}{t^2 - 2t + 4}.$$

► Qual è la sua velocità iniziale?

► E la distanza percorsa all'arresto?

TEORIA

L'accelerazione istantanea è quindi la derivata prima della funzione velocità rispetto al tempo, ossia la derivata seconda della posizione rispetto al tempo.
L'accelerazione indica la rapidità con cui varia la velocità.

ESEMPIO

Data la legge oraria $s(t) = 5t + 2t^2$, calcoliamo l'accelerazione all'istante $t = 2$ s.

Poiché $s'(t) = 5 + 4t$ e $s''(t) = 4$, possiamo affermare che:

$$a_{\text{istantanea}} = 4 \text{ m/s}^2.$$

L'accelerazione risulta costante e uguale a 4 m/s^2, anche al tempo $t = 2$ s; infatti, la legge del moto assegnata è quella di un moto uniformemente accelerato.

▶ Calcola l'accelerazione per $t = 1$ s di un corpo che si muove con la legge oraria $s(t) = -2 + 3t + 6t^2$.

Intensità di corrente

Si definisce *intensità di corrente* la quantità di carica che attraversa una certa sezione di un conduttore nell'unità di tempo. Se conosciamo la funzione $q(t)$ che lega la quantità di carica al tempo, per ottenere l'intensità di corrente media relativa a una quantità di carica Δq passata in un intervallo di tempo Δt, calcoliamo:

$$i_{\text{media}} = \frac{\Delta q}{\Delta t} = \frac{q(t + \Delta t) - q(t)}{\Delta t}.$$

i_{media} è il rapporto incrementale della quantità di carica considerata come funzione del tempo.

Passando al limite del rapporto incrementale al tendere a 0 dell'incremento Δt, ossia calcolando la derivata della funzione $q(t)$, otteniamo, se il limite esiste, l'*intensità istantanea* della corrente che circola nel conduttore all'istante t:

$$i_{\text{istantanea}} = \lim_{\Delta t \to 0} \frac{\Delta q}{\Delta t} = \lim_{\Delta t \to 0} \frac{q(t + \Delta t) - q(t)}{\Delta t} = q'(t).$$

ESEMPIO

Data la quantità di carica, misurata in coulomb, che attraversa un conduttore, secondo la legge $q = 3t^2 - 2t + 4$, determiniamo l'intensità di corrente all'istante $t = 3$ s:

$$i_{\text{istantanea}} = q'(t) = 6t - 2 \rightarrow i_{\text{istantanea}}(3) = 18 - 2 = 16 \rightarrow i_{\text{istantanea}} = 16 \text{ A}.$$

Con A indichiamo l'ampere, unità di misura dell'intensità di corrente.

10 Differenziale di una funzione

▶ Esercizi a p. 1306

Sia $f(x)$ una funzione derivabile, e quindi continua, in un intervallo e siano x e $(x + \Delta x)$ due punti di tale intervallo.

DEFINIZIONE

Il **differenziale** di una funzione $f(x)$, relativo al punto x e all'incremento Δx, è il prodotto della derivata della funzione, calcolata in x, per l'incremento Δx.
Il differenziale viene indicato con $df(x)$ oppure dy:

$$\boldsymbol{dy = f'(x) \cdot \Delta x}.$$

ESEMPIO

Calcoliamo i seguenti differenziali:

$$d\cos x = -\sin x \cdot \Delta x, \qquad d\ln x = \frac{1}{x} \cdot \Delta x.$$

Notiamo che il differenziale dipende da due elementi: il punto x in cui calcoliamo il differenziale e l'incremento Δx che consideriamo.

ESEMPIO

Il differenziale di $y = 2x^3 + 3$ è $dy = 6x^2 \cdot \Delta x$.

Per $x = 1$ e $\Delta x = 0{,}3$ vale $dy = 6 \cdot (1)^2 \cdot 0{,}3 = 1{,}8$.

Per $x = 2$ e $\Delta x = 0{,}2$ vale $dy = 6 \cdot (2)^2 \cdot 0{,}2 = 24 \cdot 0{,}2 = 4{,}8$.

Consideriamo la funzione $y = x$ e calcoliamone il differenziale:

$$dy = dx = 1 \cdot \Delta x \quad \rightarrow \quad \boldsymbol{dx = \Delta x}.$$

Ciò significa che *il differenziale della variabile indipendente x è uguale all'incremento della variabile stessa.*

Sostituendo nella definizione di differenziale, possiamo scrivere $\boldsymbol{dy = f'(x) \cdot dx}$, cioè *il differenziale di una funzione è uguale al prodotto della sua derivata per il differenziale della variabile indipendente.*

Da quest'ultima relazione, ricavando $f'(x)$, abbiamo: $\boldsymbol{f'(x) = \frac{dy}{dx}}$.

La derivata prima di una funzione è dunque il rapporto fra il differenziale della funzione e quello della variabile indipendente.

La scrittura $f'(x) = \frac{dy}{dx}$ è utile anche nelle applicazioni relative a funzioni per le quali, nell'espressione analitica, oltre alla variabile indipendente, sono presenti dei parametri. Consideriamo per esempio $y = \frac{1}{2}at^2 + kt$, dove t è la variabile indipendente e a e k sono parametri, allora la derivata è:

$$\frac{dy}{dt} = at + k.$$

Interpretazione geometrica del differenziale

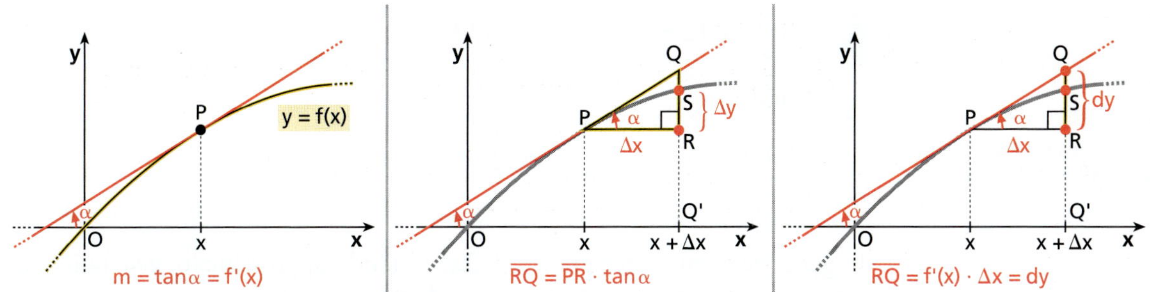

a. Consideriamo il grafico della funzione $y = f(x)$ e la retta tangente nel punto P, di ascissa x.

b. In corrispondenza del punto Q' di ascissa $x + \Delta x$, tracciamo i punti R, S e Q. Il triangolo PRQ è rettangolo in R. Per il teorema dei triangoli rettangoli si ha: $\overline{RQ} = \overline{PR} \cdot \tan\alpha$.

c. Poiché $\overline{PR} = \Delta x$ e $\tan\alpha = f'(x)$, risulta $\overline{RQ} = dy$.

TEORIA

Animazione

Considerata $f(x) = -\frac{1}{4}x^2 + 3x - 5$, nell'animazione tracciamo la tangente al suo grafico in $x = 3$ ed esaminiamo con una figura dinamica la differenza fra Δy e dy al variare dell'incremento Δy.

Consideriamo il triangolo rettangolo *PRQ*. Applicando a esso il teorema dei triangoli rettangoli della trigonometria, si ha:

$$\overline{RQ} = \overline{PR} \cdot \tan\alpha.$$

Ma $\overline{PR} = \Delta x$ e $\tan\alpha = f'(x)$.

Sostituendo, otteniamo:

$$\overline{RQ} = f'(x) \cdot \Delta x = dy.$$

Ciò significa che il differenziale dy è la variazione che subisce l'ordinata della retta tangente alla curva quando si passa dal punto di ascissa x al punto di ascissa $(x + \Delta x)$.

L'incremento Δy della funzione relativo al punto x e al punto $(x + \Delta x)$ è la variazione che subisce l'ordinata della curva, cioè $\overline{RS}$:

$$\overline{RS} = \overline{Q'S} - \overline{Q'R} = f(x + \Delta x) - f(x) = \Delta y.$$

Da quanto detto possiamo concludere che sostituire all'incremento Δy della funzione il suo differenziale da un punto di vista geometrico significa sostituire al grafico della funzione la sua tangente.

Il differenziale costituisce quindi un'approssimazione dell'incremento della funzione. Nella figura **c** possiamo notare che l'errore commesso nel compiere tale approssimazione è $\overline{QS}$. Più grande è Δx, più tale errore aumenta.

Vediamo ora con il seguente esempio un'applicazione del differenziale.

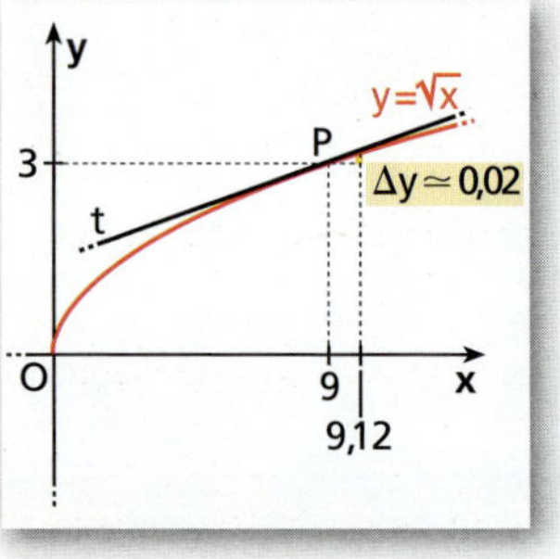

ESEMPIO

Calcoliamo il valore approssimato di $\sqrt{9{,}12}$.

Consideriamo $f(x) = \sqrt{x}$; scegliendo $x = 9$ e $\Delta x = 0{,}12$, possiamo scrivere:

$$\sqrt{9{,}12} = \sqrt{9 + 0{,}12} = f(x + \Delta x).$$

Calcoliamo:

$$\Delta y = f(x + \Delta x) - f(x) = \sqrt{9 + 0{,}12} - \sqrt{9},$$

$$dy = f'(x) \cdot dx = \frac{1}{2\sqrt{x}} \cdot \Delta x \quad \rightarrow \quad dy = \frac{1}{2\sqrt{9}} \cdot 0{,}12.$$

Poiché sappiamo che $\Delta y \simeq dy$, otteniamo:

$$\sqrt{9 + 0{,}12} - \sqrt{9} \simeq \frac{1}{2\sqrt{9}} \cdot 0{,}12.$$

Quindi:

$$\sqrt{9{,}12} \simeq \sqrt{9} + \frac{1}{2\sqrt{9}} \cdot 0{,}12 = 3 + \frac{1}{6} \cdot 0{,}12 = 3 + 0{,}02 \quad \rightarrow \quad \sqrt{9{,}12} \simeq 3{,}02.$$

▶ Calcola il valore approssimato di $\sqrt{16{,}09}$.

In generale si può calcolare $f(x + \Delta x)$ in modo approssimato, generalizzando il ragionamento fatto nell'esempio precedente:

$$f(x + \Delta x) = f(x) + \Delta y \simeq f(x) + dy \quad \rightarrow \quad \boldsymbol{f(x + \Delta x) \simeq f(x) + f'(x) \cdot \Delta x}.$$

IN SINTESI Derivate

Derivata di una funzione

Siano $y = f(x)$ una funzione definita in $[a; b]$ e c e $c + h$ due numeri reali interni all'intervallo.

- **Il rapporto incrementale** relativo a c è il numero: $\frac{f(c+h)-f(c)}{h}$.
- **Interpretazione geometrica**: considerati nel piano cartesiano i punti $A(c; f(c))$ e $B(c+h; f(c+h))$, il rapporto incrementale

$$\frac{\Delta y}{\Delta x} = \frac{f(c+h)-f(c)}{h}$$

è **il coefficiente angolare della retta passante per A e per B.**

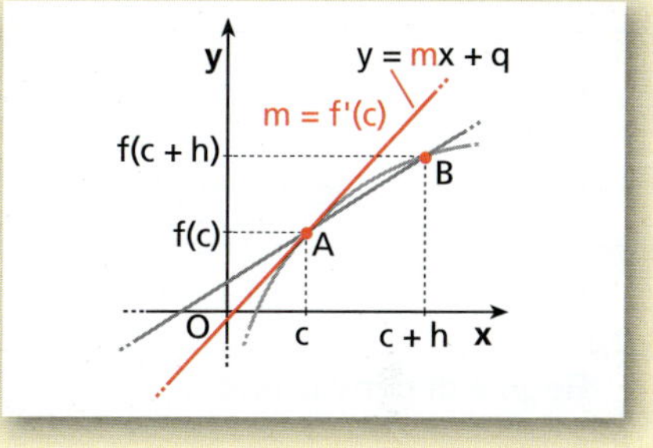

- **La derivata** della funzione f nel punto c interno all'intervallo è il limite, se esiste ed è finito, per h che tende a 0, del rapporto incrementale relativo a c e si indica con $f'(c)$:

$$f'(c) = \lim_{\Delta x \to 0} \frac{\Delta y}{\Delta x} = \lim_{h \to 0} \frac{f(c+h)-f(c)}{h}.$$

- **Interpretazione geometrica**: la derivata di una funzione in un punto c rappresenta il **coefficiente angolare** della retta tangente al grafico della funzione nel punto di ascissa c.
- Data la funzione $y = f(x)$, in un punto c,
  - la **derivata sinistra** è: $f'_-(c) = \lim_{h \to 0^-} \frac{f(c+h)-f(c)}{h}$;
  - la **derivata destra** è: $f'_+(c) = \lim_{h \to 0^+} \frac{f(c+h)-f(c)}{h}$.

  Una funzione $y = f(x)$ **è derivabile in un punto** c se esistono finite e uguali tra loro la derivata sinistra e la derivata destra.
- Una funzione $y = f(x)$ **è derivabile in un intervallo chiuso** $[a; b]$ se è derivabile in tutti i punti interni di $[a; b]$ e se esistono e sono finite in a la derivata destra e in b la derivata sinistra.
- Se una funzione $f(x)$ è **derivabile** nel punto x_0, in quel punto la funzione è anche **continua**. Invece non è detto che, se una funzione è continua in x_0, allora in x_0 sia anche derivabile.
- Data la funzione $y = f(x)$, la **derivata seconda** $y'' = f''(x)$ è la derivata della derivata prima. In modo analogo si definisce la **derivata terza**, che è la derivata della derivata seconda, e così via.

Punti di non derivabilità

Un punto di ascissa c del grafico di $y = f(x)$ è:

- un **flesso a tangente verticale** se $f'_-(c) = f'_+(c) = \pm\infty$;
- una **cuspide** se $f'_-(c) = -\infty$ e $f'_+(c) = +\infty$ oppure $f'_-(c) = +\infty$ e $f'_+(c) = -\infty$;
- un **punto angoloso** se $f'_-(c) \neq f'_+(c)$, dove almeno una delle due derivate ha un valore finito.

Derivate

Potenze di *x*	**Funzioni goniometriche**
$D\, k = 0$	$D \sin x = \cos x$
$D\, x = 1$	$D \cos x = -\sin x$
$D\, x^\alpha = \alpha x^{\alpha-1}$ se $\alpha \in \mathbb{N} - \{0\}, \forall x \in \mathbb{R}$; se $\alpha \in \mathbb{R}, \forall x$ con x^α derivabile	$D \tan x = \frac{1}{\cos^2 x} = 1 + \tan^2 x$
$D\sqrt{x} = \frac{1}{2\sqrt{x}}, \quad x > 0$	$D \cot x = -\frac{1}{\sin^2 x} = -(1 + \cot^2 x)$
Funzioni logaritmiche ed esponenziali	**Inverse delle funzioni goniometriche**
$D\, a^x = a^x \ln a, \quad a > 0$	$D \arctan x = \frac{1}{1+x^2}$
$D\, e^x = e^x$	$D \operatorname{arccot} x = -\frac{1}{1+x^2}$
$D \log_a x = \frac{1}{x} \log_a e, \quad x > 0, \quad a > 0 \land a \neq 1$	$D \arcsin x = \frac{1}{\sqrt{1-x^2}}$
$D \ln x = \frac{1}{x}, \quad x > 0$	$D \arccos x = -\frac{1}{\sqrt{1-x^2}}$
Regole di derivazione	
$D[k \cdot f(x)] = k \cdot f'(x)$	$D\, \frac{f(x)}{g(x)} = \frac{f'(x) \cdot g(x) - f(x) \cdot g'(x)}{g^2(x)}$
$D[f(x) + g(x)] = f'(x) + g'(x)$	$D[f(g(x))] = f'(g(x)) \cdot g'(x)$
$D[f(x) \cdot g(x)] = f'(x) \cdot g(x) + f(x) \cdot g'(x)$	$D[f^{-1}(y)] = \frac{1}{f'(x)}, \quad \text{con } x = f^{-1}(y)$
$D\, \frac{1}{f(x)} = -\frac{f'(x)}{f^2(x)}$	

Tangente al grafico di una funzione

- Data la funzione $y = f(x)$, l'**equazione della tangente** al grafico di f nel punto $(x_0; y_0)$, con $y_0 = f(x_0)$, quando esiste e non è parallela all'asse y, è $y - y_0 = f'(x_0)(x - x_0)$.
- Un punto $x = c$ si dice **stazionario** se $f'(c) = 0$.
  La tangente nel punto stazionario $(c; f(c))$ ha coefficiente angolare $m = 0$.

Differenziale

- Il **differenziale** di una funzione $f(x)$, relativo al punto x e all'incremento Δx, è il prodotto della derivata della funzione, calcolata in x, per l'incremento Δx. Lo indichiamo con $\boldsymbol{df(x)}$ oppure $\boldsymbol{dy}$: $\boldsymbol{dy = f'(x) \cdot \Delta x}$.
- Il **differenziale della variabile indipendente *x*** è uguale all'incremento della variabile stessa: $dx = \Delta x$. Quindi $dy = f'(x) \cdot dx$.
- Il differenziale dy è la variazione che subisce l'ordinata della tangente alla curva quando si passa dal punto della curva di ascissa x, cioè P, al punto della tangente di ascissa $(x + \Delta x)$, cioè Q.
  Sostituire all'incremento Δy della funzione il suo differenziale, **da un punto di vista geometrico**, significa sostituire al grafico della funzione la sua tangente.

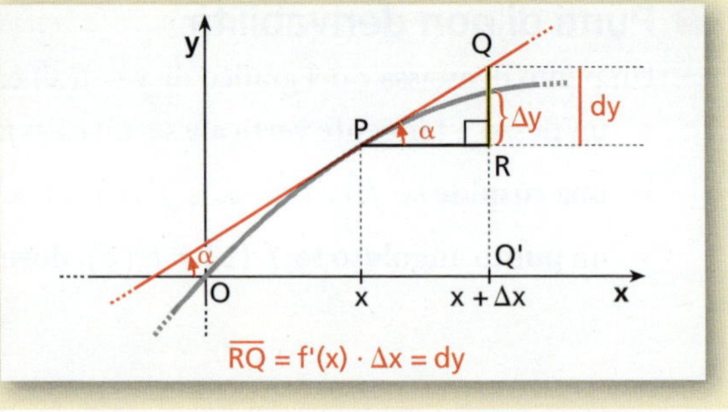

CAPITOLO 24

ESERCIZI

1 Derivata di una funzione

Rapporto incrementale

▶ Teoria a p. 1241

Data la funzione $f(x)$, calcola i valori indicati.

1 $f(x) = (x-1)^2$, $f(1)$, $f(-2)$, $f(a+1)$. $[0; 9; a^2]$

2 $f(x) = 2x - 1$, $f(4)$, $f(c)$, $f(c+h)$, $f(c+h) - f(c)$. $[7; 2c-1; 2(c+h)-1; 2h]$

Esprimi l'incremento $f(c+h) - f(c)$ delle seguenti funzioni nel punto c indicato.

3 $y = \sqrt{x+1}$, $c = 2$.

4 $y = \cos x$, $c = \frac{\pi}{3}$.

5 VERO O FALSO? Data una funzione $y = f(x)$, definita in un intervallo $[a; b]$, e due numeri reali c e $c+h$ appartenenti ad $]a; b[$, il rapporto incrementale di f rispetto a c:

a. dipende dall'incremento h. V F

b. rappresenta il rapporto tra l'incremento in ascissa e l'incremento in ordinata. V F

c. è un numero reale positivo. V F

d. rappresenta il coefficiente angolare della retta secante il grafico nei punti $(c; f(c))$ e $(c+h; f(c+h))$. V F

e. non si può calcolare per h negativo. V F

6 TEST Il rapporto incrementale di una funzione f nel punto $c = 0$ con incremento h si calcola con l'espressione:

A $\frac{f(h) - f(0)}{h}$.

B $\frac{f(0+h) + f(0)}{h}$.

C $\frac{f(0) - f(h)}{h}$.

D $\frac{f(0+h) - f(h)}{h}$.

E $\frac{f(h)}{h}$.

LEGGI IL GRAFICO **Determina l'equazione di $f(x)$ e calcola il rapporto incrementale di f nel punto c per l'incremento h assegnato. Nell'esercizio 7 la curva è una parabola, nell'esercizio 8 è un'iperbole.**

7

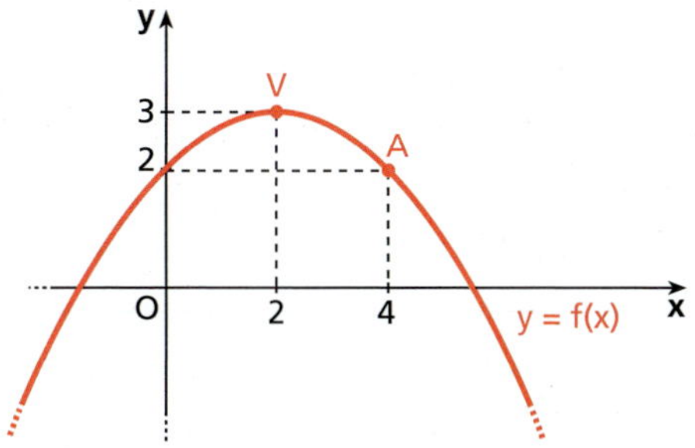

a. $c = 1$, $h = 2$;

b. $c = 5$, $h = 1$.

$\left[a)\ 0;\ b)\ -\frac{7}{4}\right]$

8

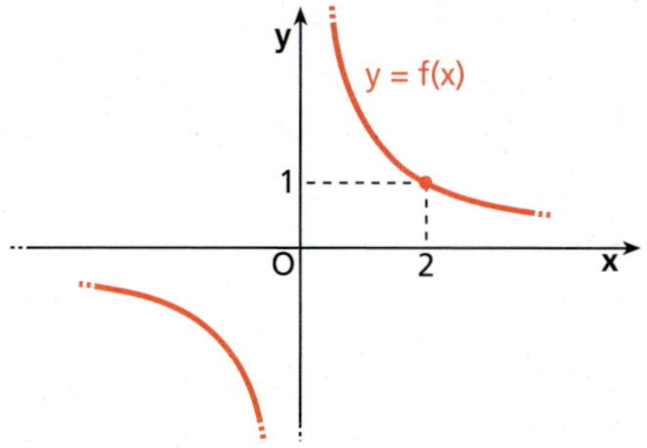

a. $c = 2$, $h = 1$;

b. $c = -1$, $h = -2$.

$\left[a)\ -\frac{1}{3};\ b)\ -\frac{2}{3}\right]$

9 REALTÀ E MODELLI **Pubblicità** Nel grafico a fianco vediamo l'andamento delle vendite di automobili in risposta a una spesa in pubblicità, sostenuta dalla casa produttrice.

a. Calcola il rapporto incrementale delle vendite per 0, 20 e 40 milioni di euro spesi con incremento $h = 20$.

b. Il rapporto incrementale cresce o diminuisce? Sapresti interpretare il risultato?

$\left[\text{a) } 3; \frac{3}{2}; 1; \text{ b) diminuisce}\right]$

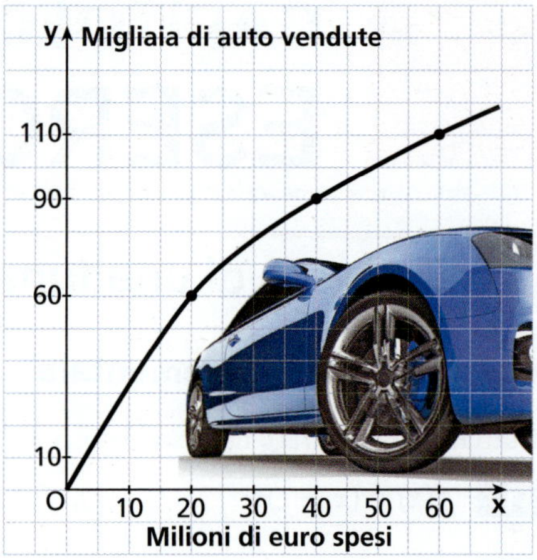

Determina il rapporto incrementale delle seguenti funzioni quando *x* varia nel modo indicato.

10 $f(x) = x^4 - 3x^2$, *x* varia da 0 a 2. $[2]$

11 $f(x) = \dfrac{x-1}{x^2}$, *x* varia da 1 a 3. $\left[\frac{1}{9}\right]$

12 $f(x) = 2x - 3$, *x* varia da −3 a −1. $[2]$

13 ESERCIZIO GUIDA Calcoliamo il rapporto incrementale di $f(x) = x^2 - x$ nel suo punto $c = 2$, e con un incremento h generico.

Calcoliamo il rapporto $\dfrac{f(c+h)-f(c)}{h}$, con $c = 2$.

$$f(c+h) = f(2+h) = (2+h)^2 - (2+h) = 4 + 4h + h^2 - 2 - h = h^2 + 3h + 2$$

$$f(c) = f(2) = 2^2 - 2 = 2$$

Quindi: $\dfrac{f(c+h)-f(c)}{h} = \dfrac{f(2+h)-f(2)}{h} = \dfrac{h^2 + 3h \cancel{+2} \cancel{-2}}{h} = h + 3.$

Determina il rapporto incrementale delle seguenti funzioni nel punto *c* indicato e per un incremento *h* generico.

14 $f(x) = 3x^2 + 2$, $c = -1$. $[-6 + 3h]$

15 $f(x) = \dfrac{x-5}{x}$, $c = 4$. $\left[\dfrac{5}{4(h+4)}\right]$

16 $f(x) = x^2 - 4x + 8$, $c = -3$. $[h - 10]$

17 $f(x) = 1 - \dfrac{\cos 2x}{2}$, $c = \dfrac{\pi}{4}$. $\left[\dfrac{\sin 2h}{2h}\right]$

Determina il rapporto incrementale delle seguenti funzioni nel punto generico *c* del dominio, per un incremento *h* generico.

18 $y = x^2 + x - 1$ $[h + 2c + 1]$

19 $y = x^2 - 4x$ $[h + 2c - 4]$

20 $y = \dfrac{2}{x} + 1$ $\left[-\dfrac{2}{c(c+h)}\right]$

21 $y = \dfrac{2x-1}{x}$ $\left[\dfrac{1}{c(c+h)}\right]$

22 $y = \dfrac{x-3}{x}$ $\left[\dfrac{3}{c(c+h)}\right]$

23 $y = -\dfrac{1}{2}\ln x$ $\left[-\dfrac{1}{2h}\ln\dfrac{c+h}{c}\right]$

Derivata di una funzione

▶ Teoria a p. 1242

24 VERO O FALSO?

a. Una funzione è derivabile in un punto se esiste il limite del rapporto incrementale in quel punto. V F

b. La derivata di una funzione in un punto è il coefficiente angolare della tangente al grafico in quel punto. V F

c. La derivata di una funzione in un punto generico è a sua volta una funzione. V F

d. La derivata di una funzione in un punto è un numero reale. V F

LEGGI IL GRAFICO **Determina, considerando il suo significato geometrico, la derivata della funzione *f* nel punto indicato in figura, dove la retta *t* è tangente al grafico di *f*.**

25

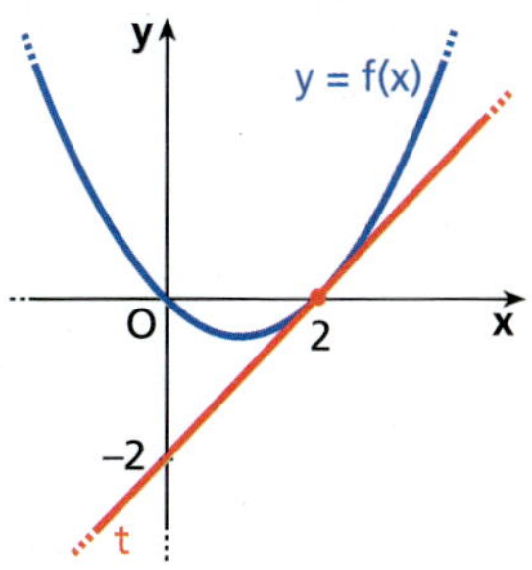

[1]

26

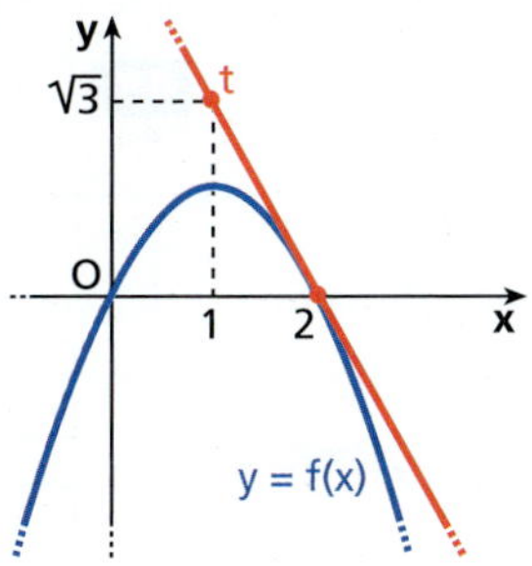

$[-\sqrt{3}]$

27

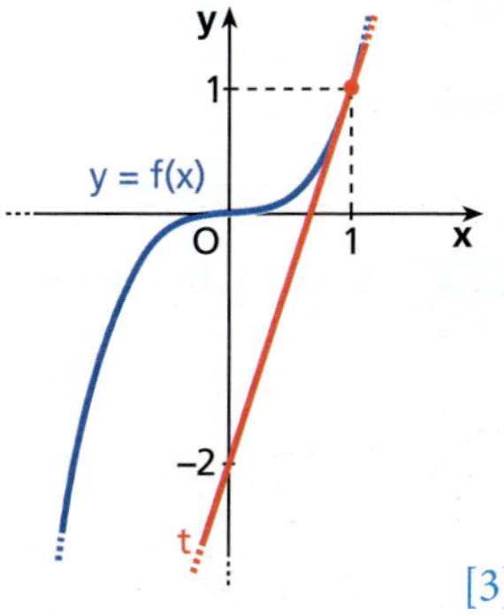

[3]

Calcolo della derivata in un punto assegnato

28 ESERCIZIO GUIDA Calcoliamo la derivata della funzione $f(x) = \frac{x^2-2}{x+1}$ nel punto $c = -2$, applicando la definizione di derivata.

Per la definizione di derivata sappiamo che: $f'(c) = \lim_{h \to 0} \frac{f(c+h) - f(c)}{h}$.

Calcoliamo prima il rapporto incrementale nel punto $c = -2$:

$$f(-2+h) = \frac{(-2+h)^2-2}{-2+h+1} = \frac{h^2-4h+2}{h-1}; \qquad f(-2) = \frac{(-2)^2-2}{-2+1} = -2;$$

$$\frac{f(-2+h)-f(-2)}{h} = \frac{\frac{h^2-4h+2}{h-1}+2}{h} = \frac{\frac{h^2-4h+\cancel{2}+2h-\cancel{2}}{h-1}}{h} = \frac{h^2-2h}{h-1}\cdot\frac{1}{h} = \frac{h-2}{h-1}.$$

Calcoliamo poi il limite del rapporto incrementale per $h \to 0$: $\lim_{h\to 0} \frac{h-2}{h-1} = 2$.

Concludiamo che: $f'(-2) = 2$.

Calcola la derivata delle seguenti funzioni nel punto *c* indicato, applicando la definizione di derivata.

29 $f(x) = 2x - 1, \quad c = 6.$ [2]

30 $f(x) = 7 - 3x, \quad c = 2.$ [−3]

31 $f(x) = x^2 + 4x + 1, \quad c = 1.$ [6]

32 $f(x) = 1 + \frac{1}{4}x^2, \quad c = 4.$ [2]

33 $f(x) = 2x^3 - x, \quad c = 0.$ [−1]

34 $f(x) = \frac{1}{2}x^2 - 2x, \quad c = -3.$ [−5]

35 $f(x) = \sqrt{2x+1}, \quad c = 12.$ $\left[\frac{1}{5}\right]$

36 $f(x) = \frac{x-1}{2-x}, \quad c = 1.$ [1]

ESERCIZI

37 $f(x) = \frac{x-1}{x}$, $c = 2$. $\left[\frac{1}{4}\right]$

38 $f(x) = -\frac{5}{x}$, $c = 2$. $\left[\frac{5}{4}\right]$

39 $f(x) = \frac{3}{x-1}$, $c = 4$. $\left[-\frac{1}{3}\right]$

40 $f(x) = \frac{4+x^2}{x+2}$, $c = 2$. $\left[\frac{1}{2}\right]$

41 $f(x) = -\frac{1}{\sqrt{x}}$, $c = 9$. $\left[\frac{1}{54}\right]$

42 $f(x) = -2\ln x$, $c = 1$. $[-2]$

43 $f(x) = e^{x-1}$, $c = 1$. $[1]$

44 $f(x) = \tan x$, $c = 0$. $[1]$

Dimostra, applicando la definizione, che non esiste la derivata delle seguenti funzioni nel punto *c* indicato.

45 $y = \sqrt{x-1}$, $c = 1$.

46 $y = \frac{1}{x}$, $c = 0$.

47 $y = \sqrt[3]{x}$, $c = 0$.

48 $y = \frac{1}{x-2}$, $c = 2$.

49 TEST Il limite $\lim_{h \to 0} \frac{(3+h)^2 - 9}{h}$ è per definizione la derivata di:

A $f(x) = x^2 - 9$ in $c = 3$.

B $f(x) = (x+3)^2$ in $c = 0$.

C $f(x) = \frac{(3+x)^2 - 9}{x}$ in $c = 0$.

D $f(x) = (x+1)^2$ in $c = 2$.

E $f(x) = (x+1)^2$ in $c = 3$.

50 COMPLETA con il simbolo $>$, $<$, $=$, ragionando sul significato geometrico di derivata:

a. $f'(-2)$ ☐ 0;

b. $f'(0)$ ☐ 0;

c. $f'(3)$ ☐ 0;

d. $f'(4)$ ☐ 0.

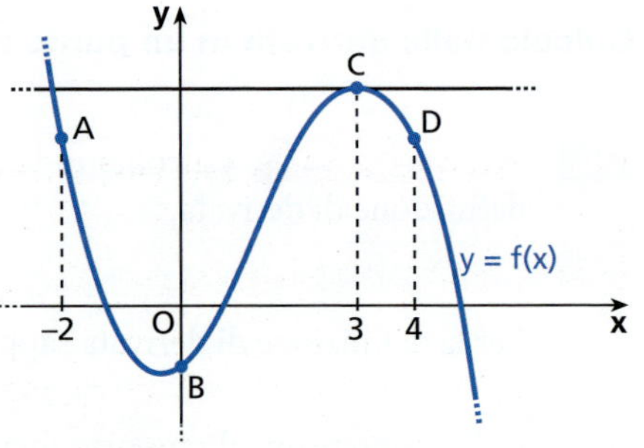

Calcolo della funzione derivata

51 ESERCIZIO GUIDA Data la funzione $f(x) = \sqrt{x+2}$, calcoliamo la sua derivata in un generico punto x.

Applicando la definizione di derivata, otteniamo:

$$f'(x) = \lim_{h \to 0} \frac{\sqrt{x+h+2} - \sqrt{x+2}}{h} = \lim_{h \to 0} \frac{(\sqrt{x+h+2} - \sqrt{x+2})}{h} \cdot \frac{(\sqrt{x+h+2} + \sqrt{x+2})}{(\sqrt{x+h+2} + \sqrt{x+2})} =$$

$$\lim_{h \to 0} \frac{\cancel{x} + h + \cancel{2} - \cancel{x} - \cancel{2}}{h(\sqrt{x+h+2} + \sqrt{x+2})} = \lim_{h \to 0} \frac{\cancel{h}}{\cancel{h}(\sqrt{x+h+2} + \sqrt{x+2})} = \frac{1}{2\sqrt{x+2}}.$$

Calcola la funzione derivata delle seguenti funzioni, applicando la definizione.

52 $f(x) = 4x - 9$ $[f'(x) = 4]$

53 $f(x) = -x^2 + 4x$ $[f'(x) = -2x + 4]$

54 $f(x) = 3x^2 - x$ $[f'(x) = 6x - 1]$

55 $f(x) = x^2 - 2x + 3$ $[f'(x) = 2x - 2]$

56 $f(x) = x^2 - 8x$ $[f'(x) = 2x - 8]$

57 $f(x) = \frac{1}{2}x^2 - 4x$ $[f'(x) = x - 4]$

58 $f(x) = \frac{2}{x}$ $\left[f'(x) = -\frac{2}{x^2}\right]$

59 $f(x) = \frac{1}{x^3}$ $\left[f'(x) = -\frac{3}{x^4}\right]$

60 $f(x) = \frac{1}{x-1}$ $\left[f'(x) = -\frac{1}{(x-1)^2}\right]$

61 $f(x) = \frac{x+1}{x}$ $\left[f'(x) = -\frac{1}{x^2}\right]$

62 $f(x) = \frac{5}{x^2+4}$ $\left[f'(x) = -\frac{10x}{(x^2+4)^2}\right]$

63 $f(x) = \frac{x}{x-5}$ $\left[f'(x) = \frac{-5}{(x-5)^2}\right]$

64 $f(x) = \frac{9-x}{x-1}$ $\left[f'(x) = -\frac{8}{(x-1)^2}\right]$

65 $f(x) = \sqrt{3x}$ $\left[f'(x) = \frac{3}{2\sqrt{3x}}\right]$

66 $f(x) = \sqrt{x} - 2$ $\left[f'(x) = \frac{1}{2\sqrt{x}}\right]$

67 $f(x) = 3\ln x$ $\left[f'(x) = \frac{3}{x}\right]$

68 $f(x) = -e^{1+x}$ $[f'(x) = -e^{1+x}]$

69 $f(x) = \sin(-x)$ $[f'(x) = -\cos(-x)]$

LEGGI IL GRAFICO Determina l'equazione della retta r e della parabola γ, calcola poi per ciascuna di esse la funzione derivata con la definizione e rappresentala nello stesso piano cartesiano.

70

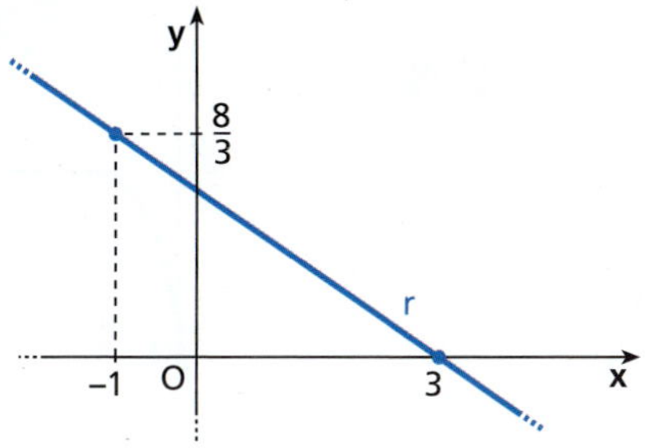

71

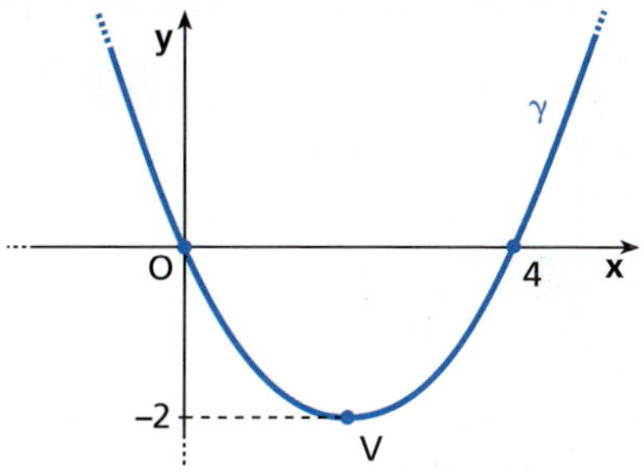

Derivata sinistra e derivata destra

▶ Teoria a p. 1244

72 **ESERCIZIO GUIDA** Calcoliamo la derivata destra e la derivata sinistra della funzione $y = |x^2 - 4|$, in $x = 2$.

Poiché $x^2 - 4 \geq 0 \;\rightarrow\; x \leq -2 \;\vee\; x \geq 2$, la funzione può anche essere scritta nella forma

$$y = \begin{cases} x^2 - 4 & \text{se } x \leq -2 \vee x \geq 2 \\ -x^2 + 4 & \text{se } -2 < x < 2 \end{cases}$$

dalla quale notiamo che a sinistra e a destra di 2 la funzione ha due espressioni analitiche diverse, che utilizziamo per il calcolo del rapporto incrementale.

A sinistra di 2, cioè per $h < 0$:

$$f(2+h) = -(2+h)^2 + 4 = -\cancel{4} - h^2 - 4h + \cancel{4} = -h^2 - 4h.$$

A destra di 2, cioè per $h > 0$:

$$f(2+h) = (2+h)^2 - 4 = h^2 + \cancel{4} + 4h - \cancel{4} = h^2 + 4h.$$

Inoltre: $f(2) = (2)^2 - 4 = 4 - 4 = 0$.

Calcoliamo le due derivate, sostituendo nei rapporti incrementali i valori trovati:

$$f'_-(2) = \lim_{h \to 0^-} \frac{f(2+h) - f(2)}{h} = \lim_{h \to 0^-} \frac{-h^2 - 4h - 0}{h} = \lim_{h \to 0^-}(-h - 4) = -4;$$

$$f'_+(2) = \lim_{h \to 0^+} \frac{f(2+h) - f(2)}{h} = \lim_{h \to 0^+} \frac{h^2 + 4h - 0}{h} = \lim_{h \to 0^+}(h + 4) = 4.$$

Essendo $f'_-(2) \neq f'_+(2)$, nel punto $x = 2$ la funzione non è derivabile.

Calcola la derivata destra e la derivata sinistra delle seguenti funzioni nei punti indicati.

73 ●○ $f(x) = |x-1|$, $c = 1$. $[f'_-(1) = -1;\ f'_+(1) = 1]$

74 ●○ $f(x) = |2x| - 1$, $c = 0$. $[f'_-(0) = -2;\ f'_+(0) = 2]$

75 ●○ $f(x) = \begin{cases} x-3 & \text{se } x \le 3 \\ \frac{1}{3}x - 1 & \text{se } x > 3 \end{cases}$, $c = 3$. $\left[f'_-(3) = 1;\ f'_+(3) = \frac{1}{3}\right]$

76 ●○ $f(x) = x^3 - x + 2$, $c = 1$. $[f'_-(1) = f'_+(1) = 2]$

77 ●○ $f(x) = \begin{cases} x^2 - 2x & \text{se } x \le 2 \\ 2x^2 - 5x + 2 & \text{se } x > 2 \end{cases}$, $c = 2$. $[f'_-(2) = 2;\ f'_+(2) = 3]$

78 ●○ $f(x) = \begin{cases} x^2 + x & \text{se } x \le 0 \\ \sqrt{x} & \text{se } x > 0 \end{cases}$, $c = 0$. $[f'_-(0) = 1;\ f'_+(0)$ non esiste finita$]$

LEGGI IL GRAFICO **Esamina i seguenti grafici e ricava il valore delle derivate, sinistra e destra, nel punto indicato, utilizzando il significato geometrico di derivata.**

79 ●○

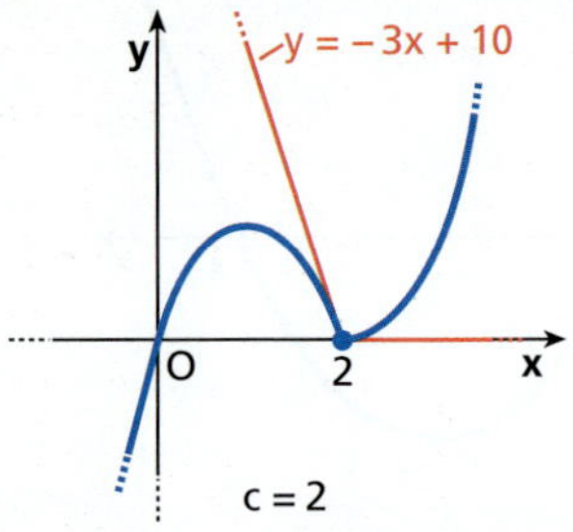

$[f'_-(2) = -3;\ f'_+(2) = 0]$

81 ●○

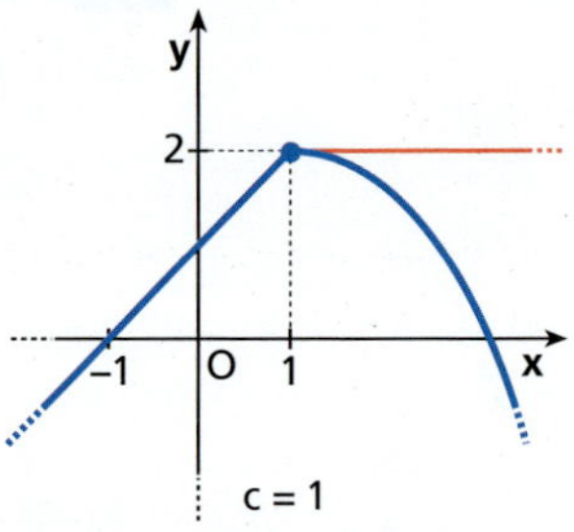

$[f'_-(1) = 1;\ f'_+(1) = 0]$

83 ●○

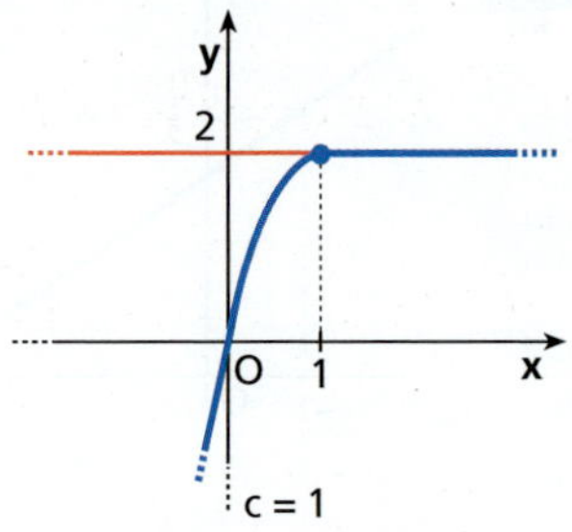

$[f'_-(1) = 0;\ f'_+(1) = 0]$

80 ●○

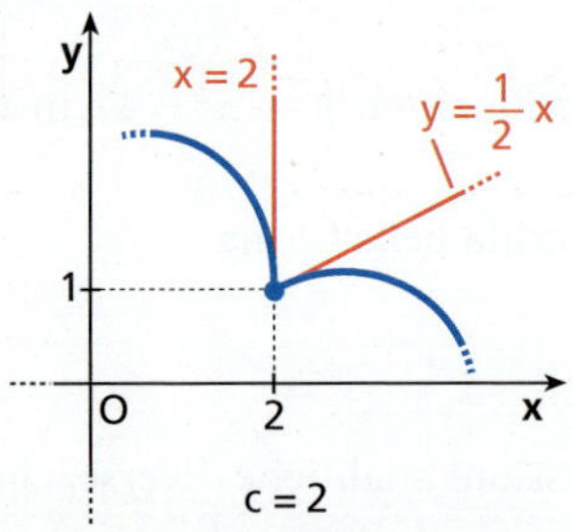

$\left[\text{non esiste finita } f'_-(2);\ f'_+(2) = \frac{1}{2}\right]$

82 ●○

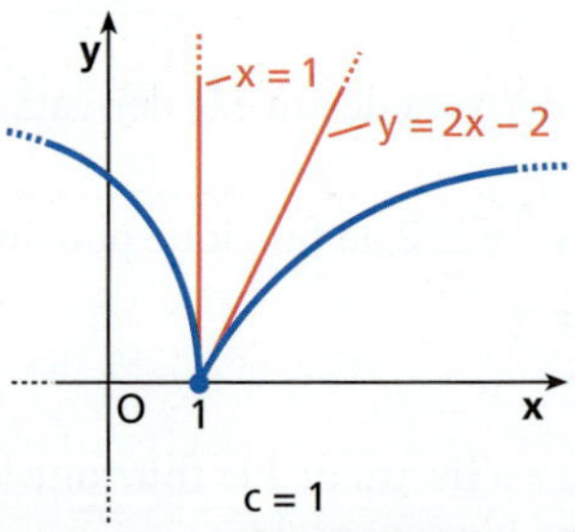

$[\text{non esiste finita } f'_-(1);\ f'_+(1) = 2]$

84 ●○

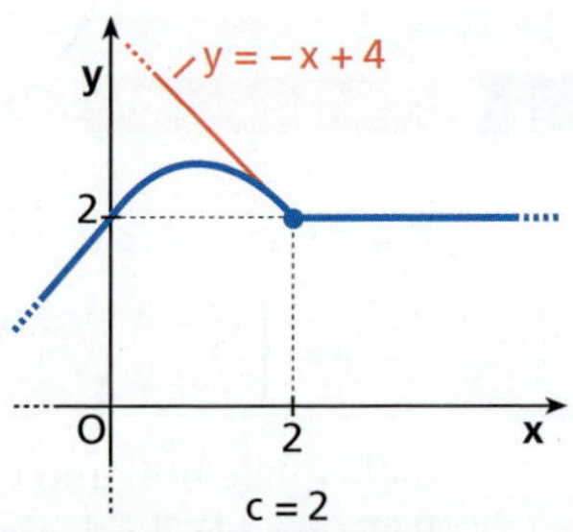

$[f'_-(2) = -1;\ f'_+(2) = 0]$

85 ●● **LEGGI IL GRAFICO** Nel grafico a lato, relativo alla funzione $f(x)$ definita e continua in tutto $\mathbb{R}$, sono rappresentate anche le rette e le semirette tangenti al grafico in alcuni suoi punti.

a. Determina $f'(1)$ e $f'(3)$.

b. Esiste $f'(-1)$? Esistono $f'_-(-1)$ e $f'_+(-1)$? Qual è il loro valore?

c. Indica gli intervalli in cui $f'(x)$ è negativa.

$\left[\text{a) } 0, -\frac{1}{2}; \text{ b) } f'(-1) \text{ non esiste, } f'_-(-1) = -2,\ f'_+(-1) = 0;\right.$
$\left.\text{c) } x < -1 \lor x > 1\right]$

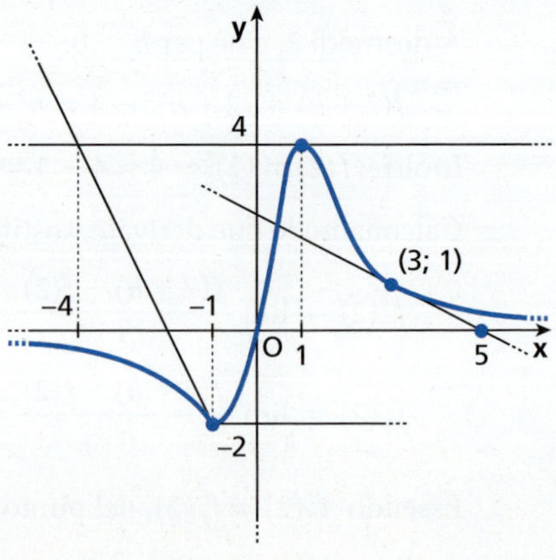

Funzione derivabile in un intervallo

LEGGI IL GRAFICO Esaminando i grafici e utilizzando il significato geometrico di derivata, deduci se le seguenti funzioni sono derivabili negli intervalli indicati.

86 ●○

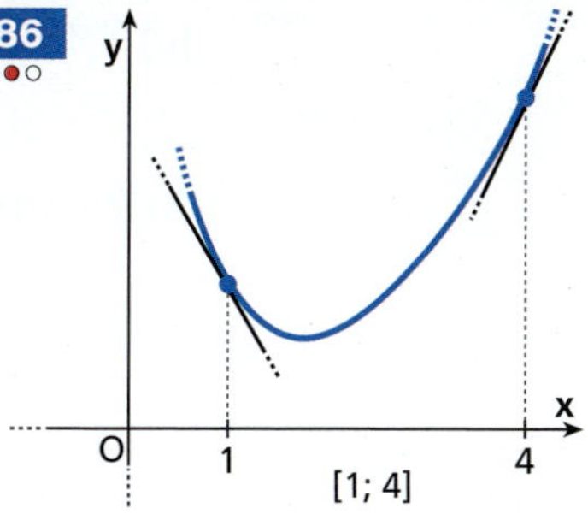

[sì]

87 ●○

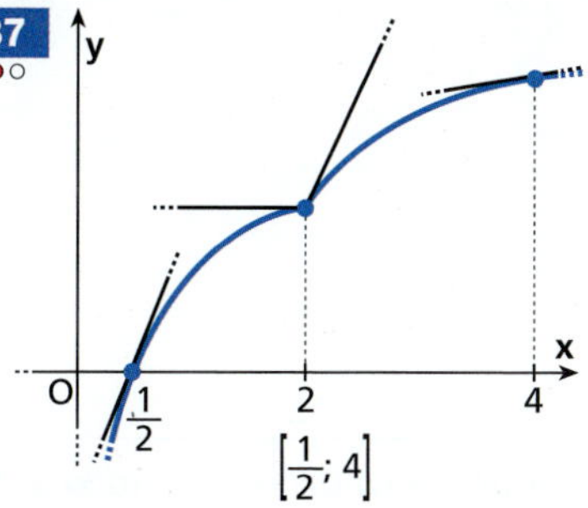

[no]

88 ●○

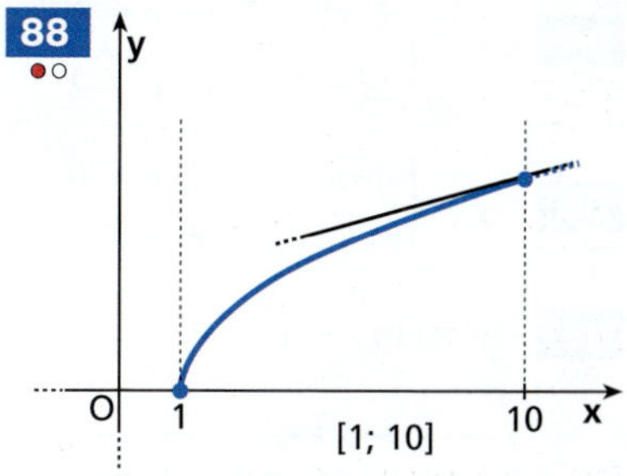

[no]

2 Continuità e derivabilità

▶ Teoria a p. 1246

89 ●○ **LEGGI IL GRAFICO** Indica se i seguenti grafici rappresentano funzioni: **a.** continue in $[a; b]$; **b.** derivabili in $[a; b]$. In caso negativo, giustifica le tue risposte.

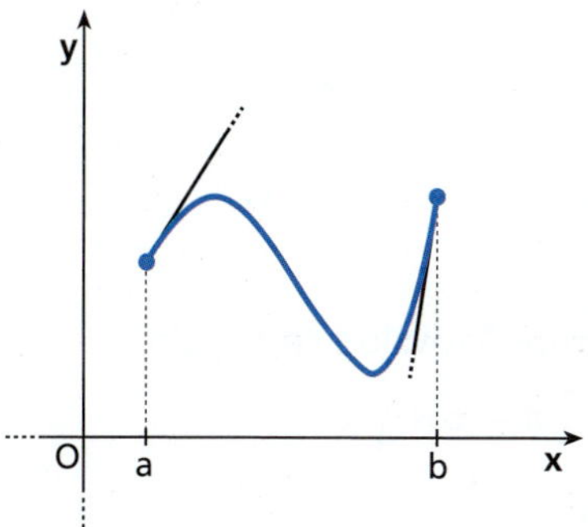

a

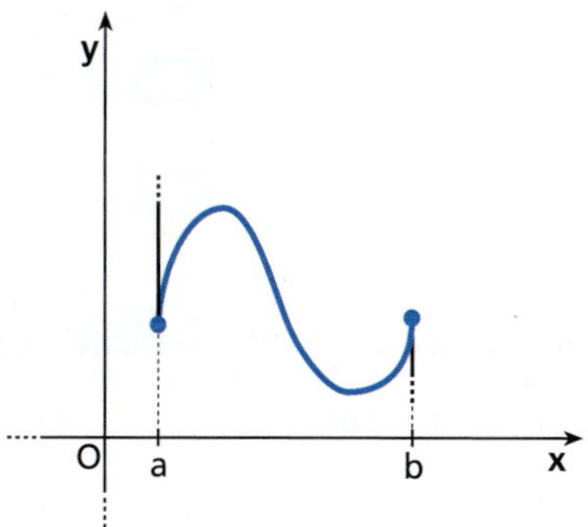

b

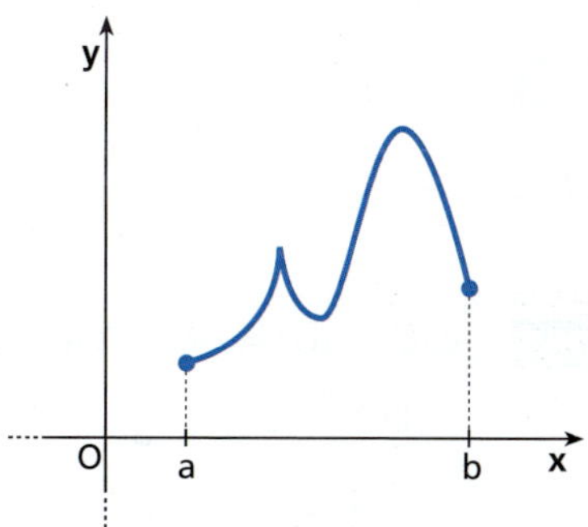

c

90 ●○ **VERO O FALSO?**

a. Una funzione derivabile in $[a; b]$ è sempre continua in $[a; b]$ e viceversa. V F

b. Se esistono, finite, $f'_+(c)$ e $f'_-(c)$, allora $f(x)$ è derivabile nel punto c. V F

c. Se $f'_+(c) = +\infty$, allora $f(x)$ non è derivabile nel punto c. V F

d. Se $f'_+(c) \neq f'_-(c)$, allora $f(x)$ non è derivabile in c, e nel punto c si hanno due tangenti distinte. V F

e. Se in un punto c il grafico di una funzione $f(x)$ ha una tangente parallela all'asse y, allora la funzione è derivabile in c. V F

Rappresenta i grafici di ciascuna funzione e determina l'insieme dei punti in cui la funzione è:
a. continua;
b. derivabile.

91 ●○ $f(x) = 2|x| - 1$ $[\text{a) } \mathbb{R}; \text{ b) } \mathbb{R} - \{0\}]$

92 ●○ $y = \begin{cases} 2 & \text{se } x < -1 \\ x+3 & \text{se } -1 \leq x < 1 \\ 0 & \text{se } x \geq 1 \end{cases}$ $[\text{a) } \mathbb{R} - \{1\}; \text{ b) } \mathbb{R} - \{-1; 1\}]$

93 $y = \begin{cases} -3 & \text{se } x \le -3 \\ -x^2+2x & \text{se } -3 < x < 0 \\ 3 & \text{se } x \ge 0 \end{cases}$ [a) $\mathbb{R}-\{0\}$; b) $\mathbb{R}-\{-3; 0\}$]

94 $y = \begin{cases} \frac{1}{2}x^2 & \text{se } x \le 2 \\ 2x-2 & \text{se } x > 2 \end{cases}$ [a) $\mathbb{R}$; b) $\mathbb{R}$]

95 $y = \begin{cases} \sin x & \text{se } x < 0 \\ e^x & \text{se } x \ge 0 \end{cases}$ [a) $\mathbb{R}-\{0\}$; b) $\mathbb{R}-\{0\}$]

96 $y = |\ln x - 1|$ [a) $]0; +\infty[$; b) $]0; e[\cup]e; +\infty[$]

Spiega perché le seguenti funzioni non sono derivabili nel punto x_0 indicato.

97 $f(x) = |x-3|+1,\ x_0 = 3.$

98 $f(x) = \frac{1}{1-x^2},\ x_0 = 1.$

99 $f(x) = \tan x,\ x_0 = \frac{\pi}{2}.$

3 Derivate fondamentali

Teoria a p. 1247

AL VOLO **Calcola la derivata delle seguenti funzioni.**

100 $y = \pi$; $y = \ln x$.

101 $y = \log_2 x$; $y = \sin\frac{\pi}{4}$.

102 $y = e$; $y = \cos\frac{\pi}{2}$.

103 $y = \frac{3}{2}$; $y = \cos x$.

104 $y = 4^x$; $y = x$.

105 $y = \log x$; $y = \sin x$.

106 **CACCIA ALL'ERRORE** Ognuna delle seguenti derivate contiene un errore. Trovalo e correggilo.

$D\,2^x = 2^x$ $\quad D\cos x = \sin x$ $\quad D\sin\frac{3}{4}\pi = \cos\frac{3}{4}\pi$

$D\sin x = -\cos x$ $\quad D\,e^3 = e^3$ $\quad D\log_3 x = \frac{1}{x}$

Calcola la derivata delle seguenti funzioni. $y = x^a \rightarrow y' = ax^{a-1}$

107 $y = x^6$ [$y' = 6x^5$]

108 $y = x^2$ [$y' = 2x$]

109 $y = x^9$ [$y' = 9x^8$]

110 $y = \frac{1}{x^3}$ $\left[y' = -\frac{3}{x^4}\right]$

111 $y = \frac{1}{x^2}$ $\left[y' = -\frac{2}{x^3}\right]$

112 $y = \sqrt[7]{x^2}$ $\left[y' = \frac{2}{7}\cdot\frac{1}{\sqrt[7]{x^5}}\right]$

113 $y = \frac{1}{\sqrt[4]{x}}$ $\left[y' = -\frac{1}{4}\cdot\frac{1}{\sqrt[4]{x^5}}\right]$

114 $y = \frac{1}{x}$ $\left[y' = -\frac{1}{x^2}\right]$

115 $y = x^{2\pi}$ [$y' = 2\pi x^{2\pi-1}$]

116 $y = x^{\sqrt{2}+1}$ [$y' = (\sqrt{2}+1)x^{\sqrt{2}}$]

117 $y = x^{-4}$ $\left[y' = -\frac{4}{x^5}\right]$

118 $y = \sqrt{\sqrt[3]{x}}$ $\left[y' = \frac{1}{6\sqrt[6]{x^5}}\right]$

119 $y = \frac{x}{\sqrt{x}}$ $\left[y' = \frac{1}{2\sqrt{x}}\right]$

120 $y = \frac{x^2}{\sqrt[6]{x}}$ $\left[y' = \frac{11}{6}\sqrt[6]{x^5}\right]$

121 $y = x^4\sqrt{x}$ $\left[y' = \frac{9}{2}x^3\sqrt{x}\right]$

122 $y = \frac{\sqrt{x}\sqrt[4]{x}}{x^2}$ $\left[y' = -\frac{5}{4x^2\sqrt[4]{x}}\right]$

123 ASSOCIA a ogni funzione il grafico della sua derivata.

a. $y = \ln x$ b. $y = x^3$ c. $y = \cos x$ d. $y = x^2$

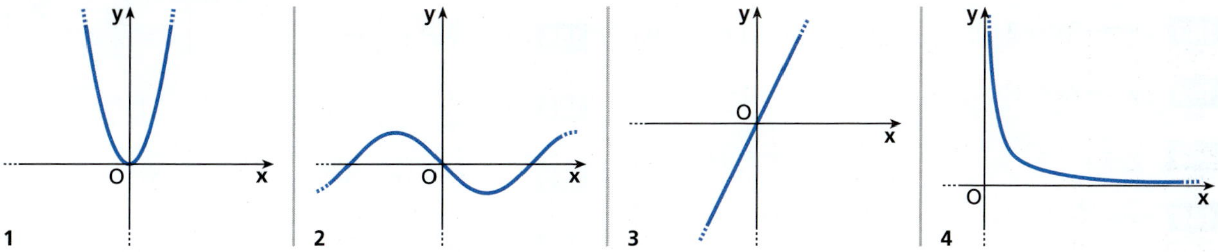

4 Operazioni con le derivate

Derivata del prodotto di una costante per una funzione

▶ Teoria a p. 1250

AL VOLO Calcola la derivata delle seguenti funzioni.

$y = kf(x) \rightarrow y' = kf'(x)$

124 $y = 5x$; $y = 2e^x$; $y = 5 \ln x$; $y = 2 \sin x$.

125 $y = -3 \cos x$; $y = 4 \log_2 x$; $y = -\frac{3}{4}x$; $y = 3 \cdot 5^x$.

126 $y = 7x^2$; $y = 4x^4$; $y = 10x^6$. $[y' = 14x;\ y' = 16x^3;\ y' = 60x^5]$

127 $y = \frac{3}{x^4}$; $y = \frac{2}{3}x$; $y = -5x^2$. $\left[y' = -\frac{12}{x^5};\ y' = \frac{2}{3};\ y' = -10x\right]$

128 $y = \frac{x^\pi}{\pi}$; $y = \frac{1}{4x}$; $y = \sqrt{3}\,x^5$. $\left[y' = x^{\pi-1};\ y' = -\frac{1}{4x^2};\ y' = 5\sqrt{3}\,x^4\right]$

Derivata della somma di funzioni

▶ Teoria a p. 1251

Calcola la derivata delle seguenti funzioni.

$y = f(x) + g(x) \rightarrow y' = f'(x) + g'(x)$

129 $y = 1 - 7x$ $[y' = -7]$

130 $y = 3e^x + 4$ $[y' = 3e^x]$

131 $y = 3x - 8 \ln x$ $\left[y' = 3 - \frac{8}{x}\right]$

132 $y = 4x + 2 \ln x - 3$ $\left[y' = 2 \cdot \left(2 + \frac{1}{x}\right)\right]$

133 $y = e^x - 6 \ln x$ $\left[y' = e^x - \frac{6}{x}\right]$

134 $y = 4^x + 3^x - 2$ $[y' = 4^x \ln 4 + 3^x \ln 3]$

135 $y = 2^x + \log_3 x$ $\left[y' = 2^x \ln 2 + \frac{1}{x} \log_3 e\right]$

136 $y = x + \ln x$ $\left[y' = 1 + \frac{1}{x}\right]$

137 $y = \sin x - 2 \cos x + 1$ $[y' = \cos x + 2 \sin x]$

138 $y = 5x - 3 \sin x$ $[y' = 5 - 3 \cos x]$

139 $y = 5 \sin x + 3 \cos x - 2$ $[y' = 5 \cos x - 3 \sin x]$

140 $y = 2x - \frac{1}{2} + 2^x$ $[y' = 2 + 2^x \ln 2]$

141 ESERCIZIO GUIDA Calcoliamo la derivata di $y = 5x^3 + \frac{2}{x^2}$.

$$D\left[5x^3 + \frac{2}{x^2}\right] = D[5x^3] + D[2x^{-2}] = 5 \cdot 3x^2 + 2 \cdot (-2)x^{-2-1} = 15x^2 - \frac{4}{x^3}$$

Calcola la derivata delle seguenti funzioni.

142 $y = x^5 + 6x$ $[y' = 5x^4 + 6]$

143 $y = -3x^2 + 3$ $[y' = -6x]$

144 $y = -8x + x^5$ $[-8 + 5x^4]$

145 $y = x^3 + x^2$ $[y' = 3x^2 + 2x]$

146 $y = \frac{3}{2}x^4 - 7x$ $[y' = 6x^3 - 7]$

147 $y = -\frac{5}{3}x^3 - \frac{1}{3}x^6$ $[y' = -5x^2 - 2x^5]$

148 $y = 2x^2 + 3$ $[y' = 4x]$

149 $y = 6x^3 + 1$ $[y' = 18x^2]$

150 $y = -x^2 + 4x - 12$ $[y' = -2x + 4]$

151 $y = \frac{1}{3}x^3 + \frac{1}{2}x^2$ $[y' = x^2 + x]$

152 $y = 2x^2 - 3x + 4$ $[y' = 4x - 3]$

153 $y = 2x^5 - 3x^3 + 2x - 4$ $[y' = 10x^4 - 9x^2 + 2]$

154 $y = \frac{1}{2}x^5 + \frac{1}{4}x^2 - 2$ $\left[y' = \frac{5}{2}x^4 + \frac{1}{2}x\right]$

155 $y = \frac{x^6}{6} - \frac{x^5}{5} - 1$ $[y' = x^5 - x^4]$

156 $y = x^4 - 3x^2 - 4e^x$ $[y' = 4x^3 - 6x - 4e^x]$

157 $y = 5x^3 - 1 - 2\sin x$ $[y' = 15x^2 - 2\cos x]$

158 $y = \frac{x^2}{2} - \frac{2}{x^2}$ $\left[y' = x + \frac{4}{x^3}\right]$

159 $y = \frac{1}{x} + \frac{1}{x^2} + \frac{1}{x^3}$ $\left[y' = -\frac{x^2 + 2x + 3}{x^4}\right]$

160 $y = \frac{2}{x^4} - \frac{3}{x^3} - \frac{1}{x^2}$ $\left[y' = -\frac{8}{x^5} + \frac{9}{x^4} + \frac{2}{x^3}\right]$

161 $y = 2x^{\frac{3}{2}} - 4x^{-\frac{1}{2}} + 3x^{\frac{2}{3}}$ $\left[y' = 3x^{\frac{1}{2}} + 2x^{-\frac{3}{2}} + 2x^{-\frac{1}{3}}\right]$

162 ESERCIZIO GUIDA Calcoliamo la derivata di $y = \frac{2x^3 + 3}{x^2}$.

Scriviamo la funzione come somma di potenze di x.

$$y = \frac{2x^3 + 3}{x^2} = \frac{2x^3}{x^2} + \frac{3}{x^2} = 2x + 3x^{-2}$$

(separiamo in somma di frazioni; semplifichiamo)

$$y' = D[2x + 3x^{-2}] = D[2x] + D[3x^{-2}] = 2 + 3 \cdot (-2)x^{-2-1} = 2 - 6x^{-3} = 2 - \frac{6}{x^3}$$

Calcola la derivata delle seguenti funzioni.

163 $y = \frac{x^2 - 1}{x}$ $\left[y' = 1 + \frac{1}{x^2}\right]$

164 $y = \frac{1 + 8x^2}{2x^3}$ $\left[y' = -\frac{8x^2 + 3}{2x^4}\right]$

165 $y = \frac{6 - x^5}{x}$ $\left[y' = -\frac{6 + 4x^5}{x^2}\right]$

166 $y = \frac{7x + 5x^3}{x^2}$ $\left[y' = \frac{-7 + 5x^2}{x^2}\right]$

167 $y = \frac{x^8 - 1}{7x^7}$ $\left[y' = \frac{x^8 + 7}{7x^8}\right]$

168 $y = \frac{1 - x^3 - x^5}{x^5}$ $\left[y' = \frac{-5 + 2x^3}{x^6}\right]$

169 $y = \frac{4 + x^4}{x^5} + \frac{1}{2}$ $\left[y' = -\frac{20 + x^4}{x^6}\right]$

170 $y = \frac{3 - x}{2x^4}$ $\left[y' = \frac{-12 + 3x}{2x^5}\right]$

171 ESERCIZIO GUIDA Calcoliamo la derivata di $y = \sqrt[3]{x^2} + \ln\frac{1}{x}$.

Riscriviamo la radice come potenza di x, $\sqrt[3]{x^2} = x^{\frac{2}{3}}$ e $\ln\frac{1}{x} = \ln x^{-1} = -\ln x$, e deriviamo.

$$y' = D\left[\sqrt[3]{x^2} + \ln\frac{1}{x}\right] = D\left[x^{\frac{2}{3}}\right] + D[-\ln x] = \frac{2}{3}x^{\frac{2}{3}-1} - \frac{1}{x} = \frac{2}{3}x^{-\frac{1}{3}} - \frac{1}{x} = \frac{2}{3\sqrt[3]{x}} - \frac{1}{x}.$$

Calcola la derivata delle seguenti funzioni.

172 $y = \sqrt[5]{x} - 3x^3$ $\left[y' = \frac{1}{5\sqrt[5]{x^4}} - 9x^2\right]$

173 $y = \sqrt[4]{x^3} + 3x - 2$ $\left[y' = \frac{3}{4} \cdot \frac{1}{\sqrt[4]{x}} + 3\right]$

174 $y = \frac{1}{2}x^2 - 3\frac{1}{\sqrt[3]{x}}$ $\left[y' = x + \frac{1}{\sqrt[3]{x^4}}\right]$

175 $y = \frac{1}{4}x^8 - \frac{2}{\sqrt{x}} + \frac{1}{x^3}$ $\left[y' = 2x^7 + \frac{1}{\sqrt{x^3}} - \frac{3}{x^4}\right]$

176 $y = \frac{x}{\sqrt{x}} + \frac{5}{2} \cdot \frac{1}{\sqrt[5]{x^2}}$ $\left[y' = \frac{1}{2\sqrt{x}} - \frac{1}{\sqrt[5]{x^7}}\right]$

177 $y = 2\sqrt{x} - \ln\frac{1}{x}$ $\left[y' = \frac{1}{\sqrt{x}} + \frac{1}{x}\right]$

TEST

178 Le seguenti funzioni hanno la stessa derivata, *tranne* una. Quale?

A $y = \sqrt{x} + 1$

B $y = \sqrt{x} - 1$

C $y = \sqrt{x} + 2x$

D $y = \sqrt{x} + 2$

E $y = \sqrt{x}$

179 Sapendo che $f(x)$ e $g(x)$ sono funzioni derivabili e che $f'(2) = 2$ e $g'(2) = -8$, la derivata di $y = f(x) + g(x)$ per $x = 2$ vale:

A 16.

B 10.

C 6.

D −6.

E Non si può sapere.

180 REALTÀ E MODELLI **Contatto radar** La portata r (misurata in km) di un particolare radar, in funzione della potenza x di funzionamento (misurata in watt), è regolata dalla legge $r(x) = 8\sqrt[4]{x}$.

a. Calcola la velocità media e la velocità istantanea con le quali varia la portata del radar quando la potenza di funzionamento varia da 0 watt a 60 watt.

b. Esiste un livello di potenza in corrispondenza del quale la velocità di variazione istantanea è uguale a quella media?

$\left[\text{a) } v_{\text{media}} = 0,37 \text{ km/W}; v_{\text{istantanea}} = \frac{2}{\sqrt[4]{x^3}}; \text{ b) } 9,45 \text{ W}\right]$

Derivata del prodotto di funzioni

▶ Teoria a p. 1251

181 TEST Se $f(x)$ e $g(x)$ sono funzioni derivabili con $f(0) = \frac{5}{2}$, $g(0) = 6$, $f'(0) = -1$ e $g'(0) = 2$, la derivata di $y = f(x) \cdot g(x)$ per $x = 0$ vale:

A 3.

B −1.

C −2.

D 2.

E Non si può dire.

182 ESERCIZIO GUIDA Calcoliamo la derivata di $y = x^2 \ln x$.

$y = f \cdot g \rightarrow y' = f' \cdot g + f \cdot g'$

$$y' = D[x^2 \cdot \ln x] = D[x^2] \cdot \ln x + x^2 \cdot D[\ln x] = 2x\ln x + x^2 \cdot \frac{1}{x} = 2x\ln x + x = x(2\ln x + 1)$$

Calcola la derivata delle seguenti funzioni.

183 $y = x^2 \cos x$ $[y' = 2x\cos x - x^2 \sin x]$

184 $y = 5x^3 e^x$ $[y' = e^x(15x^2 + 5x^3)]$

185 $y = 3x\,(x^5 + 1)$ $[y' = 18x^5 + 3]$

186 $y = (x + 1)(2x + 3)$ $[y' = 4x + 5]$

187 $y = 2\sin x \cdot \cos x$ $[y' = 2\cos 2x]$

188 $y = 5e^x \cdot \sin x$ $[y' = 5e^x \cdot (\sin x + \cos x)]$

189 $y = x \cdot \ln x - \sin x$ $[y' = \ln x + 1 - \cos x]$

190 $y = (\ln x - 3)\ln x$ $\left[y' = \frac{1}{x} \cdot (2\ln x - 3)\right]$

ESERCIZI

191 $y=e^x(\sin x+x)$ $[y'=e^x\cdot(\sin x+\cos x+x+1)]$

192 $y=3x\sin x$ $[y'=3(\sin x+x\cos x)]$

193 $y=(2x+1)\ln x$ $\left[y'=2\ln x+\frac{2x+1}{x}\right]$

194 $y=x\cdot e^x$ $[y'=e^x\cdot(1+x)]$

195 $y=3x\cdot\ln x$ $[y'=3\cdot(\ln x+1)]$

196 $y=\sqrt{x}\cdot e^x$ $\left[y'=e^x\left(\sqrt{x}+\frac{1}{2\sqrt{x}}\right)\right]$

197 $y=x^4\sin x$ $[y'=x^3(4\sin x+x\cos x)]$

198 $y=(e^x+3)\ln x$ $\left[y'=e^x\cdot\ln x+\frac{1}{x}(e^x+3)\right]$

199 $y=e^x\cdot\ln x$ $\left[y'=e^x\cdot\left(\ln x+\frac{1}{x}\right)\right]$

200 $y=e^x(x+3)$ $[y'=e^x(x+4)]$

---

201 $y=(x+2\ln x)\cdot\cos x$ $\left[y'=\left(1+\frac{2}{x}\right)\cdot\cos x-(x+2\ln x)\cdot\sin x\right]$

202 $y=(\cos x-\sin x)(-\sin x-\cos x)$ $[y'=4\sin x\cos x]$

203 $y=2xe^x+(x-2)e^x$ $[y'=e^x(3x+1)]$

204 $y=x\sin x-(2x-1)\cos x$ $[y'=x\cos x+2x\sin x-2\cos x]$

205 ESERCIZIO GUIDA Calcoliamo la derivata di $y=2x\cdot e^x\cdot\cos x$.

$y=f\cdot g\cdot z$

$y'=f'\cdot g\cdot z+f\cdot g'\cdot z+f\cdot g\cdot z'$

$$y'=\underbrace{2\cdot(1)}_{D[2x]}\cdot e^x\cdot\cos x+2x\cdot\underbrace{e^x}_{D[e^x]}\cdot\cos x+2x\cdot e^x\cdot\underbrace{(-\sin x)}_{D[\cos x]}=2e^x\cdot(\cos x+x\cdot\cos x-x\cdot\sin x).$$

Calcola la derivata delle seguenti funzioni.

206 $y=x\cdot e^x\cdot\ln x$ $[y'=e^x\cdot(\ln x+x\cdot\ln x+1)]$

207 $y=x\cdot\sin x\cdot(3x+2)$ $[y'=6x\sin x+2\sin x+3x^2\cos x+2x\cos x]$

208 $y=2x\cdot\ln x\cdot\sin x$ $[y'=2\cdot(\ln x\cdot\sin x+\sin x+x\cdot\ln x\cdot\cos x)]$

209 $y=x\sin x\cos x$ $[y'=\sin x\cos x+x\cos^2 x-x\sin^2 x]$

210 $y=x^2e^x\sin x$ $[y'=xe^x(2\sin x+x\sin x+x\cos x)]$

211 $y=x^3\cdot\ln x\cdot\cos x$ $[y'=x^2(3\ln x\cos x+\cos x-x\ln x\sin x)]$

Derivata del quoziente di due funzioni

▶ Teoria a p. 1253

212 ESERCIZIO GUIDA Calcoliamo la derivata della funzione:

$$y=\frac{3x-2}{x^2-4}.$$

$y=\frac{f(x)}{g(x)}\rightarrow y'=\frac{f'(x)\cdot g(x)-f(x)\cdot g'(x)}{g^2(x)}$

Se poniamo $f(x)=3x-2$, $g(x)=x^2-4$, le loro derivate sono: $f'(x)=3$ e $g'(x)=2x$.

Utilizzando la regola di derivazione, abbiamo:

$$y'=\frac{3\cdot(x^2-4)-(3x-2)\cdot(2x)}{(x^2-4)^2}=\frac{3x^2-12-6x^2+4x}{(x^2-4)^2}=\frac{-3x^2+4x-12}{(x^2-4)^2}.$$

Calcola la derivata delle seguenti funzioni.

213 $y=\frac{1}{x}$ $\left[y'=-\frac{1}{x^2}\right]$

214 $y=-\frac{2}{x^2}$ $\left[y'=\frac{4}{x^3}\right]$

215 $y=\frac{2}{x-1}$ $\left[y'=-\frac{2}{(x-1)^2}\right]$

216 $y=\frac{8}{x^2-1}$ $\left[y'=\frac{-16x}{(x^2-1)^2}\right]$

217 $y=\frac{2}{(x+3)^2}$ $\left[y'=-\frac{4}{(x+3)^3}\right]$

218 $y=\frac{x}{3-x}$ $\left[y'=\frac{3}{(3-x)^2}\right]$

219 $y=\frac{5+x}{2x^2}$ $\left[y'=-\frac{x^2+10x}{2x^4}\right]$

220 $y=\frac{3x-2}{x+4}$ $\left[y'=\frac{14}{(x+4)^2}\right]$

221 $y=\frac{x^2+1}{6-x}$ $\left[y'=\frac{-x^2+12x+1}{(6-x)^2}\right]$

222 $y=\frac{x^2}{2-x^3}$ $\left[y'=\frac{x\cdot(x^3+4)}{(2-x^3)^2}\right]$

223 $y=\frac{5}{x^3+1}$ $\left[y'=\frac{-15x^2}{(x^3+1)^2}\right]$

224 $y=\frac{2x+3}{x-2}$ $\left[y'=-\frac{7}{(x-2)^2}\right]$

225 $y=\frac{x^2+5}{x^2-1}$ $\left[y'=\frac{-12x}{(x^2-1)^2}\right]$

226 $y=\frac{x^4}{3x+2}$ $\left[y'=\frac{x^3(9x+8)}{(3x+2)^2}\right]$

227 $y=\frac{x^3}{x^2-1}$ $\left[y'=\frac{x^2(x^2-3)}{(x^2-1)^2}\right]$

228 $y=\frac{4+x^2}{4-x^2}$ $\left[y'=\frac{16x}{(4-x^2)^2}\right]$

229 $y=\frac{x^2-2x+3}{x^2+2x}$ $\left[y'=\frac{4x^2-6x-6}{x^4+4x^3+4x^2}\right]$

230 $y=\frac{3x^2-2x+1}{3x-2}$ $\left[y'=\frac{9x^2-12x+1}{(3x-2)^2}\right]$

231 $y=\frac{2x}{x^3-x^2-1}$ $\left[y'=-2\frac{2x^3-x^2+1}{(x^3-x^2-1)^2}\right]$

232 $y=\frac{3}{\cos x}$ $\left[y'=\frac{3\sin x}{\cos^2 x}\right]$

233 $y=\frac{1+x}{e^x}$ $\left[y'=-\frac{x}{e^x}\right]$

234 $y=\frac{x+e^x}{3x}$ $\left[y'=\frac{e^x(x-1)}{3x^2}\right]$

235 $y=\frac{4\ln x}{5+x}$ $\left[y'=\frac{4(x+5-x\ln x)}{x(5+x)^2}\right]$

236 $y=\frac{\sin x}{x}$ $\left[y'=\frac{x\cos x-\sin x}{x^2}\right]$

237 $y=\frac{\sin x-\cos x}{\sin x+\cos x}$ $\left[y'=\frac{2}{1+\sin 2x}\right]$

238 $y=\frac{x^2}{\sin x}$ $\left[y'=\frac{2x\sin x+x^2\cos x}{\sin^2 x}\right]$

239 $y=\frac{\cos x}{x^2}$ $\left[y'=\frac{-x\sin x-\cos x}{x^3}\right]$

240 $y=\frac{1-3\sin x}{x^2}$ $\left[y'=\frac{-3x\cos x+6\sin x-2}{x^3}\right]$

241 $y=\frac{x+\cos x}{\sin x}$ $\left[y'=\frac{\sin x-x\cos x-1}{\sin^2 x}\right]$

242 $y=\frac{\ln x-2}{x}$ $\left[y'=\frac{3-\ln x}{x^2}\right]$

243 $y=\frac{3x^2-2}{e^x}$ $\left[y'=\frac{-3x^2+6x+2}{e^x}\right]$

244 $y=\frac{x^2}{\ln x}$ $\left[y'=\frac{x(2\ln x-1)}{\ln^2 x}\right]$

245 $y=\frac{2\ln x}{x^2}$ $\left[y'=\frac{2(1-2\ln x)}{x^3}\right]$

246 $y=\frac{x^3-\ln x}{x}$ $\left[y'=\frac{2x^3-1+\ln x}{x^2}\right]$

247 $y=\frac{\sin x\cos x}{1+\sin x}$ $\left[y'=\frac{1-2\sin^2 x-\sin^3 x}{(1+\sin x)^2}\right]$

248 $y=\frac{x\sin x}{e^x}$ $\left[y'=\frac{(1-x)\sin x+x\cos x}{e^x}\right]$

249 $y=\frac{(x-1)e^x}{x}$ $\left[y'=\frac{e^x(x^2-x+1)}{x^2}\right]$

250 $y=\frac{1-\ln x}{1+\ln x}$ $\left[y'=-\frac{2}{x(1+\ln x)^2}\right]$

251 $y=\frac{x^2-4x}{x\ln x}$ $\left[y'=\frac{x\ln x-x+4}{x\ln^2 x}\right]$

ESERCIZI

252 LEGGI IL GRAFICO Date le funzioni f e g i cui grafici sono le rette rappresentate in figura, calcola:

a. $D\left[\frac{f(x)}{g(x)}\right]$;

b. $D\left[\frac{g(x)}{f(x)}\right]$.

Quanto valgono le due derivate nel punto A?

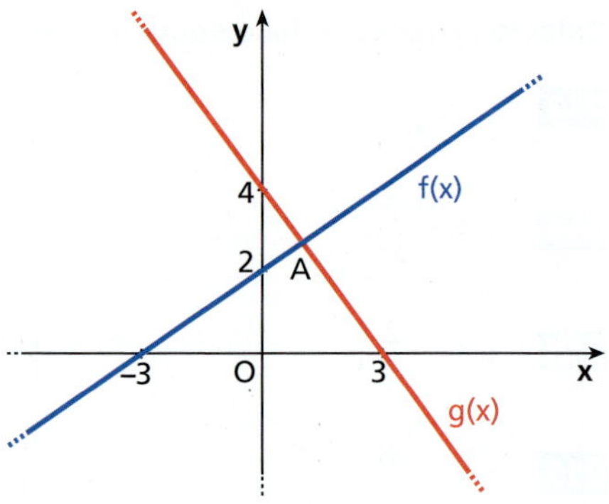

Derivata di $y = \tan x$ e di $y = \cot x$

Calcola la derivata delle seguenti funzioni.

253 $y = \tan x - \cot x$ $\left[y' = \frac{1}{\cos^2 x \sin^2 x}\right]$

254 $y = 2x^2 \cdot \cot x$ $\left[y' = -\frac{2x^2}{\sin^2 x} + 4x\cot x\right]$

255 $y = \ln x \cdot \tan x$ $\left[y' = \frac{\tan x}{x} + \frac{\ln x}{\cos^2 x}\right]$

256 $y = \frac{\tan x}{x}$ $\left[y' = \frac{x - \sin x \cos x}{x^2 \cos^2 x}\right]$

257 $y = \frac{4 + \tan x}{\tan x}$ $\left[y' = -\frac{4}{\sin^2 x}\right]$

258 $y = e^x \cdot \cot x$ $\left[y' = e^x\left(\frac{\sin x \cos x - 1}{\sin^2 x}\right)\right]$

259 $y = 3x \cdot \tan x$ $\left[y' = 3 \cdot \left(\frac{\sin x \cos x + x}{\cos^2 x}\right)\right]$

260 $y = \frac{2}{\cot x} - \tan x$ $\left[y' = \frac{1}{\cos^2 x}\right]$

261 $y = \cos x \cdot \cot x$ $[y' = -\cos x(2 + \cot^2 x)]$

262 $y = \frac{\cot x}{e^x}$ $\left[y' = -\frac{1 + \sin x \cos x}{e^x \sin^2 x}\right]$

TUTOR matematica — Allenati con **15 esercizi interattivi** con feedback “hai sbagliato, perché…”
su.zanichelli.it/tutor3 risorsa riservata a chi ha acquistato l’edizione con tutor

5 Derivata di una funzione composta

▶ Teoria a p. 1254

263 ESERCIZIO GUIDA Calcoliamo la derivata di $y = e^{x^3+2x}$.

$y = f(g(x)) \rightarrow y' = f'(g(x)) \cdot g'(x)$

La funzione presenta due funzioni componenti: $f(x) = e^{g(x)}$, $g(x) = x^3 + 2x$.

Deriviamo: $y' = \underbrace{e^{x^3+2x}}_{\text{derivata dell'esponenziale}} \cdot \underbrace{(3x^2 + 2)}_{\text{derivata del polinomio all'esponente}}$.

Calcola la derivata delle seguenti funzioni.

264 $y = e^{4x}$ $[y' = 4e^{4x}]$

265 $y = \ln(7x)$ $\left[y' = \frac{1}{x}\right]$

266 $y = \ln(2x^2 - x)$ $\left[y' = \frac{4x - 1}{2x^2 - x}\right]$

267 $y = e^{x^2-3x}$ $[y' = e^{x^2-3x}(2x - 3)]$

268 $y = e^{-x}$ $[y' = -e^{-x}]$

269 $y = 5\ln(x^2 + 3)$ $\left[y' = \frac{10x}{x^2 + 3}\right]$

270 $y = \ln(x^2 - 1) + 5$ $\left[y' = \frac{2x}{x^2 - 1}\right]$

271 $y = e^{x^2-2}$ $[y' = 2xe^{x^2-2}]$

272 $y = \ln(x^4 - 3x^2)$ $\left[y' = \frac{4x^2 - 6}{x^3 - 3x}\right]$

273 $y = \ln\frac{1 - x}{1 + x}$ $\left[y' = \frac{2}{x^2 - 1}\right]$

274 $y=\sqrt{3x-1}$ $\left[y'=\dfrac{3}{2\sqrt{3x-1}}\right]$

275 $y=\sqrt{x^3-x^2}$ $\left[y'=\dfrac{3x^2-2x}{2\sqrt{x^3-x^2}}\right]$

276 $y=\sin 5x$ $[y'=5\cos 5x]$

277 $y=\cos x^3$ $[y'=-3x^2\sin x^3]$

278 $y=3\cos 4x$ $[y'=-12\sin 4x]$

279 $y=\tan 4x^4$ $\left[y'=\dfrac{16x^3}{\cos^2 4x^4}\right]$

280 $y=\cot 5x$ $\left[y'=-\dfrac{5}{\sin^2 5x}\right]$

281 $y=5\sin x^4$ $[y'=20x^3\cos x^4]$

282 $y=\cot(x^3+1)$ $\left[y'=-\dfrac{3x^2}{\sin^2(x^3+1)}\right]$

283 $y=e^{2x}+2e^{-x}$ $[y'=2(e^{2x}-e^{-x})]$

284 $y=4\ln 3x+\ln x$ $\left[y'=\dfrac{5}{x}\right]$

285 $y=\sqrt{x+e^x}$ $\left[y'=\dfrac{1+e^x}{2\sqrt{x+e^x}}\right]$

286 ESERCIZIO GUIDA Calcoliamo la derivata di $y=\ln\sin(x^4-2)$.

$y=f(g(z(x)))\rightarrow y'=f'(g(z(x)))\cdot g'(z(x))\cdot z'(x)$

La funzione presenta tre funzioni componenti: $f(x)=\ln g(x)$, $g(x)=\sin z(x)$ e $z(x)=x^4-2$.
Utilizzando la regola di derivazione delle funzioni composte, otteniamo:

$$y=\ln\sin(x^4-2)$$

$$y'=\frac{1}{\sin(x^4-2)}\cdot\cos(x^4-2)\cdot 4x^3.$$

derivata del logaritmo — derivata del seno — derivata del polinomio

Calcola la derivata delle seguenti funzioni.

287 $y=\sin\ln 2x$ $\left[y'=\dfrac{\cos\ln 2x}{x}\right]$

288 $y=\ln\sin 3x$ $[y'=3\cot 3x]$

289 $y=4\sin\ln\dfrac{x}{2}$ $\left[y'=\dfrac{4}{x}\cos\ln\dfrac{x}{2}\right]$

290 $y=\cos\ln 2x^2$ $\left[y'=-\dfrac{2\sin\ln 2x^2}{x}\right]$

291 $y=e^{\sin x^2}$ $[y'=2x\cos x^2\cdot e^{\sin x^2}]$

292 $y=\ln(e^{2x}-1)$ $\left[y'=\dfrac{2e^{2x}}{e^{2x}-1}\right]$

293 $y=\sin e^{5x}$ $[y'=5e^{5x}\cos e^{5x}]$

294 $y=\tan\sqrt{2x}$ $\left[y'=\dfrac{1}{\sqrt{2x}\cos^2\sqrt{2x}}\right]$

295 $y=\ln\cos\sqrt{2x}$ $\left[y'=-\dfrac{\tan\sqrt{2x}}{\sqrt{2x}}\right]$

296 $y=\sqrt{\ln(5x)}$ $\left[y'=\dfrac{1}{2x\sqrt{\ln(5x)}}\right]$

Derivata della potenza di una funzione, $y=[f(x)]^\alpha$, $\alpha\in\mathbb{R}$

297 ESERCIZIO GUIDA Calcoliamo la derivata di $y=\dfrac{5}{(4x-3)^4}$.

La funzione $y=\dfrac{5}{(4x-3)^4}$ può essere scritta $y=5\cdot(4x-3)^{-4}$.

Utilizziamo la regola: $D[f(x)]^\alpha=\alpha[f(x)]^{\alpha-1}\cdot f'(x)$, $\alpha\in\mathbb{R}$.

Quindi: $y'=-4\cdot 5\cdot(4x-3)^{-4-1}\cdot(4)=-80\cdot(4x-3)^{-5}=-\dfrac{80}{(4x-3)^5}$.

Calcola la derivata delle seguenti funzioni.

298 $y = (4x-1)^5$ $[y' = 20(4x-1)^4]$

299 $y = (6-x)^4$ $[y' = -4(6-x)^3]$

300 $y = (3x^2+2)^2$ $[y' = 12x(3x^2+2)]$

301 $y = (x^3-x^2+1)^3$ $[y' = 3x \cdot (x^3-x^2+1)^2 \cdot (3x-2)]$

302 $y = (3x^2-4)^3$ $[y' = 18x \cdot (3x^2-4)^2]$

303 $y = (2x^2-3x+1)^2$ $[y' = 2 \cdot (2x^2-3x+1) \cdot (4x-3)]$

304 $y = \dfrac{3}{(2x-1)^2}$ $\left[y' = -\dfrac{12}{(2x-1)^3}\right]$

305 $y = \sqrt[3]{3x+1}$ $\left[y' = \dfrac{1}{\sqrt[3]{(3x+1)^2}}\right]$

306 $y = (2+\sin x)^4$ $[y' = 4(2+\sin x)^3 \cos x]$

307 $y = \cos^3 x$ $[y' = -3\cos^2 x \sin x]$

308 $y = 4x^2 + \cos^2 x$ $[y' = 8x - \sin 2x]$

309 $y = 2\sin^2 x$ $[y' = 4\sin x \cos x]$

310 $y = \ln^5 x$ $\left[y' = \dfrac{5\ln^4 x}{x}\right]$

311 $y = (x+e^x)^2$ $[y' = 2(1+e^x)(x+e^x)]$

312 $y = (2e^{2x}-1)^3$ $[y' = 12e^{2x}(2e^{2x}-1)^2]$

313 $y = (2x-1)^5 + \cos^2 x$ $[y' = 10(2x-1)^4 - \sin 2x]$

314 $y = x^4 + \ln^2 x$ $\left[y' = 4x^3 + \dfrac{2\ln x}{x}\right]$

315 $y = (\ln x + 1)^8$ $\left[y' = \dfrac{8(\ln x+1)^7}{x}\right]$

316 $y = 5 + \ln^2 x$ $\left[y' = \dfrac{2\ln x}{x}\right]$

317 $y = \dfrac{1}{\ln^2 x}$ $\left[y' = -\dfrac{2}{x\ln^3 x}\right]$

Riepilogo: Operazioni con le derivate e funzioni composte

318 **ASSOCIA** a ogni funzione la sua derivata.

a. $y = 3x^2+1$ b. $y = \dfrac{x-2}{x+1}$ c. $y = 2x^3$ d. $y = \dfrac{1}{x-1}$

1. $y' = \dfrac{3}{(x+1)^2}$ 2. $y' = -\dfrac{1}{(x-1)^2}$ 3. $y' = 6x$ 4. $y' = 6x^2$

319 **TEST** La derivata di $y = \ln x^3 + 4$ è:

A $y' = \dfrac{3x^2}{x^3+4}$. B $y' = \dfrac{3\ln x^2}{x}$. C $y' = \dfrac{1}{x^3+4}$. D $y' = \dfrac{3}{x}$. E $y' = \dfrac{1}{x^3}$.

320 **TEST** La derivata di $y = f(x^2+1)$ è:

A $y' = 2xf'(x)$.
B $y' = (x^2+1)f(x^2+1)$.
C $y' = 2xf'(x^2+1)$.
D $y' = (2x+1)f'(x^2+1)$.
E $y' = 2xf(x^2+1)$.

321 Se $y = f(x^2)$, quanto vale y'?

322 Calcola y' per $y = [f(x)]^2$.

323 **EUREKA!** Determina una funzione $y = f(g(x))$ che ha come derivata $y' = 3x^2\sin(x^3+2)$.

324 **LEGGI IL GRAFICO** Date le funzioni f e g i cui grafici in figura sono rispettivamente una parabola e una retta, siano $z(x) = f(g(x))$ e $w(x) = g(f(x))$. Calcola $z'(1)$ e $w'(2)$.

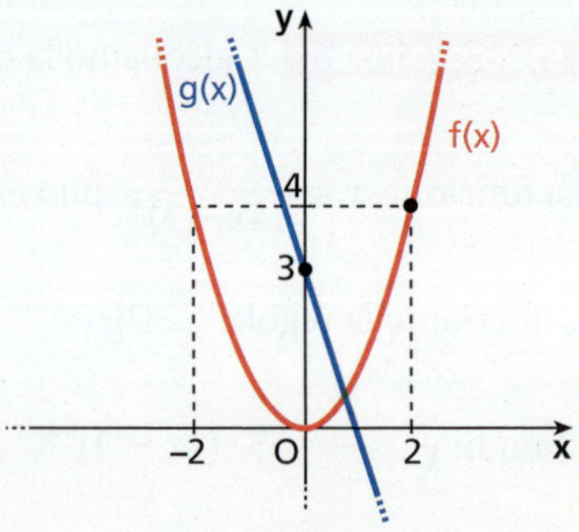

325 CACCIA ALL'ERRORE

a. $y = \cos(5x+1) \rightarrow y' = -\sin x \cdot 5$

b. $y = \ln x^3 \rightarrow y' = \ln x^3 \cdot 3x^2$

c. $y = \sqrt{\cos x} \rightarrow y' = \dfrac{1}{2\sqrt{-\sin x}}$

d. $y = e^{x^2+2x} \rightarrow y' = e^{x^2+2x} + 2x + 2$

326 RIFLETTI SULLA TEORIA Verifica che le funzioni $f(x) = 5\ln x$ e $g(x) = \ln(2x)^5$ hanno la stessa derivata. Come spieghi questo risultato?

Calcola la derivata delle seguenti funzioni.

327 $y = \dfrac{1}{x^2-1}$ $\left[y' = \dfrac{-2x}{(x^2-1)^2}\right]$

328 $y = (5x^2+2)(x^2-4)^3$ $[y' = (x^2-4)^2(40x^3-28x)]$

329 $y = \sqrt{6x-5}$ $\left[y' = \dfrac{3}{\sqrt{6x-5}}\right]$

330 $y = 5x - e^{2x}$ $[y' = 5 - 2e^{2x}]$

331 $y = -8e^{-x^3}$ $[y' = 24x^2e^{-x^3}]$

332 $y = \dfrac{1}{x^2} + 3\sin^4 x$ $\left[y' = -\dfrac{2}{x^3} + 12\sin^3 x\cos x\right]$

333 $y = \sqrt[3]{\cos x}$ $\left[y' = -\dfrac{\sin x}{3\sqrt[3]{\cos^2 x}}\right]$

334 $y = x\ln^2 x$ $[y' = \ln x(\ln x + 2)]$

335 $y = \sqrt{e^x}$ $\left[y' = \dfrac{1}{2}\sqrt{e^x}\right]$

336 $y = \ln x \sin^2 x$ $\left[y' = \dfrac{\sin^2 x}{x} + \sin 2x \ln x\right]$

337 $y = (x^2+1)^8$ $[y' = 16x(x^2+1)^7]$

338 $y = (2+3x^3)^4$ $[y' = 36x^2(2+3x^3)^3]$

339 $y = (x^3+3x+1)^3$ $[y' = 9(x^2+1)(x^3+3x+1)^2]$

340 $y = \dfrac{2}{(x^3+2)^2}$ $\left[y' = -\dfrac{12x^2}{(x^3+2)^3}\right]$

341 $y = \dfrac{x^3}{(x^2-1)^2}$ $\left[y' = -\dfrac{x^2(x^2+3)}{(x^2-1)^3}\right]$

342 $y = \dfrac{x^2+5}{(x+1)^2}$ $\left[y' = \dfrac{2(x-5)}{(x+1)^3}\right]$

343 $y = \sqrt[3]{x^2-3}$ $\left[y' = \dfrac{2x}{3\sqrt[3]{(x^2-3)^2}}\right]$

344 $y = \sqrt{3x+2}$ $\left[y' = \dfrac{3}{2\sqrt{3x+2}}\right]$

345 $y = \sqrt[3]{x^3-3x}$ $\left[y' = \dfrac{x^2-1}{\sqrt[3]{(x^3-3x)^2}}\right]$

346 $y = \sqrt[4]{2x^3-3x^2}$ $\left[y' = \dfrac{3x^2-3x}{2\sqrt[4]{(2x^3-3x^2)^3}}\right]$

347 $y = 3\sin^4 x$ $[y' = 12\sin^3 x \cdot \cos x]$

348 $y = (x^4 - \sin x)^2$ $[y' = 2(x^4-\sin x)(4x^3-\cos x)]$

349 $y = \dfrac{1}{(\sin 3x - 1)^3}$ $\left[y' = -\dfrac{9\cos 3x}{(\sin 3x-1)^4}\right]$

350 $y = \cot^2 x$ $\left[y' = \dfrac{-2\cot x}{\sin^2 x}\right]$

351 $y = \sqrt[3]{\tan x}$ $\left[y' = \dfrac{1}{3\sqrt[3]{\tan^2 x}\cdot\cos^2 x}\right]$

352 $y = \dfrac{(x+1)^2}{(x^2-2)^2}$ $\left[y' = -\dfrac{2x^3+6x^2+8x+4}{(x^2-2)^3}\right]$

353 $y = (3\sqrt[3]{x}-2)^4$ $\left[y' = \dfrac{4(3\sqrt[3]{x}-2)^3}{\sqrt[3]{x^2}}\right]$

354 $y = x + \sqrt{x-4}$ $\left[y' = 1 + \dfrac{1}{2\sqrt{x-4}}\right]$

355 $y = \dfrac{x^2-2x}{x+1}$ $\left[y' = \dfrac{x^2+2x-2}{(x+1)^2}\right]$

356 $y = \dfrac{x^4}{4} + \dfrac{4}{x^4}$ $\left[y' = \dfrac{x^8-16}{x^5}\right]$

357 $y = -x(x-2)^2$ $[y' = -3x^2+8x-4]$

358 $y = \sqrt{6x-x^2}$ $\left[y' = \dfrac{3-x}{\sqrt{6x-x^2}}\right]$

359 $y = \dfrac{x^2-x-2}{x^2-2x}$ $\left[y' = -\dfrac{1}{x^2}\right]$

360 $y = 2x - \dfrac{1}{x} + 2$ $\left[y' = 2 + \dfrac{1}{x^2}\right]$

361 $y = 1 - \sqrt{2x-x^2}$ $\left[y' = \dfrac{x-1}{\sqrt{2x-x^2}}\right]$

362 $y = \ln^2(x^2-1)$ $\left[y' = \dfrac{4x\ln(x^2-1)}{x^2-1}\right]$

363 $y = e^{\ln^2 x}$ $\left[y' = \dfrac{2\ln x \cdot e^{\ln^2 x}}{x}\right]$

364 $y = x^2\ln 3x^2$ $[y' = 2x(\ln 3x^2 + 1)]$

365 $y = \dfrac{\ln(1-x^2)}{x}$ $\left[y' = -\dfrac{2}{1-x^2} - \dfrac{\ln(1-x^2)}{x^2}\right]$

366 $y = \ln\dfrac{3x^2-1}{x}$ $\left[y' = \dfrac{3x^2+1}{x(3x^2-1)}\right]$

367 $y = 2\ln x - \sqrt{\ln x}$ $\left[y' = \dfrac{1}{x}\left(2 - \dfrac{1}{2\sqrt{\ln x}}\right)\right]$

ESERCIZI

368 $y = e^{4x} + \frac{1}{\sqrt{e^x}}$ $\left[y' = \frac{8\sqrt{e^{9x}} - 1}{2\sqrt{e^x}}\right]$

369 $y = e^{\sqrt{x}} + \ln\sqrt{x}$ $\left[y' = \frac{\sqrt{x}\,e^{\sqrt{x}} + 1}{2x}\right]$

370 $y = \frac{x\ln x}{\sqrt{x}}$ $\left[y' = \frac{\ln x + 2}{2\sqrt{x}}\right]$

371 $y = \ln\frac{x}{2-x}$ $\left[y' = -\frac{2}{x^2 - 2x}\right]$

372 $y = e^{\frac{x+2}{x-1}}$ $\left[y' = -\frac{3}{(x-1)^2} \cdot e^{\frac{x+2}{x-1}}\right]$

373 $y = xe^x - x$ $[y' = xe^x + e^x - 1]$

374 $y = x^2e^x$ $[y' = xe^x(2+x)]$

375 $y = \frac{1+e^x}{1-e^x}$ $\left[y' = \frac{2e^x}{(1-e^x)^2}\right]$

376 $y = \frac{1}{xe^x}$ $\left[y' = -\frac{x+1}{x^2e^x}\right]$

377 $y = \frac{1}{2}\ln^2 x - \ln x^2$ $\left[y' = \frac{\ln x - 2}{x}\right]$

378 $y = \frac{1-\sin x}{1+\sin x}$ $\left[y' = -\frac{2\cos x}{(1+\sin x)^2}\right]$

379 $y = \sin^3 x^2$ $[y' = 6x\sin^2 x^2 \cos x^2]$

380 $y = 2\tan^2 x^3$ $\left[y' = \frac{12x^2 \cdot \tan x^3}{\cos^2 x^3}\right]$

381 $y = \sin^4(2x+1)$ $[y' = 8\sin^3(2x+1)\cos(2x+1)]$

382 $y = 3\tan^3 x + \tan x$ $\left[y' = \frac{9\tan^2 x + 1}{\cos^2 x}\right]$

383 $y = x \cdot \cos^3 5x$ $[y' = \cos^2 5x(\cos 5x - 15x\sin 5x)]$

384 $y = \sqrt{x-1} \cdot \sin^2 x$ $\left[y' = \frac{\sin^2 x}{2\sqrt{x-1}} + \sin 2x\sqrt{x-1}\right]$

385 $y = \frac{1}{\sqrt{\tan x}}$ $\left[y' = -\frac{1}{\sin 2x\sqrt{\tan x}}\right]$

386 $y = \tan^2\sqrt{x}$ $\left[y' = \frac{\tan\sqrt{x}}{\sqrt{x} \cdot \cos^2\sqrt{x}}\right]$

387 $y = \ln\sin^2 x$ $[y' = 2\cot x]$

388 $y = \frac{\sqrt[3]{x}}{e^{x^2}}$ $\left[y' = \frac{1-6x^2}{3e^{x^2} \cdot \sqrt[3]{x^2}}\right]$

389 $y = \sqrt[4]{\ln x^3}$ $\left[y' = \frac{3}{4x\sqrt[4]{\ln^3 x^3}}\right]$

390 $y = \ln\sqrt{x^2 + 2x + 4}$ $\left[y' = \frac{x+1}{x^2 + 2x + 4}\right]$

391 $y = \sqrt[3]{(e^{x^2+1} - 2)^2}$ $\left[y' = \frac{4x \cdot e^{x^2+1}}{3\sqrt[3]{e^{x^2+1} - 2}}\right]$

392 $y = \ln^2\sqrt{x^2+4}$ $\left[y' = \frac{2x \cdot \ln\sqrt{x^2+4}}{x^2+4}\right]$

393 $y = \sin^2 x^4$ $[y' = 4x^3\sin 2x^4]$

394 $y = (\sin\sqrt{x} + 2)^2$ $\left[y' = \frac{\cos\sqrt{x}\,(\sin\sqrt{x} + 2)}{\sqrt{x}}\right]$

REALTÀ E MODELLI

395 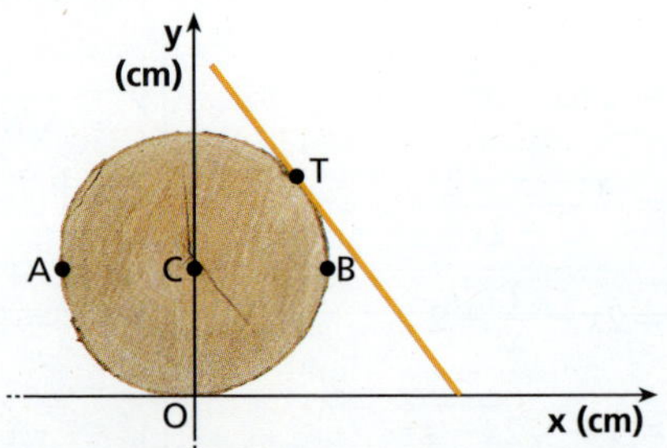

Falegnameria Un'asse di legno è appoggiata a un tronco la cui sezione circolare ha un raggio di 10 cm, come mostra la figura.

a. Verifica che l'equazione della semicirconferenza $\widehat{ATB}$ è

$$y = 10 + \sqrt{100 - x^2}.$$

b. Calcola con le derivate il coefficiente angolare della tangente nel punto di appoggio T che ha ordinata 16. $\left[\text{b}) -\frac{4}{3}\right]$

396 **Curva della memoria** Nessuno riesce a ricordare tutto quello che apprende. Secondo la curva della memoria di Ebbinghaus, la percentuale di conoscenze che rimangono impresse dopo t settimane dall'apprendimento segue una curva descritta dalla funzione:

$$P(t) = M + (100 - M)e^{-kt}.$$

Sostituisci nella funzione i parametri di Riccardo indicati in figura, quindi:

a. calcola il limite di $P(t)$ per t che tende a $+\infty$ e stabilisci il significato di M;

b. determina la velocità con cui varia $P(t)$ nel tempo;

c. stabilisci per quale valore di t il valore assoluto della velocità di variazione di $P(t)$ risulta uguale a 10; ciò equivale a dire che da quell'istante in poi Riccardo dimentica, ogni settimana, meno del 10% delle informazioni apprese inizialmente. $\left[\text{a}) \ 40; \text{b}) \ P'(t) = -30e^{-\frac{t}{2}}\right]$

6 Derivata della funzione inversa

Teoria a p. 1256

397 ESERCIZIO GUIDA Per calcolare la derivata di $y = e^{3x}$, determiniamo prima la sua funzione inversa e poi utilizziamo la regola di derivazione della funzione inversa.

Troviamo la funzione inversa. Applichiamo il logaritmo a entrambi i membri di $y = e^{3x}$:

$$\ln y = \ln e^{3x} \rightarrow \ln y = 3x \ln e \rightarrow \ln y = 3x \rightarrow x = \frac{\ln y}{3}.$$

Applichiamo la regola di derivazione della funzione inversa:

$$D f^{-1}(y) = \frac{1}{f'(x)}, \text{ con } x = f^{-1}(y)$$

$$De^{3x} = \frac{1}{D\left(\frac{\ln y}{3}\right)} = \frac{1}{\frac{1}{3y}} = 3y \rightarrow De^{3x} = 3e^{3x}.$$

Calcola la derivata delle seguenti funzioni, determinando prima la loro funzione inversa e poi applicando la regola di derivazione della funzione inversa. Verifica i risultati con le regole di derivazione che già conosci.

398 $y = 5x$; $\quad y = x - 2$.

399 $y = 4\ln x$; $\quad y = \frac{x}{3} + 1$.

400 $y = x^3$; $\quad y = \sqrt[3]{x}$.

401 $y = \sqrt{x}$; $\quad y = 5e^{4x}$.

Derivata delle funzioni inverse delle funzioni goniometriche

$$D[\arcsin x] = \frac{1}{\sqrt{1-x^2}} \qquad D[\arccos x] = -\frac{1}{\sqrt{1-x^2}}$$

$$D[\arctan x] = \frac{1}{1+x^2} \qquad D[\text{arccot}\, x] = -\frac{1}{1+x^2}$$

Calcola la derivata delle seguenti funzioni.

402 $y = 2\arcsin x + \arccos x$ $\quad \left[y' = \frac{1}{\sqrt{1-x^2}}\right]$

403 $y = 4x - \arctan x$ $\quad \left[y' = \frac{4x^2+3}{x^2+1}\right]$

404 $y = \arctan x + \frac{1}{2}\text{arccot}\, x$ $\quad \left[y' = \frac{1}{2(1+x^2)}\right]$

405 $y = x - \sqrt{1-x^2}\arcsin x$ $\quad \left[y' = \frac{x\arcsin x}{\sqrt{1-x^2}}\right]$

406 $y = \arctan x + \frac{1}{1+x^2}$ $\quad \left[y' = \frac{(x-1)^2}{(x^2+1)^2}\right]$

407 $y = \arcsin x + \sqrt{1-x^2}$ $\quad \left[y' = \frac{1-x}{\sqrt{1-x^2}}\right]$

408 ESERCIZIO GUIDA Calcoliamo la derivata di $y = \arcsin(5x + 3)$.

La funzione data è una funzione composta.
Chiamando $g(x) = 5x + 3$, la funzione data si può scrivere $y = \arcsin g(x)$, la cui derivata è

$$y' = \frac{1}{\sqrt{1-g^2(x)}} \cdot g'(x).$$

Poiché $g'(x) = 5$, sostituendo otteniamo:

$$y' = \frac{1}{\sqrt{1-(5x+3)^2}} \cdot 5 = \frac{5}{\sqrt{1-(5x+3)^2}}.$$

Calcola la derivata delle seguenti funzioni.

409 $y = \arcsin x^2$ $\quad \left[y' = \frac{2x}{\sqrt{1-x^4}}\right]$

410 $y = \arccos 4x$ $\quad \left[y' = -\frac{4}{\sqrt{1-16x^2}}\right]$

411 $y = \arcsin(3x+7)$ $\quad \left[y' = \frac{3}{\sqrt{1-(3x+7)^2}}\right]$

412 $y = \arctan x^3$ $\quad \left[y' = \frac{3x^2}{1+x^6}\right]$

ESERCIZI

413 $y = \text{arccot}\,(x+2)$ $\left[y' = -\dfrac{1}{1+(x+2)^2}\right]$

414 $y = \dfrac{1}{3}\arccos^2 x$ $\left[y' = -\dfrac{2\arccos x}{3\sqrt{1-x^2}}\right]$

415 $y = \dfrac{1}{2}\arctan x + x$ $\left[y' = \dfrac{2x^2+3}{2(1+x^2)}\right]$

416 $y = \arctan e^x$ $\left[y' = \dfrac{e^x}{1+e^{2x}}\right]$

417 $y = (\arctan x)^4$ $\left[y' = \dfrac{4(\arctan x)^3}{1+x^2}\right]$

418 $y = 2\arccos\dfrac{x}{2}$ $\left[y' = -\dfrac{2}{\sqrt{4-x^2}}\right]$

419 $y = \ln(\arcsin x)$ $\left[y' = \dfrac{1}{\arcsin x \cdot \sqrt{1-x^2}}\right]$

420 $y = \text{arccot}\,(\ln x)$ $\left[y' = -\dfrac{1}{x(1+\ln^2 x)}\right]$

421 $y = \arcsin^2 x$ $\left[y' = \dfrac{2\arcsin x}{\sqrt{1-x^2}}\right]$

422 $y = \text{arccot}(e^x+1)$ $\left[y' = \dfrac{-e^x}{1+(e^x+1)^2}\right]$

423 $y = \arctan\sqrt{x}$ $\left[y' = \dfrac{1}{2\sqrt{x}(1+x)}\right]$

424 AL VOLO $y = \arcsin\left(\sin\dfrac{x}{2}\right)$ $\left[y' = \dfrac{1}{2}\right]$

Riepilogo: Calcolo delle derivate

TEST

425 La funzione $y = 1 + \ln x$, con $x > 0$, è la derivata di una sola delle seguenti funzioni. Quale?

A $y = x + \dfrac{1}{x}$

B $y = x - \dfrac{1}{x}$

C $y = x + \ln x$

D $y = x - \ln x$

E $y = x \cdot \ln x$

426 La funzione $y = \dfrac{1-\ln x}{x^2}$ è la derivata di tutte le seguenti funzioni, *tranne* una. Quale?

A $y = \dfrac{\ln x + 2x}{x}$

B $y = 1 + \dfrac{\ln x}{x}$

C $y = \dfrac{\ln x}{x}$

D $y = x + \dfrac{\ln x}{x}$

E $y = \dfrac{\ln x - x}{x}$

CACCIA ALL'ERRORE **Ognuna delle seguenti derivate contiene un errore. Trovalo e correggilo.**

427 $y = \tan\dfrac{\pi}{4} \rightarrow y' = \dfrac{1}{\cos^2\dfrac{\pi}{4}}$

428 $y = \sqrt{e} \rightarrow y' = \dfrac{1}{2\sqrt{e}}$

429 $y = \dfrac{1}{\sin^2 x} \rightarrow y' = \dfrac{1}{2\sin x\cos x}$

430 $y = \sin(\ln x) \rightarrow y' = \cos\dfrac{1}{x}$

431 $y = \dfrac{\sin x}{x^2} \rightarrow y' = \dfrac{\cos x}{2x}$

432 $y = \sin^2(\ln x) \rightarrow y' = 2\sin(\ln x)$

COMPLETA

433 $y = 5e^{-x} \rightarrow y' = \dfrac{\square 5}{e^x}$

434 $y = \tan(1+x^4) \rightarrow y' = \dfrac{\square}{\cos^{\square}(1+x^4)}$

435 $y = \cos^4 x \rightarrow y' = \square \sin x$

436 $y = \arctan\cos x \rightarrow y' = \dfrac{\square}{1+\cos^2 x}$

437 $y = \sqrt[3]{2x^2-1} \rightarrow y' = \dfrac{4}{3}x\square$

438 $y = \dfrac{4}{e^{\sqrt{x}}} \rightarrow y' = \dfrac{-2}{\square e^{\sqrt{x}}}$

Calcola la derivata delle seguenti funzioni.

439 $y = 5x^4 + 1$ $[y' = 20x^3]$

440 $y = \dfrac{1}{2}x^6 + x$ $[y' = 3x^5 + 1]$

441 $y = (x^2 + 2x)^2$ $\quad [y' = 4x(x+1)(x+2)]$

442 $y = \dfrac{x-2}{(x+1)^2}$ $\quad \left[y' = \dfrac{5-x}{(x+1)^3}\right]$

443 $y = \dfrac{x^2-1}{x^2+2x}$ $\quad \left[y' = \dfrac{2(x^2+x+1)}{(x^2+2x)^2}\right]$

444 $y = \dfrac{x-8}{3x-1}$ $\quad \left[y' = \dfrac{23}{(3x-1)^2}\right]$

445 $y = \dfrac{x^3}{1-x^4}$ $\quad \left[y' = \dfrac{x^6+3x^2}{(1-x^4)^2}\right]$

446 $y = \dfrac{3x^2+4x}{x^2-2x}$ $\quad \left[y' = \dfrac{-10}{(x-2)^2}\right]$

447 $y = \dfrac{x^4-3x^2+x}{x}$ $\quad [y' = 3x^2 - 3]$

448 $y = \dfrac{1}{(1-2x)^3}$ $\quad \left[y' = \dfrac{6}{(1-2x)^4}\right]$

449 $y = (3x^2-2)^2(2x+1)$ $\quad [y' = 2(3x^2-2)(15x^2+6x-2)]$

450 $y = x^3(4-x^2)^2$ $\quad [y' = -x^2(4-x^2)(7x^2-12)]$

451 $y = \dfrac{x^2-2x}{(x-1)^2}$ $\quad \left[y' = \dfrac{2}{(x-1)^3}\right]$

452 $y = (x^3-1)^2(x+2)$ $\quad [y' = (x^3-1)(7x^3+12x^2-1)]$

453 $y = \sqrt{\dfrac{1-x}{x+3}}$ $\quad \left[y' = \dfrac{-2}{(x+3)^2}\sqrt{\dfrac{x+3}{1-x}}\right]$

454 $y = \dfrac{\sqrt{1+x^2}}{2x}$ $\quad \left[y' = \dfrac{-1}{2x^2\sqrt{1+x^2}}\right]$

455 $y = \dfrac{3x^4-2x^2+4}{x^3}$ $\quad \left[y' = \dfrac{3x^4+2x^2-12}{x^4}\right]$

456 $y = x\sqrt{4-x^2}$ $\quad \left[y' = \dfrac{4-2x^2}{\sqrt{4-x^2}}\right]$

457 $y = \dfrac{1+\sqrt{x}}{1-\sqrt{x}}$ $\quad \left[y' = \dfrac{1}{\sqrt{x}(1-\sqrt{x})^2}\right]$

458 $y = \sqrt[5]{x^3} - 2\sqrt[4]{x^3}$ $\quad \left[y' = \dfrac{3}{5}\cdot\dfrac{1}{\sqrt[5]{x^2}} - \dfrac{3}{2}\cdot\dfrac{1}{\sqrt[4]{x}}\right]$

459 $y = \sqrt[3]{x^3-x^2}$ $\quad \left[y' = \dfrac{3x-2}{3\sqrt[3]{x(x-1)^2}}\right]$

460 $y = e^{x^2}$ $\quad [y' = 2xe^{x^2}]$

461 $y = (e^x)^2$ $\quad [y' = 2e^{2x}]$

462 $y = e^{x^2-2}$ $\quad [y' = e^{x^2-2}\cdot 2x]$

463 $y = \ln(5x^2-2x)$ $\quad \left[y' = \dfrac{10x-2}{5x^2-2x}\right]$

464 $y = 3e^{x^3-2x^2}$ $\quad \left[y' = 3(3x^2-4x)e^{x^3-2x^2}\right]$

465 $y = 2xe^{-x} + 1$ $\quad [y' = 2e^{-x}(1-x)]$

466 $y = (x-1)e^{3-x}$ $\quad [y' = e^{3-x}(2-x)]$

467 $y = \ln^2 x - 4\ln x + 3$ $\quad \left[y' = \dfrac{2}{x}(\ln x - 2)\right]$

468 $y = \dfrac{xe^x + x^2 - 3}{x}$ $\quad \left[y' = \dfrac{x^2 + x^2e^x + 3}{x^2}\right]$

469 $y = 2x^4 \ln x$ $\quad [y' = 2x^3(4\ln x + 1)]$

470 $y = x^2e^{x^2} + 2$ $\quad [y' = 2xe^{x^2}(1+x^2)]$

471 $y = \dfrac{2e^x}{e^x-2}$ $\quad \left[y' = \dfrac{-4e^x}{(e^x-2)^2}\right]$

472 $y = \dfrac{\ln(x+2)}{x}$ $\quad \left[y' = \dfrac{x-(x+2)\ln(x+2)}{x^2(x+2)}\right]$

473 $y = \ln x^2 + \dfrac{x-1}{x}$ $\quad \left[y' = \dfrac{2x+1}{x^2}\right]$

474 $y = \dfrac{(x-1)^2}{x} - \ln x^3$ $\quad \left[y' = \dfrac{x^2-3x-1}{x^2}\right]$

475 $y = \tan^3 x$ $\quad [y' = 3\tan^2 x(1+\tan^2 x)]$

476 $y = \tan x^3$ $\quad \left[y' = \dfrac{3x^2}{\cos^2 x^3}\right]$

477 $y = e^{e^{x+1}}$ $\quad [y' = e^{e^{x+1}+x+1}]$

478 $y = x - \dfrac{1}{2}\ln\cos x^2$ $\quad [y' = 1 + x\tan x^2]$

479 $y = x^3 \sin x$ $\quad [y' = x^2(3\sin x + x\cos x)]$

480 $y = \dfrac{1}{3}x^3e^x \ln x$ $\quad \left[y' = x^2e^x\left(\ln x + \dfrac{1}{3}x\ln x + \dfrac{1}{3}\right)\right]$

481 $y = e^{\sqrt{x}} - \ln(3x+1)$ $\quad \left[y' = \dfrac{e^{\sqrt{x}}}{2\sqrt{x}} - \dfrac{3}{3x+1}\right]$

482 $y = \arctan\sqrt{2x-1}$ $\quad \left[y' = \dfrac{1}{2x\sqrt{2x-1}}\right]$

483 $y = \arctan x + \dfrac{x}{1+x^2}$ $\quad \left[y' = \dfrac{2}{(1+x^2)^2}\right]$

484 $y = \ln\ln x + \dfrac{1}{\ln x}$ $\quad \left[y' = \dfrac{\ln x - 1}{x\ln^2 x}\right]$

485 $y = x^\pi$ $\quad [y' = \pi x^{\pi-1}]$

486 $y = 2x^{1+\pi}$ $\quad [y' = 2(1+\pi)x^\pi]$

487 $y = 2e^x + x^{2e}$ $\quad [y' = 2e^x + 2e\,x^{2e-1}]$

ESERCIZI

AL VOLO

488 $y = \ln\sqrt{\sin\frac{3}{4}\pi}$

489 $y = e^{\ln x}$

490 $y = \cos^2 x + \sin^2 x$

491 $y = \sqrt[3]{\frac{1}{x^3}}$

492 $y = \frac{\sin x + \cos x}{2e^x}$ $\left[y' = -\frac{\sin x}{e^x}\right]$

493 $y = 3 + \ln\tan\left(\pi - \frac{x}{2}\right)$ $\left[y' = \frac{1}{\sin x}\right]$

494 $y = \frac{x^2 \sin x + 2}{x}$ $\left[y' = \frac{x^2\sin x + x^3\cos x - 2}{x^2}\right]$

495 $y = 2\cos^2 x \tan x$ $[y' = -2(2\sin^2 x - 1)]$

496 $y = \frac{6x - x^2}{(3-x)^2}$ $\left[y' = \frac{18}{(3-x)^3}\right]$

497 $y = \frac{5x^2 - 2x + 1}{(1+x)^2}$ $\left[y' = \frac{4(3x-1)}{(1+x)^3}\right]$

498 $y = 2\cos\left(x - \frac{\pi}{6}\right)\sin x$ $\left[y' = 2\cos\left(2x - \frac{\pi}{6}\right)\right]$

499 $y = \frac{1}{2}\ln(x^2+1) - x\arctan x$ $[y' = -\arctan x]$

500 $y = \frac{1}{3}\sin^3 x - \sin x$ $[y' = -\cos^3 x]$

501 $y = \frac{(x^2-4)^3}{x^2-1}$ $\left[y' = \frac{2x(x^2-4)^2(2x^2+1)}{(x^2-1)^2}\right]$

502 $y = \frac{2}{\sqrt{x}} - 3\sin^4 x$ $\left[y' = -\frac{1}{x\sqrt{x}} - 12\sin^3 x\cos x\right]$

503 $y = \frac{1 + \sin x}{1 - 2\sin x}$ $\left[y' = \frac{3\cos x}{(2\sin x - 1)^2}\right]$

504 $y = \tan x \ln\cos x + \tan x - x$ $\left[y' = \frac{\ln\cos x}{\cos^2 x}\right]$

505 $y = \frac{1}{\cos x} + \sin x(1 - \tan x)$ $[y' = \cos x - \sin x]$

506 $y = \frac{3}{x}\sqrt[3]{(1-x)^2}$ $\left[y' = \frac{3-x}{x^2\sqrt[3]{x-1}}\right]$

507 $y = 4\arcsin\frac{x}{2} + x\sqrt{4-x^2}$ $[y' = 2\sqrt{4-x^2}]$

508 $y = \sqrt{1-x^2} - x\arccos x$ $[y' = -\arccos x]$

509 EUREKA! $y = \frac{1 - \tan^2\frac{x}{2}}{1 + \tan^2\frac{x}{2}}$ $[y' = -\sin x]$

510 $y = \sqrt{\tan 3x^2}$ $\left[y' = \frac{3x}{\cos^2 3x^2 \cdot \sqrt{\tan 3x^2}}\right]$

511 $y = \frac{\ln(x+1)^2}{2e^x}$ $\left[y' = \frac{1 - (x+1)\ln(x+1)}{e^x(x+1)}\right]$

512 $y = \pi^x + x^\pi$ $[y' = \pi^x\ln\pi + \pi x^{\pi-1}]$

513 $y = x^4 + 4^x + x^{\sqrt{2}}$ $[y' = 4x^3 + 4^x\ln 4 + \sqrt{2}x^{\sqrt{2}-1}]$

514 $y = (\sin^2 x + \cos 2x)^2$ $[y' = -4\sin x\cos^3 x]$

515 $y = e^{\cos\frac{1}{x}}$ $\left[y' = \frac{1}{x^2}\sin\frac{1}{x}e^{\cos\frac{1}{x}}\right]$

516 $y = \sqrt{\arctan 3x}$ $\left[y' = \frac{3}{2(1+9x^2)\sqrt{\arctan 3x}}\right]$

517 $y = \ln^2(x^3 + 3x)$ $\left[y' = \frac{6(x^2+1)}{x(x^2+3)}\ln[x(x^2+3)]\right]$

518 $y = \arctan(x+1) - \arctan\frac{x}{x+2}$ $[y' = 0]$

519 $y = \ln\sqrt{\frac{1-\cos x}{1+\cos x}}$ $\left[y' = \frac{1}{\sin x}\right]$

520 $y = \arctan\frac{1-2x^2}{x^3-2x}$ $\left[y' = \frac{2x^4+x^2+2}{x^6+1}\right]$

521 **LEGGI IL GRAFICO** Date le funzioni f e g, i cui grafici sono una retta e una parabola rappresentate in figura, calcola:

a. $D\,f(g(x))$;

b. $D\ln\frac{g(x)}{f(x)}$;

c. $D[g(x)]^2$.

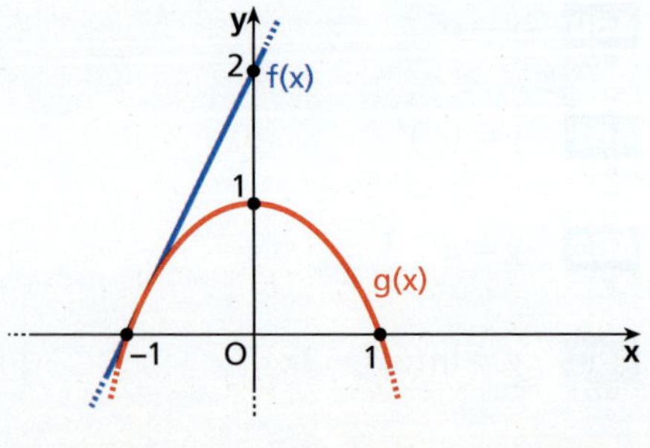

Derivata di una funzione definita a tratti o contenente valori assoluti

522 ●○ LEGGI IL GRAFICO Determina le derivate destra e sinistra della funzione il cui grafico è rappresentato in figura, nei punti:

a. $x_0 = 0$; b. $x_0 = 1$; c. $x_0 = 4$.

$\left[\text{a) } f'_-(0) = -\frac{1}{3};\ f'_+(0) = 4;\ \text{b) } f'_-(1) = 4;\ f'_+(1) = -\frac{4}{3};\ \text{c) } f'_-(4) = f'_+(4) = -\frac{4}{3}\right]$

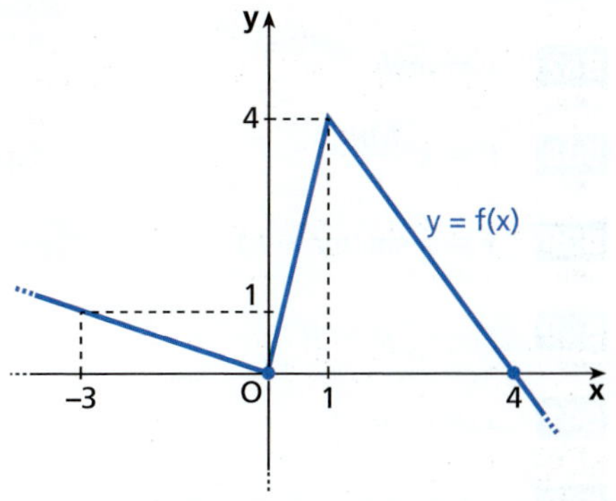

Calcola la derivata delle seguenti funzioni nel punto x_0 indicato.

523 ●○ $y = \left|\frac{1}{x-3}\right|$, $x_0 = 0$. $\left[y'(0) = \frac{1}{9}\right]$

524 ●○ $y = \frac{|x| - 1}{x^2 + 1}$, $x_0 = -1$. $\left[y'(-1) = -\frac{1}{2}\right]$

Calcola la derivata delle seguenti funzioni.

525 ●○ $y = |x - 5|$ $\left[y' = \begin{cases} -1 & \text{se } x < 5 \\ 1 & \text{se } x > 5 \end{cases}\right]$

526 ●○ $y = 2 + |4x^3|$ $\left[y' = \begin{cases} -12x^2 & \text{se } x < 0 \\ 12x^2 & \text{se } x \geq 0 \end{cases}\right]$

527 ●○ $y = \begin{cases} 2x^3 & \text{se } x < 0 \\ \ln(4x+1) & \text{se } x \geq 0 \end{cases}$ $\left[y' = \begin{cases} 6x^2 & \text{se } x < 0 \\ \dfrac{4}{4x+1} & \text{se } x > 0 \end{cases}\right]$

528 ●○ $y = \begin{cases} 5x - x^2 & \text{se } x < 1 \\ 4e^{x-1} & \text{se } x \geq 1 \end{cases}$ $\left[y' = \begin{cases} 5 - 2x & \text{se } x < 1 \\ 4e^{x-1} & \text{se } x > 1 \end{cases}\right]$

529 ●○ $y = xe^{|x|}$ $\left[y' = \begin{cases} e^{-x}(1-x) & \text{se } x < 0 \\ e^{x}(1+x) & \text{se } x \geq 0 \end{cases}\right]$

530 ●● $y = \frac{x}{|x| - 1}$ $\left[y' = \begin{cases} -\dfrac{1}{(x+1)^2} & \text{se } x < 0 \wedge x \neq -1 \\ -\dfrac{1}{(x-1)^2} & \text{se } x \geq 0 \wedge x \neq 1 \end{cases}\right]$

Derivata di una funzione con più variabili

531 ESERCIZIO GUIDA Data la funzione $y = x + \sin \omega t$, deriviamola rispetto a ognuna delle variabili, considerando le altre come costanti.

- Deriviamo rispetto a x. Poiché pensiamo costanti ω e t, anche $\sin \omega t$ è costante, quindi: $D \sin \omega t = 0$. Pertanto:

$$y'_x = 1.$$

- Deriviamo rispetto a ω (x e t costanti): $y'_\omega = t \cos \omega t$.
- Deriviamo rispetto a t (x e ω costanti): $y'_t = \omega \cos \omega t$.

Date le seguenti funzioni, derivale rispetto a ognuna delle variabili (o alle variabili indicate), considerando le altre come costanti.

532 ●○ $y = xt^2 + 1$ $[y'_x = t^2;\ y'_t = 2xt]$

533 ●○ $y = 4ax^2 + x^4$ $[y'_x = 8ax + 4x^3;\ y'_a = 4x^2]$

534 ●○ $y = 5x^2 + ax + b$ $[y'_x = 10x + a;\ y'_a = x;\ y'_b = 1]$

535 ●○ $y = 5 \sin \omega t + \cos t$ $[y'_t = 5\omega \cos \omega t - \sin t;\ y'_\omega = 5t \cos \omega t]$

536 $y = \frac{1}{2}at^2 + vt$ $\left[y'_t = at + v;\ y'_v = t;\ y'_a = \frac{1}{2}t^2\right]$

537 $y = mgh$ $[y'_m = gh;\ y'_g = mh;\ y'_h = mg]$

538 $F = k\frac{Mm}{r^2}$ rispetto a m e a r $\left[F'_m = \frac{kM}{r^2};\ F'_r = -\frac{2kMm}{r^3}\right]$

539 $y = a\sin(\omega t + b)$ rispetto a t e a ω $[y'_t = a\omega\cos(\omega t + b);\ y'_\omega = at\cos(\omega t + b)]$

540 $y = e^{-t}\cos\omega t$ $[y'_t = -e^{-t}(\cos\omega t + \omega\sin\omega t);\ y'_\omega = -t\,e^{-t}\sin\omega t]$

541 $s = t\sin^2 at$ $[s'_t = \sin^2 at + at\sin 2at;\ s'_a = t^2\sin 2at]$

542 $y = x^2 t + 5\cos t$ $[y'_x = 2xt;\ y'_t = x^2 - 5\sin t]$

7 Derivate di ordine superiore al primo

▶ Teoria a p. 1257

543 ESERCIZIO GUIDA Calcoliamo le derivate prima, seconda e terza di $y = x^2 \cdot \ln x$.

Applichiamo la regola di derivazione del prodotto di due funzioni.

Derivata prima: $y' = 2x \cdot \ln x + x^2 \cdot \frac{1}{x} = 2x \cdot \ln x + x = x \cdot (2\ln x + 1)$.

Derivata seconda: $y'' = 1 \cdot (2\ln x + 1) + x \cdot \left(\frac{2}{x}\right) = 2\ln x + 1 + 2 = 2\ln x + 3$.

Derivata terza: $y''' = \frac{2}{x}$.

Calcola la derivata seconda delle seguenti funzioni.

544 $y = 7x$ $[y'' = 0]$

545 $y = 3x^2 - x$ $[y'' = 6]$

546 $y = x^2 - 2x^3 + 1$ $[y'' = 2 - 12x]$

547 $y = x^4 - 2x^2 - 1$ $[y'' = 4(3x^2 - 1)]$

548 $y = \frac{3}{x+1}$ $\left[y'' = \frac{6}{(x+1)^3}\right]$

549 $y = x^3(x-2)^2$ $[y'' = 4x(5x^2 - 12x + 6)]$

550 $y = -\frac{2}{x}$ $\left[y'' = -\frac{4}{x^3}\right]$

551 $y = (x^2 - 4)^3$ $[y'' = 6(x^2 - 4)(5x^2 - 4)]$

552 $y = \sqrt{x+3}$ $\left[y'' = -\frac{1}{4\sqrt{(x+3)^3}}\right]$

553 $y = e^{2x} + \ln x$ $\left[y'' = 4e^{2x} - \frac{1}{x^2}\right]$

554 $y = 2x\ln x$ $\left[y'' = \frac{2}{x}\right]$

555 $y = e^{x^3}$ $[y'' = 3x \cdot e^{x^3} \cdot (3x^3 + 2)]$

556 $y = 3\ln x$ $\left[y'' = -\frac{3}{x^2}\right]$

557 $y = 2xe^x$ $[y'' = 2e^x(2 + x)]$

558 $y = e^x + x^2$ $[y'' = e^x + 2]$

559 $y = \ln(x^2 - 5x)$ $\left[y'' = -\frac{2x^2 - 10x + 25}{(x^2 - 5x)^2}\right]$

560 $y = \cos^2 x$ $[y'' = -2\cos 2x]$

561 $y = \sin x + \cos x$ $[y'' = -(\sin x + \cos x)]$

562 ASSOCIA a ogni funzione la sua derivata seconda.

a. $y = \ln x$ **b.** $y = \frac{1}{x}$ **c.** $y = \ln\frac{1}{x}$ **d.** $y = \ln\frac{1}{x^2}$

1. $y'' = \frac{1}{x^2}$ **2.** $y'' = -\frac{1}{x^2}$ **3.** $y'' = \frac{2}{x^2}$ **4.** $y'' = \frac{2}{x^3}$

563 Data la funzione $y = \sqrt{4x^2 + 1}$, calcola la derivata seconda nel punto $x_0 = 0$. $[y''(0) = 4]$

Calcola la derivata terza delle seguenti funzioni.

564 $y = 2x^4 - 3x^3 + 2x^2$ $[y''' = 6 \cdot (8x - 3)]$

565 $y = \sqrt{2x + 1}$ $\left[y''' = \dfrac{3}{\sqrt{(2x+1)^5}}\right]$

566 $y = \dfrac{1}{3}x^3 + x^2 - x - 1$ $[y''' = 2]$

567 $y = 2\sin x + \cos x$ $[y''' = -2\cos x + \sin x]$

568 $y = 3x^4 + e^{-x}$ $[y''' = 72x - e^{-x}]$

569 $y = e^{2x} + 5x^2$ $[y''' = 8e^{2x}]$

570 $y = x - \ln x$ $\left[y''' = -\dfrac{2}{x^3}\right]$

571 $y = \ln(\cos x)$ $\left[y''' = -\dfrac{2\sin x}{\cos^3 x}\right]$

572 FAI UN ESEMPIO di una funzione $y = f(x)$ non costante che abbia tutte le derivate di ordine superiore al primo uguali, cioè

$$f''(x) = f'''(x) = \ldots = f^{(n)}(x), \quad \forall n \geq 2.$$

573 Considera la funzione $y = 2x \ln 2x$. Trova il dominio e calcola le derivate seconda e terza in $x_0 = 2$.
$\left[D\colon x > 0;\ y''(2) = 1;\ y'''(2) = -\dfrac{1}{2}\right]$

574 Determina il dominio della funzione $y = \dfrac{x^2 - 1}{x + 3}$, individua gli eventuali punti di discontinuità e calcola le derivate prima e seconda nei punti di intersezione del grafico di y con l'asse x.
$\left[D\colon x \neq -3;\ x = -3 \text{ punto di discontinuità di II specie};\ y'(-1) = -1;\ y''(-1) = 2;\ y'(1) = \dfrac{1}{2};\ y''(1) = \dfrac{1}{4}\right]$

575 Data la funzione $y = \cos x + \sin x + 2$, verifica che $y'' + y = 2$.

576 Considera la funzione $y = xe^x$. Verifica che $x(y' - y'') + y = 0$.

577 Data la funzione $y = ax^4 + bx^2$, trova a e b in modo che risulti $y'(1) = 0$, $y''(0) = 4$. $[a = -1, b = 2]$

578 Data la funzione $y = ax^4 + bx^2 + cx$, trova a, b, c, sapendo che $y''' = 4x$, $y'' = 0$ per $x = 1$ e $y'(3) = 13$.
$\left[a = \dfrac{1}{6};\ b = -1;\ c = 1\right]$

8 Retta tangente e punti di non derivabilità

Retta tangente

▶ Teoria a p. 1257

579 VERO O FALSO? Se per una funzione $y = f(x)$ si ha che:

a. la tangente nel punto di ascissa $x = 1$ è la retta di equazione $4x - 2y + 1 = 0$, allora $f'(1) = 2$. V F

b. $f'(1) = 0$, allora la tangente nel punto di ascissa $c = 1$ è parallela all'asse x. V F

c. nel punto di ascissa $c = 2$ la tangente è parallela all'asse y, allora la derivata in c è nulla. V F

d. il suo grafico passa per l'origine e $f'(0) = \dfrac{1}{2}$, allora la tangente nel punto di ascissa 0 ha equazione $x - 2y = 0$. V F

580 ESERCIZIO GUIDA Determiniamo l'equazione della retta tangente al grafico della funzione $f(x) = x^2 + x$, nel suo punto P di ascissa $x_P = 1$.

Determiniamo l'ordinata di P sostituendo $x_P = 1$ nell'espressione della funzione: $y_P = 2$, quindi $P(1; 2)$.

La tangente (non parallela all'asse y) che passa per P ha equazione: $y - y_P = f'(x_P)(x - x_P)$.

Troviamo il coefficiente angolare $f'(x_P)$. Calcoliamo la derivata di $f(x)$:

$$f'(x) = 2x + 1 \quad \rightarrow \quad f'(1) = 2 + 1 = 3.$$

Sostituendo nell'equazione precedente, otteniamo l'equazione della retta tangente:

$$y - 2 = 3(x - 1) \quad \rightarrow \quad y = 2 + 3x - 3 \quad \rightarrow \quad y = 3x - 1.$$

Determina l'equazione della retta tangente al grafico della seguente funzione, nel punto indicato a fianco.

581 $y = x^2 - 2x$, $\quad -2.$ $\quad [y = -6x - 4]$

582 $y = -x^2 + 4x$, $\quad 4.$ $\quad [y = -4x + 16]$

583 $y = 4x^3 + 1$, $\quad -1.$ $\quad [y = 12x + 9]$

584 $y = -\frac{1}{3x}$, $\quad 1.$ $\quad \left[y = \frac{1}{3}x - \frac{2}{3}\right]$

585 $y = \frac{x}{x - 1}$, $\quad 0.$ $\quad [y = -x]$

586 $y = 1 - \frac{2}{x}$, $\quad -1.$ $\quad [y = 2x + 5]$

587 $y = \sin x$, $\quad \frac{\pi}{2}.$ $\quad [y = 1]$

588 $y = \ln x$, $\quad 1.$ $\quad [y = x - 1]$

589 $y = e^x$, $\quad -1.$ $\quad \left[y = \frac{1}{e}x + \frac{2}{e}\right]$

590 $y = 3x + \cos x$, $\quad \pi.$ $\quad [y = 3x - 1]$

591 $y = \frac{1}{4\sqrt{x}}$, $\quad 1.$ $\quad \left[y = -\frac{1}{8}x + \frac{3}{8}\right]$

592 $y = 2xe^x + 1$, $\quad 0.$ $\quad [y = 2x + 1]$

593 $y = \frac{x^3}{x + 1}$, $\quad 1.$ $\quad \left[y = \frac{5}{4}x - \frac{3}{4}\right]$

594 $y = \frac{1}{2}\sin 2x$, $\quad \pi.$ $\quad [y = x - \pi]$

595 $y = \ln(4x^2 - 3)$, $\quad 1.$ $\quad [y = 8x - 8]$

596 $y = 2\ln^2 x - x^2$, $\quad 1.$ $\quad [y = -2x + 1]$

597 REALTÀ E MODELLI **Quanti semi** Nello studio in laboratorio di una pianta, si interra un certo numero di semi alla temperatura iniziale di 5 °C. La percentuale di semi che germogliano entro una settimana, in base alla temperatura T a cui viene portato poi il terreno, è data dalla funzione, detta *sigmoide*, $G(T) = \frac{a}{1 + e^{5-T}}$.

a. Determina il valore di a, sapendo che $\lim_{T \to +\infty} G(T) = 100$, e sostituiscilo nella funzione.

b. Per semplificare lo studio nell'intervallo di temperature $4\ °C \le T \le 6\ °C$, la curva a sigmoide può essere ben approssimata dalla retta tangente al grafico della funzione nel suo punto di ascissa 5. Determina l'equazione di tale retta. [a) 100; b) $G = 25T - 75$]

Punti stazionari

▶ Teoria a p. 1258

598 LEGGI IL GRAFICO In ognuno dei seguenti casi segna sul grafico i punti stazionari (se esistono).

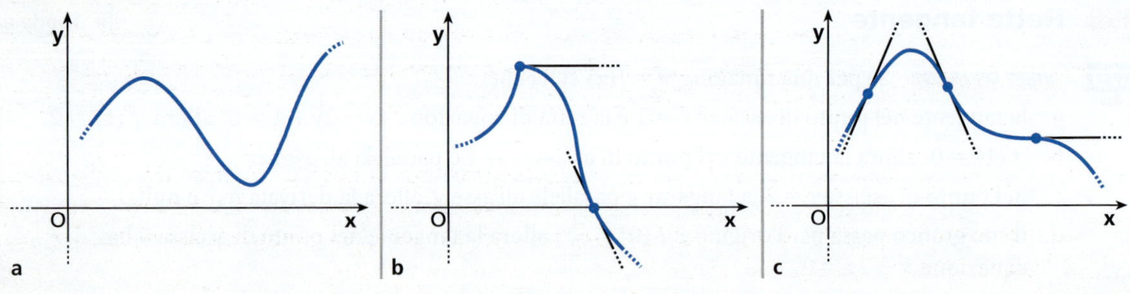

Punti di non derivabilità

▶ Teoria a p. 1258

Negli esercizi che seguono, sono dati una funzione e un punto, indicato a fianco. Rappresenta la funzione e calcola la sua derivata. La funzione è continua nel punto? È derivabile nel punto?

599 $y=\begin{cases}3x-1 & \text{se } x<3\\ 11-x & \text{se } x\geq 3\end{cases}$, $x=3$. $\left[y'=\begin{cases}3 & \text{se } x<3\\ -1 & \text{se } x>3\end{cases}\text{; continua ma non derivabile}\right]$

600 $y=\begin{cases}x & \text{se } x\geq 0\\ \sin x & \text{se } x<0\end{cases}$, $x=0$. $\left[y'=\begin{cases}1 & \text{se } x\geq 0\\ \cos x & \text{se } x<0\end{cases}\text{; continua e derivabile}\right]$

601 $y=\begin{cases}\ln x & \text{se } x\geq 1\\ x & \text{se } x<1\end{cases}$, $x=1$. $\left[y'=\begin{cases}\frac{1}{x} & \text{se } x>1\\ 1 & \text{se } x<1\end{cases}\text{; né continua, né derivabile}\right]$

602 $y=\begin{cases}e^x & \text{se } x\geq 0\\ \cos x & \text{se } x<0\end{cases}$, $x=0$. $\left[y'=\begin{cases}e^x & \text{se } x>0\\ -\sin x & \text{se } x<0\end{cases}\text{; continua ma non derivabile}\right]$

603 $y=\begin{cases}0 & \text{se } x<1\\ \ln x & \text{se } x\geq 1\end{cases}$, $x=1$. $\left[y'=\begin{cases}0 & \text{se } x<1\\ \frac{1}{x} & \text{se } x>1\end{cases}\text{; continua ma non derivabile}\right]$

604 $y=\begin{cases}x+1 & \text{se } x<0\\ e^x & \text{se } x\geq 0\end{cases}$, $x=0$. $\left[y'=\begin{cases}1 & \text{se } x<0\\ e^x & \text{se } x\geq 0\end{cases}\text{; continua e derivabile}\right]$

LEGGI IL GRAFICO **In ognuno dei seguenti grafici indica i punti di non derivabilità, distinguendo i flessi a tangente parallela all'asse *y*, le cuspidi e i punti angolosi.**

605

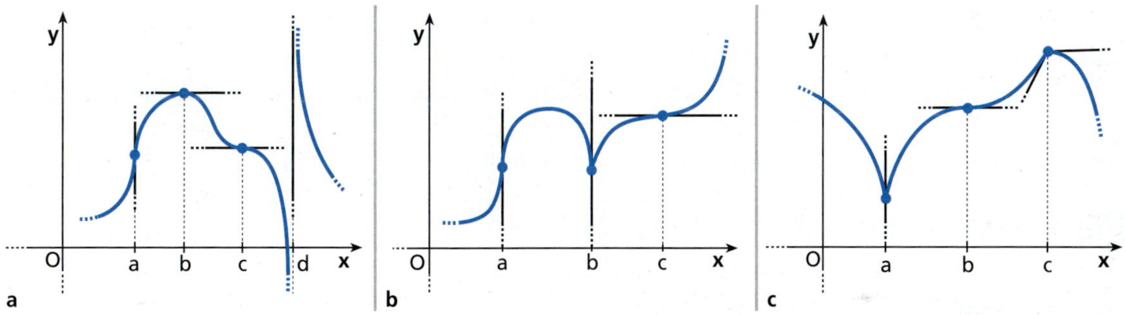

606

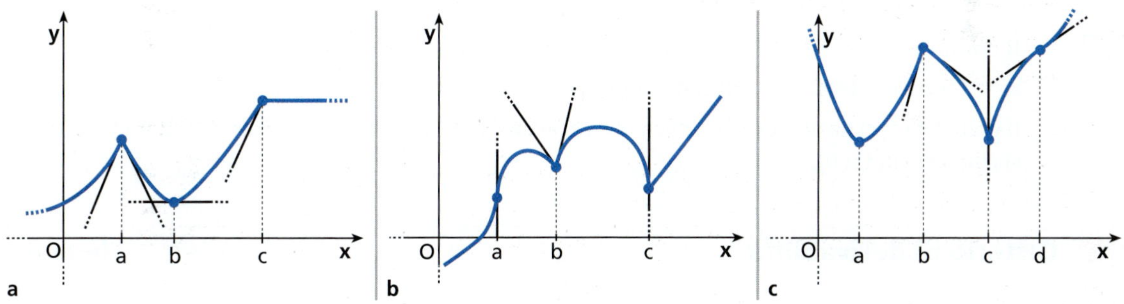

607 **VERO O FALSO?**

a. Se una funzione ha una cuspide rivolta verso l'alto in x_0, allora $f'_-(x_0)=+\infty$, oppure $f'_+(x_0)=-\infty$. V F

b. Se una funzione, nel punto x_0, è tale che $f'_-(x_0)=-\infty$ e $f'_+(x_0)=-\infty$, allora presenta in x_0 un flesso a tangente verticale. V F

c. Se una funzione $y=f(x)$ non è derivabile in un punto di ascissa $x=x_0$, allora non esiste la tangente alla funzione in quel punto. V F

d. Se nel punto di ascissa $x=x_0$ esiste una sola retta tangente, allora la funzione è derivabile in quel punto. V F

ESERCIZI

Disegna il grafico delle seguenti funzioni, utilizzando le trasformazioni geometriche, e per ciascuna indica i punti del dominio nei quali esse non sono derivabili, specificando il tipo di punto.

608 $y = |2 - x|$ [$x = 2$, punto angoloso]

609 $y = |x^2 - 3x|$ [$x = 0$, $x = 3$, punti angolosi]

610 $y = |\sin x|$ [$x = k\pi$, punti angolosi]

611 $y = |\ln(x - 1)|$ [$x = 2$, punto angoloso]

612 $y = -\sqrt{|x|}$ [$x = 0$, cuspide]

613 $y = |e^{x-1} - 1|$ [$x = 1$, punto angoloso]

614 $y = e^{|x|}$ [$x = 0$, punto angoloso]

615 $y = \begin{cases} \sqrt{-x} & \text{se } x \leq 0 \\ -\sqrt{x} & \text{se } x > 0 \end{cases}$ [$x = 0$, flesso a tangente verticale]

616 FAI UN ESEMPIO Scrivi una funzione che ha un punto angoloso in $x = 4$.

Traccia il grafico possibile di una funzione $y = f(x)$, date le seguenti informazioni.

617
a. Il dominio di $f(x)$ è $\mathbb{R}$ e $f(x)$ è positiva per $x < -2$.
b. Il grafico di $f(x)$ ha un flesso a tangente verticale nel punto $(-2; 0)$ e una cuspide nel punto $(0; 0)$.

618
a. Il dominio di $f(x)$ è $\mathbb{R} - \{1\}$ e $x_0 = 1$ è un punto di discontinuità di seconda specie.
b. $f(x)$ non è derivabile soltanto in un punto del dominio.
c. $f(x)$ è positiva per $x > 1$ e il grafico interseca l'asse x in $x_1 = 0$ e $x_2 = 3$.
d. Il punto $(3; 0)$ è angoloso con tangente sinistra di equazione $y = 0$ e tangente destra di equazione $x = 3$.

619
a. Il dominio di $f(x)$ è $\mathbb{R}$ e $f(x)$ è positiva per $x < -1 \vee x > 2$.
b. Il punto $(-1; 0)$ è angoloso con tangente sinistra di equazione $y = -x - 1$ e tangente destra di equazione $y = 0$.
c. Il grafico di $f(x)$ ha un flesso a tangente parallela all'asse y nel punto $(0; -1)$.

620
a. Il dominio di $f(x)$ è $\mathbb{R} - \{2\}$ e $f(x)$ è positiva per $x \geq 0$.
b. $x_0 = 2$ è un punto di discontinuità di seconda specie.
c. I punti $(0; 0)$ e $(4; 1)$ sono stazionari.

621
a. Il dominio di $f(x)$ è $\mathbb{R}$ e $f(x)$ è positiva per ogni $x \in \mathbb{R}$.
b. $x_0 = 1$ è un punto di discontinuità di prima specie con salto 2 e $f(1) = 1$.
c. Il grafico di $f(x)$ ha un flesso a tangente verticale nel punto $(2; 2)$, una cuspide nel punto $(-1; 0)$ e un punto stazionario in $(3; 0)$.

Criterio di derivabilità

▶ Teoria a p. 1260

622 ESERCIZIO GUIDA Studiamo la derivabilità di $f(x) = \sqrt[3]{(x-1)^2}$.

- La funzione è continua $\forall x \in \mathbb{R}$.
- Calcoliamo $f'(x)$ scrivendo $f(x)$ come potenza: $f(x) = (x-1)^{\frac{2}{3}}$.

$$f'(x) = \frac{2}{3}(x-1)^{\frac{2}{3}-1} \quad \rightarrow \quad f'(x) = \frac{2}{3(x-1)^{\frac{1}{3}}} \quad \rightarrow \quad f'(x) = \frac{2}{3\sqrt[3]{x-1}}$$

La funzione è derivabile per $x \neq 1$.

- Applichiamo il criterio di derivabilità in $x = 1$:

$$\lim_{x \to 1^-} f'(x) = \lim_{x \to 1^-} \frac{2}{3\sqrt[3]{x-1}} = -\infty;$$

$$\lim_{x \to 1^+} f'(x) = \lim_{x \to 1^+} \frac{2}{3\sqrt[3]{x-1}} = +\infty.$$

Poiché $\lim_{x \to 1^-} f'(x) = -\infty$ e $\lim_{x \to 1^+} f'(x) = +\infty$, la funzione non è derivabile in $x = 1$ e nel punto $x = 1$ si ha una cuspide rivolta verso il basso, come si può vedere nella figura.

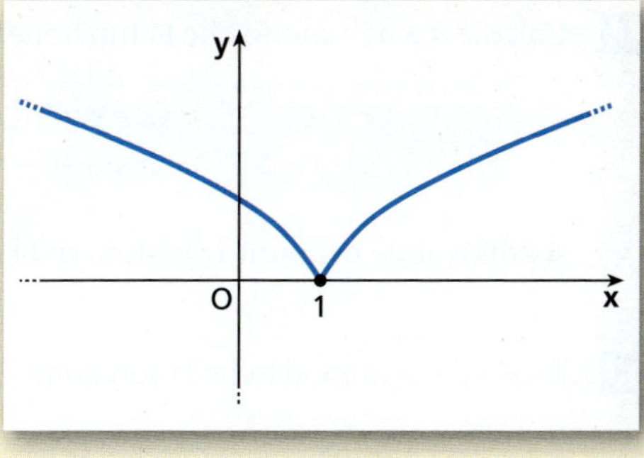

Studia la derivabilità delle seguenti funzioni.

623 $y = -\sqrt[3]{x^2}$ [$x = 0$ cuspide]

625 $y = \sqrt[3]{x}$ [$x = 0$ flesso a tangente verticale]

624 $y = \sqrt[3]{x^2 - 1}$ [$x = \pm 1$ flessi a tangente verticale]

626 $y = \sqrt[3]{x^2} + 2x$ [$x = 0$ cuspide]

---

627 $y = \dfrac{1-x}{2+x}$ [continua e derivabile per $x \neq -2$]

628 $y = \begin{cases} x - 1 & \text{se } x \leq 1 \\ x^2 - 4x + 3 & \text{se } x > 1 \end{cases}$ [$x = 1$ punto angoloso]

629 $y = \begin{cases} -x^2 - 2x & \text{se } x \leq 0 \\ \sqrt{x} & \text{se } x > 0 \end{cases}$ [$x = 0$ punto angoloso]

630 $y = \sqrt[3]{e^{-x} + 1}$ [derivabile $\forall x \in \mathbb{R}$]

631 $y = \sqrt{x^3 + 1}$ [$x = -1$ punto di non derivabilità]

632 $y = \begin{cases} -2x + 1 & \text{se } x < 0 \\ 2x^2 + x + 1 & \text{se } x \geq 0 \end{cases}$ [$x = 0$ punto angoloso]

633 $y = \begin{cases} 2\sin x & \text{se } x < 0 \\ \cos x - 1 & \text{se } x \geq 0 \end{cases}$ [$x = 0$ punto angoloso]

634 $y = \begin{cases} 4 & \text{se } x \leq 0 \\ 4(x^2 - 1) & \text{se } 0 < x < 1 \\ \ln x & \text{se } x \geq 1 \end{cases}$ [$x = 0$ punto di disc. di I specie, $x = 1$ punto angoloso]

635 $y = |x| - 2x^2$ [$x = 0$ punto angoloso]

636 $y = \sqrt{2 - |x|}$ [continua per $-2 \leq x \leq 2$, derivabile per $-2 < x < 2 \wedge x \neq 0$; $x = 0$ punto angoloso; $x = \pm 2$ punti a tangente verticale]

637 $f(x) = |\ln \sqrt{x}|$ [$x = 1$ punto angoloso]

638 $y = |x^2 - 6x|$ [$x = 0$, $x = 6$ punti angolosi]

639 $y = \sqrt[3]{x^2 - x^3}$ [$x = 0$ cuspide, $x = 1$ flesso a tangente verticale]

Verifica che le seguenti funzioni sono continue ma non derivabili nel punto indicato.

640 $f(x) = \begin{cases} \sqrt{1 - x^2} & \text{se } -1 \leq x \leq 1 \\ x^2 - 5x + 4 & \text{se } x > 1 \end{cases}$, $x_0 = 1$.

641 $f(x) = \begin{cases} \ln(1 + x^2) & \text{se } x \leq 0 \\ x^3 + 2x & \text{se } x > 0 \end{cases}$, $x_0 = 0$.

Derivabilità e parametri

642 Calcola a e b in modo che la funzione

$$f(x) = \begin{cases} x^3 + ax & \text{se } x \le 1 \\ a\sqrt{x} + b & \text{se } x > 1 \end{cases}$$

sia derivabile nel punto $x = 1$. Scrivi la derivata di $f(x)$. $\left[a = -6, b = 1;\ f'(x) = \begin{cases} 3x^2 - 6 & \text{se } x \le 1 \\ -\dfrac{3}{\sqrt{x}} & \text{se } x > 1 \end{cases}\right]$

643 Trova a e b in modo che la funzione

$$f(x) = \begin{cases} 2a\,e^x & \text{se } x < 0 \\ \dfrac{x + a}{b - x} & \text{se } x \ge 0 \end{cases}$$

sia derivabile nel punto $x = 0$. $\left[a = -1, b = \frac{1}{2}\right]$

Determina il valore di a e di b in modo che la funzione $f(x)$ risulti continua e derivabile per ogni $x \in \mathbb{R}$.

644 $f(x) = \begin{cases} x^2 + bx - a & \text{se } x \le 0 \\ x - 2b & \text{se } x > 0 \end{cases}$ $[a = 2, b = 1]$

645 $f(x) = \begin{cases} x^2 - ax - b & \text{se } x < 0 \\ e^x & \text{se } x \ge 0 \end{cases}$ $[a = -1, b = -1]$

646 $f(x) = \begin{cases} -2ax^2 + bx & \text{se } x \le 1 \\ \dfrac{1}{x^2 + 1} & \text{se } x > 1 \end{cases}$ $\left[a = \frac{1}{2}, b = \frac{3}{2}\right]$

647 $f(x) = \begin{cases} ae^x + b & \text{se } x \le 0 \\ \dfrac{1}{2e^x - 1} & \text{se } x > 0 \end{cases}$ $[a = -2, b = 3]$

648 REALTÀ E MODELLI **Slalom** La traiettoria di uno sciatore è descritta, in un opportuno sistema di riferimento, dalla funzione:

$$f(x) = \begin{cases} -x^3 + 9x^2 - 24x + 18 & \text{se } 0 \le x < 3 \\ ax^2 + bx - 18 & \text{se } 3 \le x \le 7 \end{cases}$$

nell'intervallo $[0; 7]$. Determina il valore dei parametri reali a e b in modo che la funzione $f(x)$ sia continua e derivabile in $[0; 7]$. $[a = -1, b = 9]$

9 Applicazioni delle derivate

Applicazioni alla geometria

▶ Teoria a p. 1261

Rette normali e tangenti al grafico di una funzione

Scrivi le equazioni della retta normale e della retta tangente al grafico delle seguenti funzioni nei punti di ascissa x_0 riportati a fianco.

649 $y = 5x^2 - 4x + 1,\ x_0 = 1.$ $[6x - y - 4 = 0, x + 6y - 13 = 0]$

650 $y = x^3 + 2x^2,\ x_0 = 1.$ $[7x - y - 4 = 0, x + 7y - 22 = 0]$

651 $y = x^3 + 2x + 3,\ x_0 = -1.$ $[5x - y + 5 = 0, x + 5y + 1 = 0]$

652 $y = -\dfrac{3}{x},\ x_0 = \dfrac{3}{2}.$ $[4x - 3y - 12 = 0, 6x + 8y + 7 = 0]$

653 $y = \dfrac{x^2 - 4}{x},\ x_0 = 2.$ $[2x - y - 4 = 0, x + 2y - 2 = 0]$

654 $y = x + \sqrt{x}$, $x_0 = 4$. $[5x - 4y + 4 = 0, 4x + 5y - 46 = 0]$

655 $y = \ln(2 - e^x)$, $x_0 = 0$. $[x + y = 0, x - y = 0]$

656 Trova l'equazione delle rette tangenti alla curva di equazione $y = x^3 - 5x^2$ nei suoi punti di intersezione con l'asse x. $[y = 0;\ y = 25(x - 5)]$

657 Determina l'equazione della retta tangente al grafico di $y = x + e^{2x}$ nel suo punto di intersezione con l'asse y. $[y = 3x + 1]$

658 Scrivi l'equazione della retta tangente alla curva di equazione $y = (2x - 1)^3$ nel suo punto di intersezione con l'asse y. $[y = 6x - 1]$

659 Trova l'equazione della retta tangente al grafico di $y = \ln^2(x - 2)$ nel suo punto di intersezione con l'asse x. $[y = 0]$

660 Determina l'equazione della retta tangente nell'origine alla curva di equazione $y = 2x^3 - x^2 + 4x$. $[y = 4x]$

661 Determina l'equazione della retta tangente alla curva $y = e^{\frac{x}{x-1}}$ nel suo punto di intersezione con l'asse y. $[y = -x + 1]$

662 Data la curva di equazione $y = \sqrt{x - 1} - 1$, determina l'equazione della retta normale a essa nel punto Q di intersezione con l'asse x. $[y = -2x + 4]$

663 ESERCIZIO GUIDA Determiniamo le coordinate dei punti nei quali la retta tangente al grafico della funzione $f(x) = x^3 + 2x + 3$ ha il coefficiente angolare $m = 5$.

Il coefficiente angolare della retta tangente al grafico di una funzione in un suo punto di ascissa x_0 è uguale al valore che la derivata prima della funzione assume per $x = x_0$, cioè $m = f'(x_0)$, per cui calcoliamo $f'(x)$ e poi la poniamo uguale al valore di m dato:

$$f'(x) = 3x^2 + 2 \ \rightarrow\ 3x^2 + 2 = 5 \ \rightarrow\ 3x^2 = 3 \ \rightarrow\ x^2 = 1 \ \rightarrow\ x = \pm 1.$$

Calcoliamo ora le ordinate dei punti di cui abbiamo trovato l'ascissa:

per $x = +1$, si ha $y = 6$, $P_1(1; 6)$;

per $x = -1$, si ha $y = 0$, $P_2(-1; 0)$.

Determina le coordinate dei punti nei quali le rette tangenti ai grafici delle seguenti funzioni hanno il coefficiente angolare indicato a fianco.

664 $y = \dfrac{x^2 - 1}{x}$, $m = 2$. $[P_1(-1; 0); P_2(1; 0)]$

665 $y = 2\sin x$, $m = -1$. $\left[P_1\left(\frac{2}{3}\pi; \sqrt{3}\right); P_2\left(\frac{4}{3}\pi; -\sqrt{3}\right)\right]$

666 $y = \ln(x^2 + 1)$, $m = 1$. $[P(1; \ln 2)]$

667 $y = \sqrt{1 - x^2}$, $m = 2$. $\left[P\left(-\frac{2\sqrt{5}}{5}; \frac{\sqrt{5}}{5}\right)\right]$

Utilizzando le derivate, individua il punto di tangenza tra la curva e la retta indicata a fianco.

668 $y = 4x^2 - 2x + 1$, $y = 2x$. $\left[P\left(\frac{1}{2}; 1\right)\right]$

669 $y = x^3 + 3x + 1$, $y = 6x + 3$. $[P(-1; -3)]$

670 $y = \dfrac{4}{x^2}$, $y = x + 3$. $[P(-2; 1)]$

671 $y = 2\sqrt{x + 2}$, $x - y + 3 = 0$. $[P(-1; 2)]$

672 ●○ LEGGI IL GRAFICO Nella figura le rette r e s sono tangenti al grafico di $y = e^x$ rispettivamente nei punti B e C.

a. Scrivi le equazioni di r e s.

b. Calcola l'area del triangolo AOD.

$\left[\text{a) } r: x - y + 1 = 0,\ s: ex - y = 0;\ \text{b) } \frac{e}{2(e-1)}\right]$

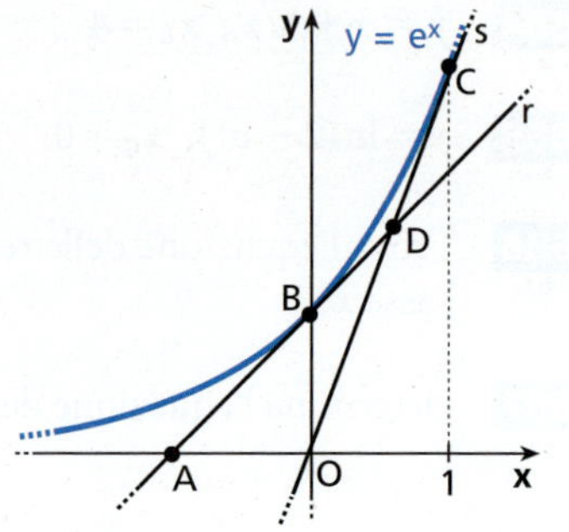

673 ●○ Scrivi le equazioni delle rette tangenti alla curva di equazione $y = \frac{x^2 - 4}{x+1}$ nei suoi punti di intersezione con gli assi cartesiani.

$\left[y = 4x - 4;\ y = \frac{4}{3}x - \frac{8}{3};\ y = 4x + 8\right]$

674 ●○ Scrivi l'equazione della tangente t alla curva di equazione $y = x^3 - 5x$ nel punto P di ascissa 2 e verifica che esiste un'altra retta tangente alla curva parallela a t.

$[y = 7x - 16;\ y = 7x + 16]$

675 ●○ Determina l'equazione della tangente alla curva di equazione $y = \frac{4}{1+x}$ e parallela alla bisettrice del secondo e quarto quadrante.

$[y = -x + 3;\ y = -x - 5]$

676 ●○ Una corda della parabola $y = \frac{1}{2}x^2 - \frac{5}{2}x + 2$ congiunge i punti di ascissa $x = -1$ e $x = 3$. Trova l'equazione della retta tangente alla parabola parallela a questa corda.

$\left[y = -\frac{3}{2}(x-1)\right]$

677 ●○ Determina in quale punto del grafico della funzione $y = \frac{3-x}{(x+1)^2}$ la tangente è parallela all'asse x.

$\left[\left(7; -\frac{1}{16}\right)\right]$

678 ●○ Determina l'equazione della perpendicolare alla curva di equazione $y = \frac{6}{\sqrt{x}}$ nel suo punto di ordinata 6.

$[x - 3y + 17 = 0]$

679 ●● Scrivi le equazioni delle rette tangenti alla curva $y = -e^{-x} - 4e^x$, nei suoi punti di ordinata -5.

$[y = -3x - 5;\ y = 3x - 5 + 6\ln 2]$

680 ●○ Individua i punti in cui la tangente al grafico della funzione $y = \frac{x^3 - 8}{x^2}$ è parallela alla bisettrice del secondo e quarto quadrante.

$[(-2; -4)]$

681 ●○ Trova in quali punti della curva di equazione $y = x^3 - 3x^2$ la retta tangente è perpendicolare alla retta di equazione $x = -9y$.

$[(-1; -4), (3; 0)]$

682 ●○ Scrivi l'equazione della retta tangente alla curva di equazione $y = \frac{x^3}{6} - x^2 + \frac{3}{2}x$ di coefficiente angolare $-\frac{1}{2}$.

$\left[y = -\frac{1}{2}x + \frac{4}{3}\right]$

683 ●● Scrivi l'equazione della retta t tangente alla curva di equazione $y = \frac{x-1}{x-4}$ nel suo punto di ascissa 3 e determina gli altri eventuali punti che hanno tangente parallela a t.

$[y = -3x + 7;\ (5; 4)]$

RIFLETTI SULLA TEORIA

684 ●○ Dimostra che il coefficiente angolare della tangente all'iperbole equilatera $xy = k$ in un suo punto di ascissa x_0 vale $-\frac{k}{x_0^2}$.

685 ●○ Spiega perché tutte le rette tangenti alla curva di equazione $y = \frac{5+2x}{x}$ formano con l'asse x un angolo ottuso.

686 ●● REALTÀ E MODELLI **Dal pendolo alla normale** Un pendolo oscillando descrive un arco di curva di equazione $y = 4 - \sqrt{9 + 8x - x^2}$, con $x \in [0; 8]$. Determina l'equazione delle rette su cui giace il filo quando il pendolo passa nei punti A e B.

$[4x - 3y - 4 = 0;\ 3x + 4y - 28 = 0]$

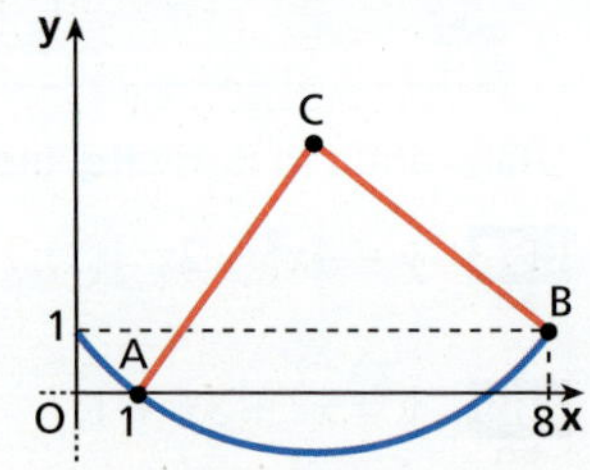

MATEMATICA AL COMPUTER

Derivate Con un software di geometria dinamica costruiamo un disegno che ci permetta di determinare l'equazione della tangente al grafico della funzione $f(x) = 10(x-1)^2e^{-x}$ in un suo punto T. Proviamo con $x_T = 2{,}50$.

Risoluzione – 6 esercizi in più

Con i parametri

687 ESERCIZIO GUIDA Data la funzione di equazione $f(x) = x^3 + 2kx + k - 1$, determiniamo per quale valore di k la tangente al grafico nel punto di ascissa $x_0 = 1$ forma un angolo di 135° con l'asse x.

Il coefficiente angolare m della retta tangente a una curva in un suo punto è uguale a $f'(x_0)$:

$$f'(x) = 3x^2 + 2k \quad \to \quad m = f'(1) = 3 + 2k.$$

Ricordando che il coefficiente angolare m di una retta è uguale alla tangente dell'angolo che la retta forma con l'asse delle x, cioè $m = \tan\alpha$, possiamo scrivere:

$$m = \tan 135° \quad \to \quad 3 + 2k = -1 \quad \to \quad k = -2.$$

688 LEGGI IL GRAFICO Determina il valore del parametro k affinché la curva in figura, che è tangente alla retta t in A, sia il grafico della funzione:

$$y = kx^2 - 2kx + 1.$$

$\left[k = \frac{1}{2}\right]$

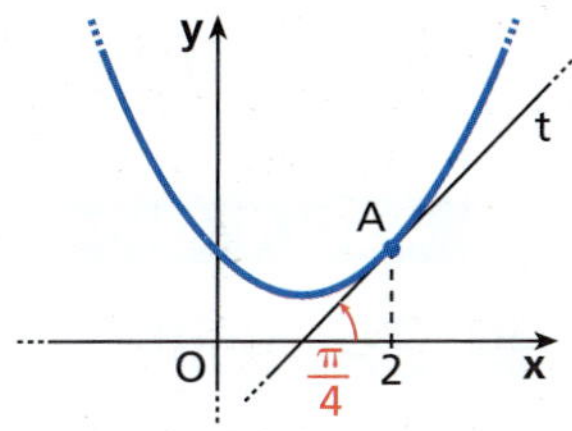

689 Per quale valore di k la tangente alla parabola di equazione $y = (k-2)x^2 - 3kx$ nel punto $x_0 = 2$ forma con l'asse x un angolo di $\frac{3}{4}\pi$? $[k = 7]$

690 Considera la parabola $y = x^2 - (k-1)x + k$. Determina il valore di k in modo che la tangente nel suo punto di ascissa $x = -1$ sia parallela alla bisettrice del primo e terzo quadrante. $[k = -2]$

691 Determina il valore del parametro a in modo che la tangente nel punto di ascissa $x = 2$ alla curva di equazione $y = e^{2x-4} + ax$ sia parallela alla retta di equazione $y + 3x + 7 = 0$. $[a = -5]$

692 Trova per quale valore di k la tangente nel punto di ascissa $x = -3$ alla curva di equazione $y = 3x^2 - \ln(x + k)$ è parallela alla retta di equazione $y = -19x$. $[k = 4]$

693 È data la curva di equazione $y = \frac{2+k}{x^2}$. Calcola il valore di k in modo che la tangente al suo grafico nel punto di ascissa $x = 1$ sia parallela alla retta $x + 2y - 1 = 0$. $\left[k = -\frac{7}{4}\right]$

694 Data l'equazione della parabola

$$y = (2+k)x^2 - 5kx + 7 - 3k,$$

individua per quale valore di k la retta a essa tangente nel punto $x = 1$ è perpendicolare alla retta passante per i punti $A(4; -2)$ e $B(1; 4)$. $\left[k = \frac{7}{6}\right]$

695 ESERCIZIO GUIDA Data la funzione $y = ax^3 + bx$, determiniamo a e b in modo che il suo grafico abbia nel punto $P(1; 2)$ una tangente di coefficiente angolare $m = 1$.

Per trovare a e b sono necessarie due condizioni:

1. il passaggio per $P(1; 2)$: $2 = a + b$;
2. la condizione di tangenza: $f'(1) = m$.

Calcoliamo: $f'(x) = 3ax^2 + b \to f'(1) = 3a + b$.

Impostiamo e risolviamo il sistema:

$$\begin{cases} 2 = a + b \\ 3a + b = 1 \end{cases} \rightarrow \begin{cases} a = -\dfrac{1}{2} \\ b = \dfrac{5}{2} \end{cases}.$$

La funzione richiesta è $y = -\frac{1}{2}x^3 + \frac{5}{2}x$.

696 ●○ Determina i parametri a e b in modo che il grafico della funzione $y = \frac{ax + b}{x}$ abbia nel punto $P(1; 1)$ una retta tangente parallela a quella passante per i punti $A(0; 2)$ e $B(4; -1)$. $\left[a = \frac{1}{4}, b = \frac{3}{4}\right]$

697 ●○ Data la funzione $f(x) = ax^3 + 2x^2 - bx + 1$, calcola i valori di a e b in modo che il grafico di $f(x)$ sia tangente alla retta di equazione

$2x - y + 5 = 0$

nel punto $A(2; 1)$. $\left[a = -\frac{1}{4}, b = 3\right]$

698 ●○ Determina i coefficienti a e b in modo che il grafico della funzione $y = a \sin x + b \cos x$ abbia nel punto $A\left(\frac{\pi}{4}; 0\right)$ tangente parallela alla retta di equazione $y = \sqrt{2}\,x$. $[a = 1, b = -1]$

699 ●● Date le due funzioni $y = 2ax^3 - 2ax + 1$ e $y = x^2 - ax + 5$, individua per quale valore di a la retta tangente al grafico della prima nel suo punto di ascissa $x = 0$ e la retta tangente al grafico della seconda nel suo punto di ascissa $x = 2$ coincidono. $[a = -4]$

RISOLVIAMO UN PROBLEMA

Zampillo

La piscina di un albergo ha una fontana ornamentale come quella in figura. La direzione di fuoriuscita del getto superiore forma in A un angolo α rispetto all'orizzontale con $\tan\alpha = \frac{5}{7}$.

Nel sistema di riferimento cartesiano rappresentato (dove l'unità di misura è il decimetro), il punto B è simmetrico di A rispetto a una retta parallela all'asse y. Determiniamo:

- l'equazione della traiettoria del getto superiore;
- le coordinate del punto P in cui il getto tocca l'acqua e l'angolo di impatto (cioè l'angolo tra la tangente alla traiettoria in P e la direzione positiva dell'asse x).

▶ Modellizziamo il problema.

Il getto d'acqua, essendo sottoposto alla sola forza di gravità, ha una traiettoria parabolica; dobbiamo quindi determinare un'equazione del tipo: $y = ax^2 + bx + c$, $x_A \le x \le x_P$. La direzione iniziale dello zampillo è la direzione della tangente alla parabola in A, quindi:

$$y'(x_A) = y'(0) = \frac{5}{7} \rightarrow b = \frac{5}{7}.$$

$y'(x) = 2ax + b$

Una volta trovata l'equazione, ricaveremo l'angolo di impatto attraverso la derivata della funzione in P.

▶ Determiniamo l'equazione del getto.

Dal passaggio per il punto $A(0; 10)$ ricaviamo:

$$y(0) = 10 \rightarrow c = 10.$$

Inoltre, dalle coordinate del punto B deduciamo che l'asse di simmetria ha equazione $x = \frac{14}{5}$. Quindi:

$$-\frac{b}{2a} = \frac{14}{5} \rightarrow b = -\frac{28}{5}a \rightarrow \frac{5}{7} = -\frac{28}{5}a \rightarrow a = -\frac{25}{196}.$$

Pertanto, l'equazione della traiettoria è:

$$y = -\frac{25}{196}x^2 + \frac{5}{7}x + 10, \quad \text{con } 0 \le x \le x_P.$$

▶ Determiniamo le coordinate di *P*.

Il punto P appartiene all'asse x. Intersechiamo la traiettoria con l'asse x e otteniamo l'equazione:

$$-\frac{25}{196}x^2 + \frac{5}{7}x + 10 = 0 \rightarrow 5x^2 - 28x - 392 = 0.$$

Risolviamola:

$$x = \frac{+14 \pm \sqrt{196 + 1960}}{5} = \frac{14 \pm 14\sqrt{11}}{5} = \frac{14}{5}(1 \pm \sqrt{11}).$$

La soluzione negativa non è accettabile, rimane quella positiva, quindi:

$$x_P = \frac{14}{5}(1 + \sqrt{11}) \simeq 12{,}1 \text{ dm}.$$

▶ **Calcoliamo l'angolo di impatto.**

Il coefficiente angolare della tangente alla parabola nel punto P vale:

$$m_P = y'(x_P) \to m = -\frac{25}{98} \cdot \frac{14}{5}(1 + \sqrt{11}) + \frac{5}{7} \to$$

$y'(x) = -\frac{25}{98}x + \frac{5}{7}$

$$m_P = -\frac{5}{7}\sqrt{11}.$$

Dal segno negativo del coefficiente angolare m_P deduciamo che l'angolo di impatto è ottuso, ed è dunque

$$\beta = \arctan\left(-\frac{5\sqrt{11}}{7}\right) + 180° \simeq 113°.$$

700 ●○ REALTÀ E MODELLI **Pallonetto** Matteo si allena a fare dei tiri di precisione lanciando il pallone dal punto O. Il suo obiettivo è quello di sfiorare la tettoia esattamente nel punto T, in modo tale che la traiettoria del pallone non venga deviata.

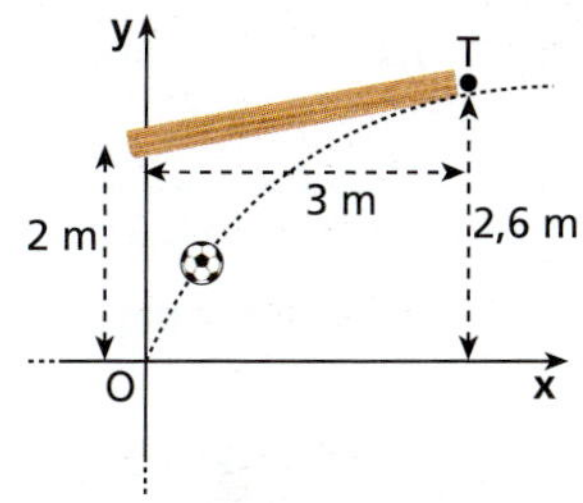

a. Qual è l'equazione della traiettoria parabolica che deve seguire il pallone, nel sistema di riferimento in figura?

b. Con quale angolo Matteo deve lanciare il pallone?

$\left[\text{a) } y = -\frac{2}{9}x^2 + \frac{23}{15}x; \text{ b) } \alpha \simeq 56{,}9°\right]$

Curve tangenti

701 ESERCIZIO GUIDA Determiniamo se le curve di equazioni $y = x^2 - \frac{15}{2}x + 4$ e $y = -\frac{1}{2}x^3 - 2x^2$ sono tangenti e scriviamo le coordinate dell'eventuale punto di tangenza.

Calcoliamo le derivate: $y' = 2x - \frac{15}{2}$; $y' = -\frac{3}{2}x^2 - 4x$.

Per essere tangenti le due curve devono avere in comune un punto e la tangente in quel punto.

$$\begin{cases} x^2 - \frac{15}{2}x + 4 = -\frac{1}{2}x^3 - 2x^2 \\ 2x - \frac{15}{2} = -\frac{3}{2}x^2 - 4x \end{cases} \to \begin{cases} x^3 + 6x^2 - 15x + 8 = 0 \\ x^2 + 4x - 5 = 0 \end{cases}$$

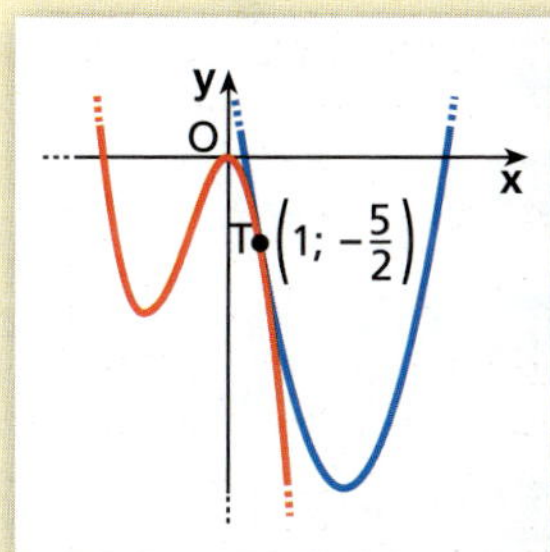

Risolvendo la seconda equazione, otteniamo: $x = 1 \vee x = -5$.

Dei due valori solo $x = 1$ soddisfa la prima equazione, quindi le curve sono tangenti solo in un punto. Sostituiamo $x = 1$ in una delle due equazioni.

$$y = -\frac{1}{2}(1)^3 - 2(1)^2 = -\frac{5}{2} \to T\left(1; -\frac{5}{2}\right).$$

Determina se le seguenti coppie di curve sono tangenti e scrivi le coordinate dell'eventuale punto di tangenza e l'equazione della retta tangente.

702 ●○ $y = 2x^2 - 3x$; $\quad y = x^2 + x - 4$. $\quad [(2; 2); y = 5x - 8]$

703 ●○ $y = x^3 - 5x^2$; $\quad y = 4x^2 - 2$. $\quad$ [nessun punto di tangenza]

704 ●○ $y = -3x^2 + 5$; $\quad y = 2x^2 + 10x + 10$. $\quad [(-1; 2); y = 6x + 8]$

705 ●○ $y = -x^3 + 2x$; $\quad y = -2x^2 - 2x + 8$. $\quad [(2; -4); y = -10x + 16]$

706 $y = -\frac{3}{x^2}$; $y = 4x^2$. [nessun punto di tangenza]

707 $y = e^{x-2}$; $y = \ln(ex - e)$. [(2; 1); $y = x - 1$]

708 Determina per quale valore non nullo di k le due curve di equazioni $y = -2x^3 + x^2$ e $y = (k+3)x^2 + kx$ sono tangenti. [2]

Applicazioni alla fisica

Teoria a p. 1262

709 ESERCIZIO GUIDA Un corpo si muove su una traiettoria rettilinea seguendo la legge oraria $s = 4 \ln t - 2t^2$. Determiniamo la velocità v e l'accelerazione a in funzione del tempo e calcoliamo in quale istante risulta $v = 0$ m/s e in quale $a = -20$ m/s².

La velocità è la derivata della posizione rispetto al tempo, quindi: $v = \frac{4}{t} - 4t$.

L'accelerazione è la derivata della velocità rispetto al tempo, quindi: $a = -\frac{4}{t^2} - 4$.

$$v = 0 \quad \text{per} \quad \frac{4}{t} - 4t = 0 \quad \rightarrow \quad 4 - 4t^2 = 0 \quad \rightarrow \quad t = \pm 1.$$

Considerando il valore positivo di t, otteniamo che la velocità è nulla per $t = 1$ s.

$$a = -20 \quad \text{per} \quad -\frac{4}{t^2} - 4 = -20 \quad \rightarrow \quad \frac{4}{t^2} + 4 = 20 \quad \rightarrow \quad \frac{1}{t^2} = 4 \quad \rightarrow \quad t^2 = \frac{1}{4} \quad \rightarrow \quad t = \pm\frac{1}{2}.$$

Considerando il valore positivo di t, otteniamo che l'accelerazione vale -20 m/s² quando $t = 0{,}5$ s.

Determina la velocità e l'accelerazione in funzione del tempo nei moti rettilinei che hanno le seguenti leggi orarie.

710 $s = t^3 + t^2$ [$v = 3t^2 + 2t$; $a = 6t + 2$]

711 $s = -4t^2 + 2$ [$v = -8t$; $a = -8$]

712 $s = 3t - \frac{1}{4}t^2$ $\left[v = 3 - \frac{1}{2}t; a = -\frac{1}{2}\right]$

713 $s = 2\sin^2 t$ [$v = 2\sin 2t$; $a = 4\cos 2t$]

714 $s = \sin 3t + \cos^2 t$ [$v = 3\cos 3t - \sin 2t$; $a = -9\sin 3t - 2\cos 2t$]

715 $s = \frac{2t+1}{t+2}$ $\left[v = \frac{3}{(t+2)^2}; a = \frac{-6}{(t+2)^3}\right]$

716 Una palla viene lanciata da terra verticalmente verso l'alto. Determina la velocità dopo 1 secondo sapendo che la sua distanza da terra dopo t secondi è $s = 20t - 4{,}9t^2$ (espressa in metri). [$v = 10{,}2$ m/s]

717 Il moto di un corpo su un percorso rettilineo segue la legge oraria $s = 4t^2 + 2t$. Calcola la velocità all'istante $t = 2$ s, sapendo che la posizione è misurata in metri. [18 m/s]

718 REALTÀ E MODELLI **Roller** Paola e Fabio si sfidano in una corsa di pattinaggio. Dall'istante $t = 0$, in cui entrambi oltrepassano il via della pista rettilinea, il loro moto segue la legge oraria:

$s_{Paola} = \frac{1}{18}t^3 + 2t$ per Paola; $s_{Fabio} = \frac{1}{24}t^3 + \frac{5}{2}t$ per Fabio.

Il tempo è misurato in secondi e la posizione in metri.

a. Dopo 3 secondi chi dei due è più veloce?

b. Verifica che dopo 6 secondi sono fianco a fianco. Chi è più veloce ora? [a) Fabio; b) Paola]

719 ●○ Un corpo si muove in linea retta seguendo la legge oraria $s = 4t^2 + t + 1$. Determina la velocità e l'accelerazione del corpo al variare del tempo e trova in quale istante la velocità è 17 m/s. [$v = 8t + 1$; $a = 8$; $t = 2$ s]

720 ●○ Un oggetto si muove in linea retta secondo la legge oraria $s = t^3 - 6t^2 + 12t - 1$.

a. Calcola in quali istanti la velocità è 3 m/s.

b. Determina l'istante in cui l'accelerazione è nulla. [a) $t = 1$ s; $t = 3$ s; b) $t = 2$ s]

721 ●○ LEGGI IL GRAFICO Il grafico della figura rappresenta la legge oraria $s(t)$ di un moto armonico.

a. Scrivi l'equazione di $s(t)$.

b. Determina la velocità in funzione del tempo e disegna il relativo grafico. [a) $s = 2 \sin 2t$; b) $v = 4 \cos 2t$]

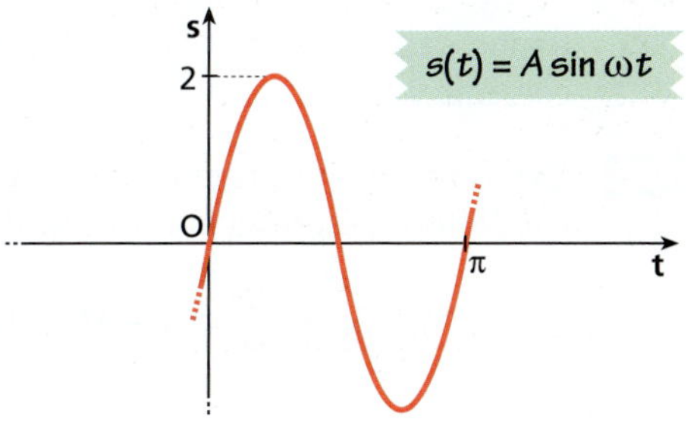

722 ●○ Due corpi si muovono seguendo le leggi orarie $s_1 = 2t^2 - t$ e $s_2 = -\frac{1}{2}t^2 + 9t$.

Calcola in quale istante il primo ha velocità doppia rispetto al secondo. $\left[\frac{19}{6}\text{ s}\right]$

723 ●○ REALTÀ E MODELLI **Giro in bici** Sofia percorre con la sua bici una strada rettilinea seguendo la legge oraria riportata in figura finché non si ferma.
Calcola la distanza percorsa dall'istante iniziale (tempo misurato in secondi e posizione in metri). [75 m]

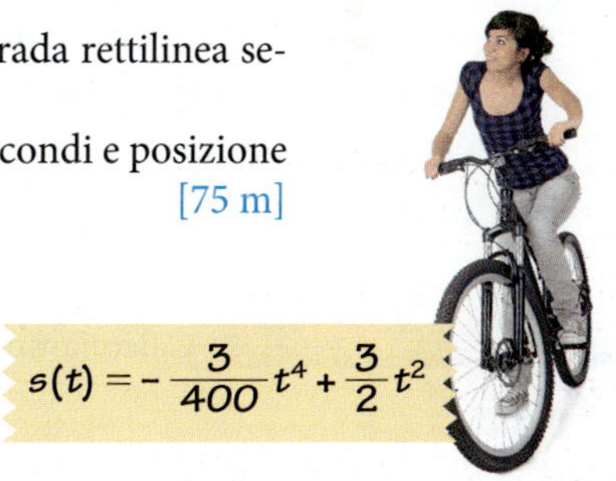

724 ●○ CACCIA ALL'ERRORE In ognuna delle seguenti affermazioni c'è un errore. Trovalo e correggilo.

a. Se la legge oraria di un moto rettilineo è $s = -t^2 + 2t$, allora l'accelerazione è $a = -1$.

b. Se la legge oraria di un moto rettilineo è $s = 3\sin\frac{3}{2}t$, si ha $a = 3$ m/s^2 per $t = \frac{\pi}{2}$ s.

c. Nel moto armonico con legge oraria $s = A \cos \omega t$ la velocità è $v = A \sin \omega t$.

d. Nel moto che segue la legge oraria $s = 3t^3 + 4t$ l'accelerazione è $a = 18t + 4$.

e. In un moto la legge della velocità è $v = 8\sqrt{t} - 3$. L'accelerazione segue allora la legge $a = \frac{8}{\sqrt{t}}$.

725 ●● LEGGI IL GRAFICO Un oggetto si muove seguendo la legge oraria $s(t)$ rappresentata dall'arco di parabola della figura.

a. Determina l'equazione di $s(t)$.

b. Trova la velocità agli istanti $t = 0$ e $t = 1$ (s in metri, t in secondi) e interpreta geometricamente i risultati ottenuti.

c. Osservando il grafico, indica per quali valori di t la velocità è positiva e per quali negativa.

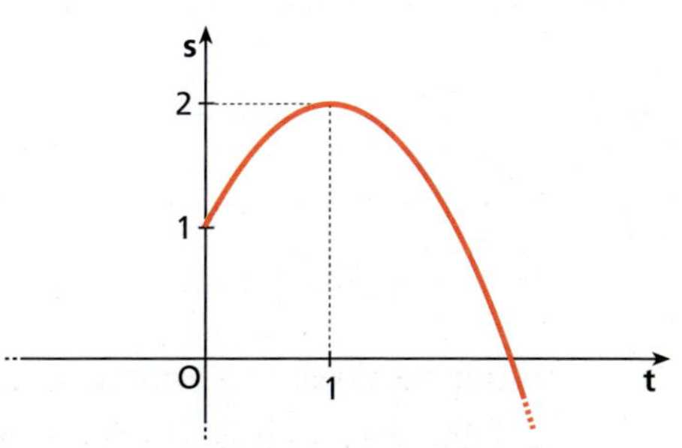

[a) $s = -t^2 + 2t + 1$; b) $v(0) = 2$ m/s, $v(1) = 0$ m/s; c) $v > 0$ per $0 \leq t < 1$, $v < 0$ per $t > 1$]

ESERCIZI

726 ●● Un carrello scende lungo un piano, inclinato di un angolo α rispetto al piano orizzontale, seguendo la legge

$$s = \frac{1}{2} g t^2 \sin\alpha.$$

a. Se α è costante, trova la velocità e l'accelerazione in funzione del tempo.

b. Se l'accelerazione è 4,9 m/s², calcola la lunghezza del piano, sapendo che il carrello lasciato cadere dal punto più alto del piano arriva a terra con velocità di 19,6 m/s. [a) $v = gt \sin\alpha$, $a = g \sin\alpha$; b) $s = 39{,}2$ m]

727 ●○ La carica elettrica che attraversa la sezione di un conduttore, espressa in coulomb, è descritta al variare del tempo dalla relazione $q(t) = \frac{t^3}{3} - \frac{13}{2}t^2 + 41t + \frac{5}{2}$. Determina in quali istanti di tempo l'intensità di corrente vale 1 A. [5 s; 8 s]

728 ●○ Determina in quali istanti l'intensità di corrente è nulla, sapendo che la carica che attraversa la sezione di un conduttore è espressa in funzione del tempo dalla relazione:

$$q(t) = \frac{t^4}{2} - \frac{28}{3}t^3 + 48t^2 - 10.$$

[0 s; 6 s; 8 s]

10 Differenziale di una funzione

▶ Teoria a p. 1264

729 ●○ VERO O FALSO?

a. Data la funzione $y = x \ln x$, si ha $dy = (1 + \ln x)\,dx$. V F

b. Calcolare il differenziale dy di una funzione in un punto x_0 significa trovare un valore approssimato della funzione nel punto x_0. V F

c. Data la funzione $f(x) = \frac{1}{x+1}$, se il differenziale relativo al punto $x = 0$ vale $-0{,}2$, allora Δx vale 2. V F

730 ESERCIZIO GUIDA Calcoliamo il differenziale dy della funzione $y = f(x) = \frac{x-1}{e^x}$.

Essendo $dy = f'(x) \cdot dx$, per calcolare il differenziale della funzione basta calcolare la sua derivata prima e moltiplicarla per dx.

$$f'(x) = \frac{e^x - (x-1)e^x}{e^{2x}} = \frac{e^x(1-x+1)}{e^{2x}} = \frac{2-x}{e^x} \quad \rightarrow \quad dy = \frac{2-x}{e^x}dx.$$

Calcola il differenziale *dy* delle seguenti funzioni.

731 ●○ $y = x^2 + \sin x$; $\quad y = \frac{x^4+1}{x}$. $\left[dy = (2x + \cos x)\,dx;\ dy = \frac{3x^4-1}{x^2}dx\right]$

732 ●○ $y = \ln^3 x$; $\quad y = \sqrt{x^3 - x}$. $\left[dy = \frac{3\ln^2 x}{x}dx;\ dy = \frac{3x^2-1}{2\sqrt{x^3-x}}dx\right]$

733 ●○ $y = \ln\frac{x+5}{x-2}$; $\quad y = \arctan(x^3 - 1)$. $\left[dy = \frac{-7}{x^2+3x-10}dx;\ dy = \frac{3x^2}{x^6-2x^3+2}dx\right]$

Incremento di una funzione

734 ESERCIZIO GUIDA Calcoliamo l'incremento Δy della funzione $y = x^3 - 2x^2$ quando $x_0 = 1$ viene incrementato di $\Delta x = 0{,}023$.

Calcoliamo Δy direttamente, cioè valutiamo la funzione $f(x) = x^3 - 2x^2$ nei punti 1,023 e 1 e ne calcoliamo la differenza:

$$\Delta y = f(1{,}023) - f(1) = (1{,}023)^3 - 2 \cdot (1{,}023)^2 - (1-2) \simeq -0{,}02246.$$

Utilizzando il differenziale di $f(x)$, possiamo approssimare lo stesso risultato con calcoli più semplici:

$$\Delta y = f(x_0 + \Delta x) - f(x_0) \simeq f'(x_0) \cdot \Delta x = (3x_0^2 - 4x_0) \cdot \Delta x = (3-4) \cdot 0{,}023 = -0{,}023.$$

Calcola, sia direttamente sia con il differenziale, l'incremento Δy delle seguenti funzioni nei punti e per gli incrementi Δx indicati a fianco.

735 $y = 2x^4 - 2x^3$, $x = 2, \Delta x = 10^{-3}$. $[\Delta y \simeq 0{,}04]$

736 $y = \frac{x^3}{6} - 2x + 1$, $x = 4, \Delta x = 0{,}01$. $[\Delta y \simeq 0{,}06]$

737 $y = (2x^2 - 1)^4$, $x = -1, \Delta x = 10^{-4}$. $[\Delta y \simeq -0{,}0016]$

738 $y = \cos^2 x$, $x = \frac{\pi}{6}, \Delta x = 0{,}1$. $[\Delta y \simeq -0{,}0866]$

739 $y = x^3 \cdot e^x$, $x = 1, \Delta x = 0{,}05$. $[\Delta y \simeq 0{,}5437]$

740 $y = \frac{5}{x^2 - 1}$, $x = -2, \Delta x = 0{,}05$. $[\Delta y = 0{,}\bar{1}]$

Valore approssimato di una funzione in un punto

741 ESERCIZIO GUIDA Calcoliamo il valore approssimato di $\ln(1{,}34)$.

Osserviamo che $\ln(1{,}34) = \ln(1 + 0{,}34)$. Allora possiamo calcolare il valore approssimato applicando la formula

$$f(x_0 + \Delta x) \simeq f(x_0) + dy = f(x_0) + \Delta x\, f'(x_0)$$

alla funzione $f(x) = \ln x$, con $x_0 = 1$ e $\Delta x = 0{,}34$.

Poiché $f'(x_0) = \frac{1}{x_0} = 1$, otteniamo: $\ln(1 + 0{,}34) \simeq \ln(1) + 0{,}34 \cdot 1 = 0{,}34$.

Utilizza il differenziale per calcolare il valore approssimato dei seguenti numeri.

742 $\sqrt{4{,}005}$; $(2{,}039)^2$. $[2{,}00125; 4{,}156]$

743 $(1{,}028)^3$; $\sqrt[3]{8{,}012}$. $[1{,}084; 2{,}001]$

744 $\ln(1{,}03)$; $e^{0{,}09}$. $[0{,}03; 1{,}09]$

Problemi

745 Utilizzando il differenziale, calcola di quanto aumenta l'area di un cerchio se il raggio, lungo 4 m, aumenta di 2 mm. $[0{,}050265\ \text{m}^2]$

746 Un cilindro ha la base di area $4\pi\ \text{m}^2$ e l'altezza lunga 8 m. Di quanto aumenta il volume se si aumenta il raggio di base di 3 cm? $[3{,}015929\ \text{m}^3]$

747 REALTÀ E MODELLI **Un cilindro per il grano** Un silo per contenere del grano ha la forma di un cilindro circolare retto, alto 20 m e con un raggio di 5 m. Calcola, utilizzando il differenziale, di quanto varia il volume del silo per una variazione generica del raggio Δr. Valuta poi la variazione del volume se il raggio aumentasse di 1 cm, 5 cm o 8 cm. $[\Delta V = 6{,}28\ \text{m}^3; \Delta V = 31{,}4\ \text{m}^3; \Delta V = 50{,}3\ \text{m}^3]$

VERIFICA DELLE COMPETENZE ALLENAMENTO

ARGOMENTARE

1 Cosa si intende per «velocità di variazione di una grandezza rispetto a un'altra»? Fornisci un esempio.

2 Spiega perché il coefficiente angolare della tangente al grafico di $f(x)$ in un punto P di ascissa x_0 è uguale alla derivata di $f(x)$ calcolata in x_0. Scrivi poi l'equazione della tangente al grafico di $f(x) = \frac{x^3 - 1}{x^3}$ nel punto P di ascissa -1.

3 Calcola mediante la definizione la derivata di $y = \frac{1}{x^2}$ nel punto $c = 2$ e conferma il risultato applicando le regole di derivazione.

4 VERO O FALSO? Motiva ogni risposta aiutandoti con un esempio.

a. Una funzione che presenta un punto di non derivabilità può essere continua. V F

b. Se una funzione $f(x)$ è continua in x_0 ma $f'_-(x_0) = +\infty$ e $f'_+(x_0) = -\infty$, allora presenta in x_0 una cuspide rivolta verso il basso. V F

c. Una funzione derivabile in tutto $\mathbb{R}$ può avere un punto di discontinuità. V F

d. Le funzioni del tipo $y = a_0x^n + a_1x^{n-1} + \ldots + a_n$ sono continue e derivabili $\forall x \in \mathbb{R}$ e $\forall n \in \mathbb{N}$. V F

5 Spiega, aiutandoti con esempi, come una funzione continua può avere uno o più punti in cui non è derivabile. Trova i punti di non derivabilità di $f(x) = \sqrt[5]{x^2}$.

UTILIZZARE TECNICHE E PROCEDURE DI CALCOLO

TEST

6 Data la funzione $f(x) = \frac{x+3}{3-x}$, quale delle seguenti uguaglianze è *falsa*?

A $f(-3) = 0$

B $f(3) = 0$

C $f'(-3) = \frac{1}{6}$

D $f''(-3) = \frac{1}{18}$

E $f'(2) = 6$

7 Quale funzione ha derivata diversa dalle altre? (Considera $x > 0$.)

A $y = \ln\sqrt{\frac{\pi}{2}} + \ln x^2$

B $y = 2\ln x + e^{\sqrt{2}}$

C $y = 2\ln 2x + \ln\frac{1}{2}$

D $y = \frac{1}{2}\ln 2x^2 + 2$

E $y = 4\ln\sqrt{x}$

Calcola le derivate delle seguenti funzioni nel punto indicato, applicando la definizione, e conferma il risultato con le regole di derivazione.

8 $f(x) = x^2 + 2$, $c = 3$. $[6]$

9 $f(x) = \frac{3}{x^2}$, $c = 1$. $[-6]$

10 $f(x) = \frac{4}{2x-1}$, $c = -\frac{1}{2}$. $[-2]$

11 $f(x) = \sqrt{x+3}$, $c = 1$. $\left[\frac{1}{4}\right]$

Calcola le derivate delle seguenti funzioni.

12 $y = x^5 - 3x^2 + \frac{2\sqrt{x}}{\sqrt[5]{x}}$ $\left[y' = 5x^4 - 6x + \frac{3}{5} \cdot \frac{1}{\sqrt[10]{x^7}}\right]$

13 $y = 5x^2 + x\cos x$ $[y' = 10x + \cos x - x\sin x]$

14 $y = x^2e^x + 3$ $[y' = e^x(2x + x^2)]$

15 $y = (x^2 - 2)^3$ $[y' = 6x(x^2-2)^2]$

16 $y = \frac{-2x}{x^2-4}$ $\left[\frac{2(x^2+4)}{(x^2-4)^2}\right]$

17 $y = \frac{x+2}{e^x}$ $\left[\frac{-x-1}{e^x}\right]$

18 $y = \frac{4x+1}{1-x}$ $\left[\frac{5}{(x-1)^2}\right]$

19 $y = x^2 e^{-x}$ $[y' = xe^{-x}(2-x)]$

20 $y = x^3(4-x^2)^2$ $[y' = -x^2(4-x^2)(7x^2-12)]$

21 $y = \arctan\sqrt{x}$ $\left[y' = \frac{1}{2\sqrt{x}(1+x)}\right]$

22 $y = \ln\sqrt{\tan\frac{\pi}{12}}$ $[y' = 0]$

23 $y = \cos x(2\tan x + 1)$ $[y' = 2\cos x - \sin x]$

24 $y = \frac{\sqrt[3]{x^2}}{\sqrt{x}}$ $\left[y' = \frac{1}{6\sqrt[6]{x^5}}\right]$

25 $y = (2\sqrt{x} - 1)(x^3 - 4)$ $\left[y' = 7x^{\frac{5}{2}} - 3x^2 - 4x^{-\frac{1}{2}}\right]$

26 $y = \frac{2x^2 - x}{x^2 + 4x}$ $\left[y' = \frac{9}{(x+4)^2}\right]$

27 $y = e^{2x} + \sin^2 x$ $[y' = 2e^{2x} + 2\sin x\cos x]$

28 $y = 2^x \ln x$ $\left[y' = 2^x \ln 2 \ln x + \frac{2^x}{x}\right]$

29 $y = \frac{\sqrt{x^2+4x}}{x}$ $\left[y' = \frac{-2}{x\sqrt{x^2+4x}}\right]$

30 $y = \frac{x+1}{x-2}$ $\left[y' = -\frac{3}{(x-2)^2}\right]$

31 $y = \frac{\ln x}{x^3}$ $\left[y' = \frac{1-3\ln x}{x^4}\right]$

32 $y = \cos x \cdot e^{\sin x}$ $[y' = e^{\sin x}(-\sin x + \cos^2 x)]$

33 $y = x^{\ln x}$ $\left[y' = x^{\ln x} \cdot \frac{2\ln x}{x}\right]$

34 $y = \sqrt{\sin x^2}$ $\left[y' = \frac{x\cos x^2}{\sqrt{\sin x^2}}\right]$

35 $y = \ln x^2 + \frac{1}{2}\ln^2 x$ $\left[y' = \frac{1}{x}(2 + \ln x)\right]$

36 $y = \frac{x^2 - 2x + 3}{x - 1}$ $\left[y' = \frac{x^2 - 2x - 1}{(x-1)^2}\right]$

37 $y = \frac{3x}{(2x-1)^3}$ $\left[y' = -\frac{3(4x+1)}{(2x-1)^4}\right]$

38 $y = \frac{xe^{-x} + 4}{x}$ $\left[y' = -e^{-x} - \frac{4}{x^2}\right]$

---

39 Calcola la derivata terza della funzione $y = xe^{2x}$. $[y''' = 4e^{2x}(3 + 2x)]$

RISOLVERE PROBLEMI

40 Scrivi l'equazione della retta tangente al grafico della funzione $y = (x+1)^4$ nel punto di ascissa $x_0 = 1$. $[y = 32x - 16]$

41 Trova l'equazione della retta tangente alla curva di equazione $y = x^2 - 3x - e^{-x}$ nel suo punto di intersezione con l'asse y. $[y = -2x - 1]$

42 Scrivi l'equazione della retta normale al grafico della funzione $y = 3x - x^3 + 1$ nel suo punto di ascissa $x = 2$. $\left[y = \frac{x - 11}{9}\right]$

43 Determina l'equazione della retta tangente alla curva di equazione $y = \frac{4x+8}{x}$ nel suo punto di intersezione con l'asse x. $[y = -2x - 4]$

44 Determina le coordinate del punto P in cui la retta tangente al grafico della funzione $y = \frac{x+1}{2x}$ ha coefficiente angolare $m = -\frac{1}{2}$. $[P_1(-1; 0); P_2(1; 1)]$

45 Date le due curve di equazioni $y = \frac{4x-4}{x}$ e $y = \ln 4(x-1)$, determina gli eventuali punti che hanno la stessa ascissa in cui le tangenti sono parallele. $[(2; 2); (2; \ln 4)]$

46 Per quale valore del parametro k la tangente al grafico della funzione $y=\dfrac{kx}{x^2-1}$ nel suo punto di ascissa $x=-2$ è perpendicolare alla retta $2x-y=1$? $\left[k=\dfrac{9}{10}\right]$

47 Determina i coefficienti a, b, c della funzione $y=ax^3+x^2+bx+c$ in modo che il suo grafico passi per il punto $A(0;2)$ e che nel punto $B(1;-1)$ abbia la tangente di coefficiente angolare -4. $[a=-1; b=-3; c=2]$

48 Scrivi l'equazione della retta che passa per l'origine ed è tangente alla curva di equazione $y=-\ln 2x$. $\left[y=-\dfrac{2}{e}x\right]$

49 Sapendo che per la funzione $f(x)=a\ln(x+b)+c$ si ha $f(0)=1$, $f'(0)=1$, $f''(0)=-1$:

a. trova a, b, c e rappresenta la funzione;

b. traccia le tangenti al grafico di $f(x)$ nei suoi punti di intersezione con gli assi cartesiani;

c. calcola l'area del triangolo formato dalle tangenti e dall'asse x.

$\left[\text{a) } a=1; b=1; c=1; \text{ b) } y=ex-1+e; y=x+1; \text{ c) } \dfrac{1}{2e(e-1)}\right]$

ANALIZZARE E INTERPRETARE DATI E GRAFICI

TEST

50 È dato il seguente grafico di funzione.

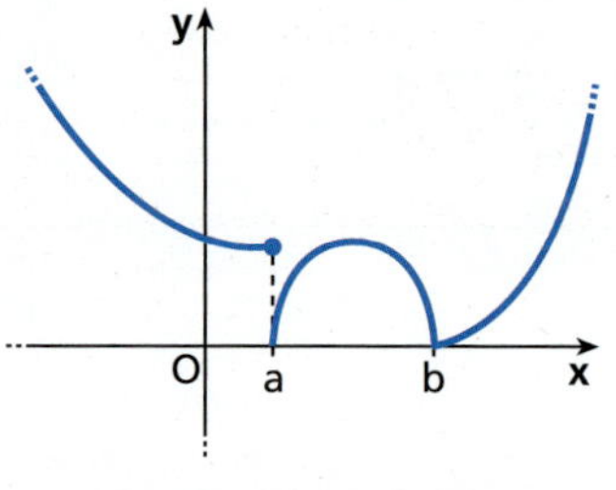

Possiamo affermare che la funzione:

A è continua ma non derivabile in $[0; b]$.

B è continua ma non derivabile in b.

C ha una cuspide in a.

D ha una cuspide in b.

E ha un punto stazionario in a.

51 La funzione che ha il grafico in figura è la derivata di:

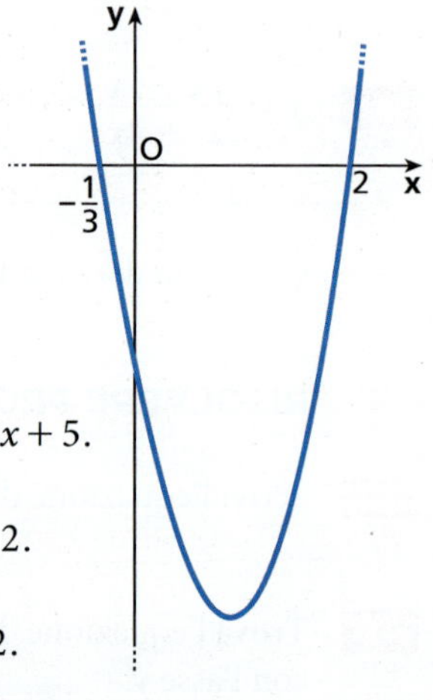

A $y=3x-5$.

B $y=x^3-\dfrac{5}{2}x^2-2x+5$.

C $y=\dfrac{x^3}{3}-\dfrac{5}{2}x^2-2$.

D $y=\dfrac{3}{2}x^2-5x-2$.

E $y=\dfrac{x^3}{3}+\dfrac{x^2}{2}-6x+1$.

LEGGI IL GRAFICO **Individua gli eventuali punti di discontinuità e non derivabilità delle funzioni rappresentate e classificali.**

52

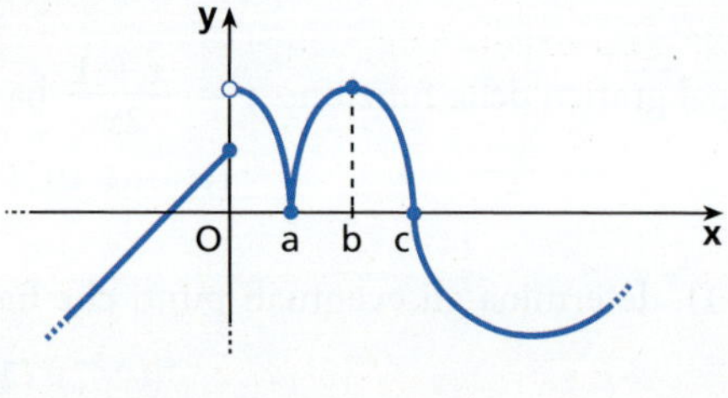

53

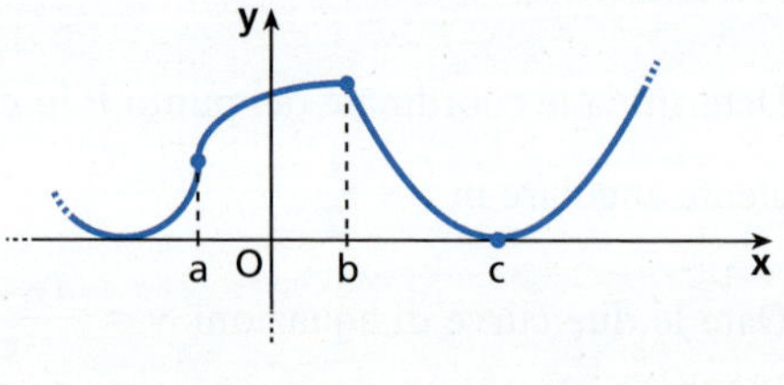

54 $f(x) = ax^3 - x^2 + bx + c$ e le rette r e s sono tangenti al grafico di $f(x)$ in A e B.

a. Trova a, b, c.

b. Scrivi le equazioni di r e s.

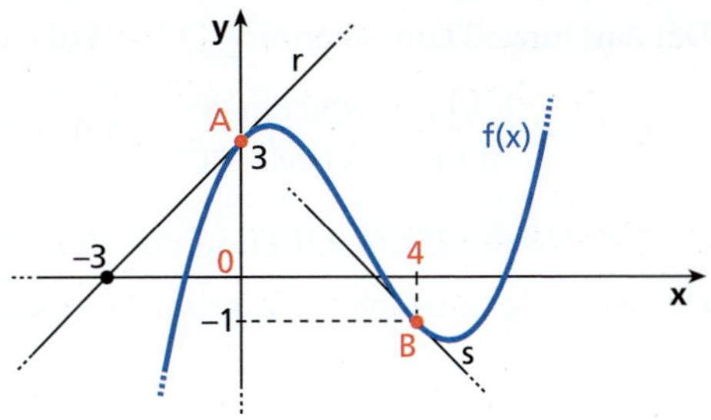

[a) $a = \frac{1}{8}$; $b = 1$; $c = 3$; b) $y = x + 3$, $y = -x + 3$]

COSTRUIRE E UTILIZZARE MODELLI

55 **Verso l'alto** Una palla viene lanciata verticalmente in aria. La legge che descrive l'altezza della palla, misurata in metri, al variare del tempo, misurato in secondi, durante l'ascensione è approssimativamente $h = 1 + 6t - 5t^2$.

a. In quale istante raggiunge l'altezza massima?

b. Qual è l'altezza massima raggiunta?

[a) $\frac{3}{5}$ s; b) $\frac{14}{5}$ m]

56 L'equazione $s = 5 + 3t - 8t^2 + kt^3$ rappresenta la legge oraria del moto di un corpo in funzione del parametro k. Determina per quali valori di k:

a. l'accelerazione è costante;

b. la velocità è positiva per $t > 0$.

[a) $k = 0$; b) $k > \frac{64}{9}$]

RISOLVIAMO UN PROBLEMA

Demolizioni

Una sfera di metallo usata per le demolizioni si sta dilatando a causa di un aumento della temperatura. Indichiamo con $r(t)$ il suo raggio (misurato in cm) in funzione del tempo (misurato in ore) e supponiamo che la funzione $r(t)$ sia derivabile per $t > 0$.
All'istante $t = 1$ h la superficie della sfera è 240 dm² e il suo volume aumenta con velocità di 480 cm³/h. Determina, in tale istante $t = 1$ h:

- il raggio della sfera e la velocità con cui aumenta;
- la velocità con cui aumenta la superficie della sfera.

▶ **Modellizziamo il problema.**

Scriviamo le funzioni che esprimono la superficie e il volume della sfera in funzione del tempo:

$$S(t) = 4\pi[r(t)]^2 \quad \text{e} \quad V(t) = \frac{4}{3}\pi[r(t)]^3.$$

La funzione che esprime la velocità con cui ciascuna grandezza aumenta è la derivata rispetto al tempo della funzione corrispondente.

▶ **Calcoliamo il raggio all'istante $t = 1$ h.**

$$S(1) = 24000 \text{ cm}^2 \rightarrow 4\pi[r(1)]^2 = 24000 \rightarrow [r(1)]^2 = \frac{6000}{\pi} \rightarrow r(1) = 10\sqrt{\frac{60}{\pi}} \simeq 43{,}7 \text{ cm}$$

▶ **Calcoliamo la velocità con cui aumenta il raggio.**

Utilizziamo la funzione volume $V(t)$ che deriviamo con la regola della funzione composta:

$$V'(t) = \frac{4}{3}\pi \cdot 3[r(t)]^2 \cdot r'(t) = 4\pi[r(t)]^2 \cdot r'(t) = S(t) \cdot r'(t).$$

Ricaviamo che

$$r'(t) = \frac{V'(t)}{S(t)}.$$

Dai dati iniziali conosciamo $V'(1) = 480\ \text{cm}^3/\text{h}$ e $S(1) = 24000\ \text{cm}^2$, quindi:

$$r'(1) = \frac{V'(1)}{S(1)} = \frac{480\ \text{cm}^3/\text{h}}{24000\ \text{cm}^2} = 0{,}02\ \text{cm/h}.$$

▶ **Calcoliamo la velocità con cui aumenta la superficie.**

Deriviamo la funzione che esprime la superficie e sostituiamo i valori per $t = 1$ h:

$$S'(t) = 8\pi \cdot r(t) \cdot r'(t) \quad \rightarrow \quad S'(1) = 8\pi \cdot 10\sqrt{\frac{60}{\pi}} \cdot 0{,}02 = 1{,}6\sqrt{60\pi} \simeq 22{,}0\ \text{cm}^2/\text{h}.$$

57 ●● **Profili architettonici** La Città dello sport è una struttura sportiva progettata dall'architetto Santiago Calatrava e mai completata, situata a sud di Roma. Rispetto al sistema di riferimento indicato in figura (dove l'unità di misura è il decametro), il suo profilo può essere approssimato dalla funzione:

$$f(x) = \begin{cases} \dfrac{ax+b}{cx+3} & \text{se } 0 \le x \le 12 \\ \dfrac{1}{5}2^{d-x} & \text{se } x > 12 \end{cases},$$

con a, b, c e d parametri reali. Il grafico di $f(x)$ passa per l'origine del sistema di riferimento e $f'(0) = \frac{16}{3}$.

a. Determina i parametri a, b, c, d.

b. Studia la derivabilità nel punto di ascissa $x = 12$. [a) $a = 16$, $b = 0$, $c = 1$, $d = 18$; b) punto angoloso]

58 ●● **Mansarda** Per ultimare l'edificazione di una villetta occorre costruire il tetto a due spioventi sopra la mansarda. Come dato di progetto è noto quanto segue: considerata in un opportuno sistema di riferimento cartesiano una parabola con la concavità rivolta verso il basso, di vertice $V(7; 2)$ e passante per $C(2; 0)$, i due spioventi poggiano sui punti della parabola di ascissa 5 e 9 e risultano tangenti alla parabola nei punti di contatto. Determina, nel sistema utilizzato, l'altezza massima del tetto e l'angolo formato dai due spioventi. [2,32; 144,5°]

59 ●● **Crociera** Un'agenzia organizza una crociera nel Mediterraneo, in cui la nave deve percorrere 1200 miglia.

Il consumo di combustibile, espresso in tonnellate per miglio, è proporzionale al quadrato della velocità, con il coefficiente di proporzionalità $k = 0{,}001$. Il costo per una tonnellata di combustibile è di € 407 e la spesa oraria complessiva per il personale di bordo è di € 4050.

a. Determina la funzione che esprime il costo totale della crociera, dovuto al carburante e al personale, in funzione della velocità v di navigazione.

b. Individua il punto stazionario di tale funzione.

[a) $C(v) = 1200\left(0{,}407v^2 + \frac{4050}{v}\right)$; b) 17 nodi]

VERIFICA DELLE COMPETENZE PROVE

1 ora

PROVA A

1 Calcola attraverso la definizione la derivata della funzione $f(x) = x^2 - 2x$ nel punto $x_0 = 2$.

2 Calcola le derivate delle seguenti funzioni:

a. $y = \frac{5x^3 + 1}{3 - x^2}$;

b. $y = \sqrt{x}\, e^{3x^2+1}$;

c. $y = -3e^x + 5x^3$;

d. $y = 2\cos(3 - x^2)$;

e. $y = \left(\tan\frac{1}{x}\right)^2$;

f. $y = \ln\frac{x^5 - 6}{\sqrt{x}}$.

3 Nella figura è rappresentata una funzione $f(x)$. Il grafico è costituito da due archi di parabola che si congiungono nel punto A.

a. Scrivi l'equazione di $f(x)$.

b. Studia la derivabilità di $f(x)$ in A.

c. Scrivi le equazioni delle rette tangenti in O e in B.

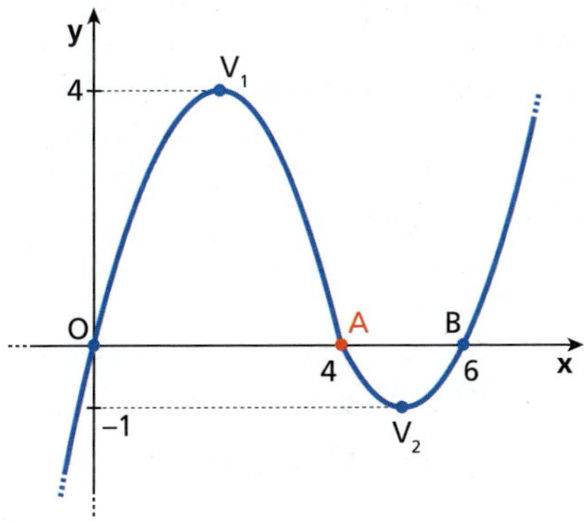

4 Data la curva di equazione $y = \frac{x - 4}{2x + 1}$, determina l'equazione della retta tangente nel suo punto di ascissa 1 e stabilisci se ci sono dei punti della curva con tangente parallela alla precedente.

5 Determina a e b in modo che il grafico della funzione $f(x) = ax^3 + x^2 + bx$ abbia per tangente la retta di equazione $y = 4x - 5$ nel punto $x = 1$.

6 La legge oraria del moto di un corpo che si muove di moto rettilineo è espressa dalla funzione

$$s(t) = \frac{t^3}{3} - 3t^2 + 8t + 5.$$

a. Determina la velocità e l'accelerazione in funzione del tempo.

b. In quale istante la velocità istantanea è 3 m/s?

PROVA B

Parco acquatico Lo scivolo di una piscina ha un profilo come quello rappresentato dal grafico della funzione in figura, composto dall'arco di parabola $\widehat{AB}$ di vertice A, avente come asse di simmetria l'asse y, e dall'arco $\widehat{BCD}$ che ha equazione del tipo $y = a - \sqrt{b - x^2 + 16x}$.

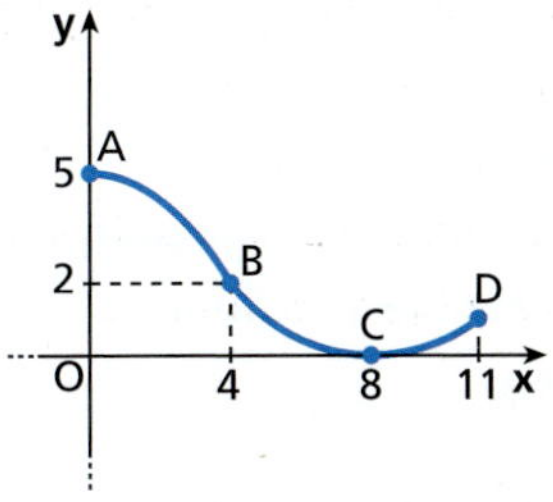

a. Scrivi l'espressione analitica della funzione che esprime il profilo dello scivolo.

b. Se un ragazzo scivola giù dal punto A, con quale direzione lascia il punto D?

c. Stabilisci se la funzione è derivabile nel punto B.

MATHS HIGHLIGHTS
DERIVATIVES

LEARN THE BASICS

Let us consider a continuous function $y = f(x)$ and two of its points, $P(x_0; f(x_0))$ and $Q(x_0 + h; f(x_0 + h))$.
The **difference quotient** is defined as

$$\frac{\Delta y}{\Delta x} = \frac{f(x_0 + h) - f(x_0)}{h}.$$

It represents the slope of the secant line connecting P and Q.
As we take Q closer and closer to P, the slope of the secant line connecting Q and P is getting closer and closer to the slope of the tangent line to the function at P. The **derivative** of a function at that point represents the slope of the tangent line.
Its definition is

$$f'(x_0) = \lim_{\Delta x \to 0} \frac{\Delta y}{\Delta x} = \lim_{h \to 0} \frac{f(x_0 + h) - f(x_0)}{h}.$$

The derivative exists if the limit exists and has a finite value.

Notation

We can use different notations to denote the derivative of a function f with respect to x.

- The first notation is to write $f'(x)$ for the derivative of the function $f(x)$. This functional notation was introduced by Lagrange, based on Isaac Newton's ideas. The prime mark in $f'(x)$ denotes that $f'(x)$ is derived from $f(x)$. We can read it as "first derivative of $f(x)$" or "f prime of x".
- The second is $\frac{df}{dx}$. This is called Leibniz's notation, and it refers to the instantaneous rate of change of y with respect to x. It was introduced by Gottfried Wilhelm Leibniz, one of the discoverers of calculus.
- We can also use the symbol D to indicate the operation of differentiation.

Right derivative

A function $f(x)$ defined on a right neighbourhood of x_0 is said to be right differentiable if the limit

$$\lim_{h \to 0^+} \frac{f(x_0 + h) - f(x_0)}{h}$$

exists and is finite. This limit is called the **right derivative** of $f(x)$ at x_0 and is denoted by $f'_+(x_0)$.

NUGGETS OF THEORY

Change in *x* (or *y*): the difference between two *x*- (or *y*-) coordinates.

Tangent line to a function at a point: a line that touches the graph of the function at the point in question and that has got the same slope.

Slope: the number m in the equation of a straight line when the equation is written as $y = mx + q$. It is defined as the ratio of the difference between the *y*-coordinates to the difference between the *x*-coordinates of two points on the line.

Difference quotient: the ratio of the change in the function to the change in the independent variable.

SPEAK LIKE A MATHEMATICIAN

Differentiation: the process of finding a derivative.

Derivative of a function at a point x_0: the value $f'(x_0)$ of the limit $\lim_{x \to 0} \frac{f(x_0 + h) - f(x_0)}{h}$.

Derivative function: the function $f'(x)$ that collects all the derivatives of $f(x)$ at all points in the domain of $f(x)$.

Differentiable function at a point: a function whose derivative at that point exists and is finite.

Second derivative: the derivative of the derivative of a function.

Corner point: a point at which the function is continuous but not differentiable; the left and right derivatives at that point both exist and at least one of them is finite.

Cusp or cuspid: a point at which the function is continuous but not differentiable; both the left and right derivatives at that point are infinite with opposite signs.

Vertical tangent point: a point at which the function is continuous but not differentiable; both the left and right derivatives at that point are infinite with the same sign.

Chain rule: the theorem for computing the derivative of the composition of two or more functions.

READ IT ALOUD

1 Read the statements on this page aloud. Then, listen to the recording to see if you did well.

UP TO YOU

1 **COMPLETE** this table of fundamental derivatives. Then, listen and see if you did well.

$D(k) =$ ____	The derivative of a constant is ____.
$D(x) =$ ____	The derivative of x is equal to ____.
$D($____$) = nx^{n-1}$	The derivative of x to the power of n is equal to n multiplied by x to ____.
$D(e^x) =$ ____	The derivative of ____ is equal to e to the x.
$D($____$) = \frac{1}{x}$	The derivative of the natural logarithm of x is one over x.
$D(\sin x) =$ ____	The derivative of sine x is cosine x.
$D(\cos x) = -$ ____	The derivative of ____ x is negative sine x.
$D(\tan x) = \frac{1}{\text{____}}$	The derivative of tangent x is one over cosine squared of x.
$D($____ $x) = -\frac{1}{\text{____}}$	The derivative of cotangent x is negative one over sine squared of x.

2 **COMPLETE** this table of derivative rules. Provide an example, where needed.

RULE	EXPLANATION	EXAMPLE
$D[f(x) + g(x)] = f'(x) + g'(x)$	The derivative of a sum of functions is defined as the sum of their derivatives.	$y = \sin x + e^x$ $y' = \cos x + e^x$
$D[kf(x)] = kf'(x)$	The derivative of a constant k times a function f is defined as the product of the constant k and the derivative of the function f.	____ ____
____	The derivative of a product of functions is equal to the derivative of $f(x)$ multiplied by $g(x)$ plus $f(x)$ multiplied by the derivative of $g(x)$.	____ ____
$D\left[\frac{f(x)}{g(x)}\right] = \frac{f'(x) \cdot g(x) - f(x) \cdot g'(x)}{g^2(x)}$	The derivative of a ratio of functions is equal to the derivative of $f(x)$ multiplied by $g(x)$ minus $f(x)$ multiplied by the derivative of $g(x)$ over $g(x)$ squared.	$y = \frac{x}{\sin x}$ $y' = \frac{\sin x - x\cos x}{\sin^2 x}$
$D[g(f(x))] = g'(f(x)) \cdot f'(x)$	The derivative of the composition of g and f is equal to the derivative of $g(f(x))$ multiplied by the derivative of $f(x)$.	____ ____

3 Using the definition of derivative, find the derivative of $f(x) = 4x - x^2$.

4 Using derivative rules from exercise 2, find the derivatives of:

a. $f(x) = 3\sin x - \frac{1}{2}\cos x$;

b. $f(x) = \frac{x^2}{\cos x}$;

c. $f(x) = e^{\sin x}$;

d. $f(x) = \ln \tan x$.

5 **Derivatives game** Solve each derivative below. Find the solution in the answer columns and note the word next to it. Write this word in the corresponding key box and learn another interesting characteristic of derivatives.

a. $y = x^9$

b. $y = x\sqrt{x}$

c. $y = \frac{1}{x^3}$

d. $y = \frac{1}{\sqrt{x}}$

e. $y = 4x^3 + 2x^4$

f. $y = x^2 e^x$

g. $y = \frac{1}{x^2 - 1}$

h. $y = \frac{x^2 - 1}{x^2 - 2x}$

i. $y = (x^6 + 1)^2$

j. $y = \sqrt{x^3 + 1}$

k. $y = e^{2x-3}$

l. $y = \ln(\sin x - \cos x)$

m. $y = \frac{x^2 - 1}{(x+1)^2}$

n. $y = 5x + \frac{4}{x^2}$

o. $y = (\ln x + x)(\ln x - x)$

p. $y = \sin x^3$

q. $y = \sin^3 x$

r. $y = \frac{\ln^2 x}{\ln x - 1}$

Answer columns

$y' = 2e^{2x-3}$: who	$y' = e^x(2x + x^2)$: between
$y' = \frac{3}{2}\sqrt{x}$: calculus	$y' = \frac{3x^2}{2\sqrt{x^3+1}}$: over
$y' = \frac{2\ln x}{x} - 2x$: the	$y' = \frac{\sin x + \cos x}{\sin x - \cos x}$: had first
$y' = -\frac{2x}{(x^2-1)^2}$: Isaac Newton	$y' = 9x^8$: The
$y' = -\frac{3}{x^4}$: controversy	$y' = 3x^2 \cos x^3$: mathematical
$y' = 3\sin^2 x \cos x$: study of	$y' = -\frac{1}{2x\sqrt{x}}$: was
$y' = \frac{2}{(x+1)^2}$: invented	$y' = \frac{\ln^2 x - 2\ln x}{x(\ln x - 1)^2}$: change
$y' = 12x^2 + 8x^3$: an argument	$y' = 5 - \frac{8}{x^3}$: calculus,
$y' = 12x^5(x^6 + 1)$: Gottfried Leibniz	$y' = \frac{-2x^2 + 2x - 2}{(x^2 - 2x)^2}$: and

Key box

a.	The	j.	
b.	calculus	k.	
c.	controversy	l.	
d.		m.	
e.		n.	
f.		o.	
g.		p.	
h.		q.	
i.		r.	

WEB SEARCH

1 A good example of the economic application of derivatives is **inflation**, the rate at which prices for goods and services are rising. Learn about this online and present your findings to your classmates.

2 Suppose a population has size $p(t)$ at time t. The derivative $p'(t)$ with respect to time is the population growth rate. The growth rates of human, animal and cell populations are important in demography, ecology and biology, respectively. Learn about exponential growth and logistic growth online and present your findings to your classmates.

3 Mechanical engineers have learned that the total amount of energy produced by an engine is given by the function $E(t)$ at time t. Try to describe the power of the engine using derivatives.

LISTENING COMPREHENSION

A PIECE OF HISTORY **Understanding Reality: Newton and Leibniz**

1 LISTENING **Listen and choose the correct words.**

Newton began working on a form of calculus which he called *"the method of fluxions and fluents"* / *"the differential method"* at the age of 23, *but did not publish / and published* it. At the same time, Gottfried Leibniz developed *an identical version / a different version* of the concept.
Leibniz published his work on calculus and the Bernoulli family *disseminated / rejected* his ideas. Newton published hugely important scientific papers, including on his laws of *gases / motion* and his famous universal theory of gravitation, revealing no details of his work on calculus.
By the beginning of the 18th century, Newton was in a position of power and decided that Leibniz *had inspired / had copied* his work. For *Newton / Leibniz* there was no question of sharing the credit. Leibniz, on the other hand, believed that it was not a quarrel between Newton and himself, but between *France / Germany* and England. The Royal Society in London was asked to adjudicate between the rivals: Leibniz was accused of *plagiarism / theft* and Newton *was not credited / was credited* with the discovery of calculus. But the report was written by Sir Isaac Newton himself. Today, it is generally believed that calculus was discovered *independently / jointly* by the two great mathematicians.

2 COMPLETE the timeline.

1670 — 1680 — 1690 — 1700 — 1710 — 1720

1666: Newton's first work on calculus.	____: Leibniz begins to work on calculus.	____: Newton publishes his work *Optick*.	____: Newton publishes the *Principia Mathematica*.	____: Leibniz dies.	____: The Royal Society reports that Newton invented calculus.

3 SPEAKING **Read the passage below and discuss it in pairs.**

Perhaps the most scathing criticism of calculus came from George Berkeley, who ridiculed fluxions and infinitesimals: "And what are these fluxions? The velocities of evanescent increments? And what are these same evanescent increments? They are neither finite quantities nor quantities infinitely small, nor yet nothing. May we not call them the ghosts of departed quantities?".
This criticism stems from the fact that both Newton and Leibniz used a definition of derivative that is not the one that you studied. Try to understand what mathematical tool they did not have. Then try to respond to Berkeley using the modern definition of derivative.

READING COMPREHENSION

A PIECE OF REALITY Marginal Costs, Marginal Revenue and Marginal Profit

1 **In the following text, six sentences have been removed. Choose from the sentences (a-g) the one which fits each gap (1-6). There is one extra sentence which you do not need to use.**

According to their definition, derivatives are a perfect mathematical tool for examining change: they tell us how one variable changes when another one changes as well.

1. ______

The results can provide valuable insight to a firm. A manufacturer, for example, is interested not only in the total cost at certain production levels, but also in how costs change as production levels rise and fall.

2. ______

Thus, if $C(x)$ is the function that represents the total cost of producing x items, then $C'(x)$ is the **marginal cost**, i.e. the instantaneous rate of change of total cost $C(x)$ with respect to the number of items produced at a production level of x items.

For example, let's assume the total cost function (in thousands of euros) for manufacturing x cars per day is given by the function $C(x) = 250 + 15x - 0.25x^2$, $0 \leq x \leq 30$.

We want to find the marginal cost at a production level of x cars per day, the marginal cost at a production level of 15 and 24 cars per day, and the exact cost of producing the 16th car.

Let's solve this problem.

The marginal cost at a production level of x cars is the derivative of the function $C(x)$, so: $C'(x) = 15 - 0.5x$.

The marginal cost at a production level of 15 cars is $C'(15) = 15 - 0.5(15) = 7.5$.

3. ______

The marginal cost at a production level of 24 cars is $C'(24) = 15 - 0.5(24) = 3.0$.

4. ______

We know that marginal costs are the costs a company incurs in producing one additional unit of a good.

5. ______

The marginal cost function approximates the exact cost of producing the $(x+1)$-st item as $C'(x) \simeq C(x+1) - C(x)$.

The exact cost of producing the 16th car is $C(16) - C(15) = 426 - 418.75 = 7.75$, i.e. €7,750.

The marginal cost of €7,500 per car is a close approximation of the exact cost.

The definition of **marginal revenue** is similar to that of marginal cost. If $R(x)$ is the total revenue from producing x items, then $R'(x)$ is the marginal revenue, i.e. the instantaneous rate of change of total revenue $R(x)$ with respect to the number of items produced at a production level of x items.

6. ______

The marginal revenue function approximates the exact revenue from producing the $(x+1)$-st item, i.e. $R'(x) \simeq R(x+1) - R(x)$.

The total profit is the difference between total revenue and total cost $P(x) = R(x) - C(x)$, so the **marginal profit** is $P'(x) = R'(x) - C'(x)$. The exact profit from producing the $(x+1)$-st item is $P(x+1) - P(x)$. The marginal profit function approximates the exact profit from producing the $(x+1)$-st item, i.e. $P'(x) \simeq P(x+1) - P(x)$.

Sentences

a. So, if $C(x)$ is the total cost of producing x items, then the exact cost of producing the $(x+1)$-st item is $C(x+1) - C(x)$.

b. At a production level of 15 cars per day, the total cost is increasing at the rate of €7,500 per car, that is to say, an increase in production of 1 car (from 15 to 16 cars) will result in an increase in cost of €7,500.

c. In business and economics, this allows us to examine how cost, revenue, and profit change along with the quantity produced and sold.

d. The exact revenue of producing the $(x+1)$-st item is $R(x+1) - R(x)$.

e. In economics, the word "marginal" refers to a rate of change; that is, to a derivative.

f. To find revenue, we multiply the number of items sold by the price.

g. At a production level of 24 cars per day, the total cost is increasing at the rate of €3,000 per car, that is to say, an increase in production of 1 car (from 24 to 25 cars) will result in an increase in cost of €3,000.

2 **TRUE OR FALSE?**

a. Exact cost is the derivative of the cost function. T F
b. Revenue, $R(x)$, equals the number of items sold, x, times the price, $p(x)$. T F
c. Profit, $P(x)$, equals costs minus revenue. T F
d. Marginal profit equals marginal revenue minus marginal costs. T F
e. The marginal cost at a production level of 50 items is $C'(50) = €250$. This means that, at a production level of 50 items per year, the total cost is increasing at the rate of €250 for every 50 items. T F

3 **To better understand why**
$$C'(x) \simeq C(x+1) - C(x),$$
look at the graph and complete the description with the correct word from the box.

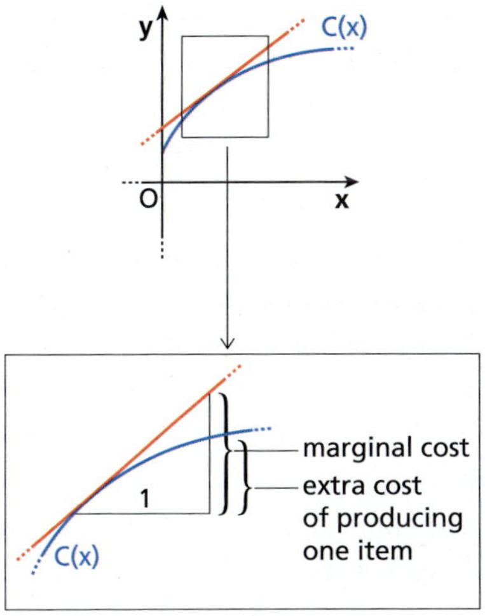

Marginal cost is related to ______ a function increases (or decreases) as you move 1 to the right.
If you have a cost function that gives you the total cost, $C(x)$, of ______ x articles, the derivative of $C(x)$ at the point of tangency gives you the ______ of the tangent line. Slope equals rise over run, so when the run is 1, the rise is equal to the slope (which is equal to the derivative). On the little ______ under the tangent line, you move 1 sideways and then you rise up to a quantity called the marginal cost. Thus the ______ is equal to the marginal cost.

Moving 1 to the ______ along the curving cost function itself shows you the exact increase in cost of producing one more item.
If you look very closely at the right-hand side of the graph, you can see that the ______ cost follows the curve, but that the ______ cost goes up a tiny amount more, following the tangent line, so the marginal cost is slightly ______ than the extra cost (if the cost function happened to be concave upward instead of concave downward like it is here, the marginal cost would be a tiny bit ______ than the extra cost).
So, because the tangent line is a good ______ of the cost function, the derivative of $C(x)$, called the marginal cost, is the approximate increase in cost of producing one more item.

extra, derivative, lower, slope, right, approximation, how much, higher, triangle, producing, marginal.

4 Suppose the total cost of producing x toy cars is $C(x) = 1500 + 8x + 0.015x^2$ (in euros).
a. Find the marginal cost function.
b. Find $C'(500)$ and give the unit of measure.
c. Find the exact cost of the 501st toy car and compare it with $C'(500)$.
[a) $C'(x) = 8 + 0.030x$; b) $C'(x) = 23$ €/toy car; c) $C(501) - C(500) = €23.015$]

5 Your company manufactures magic brooms. Your fixed costs are €200 per year (for rent, utilities, and salaries).
Each broom costs €35 to make, and is sold for €85.
a. Find the total cost function $C(x)$, the total revenue function $R(x)$, and the total profit function $P(x)$ for x magic brooms produced.
b. Find the marginal cost function, the marginal revenue function, and the marginal profit function.
c. Determine the marginal cost, marginal revenue, and marginal profit when 1000 magic brooms are sold and when 1500 magic brooms are sold.
[a) $C(x) = 200 + 35x$, $R(x) = 85x$, $P(x) = 50x - 200$; b) and c) $C'(x) = 35$, $R'(x) = 85$, $P'(x) = 50$]

MATHS ON VIDEO

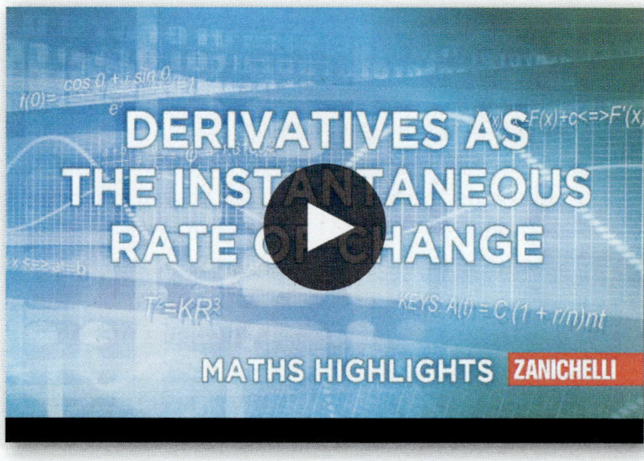

Derivatives as the Instantaneous Rate of Change

In this lesson we will take a closer look at how derivatives can be used when studying the instantaneous rate of change of a phenomenon, such as the height of a falling apple.

---

1 The average velocity between points A and B is:

- **A** the instantaneous rate of change of the position function.
- **B** the slope of the secant line from A to B.
- **C** the slope of the tangent line at A.
- **D** the slope of the tangent line at B.

2 The instantaneous velocity of an object at time t:

- **A** is equal to its average velocity.
- **B** is the position function at time t.
- **C** is the derivative of its average velocity.
- **D** is the limit value of its average velocity as Δt tends to zero.

3 The speedometer and the odometer on the dashboard of your car:

- **A** compute a first and a second derivative.
- **B** measure instantaneous velocity and position.
- **C** measure position and instantaneous velocity.
- **D** measure instantaneous velocity and instantaneous acceleration.

4 TRUE OR FALSE?

a. Acceleration is the rate of change of velocity. T F

b. $f'(x)$ represents the instantaneous rate of change of $f(x)$ at x. T F

c. We differentiate position to find acceleration. T F

d. Speed is the derivative of the position function. T F

5 The function $s(t) = 4t^2 + 2t - 9$ describes the position of an object (in meters) after t seconds. The velocity of the object after 3 seconds is:

- **A** 14 m/s.
- **B** 12 m/s.
- **C** 26 m/s.
- **D** 33 m/s.

6 The function $h(t) = 48t - 0.73t^2$ gives the height of a rocket with an initial velocity of 48 meters per second. What is the velocity and the direction of the rocket after one minute?

[−39.6 m/s downward]

7 The flying vampire population in Red Island is slowly but surely dying. Their population decrease is modelled by the function

$$p(t) = 1970e^{-0.45t},$$

where p is the population on the island and $t = 0$ corresponds to the year 2020. Find the speed of population decline in 2025.

[−93 per year]

8 Suppose that the volume of air in a balloon, in cm^3, is given by $V(t) = 8t - t^2$. Is the volume of air increasing or decreasing at $t = 2$ s? At what rate?

[+4 cm^3/s]

9 SPEAKING In the video, two words with similar meaning are used: "speed" and "velocity". In pairs, discuss the difference between these two terms.

FINAL TEST

1 MATCH each formula (**1-4**) to its description (**a-d**).

1. $\lim\limits_{h \to 0^+} \dfrac{f(x_0+h)-f(x_0)}{h}$
2. $D[f(g(x))] = f'(g(x)) \cdot g'(x)$
3. $\dfrac{df}{dx}$
4. $s'(3)$

a. chain rule
b. Leibniz's notation
c. instantaneous velocity at time $t = 3$ s
d. right derivative of $f(x)$ at x_0

---

2 Fill in the gaps with the words from the box below. There are some extra words which you do not need.

1. The ______ rule states that the derivative of x to the power of n is equal to n ______ by x to the power of $n-1$.
2. The ______ derivative of a function $f(x)$ is the derivative of the derivative of $f(x)$.
3. Newton invented a form of calculus which he called the ______ of fluxions and fluents, while Leibniz developed the ______ method.
4. The ______ profit function ______ the exact profit from producing the $(x+1)$-st item.
5. The slope of the ______ line to the graph of the ______ function at t denotes the instantaneous velocity of the object at time t.

approximates, multiplied, secant, method, position, acceleration, second, marginal, power, derivative, differential, is equal to, chain, tangent

3 The derivative of $f(x) = e^{\sqrt{x}}$ is:

A $e^{\sqrt{x}}$.
B $\sqrt{x}\, e^{\sqrt{x}-1}$.
C $\dfrac{e^{\sqrt{x}}}{2\sqrt{x}}$.
D $\dfrac{2e^{\sqrt{x}}}{x}$.

4 The derivative of $f(x) = \ln(1-x^2)$ is:

A $\dfrac{1}{1-x^2}$.
B $\dfrac{2}{1-x^2}$.
C $\dfrac{2x}{1-x^2}$.
D $\dfrac{2x}{x^2-1}$.

5 The derivative of $f(x) = (2x+1)\sin x$ is:

A $2\sin x$.
B $2\cos x$.
C $2\sin x + \cos x + 2x\cos x$.
D $2\sin x + 2\cos x$.

6 equation of the tangent line to the graph of $f(x) = \dfrac{2x-1}{x^3-1}$ when $x = 0$ is:

A $y = -2x + 1$.
B $y = -x - 2$.
C $y = -2x - 2$.
D $y = x + 2$.

7 TRUE OR FALSE?

a. The slope of the tangent line of $f(x)$ at the point $(x_0; f(x_0))$ is given by $\dfrac{f(x_0+h)-f(x_0)}{h}$. T F
b. The difference quotient represents the rate of change of $f(x)$ with respect to x_0. T F
c. In economics, the word *marginal* refers to a rate of change, that is, to a derivative. T F
d. In physics, the derivative of the function that describes the electric current over time is the quantity of charge that flows through the cross-section of a conductor. T F
e. A cuspid is the point at which a function is continuous but not differentiable. In particular, both the left and right derivatives at that point are infinite with opposite signs. T F

8 An athlete doing agility training starts at point P and runs to point Q, then turns and runs back to point P, then turns again and runs back to point Q. The position function for the athlete at time t is given by $s(t) = t^3 - 5t^2 + 6t$.

a. Find the velocity at $t = 1$ s and $t = 3$ s and interpret the results.
b. Identify the points where the velocity is zero. Give an interpretation of the athlete's movement at these points.
c. Find the acceleration function and the instantaneous acceleration $t = 1$ s and $t = 3$ s and interpret the results.

CAPITOLO 25

TEOREMI DEL CALCOLO DIFFERENZIALE, MASSIMI, MINIMI E FLESSI

1 Teoremi del calcolo differenziale

Teorema di Lagrange

▶ Esercizi a p. 1338

TEOREMA

Teorema di Lagrange

Se una funzione $f(x)$ è continua in un intervallo chiuso $[a;b]$ ed è derivabile in ogni punto interno a esso, esiste almeno un punto c interno ad $[a;b]$ per cui vale la relazione:

$$\frac{f(b)-f(a)}{b-a}=f'(c).$$

Animazione

Con una figura dinamica, studiamo il significato geometrico del teorema di Lagrange, considerando la funzione

$f(x)=-\frac{x^2}{4}+2x$

nell'intervallo [1; 6].

Diamo un'interpretazione geometrica del teorema.

Essendo $y=f(x)$ derivabile nell'intervallo aperto $]a;b[$, il corrispondente grafico in tutti i suoi punti è dotato di retta tangente. Il teorema afferma che deve esserci almeno un punto c per il quale questa retta tangente è parallela alla congiungente i punti del grafico A e B rispettivamente di ascisse a e b.

La retta tangente al grafico della funzione nel punto di ascissa c ha coefficiente angolare $f'(c)$.

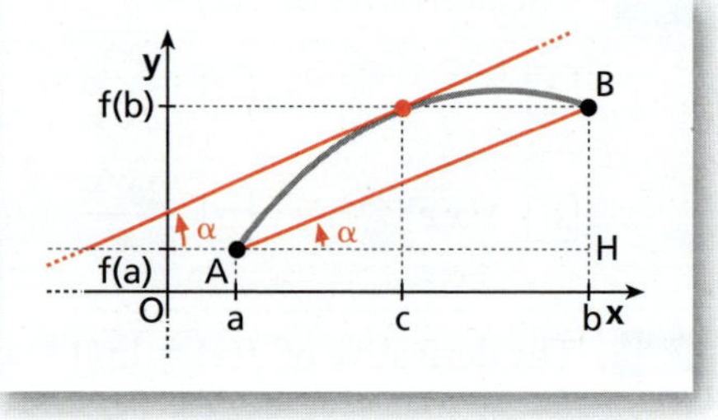

Determiniamo il coefficiente angolare della retta AB.

Nel triangolo rettangolo ABH è:

$$\tan\alpha=\frac{\overline{HB}}{\overline{AH}},\qquad \text{con } \overline{HB}=f(b)-f(a) \text{ e } \overline{AH}=b-a.$$

Il coefficiente angolare di AB è: $\tan\alpha=\frac{f(b)-f(a)}{b-a}$.

Se la tangente in c alla curva è parallela ad AB, ha lo stesso coefficiente angolare, perciò:

$$f'(c)=\frac{f(b)-f(a)}{b-a}.$$

Listen to it

The **Mean-Value Theorem**, attributed to Joseph Louis Lagrange, has a geometric implication. The theorem guarantees the existence of a tangent line that is parallel to the secant line through the points $(a;f(a))$ and $(b;f(b))$.

Il teorema afferma che esiste *almeno* un punto $c \in]a;b[$, ma nulla vieta che i punti siano più di uno, come si vede nella figura a lato. Il grafico di questa funzione ha più punti in cui la tangente è parallela alla retta AB.

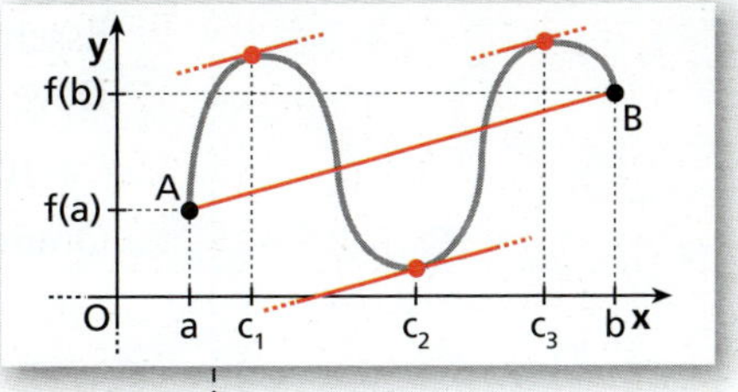

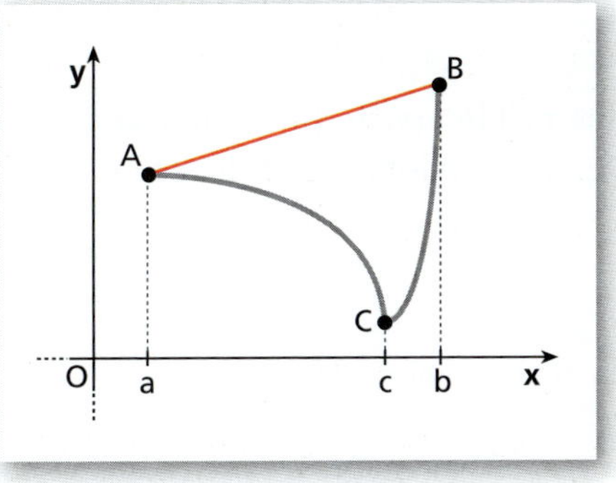

Se una delle ipotesi non è soddisfatta, il teorema può non risultare verificato, come evidenzia l'esempio della figura a lato, in cui nel punto c la funzione non è derivabile. Non esiste alcun punto in cui la tangente alla curva sia parallela alla retta AB.
Per $x = c$ la funzione non è derivabile. Il suo grafico **non** ha punti in cui la tangente è parallela alla retta AB.

Video

Teorema di Lagrange
Perché il teorema di Lagrange vale solo se sono rispettate determinate ipotesi?

ESEMPIO

Consideriamo, nell'intervallo $[1; 2]$, la funzione $f(x) = \dfrac{x^2+1}{x}$.

La funzione è continua e derivabile per ogni $x \neq 0$. Quindi sono soddisfatte le ipotesi del teorema di Lagrange.
Verifichiamo che esiste un punto $c \in]1; 2[$ tale che $f'(c) = \dfrac{f(2)-f(1)}{2-1}$.
Poiché

$$f'(x) = \frac{2x \cdot x - 1 \cdot (x^2+1)}{x^2} = \frac{x^2-1}{x^2} = 1 - \frac{1}{x^2} \qquad \text{e}$$

$$f(1) = 2,\ f(2) = \frac{5}{2} \quad \rightarrow \quad \frac{f(2)-f(1)}{2-1} = \frac{5}{2} - 2 = \frac{1}{2},$$

deve essere: $1 - \dfrac{1}{c^2} = \dfrac{1}{2} \quad \rightarrow \quad \dfrac{1}{c^2} = \dfrac{1}{2} \quad \rightarrow \quad c^2 = 2 \quad \rightarrow \quad c = \pm\sqrt{2}$.

Quindi, per $c_1 = \sqrt{2} \in]1; 2[$, il teorema di Lagrange è verificato.

► La funzione $y = \sqrt[3]{x}$ verifica le ipotesi del teorema di Lagrange nell'intervallo $[0; 8]$?

Conseguenze del teorema di Lagrange

► Esercizi a p. 1341

Dal teorema di Lagrange discendono i seguenti teoremi.

TEOREMA

Se una funzione $f(x)$ è continua nell'intervallo $[a;b]$, derivabile in $]a;b[$ e tale che $f'(x)$ è nulla in ogni punto interno dell'intervallo, allora $f(x)$ è costante in tutto $[a;b]$.

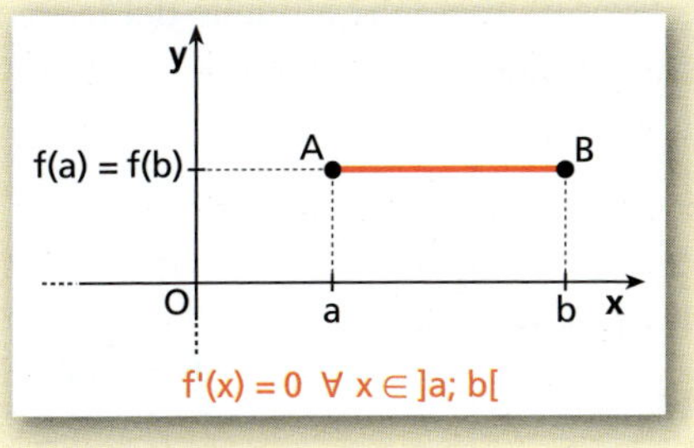

DIMOSTRAZIONE

Applichiamo il teorema di Lagrange all'intervallo $[a; x]$, dove x è un punto qualsiasi di $[a;b]$ diverso da a; esiste un punto $c \in]a; x[$ per cui si ha:

$$f'(c) = \frac{f(x)-f(a)}{x-a}.$$

TEORIA

Essendo $f'(x) = 0$ per ogni punto di $]a; b[$, allora $f'(c) = 0$.
Deve essere allora:

$$f(x) - f(a) = 0 \rightarrow f(x) = f(a) \quad \forall x \in [a; b].$$

Quindi f è costante in tutto $[a; b]$.

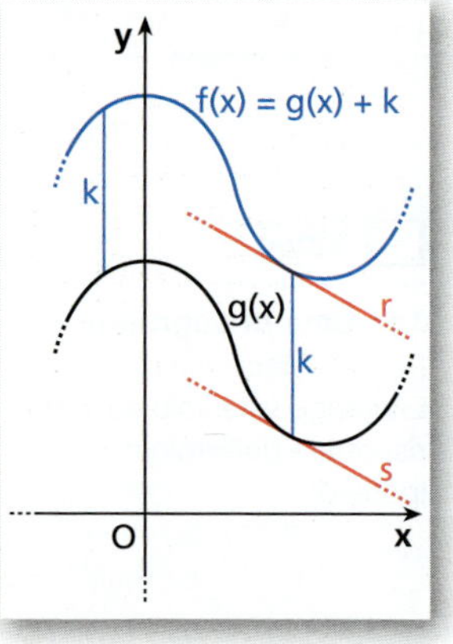

TEOREMA

Se $f(x)$ e $g(x)$ sono due funzioni continue nell'intervallo $[a; b]$, derivabili in $]a; b[$ e tali che $f'(x) = g'(x)$ per ogni $x \in]a; b[$, allora esse differiscono per una costante.

DIMOSTRAZIONE

Chiamiamo $z(x)$ la loro differenza, ossia $z(x) = f(x) - g(x)$; si ha:

$$z'(x) = f'(x) - g'(x).$$

Per ipotesi $f'(x) = g'(x)$, quindi $z'(x) = 0$, per ogni x in $]a; b[$.
Per il teorema precedente, $z(x) = k$ in tutto $[a; b]$ e quindi $f(x) - g(x) = k$.

Teorema di Rolle

▶ Esercizi a p. 1341

Se nel teorema di Lagrange aggiungiamo l'ipotesi $f(a) = f(b)$, allora nel punto c indicato dal teorema è $f'(c) = 0$. Si ha quindi il seguente teorema.

TEOREMA

Teorema di Rolle

Se, per una funzione $f(x)$ continua nell'intervallo $[a; b]$ e derivabile nei punti interni di questo intervallo, si ha la condizione $f(a) = f(b)$, allora esiste almeno un punto c, interno all'intervallo, per il quale risulta:

$$f'(c) = 0.$$

Animazione

Studiamo il significato geometrico del teorema di Rolle utilizzando una figura dinamica, il grafico di

$f(x) = x^3 - 6x^2 + 9x + \frac{1}{2}$

e l'intervallo

$[2 - \sqrt{3}; 2 + \sqrt{3}]$.

Da un punto di vista geometrico, il teorema di Rolle dice che, quando sono verificate le sue ipotesi, esiste sempre un punto c in cui la tangente al grafico è parallela alla retta AB e quindi all'asse x.

Anche per il teorema di Rolle valgono osservazioni analoghe a quelle del teorema di Lagrange.

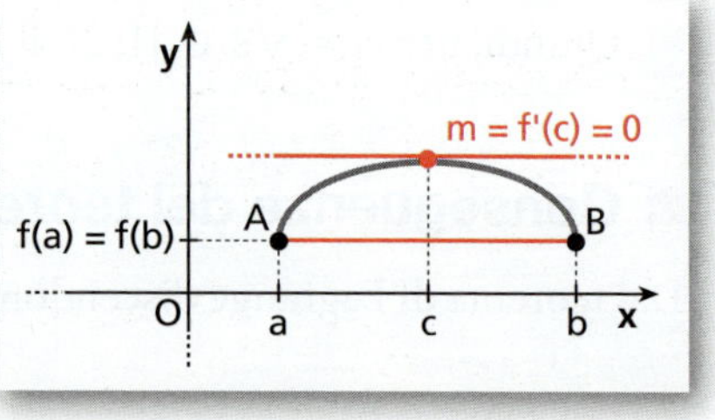

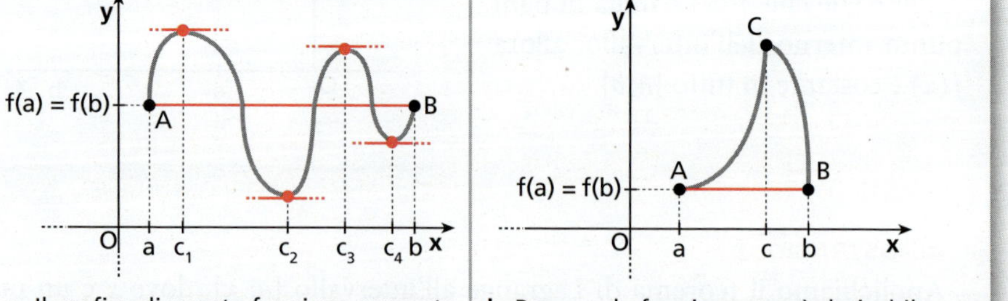

a. Il grafico di questa funzione presenta più punti in cui la tangente è parallela alla retta AB e all'asse x. In questi punti $f'(x) = 0$.

b. Per $x = c$ la funzione non è derivabile. Il suo grafico è privo di punti in cui la tangente è parallela alla retta AB e all'asse x.

ESEMPIO

Consideriamo, nell'intervallo $[-1; 1]$, la funzione $f(x) = x^4 - 2x^2$.
$f(x)$ è continua e derivabile $\forall x \in \mathbb{R}$, e ha derivata $f'(x) = 4x^3 - 4x$.
Inoltre $f(-1) = -1 = f(1)$. Quindi sono verificate le ipotesi del teorema di Rolle.
In questo caso, esistono tre punti in $[-1; 1]$ per i quali la derivata si annulla, infatti:

$$f'(x) = 0 \rightarrow 4x^3 - 4x = 0 \rightarrow x(x^2 - 1) = 0,$$

da cui:

$$x_1 = -1, \quad x_2 = 0, \quad x_3 = 1.$$

In particolare, $x_2 \in]-1; 1[$ e quindi il teorema è verificato.

▶ Quale delle due funzioni verifica le ipotesi del teorema di Rolle nell'intervallo $[-2; 2]$?

a. $y = |x| - 1$

b. $y = x^4 - x^2$

Teorema di Cauchy

▶ Esercizi a p. 1343

Enunciamo, senza dimostrarlo, il seguente teorema.

TEOREMA

Teorema di Cauchy

Se le funzioni $f(x)$ e $g(x)$ sono continue nell'intervallo $[a; b]$, derivabili in ogni punto interno a questo intervallo e inoltre in $]a; b[$ è sempre $g'(x) \neq 0$, allora esiste almeno un punto c interno ad $[a; b]$ in cui si ha:

$$\frac{f(b) - f(a)}{g(b) - g(a)} = \frac{f'(c)}{g'(c)},$$

cioè il rapporto fra gli incrementi delle funzioni $f(x)$ e $g(x)$ nell'intervallo $[a; b]$ è uguale al rapporto fra le rispettive derivate calcolate in un particolare punto c interno all'intervallo.

▶ Verifica se le funzioni
$f(x) = x^3 - x + 1$ e
$g(x) = x^2 + 1$
soddisfano le ipotesi del teorema di Cauchy nell'intervallo $[0; 2]$ e trova gli eventuali punti la cui esistenza è assicurata dal teorema.

Animazione

Teorema di De L'Hospital

▶ Esercizi a p. 1343

Il calcolo delle derivate e i teoremi studiati finora sono utili anche per il calcolo di alcuni limiti che si presentano sotto la forma indeterminata del tipo $\frac{0}{0}$ oppure $\frac{\infty}{\infty}$. Ciò è possibile in base al seguente teorema, che ci limitiamo a enunciare.

TEOREMA

Teorema di De L'Hospital

Dati un intorno I di un punto c e due funzioni $f(x)$ e $g(x)$ definite in I (escluso al più c), se:

- $f(x)$ e $g(x)$ sono derivabili in I (escluso al più c), con $g'(x) \neq 0$,
- le due funzioni tendono entrambe a 0 o a $+\infty$ o a $-\infty$ per $x \rightarrow c$,
- per $x \rightarrow c$ esiste il limite del rapporto $\frac{f'(x)}{g'(x)}$ delle loro derivate,

allora esiste anche il limite del rapporto delle funzioni ed è:

$$\lim_{x \to c} \frac{f(x)}{g(x)} = \lim_{x \to c} \frac{f'(x)}{g'(x)}.$$

TEORIA

ESEMPIO

Calcoliamo $\lim_{x\to 1} \frac{4x^2-4}{\ln x}$.

Il limite si presenta nella forma indeterminata $\frac{0}{0}$.

Le due funzioni $f(x)=4x^2-4$ e $g(x)=\ln x$ verificano in un intorno di 1 le ipotesi del teorema di De L'Hospital, quindi possiamo scrivere che:

$$\lim_{x\to 1} \frac{\overbrace{4x^2-4}^{f(x)}}{\underbrace{\ln x}_{g(x)}} = \lim_{x\to 1} \frac{\overbrace{8x}^{f'(x)}}{\underbrace{\frac{1}{x}}_{g'(x)}} = 8.$$

▶ Calcola: $\lim_{x\to 1} \frac{\ln x}{x^3-x}$.

Animazione

Diamo un'interpretazione geometrica del teorema considerando due funzioni $f(x)$ e $g(x)$ tali che $f(x_0)=0$, $g(x_0)=0$, entrambe derivabili in x_0.

Se nel punto x_0, invece delle funzioni, consideriamo le loro tangenti di equazioni:

s: $y = f'(x_0)(x-x_0)$,

t: $y = g'(x_0)(x-x_0)$,

otteniamo:

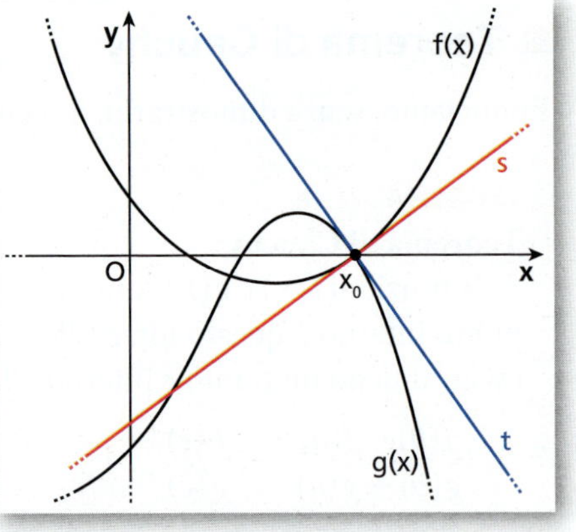

$$\lim_{x\to x_0} \frac{f(x)}{g(x)} = \lim_{x\to x_0} \frac{f'(x_0)(x-x_0)}{g'(x_0)(x-x_0)} = \lim_{x\to x_0} \frac{f'(x_0)}{g'(x_0)} = \lim_{x\to x_0} \frac{f'(x)}{g'(x)}.$$

Il teorema vale anche per limiti destri e sinistri e si estende anche al caso di limite per $x \to +\infty$ (o $-\infty$).

ESEMPIO

Calcoliamo $\lim_{x\to +\infty} \frac{3x+\ln x}{2x+1}$.

Tale limite si presenta nella forma indeterminata $\frac{\infty}{\infty}$, e sono rispettate le altre ipotesi del teorema di De L'Hospital; possiamo scrivere:

$$\lim_{x\to +\infty} \frac{\overbrace{3x+\ln x}^{f(x)}}{\underbrace{2x+1}_{g(x)}} = \lim_{x\to +\infty} \frac{\overbrace{3+\frac{1}{x}}^{f'(x)}}{\underbrace{2}_{g'(x)}} = \frac{3}{2}.$$

▶ Calcola:

a. $\lim_{x\to 1} \frac{\ln x}{x-1}$;

b. $\lim_{x\to -\infty} \frac{e^x+x}{2x}$.

Osserva che per applicare il teorema di De L'Hospital calcoliamo il rapporto delle derivate e **non** la derivata del quoziente.

Nel caso in cui il limite del rapporto delle derivate si presenti anch'esso come una forma indeterminata del tipo $\frac{0}{0}$ oppure $\frac{\infty}{\infty}$ e le funzioni $f'(x)$ e $g'(x)$ soddisfino le ipotesi del teorema, si può passare al limite del quoziente delle derivate seconde, e così via per le derivate successive.

ESEMPIO

Consideriamo $\lim_{x \to 0} \frac{\sin x - x}{2x^3}$.

Tale limite si presenta nella forma indeterminata $\frac{0}{0}$.

Applicando il teorema di De L'Hospital, essendo verificate le sue ipotesi, possiamo scrivere:

$$\lim_{x \to 0} \frac{\sin x - x}{2x^3} = \lim_{x \to 0} \frac{\cos x - 1}{6x^2}.$$

Anche questo limite si presenta nella forma indeterminata $\frac{0}{0}$.
Applichiamo ancora il teorema di De L'Hospital:

$$\lim_{x \to 0} \frac{\cos x - 1}{6x^2} = \lim_{x \to 0} \frac{-\sin x}{12x} = -\frac{1}{12}.$$

$\lim_{x \to 0} \frac{\sin x}{x} = 1$

Pertanto:

$$\lim_{x \to 0} \frac{\sin x - x}{2x^3} = -\frac{1}{12}.$$

▸ Calcola:
$\lim_{x \to 0} \frac{e^{x^3} - 1}{1 - \cos x}$.

Non sempre il teorema di De L'Hospital è utile nel calcolo di un limite; infatti, anche se non esiste $\lim_{x \to c} \frac{f'(x)}{g'(x)}$, $\lim_{x \to c} \frac{f(x)}{g(x)}$ può comunque esistere.

ESEMPIO

Consideriamo $\lim_{x \to \infty} \frac{2x + \sin x}{7x - \sin x}$.

Abbiamo la forma indeterminata $\frac{\infty}{\infty}$ e applicando il teorema di De L'Hospital otteniamo:

$$\lim_{x \to \infty} \frac{2 + \cos x}{7 - \cos x},$$

che non esiste, mentre, per il limite iniziale, dividendo numeratore e denominatore per x, otteniamo:

$$\lim_{x \to \infty} \frac{2x + \sin x}{7x - \sin x} = \lim_{x \to \infty} \frac{\left(2 + \frac{\sin x}{x}\right)}{\left(7 - \frac{\sin x}{x}\right)} = \frac{2}{7}.$$

È possibile ricondursi ad applicare il teorema di De L'Hospital anche nel caso di forme indeterminate che si presentano diverse da $\frac{0}{0}$ e $\frac{\infty}{\infty}$.

Per esempio, $\lim_{x \to +\infty} (xe^{-2x})$ si presenta nella forma indeterminata $+\infty \cdot 0$.

Lo scriviamo come $\lim_{x \to +\infty} \frac{x}{e^{2x}}$ e otteniamo la forma indeterminata $\frac{\infty}{\infty}$.

Possiamo allora applicare il teorema di De L'Hospital.

▸ Calcola:
$\lim_{x \to -\infty} (x - 2)e^x$.

Animazione

Confronto di infiniti

Applicando il teorema di De L'Hospital, ritroviamo i risultati ottenuti con la gerarchia degli infiniti, nel confronto tra le funzioni $\ln x$, x^α (con $\alpha > 0$), e^x per $x \to +\infty$.

I limiti $\lim\limits_{x\to+\infty}\frac{e^x}{x^\alpha}$ e $\lim\limits_{x\to+\infty}\frac{\ln x}{x^\alpha}$ si presentano nelle forme indeterminate $\frac{\infty}{\infty}$ e le funzioni considerate verificano le ipotesi del teorema di De L'Hospital, per cui:

- $\lim\limits_{x\to+\infty}\frac{e^x}{x^\alpha}=\lim\limits_{x\to+\infty}\frac{e^x}{\alpha x^{\alpha-1}}=\ldots=\lim\limits_{x\to+\infty}\frac{e^x}{\alpha(\alpha-1)\cdot\ldots\cdot3\cdot2\cdot1}=+\infty;$
- $\lim\limits_{x\to+\infty}\frac{\ln x}{x^\alpha}=\lim\limits_{x\to+\infty}\frac{\frac{1}{x}}{\alpha x^{\alpha-1}}=\lim\limits_{x\to+\infty}\frac{1}{\alpha x^{\alpha-1}\cdot x}=\lim\limits_{x\to+\infty}\frac{1}{\alpha x^\alpha}=0.$

2 Funzioni crescenti e decrescenti e derivate

▶ Esercizi a p. 1348

Per le funzioni crescenti e decrescenti, definite nel capitolo 21, vale il seguente teorema.

TEOREMA

Data una funzione $y=f(x)$, continua in un intervallo I e derivabile nei punti interni di I:

1. se $f'(x)>0$ per ogni x interno a I, allora $f(x)$ è crescente in I;
2. se $f'(x)<0$ per ogni x interno a I, allora $f(x)$ è decrescente in I.

L'intervallo I può essere sia limitato sia illimitato. Questo teorema è una **condizione sufficiente** per affermare che una funzione è crescente o decrescente in un intervallo.

DIMOSTRAZIONE

1. Siano x_1 e $x_2\in I$, con $x_1<x_2$.
   Per il teorema di Lagrange, applicato a $f(x)$ nell'intervallo $[x_1;x_2]$, si ha:
   $$\frac{f(x_2)-f(x_1)}{x_2-x_1}=f'(c),\quad \text{con } c\in\,]x_1;x_2[.$$
   Essendo $x_2-x_1>0$ e per ipotesi $f'(c)>0$, anche $f(x_2)-f(x_1)>0$, da cui:
   $$f(x_2)>f(x_1).$$
   Poiché x_1 e x_2 sono punti qualsiasi di I, la funzione è crescente in I.
2. Procedendo in modo analogo al caso precedente, si ottiene:
   $$f(x_2)-f(x_1)<0.$$
   Infatti $x_2-x_1>0$ e per ipotesi $f'(c)<0$, quindi $f(x_2)<f(x_1)$.
   Pertanto la funzione è decrescente in I.

Possiamo applicare questo teorema per determinare gli intervalli in cui una funzione è crescente o decrescente, studiando il segno della sua derivata prima.

ESEMPIO

Determiniamo in quali intervalli la funzione $y=4x^3-x^2+1$, definita per ogni x reale, è crescente e in quali intervalli è decrescente.
Calcoliamo la derivata prima: $y'=12x^2-2x$.

MATEMATICA ED ECONOMIA

Inflazione La variazione dei prezzi dei principali beni di consumo è uno degli aspetti dell'economia che interessa più da vicino la nostra vita quotidiana e i nostri risparmi. Spesso si parla di inflazione, ma non sempre si conosce bene il significato di questa parola e ciò può far coltivare speranze illusorie.

▶ Se l'inflazione diminuisce vuol dire che i prezzi calano?

La risposta

Studiamo il segno di y' e compiliamo il quadro dei segni.

$$12x^2 - 2x > 0 \rightarrow 2x(6x-1) > 0 \rightarrow x < 0 \vee x > \frac{1}{6}$$

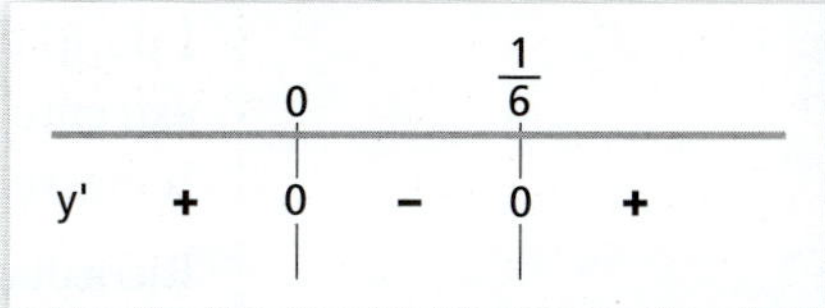

Applicando il teorema precedente, concludiamo che:

- per $x < 0$ $\quad f(x)$ è crescente;
- per $0 < x < \frac{1}{6}$ $\quad f(x)$ è decrescente;
- per $x > \frac{1}{6}$ $\quad f(x)$ è crescente.

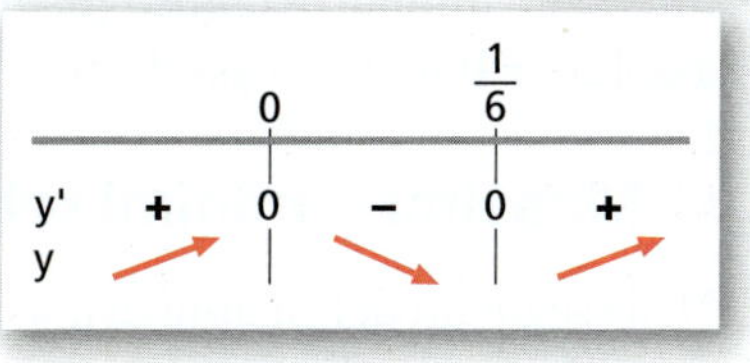

▶ Data la funzione
$f(x) = \frac{x^2 - 6x + 12}{x^2}$,
determina gli intervalli in cui è crescente o decrescente.

Animazione

Si può invertire il teorema precedente nel seguente modo.

TEOREMA

Data una funzione $y = f(x)$, continua in un intervallo I e derivabile nei punti interni di I:

1. se $f(x)$ è crescente in I, allora $f'(x) \geq 0$ per ogni x interno a I;
2. se $f(x)$ è decrescente in I, allora $f'(x) \leq 0$ per ogni x interno a I.

Per esempio, la funzione $f(x) = x^3$ è crescente in $\mathbb{R}$, e si ha $f'(x) = 3x^2 \geq 0 \ \forall x \in \mathbb{R}$.

Video

Segno della derivata e funzioni crescenti e decrescenti

Come varia la funzione
$f(x) = -\frac{1}{5}x^5 + \frac{1}{4}x^4 + \frac{2}{3}x^3 + 1$?

Vediamo come risolvere il problema utilizzando le derivate.

3 Massimi, minimi e flessi

▶ Esercizi a p. 1353

Massimi e minimi assoluti

DEFINIZIONE

Data una funzione $y = f(x)$ il cui dominio è D, x_0 è il **punto di massimo assoluto** se $f(x) \leq f(x_0)$ per ogni $x \in D$. Il valore $f(x_0) = M$ è il **massimo assoluto** della funzione.

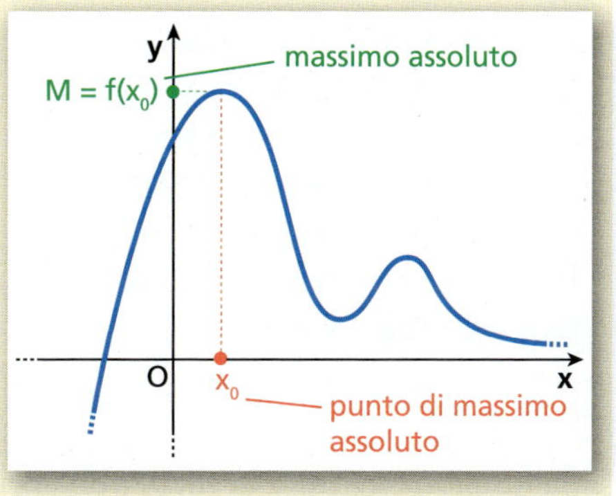

DEFINIZIONE

Data una funzione $y = f(x)$ il cui dominio è D, x_0 è il **punto di minimo assoluto** se $f(x) \geq f(x_0)$ per ogni $x \in D$. Il valore $f(x_0) = m$ è il **minimo assoluto** della funzione.

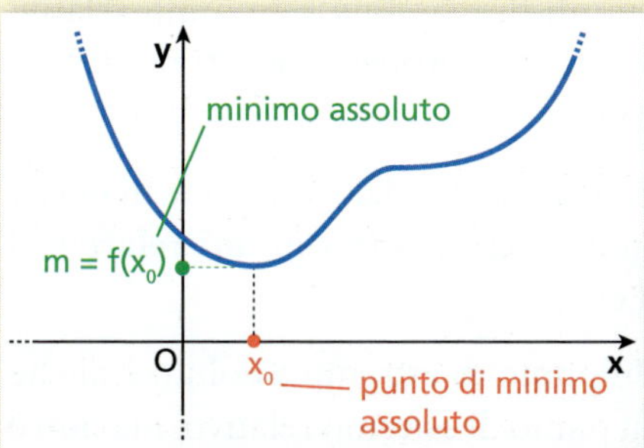

I punti di massimo e minimo assoluti di una funzione si dicono anche **punti di estremo assoluto**.
Il massimo e il minimo assoluti di una funzione, se esistono, sono unici.

Ricordiamo che, per il **teorema di Weierstrass**, se una funzione è continua in un intervallo limitato e chiuso $[a; b]$, allora essa assume, in tale intervallo, il massimo assoluto e il minimo assoluto.

Massimi e minimi relativi

Nelle seguenti definizioni di massimo *relativo* e minimo *relativo*, l'intorno del punto x_0 deve avere le seguenti caratteristiche:

- se x_0 è interno all'intervallo $[a; b]$, l'intorno considerato di x_0 deve essere completo;
- se x_0 coincide con a, l'intorno di x_0 è destro;
- se x_0 coincide con b, l'intorno di x_0 è sinistro.

Listen to it

$f(x_0)$ is a **relative maximum** if there exists within the domain of f an open interval I_{x_0} containing x_0 such that $f(x_0) \geq f(x)$, for all x in I_{x_0}.

▶ Verifica, applicando la definizione, che la funzione

$f(x) = 3x^3 - 9x + 2$

ha un punto di massimo relativo in $x = -1$.

Animazione

DEFINIZIONE

Data una funzione $y = f(x)$, definita in un intervallo $[a; b]$, x_0 è un **punto di massimo relativo** se esiste un intorno I di x_0 tale che $f(x_0) \geq f(x)$ per ogni x dell'intorno I.
Il valore $f(x_0)$ è detto **massimo relativo** della funzione in $[a; b]$.

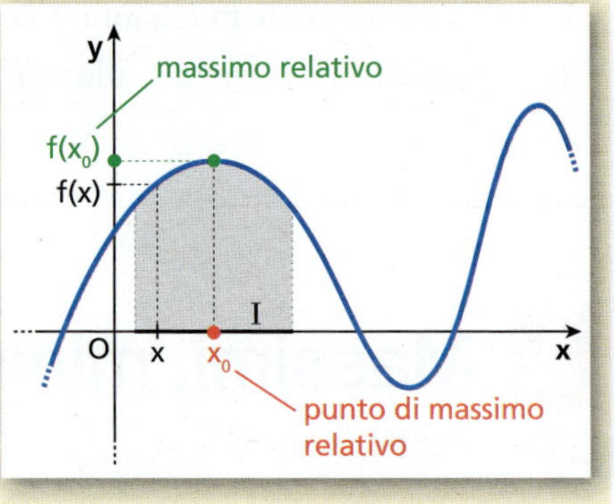

DEFINIZIONE

Data una funzione $y = f(x)$, definita in un intervallo $[a; b]$, x_0 è un **punto di minimo relativo** se esiste un intorno I di x_0 tale che $f(x_0) \leq f(x)$ per ogni x dell'intorno I.
Il valore $f(x_0)$ è detto **minimo relativo** della funzione in $[a; b]$.

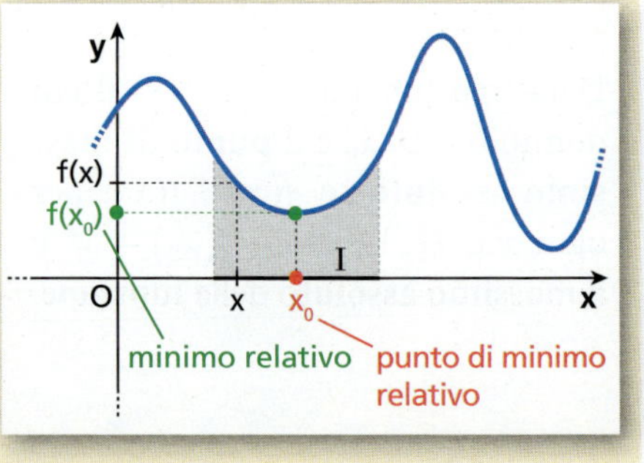

Una funzione definita in $[a; b]$ può avere più punti di massimo o minimo relativi in $[a; b]$.

I punti di massimo e minimo relativi si dicono **punti estremanti relativi** di $f(x)$.

I valori assunti dalla funzione in questi punti si chiamano **estremi relativi** di $f(x)$.

Un punto di estremo assoluto è anche un punto di estremo relativo, ma non è sempre vero il viceversa.

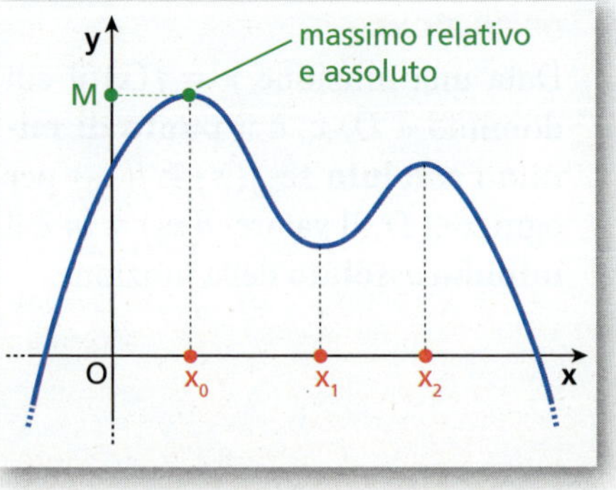

Per esempio, per la funzione dell'ultima figura nella pagina precedente x_0 è un punto di massimo relativo e assoluto, x_2 è un punto di massimo relativo, x_1 è un punto di minimo relativo; non esiste il punto di minimo assoluto.

Nelle definizioni date non è richiesta la continuità o la derivabilità della funzione $f(x)$.

Questo significa che $f(x)$ può avere un punto di estremo relativo o assoluto in un punto in cui non è continua oppure non è derivabile. Per esempio, la funzione del grafico ha in x_0, punto di discontinuità, un punto di massimo relativo, mentre in x_1, punto di non derivabilità, ha un punto di minimo relativo.

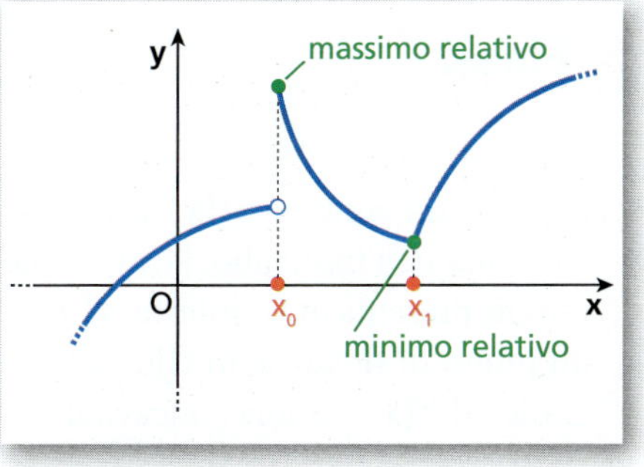

■ Concavità

Siano date la funzione $y = f(x)$, definita e derivabile nell'intervallo $]a; b[$, e la retta di equazione $y = t(x)$, tangente al grafico di $f(x)$ nel suo punto di ascissa x_0, interno all'intervallo $]a; b[$. Poiché $f(x)$ è derivabile in $]a; b[$, la retta tangente esiste in ogni punto.

DEFINIZIONE

Diciamo che in x_0 la funzione $f(x)$ ha la **concavità rivolta verso il semiasse positivo delle *y* (verso l'alto)** se esiste un intorno completo I di x_0 tale che, per ogni x appartenente all'intorno e diverso da x_0, la funzione assume valori maggiori di quelli di $t(x)$ nei punti aventi la stessa ascissa, ossia:

$$f(x) > t(x) \quad \forall x \in I \wedge x \neq x_0.$$

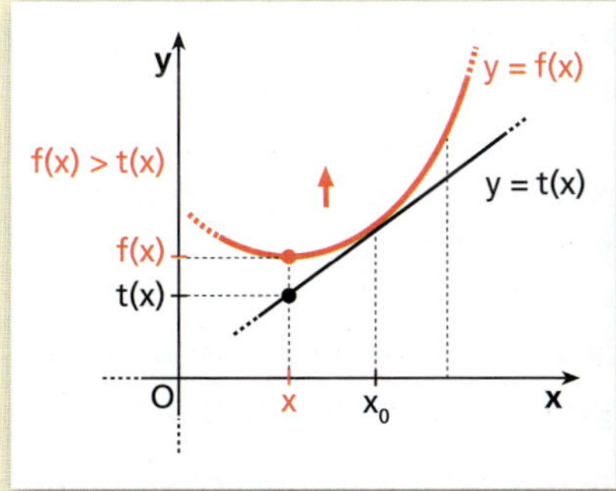

Questo significa che $f(x)$ è concava verso l'alto in x_0 se il suo grafico, in un intorno di x_0, escluso x_0, si trova al di sopra della retta tangente.

DEFINIZIONE

Diciamo che in x_0 la funzione $f(x)$ ha la **concavità rivolta verso il semiasse negativo delle *y* (verso il basso)** se esiste un intorno completo I di x_0 tale che, per ogni x appartenente all'intorno e diverso da x_0, la funzione assume valori minori di quelli di $t(x)$ nei punti aventi la stessa ascissa, ossia:

$$f(x) < t(x) \quad \forall x \in I \wedge x \neq x_0.$$

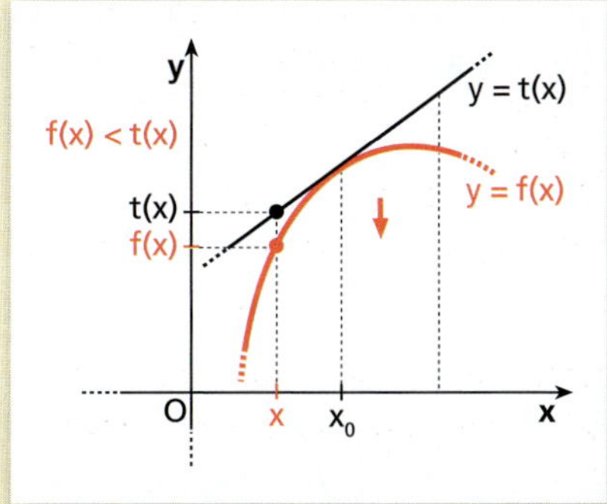

Questo significa che $f(x)$ è concava verso il basso in x_0 se il suo grafico, in un intorno di x_0, escluso x_0, si trova al di sotto della retta tangente.

TEORIA

Dato un intervallo $]a; b[$, diciamo che il grafico ha la concavità verso l'alto (oppure verso il basso) **nell'intervallo**, se ha la concavità verso l'alto (o verso il basso) in ogni punto interno dell'intervallo.

Una funzione il cui grafico rivolge la concavità verso l'alto si dice anche **convessa**. Una funzione il cui grafico rivolge la concavità verso il basso si dice anche **concava**.

Flessi

Listen to it

An **inflection point** is a point across which the direction of concavity changes.

DEFINIZIONE

Data la funzione $y = f(x)$ definita e continua nell'intervallo $]a; b[$, diciamo che presenta in x_0, interno a $[a; b]$, un punto di **flesso** se in tale punto il grafico di $f(x)$ cambia concavità.

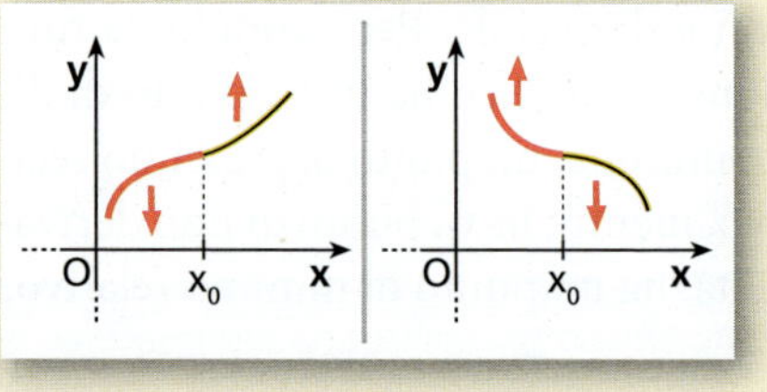

Video

Punti di flesso
Spieghiamo cosa sono i punti di flesso dal punto di vista grafico.

Se la funzione è derivabile nel punto di flesso, esiste la tangente alla curva in tale punto ed è obliqua o parallela all'asse x; se la derivata è infinita, la tangente è parallela all'asse y.
La tangente in un punto di flesso viene anche detta **tangente inflessionale**.
Essa ha la caratteristica di attraversare la curva. Inoltre, il punto di tangenza è un «punto triplo», come si nota nella figura sotto.
Facendo tendere la secante AB passante per F alla posizione della tangente, i punti A e B si avvicinano sempre più al punto F. Il punto F può quindi essere considerato come un punto in cui la tangente ha tre intersezioni coincidenti con la curva.
Se in un punto di flesso esiste la retta tangente, il flesso viene detto:

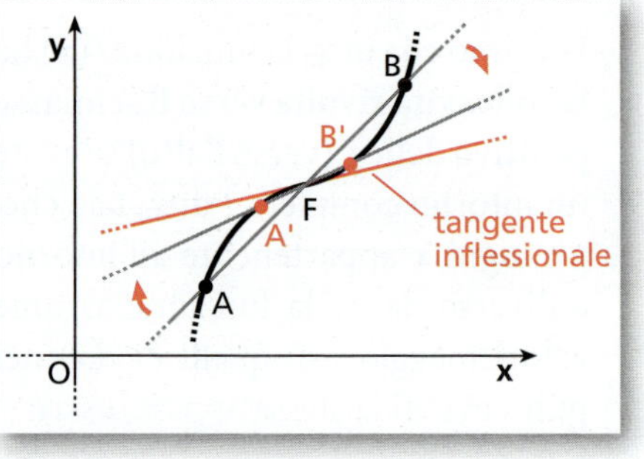

- **orizzontale** se la tangente nel punto di flesso è parallela all'asse x;
- **verticale** se la tangente è parallela all'asse y;
- **obliquo** se la tangente non è parallela a uno degli assi.

Se esiste un intorno del punto di flesso in cui il grafico della funzione ha:

- concavità verso il basso a sinistra del punto di flesso e verso l'alto a destra, il flesso è **ascendente**;

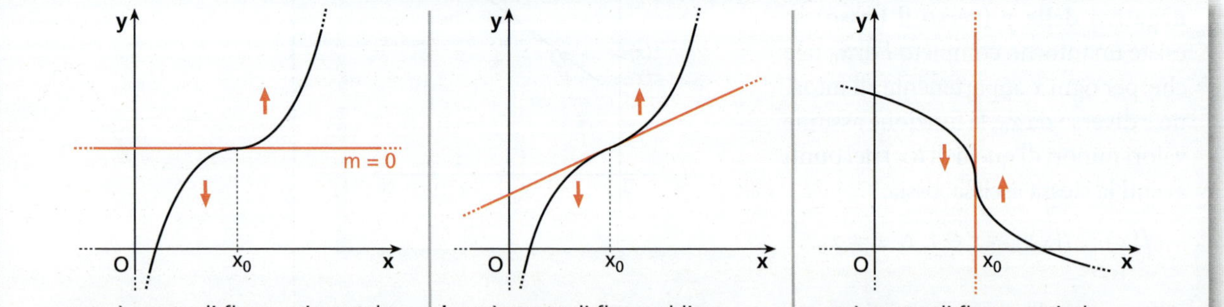

a. x_0 è punto di flesso orizzontale ascendente.
b. x_0 è punto di flesso obliquo ascendente.
c. x_0 è punto di flesso verticale ascendente.

- concavità verso l'alto a sinistra del punto di flesso e verso il basso a destra, il flesso è **discendente**.

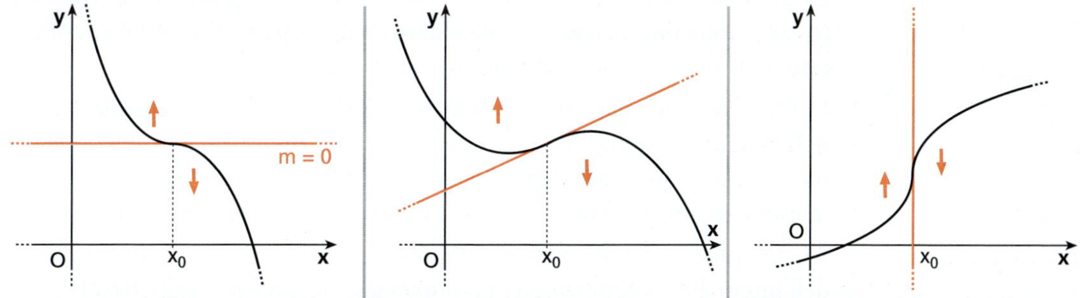

a. x_0 è punto di flesso orizzontale discendente.

b. x_0 è punto di flesso obliquo discendente.

c. x_0 è punto di flesso verticale discendente.

4 Massimi, minimi, flessi orizzontali e derivata prima

▶ Esercizi a p. 1355

DEFINIZIONE

Data una funzione derivabile $y = f(x)$ in un suo punto $x = c$, se $f'(c) = 0$, allora $x = c$ si dice **punto stazionario**.

Se $f'(c) = 0$, allora la tangente nel punto del grafico della funzione che ha ascissa $x = c$ è parallela all'asse x.

Teorema di Fermat

Vale il seguente teorema, che non dimostriamo.

TEOREMA

Teorema di Fermat

Data una funzione $y = f(x)$, definita in un intervallo $[a; b]$ e derivabile in $]a; b[$, se $f(x)$ ha un massimo o un minimo relativo nel punto x_0, *interno* ad $[a; b]$, la derivata della funzione in quel punto si annulla, cioè: $f'(x_0) = 0$.

Il teorema afferma che i punti di massimo e di minimo relativo di una funzione derivabile, interni all'intervallo di definizione, sono punti stazionari.

Per il significato geometrico della derivata, dal teorema precedente si deduce che la tangente in un punto del grafico di massimo o minimo relativo (che non sia un estremo dell'intervallo) è parallela all'asse x.

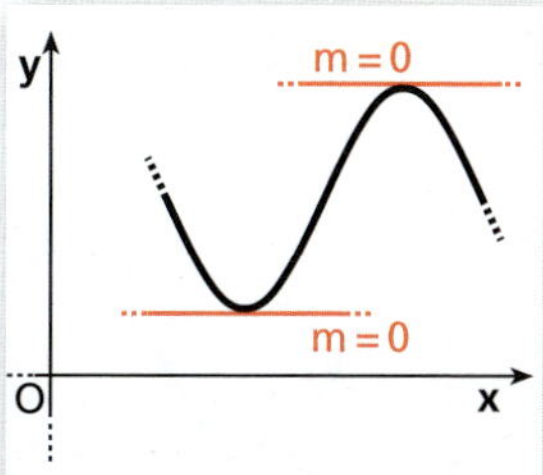

Il teorema precedente fornisce una *condizione necessaria* per l'esistenza di un massimo o di un minimo relativo in un punto interno ad $[a; b]$, ma tale condizione *non* è *sufficiente*.

Può infatti accadere che in un punto la retta tangente al grafico della funzione sia parallela all'asse x, ma che in quel punto non ci sia né un massimo né un minimo.

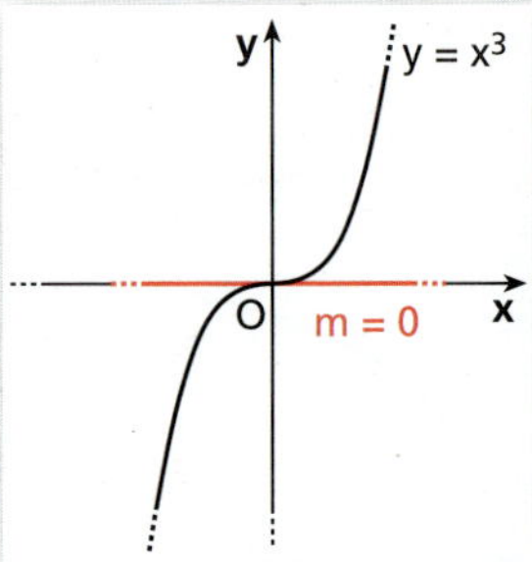

Per esempio, consideriamo la funzione $y = x^3$ e il suo grafico. Calcoliamo la derivata della funzione, $y' = 3x^2$.

La derivata prima si annulla per $x = 0$. D'altra parte, poiché la derivata è positiva (ossia la funzione è crescente) sia a destra sia a sinistra di 0, in tale punto non può esserci né un massimo né un minimo.

Inoltre il teorema parla dei punti *interni* all'intervallo di definizione. Come si vede nell'esempio della figura **a**, per un estremo dell'intervallo la condizione del teorema può non essere neppure necessaria, ossia un estremo può essere un punto di massimo o minimo con $f'(x) \neq 0$ e quindi con tangente non parallela all'asse x.

Anche quando viene a mancare l'ipotesi della derivabilità in tutti i punti interni dell'intervallo, la condizione può non essere necessaria (figure **b** e **c**).

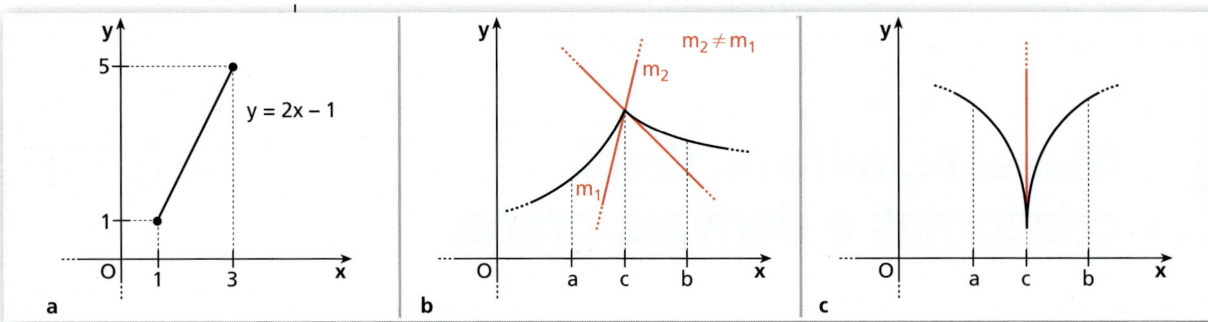

Possiamo concludere che, data una funzione $y = f(x)$ definita in un intervallo $[a; b]$, i possibili punti di massimo e minimo vanno ricercati tra:

- i punti in cui $f'(x) = 0$;
- gli estremi dell'intervallo;
- i punti in cui la funzione non è derivabile.

Ricerca dei massimi e minimi relativi con la derivata prima

Esaminiamo ora una condizione sufficiente per l'esistenza di un massimo o minimo relativo in un punto interno a un intervallo.

TEOREMA

Data la funzione $y = f(x)$ definita e continua in un intorno completo I del punto x_0 e derivabile nello stesso intorno per ogni $x \neq x_0$:

a. se per ogni x dell'intorno si ha $f'(x) > 0$ quando $x < x_0$ e $f'(x) < 0$ quando $x > x_0$, allora x_0 è un punto di massimo relativo;

b. se per ogni x dell'intorno si ha $f'(x) < 0$ quando $x < x_0$ e $f'(x) > 0$ quando $x > x_0$, allora x_0 è un punto di minimo relativo;

c. se il segno della derivata prima è lo stesso per ogni $x \neq x_0$ dell'intorno, allora x_0 non è un punto estremante.

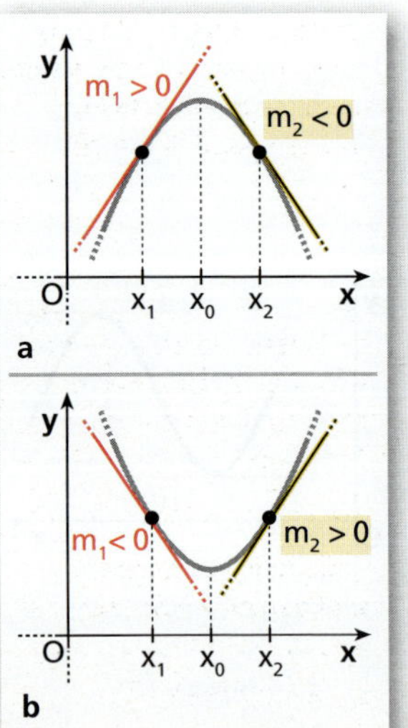

DIMOSTRAZIONE

a. Per $x < x_0$ si ha $f'(x) > 0$, quindi $f(x)$ è crescente (per il teorema delle funzioni crescenti e decrescenti); pertanto, se $x < x_0$, $f(x) < f(x_0)$.
Per $x > x_0$ si ha $f'(x) < 0$, quindi $f(x)$ è decrescente; pertanto, se $x > x_0$, $f(x) < f(x_0)$.

Per ogni $x \neq x_0$ dell'intorno si ha $f(x) < f(x_0)$, quindi x_0 è punto di massimo relativo (figura **a**).

b. Si dimostra in modo analogo al precedente (figura **b**).

c. Supponiamo che per ogni $x \neq x_0$ dell'intorno si abbia $f'(x) < 0$ (dimostrazione analoga si ha se $f'(x) > 0$). La funzione è decrescente sia per $x < x_0$ sia per $x > x_0$. Pertanto se $x < x_0, f(x) > f(x_0)$, mentre se $x > x_0$, $f(x) < f(x_0)$. Concludiamo che x_0 non è né punto di massimo né punto di minimo (figura **c**).

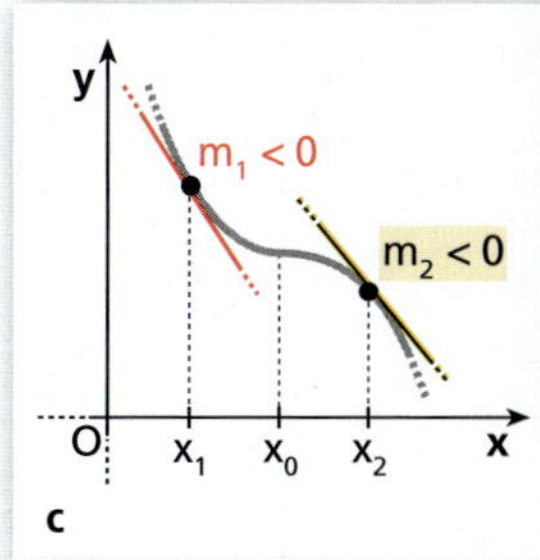

c

ESEMPIO

Consideriamo la funzione $y = f(x) = x^3 - 3x$.

La funzione è continua $\forall x \in \mathbb{R}$. La sua derivata è $f'(x) = 3x^2 - 3$.
Studiamo il segno di $f'(x)$:

$$3x^2 - 3 > 0 \rightarrow 3(x^2 - 1) > 0 \rightarrow x^2 - 1 > 0 \rightarrow x < -1 \vee x > 1.$$

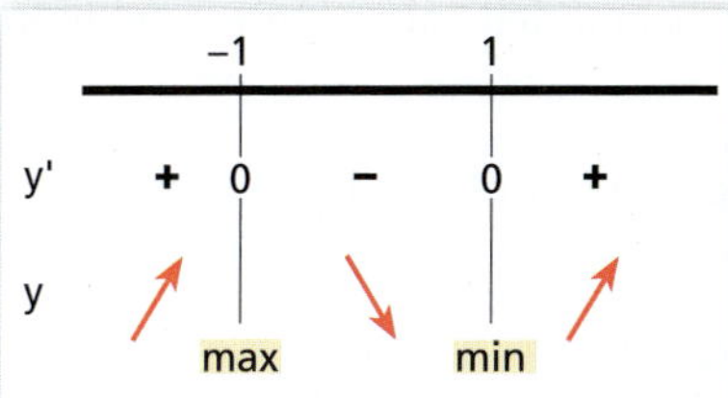

Compiliamo il quadro relativo al segno della derivata prima $y' = 3x^2 - 3$, determinando gli intervalli in cui la funzione è crescente o decrescente.

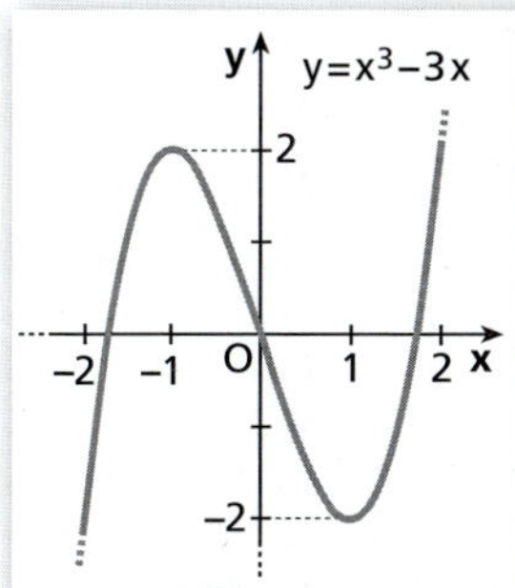

La condizione sufficiente permette di affermare che $x = -1$ è un punto di massimo relativo, mentre $x = 1$ è di minimo relativo.
I corrispondenti valori della funzione sono:

$$M = f(-1) = 2 \quad \text{e} \quad m = f(1) = -2.$$

▶ Determina gli eventuali punti di massimo e di minimo della funzione:
$y = 2x^3 + 4x^2$.

Osserviamo che il teorema non richiede che la funzione sia derivabile in $x = x_0$. Se ciò avviene, allora, per il teorema dei massimi e dei minimi relativi di funzioni derivabili, si ha $f'(x_0) = 0$, e quindi x_0 è un punto stazionario per $f(x)$.

Se **in x_0 la funzione non è derivabile**, invece, non si ha un punto stazionario anche se x_0 è un punto di massimo o di minimo relativo.

Animazione

Data la funzione
$y = \sqrt[3]{(x-1)^2} + 1$,
ricaviamo che ha un punto di minimo relativo a tangente verticale e lo verifichiamo con una figura dinamica.

ESEMPIO

Consideriamo la funzione $y = |x^2 - 1|$, ossia:

$$y = \begin{cases} x^2 - 1 & \text{se } x \leq -1 \vee x \geq 1 \\ -x^2 + 1 & \text{se } -1 < x < 1 \end{cases}.$$

La funzione è continua $\forall x \in \mathbb{R}$. La sua derivata è

$$y' = \begin{cases} 2x & \text{se } x < -1 \vee x > 1 \\ -2x & \text{se } -1 < x < 1 \end{cases}$$

e non esiste per $x = \pm 1$.
Poiché $2x > 0$ per $x > 0$ e $-2x > 0$ per $x < 0$, per lo studio del segno della derivata otteniamo il quadro a lato.

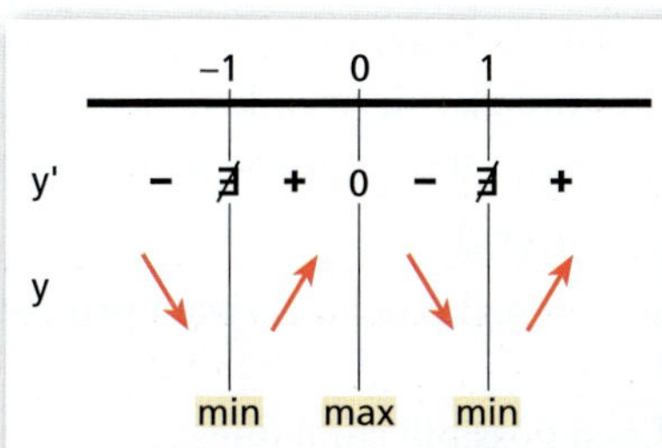

▶ Determina ed esamina i punti di massimo e di minimo relativo della funzione
$f(x) = \frac{1}{3}x^3 - 4|x| + 3$,
indicando i punti stazionari e quelli angolosi.

Animazione

La funzione ha due minimi relativi in -1 e 1, mentre ha un massimo relativo in 0. I corrispondenti punti del grafico sono $A(-1; 0)$, $B(1; 0)$, $C(0; 1)$.

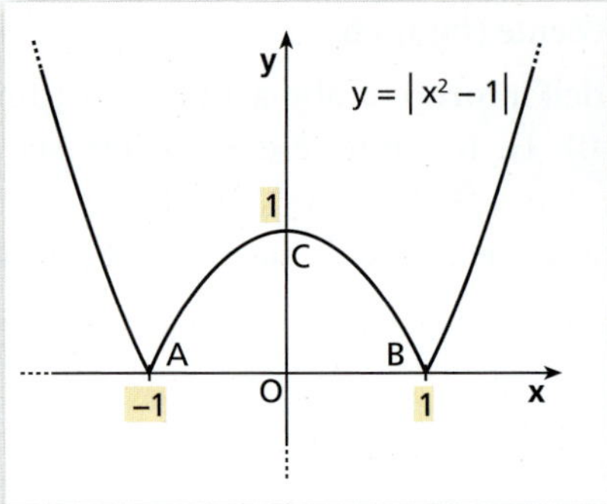

La derivata della funzione in $x = \pm 1$ non esiste, ma il teorema può essere applicato ugualmente.
I due punti A e B sono punti di minimo relativo e punti angolosi. Il punto C è punto di massimo relativo e punto stazionario.

▶ Determina gli eventuali punti di massimo e di minimo relativo della funzione $y = \left|-\frac{1}{2}x^2 + x\right|$ e stabilisci se tali punti sono stazionari.

Se **in x_0 la funzione non è continua**, il verificarsi delle altre ipotesi del teorema non è sufficiente per poterlo applicare.

Consideriamo due esempi in cui la funzione non è continua in un punto.

ESEMPIO

1. Nell'intervallo $[0; 2]$, la funzione

$$y = \begin{cases} x^2 - 2x & \text{se } x \neq 1 \\ \frac{1}{2} & \text{se } x = 1 \end{cases}$$

presenta nel punto $x = 1$ un massimo relativo, pur essendo la derivata $y' = 2x - 2$ negativa prima di 1 e positiva dopo.

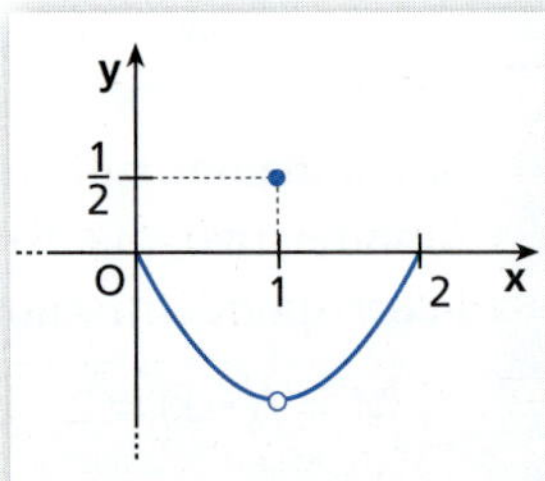

2. Nell'intervallo $[0; 2]$, la funzione

$$y = \begin{cases} x & \text{se } x < 1 \\ x - 2 & \text{se } x \geq 1 \end{cases}$$

presenta nel punto $x = 1$ un minimo relativo, pur essendo la derivata $y' = 1$ positiva sia prima sia dopo 1.

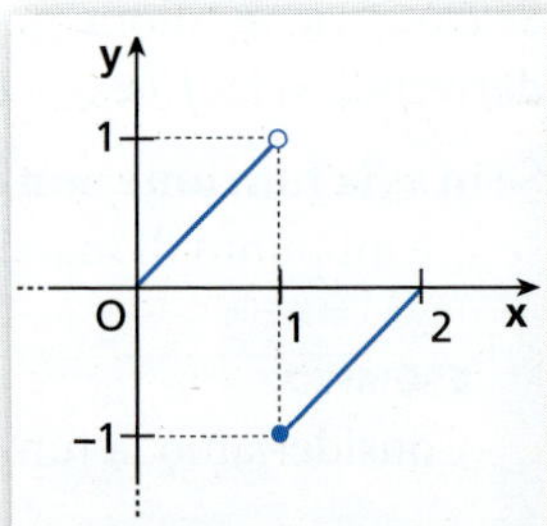

Video

Punti stazionari e derivata prima di funzioni derivabili
Studiamo la funzione $f(x) = -\frac{1}{5}x^5 + \frac{1}{4}x^4 + \frac{2}{3}x^3 + 1$.

Video

Massimi, minimi e cuspidi
Studiamo la funzione $f(x) = x - \frac{5}{4}\sqrt[5]{x^4}$.

Punti stazionari di flesso orizzontale

TEOREMA

Data la funzione $y = f(x)$ definita e continua in un intorno completo I del punto x_0 e derivabile nello stesso intorno, x_0 è un punto di flesso orizzontale se sono soddisfatte le seguenti condizioni:

- $f'(x_0) = 0$;
- il segno della derivata prima è lo stesso per ogni $x \neq x_0$ dell'intorno I.

I casi possibili sono due.

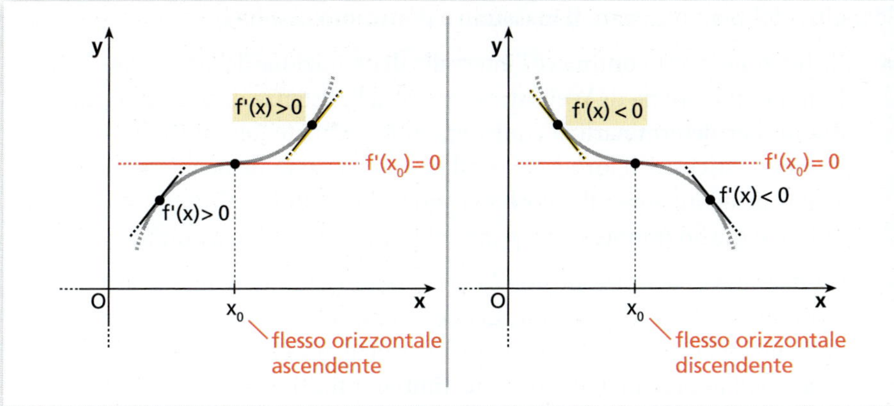

► Determina gli eventuali punti di flesso orizzontale di $y = x^4 - 4x^3$.

ESEMPIO

Consideriamo la funzione $y = 3x^5 + 1$.
Calcoliamo la derivata prima e studiamo il segno:

$$f'(x) = 15x^4; \qquad 15x^4 = 0 \;\rightarrow\; x = 0; \qquad 15x^4 > 0 \;\rightarrow\; \forall x \neq 0.$$

Compiliamo il quadro dei segni e concludiamo che $x = 0$ è un punto di flesso orizzontale.

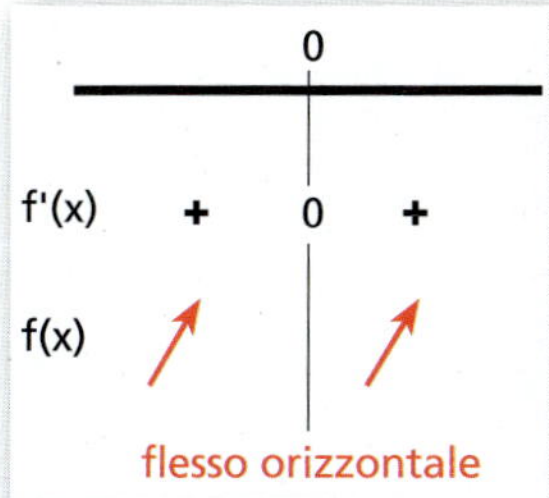

Animazione

Studiamo, con una figura dinamica, massimi e minimi relativi e flessi orizzontali di

$f(x) = \frac{3}{4}x^4 - 2x^3 + 2$ e

$g(x) = -\frac{x^4}{4} + \frac{3}{2}x^2 + 2x$.

► Trova i punti di massimo e di minimo relativi e di flesso orizzontale della funzione $f(x) = \frac{1}{8}(3x^5 - 20x^3)$.

Animazione

In sintesi

Data una funzione $f(x)$ continua, per la **ricerca dei massimi e dei minimi relativi e dei flessi orizzontali** con lo studio del segno della derivata prima:

- calcoliamo $f'(x)$ e determiniamo il suo dominio per trovare gli eventuali punti in cui la funzione non è derivabile (cuspidi, flessi verticali, punti angolosi);
- risolviamo l'equazione $f'(x) = 0$ per trovare i punti stazionari;
- studiamo il segno di $f'(x)$ per trovare i punti di massimo e minimo *relativo* (anche non stazionari) e i punti di flesso a tangente orizzontale.

I casi possibili per i punti stazionari sono indicati in figura.

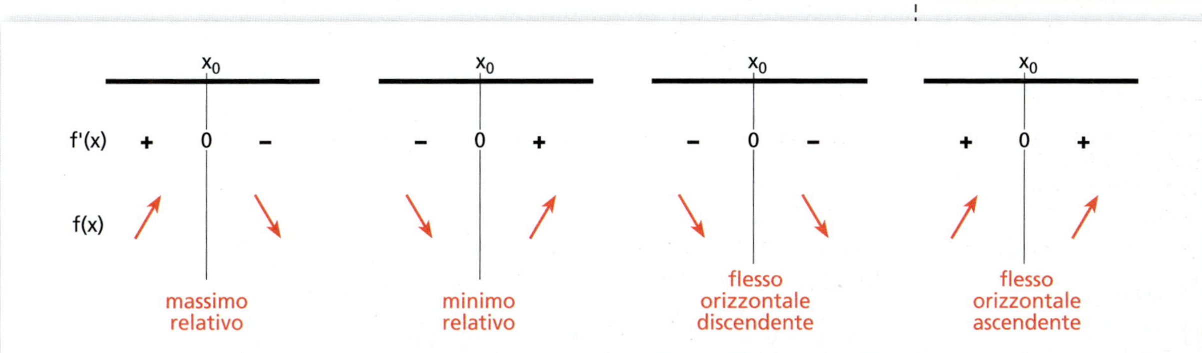

I teoremi enunciati valgono per i punti interni agli intervalli di definizione della funzione, pertanto occorre esaminare anche i valori che la funzione assume negli eventuali estremi di tali intervalli.

▶ Determina i punti di massimo e di minimo assoluto della funzione $f(x)=\frac{1}{2}x^4-4x^2+4$ nell'intervallo $[-1;3]$.

Animazione

Se inoltre dobbiamo trovare **il massimo e il minimo *assoluti***:

- se la funzione $f(x)$ è continua e l'intervallo di definizione della funzione è chiuso e limitato, il teorema di Weierstrass assicura l'esistenza di massimo e minimo assoluti; per determinarli si confrontano le ordinate dei punti di massimo e minimo relativi tra di loro e con i valori che $f(x)$ assume negli estremi dell'intervallo di definizione: il valore maggiore corrisponde al punto di massimo assoluto e quello minore corrisponde al punto di minimo assoluto;
- se l'intervallo di definizione non è chiuso o non è limitato, massimo e minimo assoluti potrebbero non esistere. In questo caso, oltre allo studio degli eventuali punti stazionari e di non derivabilità, si calcolano i limiti della funzione agli estremi dell'intervallo di definizione, finiti o infiniti.

5 Flessi e derivata seconda

Concavità e segno della derivata seconda

▶ Esercizi a p. 1363

Criterio per la concavità

Un criterio per stabilire la concavità del grafico di una funzione in un suo punto di ascissa x_0 è dato dal seguente teorema.

TEOREMA

Sia $y=f(x)$ una funzione definita e continua in un intorno completo I del punto x_0, insieme con le sue derivate prima e seconda. Se in x_0 è $f''(x_0)\neq 0$, il grafico della funzione volge in x_0:

- la concavità verso l'alto se $f''(x_0)>0$;
- la concavità verso il basso se $f''(x_0)<0$.

ESEMPIO

Data la funzione $y=f(x)=2x^3-5$, cerchiamo gli intervalli in cui il grafico della funzione volge la concavità verso l'alto o verso il basso.
Calcoliamo le derivate prima e seconda:

$$f'(x)=6x^2, \quad f''(x)=12x.$$

Studiamo il segno della derivata seconda:

$$f''(x)>0 \ \rightarrow \ 12x>0 \ \rightarrow \ x>0.$$

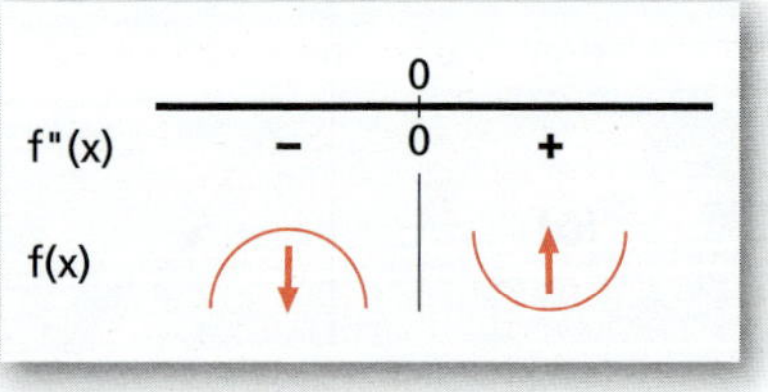

Se $x<0$, la concavità è rivolta verso il basso.

Se $x>0$, la concavità è rivolta verso l'alto.

▶ Studia la concavità della funzione $y=x^4-6x^2$.

Sappiamo che una parabola di equazione $y=ax^2+bx+c$ ha la concavità rivolta verso l'alto se $a>0$, verso il basso se $a<0$. Ora possiamo comprenderne il motivo: infatti $f''(x)=2a$, e quindi la concavità dipende dal segno di a.

Condizione necessaria per i flessi

Ricordiamo che un punto di flesso è un punto in cui la funzione cambia concavità. Per la ricerca dei flessi è utile il seguente teorema di cui ci limitiamo a fornire l'enunciato.

TEOREMA
Sia data una funzione $y = f(x)$ definita in un intervallo $[a; b]$ e in tale intervallo esistano le sue derivate prima e seconda. Se $f(x)$ ha un flesso nel punto x_0, interno ad $[a; b]$, la derivata seconda della funzione in quel punto si annulla, cioè: $f''(x_0) = 0$.

Il teorema fornisce una *condizione necessaria* ma *non sufficiente* per l'esistenza di un flesso in un punto.

ESEMPIO
La funzione $y = x^6$ ha come derivate:

$$y' = 6x^5; \quad y'' = 30x^4.$$

La derivata seconda è nulla in $x = 0$.
Studiamo il segno della derivata prima:

$$6x^5 > 0 \quad \rightarrow \quad x > 0.$$

Il quadro dei segni è quello della figura a lato. La derivata seconda è nulla in 0, ma nel punto c'è un minimo relativo e non un flesso.

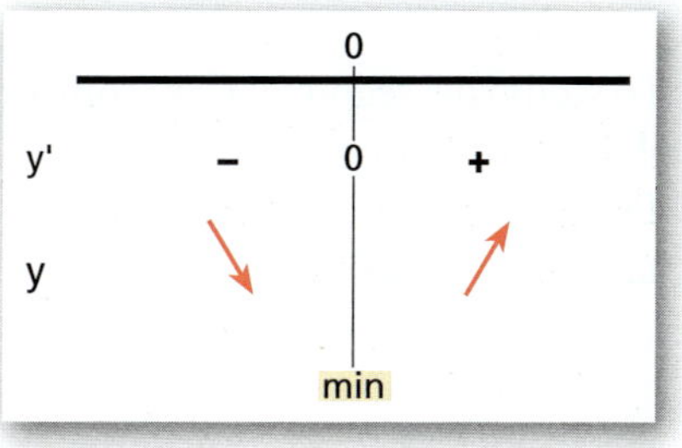

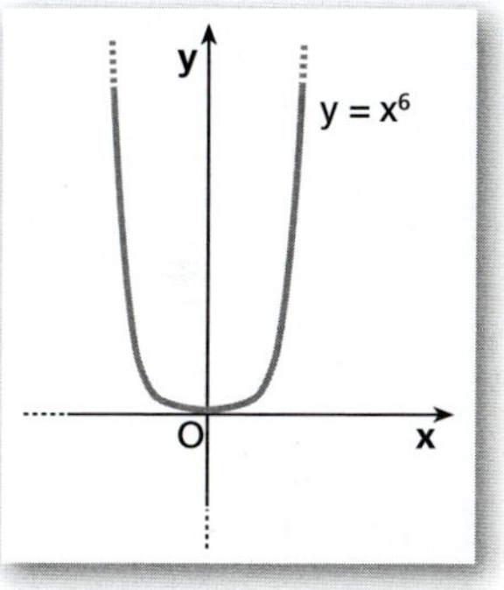

Ricerca dei flessi e derivata seconda

▶ Esercizi a p. 1364

Per trovare i punti di flesso possiamo studiare il segno della derivata seconda. Vale infatti il seguente teorema.

TEOREMA
Sia data la funzione $y = f(x)$ definita e continua in un intorno completo I del punto x_0 e in tale intorno esistano le sue derivate prima e seconda per ogni $x \neq x_0$.
Se per ogni $x \neq x_0$ dell'intorno si ha

- $f''(x) > 0$ per $x < x_0$ e $f''(x) < 0$ per $x > x_0$, oppure
- $f''(x) < 0$ per $x < x_0$ e $f''(x) > 0$ per $x > x_0$,

allora x_0 è un punto di flesso.

ESEMPIO
La funzione $f(x) = x^3 - 2x^2 + x$ è continua $\forall x \in \mathbb{R}$; calcoliamo $f'(x)$ e $f''(x)$:

$$f'(x) = 3x^2 - 4x + 1; \quad f''(x) = 6x - 4.$$

Studiamo il segno di $f''(x)$ e deduciamo la concavità:

$$6x - 4 > 0 \quad \rightarrow \quad x > \frac{2}{3}.$$

▸ Trova i punti di flesso della funzione $y = f(x) = -\frac{1}{4}x^4 + x^3 - 2$.

Animazione

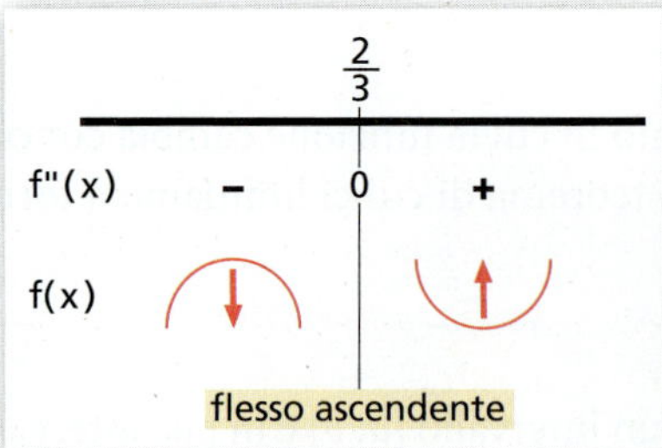

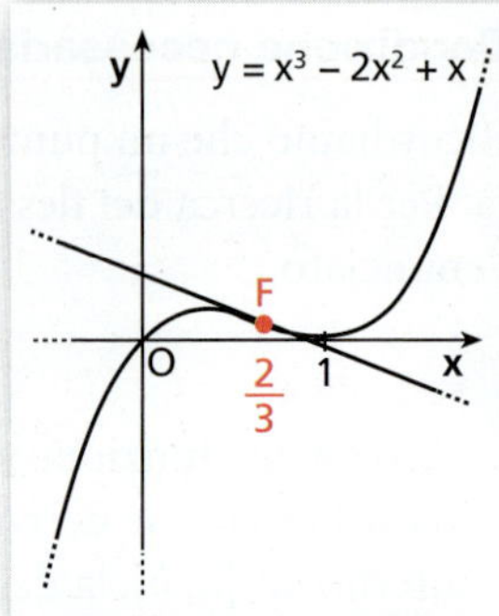

Se, oltre alle ipotesi del teorema precedente, è vero che in x_0 la derivata seconda è continua, allora necessariamente $f''(x_0) = 0$. Quindi, i punti di flesso delle funzioni che hanno derivate prima e seconda continue vanno cercati fra le soluzioni dell'equazione $f''(x) = 0$. Inoltre, nei punti x_0 di flesso, se $f'(x_0) \neq 0$ il flesso è obliquo, se $f'(x_0) = 0$ il flesso è orizzontale.

Nell'esempio precedente, poiché $f''(x)$ è una funzione continua, possiamo cercare i punti di flesso risolvendo l'equazione $f''(x) = 0$, ossia:

$$6x - 4 = 0 \to x = \frac{2}{3}.$$

Lo studio del segno di $f''(x)$ completa la ricerca; inoltre, poiché $f'\left(\frac{2}{3}\right) = -\frac{1}{3} \neq 0$, il flesso è obliquo.

Esaminiamo ora un esempio in cui una funzione $f(x)$ presenta anche un flesso a tangente verticale.

Video

Flessi e derivata seconda
Studiamo la funzione $f(x) = x - \ln(x^2 + 1)$.

ESEMPIO

$f(x) = \sqrt[3]{8 - x^3}$ è continua $\forall x \in \mathbb{R}$; calcoliamo la derivata prima e seconda:

$$f'(x) = \frac{1}{3} \cdot \frac{-3x^2}{\sqrt[3]{(8 - x^3)^2}} = -\frac{x^2}{\sqrt[3]{(8 - x^3)^2}};$$

$$f''(x) = \frac{-2x\sqrt[3]{(8 - x^3)^2} + x^2 \cdot \frac{-2x^2}{\sqrt[3]{8 - x^3}}}{(8 - x^3) \cdot \sqrt[3]{8 - x^3}} = \frac{-2x \cdot (8 - x^3) - 2x^4}{(8 - x^3) \cdot \sqrt[3]{(8 - x^3)^2}} =$$

$$\frac{-16x}{(8 - x^3) \cdot \sqrt[3]{(8 - x^3)^2}}.$$

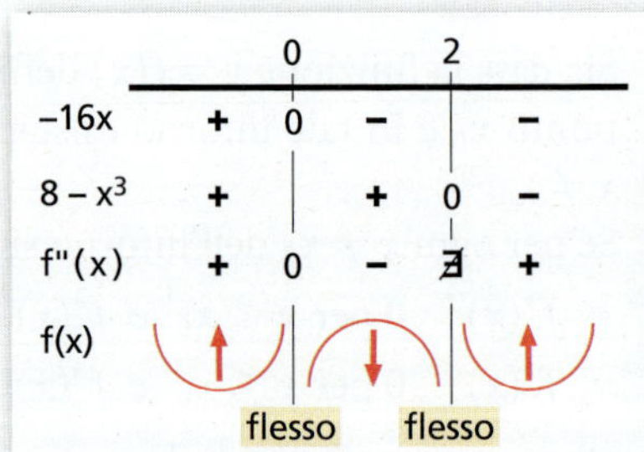

$f'(x)$ e $f''(x)$ hanno come dominio $\mathbb{R} - \{2\}$.

Studiamo il segno di $f''(x)$:
il numeratore è positivo per $x < 0$; il denominatore è positivo se $8 - x^3 > 0$, cioè per $x < 2$.

Quindi, per $x < 0$ e $x > 2$ la concavità è rivolta verso l'alto, mentre per $0 < x < 2$ la concavità è rivolta verso il basso.

In $x = 0$, la funzione ha un flesso discendente; inoltre:

$f'(0) = 0 \quad \to \quad$ il punto $F_1(0; 2)$ è un flesso discendente orizzontale.

In $x = 2$, la funzione ha un flesso ascendente; inoltre:

$\lim_{x \to 2} f'(x) = -\infty \quad \to \quad$ il punto $F_2(2; 0)$ è un flesso ascendente verticale.

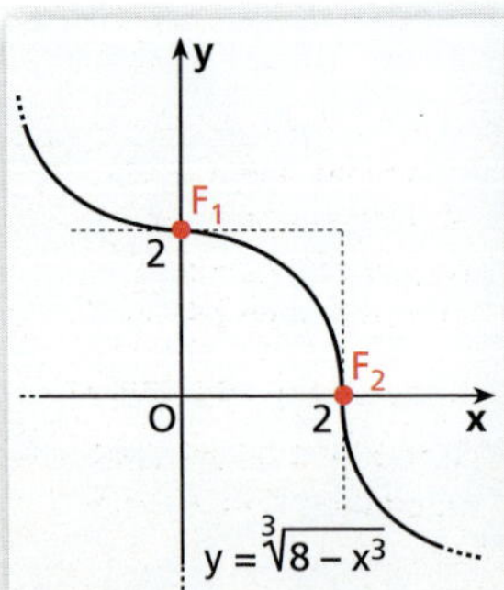

In sintesi

Data una funzione $f(x)$, continua e derivabile, per la **ricerca dei flessi**:

- calcoliamo la derivata seconda $f''(x)$ e determiniamo il suo dominio;
- studiamo il segno di $f''(x)$ e cerchiamo i punti in cui la concavità cambia, ossia i punti di flesso;
- se x_0 è un punto di flesso e:

  $f'(x_0) = 0$, il flesso è **orizzontale**;

  $f'(x_0) \neq 0$, il flesso è **obliquo**.

Se la funzione $f(x)$ non è derivabile in x_0 dove $f''(x)$ cambia segno, allora, quando $\lim_{x \to x_0} f'(x) = +\infty$ oppure $\lim_{x \to x_0} f'(x) = -\infty$, in x_0 c'è un flesso **verticale**.

Video

Massimi, minimi, flessi e funzioni con parametri
Consideriamo la funzione $f(x) = x^4 + ax^3 + bx^2 + cx$. Determiniamo i valori dei parametri a, b, c in modo da avere un flesso orizzontale per $x = 0$ e un flesso obliquo per $x = 1$.

6 Problemi di ottimizzazione

▶ Esercizi a p. 1369

In un **problema di ottimizzazione**, risolvibile utilizzando una funzione a una variabile, si cerca il valore da assegnare alla variabile per ottenere il miglior valore possibile di una funzione che soddisfi particolari condizioni.
Questo si traduce nella ricerca del **massimo** o del **minimo assoluto** di una funzione in un intervallo. La funzione viene detta **funzione obiettivo**.
Esaminiamo un primo esempio in cui l'intervallo di definizione della funzione obiettivo è chiuso e limitato.

ESEMPIO

Dividiamo un segmento AB, di misura $\overline{AB} = a$, in due parti in modo che la somma delle aree dei quadrati costruiti su di esse sia minima.
La funzione obiettivo è:

$$y = \overline{AP}^2 + \overline{PB}^2.$$

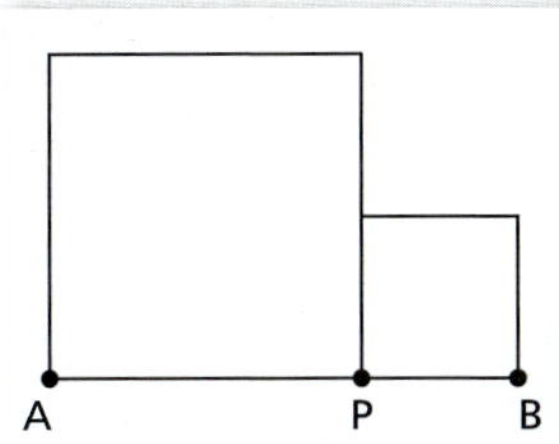

Poniamo $\overline{AP} = x$, con $0 \leq x \leq a$.

Scriviamo y in funzione di x:

$$y = x^2 + (a - x)^2 \quad \rightarrow \quad y = 2x^2 - 2ax + a^2.$$

Calcoliamo la derivata prima:

$$y' = 4x - 2a.$$

Troviamo gli zeri della derivata e studiamo il suo segno.

$$y' = 0 \quad \rightarrow \quad x = \frac{a}{2}; \qquad y' > 0 \quad \rightarrow \quad x > \frac{a}{2}.$$

Compiliamo il quadro con y' e y.

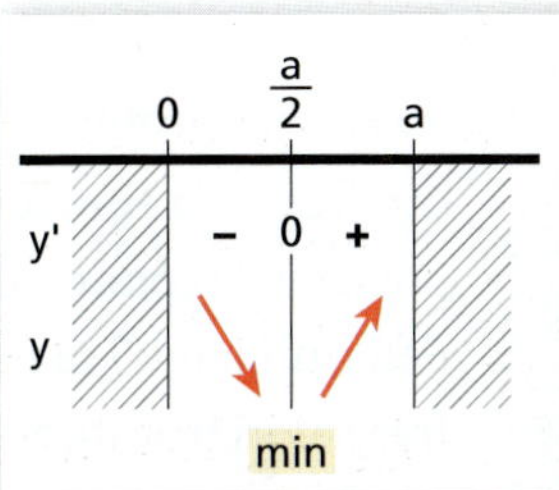

$x = \frac{a}{2}$ è il punto di minimo cercato.

La somma minima delle aree dei quadrati è:

$$y\left(\frac{a}{2}\right) = 2\left(\frac{a}{2}\right)^2 - 2a\left(\frac{a}{2}\right) + a^2 = \frac{a^2}{2}.$$

MATEMATICA INTORNO A NOI

Una scatola in cartone
Ti trovi con un quadrato di cartone di dimensioni un metro per un metro e devi ricavarne un contenitore. Va benissimo che sia aperto sopra: non ti serve avere un coperchio. Però vuoi che sia il più grande possibile. Per realizzarlo, decidi di tagliare via i quattro angoli e di piegare il cartone per formare le facce laterali.

▶ Come bisogna tagliare un quadrato di cartone per avere il contenitore più capiente di tutti?

La risposta

▶ Sull'arco $\overset{\frown}{AB}$ di un settore circolare di raggio che misura r, centro O e ampiezza $\frac{2}{3}\pi$, prendi un punto P in modo che l'area del quadrilatero $AOBP$ sia massima.

▶ Dagli estremi A e B di un segmento lungo 5 cm, prendi, perpendicolari ad AB e dalla stessa parte rispetto ad AB, i segmenti AP, lungo 2 cm, e BQ, lungo 4 cm. Determina il percorso minimo per andare da P a Q passando per un punto R di AB.

Animazione

▶ Determina la distanza minima di un punto dell'iperbole di equazione $xy = 4$, con $x > 0$, dalla retta di equazione $2x + y = 0$.

Animazione

▶ Determina l'area massima del quadrilatero $OAPB$ della figura, inscritto nel quadrante di circonferenza OAB, al variare di P sull'arco $\widehat{AB}$.

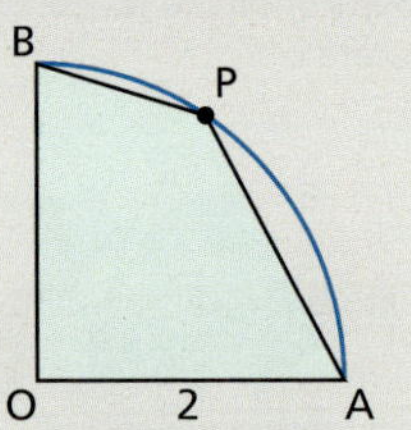

Animazione

Esaminiamo ora un esempio in cui l'intervallo di definizione della funzione non è chiuso.

ESEMPIO

Un foglio di carta rettangolare deve contenere: un'area di stampa di 50 cm^2, con margini superiore e inferiore di 4 cm e margini laterali di 2 cm. Quali sono le dimensioni del foglio di carta di area minima che si può utilizzare?

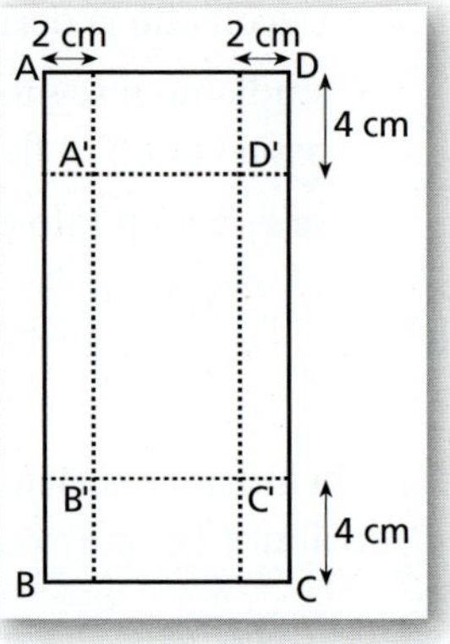

Nella figura è rappresentato il foglio di carta $ABCD$ con area di stampa $A'B'C'D'$.

Poniamo $\overline{AB} = x$, $\overline{BC} = y$:

$$\overline{A'B'} = x - 8, \overline{B'C'} = y - 4, \quad \text{con } x > 8 \text{ e } y > 4.$$

L'area di stampa deve essere di 50 cm^2, quindi:

$$(x-8)(y-4) = 50 \quad \to \quad y = \frac{4x+18}{x-8}.$$

Pertanto:

$$\text{area}_{ABCD} = \overline{AB} \cdot \overline{BC} = xy = \frac{4x^2+18x}{x-8}.$$

L'area è funzione di x e la funzione da minimizzare è:

$$A(x) = \frac{4x^2+18x}{x-8}.$$

Calcoliamo la derivata prima e studiamo il suo segno.

$$A'(x) = \frac{(8x+18)(x-8)-(4x^2+18x)}{(x-8)^2} = \frac{4(x+2)(x-18)}{(x-8)^2}.$$

		−2		8		18	
x+2	−	0	+		+		+
x−18	−		−		−	0	+
(x − 8)^2	+		+	0	+		+
A'(x)	+	0	−	∄	−	0	+
A(x)	↗	max	↘	∄	↘	min	↗

L'area $A(x)$ è minima per $x = 18$. Il corrispondente valore di y è:

$$y = \frac{18 + 4 \cdot 18}{18-8} = \frac{90}{10} = 9.$$

Il foglio di carta di area minima ha dimensioni 18 cm e 9 cm.

In sintesi

Per risolvere problemi di ottimizzazione:

- cerchiamo la **funzione obiettivo** da rendere massima o minima;
- poniamo le **condizioni** (o **vincoli**) relative alla variabile indipendente;
- determiniamo i massimi o i minimi della funzione;
- fra i valori trovati, accettiamo solo quelli che soddisfano le condizioni poste.

IN SINTESI
Teoremi del calcolo differenziale, massimi, minimi e flessi

Teoremi del calcolo differenziale

- **Teorema di Lagrange**

  Ipotesi: $f(x)$ continua in $[a; b]$;
  $f(x)$ derivabile in $]a; b[$.

  Tesi: $\exists c \in]a; b[$, in cui:

  $$\frac{f(b)-f(a)}{b-a} = f'(c).$$

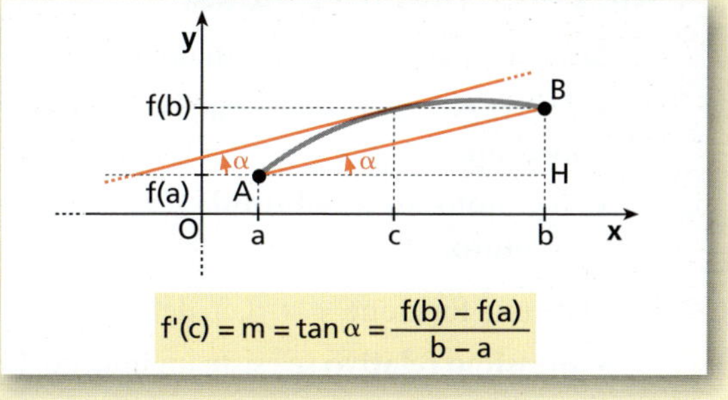

- Dal teorema di Lagrange discendono i seguenti teoremi.
  - Se $f(x)$ è continua nell'intervallo $[a; b]$ e $f'(x)$ è nulla in ogni punto interno dell'intervallo, allora **$f(x)$ è costante** in tutto $[a; b]$.
  - Se in tutto l'intervallo $[a; b]$ due funzioni $f(x)$ e $g(x)$ sono continue, derivabili nei punti interni e le loro derivate prime sono uguali, allora $f(x)$ e $g(x)$ **differiscono per una costante**.

- **Teorema di Rolle**

  Ipotesi: $f(x)$ continua in $[a; b]$;
  $f(x)$ derivabile in $]a; b[$;
  $f(a) = f(b)$.

  Tesi: $\exists c \in]a; b[$, in cui:

  $$f'(c) = 0.$$

- **Teorema di Cauchy**

  Ipotesi: $f(x)$ e $g(x)$ continue in $[a; b]$;
  $f(x)$ e $g(x)$ derivabili in $]a; b[$;
  $g'(x) \neq 0$ per ogni $x \in]a; b[$.

  Tesi: $\exists c \in]a; b[$, in cui:

  $$\frac{f(b)-f(a)}{g(b)-g(a)} = \frac{f'(c)}{g'(c)}.$$

- **Teorema di De L'Hospital**

  Se due funzioni $f(x)$ e $g(x)$, definite in un intorno I di un punto x_0 (escluso al più x_0), sono derivabili in tale intorno con $g'(x) \neq 0$, e inoltre le due funzioni per $x \to x_0$ tendono entrambe a 0 o a $+\infty$ (o $-\infty$), e se esiste, per $x \to x_0$, il limite del rapporto $\frac{f'(x)}{g'(x)}$ delle derivate delle funzioni date, allora esiste anche il limite del rapporto delle funzioni ed è:

  $$\lim_{x \to x_0} \frac{f(x)}{g(x)} = \lim_{x \to x_0} \frac{f'(x)}{g'(x)}.$$

  Il teorema si estende anche al caso di limite per $x \to +\infty$ (o $x \to -\infty$), dove le condizioni del teorema non devono essere vere in un intorno di un punto, bensì in un intorno di $+\infty$ (o $-\infty$), cioè deve esistere un valore $M > 0$ tale che esse siano soddisfatte $\forall x > M$ (o $x < -M$). In questo caso:

  $$\lim_{x \to +\infty} \frac{f(x)}{g(x)} = \lim_{x \to +\infty} \frac{f'(x)}{g'(x)}.$$

Funzioni crescenti e decrescenti e derivate

- Data una funzione $y = f(x)$, continua in un intervallo I e derivabile nei suoi punti interni:
  - se $f'(x) > 0$ per ogni x interno a I, allora $f(x)$ è crescente in I;
  - se $f'(x) < 0$ per ogni x interno a I, allora $f(x)$ è decrescente in I.

- Data una funzione $y = f(x)$, continua in un intervallo I e derivabile nei suoi punti interni:
  - se $f(x)$ è crescente in I, allora $f'(x) \geq 0$ per ogni x interno a I;
  - se $f(x)$ è decrescente in I, allora $f'(x) \leq 0$ per ogni x interno a I.

Massimi, minimi e flessi

- Data la funzione $y = f(x)$ di dominio D:
  - M è **massimo assoluto** di $f(x)$ se $M = f(x_0)$, $x_0 \in D \wedge M \geq f(x)$, $\forall x \in D$; x_0 è **punto di massimo assoluto**;
  - m è **minimo assoluto** di $f(x)$ se $m = f(x_0)$, $x_0 \in D \wedge m \leq f(x)$, $\forall x \in D$; x_0 è **punto di minimo assoluto**.
- Data una funzione $y = f(x)$, definita in un intervallo $[a; b]$, il punto x_0 di $[a; b]$ è di:
  - **massimo relativo** se esiste un intorno I di x_0 tale che $f(x_0) \geq f(x)$ $\forall x \in I$;
  - **minimo relativo** se esiste un intorno I di x_0 tale che $f(x_0) \leq f(x)$ $\forall x \in I$.
- Siano date la funzione $y = f(x)$, definita e derivabile nell'intervallo $[a; b]$, e la retta di equazione $y = t(x)$, tangente alla curva che rappresenta il grafico di $f(x)$ nel suo punto di ascissa x_0 interno all'intervallo.

  Se esiste un intorno completo I di x_0 tale che:
  - $f(x) > t(x)\, \forall x \in I \wedge x \neq x_0$, in x_0 la curva ha la **concavità** rivolta **verso l'alto**;
  - $f(x) < t(x)\, \forall x \in I \wedge x \neq x_0$, in x_0 la curva ha la **concavità** rivolta **verso il basso**.

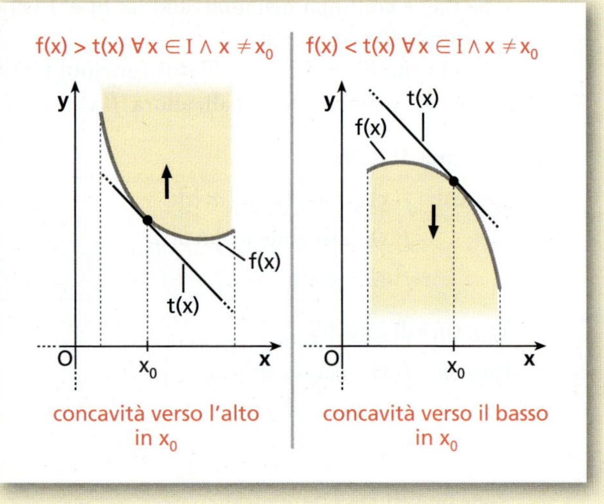

- Una curva ha la concavità verso l'alto (oppure verso il basso) **nell'intervallo $[a; b]$** se ha la concavità verso l'alto (o verso il basso) in ogni punto interno dell'intervallo.
- La funzione $y = f(x)$, definita e continua nell'intervallo $[a; b]$, ha in x_0, interno a $[a; b]$, un punto di **flesso** se, in x_0, il grafico di $f(x)$ cambia concavità. Un flesso, in un punto in cui esiste la tangente, può essere orizzontale, obliquo o verticale.

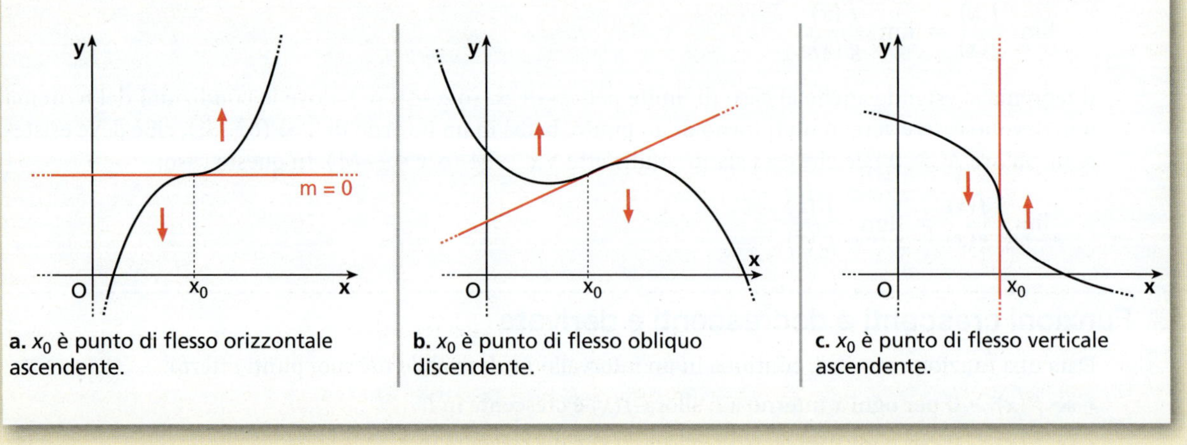

a. x_0 è punto di flesso orizzontale ascendente.

b. x_0 è punto di flesso obliquo discendente.

c. x_0 è punto di flesso verticale ascendente.

Ricerca dei massimi, dei minimi e dei flessi orizzontali

- **Condizione necessaria per i massimi e minimi relativi (funzioni derivabili, punti interni)**
  Data una funzione $y = f(x)$, definita in un intervallo $[a; b]$ e derivabile in $]a; b[$, se $f(x)$ ha un massimo o un minimo relativo nel punto x_0, interno ad $[a; b]$, allora $f'(x_0) = 0$, cioè x_0 è un punto stazionario.

- **Condizione sufficiente per i massimi e minimi relativi**
  Data la funzione $y = f(x)$, definita e continua in un intorno completo I del punto x_0 e derivabile nello stesso intorno per ogni $x \neq x_0$, se per ogni $x \neq x_0$ dell'intorno:
  - si ha $f'(x_0) > 0$ per $x < x_0$ e $f'(x_0) < 0$ per $x > x_0$, allora x_0 è un punto di massimo relativo;
  - si ha $f'(x_0) < 0$ per $x < x_0$ e $f'(x_0) > 0$ per $x > x_0$, allora x_0 è un punto di minimo relativo.

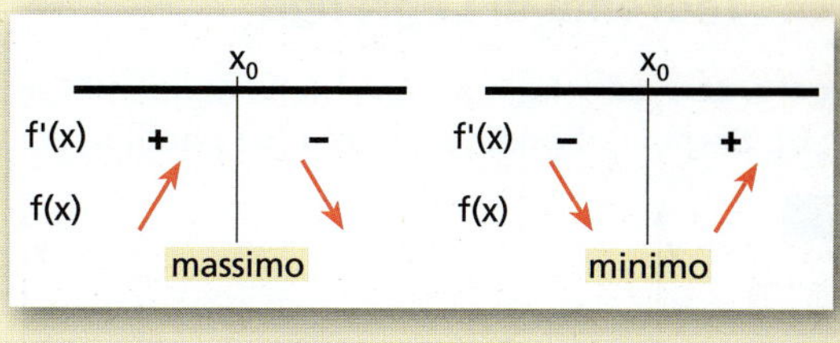

- **Condizione sufficiente per i flessi orizzontali**
  Data la funzione $y = f(x)$ definita e continua in un intorno completo del punto x_0 e derivabile nello stesso intorno, se:
  - $f'(x_0) = 0$,
  - il segno della derivata prima è lo stesso per ogni $x \neq x_0$ dell'intorno, allora x_0 è un punto di flesso orizzontale.

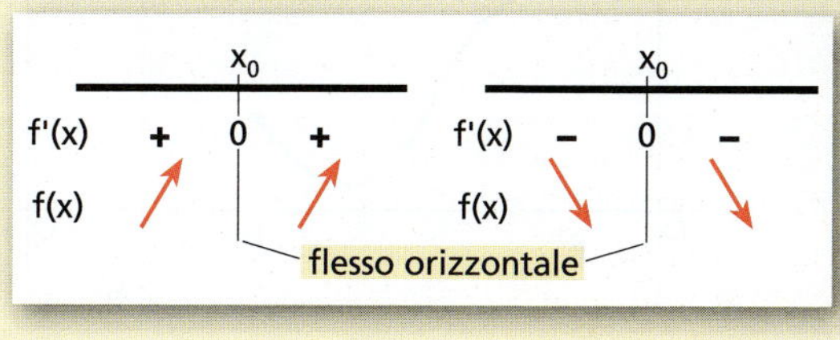

Flessi e derivata seconda

- **Condizione sufficiente per stabilire la concavità**
  Se $y = f(x)$ è una funzione definita e continua in un intervallo I, insieme con le sue derivate prima e seconda, in x_0, punto interno di I, il grafico della funzione volge:
  - la concavità verso l'alto se $f''(x_0) > 0$;
  - la concavità verso il basso se $f''(x_0) < 0$.

- **Condizione necessaria per i flessi**
  Sia $y = f(x)$ una funzione definita in un intervallo $[a; b]$ e tale che esistano le sue derivate prima e seconda. Se $f(x)$ ha un flesso nel punto x_0, interno ad $[a; b]$, la derivata seconda della funzione in quel punto si annulla, cioè: $f''(x_0) = 0$.

- **Condizione sufficiente per i flessi**
  Sia data la funzione $y = f(x)$ definita e continua in un intorno completo I del punto x_0 e tale che esistano le sue derivate prima e seconda per ogni $x \in I$, $x \neq x_0$.
  Se per ogni $x \neq x_0$ dell'intorno si ha
  - $f''(x) > 0$ per $x < x_0$ e $f''(x) < 0$ per $x > x_0$, oppure
  - $f''(x) < 0$ per $x < x_0$ e $f''(x) > 0$ per $x > x_0$,

  allora x_0 è un punto di flesso.

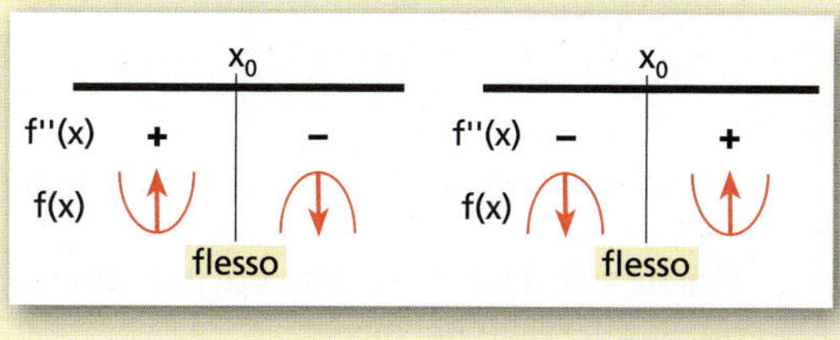

Problemi di ottimizzazione

Per risolvere un **problema di ottimizzazione**:

- si cerca la funzione da rendere massima o minima (**funzione obiettivo**);
- si pongono le **condizioni** (o **vincoli**) relativi alla variabile indipendente;
- si determinano i massimi o i minimi della funzione;
- fra i valori trovati, si accettano soltanto quelli che soddisfano le condizioni poste.

CAPITOLO 25
ESERCIZI

1 Teoremi del calcolo differenziale

Teorema di Lagrange

▶ Teoria a p. 1314

LEGGI IL GRAFICO **Indica quale delle seguenti funzioni verifica le ipotesi del teorema di Lagrange nell'intervallo [*a*; *b*]. Segna nel grafico il punto (o i punti) in cui vale la relazione del teorema.**

1 ●○

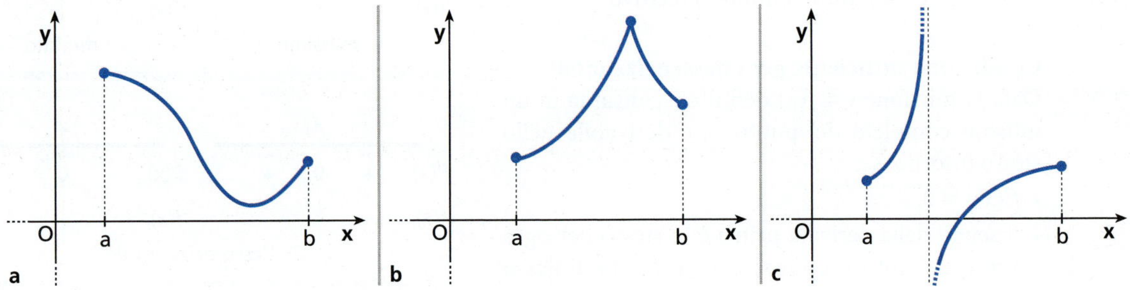

2 ●○

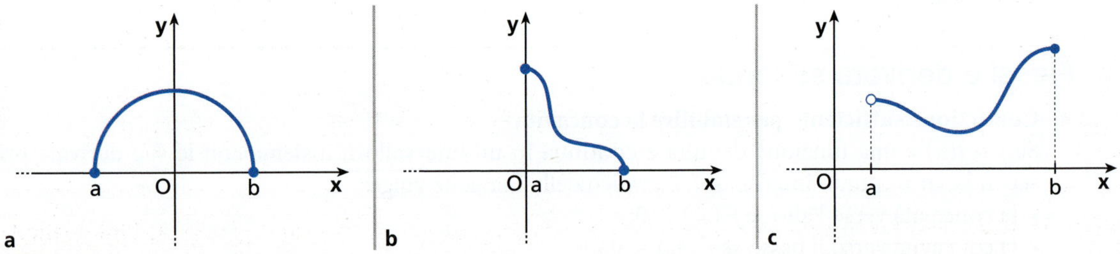

3 **ESERCIZIO GUIDA** Data la funzione $f(x) = x^3 - 2x$, verifichiamo che nell'intervallo $\left[-\frac{1}{2}; 2\right]$ valgono le ipotesi del teorema di Lagrange e troviamo i punti la cui esistenza è assicurata dal teorema.

Sono verificate le due condizioni:

- $f(x)$ è continua in $\left[-\frac{1}{2}; 2\right]$ perché la funzione è polinomiale e quindi è continua in $\mathbb{R}$.
- $f(x)$ è derivabile in $\left]-\frac{1}{2}; 2\right[$ perché la sua derivata $f'(x) = 3x^2 - 2$ esiste $\forall x \in \mathbb{R}$.

Poiché vale il teorema, deve esistere almeno un punto c interno all'intervallo nel quale:

$$f'(c) = \frac{f(2) - f\left(-\frac{1}{2}\right)}{2 + \frac{1}{2}}.$$

Essendo $f'(c) = 3c^2 - 2$, $f(2) = 4$, $f\left(-\frac{1}{2}\right) = \frac{7}{8}$, si ha:

$$3c^2 - 2 = \frac{4 - \frac{7}{8}}{\frac{5}{2}} \;\rightarrow\; 3c^2 = \frac{5}{4} + 2 \;\rightarrow\; c^2 = \frac{13}{12} \;\rightarrow\; c = \pm\sqrt{\frac{13}{12}}.$$

Solo $c = \sqrt{\frac{13}{12}}$ è accettabile, perché interno all'intervallo $\left[-\frac{1}{2}; 2\right]$.

> **Teorema di Lagrange.**
> Se $f(x)$ è
> - continua in $[a; b]$,
> - derivabile in $]a; b[$,
>
> allora esiste almeno un punto c interno ad $]a; b[$ tale che
> $$f'(c) = \frac{f(b) - f(a)}{b - a}.$$

Date le seguenti funzioni, verifica che nell'intervallo indicato a fianco valgono le ipotesi del teorema di Lagrange e trova il punto (o i punti) la cui esistenza è assicurata dal teorema.

4 $f(x) = x^3 + 2x$, $[-2; 1]$. $[c = -1]$

5 $f(x) = \frac{1}{2}x^4 + 1$, $[0; 2]$. $[c = \sqrt[3]{2}]$

6 $f(x) = 2x^2 + x + 1$, $[-2; 3]$. $\left[c = \frac{1}{2}\right]$

7 $f(x) = -\frac{1}{x} + 1$, $[1; 2]$. $[c = \sqrt{2}]$

8 $f(x) = \ln x - x$, $[1; e]$. $[c = e - 1]$

9 $f(x) = \frac{3}{\sqrt{x}}$, $[4; 9]$. $[c = \sqrt[3]{225}]$

10 $f(x) = -x^2 + 3x$, $[1; 2]$. $\left[c = \frac{3}{2}\right]$

11 $f(x) = \frac{2x-1}{x-1}$, $\left[-7; \frac{1}{2}\right]$. $[c = -1]$

12 $f(x) = -\frac{1}{2}x^2 + 5x + 2$, $[-2; 4]$. $[c = 1]$

13 $f(x) = \sqrt[3]{x}$, $[0; 27]$. $[c = \sqrt{27}]$

14 $f(x) = |x^2 - 1|$, $[2; 3]$. $\left[c = \frac{5}{2}\right]$

15 $f(x) = 2e^x + x$, $[0; 1]$. $[c = \ln(e-1)]$

16 $f(x) = \begin{cases} -2x^2 + x & \text{se } x < 0 \\ \frac{x}{x^2+1} & \text{se } x \geq 0 \end{cases}$, $[-1; 2]$. $\left[c = -\frac{1}{30}\right]$

Le seguenti funzioni non verificano le ipotesi del teorema di Lagrange nell'intervallo indicato a fianco. Spiega il perché.

17 $f(x) = \frac{4}{x}$, $\left[-\frac{1}{2}; 1\right]$.

18 $f(x) = \ln(x+1)$, $[-1; 0]$.

19 $f(x) = \sqrt[3]{x} - 1$, $[-2; 1]$.

20 $f(x) = |x|$, $[-2; 4]$.

21 $f(x) = \begin{cases} -x & \text{se } x < 0 \\ \sqrt{x} & \text{se } x \geq 0 \end{cases}$, $[-1; 2]$.

22 $f(x) = \begin{cases} x^2 - 4x + 5 & \text{se } x \leq 2 \\ x & \text{se } x > 2 \end{cases}$, $[0; 3]$.

23 $f(x) = \begin{cases} e^x - 1 & \text{se } x < 0 \\ 3x^2 + 2x & \text{se } x \geq 0 \end{cases}$, $[-1; 2]$.

---

24 **FAI UN ESEMPIO** di una funzione che non soddisfa le ipotesi del teorema di Lagrange nell'intervallo $[-2; 2]$.

Rappresenta ognuna delle seguenti funzioni e trova (se esiste) il punto *P* del grafico che verifica il teorema di Lagrange nell'intervallo individuato dai punti *A* e *B*. Interpreta poi graficamente i risultati ottenuti.

25 $f(x) = -x^2 + 1$, $A(-1; 0)$, $B(2; -3)$. $\left[P\left(\frac{1}{2}; \frac{3}{4}\right)\right]$

26 $f(x) = -x^3 + 1$, $A(-2; 9)$, $B(1; 0)$. $[P(-1; 2)]$

27 $f(x) = \sin x$, $A\left(\frac{\pi}{4}; \frac{\sqrt{2}}{2}\right)$, $B\left(\frac{3}{4}\pi; \frac{\sqrt{2}}{2}\right)$. $\left[P\left(\frac{\pi}{2}; 1\right)\right]$

28 $f(x) = |x| + 1$, $A(-1; 2)$, $B(2; 3)$. [P non esiste]

29 **YOU & MATHS** Set $f(x) = x^3 - 6x$. The value of c that satisfies the Mean-Value Theorem for Derivatives on the interval $[0, 5]$ for f is

A $\frac{5}{\sqrt{3}}$. B 0. C $\frac{1}{\sqrt{3}}$. D $\frac{5}{3}$. E $-\frac{5}{\sqrt{3}}$.

(USA *University of Houston Math Contest*)

30 **RIFLETTI SULLA TEORIA** Utilizza il teorema di Lagrange per spiegare se è vero che quando un automobilista percorre un tratto in autostrada senza soste a una velocità media di 90 km/h, c'è almeno un istante in cui la velocità è uguale a 90 km/h.

ESERCIZI

REALTÀ E MODELLI

31 **Pronti, partenza, via!** Un atleta si allena per una gara di corsa e in un percorso si può pensare che la sua legge oraria sia $s = 15t(t+1)^2$, dove t è il tempo in minuti e s è lo spazio in metri.

a. Se il percorso è di 1500 m, qual è la velocità media v_m?

b. Esiste almeno un istante in cui la sua velocità è esattamente v_m? Giustifica la risposta. Rappresenta graficamente la situazione. [a) 6,25 m/s]

32

Attenzione! Un vaso di fiori cade da un balcone a 16 m dal suolo. Durante la caduta, la funzione che descrive la posizione s del vaso, cioè l'altezza da terra a cui si trova, è $s(t) = 16 - 4{,}9t^2$.

a. Calcola la velocità media del vaso.

b. Determina con il teorema di Lagrange il tempo t in cui la velocità istantanea è pari alla velocità media.

[a) $v_m = 8{,}9$ m/s; b) $t = 0{,}9$ s]

Con i parametri

33 ESERCIZIO GUIDA Determina per quali valori di a e b la funzione

$$f(x) = \begin{cases} x - 2a & \text{se } x < 2 \\ -x^2 + bx - 2 & \text{se } x \geq 2 \end{cases}$$

verifica le ipotesi del teorema di Lagrange nell'intervallo [0; 3].

- $f(x)$ è continua per ogni $x \neq 2$.

  In $x = 2$ è continua se

  $$\lim_{x \to 2^-} (x - 2a) = \lim_{x \to 2^+} (-x^2 + bx - 2) \to 2 - 2a = -4 + 2b - 2 \to a = -b + 4.$$

- $f(x)$ è derivabile per ogni $x \neq 2$ con derivata

  $$f'(x) = \begin{cases} 1 & \text{se } x < 2 \\ -2x + b & \text{se } x \geq 2 \end{cases}$$

  In $x = 2$ è derivabile se $\lim_{x \to 2^-} 1 = \lim_{x \to 2^+} (-2x + b) \to 1 = -4 + b \to b = 5$.

- Risolviamo il sistema:

  $$\begin{cases} a = -b + 4 \\ b = 5 \end{cases} \to a = -1, \quad b = 5.$$

Trova i valori di a e b in modo che per le seguenti funzioni sia applicabile il teorema di Lagrange nell'intervallo indicato.

34 $f(x) = \begin{cases} x^2 + ax - 1 & \text{se } x < -1 \\ -4x^2 + x + b & \text{se } x \geq -1 \end{cases}$, [−2; 0]. [$a = 11, b = -6$]

35 $f(x) = \begin{cases} -x^2 + ax - 11 & \text{se } x \leq 1 \\ \dfrac{b}{x} & \text{se } x > 1 \end{cases}$, [0; 3]. [$a = 7, b = -5$]

36 $f(x) = \begin{cases} ax + b & \text{se } x < 2 \\ e^{2-x} & \text{se } x \geq 2 \end{cases}$, [0; 4]. [$a = -1, b = 3$]

Conseguenze del teorema di Lagrange

▶ Teoria a p. 1315

RIFLETTI SULLA TEORIA

37 ●○ È vero che, date le funzioni $f(x)$ e $g(x)$, se $f'(x) = g'(x)$ allora $f(x) = g(x)$? Motiva la risposta aiutandoti con esempi.

38 ●● Dopo aver derivato la funzione $y = \arcsin x + \arccos x$, cosa puoi dedurre sulla funzione?

39 ●○ Verifica che le funzioni $f(x) = \ln \frac{x^3}{8}$ e $g(x) = \ln\left(\frac{2}{5}x\right)^3$ hanno la stessa derivata. Cosa si può dedurre per le due funzioni e per i loro grafici?

Teorema di Rolle

▶ Teoria a p. 1316

LEGGI IL GRAFICO **Indica quale delle seguenti funzioni verifica il teorema di Rolle nell'intervallo [*a*; *b*]. Segna nel grafico il punto (o i punti) in cui vale la relazione del teorema.**

40 ●○

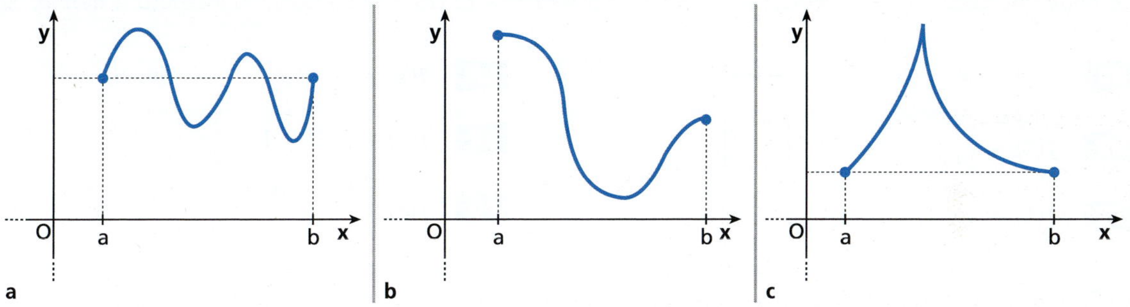

41 ●○

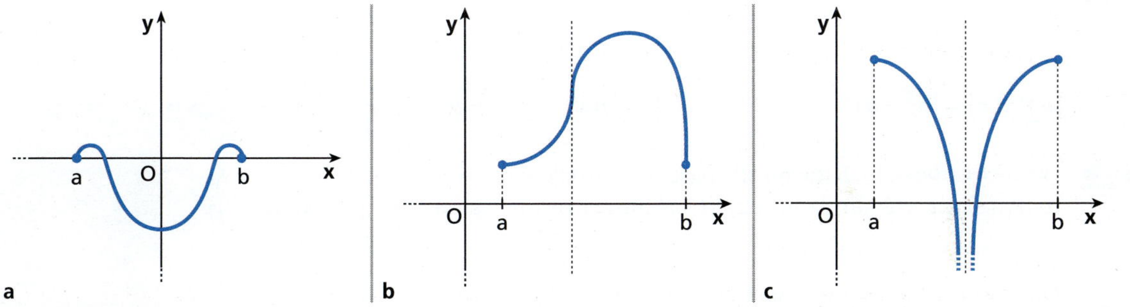

42 **ESERCIZIO GUIDA** Data la funzione $f(x) = -x^3 + 3x$, verifichiamo che nell'intervallo $[-\sqrt{3}; \sqrt{3}]$ valgono le ipotesi del teorema di Rolle e troviamo i punti la cui esistenza è assicurata dal teorema.

Sono verificate le tre condizioni:

- $f(x)$ è continua in $[-\sqrt{3}; \sqrt{3}]$ perché la funzione è polinomiale, quindi continua in $\mathbb{R}$;
- $f(x)$ è derivabile in $]-\sqrt{3}; \sqrt{3}[$ perché la sua derivata $f'(x) = -3x^2 + 3$ esiste $\forall x \in \mathbb{R}$;
- $f(-\sqrt{3}) = f(\sqrt{3})$, infatti $f(-\sqrt{3}) = 3\sqrt{3} - 3\sqrt{3} = 0$ e $f(\sqrt{3}) = -3\sqrt{3} + 3\sqrt{3} = 0$.

Poiché vale il teorema, deve esistere almeno un punto c interno all'intervallo nel quale $f'(c) = 0$:

$$-3c^2 + 3 = 0 \quad \to \quad -3c^2 = -3 \quad \to \quad c^2 = 1 \quad \to \quad c = \pm 1.$$

Entrambi i valori $c = 1$ e $c = -1$ sono accettabili perché interni all'intervallo $[-\sqrt{3}; \sqrt{3}]$.

Teorema di Rolle.
Se $f(x)$
- *è continua in $[a; b]$,*
- *è derivabile in $]a; b[$,*
- *ha $f(a) = f(b)$,*

allora esiste almeno un punto interno c tale che $f'(c) = 0$.

ESERCIZI

Date le seguenti funzioni, verifica che nell'intervallo indicato a fianco valgono le ipotesi del teorema di Rolle e trova il punto (o i punti) la cui esistenza è assicurata dal teorema.

43 $f(x) = x^2 - 5x$, $[1; 4]$. $\left[c = \frac{5}{2}\right]$

44 $f(x) = \frac{1}{2}x^3 - \frac{3}{2}x$, $[-1; 2]$. $[c = 1]$

45 $f(x) = x^2 - 5x + 3$, $[-2; 7]$. $\left[c = \frac{5}{2}\right]$

46 $f(x) = -x^2 + 3x$, $[1; 2]$. $\left[c = \frac{3}{2}\right]$

47 $f(x) = \ln(-x^2 + 9)$, $[-2; 2]$. $[c = 0]$

48 $f(x) = x^2 + 2x + 3$, $[-3; 1]$. $[c = -1]$

49 $f(x) = x^4 + 4x^2$, $[-1; 1]$. $[c = 0]$

50 $f(x) = \frac{1}{x^2 + 1}$, $[-1; 1]$. $[c = 0]$

51 $f(x) = 2\cos x$, $\left[\frac{\pi}{4}; \frac{7}{4}\pi\right]$. $[c = \pi]$

52 $f(x) = e^{x^2} + 4$, $[-1; 1]$. $[c = 0]$

53 $f(x) = \begin{cases} x^2 + 2x & \text{se } x \leq 1 \\ -2x^2 + 8x - 3 & \text{se } x > 1 \end{cases}$, $[-3; 3]$. $[c_1 = -1; c_2 = 2]$

54 $f(x) = -x^4 + 2x^2 + 3$, $[-3; 3]$. $[c_1 = -1; c_2 = 0; c_3 = 1]$

Le seguenti funzioni non verificano le ipotesi del teorema di Rolle nell'intervallo indicato a fianco. Spiega il perché.

55 $f(x) = 4x^2 - 2x$, $[-1; 3]$.

56 $f(x) = \frac{1}{\ln x}$, $\left[\frac{1}{2}; 3\right]$.

57 $f(x) = \sqrt[3]{x} + 1$, $[-1; 1]$.

58 $f(x) = 3x^3 - x$, $[0; 2]$.

59 $f(x) = |-2x + 1|$, $[0; 1]$.

60 $f(x) = \begin{cases} x^2 + 3x & \text{se } x < 1 \\ -x^3 + 5 & \text{se } x \geq 1 \end{cases}$, $[0; 2]$.

---

61 TEST Una sola delle seguenti funzioni non soddisfa le ipotesi del teorema di Rolle nell'intervallo $[-1; 1]$, quale?

A $f(x) = -x^2 + 5$

B $f(x) = |x^2 - 4|$

C $f(x) = x^2 + x - 2$

D $f(x) = \sqrt[3]{x^2 - 9}$

E $f(x) = \begin{cases} \cos x & \text{se } x \leq \pi \\ x - 5 & \text{se } x > \pi \end{cases}$

62 REALTÀ E MODELLI **Ritorno alla base** Un carrello si muove lungo un binario rettilineo e partendo da un punto stabilito vi ritorna senza soste seguendo la legge oraria $s = -\frac{1}{2}t^2 + 2t$.
Dimostra che esiste un istante in cui la sua velocità è zero.

63 EUREKA! Verifica che i punti che soddisfano la tesi del teorema di Rolle per la funzione $y = \sin(kx)$ nell'intervallo $[0; \pi]$ sono k.

64 EUREKA! Dimostra, senza calcolarla, che la derivata della funzione $f(x) = (3 - x)(x + 2)(5 - x)$ è nulla in due punti distinti.

Con i parametri

Trova i valori dei parametri in modo che le seguenti funzioni verifichino il teorema di Rolle nell'intervallo indicato.

65 $f(x) = ax^3 + (a - 1)x$, $[-1; 2]$. $\left[a = \frac{1}{4}\right]$

66 $f(x) = \begin{cases} ax^2 - 2x + 1 & \text{se } x \leq 2 \\ 2x + b & \text{se } x > 2 \end{cases}$, $\left[-1; \frac{7}{2}\right]$. $[a = 1, b = -3]$

67 $f(x) = \begin{cases} -x^3 + 3x + 1 & \text{se } x < 0 \\ ax^2 + bx + 1 & \text{se } x \geq 0 \end{cases}$, $[-2; 4]$. $\left[a = -\frac{5}{8}, b = 3\right]$

68 $f(x) = \begin{cases} ax^2 + bx + 2 & \text{se } 0 \leq x < 2 \\ \frac{16}{x + 2} & \text{se } 2 \leq x \leq 6 \end{cases}$, $[0; 6]$. $[a = -1, b = 3]$

Teorema di Cauchy

▶ Teoria a p. 1317

69 ESERCIZIO GUIDA Date le funzioni $f(x) = x^2 - 2x + 4$ e $g(x) = 4x^2 + 2x$, verifichiamo che nell'intervallo $[1; 3]$ valgono le ipotesi del teorema di Cauchy e troviamo i punti la cui esistenza è assicurata dal teorema.

Sono verificate le tre condizioni:

- $f(x)$ e $g(x)$ sono continue in $[1; 3]$ perché sono funzioni polinomiali;
- $f(x)$ e $g(x)$ sono derivabili in $]1; 3[$, con $f'(x) = 2x - 2$ e $g'(x) = 8x + 2$;
- $g'(x) \neq 0$ in $]1; 3[$; infatti $g'(x) = 8x + 2 \neq 0$ per $x \neq -\frac{1}{4}$.

Allora deve esistere almeno un punto c nel quale: $\frac{f'(c)}{g'(c)} = \frac{f(3) - f(1)}{g(3) - g(1)}$.

Si ha:

$$\frac{2c-2}{8c+2} = \frac{7-3}{42-6} \rightarrow \frac{c-1}{4c+1} = \frac{1}{9} \rightarrow 9(c-1) = 4c+1 \quad \left(c \neq -\frac{1}{4}\right) \rightarrow c = 2.$$

Il punto cercato è $c = 2$.

> **Teorema di Cauchy**
> Se $f(x)$ e $g(x)$
> • sono continue in $[a; b]$,
> • sono derivabili in $]a; b[$,
> • e $g'(x) \neq 0$ in $]a; b[$,
> allora esiste almeno un punto interno c tale che
> $\frac{f(b) - f(a)}{g(b) - g(a)} = \frac{f'(c)}{g'(c)}$.

Date le seguenti funzioni, verifica che nell'intervallo a fianco valgono le ipotesi del teorema di Cauchy e trova il punto (o i punti) la cui esistenza è assicurata dal teorema.

70 ●○ $f(x) = -x^2 + 3x$, $g(x) = 2x^2$, $[1; 4]$. $\left[c = \frac{5}{2}\right]$

71 ●○ $f(x) = x^3 + 1$, $g(x) = x^2 - 4x$, $[-2; -1]$. $\left[c = \frac{-1-\sqrt{13}}{3}\right]$

72 ●○ $f(x) = \sqrt{1+x}$, $g(x) = 2x + 1$, $[0; 3]$. $\left[c = \frac{5}{4}\right]$

73 ●○ $f(x) = \frac{1}{x+1}$, $g(x) = \frac{x+1}{x}$, $[1; 2]$. $\left[c = \frac{1+\sqrt{3}}{2}\right]$

Per le seguenti coppie di funzioni non vale il teorema di Cauchy nell'intervallo indicato a fianco. Indica le condizioni che non sono verificate.

74 ●○ $f(x) = \frac{1}{x+3}$, $g(x) = 2x^2 - 2x + 1$, $[-2; 1]$. $\left[g'(x) = 0 \text{ in } x = \frac{1}{2}\right]$

75 ●○ $f(x) = x^3 + 3$, $g(x) = \sqrt{x^2 + 1}$, $[-1; 1]$. $[g'(x) = 0 \text{ in } x = 0]$

Teorema di De L'Hospital

▶ Teoria a p. 1317

Forma indeterminata $\frac{0}{0}$

76 ESERCIZIO GUIDA Calcoliamo $\lim_{x \to 0} \frac{e^x - 1}{x^2 - x}$.

Poiché per $x \to 0$ sia $e^x - 1$ sia $x^2 - x$ tendono a 0, siamo in presenza della forma indeterminata $\frac{0}{0}$.
Le funzioni $f(x) = e^x - 1$ e $g(x) = x^2 - x$ hanno per derivate $f'(x) = e^x$ e $g'(x) = 2x - 1$, e $g'(x) \neq 0$ in un intorno di 0. Calcoliamo:

$$\lim_{x \to 0} \frac{f'(x)}{g'(x)} = \lim_{x \to 0} \frac{e^x}{2x-1} = -1.$$

Tutte le ipotesi del teorema di De L'Hospital sono verificate, quindi:

$$\lim_{x \to 0} \frac{f(x)}{g(x)} = \lim_{x \to 0} \frac{f'(x)}{g'(x)} \rightarrow \lim_{x \to 0} \frac{e^x - 1}{x^2 - x} = \lim_{x \to 0} \frac{e^x}{2x-1} = -1.$$

Calcola i seguenti limiti.

77 $\lim_{x \to -2} \frac{x^3 - 4x + 2x^2 - 8}{x + 2}$ $[0]$

78 $\lim_{x \to 2} \frac{x^3 - 8}{3x - 6}$ $[4]$

79 $\lim_{x \to -1} \frac{x^5 - x^2 + 2}{x^3 - 2x - 1}$ $[7]$

80 $\lim_{x \to 2} \frac{x^4 - 4x - 8}{x^5 - 16x}$ $\left[\frac{7}{16}\right]$

81 $\lim_{x \to 1} \frac{x^3 - 1}{x^2 + 2x - 3}$ $\left[\frac{3}{4}\right]$

82 $\lim_{x \to 1} \frac{\sqrt[3]{x} - 1}{x - 1}$ $\left[\frac{1}{3}\right]$

83 $\lim_{x \to -1} \frac{x^6 + 2x^2 + 3x}{x^5 + x^2}$ $\left[-\frac{7}{3}\right]$

84 $\lim_{x \to 3} \frac{e^{x-3} - 1}{x^2 - 9}$ $\left[\frac{1}{6}\right]$

85 $\lim_{x \to 1} \frac{1 - e^{x^2 - 1}}{5x - 5}$ $\left[-\frac{2}{5}\right]$

86 $\lim_{x \to 0^+} \frac{\sin x - 4x}{x^2}$ $[-\infty]$

87 $\lim_{x \to 0} \frac{\sin 10x}{\sin 5x}$ $[2]$

88 $\lim_{x \to 0} \frac{1 - e^{-2x}}{x}$ $[2]$

89 $\lim_{x \to 0} \frac{e^{2x} - 1 - x^2}{x}$ $[2]$

90 $\lim_{x \to 2} \frac{e^x - e^2}{x - 2}$ $[e^2]$

91 $\lim_{x \to 1} \frac{\ln(2x - 1)}{x - 1}$ $[2]$

92 $\lim_{x \to 1} \frac{\ln x}{x - 1}$ $[1]$

93 $\lim_{x \to 0} \frac{\sin x}{x + x^2}$ $[1]$

94 $\lim_{x \to 2} \frac{\sqrt{x} - \sqrt{2}}{x - 2}$ $\left[\frac{\sqrt{2}}{4}\right]$

95 $\lim_{x \to 3} \frac{x^2 - 7x + 12}{x^2 - 4x + 3}$ $\left[-\frac{1}{2}\right]$

96 $\lim_{x \to 0} \frac{\sin x - x}{x^3}$ $\left[-\frac{1}{6}\right]$

97 $\lim_{x \to 0} \frac{\sin x + x}{x + \tan x}$ $[1]$

98 $\lim_{x \to 0} \frac{\ln(3x + 1)}{x}$ $[3]$

99 $\lim_{x \to 0} \frac{x + \sin x}{x + x^2}$ $[2]$

100 $\lim_{x \to 0} \frac{e^x - 1}{2x^2 - 3x}$ $\left[-\frac{1}{3}\right]$

101 $\lim_{x \to 0} \frac{1 - \cos^3 x}{x^3 - x^2}$ $\left[-\frac{3}{2}\right]$

102 $\lim_{x \to \frac{\pi}{2}} \frac{1 - \sin^3 x}{\cot x}$ $[0]$

103 $\lim_{x \to 0} \frac{\ln \cos x}{x}$ $[0]$

104 $\lim_{x \to 1} \frac{3x^3 - 9x + 6}{x^4 - x^3 - x + 1}$ $[3]$

Forma indeterminata $\frac{\infty}{\infty}$

Calcola i seguenti limiti.

105 $\lim_{x \to +\infty} \frac{x^2}{e^x}$ $[0]$

106 $\lim_{x \to -\infty} \frac{e^{x^2}}{x^2 - 1}$ $[+\infty]$

107 $\lim_{x \to +\infty} \frac{x + 5}{e^x + x}$ $[0]$

108 $\lim_{x \to +\infty} \frac{7x - 1}{5 + x}$ $[7]$

109 $\lim_{x \to -\infty} \frac{x - 2}{4x + 3}$ $\left[\frac{1}{4}\right]$

110 $\lim_{x \to +\infty} \frac{\ln(x + 2)}{x^3 + 1}$ $[0]$

111 $\lim_{x \to +\infty} \frac{x^5 - 1}{5x}$ $[+\infty]$

112 $\lim_{x \to \infty} \frac{x^2 + x}{2x^2}$ $\left[\frac{1}{2}\right]$

113 $\lim_{x \to +\infty} \frac{4x^2}{e^x}$ $[0]$

114 $\lim_{x \to +\infty} \frac{2e^{2x}}{x}$ $[+\infty]$

115 $\lim_{x \to +\infty} \frac{\ln x}{x^4}$ $[0]$

116 $\lim_{x \to -\infty} \frac{3x^2 - x}{2x}$ $[-\infty]$

117 $\lim_{x \to +\infty} \frac{\ln x}{e^x}$ $[0]$

118 $\lim_{x \to +\infty} \frac{e^{3x}}{x^3}$ $[+\infty]$

119 $\lim_{x\to+\infty} \frac{\ln^2 x}{2x}$ [0]

120 $\lim_{x\to 0^+} \frac{\ln \sin x}{\ln x^2}$ $\left[\frac{1}{2}\right]$

121 $\lim_{x\to+\infty} \frac{3x + \ln x}{7x - 2}$ $\left[\frac{3}{7}\right]$

122 $\lim_{x\to 0^+} \frac{\ln \sin x}{\ln x}$ [1]

Forma indeterminata $+\infty - \infty$

123 ESERCIZIO GUIDA Calcoliamo $\lim_{x\to 0^+}\left(\frac{1}{x} - \cot x\right)$.

Il limite è nella forma indeterminata $+\infty - \infty$. Per poter applicare il teorema di De L'Hospital, cerchiamo di scriverlo nella forma $\frac{0}{0}$ o $\frac{\infty}{\infty}$.

Trasformiamo la funzione, ricordando che $\cot x = \frac{\cos x}{\sin x}$:

$$\lim_{x\to 0^+}\left(\frac{1}{x} - \cot x\right) = \lim_{x\to 0^+}\left(\frac{1}{x} - \frac{\cos x}{\sin x}\right) = \lim_{x\to 0^+} \frac{\sin x - x\cos x}{x \sin x}.$$

Il limite si presenta ora nella forma indeterminata $\frac{0}{0}$, quindi possiamo calcolare:

$$\lim_{x\to 0^+} \frac{D(\sin x - x\cos x)}{D(x\sin x)} = \lim_{x\to 0^+} \frac{\cancel{\cos x} - \cancel{\cos x} + x\sin x}{\sin x + x\cos x} = \lim_{x\to 0^+} \frac{x\sin x}{\sin x + x\cos x}.$$

Il limite ottenuto è ancora nella forma indeterminata $\frac{0}{0}$. Calcoliamo:

$$\lim_{x\to 0^+} \frac{D(x\sin x)}{D(\sin x + x\cos x)} = \lim_{x\to 0^+} \frac{\sin x + x\cos x}{\cos x + \cos x - x\sin x} = \lim_{x\to 0^+} \frac{\sin x + x\cos x}{2\cos x - x\sin x} = 0.$$

Quindi: $\lim_{x\to 0^+}\left(\frac{1}{x} - \cot x\right) = 0$.

Calcola i seguenti limiti.

124 $\lim_{x\to 0}\left(\frac{1}{e^x - 1} - \frac{1}{x}\right)$ $\left[-\frac{1}{2}\right]$

125 $\lim_{x\to 0^+}\left(\frac{1}{\sin x} - \cot x\right)$ [0]

126 $\lim_{x\to 0^+}\left(\frac{2}{\sin x} - \frac{2}{x}\right)$ [0]

127 $\lim_{x\to 1^+}\left(\frac{1}{x-1} - \frac{1}{\ln x}\right)$ $\left[-\frac{1}{2}\right]$

128 $\lim_{x\to 0}\left(\cot^2 x - \frac{1}{\sin^2 x}\right)$ [−1]

129 $\lim_{x\to 0^+}\left(\frac{1}{5x} + 2\ln x\right)$ $[+\infty]$

Forma indeterminata $0 \cdot \infty$

130 ESERCIZIO GUIDA Calcoliamo $\lim_{x\to 0^+} x \cdot \ln x$.

Il limite è nella forma indeterminata $0 \cdot \infty$. Trasformiamo la funzione con l'identità $x = \frac{1}{\frac{1}{x}}$ (se $x \neq 0$):

$$\lim_{x\to 0^+} x \cdot \ln x = \lim_{x\to 0^+} \frac{\ln x}{\frac{1}{x}}.$$

Il limite ottenuto è ora nella forma indeterminata $\frac{\infty}{\infty}$. Calcoliamo:

$$\lim_{x\to 0^+} \frac{D(\ln x)}{D\left(\frac{1}{x}\right)} = \lim_{x\to 0^+} \frac{\frac{1}{x}}{-\frac{1}{x^2}} = \lim_{x\to 0^+} \frac{1}{x}\cdot(-x^2) = \lim_{x\to 0^+}(-x) = 0.$$

Per il teorema di De L'Hospital: $\lim_{x\to 0^+} x \cdot \ln x = 0$.

ESERCIZI

Calcola i seguenti limiti.

131 $\lim_{x\to-\infty} x\cdot e^x$ [0]

132 $\lim_{x\to 0^+} x^2\cdot \ln x$ [0]

133 $\lim_{x\to-\infty} x^2\cdot e^x$ [0]

134 $\lim_{x\to 0^+} x\cdot e^{\frac{1}{x}}$ [$+\infty$]

135 $\lim_{x\to 0} 2x\cdot \cot x$ [2]

136 $\lim_{x\to 0^+} \ln x\cdot \tan x$ [0]

137 $\lim_{x\to-\infty} x\cdot e^{2x}$ [0]

138 $\lim_{x\to-\infty} x^3\cdot e^{3x}$ [0]

139 $\lim_{x\to 0} 3x\cdot \cot 4x$ [$\frac{3}{4}$]

140 $\lim_{x\to 0^+} 2x\cdot \ln 5x$ [0]

141 $\lim_{x\to+\infty} xe^{-x^2}$ [0]

142 $\lim_{x\to+\infty} 2xe^{-x}$ [0]

Forme indeterminate 0^0; 1^∞; ∞^0

143 ESERCIZIO GUIDA Calcoliamo $\lim_{x\to 0^+} x^{\tan x}$.

Il limite si presenta nella forma indeterminata 0^0.

Ricordando l'identità $A = e^{\ln A}$, se $A = x^{\tan x}$, si può scrivere:

$$\underbrace{x^{\tan x}}_{A} = e^{\ln \underbrace{x^{\tan x}}_{A}}.$$

$$\lim_{x\to 0^+} x^{\tan x} = \lim_{x\to 0^+} e^{\ln x^{\tan x}} = \lim_{x\to 0^+} e^{\tan x\cdot \ln x} = e^{\lim_{x\to 0^+} \tan x \ln x}$$

per la proprietà $\log_a b^c = c\log_a b$

Calcoliamo $\lim_{x\to 0^+} \tan x \ln x = \lim_{x\to 0^+} \frac{\ln x}{\cot x}$.

Il limite ottenuto è nella forma indeterminata $\frac{\infty}{\infty}$. Essendo:

$$\lim_{x\to 0^+} \frac{D(\ln x)}{D(\cot x)} = \lim_{x\to 0^+} \frac{\frac{1}{x}}{-\frac{1}{\sin^2 x}} = \lim_{x\to 0^+} \frac{1}{x}(-\sin^2 x) = \lim_{x\to 0^+} \boxed{\frac{\sin x}{x}}(-\sin x) = 0.$$

tende a 1

Per il teorema di De L'Hospital: $\lim_{x\to 0^+} \tan x \ln x = 0$.

Pertanto: $\lim_{x\to 0^+} x^{\tan x} = e^{\lim_{x\to 0^+} \tan x \ln x} = e^0 = 1$.

Calcola i seguenti limiti.

144 $\lim_{x\to 0^+} (\sin x)^{2x}$ [1]

145 $\lim_{x\to 0^-} (-2x)^x$ [1]

146 $\lim_{x\to 0^+} \tan x^{\sin x}$ [1]

147 $\lim_{x\to 2^+} (x-2)^{2-x}$ [1]

148 $\lim_{x\to \frac{\pi}{2}^+} \left(x-\frac{\pi}{2}\right)^{\cos x}$ [1]

149 $\lim_{x\to 0^+} x^x$ [1]

150 $\lim_{x\to 0^+} (1+x)^{\frac{1}{x^2}}$ [$+\infty$]

151 $\lim_{x\to+\infty} (3x^3)^{\frac{1}{x^3}}$ [1]

152 $\lim_{x\to 0^+} \left(\frac{1}{x}\right)^{4x}$ [1]

Riepilogo: Teorema di De L'Hospital

CACCIA ALL'ERRORE Ognuno dei seguenti limiti contiene un errore. Trovalo e correggilo.

153 $\lim_{x\to 1} \frac{4x+1}{x^2-1} = \lim_{x\to 1} \frac{4}{2x} = 2$

154 $\lim_{x\to 0^+} x\ln x = \lim_{x\to 0^+} (\ln x + 1) = -\infty$

155 $\lim_{x\to 0^+} (x^2)^{2x} = \lim_{x\to 0} (2x)^2 = 0$

156 $\lim_{x\to+\infty} \frac{x}{x-1} = \lim_{x\to+\infty} \frac{(x-1)-x}{(x-1)^2} = 0$

157 Utilizzando il teorema di De L'Hospital, calcola il limite $\lim_{x\to+\infty}\frac{e^x}{x^{124}}$ e generalizza il risultato a:

$\lim_{x\to+\infty}\frac{e^x}{x^\alpha}$, con $\alpha > 0$. [$+\infty$]

In quale di questi limiti è possibile applicare la regola di De L'Hospital e perché?

158 a. $\lim_{x\to+\infty}\frac{2x+\sin x}{x-3\sin x}$; b. $\lim_{x\to 0^+} x\ln x$; c. $\lim_{x\to\frac{\pi}{2}^+}\frac{e^{\tan x}-1}{\tan x+2}$.

159 a. $\lim_{x\to+\infty}\frac{\arctan x}{x}$; b. $\lim_{x\to\frac{\pi}{2}^+}\frac{\tan^2 x-1}{\frac{\pi}{2}-x}$; c. $\lim_{x\to 0}\left(\frac{1}{x}-\frac{1}{x^2+x}\right)$.

Calcola i seguenti limiti.

160 $\lim_{x\to 3}\frac{x^3-7x-6}{x^3+2x^2-14x-3}$ $\left[\frac{4}{5}\right]$

161 $\lim_{x\to+\infty}\frac{x^2-4}{x^3-2x^2+1}$ [0]

162 $\lim_{x\to-\infty}\frac{5x^3-2x^2+4}{1-2x^3}$ $\left[-\frac{5}{2}\right]$

163 $\lim_{x\to-\infty}\frac{x^2-3x+2}{1-x^3}$ [0]

164 $\lim_{x\to 2}\frac{x-2}{\sqrt[3]{x}-\sqrt[3]{2}}$ $[3\sqrt[3]{2^2}]$

165 $\lim_{x\to 1}\frac{x^6+2x^4-3x}{x^7-x}$ $\left[\frac{11}{6}\right]$

166 $\lim_{x\to 0}\frac{\sqrt{1-x}+\sqrt{x+9}-4}{x^3-2x}$ $\left[\frac{1}{6}\right]$

167 $\lim_{x\to+\infty}\frac{e^x+5x}{x^2-3x}$ [$+\infty$]

168 $\lim_{x\to 1}\frac{\ln x}{x^3-x}$ $\left[\frac{1}{2}\right]$

169 $\lim_{x\to 2}\frac{2-x}{\log_2 x-1}$ $\left[\frac{-2}{\log_2 e}\right]$

170 $\lim_{x\to+\infty}\frac{e^x}{x^2+5}$ [$+\infty$]

171 $\lim_{x\to 0}\frac{\cos x-1}{x^2}$ $\left[-\frac{1}{2}\right]$

172 $\lim_{x\to+\infty}\frac{x}{2^x}$ [0]

173 $\lim_{x\to 0^+}\frac{\ln 3x}{5e^{\frac{1}{x}}}$ [0]

174 $\lim_{x\to 3^+}\frac{\ln(x-3)}{\ln(x^2-9)}$ [1]

175 $\lim_{x\to+\infty}\frac{\ln x}{x^2}$ [0]

176 $\lim_{x\to+\infty}\frac{x+\ln x}{e^x+x}$ [0]

177 $\lim_{x\to 0}\frac{\arcsin x^2}{\sin^2 x}$ [1]

178 $\lim_{x\to 0}\frac{\arctan 2x}{4x}$ $\left[\frac{1}{2}\right]$

179 $\lim_{x\to+\infty}\frac{e^x}{x}$ [$+\infty$]

180 $\lim_{x\to 0^+}\frac{e^{\frac{2}{x}}}{2\ln x}$ [$-\infty$]

181 $\lim_{x\to 1^+}\frac{\ln(e^x-e)}{\ln(x-1)}$ [1]

182 $\lim_{x\to\frac{\pi}{2}^-}\frac{e^{\tan x}}{\tan x}$ [$+\infty$]

183 $\lim_{x\to 0}\frac{x^3+2x^2}{x^5-x^2}$ [-2]

184 $\lim_{x\to+\infty}\frac{x^2+e^x}{4-x}$ [$-\infty$]

185 $\lim_{x\to 0^+} 2x^3\cdot\ln x$ [0]

186 $\lim_{x\to+\infty}\frac{x^3}{x+\ln x}$ [$+\infty$]

187 $\lim_{x\to 0}\frac{1-e^{3x}}{\sin 2x}$ $\left[-\frac{3}{2}\right]$

188 $\lim_{x\to 0}\frac{e^{\tan^2 x}-1}{\cos x-1}$ [-2]

189 $\lim_{x\to 0^+}\frac{2\sin x-4x}{x^2}$ [$-\infty$]

190 $\lim_{x\to 0}\frac{e^{2x}-1}{5x}$ $\left[\frac{2}{5}\right]$

191 $\lim_{x\to+\infty} xe^{-x}$ [0]

192 $\lim_{x\to 0}\frac{x+\sin x}{x^2+2x}$ [1]

193 $\lim_{x\to 2^+}\left(\frac{1}{x-2}-\frac{1}{x^2-4}\right)$ [$+\infty$]

194 $\lim_{x\to+\infty}\frac{\ln 2x}{x^2}$ [0]

195 $\lim_{x\to 0^+}\left(\frac{1}{x}-\frac{2}{x^3+x}\right)$ [$-\infty$]

196 $\lim_{x\to+\infty} x^2e^{-2x+1}$ [0]

197 $\lim_{x\to\frac{\pi}{2}^-}\tan x\ln(\sin x)$ [0]

198 $\lim_{x\to\frac{\pi}{2}^+}\frac{\cos x}{\sin x-1}$ [$+\infty$]

199 $\lim_{x\to 1^+}(x-1)^{\ln x}$ [1]

200 $\lim_{x\to 1^+}\left(\frac{1}{\ln x}-\frac{1}{x^2-1}\right)$ [$+\infty$]

ESERCIZI

201 ●● $\lim_{x\to 1^+}\left(\frac{5}{\ln x}-\frac{3}{x-1}\right)$ $[+\infty]$

202 ●● $\lim_{x\to 0^+} x^2\ln x$ $[0]$

203 ●● $\lim_{x\to 1}\frac{e^x-e}{x-1}$ $[e]$

204 ●● $\lim_{x\to 0}\frac{\sin 5x}{\sin 3x}$ $\left[\frac{5}{3}\right]$

205 ●● $\lim_{x\to+\infty} e^x\sin\frac{1}{x}$ $[+\infty]$

206 ●● $\lim_{x\to 0}\frac{e^{x^3}-\cos x}{x\sin x}$ $\left[\frac{1}{2}\right]$

207 ●● $\lim_{x\to 0^+}\left(\frac{2}{\tan x}-\frac{1}{2x}\right)$ $[+\infty]$

208 ●● $\lim_{x\to 0^+}\left(\frac{1}{x}+\ln x\right)$ $[+\infty]$

209 ●● $\lim_{x\to 2^+}\left(\frac{1}{x-2}-\frac{1}{\ln(x-1)}\right)$ $\left[-\frac{1}{2}\right]$

210 ●● $\lim_{x\to 0^+}\frac{\ln x}{\ln(\cos x-1)}$ $\left[\frac{1}{2}\right]$

211 ●● $\lim_{x\to 0}\sin 5x\cot 3x$ $\left[\frac{5}{3}\right]$

212 ●● $\lim_{x\to 0^+}\frac{\ln x}{e^{\frac{1}{x}}}$ $[0]$

213 ●● $\lim_{x\to 0^+}\left(\frac{3}{x}-\frac{1}{\sin x}\right)$ $[+\infty]$

214 ●● $\lim_{x\to 0^+} x\ln\sin x$ $[0]$

215 ●● $\lim_{x\to 0^+}\left(\frac{1}{\sin x}-\frac{1}{x^2}\right)$ $[-\infty]$

216 ●● $\lim_{x\to 0^+} x\ln^2 x$ $[0]$

217 ●● $\lim_{x\to 0}\frac{x+\tan x}{x^2-x}$ $[-2]$

218 ●● $\lim_{x\to+\infty}(x^2-1)^{\frac{1}{x^2}}$ $[1]$

219 ●● $\lim_{x\to+\infty} x\ln\frac{x+1}{x}$ $[1]$

220 ●● $\lim_{x\to 0^+}\left[\frac{1}{x}-\frac{1}{\ln(x+1)}\right]$ $\left[-\frac{1}{2}\right]$

221 ●○ **EUREKA!** Se $\lim_{x\to 0}\frac{2x^2-b\sin 2x}{5x^4+6x^2+3x}=6$, quanto vale b?

2 Funzioni crescenti e decrescenti e derivate

▶ Teoria a p. 1320

222 ●○ **LEGGI IL GRAFICO** Nei seguenti grafici indica gli intervalli in cui le funzioni rappresentate sono crescenti o decrescenti.

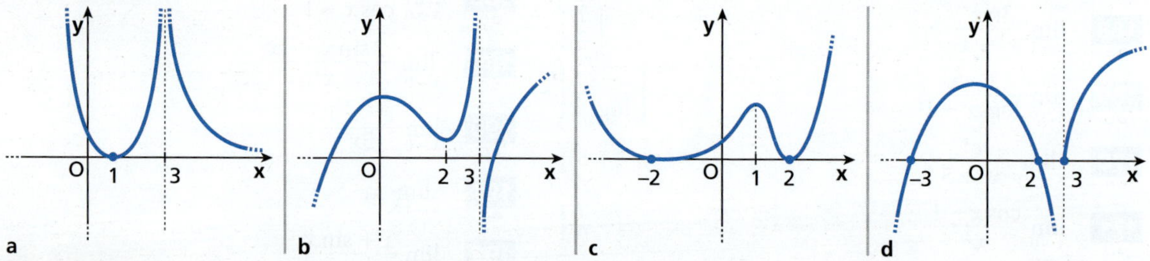

RIFLETTI SULLA TEORIA

223 ●○ Spiega perché la funzione $f(x)$ rappresentata non è decrescente nell'intervallo $[0; 5]$, mentre lo è in ciascuno dei due intervalli $[0; 2[$ e $]2; 5]$.

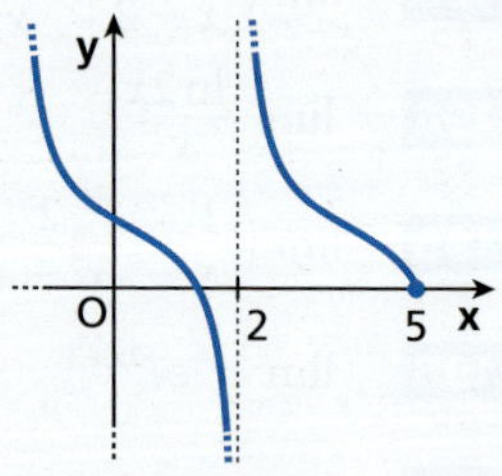

224 ●○ Poiché la funzione $f(x)=-\frac{1}{x}$ ha derivata $f'(x)=\frac{1}{x^2}$, positiva per ogni x del dominio di $f(x)$, possiamo concludere che $f(x)$ sia monotòna crescente in tutto il suo dominio. Perché?

225 ●○ **VERO O FALSO?** In un intervallo $[a; b]$:

a. se una funzione $f(x)$ è continua e derivabile, allora è certamente crescente. V F

b. se una funzione $f(x)$ è discontinua, non può essere crescente. V F

c. se $f'(x)>0$, allora $f(x)$ è crescente. V F

d. se una funzione $f(x)$ è crescente, allora è derivabile con $f'(x)>0$. V F

LEGGI IL GRAFICO

226 È data la funzione $f(x)$ rappresentata nella figura.

a. È corretto scrivere: «$f(x)$ crescente $\forall x \in \mathbb{R}, x \neq 1$»?

b. È corretto scrivere: «$f(x)$ crescente in $[0; 1[$ e in $]1; 2]$»?

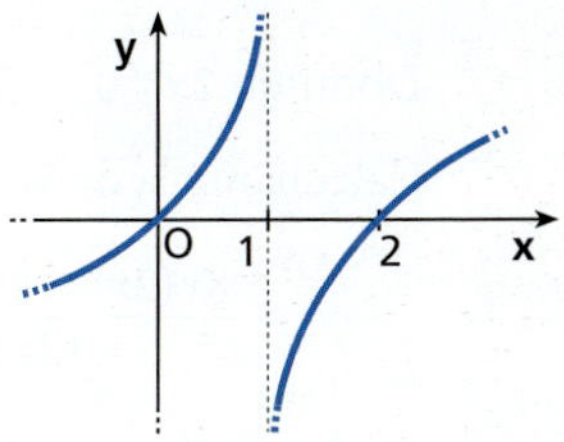

227

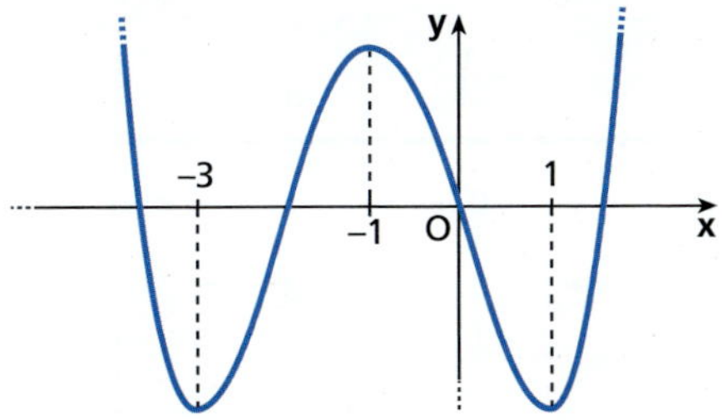

Individua gli intervalli in cui la derivata della funzione rappresentata è positiva.

228 Dal grafico di $f(x)$ deduci il segno di $f'(x)$.

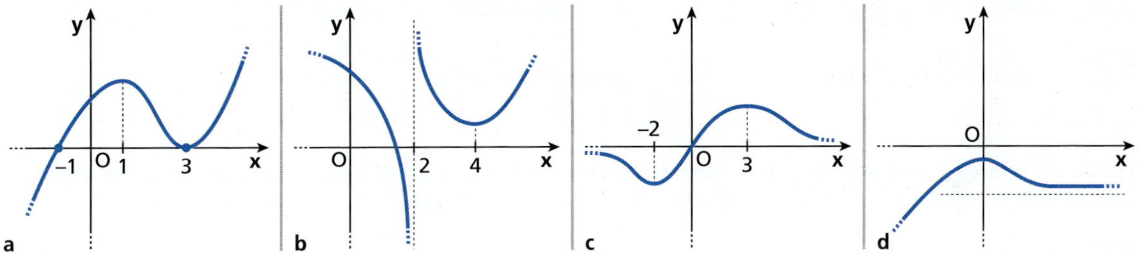

229 **TEST** Solo una delle seguenti affermazioni che riguardano la funzione $f(x)$ è *falsa*. Quale?

A $f'(x) > 0$ in $[-4; -2[$.

B $f'(x) < 0$ in $]-2; 1[$.

C $f(x)$ crescente in $]-\infty; -2]$.

D $f'(x) \geq 0$ in $[1; 4[$.

E $f(x)$ decrescente in $[0; 2]$.

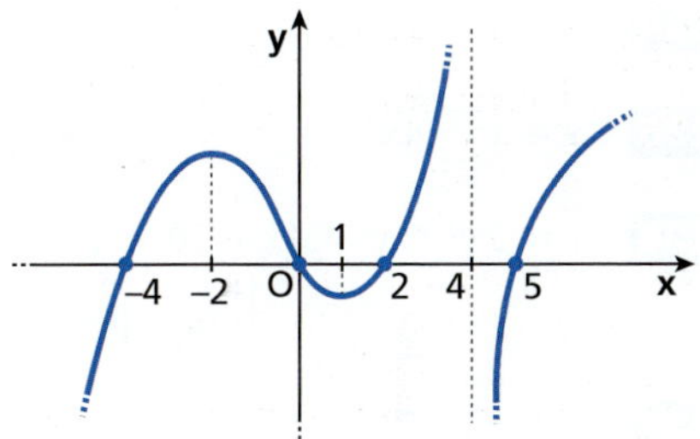

LEGGI IL GRAFICO I grafici rappresentano la derivata prima $f'(x)$ di una funzione $f(x)$. Indica gli intervalli in cui $f(x)$ è crescente e quelli in cui è decrescente. Deduci dal grafico anche il segno della derivata seconda $f''(x)$.

230

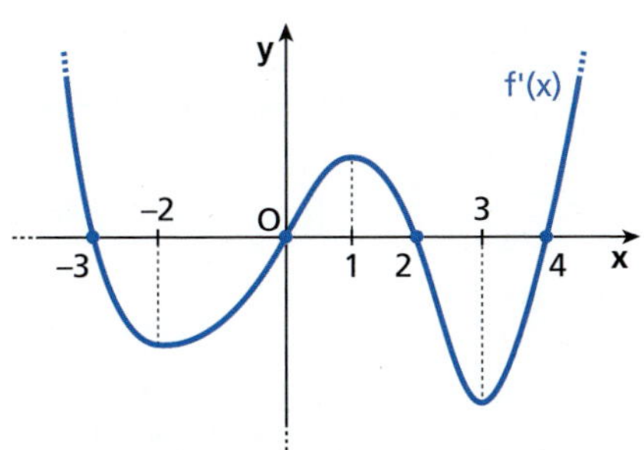

231

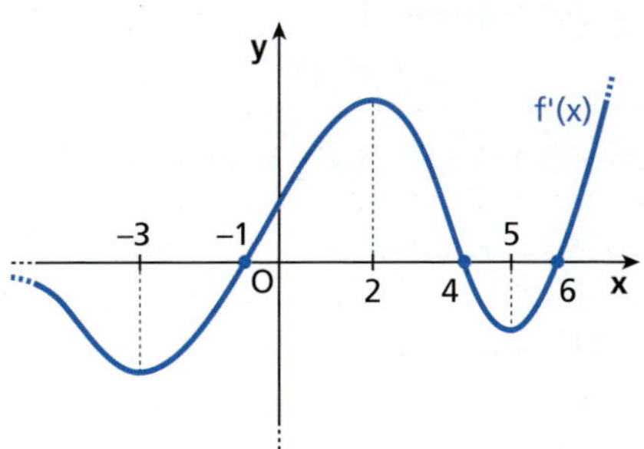

Funzioni algebriche

232 **ESERCIZIO GUIDA** Determiniamo gli intervalli in cui la funzione $y = \dfrac{4x^2 + 1}{2x}$ è crescente e quelli in cui è decrescente.

Dominio $2x \neq 0 \rightarrow D: x \neq 0$.

Calcoliamo la derivata prima:

$$y' = \frac{8x(2x) - 2(4x^2+1)}{(2x)^2} = \frac{16x^2 - 8x^2 - 2}{4x^2} = \frac{4x^2 - 1}{2x^2}.$$

se $f'(x) > 0 \rightarrow f(x)$ crescente

se $f'(x) < 0 \rightarrow f(x)$ decrescente

Studiamo il segno di y'. Essendo il denominatore sempre positivo per $x \neq 0$, il segno dipende solo dal numeratore.

$$4x^2 - 1 > 0 \quad \rightarrow \quad x < -\frac{1}{2} \vee x > \frac{1}{2}$$

		$-\frac{1}{2}$		0		$\frac{1}{2}$	
$4x^2-1$	+	0	−		−	0	+
$f'(x)$	+	0	−	∄	−	0	+
$f(x)$	↗		↘		↘		↗

Dal quadro deduciamo che:

per $x < -\frac{1}{2} \vee x > \frac{1}{2}$ $\qquad f(x)$ è crescente;

per $-\frac{1}{2} < x < 0 \vee 0 < x < \frac{1}{2}$ $\qquad f(x)$ è decrescente.

Trova gli intervalli in cui le seguenti funzioni sono crescenti e quelli in cui sono decrescenti. Nelle soluzioni indichiamo per brevità solo gli intervalli in cui le funzioni sono crescenti oppure solo quelli in cui sono decrescenti.

233 AL VOLO $\quad y = x^2 + 4 \quad y = \sqrt{x} \quad y = e^{-x} \quad y = (x-3)^2$

234 $y = x^3 - 12x$ $\quad [\text{cresc. per } x < -2 \vee x > 2]$

235 $y = x^2 - 4x^3$ $\quad \left[\text{cresc. per } 0 < x < \frac{1}{6}\right]$

236 $y = 2x^3 + x^2 - 4x + 10$ $\quad \left[\text{cresc. per } x < -1 \vee x > \frac{2}{3}\right]$

237 $y = x^3 + 2x^2 + 10x + 1$ $\quad [\text{cresc. } \forall x \in \mathbb{R}]$

238 $y = 4x^5 - 10x^2 + 9$ $\quad [\text{cresc. per } x < 0 \vee x > 1]$

239 $y = 2x^4 - 16x^2 + 1$ $\quad [\text{cresc. per } -2 < x < 0 \vee x > 2]$

240 $y = -x^3 + \frac{11}{2}x^2 - 6x + 3$ $\quad \left[\text{cresc. per } \frac{2}{3} < x < 3\right]$

241 $y = \frac{x^4}{4} - 8x + \frac{1}{4}$ $\quad [\text{cresc. per } x > 2]$

242 $y = \frac{1}{3}x^3 + 2x^2 + 4x - 1$ $\quad [\text{cresc. per } x \neq -2]$

243 $y = x^3 - 3x^2$ $\quad [\text{cresc. per } x < 0 \vee x > 2]$

244 $y = x^2(x-4)^2$ $\quad [\text{cresc. per } 0 < x < 2 \vee x > 4]$

245 $y = x(x-2)^3$ $\quad \left[\text{cresc. per } x > \frac{1}{2}\right]$

246 $y = \frac{x-6}{2x+1}$ $\quad \left[\text{cresc. per } x \neq -\frac{1}{2}\right]$

247 $y = \frac{2x-1}{x+3}$ $\quad [\text{cresc. per } x \neq -3]$

248 $y = \frac{2}{x^2-9}$ $\quad [\text{cresc. per } x < 0 \wedge x \neq -3]$

249 $y = \frac{1}{-x^2+x}$ $\quad \left[\text{cresc. per } x > \frac{1}{2} \wedge x \neq 1\right]$

250 $y = \frac{x^2-6x+9}{x^2-2}$ $\quad \left[\text{cresc. per } x < \frac{2}{3} \vee x > 3, x \neq -\sqrt{2}\right]$

251 $y = \frac{2x^2-8x+8}{x^2-1}$ $\quad \left[\text{cresc. per } x < \frac{1}{2} \vee x > 2, x \neq -1\right]$

252 $y = \frac{x^2-4x+2}{x^2}$ $\quad [\text{cresc. per } x < 0 \vee x > 1]$

253 $y = \frac{4x^2}{(x-1)^3}$ $\quad [\text{cresc. per } -2 < x < 0]$

254 $y = \frac{x^2-2x}{4x^2+x}$ $\quad \left[\text{cresc. per } x \neq 0 \wedge x \neq -\frac{1}{4}\right]$

255 $y = \frac{x^2-4x+2}{x^2-1}$ $\quad [\text{cresc. per } x \neq \pm 1]$

256 $y = \frac{(x-3)^2}{x^2-3x+2}$ $\quad \left[\text{cresc. per } x < \frac{5}{3} \vee x > 3, x \neq 1\right]$

257 $y = \sqrt{x-1}$ [cresc. per $x > 1$]

258 $y = \sqrt{9 - x^2}$ [cresc. per $-3 < x < 0$]

259 $y = \sqrt{\dfrac{x-2}{x}}$ [cresc. per $x < 0 \vee x > 2$]

260 $y = \sqrt{4x - x^2}$ [cresc. per $0 < x < 2$]

261 $y = \sqrt[3]{x^2}$ [cresc. per $x > 0$]

262 $y = \dfrac{\sqrt{x-2}}{x}$ [cresc. per $2 < x < 4$]

263 $y = \sqrt{3x-2}$ $\left[\text{cresc. per } x > \dfrac{2}{3}\right]$

264 $y = \sqrt[3]{x^2 - 16}$ [cresc. per $x > 0$]

265 $y = \sqrt[3]{x+1}$ [cresc. per $x \neq -1$]

266 $y = \dfrac{2}{\sqrt{x}} - \sqrt{x}$ [decresc. per $x > 0$]

Funzioni trascendenti

267 **ESERCIZIO GUIDA** Determiniamo gli intervalli in cui la funzione $y = \ln\dfrac{x-1}{x+2}$ è crescente e quelli in cui è decrescente.

La funzione è definita per $\dfrac{x-1}{x+2} > 0$, cioè per $x < -2 \vee x > 1$.

Calcoliamo ora la derivata prima:

$$y' = \frac{1}{\frac{x-1}{x+2}} \cdot \frac{1(x+2) - 1(x-1)}{(x+2)^2} = \frac{x+2}{x-1} \cdot \frac{\cancel{x} + 2 - \cancel{x} + 1}{(x+2)^2} = \frac{3}{(x-1)(x+2)}.$$

Studiamo il segno di y'. Poiché il numeratore è sempre positivo, y' ha lo stesso segno del denominatore:

$y' > 0 \quad \rightarrow \quad (x-1)(x+2) > 0 \quad$ per $x < -2 \vee x > 1$.

Dallo schema deduciamo che $f(x)$ è crescente per $x < -2 \vee x > 1$. Poiché questi intervalli coincidono con il dominio, la funzione non è mai decrescente.

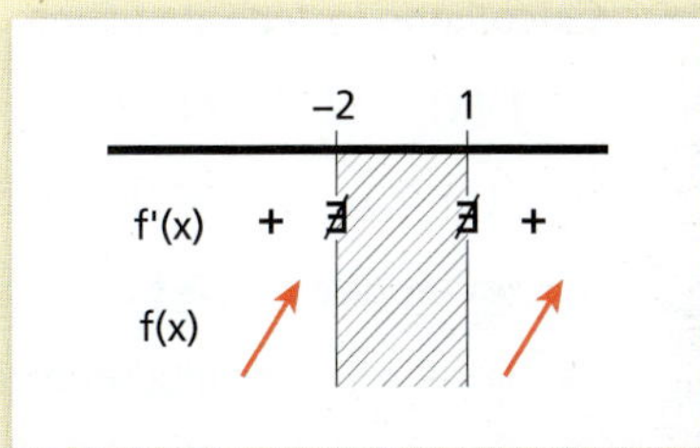

Trova gli intervalli in cui le seguenti funzioni sono crescenti e quelli in cui sono decrescenti.

268 $y = e^{-2x^2}$ [cresc. per $x < 0$]

269 $y = x^2 e^{-x}$ [cresc. per $0 < x < 2$]

270 $y = \ln(2x+5)$ $\left[\text{cresc. per } x > -\dfrac{5}{2}\right]$

271 $y = e^{x^2 - 3}$ [cresc. per $x > 0$]

272 $y = 3x + e^x$ [cresc. $\forall x \in \mathbb{R}$]

273 $y = 2\ln^2 x$ [cresc. per $x > 1$]

274 $y = e^{x-5} - x$ [cresc. per $x > 5$]

275 $y = x + 2\ln x$ [cresc. per $x > 0$]

276 $y = x \ln x$ $\left[\text{cresc. per } x > \dfrac{1}{e}\right]$

277 $y = \ln\dfrac{x+3}{x-5}$ [decresc. per $x < -3 \vee x > 5$]

278 $y = \ln(x^2 - 5x + 6)$ [cresc. per $x > 3$]

279 $y = xe^x$ [cresc. per $x > -1$]

280 $y = 4\sin^2 x$ $\left[\text{cresc. per } k\pi < x < \dfrac{\pi}{2} + k\pi\right]$

281 $y = -2\cos^2 x - 2x + 1$ $\left[\text{decresc. per } x \neq \dfrac{\pi}{4} + k\pi\right]$

282 $y = 3\tan x - 1$ $\left[\text{cresc. per } -\dfrac{\pi}{2} + k\pi < x < \dfrac{\pi}{2} + k\pi\right]$

283 $y = \sqrt{3}\,x + 2\cos x$ $\left[\text{cresc. per } 2k\pi < x < \dfrac{\pi}{3} + +2k\pi \vee \dfrac{2}{3}\pi + 2k\pi < x < 2\pi + 2k\pi\right]$

284 $y = x + 2\sin x$ $\left[\text{cresc. per } 2k\pi < x < \frac{2}{3}\pi + 2k\pi \vee \frac{4}{3}\pi + 2k\pi < x < 2\pi + 2k\pi\right]$

285 $y = 2\ln x + \ln^2 x$ $\left[\text{cresc. per } x > \frac{1}{e}\right]$

286 $y = \ln\sqrt{1-x^2}$ $[\text{cresc. per } -1 < x < 0]$

287 $y = \ln\frac{4x^2-16}{x^2+4}$ $[\text{cresc. per } x > 2]$

288 $y = \ln\frac{e^x-1}{e^x+1}$ $[\text{cresc. per } x > 0]$

---

289 EUREKA! Dimostra che la funzione $f(x) = 2 - \sqrt{5-x}$ è invertibile nel suo dominio. Trova la funzione inversa $f^{-1}(x)$ e rappresenta graficamente sia $f(x)$ sia $f^{-1}(x)$.

290 REALTÀ E MODELLI **Giochi & auto** Una macchina giocattolo si muove su una traiettoria in base alla legge oraria $s(t) = 4\sin\left(\frac{\pi}{3}t + \frac{\pi}{6}\right)$. Nei primi 6 secondi, in quali intervalli la velocità aumenta e in quali intervalli diminuisce?

$\left[\frac{5}{2} < t < \frac{11}{2} \text{ aumenta; } 0 < t < \frac{5}{2} \vee \frac{11}{2} < t < 6 \text{ diminuisce}\right]$

Con i parametri

291 ESERCIZIO GUIDA Determiniamo per quali valori di k la condizione sufficiente per le funzioni crescenti e decrescenti permette di affermare che la funzione

$$f(x) = kx^3 - 3kx^2 + x + 8, \quad \text{con } k \in \mathbb{R},$$

è sempre crescente in $\mathbb{R}$.

Calcoliamo la derivata prima di $f(x)$:

$$f'(x) = 3kx^2 - 6kx + 1.$$

Se $f'(x) > 0 \ \forall x \in \mathbb{R}$, la funzione è sempre crescente in $\mathbb{R}$. Poniamo quindi:

$$3kx^2 - 6kx + 1 > 0.$$

La disequazione risulta sempre verificata se è $\Delta < 0 \wedge 3k > 0$. Utilizziamo $\frac{\Delta}{4}$:

$$\frac{\Delta}{4} = (3k)^2 - 3k = 9k^2 - 3k.$$

Poniamo $\frac{\Delta}{4} < 0$:

$$9k^2 - 3k < 0 \rightarrow 0 < k < \frac{1}{3}.$$

Poiché $3k > 0$ per $k > 0$, la funzione assegnata è sempre crescente in $\mathbb{R}$ per $0 < k < \frac{1}{3}$.

292 Trova per quali valori del parametro reale a la funzione $f(x) = ax^3 + 3x^2 + x + 2$ è sempre crescente in $\mathbb{R}$. $[a \geq 3]$

293 Determina per quali valori di k la funzione $y = x^3 + 2x^2 - 2kx$ risulta sempre crescente in $\mathbb{R}$. $\left[k < -\frac{2}{3}\right]$

294 Per quali valori di k la funzione $y = -x^3 + (2k-1)x$ è sempre decrescente in $\mathbb{R}$? $\left[k < \frac{1}{2}\right]$

295 Trova per quali valori di a la funzione $y = a\ln x + 1$ è sempre crescente nel suo dominio. $[a > 0]$

296 Determina per quali valori di a la funzione $y = \frac{ax-1}{x}$ è sempre crescente in $\mathbb{R}^+$. $[\forall a \in \mathbb{R}]$

3 Massimi, minimi e flessi

▶ Teoria a p. 1321

Massimi e minimi

LEGGI IL GRAFICO

297 Individua i punti di massimo e di minimo, relativi e assoluti, delle seguenti funzioni nell'intervallo di definizione.

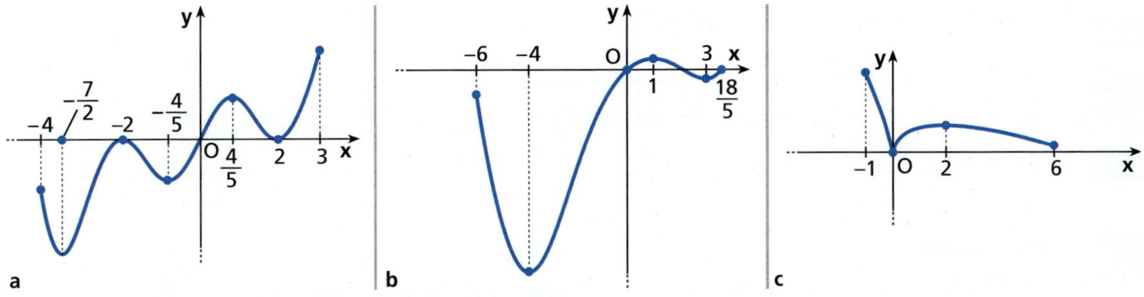

Individua i punti di massimo e di minimo delle seguenti funzioni nel loro dominio, specificando se sono relativi o assoluti.

298

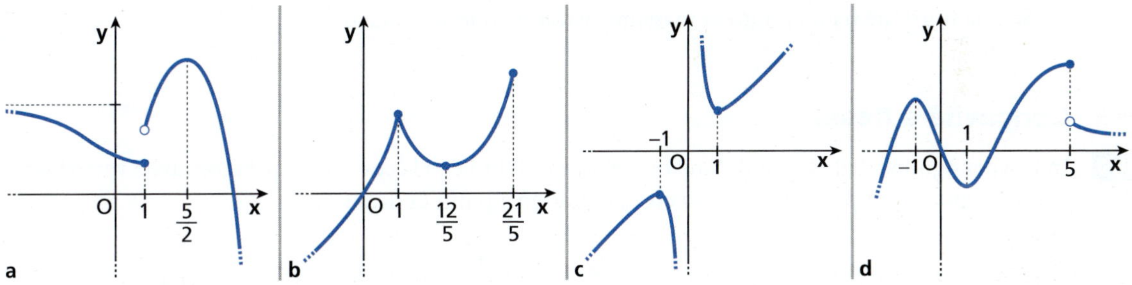

299

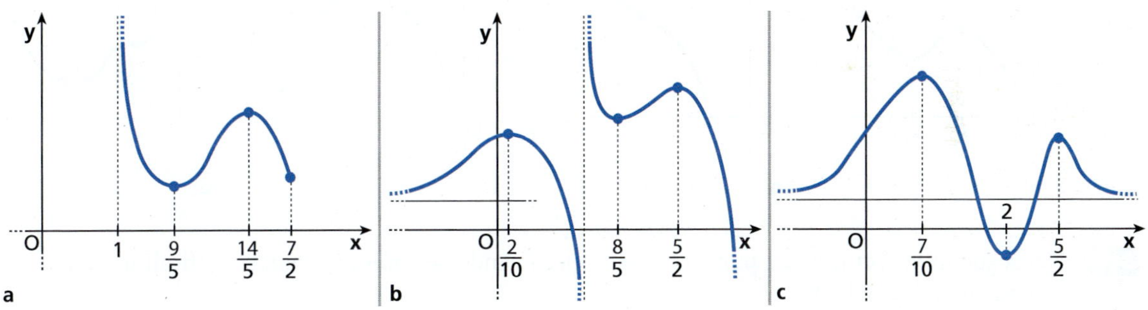

300 VERO O FALSO? Dal grafico di $f(x)$ si può dedurre che:

a. il massimo di $f(x)$ è 3. V F

b. $f(x)$ ha due massimi relativi. V F

c. il punto di minimo relativo è $x = -1$. V F

d. $f(x)$ non ha minimo assoluto. V F

e. 2 è un massimo relativo. V F

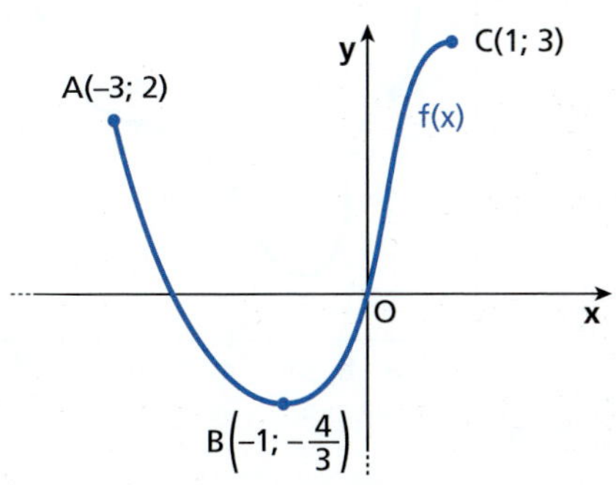

301 FAI UN ESEMPIO Disegna il grafico di una funzione definita in $\mathbb{R}$ che abbia il minimo assoluto uguale a -2, un minimo relativo per $x = 1$ e non ammetta massimo assoluto.

Traccia il grafico delle seguenti funzioni, indica se hanno dei punti di massimo o di minimo, relativi o assoluti, negli intervalli assegnati e scrivi il massimo e il minimo assoluto di $f(x)$.

302 $f(x) = -x^2 + 6x + 9,$ $[1; 4].$

303 $f(x) = x^2 - 2x,$ $[-1; 2].$

304 $f(x) = 1 + e^x,$ $]-\infty; 0].$

305 $f(x) = 2\sin 2x,$ $[0; 2\pi].$

306 $f(x) = \tan x,$ $\left[0; \frac{\pi}{2}\right[.$

307 $f(x) = -\ln(x+2),$ $[-1; 0].$

308 **VERO O FALSO?**

a. Esistono sempre il massimo assoluto e il minimo assoluto di una funzione continua. V F

b. Un estremo relativo è il valore assunto dalla funzione in un punto estremante. V F

c. Un punto di minimo assoluto è anche di minimo relativo. V F

d. Se una funzione ha un punto di massimo assoluto, questo è unico. V F

Concavità e flessi

309 Indica per ognuna delle seguenti funzioni se nei punti indicati la curva rivolge la concavità verso l'alto o verso il basso, oppure se i punti evidenziati corrispondono a punti di flesso.

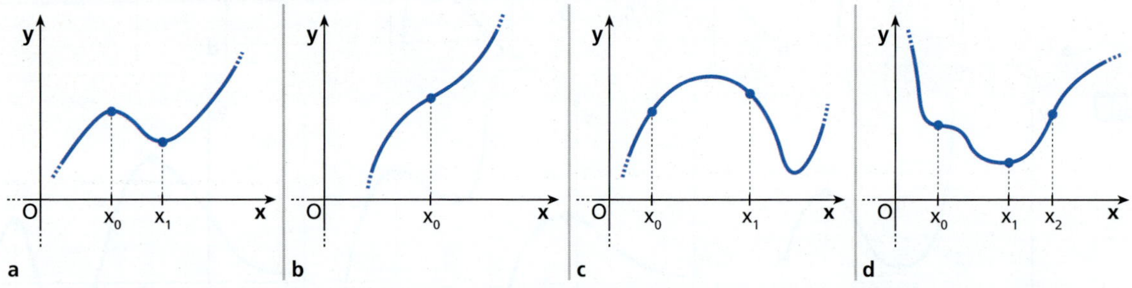

310 Nei seguenti grafici indica i punti di flesso, specificando se sono orizzontali, verticali o obliqui e se sono ascendenti o discendenti.

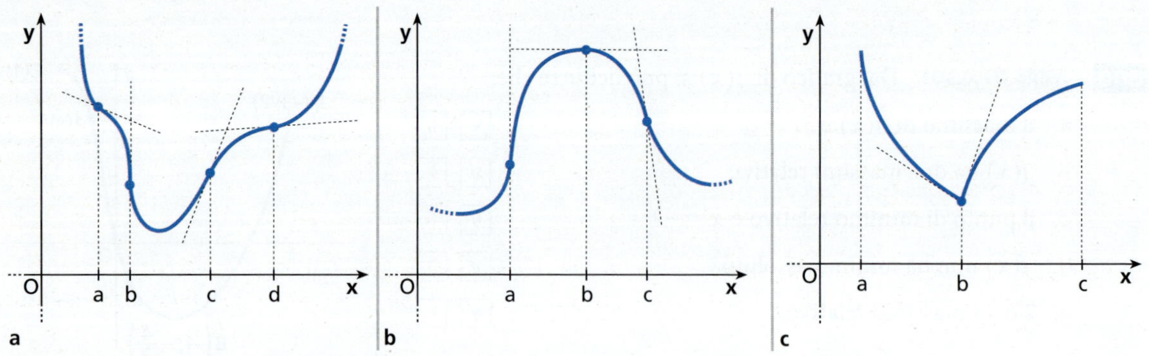

311 **FAI UN ESEMPIO** Disegna il grafico di una funzione definita in $\mathbb{R}$ che rivolga la concavità verso l'alto per $x < 0$ e $x > 5$ e verso il basso per $0 < x < 5$.

4 Massimi, minimi, flessi orizzontali e derivata prima

▶ Teoria a p. 1325

Punti stazionari

312 VERO O FALSO? Data la funzione $y = f(x)$ rappresentata nella figura:

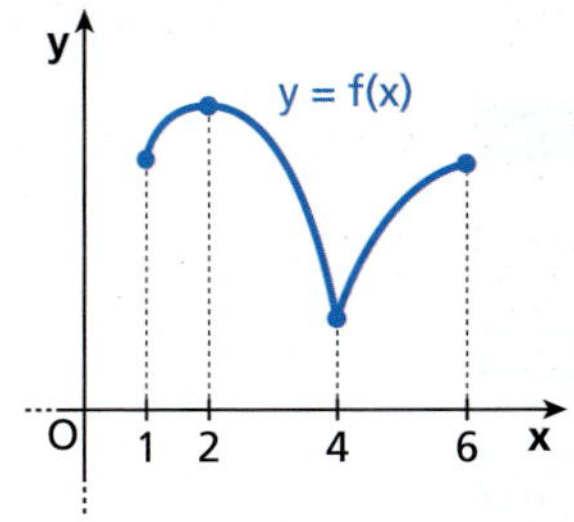

a. $x = 1$ è un punto stazionario. V F

b. $x = 2$ è un punto di massimo e stazionario. V F

c. $f'(4) = 0$. V F

d. f ammette due punti stazionari. V F

Trova i punti stazionari delle seguenti funzioni.

313 $y = 5x^2 - x - 2$ $\left[x = \frac{1}{10}\right]$

314 $y = 4x^3 - 1$ $[x = 0]$

315 $y = x^3 + x^2 + 5$ $\left[x = 0, x = -\frac{2}{3}\right]$

316 $y = e^{2x} - 2x$ $[x = 0]$

317 $y = \sqrt{x^2 + 6}$ $[x = 0]$

318 $y = 1 + \ln(x^2 - 8x)$ $[\nexists x]$

Massimi, minimi e flessi orizzontali di funzioni derivabili

319 ESERCIZIO GUIDA Troviamo i punti di massimo e di minimo relativo e di flesso orizzontale della funzione:

$$f(x) = \frac{1}{4}x^4 - \frac{4}{3}x^3 + 2x^2.$$

La funzione è definita e continua per ogni $x \in \mathbb{R}$.

- **Calcoliamo la derivata prima e determiniamo il suo dominio.**

$$f'(x) = x^3 - 4x^2 + 4x = x(x^2 - 4x + 4) = x(x-2)^2.$$

$f'(x)$ esiste $\forall x \in \mathbb{R}$.

- $\boldsymbol{f'(x) = 0}$: $x(x-2)^2 = 0 \rightarrow x = 0 \lor x = 2$.
Quindi $x = 0$ e $x = 2$ sono punti stazionari.
- **Studiamo il segno di** $\boldsymbol{f'(x)}$.

$$x(x-2)^2 > 0.$$

Il primo fattore è positivo per $x > 0$ e per il secondo abbiamo $(x-2)^2 > 0 \rightarrow x \neq 2$.

Compiliamo il quadro dei segni (figura a lato).

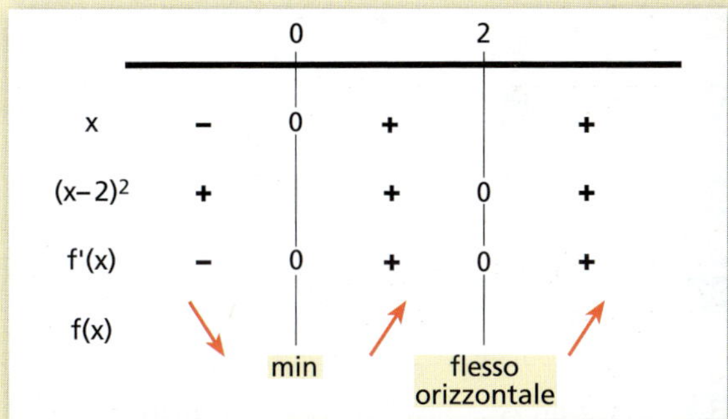

Dallo schema deduciamo che:

- per $x = 0$ si ha un punto di minimo relativo di coordinate $(0; 0)$, essendo $f(0) = 0$;
- per $x = 2$ si ha un flesso orizzontale perché il segno della derivata prima è lo stesso in un intorno di 2; tale punto ha coordinate $\left(2; \frac{4}{3}\right)$, essendo $f(2) = \frac{4}{3}$.

Trova i punti di massimo e di minimo relativo e di flesso orizzontale delle seguenti funzioni.
(Qui e in seguito nelle soluzioni indichiamo con max e min le ascisse dei punti di massimo e di minimo, con fl. quella dei punti di flesso.)

320 $y = -x^2 + 4x + 3$ $[x = 2 \text{ max}]$

321 $y = 2x^3 + 6x^2$ $[x = -2 \text{ max}; x = 0 \text{ min}]$

322 $y = (x-3)^3$ $[x = 3 \text{ fl. orizz.}]$

323 $y = x^3 + 9x^2 + 27x$ $[x = -3 \text{ fl. orizz.}]$

ESERCIZI

324 $y = 3x^4 + 8x^3$ $[x = -2 \text{ min}; x = 0 \text{ fl. orizz.}]$

325 $y = 3x^5 - 20x^3$ $[x = 0 \text{ fl. orizz.}; x = -2 \text{ max}; x = 2 \text{ min}]$

326 $y = 3x^4 - 2x^3 - 3x^2$ $\left[x = 0 \text{ max}; x = -\frac{1}{2}, x = 1 \text{ min}\right]$

327 $y = x^3 - 3x^2 + 1$ $[x = 0 \text{ max}; x = 2 \text{ min}]$

328 $y = \frac{x^3}{3} - x^2 + x$ $[x = 1 \text{ fl. orizz.}]$

329 $y = x^4 + 4x$ $[x = -1 \text{ min}]$

330 $y = \frac{1}{5}x^5 + \frac{1}{3}x^3$ $[x = 0 \text{ fl. orizz.}]$

331 $y = \frac{x^4}{4} - 2x^3 + 1$ $[x = 0 \text{ fl. orizz.}; x = 6 \text{ min}]$

332 $y = x^4 + \frac{4}{3}x^3 - 4x^2$ $[x = -2, x = 1 \text{ min}; x = 0 \text{ max}]$

333 $y = \frac{1}{3}x^3 - 2x^2 + 3x - 2$ $[x = 1 \text{ max}; x = 3 \text{ min}]$

334 $y = \frac{2x - 1}{x + 3}$ $[\nexists \text{ max, min, fl. orizz.}]$

335 $y = \frac{x^2 + 9}{x}$ $[x = -3 \text{ max}; x = 3 \text{ min}]$

336 $y = \frac{5}{x^2 + 5}$ $[x = 0 \text{ max}]$

337 $y = \frac{x}{x^2 + 9}$ $[x = -3 \text{ min}; x = 3 \text{ max}]$

338 $y = \frac{1}{x^2 - 4}$ $[x = 0 \text{ max}]$

339 $y = \frac{x^2 - x - 1}{x^2 - x + 1}$ $\left[x = \frac{1}{2} \text{ min}\right]$

340 $y = \frac{2x^2}{x - 1}$ $[x = 0 \text{ max}; x = 2 \text{ min}]$

341 $y = \frac{1}{x^2 - 3x + 2}$ $\left[x = \frac{3}{2} \text{ max}\right]$

342 $y = \frac{x^2 - 3x + 1}{2x^2 - 3x + 1}$ $\left[x = 0 \text{ max}; x = \frac{2}{3} \text{ min}\right]$

343 $y = \frac{-x^2 + 3x}{2x - 8}$ $[x = 2 \text{ min}; x = 6 \text{ max}]$

344 $y = \frac{x - 3}{(x - 2)^3}$ $\left[x = \frac{7}{2} \text{ max}\right]$

345 $y = \frac{x^3 - 3x^2 + 4}{x^2}$ $[x = 2 \text{ min}]$

346 $y = \frac{1}{x^3 - x^2}$ $\left[x = \frac{2}{3} \text{ max}\right]$

347 $y = \frac{6x^4 + 2}{x^3}$ $[x = -1 \text{ max}; x = 1 \text{ min}]$

348 $y = \sqrt{2x^2 + 1}$ $[x = 0 \text{ min}]$

349 $y = \sqrt{x^2 - 2x + 5}$ $[x = 1 \text{ min}]$

350 $y = \ln(-x^2 - 2x + 3)$ $[x = -1 \text{ max}]$

351 $y = (x^2 - 4x + 5)e^x$ $[x = 1 \text{ fl. orizz.}]$

352 $y = x^3 e^x$ $[x = 0 \text{ fl. orizz.}; x = -3 \text{ min}]$

353 $y = \frac{1}{2}e^{-x^2}$ $[x = 0 \text{ max}]$

354 $y = \ln x - x$ $[x = 1 \text{ max}]$

355 $y = x \ln x$ $\left[x = \frac{1}{e} \text{ min}\right]$

356 $y = e^x - x$ $[x = 0 \text{ min}]$

357 $y = 2x^2 \ln x$ $\left[x = \frac{1}{\sqrt{e}} \text{ min}\right]$

358 $y = \frac{\ln x}{x}$ $[x = e \text{ max}]$

---

359 $y = 2\sin 2x$, in $[0; \pi]$. $\left[x = \frac{\pi}{4}, x = \pi \text{ max}; x = 0, x = \frac{3}{4}\pi \text{ min}\right]$

360 $y = -2\cos x - x$, in $[0; 2\pi]$. $\left[x = \frac{\pi}{6} \text{ min}; x = \frac{5}{6}\pi \text{ max}\right]$

361 $y = 3\cos^2 x$, in $[0; \pi]$. $\left[x = \frac{\pi}{2} \text{ min}; x = 0, x = \pi \text{ max}\right]$

362 $y = \frac{1}{\cos x}$ $[x = \pi + 2k\pi \text{ max}; x = 2k\pi \text{ min}]$

363 $y = 2\sin x + \cos 2x + 6$, in $[0; 2\pi]$. $\left[x = \frac{\pi}{6}, x = \frac{5}{6}\pi \text{ max}; x = \frac{\pi}{2}, x = \frac{3}{2}\pi \text{ min}\right]$

364 $y = \frac{\sin x}{1 - \sin x}$, in $[0; 2\pi]$. $\left[x = \frac{3}{2}\pi \text{ min}\right]$

Punti di massimo e minimo relativi di funzioni non ovunque derivabili

Funzioni con punti angolosi

365 ESERCIZIO GUIDA Troviamo i punti di massimo e di minimo relativi della funzione

$$f(x) = \begin{cases} \dfrac{1}{(x-1)^2} & \text{se } x < 0 \\ x^2 - 2x + 1 & \text{se } x \geq 0 \end{cases},$$

distinguendo i punti stazionari da quelli angolosi.

La funzione è ovunque definita e continua in $\mathbb{R}$.

- Calcoliamo la derivata prima e determiniamo il suo dominio:

$$f'(x) = \begin{cases} \dfrac{-2\cancel{(x-1)}}{(x-1)^{\cancel{4}\,3}} = \dfrac{-2}{(x-1)^3} & \text{se } x < 0 \\ 2x - 2 & \text{se } x > 0 \end{cases}$$

Per $x = 0, f'(x)$ non esiste in quanto $f'_-(0) = 2$ e $f'_+(0) = -2$.

- $f'(x) = 0$ soltanto se:

$2x - 2 = 0 \rightarrow x = 1$.

Quindi $x = 1$ è l'unico punto stazionario.

- Studiamo il segno di $f'(x)$.

Per $x < 0$, $\dfrac{-2}{(x-1)^3} > 0$ se $x < 1$, quindi:

$f'(x) > 0 \quad$ se $x < 0$.

Per $x > 0$, $2x - 2 > 0$ se $x > 1$.

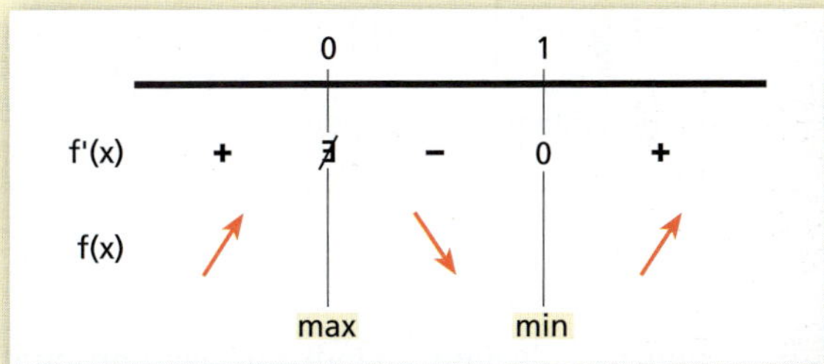

Dallo schema deduciamo che $x = 0$ è un punto di massimo relativo e $x = 1$ è un punto di minimo relativo.

Essendo $f(0) = 1$ e $f(1) = 0$, i corrispondenti punti del grafico sono $(0; 1)$ e $(1; 0)$.

Osservazione. Il punto $x = 0$ è un punto di non derivabilità (punto angoloso) ed è un punto di massimo perché la derivata cambia segno nell'intorno di 0, come richiede la condizione sufficiente. Nella figura a fianco puoi osservare il grafico della funzione.

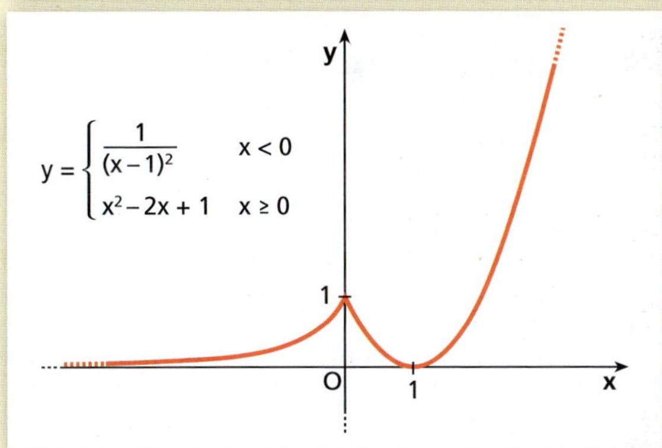

Trova i punti di massimo e di minimo relativi delle seguenti funzioni, distinguendo i punti stazionari da quelli angolosi.

366 $y = \begin{cases} x^2 + 4x & \text{se } x < 0 \\ -3x & \text{se } x \geq 0 \end{cases}$ [$x = -2$ min (staz.); $x = 0$ max]

367 $y = |x^2 - 4x|$ [$x = 2$ max (staz.); $x = 0$, $x = 4$ min]

368 $y = |x^2 - x| + 3$ [$x = \frac{1}{2}$ max (staz.); $x = 0$, $x = 1$ min]

369 $y = \begin{cases} x^2 + x & \text{se } x < 0 \\ x^3 - 6x^2 + 9x & \text{se } x \geq 0 \end{cases}$ [$x = -\frac{1}{2}$, $x = 3$ min (staz.); $x = 1$ max (staz.)]

370 $y = \begin{cases} -2x+3 & \text{se } x \le 1 \\ -x^3+3x^2+9x-10 & \text{se } x > 1 \end{cases}$ [$x = 1$ min; $x = 3$ max (staz.)]

371 $y = \begin{cases} x^3+1 & \text{se } x \le 0 \\ x^4-4x+1 & \text{se } x > 0 \end{cases}$ [$x = 0$ max; $x = 1$ min (staz.)]

372 $y = \begin{cases} \dfrac{9}{x+2} & \text{se } x < 1 \\ \sqrt{x}+2 & \text{se } x \ge 1 \end{cases}$ [$x = 1$ min]

373 $y = \begin{cases} x^2+2x+2 & \text{se } x \le 1 \\ 2^{2-x}+3 & \text{se } x > 1 \end{cases}$ [$x = -1$ min (staz.); $x = 1$ max]

Funzioni con punti di cuspide

374 ESERCIZIO GUIDA Troviamo i punti di massimo e di minimo relativi della funzione $f(x) = \sqrt[3]{(x-3)^2}$, specificando se sono punti di cuspide.

La funzione è continua in $\mathbb{R}$.

- Calcoliamo la derivata prima e determiniamo il suo dominio.

Poiché si può scrivere $f(x) = (x-3)^{\frac{2}{3}}$, si ha:

$$f'(x) = \frac{2}{3}(x-3)^{\frac{2}{3}-1} = \frac{2}{3\sqrt[3]{x-3}}.$$

La derivata non esiste per $x = 3$.

- Risolviamo $f'(x) = 0$. L'equazione

$$\frac{2}{3\sqrt[3]{x-3}} = 0$$

non ha soluzioni, quindi non ci sono punti stazionari.

- Studiamo il segno di $f'(x)$:

$$f'(x) > 0 \rightarrow \frac{2}{3\sqrt[3]{x-3}} > 0 \rightarrow x > 3.$$

Compiliamo il quadro dei segni (figura **a**).

In $x = 3$ si ha un punto di minimo relativo, di coordinate (3; 0).

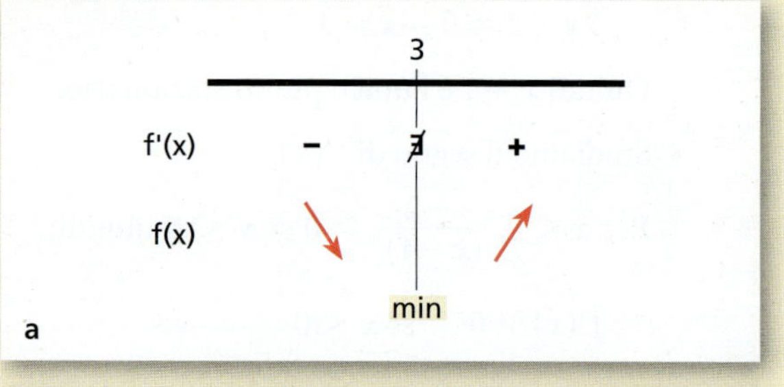

a

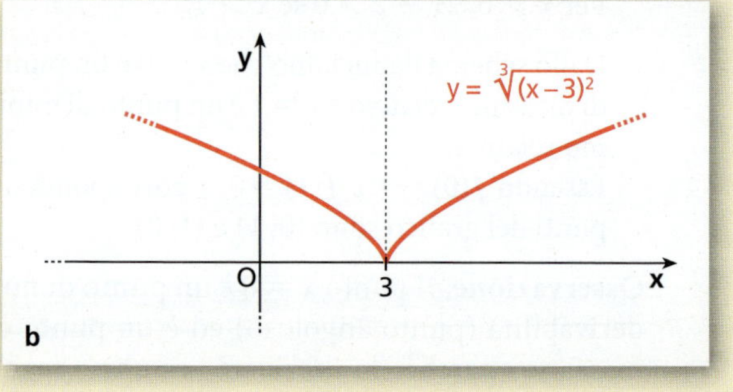

b

Notiamo che nel punto $x = 3$ la derivata non esiste perché:

$$\lim_{x\to 3^-} f'(x) = -\infty \text{ e } \lim_{x\to 3^+} f'(x) = +\infty.$$

Il punto $x = 3$ è una cuspide. Nella figura **b** puoi osservare il grafico della funzione.

Determina i punti di massimo e di minimo relativi delle seguenti funzioni, specificando quando si tratta di cuspidi.

375 $y = \sqrt[3]{x^2} - x$ $\left[x = 0 \text{ min (cuspide)}; x = \frac{8}{27} \text{ max}\right]$

376 $y = \sqrt[3]{x^3 - x^2}$ $\left[x = 0 \text{ max (cuspide)}; x = \frac{2}{3} \text{ min}\right]$

377 $y = x - \frac{3}{2}\sqrt[3]{x^2} + 2$ [$x = 0$ max (cuspide); $x = 1$ min]

378 $y = 1 - \sqrt[3]{x^2 - 2x + 1}$ [$x = 1$ max (cuspide)]

379 $y=\sqrt[3]{(x-1)^2}$ [$x=1$ min (cuspide)]

380 $y=\sqrt[5]{x^2}$ [$x=0$ min (cuspide)]

Riepilogo: Massimi e minimi relativi e flessi orizzontali

381 ASSOCIA a ciascuna funzione il suo punto di massimo relativo.

a. $y=\frac{1}{3}x^3+\frac{1}{2}x^2-2x$ b. $y=-x^3+2x^2-x$ c. $y=\frac{1}{3}x^3-x^2-3x$ d. $y=-\frac{1}{3}x^3+\frac{3}{2}x^2-2x$

1. $x_0=-1$ 2. $x_0=2$ 3. $x_0=1$ 4. $x_0=-2$

382 TEST Considera la funzione $f(x)=2x^3-15x^2+24x+6$.
Una delle seguenti affermazioni che la riguardano è *falsa*: quale?

A $x=1$ è un punto stazionario.
B $f(x)$ è ovunque crescente.
C $f(x)$ ha un punto di massimo relativo e un punto di minimo relativo.
D $f(x)$ è decrescente nell'intervallo $[1; 4]$.
E $x=4$ è un punto stazionario.

Trova i punti di massimo e di minimo relativi e quelli di flesso orizzontale delle seguenti funzioni, evidenziando anche i punti angolosi e di cuspide.

383 $y=\frac{x^4}{4}+4$ [$x=0$ min]

384 $y=x^3-3x^2+2$ [$x=0$ max; $x=2$ min]

385 $y=x^4-2x^2+2$ [$x=-1$, $x=1$ min; $x=0$ max]

386 $y=x^5+1$ [$x=0$ fl. orizz.]

387 $y=3x^7-7x^6+1$ [$x=0$ max; $x=2$ min]

388 $y=x^2-6x-5$ [$x=3$ min]

389 $y=3x-x^3$ [$x=-1$ min; $x=1$ max]

390 $y=\frac{x^4}{2}+\frac{x^3}{3}+\frac{1}{4}$ $\left[x=-\frac{1}{2}\text{ min; } x=0\text{ fl. orizz.}\right]$

391 $y=2x^4+3x^3+4$ $\left[x=0\text{ fl. orizz.; } x=-\frac{9}{8}\text{ min}\right]$

392 $y=\frac{x^3}{3x+3}$ $\left[x=0\text{ fl. orizz.; } x=-\frac{3}{2}\text{ min}\right]$

393 $y=\frac{2x^3+27}{x^2}$ [$x=3$ min]

394 $y=\frac{2-x}{x^2}$ [$x=4$ min]

395 $y=2x+\frac{8}{x}$ [$x=-2$ max; $x=2$ min]

396 $y=\frac{1}{x^{10}-1}$ [$x=0$ max]

397 $y=\frac{x^2-1}{2x-2}$ [né max, né min, né flessi]

398 $y=\frac{3-x^2}{x+2}$ [$x=-3$ min; $x=-1$ max]

399 $y=\frac{x^2-2x-2}{x^2}$ [$x=-2$ max]

400 $y=\frac{4x^3+1}{x}$ $\left[x=\frac{1}{2}\text{ min}\right]$

401 $y=\frac{3x-4}{x^2+1}$ $\left[x=-\frac{1}{3}\text{ min; } x=3\text{ max}\right]$

402 $y=\frac{x^3}{x-3}$ $\left[x=0\text{ fl. orizz.; } x=\frac{9}{2}\text{ min}\right]$

403 $y=x-1+\frac{1}{x-3}$ [$x=2$ max; $x=4$ min]

404 $y=\frac{x^3}{x^2+x-1}$ [$x=1$ min; $x=-3$ max; $x=0$ fl. orizz.]

405 $y=-2\sqrt{x}+x$ [$x=0$ max; $x=1$ min]

406 $y=2-\sqrt{x-3}$ [$x=3$ max]

407 $y=1+\sqrt[3]{(x+3)^2}$ [$x=-3$ min (cuspide)]

408 $y=2x\sqrt{x+1}$ $\left[x=-1\text{ max; } x=-\frac{2}{3}\text{ min}\right]$

409 $y=\sqrt{4x-x^2}$ [$x=2$ max; $x=0$ min; $x=4$ min]

410 $y=\sqrt[3]{x^2-x}$ $\left[x=\frac{1}{2}\text{ min}\right]$

411 $y=\sqrt{\frac{1}{x^2+1}}$ [$x=0$ max]

412 $y=\sqrt{\frac{x^2+7}{x+4}}$ $[x=-1 \text{ min}]$

413 $y=e^{2x}-2x$ $[x=0 \text{ min}]$

414 $y=e^{\frac{2x^2}{x-1}}$ $[x=0 \text{ max}; x=2 \text{ min}]$

415 $y=e^x+e^{-x}$ $[x=0 \text{ min}]$

416 $y=2xe^{-x}$ $[x=1 \text{ max}]$

417 $y=3x^2e^x$ $[x=-2 \text{ max}; x=0 \text{ min}]$

418 $y=\ln(x+2)-3x$ $\left[x=-\frac{5}{3} \text{ max}\right]$

419 $y=2\ln x-8x$ $\left[x=\frac{1}{4} \text{ max}\right]$

420 $y=\frac{3}{\sin x}$, in $[0; 2\pi]$. $\left[x=\frac{\pi}{2} \text{ min}; x=\frac{3}{2}\pi \text{ max}\right]$

421 $y=\ln \sin x - x$ $\left[x=\frac{\pi}{4}+2k\pi \text{ max}\right]$

422 $y=\begin{cases} 2x+1 & \text{se } x<0 \\ x^2-2x+1 & \text{se } x\geq 0 \end{cases}$ $[x=0 \text{ max (p. ang.)}; x=1 \text{ min}]$

423 $y=|2x^2-4x|$ $[x=0 \text{ min (p. ang.)}; x=2 \text{ min (p. ang.)}; x=1 \text{ max}]$

424 $y=-x^2+6x-|x+3|$ $\left[x=-3 \text{ (p. ang.)}; x=\frac{5}{2} \text{ max}\right]$

425 $y=\begin{cases} \frac{x-1}{x} & \text{se } x\leq 1 \\ 1-x^2 & \text{se } x>1 \end{cases}$ $[x=1 \text{ max (p. ang.)}]$

426 $y=\ln\frac{x^2+11}{x+5}$ $[x=1 \text{ min}]$

REALTÀ E MODELLI

427 **Quanto costa un panettone?** Un'azienda dolciaria che produce panettoni ha calcolato che il costo unitario da sostenere per la produzione di x panettoni segue l'andamento della funzione:

$$C(x)=\frac{x^2-50x+10000}{50x}.$$

Determina quanti panettoni occorre sfornare per minimizzare il costo unitario. [100]

428 **Pressione del sangue** La funzione $f(x)$ descrive l'andamento della pressione del sangue in seguito all'assunzione di una dose di x grammi di un farmaco, con $0\leq x\leq 0{,}17$. Determina il dosaggio che produce il massimo della pressione sanguigna. $[x\simeq 0{,}11 \text{ g}]$

$$f(x)=320x^2-1860x^3$$

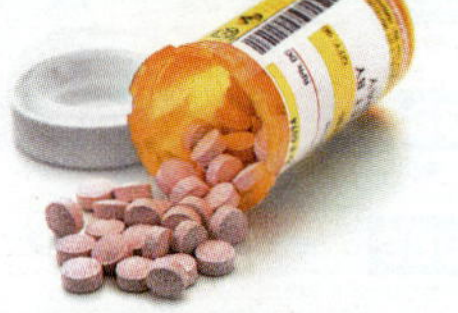

Con i parametri

429 ESERCIZIO GUIDA Data la funzione $y=ax^4+bx^2$, determiniamo a e b in modo che abbia un minimo nel punto $(2;-16)$.

Per trovare a e b servono due condizioni che, poste a sistema, forniranno i valori richiesti.

- Passaggio per $(2;-16) \to -16=16a+4b \to 4a+b=-4$.
- Punto di minimo $x=2$. Calcoliamo la derivata prima:

  $y'=4ax^3+2bx$.

  Imponiamo $y'(2)=0$ sostituendo $x=2$ nella derivata: $32a+4b=0 \to 8a+b=0$.
  Poniamo a sistema le due condizioni:

$$\begin{cases}4a+b=-4\\8a+b=0\end{cases} \to \begin{cases}4a+b=-4\\b=-8a\end{cases} \to \begin{cases}4a-8a=-4\\b=-8a\end{cases} \to \begin{cases}-4a=-4\\b=-8a\end{cases} \to \begin{cases}a=1\\b=-8\end{cases}.$$

La funzione diventa $y=x^4-8x^2$.

430 Calcola il valore di a in modo che il grafico della funzione $y = ax^3 + 2x^2 - 1$ abbia un massimo nel punto di ascissa $x = 2$. $\left[-\frac{2}{3}\right]$

431 Determina per quale valore di a la funzione $y = \frac{a}{3}x^3 + \frac{a}{2}x^2 - 6x + 1$ ha un massimo per $x = -3$. $[1]$

432 Stabilisci per quale valore di k la funzione $y = x^3 + (k-1)x^2 + (1-k)x$ ha un minimo nel suo punto di ascissa $\frac{1}{3}$. $[2]$

433 Trova a e b in modo che il grafico della funzione $y = \frac{ax^2 - ax - 2}{x - b}$ abbia in $(0; 1)$ un punto di minimo. $[a = -1; b = 2]$

434 Determina a e b in modo che il grafico della funzione $y = -4x^2 + ax + b + 1$ abbia come valore massimo 2 nel punto $x = 1$. $[a = 8; b = -3]$

435 Trova i coefficienti a, b, c della funzione $y = ax^3 + bx^2 + cx$, sapendo che il suo grafico ha un massimo in $(-1; 2)$ e che passa per il punto $(1; 0)$. $\left[a = \frac{3}{2}; b = 1; c = -\frac{5}{2}\right]$

LEGGI IL GRAFICO

436 La funzione $y = f(x)$, il cui grafico è rappresentato in figura, è del tipo

$$y = ax^3 + bx + c.$$

Determina a, b e c.

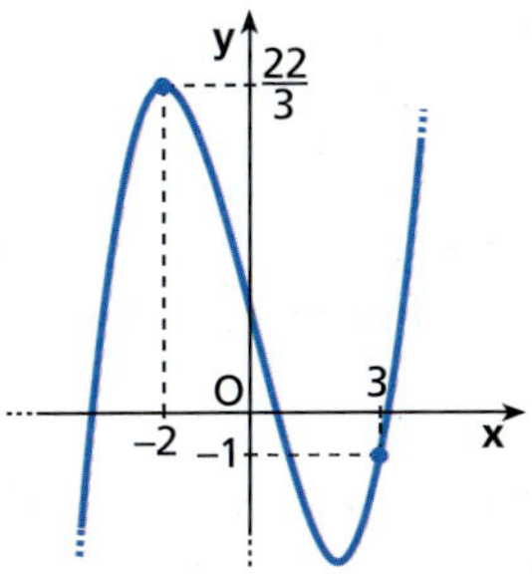

$\left[a = \frac{1}{3}; b = -4; c = 2\right]$

437 Nella figura è rappresentato il grafico di una funzione del tipo

$$y = \frac{ax^2 + b}{2x + c}.$$

Determina a, b e c.

$[a = 1; b = -3; c = -4]$

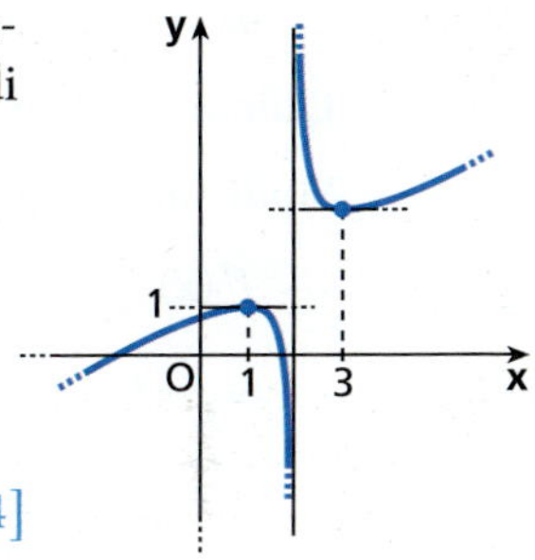

438 Dimostra che la funzione $y = x^3 + ax^2 - x + 1$ ammette per qualunque valore di a un punto di massimo e un punto di minimo relativo.

439 Per quali valori di a la funzione $y = x^3 + 2ax^2 + \frac{1}{3}x - a$ non presenta né massimi né minimi? $\left[-\frac{1}{2} < a < \frac{1}{2}\right]$

440 Data la funzione $y = a\sin x + b\cos 2x$, calcola i valori di a e b, sapendo che il suo grafico ha un massimo in $\left(\frac{\pi}{6}; \frac{3}{2}\right)$. $[a = 2; b = 1]$

441 Trova i coefficienti a, b, c e d della funzione $y = ax^4 + bx^3 + cx^2 + dx + 1$ in modo che il suo grafico sia simmetrico rispetto all'asse y e abbia un minimo di coordinate $(1; 0)$. $[a = 1; b = 0; c = -2; d = 0]$

442 Determina per quali valori di a e b la funzione $y = ax^3 + 3x + b - 2$ ha un massimo coincidente con il minimo della funzione $y = x - \ln x$. $[a = -1; b = 1]$

443 Data la funzione $y = \frac{ax^2 + x + c}{bx}$, determina a, b e c in modo che il suo grafico abbia un massimo nel punto di ascissa $x = 1$ e passi per i punti di coordinate $\left(-1; \frac{1}{2}\right)$ e $\left(2; -\frac{7}{4}\right)$. $[a = 1; b = -2; c = 1]$

444 **REALTÀ E MODELLI** **Montagne russe** Mario vuole descrivere il profilo del tratto dei binari delle montagne russe in figura con una funzione del tipo $f(x) = -\frac{x^5}{5} + ax^4 + bx^3 + 3x^2 + cx + d$.

Adotta come unità di misura il decametro e scegli il sistema di riferimento in modo che la curva parta con un minimo in $(0; 0)$ e presenti un massimo o un minimo nei punti di ascissa 1, 2 e 3. Determina i parametri a, b, c, d.

$\left[a = \frac{3}{2}; b = -\frac{11}{3}; c = d = 0\right]$

ESERCIZI

Ricerca dei massimi e dei minimi assoluti

445 ESERCIZIO GUIDA Troviamo i punti di massimo e di minimo assoluti della funzione $f(x) = x^4 - 2x^2 + 1$, nell'intervallo $-2 \leq x \leq 1$.

La funzione è definita e continua in $\mathbb{R}$, quindi anche $\forall x \in [-2; 1]$.
Per il teorema di Weierstrass esistono il minimo e il massimo assoluti di f nell'intervallo $[-2; 1]$.
Determiniamo i minimi e i massimi relativi.

- Calcoliamo la derivata prima e il suo dominio.

$$f'(x) = 4x^3 - 4x = 4x(x^2 - 1).$$

$f'(x)$ esiste $\forall x \in \mathbb{R}$.

- $f'(x) = 0$:

$$4x(x^2 - 1) = 0 \quad \rightarrow \quad x = 0 \lor x = \pm 1.$$

Quindi $x = 0$ e $x = \pm 1$ sono punti stazionari.

- Studiamo il segno di $f'(x)$.

$$f'(x) > 0 \text{ se } 4x(x^2 - 1) > 0.$$

$$4x > 0 \quad \rightarrow \quad x > 0.$$

$$x^2 - 1 > 0 \quad \rightarrow \quad x < -1 \lor x > 1.$$

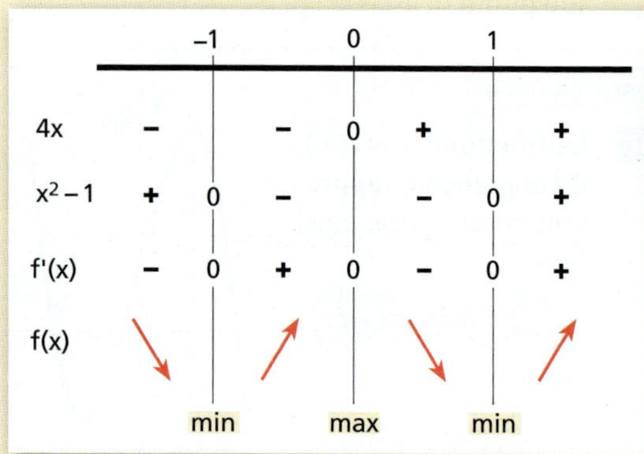

Compiliamo il quadro dei segni di $f'(x)$ e deduciamo che:

- in $x = \pm 1$ la funzione ha due minimi relativi di coordinate $(-1; 0)$ e $(1; 0)$, essendo $f(-1) = 0$ e $f(1) = 0$;
- in $x = 0$ la funzione ha un massimo relativo di coordinate $(0; 1)$, essendo $f(0) = 1$.

Per determinare ora i massimi e i minimi assoluti calcoliamo il valore della funzione agli estremi dell'intervallo assegnato:

$$f(-2) = 16 - 8 + 1 = 9, \; f(1) = 0.$$

Confrontando le ordinate dei punti considerati si può affermare che il minimo assoluto si ha in $x = -1$ e $x = 1$, mentre il massimo assoluto è in $x = -2$.
Per chiarire il risultato osserviamo il grafico della funzione. Il massimo relativo in $(0; 1)$ non è il massimo assoluto nell'intervallo.

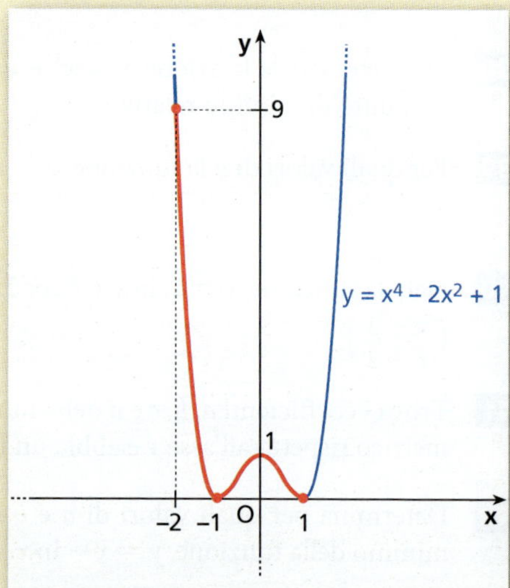

Trova il massimo e il minimo assoluti delle seguenti funzioni negli intervalli indicati a fianco.

446 $y = x^2 - 6x - 1,$ $\quad [0; 5].$ $\quad [x = 0 \text{ max}; x = 3 \text{ min}]$

447 $y = 4x - 2x^2 + 3,$ $\quad [-1; 2].$ $\quad [x = -1 \text{ min}; x = 1 \text{ max}]$

448 $y = \frac{x^3}{3} - 4x,$ $\quad [0; 3].$ $\quad [x = 0 \text{ max}; x = 2 \text{ min}]$

449 $y = 2e^x - 2x,$ $\quad [-1; 4].$ $\quad [x = 0 \text{ min}; x = 4 \text{ max}]$

450 $y = x^3 + 3x + 2,$ $\quad [0; 3].$ $\quad [x = 0 \text{ min}; x = 3 \text{ max}]$

451 $y = x + \frac{2}{x}$, $[1; 4]$. $[x = \sqrt{2}\ \text{min};\ x = 4\ \text{max}]$

452 $y = \frac{1}{2}x^4 - 4x^2 + 4$, $[-1; 3]$. $[x = 3\ \text{max};\ x = 2\ \text{min}]$

453 $y = \frac{x+3}{2\sqrt{x}}$, $\left[\frac{1}{9}; 4\right]$. $\left[x = \frac{1}{9}\ \text{max};\ x = 3\ \text{min}\right]$

454 $y = x \ln x$, $[1; e]$. $[x = 1\ \text{min};\ x = e\ \text{max}]$

455 $y = \frac{x^2+4}{4x}$, $[-3; -1]$. $[x = -2\ \text{max};\ x = -1\ \text{min}]$

456 $y = 1 + \cos x$, $\left[\frac{\pi}{2}; 2\pi\right]$. $[x = \pi\ \text{min};\ x = 2\pi\ \text{max}]$

457 $y = \sqrt{x-2}$, $[3; 11]$. $[x = 3\ \text{min};\ x = 11\ \text{max}]$

5 Flessi e derivata seconda

Concavità e segno della derivata seconda

▶ Teoria a p. 1330

458 LEGGI IL GRAFICO Dal grafico di $f(x)$ deduci il segno di $f''(x)$.

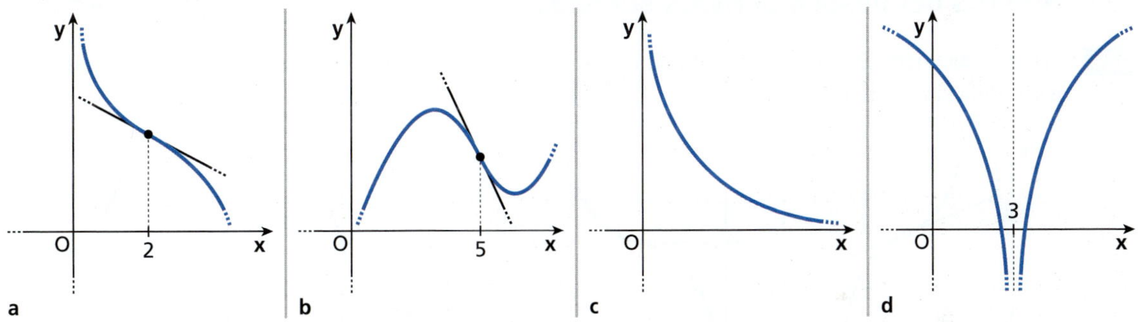

459 RIFLETTI SULLA TEORIA Spiega, utilizzando le derivate, perché le seguenti funzioni hanno la concavità rivolta verso l'alto in tutto $\mathbb{R}$.

a. $y = 5x^2 - x - 1$ **b.** $y = 4e^x + x^2$

460 ESERCIZIO GUIDA Determiniamo gli intervalli in cui il grafico della funzione $y = \frac{x^4}{2} - 2x^3 - 9x^2 + 1$ rivolge la concavità verso l'alto o verso il basso.

La funzione è definita in tutto $\mathbb{R}$. Calcoliamo le derivate prima e seconda:

$$y' = 2x^3 - 6x^2 - 18x; \qquad y'' = 6x^2 - 12x - 18.$$

Studiamo il segno della derivata seconda ponendo

$$6x^2 - 12x - 18 > 0 \ \rightarrow \ 6(x^2 - 2x - 3) > 0 \ \rightarrow$$
$$x < -1 \lor x > 3.$$

Compiliamo il quadro dei segni.
Per $x < -1 \lor x > 3$ la concavità è verso l'alto, per $-1 < x < 3$ la concavità è rivolta verso il basso.

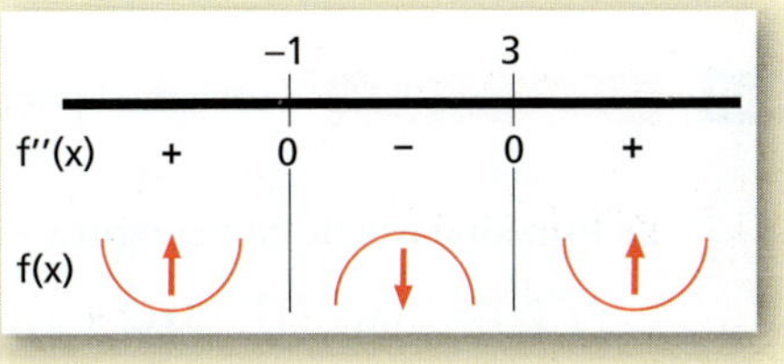

Trova gli intervalli in cui i grafici delle funzioni volgono la concavità verso il basso o verso l'alto. (Nei risultati, dove non c'è una diversa indicazione, indichiamo solo gli intervalli in cui la concavità è rivolta verso l'alto.)

461 $y = x^4 + 4x^3 + 1$ $[x < -2 \vee x > 0]$

462 $y = 2x^3 - 3x^2 + 4x$ $\left[x > \frac{1}{2}\right]$

463 $y = -x^4 + 6x^3 - 12x^2 + 6x$ $[1 < x < 2]$

464 $y = -\frac{1}{3}x^3 + 4x$ $[x < 0]$

465 $y = 2x^4 - 12x^2$ $[x < -1 \vee x > 1]$

466 $y = -2(x-1)^3$ $[x < 1]$

467 $y = \frac{x-1}{x+3}$ $[x < -3]$

468 $y = \frac{x^2}{x-1}$ $[x > 1]$

469 $y = \frac{x^2 - x}{x+2}$ $[x > -2]$

470 $y = \frac{x^4}{2} + \frac{2}{x^4}$ $[x \neq 0]$

471 $y = \sqrt{x-2} + 1$ [verso il basso $x > 2$]

472 $y = x + \sqrt{x-4}$ [verso il basso $x > 4$]

473 $y = \ln\left(1 - \frac{2}{x}\right)$ $[x < 0]$

474 $y = xe^x + x$ $[x > -2]$

475 $y = \frac{5}{2}\sin x - 1$ $[2k\pi < x < \pi + 2k\pi]$

476 $y = x\ln(x-1)$ $[x > 2]$

477 $y = xe^{-x}$ $[x > 2]$

478 $y = \ln\frac{x^2+1}{x^2-1}$ [verso il basso $x < -1 \vee x > 1$]

Ricerca dei flessi e derivata seconda

▶ Teoria a p. 1331

479 LEGGI IL GRAFICO Nei seguenti grafici indica le caratteristiche del flesso di ascissa x_0 e se in x_0 le derivate prima e seconda si annullano.

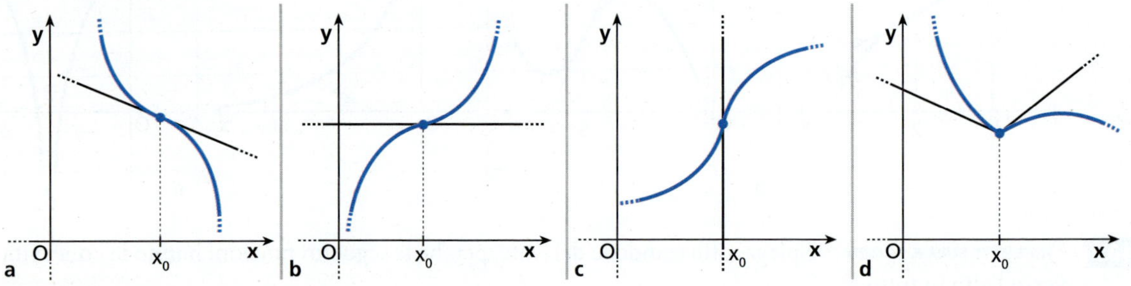

480 VERO O FALSO?

a. In un punto di flesso orizzontale le derivate prima e seconda si annullano sempre. V F

b. Se le derivate prima e seconda si annullano in un punto x_0 di una funzione, allora x_0 è un punto di flesso orizzontale. V F

c. Se $f''(x_0) = 0$, allora si ha un flesso obliquo. V F

d. In un flesso verticale la derivata prima non esiste. V F

481 RIFLETTI SULLA TEORIA Una funzione polinomiale di terzo grado ammette sempre un punto di flesso. Spiega perché aiutandoti anche con un esempio.

482 ESERCIZIO GUIDA Troviamo i punti di flesso della funzione $f(x) = -x(x+1)^3$.

La funzione è definita per ogni $x \in \mathbb{R}$. Calcoliamo la derivata prima e la derivata seconda:

$$f'(x) = -(x+1)^3 - 3x(x+1)^2 = (x+1)^2(-x-1-3x) = (x+1)^2(-4x-1);$$

ESERCIZI

$$f''(x) = 2(x+1)(-4x-1) + (x+1)^2(-4) = (x+1)(-8x-2-4x-4) =$$

$$(x+1)(-12x-6) = -6(x+1)(2x+1).$$

La derivata seconda è continua, quindi possiamo cercare i punti di flesso imponendo $f''(x) = 0$:

$$-6(x+1)(2x+1) = 0 \;\rightarrow\; x = -1 \;\vee\; x = -\frac{1}{2}.$$

Studiamo il segno di $f''(x)$:

$$f''(x) > 0 \;\text{ se }\; -6(x+1)(2x+1) > 0 \;\rightarrow\; (x+1)(2x+1) < 0 \;\rightarrow\; -1 < x < -\frac{1}{2}.$$

Compiliamo il quadro di confronto della derivata seconda e della funzione.

Dal quadro si deduce che i punti $x_1 = -1$ e $x_2 = -\frac{1}{2}$ sono punti di flesso.

Essendo $f'(-1) = 0$ e $f'\left(-\frac{1}{2}\right) = \frac{1}{4} \neq 0$, $x_1 = -1$ è un punto di flesso orizzontale, mentre $x_2 = -\frac{1}{2}$ è un punto di flesso obliquo.

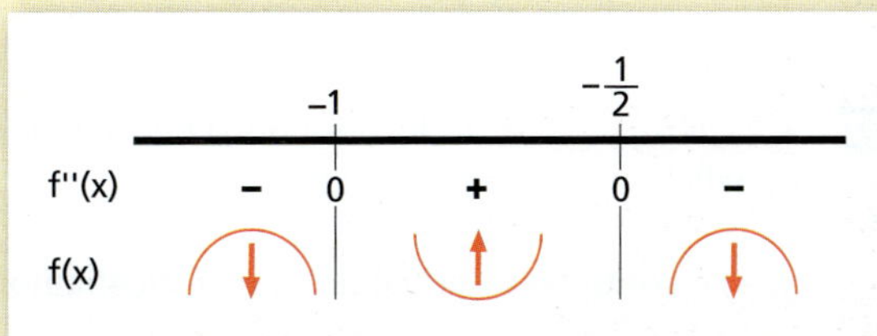

Determina i punti di flesso delle seguenti funzioni.

483 $y = x^3 - 1$ $[x = 0 \text{ fl. or.}]$

484 $y = 2x^3 + 3x$ $[x = 0 \text{ fl. ob.}]$

485 $y = x^4 - \frac{1}{5}x^5$ $[x = 3 \text{ fl. ob.}]$

486 $y = -x^3(x+1)$ $\left[x = 0 \text{ fl. or.}; x = -\frac{1}{2} \text{ fl. ob.}\right]$

487 $y = 2x^3 - 8x$ $[x = 0 \text{ fl. ob.}]$

488 $y = x^4 - 3x^3 + 2$ $\left[x = 0 \text{ fl. or.}; x = \frac{3}{2} \text{ fl. ob.}\right]$

489 $y = -x(x-1)^2$ $\left[x = \frac{2}{3} \text{ fl. ob.}\right]$

490 $y = 2x + \frac{1}{x}$ [nessun flesso]

491 $y = \frac{x^3}{4 + 3x^2}$ $[x = 0 \text{ fl. or.}; x = \pm 2 \text{ fl. ob.}]$

492 $y = x^2 + \frac{1}{x}$ $[x = -1 \text{ fl. ob.}]$

493 $y = \frac{x^2}{x-1}$ [nessun flesso]

494 $y = \frac{x^3}{x+1}$ $[x = 0 \text{ fl. or.}]$

495 ESERCIZIO GUIDA Determiniamo i punti di flesso della funzione $g(x) = \sqrt[3]{x+2}$.

La funzione è definita $\forall x \in \mathbb{R}$. Calcoliamo le derivate prima e seconda:

$$g'(x) = \frac{1}{3}(x+2)^{-\frac{2}{3}} = \frac{1}{3} \cdot \frac{1}{\sqrt[3]{(x+2)^2}};$$

$$g''(x) = \frac{1}{3} \cdot \left(-\frac{2}{3}\right)(x+2)^{-\frac{5}{3}} = -\frac{2}{9} \cdot \frac{1}{\sqrt[3]{(x+2)^5}}.$$

La derivata seconda non esiste in $x = -2$ ed è positiva per $x < -2$ e negativa per $x > -2$.
Il punto $x = -2$ è di flesso. Poiché in -2 anche la $g'(x)$ non esiste e $\lim_{x \to -2} g'(x) = +\infty$, il flesso è verticale.

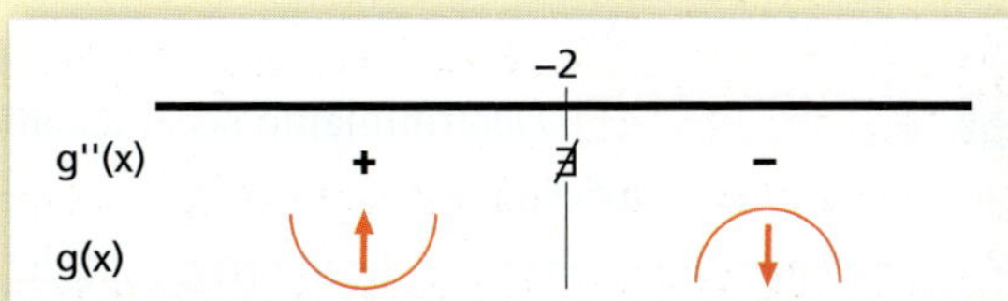

Determina i punti di flesso delle seguenti funzioni.

496 $y = x\sqrt{9-x^2}$ $[x = 0 \text{ fl. ob.}]$

497 $y = \dfrac{x+2}{\sqrt{x+1}}$ $[x = 2 \text{ fl. ob.}]$

498 $y = \sqrt[3]{4-x}$ $[x = 4 \text{ fl. ver.}]$

499 $y = \sqrt[3]{x^2-4}$ $[x = \pm 2 \text{ fl. ver.}]$

500 $y = \ln(x^2 - 5x + 6)$ [nessun flesso]

501 $y = xe^{-x}$ $[x = 2 \text{ fl. ob.}]$

502 $y = x\ln x - \dfrac{1}{x}$ $[x = \sqrt{2} \text{ fl. ob.}]$

503 $y = \ln x + \dfrac{1}{x}$ $[x = 2 \text{ fl. ob.}]$

504 $y = \sin 2x$, in $\left[\dfrac{\pi}{4}; \dfrac{5}{4}\pi\right]$. $\left[x = \dfrac{\pi}{2} \text{ e } x = \pi \text{ fl. ob.}\right]$

505 $y = 2\tan x + 1$, in $\left[-\dfrac{\pi}{2}; \dfrac{\pi}{2}\right]$. $[x = 0 \text{ fl. ob.}]$

506 $y = 2\sin x + 2\cos x$, in $[0; 2\pi]$. $\left[x = \dfrac{3}{4}\pi, x = \dfrac{7}{4}\pi \text{ fl. ob.}\right]$

507 ESERCIZIO GUIDA Determiniamo i punti di flesso della funzione $f(x) = x^3 - 6x + 2$ e scriviamo le equazioni delle tangenti inflessionali.

$f(x)$ è continua e derivabile in $\mathbb{R}$. Calcoliamo le derivate prima e seconda.

$f'(x) = 3x^2 - 6; \qquad f''(x) = 6x.$

$f''(x) = 0$: $6x = 0 \to x = 0$;

$f''(x) > 0$: $6x > 0 \to x > 0$.

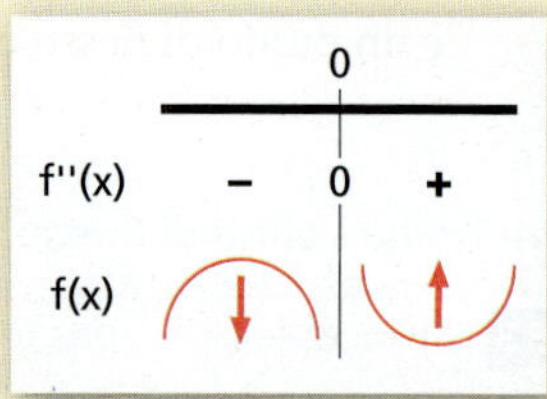

Deduciamo che $x = 0$ è un punto di flesso obliquo perché $f'(0) \neq 0$.
Il coefficiente angolare della tangente inflessionale è $f'(0) = -6$.
Per $x = 0$ si ha $f(0) = 2$, quindi il punto di flesso ha coordinate $(0; 2)$.
L'equazione della tangente è: $y - 2 = -6x \to y = -6x + 2$.

Determina i punti di flesso e scrivi le equazioni delle tangenti inflessionali delle seguenti funzioni.

508 $y = 2x^3 - 5x$ $[\text{fl. } (0; 0);\ y = -5x]$

509 $y = x^3 - x - 4$ $[\text{fl. } (0; -4);\ y = -x - 4]$

510 $y = x^3 - 6x^2 + 4x + 5$ $[\text{fl. } (2; -3);\ y = -8x + 13]$

511 $y = x^3 + 4x - 1$ $[\text{fl. } (0; -1);\ y = 4x - 1]$

512 $y = \tan x$, in $\left[\dfrac{\pi}{2}; \dfrac{3}{2}\pi\right]$. $[\text{fl. } (\pi; 0);\ y = x - \pi]$

513 $y = x(x+3)^2$ $[\text{fl. } (-2; -2);\ y = -3x - 8]$

514 $y = xe^x$ $\left[\text{fl. } \left(-2; -\dfrac{2}{e^2}\right);\ y = \dfrac{-x-4}{e^2}\right]$

515 $y = (x-2)^3$ $[\text{fl. } (2; 0);\ y = 0]$

516 $y = 3\sin x$, in $[-\pi; \pi]$. $[\text{fl. } (0; 0);\ y = 3x]$

Funzioni con parametri e flessi

517 ESERCIZIO GUIDA Determiniamo i coefficienti a, b, c, d in modo che il grafico della funzione

$$y = ax^3 + bx^2 + cx + d$$

passi per $(0; 1)$ e abbia un flesso orizzontale in $(-1; 0)$.

Per determinare a, b, c, d servono quattro condizioni ricavabili da:

- passaggio per $(0; 1) \to 1 = d$;
- passaggio per $(-1; 0) \to 0 = -a + b - c + d$;
- punto di flesso; calcoliamo la derivata prima e seconda: $y' = 3ax^2 + 2bx + c$, $y'' = 6ax + 2b$; imponiamo che sia $y''(-1) = 0$, sostituendo -1 a x nella derivata seconda: $-6a + 2b = 0$;
- tangente orizzontale nel punto di flesso: $y'(-1) = 0 \to 3a - 2b + c = 0$.

Esprimiamo le condizioni analiticamente e le poniamo a sistema.

$$\begin{cases} 1 = d \\ 0 = -a + b - c + d \\ -6a + 2b = 0 \\ 3a - 2b + c = 0 \end{cases} \to \begin{cases} 1 = d \\ 0 = -a + 3a - c + 1 \\ b = 3a \\ 3a - 6a + c = 0 \end{cases} \to \begin{cases} d = 1 \\ 2a - c + 1 = 0 \\ b = 3a \\ -3a + c = 0 \end{cases} \to$$

$$\begin{cases} d = 1 \\ 2a - 3a + 1 = 0 \\ b = 3a \\ c = 3a \end{cases} \to \begin{cases} d = 1 \\ -a + 1 = 0 \\ b = 3a \\ c = 3a \end{cases} \to \begin{cases} a = 1 \\ b = 3 \\ c = 3 \\ d = 1 \end{cases}$$

Sostituendo i valori trovati nella funzione iniziale, otteniamo: $y = x^3 + 3x^2 + 3x + 1$.

518 ●○ Trova per quali valori di a e b la funzione $y = ax^3 + bx^2$ ha un flesso nel punto $F(-2; 16)$.
$[a = 1; b = 6]$

519 ●○ Calcola per quali valori di a e b la funzione $y = ax^3 + bx^2 + x$ ha un flesso nel punto $P(-1; -3)$.
$[a = -1; b = -3]$

520 ●● LEGGI IL GRAFICO La funzione $f(x)$ ha un'equazione del tipo

$$y = ax^4 + bx^3 + 6x^2$$

e ha in F un flesso orizzontale.
Calcola a e b. Trova poi le coordinate dell'altro flesso di $f(x)$ e l'equazione della tangente inflessionale.

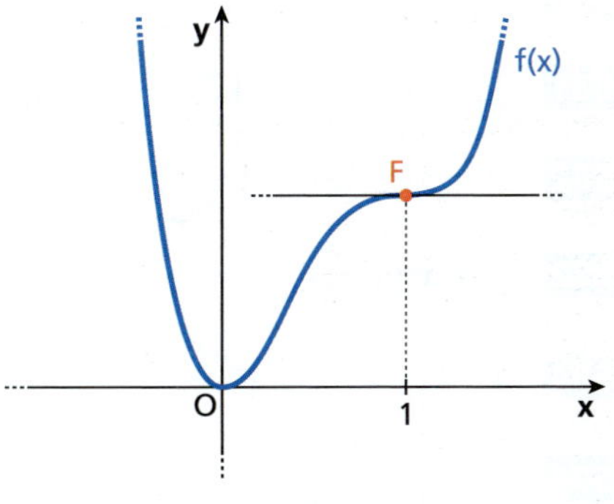

$\left[a = 3, b = -8; \left(\frac{1}{3}; \frac{11}{27}\right); 48x - 27y - 5 = 0\right]$

521 ●○ Determina a, b, c nella funzione $y = \dfrac{ax^3 + bx + c}{x}$ in modo che il suo grafico passi per $(1; 0)$ e abbia un flesso in $(-1; 4)$.
$[a = -2; b = 4; c = -2]$

522 ●○ Trova a, b nella funzione $y = e^{ax^2} + b$, in modo che il suo grafico abbia un flesso nel punto di ascissa -1 e passi per il punto $(0; 2)$.
$\left[a = -\frac{1}{2}; b = 1\right]$

523 ●○ Calcola a, b, c in modo che il grafico della funzione $y = ax^3 + bx^2 + cx$ abbia in $F(1; 2)$ un flesso orizzontale.
$[a = 2; b = -6; c = 6]$

524 ●● Trova per quali valori di a e b il grafico della funzione $y = a\sin x + b\cos x$ ha un flesso con tangente di coefficiente angolare 2 nel punto di ascissa $\frac{\pi}{6}$.
$[a = \sqrt{3}; b = -1]$

525 Nella funzione di equazione $y = ax^3 + bx^2 + cx + d$, trova a, b, c, d in modo che il grafico relativo passi per l'origine e abbia nel punto di ascissa -1 un flesso con tangente di equazione $y = 2x + 2$. $[a = -2; b = -6; c = -4; d = 0]$

526 Trova a in modo che il grafico della funzione $y = (x + a)e^{-x}$ abbia un punto di flesso di ascissa 3. $[a = -1]$

Riepilogo: Massimi, minimi, flessi

527 **TEST** Osserva il grafico della funzione $f(x)$.

Le seguenti relazioni sono tutte corrette, *tranne una*. Quale?

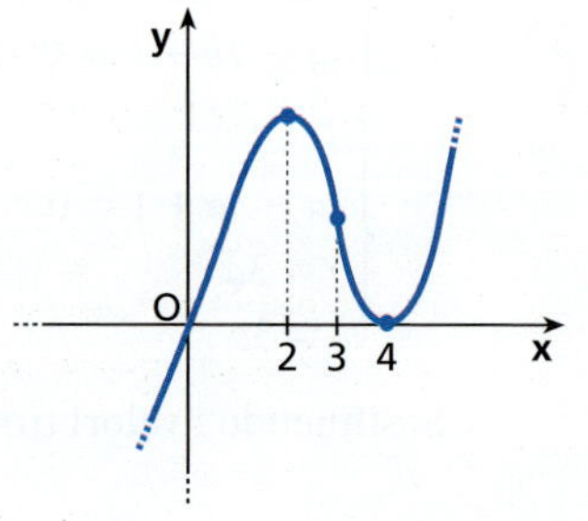

A $f(0) = 0$ e $f'(0) \neq 0$.

B $f'(2) = 0$ e $f''(2) < 0$.

C $f'(3) = 0$ e $f''(3) = 0$.

D $f'(4) = 0$ e $f''(4) > 0$.

E $f''(2) \neq 0$ e $f''(3) = 0$.

Trova i punti di massimo, minimo e flesso delle seguenti funzioni.

528 $y = x^7 - 7$ $[y = 0 \text{ fl. orizz.}]$

529 $y = 12x - x^3$ $[x = 0 \text{ fl. obl.}; x = -2 \text{ min}; x = 2 \text{ max}]$

530 $y = x^6 + 9$ $[x = 0 \text{ min}]$

531 $y = 2x^3 - 9x^2 + 4$ $\left[x = 0 \text{ max}; x = 3 \text{ min}; x = \frac{3}{2} \text{ fl. obl.}\right]$

532 $y = 3x^4 - 8x^3 + 6x^2 + 1$ $\left[x = 0 \text{ min}; x = 1 \text{ fl. orizz}; x = \frac{1}{3} \text{ fl. obl.}\right]$

533 $y = x^3(x - 4)$ $[x = 3 \text{ min}; x = 0 \text{ fl. orizz}; x = 2 \text{ fl. obl.}]$

534 $y = \frac{1}{10}x^6 - \frac{3}{5}x^4$ $\left[x = \pm 2 \text{ min}; x = 0 \text{ max}; x = \pm 2\sqrt{\frac{3}{5}} \text{ fl. obl.}\right]$

535 $y = \frac{x^4}{16} - \frac{x^3}{4} + x$ $[x = -1 \text{ min}; x = 2 \text{ fl. orizz.}; x = 0 \text{ fl. obl.}]$

536 $y = \frac{x^2}{x - 1}$ $[x = 0 \text{ max}; x = 2 \text{ min}]$

537 $y = 2xe^{\frac{x}{2}}$ $[x = -2 \text{ min}; x = -4 \text{ fl. obl.}]$

538 $y = 4 - x^2 \ln x$ $\left[x = \frac{1}{\sqrt{e}} \text{ max}; x = \frac{1}{\sqrt{e^3}} \text{ fl. obl.}\right]$

539 $y = \sqrt[3]{2 - x}$ $[x = 2 \text{ fl. vertic.}]$

540 $y = \frac{x - 3}{(x + 1)^3}$ $[x = 5 \text{ max}; x = 7 \text{ fl. obl.}]$

541 $y = \frac{2x^3}{x^2 - 4}$ $[x = -2\sqrt{3} \text{ max}; x = 2\sqrt{3} \text{ min}; x = 0 \text{ fl. orizz.}]$

542 $y = 2\ln x + \frac{1}{x}$ $\left[x = \frac{1}{2} \text{ min}; x = 1 \text{ fl. obl.}\right]$

543 $y = 6x^5 - 10x^3$ $[x = -1 \text{ max}; x = 0 \text{ fl. orizz.}; x = 1 \text{ min}]$

544 $y = x^3 - 3x + 3$ $[x = 0 \text{ fl. ob.}]$

545 $y = \dfrac{10x}{1 - x^2}$ $[x = 0 \text{ fl. ob.}]$

546 $y = e^{\frac{x^3}{3}}$ $[x = 0 \text{ fl. or.}; x = -\sqrt[3]{2} \text{ fl. ob.}]$

547 $y = \dfrac{x^4}{4} - \dfrac{2}{3}x^3$ $[x = 0 \text{ fl. orizz.}; x = 2 \min]$

548 $y = \dfrac{x^3}{(1 - x)^2}$ $[x = 0 \text{ fl. orizz.}; x = 3 \min]$

549 Trova a, b, c nella funzione $y = ax^3 + bx^2 + cx + 1$ in modo che il suo grafico abbia un punto di flesso in $A(1; 0)$ e un punto di minimo di ascissa 3. $\left[a = \dfrac{1}{11}; b = -\dfrac{3}{11}; c = -\dfrac{9}{11}\right]$

550 Determina a, b, c nella funzione $y = ax^3 + bx^2 + cx + a$, in modo che il suo grafico abbia un flesso in $(0; 8)$ e la tangente nel punto di flesso abbia coefficiente angolare -12.
Verifica che il punto di flesso è il punto medio del segmento che congiunge i punti di massimo e minimo. $[a = 8; b = 0; c = -12]$

6 Problemi di ottimizzazione

Teoria a p. 1333

Problemi sui numeri

551 Trova x e y in modo che sia minima la somma dei loro quadrati, sapendo che $x + y = 20$. [10; 10]

552 Verifica che, se due numeri hanno somma costante a, il loro prodotto è massimo quando sono uguali.

553 La somma di due numeri positivi x e y è 40. Trova quali numeri rendono il prodotto x^2y^3 massimo. [16; 24]

554 Trova x e y in modo che sia minima la somma dei loro quadrati, sapendo che $xy = 36$. $[6, 6 \text{ o } -6, -6]$

555 Verifica che, se due numeri hanno prodotto positivo e costante, la somma dei loro cubi è minima quando i due numeri sono uguali.

556 Trova per quale numero reale è minima la differenza tra il suo cubo e il numero stesso. $\left[\dfrac{\sqrt{3}}{3}\right]$

Problemi di geometria analitica

557 **ESERCIZIO GUIDA** È data la parabola di equazione $y = -x^2 + 4$. Determiniamo su di essa un punto P interno al primo quadrante in modo che sia massima la somma delle distanze di P dagli assi cartesiani.

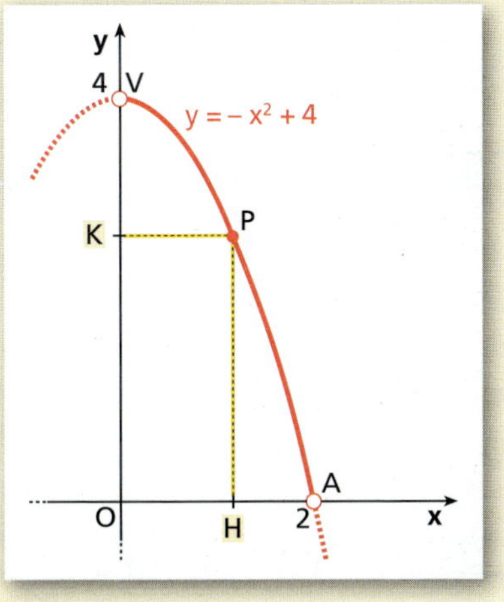

Rappresentiamo graficamente la parabola assegnata.

Scegliamo la variabile
Il punto P ha generiche coordinate $(x; y)$ con $y = -x^2 + 4$, quindi scegliendo come variabile l'ascissa di P abbiamo:

$$P(x; -x^2 + 4).$$

Condizioni sulla variabile
La posizione del punto P può variare da $V(0; 4)$ ad $A(2; 0)$. Poiché P deve essere *interno* al primo quadrante, sono esclusi i casi limite di $P \equiv V$ e $P \equiv A$. Pertanto: $0 < x < 2$.

Determiniamo la funzione obiettivo

Se indichiamo con $\overline{PH}$ e $\overline{PK}$ le distanze di P dall'asse x e dall'asse y, la funzione è

$$y = \overline{PH} + \overline{PK} \rightarrow y = -x^2 + 4 + x = -x^2 + x + 4.$$

Calcoliamo il massimo

Calcoliamo la derivata prima:

$$y' = -2x + 1,$$

$$y' = 0: -2x + 1 = 0 \rightarrow x = \frac{1}{2}.$$

Quindi $x = \frac{1}{2}$ è un punto stazionario.

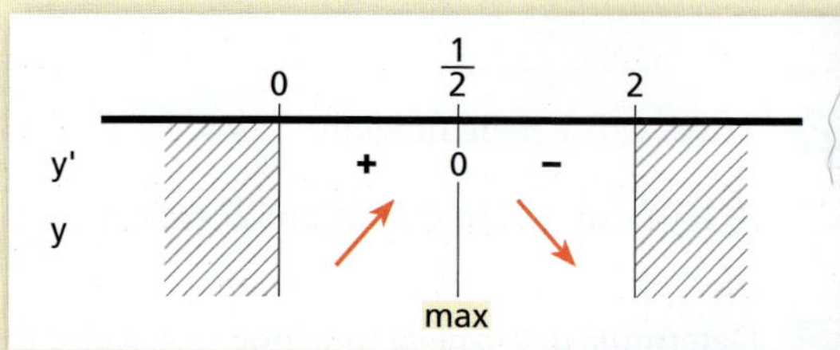

Studiamo il segno di y':

$$-2x+1>0 \rightarrow 2x-1<0 \rightarrow x<\frac{1}{2}.$$

Il valore massimo di y si ha per $x = \frac{1}{2}$.

In corrispondenza di questo valore otteniamo $y = -\left(\frac{1}{2}\right)^2 + 4 = \frac{15}{4}$, quindi il punto cercato è $P\left(\frac{1}{2}; \frac{15}{4}\right)$.

558 Individua il punto della retta $2x + y - 5 = 0$ per il quale è minima la distanza dall'origine degli assi cartesiani. $[P(2;1)]$

559 Determina il punto della retta $y = 4x - 1$ per il quale è minima la distanza dal punto $A(0;3)$. $\left[P\left(\frac{16}{17}; \frac{47}{17}\right)\right]$

560 Determina sul segmento AB un punto P in modo che la somma dei quadrati delle sue distanze dagli assi cartesiani sia minima. $\left[P\left(\frac{4}{5}; \frac{8}{5}\right)\right]$

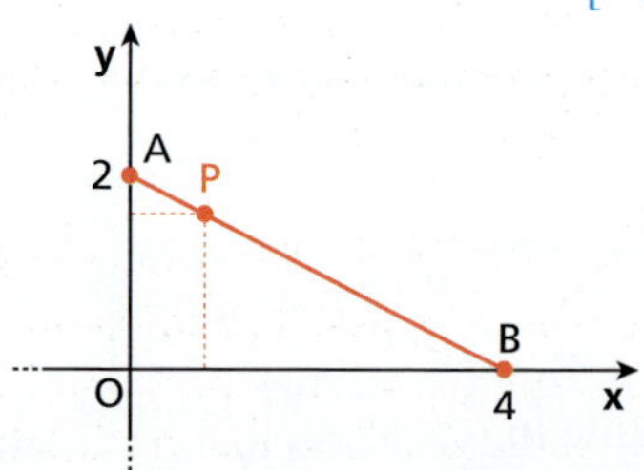

561 Determina le coordinate del punto P del primo quadrante appartenente alla curva rappresentata in figura in modo che l'area del rettangolo colorato sia massima. $[P(1;1)]$

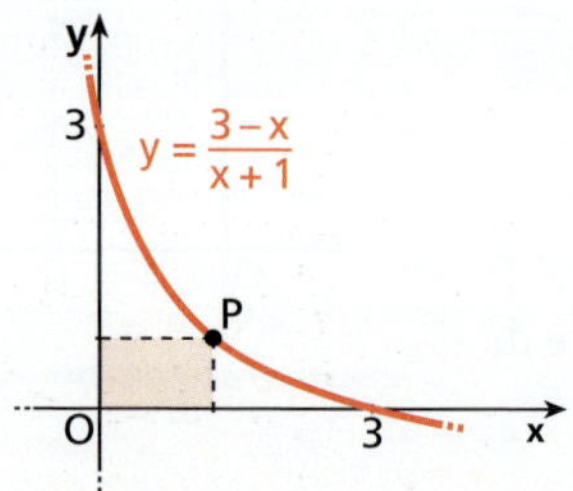

562 Stabilisci qual è il punto P del quarto quadrante, appartenente alla parabola di equazione $y = x^2 - 4$, che ha distanza minima dal punto $Q(0;-2)$. $\left[P\left(\sqrt{\frac{3}{2}}; -\frac{5}{2}\right)\right]$

563 Data la parabola di equazione $y = -x^2 + 1$, determina su di essa un punto P di ordinata positiva in modo che sia minima la somma dei quadrati delle distanze di P dai punti di intersezione della parabola con l'asse x. $\left[x = \pm\frac{\sqrt{2}}{2}\right]$

564 Data la parabola di equazione $y = -x^2 + 4x$, inscrivi un rettangolo di area massima nella parte di piano delimitata dalla parabola e dall'asse x.
[indicando con $y = k$ una parallela all'asse x, si ha il massimo per $k = \frac{8}{3}$]

565 Data la parabola di equazione $y = -x^2 + 5$, indica con A e B i punti in cui interseca la retta di equazione $y = k$. Determina k in modo che sia massima l'area della superficie del triangolo OAB, in cui O è l'origine degli assi. $\left[k = \frac{10}{3}\right]$

566 È data la circonferenza di equazione $x^2 + y^2 = 1$. Determina su di essa un punto P in modo che sia massima la somma dei quadrati delle sue distanze dai punti $A(2;0)$ e $B(0;2)$.
[se x è l'ascissa di P, $x = -\frac{\sqrt{2}}{2}$]

567 Data la parabola di equazione $y = 4 - x^2$, individua sull'arco $\widehat{VA}$ (dove V è il vertice della parabola e A l'intersezione della parabola con il semiasse positivo delle x) il punto P per il quale è minima la distanza dal punto $B(0; 3)$. $\left[P\left(\frac{\sqrt{2}}{2}; \frac{7}{2}\right)\right]$

568 Determina un punto P sulla retta di equazione $x = 4$ in modo che la somma $\overline{PH}^2 + \overline{PK}^2$ sia minima, essendo $\overline{PH}$ e $\overline{PK}$ le distanze di P dalle rette di equazione $y = 2$ e $y = x - 3$. $\left[\left(4; \frac{5}{3}\right)\right]$

569 Fra tutti i rettangoli inscritti nella circonferenza di equazione $x^2 + y^2 = 4$, determina quello di area massima. [il quadrato di lato $2\sqrt{2}$]

570 Determina il parametro k in modo che sia massima la distanza fra i vertici delle parabole di equazioni:

$y = -2x^2 + kx + 4$ e $y = 2x^2 + (4 - k)x + 2k$.

$[k = 6]$

571 Data l'iperbole di equazione $xy = k$, $0 < k < 1$, sia A un suo punto di ascissa k e siano B e C i suoi vertici. Determina il valore di k che rende massima l'area del triangolo BAC. $\left[k = \frac{1}{3}\right]$

572 Inscrivi un rettangolo nella parte di piano compresa tra la parabola di equazione $y = -x^2 + 2$ e l'asse x in modo che sia massimo il volume del cilindro che si ottiene con una rotazione completa intorno all'asse y. [se $y = k$ è la retta parallela all'asse x, si ha il massimo per $k = 1$]

573 Date la circonferenza di equazione $x^2 + y^2 = 4$ e la retta r di equazione $y = mx$, siano P il loro punto di intersezione nel primo quadrante e A la proiezione di P sull'asse x. Determina per quale valore di m il triangolo OPA ha area massima. [1]

574 Considera una retta passante per il punto $(1; 4)$ e di coefficiente angolare m negativo. Siano P e Q i punti di intersezione rispettivamente con gli assi x e y. Determina l'equazione della retta per cui è minima la somma $\overline{OP} + \overline{OQ}$. $[y = -2x + 6]$

575 Individua il punto della parabola di equazione $y = -x^2$ per il quale è minima la distanza dalla retta $y = x + 3$. $\left[P\left(-\frac{1}{2}; -\frac{1}{4}\right)\right]$

576 Trova per quale valore di a il vertice della parabola di equazione $y = ax^2 - 2x + 4$ ha la minima distanza dall'origine. $\left[a = \frac{1}{2}\right]$

577 Data la parabola di equazione

$$y = -x^2 + 8x - 7,$$

inscrivi nella parte di piano limitata dalla parabola e dall'asse x un trapezio isoscele con la base maggiore sull'asse x e di area massima.

[se $y = k$ è la retta della base minore, $k = 8$]

578 La parabola di equazione $y = -2x^2 + x + 1$ interseca l'asse y nel punto C e l'asse x nei punti A e B (A è il punto di ascissa negativa). Considera un punto P variabile sull'arco $\widehat{CB}$ della parabola e trova l'ascissa di P per la quale è massima l'area del quadrilatero $OCPB$. $\left[x = \frac{1}{2}\right]$

579 Determina le coordinate di un punto P, appartenente alla parabola di equazione $y = -x^2 + 4x$, tale che la sua distanza dalla retta $y = -x + 8$ sia minima. Calcola la misura di tale distanza.

$\left[P\left(\frac{5}{2}; \frac{15}{4}\right); d = \frac{7\sqrt{2}}{8}\right]$

580 Scrivi l'equazione della parabola che passa per l'origine O e per i punti $A(2; 0)$ e $B(-1; 3)$. La retta di equazione $y = mx$ interseca l'arco di parabola $\widehat{OA}$, oltre che in O, in un punto P. Trova P in modo che l'area del triangolo OPA sia massima. $[P(1; -1)]$

581 LEGGI IL GRAFICO Determina le equazioni delle parabole rappresentate in figura e trova il triangolo ABC di area massima, inscritto nella regione da esse delimitata, che ha il lato BC parallelo all'asse y. $\left[C\left(\frac{2}{3}; -\frac{8}{9}\right)\right]$

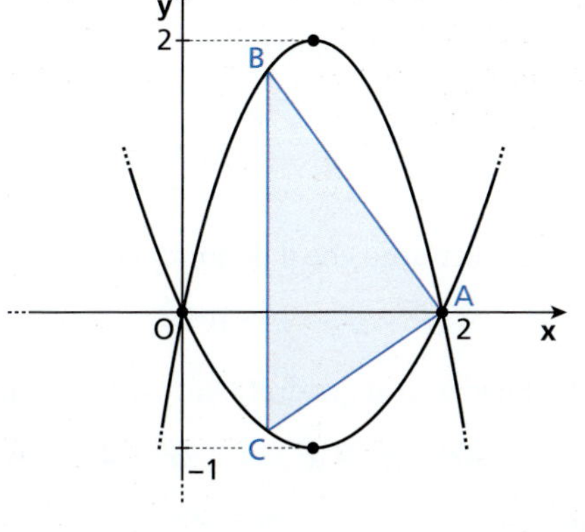

582 •• LEGGI IL GRAFICO Scrivi l'equazione della parabola rappresentata nella figura e trova la posizione di A e B in modo che il triangolo OBA abbia area massima.

$\left[y_A = y_B = \frac{8}{3}\right]$

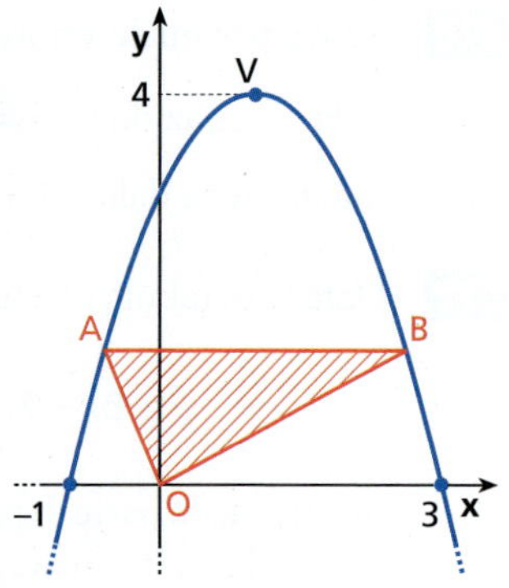

583 •• Date la parabola di equazione $y = x^2$ e l'iperbole equilatera di equazione $y = -\frac{4}{x}$, considera sulle due curve due punti P e Q con la stessa ascissa $a > 0$. Calcola la distanza $\overline{PQ}$ e trova per quale valore di a essa è minima. $[a = \sqrt[3]{2}]$

Problemi di geometria piana

Un segmento come incognita

584 ESERCIZIO GUIDA Fra tutti i rettangoli inscritti in una circonferenza di raggio r, determiniamo quello di perimetro massimo.

Scegliamo la variabile
Consideriamo un rettangolo qualsiasi $ABCD$ inscritto nella circonferenza; poniamo $\overline{AB} = x$.

Condizioni sulla variabile
Dalla figura deduciamo che deve essere $0 < x < 2r$.

Se $x = 0 \rightarrow A \equiv B$ e $C \equiv D$; il rettangolo degenera nel diametro AC.

Se $x = 2r \rightarrow A \equiv D$ e $B \equiv C$; il rettangolo degenera nel diametro AB.

In conclusione: $0 \leq x \leq 2r$.

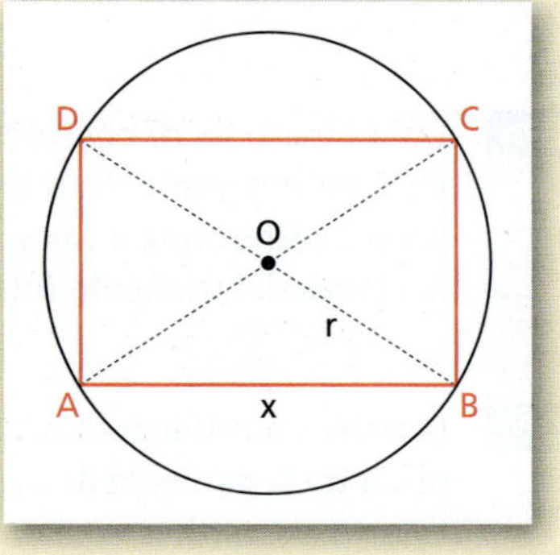

Determiniamo la funzione obiettivo
Calcoliamo $\overline{AD}$ con il teorema di Pitagora applicato al triangolo rettangolo DAB:

$$\overline{AD} = \sqrt{\overline{DB}^2 - \overline{AB}^2} = \sqrt{4r^2 - x^2}.$$

La funzione che esprime il perimetro del rettangolo è:

$$y = 2\overline{AB} + 2\overline{AD} = 2x + 2\sqrt{4r^2 - x^2} \rightarrow y = 2(x + \sqrt{4r^2 - x^2}), \text{ con } 0 \leq x \leq 2r.$$

Calcoliamo il massimo
Calcoliamo la derivata prima:

$$y' = 2\left(1 + \frac{-2x}{2 \cdot \sqrt{4r^2 - x^2}}\right) = 2\frac{\sqrt{4r^2 - x^2} - x}{\sqrt{4r^2 - x^2}}.$$

Studiamo il segno di y':

$$y' > 0 \quad \text{se} \quad 2\frac{\sqrt{4r^2 - x^2} - x}{\sqrt{4r^2 - x^2}} > 0.$$

Osserviamo che il denominatore è sempre positivo, quindi basta risolvere la disequazione irrazionale:

$$\sqrt{4r^2 - x^2} - x > 0 \rightarrow \sqrt{4r^2 - x^2} > x.$$

Eleviamo al quadrato entrambi i membri (senza porre altre condizioni, in quanto sono entrambi positivi):

$$4r^2 - x^2 > x^2 \rightarrow 2x^2 - 4r^2 < 0 \rightarrow -\sqrt{2}\,r < x < \sqrt{2}\,r.$$

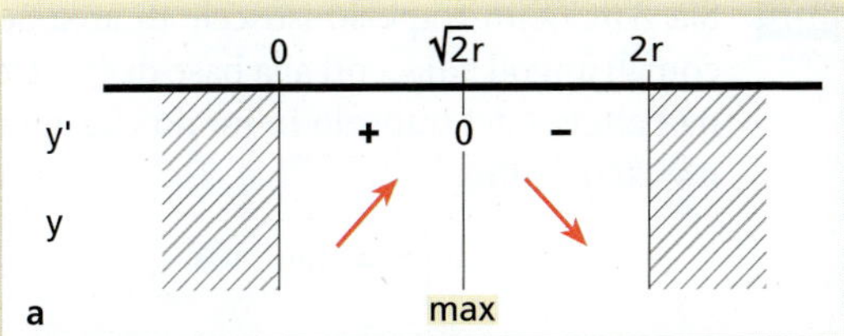

Dal quadro dei segni (figura **a**), che tiene conto delle limitazioni $0 \leq x \leq 2r$, deduciamo che il perimetro massimo si ha per $x = \sqrt{2}\,r$.
Notiamo che per il valore trovato il rettangolo inscritto nel cerchio diventa un quadrato (figura **b**).

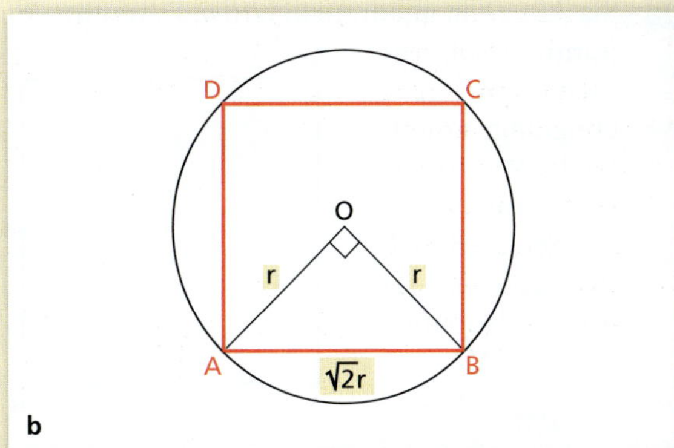

585 Fra tutti i rettangoli di area 36, determina quello la cui diagonale è minima. [il quadrato di lato 6]

586 Verifica che fra tutti i rettangoli di perimetro a, quello di area massima è il quadrato.

587 Fra tutti i triangoli rettangoli la cui somma dei cateti misura 4, determina quello di ipotenusa minima.
[il triangolo isoscele con i cateti che misurano 2]

588 Fra tutti i rettangoli di diagonale 8, trova quello di area massima. [il quadrato di lato $4\sqrt{2}$]

589 Nel quadrato $ABCD$ di lato 10, determina sul lato AB un punto P in modo che la somma dei quadrati delle sue distanze da C e dal punto medio M di AD sia minima. [$\overline{AP} = 5$]

590 Fra tutti i triangoli rettangoli nei quali la somma di un cateto e dell'ipotenusa misura 12, determina quello di area massima.
[il triangolo nel quale un cateto misura 4]

591 Fra tutti i triangoli isosceli inscritti in un cerchio di raggio 1, trova quello di area massima.
$\left[\text{il triangolo equilatero con altezza che misura } \frac{3}{2}\right]$

592 Fra tutti i triangoli isosceli che hanno per base una corda di un cerchio di raggio r e il vertice nel centro del cerchio stesso, determina quello di area massima.
$\left[\text{il triangolo la cui altezza misura } \frac{r}{2}\sqrt{2}\right]$

593 Nell'insieme dei triangoli isosceli inscritti in una circonferenza di raggio r, determina quello in cui la somma dell'altezza AH e della base BC è massima.
$\left[\text{il triangolo in cui } \overline{AH} = r \cdot \left(1 + \frac{\sqrt{5}}{5}\right)\right]$

594 Dati un triangolo equilatero ABC di lato $\overline{AB} = 6$ e un punto P di AB, trova la posizione di P che rende massima l'area del trapezio $PBFE$.
[$\overline{AP} = 2$]

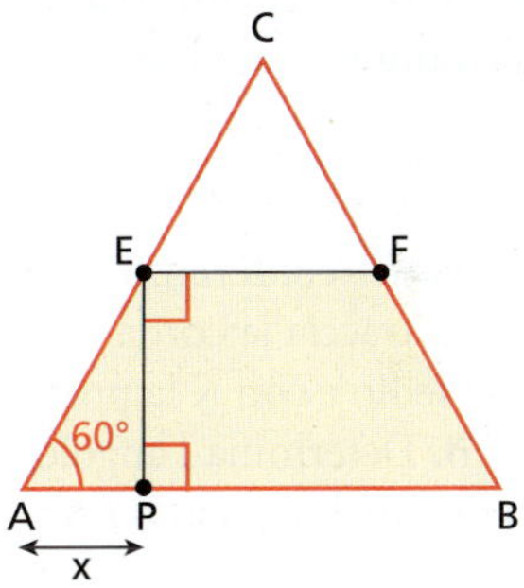

595 Data una circonferenza di centro O e raggio r, siano AB un suo diametro e t la retta tangente in B alla circonferenza. Determina un punto P di AB e un punto Q su t, con

$$\overline{PB} + \overline{QB} = 2r,$$

in modo che PQB abbia area massima. [$P \equiv O$]

596 Fra tutti i rombi circoscritti a un cerchio di raggio r, determina quello:
a. di perimetro minimo;
b. di area minima.
[a), b) il quadrato circoscritto]

597 Nell'insieme dei trapezi isosceli inscritti in una semicirconferenza di raggio r, determina quello di perimetro massimo.
[il semiesagono inscritto]

598 Data una circonferenza di raggio r, inscrivi in essa un triangolo rettangolo isoscele ABC di ipotenusa AB. Determina un punto P, sull'arco AB non contenente C, tale che l'area del quadrilatero convesso $ACBP$ sia massima. [$\overline{AP} = r\sqrt{2}$]

599 ●● Sia $ABCD$ un quadrato di lato a. Determina un punto P sul segmento MN che congiunge i punti medi M e N rispettivamente dei segmenti AB e CB in modo che sia minima la somma $\overline{PH}^2 + \overline{PM}^2$.

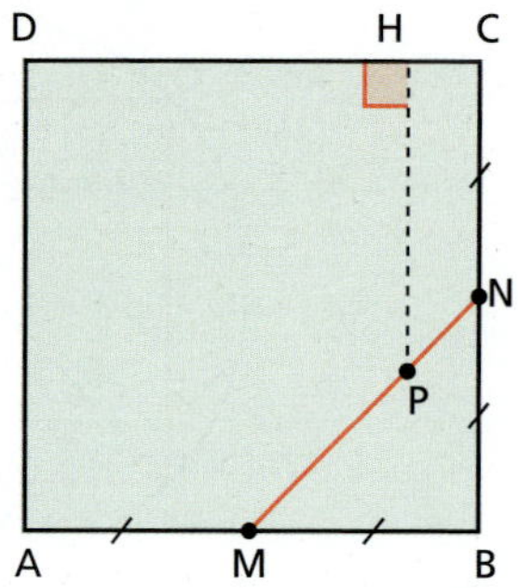

$\left[\overline{PM} = \frac{\sqrt{2}}{3}a\right]$

600 ●● Sia $ABCD$ un trapezio isoscele di area 36 cm^2 e con gli angoli adiacenti alla base di 45°. Determina l'altezza del trapezio in modo che abbia perimetro minimo.

$\left[\text{misura dell'altezza} = \frac{6}{\sqrt[4]{2}}\ \text{cm}\right]$

601 ●● Tra tutti i rombi di perimetro 4 cm, determina quello di area massima.

[il quadrato di diagonale $\sqrt{2}$ cm]

Un angolo come incognita

602 ●○ Determina la misura degli angoli alla base di un trapezio isoscele, con base minore e lati obliqui che misurano 2, in modo che l'area sia massima.

$\left[\frac{\pi}{3}\right]$

603 ●○ Sulla semicirconferenza di diametro AB, con $\overline{AB} = 2r$, traccia la corda AC. Indica con P il suo punto medio e con K la proiezione ortogonale di P su AB. Determina l'angolo $B\widehat{A}C$ in modo che sia massimo il segmento PK.

$\left[B\widehat{A}C = \frac{\pi}{4}\right]$

604 ●○ Considera il punto P sull'arco $\widehat{AB}$ in figura. Determina la posizione di P che rende massima l'area del quadrilatero $OHPB$.

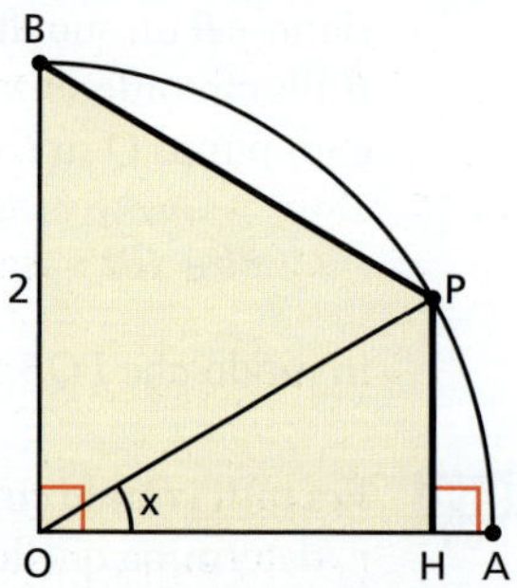

$\left[x = \frac{\pi}{6}\right]$

605 ●● Sulla semicirconferenza di diametro AB, con $\overline{AB} = 2$, determina un punto P tale che, dette M e H le sue proiezioni ortogonali rispettivamente sulla retta tangente in A alla semicirconferenza e sul diametro AB, sia massima l'area del rettangolo $AHPM$.

$\left[P\widehat{B}A = \frac{\pi}{3}\right]$

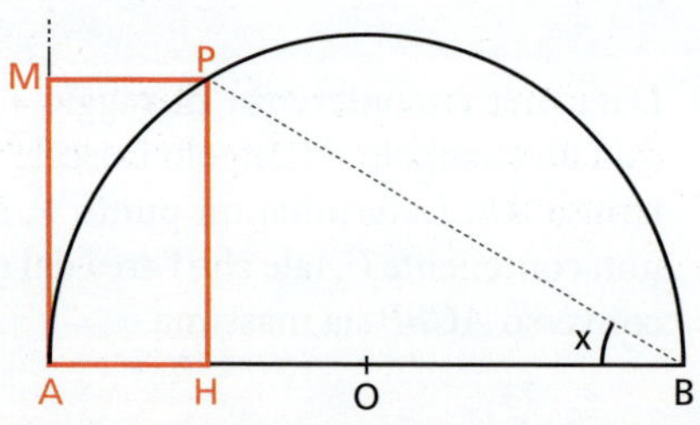

606 ●○ Fra tutti i rombi circoscritti a un cerchio di raggio r, determina quello di perimetro minimo.

[il quadrato]

607 ●○ Sull'arco $\widehat{AB}$ di un settore circolare di raggio r, centro O e ampiezza $\frac{\pi}{3}$, prendi un punto P in modo che, indicate rispettivamente con H e K le proiezioni di P su OA e OB, risulti massima la somma dei segmenti PH e PK.

$\left[\text{posto } A\widehat{O}P = x,\ x = \frac{\pi}{6}\right]$

608 ●● Data la semicirconferenza di diametro AB, con $\overline{AB} = 4$, traccia la retta t tangente in B e da un punto P della semicirconferenza traccia la proiezione Q su t. Determina la posizione di P per cui la somma $\overline{PQ} + \overline{PA}$ è massima.

$\left[P\widehat{A}B = x,\ x = \frac{\pi}{3}\right]$

609 ●○ Sia ABC un triangolo rettangolo con l'ipotenusa BC lunga 10 m e l'angolo $A\widehat{B}C$ di ampiezza $\frac{\pi}{3}$. Traccia una semiretta uscente da B e appartenente all'angolo $A\widehat{B}C$ in modo che, dette H e K le proiezioni ortogonali su di essa di A e di C, la somma delle misure dei segmenti AH e CK risulti massima.

$\left[\text{posto } H\widehat{B}C = x,\ x = \frac{\pi}{3}\right]$

610 ●● Una semicirconferenza ha diametro AB lungo 1 cm e centro O, e M è il punto medio di $\widehat{AB}$. Determina un punto P sull'arco $\widehat{MB}$ in modo tale che, detta H la sua proiezione su AB, sia minimo il valore di

$$\overline{MP}^2 + 2\overline{PH}^2.$$

$\left[\text{posto } P\widehat{O}H = x,\ x = \frac{\pi}{6}\right]$

ESERCIZI

Problemi di geometria solida

611 Dato un triangolo rettangolo la cui ipotenusa misura l, determina l'ampiezza degli angoli acuti affinché il cilindro avente per diametro di base un cateto e per altezza l'altro cateto abbia area laterale massima.

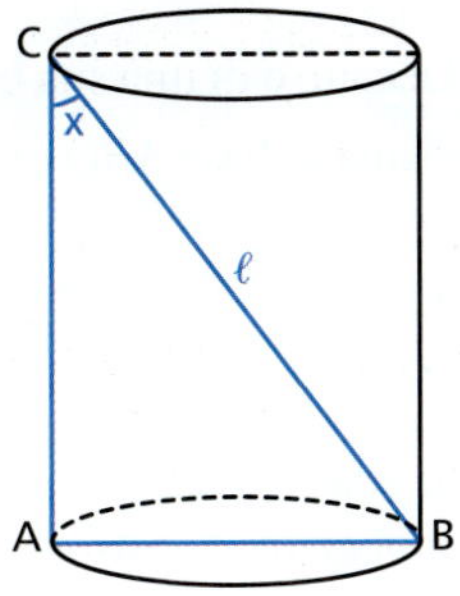

612 Al parallelepipedo in figura viene sottratto un cubo di spigolo x.

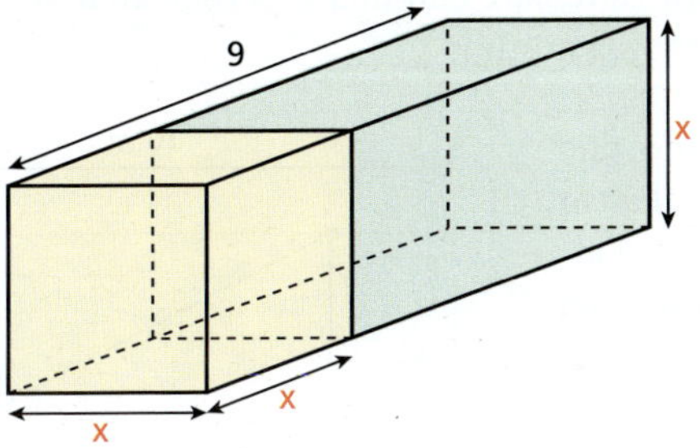

Determina per quale valore di x il parallelepipedo rimanente ha volume massimo. [6]

613 Fra tutte le piramidi regolari a base quadrata di apotema 3, determina quella di volume massimo.
[se x = misura dell'altezza, $x = \sqrt{3}$]

614 Fra tutti i cilindri inscrivibili in una sfera di raggio r, determina quello di superficie laterale massima.
[se x = misura dell'altezza del cilindro, $x = r\sqrt{2}$]

615 Fra i parallelepipedi rettangoli con volume costante V e altezza $h = 4$, determina quello con area laterale minima.
[parallelepipedo a base quadrata]

616 Tra i cilindri di volume V, qual è il raggio di base di quello che ha superficie totale minima?
$\left[r = \sqrt[3]{\frac{V}{2\pi}}\right]$

617 Tra i cilindri inscritti in un cono retto di raggio di base r e altezza $2r$, qual è quello di volume massimo?
$\left[\text{raggio di base del cilindro} = \frac{2}{3}r\right]$

618 Fra tutti i trapezi isosceli inscritti in una semicirconferenza di raggio che misura r, determina quello per il quale è massimo il volume del solido generato da una rotazione completa intorno al diametro della semicirconferenza.
$\left[\text{se } x = \text{misura della proiezione del lato obliquo sulla base maggiore, } x = \frac{r}{6}(7 - \sqrt{13})\right]$

619 Determina la posizione di una corda AB di una circonferenza di diametro AC, con $\overline{AC} = 2r$, affinché sia massima la superficie generata dalla rotazione completa della corda attorno ad AC.
$\left[\text{posto } B\widehat{C}A = x, x = \frac{\pi}{6}\right]$

620 Fra tutti i triangoli rettangoli ABC di data ipotenusa AB, con $\overline{AB} = a$, determina quello che genera, in una rotazione completa intorno al cateto AC, un cono di volume massimo.
$\left[\text{posto } \overline{CB} = x, x = \frac{\sqrt{6}}{3}a\right]$

621 Fra tutti i triangoli rettangoli ABC, di data ipotenusa AB, con $\overline{AB} = a$, determina quello per il quale è massima la somma delle superfici laterali dei coni generati da una rotazione completa prima intorno a un cateto e poi intorno all'altro cateto.
$\left[\text{se } x = \text{misura di un cateto, } x = \frac{\sqrt{2}}{2}a;\right.$ $\left.\text{il triangolo è rettangolo isoscele}\right]$

622 Dato il trapezio rettangolo $ABCD$ (con AB base maggiore e BC lato obliquo) circoscritto a un cerchio di raggio r e centro O, determina l'angolo $B\widehat{O}H$ (dove H è il punto di tangenza del lato obliquo BC con la circonferenza) in modo che sia minima la superficie laterale del solido che si ottiene con una rotazione completa del trapezio rettangolo intorno alla sua base maggiore.
$\left[x = \frac{\pi}{3}\right]$

623 Fra tutti i coni inscritti in una sfera di raggio r, determina quello per il quale è massimo il rapporto tra il suo volume e quello della sfera.
$\left[\text{posto } x = \text{misura dell'altezza del cono, } x = \frac{4}{3}r\right]$

624 Di tutti i parallelepipedi a base quadrata con diagonale di misura d, determina quello di volume massimo.
$\left[\text{posto } x = \text{misura dell'altezza del parallelepipedo, } x = \frac{\sqrt{3}}{3}d\right]$

625 Tra i parallelepipedi di base quadrata di lato a e volume 27, trova quello la cui sfera circoscritta abbia superficie minima. [cubo di spigolo 3]

626 Sia dato un cilindro equilatero di diametro $2r$. Detti O il centro di una sua base e AB una corda di questa base, determina l'angolo $A\widehat{B}O$ in modo che il volume del prisma di base ABO e altezza pari a quella del cilindro sia massimo. $\left[A\widehat{B}O = \frac{\pi}{4}\right]$

Problemi REALTÀ E MODELLI

627 **Beware of dogs** Monica vuole realizzare sul retro della sua casa un recinto per i suoi cani, di forma rettangolare e che abbia un lato appoggiato al muro di casa. Ha a disposizione 5 m di rete. Individua qual è il recinto che consente ai cani di Monica di avere più spazio a disposizione.
[il recinto con il lato parallelo alla casa doppio di quello perpendicolare]

628 **Aquilone** Si vuole costruire un aquilone a forma di settore circolare con una superficie di 8 m^2. Determina l'angolo α del settore in modo che il contorno dell'aquilone sia minimo. [$\alpha = 2$]

629 **Cartelloni minimi** Su un listello di legno si appendono due cartelloni come in figura: uno ha la forma di un quadrato, l'altro quella di un triangolo rettangolo con un cateto doppio dell'altro. Trova la misura di x in modo che la somma delle superfici dei due cartelloni risulti minima. [$x = 2$]

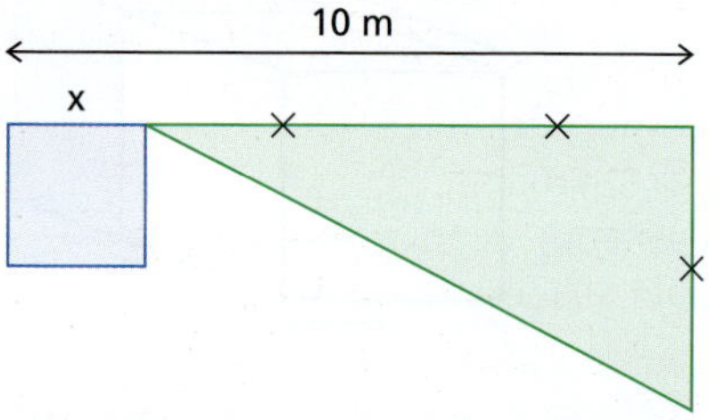

630 **Piscina massima** Una piscina ha la forma di un rettangolo con l'aggiunta di una zona a forma di semicerchio, avente il diametro coincidente con un suo lato. Determina le lunghezze dei lati del rettangolo in modo che la piscina abbia il perimetro esterno di 100 m e la superficie massima. $\left[b = \frac{200}{\pi + 4} \simeq 28\text{ m}; h = \frac{100}{\pi + 4} \simeq 14\text{ m}\right]$

631 **Giardini geometrici** Un giardiniere ha avuto l'incarico di realizzare un'aiuola a forma di settore circolare con un'area di 16 m^2. L'interno dell'aiuola sarà ricoperto d'erba, mentre lungo il perimetro saranno piantati dei fiori. Determina il raggio e l'angolo di apertura dell'aiuola in modo che si utilizzi il minor numero di fiori. [$r = 4$ m; $\alpha = 2$ rad]

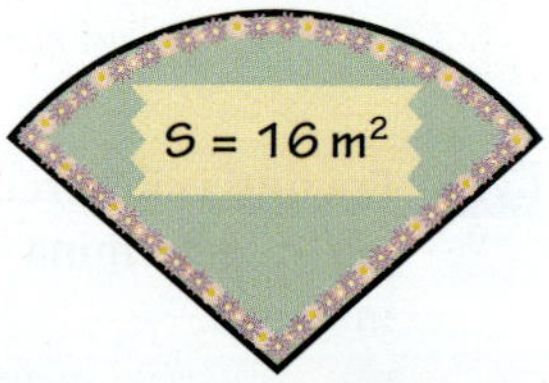

---

632 In un mercato in regime di monopolio, il prezzo di vendita p di un bene dipende dalla quantità x che rappresenta la domanda del mercato secondo la legge $p(x) = 80 - x$.

a. Determina la funzione ricavo totale $R(x)$ data dal prodotto tra il prezzo e la quantità di merce venduta.

b. Determina per quale quantità di merce venduta il ricavo è massimo.

[a) $R(x) = 80x - x^2$; b) $x = 40$]

633 Fra tutti i recipienti a forma cilindrica di uguale superficie S, determina quello di volume massimo. $\left[\text{posto } x = \text{raggio di base, } x = \sqrt{\frac{S}{6\pi}}\right]$

634 **Caldo caldo!** Un'azienda produce thermos con capacità di 1 L, a forma di cilindro circolare retto. Il settore *Ricerca e sviluppo* dell'azienda vuole determinare il raggio di base r e l'altezza h del thermos che permettano di minimizzare il calore disperso all'esterno. [$r \simeq 5,4$ cm; $h \simeq 10,8$ cm]

635 Un falegname deve costruire una cassapanca a forma di parallelepipedo, con il coperchio, utilizzando la minima quantità di legno. Se uno spigolo deve essere di 15 dm e il volume di 630 dm^3, quanto saranno lunghi gli altri due spigoli? [6,48 dm; 6,48 dm]

RISOLVIAMO UN PROBLEMA

Lavori in corso

Un'impresa edile deve costruire una strada che colleghi tra loro due piccoli paesi, A e B, che distano tra loro 6 km, e due strade che colleghino A e B con la città C, che dista da entrambi 5 km, in modo che il percorso sia il più breve possibile. Decide quindi di costruire un tratto comune CH sull'asse del segmento AB per poi costruire due strade rettilinee che colleghino H con A e con B. Quanto deve essere lungo il tratto CH?

▶ **Modellizziamo il problema.**

Rappresentiamo con un disegno la situazione: le tre località si trovano ai vertici di un triangolo isoscele (dato che C ha la stessa distanza da A e da B); il tratto CH si trova sull'asse del segmento AB; CK è l'altezza relativa ad AB.

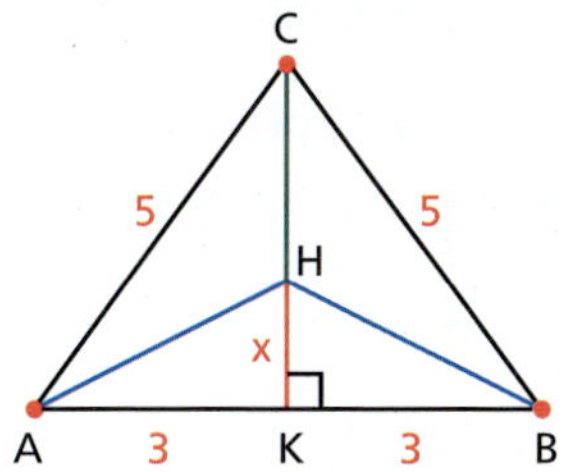

Chiamiamo x la misura del tratto KH. L'altezza CK, per il teorema di Pitagora, è lunga 4 km, quindi: $0 < x < 4$.

▶ **Troviamo la funzione obiettivo.**

Esprimiamo le tre misure in funzione di x.

$$\overline{CH} = \overline{CK} - \overline{KH} = 4 - x.$$

$AH \cong HB$, perché H è un punto dell'asse di AB. Applichiamo il teorema di Pitagora al triangolo AHK:

$$\overline{AH} = \overline{HB} = \sqrt{\overline{AK}^2 + \overline{KH}^2} = \sqrt{9 + x^2}.$$

La funzione obiettivo è dunque:

$$f(x) = 2\sqrt{9 + x^2} + 4 - x.$$

▶ **Troviamo il minimo.**

Deriviamo la funzione:

$$f'(x) = \frac{2x}{\sqrt{9 + x^2}} - 1 = \frac{2x - \sqrt{9 + x^2}}{\sqrt{9 + x^2}}.$$

Studiamo il segno della derivata prima:

$$f'(x) > 0 \rightarrow \frac{2x - \sqrt{9 + x^2}}{\sqrt{9 + x^2}} > 0 \rightarrow$$

$$2x - \sqrt{9 + x^2} > 0 \rightarrow 2x > \sqrt{9 + x^2}.$$

Dato che $0 < x < 4$ e il radicando è sempre positivo, possiamo elevare al quadrato entrambi i membri:

$$4x^2 > 9 + x^2 \rightarrow x^2 > 3 \rightarrow x < -\sqrt{3} \vee x > \sqrt{3}.$$

Compiliamo il quadro dei segni tenendo conto delle limitazioni. Dunque $x = \sqrt{3}$ è un minimo per la funzione. Per questo valore il tratto di strada CH è lungo circa 2,3 km.

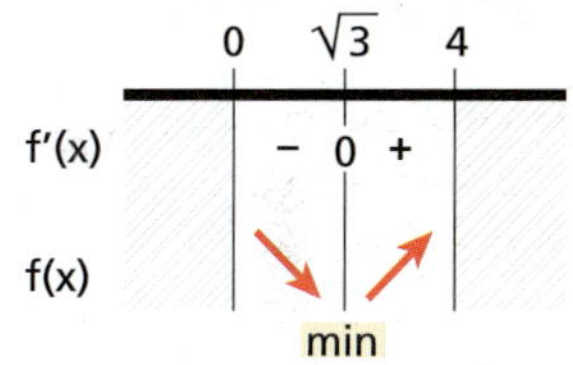

636 ●○ Su un cartoncino rettangolare si deve applicare una foto di 300 cm^2 con margini di 3 cm e 4 cm. Che dimensioni deve avere il cartone di area minima che serve allo scopo? [28 cm; 21 cm]

637 ●○ Si deve progettare una vasca a forma di parallelepipedo rettangolo a base quadrata della capacità di 64 m^3, da rivestire di piombo. Determina il lato di base x affinché sia minima la quantità di piombo utilizzata (trascurando lo spessore delle pareti). [$x = 4 \cdot \sqrt[3]{2}$]

638 ●○ Trova l'altezza massima che raggiunge un corpo lanciato verticalmente verso l'alto con velocità

$$v_0 = 20 \text{ m/s} \left(\text{legge oraria } s = v_0 t - \frac{1}{2} g t^2,\ g \simeq 10 \text{ m/s}\right).$$ [$h = 20$ m]

639 ●● Un silo ha la forma di un cilindro con l'aggiunta di una semisfera con la base coincidente con quella del cilindro. Calcola la lunghezza del raggio di base, supponendo che il volume del silo sia 18 m^3 e la sua superficie laterale (formata dalla superficie della semisfera e dalla superficie laterale del cilindro) sia minima. [$c \simeq 2{,}05$ m]

VERIFICA DELLE COMPETENZE ALLENAMENTO

ARGOMENTARE

1 Dimostra che, se due funzioni $f(x)$ e $g(x)$ rivolgono verso l'alto la concavità in $x = x_0$, allora anche

$$f(x) + g(x)$$

rivolge la concavità verso l'alto.

2 Considera tutte le funzioni del tipo $y = ax^3 + bx^2 + cx + d$.

a. Quale relazione deve esistere tra i parametri a, b, c, d affinché le funzioni non ammettano punti stazionari?

b. Dimostra che, se una di esse ha un punto di minimo relativo, allora ha anche un punto di massimo relativo.

3 Enuncia il teorema di Rolle e fornisci graficamente un esempio per ognuno dei casi in cui non è soddisfatta una delle ipotesi. Quale ipotesi viene a mancare per la funzione $y = \sqrt[3]{x^2}$ nell'intervallo $[-8; 8]$?

4 Dopo aver dato la definizione di flesso, indica come si determinano i flessi orizzontale, obliquo e verticale. Trova i flessi della funzione $y = 3x^4 - 4x^3$.

5 VERO O FALSO? Considera una funzione $f(x)$ continua e derivabile in un punto x_0.

a. Se $f''(x_0) = 0$, allora in x_0 ha un punto di flesso obliquo. V F

b. Se in x_0 ha un punto di massimo assoluto, allora $f'(x_0) = 0$. V F

c. Se $f'(x_0) = 0$ e $f'(x) < 0$ in un intorno di x_0, allora x_0 è un punto di minimo relativo. V F

d. Se x_0 è un punto di massimo o di minimo relativo, allora $f'(x_0) = 0$. V F

UTILIZZARE TECNICHE E PROCEDURE DI CALCOLO

Calcola i seguenti limiti applicando il teorema di De L'Hospital.

6 $\lim_{x \to 0^+} x \ln x^3$ $[0]$

7 $\lim_{x \to +\infty} \frac{e^x + 5}{e^{2x} - 2x}$ $[0]$

8 $\lim_{x \to 0} \frac{\ln(1 + 6x)}{\ln(1 + 3x)}$ $[2]$

9 $\lim_{x \to +\infty} \frac{2 + \ln^2 x}{2 - \ln x}$ $[-\infty]$

10 $\lim_{x \to -\infty} \frac{e^{-x} - e^x}{x^2 - 1}$ $[+\infty]$

11 $\lim_{x \to 0} \frac{\tan x - x^2}{\sin x}$ $[1]$

12 $\lim_{x \to 3^+} (x - 3)\ln(x^2 - 9)$ $[0]$

13 $\lim_{x \to \frac{\pi}{2}^-} \left(\tan x - \frac{1}{\cos x}\right)$ $[0]$

14 $\lim_{x \to 0^+} x \cdot e^{\frac{1}{x}}$ $[+\infty]$

15 $\lim_{x \to 0} \frac{\tan^2 x}{\cos x - 1}$ $[-2]$

Determina i punti di massimo, di minimo e di flesso delle seguenti funzioni.

16 $y = 3x^3 - 3x^2 + x + 1$ $\left[x = \frac{1}{3} \text{ fl. orizz.}\right]$

17 $y = (2x - 1)^5$ $\left[x = \frac{1}{2} \text{ fl. orizz.}\right]$

18 $y = \frac{2x}{x^2 - 4}$ $[x = 0 \text{ fl. obl.}]$

19 $y = \frac{3 - x}{x^2}$ $[x = 6 \text{ min}; x = 9 \text{ fl. obl.}]$

20 $y = \frac{8x^3}{1 + 2x^3}$ $\left[x = 0 \text{ fl. orizz.}; x = \frac{\sqrt[3]{2}}{2} \text{ fl. obl.}\right]$

21 $y = \sqrt[3]{4x - x^2 - 4}$ $[x = 2 \text{ max (cuspide)}]$

22 $y = x\sqrt{x + 3}$ $[x = -2 \text{ min}]$

23 $y = \sqrt[5]{(x - 4)^2}$ $[x = 4 \text{ min (cuspide)}]$

24 $y = (x - 4)e^x$ $[x = 3 \text{ min}; x = 2 \text{ fl. obl.}]$

25 $y = \frac{1}{x} + \ln x + 4$ $[x = 1 \text{ min}; x = 2 \text{ fl. obl.}]$

26 $y = 3x^3 + \frac{9}{2}x^2 - 18x + \frac{1}{2}$ $\left[x = -2 \text{ max}; x = 1 \text{ min}; x = -\frac{1}{2} \text{ fl. obl.}\right]$

27 $y = 6x^4 - 12x^2 + 6$ $\left[x = 0 \text{ max}; x = \pm 1 \text{ min}; x = \pm\frac{\sqrt{3}}{3} \text{ fl. obl.}\right]$

28 $y = -\frac{1}{4}x^4 + x^3 - 2$ $[x = 3 \text{ max}; x = 0 \text{ fl. orizz.}; x = 2 \text{ fl. obl.}]$

29 $y = 2x^2(1+x)^3$ $\left[x = -\frac{2}{5} \text{ max}; x = 0 \text{ min}; x = -1 \text{ fl. orizz.}; x = \frac{-4 \pm \sqrt{6}}{10} \text{ fl. obl.}\right]$

30 $y = \frac{1}{3}x^3 - 4|x| + 3$ $[x = 0 \text{ max (p. ang.) e fl.}; x = 2 \text{ min}]$

31 $y = \begin{cases} -x^2 + 4 & \text{se } x \leq 2 \\ x^2 - 3x + 2 & \text{se } x > 2 \end{cases}$ $[x = 0 \text{ max}; x = 2 \text{ min (p. ang.) e fl.}]$

32 $y = \sqrt[3]{x}\,(x-1)$ $\left[x = \frac{1}{4} \text{ min}; x = -\frac{1}{2} \text{ fl. obl.}; x = 0 \text{ fl. vert.}\right]$

33 $y = -\frac{2x^3}{e^x}$ $[x = 3 \text{ min}; x = 0 \text{ fl. orizz.}; x = 3 \pm \sqrt{3} \text{ fl. obl.}]$

34 $y = 3 + \frac{1}{3}\ln(x^2 + 2x + 10)$ $[x = -1 \text{ min}; x = 2, x = -4 \text{ fl. obl.}]$

35 $y = \begin{cases} x^3 - 3x + 2 & \text{se } x \leq 0 \\ e^x + 1 & \text{se } x < 0 \end{cases}$ $[x = -1 \text{ max}; x = 0 \text{ min (p. ang.) e fl.}]$

36 $y = \cos x + \sqrt{3}\sin x$, in $[0; 2\pi]$. $\left[x = \frac{\pi}{3} \text{ max}; x = \frac{4}{3}\pi \text{ min}; x = \frac{5}{6}\pi, x = \frac{11}{6}\pi \text{ fl. obl.}\right]$

ANALIZZARE E INTERPRETARE DATI E GRAFICI

37 **TEST** Il teorema di Lagrange è applicabile alla funzione $y = \sqrt[3]{x}$ nell'intervallo $[0; 3]$?

- A No, perché la funzione non è derivabile in $x = 0$.
- B Sì, perché la funzione è continua in $[0; 3]$ e derivabile in $]0; 3[$.
- C No, perché la funzione non è continua in tutti i punti dell'intervallo $[0; 3]$.
- D No, perché la funzione non è derivabile nell'intervallo $[0; 3]$.
- E No, perché $f(b) \neq f(a)$ e cioè $f(3) = \sqrt[3]{3} \neq f(0) = 0$.

38 Sia $f: [0; 2] \to \mathbb{R}$ definita da $f(x) = 3x^2 - 6x + 7$. Verifica la validità delle ipotesi del teorema di Rolle e trova il punto la cui esistenza è assicurata dal teorema. $[x = 1]$

39 Sia $f: [1; 3] \to \mathbb{R}$ definita da $f(x) = 4x^2 - x + 1$. Verifica la validità delle ipotesi del teorema di Lagrange, determinando il punto che lo soddisfa. $[x = 2]$

40 Stabilisci se la funzione $f(x) = \ln(-x^2 + 9)$ verifica il teorema di Rolle nell'intervallo $[-2; 2]$; in caso affermativo, determina il punto la cui esistenza è assicurata dal teorema. $[c = 0]$

41 Stabilisci se vale il teorema di Lagrange per la funzione $f(x) = \sqrt{x^2 - 2x}$ nell'intervallo $[2; 4]$ e, in caso affermativo, scrivi l'equazione della tangente la cui esistenza è garantita dal teorema. $[y = \sqrt{2}x - \sqrt{2} - 1]$

Verifica se le seguenti funzioni rispettano le ipotesi del teorema di Lagrange negli intervalli indicati.

42 $y = \begin{cases} x^2 + 1 & \text{se } x < 1 \\ 3x^2 - 4x + 3 & \text{se } x \geq 1 \end{cases}$, $[0; 2]$. [sì]

43 $y = \begin{cases} \dfrac{5}{x+2} & \text{se } x < 3 \\ \dfrac{1}{3}x^2 - 1 & \text{se } x \geq 3 \end{cases}, \quad [-1; 4].$ [no: $x = 3$ discontinuità di prima specie]

44 $y = x^2 - 5|x-2| + 1, \quad [-1; 2].$ [sì]

---

45 Determina a e b in modo che la funzione

$$f(x) = \begin{cases} x^2 - 2x + a & \text{se } 0 \leq x \leq 2 \\ -\dfrac{b}{x-4} - 3 & \text{se } 2 < x \leq 3 \end{cases}$$

verifichi le ipotesi del teorema di Lagrange nell'intervallo $[0; 3]$. $[a = 1; b = 8]$

46 TEST $y = f(x)$ ha derivata nulla in $x = -2$. Quale delle seguenti affermazioni è *vera*?
In $x = -2$, $f(x)$:

A ha un punto stazionario.
B ha un flesso a tangente orizzontale.
C ha un massimo relativo.
D ha un minimo relativo.
E si annulla.

47 Trova i coefficienti a, b e c in modo che il grafico della funzione $f(x) = ax^4 + bx^3 + cx$ abbia un flesso orizzontale in $F(2; 4)$. $\left[a = \frac{1}{4}; b = -1; c = 4\right]$

48 La curva di equazione $y = ax^3 + bx^2 + cx + d$ è tangente in $(1; 0)$ all'asse delle ascisse e ha un flesso in $(2; -2)$. Trova a, b, c, d. $[a = 1; b = -6; c = 9; d = -4]$

49 LEGGI IL GRAFICO In figura è rappresentato il grafico di una funzione del tipo $y = ax^4 + bx^2 + c$. Determina a, b, c. $[a = 1; b = -2; c = 2]$

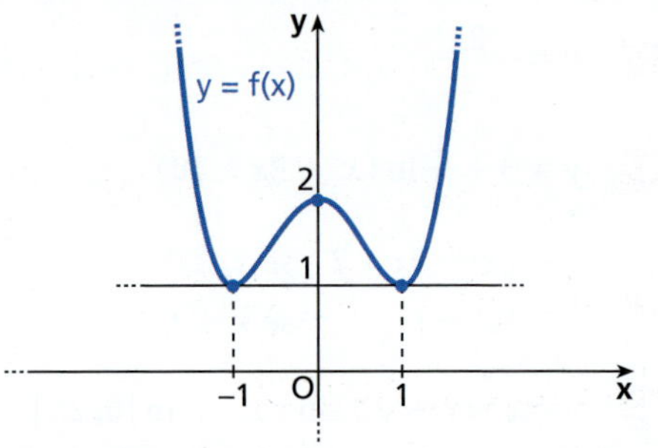

50 Data la funzione $y = e^{3x^2 - ax + b}$, determina i valori dei parametri a e b, sapendo che il suo grafico ha un punto stazionario di ascissa 1 e passa per il punto $(2; 1)$. $[a = 6; b = 0]$

---

51 Trova per quale valore di k la curva di equazione $f(x) = kx^3 - (2k+1)x + 2$ ha un punto di minimo di ascissa 1 e determina, in questo caso, l'ordinata del minimo e le coordinate del massimo. $[k = 1; y_m = 0; M(-1; 4)]$

RISOLVERE PROBLEMI

52 Trova il punto P della parabola di equazione $y = 2x^2 - 3x + 1$ le cui coordinate hanno somma minima. $\left[P\left(\frac{1}{2}; 0\right)\right]$

53 Fra tutte le rette passanti per il punto $(1; 4)$ determina quella che, intersecando gli assi cartesiani, forma nel primo quadrante il triangolo di area minima. $[y = -4x + 8]$

54 Determina il punto del primo quadrante appartenente alla curva di equazione $y = \dfrac{x+1}{x}$ che si trova a distanza minima dalla retta di equazione $x + 4y - 4 = 0$. $\left[P\left(2; \frac{3}{2}\right)\right]$

55 Dato il quadrato $ABCD$, determina per quale valore di x, ovvero per quale posizione di P sul lato AB, il quadrato inscritto $PQRS$ ha area minima. Quanto misura il lato in questo caso? $[x = 1; \overline{PQ} = \sqrt{2}]$

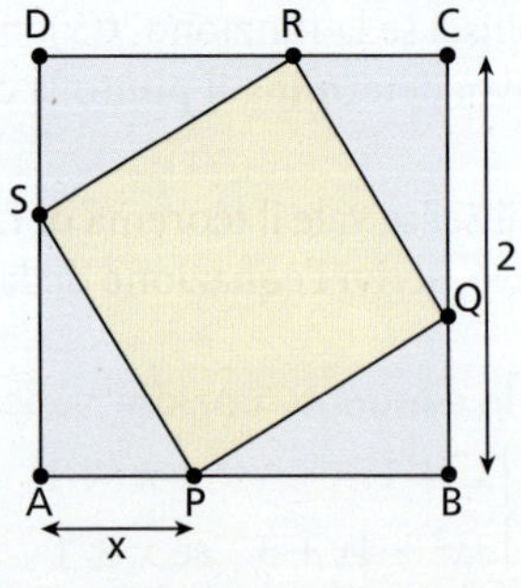

56 Rappresenta le parabole γ_1 e γ_2 di equazioni $y=-x^2+10x-9$ e $y=x^2-8x+7$, e trova quale retta parallela all'asse y, intersecando la regione finita di piano delimitata da γ_1 e γ_2, individua la corda PQ di lunghezza massima. $\left[x=\frac{9}{2}\right]$

57 Determina il valore massimo dell'area del trapezio isoscele in figura. $\left[x=\frac{1}{2};\ \text{area max}=\frac{7}{4}\sqrt{7}\right]$

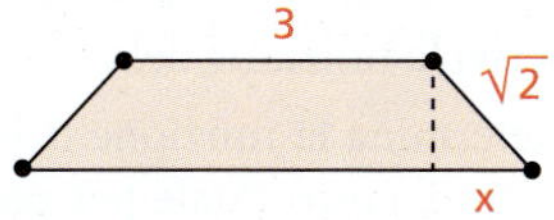

58 Fra tutti i coni inscritti in una sfera di raggio assegnato r, determina quello che ha area laterale massima. $\left[\text{altezza: }\frac{4}{3}r\right]$

59 Sia AB una corda di una circonferenza di raggio r, a distanza $\frac{r}{2}$ dal centro O. Detto C un punto del minore dei due archi $\widehat{AB}$, determina l'angolo $C\widehat{A}B$ in modo che il perimetro di ABC sia massimo. $\left[C\widehat{A}B=\frac{\pi}{6}\right]$

COSTRUIRE E UTILIZZARE MODELLI

RISOLVIAMO UN PROBLEMA

Caldo riposo

In economia si definisce *domanda di un bene economico* la quantità di bene x richiesta a un dato prezzo p.
Un'impresa produce piumini per letti matrimoniali e sostiene per la produzione una spesa fissa mensile di € 1600 e un costo per i materiali e la manodopera di € 80 per ogni pezzo. La domanda di piumini è espressa dalla funzione $x=120-0{,}4p$, con $p\le$ € 300. Esprimiamo le funzioni del costo mensile totale $C(x)$ e del ricavo $R(x)=x\cdot p(x)$, e determiniamo per quale quantità il guadagno mensile $G(x)=R(x)-C(x)$ è massimo.

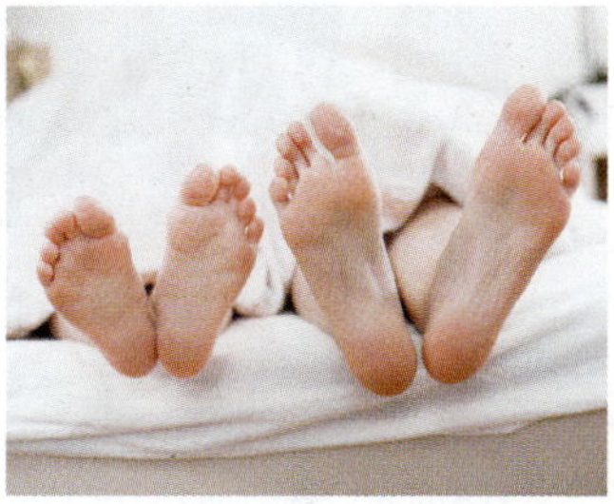

▶ Troviamo la funzione del costo.

La funzione del costo è la somma di una componente fissa e di una variabile data dal prodotto di 80 per il numero x di piumini prodotti. Quindi:

$$C(x)=1600+80x.$$

▶ Troviamo la funzione del ricavo.

Il ricavo è il prodotto tra la quantità di piumini venduti e il prezzo di vendita. Essendo

$$x=120-0{,}4p \quad\rightarrow\quad p=300-2{,}5x,$$

otteniamo:

$$R(x)=x\cdot(300-2{,}5x)=300x-2{,}5x^2.$$

▶ Calcoliamo il massimo del guadagno.

Scriviamo la funzione che esprime il guadagno:

$$G(x)=R(x)-C(x)=300x-2{,}5x^2-(1600+80x)=220x-2{,}5x^2-1600.$$

Deriviamo la funzione e studiamo il segno della derivata:

$$G'(x)=220-5x;$$

$$G'(x)>0 \quad\rightarrow\quad 220-5x>0 \quad\rightarrow\quad x<44.$$

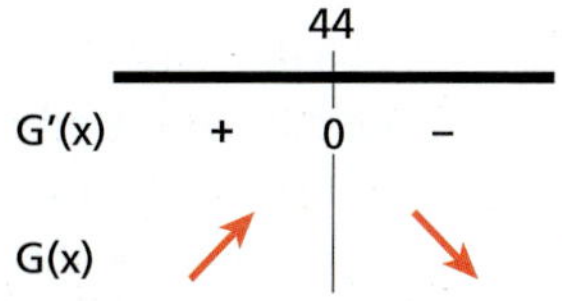

Dal quadro dei segni deduciamo che $x=44$ è un massimo per la funzione del guadagno.

60 ●○ **Vendesi braccialetti** Lucia produce braccialetti etnici che vende online. Sostiene mensilmente una spesa fissa di € 18, delle spese di spedizione, in euro, pari al 2% del quadrato del numero di braccialetti prodotti e un costo di € 2 per ogni braccialetto realizzato.

a. Scrivi la funzione del costo totale.

b. Determina la funzione del costo unitario, definito come rapporto tra il costo totale per produrre x braccialetti e la quantità x di braccialetti prodotti.

c. Calcola il numero x di braccialetti prodotti per i quali il costo unitario è minimo.

$\left[\text{a) } C(x) = 0{,}02x^2 + 2x + 18;\ \text{b) } C_u(x) = \dfrac{0{,}02x^2 + 2x + 18}{x};\ \text{c) } x = 30\right]$

61 ●○ **Un uovo strano** All'interno di un uovo di cioccolato di forma sferica si inserisce una scatola, di forma cilindrica, che contiene la sorpresa.

a. Trova il volume massimo che può avere la scatola, supponendo che l'uovo contenitore abbia raggio R.

b. Calcola il rapporto tra il diametro di base e l'altezza del cilindro trovati al punto precedente.

$\left[\text{a) } V = \dfrac{4\pi R^3}{3\sqrt{3}};\ \text{b) } \sqrt{2}\right]$

62 ●○

Il maratoneta Un atleta sta partecipando a una maratona. In un tratto il percorso segue una traiettoria di equazione $y^2 = 2x$ (con $x \geq 0$), rispetto a un opportuno sistema di assi. Nello stesso sistema, il suo allenatore si trova nel punto $A(1; 5)$ e gli deve lanciare una spugna bagnata per farlo idratare. In che punto del percorso il maratoneta si troverà più vicino al suo allenatore per ricevere la spugna?

$\left[\left(\dfrac{\sqrt[3]{10^2}}{2}; \sqrt[3]{10}\right)\right]$

63 ●● **Il Ponte dei Salti** Il profilo superiore del Ponte dei Salti che si trova a Lavertezzo, in Svizzera, è approssimabile con il grafico di una funzione che ha le seguenti caratteristiche:

- è simmetrica rispetto all'asse y;
- ha un minimo nell'origine e due massimi nei punti $(\pm 7; 2)$.

Tali caratteristiche sono tipiche di una funzione del tipo

$$f(x) = h(x)\, e^{-k \cdot h(x)},$$

dove $h(x) = ax^2 + bx + c$. Determina una possibile espressione analitica di $f(x)$ che rispetti le due condizioni.

$\left[f(x) = \dfrac{2e}{49}\, x^2 e^{-\frac{x^2}{49}}\right]$

64 ●● In una ditta i costi per la produzione sono suddivisi in costi fissi (1000 euro) e costi variabili secondo la quantità q di merce prodotta. I costi variabili seguono la legge $C(q) = 12q^2 - 960q$. Il ricavo rispetto alla quantità di merce venduta v è dato da $R(v) = 10v^2$. Supponendo che la quantità di merce prodotta e la quantità di merce venduta siano uguali, trova il quantitativo di merce per il massimo guadagno. [240]

VERIFICA DELLE COMPETENZE PROVE

1 ora

PROVA A

1 Determina quale delle seguenti funzioni verifica le ipotesi del teorema di Lagrange nell'intervallo $[-2; 2]$, e per questa funzione trova il punto c previsto dalla tesi.

a. $f(x) = x^3 - 5x$

b. $f(x) = |5x - 3|$

c. $f(x) = \frac{2x}{x+1}$

2 Calcola il seguente limite applicando il teorema di De L'Hospital:

$$\lim_{x \to +\infty} \frac{2x^2 - 1}{e^{x^2}}.$$

3 Determina a, b e c in modo che la funzione $y = ax^4 + bx^3 + cx^2 - \frac{1}{3}$ abbia un flesso orizzontale nel punto $(2; 1)$.

4 Fra tutti i triangoli isosceli PQR circoscritti al rettangolo $ABCD$ in figura, determina quello di area minima.

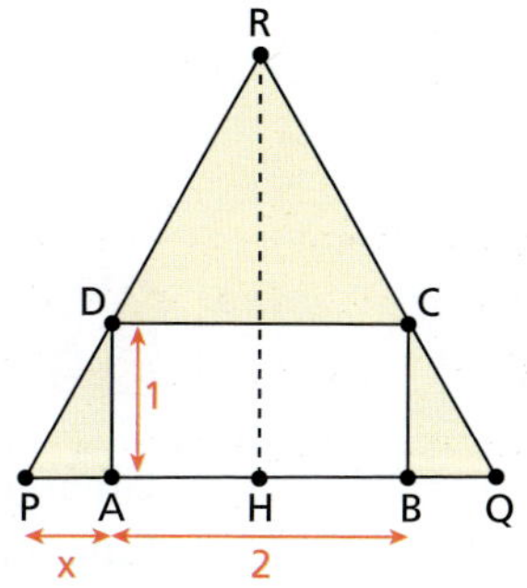

Determina i punti di massimo, di minimo e di flesso delle seguenti funzioni.

5 a. $y = -\frac{1}{3}x^3 - \frac{3}{2}x^2 + 4x$

b. $y = \frac{3x^2 - 9}{2 - x}$

6 a. $y = e^x + xe^x$

b. $y = \sqrt{x^3 - x}$

PROVA B

1 **Forniture elettriche** Una centrale elettrica sulla sponda di un fiume deve essere collegata a un grande complesso residenziale sull'altra sponda, a 1 km di distanza. La posa del cavo elettrico costa € 100 al metro lungo la riva, mentre costa € 200 sott'acqua.

a. Scrivi la lunghezza L_1 del cavo sott'acqua e la lunghezza L_2 del cavo lungo la riva in funzione dell'angolo x in figura.

b. Trova la funzione che esprime il costo totale necessario per posare il cavo in funzione dell'angolo x.

c. Individua la configurazione che consente il costo minimo.

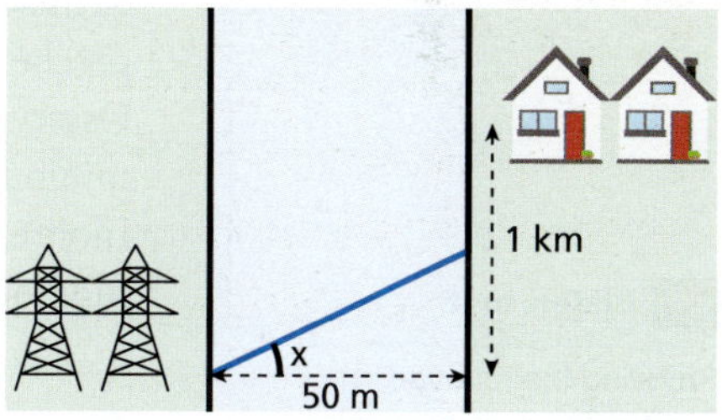

2 **Scorte in magazzino** Un'impresa ha un fabbisogno annuale di 12 000 kg di una certa materia prima. Per l'approvvigionamento, ne ordina ogni volta x kg, con un costo fisso di € 8 per ciascun ordine. Gli ordini vengono fatti in modo che in magazzino entri nuova merce appena è terminato lo stock precedente. Inoltre il consumo della materia prima è costante nel tempo. In media, in magazzino rimane una quantità di materia prima pari a $\frac{x}{2}$ kg e le spese fisse di mantenimento in magazzino ammontano a 1,20 €/kg. Qual è la quantità ottima da ordinare ogni volta per minimizzare i costi, immaginando che il prezzo della merce resti costante?

CAPITOLO

26 STUDIO DELLE FUNZIONI

1 Studio di una funzione

Gli argomenti svolti finora permettono di studiare le principali proprietà di una funzione e di rappresentarla graficamente nel piano cartesiano.

Schema generale

Per tracciare il grafico di $y = f(x)$ procediamo esaminando i seguenti punti.

1. *Dominio D* della funzione.
2. Eventuali *simmetrie* rispetto all'asse y e all'origine:
   - se la funzione è *pari*, il grafico è simmetrico rispetto all'asse y:

     $y = f(x)$ è *pari* in D se $f(-x) = f(x)$, $\forall x \in D$;

   - se è *dispari*, il grafico è simmetrico rispetto all'origine:

     $y = f(x)$ è *dispari* in D se $f(-x) = -f(x)$, $\forall x \in D$.

   Se una funzione è pari o dispari, possiamo limitarci a studiarla nell'intervallo $x \geq 0$, perché il grafico per $x < 0$ si può dedurre per simmetria.
   Osserviamo che la ricerca di eventuali simmetrie va fatta solo quando anche il dominio D è un intervallo simmetrico rispetto a O.
   Inoltre, quando $f(x)$ è *periodica* di periodo T, possiamo limitarci a studiare la funzione in un solo intervallo di ampiezza T;

   $y = f(x)$ è *periodica* di periodo T $(T > 0)$ se $f(x) = f(x + kT)$, $\forall k \in \mathbb{Z}$.

3. Coordinate degli eventuali *punti di intersezione* del grafico della funzione *con gli assi cartesiani*.
4. *Segno della funzione*: stabiliamo gli intervalli in cui essa è positiva, ponendo $f(x) > 0$ e trovando, di conseguenza, anche dove è negativa.
5. *Comportamento* della funzione *agli estremi del dominio*: calcoliamo i relativi *limiti* e cerchiamo poi gli eventuali *asintoti* della funzione. Classifichiamo inoltre gli eventuali punti di *discontinuità*.
   - Asintoto verticale: $x = x_0$ se $\lim\limits_{x \to x_0} f(x) = +\infty$, $-\infty$ oppure ∞.
   - Asintoto orizzontale: $y = y_0$ se $\lim\limits_{x \to \infty} f(x) = y_0$.
   - Asintoto obliquo: $y = mx + q$, con $m = \lim\limits_{x \to \infty} \dfrac{f(x)}{x}$ e $q = \lim\limits_{x \to \infty} [f(x) - mx]$.

Listen to it

Studying the function $y = f(x)$ involves examining:

1. its **domain** D;
2. its **symmetries**;
3. its **points of intersection** with the Cartesian axes;
4. its **sign**;
5. its end **behaviour**;
6. its **first derivative**;
7. its **second derivative**.

6. *Derivata prima* $f'(x)$. Troviamo il dominio e gli zeri di $f'(x)$ e dallo *studio del segno della derivata prima* determiniamo gli intervalli in cui la funzione è *crescente* ($f'(x) > 0$) e, di conseguenza, quelli in cui è *decrescente* ($f'(x) < 0$); cerchiamo gli eventuali punti di *massimo* o di *minimo relativo* e di *flesso orizzontale* e i punti di non derivabilità per $f(x)$ (*flessi verticali*, *cuspidi* e *punti angolosi*).
7. *Derivata seconda* $f''(x)$. Calcoliamo il dominio e gli zeri di $f''(x)$ e dallo *studio del segno della derivata seconda* determiniamo gli intervalli in cui il grafico volge la *concavità* verso l'alto ($f''(x) > 0$) o verso il basso ($f''(x) < 0$). Cerchiamo inoltre i *punti di flesso* a tangente obliqua ed eventualmente la tangente inflessionale.

Osserviamo che è conveniente, man mano che si studiano i vari elementi di una funzione, riportare i risultati sul grafico per controllarne la coerenza.
Studiamo ora alcuni tipi di funzioni.

Video

Studio di funzioni
Riassumiamo i passaggi di uno studio di funzioni analizzando i grafici di quattro funzioni diverse.

Funzioni polinomiali

▶ Esercizi a p. 1397

ESEMPIO

Studiamo e rappresentiamo graficamente la funzione: $y = f(x) = x - x^3$.

1. Il dominio della funzione coincide con $\mathbb{R}$ e non esistono punti di discontinuità.
2. Determiniamo $f(-x)$ per individuare eventuali simmetrie:

$$f(-x) = (-x) - (-x)^3 = -x + x^3 = -(x - x^3) = -f(x).$$

Poiché $f(-x) = -f(x)$, la funzione è dispari: il suo grafico è simmetrico rispetto all'origine O degli assi cartesiani.
Osserviamo inoltre che la funzione non è periodica.

3. Determiniamo i punti di intersezione del grafico con gli assi cartesiani.

Asse y: $\begin{cases} y = x - x^3 \\ x = 0 \end{cases} \rightarrow \begin{cases} y = 0 \\ x = 0 \end{cases}$

Il punto di intersezione con l'asse y è $O(0; 0)$.

Asse x: $\begin{cases} y = x - x^3 \\ y = 0 \end{cases} \rightarrow \begin{cases} x \cdot (1 - x^2) = 0 \\ y = 0 \end{cases}$

$$\begin{cases} x = 0 \\ y = 0 \end{cases} \vee \begin{cases} x = +1 \\ y = 0 \end{cases} \vee \begin{cases} x = -1 \\ y = 0 \end{cases}$$

I punti di intersezione con l'asse x sono $O(0; 0)$, $A(-1; 0)$, $B(1; 0)$.
Il grafico passa per l'origine perché nella funzione $y = x - x^3$ manca il termine noto. D'altra parte ciò si può dedurre dal fatto che la funzione è dispari.

4. Studiamo il segno della funzione ponendo:

$$x - x^3 > 0 \rightarrow x \cdot (1 - x^2) > 0.$$

Primo fattore: $x > 0$.
Secondo fattore: $1 - x^2 > 0 \rightarrow -1 < x < 1$.
Compiliamo il quadro dei segni.
La funzione è positiva negli intervalli $x < -1$ e $0 < x < 1$, è negativa negli intervalli $-1 < x < 0$ e $x > 1$.

		−1		0		1	
1° fattore	−		−	0	+		+
2° fattore	−	0	+		+	0	−
f(x)	+	0	−	0	+	0	−

Animazione

Con diverse figure dinamiche, studiamo le funzioni cubiche di equazioni:
- $y = x^3 + px + q$,
- $y = a(x^3 + px + q)$,
- $y = ax^3 + bx^2 + cx + d$,

al variare dei parametri presenti.

TEORIA

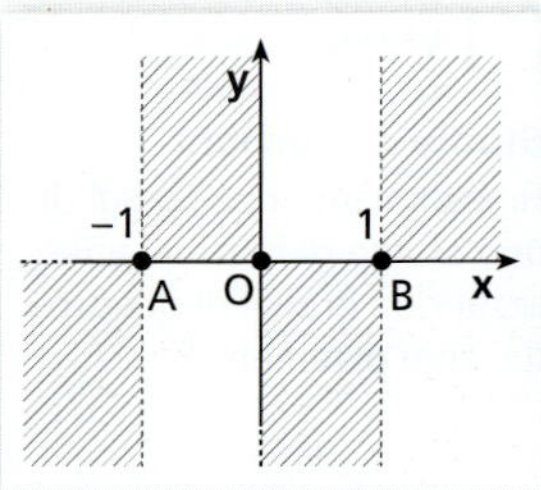

Rappresentiamo nel piano cartesiano gli intervalli in cui deve trovarsi il grafico della funzione. Tratteggiamo le zone che non dovremo poi considerare più, ossia quelle zone del piano cartesiano in cui **non** ci sono punti del grafico della funzione. Per esempio, per $x < -1$, poiché la funzione è positiva, i punti **non** possono essere «al di sotto» dell'asse x. Il grafico della funzione si trova quindi nelle zone **non** tratteggiate.

5. Calcoliamo i limiti della funzione agli estremi del dominio.

Essendo $\lim_{x\to-\infty}(x-x^3)=+\infty$ e $\lim_{x\to+\infty}(x-x^3)=-\infty$, non esistono asintoti orizzontali, ma potrebbero esistere degli asintoti obliqui. Per questo calcoliamo:

$$m=\lim_{x\to\pm\infty}\frac{f(x)}{x}=\lim_{x\to\pm\infty}\frac{x-x^3}{x}=-\infty.$$

Poiché il limite non esiste finito, non esistono nemmeno asintoti obliqui. Inoltre, non essendoci punti esclusi dal dominio, non esistono neppure asintoti verticali.

6. Calcoliamo la derivata prima di $f(x)$ e studiamo il suo segno:

$$f'(x)=1-3x^2.$$

$$1-3x^2>0\to -\frac{\sqrt{3}}{3}<x<\frac{\sqrt{3}}{3}.$$

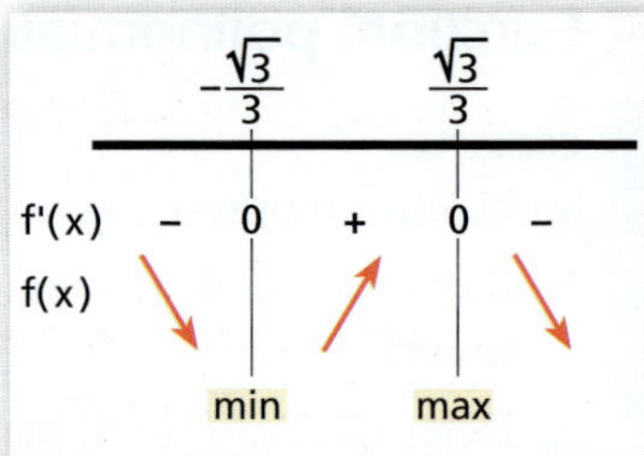

Dal segno di $f'(x)$ si deduce che in $x=-\frac{\sqrt{3}}{3}$ la funzione ha un minimo, mentre in $x=\frac{\sqrt{3}}{3}$ ha un massimo. Calcoliamo le loro ordinate:

$$f\left(-\frac{\sqrt{3}}{3}\right)=-\frac{2}{9}\sqrt{3} \quad\text{e}\quad f\left(\frac{\sqrt{3}}{3}\right)=\frac{2}{9}\sqrt{3}.$$

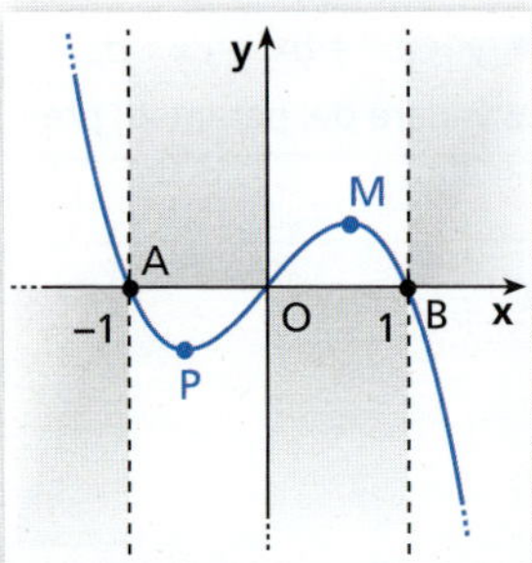

Riportando queste informazioni (insieme con quelle del punto 5) nel piano cartesiano siamo già in grado di tracciare un grafico *probabile* di $f(x)$.

7. Dal grafico ottenuto, considerata anche la simmetria rispetto all'origine, prevediamo la presenza di un flesso obliquo in $O(0; 0)$. Verifichiamolo con lo studio del segno della derivata seconda:

$$f''(x)=-6x>0 \quad\to\quad x<0.$$

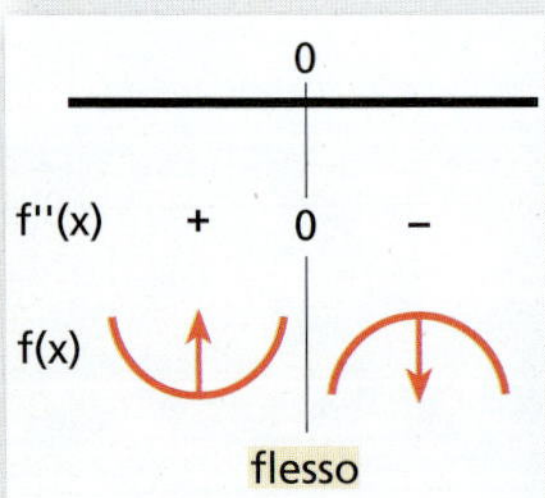

Dal segno di $f''(x)$ si può dedurre che $x=0$ è l'ascissa di un punto di flesso discendente.

Poiché $f(0)=0$, $O(0; 0)$ è il punto di flesso. Per disegnare meglio la funzione, calcoliamo l'equazione della retta tangente nel punto di flesso (tangente inflessionale).

Poiché $m=f'(0)=1$, la retta cercata è $y=x$.

Possiamo ora confermare il grafico già tracciato, disegnando anche la tangente inflessionale.

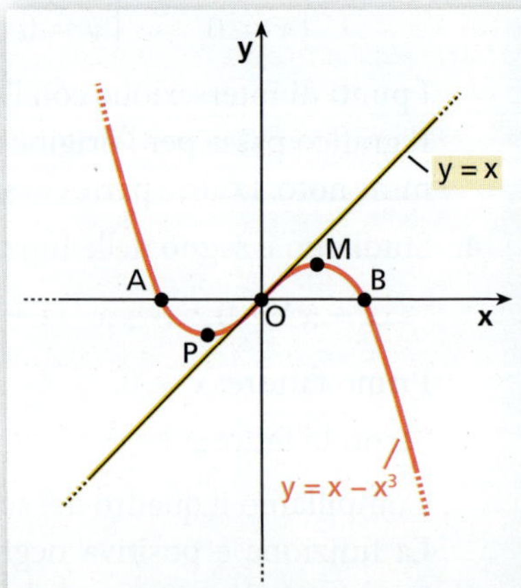

▶ Studia la funzione $y=x^4-4x^2$.

In generale, le funzioni polinomiali $y = a_n x^n + \ldots + a_2 x^2 + a_1 x + a_0$, con $n \in \mathbb{N}$, quando $n > 2$:

- hanno come dominio $\mathbb{R}$;
- non hanno punti di discontinuità;
- non hanno asintoti;
- non hanno cuspidi, flessi verticali o punti angolosi;
- se sono funzioni dispari, hanno un flesso in $O(0; 0)$;
- se sono funzioni pari, hanno un punto di massimo o di minimo relativo in $x = 0$.

► Studia e rappresenta graficamente la funzione polinomiale
$y = x(x+2)^2$.

Animazione

Funzioni razionali fratte

► Esercizi a p. 1403

ESEMPIO

Studiamo e rappresentiamo graficamente $y = f(x) = 2x + \dfrac{5}{x} - 4$.

1. Dominio: $x \neq 0$.

2. Cerchiamo eventuali simmetrie:

$$f(-x) = -2x - \frac{5}{x} - 4 \neq \pm f(x).$$

La funzione non è né pari né dispari.
La funzione non è periodica.

3. Determiniamo le intersezioni con gli assi.
$x = 0$ non appartiene al dominio della funzione, quindi non ci sono intersezioni con l'asse y.
Vediamo se ci sono intersezioni con l'asse x:

$$\begin{cases} y = 2x + \dfrac{5}{x} - 4 \\ y = 0 \end{cases} \rightarrow \begin{cases} \dfrac{2x^2 - 4x + 5}{x} = 0 \\ y = 0 \end{cases} \rightarrow \begin{cases} 2x^2 - 4x + 5 = 0 \\ y = 0 \end{cases}$$

$$\frac{\Delta}{4} = 4 - 10 = -6 < 0 \rightarrow \text{ non ci sono intersezioni con l'asse } x.$$

Il grafico non interseca né l'asse x né l'asse y.

4. Studiamo il segno della funzione:

$$2x + \frac{5}{x} - 4 > 0 \rightarrow \frac{2x^2 - 4x + 5}{x} > 0.$$

$N > 0 \quad 2x^2 - 4x + 5 > 0 \quad \forall x \in \mathbb{R}.$

$D > 0 \quad x > 0.$

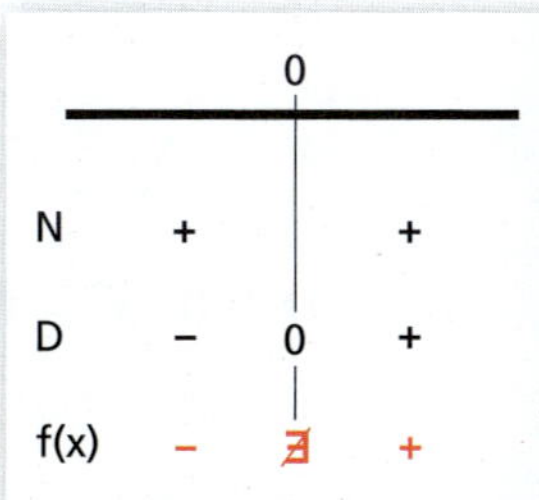

Dal quadro dei segni deduciamo che $f(x) < 0$ per $x < 0$ e $f(x) > 0$ per $x > 0$.

Riportiamo nel piano cartesiano queste informazioni.

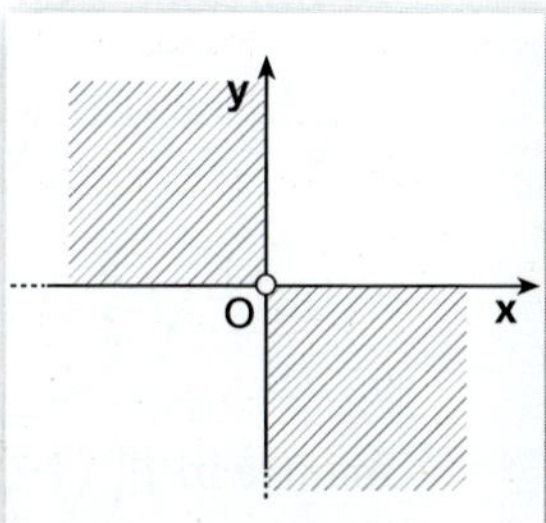

▶ Studia e rappresenta graficamente la funzione irrazionale $y = \sqrt{x^3 + 8}$.

Animazione

5. Determiniamo il comportamento della funzione agli estremi del dominio, ossia in 0, a $-\infty$ e a $+\infty$.

$$\lim_{x \to 0^-} f(x) = -\infty \quad \text{e} \quad \lim_{x \to 0^+} f(x) = +\infty,$$

pertanto $x = 0$ è un asintoto verticale.

$$\lim_{x \to -\infty} f(x) = -\infty \quad \text{e} \quad \lim_{x \to +\infty} f(x) = +\infty,$$

pertanto non ci sono asintoti orizzontali, ma possono esistere asintoti obliqui. Calcoliamo:

$$m = \lim_{x \to \pm\infty} \frac{f(x)}{x} = \lim_{x \to \pm\infty} \frac{2x + \frac{5}{x} - 4}{x} = \lim_{x \to \pm\infty} \frac{2x^2 + 5 - 4x}{x^2} = 2;$$

$$q = \lim_{x \to \pm\infty} [f(x) - mx] =$$

$$\lim_{x \to \pm\infty} \left[\left(2x + \frac{5}{x} - 4\right) - 2x\right] =$$

$$\lim_{x \to \pm\infty} \left(\frac{5}{x} - 4\right) = -4.$$

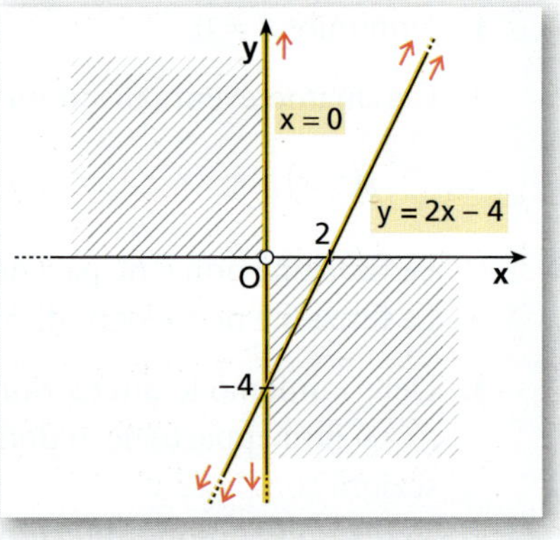

La retta di equazione $y = 2x - 4$ è asintoto obliquo sia per $x \to +\infty$ sia per $x \to -\infty$.

Tracciamo gli asintoti nel piano cartesiano.

6. Determiniamo la derivata prima

$$f'(x) = 2 - \frac{5}{x^2} = \frac{2x^2 - 5}{x^2}.$$

Il dominio della derivata è $x \neq 0$.
Studiamo il segno della derivata:.

$N > 0$: $2x^2 - 5 > 0 \quad \to$

$$x < -\sqrt{\frac{5}{2}} \vee x > \sqrt{\frac{5}{2}}.$$

$D > 0$: $x^2 > 0 \quad \to \quad \forall x \neq 0.$

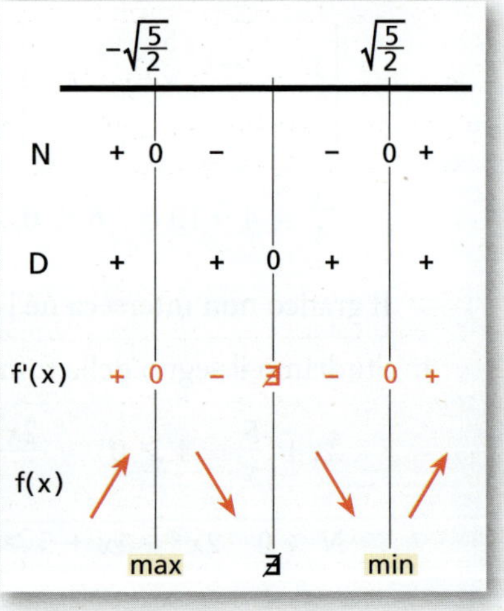

Animazione

Con diverse figure dinamiche, studiamo le funzioni sinusoidali di equazioni:

- $y = A \sin x$,
- $y = \sin \omega x$,
- $y = \sin(x + \phi)$,
- $y = A \sin(\omega x + \phi)$,

al variare dei parametri presenti.

La funzione è crescente per $x < -\sqrt{\frac{5}{2}} \vee x > \sqrt{\frac{5}{2}}$, è decrescente per $-\sqrt{\frac{5}{2}} < x < \sqrt{\frac{5}{2}}$, con $x \neq 0$, e ha un massimo relativo in

$$M\left(-\sqrt{\frac{5}{2}}; -2\sqrt{10} - 4\right),$$

mentre in $P\left(\sqrt{\frac{5}{2}}; 2\sqrt{10} - 4\right)$ ha un minimo relativo.

▶ Studia e rappresenta graficamente la funzione goniometrica $y = \frac{\sin x}{\sin x - 1}$ in $\left[-\frac{3}{2}\pi; \frac{\pi}{2}\right]$.

Animazione

7. Determiniamo la derivata seconda e studiamone il segno:

$$f''(x) = \frac{10}{x^3}; \qquad D: x \neq 0.$$

Se $x > 0$, $f''(x) > 0$, quindi la funzione ha la concavità rivolta verso l'alto, mentre se $x < 0$, $f''(x) < 0$, quindi la funzione ha la concavità rivolta verso il basso.
Non ci sono punti di flesso, perché $x = 0$ è stato escluso dal dominio.

I risultati ottenuti permettono di tracciare il grafico della funzione.

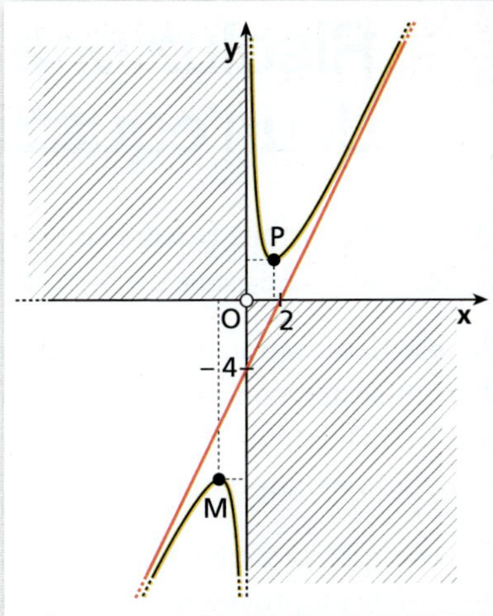

In generale, una funzione fratta del tipo

$$y = \frac{a_m x^m + \ldots + a_1 x + a_0}{b_n x^n + \ldots + b_1 x + b_0},$$

con m grado del numeratore e n grado del denominatore:

- non è definita nei punti in cui si annulla il denominatore;
- ha un asintoto verticale in ogni punto in cui si annulla il denominatore ma nel quale non si annulla contemporaneamente il numeratore;
- ha un asintoto orizzontale se $m = n$, e in tal caso l'asintoto ha equazione $y = \frac{a_m}{b_n}$, oppure se $m < n$, e in tal caso l'asintoto è l'asse x;
- ha un asintoto obliquo (lo stesso per $x \to +\infty$ e $x \to -\infty$) solo quando $m = n + 1$, ossia il grado del numeratore supera di 1 quello del denominatore.

Negli esercizi studieremo altri tipi di funzione: le funzioni irrazionali, goniometriche, esponenziali e logaritmiche. Puoi esaminare esempi del loro studio nelle animazioni che proponiamo nella pagina precedente e in questa pagina.

MATEMATICA E FISICA

Fermat e la rifrazione della luce La luce percorre, fra tutti i possibili cammini da un punto a un altro, quello che richiede il minor tempo. Questo principio, formulato da Pierre de Fermat nel 1662, riconduce la determinazione della legge della rifrazione alla ricerca di una funzione che rappresenti il tempo di percorrenza e alla sua successiva minimizzazione.

▶ Come si può determinare la funzione che esprime il tempo di percorrenza della luce da un punto A a un punto B situati in due mezzi diversi?

La risposta

▶ Studia e rappresenta graficamente la funzione razionale fratta

$y = \frac{x^3}{6(x-2)}$.

Animazione

Animazione

Con diverse figure dinamiche, studiamo le funzioni esponenziali:

- $y = a^x$, con $a > 1$,
- $y = a^x$, con $0 < a < 1$,
- $y = e^{x+b} + c$,

al variare dei parametri presenti.

▶ Studia e rappresenta graficamente la funzione esponenziale

$y = (2 - x)e^x$.

Animazione

Animazione

Con diverse figure dinamiche, studiamo le funzioni logaritmiche:

- $y = \log_a x$, con $a > 1$,
- $y = \log_a x$, con $0 < a < 1$,
- $y = \ln(x + b) + c$,

al variare dei parametri presenti.

▶ Studia e rappresenta graficamente la funzione logaritmica

$y = \frac{\ln x - 1}{x}$.

Animazione

Video

Studio di una funzione logaritmica
Studiamo la funzione $f(x) = \ln(x^2 + 1)$.

TEORIA

2 Risoluzione approssimata di un'equazione

Quando è possibile trovare con un metodo algebrico le soluzioni di un'equazione, si dice anche che esiste un metodo di **risoluzione esatta** dell'equazione.

Per esempio, sappiamo che esiste la risoluzione esatta per le equazioni algebriche di primo e di secondo grado. Esistono metodi risolutivi esatti, più complessi, anche per le equazioni di terzo e quarto grado. Tuttavia, la risoluzione esatta di un'equazione non è sempre possibile.

Per esempio, ci sono equazioni algebriche di grado superiore al quarto per le quali non esiste un procedimento di risoluzione esatta.

Anche per le equazioni trascendenti (che contengono funzioni esponenziali, logaritmiche e goniometriche) non esistono formule risolutive e soltanto alcune di esse si possono risolvere mediante un numero finito di operazioni elementari.

Per determinare le soluzioni di un'equazione non risolubile algebricamente, o nei casi in cui i metodi di risoluzione esatta risultino troppo complessi (come nel caso delle equazioni di terzo e quarto grado), si utilizzano dei procedimenti di **risoluzione approssimata**, o **numerica**.

I metodi di risoluzione numerica di un'equazione si basano sulla costruzione di una successione di numeri reali che converga alla soluzione esatta. I termini della successione sono **valori approssimati** della soluzione e, mediante *iterazioni* successive, cioè ripetendo più volte un certo procedimento, possiamo ottenere un valore approssimato vicino quanto vogliamo alla soluzione.

Listen to it

Numerical root-finding methods consist in producing a sequence of values that gradually approach to the root of the equation.

La ricerca delle soluzioni approssimate è composta da due fasi:

1. la **separazione delle radici**, ossia la determinazione di intervalli che contengono *soltanto una* radice;
2. il **calcolo di un valore approssimato** con la **precisione** voluta.

Separazione delle radici

▶ Esercizi a p. 1424

Per separare una radice dell'equazione $f(x) = 0$, dove $f(x)$ è una funzione continua, è utile il teorema di esistenza degli zeri, già visto nel capitolo 23.

> Se f è una funzione continua in un intervallo limitato e chiuso $[a; b]$ e negli estremi di tale intervallo assume valori di segno opposto, allora esiste *almeno* un punto c, interno all'intervallo, in cui f si annulla, ossia $f(c) = 0$.

Questo teorema assicura l'esistenza di almeno una soluzione dell'equazione $f(x) = 0$ nell'intervallo $[a; b]$, ma non ne garantisce l'unicità.

Non ci occuperemo in dettaglio di questo problema, limitandoci a osservare che la separazione delle radici di una funzione può essere facilitata da uno studio grafico preventivo: attraverso il grafico possiamo renderci conto del numero di radici contenute in un intervallo e quindi individuare gli intervalli in cui la funzione ammette *un solo* zero.

ESEMPIO

Separiamo le radici dell'equazione $\cos x - x = 0$.

Scriviamo l'equazione nella forma $\cos x = x$ e confrontiamo i grafici delle funzioni $g(x) = \cos x$ e $h(x) = x$. Le intersezioni delle due curve rappresentano gli zeri della funzione $f(x) = \cos x - x$, cioè le soluzioni dell'equazione data.

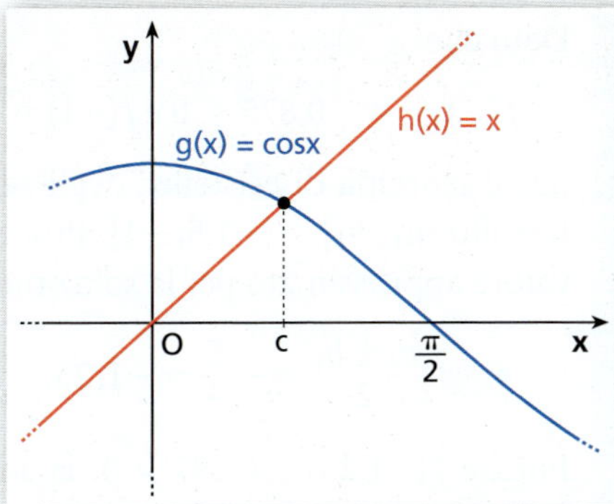

Dal grafico vediamo che $g(x)$ e $h(x)$ si intersecano in un punto di ascissa c, che è soluzione dell'equazione. Possiamo notare che c appartiene all'intervallo $\left[0; \frac{\pi}{2}\right]$, e lo verifichiamo applicando il teorema di esistenza degli zeri. Infatti, in tale intervallo $f(x)$ è continua, $f(0) = 1 > 0$ e $f\left(\frac{\pi}{2}\right) = -\frac{\pi}{2} < 0$, quindi assume valori di segno opposto negli estremi. Pertanto, in base al teorema, esiste *almeno* un punto in cui la funzione si annulla. Dall'analisi del grafico deduciamo che questo punto è unico e che quindi *e* rappresenta l'unica soluzione dell'equazione $\cos x - x = 0$.

Metodo di bisezione

▶ Esercizi a p. 1425

Esistono diversi metodi di risoluzione approssimata di un'equazione. Studiamo il **metodo di bisezione**.

ESEMPIO

Consideriamo l'equazione

$$x^3 - x + 1 = 0.$$

Cerchiamo eventuali soluzioni e determiniamo il loro valore approssimato con una cifra decimale esatta.

Separiamo le radici dell'equazione

$$x^3 - x + 1 = 0.$$

Scriviamo l'equazione nella forma $x^3 = x - 1$ e rappresentiamo i grafici di $g(x) = x^3$ e $h(x) = x - 1$.

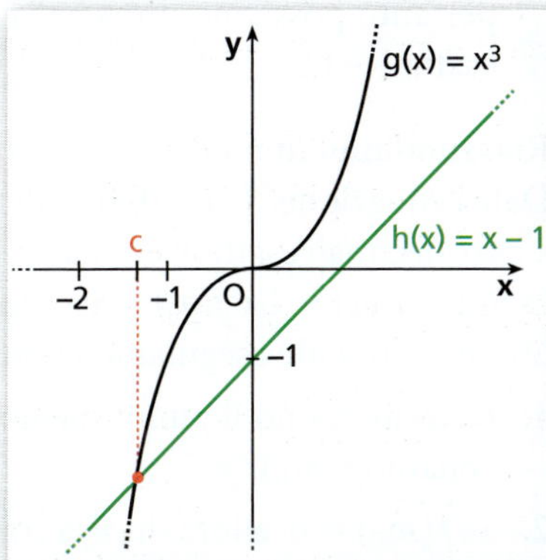

Le due curve si intersecano in un punto di ascissa c, appartenente all'intervallo $[-2; -1]$. Possiamo verificarlo applicando il teorema di esistenza degli zeri. Infatti, la funzione $f(x) = x^3 - x + 1$ è continua in $[-2; -1]$, $f(-2) = -5 < 0$ e $f(-1) = 1 > 0$.

Esiste quindi *almeno* un punto in cui la funzione si annulla. Dall'analisi del grafico deduciamo che questo punto è unico e che quindi c rappresenta l'unica soluzione dell'equazione $x^3 - x + 1 = 0$.

Consideriamo l'intervallo $[a_0; b_0] = [-2; -1]$.

Il punto medio dell'intervallo è $m_0 = \frac{a_0 + b_0}{2} = -\frac{3}{2} = -1{,}5$: esso è un valore approssimato della soluzione c.

Ricerchiamo un'approssimazione migliore.

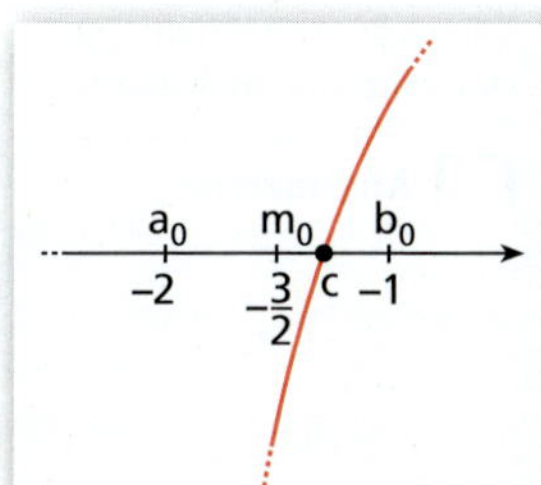

Dato che

$$f(-1{,}5) = -0{,}875 < 0 \text{ e } f(-1) = 1 > 0,$$

per il teorema di esistenza degli zeri la soluzione esatta è contenuta nell'intervallo $[a_1; b_1] = [-1{,}5; -1]$. Procedendo come prima, otteniamo il seguente valore approssimato per la soluzione:

$$m_1 = \frac{a_1 + b_1}{2} = -\frac{5}{4} = -1{,}25.$$

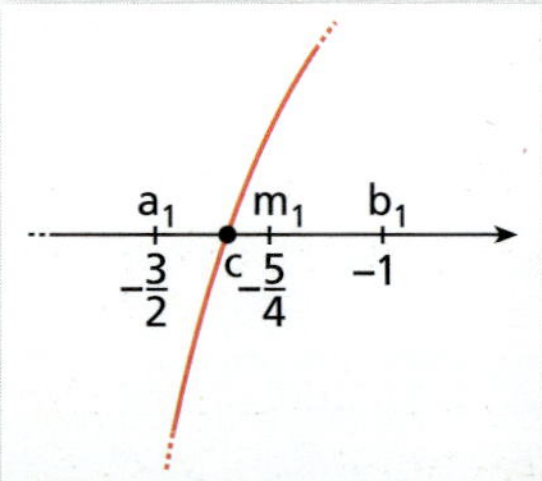

Poiché $f(-1{,}25) \simeq 0{,}297 > 0$, la soluzione esatta è compresa nell'intervallo $[a_2; b_2] = [-1{,}5; -1{,}25]$.

La prima cifra decimale della soluzione esatta può essere 2, 3, 4 o 5.

Dobbiamo ripetere il procedimento fino a trovare un intervallo sufficientemente piccolo da poter determinare con certezza la prima cifra decimale. Riportiamo i passi successivi nella tabella.

n	a_n	b_n	$f(a_n)$	$f(b_n)$	$m_n = \frac{a_n + b_n}{2}$	$f(m_n)$
0	-2	-1	$-5 < 0$	$1 > 0$	$-1{,}5$	$-0{,}875 < 0$
1	$-1{,}5$	-1	$-0{,}875 < 0$	$1 > 0$	$-1{,}25$	$0{,}297 > 0$
2	$-1{,}5$	$-1{,}25$	$-0{,}875 < 0$	$0{,}297 > 0$	$-1{,}375$	$-0{,}225 < 0$
3	$-1{,}375$	$-1{,}25$	$-0{,}225 < 0$	$0{,}297 > 0$	$-1{,}3125$	$0{,}052 > 0$
4	$-1{,}375$	$-1{,}3125$				

La soluzione esatta appartiene sicuramente all'intervallo $[-1{,}375; -1{,}3125]$, pertanto possiamo dire che la soluzione approssimata con una cifra decimale esatta è $-1{,}3$.

Riassumiamo in modo più generale il procedimento appena illustrato.
Data l'equazione $f(x) = 0$, vogliamo determinare il valore di una sua soluzione con k cifre decimali esatte. Cerchiamo un intervallo $[a_0; b_0]$ tale che $f(a_0) \cdot f(b_0) < 0$ (per esempio $f(a_0) < 0$ e $f(b_0) > 0$) e in cui la funzione f si annulla soltanto una volta. Successivamente eseguiamo i seguenti passi.

1. Determiniamo il punto medio dell'intervallo $[a_0; b_0]$, $m_0 = \frac{a_0 + b_0}{2}$, poi calcoliamo $f(m_0)$.
2. Se $f(m_0) = 0$, allora m_0 è la soluzione cercata e il procedimento è concluso.
3. Se invece $f(m_0) \neq 0$, allora m_0 è un valore approssimato della soluzione. Scegliamo il semintervallo contenente la radice ponendo:
$$a_1 = m_0, \quad b_1 = b_0 \quad \text{se } f(m_0) < 0;$$
$$a_1 = a_0, \quad b_1 = m_0 \quad \text{se } f(m_0) > 0.$$
Dobbiamo cioè scegliere il nuovo intervallo $[a_1; b_1]$ in modo che f abbia segno opposto nei due estremi.
4. Se a_1 e b_1 coincidono fino alla k-esima cifra decimale, il procedimento è concluso e la soluzione approssimata coincide con a_1 e b_1 fino alla k-esima cifra. Altrimenti, ritorniamo al punto **1** e ripetiamo il procedimento per l'intervallo $[a_1; b_1]$.

Listen to it

The **bisection method** requires two initial guesses, a_0 and b_0, such that $f(a_0)$ and $f(b_0)$ have opposite signs. You then approach the root by halving the interval and keeping the half on which f changes sign.

▶ Dimostra che l'equazione $x^5 + x + 1 = 0$ ha una sola soluzione reale e determina un suo valore approssimato con due cifre decimali esatte.

Animazione

IN SINTESI
Studio delle funzioni

Studio di una funzione

Per tracciare il grafico di una funzione $y = f(x)$ procediamo esaminando i seguenti punti.

1. Il **dominio** della funzione.
2. Eventuali **simmetrie** e **periodicità**.
3. Le coordinate degli eventuali **punti di intersezione** del grafico della funzione con gli assi cartesiani.
4. Il **segno della funzione**: stabiliamo gli intervalli in cui essa è positiva, ponendo $f(x) > 0$ e trovando, di conseguenza, anche gli intervalli in cui è negativa.
5. Il comportamento della funzione agli estremi del dominio: calcoliamo i relativi limiti e cerchiamo poi gli eventuali **asintoti** della funzione. Classifichiamo inoltre gli eventuali punti di **discontinuità**, specificando se sono di prima, di seconda o di terza specie.
6. La **derivata prima** e il suo dominio. Dallo studio del segno della derivata prima:
   - determiniamo gli intervalli in cui la funzione è *crescente* ($f'(x) > 0$) e, di conseguenza, quelli in cui è *decrescente* ($f'(x) < 0$);
   - cerchiamo gli eventuali punti di *massimo* o di *minimo relativo* e di *flesso orizzontale* e i punti di non derivabilità per $f(x)$ (*flessi verticali*, *cuspidi* e *punti angolosi*).
7. La **derivata seconda** e il suo dominio. Dallo studio del segno della derivata seconda:
   - determiniamo gli intervalli in cui il grafico volge la *concavità* verso l'alto ($f''(x) > 0$) o verso il basso ($f''(x) < 0$);
   - cerchiamo i *punti di flesso* a tangente obliqua ed eventualmente la tangente inflessionale.

Risoluzione approssimata di un'equazione

- Data l'equazione $f(x) = 0$, la **risoluzione approssimata** è composta da due fasi:
  1. la **separazione delle radici**, ossia la determinazione di intervalli che contengono *soltanto una* radice;
  2. il calcolo di un valore approssimato con la **precisione** voluta.
- **Teorema di esistenza degli zeri**
  Se f è una funzione continua nell'intervallo $[a; b]$ limitato e chiuso e $f(a) \cdot f(b) < 0$, allora esiste *almeno* un punto c interno ad $[a; b]$ tale che $f(c) = 0$.
- **Metodo di bisezione**
  Sia $[a_0; b_0]$ un intervallo in cui l'equazione $f(x) = 0$ ammette *una* radice, con $f(a_0) < 0$ e $f(b_0) > 0$.
  Calcoliamo il punto medio dell'intervallo $[a_0; b_0]$, $m_0 = \frac{a_0 + b_0}{2}$. Se $f(m_0) \neq 0$, poniamo:
  $a_1 = m_0, \quad b_1 = b_0 \quad$ se $f(m_0) < 0$, $\qquad a_1 = a_0, \quad b_1 = m_0 \quad$ se $f(m_0) > 0$.
  Applichiamo il metodo all'intervallo $[a_1; b_1]$. Ripetiamo il procedimento fino alla precisione cercata.

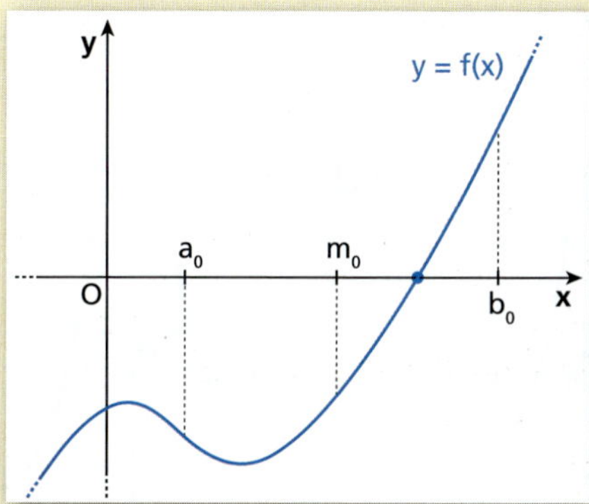

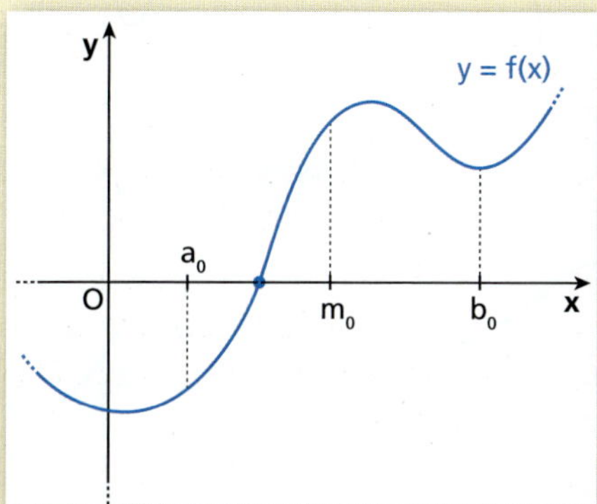

CAPITOLO 26

ESERCIZI

1 Studio di una funzione

Dal grafico di una funzione alle sue caratteristiche

1 VERO O FALSO? Osserva il grafico.

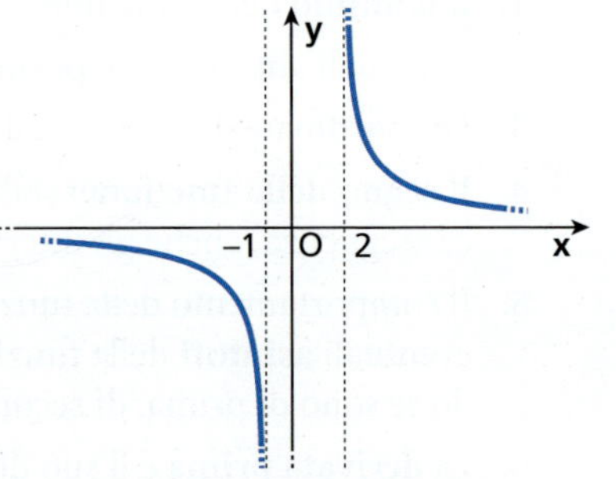

a. La funzione è dispari. V F

b. Non ci sono né massimi né minimi. V F

c. La funzione ha due asintoti. V F

d. Il dominio della funzione è $\mathbb{R}-\{-1, 2\}$. V F

e. La concavità cambia, ma non ci sono flessi. V F

LEGGI IL GRAFICO **Da ognuno dei seguenti grafici deduci:**

1. il dominio della funzione rappresentata;
2. eventuali simmetrie e periodicità;
3. le intersezioni con gli assi;
4. gli intervalli in cui la funzione è positiva e negativa;
5. i limiti agli estremi del dominio e le equazioni degli asintoti;
6. i punti di massimo e minimo relativi;
7. i punti di flesso, evidenziando la concavità.

2

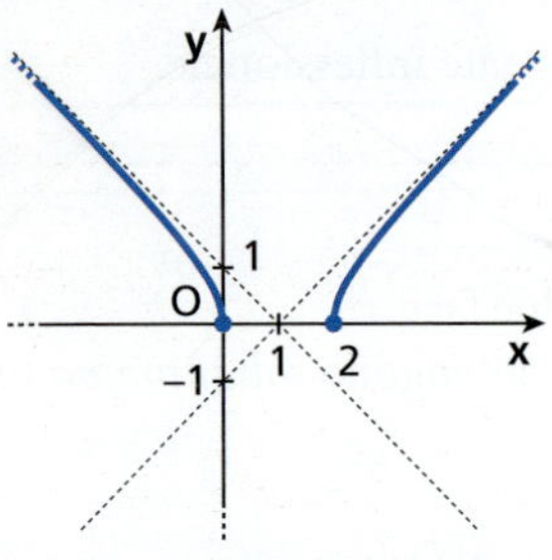

3

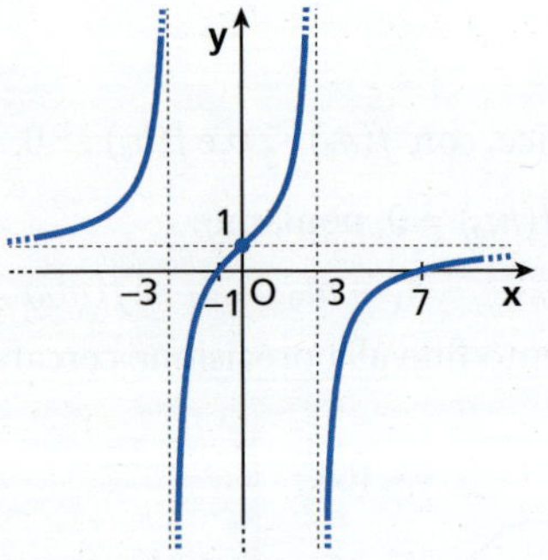

4

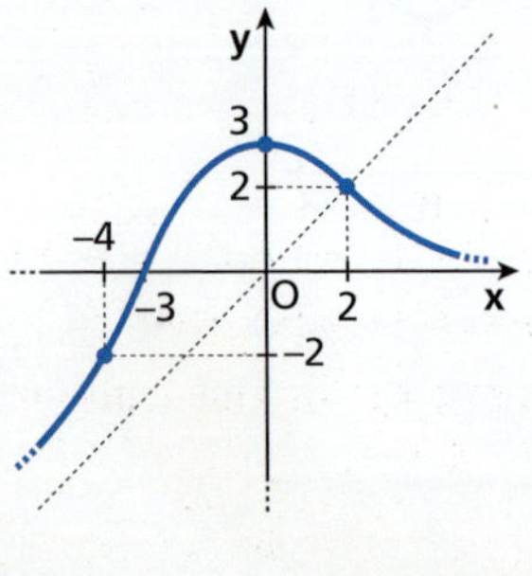

5

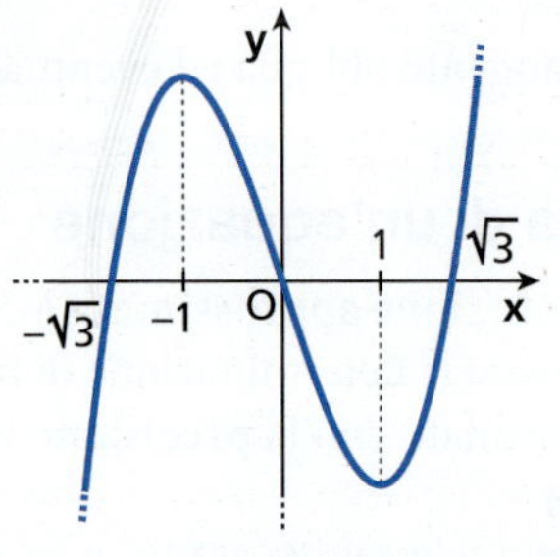

6

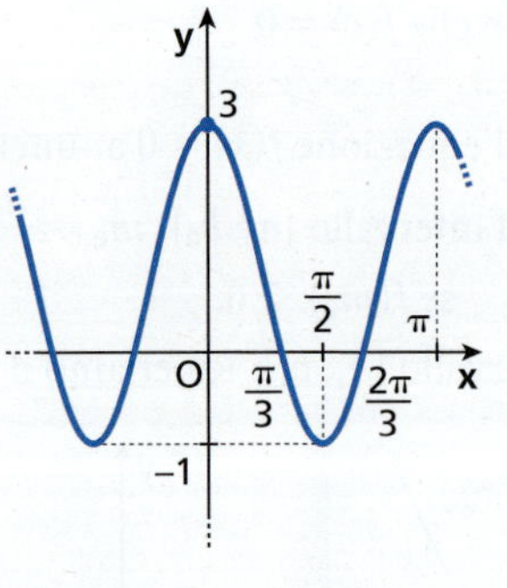

7

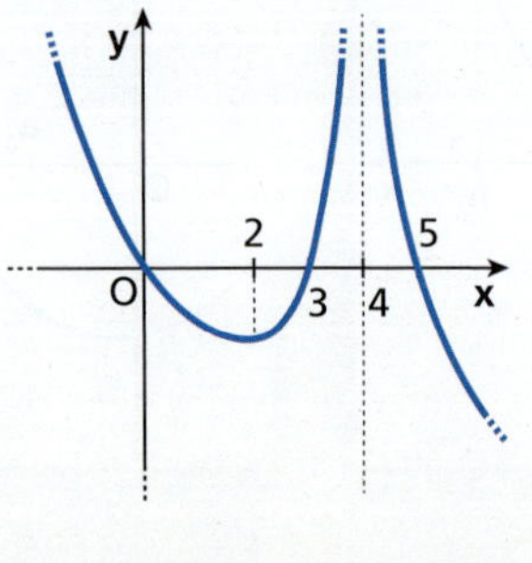

8

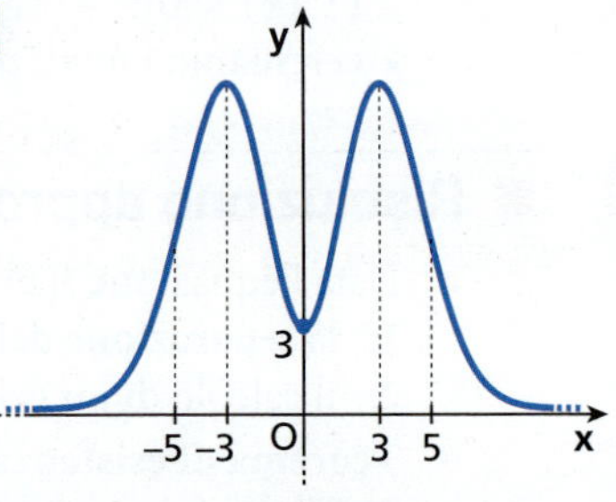

9

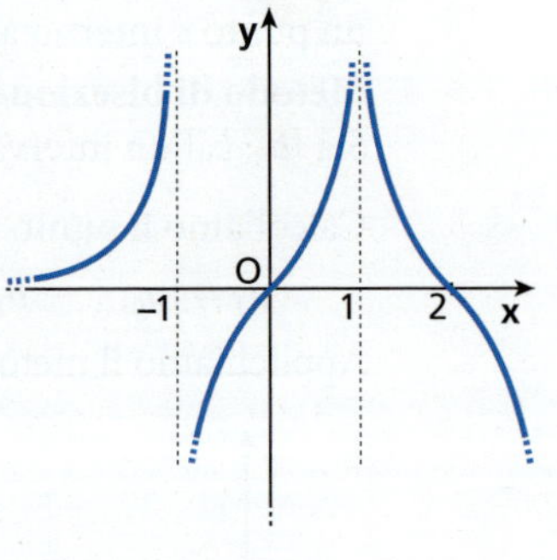

10

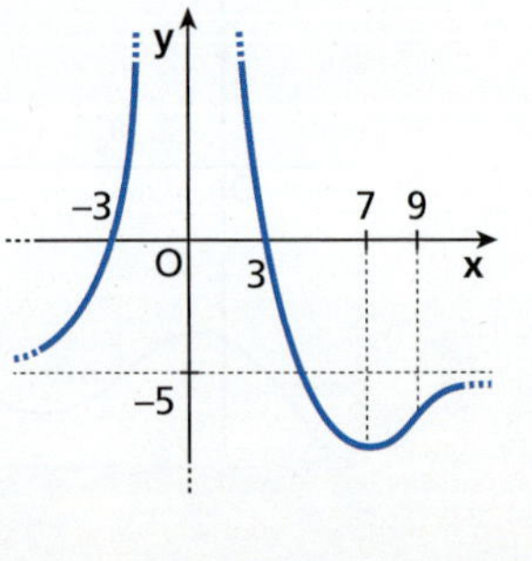

11

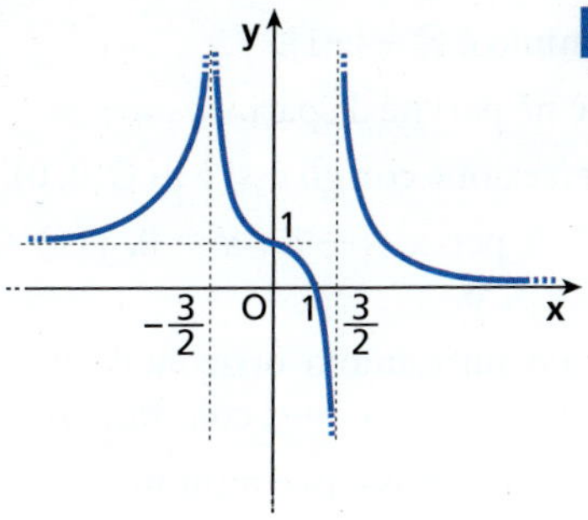

12

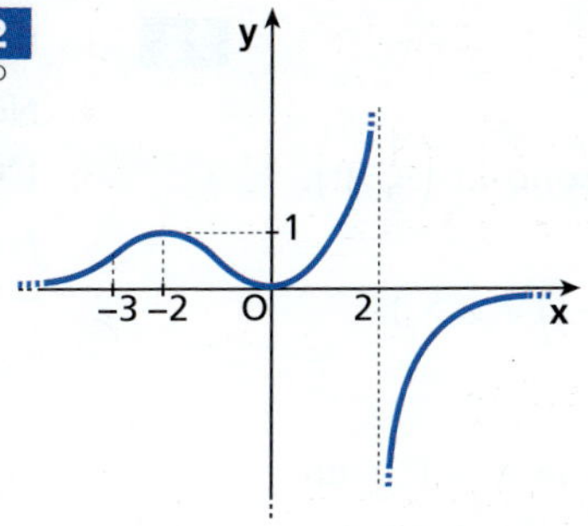

13

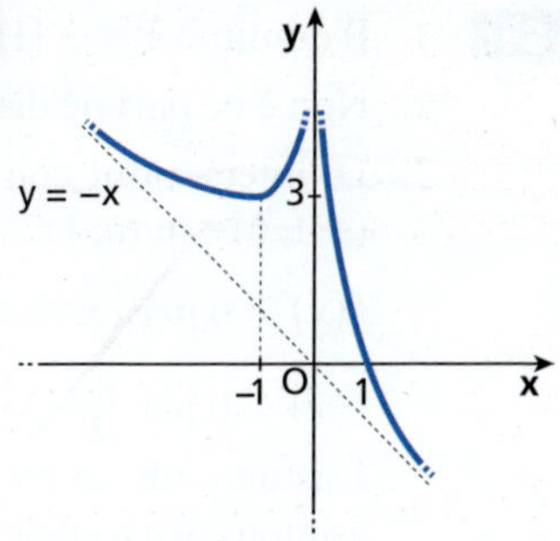

Dalle caratteristiche di una funzione al suo grafico

Traccia il grafico della funzione $y = f(x)$, sapendo che ha le seguenti caratteristiche.

14

1. Il dominio è $\mathbb{R}$.
2. È pari.
3. Le intersezioni con gli assi sono $O(0; 0)$ $(-2; 0)$ e $(2; 0)$.
4. $f(x) > 0$ per $x < -2 \vee x > 2$, $f(x) < 0$ per $-2 < x < 2 \wedge x \neq 0$.
5. Non ci sono asintoti e $\lim_{x \to \pm\infty} f(x) = +\infty$.
6. C'è un massimo in $O(0; 0)$ e due minimi in $(-1; -4)$ e $(1; -4)$.
7. Ci sono due flessi obliqui in $\left(\pm\frac{2}{3}; -3\right)$.

15

1. Il dominio è $\mathbb{R} - \{0\}$.
2. Non è né pari né dispari.
3. Non interseca gli assi cartesiani.
4. $f(x) > 0$ per $x > 0$, $f(x) < 0$ per $x < 0$.
5. Esistono un asintoto verticale $x = 0$, un asintoto obliquo a destra di equazione $y = x$ e un asintoto orizzontale a sinistra $y = -1$.
6. C'è un minimo nel punto $(1; 4)$.
7. Non vi sono flessi.

16

1. Il dominio è $\mathbb{R}$.
2. È pari.
3. L'intersezione con gli assi è in $(0; 0)$.
4. $f(x) > 0$ in $\mathbb{R} - \{0\}$.
5. Esiste un asintoto orizzontale $y = 1$.
6. C'è un minimo in $(0; 0)$.
7. Vi sono due flessi obliqui $F_1\left(-2; \frac{1}{2}\right)$ e $F_2\left(2; \frac{1}{2}\right)$.

17

1. Il dominio è $\mathbb{R} - \{0\}$.
2. Non è né pari né dispari.
3. L'intersezione con l'asse x è in $(2; 0)$.
4. $f(x) > 0$ per $x < 2, f(x) < 0$ per $x > 2$.
5. Si ha $\lim_{x \to -\infty} f(x) = 0^+$, $\lim_{x \to +\infty} f(x) = -\infty$ e $x = 0$ è asintoto verticale.
6. Non sono presenti massimi e minimi.
7. Non ci sono flessi.

18

1. Il dominio è $\mathbb{R} - \{\pm 1\}$.
2. È pari.
3. L'intersezione con gli assi è nell'origine.
4. $f(x) > 0$ per $x < -1 \vee x > 1$, $f(x) < 0$ per $-1 < x < 1 \wedge x \neq 0$.
5. Esistono due asintoti verticali $x = \pm 1$ e un asintoto orizzontale $y = 0$.
6. C'è un massimo nell'origine.
7. Non vi sono flessi.

19

1. Il dominio è $\mathbb{R} - \{5\}$.
2. $f(x) > 0$ per $1 < x < 5$.
3. C'è un solo massimo in $(6; -2)$.
4. C'è un solo flesso orizzontale in $(1; 0)$.
5. Esiste un asintoto verticale $x = 5$.
6. $\lim_{x \to \pm\infty} f(x) = -\infty$.

20

1. Il dominio è $\mathbb{R} - \{-2\}$.
2. $f(x) > 0$ per $x > -2$.
3. Esiste un asintoto verticale $x = -2$ e un asintoto orizzontale $y = 0$ per $x \to +\infty$.
4. C'è un minimo nell'origine e un massimo in $(2; 1)$ e in $(-3; -4)$.

ESERCIZI

21 ●○
1. Il dominio è $\mathbb{R} - \{1\}$.
2. Non è né pari né dispari.
3. Le intersezioni con gli assi sono in $\left(\frac{1}{2}; 0\right)$, $(-1; 0)$ e in $(0; 1)$.
4. $f(x) > 0$ per $\left(x < \frac{1}{2} \wedge x \neq -1\right) \vee x > 1$, $f(x) < 0$ per $\frac{1}{2} < x < 1$.
5. Esistono un asintoto verticale $x = 1$ e un asintoto orizzontale $y = 0$ a destra $(x \to +\infty)$, mentre si ha $\lim_{x \to -\infty} f(x) = +\infty$.
6. Ci sono un minimo in $(-1; 0)$ e un massimo in $(0; 1)$.
7. C'è un flesso in $\left(-\frac{1}{2}; \frac{1}{2}\right)$.

22 ●○
1. Il dominio è $\mathbb{R} - \{-1\}$.
2. Non è né pari né dispari.
3. L'intersezione con gli assi è in $O(0; 0)$.
4. $f(x) > 0$ per $x < -1 \vee x > 0$, $f(x) < 0$ per $-1 < x < 0$.
5. Esistono un asintoto orizzontale $y = 1$ e un asintoto verticale $x = -1$ con $\lim_{x \to -1^{\pm}} f(x) = \mp\infty$.
6. Non ci sono massimi e minimi.
7. Il punto $O(0; 0)$ è un flesso orizzontale ascendente e $F\left(1; \frac{1}{2}\right)$ è un flesso obliquo discendente.

Dalle caratteristiche di una funzione alla sua espressione analitica

23 ●○ TEST Sia f una funzione che:
1. ha dominio $\mathbb{R} - \{3\}$;
2. ha intersezioni con gli assi nei punti $(0; 2)$ e $(6; 0)$;
3. ha un asintoto orizzontale di equazione $y = 1$ e uno verticale di equazione $x = 3$;
4. per $x > 6$ ha segno positivo.

Una possibile espressione analitica di f è:

A $y = \frac{6}{x-3}$. B $y = \frac{x+6}{x+3}$. C $y = \frac{1}{x+3} + x + 6$. D $y = \frac{x-6}{x-3}$. E $y = \frac{x+6}{x-3}$.

24 ●○ TEST Sia f una funzione che:
1. ha dominio $\mathbb{R}$;
2. ha intersezioni con gli assi nei punti $(0; 2)$ e $(-4; 0)$;
3. ha un asintoto orizzontale di equazione $y = 0$;
4. per $x < -4$ ha segno negativo.

Una possibile espressione analitica di f è:

A $y = \frac{x-4}{x^2-2}$. B $y = \frac{x+4}{x^2+2}$. C $y = (x+4)\left(x + \frac{1}{2}\right)$. D $y = \frac{x+4}{x^2-2}$. E $y = \frac{x+4}{x^2+3}$.

TEST **Quale delle seguenti funzioni è rappresentata dal grafico?**

25 ●○

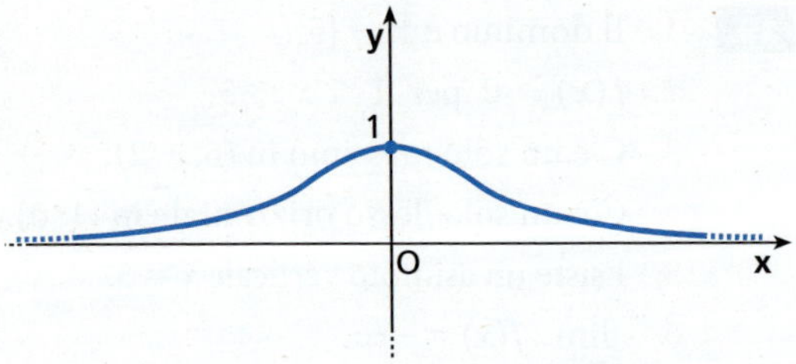

A $y = x^2 + 1$

B $y = \frac{1}{x+1}$

C $y = \frac{1}{x^2+1}$

D $y = \frac{x+1}{x^2+1}$

E $y = \frac{-1}{x^2-1}$

26 ●○

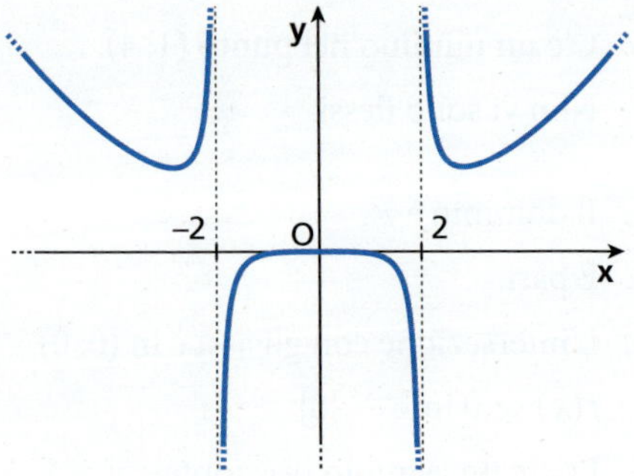

A $y = x(x^2 - 4)$

B $y = \frac{x^3}{x^2-4}$

C $y = \frac{x^4}{10(x^2-4)}$

D $y = \frac{4x^2}{x^2-4}$

E $y = \frac{x^2-4}{x^4}$

27 **EUREKA!** Scrivi l'espressione analitica di una funzione $f(x)$ che presenta le seguenti caratteristiche:

1. il dominio è $\mathbb{R} - \{2\}$;
2. i punti di intersezione con gli assi sono $O(0; 0)$ e $A(3; 0)$;
3. $x = 2$ è asintoto verticale e $y = -2$ è asintoto orizzontale;
4. $f(x) > 0$ per $0 < x < 3$.

Funzioni polinomiali

▶ Teoria a p. 1385

Le funzioni polinomiali,

$$y = a_n x^n + \ldots + a_2 x^2 + a_1 x + a_0, \text{ con } n \in \mathbb{N}, \text{ quando } n > 2,$$

- hanno come dominio $\mathbb{R}$;
- non hanno punti di discontinuità;
- non hanno asintoti;
- non hanno cuspidi, flessi verticali o punti angolosi;
- se sono funzioni dispari, hanno un flesso in $O(0; 0)$;
- se sono funzioni pari, $x = 0$ è un punto di massimo o di minimo relativo.

28 **TEST** A quale dei seguenti grafici corrisponde la funzione $y = x^4 - 4x^2$?

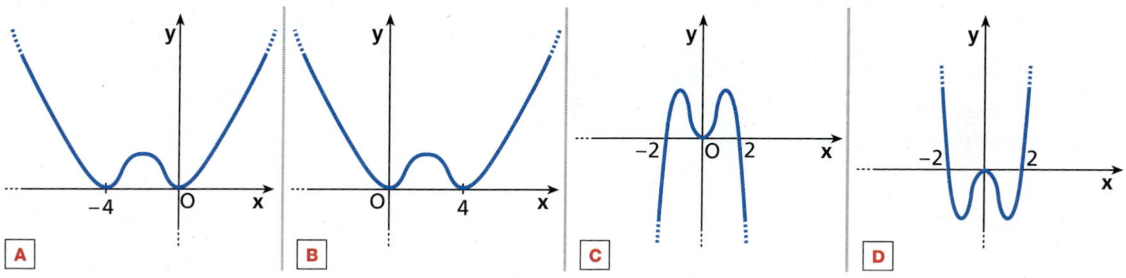

TEST Quale delle seguenti funzioni è rappresentata dal grafico?

29

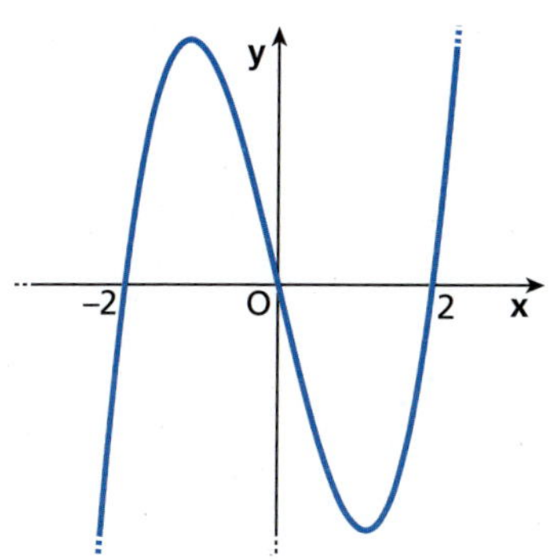

A $y = x^2 - 4$

B $y = x^3 - 4$

C $y = x^3 - 4x$

D $y = 4x - x^3$

E $y = x^4 - 4x^2$

30

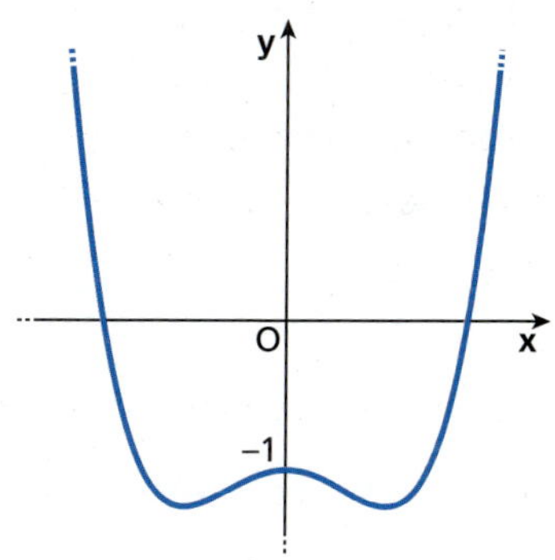

A $y = x^2 - 1$

B $y = x^4 + x^2 - 1$

C $y = 1 - x^4 + x^2$

D $y = x^4 - x^2$

E $y = x^4 - x^2 - 1$

31 **ESERCIZIO GUIDA** Studiamo e rappresentiamo graficamente la funzione $y = f(x) = x^4 - 3x^2 + 2$.

1. Dominio: $\mathbb{R}$.
2. Simmetrie.
   Essendo $f(-x) = (-x)^4 - 3(-x)^2 + 2 = x^4 - 3x^2 + 2 = f(x)$, la funzione è pari e il suo grafico è simmetrico rispetto all'asse y.

▶

3. Intersezioni con gli assi.

Asse y: $\begin{cases} y = x^4 - 3x^2 + 2 \\ x = 0 \end{cases} \rightarrow \begin{cases} y = 2 \\ x = 0 \end{cases} \rightarrow$ il punto di intersezione con l'asse y è $A(0; 2)$.

Asse x: $\begin{cases} y = x^4 - 3x^2 + 2 \\ y = 0 \end{cases} \rightarrow x^4 - 3x^2 + 2 = 0 \rightarrow x_1 = -1, x_2 = 1, x_3 = -\sqrt{2}, x_4 = +\sqrt{2}$.

I punti di intersezione con l'asse x sono: $B(-1; 0)$, $C(1; 0)$, $D(-\sqrt{2}; 0)$, $E(\sqrt{2}; 0)$.

4. Segno della funzione.

$x^4 - 3x^2 + 2 > 0 \rightarrow (x^2 - 2)(x^2 - 1) > 0.$

1° fattore: $x^2 - 2 > 0 \rightarrow x < -\sqrt{2} \lor x > \sqrt{2}$.

2° fattore: $x^2 - 1 > 0 \rightarrow x < -1 \lor x > 1$.

Compiliamo il quadro dei segni.

		$-\sqrt{2}$		-1		1		$\sqrt{2}$	
$x^2 - 2$	+	0	−		−		−	0	+
$x^2 - 1$	+		+	0	−	0	+		+
y	+	0	−	0	+	0	−	0	+

Rappresentiamo i risultati nel riferimento cartesiano, tratteggiando le zone in cui **non** ci sono punti del grafico della funzione.

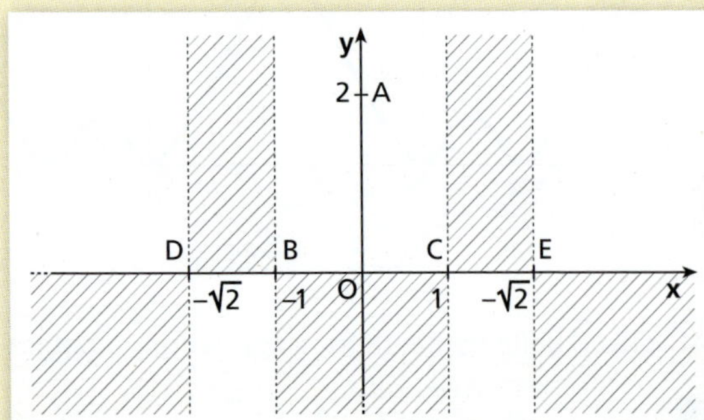

5. Limiti agli estremi del dominio:

$\lim_{x \to \pm\infty} (x^4 - 3x^2 + 2) = +\infty.$

Poiché la funzione è polinomiale, di quarto grado, **non** esiste un asintoto obliquo.

6. Derivata prima:

$y' = 4x^3 - 6x.$

Il dominio di y' è $\mathbb{R}$. Troviamo gli zeri e studiamo il segno.

$y' = 0 \rightarrow 4x^3 - 6x = 0 \rightarrow 2x(2x^2 - 3) = 0 \rightarrow x = 0 \lor x = \pm\sqrt{\frac{3}{2}},$

$y' > 0 \rightarrow 2x(2x^2 - 3) > 0.$

1° fattore: $2x > 0 \rightarrow x > 0$.

2° fattore: $2x^2 - 3 > 0 \rightarrow$

$x < -\sqrt{\frac{3}{2}} \lor x > \sqrt{\frac{3}{2}}.$

Compiliamo il quadro relativo al segno della derivata prima e segniamo gli intervalli in cui la funzione è crescente e quelli in cui è decrescente.

		$-\sqrt{\frac{3}{2}}$		0		$\sqrt{\frac{3}{2}}$	
2x	−		−	0	+		+
$2x^2 - 3$	+	0	−		−	0	+
y'	−	0	+	0	−	0	+
y	↘	min	↗	max	↘	min	↗

Per $x = \pm\sqrt{\frac{3}{2}}$ si hanno due punti di minimo. Calcoliamo le relative ordinate, sostituendo il valore delle ascisse nella funzione e otteniamo:

$$G\left(-\sqrt{\frac{3}{2}}; -\frac{1}{4}\right),\ H\left(\sqrt{\frac{3}{2}}; -\frac{1}{4}\right).$$

Per $x = 0$ si ha un massimo: $A(0; 2)$.

7. Derivata seconda:

$$y'' = 12x^2 - 6 = 6(2x^2 - 1),$$

$$y'' = 0 \ \rightarrow\ 2x^2 - 1 = 0 \ \rightarrow\ x = \pm\frac{\sqrt{2}}{2},$$

$$y'' > 0 \ \rightarrow\ 6(2x^2 - 1) > 0 \ \rightarrow$$

$$x < -\frac{\sqrt{2}}{2} \vee x > \frac{\sqrt{2}}{2}.$$

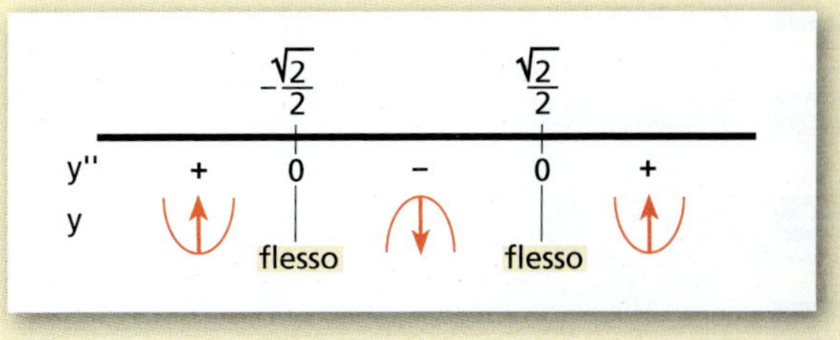

Compiliamo il quadro dei segni della derivata seconda e segniamo gli intervalli in cui il grafico della funzione ha concavità verso l'alto e quelli in cui l'ha verso il basso.

In $x = \pm\frac{\sqrt{2}}{2}$ abbiamo due flessi di coordinate:

$$F_1\left(-\frac{\sqrt{2}}{2}; \frac{3}{4}\right) \text{ e } F_2\left(\frac{\sqrt{2}}{2}; \frac{3}{4}\right).$$

Disegniamo il grafico della funzione.

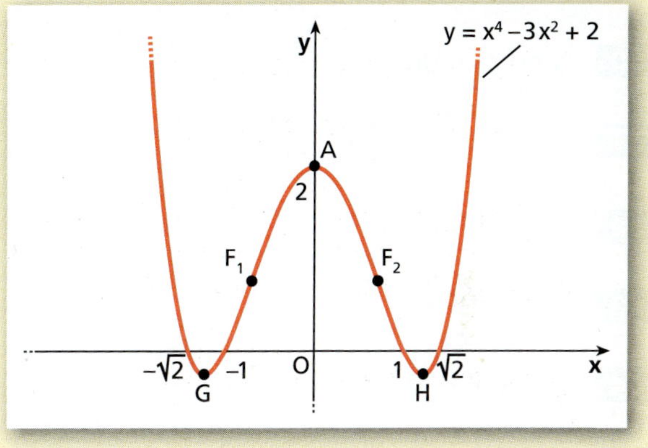

Studia e rappresenta graficamente le seguenti funzioni. (Qui e in seguito nelle soluzioni ci limitiamo a indicare i punti di massimo con max, quelli di minimo con min, quelli di flesso con *F*.)

32 $y = \frac{1}{3}x^3 - 3x^2$ $[\max(0; 0); \min(6; -36); F(3; -18)]$

33 $y = 3x^3 - x$ $\left[\max\left(-\frac{1}{3}; \frac{2}{9}\right); \min\left(\frac{1}{3}; -\frac{2}{9}\right); F(0; 0)\right]$

34 $y = 3x - x^3$ $[\min(-1; -2); \max(1; 2); F(0; 0)]$

35 $y = x^3 + 7x$ $[F(0; 0)]$

36 $y = x^2(x + 1)$ $\left[\max\left(-\frac{2}{3}; \frac{4}{27}\right); \min(0; 0); F\left(-\frac{1}{3}; \frac{2}{27}\right)\right]$

37 $y = x^4 - 1$ $[\min(0; -1)]$

38 $y = x^6 - 6x$ $[\min(1; -5)]$

39 $y = 5x(x^2 + 1)$ $[F(0; 0)]$

40 $y = 2x^4 - x$ $\left[\min\left(\frac{1}{2}; -\frac{3}{8}\right)\right]$

41 $y = 8x - x^8$ $[\max(1; 7)]$

42 $y = x^4 - 8x^2$ $\left[\min_{1,2}(\pm 2; -16); \max(0; 0); F_{1,2}\left(\pm\frac{2}{3}\sqrt{3}; -\frac{80}{9}\right)\right]$

ESERCIZI

43 $y = \frac{1}{3}x^3 - 9x$ $[\max(-3; 18); \min(3; -18); F(0; 0)]$

44 $y = x^4 - \frac{4}{3}x^3$ $\left[\min\left(1; -\frac{1}{3}\right); F_1(0; 0), F_2\left(\frac{2}{3}; -\frac{16}{81}\right)\right]$

45 $y = x^3 - 12x$ $[\max(-2; 16); \min(2; -16); F(0; 0)]$

46 $y = x^2 - x^3$ $\left[\min(0; 0); \max\left(\frac{2}{3}; \frac{4}{27}\right); F\left(\frac{1}{3}; \frac{2}{27}\right)\right]$

47 $y = x^4 - 16x^2$ $\left[\min_{1,2}(\pm 2\sqrt{2}; -64); \max(0; 0); F_{1,2}\left(\pm\sqrt{\frac{8}{3}}; -\frac{320}{9}\right)\right]$

48 $y = x(x+2)^2$ $\left[\max(-2; 0); \min\left(-\frac{2}{3}; -\frac{32}{27}\right); F\left(-\frac{4}{3}; -\frac{16}{27}\right)\right]$

49 $y = \frac{x^3}{3} - 3x^2 + 8x$ $\left[\max\left(2; \frac{20}{3}\right); \min\left(4; \frac{16}{3}\right); F(3; 6)\right]$

50 $y = (x^2 - 4)(x^2 - 1)$ $\left[\min_{1,2}\left(\pm\sqrt{\frac{5}{2}}; -\frac{9}{4}\right); \max(0; 4); F_{1,2}\left(\pm\sqrt{\frac{5}{6}}; \frac{19}{36}\right)\right]$

51 $y = \frac{x^3}{6} - x^2 + \frac{3}{2}x$ $\left[\max\left(1; \frac{2}{3}\right); \min(3; 0); F\left(2; \frac{1}{3}\right)\right]$

52 $y = x^2 - 4x^4$ $\left[\max_{1,2}\left(\pm\sqrt{\frac{1}{8}}; \frac{1}{16}\right); \min(0; 0); F_{1,2}\left(\pm\sqrt{\frac{1}{24}}; \frac{5}{144}\right)\right]$

53 $y = -x^4 - x^2$ $[\max(0; 0)]$

54 $y = x(x^2 - 4)$ $\left[\max\left(-\frac{2}{3}\sqrt{3}; \frac{16}{9}\sqrt{3}\right); \min\left(\frac{2}{3}\sqrt{3}; -\frac{16}{9}\sqrt{3}\right); F(0; 0)\right]$

55 $y = x^3\left(1 - \frac{1}{4}x\right)$ $\left[\max\left(3; \frac{27}{4}\right); F_1(0; 0); F_2(2; 4)\right]$

56 $y = 2x^3 - x^4$ $\left[\max\left(\frac{3}{2}; \frac{27}{16}\right); F_1(0; 0), F_2(1; 1)\right]$

57 $y = \frac{x^5}{5} + \frac{x^4}{2}$ $\left[\max\left(-2; \frac{8}{5}\right); \min(0; 0); F\left(-\frac{3}{2}; \frac{81}{80}\right)\right]$

58 $y = x - \frac{1}{5}x^5$ $\left[\min\left(-1; -\frac{4}{5}\right); \max\left(1; \frac{4}{5}\right); F(0; 0)\right]$

59 $y = x^3 - 2x^2 + x - 2$ $\left[\max\left(\frac{1}{3}; -\frac{50}{27}\right); \min(1; -2); F\left(\frac{2}{3}; -\frac{52}{27}\right)\right]$

60 $y = x^3 - 3x + 2$ $[\max(-1; 4); \min(1; 0); F(0; 2)]$

61 $y = x^4 - 2x^3 + 1$ $\left[\min\left(\frac{3}{2}; -\frac{11}{16}\right); F_1(0; 1), F_2(1; 0)\right]$

62 **ASSOCIA** a ogni funzione il grafico relativo senza svolgere lo studio completo.

a. $y = x^3 + x^2$ **b.** $y = x^4 - x^3$ **c.** $y = x^4 - x^2$ **d.** $y = x^3 - x$

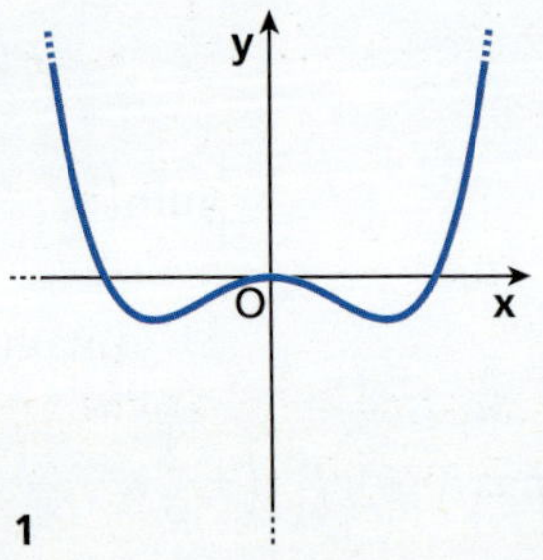

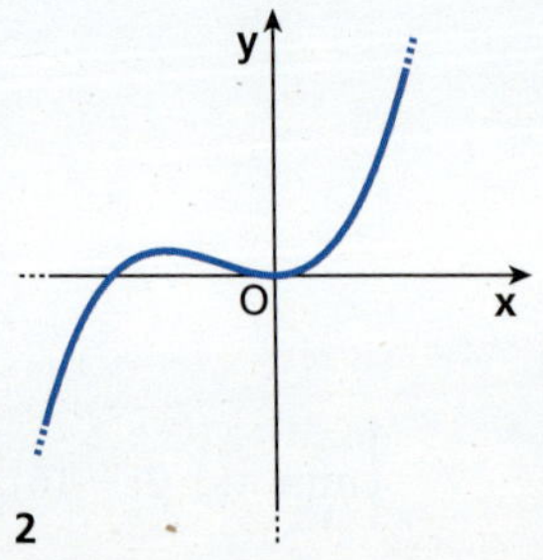

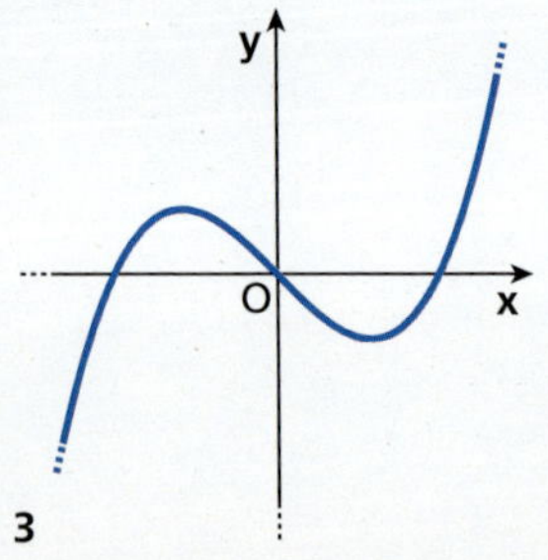

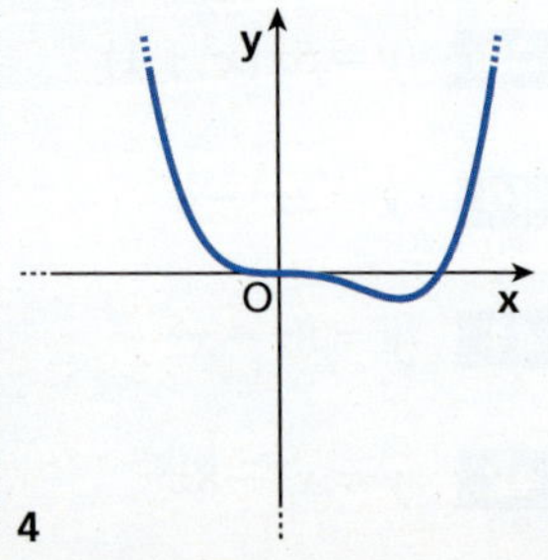

63 FAI UN ESEMPIO di funzione polinomiale $f(x)$ che interseca l'asse x in tre punti e tale che $\lim_{x \to \pm\infty} f(x) = +\infty$.

REALTÀ E MODELLI

64 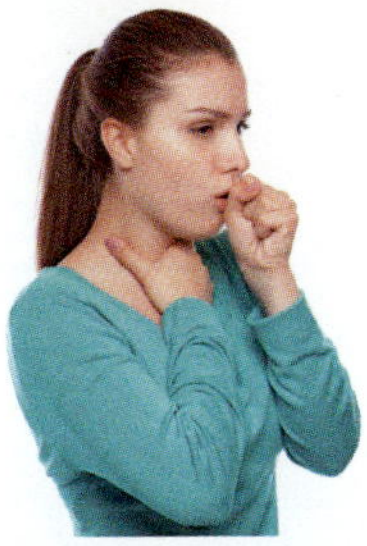

Che tosse! La velocità dell'aria espulsa da un colpo di tosse provocato da un corpo estraneo dipende sia da fattori fisici della persona sia dal diametro r del corpo. Per Laura, la velocità v (espressa in mm/s) varia in funzione di r (espresso in mm) secondo la legge:

$$v(r) = 15r^2 - r^3, \quad \text{con } 0 \leq r \leq 15.$$

Studia la funzione e rappresentala graficamente.
Calcola per quali dimensioni del corpo estraneo si ha la massima velocità.

[10 mm]

65 **Ombrelli Rainoff** La ditta Rainoff ha rilevato che quando si va oltre un certo numero di lavoratori addetti alla produzione dei suoi ombrelli pieghevoli, la produzione subisce una flessione. In tabella sono riportati i dati della rilevazione.

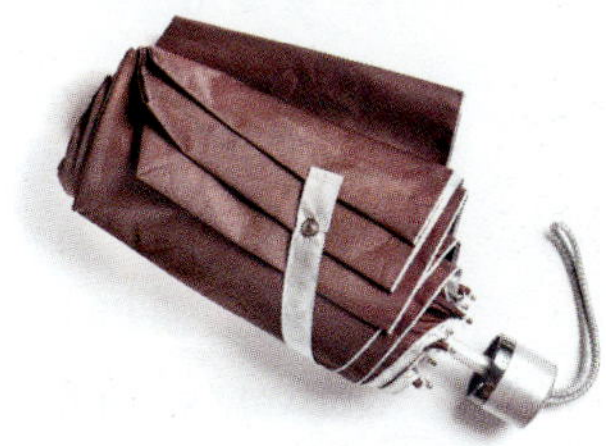

Numero addetti	0	2	5	10
Numero ombrelli prodotti	0	6	30	70

a. Scrivi l'equazione della funzione polinomiale di terzo grado $f(x)$ il cui grafico passa per i punti corrispondenti ai dati rilevati. Studia $f(x)$ e rappresentane il grafico.

b. Individua il numero di addetti in corrispondenza del quale la produzione inizia a diminuire.

$\left[\text{a) } y = -\frac{x^3}{10} + \frac{17}{10}x^2; \text{ b) } 11\right]$

Funzioni con valori assoluti

66 ESERCIZIO GUIDA Studiamo e rappresentiamo graficamente le seguenti funzioni:

a. $y = g(x) = |x^4 - 4x|$; b. $y = h(x) = x^4 - 4|x|$.

Studiamo la funzione $f(x) = x^4 - 4x$ e poi deduciamo dal suo grafico i grafici delle funzioni richieste.

1. Dominio: $\mathbb{R}$.

2. Cerchiamo eventuali simmetrie:

$$f(-x) = (-x)^4 - 4(-x) = x^4 + 4x \neq \pm f(x) \rightarrow \text{la funzione non è né dispari né pari.}$$

3. Intersezioni con gli assi.

Asse y: $\begin{cases} y = x^4 - 4x \\ x = 0 \end{cases} \rightarrow \begin{cases} y = 0 \\ x = 0 \end{cases} \rightarrow$ il punto di intersezione con l'asse y è $O(0; 0)$.

Asse x: $\begin{cases} y = x^4 - 4x \\ y = 0 \end{cases} \rightarrow x^4 - 4x = 0 \rightarrow x(x^3 - 4) = 0 \rightarrow x_1 = 0, x_2 = \sqrt[3]{4}$.

I punti di intersezione con l'asse x sono l'origine e $A(\sqrt[3]{4}; 0)$.

4. Segno della funzione.

$x^4 - 4x > 0 \rightarrow x(x^3 - 4) > 0$.

1° fattore: $x > 0$.

2° fattore: $x^3 - 4 > 0 \rightarrow x > \sqrt[3]{4}$.

Compiliamo il quadro dei segni.

		0		$\sqrt[3]{4}$	
x	−	0	+		+
$x^3 - 4$	−		−	0	+
y	+	0	−	0	+

5. Limiti agli estremi del dominio:

$$\lim_{x \to \pm\infty} (x^4 - 4x) = +\infty.$$

Poiché la funzione è polinomiale, di quarto grado, **non** esiste un asintoto obliquo.

6. Derivata prima:

$$y' = 4x^3 - 4.$$

Il dominio di y' è $\mathbb{R}$. Troviamo gli zeri e studiamo il segno.

$$y' = 0 \rightarrow 4x^3 - 4 = 0 \rightarrow 4(x^3 - 1) = 0 \rightarrow x = 1,$$

$$y' > 0 \rightarrow 4x^3 - 4 > 0 \rightarrow x > 1.$$

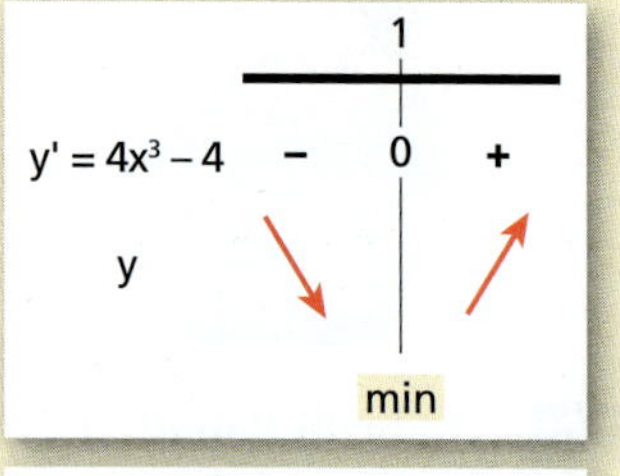

Compiliamo il quadro relativo al segno della derivata prima e segniamo gli intervalli in cui la funzione è crescente e quelli in cui è decrescente.

Per $x = 1$ si ha un minimo: $B(1; -3)$.

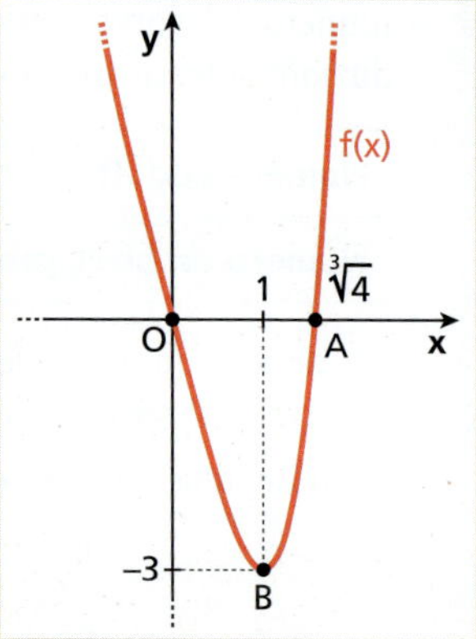

7. Derivata seconda:

$$y'' = 12x^2,$$

$$y'' = 0 \rightarrow 12x^2 = 0 \rightarrow x = 0,$$

$$y'' > 0 \rightarrow 12x^2 > 0 \rightarrow \forall x \neq 0.$$

La derivata seconda è sempre positiva o nulla, quindi non ci sono flessi e la concavità è sempre rivolta verso l'alto.

Disegniamo il grafico della funzione.

a. Il grafico di $g(x) = |x^4 - 4x|$ si ottiene con una simmetria rispetto all'asse x delle parti del grafico di $f(x) = x^4 - 4x$ che si trovano nel semipiano $y < 0$.

Si hanno due minimi (punti angolosi) in $O(0; 0)$ e $A(\sqrt[3]{4}; 0)$ e un massimo in $C(1; 3)$, simmetrico di B rispetto all'asse x.

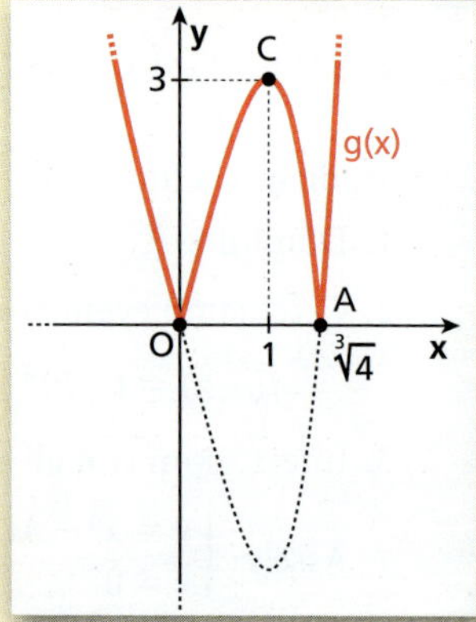

b. Osserviamo che $y = h(x)$ è pari. Infatti:

$$h(-x) = (-x)^4 - 4|-x| = x^4 - 4x = h(x).$$

Il suo grafico è simmetrico rispetto all'asse y.
Pertanto, poiché

$$h(x) = \begin{cases} x^4 - 4x & \text{se } x \geq 0 \\ x^4 + 4x & \text{se } x < 0 \end{cases},$$

per $x \geq 0$ tracciamo il grafico di $f(x)$, dato che per $x \geq 0$ la funzione $h(x)$ coincide con $f(x)$.
Poiché la funzione $h(x)$ è pari, per $x < 0$ tracciamo il simmetrico rispetto all'asse y del grafico tracciato per $x \geq 0$.
Si ha un massimo (punto angoloso) in $O(0; 0)$ e due minimi in $B(1; -3)$ e $B'(-1; -3)$, simmetrico di B rispetto all'asse y.

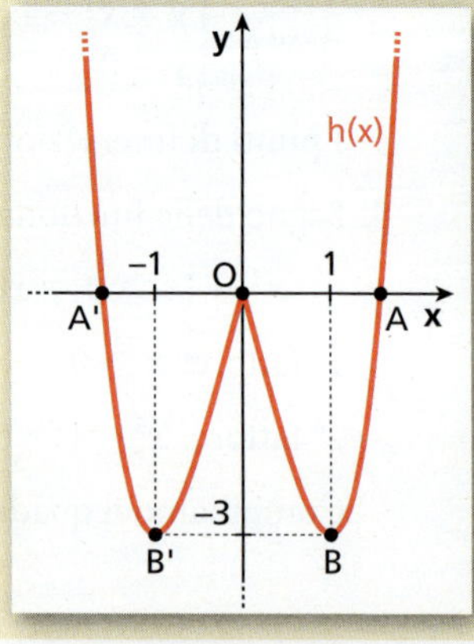

Studia e rappresenta graficamente le seguenti funzioni.

67 $y = |x^4 - x^2|$ $\left[\min_1(-1; 0), \min_2(0; 0), \min_3(1; 0); \max_1\left(-\frac{\sqrt{2}}{2}; \frac{1}{4}\right), \max_2\left(\frac{\sqrt{2}}{2}; \frac{1}{4}\right)\right]$

68 $y = |x|^3 - |x|$ $\left[\min_1\left(-\frac{\sqrt{3}}{3}; -\frac{2\sqrt{3}}{9}\right), \min_2\left(\frac{\sqrt{3}}{3}; -\frac{2\sqrt{3}}{9}\right); \max(0; 0)\right]$

69 $y = x^2|x - 3|$ $[\min_1(0; 0), \min_2(3; 0); \max(2; 4); F(1; 2)]$

70 $y = |x^3 - 3x|$ $[\min_1(-\sqrt{3}; 0), \min_2(0; 0), \min_3(\sqrt{3}; 0); \max_1(-1; 2), \max_2(1; 2)]$

71 $y = |x|(x+2)^2$ $\left[\min_1(-2; 0), \min_2(0; 0); \max\left(-\frac{2}{3}; \frac{32}{27}\right); F\left(-\frac{4}{3}; \frac{16}{27}\right)\right]$

72 $y = |4x + x^3|$ $[\min(0; 0)]$

Funzioni razionali fratte

▶ Teoria a p. 1387

Le funzioni razionali fratte,

$$y = \frac{a_n x^n + a_{n-1}x^{n-1} + \ldots + a_0}{b_m x^m + b_{m-1}x^{m-1} + \ldots + b_0} = \frac{A(x)}{B(x)},$$

- hanno come dominio $\mathbb{R}$ con esclusione dei valori che annullano $B(x)$;
- possono avere asintoti verticali che vanno ricercati fra i valori che annullano $B(x)$;
- intersecano l'asse x nei punti in cui $A(x) = 0$;
- se $n = m$, hanno un asintoto orizzontale di equazione $y = \frac{a_n}{b_m}$;
- se $n < m$, hanno come asintoto orizzontale l'asse x;
- se $n > m$, con $n - m = 1$, hanno un asintoto obliquo.

TEST

73 Quale dei seguenti grafici rappresenta l'andamento della funzione $y = \frac{x-1}{x^2}$?

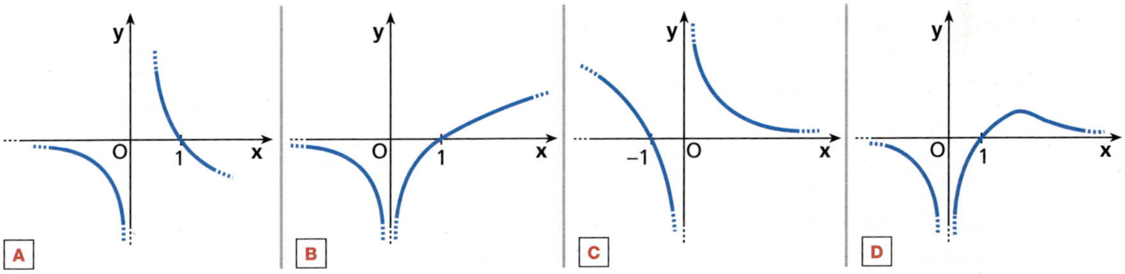

74 Fra i seguenti grafici, quale rappresenta l'andamento della funzione $y = x + \frac{1}{x}$?

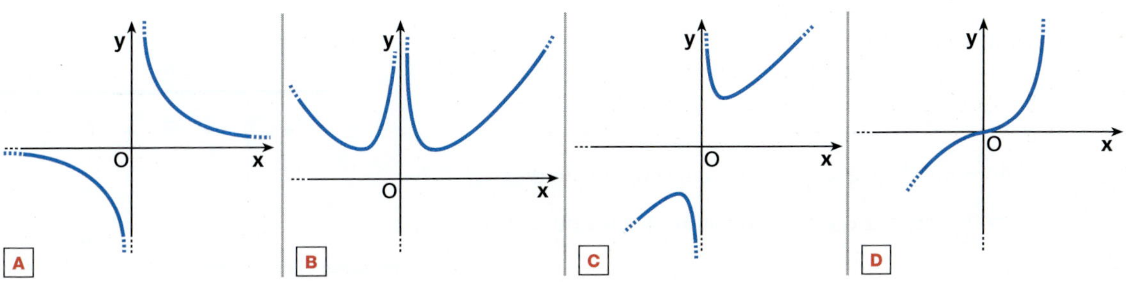

75 **ESERCIZIO GUIDA** Studiamo e rappresentiamo graficamente la funzione:

$$y = f(x) = \frac{(2-x)^3}{3(x-4)}.$$

1. Dominio: il denominatore deve essere $\neq 0$, quindi: D: $x \neq 4$.

2. Cerchiamo eventuali simmetrie.
$f(x)$ non può essere né pari né dispari perché il dominio D non è simmetrico rispetto a O. Possiamo anche verificarlo calcolando

$$f(-x) = \frac{[2-(-x)]^3}{3(-x-4)} = \frac{(2+x)^3}{-3(x+4)} \neq \pm f(x)$$

3. Intersezioni con gli assi.

Asse y: $\begin{cases} y = \dfrac{(2-x)^3}{3(x-4)} \\ x = 0 \end{cases} \rightarrow \begin{cases} y = \dfrac{8}{-12} \\ x = 0 \end{cases} \rightarrow \begin{cases} y = -\dfrac{2}{3} \\ x = 0 \end{cases} \rightarrow A\left(0; -\dfrac{2}{3}\right).$

Asse x: $\begin{cases} y = \dfrac{(2-x)^3}{3(x-4)} \\ y = 0 \end{cases} \rightarrow \begin{cases} \dfrac{(2-x)^3}{3(x-4)} = 0 \\ y = 0 \end{cases} \rightarrow \begin{cases} (2-x)^3 = 0 \\ y = 0 \end{cases} \rightarrow \begin{cases} 2-x = 0 \\ y = 0 \end{cases} \rightarrow \begin{cases} x = 2 \\ y = 0 \end{cases} \rightarrow B(2; 0).$

4. Segno della funzione:

$$\frac{(2-x)^3}{3(x-4)} > 0 \qquad N > 0 \text{ per } x < 2$$
$$D > 0 \text{ per } x > 4.$$

		2		4	
$(2-x)^3$	+	0	−		−
$3(x-4)$	−		−	0	+
y	−	0	+	∄	−

Compiliamo il quadro dei segni.

$f(x) > 0 \quad$ per $2 < x < 4$.

Rappresentiamo questi risultati nel piano cartesiano, tratteggiando le zone del piano in cui non ci sono punti del grafico della funzione.

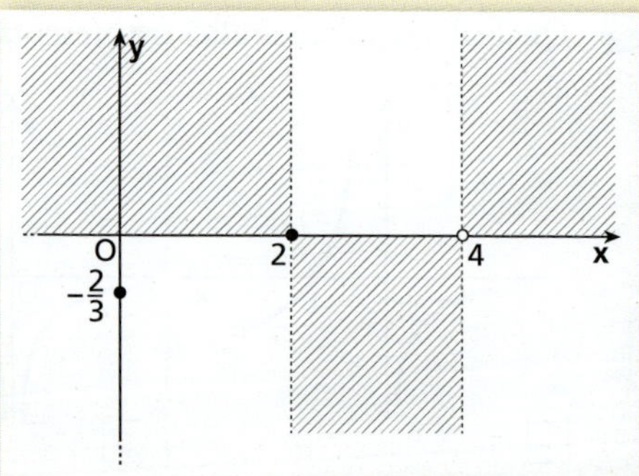

5. Limiti agli estremi del dominio:

- $\lim_{x \to \pm\infty} \dfrac{(2-x)^3}{3(x-4)} = -\infty$;

  poiché la differenza fra il grado del numeratore e il grado del denominatore è 2, non esiste asintoto obliquo;

- $\lim_{x \to 4^\pm} \dfrac{(2-x)^3}{3(x-4)} = \mp\infty \rightarrow x = 4$ è un asintoto verticale.

6. Derivata prima:

$$y' = \frac{2}{3} \cdot \frac{(2-x)^2(5-x)}{(x-4)^2}.$$

Il dominio di y' è $x \neq 4$ e coincide con quello di y.

$y' = 0$ per $x = 2$ e $x = 5$, che sono quindi punti stazionari.

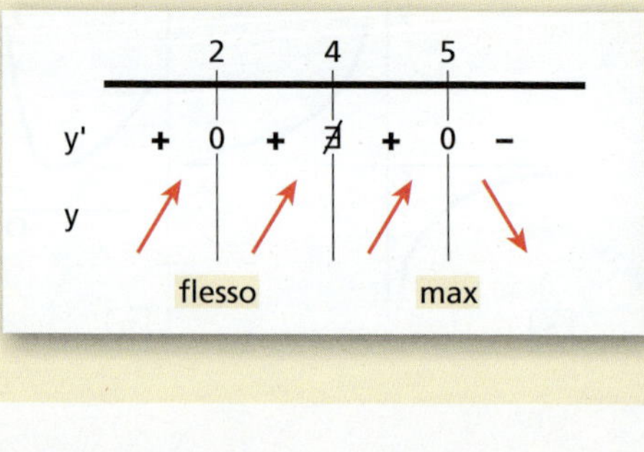

Il segno di y' dipende solo da $5 - x$ perché $(2-x)^2$ e $(x-4)^2$ sono sempre positivi per $x \neq 2$ e $x \neq 4$, dunque:

$$y' > 0 \quad \text{per } x < 5 \wedge x \neq 2 \wedge x \neq 4.$$

Per $x = 2$ la funzione ammette un flesso orizzontale e per $x = 5$ presenta un massimo. Quindi il flesso orizzontale è in $B(2; 0)$ e, poiché $f(5) = -9$, il massimo è in $M(5; -9)$.

7. Derivata seconda:

$$y'' = -\frac{2}{3} \cdot \frac{(x-2)(x^2 - 10x + 28)}{(x-4)^3}.$$

Il trinomio $x^2 - 10x + 28$ è sempre positivo perché ha $\Delta < 0$, quindi il segno di y'' dipende da $x - 2$ e $(x-4)^3$. Risulta che:

$y'' < 0$ per $x < 2 \vee x > 4$ → il grafico ha la concavità verso il basso;

$y'' > 0$ per $2 < x < 4$ → il grafico ha la concavità verso l'alto.

In $x = 2$ c'è un punto di flesso (come già trovato con la derivata prima) e in $x = 4$ la funzione non è definita. Tracciamo il grafico della funzione.

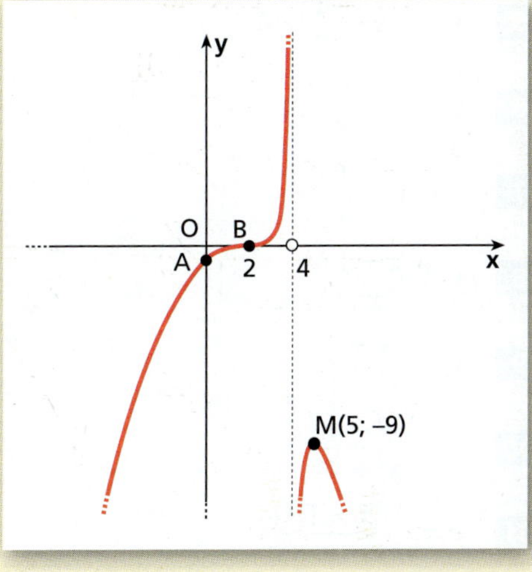

Studia e rappresenta graficamente le seguenti funzioni. (Nei risultati indichiamo con *a* le equazioni degli asintoti.)

76 $y = \frac{2}{x+1}$ $[a: x = -1, y = 0]$

77 $y = \frac{1}{1-2x}$ $\left[a: x = \frac{1}{2}, y = 0\right]$

78 $y = -\frac{1}{3x^3}$ $[a: x = 0, y = 0]$

79 $y = \frac{x+1}{2-x}$ $[a: x = 2; y = -1]$

80 $y = \frac{x+4}{x}$ $[a: x = 0, y = 1]$

81 $y = x - \frac{3}{x+2}$ $[a: x = -2; y = x]$

82 $y = 3 - \frac{1}{x+2}$ $[a: x = -2, y = 3]$

83 $y = \frac{x^2 - 1}{x}$ $[a: x = 0, y = x]$

---

84 $y = -\frac{2}{1+x^2}$ $\left[a: y = 0; \min(0; -2); F_{1,2}\left(\pm\frac{\sqrt{3}}{3}; -\frac{3}{2}\right)\right]$

85 $y = -\frac{x^2}{1+x}$ $[a: x = -1, y = -x + 1; \max(0; 0); \min(-2; 4)]$

86 $y = \frac{2x^2 + 2}{x}$ $[a: x = 0, y = 2x; \max(-1; -4); \min(1; 4)]$

87 $y = \frac{3}{x^3 - 1}$ $\left[a: y = 0, x = 1; F_1(0; -3), F_2\left(-\frac{1}{\sqrt[3]{2}}; -2\right)\right]$

88 $y = \frac{4x+1}{(x+1)^2}$ $\left[a: y = 0, x = -1; \max\left(\frac{1}{2}; \frac{4}{3}\right); F\left(\frac{5}{4}; \frac{32}{27}\right)\right]$

89 $y = \frac{x^2 - 4}{x^2 - 1}$ $[a: x = \pm 1, y = 1; \min(0; 4)]$

90 $y = \frac{x^2 - 3x + 2}{x^2 - 1}$ [discont. eliminabile per $x = 1$; $a: x = -1, y = 1$]

91 ●○ $y=\frac{1}{x^3-3x^2}$ $\left[a\colon x=3,\ x=0,\ y=0;\ \max\left(2;-\frac{1}{4}\right)\right]$

92 ●○ $y=\frac{3-x^2}{x-2}$ $[a\colon x=2,\ y=-x-2;\ \min(1;-2);\ \max(3;-6)]$

93 ●○ $y=\frac{x^3+27}{x^3}$ $[a\colon x=0,\ y=1]$

94 ●○ $y=\frac{x^2-8}{2x-1}$ $\left[a\colon x=\frac{1}{2},\ y=\frac{1}{2}x+\frac{1}{4}\right]$

95 ●○ $y=-x-\frac{4}{x}+6$ $[a\colon y=-x+6,\ x=0;\ \min(-2;10);\ \max(2;2)]$

96 ●○ $y=x+\frac{9}{x}-1$ $[a\colon y=x-1,\ x=0;\ \max(-3;-7);\ \min(3;5)]$

97 ●○ $y=x+\frac{1}{x}$ $[a\colon y=x,\ x=0;\ \max(-1;-2);\ \min(1;2)]$

98 ●○ $y=\frac{x-1}{x^2}$ $\left[a\colon x=0,\ y=0;\ \max\left(2;\frac{1}{4}\right);\ F\left(3;\frac{2}{9}\right)\right]$

99 ●○ $y=\frac{-x^3}{x^3-1}$ $\left[a\colon y=-1,\ x=1;\ F_1(0;0),\ F_2\left(-\frac{1}{\sqrt[3]{2}};-\frac{1}{3}\right)\right]$

100 ●○ $y=\frac{x^2-4}{x^2+4}$ $\left[a\colon y=1;\ \min(0;-1);\ F_1\left(-\frac{2\sqrt{3}}{3};-\frac{1}{2}\right),\ F_2\left(\frac{2\sqrt{3}}{3};-\frac{1}{2}\right)\right]$

101 ●○ $y=-\frac{(x+1)^2}{x}$ $[a\colon y=-x-2,\ x=0;\ \min(-1;0);\ \max(1;-4)]$

102 ●○ $y=\frac{x^2}{x^2+1}$ $\left[a\colon y=1;\ \min(0;0);\ F_1\left(-\frac{\sqrt{3}}{3};\frac{1}{4}\right),\ F_2\left(\frac{\sqrt{3}}{3};\frac{1}{4}\right)\right]$

103 ●○ $y=\frac{2x+1}{x^2-2x+1}$ $\left[a\colon x=1,\ y=0;\ \min\left(-2;-\frac{1}{3}\right);\ F\left(-\frac{7}{2};-\frac{8}{27}\right)\right]$

104 ●○ $y=\frac{x^2+1}{x^2-9}$ $\left[a\colon x=\pm 3,\ y=1;\ \max\left(0;-\frac{1}{9}\right)\right]$

105 ●○ $y=\frac{3}{x^2+4}$ $\left[a\colon y=0;\ \max\left(0;\frac{3}{4}\right);\ F_{1,2}\left(\pm\frac{2\sqrt{3}}{3};\frac{9}{16}\right)\right]$

106 ●○ $y=\frac{(x+2)^2}{(x+1)^2}$ $\left[a\colon y=1,\ x=-1;\ \min(-2;0);\ F\left(-\frac{5}{2};\frac{1}{9}\right)\right]$

107 ●○ $y=\frac{x-3}{(x-2)^3}$ $\left[a\colon y=0,\ x=2;\ \max\left(\frac{7}{2};\frac{4}{27}\right);\ F\left(4;\frac{1}{8}\right)\right]$

108 ●○ $y=\frac{x^2-x-2}{x^2-6x+9}$ $\left[a\colon x=3,\ y=1;\ \min\left(\frac{7}{5};-\frac{9}{16}\right);\ F\left(\frac{3}{5};-\frac{7}{18}\right)\right]$

109 ●○ $y=\frac{3-x}{(x+1)^2}$ $\left[a\colon x=-1,\ y=0;\ \min\left(7;-\frac{1}{16}\right);\ F\left(11;-\frac{1}{18}\right)\right]$

110 ●● $y=\frac{x^3}{9-x^2}$ $\left[a\colon x=\pm 3,\ y=-x;\ \min\left(-3\sqrt{3};\frac{9}{2}\sqrt{3}\right);\ \max\left(3\sqrt{3};-\frac{9}{2}\sqrt{3}\right)\right]$

111 ●● $y=\frac{x^3-4}{x^2}$ $[a\colon x=0,\ y=x;\ \max(-2;-3)]$

112 ●● $y=-\frac{x^3}{3(x-2)}$ $[a\colon x=2;\ \max(3;-9);\ F(0;0)]$

113 ●● $y=\frac{x^4}{16(x-1)}$ $\left[a\colon x=1;\ \max(0;0);\ \min\left(\frac{4}{3};\frac{16}{27}\right)\right]$

114 ●● $y=\frac{2x^2-3}{x^2-2x+2}$ $\left[a\colon y=2;\ \min\left(\frac{1}{2};-2\right);\ \max(3;3)\right]$

115 $y = \dfrac{x-2}{(x+1)(x^2-4)}$ $\left[a\text{: } x=-1,\ x=-2,\ y=0\text{; discont. eliminabile in } x=2\text{; } \max\left(-\dfrac{3}{2};-4\right)\right]$

116 $y = \dfrac{|x|}{x^2-4}$ $[a\text{: } x=\pm 2,\ y=0\text{; } \max(0;0)]$

117 $y = \left| x + \dfrac{3}{x} \right|$ $[a\text{: } x=0,\ y=\pm x\text{; } \min(\pm\sqrt{3};2\sqrt{3})]$

TEST **Quale delle seguenti funzioni è rappresentata dal grafico?**

118

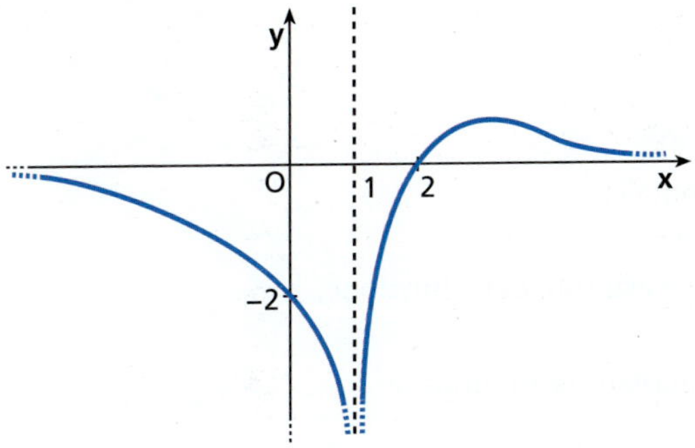

A $y = \dfrac{-x+2}{(x-1)^2}$

B $y = \dfrac{x-2}{(x-1)^3}$

C $y = \dfrac{x-2}{(x-1)^2}$

D $y = \dfrac{x-2}{x-1}$

E $y = \dfrac{x+2}{(x+1)^2}$

119

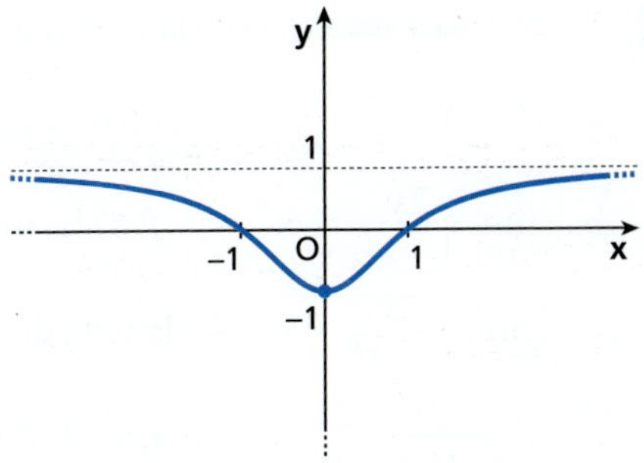

A $y = \dfrac{x^2-1}{x^2+1}$

B $y = \dfrac{x-1}{x+1}$

C $y = -\dfrac{1}{x^2-1}$

D $y = \dfrac{x-1}{x^2+1}$

E $y = \dfrac{x^2+1}{x^2-1}$

LEGGI IL GRAFICO

120 L'equazione del grafico a fianco è del tipo:

$$y = \frac{ax^2}{x^2+b}.$$

a. Determina a e b.

b. La funzione è pari o dispari? Giustifica la risposta con i calcoli.

c. La funzione ha massimi o minimi assoluti? E relativi? Quali?

[a) $a=1$, $b=-4$; b) pari; c) $x=0$ max rel.]

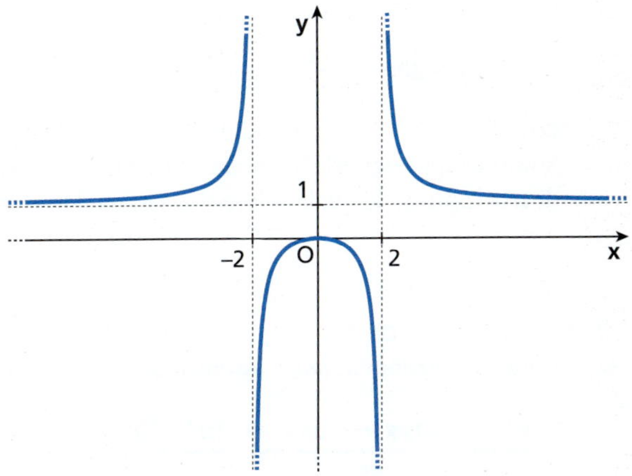

121 In figura è rappresentato il grafico della funzione:

$$f(x) = \frac{x^2+ax}{4x+b}.$$

a. Trova a e b.

b. Scrivi le equazioni degli asintoti della funzione.

c. Dimostra che la funzione è crescente per

$$x < -\frac{1}{2} \quad \text{e} \quad x > -\frac{1}{2}.$$

$\left[\text{a) } a=3,\ b=2\text{; b) } x=-\dfrac{1}{2}\text{; } y=\dfrac{1}{4}x+\dfrac{5}{8}\right]$

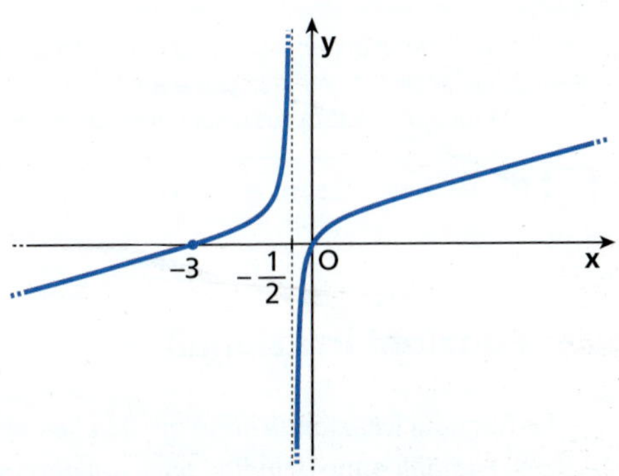

122 ●○ **TEST** Sia $f(x)$ una funzione che ha un asintoto orizzontale e due asintoti verticali. Una possibile espressione analitica di $f(x)$ è:

A $f(x)=\dfrac{x+1}{x-1}$.

B $f(x)=\dfrac{x^2+1}{x-1}$.

C $f(x)=\dfrac{x^2+1}{x^2-1}$.

D $f(x)=\dfrac{x^3}{x^2-1}$.

E $f(x)=\dfrac{x^2-1}{x^2+1}$.

123 ●○ **FAI UN ESEMPIO** di funzione razionale fratta con un asintoto obliquo e uno verticale.

124 ●○ **CACCIA ALL'ERRORE** Data la funzione $y=f(x)=\dfrac{2x}{1-x^2}$:

a. $f(-x)=\dfrac{-2x}{1+x^2}$ → non è né pari né dispari;

b. $\lim\limits_{x\to\pm1}\dfrac{2x}{1-x^2}=\infty$ → $f(x)$ ha un asintoto orizzontale;

c. $\lim\limits_{x\to\pm\infty}\dfrac{2x}{1-x^2}=0$ → la retta di equazione $x=0$ è asintoto della funzione;

d. $y'=\dfrac{2x^2+2}{(1-x^2)^2}$ → in $x=\pm1$ $f(x)$ presenta un massimo e un minimo.

125 ●○ Stabilisci per ognuna delle funzioni se ha asintoti verticali, orizzontali o obliqui, e specifica quali.

a. $y=\dfrac{3}{x^2+1}$ **b.** $y=\dfrac{2-x}{x+1}$ **c.** $y=\dfrac{3x^3+1}{x^2+2}$ **d.** $y=\dfrac{3+2x}{x-5}$

126 ●○ **REALTÀ E MODELLI** **Croccantini per Maggie** Dal momento in cui è stata lanciata sul mercato una nuova marca di croccantini, il prezzo di una confezione ha avuto il seguente andamento:

$$P(t)=20-\frac{10t^2}{(t+2)^2},$$

dove il tempo t è espresso in mesi, con $t\geq0$, e il prezzo P in euro.
Studia e rappresenta la funzione $P(t)$. Qual è il prezzo iniziale della confezione di croccantini? Su quale valore si assesterà il prezzo al passare del tempo?

[€ 20; € 10]

MATEMATICA E STORIA

Uno studio di funzione... per i giovani La funzione

$$x=\frac{y^3-2ayy-aay+2a^3}{ay}$$

è tratta da *Instituzioni analitiche ad uso della gioventù italiana*, opera del 1748 di Maria Gaetana Agnesi. In questo caso x rappresenta le ordinate, y le ascisse e a è un numero reale positivo.
Studia la funzione e rappresentala graficamente.

Risoluzione – Esercizio in più

Funzioni irrazionali

Le funzioni irrazionali sono quelle che contengono radicali nei cui radicandi compare la variabile indipendente.
Se i radicali sono di indice pari, dal dominio si escludono i valori che rendono negativi i radicandi.

127 ESERCIZIO GUIDA Studiamo e rappresentiamo graficamente la funzione: $y = f(x) = \sqrt{\frac{x+1}{x-1}}$.

1. Dominio: la radice è di indice pari, quindi poniamo il radicando maggiore o uguale a 0.

$$\frac{x+1}{x-1} \geq 0 \rightarrow x \leq -1 \vee x > 1.$$

Segniamo nel piano cartesiano il dominio.

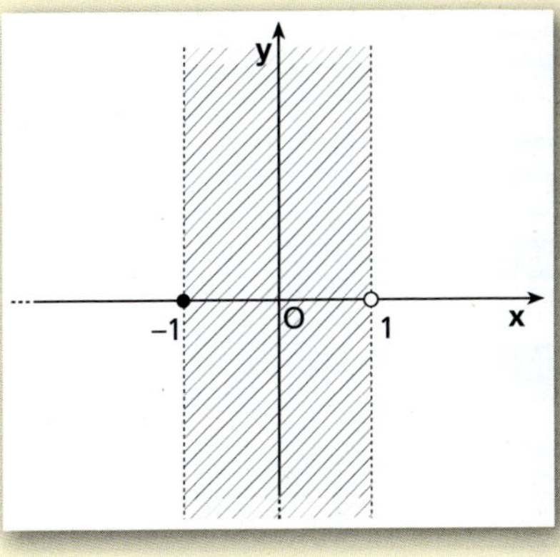

2. Cerchiamo eventuali simmetrie. Calcoliamo:

$$f(-x) = \sqrt{\frac{-x+1}{-x-1}} = \sqrt{\frac{x-1}{x+1}} \neq \pm f(x) \rightarrow$$

la funzione non è né pari né dispari.

3. Intersezioni con gli assi.
Non esiste intersezione con l'asse y in quanto $x = 0$ è escluso dal dominio.

Asse x: $\begin{cases} y = \sqrt{\frac{x+1}{x-1}} \\ y = 0 \end{cases} \rightarrow \begin{cases} 0 = \sqrt{\frac{x+1}{x-1}} \\ y = 0 \end{cases} \rightarrow \begin{cases} x+1 = 0 \\ y = 0 \end{cases} \rightarrow \begin{cases} x = -1 \\ y = 0 \end{cases} \rightarrow A(-1; 0).$

Il grafico passa per $A(-1; 0)$.

4. Segno della funzione: la radice quadrata è sempre positiva o nulla nel dominio della funzione.
Cancelliamo nel piano cartesiano il semipiano sotto l'asse x.

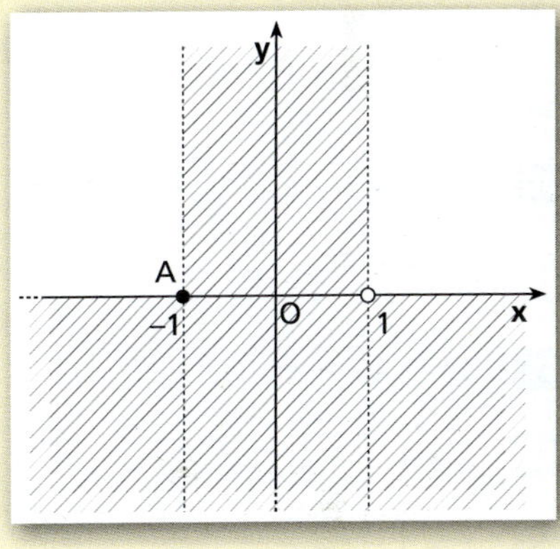

5. Limiti agli estremi del dominio:

- $\lim_{x \to \pm\infty} \sqrt{\frac{x+1}{x-1}} = 1 \rightarrow y = 1$ asintoto orizzontale;
- $\lim_{x \to 1^+} \sqrt{\frac{x+1}{x-1}} = +\infty \rightarrow x = 1$ asintoto verticale.

6. Derivata prima:

$$f'(x) = \frac{1}{2}\sqrt{\frac{x-1}{x+1}} \cdot \frac{x-1-(x+1)}{(x-1)^2} = -\sqrt{\frac{x-1}{x+1}} \cdot \frac{1}{(x-1)^2}.$$

Il dominio della derivata è: $x < -1 \vee x > 1$.

La derivata assume sempre valori negativi, quindi la funzione è decrescente sia per $x < -1$ sia per $x > 1$ e non presenta punti di massimo o di minimo né flessi orizzontali.
Studiamo l'andamento della derivata per $x \rightarrow -1$, punto in cui esiste la funzione ma non la sua derivata:

$$\lim_{x \to -1^-} \sqrt{\frac{x-1}{x+1}} \cdot \left(-\frac{1}{(x-1)^2}\right) = -\infty.$$

Nel punto $x = -1$, la tangente al grafico della funzione è quindi verticale. In tal punto, la funzione ha un minimo assoluto.

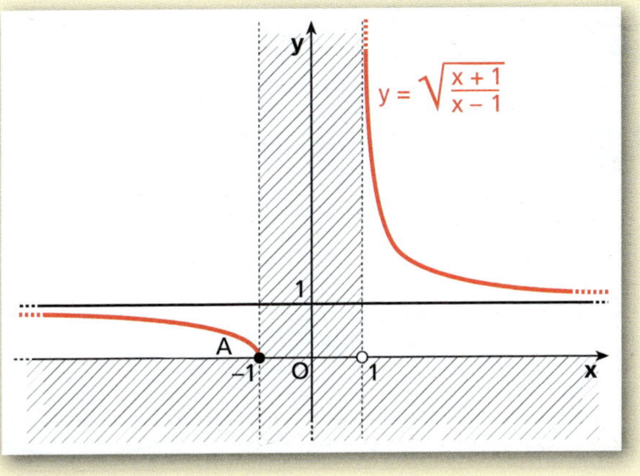

Non studiamo la derivata seconda perché le informazioni acquisite permettono già di tracciare il grafico.

ESERCIZI

Studia e rappresenta graficamente le seguenti funzioni.

128 $y=\sqrt{2x+1}$ $\left[\min\left(-\frac{1}{2};0\right)\right]$

129 $y=\sqrt{1-x^2}$ $[\max(0;1);\ \min_1(-1;0),\ \min_2(1;0)]$

130 $y=\dfrac{1}{\sqrt{x-1}}$ $[a\colon x=1,\ y=0]$

131 $y=x\sqrt{x+3}$ $[\max(-3;0);\ \min(-2;-2)]$

132 $y=\dfrac{-2}{\sqrt{x+4}}$ $[a\colon y=0,\ x=-4]$

133 $y=1+\sqrt{x-2}$ $[\min(2;1)]$

134 $y=\sqrt[3]{x-2}$ $[F(2;0)]$

135 $y=\sqrt{x^2-9}$ $[a\colon y=x,\ y=-x;\ \min(\pm 3;0)]$

136 $y=\dfrac{1}{\sqrt{x+3}}$ $[a\colon x=-3,\ y=0]$

137 $y=\sqrt{\dfrac{1}{x^2-1}}$ $[a\colon x=\pm 1,\ y=0]$

138 $y=\dfrac{\sqrt{x^2-2x}}{x}$ $[a\colon y=\pm 1,\ x=0;\ \min(2;0)]$

139 $y=\sqrt{4x-x^2}$ $[\max(2;2);\ \min_1(0;0),\ \min_2(4;0)]$

140 $y=\sqrt{\dfrac{2x-1}{x}}$ $\left[a\colon x=0,\ y=\sqrt{2};\ \min\left(\frac{1}{2};0\right)\right]$

141 $y=x\sqrt{4-x^2}$ $[\min_1(-\sqrt{2};-2),\ \min_2(2;0);\ \max_1(-2;0),\ \max_2(\sqrt{2};2);\ F(0;0)]$

142 $y=\sqrt{x^3+1}$ $[\min(-1;0);\ F(0;1)]$

143 $y=1-\sqrt{x-x^2}$ $\left[\min\left(\frac{1}{2};\frac{1}{2}\right);\ \max_1(0;1),\ \max_2(1;1)\right]$

144 $y=\dfrac{1+\sqrt{x}}{1-\sqrt{x}}$ $\left[a\colon x=1,\ y=-1;\ \min(0;1);\ F\left(\frac{1}{9};2\right)\right]$

145 $y=\sqrt{\dfrac{x^2-4}{x^2-1}}$ $[a\colon x=\pm 1,\ y=1;\ \min_1(0;2),\ \min_{2,3}(\pm 2;0)]$

146 **ASSOCIA** a ciascuna funzione il suo grafico senza eseguire lo studio completo.

a. $y=\sqrt{9-9x^2}$ **b.** $y=\sqrt{9-x^2}$ **c.** $y=\sqrt{\dfrac{x^2}{9}-1}$ **d.** $y=-\sqrt{1-\dfrac{x^2}{9}}$

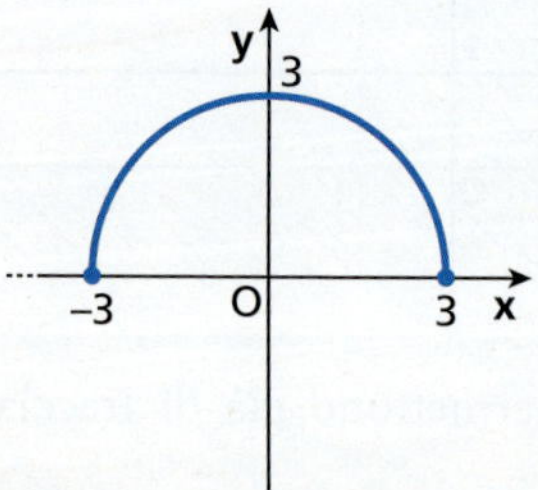

1

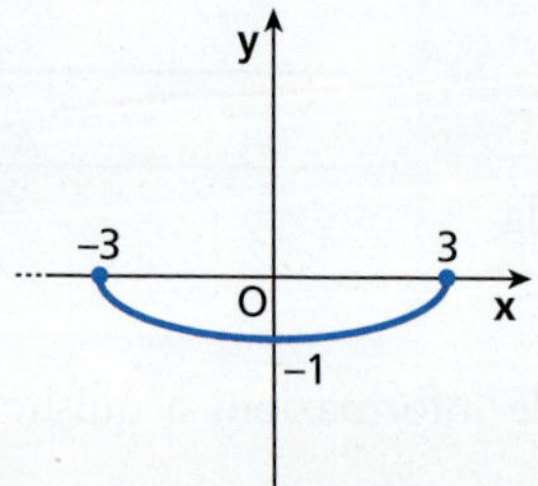

2

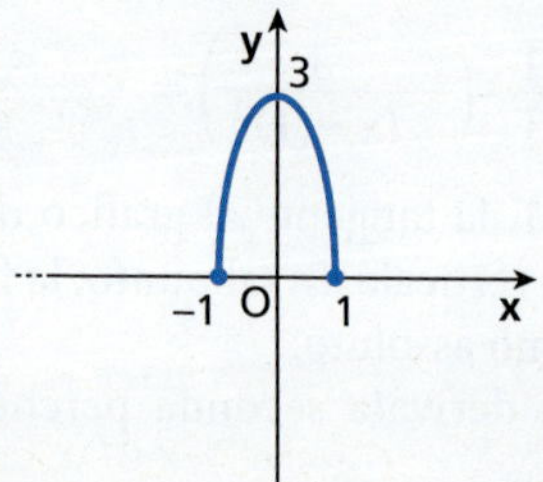

3

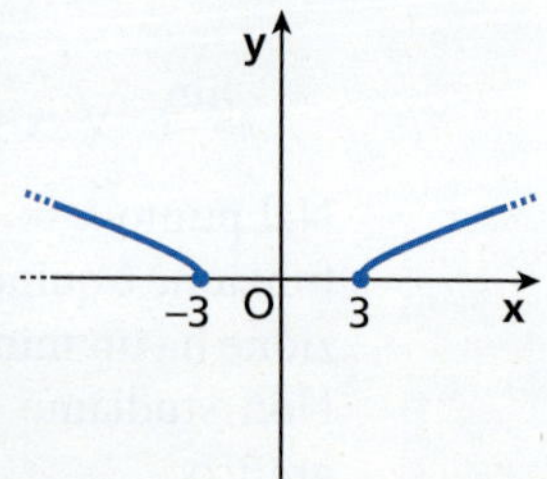

4

147 TEST A quale dei seguenti grafici corrisponde la funzione $y = x\sqrt{16 - x^2}$?

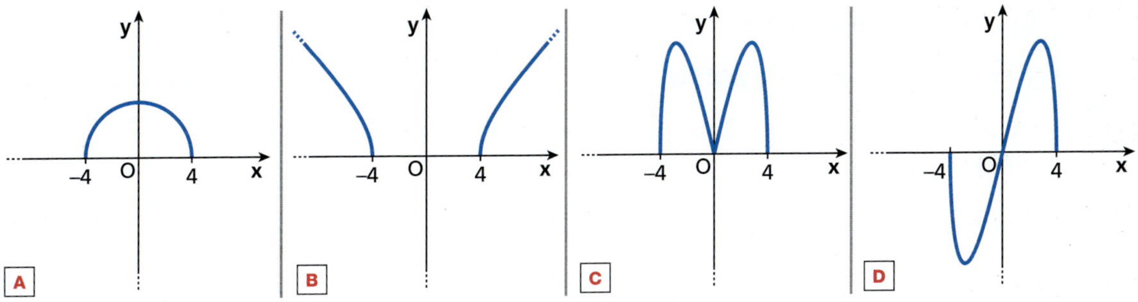

148 L'equazione del grafico in figura è

$$y = \sqrt{x^2 + k}.$$

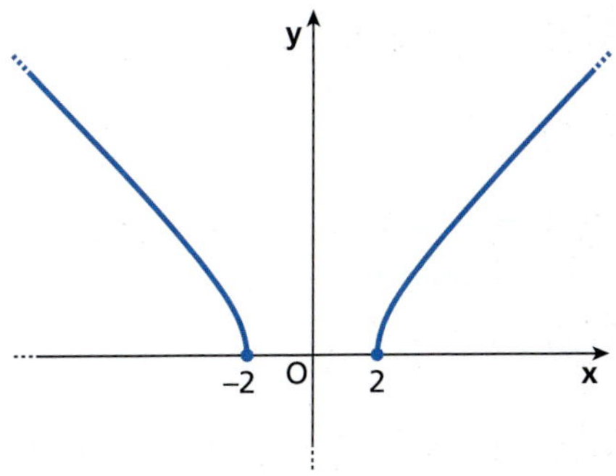

a. Determina il valore di k.

b. Scrivi le equazioni delle tangenti nei punti $(-2; 0)$ e $(2; 0)$.

c. La funzione ha asintoti obliqui?

[a) $k = -4$; b) $x = -2$, $x = 2$]

TUTOR matematica — Allenati con **15 esercizi interattivi** con feedback "hai sbagliato, perché…"
su.zanichelli.it/tutor3 risorsa riservata a chi ha acquistato l'edizione con tutor

Funzioni esponenziali

149 ESERCIZIO GUIDA Studiamo $y = f(x) = xe^{-2x^2}$.

1. Dominio: $\mathbb{R}$.
2. Cerchiamo eventuali simmetrie:

$$f(-x) = (-x) \cdot e^{-2(-x)^2} = -xe^{-2x^2} = -f(x) \quad \rightarrow \quad \text{la funzione è dispari.}$$

3. Intersezione con gli assi: $O(0; 0)$.
4. Segno della funzione:

$$f(x) > 0 \rightarrow xe^{-2x^2} > 0 \rightarrow x > 0 \rightarrow f(x) \text{ positiva per } x > 0.$$

l'esponenziale è sempre positivo

5. Limiti agli estremi del dominio:

$$\lim_{x \to \pm\infty} xe^{-2x^2} = \lim_{x \to \pm\infty} \frac{x}{e^{2x^2}} = \lim_{x \to \pm\infty} \frac{1}{2xe^{2x^2}} = 0.$$

forma $\infty \cdot 0$ — applichiamo il teorema di De L'Hospital

Quindi $y = 0$ è asintoto orizzontale.

La funzione non ha asintoti verticali e nemmeno obliqui.

6. Derivata prima: $f'(x) = (1 - 4x^2)e^{-2x^2}$.
Il dominio della derivata è $\mathbb{R}$.

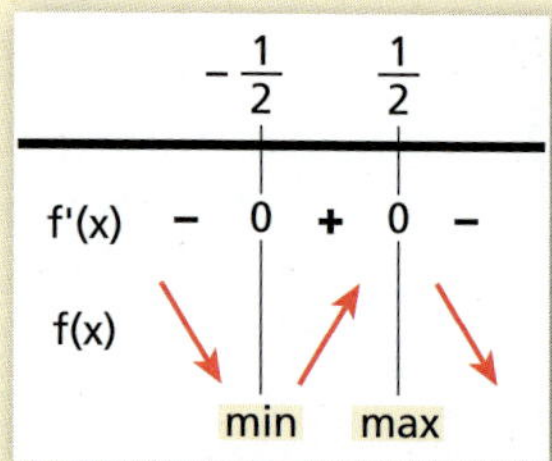

$f'(x) = 0$ se $1 - 4x^2 = 0$, e cioè per $x = \pm\frac{1}{2}$.

Studiamo il segno di $f'(x)$. Dato che l'esponenziale è sempre positivo, è sufficiente porre:

$$1 - 4x^2 \geq 0 \rightarrow x^2 \leq \frac{1}{4} \rightarrow -\frac{1}{2} \leq x \leq \frac{1}{2}.$$

Dal quadro dei segni deduciamo che $x = -\frac{1}{2}$ è un punto di minimo e $x = \frac{1}{2}$ è un punto di massimo.
Sostituendo i valori nella funzione troviamo i punti del grafico:

$$P\left(-\frac{1}{2}; -\frac{1}{2\sqrt{e}}\right);\ M\left(\frac{1}{2}; \frac{1}{2\sqrt{e}}\right).$$

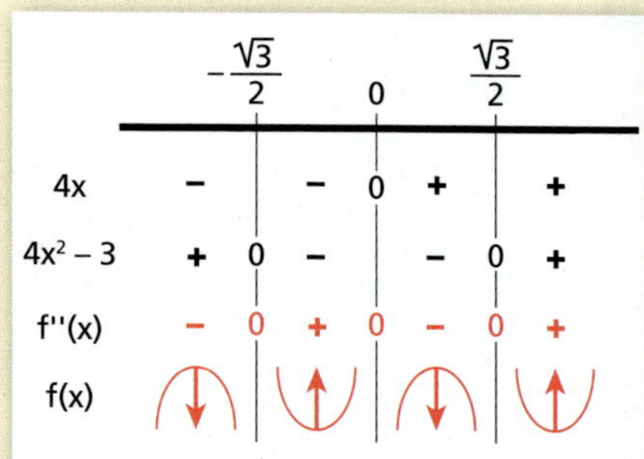

7. Derivata seconda: $f''(x) = 4x(4x^2 - 3)e^{-2x^2}$.
Studiamo il suo segno:

$$f''(x) > 0 \rightarrow 4x(x^2 - 3)e^{-2x^2} > 0.$$

Dato che $e^{-2x^2} > 0$ per ogni x, studiamo:

$$4x \geq 0 \rightarrow x \geq 0;$$

$$4x^2 - 3 \geq 0 \rightarrow x \leq -\frac{\sqrt{3}}{2} \vee x \geq \frac{\sqrt{3}}{2}.$$

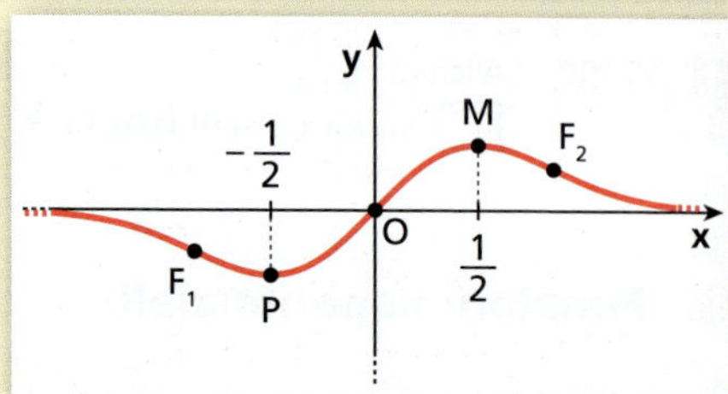

Dal quadro dei segni ricaviamo che la funzione ha tre punti di flesso in corrispondenza di $x = 0$ e $x = \pm\frac{\sqrt{3}}{2}$.
Tracciamo il grafico di $f(x)$ in base alle informazioni raccolte.

Studia e rappresenta graficamente le seguenti funzioni.

150 $y = e^{x+1} - 2$ $[a\colon y = -2]$

151 $y = xe^x$ $\left[a\colon y = 0;\ \min\left(-1; -\frac{1}{e}\right);\ F\left(-2; -\frac{2}{e^2}\right)\right]$

152 $y = (1 - x)e^x$ $\left[a\colon y = 0;\ \max(0; 1);\ F\left(-1; \frac{2}{e}\right)\right]$

153 $y = (x - 3)e^x$ $[a\colon y = 0;\ \min(2; -e^2);\ \text{flesso in } x = 1]$

154 $y = x^2e^x$ $\left[a\colon y = 0;\ \max\left(-2; \frac{4}{e^2}\right);\ \min(0; 0);\ \text{flessi in } x = -2 \pm \sqrt{2}\right]$

155 $y = (2x - 1)e^{-x}$ $\left[a\colon y = 0;\ \max\left(\frac{3}{2}; \frac{2}{\sqrt{e^3}}\right);\ F\left(\frac{5}{2}; \frac{4}{\sqrt{e^5}}\right)\right]$

156 $y = 3e^{-(1+x^2)}$ $\left[a\colon y = 0;\ \max\left(0; \frac{3}{e}\right);\ F_{1,2}\left(\pm\frac{\sqrt{2}}{2}; \frac{3}{\sqrt{e^3}}\right)\right]$

157 $y = 2e^{\frac{1}{x}}$ $\left[a\colon y = 2,\ x = 0;\ F\left(-\frac{1}{2}; \frac{2}{e^2}\right)\right]$

158 $y = \frac{e^x}{x^3}$ $\left[a\colon x = 0,\ y = 0;\ \min\left(3; \frac{e^3}{27}\right)\right]$

159 $y = \frac{1}{e^x \cdot x}$ $[a: x = 0,\ y = 0;\ \max(-1; -e)]$

160 $y = e^{2x} + e^x$ $[a: y = 0]$

161 $y = \frac{x^2}{e^{2x}}$ $\left[a: y = 0;\ \min(0; 0);\ \max\left(1; \frac{1}{e^2}\right);\ \text{flessi in } x = \frac{2 \pm \sqrt{2}}{2}\right]$

162 $y = \frac{1}{e^{x^2}}$ $\left[a: y = 0;\ \max(0; 1);\ F_1\left(-\frac{\sqrt{2}}{2}; \frac{1}{\sqrt{e}}\right), F_2\left(\frac{\sqrt{2}}{2}; \frac{1}{\sqrt{e}}\right)\right]$

163 $y = \frac{e^{2x}}{2^x}$ $[a: y = 0]$

164 $y = e^x(e^x - 1)$ $\left[a: y = 0;\ \min\left(-\ln 2; -\frac{1}{4}\right);\ F\left(-\ln 4; -\frac{3}{16}\right)\right]$

165 $y = \frac{2e^x + 4}{e^x - 1}$ $[a: y = 2,\ y = -4,\ x = 0]$

166 $y = e^{\frac{2-x}{x}}$ $\left[a: y = \frac{1}{e},\ x = 0;\ F(-1; e^{-3})\right]$

167 $y = e^{x^2 - 4x + 3}$ $\left[\min\left(2; \frac{1}{e}\right)\right]$

168 $y = (x^2 - 1)e^x$ $[a: y = 0;\ \max \text{ in } x = -1 - \sqrt{2};\ \min \text{ in } x = -1 + \sqrt{2};\ \text{flessi in } x = -2 \pm \sqrt{3}]$

169 RIFLETTI SULLA TEORIA Spiega perché una funzione esponenziale del tipo $y = x^n e^x$, con $n \in \mathbb{N}$, non può avere asintoti obliqui.

170 TEST A quale dei seguenti grafici corrisponde la funzione $y = e^{\frac{1}{x-2}}$?

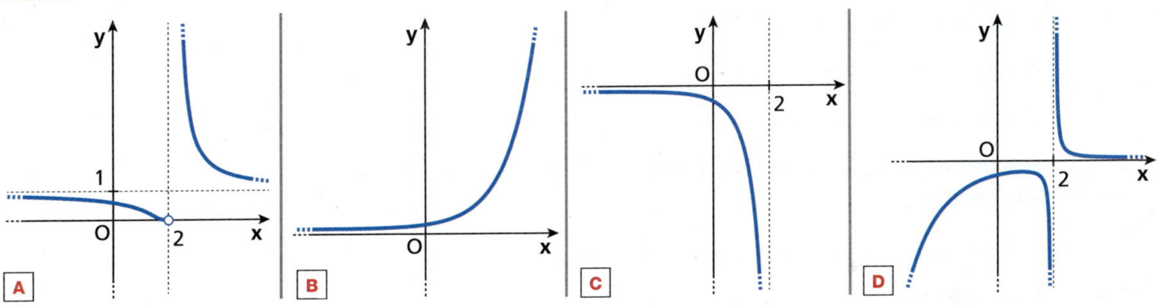

171 LEGGI IL GRAFICO Il grafico della funzione in figura ha equazione

$$y = e^{ax^2}.$$

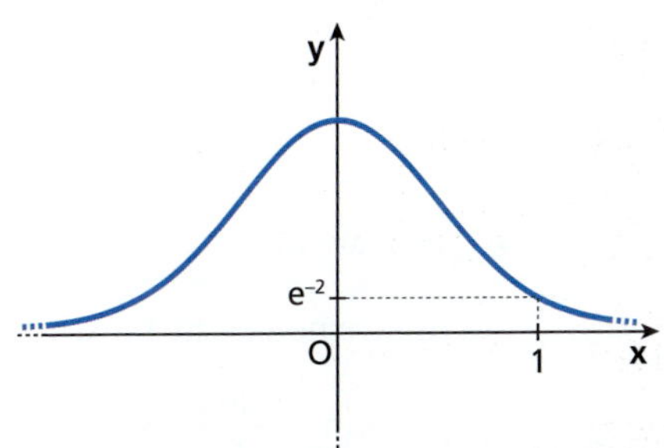

a. Determina il valore di a.

b. Trova le coordinate dei punti di flesso.

$\left[\text{a) } a = -2;\ \text{b) } F_1\left(-\frac{1}{2}; \frac{1}{\sqrt{e}}\right), F_2\left(\frac{1}{2}; \frac{1}{\sqrt{e}}\right)\right]$

172 REALTÀ E MODELLI **Raccolta fragole** Durante le 10 settimane di raccolta, l'azienda Sempre Verde produce una quantità di fragole, espressa in kilogrammi, che segue l'andamento della funzione:

$$q(t) = \frac{10\,000t}{e^t + 100},$$

dove il tempo t, che varia in modo continuo, è espresso in settimane.
Studia la funzione, tralasciando la derivata seconda, e stabilisci in quale settimana cade il giorno di massima raccolta. [quarta settimana]

ESERCIZI

Funzioni logaritmiche

Le funzioni logaritmiche:
- se sono funzioni del tipo $y = \log A(x)$, hanno come dominio l'insieme dei valori di $\mathbb{R}$ che rendono positivo l'argomento del logaritmo $A(x)$;
- se sono funzioni del tipo $y = \log \frac{A(x)}{B(x)}$, possono presentare asintoti verticali per i valori che annullano o $A(x)$ o $B(x)$.

173 ESERCIZIO GUIDA Studiamo e rappresentiamo graficamente la funzione $y = x^2 \cdot \ln x$.

1. Dominio: poiché l'argomento del logaritmo deve essere positivo, il dominio è D: $x > 0$.
2. La funzione non presenta simmetrie rispetto agli assi cartesiani in quanto il suo dominio riguarda solo le ascisse positive.
3. Intersezioni con gli assi: calcoliamo l'intersezione soltanto con l'asse x, perché quella con l'asse y ($x = 0$) è esclusa dal dominio.

Asse x: $\begin{cases} y = x^2 \cdot \ln x \\ y = 0 \end{cases} \rightarrow \begin{cases} x^2 \cdot \ln x = 0 \\ y = 0 \end{cases} \rightarrow \begin{cases} \ln x = 0 \\ y = 0 \end{cases} \rightarrow \begin{cases} x = 1 \\ y = 0 \end{cases} \rightarrow A(1; 0)$.

4. Segno della funzione:

$x^2 \cdot \ln x > 0$.

Primo fattore: $x^2 > 0 \quad \forall x \in D$.

Secondo fattore: $\ln x > 0$ per $x > 1$.

Si ha $y > 0$ per $x > 1$.

Rappresentiamo le informazioni finora ottenute nel riferimento cartesiano.

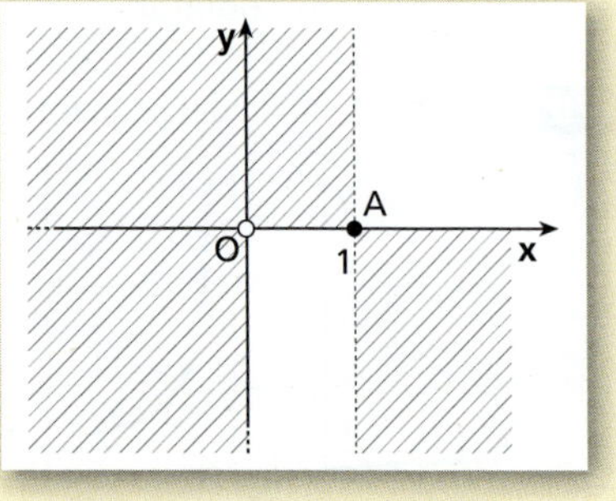

5. Calcoliamo i limiti agli estremi del dominio.

- $\lim\limits_{x \to 0^+} x^2 \cdot \ln x = \lim\limits_{x \to 0^+} \frac{\ln x}{\frac{1}{x^2}} = \lim\limits_{x \to 0^+} \frac{\frac{1}{x}}{-\frac{2x}{x^4}} = \lim\limits_{x \to 0^+} \left(-\frac{x^2}{2}\right) = 0.$

forma $0 \cdot \infty$ — applichiamo il teorema di De L'Hospital

- $\lim\limits_{x \to +\infty} x^2 \cdot \ln x = +\infty$.

Inoltre non esiste un asintoto obliquo, dato che:

$$\lim_{x \to +\infty} \frac{x^2 \ln x}{x} = \lim_{x \to +\infty} x \ln x = +\infty.$$

6. Derivata prima:

$y' = x \cdot (2\ln x + 1)$.

$y' = 0$ per $x = 0$, non accettabile, e per $2\ln x + 1 = 0 \rightarrow \ln x = -\frac{1}{2} \rightarrow x = e^{-\frac{1}{2}} \rightarrow x = \frac{1}{\sqrt{e}}$.

$x = \frac{1}{\sqrt{e}}$ è l'unico punto stazionario.

$y' > 0 \rightarrow x \cdot (2\ln x + 1) > 0$.

Primo fattore: è positivo per $x > 0$.

Secondo fattore: $2\ln x + 1 > 0 \;\rightarrow\; x > \frac{1}{\sqrt{e}}$.

Compiliamo il quadro relativo al segno della derivata prima.

Per $x = \frac{1}{\sqrt{e}}$ si ha un punto di minimo:

$$B\left(\frac{1}{\sqrt{e}}; -\frac{1}{2e}\right).$$

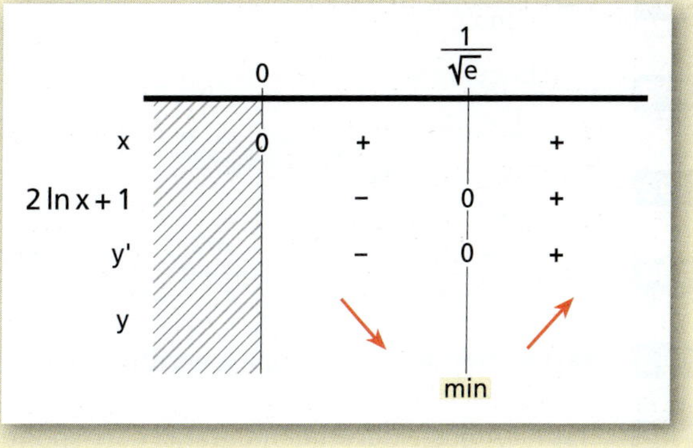

7. Derivata seconda:

$$y'' = 2\ln x + 3;$$

$$y'' > 0 \;\rightarrow\; 2\ln x + 3 > 0 \;\rightarrow\; \ln x > -\frac{3}{2} \;\rightarrow$$

$$x > e^{-\frac{3}{2}} \;\rightarrow\; x > \frac{1}{e\sqrt{e}}.$$

Compiliamo il quadro dei segni.

Per $x = \frac{1}{e\sqrt{e}}$ si ha:

$$y = -\frac{3}{2e^3}.$$

Quindi il punto di flesso è $F\left(\frac{1}{e\sqrt{e}}; -\frac{3}{2e^3}\right)$.

Tracciamo il grafico della funzione.

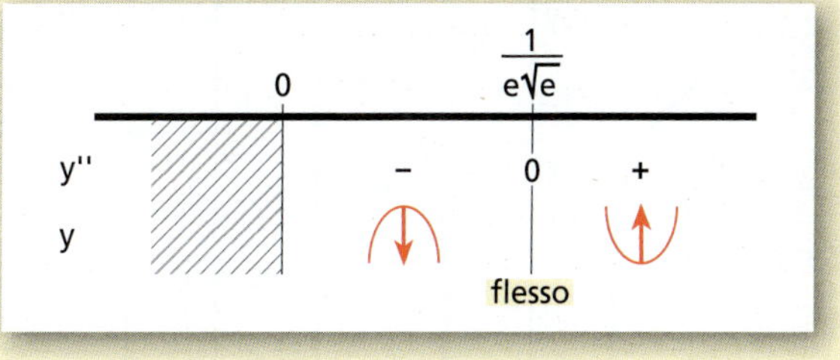

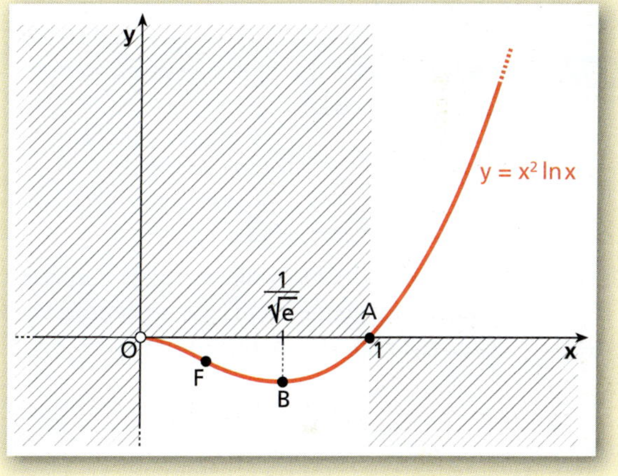

Studia e rappresenta graficamente le seguenti funzioni.

174 $y = \ln(2x - 4)$ $[a\colon x = 2]$

175 $y = 2\ln(4 - x)$ $[a\colon x = 4]$

176 $y = 1 + \ln(x - 2)$ $[a\colon x = 2]$

177 $y = \ln(2x^2 + x)$ $\left[a\colon x = -\frac{1}{2}, x = 0\right]$

178 $y = \ln\frac{1}{x - 1}$ $[a\colon x = 1]$

179 $y = 2\ln x^2$ $[a\colon x = 0]$

180 $y = 3x\ln x$ $\left[\min\left(\frac{1}{e}; -\frac{3}{e}\right)\right]$

181 $y = \ln\frac{1}{(x+1)^2}$ $[a\colon x = -1]$

182 $y = \ln(x^2 - 1)$ $[a\colon x = \pm 1]$

183 $y = \ln\frac{x}{x+2}$ $[a\colon x = -2, x = 0, y = 0]$

184 $y = \frac{1}{\ln x}$ $\left[a\colon x = 1, y = 0; F\left(e^{-2}; -\frac{1}{2}\right)\right]$

185 $y = \ln\left(1 - \frac{2}{x}\right)$ $[a\colon y = 0, x = 0, x = 2]$

186 $y = \ln(x - 2) + \ln(x + 2)$ $[a\colon x = 2]$

187 $y = \ln(x^2 - 4x)$ $[a\colon x = 0, x = 4]$

188 $y = (\ln x - 3)(\ln x - 1)$ $[a\colon x = 0; \min(e^2; -1); F(e^3; 0)]$

189 $y = \frac{\ln x}{\ln x - 1}$ $\left[a\colon y = 1, x = e; F\left(\frac{1}{e}; \frac{1}{2}\right)\right]$

190 $y = \frac{x}{\ln x}$ $\left[a\colon x = 1; \min(e; e); F\left(e^2; \frac{e^2}{2}\right)\right]$

ESERCIZI

191 $y = \dfrac{1 - \ln x}{\ln x}$ $\left[a\text{: } x = 1,\ y = -1;\ F\left(e^{-2}; -\dfrac{3}{2}\right)\right]$

192 $y = \dfrac{\ln x}{x^2}$ $\left[a\text{: } x = 0,\ y = 0;\ \max\left(\sqrt{e}; \dfrac{1}{2e}\right);\ F\left(e^{\frac{5}{6}}; \dfrac{5}{6e^{\frac{5}{3}}}\right)\right]$

193 $y = \dfrac{x^2}{2\ln x}$ $[a\text{: } x = 1;\ \min(\sqrt{e}; e)]$

194 $y = \ln\dfrac{x^2 - 1}{x^2 - 4}$ $[a\text{: } x = \pm 2,\ x = \pm 1,\ y = 0;\ \max(0; -\ln 4)]$

195 FAI UN ESEMPIO di funzione logaritmica pari che abbia due asintoti verticali di equazioni $x = -2$ e $x = 2$.

196 TEST A quale dei seguenti grafici corrisponde la funzione $y = \ln(4 - x^2)$?

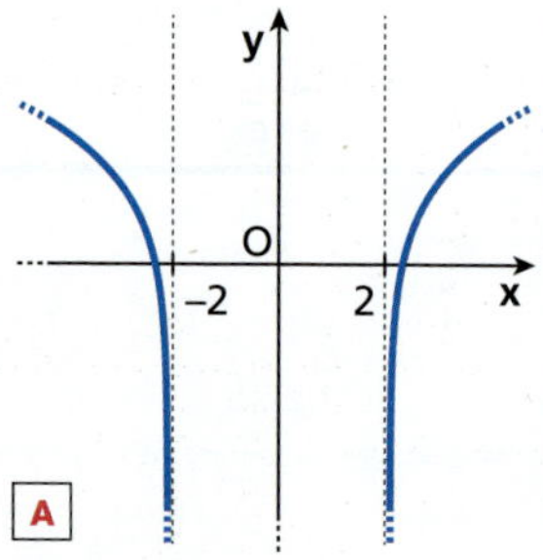

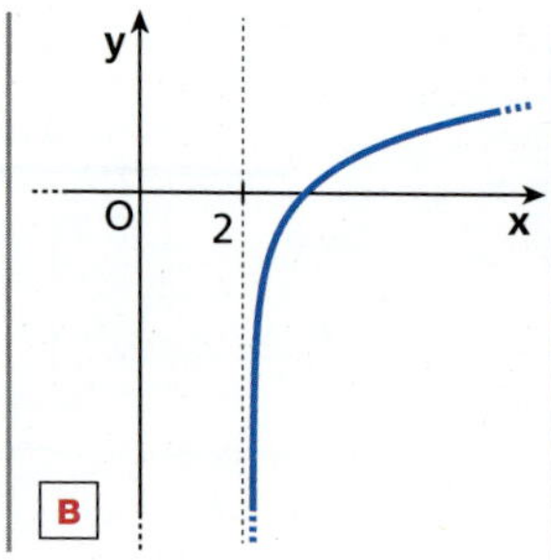

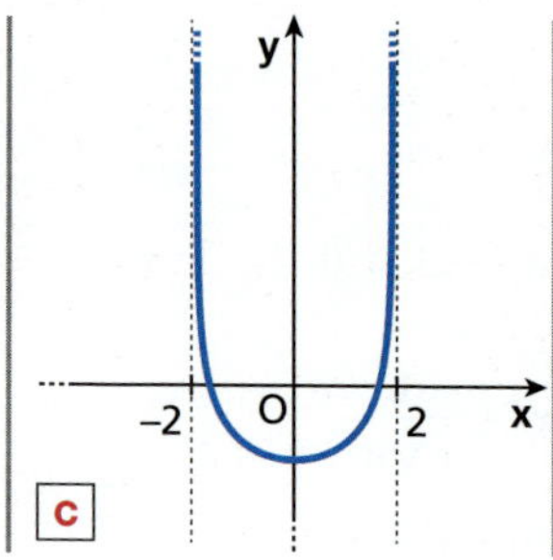

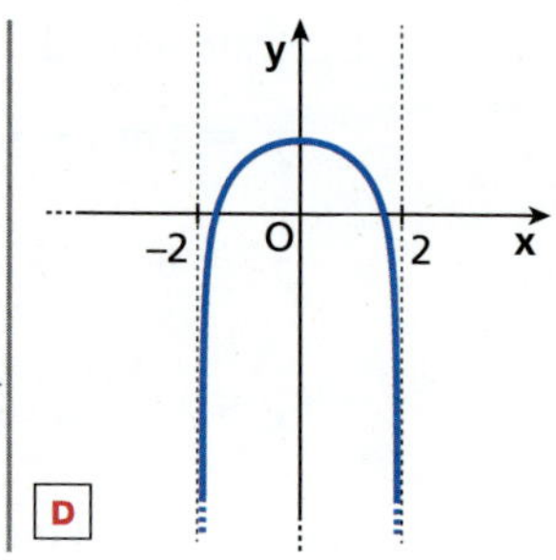

197 LEGGI IL GRAFICO In figura è rappresentato il grafico della funzione:

$$f(x) = \ln\left(\frac{x - a}{x}\right),\quad \text{con } a > 0.$$

a. Determina il valore di a.

b. Riconosci gli intervalli in cui la funzione è crescente e quelli in cui è decrescente e verifica la tua risposta analiticamente.

[a) 2]

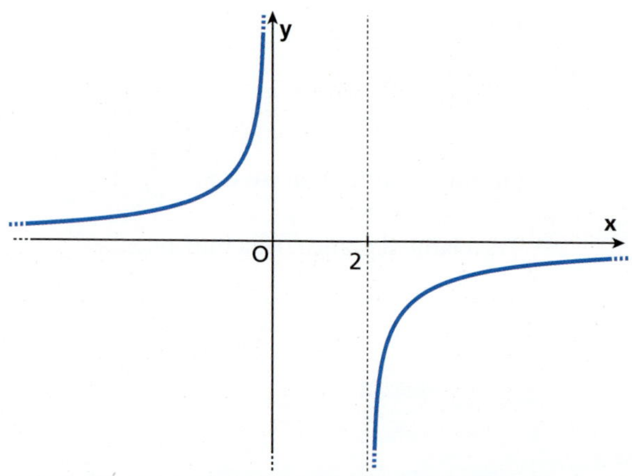

Funzioni goniometriche

Le funzioni goniometriche:
- sono quasi sempre periodiche, e in questo caso basta studiarle in un periodo;
- se sono periodiche, non presentano asintoti orizzontali o obliqui; possono avere solo asintoti verticali.

198 ESERCIZIO GUIDA Studiamo $y = f(x) = 2\sin^3 x$.

1. Dominio: $\mathbb{R}$.
2. Cerchiamo eventuali simmetrie:

$$f(-x) = 2\sin^3(-x) = 2(-\sin x)^3 = -2\sin^3 x = -f(x) \quad \rightarrow \quad \text{la funzione è dispari.}$$

Periodicità: dato che la funzione seno è periodica, anche $f(x)$ è periodica, di periodo 2π. Infatti:

$$f(x + 2\pi) = 2\sin^3(x + 2\pi) = 2\sin^3 x = f(x).$$

Studiamo allora $f(x)$ nell'intervallo $[-\pi; \pi]$, ma poiché $f(x)$ è anche dispari, e cioè simmetrica rispetto a O, possiamo limitarci a $[0; \pi]$.

3. Intersezioni con gli assi in $[0; \pi]$.

Asse y: $\begin{cases} y = 2\sin^3 x \\ x = 0 \end{cases} \rightarrow O(0; 0)$.

Asse x: $\begin{cases} y = 2\sin^3 x \\ y = 0 \end{cases} \rightarrow \begin{cases} \sin^3 x = 0 \\ y = 0 \end{cases} \rightarrow \begin{cases} \sin x = 0 \\ y = 0 \end{cases} \rightarrow O(0; 0), A(\pi; 0)$.

4. Segno della funzione in $[0; \pi]$:

$$2\sin^3 x \geq 0 \rightarrow \sin x \geq 0 \rightarrow 0 \leq x \leq \pi.$$

5. Limiti agli estremi del dominio: nel dominio $\mathbb{R}$ la funzione è periodica, quindi non ha asintoti: né verticali, né orizzontali, né obliqui. Inoltre non ammette limite per x che tende a $+\infty$ o a $-\infty$.

6. Derivata prima: $f'(x) = 6\sin^2 x \cos x$.
Il dominio di f' è $\mathbb{R}$.

$$f'(x) = 0 \rightarrow 6\sin^2 x \cos x = 0$$

In $[0; \pi]$:

$\sin^2 x = 0 \quad$ per $x = 0 \lor x = \pi$;

$\cos x = 0 \quad$ per $x = \frac{\pi}{2}$.

Studiamo il segno:

$\sin^2 x \geq 0 \quad \forall x \in [0; \pi]$;

$\cos x \geq 0 \rightarrow 0 \leq x \leq \frac{\pi}{2}$.

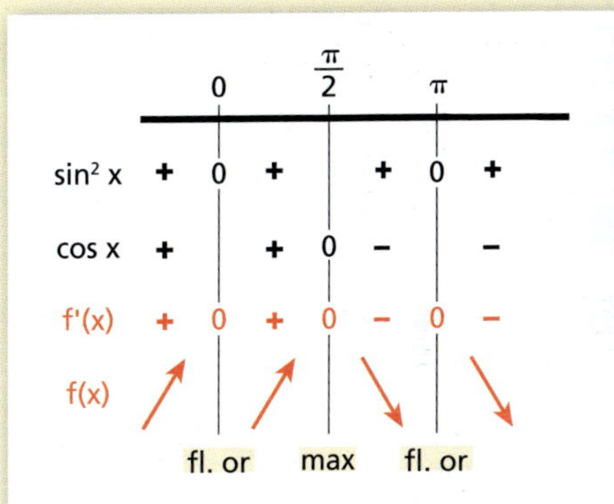

Compiliamo il quadro dei segni, considerando anche il segno di ciascun fattore in un intorno sinistro di 0 e destro di π. Deduciamo che la funzione ha un massimo relativo per $x = \frac{\pi}{2}$ che corrisponde al punto del grafico $M\left(\frac{\pi}{2}; 2\right)$. Il simmetrico di M rispetto a O è $P\left(-\frac{\pi}{2}; -2\right)$, che sarà un minimo relativo per la funzione. Inoltre, rileviamo nel quadro la presenza di due flessi orizzontali per $x = 0$ e $x = \pi$, che corrispondono alle intersezioni con l'asse x.

Le informazioni ottenute sono sufficienti per rappresentare nel piano cartesiano il grafico della funzione $f(x)$ inizialmente in $[0; \pi]$, poi per simmetria in $[-\pi; \pi]$, infine in tutto $\mathbb{R}$. Abbiamo segnato anche i punti con flesso obliquo. Per determinare le loro coordinate è necessario lo studio del segno della derivata seconda.

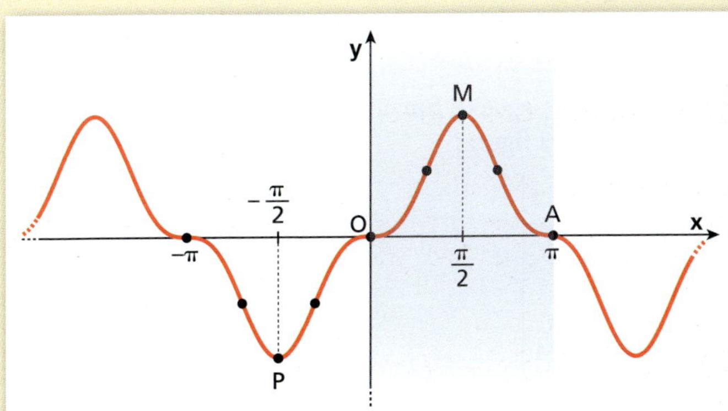

Studia e rappresenta graficamente le seguenti funzioni (indichiamo a fianco l'intervallo in cui studiare la funzione).

199 $y = \frac{\sin x}{2}$, $\quad [0; 2\pi]$. $\quad \left[\max\left(\frac{\pi}{2}; \frac{1}{2}\right); \min\left(\frac{3\pi}{2}; -\frac{1}{2}\right); F(\pi; 0)\right]$

200 $y = 2\cos\left(x + \frac{\pi}{2}\right)$, $\quad [0; 2\pi]$. $\quad \left[\min\left(\frac{\pi}{2}; -2\right); \max\left(\frac{3\pi}{2}; 2\right); F(\pi; 0)\right]$

ESERCIZI

201 $y=-\cos^2 x$, $[0; \pi]$. $\left[\max\left(\frac{\pi}{2}; 0\right); \min_1(0; -1), \min_2(\pi; -1); F_1\left(\frac{\pi}{4}; -\frac{1}{2}\right), F_2\left(\frac{3\pi}{4}; -\frac{1}{2}\right)\right]$

202 $y=-2\cos x - 1$, $[0; 2\pi]$. $\left[\min_1(0; -3), \min_2(2\pi; -3); \max(\pi; 1); F_1\left(\frac{\pi}{2}; -1\right), F_2\left(\frac{3}{2}\pi; -1\right)\right]$

203 $y = 3 - \sin x$, $\left[-\frac{\pi}{2}; \frac{3}{2}\pi\right]$. $\left[\min\left(\frac{\pi}{2}; 2\right); \max_1\left(-\frac{\pi}{2}; 4\right), \max_2\left(\frac{3}{2}\pi; 4\right); F_1(0; 3), F_2(\pi; 3)\right]$

204 $y = \sin^2 x + 1$, $[0; \pi]$. $\left[\max\left(\frac{\pi}{2}; 2\right); \min_1(0; 1), \min_2(\pi; 1); F_1\left(\frac{\pi}{4}; \frac{3}{2}\right), F_2\left(\frac{3}{4}\pi; \frac{3}{2}\right)\right]$

205 $y = \frac{1}{\sin^2 x}$, $]0; \pi[$. $\left[a: x = 0, x = \pi; \min\left(\frac{\pi}{2}; 1\right)\right]$

206 $y = \cos^3 x$, $[-\pi; \pi]$. $\left[\max(0; 1); \min_1(-\pi; -1), \min_2(\pi; -1); F_{1,2}\left(\pm\frac{\pi}{2}; 0\right)\right]$

207 $y = \sin 2x - 1$, $[0; \pi]$. $\left[\max_1\left(\frac{\pi}{4}; 0\right), \max_2(\pi; -1); \min_1(0; -1), \min_2\left(\frac{3}{4}\pi; -2\right); F\left(\frac{\pi}{2}; -1\right)\right]$

208 $y = \frac{1-\sin x}{1+\sin x}$, $[0; 2\pi]$. $\left[a: x = \frac{3}{2}\pi; \max(0; 1); \min_1\left(\frac{\pi}{2}; 0\right), \min_2(2\pi; 1)\right]$

209 $y = \frac{1-\cos x}{\cos x}$, $\left[-\frac{\pi}{2}; \frac{3}{2}\pi\right]$. $\left[a: x = -\frac{\pi}{2}; x = \frac{\pi}{2}; x = \frac{3}{2}\pi; \min(0, 0); \max(\pi; -2)\right]$

210 $y = \frac{1+\cos x}{1-\cos x}$, $[0; 2\pi]$. $[a: x = 0, x = 2\pi; \min(\pi; 0)]$

211 $y = \frac{\cos x - 1}{\sin x}$, $[0; 2\pi]$. $[a: x = \pi]$

212 L'equazione del grafico della figura è $y = a\cos^2 x$.

a. Determina il valore di a.

b. La funzione è periodica? Se sì, qual è il periodo?

c. Scrivi le coordinate dei punti A e B. Cosa rappresentano per la funzione?

$\left[\text{a)} -2; \text{b)}\ \pi; \text{c)}\ A\left(-\frac{\pi}{2}; 0\right), B\left(\frac{\pi}{2}; 0\right)\right]$

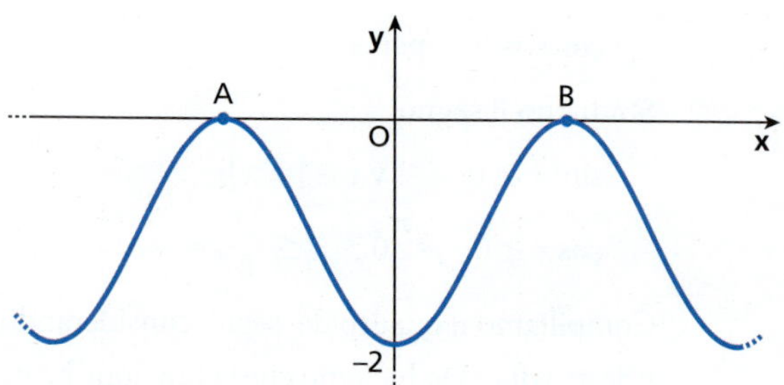

Riepilogo: Studio di una funzione

TEST

213 Quale delle seguenti funzioni è rappresentata dal grafico della figura?

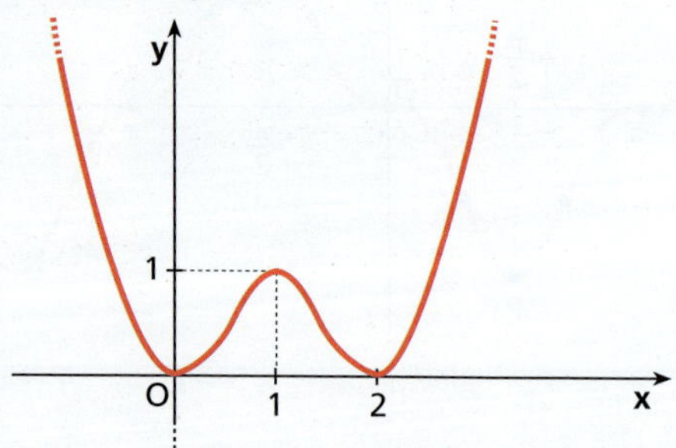

A $y = x(x-2)^2$

B $y = x^2(x-2)^2$

C $y = x(x-1)(x-2)$

D $y = x(x+2)^2$

E $y = \frac{x-1}{x(x-2)}$

214 Quale delle seguenti funzioni è rappresentata dal grafico della figura?

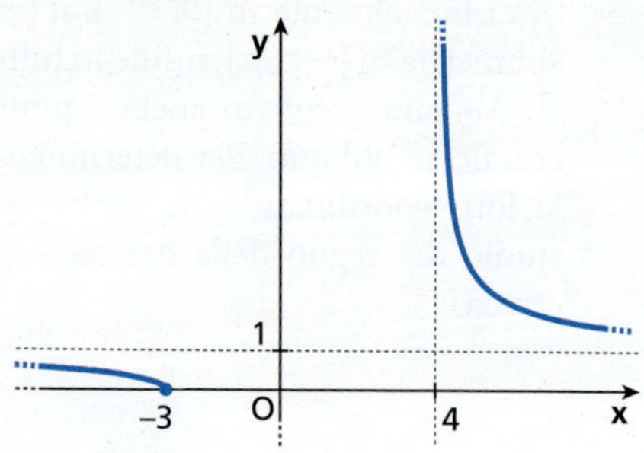

A $y = \frac{x+3}{x-4}$

B $y = \sqrt{\frac{x+3}{x-4}}$

C $y = \ln\frac{x+3}{x-4}$

D $y = (x+3)(x-4)$

E $y = e^{\frac{x+3}{x-4}}$

215 RIFLETTI SULLA TEORIA È vero che le funzioni del tipo $y = ax^3 + bx^2 + cx + d$ hanno sempre un massimo, un minimo e un flesso? Motiva la risposta anche con esempi.

216 TEST Quale dei seguenti grafici rappresenta l'andamento della funzione $y = xe^x$?

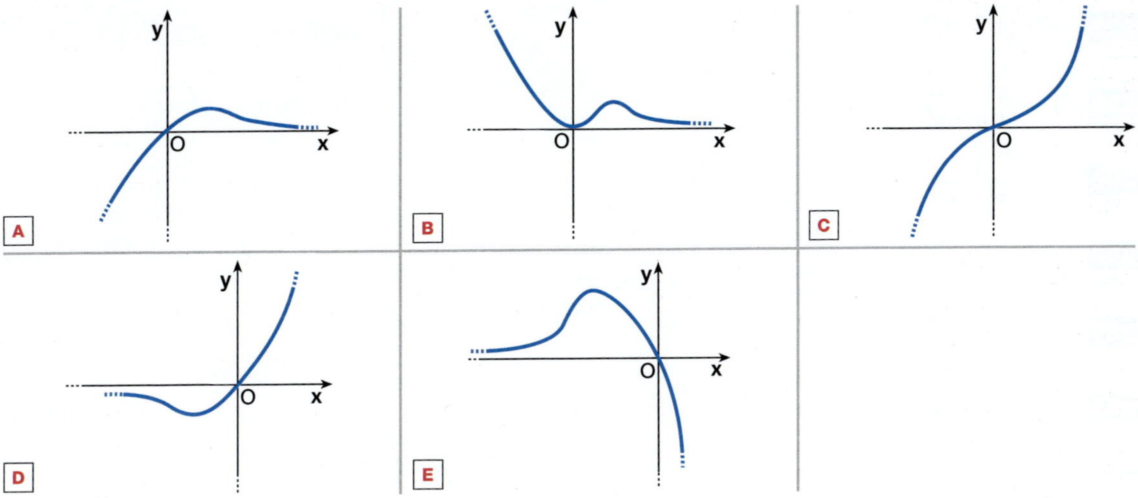

217 ASSOCIA a ciascuna funzione il suo grafico.

a. $y = \sqrt{x^2+1}$ b. $y = e^{x^2+1}$ c. $y = \frac{1}{x^2+1}$ d. $y = \ln(x^2+1)$

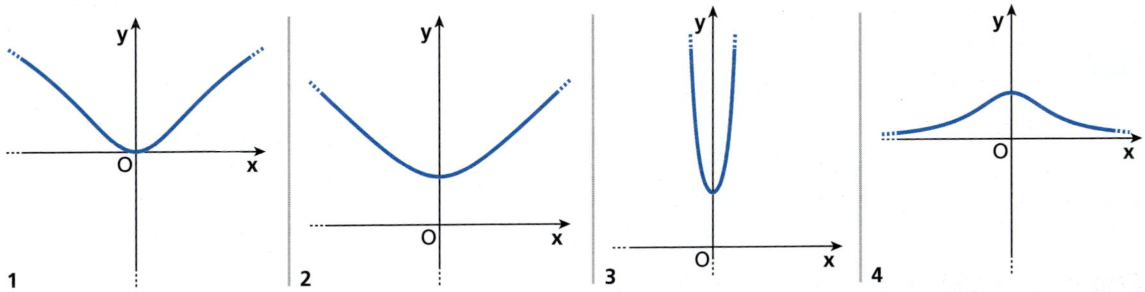

218 RIFLETTI SULLA TEORIA Può una funzione avere punti di intersezione con i suoi eventuali asintoti? (Esamina i casi di asintoti verticali, orizzontali, obliqui.)

219 TEST Data la funzione $f(x) = 4x^4 + 4x$, quale delle seguenti affermazioni è vera riguardo a $f(x)$?

- A $x = -1$ è un punto stazionario di $f(x)$.
- B $(0; 0)$ è un punto di flesso di $f(x)$.
- C $f(x)$ è concava verso il basso per $x < 0$.
- D $f(x)$ è concava verso il basso per $x > 0$.
- E Nessuna delle precedenti.

(USA *Southwest Virginia Community College Math Contest*)

Studia e rappresenta graficamente le seguenti funzioni.

220 $y = x^2 - \frac{1}{2}x^4$ $\left[\max_{1,2}\left(\pm 1; \frac{1}{2}\right); \min(0; 0); F_{1,2}\left(\pm\frac{\sqrt{3}}{3}; \frac{5}{18}\right)\right]$

221 $y = 4 - 3x^2 - x^3$ $[\max(0; 4); \min(-2; 0); F(-1; 2)]$

222 $y = -\frac{(x-2)(x+1)^2}{3}$ $\left[\max\left(1; \frac{4}{3}\right); \min(-1; 0); F\left(0; \frac{2}{3}\right)\right]$

ESERCIZI

223 $y=\frac{1}{5}x^5-\frac{1}{3}x^3$ $\left[\max\left(-1;\frac{2}{15}\right);\ \min\left(1;-\frac{2}{15}\right);\ F(0;0);\ \text{flesso in } x=\pm\frac{\sqrt{2}}{2}\right]$

224 $y=(x^2-4x)^2$ $\left[\max(2;16);\ \min_1(0;0),\ \min_2(4;0);\ \text{flessi in } x=\frac{6\pm2\sqrt{3}}{3}\right]$

225 $y=(1-x^2)^2$ $\left[\max(0;1);\ \min_{1,2}(\pm1;0);\ F_{1,2}\left(\pm\frac{\sqrt{3}}{3};\frac{4}{9}\right)\right]$

226 $y=\frac{x^3}{6}+\frac{6}{x^3}$ $[a\colon x=0;\ \max(-\sqrt[3]{6};-2);\ \min(\sqrt[3]{6};2)]$

227 $y=\frac{1}{x^2-x}-1$ $\left[a\colon x=0,\ x=1;\ y=-1;\ \max\left(\frac{1}{2};-5\right)\right]$

228 $y=x^2\sqrt{x^2+1}$ $[\min(0;0)]$

229 $y=2+\sqrt{x+6}$ $[\min(-6;2)]$

230 $y=\sqrt{x^2-4}$ $[a\colon y=\pm x;\ \min_{1,2}(\pm2;0)]$

231 $y=(x-1)e^{3-x}$ $[a\colon y=0;\ \max(2;e);\ F(3;2)]$

232 $y=xe^{\frac{1}{x}}$ $[a\colon x=0,\ y=x+1;\ \min(1;e)]$

233 $y=(x^2-4x+4)e^x$ $[a\colon y=0;\ \max(0;4);\ \min(2;0);\ F_{1,2}(\pm\sqrt{2};(6\mp4\sqrt{2})e^{\sqrt{2}})]$

234 $y=\frac{\sqrt{e^x}}{x}$ $\left[a\colon x=0,\ y=0;\ \min\left(2;\frac{e}{2}\right)\right]$

235 $y=\frac{(x-1)^3}{x}$ $\left[a\colon x=0;\ \min\left(-\frac{1}{2};\frac{27}{4}\right);\ F(1;0)\right]$

236 $y=(x+1)^2(3x^2-2x+1)$ $\left[\min(-1;0);\ F_1(0;1),\ F_2\left(-\frac{2}{3};\frac{11}{27}\right)\right]$

237 $y=\frac{\ln x+1}{x}$ $\left[a\colon y=0,\ x=0;\ \max(1;1);\ F\left(\sqrt{e};\frac{3}{2\sqrt{e}}\right)\right]$

238 $y=\frac{1}{(1-2x)^3}$ $\left[a\colon x=\frac{1}{2},\ y=0\right]$

239 $y=\frac{-2x^3}{x^2-4}$ $[a\colon x=\pm2,\ y=-2x;\ \min(-2\sqrt{3};6\sqrt{3});\ \max(2\sqrt{3};-6\sqrt{3});\ F(0;0)]$

240 $y=\frac{x^3}{(x+1)^2}$ $\left[a\colon x=-1,\ y=x-2;\ \max\left(-3;-\frac{27}{4}\right);\ F(0;0)\right]$

241 $y=\sqrt{\frac{x+1}{x}}$ $[a\colon x=0,\ y=1;\ \min(-1;0)]$

242 $y=\frac{x^2-4}{x}$ $[a\colon x=0,\ y=x]$

243 $y=-x\sqrt{x+1}$ $\left[\min(-1;0);\ \max\left(-\frac{2}{3};\frac{2\sqrt{3}}{9}\right)\right]$

244 $y=\sqrt{\sin x}$, $[0;\pi]$. $\left[\max\left(\frac{\pi}{2};1\right);\ \min_1(0;0),\ \min_2(\pi;0)\right]$

245 $y=2x\ln x$ $\left[\min\left(\frac{1}{e};-\frac{2}{e}\right)\right]$

246 $y = \ln\sqrt{x^2 - 1}$ $[a\colon x = 1, x = -1]$

247 $y = x - 1 - \frac{1}{x} + \frac{1}{x^2}$ $\left[a\colon x = 0,\ y = x - 1;\ \min(1; 0);\ F\left(3; \frac{16}{9}\right)\right]$

248 $y = e^x \frac{x}{x + 4}$ $[a\colon y = 0,\ x = -4;\ F(-2; -e^{-2})]$

249 $y = x^4 e^{-x}$ $[a\colon y = 0;\ \min(0; 0);\ \max \text{ in } x = 4;\ \text{flessi in } x = 2 \text{ e } x = 6]$

250 $y = \ln \frac{x^2 - 1}{x^2 + 4}$ $[a\colon x = \pm 1,\ y = 0]$

251 $y = \ln \sin x$, $]0; \pi[$. $\left[a\colon x = 0,\ x = \pi;\ \max\left(\frac{\pi}{2}; 0\right)\right]$

252 $y = (\ln x - 2)\ln x$ $[a\colon x = 0;\ \min(e; -1);\ F(e^2; 0)]$

253 $y = \sqrt{\ln(x + 3)}$ $[\min(-2; 0)]$

Risoluzione grafica di equazioni e disequazioni

254 ESERCIZIO GUIDA Risolviamo graficamente l'equazione $x^3 - 4x - \ln x = 0$.

Scriviamo l'equazione nella forma:

$$x^3 - 4x = \ln x.$$

Poiché $\ln x$ è definito solo per $x > 0$, l'equazione può ammettere soluzioni solo per $x > 0$. Possiamo immaginare l'equazione come l'equazione risolvente del sistema:

$$\begin{cases} y = x^3 - 4x \\ y = \ln x \end{cases}.$$

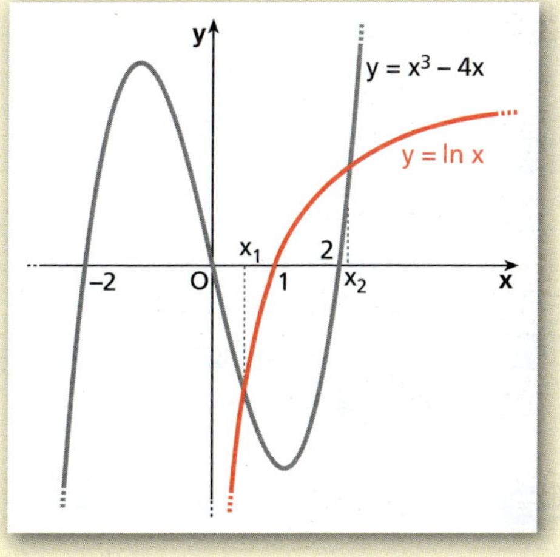

Disegniamo nello stesso piano i grafici delle funzioni.
Le ascisse dei loro punti di intersezione sono le soluzioni dell'equazione.

Osserviamo nel grafico che abbiamo due soluzioni x_1 e x_2 e che $x_1 < 1$ e $x_2 > 2$. Per ottenere una migliore approssimazione si può ingrandire il grafico con un software che disegna il grafico delle funzioni oppure applicare uno dei metodi numerici che studieremo in seguito.

In tal caso si osserva che $0{,}3 < x_1 < 0{,}4$ e $2 < x_2 < 2{,}1$.

Risolvi graficamente le seguenti equazioni.

255 $x^3 - x^2 + 2 = 0$ $[-2 < x < -1]$

256 $x^4 + x^2 + x = 0$ $[-0{,}7 < x_1 < -0{,}6;\ x_2 = 0]$

257 $x^2 - 2 - \ln x = 0$ $[0{,}1 < x_1 < 0{,}2;\ 1{,}5 < x_2 < 1{,}6]$

258 $e^x = \frac{1}{x}$ $[0{,}5 < x < 0{,}6]$

259 $x + 1 + e^{2x} = 0$ $[-1{,}2 < x_1 < -1{,}1]$

260 $2x^3 - x^4 - e^{-x} = 0$ $[0{,}7 < x_1 < 0{,}8;\ 1{,}9 < x_2 < 2]$

261 $\frac{x - 1}{x^2} + 2^x = 0$ $[0{,}5 < x_1 < 0{,}6]$

262 $\sin x + 2x = 0$ $[x = 0]$

ESERCIZI

263 ESERCIZIO GUIDA Risolviamo graficamente la disequazione $x^3 - 4x - \ln x \geq 0$.

Scritta la disequazione nella forma

$$x^3 - 4x \geq \ln x$$

e considerate le funzioni $y = x^3 - 4x$ e $y = \ln x$, osservando i loro grafici, disegnati nell'esercizio guida precedente, dobbiamo considerare gli intervalli in cui la prima funzione si «trova sopra» la seconda, quindi possiamo affermare che l'insieme delle soluzioni della disequazione è $0 < x \leq x_1 \vee x \geq x_2$.

Risolvi graficamente le seguenti disequazioni.

264 $e^x + x^2 + 2x \leq 0$ $[x_1 \leq x \leq x_2, \text{con } -2{,}0 < x_1 < -1{,}9 \text{ e } -1{,}5 < x_2 < -1{,}4]$

265 $(x-1)^3 - \ln x \leq 0$ $[1 \leq x \leq x_1, \text{con } 1{,}8 < x_1 < 1{,}9]$

266 $x^4 + x^3 - x - 2 > 0$ $[x < x_1 \vee x > x_2, \text{con } -1{,}4 < x_1 < -1{,}3 \text{ e } 1{,}1 < x_2 < 1{,}2]$

267 $\ln(-x) \leq x + 1$ $[-1 \leq x < 0]$

Problemi con le funzioni

268 Data la funzione $y = \frac{ax^2 - 1}{x + 2}$:

a. trova a in modo che la funzione abbia un massimo nel punto di ascissa $x = 1$;

b. rappresenta graficamente la funzione ottenuta. $\left[\text{a) } a = -\frac{1}{5}\right]$

269 Determina a, b, c, d in modo che la funzione $y = ax + b + \frac{c}{x} + \frac{d}{x^2}$ abbia come asintoto la retta di equazione $2y + x + 4 = 0$, nel punto $x = -1$ un minimo e nel punto $x = -2$ un flesso. Rappresenta il suo grafico. $\left[a = -\frac{1}{2}, b = -2, c = \frac{3}{2}, d = 1\right]$

270 Trova a, b, c, d in modo che la funzione $y = \frac{ax^3 + b}{cx^2 + d}$ abbia per asintoti le rette di equazioni $y = 2x$ e $x = 1$ e un flesso in $x = 0$. Rappresenta poi la funzione ottenuta. $\left[y = \frac{2x^3}{x^2 - 1}\right]$

271 Dato l'insieme di parabole $y = ax^2 - (2a + 1)x + a + 1$, con $a > 0$:

a. determina le coordinate dei punti di intersezione con l'asse x, A e B $(x_A > x_B)$, e con l'asse y, C;

b. scrivi la funzione che esprime la somma $\overline{OA} + \overline{OC}$ in funzione di a e rappresentala graficamente.

$\left[\text{a) } A\left(\frac{a+1}{a}; 0\right), B(1; 0); \text{b) } C(0; a+1); \text{c) } f(a) = \frac{(a+1)^2}{a}\right]$

272 Sia γ la circonferenza del piano cartesiano con il diametro di estremi $O(0; 0)$ e $A(4; 4)$. Una retta passante per l'origine, di equazione $y = mx$, interseca la circonferenza in P.

a. Scrivi l'equazione della circonferenza.

b. Scrivi l'ascissa del punto P in funzione di m e studia la funzione ottenuta.

$\left[\text{a) } x^2 + y^2 - 4x - 4y = 0; \text{b) } f(m) = \frac{4 + 4m}{1 + m^2}\right]$

273 Rappresenta graficamente le funzioni $y = -e^{-x}$ e $y = e^x - 2$ nello stesso piano cartesiano e determina i loro punti di intersezione.
Considera poi la retta $x = k$ che interseca i due grafici rispettivamente nei punti P e Q.
Esprimi $\overline{PQ}$ in funzione di k e rappresenta graficamente la funzione ottenuta. $[(0; -1); y = e^k + e^{-k} - 2]$

274 ●○ Un prisma di volume 2 cm^3 ha per base un quadrato. Esprimi la misura della superficie totale in funzione del lato del quadrato di base e poi rappresenta graficamente la funzione. $\left[y = \frac{8}{x} + 2x^2\right]$

275 ●○

REALTÀ E MODELLI **Smartphone mania** L'andamento delle vendite mensili di un nuovo modello di smartphone segue l'andamento della funzione $f(x) = \frac{3000x^2}{9+x^2}$, dove x esprime il tempo in mesi e varia in modo continuo nell'intervallo [0; 8].

a. Rappresenta graficamente la funzione.

b. In quale momento l'aumento delle vendite è massimo?

$\left[\text{b) } x = \sqrt{3} \simeq 1 \text{ mese e 22 giorni}\right]$

MATEMATICA AL COMPUTER

Funzioni con il foglio elettronico Data la seguente famiglia di funzioni nella variabile reale x, con il parametro k,

$$f(x) = \frac{x^2 - 4}{kx - 4},$$

costruiamo un foglio che, ricevuto un valore del parametro, permetta di ottenere:

a. il dominio della funzione,

b. le coordinate degli eventuali punti di intersezione con gli assi cartesiani,

c. le equazioni degli eventuali asintoti,

d. le coordinate degli eventuali punti di massimo e di minimo relativi,

e. i grafici della funzione e degli asintoti dopo aver inserito gli estremi di variazione della x.

Risoluzione – 19 esercizi in più

RISOLVIAMO UN PROBLEMA

Sedie di una volta

Giovanni si rilassa impagliando e riverniciando vecchie sedie.
Ha calcolato che la spesa totale, espressa in euro, da sostenere mensilmente per restaurare x sedie è

$$S(x) = \frac{1}{4}x^2 + 15x + 36.$$

- Scrivi la funzione del costo del restauro di una sedia e studiane l'andamento.
- Quante sedie deve restaurare ogni mese per minimizzare i costi?

▶ Troviamo la funzione del costo unitario.

Il costo unitario è dato dal rapporto tra spesa totale e numero di sedie restaurate:

$$C(x) = \frac{S(x)}{x} = \frac{1}{4}x + 15 + \frac{36}{x}.$$

▶ Studiamo la funzione $C(x)$.

Il dominio naturale della funzione è $\mathbb{R} - \{0\}$. Poiché x rappresenta il numero di sedie, deve essere $x > 0$. Consideriamo dunque come dominio $x > 0$.
Non ci sono intersezioni con gli assi, perché x non può essere 0 e $C(x)$ non può essere 0, essendo una somma di quantità positive per $x > 0$.
Calcoliamo i limiti agli estremi del dominio.

$$\lim_{x \to 0^+} \left(\frac{1}{4}x + 15 + \frac{36}{x}\right) = +\infty \quad \to \quad x = 0 \text{ asintoto verticale.}$$

$$\lim_{x\to+\infty}\left(\frac{1}{4}x+15+\frac{36}{x}\right)=+\infty \quad \to \quad \text{non ci sono asintoti orizzontali.}$$

$$\lim_{x\to+\infty}\frac{C(x)}{x}=\frac{1}{4},\ \lim_{x\to+\infty}\left[C(x)-\frac{1}{4}x\right]=15 \quad \to \quad y=\frac{1}{4}x+15 \text{ asintoto obliquo.}$$

Calcoliamo la derivata prima e studiamone il segno.

$$C'(x)=\frac{1}{4}-\frac{36}{x^2}=\frac{x^2-144}{4x^2},\ \text{con } x>0;$$

$$C'(x)>0 \quad \to \quad x^2-144>0 \quad \to \quad x>12.$$

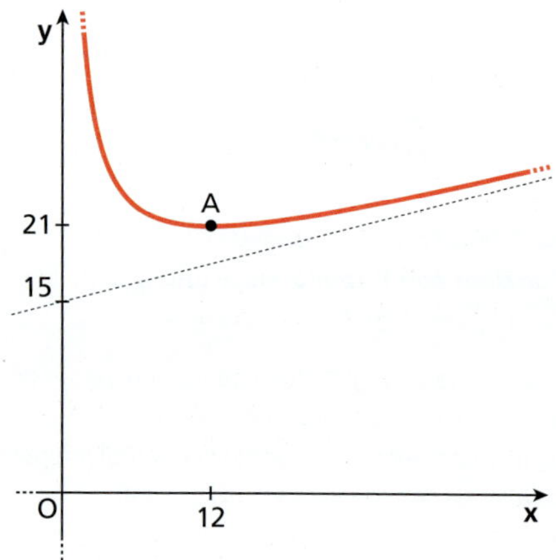

La funzione è decrescente per $0<x<12$, crescente per $x>12$.
Quindi ha un minimo assoluto in $A(12; 21)$.
Calcoliamo la derivata seconda e studiamone il segno.

$$C''(x)=\frac{72}{x^3},\ \text{con } x>0;$$

$$C''(x)>0 \quad \to \quad x>0.$$

La funzione volge la concavità sempre verso l'alto.
Disegniamo a lato il grafico della funzione $C(x)$.

► **Come minimizzare i costi.**

Abbiamo già trovato il minimo della funzione $A(12; 21)$.
Il numero di sedie che permette di minimizzare i costi è dunque 12.

2 Risoluzione approssimata di un'equazione

Separazione delle radici

► Teoria a p. 1390

276 ESERCIZIO GUIDA Determiniamo il numero delle soluzioni dell'equazione $\ln(1+x^2)-x^2-x-\frac{1}{2}=0$ e separiamo le sue radici.

Scriviamo l'equazione nella forma

$$\ln(1+x^2)=x^2+x+\frac{1}{2}$$

e confrontiamo i grafici delle funzioni:

$$g(x)=\ln(1+x^2) \text{ e } h(x)=x^2+x+\frac{1}{2}.$$

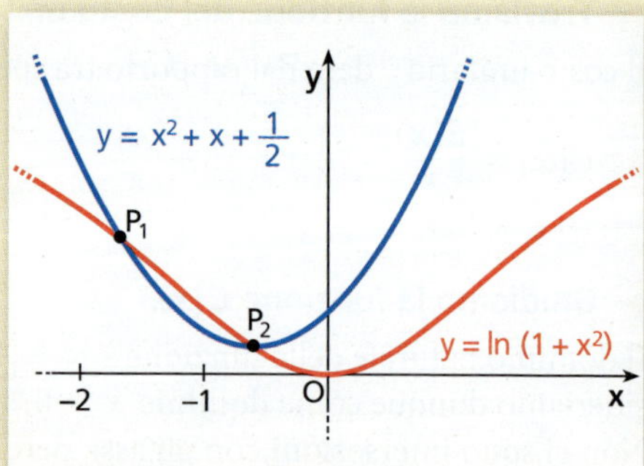

Le ascisse delle intersezioni delle due curve sono gli zeri della funzione $f(x)=\ln(1+x^2)-x^2-x-\frac{1}{2}$, cioè le soluzioni dell'equazione data.

Dal grafico vediamo che g e h hanno due punti di intersezione, P_1 e P_2, quindi l'equazione ha due soluzioni, x_1 e x_2, che si trovano rispettivamente negli intervalli $[-2;-1]$ e $[-1;0]$.

Aiutandoti con un grafico, determina il numero delle soluzioni reali delle seguenti equazioni.

277 $x^3 - 2x - \frac{1}{2} = 0$ [tre sol.]

278 $e^x + x = 0$ [una sol.]

279 $2x - \sin x = 0$ [una sol.]

280 $xe^x - 4 = 0$ [una sol.]

281 $\sqrt{1 + x^2} = \ln x$ [nessuna sol.]

282 $\ln(4 + x^2) + x^2 = 0$ [nessuna sol.]

283 $2x \ln x - 1 = 0$ [una sol.]

284 $x^3 + x + 1 = 0$ [una sol.]

285 $x^4 + x - 2 = 0$ [due sol.]

286 $x^5 + x^3 - 1 = 0$ [una sol.]

Metodo di bisezione

▶ Teoria a p. 1391

287 ESERCIZIO GUIDA Dimostriamo che l'equazione $x^3 + x^2 - 4 = 0$ ha una sola radice nell'intervallo $[1; 2]$ e determiniamo il suo valore con una cifra decimale esatta, applicando il metodo di bisezione.

Scriviamo l'equazione nella forma

$$x^3 = -x^2 + 4$$

e confrontiamo i grafici delle funzioni

$$y = x^3 \quad \text{e} \quad y = -x^2 + 4.$$

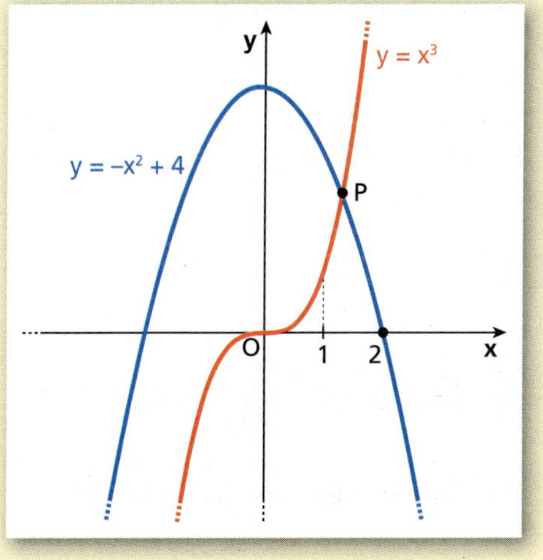

L'ascissa del punto di intersezione P delle due curve è lo zero della funzione $f(x) = x^3 + x^2 - 4$, e cioè la soluzione dell'equazione data.

Dal grafico osserviamo che l'ascissa di P si trova nell'intervallo $[1; 2]$ e lo confermiamo con il teorema di esistenza degli zeri. Infatti, in $[1; 2]$ $f(x)$ è continua, $f(1) = -2 < 0$ e $f(2) = 8 > 0$.

Applichiamo ora il metodo di bisezione per trovare un valore approssimato della soluzione. Utilizziamo la tabella seguente.

n	a_n	b_n	$f(a_n)$	$f(b_n)$	$m_n = \frac{a_n + b_n}{2}$	$f(m_n)$
0	1	2	−2	8	1,5	1,625
1	1	1,5	−2	1,625	1,25	−0,48
2	1,25	1,5	−0,48	1,625	1,375	0,49
3	1,25	1,375	−0,48	0,49	1,3125	−0,016
4	1,3125	1,375				

Il valore approssimato della soluzione con una cifra decimale esatta è 1,3.

ESERCIZI

Verifica che le seguenti equazioni hanno una sola radice nell'intervallo indicato e determina il suo valore approssimato con una cifra decimale esatta, mediante il metodo di bisezione.

288 $x^3 - 2x - \frac{1}{2} = 0$, [1; 2]. [1,5]

289 $2x + e^x = 0$, [−1; 0]. [−0,3]

290 $x^3 - x + 2 = 0$, [−2; −1]. [−1,5]

291 $x^4 + x - 1 = 0$, [−2; −1]. [−1,2]

292 $x^3 - x^2 + 1 = 0$, [−1; 0]. [−0,7]

293 $x - \sin x - \frac{3}{2} = 0$, [2; 3]. [2,2]

294 $x^5 + x^3 - 1 = 0$, [0; 1]. [0,8]

295 $\sqrt{4 - x^2} - x^2 - 2x = 0$, [0; 1]. [0,7]

296 Verifica graficamente che l'equazione $xe^x + 2x - 1 = 0$ ha una sola soluzione e trova una sua approssimazione con una cifra decimale esatta. [0,3]

297 Considera la funzione $f(x) = 4\cos x$ e la parabola di equazione $g(x) = -\frac{2}{3}x^2 + \frac{2}{3}x$.

a. Rappresenta le due curve sul piano cartesiano e separa le radici dell'equazione $f(x) = g(x)$.

b. Risolvi l'equazione $f(x) = g(x)$, indicando le soluzioni con una cifra decimale esatta.

$\left[\text{a) } x_1 \in \left[\frac{\pi}{2}; 2\right], x_2 \in [2; \pi]; \text{ b) } x_1 \simeq 1{,}8, x_2 \simeq 2{,}9\right]$

LEGGI IL GRAFICO

298 Nel grafico sono rappresentate le funzioni

$f(x) = e^x$ e $g(x) = ax^4 + bx + c$.

a. Trova a, b, c.

b. Calcola il valore, approssimato con una cifra decimale esatta, dell'ascissa del punto A.

[a) $a = -1, b = 1, c = 2$; b) 0,8]

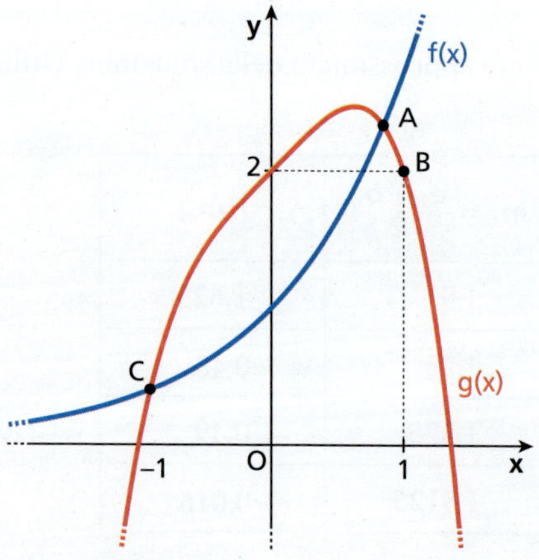

299 Il grafico rappresenta la funzione

$y = 2x^5 + bx^2 + c$.

a. Determina il valore di b e c.

b. Calcola il valore, approssimato con una cifra decimale esatta, dell'ascissa del punto B.

[a) $b = -5, c = 3$; b) $-0{,}7$]

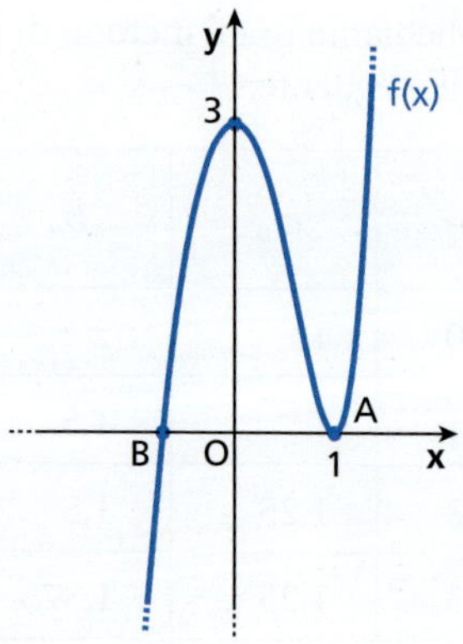

VERIFICA DELLE COMPETENZE

VERIFICA DELLE COMPETENZE ALLENAMENTO

ARGOMENTARE

1 Descrivi la procedura per determinare se una funzione ha asintoti obliqui e stabilisci quali delle seguenti funzioni ne hanno:

a. $y = \frac{3x^3+1}{x^2-3}$; **b.** $y = x^4 + 5x - 2$; **c.** $y = \frac{3x+1}{x^2+4}$; **d.** $\sqrt{x^2-2x+3}$.

2 Descrivi il metodo per trovare i flessi orizzontali di una funzione e determina se la funzione $y = \frac{1}{3}(x-2)^3$ ne ha.

3 VERO O FALSO?

a. La funzione $f(x) = \frac{x-3}{x^2+1}$ non ha asintoti. V F

b. $f(x) = \frac{e^{-x}-e^x}{x^2}$ è una funzione pari. V F

c. La funzione $y = x^2 e^x$ ha due flessi. V F

d. La funzione $y = 4x^3 - 12x^2$ ha un flesso orizzontale. V F

4 Indica le proprietà comuni alle curve di equazione $y = x^3 + ax^2$ al variare di a in $\mathbb{R}$, con $a \neq 0$, e confermale studiando la funzione $y = x^3 + 3x^2$.

UTILIZZARE TECNICHE E PROCEDURE DI CALCOLO

Studia e rappresenta graficamente le seguenti funzioni.

5 $y = x^3 - 3x^2$ $[\max(0;0);\ \min(2;-4);\ F(1;-2)]$

6 $y = \frac{2x-1}{x+2}$ $[a\colon x=-2,\ y=2]$

7 $y = 3x(x^2-3)$ $[\max(-1;6);\ \min(1;-6);\ F(0;0)]$

8 $y = \frac{1}{12}x^4 - \frac{1}{2}x^2 + 1$ $\left[\max(0;1);\ \min_1\left(-\sqrt{3};\frac{1}{4}\right),\ \min_2\left(\sqrt{3};\frac{1}{4}\right);\ F_1\left(1;\frac{7}{12}\right),\ F_2\left(-1;\frac{7}{12}\right)\right]$

9 $y = \frac{6}{5}x^5 - 2x^3$ $\left[\max\left(-1;\frac{4}{5}\right);\ \min\left(1;-\frac{4}{5}\right);\ F_1(0;0),\ F_2\left(-\frac{\sqrt{2}}{2};\frac{7\sqrt{2}}{20}\right),\ F_3\left(\frac{\sqrt{2}}{2};-\frac{7\sqrt{2}}{20}\right)\right]$

10 $y = x - \frac{16}{x}$ $[a\colon x=0;\ y=x]$

11 $y = \frac{x^3}{6(x-2)}$ $\left[a\colon x=2;\ \min\left(3;\frac{9}{2}\right);\ F(0;0)\right]$

12 $y = \frac{x^2-7x+10}{6-x}$ $[a\colon x=6,\ y=-x+1;\ \min(4;-1);\ \max(8;-9)]$

13 $y = \sqrt{x^3+8}$ $[\min(-2;0);\ F(0;2\sqrt{2})]$

14 $y = \sqrt{x^3-3x}$ $[\max(-1;\sqrt{2});\ \min_1(-\sqrt{3};0),\ \min_2(0;0),\ \min_3(\sqrt{3};0)]$

15 $y = \frac{x^3}{3} - \frac{9}{4}x^2 + 2x + \frac{7}{3}$ $\left[\max\left(\frac{1}{2};\frac{45}{16}\right);\ \min\left(4;-\frac{13}{3}\right);\ \text{flesso in } x=\frac{9}{4}\right]$

16 $y = \frac{x^2-3x+2}{x^2}$ $\left[a\colon x=0,\ y=1;\ \min\left(\frac{4}{3};-\frac{1}{8}\right);\ \text{flesso in } x=2\right]$

VERIFICA DELLE COMPETENZE

17 $y = \ln\frac{1}{x-2}$ $[a: x = 2]$

18 $y = 4xe^x$ $\left[a: y = 0; \min\left(-1; -\frac{4}{e}\right); F\left(-2; -\frac{8}{e^2}\right)\right]$

19 $y = \frac{1}{4}xe^{x^2}$ $[F(0; 0)]$

20 $y = \frac{x-1}{\sqrt{x-2}}$ $[a: x = 2; \min(3; 2); \text{flesso in } x = 5]$

21 $y = x\ln x^2$ $\left[\max\left(-\frac{1}{e}; \frac{2}{e}\right); \min\left(\frac{1}{e}; -\frac{2}{e}\right)\right]$

22 $y = \frac{\cos x}{1+\cos x}$, $[0; 2\pi]$. $\left[a: x = \pi; \max_1\left(0; \frac{1}{2}\right), \max_2\left(2\pi; \frac{1}{2}\right)\right]$

23 $y = \frac{x^3-2}{x^2}$ $\left[a: x = 0, y = x; \max\left(-\sqrt[3]{4}; -\frac{3}{\sqrt[3]{2}}\right)\right]$

24 $y = \ln(3x^2+2x)$ $\left[a: x = -\frac{2}{3}, x = 0\right]$

25 $y = e^x(x^2+1)$ $[a: y = 0; \text{flessi in } x = -3 \text{ e } x = -1 \text{ (orizzontale)}]$

26 $y = e^{\frac{2x+1}{x-1}}$ $\left[a: y = e^2, x = 1; F\left(-\frac{1}{2}; 1\right)\right]$

27 $y = \frac{3e^x-1}{e^x-1}$ $[a: x = 0, y = 1, y = 3]$

28 $y = (e^x-1)(e^x-2)$ $\left[a: y = 2; \min\left(\ln\frac{3}{2}; -\frac{1}{4}\right); F\left(\ln\frac{3}{4}; \frac{5}{16}\right)\right]$

29 $y = x(\ln x - \ln 2)$ $\left[\min\left(\frac{2}{e}; -\frac{2}{e}\right)\right]$

30 $y = \ln^2 x - \ln x$ $\left[a: x = 0; \min\left(\sqrt{e}; -\frac{1}{4}\right); F\left(\sqrt{e^3}; \frac{3}{4}\right)\right]$

Determina il numero delle soluzioni reali delle seguenti equazioni.

31 $x^5 + 2x - 4 = 0$ [una sol.]

32 $\ln(x+1) + x - 2 = 0$ [una sol.]

33 $3x^4 - x - 1 = 0$ [due sol.]

34 $xe^x - 5 = 0$ [una sol.]

Verifica che le seguenti equazioni hanno una sola soluzione reale nell'intervallo indicato e calcola un loro valore approssimato con una cifra decimale esatta.

35 $x^3 + 2x - 4 = 0$, $[1; 2]$. [1,1]

36 $xe^x - 3 = 0$, $[1; 2]$. [1,0]

37 $x\ln x - 4 = 0$, $[3; 4]$. [3,3]

38 $x + \frac{1}{2} - \cos x = 0$, $[0; 1]$. [0,4]

ANALIZZARE E INTERPRETARE DATI E GRAFICI

TEST

39 Data una funzione $y = f(x)$ che

1. ha come dominio $\mathbb{R} - \{\pm 4\}$,
2. interseca l'asse x nei punti $A(-3; 0)$ e $B(3; 0)$,
3. ha come asintoti verticali le rette $x = 4$ e $x = -4$,
4. ha come asintoto orizzontale la retta $y = 2$,

la sua espressione analitica può essere:

A $y = \frac{x^2-9}{x^2-4}$.

B $y = \frac{2x^2-18}{16-x^2}$.

C $y = \frac{2(x^2-16)}{x^2-9}$.

D $y = \frac{2(x^2-9)}{x^2-16}$.

E $y = 2(x^2-16)(x^2-9)$.

40 ●○ Quale funzione corrisponde al grafico?

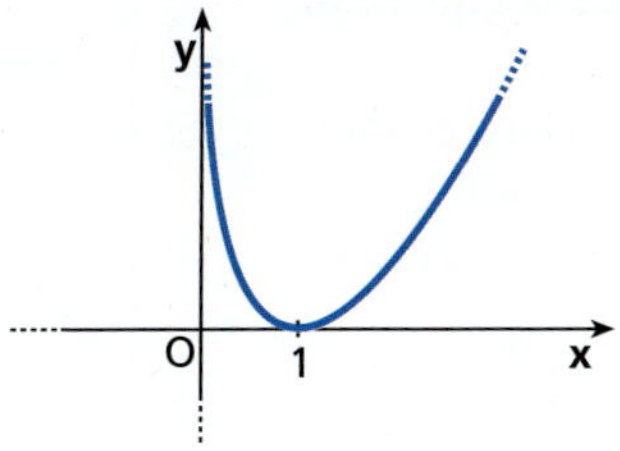

A $y=(x+1)\ln x$

B $y=x\ln(x-1)$

C $y=x^2\ln x$

D $y=(x-1)\ln x$

41 ●○ Quale funzione è rappresentata dal grafico?

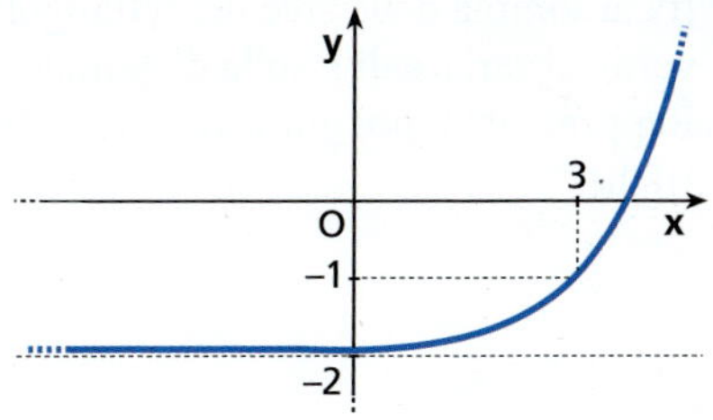

A $y=e^{-x+3}-2$

B $y=e^x-2$

C $y=e^{x-3}-2$

D $y=e^{x+3}-2$

Traccia il grafico della funzione $y=f(x)$, sapendo che ha le seguenti caratteristiche.

42 ●○
1. Il dominio è $\mathbb{R}-\{\pm2\}$.
2. È dispari.
3. L'intersezione con gli assi è in $O(0;0)$.
4. $f(x)>0$ per $-2<x<0 \vee x>2$, $f(x)<0$ per $x<-2 \vee 0<x<2$.
5. Esistono due asintoti verticali $x=\pm2$ e un asintoto obliquo $y=x$.
6. C'è un massimo in $(-3;-5)$ e un minimo in $(3;5)$.
7. C'è un flesso in $O(0;0)$.

43 ●○
1. Il dominio è $\{x\le 0 \vee x\ge 1\}$.
2. Interseca gli assi in $(0;0)$ e $(1;0)$.
3. $f'(x)>0$ per $x>1 \wedge x\neq 2$ e $f'(x)<0$ per $x<0$.
4. $f''(x)>0$ per $1<x<2$ e $f''(x)<0$ per $x<0 \vee x>2$.
5. Nei punti $x=0$ e $x=2$, $f(x)$ non è derivabile.

44 ●○ LEGGI IL GRAFICO Determina per quale valore di k il grafico della funzione in figura ha equazione

$$y=e^{\frac{2x}{x^2+k}},$$

sapendo che i punti A e B sono rispettivamente un minimo e un massimo. Scrivi le equazioni delle tangenti al grafico in A e B. La funzione ha asintoti? Quali?

$\left[k=1,\ y=e;\ y=\frac{1}{e};\ \text{asintoto orizz. } y=1\right]$

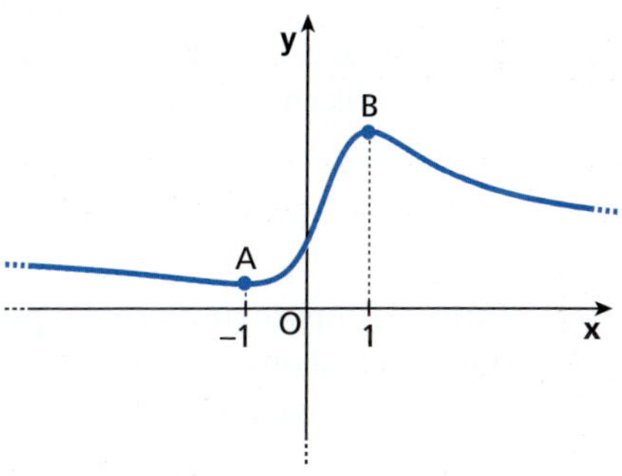

RISOLVERE PROBLEMI

45 ●○ Trova per quale valore dei parametri a e b la curva di equazione $y=\frac{x^2+ax+1}{x+b}$ ha per asintoti le rette di equazioni $x=3$ e $y=x$. Rappresenta la funzione $y=f(x)$ ottenuta. $[a=b=-3]$

46 ●○ Determina a e b in modo che la curva γ di equazione $y=\frac{1}{x^2+ax+b}$ abbia un massimo in $\left(1;-\frac{1}{2}\right)$. Rappresenta il grafico di γ. Detto P il punto della curva di ascissa nulla, stabilisci quali rette del fascio di centro P intersecano γ in due punti C e D distinti oltre P. $[a=-2, b=-1;\ \text{tutte tranne } y=-1 \text{ e } y=2x-1]$

47 ●○ Dato il quadrato di lato 1 in figura, scrivi la funzione che esprime il rapporto tra la somma delle aree dei rettangoli gialli e la somma delle aree dei quadrati verdi, al variare di P sulla diagonale.
Rappresentala poi graficamente indipendentemente dalle limitazioni geometriche.

$$\left[f(x)=\frac{2x-2x^2}{2x^2-2x+1}\right]$$

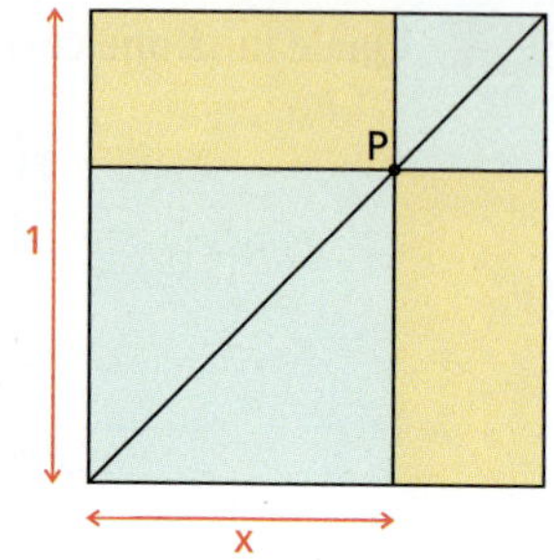

48 ●○

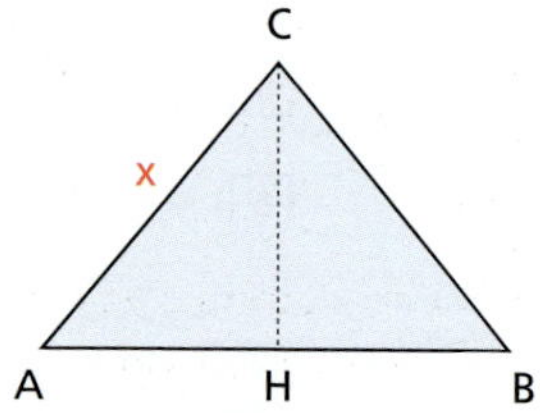

Il triangolo isoscele in figura ha perimetro 6. Studia la funzione $f(x)=\frac{\overline{AB}^2}{\overline{CH}^2}$.

$$\left[f(x)=\frac{(6-2x)^2}{6x-9}\right]$$

COSTRUIRE E UTILIZZARE MODELLI

49 ●○ **Medicinale in circolo** La concentrazione di un medicinale nel sangue dopo un'iniezione è descritta dalla funzione

$$C(t)=\frac{50}{t^2+1},$$

dove $t \geq 0$ è il tempo espresso in ore e la concentrazione è misurata in mg/mL.

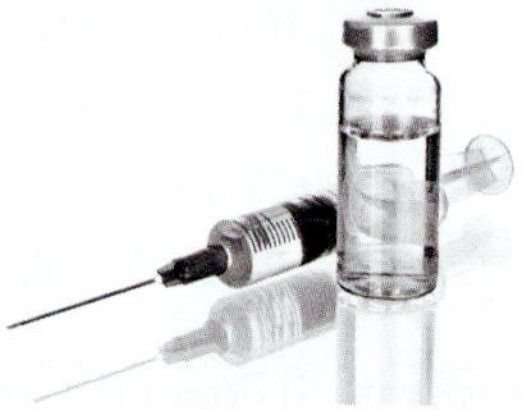

a. Studia e rappresenta graficamente la funzione.

b. Dopo quanto tempo la concentrazione è inferiore a 2 mg/mL?

c. In base al modello, la concentrazione del medicinale sarà mai nulla?

[b) 4 ore e 54 minuti; c) no]

50 ●○ **Cotti a puntino** Pietro accende il forno di casa per preparare dei biscotti e imposta la temperatura indicata sulla ricetta. Durante la cottura legge la temperatura mediante il termometro in dotazione al forno e prende nota di tutte le misure; poi elabora i dati con un foglio di calcolo e ottiene la funzione che descrive la temperatura T (in gradi centigradi) al variare del tempo t (in minuti).

a. Rappresenta graficamente la funzione.

b. A che temperatura Pietro ha impostato il forno?

[b) 150 °C]

51 ●● **Imparo, imparo, imparo** Lo psicologo L.L. Thurstone nel 1916 elaborò un metodo per descrivere l'apprendimento L di una data abilità (imparare a leggere, a guidare un'auto, a risolvere problemi di matematica...) in funzione del grado di pratica x. L'equazione formulata è:

$$L(x)=\frac{x}{a+bx}, \quad a, b \text{ parametri reali positivi, } x \text{ reale positivo.}$$

a. Valori diversi del parametro b si riferiscono a persone che imparano con diversa facilità: a chi attribuire i valori minori di b?

b. Quale significato assume in psicologia dell'apprendimento l'esistenza dell'asintoto orizzontale?

c. Quale significato assume la derivata prima della funzione $L(x)$?

(*U.M.I., umi.dm.unibo.it/umi, esempi di terze prove*)

[a) persone che apprendono più facilmente; b) l'apprendimento si stabilizza all'aumentare della pratica; c) la velocità di apprendimento]

TUTOR matematica — Allenati con **15 esercizi interattivi** con feedback "hai sbagliato, perché..."
su.zanichelli.it/tutor3 risorsa riservata a chi ha acquistato l'edizione con tutor

VERIFICA DELLE COMPETENZE PROVE

1 ora

PROVA A

Studia e rappresenta graficamente le seguenti funzioni.

1 $y = x^4 + 2x^3 - 2x - 1$

2 $y = \dfrac{x^2 - 1}{x^2 + 1}$

3 $y = (2 - x)e^x$

4 TEST Quale delle seguenti funzioni è rappresentata dal grafico della figura?

- **A** $y = x^2(x + 2)$
- **B** $y = x(x + 2)^2$
- **C** $y = x(x + 1)(x + 2)$
- **D** $y = x^2(x + 2)^2$
- **E** $y = x^4 + 2x^2$

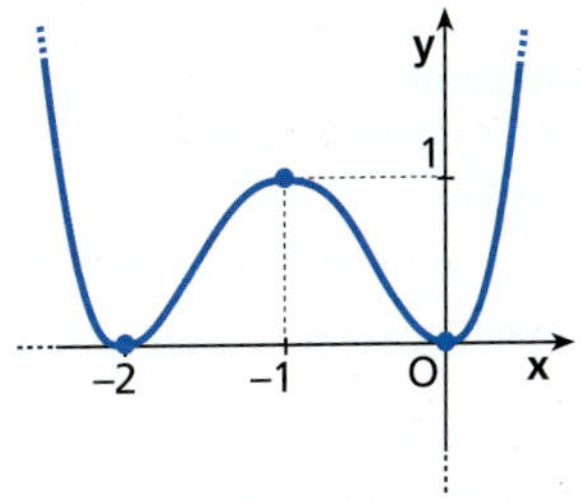

5 Il grafico della figura ha equazione

$$f(x) = (ax + b)e^x.$$

Calcola i valori di a e b. Determina l'ordinata di A e le coordinate del punto di flesso.

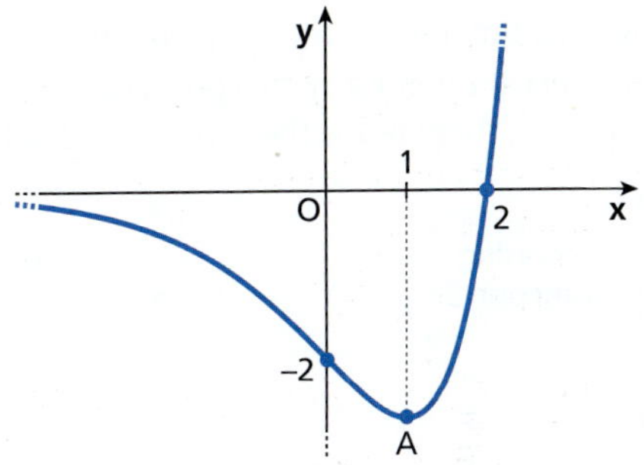

6 Risolvi graficamente l'equazione $4e^x + x - 5 = 0$.

PROVA B

1 Il grafico della funzione in figura ha equazione

$$y = \frac{e^{-\frac{1}{2}x}}{2x + a} + b.$$

a. Trova a e b.

b. Determina l'ascissa del punto di massimo.

c. Scrivi l'equazione della tangente al grafico nel punto A.

d. Che equazione avrebbe la funzione se si eseguisse una traslazione per portare l'asintoto verticale a coincidere con l'asse y?

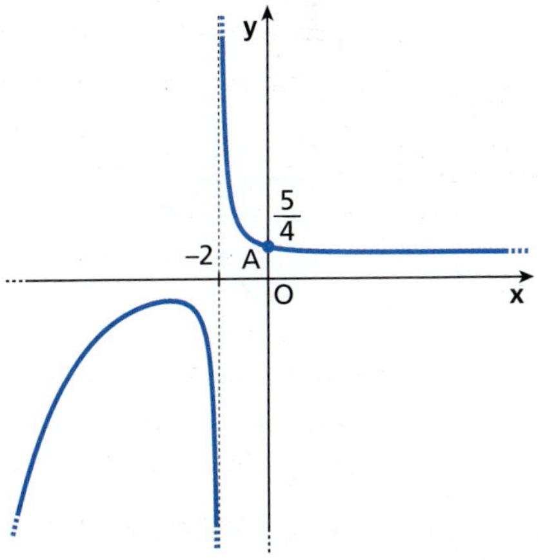

2 Traccia il grafico di $f(x) = \dfrac{x^2 - 4}{2x}$ e da questo deduci il grafico di:

a. $1 - f(x)$;

b. $|f(x)|$.

CONTENT AND LANGUAGE INTEGRATED LEARNING

MATHS HIGHLIGHTS
STUDY OF FUNCTIONS

LEARN THE BASICS

Monotonic functions

A function is *increasing* (or *non-decreasing*) if its graph rises from left to right or remains flat.
This concept can be stated more formally: a function is increasing on an interval I if, for any two points $x_1, x_2 \in I$ such that $x_1 < x_2$, there holds the inequality $f(x_1) \leq f(x_2)$.
Similarly, a function is *decreasing* (or *non-increasing*) on an interval I if, for any two points $x_1, x_2 \in I$ such that $x_1 < x_2$, there holds the inequality $f(x_1) \geq f(x_2)$.

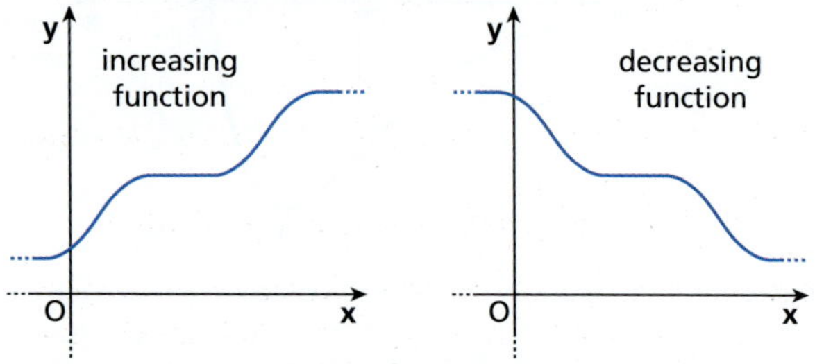

Establishing the intervals where a function is increasing or decreasing is called *studying the monotonicity of a function.*

Criteria for increasing and decreasing functions

From this graph you can easily see that if a function is increasing on I, the slope of the tangent line at each point is not negative, and viceversa.

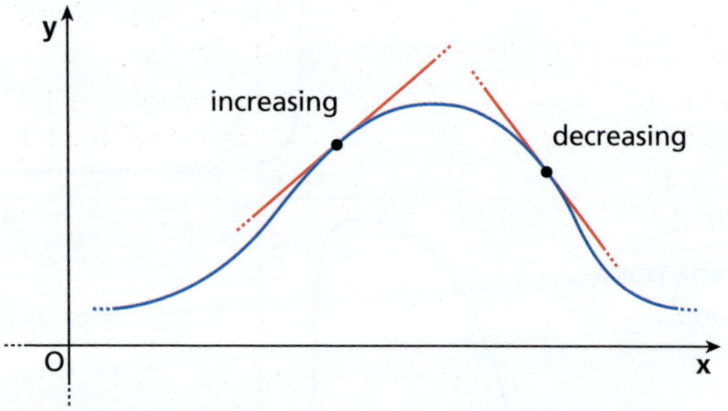

Given that the first derivative of a function at a particular point provides the slope of the tangent line at that point, then, in order **to find the intervals of increase/decrease of a function**, we should determine **the sign of the first derivative**.
A **positive first derivative on an interval *I*** means that the function is **strictly increasing on *I***, and viceversa.

NUGGETS OF THEORY

Function: a relationship between two changing quantities, x and y, in which there is one and only one value of y (the dependent variable) for each value of x (the independent variable).
A function can be given:
- as an equation, for example $y = 3x + 1$ or $f(x) = 3x + 1$ (function notation);
- by its graph, which is a curve in the xy-coordinate plane.

Graph of a function: the collection of all ordered pairs $(x, f(x))$ in the Cartesian plane.

Types of function
- **polynomial functions**: for example $f(x) = 3x^2 + 4$.
- **rational functions**: for example $f(x) = \dfrac{2x-1}{x^2+6x-1}$.
- **radical functions**: for example $f(x) = \sqrt[3]{x^2-3}$.
- **exponential functions**: for example $f(x) = 3^{4x}$.
- **logarithmic functions**: for example $f(x) = \log_7 x$.
- **trigonometric functions**: for example $f(x) = \tan\left(x^2 + \dfrac{3}{2}x\right)$.

Even function: a function whose graph is symmetrical with respect to the y-axis. Algebraically, f is even if and only if the function domain D is symmetrical with respect to $x = 0$ and $f(x) = f(-x)$ for any $x \in D$.

Odd function: a function whose graph is symmetrical with respect to the origin of the axes. Algebraically, f is odd if and only if the function domain D is symmetrical with respect to the origin and $f(x) = -f(-x)$ for any $x \in D$.

SPEAK LIKE A MATHEMATICIAN

***x*-axis intercept(s)**: the point(s) where the graph of the function intersects the x-axis. They are also called the **zeroes** of the function.

***y*-axis intercept**: the point where the graph of the function intersects the y-axis.

Asymptote: a line such that the distance between the curve and the line approaches zero as they tend to infinity. We distinguish vertical, horizontal, and oblique asymptotes.

First derivative: the function $f'(x)$ of all the values of the derivatives of $f(x)$ at all the points in the domain of $f(x)$.

Stationary point: a point at which the first derivative is equal to zero. As we know that the value of the first derivative at a point is the slope of the tangent line at the graph, at a stationary point the tangent line is always horizontal.

Second derivative: the derivative of the derivative of a function.

Local and global extrema

A function f has a **local (or relative) maximum** at $x = c$ if $f(c) \geq f(x)$ when x is *close* to c. We will call $x = c$ a **local maximum point**.
A function f has a **global (or absolute) maximum** at $x = c$ if $f(c) \geq f(x)$ for all x in the domain of f. We will call $x = c$ the **global maximum point**.
Similar definitions apply to local and global minima.
For example, let us consider this function.

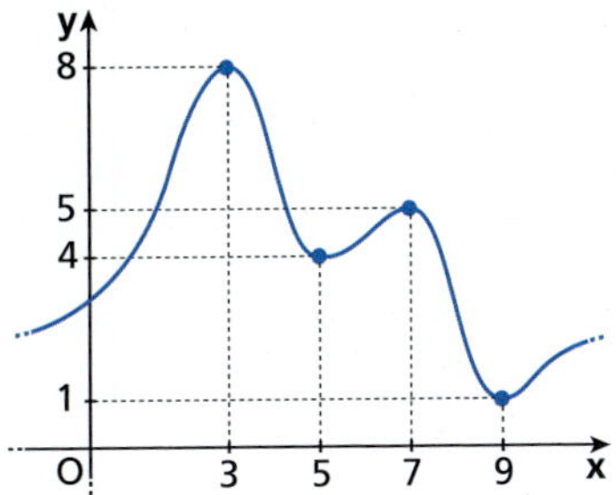

We can observe that:

- the function has a local maximum value at $x = 3$, and another at $x = 7$;
- $x = 3$ is the global maximum point, since, for every other value of x, $f(x) < f(3)$;
- the maximum value of the function is 8;
- there are local minima at $x = 5$ and $x = 9$;
- $x = 9$ is the global minimum point, and the minimum value of the function is 1.

Local extrema as turning points

If the graph of a function f changes direction *from upward to downward* at a point $x = c$ inside its domain, then the function has a **local maximum of value $f(c)$ at $x = c$.**
The same line of thought applies to local minima.
Let us state this formally using the concept of **derivative**.
Suppose $x = c$ is a point inside the domain of the function f: if $f'(x)$ changes from positive to negative at $x = c$, then f has a relative maximum point at $x = c$.

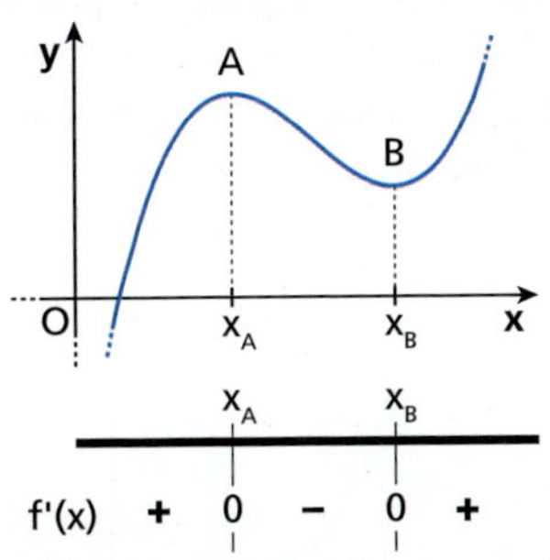

Critical points and local extrema

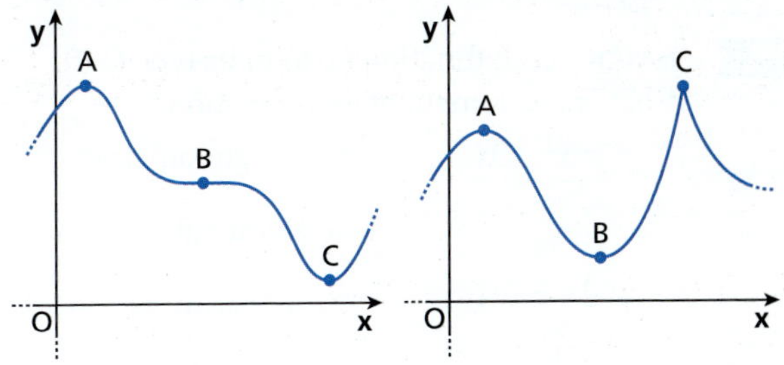

In the first graph, we note that A, B, and C are all stationary points, where the derivative of $f(x)$ is zero. But points A and C are quite different from point B. At points A and C, the graph turns: A and C are local extrema. Instead, at point B the graph does not turn: B is not a local extremum.
So **not all stationary points are local extrema.**

In the second graph, we note that A, B, and C are all local extrema.
But points A and B are different from C.
Points A and B are stationary points. Instead, at point C the first derivative does not exist.
So **not all relative extrema are stationary points.**

Critical number is a convenient term for any x-value for which the first derivative is equal to 0 or does not exist. The point $(c, f(c))$ is called the **critical point.**
From the preceding discussion we can deduce that **local maximum and minimum values occur at critical points of a function.**
But be careful: just because $f'(c) = 0$ or $f'(c)$ does not exist, there is no guarantee that f has a local maximum or minimum value at $x = c$ (remember the first graph above!).

Second derivatives and concavity

If the second derivative of a function $f(x)$ is positive, the graph of $f(x)$ is concave upward. If the second derivative is negative, the graph is concave downward. Places where concavity changes are called **inflection points.**

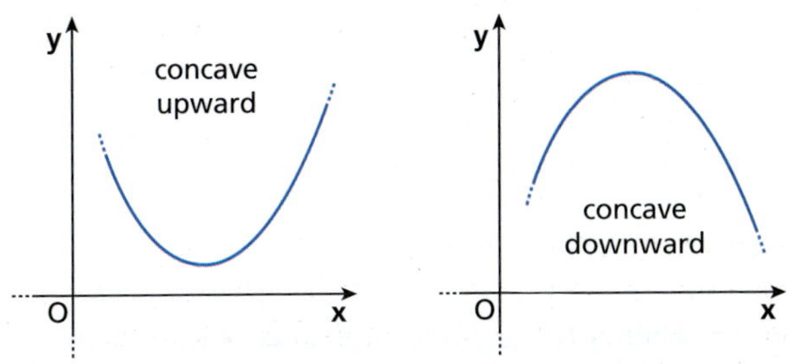

READ IT ALOUD

1 Read the above statements aloud. Then listen to the recording to see if you did well.

UP TO YOU

1 MATCH each function (**1-6**) to its type (**a-f**). What is the domain of each function?

1. $y = x^3 - 9x$
2. $y = \frac{2}{3x}$
3. $y = \sqrt{5 - 3x}$
4. $y = \frac{1}{2}\cos x$
5. $y = \ln(2x + 1)$
6. $y = 2^{x-3}$

a. Trigonometric
b. Rational
c. Logarithmic
d. Radical
e. Exponential
f. Polynomial

2 Are these functions even, odd, or neither? Explain why.

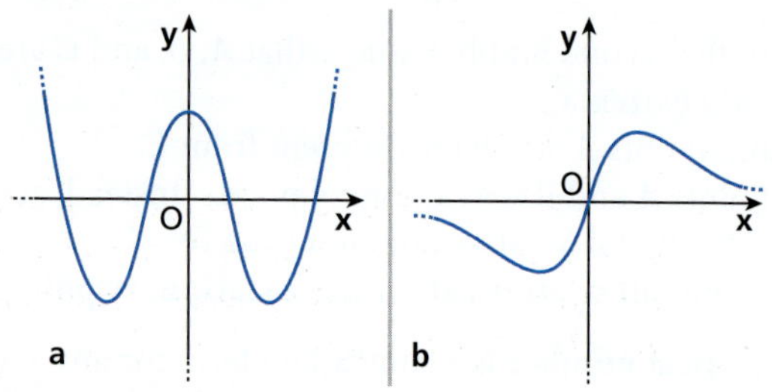

3 GUIDED EXERCISE Find the x-intercepts and y-intercept of the function $y = x^2 - 4x - 5$. Write your answers as ordered pairs (x, y).

To find the x-intercepts, let's substitute $y = 0$ in the equation of the function and solve for x.

$$0 = x^2 - 4x - 5$$
$$0 = (x - 5)\cdot(x + 1)$$
$$x - 5 = 0 \leftrightarrow x = 5$$
$$x + 1 = 0 \leftrightarrow x = -1$$

Therefore the x-intercepts are:

$(-1, 0)$,

$(5, 0)$.

To find the y-intercept, let's substitute $x = 0$ in the equation of the function and solve for y.

$$y = 0^2 - 4 \cdot 0 - 5 = -5$$

Therefore the y-intercept is $(0, -5)$.
Notice that while there may be multiple x-intercepts, you will always find only one y-intercept.

4 COMPLETE the table. Be careful: in some cases there are no intercepts.

FUNCTION	x-INTERCEPTS	y-INTERCEPT
$y = x^3 - 9x$		
$y = \frac{2}{3x}$		
$y = \sqrt{5 - 3x}$		
$y = \ln(2x + 1)$		
$y = 2^{x-3}$		
$y = \frac{\cos x}{2}$		

5 Look at the graph and determine:

a. the domain of the function;
b. its x-intercepts and y-intercept;
c. its local and global extrema;
d. its inflection points.

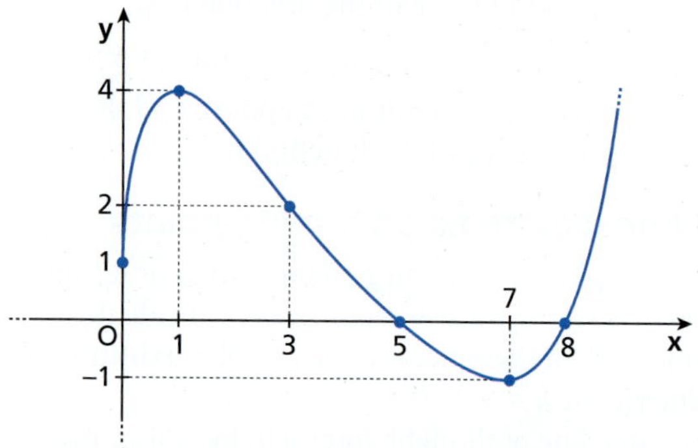

[a) $[0, +\infty[$; b) $(5, 0)$, $(8, 0)$; $(0, 1)$; c) $(1, 4)$ (local maximum), $(7, -1)$ (global minimum); d) $(3, 2)$]

6 For each of the following graphs, say whether the function is increasing, decreasing, or not monotonic. Then, determine on which intervals the derivative of the function is positive, negative, or equal to zero.

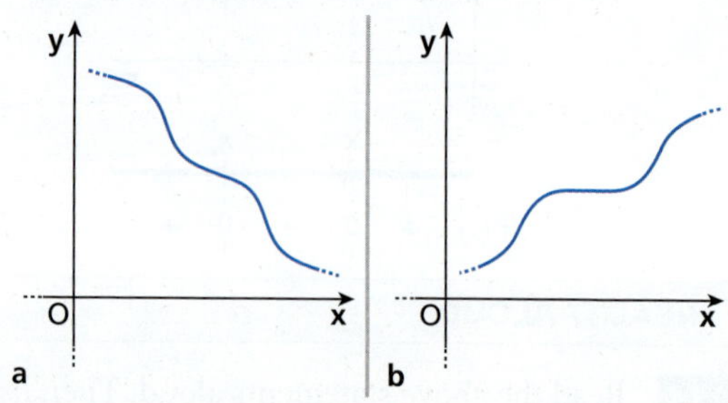

7 For each of the following graphs, say whether the function is concave upward, concave downward, or neither. Then, determine on which intervals the second derivative of the function is positive, negative, or equal to zero.

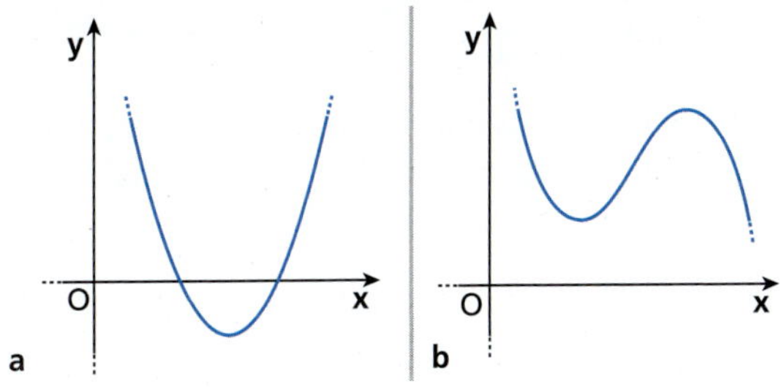

8 COMPLETE using the words in the box below. There is one extra word.

- A function is a relation in which each ______ corresponds to exactly one ______.
- The ______ of a function can be determined by substituting $y = 0$.
- The ______ of a function can be determined by substituting $x = 0$.
- A function can have ______ x-intercepts, but only one y-intercept.
- The slope of a straight line is the ______ of the line. A negative gradient means the line slopes ______ to the right. A positive gradient means the line slopes ______ to the right.
- The slope function is the ______.

x-intercept(s), upward, x-value, downward, multiple, second derivative, y-intercept, steepness, first derivative, y-value

9 **Function game** For each function (**a-h**) establish the intervals of increasing. Find the solution in the answer column and note the word next to it. Write this word in the key box and learn an interesting quote by David Hilbert.

a. $f(x) = 4x + x^2$

b. $f(x) = (x^2 - 1)^2$

c. $f(x) = \dfrac{2 - x}{x^2}$

d. $f(x) = \dfrac{x + 2}{x^2 - x - 2}$

e. $f(x) = \sqrt{12x - x^2}$

f. $f(x) = \dfrac{\sqrt{x}}{1 - x}$

g. $f(x) = \ln(x - 1)$

h. $f(x) = e^x \cdot x$

Answer column

$]-\infty, 0[;]4, +\infty[$: races or geographic
$]-4, -1[;]-1, 0[$: boundaries;
$]1, +\infty[$: world
$]-2, +\infty[$: Mathematics
$]0, 1[\cup]1, +\infty[$: the cultural
$]0, 6[$: for mathematics
$]-1, +\infty[$: is one country
$]-1, 0[;]1, +\infty[$: knows no

Key box

a.	Mathematics	e.	
b.	knows no	f.	
c.		g.	
d.		h.	

10 Let $f(x) = 3x^4 - 8x^3 + 2$. Find the first and the second derivative, and draw sign diagrams for them. Then find all the local extrema and the inflection points, if any.

$\left[f'(x) = 12x^3 - 24x^2;\ f''(x) = 36x^2 - 48x;\ x = 2 \text{ (maximum)};\ x = 0,\ x = \dfrac{4}{3} \text{ (inflection points)}\right]$

11 Let $f(x) = \dfrac{x^2}{1 - x^2}$. Find the first and the second derivative and draw sign diagrams for them. Then find all the local extrema and the inflection points, if any.

$\left[f'(x) = \dfrac{2x}{(1 - x^2)^2};\ f''(x) = \dfrac{2 + 6x^2}{(1 - x^2)^3};\ x = 0 \text{ (local minimum); no inflection point}\right]$

12 Find both a graphic and an algebraic example of functions which have a stationary point that is not a relative extremum.

13 Sketch the graph of a continuous function, whose domain is $\mathbb{R}$, that satisfies all these conditions:

- $f(-1) = f(4) = 0;\ f(1) = -1;\ f(3) = -4;$
- f is not positive on the interval $]-\infty, 4]$;
- $\lim\limits_{x \to -\infty} f(x) = -\infty$ and $\lim\limits_{x \to +\infty} f(x) = +\infty$;
- f is increasing on the intervals $]-\infty, -1[$ and $]3, +\infty[$, while it is decreasing on $]-1, 3[$;
- $x = -1$ is a stationary point and local maximum point; $x = 1$ is a horizontal inflection point; $x = 3$ is a local minimum point and a sharp point.

MATHS ON VIDEO

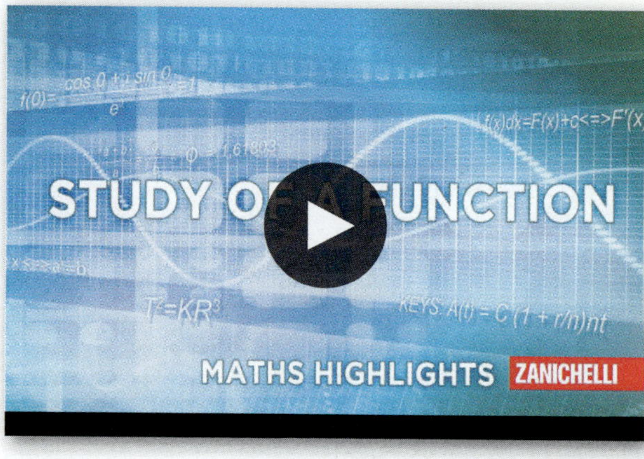

Study of a Function

In this lesson, we will carry out a complete study of a function. Our sample function will be:

$$f(x) = \frac{x^3}{x+1}.$$

We will study its domain, its limits at the bounds of the domain, its sign, and its first and second derivatives. Finally, we will draw its graph.

1 Studying a function entails determining some of its features. They are listed in the following table, along with an explanation of how to proceed. Complete the table with the missing information.

FEATURE	HOW TO DETERMINE IT
The **domain**.	Be aware of the type of the function (polynomial, rational, radical, ...).
The symmetries of the graph, if any: namely, whether the function is ____, ____ or neither.	Compare $f(x)$ to $f($____$)$.
Whether the function is **periodic**.	Remember the rules for determining the period of a periodic function.
The ***x*-intercepts** and the ***y*-intercept** of the function.	For the x-intercepts, solve the equation $f(x) =$ ____. For the y-intercept, substitute $x =$ ____ in the function equation.
The **sign** of the function.	Solve the inequality $f(x) > 0$.
The **behaviour** of the function at the ____ of its domain.	Calculate the limits of the function at the bounds of its domain.
Whether the function has **asymptotes** (**horizontal**, ____, or **oblique**).	Remember the relationships between limits and asymptotes.
The **monotonicity** of the function and its local ____, if any.	Calculate the first ____ of the function and its domain. Determine the sign of the derivative and deduce the monotonicity of the function and the ____ extrema.
The **non-differentiability points**, if any.	Calculate the right and left ____ of the first ____ at the point where f is continuous, but not differentiable.
The concavity of the function and the inflection ____, if any.	Calculate the second ____ of the function and its domain. Determine the sign of the second derivative and deduce the concavity of the function and the inflection points.

2 EXPLAIN WHY If you have a graphing calculator, do you still need calculus to graph a function? Explain why.

Study these functions, applying all steps described in exercise 1.

3 $y = x(x+1)(x-2)$

4 $y = \dfrac{x^2}{x+1}$

READING COMPREHENSION

A PIECE OF REALITY **The Catenary**

1 **In the following text, five sentences have been removed. Choose from the sentences (a-f) the one which fits each gap (1-5). There is one extra sentence which you do not need to use.**

Imagine suspending a chain from two hooks so it hangs naturally under its own weight.

What function might correctly describes the equilibrium shape of the chain?

1. ______

The function that describes the shape is called a *catenary*, from the Latin word for *chain*. The catenary curve has a *U*-like shape, superficially similar in appearance to a parabola, but it is not a parabola. Any hanging chain will naturally find this equilibrium shape.

2. ______

Another example is the shape of a simple suspension bridge, a rudimentary type of bridge that is supported entirely by anchors at either end and has no towers or piers.

3. ______

The equation of the catenary is

$$y = \frac{1}{2}a\left(e^{\frac{x}{a}} + e^{-\frac{x}{a}}\right),$$

where a is a real parameter different from 0. This equation gives a whole family of curves, one for each value of the parameter a.

4. ______

When you turn a catenary curve upside down, you obtain an arch. Actually, the inverted catenary is the stablest shape an arch can have!

5. ______

Why? In a hanging chain, the forces of tension all act along the line of the curve. In the inverted catenary, the forces of tension become forces of compression.

In architecture across ages there are many examples of inverted catenaries: for instance the dome of St Paul's Cathedral in London, as well as the arch above Wembley Stadium (pictured here).

Sentences

- **a.** Therefore, if you want to build an arch, you should make sure it has the shape of an inverted catenary: with that shape, it will stand freely under its own weight.
- **b.** The value given to the parameter a determines both the width of a catenary and its y-intercept, namely, the distance of the lowest point of the catenary from the ground.
- **c.** Maybe you are thinking of a parabola. Galileo also thought that, but unfortunately he was wrong!
- **d.** Galileo and Robert Hooke were the first to study the catenary, but its correct mathematical equation was obtained by Leibniz, Huygens, and Johann Bernoulli in 1691.
- **e.** Catenaries are used in architecture and engineering, in the design of bridges and arches.
- **f.** For instance, freely-hanging electric power cables (like those used on railways) form a catenary.

2 **COMPLETE** **Fill in the gaps using the words in the box below.**

If you suspend a ______ from two hooks and let it hang naturally under its own weight, the equilibrium ______ of the chain will be a catenary. A catenary is not a ______!

The ______ of the catenary is $y = \frac{1}{2}a\left(e^{\frac{x}{a}} + e^{-\frac{x}{a}}\right)$. The parameter a determines both the width of the catenary and its y-intercept, namely, the distance of its ______ point from the ground.

When you turn a catenary curve upside down, you obtain an ______. For instance, the ______ of St Paul's Cathedral in London has the shape of an inverted catenary.

equation, shape, lowest, parabola, arch, chain, dome

LISTENING COMPREHENSION

A PIECE OF REALITY **Polynomial Functions as Mathematical Models**

1 LISTEN **and complete with the correct words from the box. There is one extra word.**

A mathematical model is a ________ of a real situation using mathematical ________ and language.
A mathematical model that includes two variables, x and y, may be written as a function $y = f(x)$.
For example, a function can describe how the amount of a ________ in a river depends on the ________ along the river.
Among the functions, polynomials are the most ________ used in practical applications.
For example, in physics, the ________ of a basketball is described using a quadratic function; in business, ________, profit, and demand can be modelled by polynomial functions.
Finally, because of their simplicity, polynomials are frequently used as the curve of best ________ for the data collected when studying a real situation.

objects, revenue, related, pollutant, widely, description, trajectory, location, fit

2 A mattresses company estimates that it will sell y units of a new product after spending x dollars on TV advertisements. The relationship can be modelled by $y(x) = -x^2 + 160x + 5$, with $x \in [0, 100]$, where x is measured in thousands of dollars.

a. Find the minimum and the maximum number of mattresses sold.
b. Do you think it is useful for the company to invest more than $ 80,000 in advertising? Why or why not? Discuss with your classmates.

[a) minimum = 5; maximum = 6405; b) no, because after the value $x = 80$ the function is decreasing]

3 The growth rate of a bacterial culture can be modelled by the function $r(t) = 16t^2 - \frac{1}{2}t^4$, $t \in [0, 6]$, where $r(t)$ measures the number of microorganism.

a. For what values of t is the growth rate of the bacterial culture increasing?
b. Does the growth rate ever decrease? Explain.

[a) $r(t)$ is increasing for $t \in]0, 4[$; b) $r(t)$ decreases for $t \in]4, 6]$]

4 WRITING In a short essay (max. 20 lines), explain what a mathematical model is. Describe the characteristics of a good mathematical model.

5 A tractor company estimates that the annual cost, $C(x)$, in euros, of manufacturing x tractors is given by the function $C(x) = 100000 + 50x + \frac{5}{2}x^2$. The company's annual revenue from sales of tractors, $R(x)$, also in euros, is given by $R(x) = 4000x - 0.001x^3$.

a. Write an equation to represent the profit function $P(x)$ in the domain $x \in [0, 700]$.
b. What is the maximum profit the company can make and the number of tractors that must be manufactured to give this profit?
c. Using a graphing calculator, graph the profit function and deduce approximately what is the minimum number of tractors that must be sold for the company to make a profit.
d. Write an equation to represent the marginal profit function.
e. What is the marginal profit when 100 tractors are sold? What is the meaning of this value?

[a) $P(x) = -0.001x^3 + 3950x - \frac{5}{2}x^2 - 100000$; b) almost 1 154 986 euros; almost 585 tractors; c) between 20 and 30 tractors; d) $P'(x) = -0.003x^2 - 5x + 3950$; e) 3420 euros; upon producing and selling the 101st item, the company will see an additional €3420 in profit]

FINAL TEST

1 **MATCH** each feature of functions (**1-5**) to its meaning (**a-e**).

1. increasing function on I
2. concave upward function
3. domain
4. inflection point
5. x-intercepts

a. the collection of all real values for which the definition of the function makes sense.
b. the points where the graph of the function intersects the x-axis.
c. a point where the graph changes its concavity.
d. its graph goes up moving from left to right or it remains flat.
e. following its graph from left to right, we move counterclockwise.

2 **COMPLETE** Looking at the graph of the function in the figure, fill in the gaps in the sentences using the words in the box below. There is one extra word.

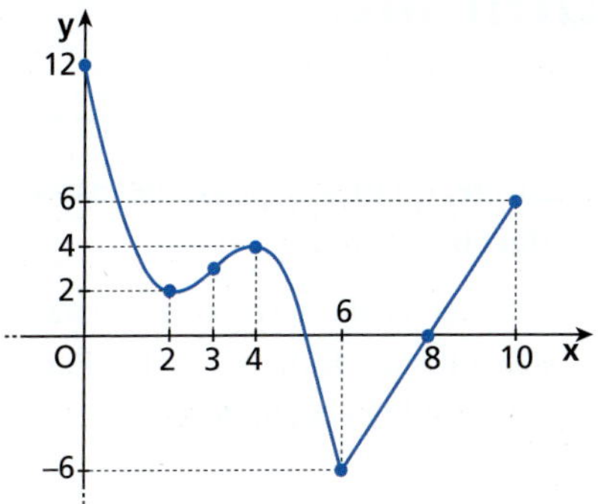

- $x = 2$ is a ______ point.
- The ______ minimum value is -6.
- $x = 4$ is a relative ______ point.
- $x = 6$ is a ______ point.
- $x = 3$ is an ______ point.
- The ______ value is 12.

global maximum, critical, maximum, inflection, relative, global, stationary

3 Sketch the graph of a continuous and everywhere differentiable function, whose domain is $\mathbb{R}$, that satisfies all these conditions:

- $f(-2) = f(0) = f(5) = 0$; $f(-1) = -3$;
- $f(2) = 4$;
- f is negative on the intervals $]-2, 0[$ and $]5, +\infty[$;
- $\lim_{x \to -\infty} f(x) = +\infty$ and $\lim_{x \to +\infty} f(x) = -\infty$;
- $f' > 0$ on the interval $]-1, 3[$ and $f' < 0$ on the other intervals;
- $f'' > 0$ on the interval $]-\infty, 0[$ and $f'' < 0$ on the interval $]0, +\infty[$;
- $x = -1$ is a stationary point and a local minimum point; $x = 3$ is a local maximum point.

4 The graph below shows how the concentration y of a medicine in a patient's blood depends on the time t measured in hours.

a. What is the vertical intercept? Explain what it means in terms of concentration and time.
b. On what intervals is the function increasing? And decreasing? Describe the effect of time on the concentration of the medicine.
c. What is the highest concentration reached?
d. What does the slope of the function after 2 hours represent?

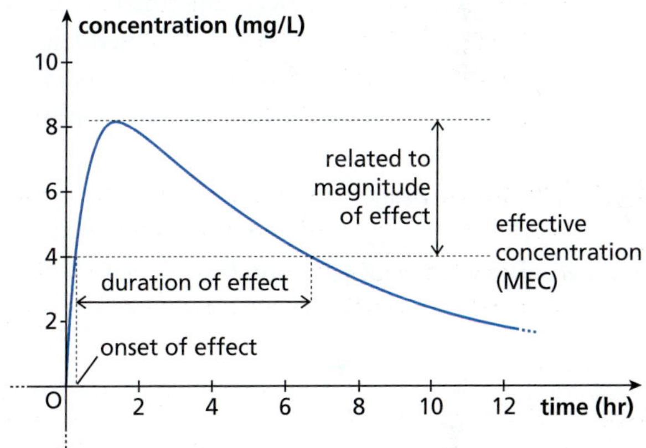

5 Sketch the graph of these functions.

a. $y = \dfrac{x^2 - x - 2}{x^2 - x}$ b. $y = \dfrac{e^x - e^{-x}}{2}$

6 Suppose that $C(x) = (x-1)^2 + 2$ is the cost function for a manufacturing operation where x is the number of items produced, with $x \in [0, 4]$, measured in hundreds.

a. Explain why $C(0) > 0$.
b. Sketch the graph of C.
c. Explain the significance of the global minimum point.
d. Use the graph of C to sketch the graph of the marginal cost function, $C'(x)$.

CAPITOLO

27 INTEGRALI INDEFINITI

1 Integrale indefinito

Primitive

Esercizi a p. 1443

Listen to it

An **antiderivative** or **primitive function** of a given function *f* is a differentiable function *F* whose derivative is *f*.

Sappiamo che l'operazione di derivazione, quando è possibile, associa a una funzione un'altra funzione, la sua derivata, che è unica.

Vogliamo ora affrontare il problema inverso della derivazione: data una funzione, esiste una funzione la cui derivata sia uguale alla funzione data? Per esempio, data $f(x) = 2x$, ci chiediamo se esiste una funzione $F(x)$ la cui derivata è $2x$. Una funzione di questo tipo viene detta *primitiva* di $f(x)$. Poiché $F(x) = x^2$ ha come derivata $2x$, allora x^2 è una primitiva di $2x$.

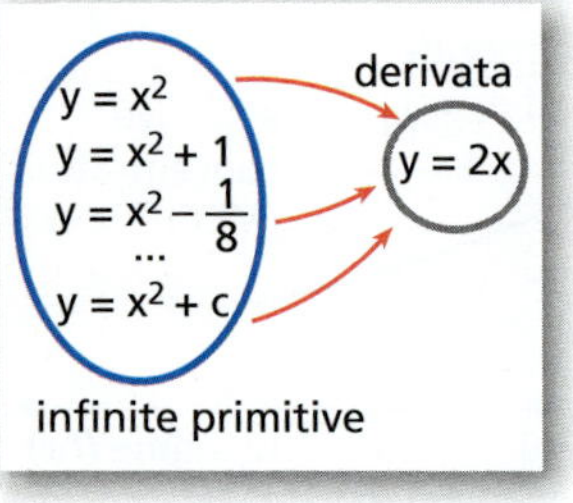

DEFINIZIONE

Una funzione $F(x)$ è una **primitiva** della funzione $f(x)$ definita nell'intervallo $[a; b]$ se $F(x)$ è derivabile in tutto $[a; b]$ e la sua derivata è $f(x)$:

$$F'(x) = f(x).$$

La primitiva di una funzione non è unica. Osserviamo che, oltre a x^2, anche $x^2 + 1$, $x^2 - \frac{1}{8}$ e in generale $x^2 + c$ (con c costante reale) hanno come derivata $2x$, quindi esistono infinite primitive di $2x$.

In generale, se una funzione $f(x)$ ammette una primitiva $F(x)$, allora ammette infinite primitive del tipo $F(x) + c$, con c numero reale qualunque. Infatti, poiché la derivata di una costante è nulla:

$$D[F(x) + c] = F'(x) = f(x), \quad \forall c \in \mathbb{R}.$$

► Scrivi alcune primitive di $f(x) = 3x^2$.

Viceversa, se due funzioni $F(x)$ e $G(x)$ sono primitive della stessa funzione $f(x)$, allora le due funzioni differiscono per una costante. Infatti

$$D[F(x) - G(x)] = F'(x) - G'(x) = f(x) - f(x) = 0,$$

e, poiché per un corollario del teorema di Lagrange, se una funzione ha come derivata 0 in un intervallo, allora, in tale intervallo, è costante, si ha $F(x) - G(x) = c$. Vale quindi il seguente teorema.

TEOREMA

Se $F(x)$ è una primitiva di $f(x)$, allora le funzioni $F(x) + c$, con c numero reale qualsiasi, sono **tutte** e **sole** le primitive di $f(x)$.

Interpretazione geometrica

Poiché tutte le primitive di una funzione $f(x)$ sono funzioni del tipo $F(x) + c$, geometricamente sono rappresentate da infinite curve piane, dette **curve integrali**, ottenute dal grafico di $F(x)$ mediante una traslazione verticale di vettore $\vec{v}\,(0;\,c)$; a ogni valore di c corrisponde una curva. Tutte le funzioni hanno la stessa derivata perché nei punti con la stessa ascissa hanno tangente parallela.

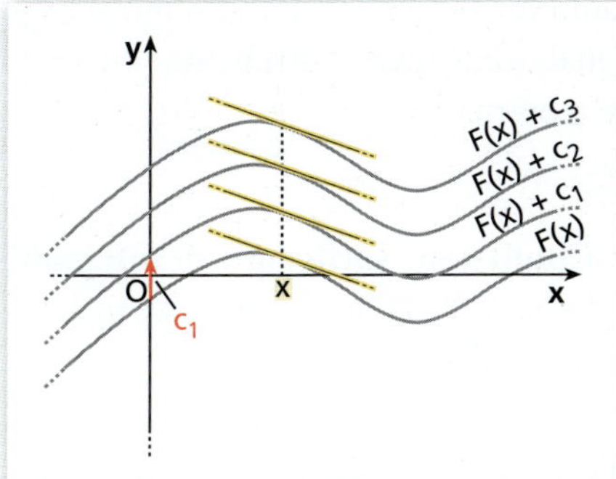

► Scrivi la primitiva di $f(x) = -4x$ che passa per il punto $(2; -1)$.

Integrale indefinito

► Esercizi a p. 1443

Riprendiamo l'esempio della funzione $f(x) = 2x$. Diamo all'insieme delle sue primitive $x^2 + c$, con c numero reale qualunque, il nome di *integrale indefinito* di $f(x) = 2x$ e usiamo questa scrittura:

$$\int 2x\,dx = x^2 + c.$$

DEFINIZIONE

L'**integrale indefinito** di una funzione $f(x)$ è l'insieme di tutte le primitive $F(x) + c$ di $f(x)$, con c numero reale qualunque.

Si indica con $\int f(x)\,dx$.

$$\int f(x)\,dx = \underline{F(x) + c}$$

$D[F(x) + c] = f(x)$

- Il simbolo $\int f(x)\,dx$ si legge «integrale indefinito di $f(x)$ in dx», la funzione $f(x)$ è detta **funzione integranda** e la variabile x **variabile di integrazione**.
- La primitiva $F(x)$ che si ottiene per $c = 0$ si chiama **primitiva fondamentale**.
- Per brevità, useremo spesso il termine «integrale» al posto di «integrale indefinito».

ESEMPIO

L'integrale indefinito di $\cos x$ è l'insieme delle primitive di $\cos x$, cioè $\sin x + c$. Scriviamo:

$$\int \cos x\,dx = \sin x + c.$$

$$\int \cos x\,dx = \underline{\sin x + c}$$

$D[\sin x + c] = \cos x$

► Scrivi, in simboli, che l'integrale indefinito di $4x^3$ è $x^4 + c$.

Dalla definizione precedente, poiché $DF(x) = f(x)$, segue che

$$D\left[\int f(x)\,dx\right] = f(x).$$

Questo significa che l'integrazione indefinita agisce come operazione inversa della derivazione.

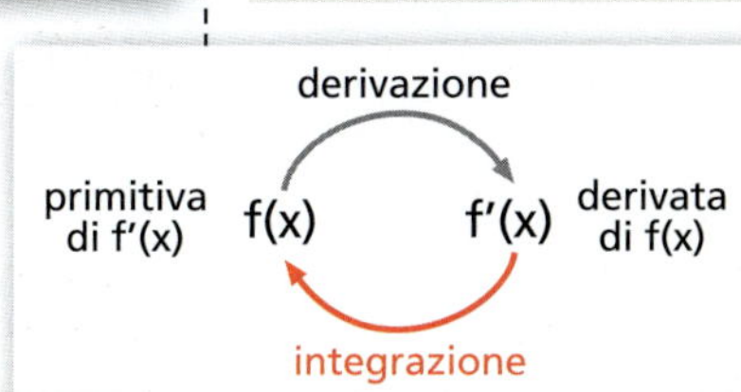

DEFINIZIONE

Una funzione che ammette una primitiva (e quindi infinite primitive) si dice **integrabile**.

Listen to it

A function f is **integrable** if it has an integral.

Sappiamo che non sempre una funzione continua è derivabile. Per esempio, ci sono funzioni continue con punti angolosi, e in tali punti non sono derivabili. Quali sono, invece, le funzioni integrabili? Si può dimostrare che è valido il seguente teorema.

TEOREMA

Condizione sufficiente di integrabilità

Se una funzione è continua in $[a; b]$, allora ammette primitive nello stesso intervallo.

Tuttavia, non è sempre facile determinare primitive anche di funzioni continue abbastanza semplici. Per esempio, l'integrale $\int \frac{\sin x}{x}\, dx$, con $x \neq 0$, non è calcolabile con i metodi che esamineremo in questo capitolo.
Schematizziamo con un diagramma di Venn il legame tra funzioni continue, funzioni derivabili e funzioni integrabili.

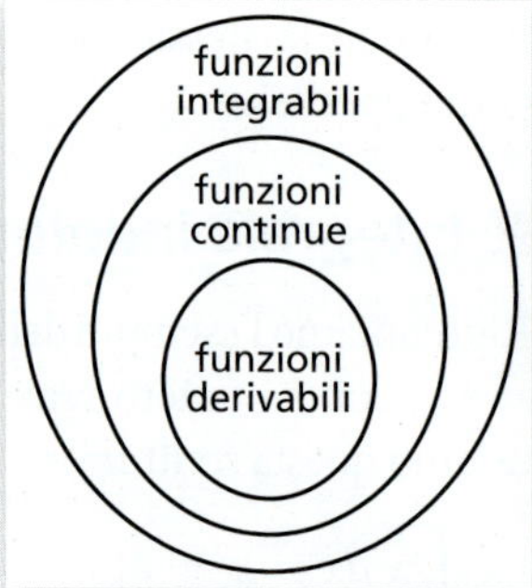

Proprietà dell'integrale indefinito

Esercizi a p. 1445

PROPRIETÀ

Prima proprietà di linearità

L'integrale indefinito di una somma di funzioni integrabili è uguale alla somma degli integrali indefiniti delle singole funzioni:

$$\int [f(x) + g(x)]\, dx = \int f(x)\, dx + \int g(x)\, dx.$$

Infatti, se deriviamo entrambi i membri, otteniamo rispettivamente:

$$\mathrm{D}\left[\int [f(x) + g(x)]\, dx\right] = f(x) + g(x);$$

$$\mathrm{D}\left[\int f(x)\, dx + \int g(x)\, dx\right] = \mathrm{D}\left[\int f(x)\, dx\right] + \mathrm{D}\left[\int g(x)\, dx\right] = f(x) + g(x).$$

I due membri hanno la stessa derivata, quindi rappresentano le primitive della stessa funzione.

ESEMPIO

$$\int (3x^2 + \cos x)\, dx = \int 3x^2\, dx + \int \cos x\, dx = x^3 + c_1 + \sin x + c_2.$$

Di solito si scrive una sola costante $c = c_1 + c_2$:

$$\int (3x^2 + \cos x)\, dx = x^3 + \sin x + c.$$

PROPRIETÀ

Seconda proprietà di linearità

L'integrale del prodotto di una costante per una funzione integrabile è uguale al prodotto della costante per l'integrale della funzione:

$$\int k \cdot f(x)\, dx = k \cdot \int f(x)\, dx.$$

Infatti, se deriviamo entrambi i membri, otteniamo derivate uguali,

$$\mathrm{D}\left[\int k \cdot f(x)\,dx\right] = k \cdot f(x), \qquad \mathrm{D}\left[k \cdot \int f(x)\,dx\right] = k \cdot \mathrm{D}\left[\int f(x)\,dx\right] = k \cdot f(x),$$

quindi i due membri rappresentano le primitive della stessa funzione.

ESEMPIO

$$\int 4\cos x\,dx = 4 \cdot \int \cos x\,dx = 4\sin x + c.$$

Le proprietà di linearità si possono esprimere in un'unica formula:

$$\int [c_1 f(x) + c_2 g(x)]\,dx = c_1 \int f(x)\,dx + c_2 \int g(x)\,dx.$$

Si dice anche che **l'integrale è un operatore lineare**.

Non esistono proprietà riguardanti l'integrale di un prodotto o di un quoziente di funzioni, quindi è necessario studiare per tali casi altri metodi risolutivi. Occorre ricordare in particolare che, date due funzioni $f(x)$ e $g(x)$:

$$\int f(x)g(x)\,dx \neq \int f(x)\,dx \cdot \int g(x)\,dx \quad \text{e} \quad \int \frac{f(x)}{g(x)}\,dx \neq \frac{\int f(x)\,dx}{\int g(x)\,dx}.$$

2 Integrali indefiniti immediati

Dalle regole di derivazione delle funzioni elementari ricaviamo gli integrali indefiniti fondamentali.

Integrale di una potenza di x, $f(x) = x^\alpha$, con $\alpha \in \mathbb{R}$

▶ Esercizi a p. 1445

Primo caso: $\alpha \neq -1$

ESEMPIO

$\int x^2\,dx = \frac{x^3}{3} + c$. Infatti, derivando, abbiamo:

$$\mathrm{D}\left[\frac{x^3}{3} + c\right] = \frac{3x^{3-1}}{3} = x^2.$$

In generale:

$$\int x^\alpha\,dx = \frac{x^{\alpha+1}}{\alpha+1} + c, \qquad \text{con } \alpha \in \mathbb{R} \text{ e } \alpha \neq -1.$$

Infatti, derivando, abbiamo $D\left[\frac{x^{\alpha+1}}{\alpha+1} + c\right] = \frac{1}{\alpha+1} \cdot (\alpha+1)x^{\alpha+1-1} = x^\alpha$.

Per $\alpha = -1$ la regola non può essere applicata, in quanto il denominatore della frazione sarebbe 0.

Casi particolari

- $\int dx = x + c$, infatti $\int dx = \int 1 \cdot dx = \int x^0\,dx = x + c$;
- $\int x\,dx = \frac{x^2}{2} + c$;

MATEMATICA E FISICA

In caduta libera Galileo affermò che in assenza di attrito tutti i corpi cadono con lo stesso moto.

▶ Come si possono ricavare le leggi del moto di caduta di un grave utilizzando l'integrazione indefinita?

La risposta

- $\int \sqrt{x}\, dx = \frac{2}{3}\sqrt{x^3} + c,$

infatti $\int \sqrt{x}\, dx = \int x^{\frac{1}{2}}\, dx = \frac{x^{\frac{1}{2}+1}}{\frac{1}{2}+1} + c = \frac{2}{3}x^{\frac{3}{2}} + c = \frac{2}{3}\sqrt{x^3} + c.$

Con la regola appena enunciata e le proprietà del paragrafo precedente possiamo calcolare gli integrali delle funzioni polinomiali o di potenze della x con qualsiasi esponente (purché diverso da -1).

ESEMPIO

1. $\int (2x^5 - 4x + 3)dx =$) prima proprietà di linearità

$\int 2x^5 dx - \int 4x\, dx + \int 3\, dx =$) seconda proprietà di linearità

$2 \cdot \int x^5 dx - 4 \cdot \int x\, dx + 3 \cdot \int dx =$) integriamo le potenze di x

$2 \cdot \frac{x^6}{6} - 4 \cdot \frac{x^2}{2} + 3 \cdot x + c = \frac{x^6}{3} - 2x^2 + 3x + c$

2. $\int \frac{1}{\sqrt{x}} dx = \int x^{-\frac{1}{2}} dx = \frac{x^{-\frac{1}{2}+1}}{-\frac{1}{2}+1} + c = \frac{x^{\frac{1}{2}}}{\frac{1}{2}} + c = 2 \cdot x^{\frac{1}{2}} + c = 2 \cdot \sqrt{x} + c$

$\frac{1}{\sqrt{x}} = \frac{1}{x^{\frac{1}{2}}} = x^{-\frac{1}{2}}$

► Calcola $\int (3x^4 + x^2 - 2)dx$.

► Calcola $\int \frac{6x + \sqrt{x}}{x^3\sqrt{x}} dx$.

Animazione

Secondo caso: $\alpha = -1$

Consideriamo ora il caso in cui l'esponente di x sia -1, cioè $x^{-1} = \frac{1}{x}$:

$$\int \frac{1}{x}\, dx = \ln|x| + c.$$

Osserviamo che il valore assoluto nell'argomento del logaritmo è necessario perché vogliamo avere una regola valida per tutto il dominio di $\frac{1}{x}$ e quindi anche per valori di x negativi.

Infatti $D[\ln|x| + c] = \frac{1}{x}$ perché:

- se $x > 0$, $D[\ln|x|] = D[\ln x] = \frac{1}{x}$;
- se $x < 0$, $D[\ln|x|] = D[\ln(-x)] = \frac{1}{(-x)} \cdot (-1) = \frac{1}{x}$.

► Calcola $\int \frac{x+5}{x} dx$.

ESEMPIO

$$\int \frac{3x^2 + 2}{x} dx = \int \left(3x + \frac{2}{x}\right) dx = 3\int x\, dx + 2\int \frac{1}{x}\, dx = \frac{3}{2}x^2 + 2\ln|x| + c.$$

Integrale della funzione esponenziale

► Esercizi a p. 1448

$\int e^x\, dx = e^x + c$; infatti $D[e^x + c] = e^x$.

$\int a^x\,dx = \frac{1}{\ln a}\cdot a^x + c$; infatti $D\left[\frac{1}{\ln a}\cdot a^x + c\right] = \frac{1}{\ln a}\cdot a^x \cdot \ln a = a^x$.

ESEMPIO

$$\int (2e^x + 5^x)\,dx = 2\int e^x\,dx + \int 5^x\,dx = 2e^x + \frac{1}{\ln 5}\cdot 5^x + c.$$

▶ Calcola $\int\left(\frac{6^x}{2^{x+1}} + 2e^x\right)dx$.

Animazione

Integrale delle funzioni goniometriche

▶ Esercizi a p. 1449

$\int \sin x\,dx = -\cos x + c$; infatti $D[-\cos x + c] = -(-\sin x) = \sin x$.

$\int \cos x\,dx = \sin x + c$; infatti $D[\sin x + c] = \cos x$.

$\int \frac{1}{\cos^2 x}\,dx = \tan x + c$; infatti $D[\tan x + c] = \frac{1}{\cos^2 x}$.

$\int \frac{1}{\sin^2 x}\,dx = -\cot x + c$; infatti $D[-\cot x + c] = \frac{1}{\sin^2 x}$.

▶ Calcola $\int (4\cos x - \sin x)\,dx$.

ESEMPIO

$$\int\left(3\sin x - \frac{4}{\cos^2 x}\right)dx = 3\int \sin x\,dx - 4\int \frac{1}{\cos^2 x}\,dx =$$

$$3\cdot(-\cos x) - 4\cdot \tan x + c = -3\cos x - 4\tan x + c.$$

▶ Calcola $\int\left(\tan^2 x + \frac{\sin 2x + \sin x}{\sin x}\right)dx$.

Animazione

Integrale delle funzioni le cui primitive sono le funzioni goniometriche inverse

▶ Esercizi a p. 1449

Poiché $D[\arcsin x] = \frac{1}{\sqrt{1-x^2}}$, si ha: $\int \frac{1}{\sqrt{1-x^2}}\,dx = \arcsin x + c$.

Oppure, poiché $D[\arccos x] = -\frac{1}{\sqrt{1-x^2}}$:

$$\int \frac{1}{\sqrt{1-x^2}}\,dx = -\int -\frac{1}{\sqrt{1-x^2}}\,dx = -\arccos x + c.$$

Poiché $D[\arctan x] = \frac{1}{1+x^2}$, si ha: $\int \frac{1}{1+x^2}\,dx = \arctan x + c$.

Oppure:

$$\int \frac{1}{1+x^2}\,dx = -\int -\frac{1}{1+x^2}\,dx = -\text{arccot}\, x + c.$$

ESEMPIO

$$\int\left(\frac{1}{3\sqrt{1-x^2}} + \frac{7}{1+x^2}\right)dx = \frac{1}{3}\int \frac{1}{\sqrt{1-x^2}}\,dx + 7\int \frac{1}{1+x^2}\,dx =$$

$$\frac{1}{3}\arcsin x + 7\arctan x + c.$$

▶ Calcola $\int\left(\frac{2}{\sqrt{1-x^2}} + \frac{1}{3+3x^2}\right)dx$.

Animazione

Integrale delle funzioni la cui primitiva è una funzione composta

▶ Esercizi a p. 1450

Cerchiamo ora di applicare le formule precedenti nel caso di funzioni composte.

Per esempio, cerchiamo di calcolare $\int(\sin x)^4\,dx$. Pensando alla regola $\int x^\alpha\,dx = \frac{x^{\alpha+1}}{\alpha+1} + c$, potremmo ipotizzare che il risultato sia $\frac{(\sin x)^5}{5} + c$.

Derivando questa funzione dovremmo ottenere $(\sin x)^4$. Abbiamo invece:

$$\mathrm{D}\left[\frac{(\sin x)^5}{5} + c\right] = \frac{\cancel{5}(\sin x)^4}{\cancel{5}} \cdot \cos x = (\sin x)^4 \cdot \cos x.$$

Quindi $\int(\sin x)^4\,dx$ non può essere calcolato mediante la regola di $\int x^\alpha\,dx$.
Dalla precedente uguaglianza deduciamo la seguente:

$$\int(\sin x)^4 \cdot \cos x\,dx = \frac{(\sin x)^5}{5} + c.$$

Pertanto, per integrare la potenza di una funzione (che è una funzione composta) applicando la regola della potenza, è necessario che la funzione integranda sia moltiplicata per la derivata della funzione più «interna» nella composizione:

$$\int[f(x)]^\alpha f'(x)\,dx = \frac{[f(x)]^{\alpha+1}}{\alpha+1} + c, \quad \text{con } \alpha \neq -1.$$

Si procede analogamente anche per calcolare integrali di altre funzioni composte riconducibili a regole di integrazione diverse.

$$\int\frac{f'(x)}{f(x)}\,dx = \ln|f(x)| + c$$

$$\int f'(x)\,e^{f(x)}\,dx = e^{f(x)} + c \qquad \int f'(x)\,a^{f(x)}\,dx = \frac{a^{f(x)}}{\ln a} + c$$

$$\int f'(x)\sin f(x)\,dx = -\cos f(x) + c \qquad \int f'(x)\cos f(x)\,dx = \sin f(x) + c$$

$$\int\frac{f'(x)}{\cos^2 f(x)}\,dx = \tan f(x) + c \qquad \int\frac{f'(x)}{\sin^2 f(x)}\,dx = -\cot f(x) + c$$

$$\int\frac{f'(x)}{\sqrt{1-[f(x)]^2}}\,dx = \arcsin f(x) + c \qquad \int\frac{f'(x)}{1+[f(x)]^2}\,dx = \arctan f(x) + c$$

▶ Calcola $\int x\sqrt{x^2+9}\,dx$.

Animazione

▶ Calcola $\int \frac{x}{2x^2+5}\,dx$.

Animazione

▶ Calcola $\int \frac{\arcsin x}{4\sqrt{1-x^2}}\,dx$.

Animazione

ESEMPIO

Calcoliamo i seguenti integrali.

1. $\int 3x^2(x^3+2)^2\,dx = \frac{(x^3+2)^3}{3} + c.$
   ($3x^2$: $f'(x)$; $(x^3+2)^2$: $[f(x)]^2$)

2. $\int \tan x\,dx$. Scriviamo la tangente come rapporto fra seno e coseno:

$$\int\tan x\,dx = \int\frac{\sin x}{\cos x}\,dx = -\int\frac{-\sin x}{\cos x}\,dx = -\ln|\cos x| + c.$$

($-\sin x$: $f'(x)$; $\cos x$: $f(x)$)

Video

Integrali di funzioni composte: le potenze

▶ Come possiamo calcolare $\int(e^x+3)^5 e^x\,dx$?
Vediamo questo e altri esempi di funzioni con potenze.

Quindi:

$$\int \tan x\,dx = -\ln|\cos x| + c.$$

In modo simile si trova che: $\int \cot x\,dx = \ln|\sin x| + c.$

3. $\int x \sin x^2\,dx.$

Osserviamo che, a meno di una costante moltiplicativa, x è la derivata di x^2, argomento della funzione seno. Pertanto, moltiplichiamo e dividiamo per 2:

$$\int x\sin x^2\,dx = \frac{1}{2}\int \underbrace{2x}_{f'(x)}\underbrace{\sin x^2}_{\sin f(x)}\,dx = -\frac{1}{2}\cos x^2 + c.$$

4. $\int 2e^x \cos e^x\,dx = 2\int e^x \cos e^x\,dx = 2\sin e^x + c.$

5. $\int \frac{1}{1+4x^2}\,dx = \int \frac{1}{1+(2x)^2}\,dx = \frac{1}{2}\int \frac{\overset{f'(x)}{2}}{1+\underbrace{(2x)^2}_{[f(x)]^2}}\,dx = \frac{1}{2}\arctan 2x + c.$

$D[2x] = 2$

3 Integrazione per sostituzione

▶ Esercizi a p. 1458

Quando l'integrale non è di risoluzione immediata può essere utile applicare il **metodo di sostituzione**, che consiste nell'effettuare un cambiamento di variabile che consenta di riscrivere l'integrale dato in una forma che sappiamo risolvere. Con questo metodo si può riscrivere $\int f(x)\,dx$ così:

$$\int f(x)\,dx = \int f[g(t)]g'(t)\,dt, \text{ dove } x = g(t) \text{ e } dx = g'(t)\,dt.$$

ESEMPIO

Calcoliamo $\int \frac{1}{1+\sqrt{x}}\,dx.$

- Poniamo $\sqrt{x} = t$, ossia $x = t^2$.
- Calcoliamo il differenziale: $dx = 2t\,dt$.
- Sostituiamo nell'integrale dato e calcoliamo l'integrale rispetto a t,

$$\int \frac{1}{1+\sqrt{x}}\,dx = \int \frac{1}{1+t}\,2t\,dt = 2\int \frac{t}{1+t}\,dt =$$

aggiungiamo e togliamo 1 al numeratore

$$2\int \frac{t+1-1}{1+t}\,dt = 2\int \left[\left(\frac{t+1}{1+t}\right) - \left(\frac{1}{1+t}\right)\right]dt = 2\int dt - 2\int \frac{1}{t+1}\,dt =$$

$$2t - 2\ln|t+1| + c.$$

- Scriviamo il risultato in funzione di x, ricordando che $t = \sqrt{x}$:

$$\int \frac{1}{1+\sqrt{x}}\,dx = 2\sqrt{x} - 2\ln(\sqrt{x}+1) + c.$$

Video

Integrali di funzioni composte: il logaritmo

▶ Come possiamo calcolare $\int \frac{1}{x\ln x}\,dx$?

Vediamo questo e altri esempi con funzioni logaritmiche.

▶ Calcola $\int 3x\sin(x^2+4)\,dx$.

Animazione

Listen to it

Integration by substitution, or ***u*-substitution**, consists in changing the variable of integration to make it easier to identify the primitive.

▶ Calcola $\int \frac{1}{(1+4x)\sqrt{x}}\,dx$.

Animazione

TEORIA

Video

Integrazione per sostituzione

▶ Applichiamo il metodo di integrazione per sostituzione per calcolare:

$\int \frac{\sqrt{x}}{x+x^2}\,dx$, $\int \frac{1}{1+\sqrt[3]{x}}\,dx$ e $\int \sqrt{1-x^2}\,dx$.

▶ Calcola

$\int \frac{2e^x}{e^x+1}dx$

ponendo $e^x = t$.

Il metodo di sostituzione può essere utilizzato anche per calcolare l'integrale di una funzione composta nei casi già esaminati nel paragrafo precedente.

ESEMPIO

Calcoliamo $\int x \sin x^2\, dx$ con il metodo di sostituzione.

- Poniamo $t = x^2$ e calcoliamo il differenziale: $dt = 2x\,dx$.
- Sostituiamo nell'integrale e risolviamo:

$$\int x \sin x^2 dx = \int \sin t \frac{dt}{2} = \frac{1}{2}\int \sin t\, dt = -\frac{1}{2}\cos t + c.$$

- Scriviamo il risultato in funzione di x:

$$\int x \sin x^2 dx = -\frac{1}{2}\cos x^2 + c.$$

Ritroviamo il risultato già determinato nel paragrafo precedente.

In generale, per calcolare $\int f(x)\,dx$ con il metodo di sostituzione:

- si pone $x = g(t)$, oppure $t = g^{-1}(x)$, dove $g(t)$ è invertibile con $g'(t)$ continua e diversa da 0;
- si calcola il differenziale dx, oppure dt;
- si sostituisce nell'integrale dato, in modo da ottenere un integrale nella variabile t, e si calcola, se possibile, l'integrale rispetto a t;
- si utilizza la sostituzione iniziale per scrivere il risultato in funzione di x.

4 Integrazione per parti

▶ Esercizi a p. 1459

Date due funzioni $f(x)$ e $g(x)$ derivabili, con derivata continua, in un intervallo $[a; b]$, consideriamo la derivata del loro prodotto:

$$D[f(x)\cdot g(x)] = f'(x)\cdot g(x) + f(x)\cdot g'(x).$$

Integriamo entrambi i membri:

$$\int D[f(x)\cdot g(x)]\,dx = \int [f'(x)\cdot g(x) + f(x)\cdot g'(x)]\,dx,$$

$$f(x)\cdot g(x) = \int f'(x)\cdot g(x)\,dx + \int f(x)\cdot g'(x)\,dx.$$

Isolando $\int f(x)\cdot g'(x)\,dx$, otteniamo:

$$\int f(x)\cdot g'(x)\,dx = f(x)\cdot g(x) - \int f'(x)\cdot g(x)\,dx,$$

detta formula di **integrazione per parti**.
Per semplicità di scrittura, in questa uguaglianza e nelle successive, trascuriamo le costanti relative alle primitive.

La formula è utile nei casi in cui la funzione integranda si può pensare come *prodotto di due fattori*.

$f(x)$ viene chiamato **fattore finito** e $g'(x)\,dx$ **fattore differenziale**.

Listen to it

Integration by parts is a technique that allows the integral of a product of functions to be determined by calculating the integral of their derivative and antiderivative.

Nell'applicazione della formula, una delle due funzioni, quella del fattore finito, viene soltanto derivata, mentre l'altra, quella del fattore differenziale, viene solo integrata. È quindi importante scegliere opportunamente i due fattori.

ESEMPIO

$$\int \underbrace{x}_{g'} \underbrace{\ln x}_{f}\, dx = \frac{x^2}{2}\ln x - \int \frac{x^2}{2}\cdot\frac{1}{x}\, dx =$$
$$\frac{x^2}{2}\ln x - \frac{1}{2}\int x\, dx = \frac{x^2}{2}\ln x - \frac{1}{2}\cdot\frac{x^2}{2} + c =$$
$$\frac{x^2}{2}\left(\ln x - \frac{1}{2}\right) + c.$$

Abbiamo scelto $x\, dx$ come fattore differenziale poiché sappiamo calcolare la primitiva di x. Del fattore finito $\ln x$ sappiamo invece calcolare la derivata, che si semplifica con la primitiva di x e permette di ottenere un integrale semplice da calcolare.

Al secondo membro della formula di integrazione per parti compare un altro integrale, quindi questo metodo di integrazione risulta utile se riusciamo a passare da un integrale più difficile a uno più facile da calcolare.

ESEMPIO

Calcoliamo $\int x \sin x\, dx$.

Sappiamo calcolare sia la derivata sia la primitiva di entrambe le funzioni. La scelta migliore è quella di derivare x, perché l'integrale si semplifica:

$$\int \underbrace{x}_{f} \underbrace{\sin x}_{g'}\, dx = x(-\cos x) - \int -\cos x\, dx = -x\cos x + \sin x + c.$$

Se scegliamo, invece, $\sin x$ come fattore finito, otteniamo:

$$\int x \sin x\, dx = \frac{x^2}{2}\sin x - \int \frac{x^2}{2}\cos x\, dx,$$

dove l'integrale a secondo membro è più complicato di quello di partenza.

In generale, negli integrali del tipo

$$\int x^n \sin x\, dx, \qquad \int x^n \cos x\, dx, \qquad \int x^n e^x\, dx$$

x^n si considera come fattore finito, mentre negli integrali del tipo

$$\int x^n \ln x\, dx, \qquad \int x^n \arctan x\, dx, \qquad \int x^n \arcsin x\, dx$$

$x^n\, dx$ si considera come fattore differenziale. In particolare, negli integrali

$$\int \ln x\, dx, \qquad \int \arctan x\, dx, \qquad \int \arcsin x\, dx$$

si considera come fattore differenziale $x^0\, dx$, ossia $1 \cdot dx$.

ESEMPIO

$$\boldsymbol{\int \ln x\, dx} = \int 1 \ln x\, dx = x\ln x - \int x\cdot\frac{1}{x} dx = \boldsymbol{x\ln x - x + c}.$$

Video

Integrazione per parti

▶ Applichiamo il metodo di integrazione per parti per calcolare: $\int x\cdot \ln x\, dx$, $\int \arctan x\, dx$ e $\int \sin x \cdot e^x dx$.

▶ Calcola $\int 5x^4 \ln x\, dx$.

Animazione

▶ Calcola $\int x^2 e^x dx$.

Animazione

▶ Calcola $\int \arctan 2x\, dx$.

Animazione

TEORIA

IN SINTESI
Integrali indefiniti

Integrale indefinito

- **Funzione primitiva**: $F(x)$ si dice primitiva di $f(x)$ nell'intervallo $[a; b]$ se $F(x)$ è derivabile in $[a; b]$ e $F'(x) = f(x)$.
  Se $f(x)$ ammette una primitiva $F(x)$, allora ammette infinite primitive del tipo $F(x) + c$, con $c \in \mathbb{R}$.
- **Integrale indefinito della funzione $f(x)$**: è l'insieme di tutte le primitive $F(x) + c$, con $c \in \mathbb{R}$. Si indica con $\int f(x)\,dx$. La funzione $f(x)$ è la **funzione integranda** e x è la **variabile di integrazione**.
- **Condizione sufficiente di integrabilità**
  Se una funzione è continua in un intervallo, allora ammette primitive in tale intervallo.
- **Proprietà di linearità**
  Se f e g ammettono integrale indefinito, allora
  - $\int [f(x) + g(x)]dx = \int f(x)\,dx + \int g(x)\,dx$ **prima proprietà;**
  - $\int k \cdot f(x)\,dx = k \cdot \int f(x)\,dx$ **seconda proprietà.**

Integrali immediati	
$\int x^\alpha dx = \frac{x^{\alpha+1}}{\alpha+1} + c$, con $\alpha \neq -1$	$\int \cos x\,dx = \sin x + c$
$\int \frac{1}{x} dx = \ln\lvert x\rvert + c$	$\int \frac{1}{\cos^2 x} dx = \tan x + c$
$\int e^x dx = e^x + c$	$\int \frac{1}{\sin^2 x} dx = -\cot x + c$
$\int a^x dx = \frac{a^x}{\ln a} + c$	$\int \frac{1}{\sqrt{1-x^2}} dx = \arcsin x + c$
$\int \sin x\,dx = -\cos x + c$	$\int \frac{1}{1+x^2} dx = \arctan x + c$

Metodi di integrazione

- **Metodo di sostituzione** Per calcolare l'integrale $\int f(x)\,dx$:
  - si pone $x = g(t)$, e quindi $t = g^{-1}(x)$, dove $g(t)$ è invertibile, con $g'(t)$ continua e diversa da 0;
  - si calcola il differenziale dx, oppure dt;
  - si sostituisce nell'integrale dato, in modo da ottenere un integrale nella variabile t;
  - si calcola, se possibile, l'integrale rispetto a t;
  - ritornando alla variabile x, si ha il risultato cercato.
- **Formula di integrazione per parti**:

$$\int f(x)g'(x)\,dx = f(x) \cdot g(x) - \int f'(x)g(x)\,dx.$$

CAPITOLO 27
ESERCIZI

1 Integrale indefinito

Primitive

▶ Teoria a p. 1432

TEST

1 Una primitiva di $f(x) = 3x + 1$ è:

A 3.
B $3x^2 + x$.
C $\frac{3}{2}x^2 + x$.
D $\frac{3}{2}x^2 + 1$.
E $3x$.

2 Una primitiva di $f(x) = \sin 3x$ è:

A $\cos 3x$.
B $-\cos 3x$.
C $-3\cos 3x$.
D $-\frac{1}{3}\cos 3x$.
E $3\cos 3x$.

3 ASSOCIA ogni funzione della prima riga a una sua primitiva nella seconda riga.

a. $y = 4x$ b. $y = \frac{2}{3}x^3$ c. $y = 4$ d. $y = x + 4$

1. $y = \frac{x^4}{6}$ 2. $y = 2x^2$ 3. $y = 4x + \frac{x^2}{2}$ 4. $y = 4x + 1$

4 VERO O FALSO?

a. $y = \sin x$ è una primitiva di $y = \cos x$. V F
b. $y = 3x + 7$ e $y = 3x + 17$ sono primitive della stessa funzione. V F
c. Le primitive di una funzione, se esistono, sono infinite. V F
d. $y = x^2 + 1$ e $y = x^2 + 3$ hanno le stesse primitive. V F

Sono date due funzioni, $f(x)$ e $F(x)$. Modifica $F(x)$ in modo che sia una primitiva di $f(x)$.

5 $f(x) = x^2$, $F(x) = 3x^3 + 2$.

6 $f(x) = e^{-2x}$, $F(x) = e^{-2x}$.

7 $f(x) = 2\sin 2x$, $F(x) = -\frac{1}{3}\sin^2 x + 4$.

8 $f(x) = \frac{-3x}{x^2 + 1}$, $F(x) = \ln(x^2 + 1)$.

9 TEST Il grafico rappresenta una parabola di equazione $y = f(x)$. Individua una primitiva di $f(x)$.

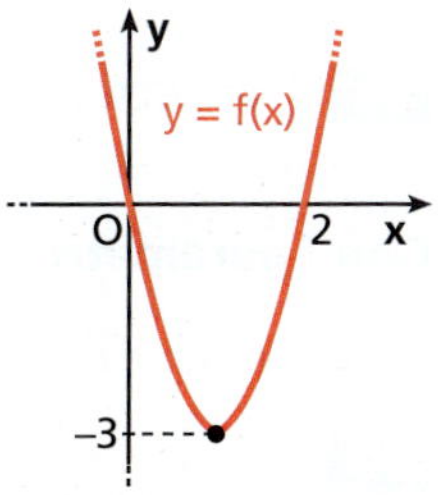

A $F(x) = 6(x - 1)$
B $F(x) = x^3 + 3x^2$
C $F(x) = x^3 + 3x^2 + 1$
D $F(x) = x^3 - 3x^2$
E $F(x) = x^2 - 2x$

Integrale indefinito

▶ Teoria a p. 1433

10 ESERCIZIO GUIDA Una delle due funzioni $y = x - x^2 - x^3$ e $y = 1 - 2x - 3x^2$ è una primitiva dell'altra. Determiniamo quale e scriviamo la relazione che lega le due funzioni mediante un integrale indefinito.

Calcoliamo la derivata delle due funzioni:

$D[x - x^2 - x^3] = 1 - 2x - 3x^2$,

$D[1 - 2x - 3x^2] = -2 - 6x$.

La derivata della prima funzione è uguale alla seconda funzione: $y = x - x^2 - x^3$ è una primitiva di $y = 1 - 2x - 3x^2$. Scriviamo:

$$\int (1 - 2x - 3x^2)\,dx = x - x^2 - x^3 + c.$$

Nelle seguenti coppie di funzioni, una delle due funzioni è una primitiva dell'altra. Determina quale e scrivi, mediante un integrale indefinito, la relazione che lega le due funzioni.

11 $y = 4 + 6x$; $y = 4x + 3x^2$.

12 $y = 3x^2 - 1$; $y = x^3 - x$.

13 $y = 3x^3 + x^2 - 3$; $y = 9x^2 + 2x$.

14 $y = \frac{1}{x+1}$; $y = -\frac{1}{(x+1)^2}$.

15 $y = \frac{2x}{x^2+1}$; $y = \ln(x^2+1)$.

16 $y = \sqrt{x^2+1}$; $y = \frac{x}{\sqrt{x^2+1}}$.

17 $y = -e^{-x}$; $y = e^{-x}$.

18 $y = 1 + \tan^2 x$; $y = \tan x$.

19 $y = \sin x + \cos x$; $y = \cos x - \sin x$.

20 $y = -\frac{1}{x^2}$; $y = \frac{2}{x^3}$.

COMPLETA

21 $\int \square \sin 5x^2\,dx = \cos 5x^2 + c$

22 $\int \frac{\square}{\sqrt{x^2-2x}}\,dx = \sqrt{x^2-2x} + c$

23 $\int \frac{2}{e^x}\,dx = \frac{\square}{e^x} + c$

24 $\int \square \ln^3 x\,dx = \ln^4 x + c$

25 $\int \frac{1}{1+x} \square\,dx = \arctan\sqrt{x} + c$

26 $\int \square (x^3+3x)^5\,dx = (x^3+3x)^6 + c$

27 **VERO O FALSO?**

a. Ogni funzione continua ammette primitive. V F

b. Ogni funzione derivabile è integrabile. V F

c. Ogni funzione integrabile è derivabile. V F

d. Se una funzione è integrabile e positiva, tutte le sue primitive sono crescenti. V F

28 **RIFLETTI SULLA TEORIA** Spiega perché $D\left[\int \ln 4x^2\,dx\right] = \ln 4x^2$.

Con i parametri

Determina *a* e *b* in modo tale che *F*(*x*) sia una primitiva di *f*(*x*).

29 $F(x) = x^2 + 5x$, $f(x) = ax + b$. $[a = 2, b = 5]$

30 $F(x) = ax^3 - 2x^2$, $f(x) = 9x^2 + bx$. $[a = 3, b = -4]$

31 $F(x) = ax^3 + bx^2 + 3$, $f(x) = 6x^2 - 4x$. $[a = 2, b = -2]$

32 $F(x) = a\sin 2x + b\cos x$, $f(x) = 8\cos 2x + 3\sin x$. $[a = 4, b = -3]$

33 $F(x) = 2ae^x + bx^5$, $f(x) = -2e^x + 5x^4$. $[a = -1, b = 1]$

Proprietà dell'integrale indefinito

▶ Teoria a p. 1434

VERO O FALSO?

34 ●○

a. $-2\int f(x)dx = -\int 2f(x)dx$ V F

b. $\int x^2 f(x)dx = \int x^2 dx \cdot \int f(x)dx$ V F

c. $\frac{1}{5x}\int 5x\, f(x)dx = \int f(x)dx$ V F

d. $\int [7 + f(x)]dx = 7\int dx + \int f(x)dx$ V F

e. $\int \mathrm{D}f(x)dx = \mathrm{D}\int f(x)dx$ V F

35 ●○

a. $\mathrm{D}\left[\int 8x\, dx\right] = 8x + c$ V F

b. $\int (3x - e^x)dx = 3\int x\, dx - \int e^x dx$ V F

c. $\int 5\, dx = 5\int dx$ V F

d. $\int \ln x^2 dx = 2\int \ln x\, dx$ V F

e. $\int 3x^2 dx - \int 3x^2 dx = 0$ V F

2 Integrali indefiniti immediati

Integrale di una potenza di *x*, *f*(*x*) = x^α, con $\alpha \in \mathbb{R}$

▶ Teoria a p. 1435

36 ●○ VERO O FALSO?

a. $\int x^2 dx = \left(\int x\, dx\right)^2$ V F

b. $\int 3x\, dx - \int x\, dx = x^2 + c$ V F

c. $\int x^{-1} dx = \frac{x^{-1+1}}{-1+1} + c$ V F

d. $\int \frac{1}{x^2} dx = \ln x^2 + c$ V F

37 ESERCIZIO GUIDA Calcoliamo: a. $\int\left(2x^4 - \sqrt[3]{x^2} + \frac{1}{x^2}\right)dx$; b. $\int\left(3 + \frac{2}{x}\right)dx$.

a. $\int\left(2x^4 - \sqrt[3]{x^2} + \frac{1}{x^2}\right)dx =$ ⟩ proprietà di linearità

$2\int x^4 dx - \int x^{\frac{2}{3}} dx + \int x^{-2} dx =$ ⟩ integriamo le potenze di *x*

$\int x^\alpha dx = \frac{x^{\alpha+1}}{\alpha+1} + c$, con $\alpha \neq -1$

$$2 \cdot \frac{x^{4+1}}{4+1} - \frac{x^{\frac{2}{3}+1}}{\frac{2}{3}+1} + \frac{x^{-2+1}}{-2+1} + c = \frac{2}{5}x^5 - \frac{x^{\frac{5}{3}}}{\frac{5}{3}} - x^{-1} + c = \frac{2}{5}x^5 - \frac{3}{5}x\sqrt[3]{x^2} - \frac{1}{x} + c.$$

b. $\int\left(3 + \frac{2}{x}\right)dx = 3 \cdot \int dx + 2 \cdot \int \frac{1}{x}\, dx = 3 \cdot x + 2\ln|x| + c.$

$\int \frac{1}{x} dx = \ln|x| + c$

Calcola i seguenti integrali.

AL VOLO

38 ●○ $\int 7x\, dx$; $\int 2\, dx$; $\int 6x^2 dx$.

39 ●○ $\int x^3 dx$; $\int \sqrt{x}\, dx$; $\int x^9 dx$.

40 ●○ $\int -5x^4 dx$; $\int \frac{3}{2}x^5 dx$; $\int \frac{4}{3}x^3 dx$. $\left[-x^5 + c; \frac{x^6}{4} + c; \frac{x^4}{3} + c\right]$

41 ●○ $\int \frac{1}{x^4} dx$; $\int \frac{5}{4}\sqrt[4]{x}\, dx$; $\int x^8 dx$. $\left[-\frac{1}{3x^3} + c; x\sqrt[4]{x} + c; \frac{x^9}{9} + c\right]$

42 ●○ $\int \frac{1}{2x^3} dx$; $\int \frac{4}{x} dx$; $\int -\frac{2}{3}x^6 dx$. $\left[-\frac{1}{4x^2} + c; 4\ln|x| + c; -\frac{2}{21}x^7 + c\right]$

43 $\int \frac{3}{\sqrt[3]{x^2}}\,dx;\quad \int 8\sqrt{x}\,dx;\quad \int -7x^7\,dx.$ $\left[9\sqrt[3]{x}+c;\ \frac{16}{3}x\sqrt{x}+c;\ -\frac{7}{8}x^8+c\right]$

44 $\int x^{-2}\,dx;\quad \int \frac{x}{\sqrt{x}}\,dx;\quad \int \frac{7}{2x^5}\,dx.$ $\left[-\frac{1}{x}+c;\ \frac{2}{3}x\sqrt{x}+c;\ \frac{-7}{8x^4}+c\right]$

45 $\int (x-5)\,dx;\quad \int \frac{3\sqrt[3]{x}}{x}\,dx;\quad \int \frac{1}{4\sqrt{x}}\,dx.$ $\left[\frac{x^2}{2}-5x+c;\ 9\sqrt[3]{x}+c;\ \frac{\sqrt{x}}{2}+c\right]$

---

46 $\int (3x+1)dx$ $\left[\frac{3}{2}x^2+x+c\right]$

47 $\int (6x^2-3)dx$ $\left[2x^3-3x+c\right]$

48 $\int (x^3+1)dx$ $\left[\frac{x^4}{4}+x+c\right]$

49 $\int (2x^4-x)dx$ $\left[\frac{2}{5}x^5-\frac{x^2}{2}+c\right]$

50 $\int (8x+10)dx$ $\left[4x^2+10x+c\right]$

51 $\int (x^2+2x)dx$ $\left[\frac{x^3}{3}+x^2+c\right]$

52 $\int (2x^3-2)dx$ $\left[\frac{x^4}{2}-2x+c\right]$

53 $\int (x^2+x+10)\,dx$ $\left[\frac{x^3}{3}+\frac{x^2}{2}+10x+c\right]$

54 $\int (x^3-3x^2-8)\,dx$ $\left[\frac{x^4}{4}-x^3-8x+c\right]$

55 $\int (x+\sqrt{x})dx$ $\left[\frac{x^2}{2}+\frac{2}{3}x\sqrt{x}+c\right]$

56 $\int (4x^4-2x^2+5)\,dx$ $\left[\frac{4x^5}{5}-\frac{2x^3}{3}+5x+c\right]$

57 $\int \left(\frac{1}{x^3}+\frac{3}{x^2}\right)dx$ $\left[-\frac{1}{2x^2}-\frac{3}{x}+c\right]$

58 $\int \left(\frac{4}{x^4}-\frac{6}{x^2}\right)dx$ $\left[-\frac{4}{3x^3}+\frac{6}{x}+c\right]$

59 $\int \left(\frac{5}{x^4}-\frac{4}{x^3}+\frac{3}{x^2}\right)dx$ $\left[-\frac{5}{3x^3}+\frac{2}{x^2}-\frac{3}{x}+c\right]$

60 $\int \left(x+\frac{1}{x}+1\right)dx$ $\left[\frac{x^2}{2}+\ln|x|+x+c\right]$

61 $\int \left(3x^2-2x+\frac{3}{x}\right)dx$ $\left[x^3-x^2+3\ln|x|+c\right]$

62 $\int \left(2\frac{\sqrt{x}}{x}-x\right)dx$ $\left[4\sqrt{x}-\frac{x^2}{2}+c\right]$

63 $\int \left(3\frac{x}{\sqrt{x}}+\sqrt[4]{x^3}\right)dx$ $\left[2x\sqrt{x}+\frac{4}{7}x\sqrt[4]{x^3}+c\right]$

64 $\int (\sqrt{x}+\sqrt[3]{x})dx$ $\left[\frac{2}{3}x\sqrt{x}+\frac{3}{4}x\sqrt[3]{x}+c\right]$

65 $\int (4x^3-3x^2+x+1)dx$ $\left[x^4-x^3+\frac{x^2}{2}+x+c\right]$

66 $\int (x+1)^2dx$ $\left[\frac{x^3}{3}+x^2+x+c\right]$

67 $\int 3x(x+4)dx$ $\left[x^3+6x^2+c\right]$

68 $\int (x-3)(x+3)dx$ $\left[\frac{x^3}{3}-9x+c\right]$

69 $\int [x^2-(2-x)^2]dx$ $\left[2x^2-4x+c\right]$

70 $\int (\sqrt{x}+x)^2dx$ $\left[\frac{x^2}{2}+\frac{x^3}{3}+\frac{4}{5}x^2\sqrt{x}+c\right]$

---

71 **TEST** Solo uno dei seguenti grafici rappresenta una primitiva di $y=\frac{1}{2}x-1$. Quale?

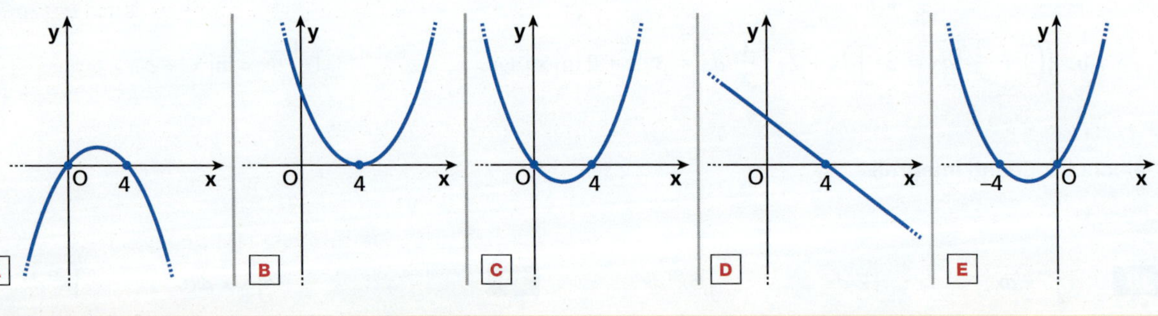

72 **ESERCIZIO GUIDA** Calcoliamo $\int \frac{2x-1+x^3}{x^2}dx$.

Poiché il denominatore della frazione integranda è un monomio, possiamo scomporre la frazione in frazioni più semplici e applicare la prima proprietà di linearità:

$$\int \frac{2x-1+x^3}{x^2}dx=\int \frac{2x}{x^2}dx-\int \frac{1}{x^2}dx+\int \frac{x^3}{x^2}dx=2\int \frac{1}{x}dx-\int x^{-2}dx+\int x\,dx=2\ln|x|+\frac{1}{x}+\frac{x^2}{2}+c.$$

Calcola i seguenti integrali.

73 $\int \frac{x+5}{x}dx$ $\quad [x+5\ln|x|+c]$

74 $\int \frac{4x+x^2}{x}dx$ $\quad \left[4x+\frac{x^2}{2}+c\right]$

75 $\int \frac{1-x^2+6x}{x^2}dx$ $\quad \left[-\frac{1}{x}-x+6\ln|x|+c\right]$

76 $\int \frac{x^3+2x}{x}dx$ $\quad \left[\frac{x^3}{3}+2x+c\right]$

77 $\int \frac{3x^4+4x^2}{x^2}dx$ $\quad [x^3+4x+c]$

78 $\int \frac{3x^2+2-4x}{3x}dx$ $\quad \left[\frac{x^2}{2}+\frac{2}{3}\ln|x|-\frac{4}{3}x+c\right]$

79 $\int \frac{10x^5+4x+1}{2x}dx$ $\quad \left[x^5+2x+\frac{1}{2}\ln|x|+c\right]$

80 $\int \frac{x^2+2x}{x^2}dx$ $\quad [x+2\ln|x|+c]$

81 $\int \frac{x^4+2x^2-1}{3x}dx$ $\quad \left[\frac{x^4}{12}+\frac{x^2}{3}-\frac{1}{3}\ln|x|+c\right]$

82 $\int \frac{x^4+x^3-2x}{x^3}dx$ $\quad \left[\frac{x^2}{2}+x+\frac{2}{x}+c\right]$

83 $\int \frac{3-x^2}{x^4}dx$ $\quad \left[-\frac{1}{x^3}+\frac{1}{x}+c\right]$

84 $\int \frac{1+2x^2}{\sqrt{x}}dx$ $\quad \left[2\sqrt{x}+\frac{4}{5}x^2\sqrt{x}+c\right]$

85 $\int \frac{(x-1)(x+2)}{x}dx$ $\quad \left[\frac{x^2}{2}+x-2\ln|x|+c\right]$

86 $\int \frac{x^2-9}{x+3}dx$ $\quad \left[\frac{x^2}{2}-3x+c\right]$

Problemi

87 Rappresenta graficamente due primitive di $f(x)=4x+3$ assegnando alla costante due valori a piacere e verifica che le tangenti nei punti di ascissa -2 sono parallele tra loro.

88 Tra le primitive $F(x)$ di $f(x)=x^2-\frac{1}{x}$, trova quella tale che $F(1)=2$. $\quad \left[F(x)=\frac{x^3}{3}-\ln|x|+\frac{5}{3}\right]$

89 Tra le primitive $F(x)$ di $f(x)=5-6x+4x^3$, trova quella tale che $F(-1)=4$. $\quad [F(x)=5x-3x^2+x^4+11]$

Problemi REALTÀ E MODELLI

RISOLVIAMO UN PROBLEMA

Quanto ci costi!

Il **costo totale** per la produzione di una quantità x di un certo prodotto è espresso dalla funzione $C(x)$.
La sua derivata $C'(x)$ è detta **costo marginale** e rappresenta il costo che un'impresa deve sostenere per produrre un'unità di prodotto in più, ovvero la variazione nei costi totali che si verifica quando varia di una unità la quantità prodotta.

Un caseificio sa che il costo marginale della sua produzione, in euro al kilogrammo, è espresso dalla funzione

$C'(x)=5-0,02x$, per $x \leq 400$ kg.

- Scrivi la funzione costo totale, sapendo che i costi fissi sono di € 200.
- Trova il costo totale per produrre 300 kg di formaggio e il costo unitario medio.

► **Troviamo la funzione costo totale.**

Calcoliamo l'integrale di $C'(x)$.

$$\int(5-0,02x)dx = 5x-0,02\frac{x^2}{2}+c =$$

$$5x-0,01x^2+c.$$

Quindi $C(x)=5x-0,01x^2+c$.

► **Determiniamo la costante c.**

Sapendo che i costi fissi sono di € 200, possiamo scrivere:

$C(0)=200 \rightarrow 5\cdot 0-0,01\cdot 0+c=200 \rightarrow c=200.$

Allora $C(x)=5x-0,01x^2+200$.

► **Calcoliamo il costo totale per produrre 300 kg di formaggio.**

$C(300)=5\cdot 300-0,01(300)^2+200=$ € 800.

► **Calcoliamo il costo unitario medio.**

Per produrre 300 kg di formaggio il costo è di € 800.
In questo caso il costo unitario medio è:

$\frac{800}{300}=2,67$ €/kg.

ESERCIZI

90 ●○ **Dolce fragranza** Il costo marginale, espresso in euro a boccetta, per produrre x boccette di profumo è dato da

$$C'(x) = \frac{x^2}{10000} - \frac{x}{10} + 20, \text{ per } x \leq 200,$$

e non ci sono costi fissi.

a. Scrivi la funzione costo totale $C(x)$.

b. Trova il costo per produrre 100 boccette.

$\left[\text{a) } C(x) = \frac{x^3}{30000} - \frac{x^2}{20} + 20x; \text{ b) € } 1533\right]$

91 ●○ **A tutta musica** Un sito promotore di eventi vende biglietti per un concerto. Il profitto marginale, che descrive la rapidità di variazione del profitto al variare dei biglietti venduti, è dato dalla funzione

$$P'(x) = \frac{x}{5} - 30,$$

dove x è il numero di biglietti venduti e il profitto è espresso in euro. Trova il profitto totale ricavato dalla vendita dei primi 500 biglietti, sapendo che il sito ha un guadagno fisso di € 50, indipendente dal numero di biglietti venduti. [€ 10 050]

Integrale della funzione esponenziale

▶ Teoria a p. 1436

92 ESERCIZIO GUIDA Calcoliamo gli integrali:

a. $\int (2e^x + 3 \cdot 5^x)\,dx$; b. $\int \frac{10^{x-1}}{5^x}\,dx$.

$\int e^x dx = e^x + c$; $\int a^x dx = \frac{1}{\ln a} \cdot a^x + c$

a. $\int (2e^x + 3 \cdot 5^x)\,dx = 2\int e^x dx + 3\int 5^x dx = 2e^x + \frac{3}{\ln 5} \cdot 5^x + c.$

proprietà di linearità

b. Semplifichiamo la frazione integranda in modo da ricondurci a un unico esponenziale:

$$\int \frac{10^{x-1}}{5^x}\,dx = \int \frac{10^x}{5^x} \cdot 10^{-1} dx = \int \left(\frac{10}{5}\right)^x \cdot \frac{1}{10}\,dx = \frac{1}{10}\int 2^x dx = \frac{1}{10} \cdot \frac{1}{\ln 2} \cdot 2^x + c.$$

Calcola i seguenti integrali.

93 ●○ AL VOLO $\int 4e^x dx$; $\int 25^x dx$.

94 ●○ $\int e^{x+2} dx$ $[e^{x+2} + c]$

95 ●○ $\int 7e^x dx$ $[7e^x + c]$

96 ●○ $\int (e^x - 2)\,dx$ $[e^x - 2x + c]$

97 ●○ $\int (x + 4e^x)\,dx$ $\left[\frac{x^2}{2} + 4e^x + c\right]$

98 ●○ $\int (2e^x + 1)\,dx$ $[2e^x + x + c]$

99 ●○ $\int (5 - e^x)\,dx$ $[5x - e^x + c]$

100 ●○ $\int (4e^x + 5 \cdot 3^x)\,dx$ $\left[4e^x + \frac{5}{\ln 3} \cdot 3^x + c\right]$

101 ●○ $\int (2^x + 2e^x + 2 \cdot 4^x)\,dx$ $\left[\frac{2^x}{\ln 2} + 2e^x + \frac{1}{\ln 2} \cdot 4^x + c\right]$

102 ●○ $\int (x + 7 \cdot 7^x)\,dx$ $\left[\frac{x^2}{2} + \frac{7}{\ln 7} \cdot 7^x + c\right]$

103 ●○ $\int \left(5e^x + \frac{1}{x}\right)dx$ $[5e^x + \ln|x| + c]$

104 ●○ $\int (2 - e^x - 5^x)\,dx$ $\left[2x - e^x - \frac{5^x}{\ln 5} + c\right]$

105 ●○ $\int \frac{9^x}{7^x}\,dx$ $\left[\frac{1}{\ln 9 - \ln 7} \cdot \left(\frac{9}{7}\right)^x + c\right]$

106 ●○ $\int e^x(1 - 2xe^{-x})\,dx$ $[e^x - x^2 + c]$

107 ●● $\int 2^{2x} \cdot 3^x dx$ $\left[\frac{1}{\ln 12} \cdot 12^x + c\right]$

108 ●● $\int 8^x \cdot 2^{-3x+4} dx$ $[16x + c]$

Integrale delle funzioni goniometriche

▶ Teoria a p. 1437

$$\int \sin x\, dx = -\cos x + c; \quad \int \cos x\, dx = \sin x + c; \quad \int \frac{1}{\sin^2 x} dx = -\cot x + c; \quad \int \frac{1}{\cos^2 x} dx = \tan x + c.$$

109 ESERCIZIO GUIDA Calcoliamo $\int\left(2\sin x - \cos x - \frac{4}{\sin^2 x}\right)dx$.

$$\int\left(2\sin x - \cos x - \frac{4}{\sin^2 x}\right)dx = 2\int \sin x\, dx - \int \cos x\, dx - 4\int \frac{1}{\sin^2 x} dx =$$

proprietà di linearità

$$2(-\cos x) - \sin x - 4(-\cot x) + c = -2\cos x - \sin x + 4\cot x + c$$

Calcola i seguenti integrali.

AL VOLO

110 $\int 2\sin x\, dx$

111 $\int(\sin x + 3\cos x)\, dx$

112 $\int(2x - \sin x)\, dx$

113 $\int \frac{\sin x - 3\cos x}{2} dx$ $\left[-\frac{\cos x + 3\sin x}{2} + c\right]$

114 $\int\left(\frac{\sin x}{3} - 5\cos x\right)dx$ $\left[-\frac{\cos x}{3} - 5\sin x + c\right]$

115 $\int\left(-2x^3 + \frac{\sin x - \cos x}{3}\right)dx$ $\left[-\frac{x^4}{2} - \frac{\cos x + \sin x}{3} + c\right]$

116 $\int\left(\frac{3}{\sin^2 x} + \frac{\cos x}{2}\right)dx$ $\left[-3\cot x + \frac{\sin x}{2} + c\right]$

117 $\int(\cos x - \sin x + 2e^x dx)$ $[\sin x + \cos x + 2e^x + c]$

118 $\int\left(\frac{1}{\cos^2 x} - \frac{2}{\sin^2 x} + 3\sin x\right)dx$ $[\tan x + 2\cot x - 3\cos x + c]$

119 $\int\left(\frac{2}{\sin^2 x} + \frac{1}{x} - \sin x\right)dx$ $[-2\cot x + \ln|x| + \cos x + c]$

120 $\int \frac{2\sin^2 x - 4}{\sin^2 x} dx$ $[2x + 4\cot x + c]$

121 AL VOLO $\int \cos^2 x\, dx + \int \sin^2 x\, dx$

122 $\int \frac{-2\sin 2x}{\cos x} dx$ $[4\cos x + c]$

123 $\int \frac{5\sin x + 2\sin 2x}{\sin x} dx$ $[5x + 4\sin x + c]$

Integrale delle funzioni le cui primitive sono le funzioni goniometriche inverse

▶ Teoria a p. 1437

$$\int \frac{1}{\sqrt{1-x^2}} dx = \arcsin x + c = -\arccos x + c; \quad \int \frac{1}{1+x^2} dx = \arctan x + c = -\operatorname{arccot} x + c.$$

ESERCIZI

124 ESERCIZIO GUIDA Calcoliamo gli integrali:

a. $\int\left(\frac{2}{\sqrt{1-x^2}}+\frac{5}{1+x^2}\right)dx$; b. $\int\frac{6x^2}{1+x^2}dx$.

a. $\int\left(\frac{2}{\sqrt{1-x^2}}+\frac{5}{1+x^2}\right)dx = 2\int\frac{1}{\sqrt{1-x^2}}dx + 5\int\frac{1}{1+x^2}dx = 2\arcsin x + 5\arctan x + c$.

b. $\int\frac{6x^2}{1+x^2}dx = 6\int\frac{x^2+1-1}{1+x^2}dx = 6\int\frac{x^2+1}{1+x^2}dx - 6\int\frac{1}{1+x^2}dx = 6\int dx - 6\arctan x + c = 6(x-\arctan x)+c$.

aggiungiamo e togliamo 1 al numeratore

Calcola i seguenti integrali.

125 ●○ $\int\frac{6}{1+x^2}dx$ $[6\arctan x + c]$

126 ●○ $\int\frac{3}{\sqrt{1-x^2}}dx$ $[3\arcsin x + c]$

127 ●○ $\int\frac{1}{4+4x^2}dx$ $\left[\frac{1}{4}\arctan x + c\right]$

128 ●● $\int\left(1-\frac{6}{\sqrt{9-9x^2}}\right)dx$ $[x + 2\arccos x + c]$

129 ●○ $\int\left(\frac{12}{1+x^2}-4x\right)dx$ $[12\arctan x - 2x^2 + c]$

130 ●○ $\int\left(\frac{1}{x}+\frac{1}{1+x^2}\right)dx$ $[\ln|x| + \arctan x + c]$

131 ●○ $\int\left(\frac{2}{\sqrt{1-x^2}}+\frac{1}{\sqrt{x}}\right)dx$ $[2\arcsin x + 2\sqrt{x} + c]$

132 ●○ $\int\left(2^x - \frac{14}{\sqrt{1-x^2}}\right)dx$ $\left[\frac{2^x}{\ln 2} + 14\arccos x + c\right]$

133 ●○ $\int\left(\frac{1}{4+4x^2}+\frac{2}{1+x^2}\right)dx$ $\left[\frac{9}{4}\arctan x + c\right]$

134 ●● $\int\frac{2+x^2}{1+x^2}dx$ $[x + \arctan x + c]$

135 ●● $\int\frac{-x^2}{1+x^2}dx$ $[-x + \arctan x + c]$

136 ●● $\int\frac{1+2x^2}{1+x^2}dx$ $[2x - \arctan x + c]$

Integrale delle funzioni la cui primitiva è una funzione composta

▶ Teoria a p. 1438

$$\int[f(x)]^\alpha f'(x)\,dx = \frac{[f(x)]^{\alpha+1}}{\alpha+1}+c$$

137 ●○ TEST Solo uno dei seguenti integrali *non* è nella forma $\int[f(x)]^\alpha f'(x)dx$. Quale?

A $\int 3x(x^3-1)^2dx$

B $\int 2(2x-6)^7dx$

C $\int 2x(x^2+1)^3dx$

D $\int 2x\sqrt{x^2+4}\,dx$

E $\int\sqrt{x-1}\,dx$

138 ESERCIZIO GUIDA Calcoliamo $\int 3x^2(x^3-2)^4dx$.

Applichiamo la formula $\int[f(x)]^\alpha f'(x)\,dx = \frac{[f(x)]^{\alpha+1}}{\alpha+1}+c$, ponendo $f(x)=x^3-2$ e $\alpha=4$:

$$\int\underbrace{(x^3-2)^4}_{[f(x)]^4}\cdot\underbrace{3x^2}_{f'(x)}dx = \frac{(x^3-2)^{4+1}}{4+1}+c = \frac{(x^3-2)^5}{5}+c.$$

Calcola i seguenti integrali.

139 $\int 5(x-4)^4 dx$ $\quad [(x-4)^5+c]$

140 $\int (x+3)^3 dx$ $\quad \left[\frac{(x+3)^4}{4}+c\right]$

141 $\int (x-1)^8 dx$ $\quad \left[\frac{(x-1)^9}{9}+c\right]$

142 $\int 2(2x+5)^6 dx$ $\quad \left[\frac{(2x+5)^7}{7}+c\right]$

143 $\int 5(5x-2)^3 dx$ $\quad \left[\frac{(5x-2)^4}{4}+c\right]$

144 $\int 4x(2x^2+3)^6 dx$ $\quad \left[\frac{(2x^2+3)^7}{7}+c\right]$

145 $\int 2x(x^2-1)^3 dx$ $\quad \left[\frac{(x^2-1)^4}{4}+c\right]$

146 $\int 14(7x-5)^3 dx$ $\quad \left[\frac{(7x-5)^4}{2}+c\right]$

147 $\int x^3(4-\frac{1}{2}x^4)^5 dx$ $\quad \left[-\frac{1}{12}\left(4-\frac{1}{2}x^4\right)^6+c\right]$

148 $\int 3\sqrt{x+2}\,dx$ $\quad [2\sqrt{(x+2)^3}+c]$

149 $\int 15\sqrt{6-5x}\,dx$ $\quad [-2\sqrt{(6-5x)^3}+c]$

150 $\int (x^2+2x-1)^5(x+1)\,dx$ $\quad \left[\frac{(x^2+2x-1)^6}{12}+c\right]$

151 $\int x\sqrt{x^2+1}\,dx$ $\quad \left[\frac{\sqrt{(x^2+1)^3}}{3}+c\right]$

152 $\int \sqrt{4x+1}\,dx$ $\quad \left[\frac{\sqrt{(4x+1)^3}}{6}+c\right]$

153 $\int \frac{1}{(x+7)^3}dx$ $\quad \left[-\frac{1}{2(x+7)^2}+c\right]$

154 $\int \frac{1}{(2x-1)^2}dx$ $\quad \left[\frac{1}{2(1-2x)}+c\right]$

155 $\int 5e^x(e^x+2)^4 dx$ $\quad [(e^x+2)^5+c]$

156 $\int e^{2x}\sqrt{5+e^{2x}}\,dx$ $\quad \left[\frac{1}{3}\sqrt{(5+e^{2x})^3}+c\right]$

157 $\int \frac{x}{\sqrt{x^2+4}}dx$ $\quad [\sqrt{x^2+4}+c]$

158 $\int \frac{\ln x}{x}dx$ $\quad \left[\frac{1}{2}\ln^2 x+c\right]$

159 $\int \frac{x^2+1}{(x^3+3x)^3}dx$ $\quad \left[-\frac{1}{6(x^3+3x)^2}+c\right]$

160 $\int \frac{(3\ln x)^2}{x}dx$ $\quad [3\ln^3 x+c]$

161 $\int \frac{3x}{(x^2+1)^3}dx$ $\quad \left[-\frac{3}{4(x^2+1)^2}+c\right]$

162 $\int \cos^3 x \sin x\,dx$ $\quad \left[-\frac{\cos^4 x}{4}+c\right]$

163 $\int 6\sin^5 x\cos x\,dx$ $\quad [\sin^6 x+c]$

164 $\int \frac{\cos 3x}{2\sqrt{\sin 3x}}dx$ $\quad \left[\frac{1}{3}\sqrt{\sin 3x}+c\right]$

165 $\int \frac{\arcsin^4 x}{\sqrt{1-x^2}}dx$ $\quad \left[\frac{\arcsin^5 x}{5}+c\right]$

166 $\int \frac{x^2+\ln^2 x}{x}dx$ $\quad \left[\frac{x^2}{2}+\frac{\ln^3 x}{3}+c\right]$

$$\int \frac{f'(x)}{f(x)}dx = \ln|f(x)|+c$$

167 **ESERCIZIO GUIDA** Calcoliamo $\int \frac{12x}{2x^2+1}dx$.

Osserviamo che il numeratore è un multiplo della derivata del denominatore: $D[2x^2+1]=4x$.

Applichiamo la seconda proprietà di linearità e $\int \frac{f'(x)}{f(x)}dx = \ln|f(x)|+c$:

$$\int \frac{12x}{2x^2+1}dx = 3\int \frac{4x}{2x^2+1}dx = 3\ln(2x^2+1)+c.$$

non scriviamo $|2x^2+1|$ perché $2x^2+1>0\ \forall x$

ESERCIZI

Calcola i seguenti integrali.

168 $\int \frac{6x}{3x^2+4}dx$ $[\ln(3x^2+4)+c]$

169 $\int \frac{7}{3+7x}dx$ $[\ln|3+7x|+c]$

170 $\int \frac{5}{5x-2}dx$ $[\ln|5x-2|+c]$

171 $\int \frac{4x}{2x^2-1}dx$ $[\ln|2x^2-1|+c]$

172 $\int \frac{16}{1+4x}dx$ $[\ln(1+4x)^4+c]$

173 $\int \frac{1}{2x-5}dx$ $\left[\frac{1}{2}\ln|2x-5|+c\right]$

174 $\int \frac{x^2}{x^3+2}dx$ $\left[\frac{1}{3}\ln|x^3+2|+c\right]$

175 $\int \frac{8x^3}{x^4+1}dx$ $[2\ln(x^4+1)+c]$

176 $\int \frac{2x+1}{x^2+x}dx$ $[\ln|x^2+x|+c]$

177 $\int \frac{4x+12}{x^2+6x}dx$ $[\ln(x^2+6x)^2+c]$

178 $\int \frac{12x}{2+3x^2}dx$ $[\ln(2+3x^2)^2+c]$

179 $\int \frac{x+1}{x^2+2x-3}dx$ $\left[\frac{1}{2}\ln|x^2+2x-3|+c\right]$

180 $\int \frac{3x^2+4x+1}{x^3+2x^2+x}dx$ $[\ln|x^3+2x^2+x|+c]$

181 $\int 3\tan x\,dx$ $[-3\ln|\cos x|+c]$

182 $\int 2\cot x\,dx$ $[2\ln|\sin x|+c]$

183 $\int \frac{\sin x}{\cos x+2}dx$ $[-\ln(\cos x+2)+c]$

184 $\int \frac{2x+e^x}{e^x+x^2}dx$ $[\ln(e^x+x^2)+c]$

185 $\int \frac{e^{-x}}{e^{-x}-2}dx$ $[-\ln|e^{-x}-2|+c]$

186 $\int \frac{1}{x\ln x}dx$ $[\ln|\ln x|+c]$

187 $\int \frac{2}{\sqrt{x}(1+\sqrt{x})}dx$ $[4\ln(1+\sqrt{x})+c]$

188 ESERCIZIO GUIDA Calcoliamo $\int \frac{x-3}{x+1}dx$.

Al numeratore aggiungiamo e togliamo 1 e scomponiamo la frazione in due parti:

$$\int \frac{x-3}{x+1}dx = \int \frac{x+1-1-3}{x+1}dx = 3\int\left(\frac{x+1}{x+1}-\frac{4}{x+1}\right)dx =$$

$$\int\left(1-\frac{4}{x+1}\right)dx = x-4\ln|x+1|+c.$$

Calcola i seguenti integrali.

189 $\int \frac{x}{x+5}dx$ $[x-5\ln|x+5|+c]$

190 $\int \frac{x-1}{x+2}dx$ $[x-3\ln|x+2|+c]$

191 $\int \frac{1-x}{x+6}dx$ $[7\ln|x+6|-x+c]$

192 $\int \frac{x}{2x-3}dx$ $[2x-3\ln|2x-3|+c]$

193 $\int \frac{x+5}{x+3}dx$ $[x+\ln(x+3)^2+c]$

194 $\int \frac{x}{x-10}dx$ $[x+10\ln|x-10|+c]$

195 $\int \frac{2x-5}{x+4}dx$ $[2x-13\ln|x+4|+c]$

196 $\int \frac{4x+1}{2x-1}dx$ $\left[2x+\frac{3}{2}\ln|2x-1|+c\right]$

$$\int f'(x)e^{f(x)}dx = e^{f(x)}+c; \quad \int f'(x)a^{f(x)}dx = \frac{a^{f(x)}}{\ln a}+c.$$

197 ESERCIZIO GUIDA Calcoliamo $\int e^{x^2-x}(4x-2)\,dx$.

$$\int e^{x^2-x}(4x-2)\,dx = 2\int e^{x^2-x}(2x-1)\,dx = 2e^{x^2-x}+c$$

raccogliamo 2 — $e^{f(x)}$ — $f'(x)$

Calcola i seguenti integrali.

198 $\int 4e^{4x}dx$ $[e^{4x}+c]$

199 $\int e^{-x}dx$ $[-e^{-x}+c]$

200 $\int 3e^{-3x}dx$ $[-e^{-3x}+c]$

201 $\int 4e^{4x-2}dx$ $[e^{4x-2}+c]$

202 $\int (e^{-x}+2x)\,dx$ $[-e^{-x}+x^2+c]$

203 $\int e^{3x+1}dx$ $\left[\frac{1}{3}e^{3x+1}+c\right]$

204 $\int e^{x^2}\cdot x\,dx$ $\left[\frac{1}{2}e^{x^2}+c\right]$

205 $\int e^{x^2+x}(2x+1)dx$ $[e^{x^2+x}+c]$

206 $\int e^{2x^3}\cdot 6x^2dx$ $[e^{2x^3}+c]$

207 $\int (4x-6)e^{x^2-3x}dx$ $[2e^{x^2-3x}+c]$

208 $\int (2x^3+x)e^{x^4+x^2}dx$ $\left[\frac{1}{2}e^{x^4+x^2}+c\right]$

209 $\int e^{\cos x}\sin x\,dx$ $[-e^{\cos x}+c]$

210 $\int e^{x\sin x}(\sin x+x\cos x)\,dx$ $[e^{x\sin x}+c]$

211 $\int \frac{e^{\frac{1}{x}}}{x^2}dx$ $\left[-e^{\frac{1}{x}}+c\right]$

212 $\int \frac{e^{\sqrt{x}}}{\sqrt{x}}dx$ $[2e^{\sqrt{x}}+c]$

213 $\int \frac{3^{\ln x}}{x}dx$ $\left[\frac{3^{\ln x}}{\ln 3}+c\right]$

$\int f'(x)\sin f(x)\,dx = -\cos f(x)+c;\quad \int f'(x)\cos f(x)\,dx = \sin f(x)+c.$

214 ESERCIZIO GUIDA Calcoliamo $\int \frac{\sin \ln x}{x}dx$.

$$\int \frac{\sin \ln x}{x}dx = \int \frac{1}{x}\sin \ln x\,dx = -\cos \ln x + c$$

$f'(x)$ — $\sin f(x)$

Calcola i seguenti integrali.

215 $\int \sin 4x\,dx$ $\left[-\frac{\cos 4x}{4}+c\right]$

216 $\int \cos\left(x-\frac{\pi}{3}\right)dx$ $\left[\sin\left(x-\frac{\pi}{3}\right)+c\right]$

217 $\int 4\cos 5x\,dx$ $\left[\frac{4}{5}\sin 5x+c\right]$

218 $\int \sin\frac{x}{2}dx$ $\left[-2\cos\frac{x}{2}+c\right]$

219 $\int (\cos 4x-\sin 2x)\,dx$ $\left[\frac{1}{4}\sin 4x+\frac{1}{2}\cos 2x+c\right]$

220 $\int 2x\cos x^2dx$ $[\sin x^2+c]$

221 $\int \frac{\cos \ln x}{x}dx$ $[\sin \ln x+c]$

222 $\int \frac{\sin\sqrt{x}}{\sqrt{x}}dx$ $[-2\cos\sqrt{x}+c]$

223 $\int (x+2)\cos(x^2+4x)\,dx$ $\left[\frac{\sin(x^2+4x)}{2}+c\right]$

224 $\int \frac{\sin e^{-x}}{e^x}dx$ $[\cos e^{-x}+c]$

ESERCIZI

$$\int \frac{f'(x)}{\cos^2 f(x)}dx = \tan f(x) + c; \quad \int \frac{f'(x)}{\sin^2 f(x)}dx = -\cot f(x) + c.$$

Calcola i seguenti integrali.

225 $\int \frac{2}{\cos^2 2x}dx$ $[\tan 2x + c]$

226 $\int \frac{x}{\sin^2 x^2}dx$ $\left[-\frac{\cot x^2}{2} + c\right]$

227 $\int \frac{e^x}{\cos^2 e^x}dx$ $[\tan e^x + c]$

228 $\int \frac{x+2}{\cos^2(x^2+4x)}dx$ $\left[\frac{1}{2}\tan(x^2+4x) + c\right]$

229 $\int \frac{4x+1}{\sin^2(2x^2+x)}dx$ $[-\cot(2x^2+x) + c]$

230 $\int \frac{1}{x\cos^2 \ln x}dx$ $[\tan \ln x + c]$

$$\int \frac{f'(x)}{\sqrt{1-[f(x)]^2}}dx = \arcsin f(x) + c; \quad \int \frac{f'(x)}{1+[f(x)]^2}dx = \arctan f(x) + c.$$

231 ESERCIZIO GUIDA Calcoliamo $\int \frac{1}{x + x\ln^2 x}dx$.

$$\int \frac{1}{x + x\ln^2 x}dx = \int \frac{1}{x} \cdot \frac{1}{1+\ln^2 x}dx = \arctan \ln x + c.$$

raccogliamo x a denominatore; $\frac{1}{x}$: $f'(x)$; $\frac{1}{1+\ln^2 x}$: $\frac{1}{1+[f(x)]^2}$

Calcola i seguenti integrali di funzioni composte la cui primitiva è una funzione inversa circolare.

232 $\int \frac{2}{1+4x^2}dx$ $[\arctan 2x + c]$

233 $\int \frac{3}{\sqrt{1-9x^2}}dx$ $[\arcsin 3x + c]$

234 $\int \frac{6x}{1+9x^4}dx$ $[\arctan 3x^2 + c]$

235 $\int \frac{4x}{\sqrt{1-4x^4}}dx$ $[\arcsin 2x^2 + c]$

236 $\int \frac{e^x}{1+e^{2x}}dx$ $[\arctan e^x + c]$

237 $\int \frac{x}{1+x^4}dx$ $\left[\frac{1}{2}\arctan x^2 + c\right]$

238 $\int \frac{e^x}{\sqrt{1-e^{2x}}}dx$ $[\arcsin e^x + c]$

239 $\int \frac{x^2}{\sqrt{1-x^6}}dx$ $\left[\frac{\arcsin x^3}{3} + c\right]$

240 $\int \frac{1}{\sqrt{9-25x^2}}dx$ $\left[\frac{1}{5}\arcsin\frac{5x}{3} + c\right]$

241 $\int \frac{2}{9+4x^2}dx$ $\left[\frac{1}{3}\arctan\frac{2x}{3} + c\right]$

Riepilogo: Integrali indefiniti immediati

COMPLETA in modo che siano corretti i seguenti integrali.

242 $\int \square (3x+1)^3 dx = \frac{(3x+1)^4}{4} + c$

243 $\int (x^2+6x)^5(2x+\square)dx = \frac{(x^2+6x)^6}{6} + c$

244 $\int 2\square e^{x^2}dx = e^{x^2} + c$

245 $\int \frac{2(\square)}{3x^2+4x}dx = \ln|3x^2+4x| + c$

TEST

246 ●○ L'uguaglianza $\int \frac{1}{2\sqrt{f(x)}}dx = \sqrt{f(x)} + c$ è generalmente falsa. Tuttavia vale per *una* delle seguenti funzioni. Quale?

A $f(x) = \sin x$
B $f(x) = 3x$
C $f(x) = x + 28$
D $f(x) = e^x$
E $f(x) = x^2$

247 ●○ Quale delle seguenti funzioni è una primitiva della funzione $f(x) = 3x^2 - \sin x$?

A $F(x) = 6x - \cos x$
B $F(x) = 3x + \cos x$
C $F(x) = 6x^2 - \sin x$
D $F(x) = x^3 + \cos x$
E $F(x) = x^3 - \cos x$

248 ●● ASSOCIA alle seguenti funzioni $f(x)$ le corrispondenti primitive $F(x)$.

a. $f(x) = \frac{4x-6}{x^2-3x}$
b. $f(x) = (2x-3)(x^2-3x)^2$
c. $f(x) = \frac{4x-6}{(x^2-3x)^2}$

1. $F(x) = \frac{1}{3}(x^2-3x)^3 + c$
2. $F(x) = \ln(x^2-3x)^2 + c$
3. $F(x) = \frac{2}{3x-x^2} + c$

Calcola i seguenti integrali.

249 ●○ $\int(5x^4 - 4x^3 + 2x)\,dx$ $[x^5 - x^4 + x^2 + c]$

250 ●○ $\int(x^3 - 2x^2 + 1)\,dx$ $\left[\frac{x^4}{4} - \frac{2}{3}x^3 + x + c\right]$

251 ●○ $\int(5x^4 - 15x^2)\,dx$ $[x^5 - 5x^3 + c]$

252 ●○ $\int\left(\frac{3}{2}\sqrt{x} + 3x^2 - 3\right)dx$ $[x\sqrt{x} + x^3 - 3x + c]$

253 ●○ $\int\left(\frac{1}{x^3} + \frac{2}{x^2} + x\right)dx$ $\left[-\frac{1}{2x^2} - \frac{2}{x} + \frac{x^2}{2} + c\right]$

254 ●○ $\int\left(\frac{x^4 + x^3 - 1}{3}\right)dx$ $\left[\frac{x^5}{15} + \frac{x^4}{12} - \frac{x}{3} + c\right]$

255 ●○ $\int\sqrt{x+6}\,dx$ $\left[\frac{2}{3}\sqrt{(x+6)^3} + c\right]$

256 ●○ $\int\frac{3-x}{x}dx$ $[3\ln|x| - x + c]$

257 ●○ $\int\frac{4x^2+1}{2x^2}dx$ $\left[2x - \frac{1}{2x} + c\right]$

258 ●○ $\int\frac{x^3+x^2}{x^3}dx$ $[x + \ln|x| + c]$

259 ●○ $\int\left(\frac{x^4+x^2}{4} - 4\right)dx$ $\left[\frac{x^5}{20} + \frac{x^3}{12} - 4x + c\right]$

260 ●○ $\int\frac{x^3 - x^4 + 1}{x^2}dx$ $\left[\frac{x^2}{2} - \frac{x^3}{3} - \frac{1}{x} + c\right]$

261 ●○ $\int\frac{x^2 - 2x + 1}{x}dx$ $\left[\frac{x^2}{2} - 2x + \ln|x| + c\right]$

262 ●○ $\int\left(-\frac{3}{x} + x\sqrt{x}\right)dx$ $\left[-3\ln|x| + \frac{2x^2\cdot\sqrt{x}}{5} + c\right]$

263 ●○ $\int 2\sqrt{2x+10}\,dx$ $\left[\frac{2}{3}\sqrt{(2x+10)^3} + c\right]$

264 ●○ $\int x(3x^2-1)^2dx$ $\left[\frac{(3x^2-1)^3}{18} + c\right]$

265 ●○ $\int\left(2x^2 - \frac{1}{x}\right)^2dx$ $\left[\frac{4}{5}x^5 - \frac{1}{x} - 2x^2 + c\right]$

266 ●○ $\int\left(x + \frac{2}{x^2}\right)^2dx$ $\left[\frac{x^3}{3} - \frac{4}{3x^3} + 4\ln|x| + c\right]$

267 ●○ $\int\frac{\sqrt{x} + 2x + 1}{4x}dx$ $\left[\frac{1}{2}\sqrt{x} + \frac{1}{2}x + \frac{1}{4}\ln|x| + c\right]$

268 ●○ $\int\frac{3}{3x+1}dx$ $[\ln|3x+1| + c]$

269 ●○ $\int\frac{6x^2-1}{2x^3-x}dx$ $[\ln|2x^3 - x| + c]$

270 ●○ $\int\frac{x}{1+9x^2}dx$ $\left[\frac{1}{18}\ln(1+9x^2) + c\right]$

271 ●○ $\int\frac{3x^2-2}{\sqrt{2x^3-4x}}dx$ $[\sqrt{2x^3-4x} + c]$

272 ●○ $\int\frac{4x+2}{x^2+x}dx$ $[2\ln|x^2+x| + c]$

273 ●○ $\int\frac{1}{x^2-6x+9}dx$ $\left[-\frac{1}{(x-3)} + c\right]$

274 ●○ $\int\frac{1}{2x-7}dx$ $\left[\frac{1}{2}\ln|2x-7| + c\right]$

275 ●○ $\int\frac{e^x+1}{e^x}dx$ $[x - e^{-x} + c]$

276 ●○ $\int(4x-1)\left(\frac{1}{2}x + 2\right)dx$ $\left[\frac{2}{3}x^3 + \frac{15}{4}x^2 - 2x + c\right]$

ESERCIZI

277 $\int\left(\frac{1}{\sqrt{x}}-\frac{1}{\sqrt{1-x^2}}\right)dx$ $[2\sqrt{x}-\arcsin x+c]$

278 $\int 3x\sqrt{x^2-9}\,dx$ $[(x^2-9)\sqrt{x^2-9}+c]$

279 $\int\frac{(x-1)(x+2)}{x}dx$ $\left[\frac{x^2}{2}+x-2\ln|x|+c\right]$

280 $\int\frac{e^x}{9+e^x}dx$ $[\ln(9+e^x)+c]$

281 $\int x\sqrt[3]{x^2+1}\,dx$ $\left[\frac{3}{8}(x^2+1)\sqrt[3]{x^2+1}+c\right]$

282 $\int\frac{2}{x\ln x}dx$ $[2\ln|\ln x|+c]$

283 $\int\frac{4\ln x^2}{x}dx$ $[4\ln^2 x+c]$

284 $\int\frac{x^2}{\sqrt{x^3+1}}dx$ $\left[\frac{2}{3}\sqrt{x^3+1}+c\right]$

285 $\int\frac{x}{2}(x+4)dx$ $\left[\frac{x^3}{6}+x^2+c\right]$

286 $\int e^{-4x}dx$ $\left[-\frac{1}{4}e^{-4x}+c\right]$

287 $\int 3x^2\sin 4x^3dx$ $\left[-\frac{\cos 4x^3}{4}+c\right]$

288 $\int e^{4x^2-x}(8x-1)dx$ $[e^{4x^2-x}+c]$

289 $\int 4\sin 4x\,dx$ $[-\cos 4x+c]$

290 $\int\sin^2 x\cos x\,dx$ $\left[\frac{\sin^3 x}{3}+c\right]$

291 $\int\frac{\ln^3 x}{x}dx$ $\left[\frac{\ln^4 x}{4}+c\right]$

292 $\int 2e^{2+x}dx$ $[2e^{2+x}+c]$

293 $\int\frac{3\sin x-2\cos x}{4}dx$ $\left[-\frac{3}{4}\cos x-\frac{1}{2}\sin x+c\right]$

294 $\int\left(\frac{2}{\cos^2 x}-\frac{1}{\sin^2 x}\right)dx$ $[2\tan x+\cot x+c]$

295 $\int\frac{2\cos x+\sin 2x}{\cos x}dx$ $[2x-2\cos x+c]$

296 $\int\left(\frac{5}{x}-\frac{2}{\sqrt{1-x^2}}\right)dx$ $[5\ln|x|-2\arcsin x+c]$

297 $\int\frac{\cos x+\sin x}{\sin x-\cos x}dx$ $[\ln|\sin x-\cos x|+c]$

298 $\int\frac{1}{x\sqrt{1-\ln^2 x}}dx$ $[\arcsin\ln x+c]$

299 $\int\frac{\cos\sqrt{x}}{\sqrt{x}}dx$ $[2\sin\sqrt{x}+c]$

300 $\int\frac{e^{\sqrt{2x+1}}}{\sqrt{2x+1}}dx$ $[e^{\sqrt{2x+1}}+c]$

301 $\int\frac{\cos x}{1+\sin^2 x}dx$ $[\arctan\sin x+c]$

302 $\int\frac{1}{(1+x^2)\arctan x}dx$ $[\ln|\arctan x|+c]$

303 EUREKA! $\int(2\tan^2 x-1)dx$ $[2\tan x-3x+c]$

304 $\int(x^2+1)\sin(x^3+3x)\,dx$ $\left[\frac{-\cos(x^3+3x)}{3}+c\right]$

305 $\int\sin^5 x\cos x\,dx$ $\left[\frac{\sin^6 x}{6}+c\right]$

306 $\int\frac{4^{1+2x}}{8^x}dx$ $\left[\frac{4}{\ln 2}2^x+c\right]$

307 $\int(2x-1)^8dx$ $\left[\frac{(2x-1)^9}{18}+c\right]$

308 $\int\frac{x^3}{\sqrt{1-x^8}}dx$ $\left[\frac{1}{4}\arcsin x^4+c\right]$

309 $\int\frac{e^{\sqrt{x}-4}}{\sqrt{x}}dx$ $[2e^{\sqrt{x}-4}+c]$

310 $\int\frac{\arcsin x}{4\sqrt{1-x^2}}dx$ $\left[\frac{1}{8}\arcsin^2 x+c\right]$

311 $\int\frac{\cos x}{9+\sin^2 x}dx$ $\left[\frac{1}{3}\arctan\frac{\sin x}{3}x+c\right]$

312 $\int\frac{e^{\frac{1}{x^2}}}{x^3}dx$ $\left[-\frac{e^{\frac{1}{x^2}}}{2}+c\right]$

313 $\int\frac{1}{25+4x^2}dx$ $\left[\frac{1}{10}\arctan\frac{2x}{5}+c\right]$

314 $\int\frac{1}{\sqrt{16-9x^2}}dx$ $\left[\frac{1}{3}\arcsin\frac{3x}{4}+c\right]$

315 $\int 6^{2\sin x+1}\cos x\,dx$ $\left[\frac{3\cdot 6^{2\sin x}}{\ln 6}+c\right]$

316 $\int\frac{x^4+\ln x}{x}dx$ $\left[\frac{x^4}{4}+\frac{\ln^2 x}{2}+c\right]$

317 $\int\frac{dx}{(x-2)\ln(x-2)}$ $[\ln|\ln(x-2)|+c]$

Per ciascuna delle seguenti funzioni trova la primitiva passante per il punto P dato.

318 $f(x)=x^3-2x^2$, $P(0;2)$. $\left[F(x)=\frac{x^4}{4}-\frac{2}{3}x^3+2\right]$

319 $f(x)=\frac{1+3x^2}{x}$, $P(1;3)$. $\left[F(x)=\ln|x|+\frac{3}{2}x^2+\frac{3}{2}\right]$

320 $f(x) = 2e^x + x$, $P(0; -1)$. $\left[F(x) = 2e^x + \frac{x^2}{2} - 3\right]$

321 $f(x) = \cos 2x + \sin 3x$, $P\left(\frac{\pi}{2}; 4\right)$. $\left[F(x) = \frac{\sin 2x}{2} - \frac{\cos 3x}{3} + 4\right]$

322 $f(x) = 2x - \frac{1}{x}$, $P(1; -2)$. $\left[F(x) = x^2 - \ln|x| - 3\right]$

323 Trova i valori di a e b in modo che la funzione $F(x) = a\ln|x| + bx$ sia una primitiva della funzione $f(x) = \frac{-2+x}{x} + \frac{1}{2}$. $\left[a = -2, b = \frac{3}{2}\right]$

324 Determina per quali valori di a e b la funzione $F(x) = e^{7x^2-x}$ è una primitiva di $f(x) = (ax+b)e^{7x^2-x}$. $[a = 14, b = -1]$

325 Data la funzione $f(x) = 3x^2 - x$, determina fra le sue primitive $F(x)$ quella che ha un punto di massimo di ordinata 2. $\left[F(x) = x^3 - \frac{x^2}{2} + 2\right]$

326 LEGGI IL GRAFICO Determina l'equazione della funzione rappresentata nel grafico, sapendo che è una primitiva di $y = 3x^2 - 1$. $[F(x) = x^3 - x + 2]$

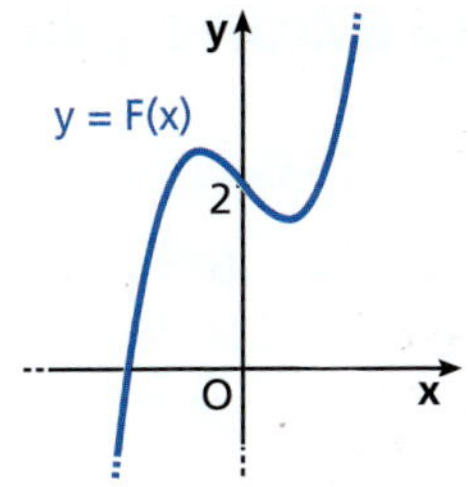

327 LEGGI IL GRAFICO Trova l'equazione della funzione rappresentata nel grafico, sapendo che è una primitiva di $y = e^{x+1} - 6x^2$. $[F(x) = e^{x+1} - 2x^3 - 3]$

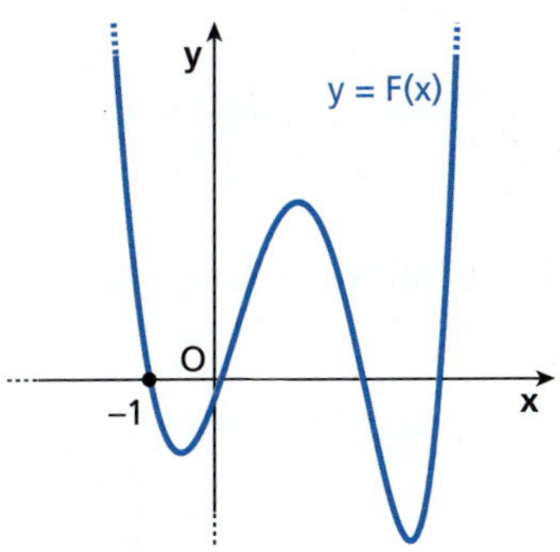

328 LEGGI IL GRAFICO La figura mostra i grafici di una funzione $f(x)$, di una sua primitiva $F(x)$ e della sua derivata $f'(x)$. Individuali e determina le loro equazioni, sapendo che uno dei tre grafici ha equazione $y = 12x^2 - 2$.

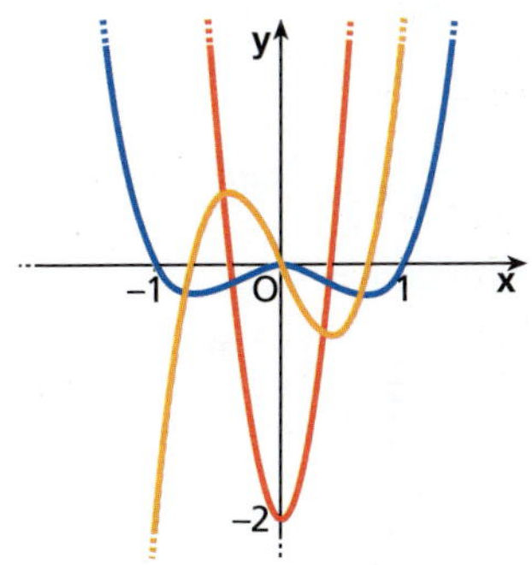

MATEMATICA AL COMPUTER

Primitive Con Wiris troviamo le primitive della funzione $g(x) = \frac{2x^3-2}{x^2}$ passanti rispettivamente per i punti $P(2; 6)$ e $Q(2; 0)$.

Tracciamo i grafici di $g(x)$ e delle due primitive, dove evidenziamo i punti assegnati.

Risoluzione – 6 esercizi in più

Determina la funzione f che soddisfa le condizioni date.

329 $f(2) = 10$, $f'(1) = 3$, $f''(x) = 6x$. $[f(x) = x^3 + 2]$

330 $f(0) = 3$, $f'(0) = 2$, $f''(x) = 4(e^{2x} + 6x)$. $[f(x) = e^{2x} + 4x^3 + 2]$

331 $f(0) = 0$, $f'(\pi) = 2$, $f''(x) = -\cos x$. $[f(x) = 2x + \cos x - 1]$

332 $f(1) = 0$, $f'\left(\frac{1}{2}\right) = 3$, $f''(x) = \frac{2x^2-1}{x^2}$. $[f(x) = \ln|x| + x^2 - 1]$

333 ●● REALTÀ E MODELLI **Punge ma fa bene** Ad Agata viene somministrato un farmaco. La concentrazione massima del farmaco nel sangue è di 12 mg/L, dopodiché inizia a diminuire con una velocità pari a $C'(t) = -4e^{-\frac{t}{3}}$, dove il tempo è misurato in ore.

a. Scrivi la funzione $C(t)$ che esprime la concentrazione del farmaco nel sangue.

b. Dopo quante ore la concentrazione sarà dimezzata?

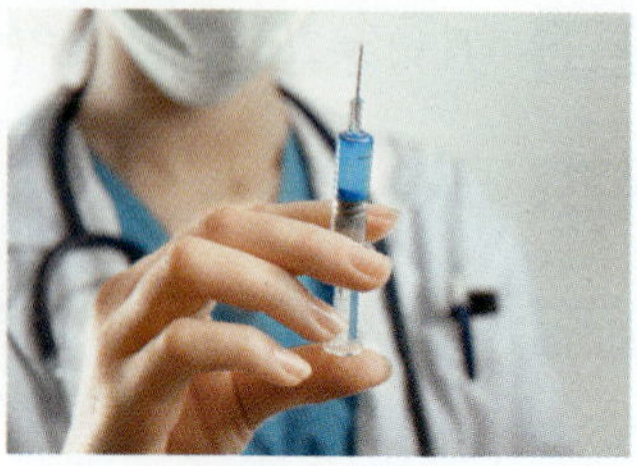

$\left[\text{a) } C(t) = 12e^{-\frac{t}{3}}; \text{ b) } \simeq 2 \text{ ore}\right]$

3 Integrazione per sostituzione

▶ Teoria a p. 1439

COMPLETA determinando il differenziale.

334 ●○ $2x + 1 = t \rightarrow dx = \square\, dt$

335 ●○ $\sqrt{x+1} = t \rightarrow dx = \square\, dt$

336 ●○ $2 + \sin x = t \rightarrow \square\, dx = dt$

337 ●○ $x^2 + 1 = t \rightarrow \square\, dx = dt$

338 ●○ $e^x = t \rightarrow \square\, dx = dt$

339 ●○ $3\cos x = t \rightarrow -3\square\, dx = dt$

340 ESERCIZIO GUIDA Calcoliamo per sostituzione l'integrale $\int \frac{1}{2\sqrt{x}(1+x)} dx$.

Poniamo $t = \sqrt{x}$, da cui: $x = t^2 \rightarrow dx = 2t\, dt$.
Sostituiamo nell'integrale:

$$\int \frac{1}{2t(1+t^2)} 2t\, dt = \int \frac{1}{1+t^2} dt = \arctan t + c.$$

Sostituiamo, nella primitiva trovata, $\sqrt{x}$ a t: $\int \frac{1}{2\sqrt{x}(1+x)} dx = \arctan\sqrt{x} + c$.

Calcola i seguenti integrali per sostituzione, utilizzando il suggerimento scritto a fianco.

341 ●○ $\int \frac{x}{\sqrt{x-1}} dx$ $\quad t = \sqrt{x-1}$ $\quad \left[\frac{2}{3}\sqrt{x-1}(x+2) + c\right]$

342 ●○ $\int \frac{1 + e^{\sqrt{x}}}{\sqrt{x}} dx$ $\quad t = \sqrt{x}$ $\quad \left[2(e^{\sqrt{x}} + \sqrt{x}) + c\right]$

343 ●○ $\int \frac{1}{x\sqrt{2x-1}} dx$ $\quad t = \sqrt{2x-1}$ $\quad \left[2\arctan\sqrt{2x-1} + c\right]$

344 ●● $\int \frac{x}{\sqrt[3]{1+x}} dx$ $\quad x = t^3 - 1$ $\quad \left[\frac{6x-9}{10}\sqrt[3]{(x+1)^2} + c\right]$

345 ●● $\int \frac{1}{\sqrt{x}\sqrt{1-x}} dx$ $\quad t = \sqrt{x}$ $\quad \left[2\arcsin\sqrt{x} + c\right]$

Calcola i seguenti integrali per sostituzione.

346 ●○ $\int \frac{3}{\sqrt{x+2}} dx$ $\quad \left[6\sqrt{x+2} + c\right]$

347 ●○ $\int \frac{6}{\sqrt{8-3x}} dx$ $\quad \left[-4\sqrt{8-3x} + c\right]$

348 ●○ $\int \frac{1}{\sqrt[3]{1-x}} dx$ $\quad \left[-\frac{3}{2}\sqrt[3]{(1-x)^2} + c\right]$

349 ●○ $\int \frac{x}{\sqrt{2x+1}} dx$ $\quad \left[\frac{1}{3}\sqrt{2x+1}(x-1) + c\right]$

350 $\int \frac{1}{x-\sqrt{x}}dx$ $[\ln(\sqrt{x}-1)^2+c]$

351 $\int \frac{1}{\sqrt{x}(\sqrt{x}+1)}dx$ $[2\ln(\sqrt{x}+1)+c]$

352 $\int \cos(4x-3)dx$ $\left[\frac{1}{4}\sin(4x-3)+c\right]$

353 $\int \sqrt{4x+1}\,dx$ $\left[\frac{1}{6}(4x+1)\sqrt{4x+1}+c\right]$

354 $\int \sin\left(2x-\frac{\pi}{4}\right)dx$ $\left[-\frac{1}{2}\cos\left(2x-\frac{\pi}{4}\right)+c\right]$

355 $\int \frac{\cos\sqrt{x}}{\sqrt{x}}dx$ $[2\sin\sqrt{x}+c]$

356 $\int \frac{3x+1}{\sqrt{x}}dx$ $[2x\sqrt{x}+2\sqrt{x}+c]$

357 $\int \frac{1}{e^x+e^{-x}}dx$ $[\arctan e^x+c]$

358 $\int \frac{e^x}{e^x-e^{-x}}dx$ $\left[\frac{1}{2}\ln|e^{2x}-1|+c\right]$

359 $\int \frac{dx}{\sqrt{x}+3}$ $[2\sqrt{x}-6\ln(\sqrt{x}+3)+c]$

360 $\int \frac{3dx}{2\sqrt{x}+x\sqrt{x}}$ $\left[3\sqrt{2}\arctan\frac{\sqrt{2x}}{2}+c\right]$

361 $\int \frac{x+3}{\sqrt{x+2}}dx$ $\left[\frac{2}{3}\sqrt{x+2}(x+5)+c\right]$

4 Integrazione per parti

▶ Teoria a p. 1440

$$\int f(x)\cdot g'(x)\,dx = f(x)\cdot g(x) - \int f'(x)\cdot g(x)\,dx$$

CACCIA ALL'ERRORE Correggi i calcoli seguenti, applicando correttamente la formula di integrazione per parti.

362 $\int x\cos x\,dx = -x\sin x + \int \sin x\,dx = -x\sin x - \cos x + c$

363 $\int x\ln x\,dx = \frac{x^2}{2}\ln x - \int x\cdot\frac{1}{x}dx = \frac{x^2}{2}\ln x - x + c$

364 $\int xe^{-x}dx = xe^{-x} - \int e^{-x}dx = xe^{-x} - e^{-x} + c$

365 **TEST** Nell'uguaglianza

$$\int 2x\,e^{h(x)}\,dx = 2x\,e^{h(x)} - 2\int e^{h(x)}dx$$

è stato applicato il metodo di integrazione per parti.
$h(x)$ è uguale a:

A $2x$. B x. C $\frac{x}{2}$. D x^2. E $\frac{x}{4}$.

366 **ESERCIZIO GUIDA** Calcoliamo, applicando la formula di integrazione per parti, l'integrale $\int x^2\ln x\,dx$.

$$\int \underbrace{x^2}_{g'}\,\underbrace{\ln x}_{f}\,dx = \underbrace{\frac{x^3}{3}}_{g}\,\underbrace{\ln x}_{f} - \int \underbrace{\frac{x^3}{3}}_{g}\cdot\underbrace{\frac{1}{x}}_{f'}\,dx = \frac{x^3}{3}\ln x - \int\frac{x^2}{3}dx = \frac{x^3}{3}\ln x - \frac{x^3}{9} + c$$

Calcola i seguenti integrali applicando la formula di integrazione per parti.

367 $\int 2x\ln x\,dx$ $\left[x^2\left(\ln x - \frac{1}{2}\right)+c\right]$

368 $\int 3x\cos x\,dx$ $[3x\sin x + 3\cos x + c]$

369 $\int xe^x dx$ $[e^x(x-1)+c]$

370 $\int \frac{\ln x}{x^2}dx$ $\left[-\frac{1}{x}(\ln x+1)+c\right]$

371 $\int \arctan x\,dx$ $\left[x\arctan x - \frac{1}{2}\ln(x^2+1)+c\right]$

372 $\int 4xe^{2x}dx$ $[(2x-1)e^{2x}+c]$

ESERCIZI

373 $\int \arcsin x \, dx$ $\quad [x \arcsin x + \sqrt{1-x^2} + c]$

374 $\int \frac{x+2}{e^x} dx$ $\quad \left[-\frac{x+3}{e^x} + c\right]$

375 $\int (x+2) \sin x \, dx$ $\quad [-(x+2)\cos x + \sin x + c]$

376 $\int x e^{-x} \, dx$ $\quad [-(x+1)e^{-x} + c]$

377 $\int \frac{\ln x}{x^3} dx$ $\quad \left[-\frac{\ln x}{2x^2} - \frac{1}{4x^2} + c\right]$

378 $\int 5x^4 \ln x \, dx$ $\quad \left[x^5 \ln x - \frac{x^5}{5} + c\right]$

379 $\int \ln 4x \, dx$ $\quad [x \ln 4x - x + c]$

380 $\int x \sin 2x \, dx$ $\quad \left[-\frac{x}{2}\cos 2x + \frac{1}{4}\sin 2x + c\right]$

381 $\int 2 \ln x \, dx$ $\quad [2x \ln x - 2x + c]$

382 $\int \frac{x}{2\sqrt{x+1}} dx$ $\quad \left[\frac{1}{3}\sqrt{x+1}(x-2) + c\right]$

383 $\int 2x \, e^{2x} dx$ $\quad \left[e^{2x}\left(x - \frac{1}{2}\right) + c\right]$

384 $\int x^2 \sin x \, dx$ $\quad [-x^2 \cos x + 2x \sin x + 2\cos x + c]$

385 $\int x^2 \cos x \, dx$ $\quad [x^2 \sin x + 2x \cos x - 2\sin x + c]$

386 $\int 4x \cos 2x \, dx$ $\quad [2x \sin 2x + \cos 2x + c]$

387 $\int (2x+1) \ln x \, dx$ $\quad \left[(x^2+x)\ln x - \frac{x^2}{2} - x + c\right]$

388 $\int \ln^2 x \, dx$ $\quad [x(\ln^2 x - \ln x^2 + 2) + c]$

389 $\int e^{\sqrt{x}} dx$ (poni $\sqrt{x} = t$) $\quad [2e^{\sqrt{x}}(\sqrt{x} - 1) + c]$

390 $\int x^2 e^x \, dx$ $\quad [e^x(x^2 - 2x + 2) + c]$

391 $\int 16x^3 \ln x \, dx$ $\quad [x^4(4\ln x - 1) + c]$

392 $\int \frac{x}{\cos^2 x} dx$ $\quad [x \tan x + \ln|\cos x| + c]$

393 $\int \arccos x \, dx$ $\quad [x \arccos x - \sqrt{1-x^2} + c]$

394 $\int \frac{\ln x^2}{x^2} dx$ $\quad \left[-\frac{1}{x}(2 + \ln x^2) + c\right]$

395 $\int 2x \arctan x \, dx$ $\quad [(x^2+1)\arctan x - x + c]$

---

396 Fra tutte le primitive della funzione $f(x) = \frac{x-3}{e^x}$, determina quella il cui grafico interseca l'asse y nel punto di ordinata 3.

$\left[\frac{2-x}{e^x} + 1\right]$

397 Fra le primitive della funzione $f(x) = 3x\cos x$ trova quella il cui grafico passa per il punto $\left(\frac{\pi}{3}; \frac{3}{2}\right)$.

$\left[3x \sin x + 3\cos x - \frac{\sqrt{3}}{2}\pi\right]$

LEGGI IL GRAFICO

398 Determina l'equazione di $y = F(x)$, sapendo che è una primitiva di $y = 2x \ln x$.

$\left[F(x) = x^2 \ln x - \frac{x^2}{2} + \frac{1}{2}\right]$

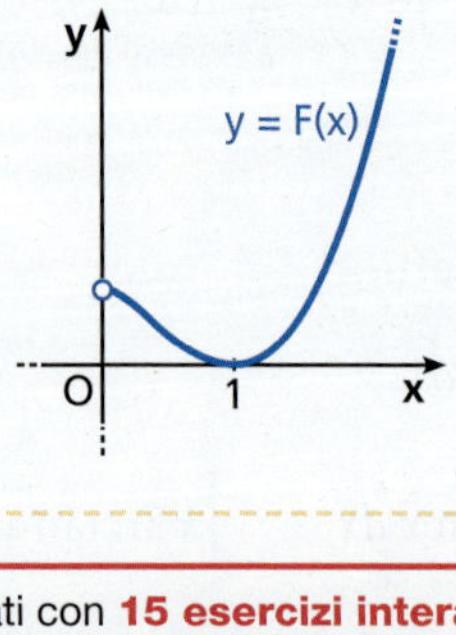

399 Trova l'equazione di $y = F(x)$, sapendo che è una primitiva di $y = -xe^x$.

$[F(x) = e^x(1-x) + 3]$

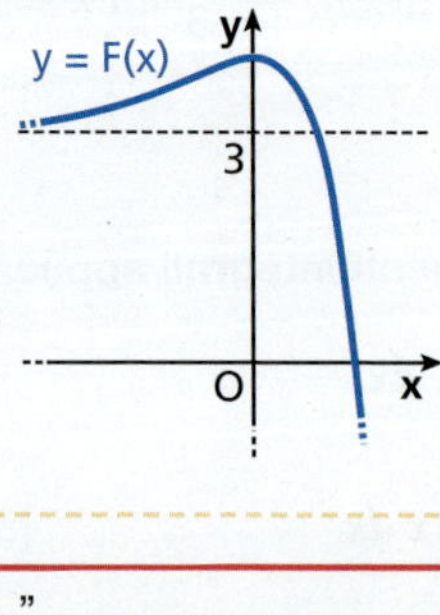

ESERCIZI

Riepilogo: Integrali indefiniti

Calcola i seguenti integrali.

400 $\int(3x^2-4x)dx$ $[x^3-2x^2+c]$

401 $\int(x^4-2x+1)dx$ $\left[\frac{x^5}{5}-x^2+x+c\right]$

402 $\int(x^3+6x^2)dx$ $\left[\frac{x^4}{4}+2x^3+c\right]$

403 $\int\frac{1}{5-x}dx$ $[-\ln|5-x|+c]$

404 $\int(6x-1)^2dx$ $[12x^3-6x^2+x+c]$

405 $\int\frac{4x}{x^2-3}dx$ $[2\ln|x^2-3|+c]$

406 $\int\frac{2}{(3x-2)^3}dx$ $\left[-\frac{1}{3(3x-2)^2}+c\right]$

407 $\int\frac{x}{(x^2+4)^3}dx$ $\left[-\frac{1}{4(x^2+4)^2}+c\right]$

408 $\int\frac{2-x}{x+3}dx$ $[-x+5\ln|x+3|+c]$

409 $\int\frac{x}{x+8}dx$ $[x-8\ln|x+8|+c]$

410 $\int\frac{1}{3x+9}dx$ $\left[\frac{1}{3}\ln|x+3|+c\right]$

411 $\int\sqrt{x-6}\,dx$ $\left[\frac{2}{3}\sqrt{(x-6)^3}+c\right]$

412 $\int\frac{1}{\sqrt{2x+5}}dx$ $[\sqrt{2x+5}+c]$

413 $\int\frac{2x^2-1}{x^3}dx$ $\left[2\ln x+\frac{1}{2x^2}+c\right]$

414 $\int\frac{x^2}{x^3+2}dx$ $\left[\frac{1}{3}\ln|x^3+2|+c\right]$

415 $\int(x-4)^3dx$ $\left[\frac{(x-4)^4}{4}+c\right]$

416 $\int\frac{1}{x^2-8x+16}dx$ $\left[-\frac{1}{x-4}+c\right]$

417 $\int\frac{x^5}{1+x^6}dx$ $\left[\frac{1}{6}\ln(1+x^6)+c\right]$

418 $\int x\sqrt{x^2+4}\,dx$ $\left[\frac{1}{3}\sqrt{(x^2+4)^3}+c\right]$

419 $\int(x^3+2)^2dx$ $\left[\frac{x^7}{7}+x^4+4x+c\right]$

420 $\int\frac{x-1}{x+4}dx$ $[x-5\ln|x+4|+c]$

421 $\int\left(\frac{5}{x^4}+\frac{x^2-x}{2}\right)dx$ $\left[-\frac{5}{3x^3}+\frac{x^3}{6}-\frac{x^2}{4}+c\right]$

422 $\int\left(\frac{3}{x^7}-\frac{10}{x^6}+4\right)dx$ $\left[-\frac{1}{2x^6}+\frac{2}{x^5}+4x+c\right]$

423 $\int\left(\frac{1}{2}\sqrt[3]{x}-\frac{5}{6}\sqrt[6]{x}\right)dx$ $\left[\frac{3}{8}x\cdot\sqrt[3]{x}-\frac{5}{7}x\cdot\sqrt[6]{x}+c\right]$

424 $\int\left(3\sqrt{2x}+x-\frac{2}{x^3}\right)dx$ $\left[2x\sqrt{2x}+\frac{x^2}{2}+\frac{1}{x^2}+c\right]$

425 $\int\left(\frac{3}{x}+\sqrt[4]{x^3}\right)dx$ $\left[3\ln|x|+\frac{4}{7}\sqrt[4]{x^7}+c\right]$

426 $\int\frac{8x+2x^2-x^3}{2x}dx$ $\left[4x+\frac{x^2}{2}-\frac{x^3}{6}+c\right]$

427 $\int(x^4-1)^2 4x^3dx$ $\left[\frac{(x^4-1)^3}{3}+c\right]$

428 $\int\frac{1}{\sqrt[4]{2x+1}}dx$ $\left[\frac{2}{3}\sqrt[4]{(2x+1)^3}+c\right]$

429 $\int\frac{3x^2}{\sqrt{x^3+4}}dx$ $[2\sqrt{x^3+4}+c]$

430 $\int\frac{x^2+x+1}{x(1+x^2)}dx$ $[\ln|x|+\arctan x+c]$

431 $\int\frac{6x^2+4}{x^3+2x+1}dx$ $[\ln(x^3+2x+1)^2+c]$

432 $\int\frac{1}{\sqrt{1-9x^2}}dx$ $\left[\frac{\arcsin 3x}{3}+c\right]$

433 $\int\frac{5x-1}{5x^2-2x-2}dx$ $[\ln\sqrt{|5x^2-2x-2|}+c]$

434 $\int\frac{4x}{\sqrt{1-x^2}}dx$ $[-4\sqrt{1-x^2}+c]$

435 $\int e^{-6x}dx$ $\left[-\frac{1}{6}e^{-6x}+c\right]$

436 $\int(x^3-\sin 2x)dx$ $\left[\frac{x^4}{4}+\frac{1}{2}\cos 2x+c\right]$

437 $\int\cos 7x\,dx$ $\left[\frac{1}{7}\sin 7x+c\right]$

438 $\int\frac{e^{-\frac{1}{x}}}{x^2}dx$ $[e^{-\frac{1}{x}}+c]$

439 $\int(e^{4x}-4e)dx$ $\left[\frac{1}{4}e^{4x}-4ex+c\right]$

440 $\int(-2e^x+6\cdot 8^x)dx$ $\left[-2e^x+\frac{2}{\ln 2}\cdot 8^x+c\right]$

ESERCIZI

441 $\int \frac{2}{x\ln^2 x}dx$ $\left[-\frac{2}{\ln x}+c\right]$

442 $\int \frac{\sin x}{\sqrt{1+\cos x}}dx$ $[-2\sqrt{1+\cos x}+c]$

443 $\int \left(-\frac{\cos x}{3-\sin x}\right)dx$ $[\ln(3-\sin x)+c]$

444 $\int \left(\frac{3}{x^2}+\sin x-6\cos x\right)dx$ $\left[-\frac{3}{x}-\cos x-6\sin x+c\right]$

445 $\int e^{x^2+3x+1}(2x+3)\,dx$ $[e^{x^2+3x+1}+c]$

446 $\int \frac{\cos(\ln x)}{x}dx$ $[\sin(\ln x)+c]$

447 $\int \frac{e^x}{\sqrt{1-e^{2x}}}dx$ $[\arcsin e^x+c]$

AL VOLO

448 $\int (\sin^2 2x+\cos^2 2x)\,dx$

449 $\int \frac{x\ln x^4}{\ln x}dx$

450 $\int \sin^3 x\cos^4 x\,dx$ $\left[\frac{\cos^7 x}{7}-\frac{\cos^5 x}{5}+c\right]$

451 $\int \frac{\sin 2x}{4\sin^2 x}dx$ $\left[\frac{1}{2}\ln|\sin x|+c\right]$

452 $\int \frac{e^x-e^{-x}}{e^x+e^{-x}}dx$ $[\ln(e^x+e^{-x})+c]$

453 $\int \frac{1}{\sqrt{x}\cos^2\sqrt{x}}dx$ $[2\tan\sqrt{x}+c]$

454 $\int \frac{x^2}{1+x^6}dx$ $\left[\frac{\arctan x^3}{3}+c\right]$

455 $\int \frac{3}{\sqrt{4-9x^2}}dx$ $\left[\arcsin\frac{3x}{2}+c\right]$

456 $\int \frac{3^{\tan x}}{\cos^2 x}dx$ $\left[\frac{3^{\tan x}}{\ln 3}+c\right]$

457 $\int \frac{\sin x}{1+\cos^2 x}dx$ $[-\arctan(\cos x)+c]$

458 $\int \frac{e^{\tan x}}{\cos^2 x}dx$ $[e^{\tan x}+c]$

Calcola i seguenti integrali con il metodo di sostituzione.

459 $\int \sin\sqrt{x}\,dx$ $[2(\sin\sqrt{x}-\sqrt{x}\cos\sqrt{x})+c]$

460 $\int \frac{1}{2(\sqrt{x}-2)}dx$ $[\sqrt{x}+2\ln|\sqrt{x}-2|+c]$

461 $\int \frac{x}{\sqrt{1-x}}dx$ $\left[-\frac{2}{3}\sqrt{1-x}\,(x+2)+c\right]$

462 $\int \frac{x-2}{\sqrt{x+3}}dx$ $\left[\frac{2}{3}\sqrt{x+3}\,(x-12)+c\right]$

463 $\int \frac{dx}{(x+2)\sqrt{2x+3}}$ $[2\arctan\sqrt{2x+3}+c]$

464 $\int \frac{1}{\sqrt{x}(\sqrt[3]{x}+\sqrt{x})}dx$ poni $\sqrt[6]{x}=t$ $[6\ln(\sqrt[6]{x}+1)+c]$

Calcola i seguenti integrali, integrando per parti.

465 $\int xe^{2-x}dx$ $[-e^{2-x}(x+1)+c]$

466 $\int \ln(x-1)\,dx$ $[(x-1)\ln(x-1)-x+c]$

467 $\int x^3\ln x\,dx$ $\left[\frac{x^4}{4}\left(\ln x-\frac{1}{4}\right)+c\right]$

468 $\int (x+2)\cos(x+\pi)\,dx$ $[-(x+2)\sin x-\cos x+c]$

469 $\int (\ln x-\ln^2 x)\,dx$ $[3x\ln x-x\ln^2 x-3x+c]$

470 $\int (2x+1)\arctan x\,dx$ $\left[(x^2+x+1)\arctan x-x-\frac{1}{2}\ln(x^2+1)+c\right]$

Problemi

Per ciascuna delle seguenti funzioni, trova la primitiva il cui grafico passa per il punto *P* dato.

471 $f(x)=\frac{3x}{x-4}$, $P(5;10)$. $[F(x)=3x+12\ln|x-4|-5]$

472 $f(x)=\frac{3x^3+1}{x}$, $P(-1;2)$. $[F(x)=x^3+\ln|x|+3]$

473 $f(x)=xe^{x^2-3}$ $P(2;e)$. $\left[F(x)=\frac{e^{x^2-3}}{2}+\frac{e}{2}\right]$

474 $f(x)=2xe^{-x}$, $P(0;1)$. $[F(x)=-2e^{-x}(x+1)+3]$

475 Trova a e b in modo che la funzione $F(x) = e^{ax^2} + bx^2$ sia una primitiva di $f(x) = 4x(e^{2x^2} - 1)$. $[a = 2, b = -2]$

476 Trova la funzione $f(x)$, sapendo che $f(0) = 1$, $f'(1) = 4$ e $f''(x) = 12x + 2$. $[f(x) = 2x^3 + x^2 - 4x + 1]$

477 Trova la funzione $f(x)$, sapendo che $f(0) = 5$, $f'(\pi) = 0$ e $f''(x) = -\sin x$. $[f(x) = \sin x + x + 5]$

---

478 LEGGI IL GRAFICO Tra le primitive della funzione $f(x) = 30x^2(x^3 - 1)^4$, determina quella in cui il grafico è rappresentato nella figura. $[F(x) = 2(x^3 - 1)^5 + 2]$

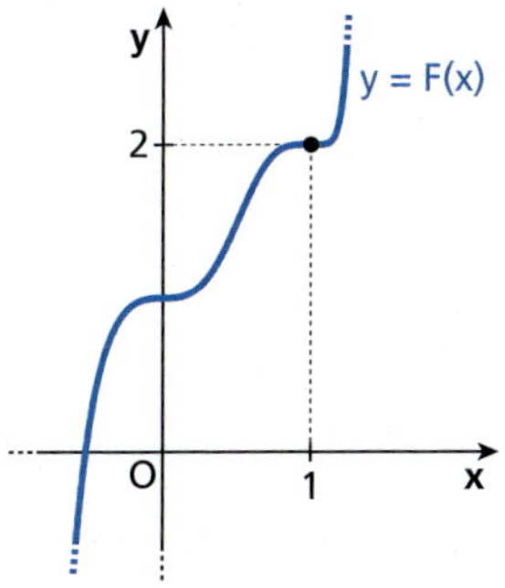

479 LEGGI IL GRAFICO Trova l'equazione della funzione $f(x)$ rappresentata nella figura, sapendo che $f''(x) = e^x - 2$ e che la retta r è tangente in A al grafico di $f(x)$. $[f(x) = e^x - x^2]$

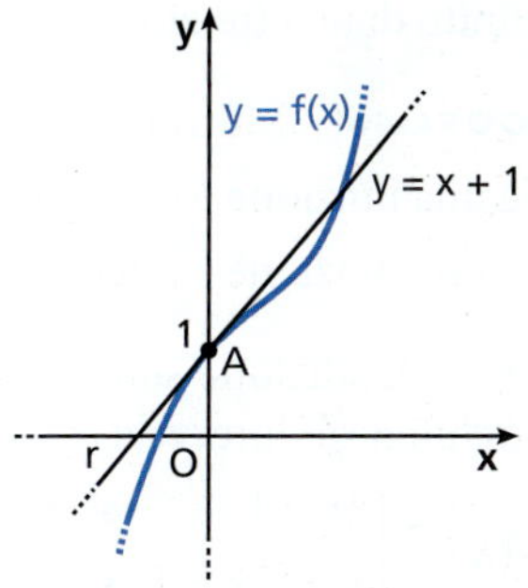

---

480 Tra le primitive di $f(x) = \dfrac{5x + 7}{x - 1}$ determina quella che passa per il punto $A(2; 10)$. $[y = 5x + 12\ln|x - 1|]$

481 Tra le primitive della funzione $f(x) = 6x^2 + 2x$ determina quella che ha un punto di minimo di ordinata 5. $[y = 2x^3 + x^2 + 5]$

482 Data la funzione $y = \dfrac{x - 1}{(x^2 - 2x)^2}$, determina la primitiva $f(x)$ il cui grafico passa per il punto di coordinate $\left(1; -\dfrac{1}{2}\right)$. Studia e rappresenta graficamente $y = f(x)$. $\left[y = -\dfrac{1}{2(x^2 - 2x)} - 1\right]$

483 Determina $f(x)$, sapendo che $f''(x) = \ln x + 3$, $f'(1) = 2$ e $f(1) = \dfrac{3}{4}$. $\left[f(x) = \dfrac{x^2}{2}\ln x + \dfrac{3}{4}x^2\right]$

484 Trova la funzione $f(x)$ che ha come derivata seconda $f''(x) = 12x^2 - 24x + 1$ e nel punto di ascissa 1 ha per tangente la retta di equazione $8x + 2y - 9 = 0$. $\left[f(x) = x^4 - 4x^3 + \dfrac{1}{2}x^2 + 3x\right]$

485 Tra le primitive della funzione $f(x) = xe^x$ determina quella il cui grafico passa per il punto $A(0; 3)$. Dimostra che tutte le primitive hanno il minimo assoluto nel punto di ascissa $x = 0$. $[y = xe^x - e^x + 4]$

486 La derivata prima di una funzione $y = f(x)$ è $y' = 2 - \dfrac{1}{(x + 2)^2}$. Determina e rappresenta graficamente la funzione $f(x)$, che ha per asintoto obliquo la retta $y = 2x + 1$. $\left[f(x) = 2x + 1 + \dfrac{1}{x + 2}\right]$

487
a. Determina la primitiva $F(x)$ della funzione
$$y = \frac{2x}{x^4 - 2x^2 + 1}$$
che passa per il punto $(0; 1)$.
b. Studia $F(x)$ e rappresenta il suo grafico.
c. Scrivi l'equazione della tangente a $F(x)$ nel suo punto di ascissa 2.
$\left[\text{a) } F(x) = \dfrac{1}{1 - x^2};\ \text{c) } 4x - 9y - 11 = 0\right]$

488 Tra le primitive della funzione $y = \dfrac{2}{2 + e^x}$ trova quella che passa per il punto $(0; -\ln 3)$ e verifica che non presenta né massimi, né minimi, né flessi. $[y = x - \ln(2 + e^x)]$

489 Determina la primitiva della funzione
$$y = \frac{a}{(x + b)^2}$$
che ha come asintoto la retta di equazione $x = 3$, interseca l'asse x in $(1; 0)$ e passa per il punto $(4; 3)$. $\left[y = \dfrac{x - 1}{x - 3}\right]$

VERIFICA DELLE COMPETENZE ALLENAMENTO

ARGOMENTARE

1 Dopo aver spiegato cosa si intende con la scrittura $\int f(x)dx = g(x) + c$, considera le funzioni $y = \frac{-1}{x-9}$ e $y = \frac{1}{(x-9)^2}$. Indica quale delle due è $g(x)$.

2 Spiega cosa significa l'affermazione che l'integrale è un operatore lineare e fai un esempio.

3 Scrivi la definizione di primitiva di una funzione e spiega la differenza che esiste fra primitiva e integrale indefinito di una funzione.

4 **VERO O FALSO?** Motiva le risposte aiutandoti con esempi.

a. Se una funzione è derivabile, allora è continua e integrabile. V F

b. Se una funzione è integrabile, allora è continua. V F

5 Indica la condizione sufficiente di integrabilità di una funzione e spiega perché le seguenti funzioni sono integrabili negli intervalli assegnati.

a. $f(x) = \begin{cases} 2x-1 & \text{se } x < 0 \\ x^2+2x-1 & \text{se } x \geq 0 \end{cases}$, in $[-2; 2]$;

b. $g(x) = \frac{1}{x}$, in $[1; 2]$.

UTILIZZARE TECNICHE E PROCEDURE DI CALCOLO

TEST

6 Dato il polinomio $p(x) = 4x^3 + 2x^k - 4$, indica per quale valore di k una primitiva di $p(x)$ è

$$P(x) = x^4 + x^2 - 4x + c.$$

A 0

B 1

C -1

D 2

E Nessuno dei valori precedenti.

7 Se nell'integrale $\int \frac{x + e^{2\sqrt{x}}}{\sqrt{x}} dx$ utilizziamo il metodo di sostituzione, ponendo $t = \sqrt{x}$, otteniamo:

A $\int \frac{t^2 + e^{2t}}{t} dt$.

B $\int \frac{t^2 + e^{2t}}{t^2} dt$.

C $\int (t^2 + e^{2t})\, dt$.

D $\int 2(t^2 + e^{2t})\, dt$.

E $\int \frac{t^2 + e^{2t}}{2} dt$.

Calcola i seguenti integrali.

8 $\int \left(\frac{x^3 - x^2}{2} + x + 1\right) dx$ $\left[\frac{x^4}{8} - \frac{x^3}{6} + \frac{x^2}{2} + x + c\right]$

9 $\int \left(\frac{1}{\sqrt[3]{x}} - \frac{2}{x^3}\right) dx$ $\left[\frac{3}{2}\sqrt[3]{x^2} + \frac{1}{x^2} + c\right]$

10 $\int \frac{x^5 - x^3 - 2x}{x^4} dx$ $\left[\frac{x^2}{2} - \ln|x| + \frac{1}{x^2} + c\right]$

11 $\int (5e^{-x} + 4x) dx$ $[-5e^{-x} + 2x^2 + c]$

12 $\int \left(\frac{1}{x} - 6\right) dx$ $[\ln|x| - 6x + c]$

13 $\int \frac{x+4}{x+3} dx$ $[x + \ln|x+3| + c]$

14 $\int (2x-5)^5 dx$ $\left[\frac{(2x-5)^6}{12} + c\right]$

15 $\int \left(1 - \frac{2}{\sin^2 x} + 3\cos x - 4\sin x\right) dx$ $[x + 2\cot x + 3\sin x + 4\cos x + c]$

16 $\int (x^3 + x) e^{x^4 + 2x^2} dx$ $\left[\frac{e^{x^4+2x^2}}{4} + c\right]$

17 $\int x^3 (x^4 + 1) dx$ $\left[\frac{1}{8}(x^4+1)^2 + c\right]$

18 $\int x\sqrt{x^2+9}\, dx$ $\left[\frac{1}{3}(x^2+9)\sqrt{x^2+9} + c\right]$

19 $\int \frac{4x^2}{2x^3+3} dx$ $\left[\frac{2}{3}\ln|2x^3+3| + c\right]$

20 $\int 3x\sin(x^2+4)\,dx$ $\left[-\frac{3}{2}\cos(x^2+4)+c\right]$

21 $\int \frac{3\ln^3 x}{x}\,dx$ $\left[\frac{3}{4}\ln^4 x+c\right]$

22 $\int x\sqrt{x+4}\,dx$ $\left[\frac{2}{15}(x+4)(3x-8)\sqrt{x+4}+c\right]$

23 $\int \sqrt{6-5x}\,dx$ $\left[-\frac{2}{15}(6-5x)^{\frac{3}{2}}+c\right]$

24 $\int \frac{x^2}{e^x}\,dx$ $\left[-\frac{x^2+2x+2}{e^x}+c\right]$

25 $\int x\ln^2 x\,dx$ $\left[\frac{1}{2}x^2\ln^2 x-\frac{1}{2}x^2\ln x+\frac{x^2}{4}+c\right]$

26 $\int \frac{3}{8x-1}\,dx$ $\left[\frac{3}{8}\ln|8x-1|+c\right]$

27 $\int \frac{x}{9-x^2}\,dx$ $\left[-\frac{1}{2}\ln|9-x^2|+c\right]$

28 $\int \frac{2x+1}{1+x^2}\,dx$ $[\ln(1+x^2)+\arctan x+c]$

29 $\int x^3e^{-x}\,dx$ $[-e^{-x}(x^3+3x^2+6x+6)+c]$

30 $\int \frac{\arctan x-4}{1+x^2}\,dx$ $\left[\frac{1}{2}\arctan^2 x-4\arctan x+c\right]$

31 $\int \frac{\ln x}{x^2}\,dx$ $\left[-\frac{1}{x}(\ln x+1)+c\right]$

ANALIZZARE E INTERPRETARE DATI E GRAFICI

Trova il valore di *a* e *b* in modo che *F*(*x*) sia una primitiva di *f*(*x*).

32 $F(x)=ax+b\ln|x|;\qquad f(x)=\frac{4x-1}{x}.$ $[a=4, b=-1]$

33 $F(x)=a\sin x+b\cos x;\ f(x)=2\sin x+3\cos x.$ $[a=3, b=-2]$

34 Scrivi l'equazione della primitiva di $y=\frac{3x+2}{x}$ il cui grafico passa per il punto (1; 5). $[F(x)=3x+2\ln|x|+2]$

35 LEGGI IL GRAFICO Tra le primitive della funzione $f(x)=-3x^2e^{-x^3}$, determina quella il cui grafico è rappresentato nella figura. $[F(x)=e^{-x^3}-1]$

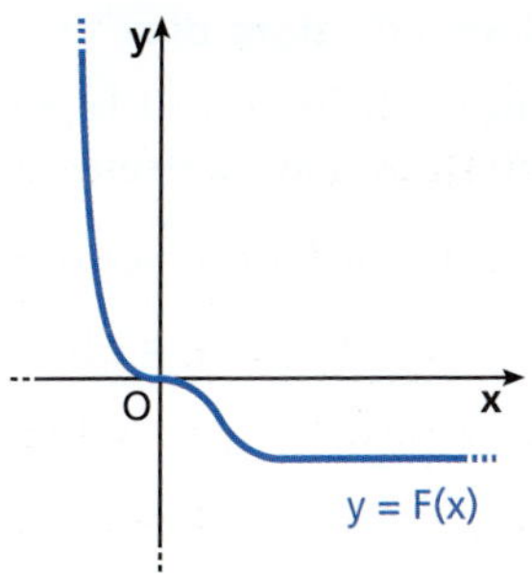

RISOLVERE PROBLEMI

36 Scrivi la primitiva $F(x)$ di $y=\frac{4x^2-2}{x}$ il cui grafico passa per (1; 5). $[F(x)=2x^2-2\ln|x|+3]$

37 Determina la primitiva $F(x)$ di $y=5x^4-e^{-2x}$ il cui grafico passa per $\left(0;\frac{3}{2}\right)$. $\left[F(x)=x^5+\frac{e^{-2x}}{2}+1\right]$

38 Determina la funzione $f(x)$ tale che $f(1)=10$, $f'(0)=4$, $f''(x)=48x$. $[f(x)=4x+8x^3-2]$

39 Determina la funzione $f(x)$ tale che $f(0)=4$, $f'(1)=1+e$, $f''(x)=e^x$. $[f(x)=e^x+x+3]$

40 Fra tutte le primitive di $f(x)=(x-2)e^{-x}$, determina quella il cui grafico passa per (0; 1). $[F(x)=e^{-x}(1-x)]$

41 Fra tutte le primitive di $f(x)=x\ln\frac{1}{x}$, trova quella che passa per (1; 0). $\left[F(x)=\frac{x^2}{2}\ln\frac{1}{x}+\frac{x^2}{4}-\frac{1}{4}\right]$

42 Determina la primitiva di $f(x)=\frac{x+2}{x+1}$ che ha il punto di massimo di ordinata -1. $[y=x+\ln|x+1|+1]$

43 Sia $f(x)=x^2\ln x$.

a. Ricava la funzione $F(x)$, primitiva di $f(x)$, tale che $F(1)=0$.

b. Dimostra che $x=1$ è un minimo relativo per $F(x)$. $\left[\text{a) } F(x)=\frac{1}{3}x^3\ln x-\frac{1}{9}x^3+\frac{1}{9}\right]$

VERIFICA DELLE COMPETENZE

COSTRUIRE E UTILIZZARE MODELLI

RISOLVIAMO UN PROBLEMA

Capitale in espansione

La velocità con cui è cresciuta la popolazione di Roma tra il 1870 e il 1970 si può esprimere come $P'(t) = \frac{9}{10}e^{\frac{t}{20}}$, dove t è il tempo in anni a partire dal 1870 e $P'(t)$ è espressa in migliaia di persone per anno.

- Determina la funzione $P(t)$ che esprime la popolazione in migliaia di persone, sapendo che nel 1870 si contavano circa 210 000 residenti, e calcola la popolazione nel 1970.
- A partire dagli anni Settanta la situazione è cambiata e il modello non è più valido. Calcola la popolazione prevista per l'anno 2014 e confronta il calcolo con il dato reale: circa 2,9 milioni di persone.

► Determiniamo $P(t)$ integrando $P'(t)$.

$$\int \frac{9}{10}e^{\frac{t}{20}}dt = 20 \cdot \frac{9}{10}e^{\frac{t}{20}} + c = 18e^{\frac{t}{20}} + c.$$

Quindi $P(t) = 18e^{\frac{t}{20}} + c$.

► Calcoliamo il valore di c.

Sapendo che nel 1870, anno 0, la popolazione contava 210 000 unità, possiamo scrivere:

$P(0) = 210$ (migliaia di persone) →

$18 \cdot e^0 + c = 210 \quad \rightarrow \quad c = 210 - 18 = 192.$

Allora $P(t) = 18e^{\frac{t}{20}} + 192$.

► Troviamo la popolazione nel 1970.

Il 1970 corrisponde a $t = 100$, quindi:

$$P(100) = 18 \cdot e^5 + 192 \simeq 2864.$$

Secondo il modello, nel 1970 gli abitanti di Roma erano quasi 2,9 milioni.

► Calcoliamo la previsione per il 2014.

Il 2014 corrisponde a $t = 144$:

$$P(144) = 18 \cdot e^{\frac{36}{5}} + 192 \simeq 24300.$$

Il modello prevede 24 milioni di abitanti, cifra che si discosta molto dalla realtà.

44 ●○ 

Domanda e offerta Il reparto marketing di un'azienda che produce gelati ha calcolato che la velocità con cui la quantità di prodotto richiesta dai consumatori varia rispetto al prezzo è data dalla funzione domanda marginale $D'(x) = -\frac{3000}{x^2}$, dove il prezzo x è in euro.

a. Trova la funzione domanda $D(x)$, sapendo che quando il prezzo è di € 3 a confezione la domanda è di 1500 unità.

b. Calcola il numero di confezioni richieste quando il prezzo sale a € 4.

$\left[\text{a) } D(x) = \frac{3000}{x} + 500; \text{ b) } 1250\right]$

45 ●● **L'ora del tè** Una tazza di tè, inizialmente alla temperatura di 90 °C, in un ambiente con una temperatura di 20 °C si raffredda a una velocità che si può esprimere come $T'(t) = -14e^{-\frac{t}{5}}$, dove t è misurato in minuti e la velocità di raffreddamento è misurata in gradi centigradi al minuto.

a. Trova la temperatura del tè in funzione dei minuti che passano.

b. Quanti minuti devi aspettare se vuoi bere il tè a 40 °C?

c. Cosa prevede il modello per tempi di raffreddamento molto lunghi?

$\left[\text{a) } T(t) = 70e^{-\frac{t}{5}} + 20; \text{ b) } \simeq 6 \text{ min; c) } T(t) \rightarrow 20 \text{ °C}\right]$

TUTOR matematica Allenati con **15 esercizi interattivi** con feedback "hai sbagliato, perché..."
su.zanichelli.it/tutor3 risorsa riservata a chi ha acquistato l'edizione con tutor

VERIFICA DELLE COMPETENZE PROVE

1 ora

PROVA A

1 Scrivi due primitive della funzione

$$f(x) = \frac{2x^2 + 5x}{x}$$

e traccia i loro grafici nello stesso piano cartesiano.

Calcola i seguenti integrali.

2 a. $\int (3x + 5)dx$ b. $\int (2e^x - 3x^2)dx$ c. $\int (\cos x + x^4)dx$

3 a. $\int xe^{x^2-2}dx$ b. $\int \frac{x^3}{2x^4+1}dx$ c. $\int x\sqrt{4-x^2}\,dx$

4 a. $\int \frac{x-4}{x+3}dx$ b. $\int x\sin 2x\,dx$ c. $\int \frac{\ln 5x}{x}\,dx$

5 Calcola $\int \frac{3x}{\sqrt{x+5}}dx$ ponendo $\sqrt{x+5} = t$.

6 Tra le primitive $F(x)$ della funzione $f(x) = 6x\cos 3x^2$, determina quella il cui grafico è rappresentato in figura.

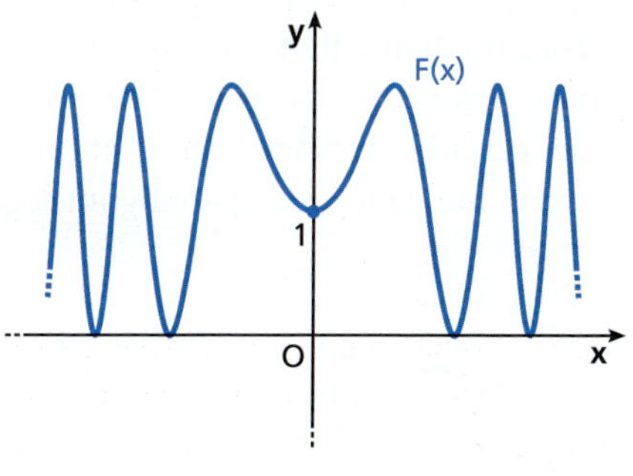

PROVA B

Vicini di casa Due piccoli Comuni limitrofi si stanno espandendo grazie alle buone opportunità di lavoro che offrono. La velocità con cui la popolazione cresce è

- $P'(t) = 45$ per il primo Comune,
- $S'(t) = 50e^{\frac{t}{100}}$ per il secondo Comune,

dove t è il tempo in anni, a partire dal 2000. $P'(t)$ e $S'(t)$ esprimono il numero di nuovi abitanti per anno.

a. Determina le funzioni $P(t)$ e $S(t)$ che descrivono l'andamento della popolazione a partire dal 2000, sapendo che in quell'anno il primo Comune contava 5200 abitanti e il secondo 5000.

b. Quanti abitanti avevano i due Comuni nel 2010?

c. Disegna i grafici di $P(t)$ e $S(t)$. Stima a partire da quale anno, secondo questi modelli, il secondo Comune avrà più abitanti del primo.

CAPITOLO

28 INTEGRALI DEFINITI

1 Integrale definito

Problema delle aree

L'introduzione del calcolo degli integrali definiti nasce dalla necessità di determinare le *aree* di figure piane aventi *contorno curvilineo* chiuso. Mentre per i poligoni il calcolo dell'area si riconduce a quella di un quadrato, per le figure il cui contorno è una curva qualsiasi il problema è più complesso.
L'esempio più semplice è il cerchio, la cui area è stata determinata da Archimede di Siracusa mediante il *metodo di esaustione*. Se si considerano due successioni di poligoni regolari di n lati inscritti e circoscritti al cerchio, si può dimostrare che l'area del cerchio coincide con il limite comune delle due successioni costituite rispettivamente dalle aree dei poligoni regolari inscritti e circoscritti al cerchio.

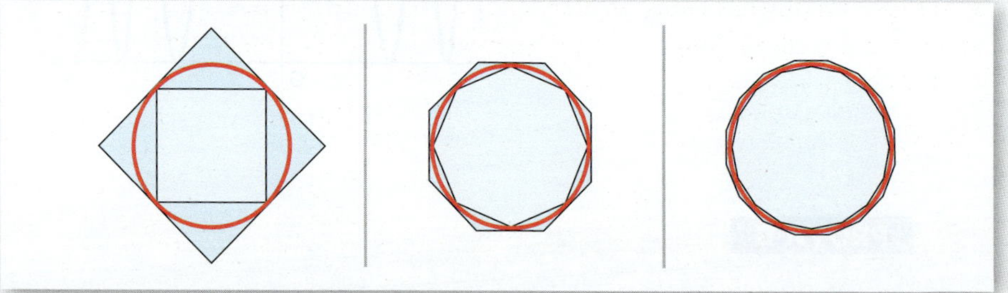

Con un ragionamento analogo vedremo che è possibile determinare l'area di un particolare tipo di superficie a contorno curvilineo chiuso, che chiamiamo *trapezoide*. Questo procedimento ha portato al concetto più generale e astratto di *integrale definito* che si presta a determinare aree e volumi e a risolvere anche problemi di natura diversa.

Definizione di integrale definito

▶ Esercizi a p. 1487

Trapezoide

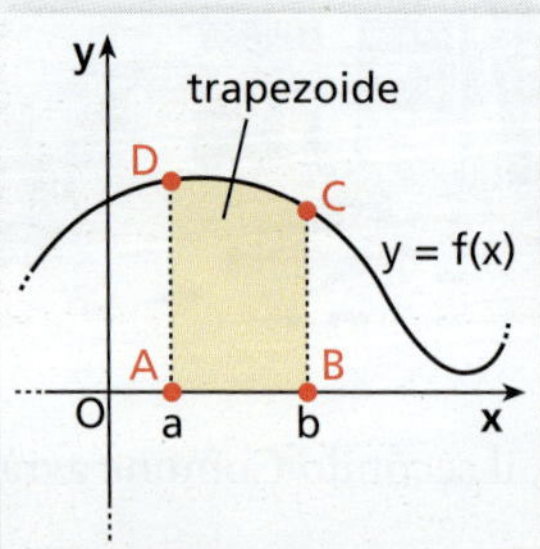

Dati una funzione $y = f(x)$ e un intervallo chiuso e limitato $[a; b]$ nel quale la funzione è *continua* e *positiva* (o nulla), il **trapezoide** è la figura piana delimitata dall'asse x, dalle rette $x = a$ e $x = b$ e dal grafico di $f(x)$. Si tratta di un quadrilatero mistilineo di vertici $A(a; 0)$, $B(b; 0)$, $C(b; f(b))$, $D(a; f(a))$, che viene chiamato trapezoide perché somiglia a un trapezio con le basi parallele all'asse y.

L'*area S di un trapezoide* non può essere calcolata in modo elementare, tuttavia possiamo approssimarla utilizzando il seguente procedimento:

- dividiamo l'intervallo $[a; b]$ in n parti uguali di ampiezza $h = \frac{b-a}{n}$;
- consideriamo gli n rettangoli aventi ciascuno per base un segmento di suddivisione e per altezza il segmento associato al minimo m_i che la funzione assume in tale intervallo, la cui esistenza è garantita dal teorema di Weierstrass;
- indichiamo con s_n la somma delle aree di tutti questi n rettangoli:

$$s_n = m_1 h + m_2 h + \ldots + m_n h = \sum_{i=1}^{n} m_i h.$$

L'area del trapezoide viene così approssimata per difetto da s_n.

Con considerazioni analoghe, possiamo approssimare per eccesso l'area del trapezoide tramite la somma delle aree dei rettangoli associati a una scomposizione di $[a; b]$ in n parti uguali e aventi per altezza il segmento associato al massimo M_i della funzione nel corrispondente intervallo. Indichiamo la somma con S_n:

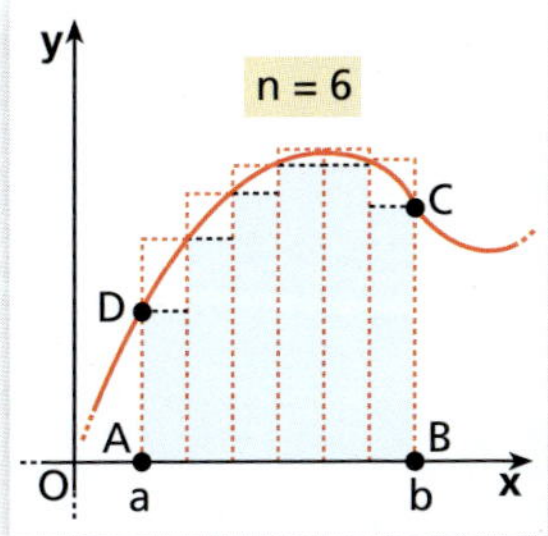

$$S_n = M_1 h + M_2 h + \ldots + M_n h = \sum_{i=1}^{n} M_i h.$$

s_n e S_n vengono chiamate rispettivamente **somma integrale inferiore** e **somma integrale superiore**. L'area S del trapezoide risulta compresa fra l'area per difetto e quella per eccesso, ossia possiamo scrivere:

$$s_n \leq S \leq S_n.$$

Integrale definito di una funzione continua positiva o nulla

Vediamo in che modo le somme integrali portano a determinare l'area del trapezoide. Osserviamo che l'approssimazione delle due aree s_n e S_n risulta migliore man mano che si scelgono più piccoli gli intervalli di suddivisione di $[a; b]$.

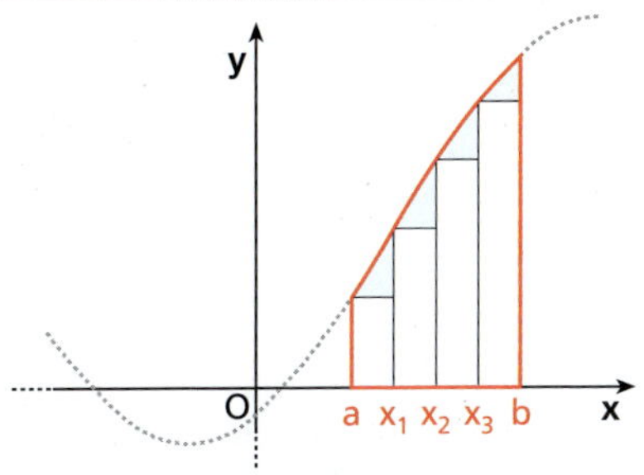

a. Per $n = 4$ l'intervallo è suddiviso in 4 parti. La somma delle aree dei 4 rettangoli approssima, per difetto, l'area del trapezoide.

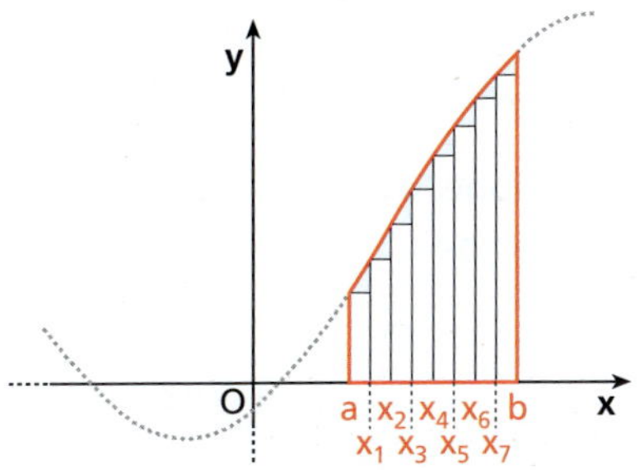

b. Se $n = 8$, la somma delle aree degli 8 rettangoli approssima meglio della precedente, per difetto, l'area del trapezoide.

Per $n = 1, 2, 3, \ldots$ i valori di s_n e S_n formano le due successioni:

$$s_1, s_2, s_3, \ldots, s_n, \ldots$$

$$S_1, S_2, S_3, \ldots, S_n, \ldots$$

Si può dimostrare, utilizzando l'ipotesi della continuità della funzione $f(x)$ in $[a; b]$, che tali successioni convergono allo stesso limite, ossia che:

$$\lim_{n \to +\infty} s_n = \lim_{n \to +\infty} S_n.$$

MATEMATICA E STORIA

Integrali ante litteram Nel III secolo a.C., Archimede determinò con buona approssimazione le misure della lunghezza della circonferenza, dell'area del cerchio, del segmento parabolico (nella figura), quelle di numerose altre superfici e di molti volumi di rotazione.

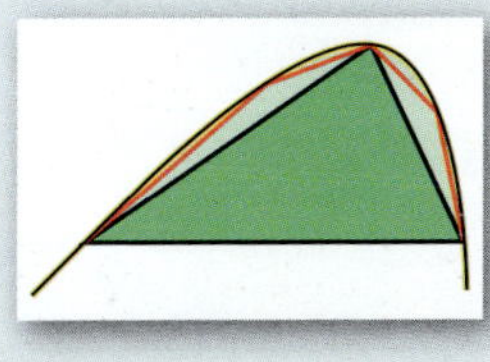

► Quale metodo usò?

La risposta

► Calcola un valore approssimato per difetto e per eccesso dell'area del trapezoide definito dalla funzione $y = x^2$ nell'intervallo [0; 4], utilizzando prima 4 intervalli e poi 8 intervalli.

Il limite comune delle due successioni si chiama **integrale definito** e viene indicato con il simbolo

$$\int_a^b f(x)\,dx,$$

che si legge «integrale da a a b di $f(x)$ in dx».

Tale limite fornisce la misura dell'area S del trapezoide relativo a $f(x)$, considerato nell'intervallo $[a; b]$.
Il simbolo $\int$ rappresenta una S allungata per ricordare che, nella rappresentazione grafica, a un integrale corrisponde una somma di aree di rettangoli aventi altezza $f(x)$ e base dx.

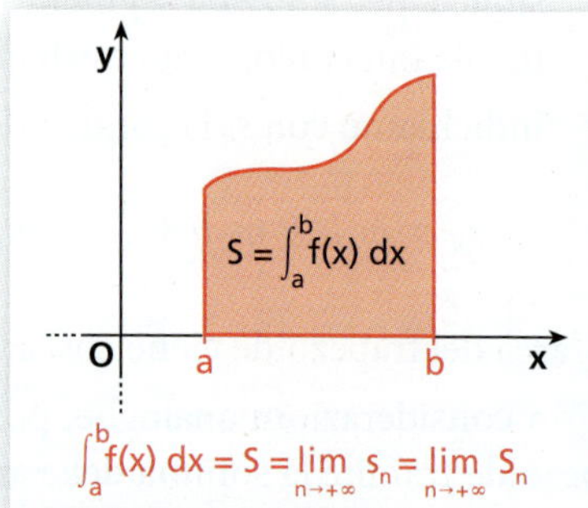

Integrale definito di una funzione continua di segno qualsiasi

Il procedimento seguito per una funzione $f(x)$ positiva nell'intervallo $[a; b]$ può essere ripetuto anche per una funzione che cambia segno in $[a; b]$ e si dimostra che, se una funzione $f(x)$ è continua in $[a; b]$, le successioni s_n e S_n per $n \to +\infty$ sono convergenti e ammettono lo stesso limite:

$$\lim_{n \to +\infty} s_n = \lim_{n \to +\infty} S_n.$$

Diamo allora la seguente definizione.

DEFINIZIONE

Data una funzione $f(x)$ continua in $[a; b]$, l'**integrale definito** esteso all'intervallo $[a; b]$ è il valore comune del limite per $n \to +\infty$ delle due successioni s_n, per difetto, e S_n, per eccesso.

Tale valore viene indicato con la scrittura $\int_a^b f(x)\,dx$, dove a e b sono gli **estremi di integrazione**, a è l'**estremo inferiore**, b l'**estremo superiore** e $f(x)$ è detta **funzione integranda**.

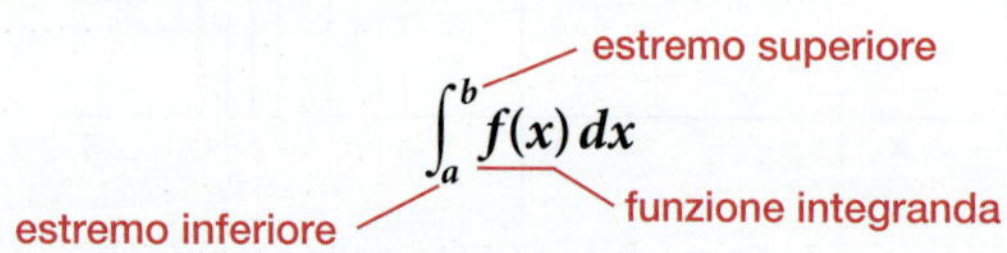

Il risultato del calcolo di un integrale definito è un numero reale qualsiasi e non rappresenta necessariamente l'area del trapezoide.

- Se $f(x) \geq 0$ in $[a; b]$, allora $\int_a^b f(x)\,dx \geq 0$ e il valore dell'integrale definito rappresenta l'area del trapezoide (figura **a** della pagina seguente).
- Se $f(x) < 0$ in $[a; b]$, allora $\int_a^b f(x)\,dx < 0$. Per determinare l'area compresa tra il grafico di $f(x)$ e l'asse x (figura **b** della pagina seguente) occorre calcolare il valore assoluto di $\int_a^b f(x)\,dx$.

- Se $f(x)$ cambia segno in $[a; b]$, allora $\int_a^b f(x)$ può essere positivo, negativo o nullo.

Per calcolare l'area compresa tra il grafico di $f(x)$ e l'asse x occorre suddividere l'intervallo $[a; b]$ in sottointervalli in ognuno dei quali la funzione mantiene lo stesso segno (figura **c**). Riprenderemo l'argomento nel paragrafo 3.

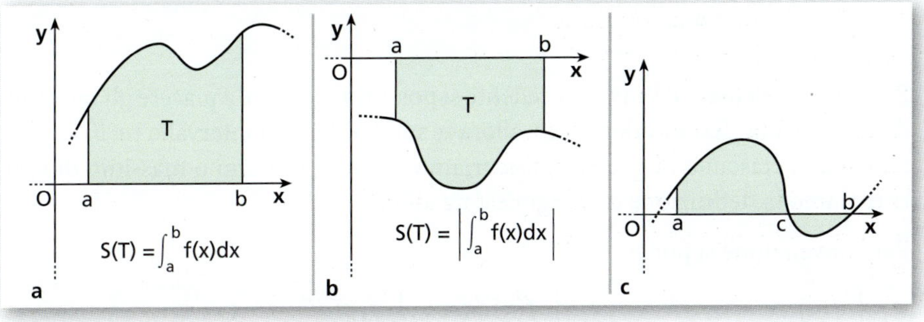

A differenza dell'integrale indefinito, che è un insieme di funzioni, l'integrale definito è un numero e non dipende dalla variabile x.

Definizione generale di integrale definito

Nella definizione di integrale definito non è necessario, come abbiamo ipotizzato finora, considerare dei sottointervalli di $[a; b]$ tutti della stessa ampiezza e neppure prendere per $f(x)$ i valori minimi e massimi negli intervalli.
Consideriamo una funzione $y = f(x)$ continua in $[a; b]$ e dividiamo l'intervallo in n intervalli chiusi mediante i punti $x_0, x_1, x_2, x_3, \ldots, x_n$, con:

$$a = x_0 < x_1 < x_2 < x_3 < \ldots < x_n = b.$$

x_0 coincide con a; x_n coincide con b.
Le ampiezze degli n intervalli possono essere diverse fra loro e sono date da:

$$\Delta x_1 = x_1 - a, \qquad \Delta x_2 = x_2 - x_1, \qquad \ldots, \qquad \Delta x_n = b - x_{n-1}.$$

Per ognuno degli intervalli fissiamo poi un qualsiasi punto dell'intervallo stesso, $c_1, c_2, c_3, \ldots, c_n$, e consideriamo i corrispondenti valori della funzione, $f(c_1), f(c_2), f(c_3), \ldots, f(c_n)$.

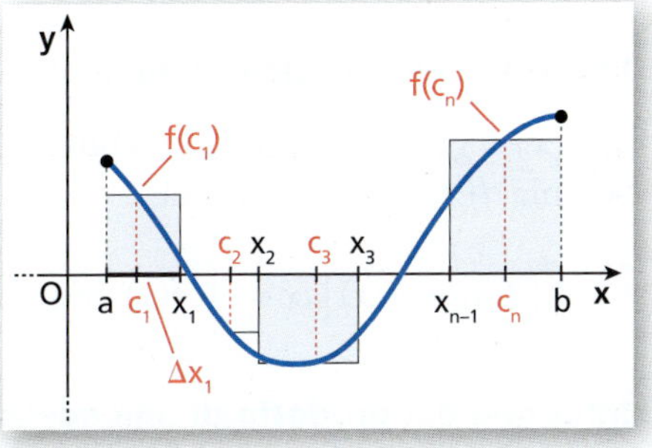

Scriviamo poi la somma $\overline{S}$ data da:

$$\overline{S} = f(c_1) \cdot \Delta x_1 + f(c_2) \cdot \Delta x_2 + f(c_3) \cdot \Delta x_3 + \ldots + f(c_n) \cdot \Delta x_n.$$

La somma $\overline{S}$ dipende:

- dal numero di suddivisioni;
- dalle ampiezze $\Delta x_1, \Delta x_2, \ldots, \Delta x_n$ degli intervalli;
- dai punti $c_1, c_2, \ldots, c_n$ scelti all'interno dei diversi intervalli.

Fra le ampiezze degli intervalli indichiamo quella massima con Δx_{max}:
se $\Delta x_{max} \to 0$, anche tutte le altre ampiezze tendono a 0.
Si può dimostrare che se Δx_{max} tende a 0, tutte le somme $\overline{S}$, ottenute scegliendo in qualsiasi modo la suddivisione dell'intervallo e i punti all'interno dei diversi intervalli, tendono a uno stesso valore.

TEORIA

Listen to it

Given a continuous real-valued function *f* defined on a closed interval [*a*; *b*], $\int_a^b f(x)\,dx$ is called the **definite integral** over the interval [*a*; *b*]. The points *a* and *b* are called the **limits** of the integral.

Diamo allora la seguente definizione.

DEFINIZIONE

Data una funzione $f(x)$, continua in $[a; b]$, l'**integrale definito** esteso all'intervallo $[a; b]$ è il valore del limite per Δx_{max} che tende a 0 della somma $\overline{S}$:

$$\int_a^b f(x)\,dx = \lim_{\Delta x_{max} \to 0} \overline{S}.$$

Poiché per calcolare il limite precedente si possono scegliere a piacere gli intervalli di suddivisione Δx_i e i valori $f(x_i)$, allora se suddividiamo l'intervallo $[a; b]$ in parti uguali e in ciascuna di queste consideriamo il valore minimo o massimo di $f(x)$, ritroviamo la definizione di integrale data all'inizio.

Per convenzione si pone:

- $\int_a^a f(x)\,dx = 0;$
- $\int_a^b f(x)\,dx = -\int_b^a f(x)\,dx \quad$ se $a > b$.

Se per una funzione esiste l'integrale definito in un intervallo $[a; b]$, si dice che la **funzione** è **integrabile in** $[a; b]$.

Proprietà dell'integrale definito

▶ Esercizi a p. 1489

Enunciamo, senza dimostrarle, le seguenti proprietà.

Additività dell'integrale rispetto all'intervallo di integrazione

Se $f(x)$ è continua in un intervallo e a, b, c sono punti qualunque di tale intervallo, allora:

$$\int_a^c f(x)\,dx = \int_a^b f(x)\,dx + \int_b^c f(x)\,dx.$$

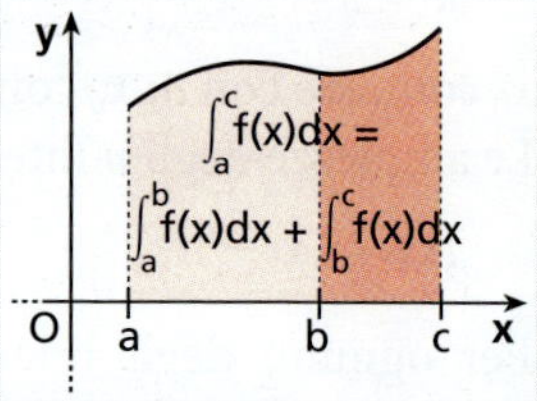

Integrale della somma di funzioni

Se $f(x)$ e $g(x)$ sono funzioni continue in $[a; b]$, allora è continua anche la loro somma $f(x) + g(x)$, e risulta:

$$\int_a^b [f(x) + g(x)]dx = \int_a^b f(x)\,dx + \int_a^b g(x)\,dx.$$

Integrale del prodotto di una costante per una funzione

Se $f(x)$ è una funzione continua in $[a; b]$, allora è continua anche la funzione $k \cdot f(x)$, con $k \in \mathbb{R}$, e risulta:

$$\int_a^b k \cdot f(x)\,dx = k \cdot \int_a^b f(x)\,dx.$$

Confronto tra gli integrali di due funzioni

Se $f(x)$ e $g(x)$ sono due funzioni continue e tali che $f(x) \le g(x)$ in ogni punto dell'intervallo $[a; b]$, allora:

$$\int_a^b f(x)\,dx \le \int_a^b g(x)\,dx.$$

▶ Dimostra che $\int_1^3 x\,dx \le \int_1^3 x^2\,dx$ e verificalo graficamente.

Integrale del valore assoluto di una funzione

Se $f(x)$ è una funzione continua nell'intervallo $[a; b]$, allora:

$$\left| \int_a^b f(x)\, dx \right| \leq \int_a^b |f(x)|\, dx.$$

Integrale di una funzione costante

Se una funzione $f(x)$ è costante nell'intervallo $[a; b]$, cioè $f(x) = k$, allora:

$$\int_a^b k\, dx = k(b-a).$$

Interpretiamo graficamente questa proprietà quando k è positivo. L'integrale $\int_a^b k\, dx$ rappresenta l'area del rettangolo in figura, che è appunto $k(b-a)$.

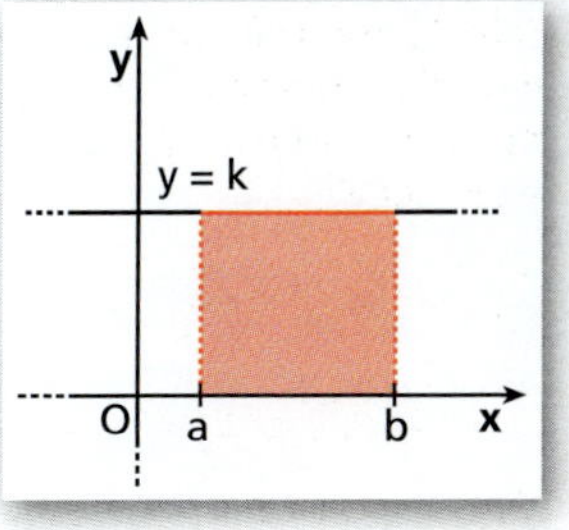

Teorema della media

▶ Esercizi a p. 1489

TEOREMA

Se $f(x)$ è una funzione continua in un intervallo $[a; b]$, esiste almeno un punto z dell'intervallo tale che:

$$\int_a^b f(x)\, dx = (b-a) \cdot f(z), \qquad \text{con } z \in [a; b].$$

Listen to it

The first **Mean-Value theorem** for definite integrals states that if *f* is a continuous function on the interval $[a; b]$, then *f* achieves its mean value at some point *z* in $[a; b]$.

DIMOSTRAZIONE

Poiché la funzione $f(x)$ è continua nell'intervallo $[a; b]$, allora per il teorema di Weierstrass la funzione assume in $[a; b]$ il suo valore massimo M e il suo valore minimo m. Quindi, per ogni x di $[a; b]$, vale la disuguaglianza:

$$m \leq f(x) \leq M.$$

Per le proprietà degli integrali, vale anche la disuguaglianza:

$$\int_a^b m\, dx \leq \int_a^b f(x)\, dx \leq \int_a^b M\, dx.$$

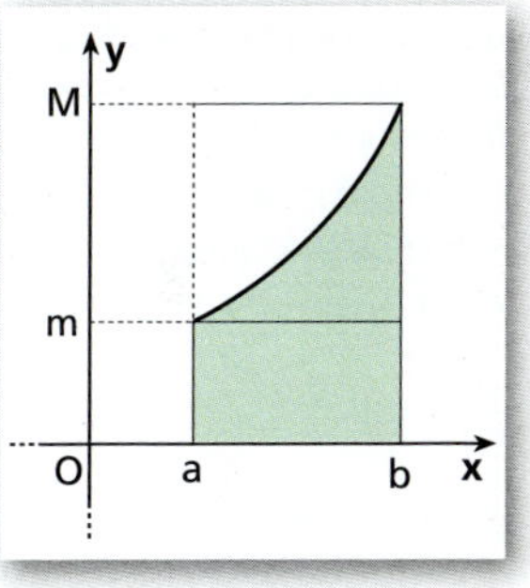

Applicando la proprietà dell'integrale di una funzione costante, otteniamo:

$$m(b-a) \leq \int_a^b f(x)\, dx \leq M(b-a).$$

Dividiamo tutti i membri della disuguaglianza per $(b-a)$:

$$m \leq \frac{\int_a^b f(x)\, dx}{b-a} \leq M.$$

Per il teorema dei valori intermedi, la funzione deve assumere almeno una volta tutti i valori compresi fra il suo massimo e il suo minimo, quindi deve esistere un punto z appartenente ad $[a; b]$ tale che:

$$f(z) = \frac{\int_a^b f(x)\, dx}{b-a}.$$

Pertanto esiste almeno un punto z appartenente ad $[a; b]$ tale che:

$$\int_a^b f(x)\, dx = f(z)(b-a).$$

TEORIA

Animazione

Mediante una figura dinamica, studiamo il significato geometrico del teorema della media, applicandolo a $f(x) = -\frac{x^3}{6} + 2x^2 - 6x + \frac{19}{3}$ in [1; 8].

Geometricamente, se la funzione è positiva in $[a; b]$, il teorema della media esprime l'equivalenza fra un trapezoide, la cui area misura $\int_a^b f(x)\,dx$, e un rettangolo, aventi uguale base $b - a$. L'altezza del rettangolo è data dal valore di f in un particolare punto z dell'intervallo $[a; b]$:

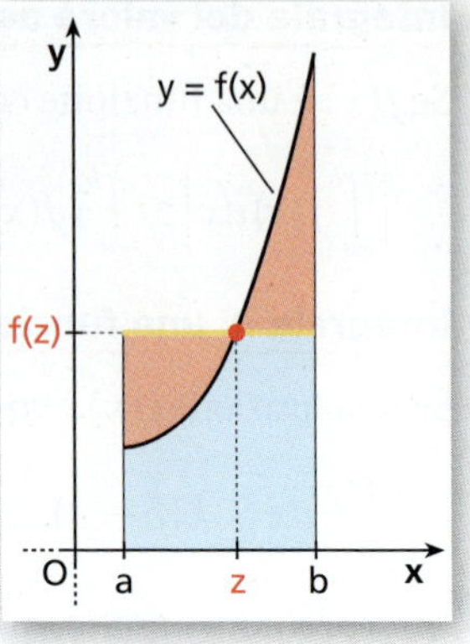

$$f(z) = \frac{\int_a^b f(x)\,dx}{b - a}.$$

Questo valore si chiama **valore medio** della funzione $f(x)$ in $[a; b]$.

2 Teorema fondamentale del calcolo integrale

Il calcolo dell'integrale definito risulta molto laborioso se applichiamo la definizione. In questo paragrafo faremo vedere che è possibile calcolare rapidamente l'integrale definito di una funzione utilizzando gli integrali indefiniti.

Animazione

Con figure dinamiche, studiamo la funzione integrale di una funzione $f(x)$, continua in $[a; b]$, quando nell'intervallo $f(x)$ assume valori:
- sempre positivi;
- sempre negativi;
- sia positivi sia negativi.

Funzione integrale

▶ Esercizi a p. 1490

Sia f una funzione continua nell'intervallo $[a; b]$. Consideriamo un punto qualsiasi x di $[a; b]$.

Definiamo **funzione integrale** di f in $[a; b]$ la funzione

$$F(x) = \int_a^x f(t)\,dt,$$

che associa a ogni $x \in [a; b]$ il numero reale $\int_a^x f(t)\,dt$, dove la variabile indipendente x coincide con l'estremo superiore di integrazione.

Per non creare confusione fra variabili, indichiamo la funzione integranda con $f(t)$, dove t diventa la variabile di integrazione.

Se la funzione $f(t)$ è *positiva* in $[a; b]$, la funzione integrale $F(x)$ rappresenta l'area del trapezoide $ABCD$. Tale area dipende dal valore di x, variabile nell'intervallo $[a; b]$.

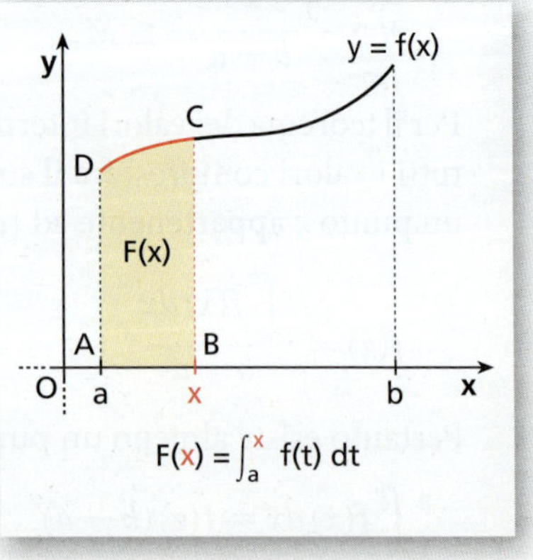

Dalla definizione di $F(x)$ otteniamo le seguenti relazioni:

$$F(a) = \int_a^a f(t)\,dt = 0, \quad F(b) = \int_a^b f(t)\,dt.$$

▶ Considera $F(x) = \int_0^x t\,dt$, con $x > 0$.
Disegna $f(t) = t$ e calcola $F(0)$, $F(1)$, $F(3)$.

Teorema fondamentale

Il teorema fondamentale del calcolo integrale, chiamato anche **teorema di Torricelli-Barrow**, permette di collegare il concetto di integrale definito a quello di integrale indefinito, attraverso la funzione integrale.

TEOREMA

Teorema fondamentale del calcolo integrale

Se una funzione $f(x)$ è continua in $[a; b]$, allora esiste la derivata della sua funzione integrale

$$F(x) = \int_a^x f(t)\,dt$$

per ogni punto x dell'intervallo $[a; b]$ ed è uguale a $f(x)$, cioè:

$$F'(x) = f(x),$$

ovvero $F(x)$ è una primitiva di $f(x)$.

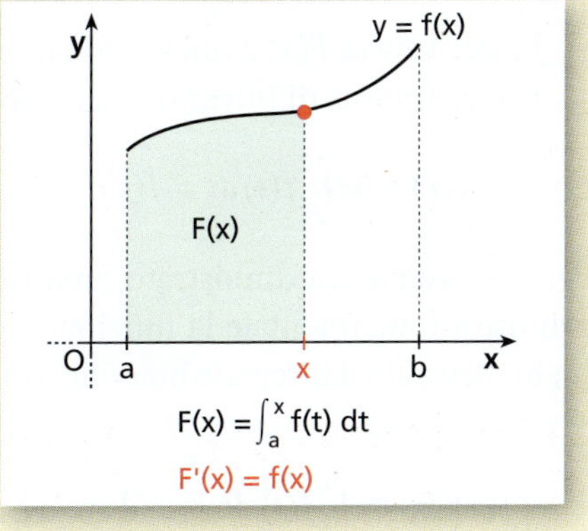

DIMOSTRAZIONE

Dimostriamo che esiste la derivata di $F(x)$ e calcoliamo tale derivata applicando la definizione.

Incrementiamo la variabile x di un valore $h \neq 0$ tale che $a < x + h < b$ e calcoliamo la differenza $F(x+h) - F(x)$ utilizzando l'espressione della funzione integrale:

$$F(x+h) - F(x) = \int_a^{x+h} f(t)\,dt - \int_a^x f(t)\,dt.$$

Applichiamo la proprietà di additività dell'integrale:

$$F(x+h) - F(x) = \int_a^x f(t)\,dt + \int_x^{x+h} f(t)\,dt - \int_a^x f(t)\,dt = \int_x^{x+h} f(t)\,dt.$$

Per il teorema della media, il valore dell'integrale è uguale al prodotto dell'ampiezza h dell'intervallo di integrazione per il valore $f(z)$, dove z è un particolare punto dell'intervallo $[x; x+h]$, nel caso in cui sia $h > 0$, oppure dell'intervallo $[x+h; x]$, se $h < 0$; pertanto possiamo scrivere:

$$F(x+h) - F(x) = h \cdot f(z).$$

Dividiamo i due membri per h:

$$\frac{F(x+h) - F(x)}{h} = f(z).$$

Analizziamo il comportamento di $f(z)$ al tendere a 0 di h. Sia $h > 0$; poiché z è compreso fra x e $x+h$, se h tende a 0 (da destra), allora z tende a x (da destra) e $\lim_{h \to 0^+} f(z) = \lim_{z \to x^+} f(z) = f(x)$ perché f è continua per ipotesi.

Con ragionamento analogo, se $h < 0$, si deduce che $\lim_{h \to 0^-} f(z) = \lim_{z \to x^-} f(z) = f(x)$.

Dunque: $\lim_{h \to 0} f(z) = \lim_{z \to x} f(z) = f(x)$.

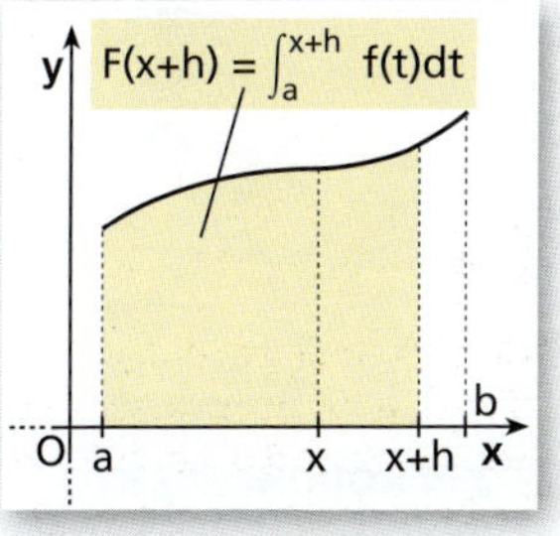

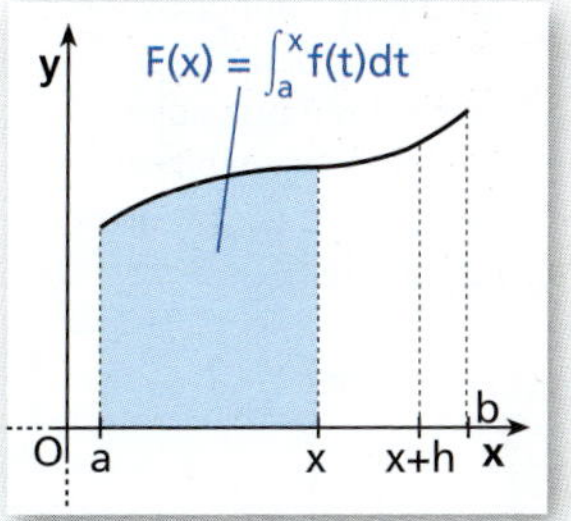

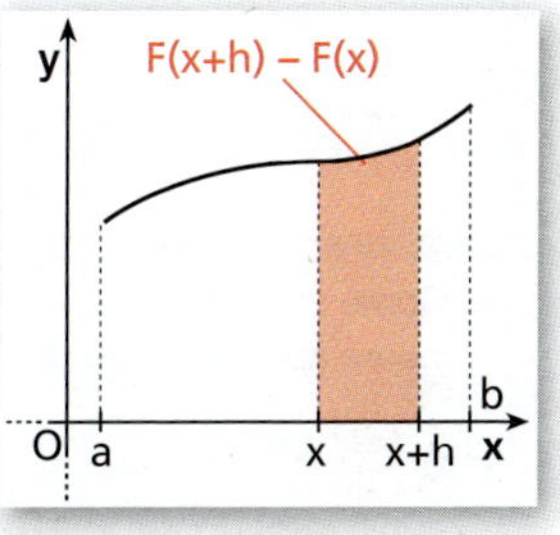

TEORIA

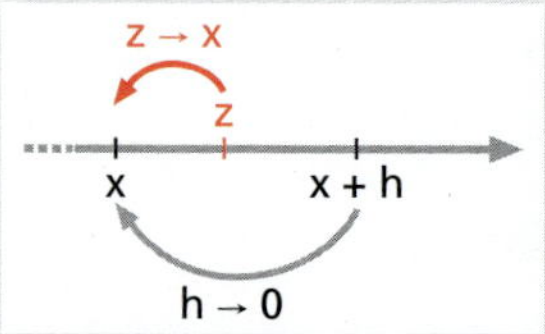

Possiamo pertanto concludere che esiste anche il limite, per h tendente a 0, dell'espressione al primo membro, cioè del rapporto incrementale della funzione F nel punto x, e:

$$\lim_{h \to 0} \frac{F(x+h) - F(x)}{h} = \lim_{h \to 0} f(z) = f(x).$$

La funzione F è dunque derivabile, e quindi anche continua, e risulta:

$$F'(x) = f(x).$$

La derivata di $F(x)$ coincide con il valore che la funzione integranda $f(t)$ assume nell'estremo x di integrazione, ossia

$$F'(x) = \mathrm{D}\int_a^x f(t)\,dt = f(x).$$

Per il teorema ora dimostrato, una funzione f continua in $[a; b]$ ammette come primitiva fondamentale la funzione integrale $F(x)$, con x variabile nell'intervallo $[a; b]$. Pertanto, l'integrale indefinito di f, inteso come la totalità delle sue primitive, si esprime come:

$$\int f(x)\,dx = \int_a^x f(t)\,dt + c,$$ dove c è una qualunque costante reale.

Calcolo dell'integrale definito

Esercizi a p. 1490

Dal teorema fondamentale del calcolo integrale possiamo ottenere la formula per calcolare l'integrale definito.
Sia $\varphi(x)$ una primitiva qualsiasi di $f(x)$. Dal teorema fondamentale del calcolo integrale sappiamo che la funzione integrale $F(x)$ è una *particolare* primitiva della funzione f. Pertanto $\varphi(x)$ risulta della forma:

$$\varphi(x) = F(x) + c = \int_a^x f(t)\,dt + c,$$

dove c è una costante reale arbitraria.

- Calcoliamo $\varphi(a)$ (sostituiamo all'estremo di integrazione x il valore a):

$$\varphi(a) = \int_a^a f(t)\,dt + c = 0 + c = c.$$

- Calcoliamo $\varphi(b)$ (sostituiamo all'estremo di integrazione x il valore b):

$\varphi(b) = \int_a^b f(t)\,dt + c$. Poiché $\varphi(a) = c$, otteniamo:

$$\varphi(b) = \int_a^b f(t)\,dt + \varphi(a).$$

Portiamo al primo membro $\varphi(a)$,

$$\varphi(b) - \varphi(a) = \int_a^b f(t)\,dt.$$

Scriviamo l'uguaglianza da destra a sinistra e, poiché non ci sono più ambiguità di variabili, riutilizziamo la variabile x. Otteniamo la formula di **Leibniz-Newton**:

$$\int_a^b f(x)\,dx = \varphi(b) - \varphi(a),$$

primitiva di f(x)

APPROFONDIMENTO

Integrazione numerica

Mediante l'integrazione numerica di una funzione $f(x)$ è possibile calcolare *in modo approssimato* un integrale definito di f.

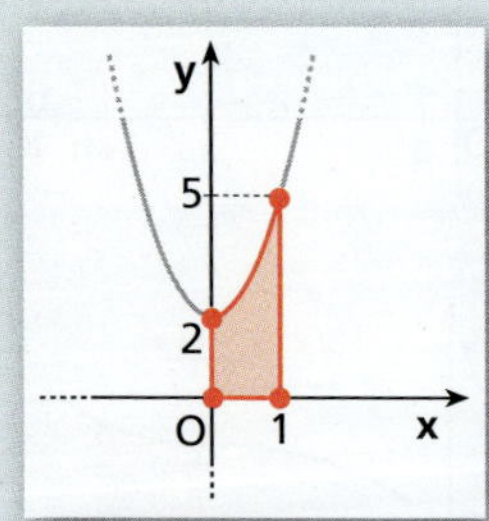

► Come puoi ottenere il valore approssimato di $\int_0^1 (3x^2+2)\,dx$ con il metodo dei rettangoli?

La risposta – 10 esercizi in più

ovvero la seguente regola.

L'integrale definito di una funzione continua $f(x)$ è uguale alla differenza tra i valori assunti da una qualunque primitiva $\varphi(x)$ di $f(x)$ rispettivamente nell'estremo superiore di integrazione e nell'estremo inferiore.

Di solito nella totalità delle primitive si sceglie quella corrispondente a $c = 0$. Indichiamo in modo sintetico:

$$\varphi(b) - \varphi(a) = [\varphi(x)]_a^b.$$

La formula trovata permette di ricondurre il calcolo di un integrale definito a quello di un integrale indefinito. Si supera in tal modo la difficoltà del calcolo del limite della successione s_n, che, in generale, non è facile da determinare.

▶ Calcola il valore dell'integrale $\int_0^1 \frac{3x}{1+9x^2}dx$.

Animazione

ESEMPIO

Calcoliamo $\int_2^3 2x\,dx$.

Utilizziamo l'integrale indefinito per determinare le primitive di $2x$:

$$\int 2x\,dx = x^2 + c.$$

Scegliamo la primitiva con $c = 0$, ossia x^2:

$$\int_2^3 2x\,dx = [x^2]_2^3.$$

Sostituiamo a x prima il valore 3 e poi il valore 2, ottenendo:

$$[x^2]_2^3 = 3^2 - 2^2 = 9 - 4 = 5.$$

▶ Verifica che il risultato non cambia se scegliamo come primitiva, per esempio, $x^2 + 3$.

Video

Valore medio di una funzione in un intervallo
Qual è il valore medio di $y = \ln x$ in $[1; e]$ e in quali punti la funzione assume questo valore?

▶ Trova il valore medio della funzione $f(x) = \sqrt{x-1}$ nell'intervallo $[2; 5]$ e determina il punto z in cui la funzione assume tale valore.

Animazione

3 Calcolo delle aree di superfici piane

Area compresa tra una curva e l'asse x

▶ Esercizi a p. 1495

Abbiamo visto che l'integrale definito $\int_a^b f(x)\,dx$, con $a < b$, se $f(x) \geq 0$, rappresenta l'area della regione di piano delimitata dal grafico di $f(x)$, dall'asse x e dalle rette $x = a$ e $x = b$.

Se invece $f(x) < 0$, l'area è uguale a $-\int_a^b f(x)\,dx$.

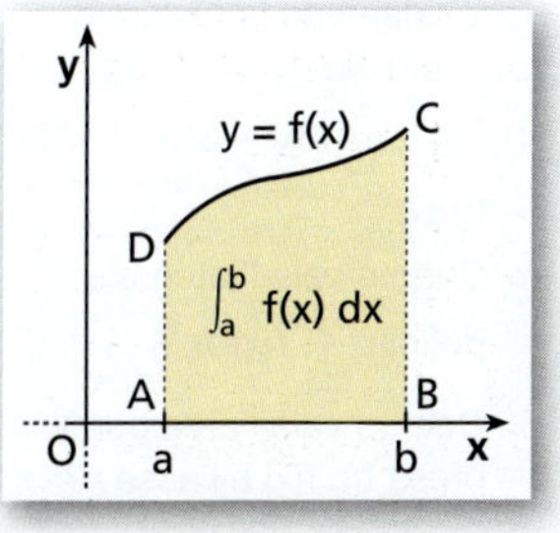

Se $f(x)$ cambia segno nell'intervallo $[a; b]$, per determinare l'area compresa tra il suo grafico e l'asse x occorre suddividere l'intervallo $[a; b]$ in sottointervalli tali che in ciascuno di essi la funzione mantenga lo stesso segno. Si calcolano poi gli integrali nei diversi intervalli e si sommano algebricamente i risultati.

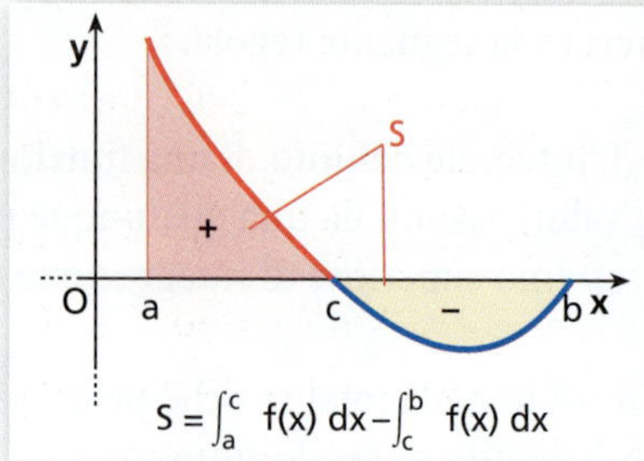

ESEMPIO

Calcoliamo l'area della superficie compresa tra il grafico della funzione $y = x^3$ e l'asse x nell'intervallo $[-1; 1]$:

$$S = -\int_{-1}^{0} x^3 dx + \int_{0}^{1} x^3 dx =$$

$$-\left[\frac{x^4}{4}\right]_{-1}^{0} + \left[\frac{x^4}{4}\right]_{0}^{1} = -\left(-\frac{1}{4}\right) + \frac{1}{4} = \frac{1}{2}.$$

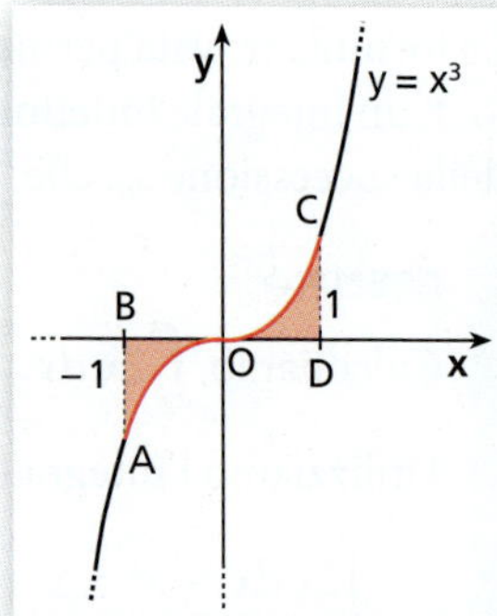

Osserviamo che se calcoliamo $\int_{-1}^{1} x^3 dx$ otteniamo il valore 0, che non fornisce la misura dell'area considerata.

▶ Calcola l'area della superficie compresa tra il grafico di $y = \cos x$ e l'asse x nell'intervallo $\left[-\frac{\pi}{2}; \frac{\pi}{2}\right]$.

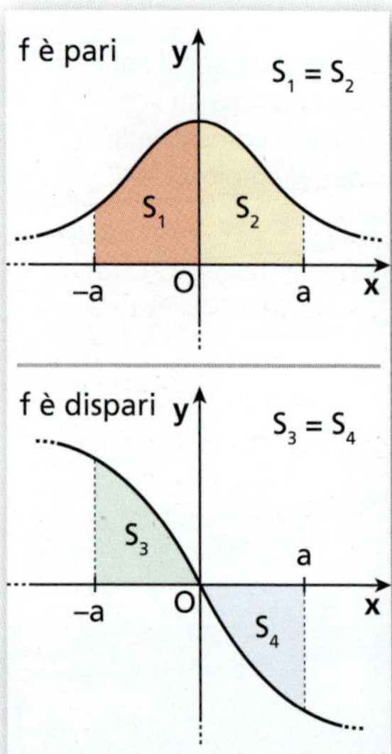

Nell'esempio abbiamo considerato una funzione dispari, che ha pertanto il grafico simmetrico rispetto all'origine. Ricordiamo che le funzioni pari, invece, hanno il grafico simmetrico rispetto all'asse y. In generale:

- se f è **pari**: $\int_{-a}^{a} f(x)dx = 2\int_{0}^{a} f(x)dx$;
- se f è **dispari**: $\int_{-a}^{a} f(x)dx = 0$.

In entrambi i casi, l'area compresa tra il grafico di f e l'asse x nell'intervallo $[-a; a]$ misura: $2\int_{0}^{a} |f(x)|\,dx$.

Area compresa tra due curve

▶ Esercizi a p. 1498

Consideriamo due funzioni $f(x)$ e $g(x)$ continue, entrambe positive e con $f(x) \geq g(x)$ nell'intervallo $[a; b]$. L'area S della superficie racchiusa dai loro grafici nell'intervallo $[a; b]$ si può ottenere facendo la differenza tra l'area del trapezoide individuato da $f(x)$ e l'area del trapezoide individuato da $g(x)$, cioè:

$$S = \int_a^b f(x)dx - \int_a^b g(x)dx.$$

Applicando la proprietà dell'integrale definito della somma di funzioni si ha:

$$S = \int_a^b [f(x) - g(x)]dx.$$

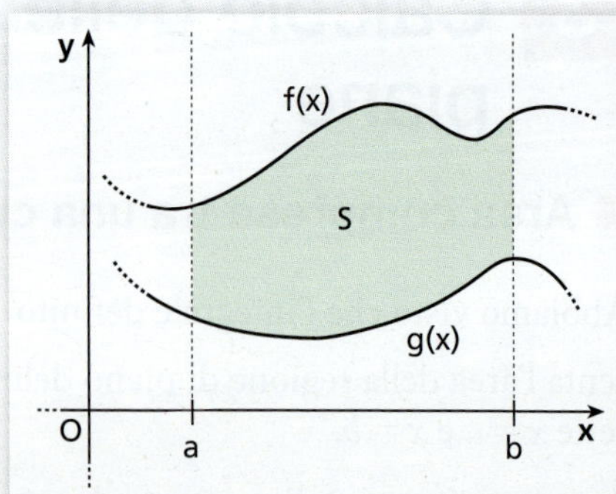

Questo vale in particolare per il calcolo dell'area chiusa delimitata dai grafici di due funzioni.

Video

Integrale definito e calcolo delle aree

Consideriamo la funzione polinomiale

$f(x) = -\frac{1}{15}(3x^4 - 35x^3 + 126x^2 - 136x)$

▶ Quanto vale l'integrale definito $\int_1^6 f(x)dx$?

▶ Quanto vale l'area compresa tra $f(x)$ e l'asse x?

ESEMPIO

Calcoliamo l'area della superficie racchiusa dalle due parabole di equazioni $y=x^2-4x+4$ e $y=-4x^2+16x-11$.

Le due parabole si intersecano nei punti $A(1;\,1)$ e $B(3;\,1)$.

L'area S cercata è quindi data dalla differenza fra l'area del trapezoide $A'AV'BB'$ e l'area del trapezoide $AA'B'B$.

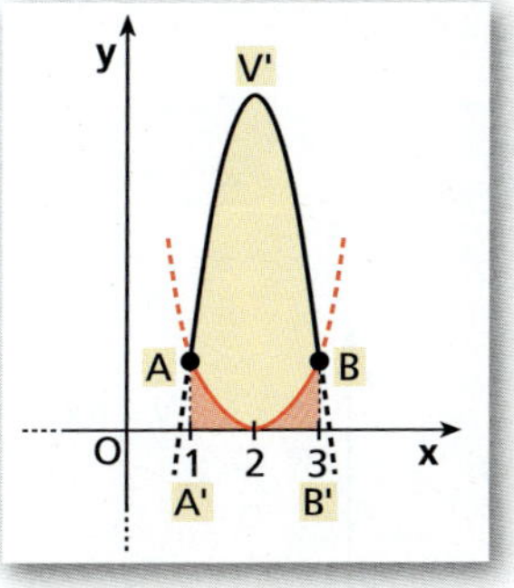

$$S = \text{area}(A'AV'BB') - \text{area}(AA'B'B) =$$

$$\int_1^3 (-4x^2+16x-11)\,dx - \int_1^3 (x^2-4x+4)\,dx =$$ proprietà dell'integrale della somma di funzioni

$$\int_1^3 (-4x^2+16x-11-x^2+4x-4)\,dx =$$

$$\int_1^3 (-5x^2+20x-15)\,dx =$$

$$\left[\frac{-5x^3}{3}+\frac{20x^2}{2}-15x\right]_1^3 =$$

$$-\cancel{45}+\cancel{90}-\cancel{45}+\frac{5}{3}-10+15=\frac{20}{3}.$$

► Trova il valore dell'area racchiusa dalla retta di equazione $y=4x$ e dalla parabola di equazione $y=x^2+3x$.

La formula resta valida anche se una o entrambe le funzioni sono negative. Infatti se la superficie non si trova tutta al di sopra dell'asse x, si può effettuare una traslazione in modo che essa sia tutta al di sopra dell'asse x e l'area non cambia.

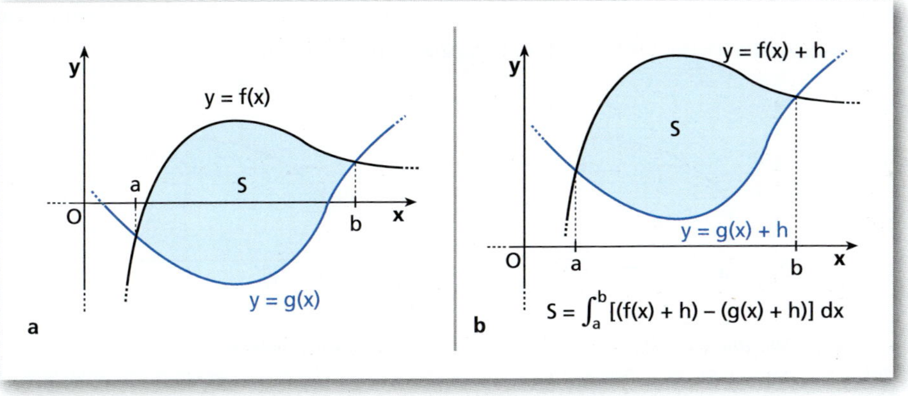

► Determina l'area della superficie racchiusa dai grafici delle funzioni di equazione $y=\sqrt{x}$, $y=\dfrac{2}{x+1}$ e dalla retta di equazione $x=4$.

Animazione

Allora:

$$S=\int_a^b [(f(x)+h)-(g(x)+h)]\,dx=\int_a^b [f(x)-g(x)]\,dx.$$

Quindi in generale vale la seguente regola.

REGOLA

Area della superficie delimitata dai grafici di due funzioni

Siano $f(x)$ e $g(x)$ due funzioni continue definite nello stesso intervallo $[a;\,b]$, con $f(x) \geq g(x)$, per ogni x in $[a;\,b]$, i cui grafici racchiudano una superficie; allora l'area S della superficie è data da: $S=\int_a^b [f(x)-g(x)]\,dx$.

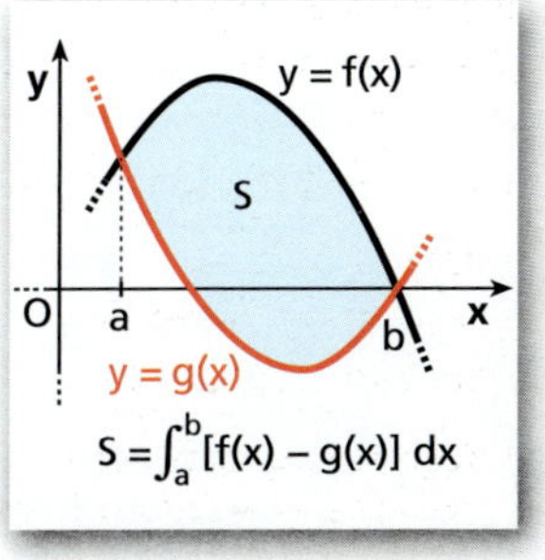

4 Calcolo dei volumi

Volume di un solido di rotazione

▶ Esercizi a p. 1503

Rotazione intorno all'asse x

Consideriamo la funzione $y = f(x)$, continua nell'intervallo $[a; b]$ e non negativa, e il trapezoide esteso all'intervallo $[a; b]$. Se facciamo ruotare il trapezoide attorno all'asse x di un giro completo (ossia di 360°), otteniamo un solido di rotazione.

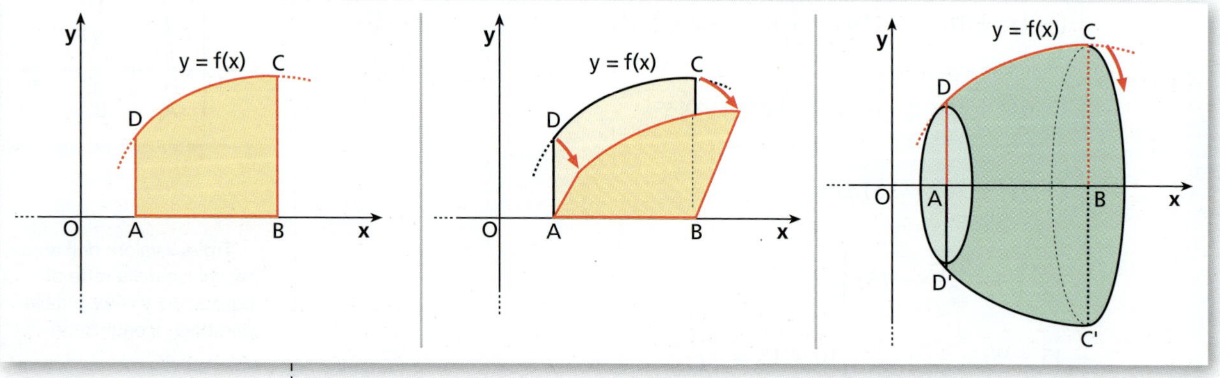

Notiamo che ogni sezione del solido con un piano perpendicolare all'asse x è un cerchio.

Calcoliamo il volume del solido ottenuto.

Dividiamo l'intervallo $[a; b]$ in n parti uguali, ognuna di lunghezza $h = \dfrac{b-a}{n}$.

In ogni intervallo consideriamo il minimo m_i e il massimo M_i di $f(x)$ e disegniamo i rettangoli inscritti e circoscritti al trapezoide di altezze m_i e M_i.

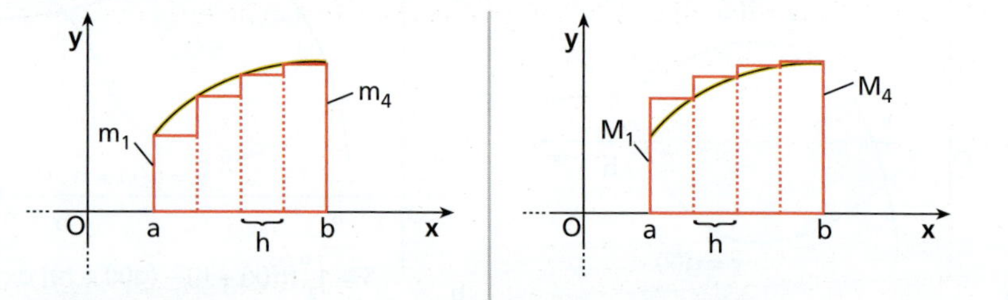

a. Rettangoli inscritti. **b.** Rettangoli circoscritti.

Nella rotazione completa intorno all'asse delle x ogni rettangolo descrive un cilindro circolare retto di altezza h e raggio di base m_i o M_i.

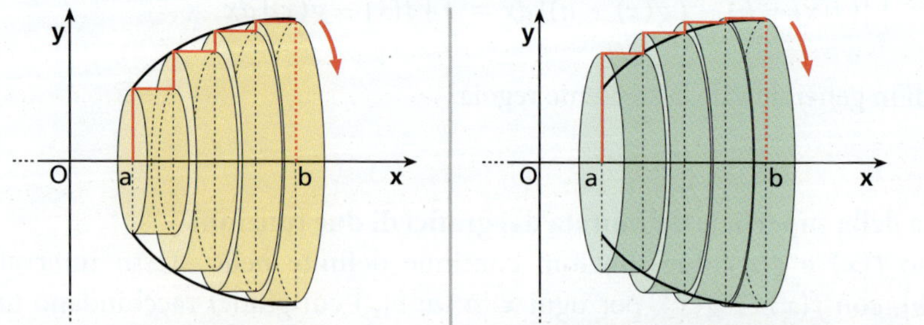

a. Ogni cilindro per difetto ha per base un cerchio di raggio m_i e per altezza h. **b.** Ogni cilindro per eccesso ha per base un cerchio di raggio M_i e per altezza h.

La somma dei volumi degli n cilindri con base i cerchi di raggi m_i approssima per difetto il volume del solido di rotazione iniziale, e la somma dei volumi degli n cilindri con base i cerchi di raggi M_i approssima per eccesso il volume dello stesso solido.

Poiché la formula del volume del cilindro circolare di raggio r e altezza h è $\pi r^2 h$, il volume v_n dei cilindri approssimanti il solido per difetto e il volume V_n dei cilindri approssimanti per eccesso sono:

$$v_n = \pi m_1^2 h + \pi m_2^2 h + \pi m_3^2 h + \ldots + \pi m_n^2 h;$$

$$V_n = \pi M_1^2 h + \pi M_2^2 h + \pi M_3^2 h + \ldots + \pi M_n^2 h.$$

Si può dimostrare che, per $n \to +\infty$, le due successioni hanno lo stesso limite:

$$\lim_{n\to+\infty} v_n = \lim_{n\to+\infty} V_n = \int_a^b \pi \cdot f^2(x)\,dx = \pi \cdot \int_a^b f^2(x)\,dx.$$

Diamo allora la seguente definizione.

DEFINIZIONE

Dato il trapezoide esteso all'intervallo $[a; b]$, delimitato dal grafico della funzione $y = f(x)$ (positiva o nulla), dall'asse x e dalle rette $x = a$ e $x = b$, il **volume del solido di rotazione** che si ottiene ruotando il trapezoide intorno all'asse x di un giro completo è:

$$V = \pi \cdot \int_a^b f^2(x)\,dx.$$

Video

Volume dei solidi

Calcoliamo il volume di alcuni solidi.

ESEMPIO

Calcoliamo il volume V del solido ottenuto dalla rotazione completa attorno all'asse x della regione di piano delimitata dal grafico della funzione $y = e^x$, con x appartenente all'intervallo $[-1; 1]$:

$$V = \pi \cdot \int_{-1}^{1} (e^x)^2\,dx = \pi \cdot \int_{-1}^{1} e^{2x}\,dx = \pi \cdot \left[\frac{e^{2x}}{2}\right]_{-1}^{1} = \pi \cdot \left(\frac{e^2}{2} - \frac{e^{-2}}{2}\right).$$

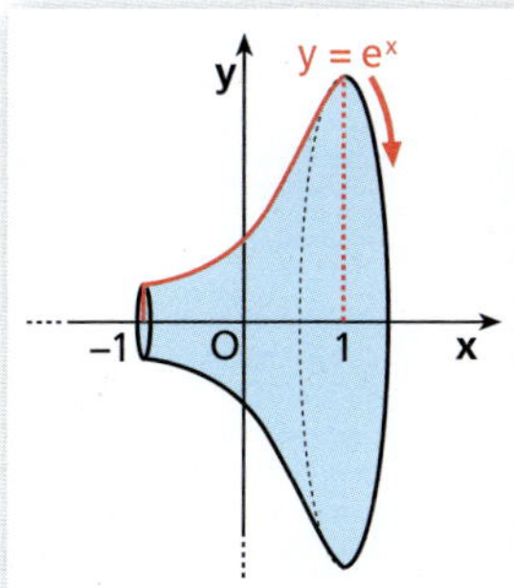

▶ Calcola il volume del solido generato dalla rotazione completa attorno all'asse x del trapezoide individuato dal grafico della funzione $f(x) = x^2 - 2x + 2$ nell'intervallo $[0; 1]$.

Animazione

Volume del cono

Consideriamo il cono ottenuto dalla rotazione del triangolo OAB attorno a OA. Se r è il raggio della base e h è l'altezza del cono, allora i punti A e B hanno coordinate $A(h; 0)$ e $B(h; r)$.

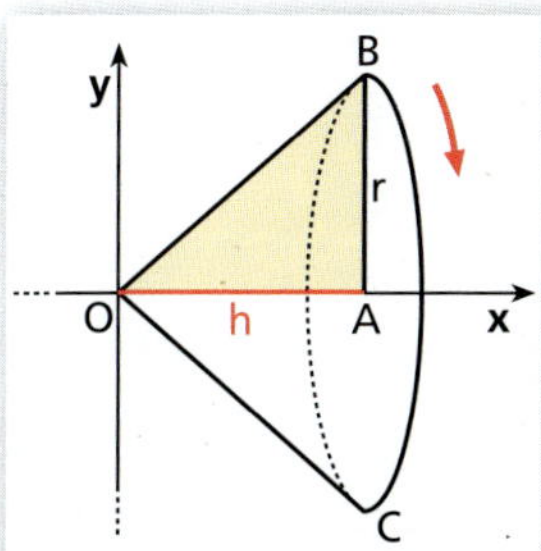

Il triangolo OAB è il trapezoide delimitato dal grafico della retta OB che ha equazione $y = \frac{r}{h} \cdot x$.

Allora, applicando la definizione, il volume del cono è dato da:

$$V = \pi \cdot \int_0^h \left(\frac{r}{h} \cdot x\right)^2 dx = \pi \cdot \frac{r^2}{h^2} \cdot \int_0^h x^2\,dx = \pi \cdot \frac{r^2}{h^2}\left[\frac{x^3}{3}\right]_0^h = \frac{1}{3}\pi r^2 h.$$

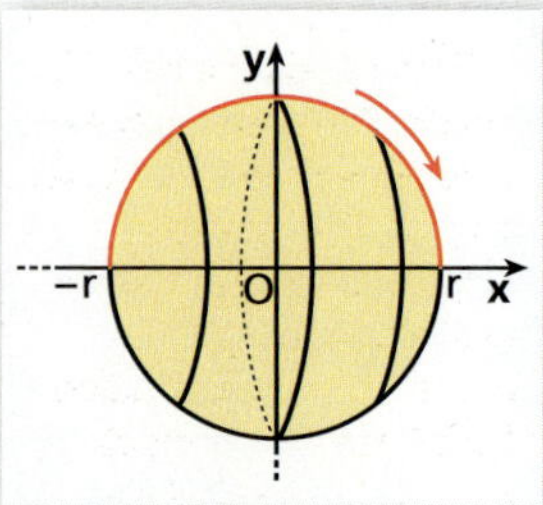

Volume della sfera

L'equazione della semicirconferenza segnata in rosso nella figura è

$$y = \sqrt{r^2 - x^2}.$$

Quindi, il volume della sfera è:

$$V = \pi \cdot \int_{-r}^{r} (\sqrt{r^2 - x^2})^2 dx = \pi \cdot \int_{-r}^{r} (r^2 - x^2)\, dx = \pi \cdot \left[r^2 x - \frac{x^3}{3}\right]_{-r}^{r} =$$

$$\pi \cdot \left(r^3 - \frac{r^3}{3} + r^3 - \frac{r^3}{3}\right) = \frac{4}{3}\pi r^3.$$

Volume di un solido con il metodo delle sezioni

▶ Esercizi a p. 1505

Vediamo come i risultati ottenuti per i solidi di rotazione possono essere utilizzati per solidi qualsiasi.

Dato il solido T della figura, consideriamo due piani paralleli α e β che delimitano T, sono perpendicolari all'asse x e lo intersecano in a e b.

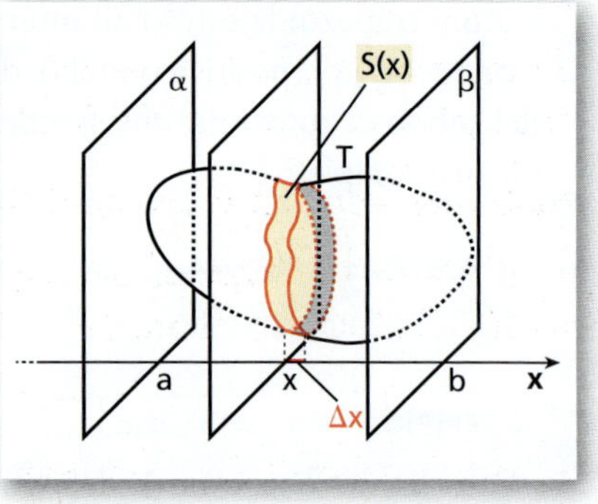

Dividiamo l'intervallo $[a; b]$ in n parti uguali di lunghezza $\Delta x = \frac{b-a}{n}$ e per ognuno dei punti di suddivisione conduciamo un piano parallelo ad α e a β.

Ogni piano, intersecando il solido, determina una sezione di area generica.

Se è nota la funzione $S(x)$ che esprime l'area della generica sezione del solido al variare di x, in modo simile a quello visto per i solidi di rotazione possiamo definire il volume V del solido T con l'integrale:

$$V = \int_a^b S(x)\, dx.$$

ESEMPIO

Consideriamo la regione di piano $\mathscr{A}$ che la parabola di equazione $y = -x^2 + 3x$ delimita nell'intervallo $[0; 3]$ con l'asse x (figura **a**).

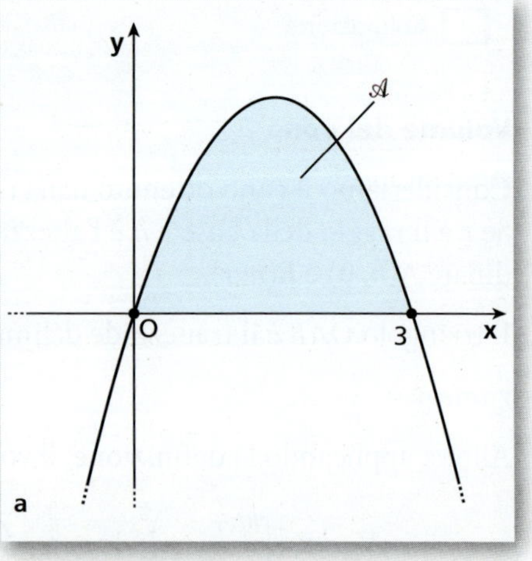

Calcoliamo il volume del solido che ha come base $\mathscr{A}$ e le cui sezioni con piani perpendicolari all'asse x sono quadrate (figura **b**).

L'area della generica sezione è $(-x^2 + 3x)^2$, quindi il volume è dato da

$$V = \int_0^3 (-x^2 + 3x)^2 dx.$$

Calcoliamo l'integrale definito:

$$\int_0^3(-x^2+3x)^2dx =$$

$$\int_0^3(x^4-6x^3+9x^2)dx =$$

$$\left[\frac{x^5}{5}-6\frac{x^4}{4}+9\frac{x^3}{3}\right]_0^3 =$$

$$\left[\frac{x^5}{5}-\frac{3}{2}x^4+3x^3\right]_0^3 = \frac{81}{10}.$$

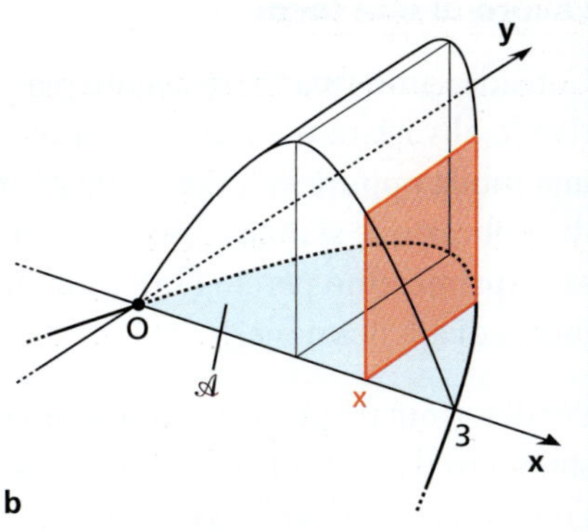

b

▸ Trova il volume del solido che ha come base la regione S delimitata dal grafico della funzione $f(x)=\sqrt{x-2}$, dall'asse x, nell'intervallo [2; 6], e come sezioni perpendicolari all'asse x rettangoli con altezza tripla della base.

Animazione

5 Applicazioni degli integrali alla fisica

▸ Esercizi a p. 1506

Gli integrali definiti non sono utilizzati solo in ambito geometrico, ma trovano larga applicazione anche in fisica. Vediamo alcuni esempi.

Posizione, velocità e accelerazione

In un moto rettilineo sappiamo che, se $s(t)$ è la posizione, cioè l'ascissa di un punto materiale all'istante t, allora:

$v(t) = s'(t)$ velocità;

$a(t) = v'(t) = s''(t)$ accelerazione.

Quindi, la velocità $v(t)$ è una primitiva dell'accelerazione $a(t)$ e la posizione $s(t)$ è una primitiva della velocità $v(t)$. Pertanto, nota l'accelerazione in funzione del tempo t, per determinare la velocità e la legge del moto, basta integrare successivamente $a(t)$ applicando il teorema fondamentale del calcolo integrale:

$$v(t)-v(t_0)=\int_{t_0}^t a(z)\,dz \quad\rightarrow\quad v(t)=v(t_0)+\int_{t_0}^t a(z)\,dz;$$

$$s(t)-s(t_0)=\int_{t_0}^t v(z)\,dz \quad\rightarrow\quad s(t)=s(t_0)+\int_{t_0}^t v(z)\,dz.$$

ESEMPIO

Determiniamo la legge del moto di un punto che si muove lungo una retta con accelerazione $a(t)=-3t^2+1$, sapendo che per $t=2$ s la posizione è $s(2)=4$ m e la velocità è $v(2)=2$ m/s.

Possiamo applicare le formule precedenti prendendo $t_0=2$:

$$v(t)=v(2)+\int_2^t(-3z^2+1)\,dz = 2+[-z^3+z]_2^t=-t^3+t+8;$$

$$s(t)=s(2)+\int_2^t(-z^3+z+8)\,dz =$$

$$4+\left[-\frac{z^4}{4}+\frac{z^2}{2}+8z\right]_2^t=-\frac{t^4}{4}+\frac{t^2}{2}+8t-10.$$

▸ Determina la legge oraria di un punto materiale che si muove lungo una retta con accelerazione $a(t)=4\text{ m/s}^2$, sapendo che parte da fermo e che $s(0)=5$ m.

Lavoro di una forza

Consideriamo una forza avente per direzione costante una retta r e intensità variabile al variare del punto di applicazione, per esempio la forza di richiamo di una molla oppure la forza gravitazionale tra due corpi. Supponiamo che il punto di applicazione si muova lungo la retta orientata r e indichiamo con x la sua ascissa. Esprimeremo perciò l'intensità della forza come funzione $F(x)$ dell'ascissa del punto di applicazione.

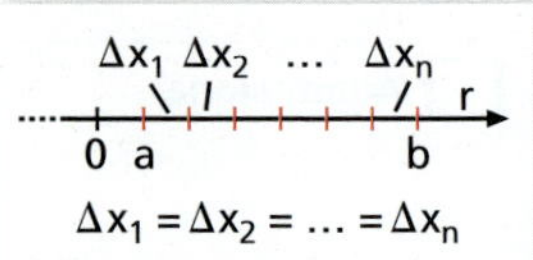

Per determinare in modo approssimato il lavoro compiuto dalla forza per uno spostamento da un punto di ascissa a a un punto di ascissa b, possiamo suddividere l'intervallo in n parti, Δx_1, Δx_2, ..., Δx_n, all'interno delle quali si possa ritenere l'intensità della forza approssimativamente costante, con valori $F(c_1)$, $F(c_2)$, ... e calcolare il lavoro nel modo seguente:

$$L_n = \Delta x_1 F(c_1) + \Delta x_2 F(c_2) + \ldots + \Delta x_n F(c_n).$$

L_n è un valore che dipende dalla suddivisione e varia al variare di n; si ha quindi una successione. Facendo tendere n all'infinito, se la successione L_n ammette limite, tale limite è l'integrale da a a b di $F(x)$ e coincide con il lavoro della forza, ossia:

$$L = \int_a^b F(x)\,dx.$$

ESEMPIO

Determiniamo il lavoro compiuto dalla forza elastica di una molla che sposta il suo punto di applicazione dal punto di ascissa $x_0 = 0$ al punto di ascissa $x_1 = 2$, sapendo che la forza varia con la legge $F(x) = -kx$, dove $k = 40$ è la costante elastica della molla.

Utilizzando la formula precedente, otteniamo:

$$L = \int_{x_0}^{x_1} F(x)\,dx = \int_0^2 -40x\,dx = -40\int_0^2 x\,dx = -40\left[\frac{1}{2}x^2\right]_0^2 = -80.$$

▶ Calcola il lavoro necessario per allungare una molla da 2 cm a 8 cm, sapendo che la costante elastica della molla è 500 N/m.

MATEMATICA E ARCHITETTURA

La torre Eiffel Il simbolo di Parigi, costruito per l'Esposizione universale del 1889, è una struttura in ferro forgiato, alta 312 metri.

▶ Perché Gustave Eiffel le ha dato proprio quella forma?

La risposta

IN SINTESI
Integrali definiti

Integrale definito

- Data $f(x)$ continua su $[a; b]$, l'**integrale definito** esteso ad $[a; b]$ si indica con $\int_a^b f(x)dx$. a e b sono gli **estremi di integrazione**, $f(x)$ è la **funzione integranda**.
- L'integrale definito è un numero e non dipende dalla variabile x. Se $f(x) \geq 0$ in $[a; b]$, $\int_a^b f(x)dx$ rappresenta l'area del trapezoide determinato da f.
- $\int_b^a f(x)\,dx = -\int_a^b f(x)\,dx$, se $a < b$; $\int_a^a f(x)\,dx = 0$.
- **Proprietà dell'integrale definito**
  - Se $a < b < c$, $\int_a^c f(x)\,dx = \int_a^b f(x)\,dx + \int_b^c f(x)\,dx$.
  - $f(x) \leq g(x) \rightarrow \int_a^b f(x)\,dx \leq \int_a^b g(x)\,dx$.
  - $\int_a^b [f(x) + g(x)]\,dx = \int_a^b f(x)\,dx + \int_a^b g(x)\,dx$.
  - $\left|\int_a^b f(x)\,dx\right| \leq \int_a^b |f(x)|\,dx$.
  - $\int_a^b k \cdot f(x)\,dx = k \cdot \int_a^b f(x)\,dx$.
  - $\int_a^b k\,dx = k(b-a)$.
- **Teorema della media**
  Se f è una funzione continua nell'intervallo $[a; b]$, allora $\exists\, z \in [a; b]$ tale che $\int_a^b f(x)\,dx = (b-a) \cdot f(z)$.
  $f(z) = \frac{1}{b-a}\int_a^b f(x)dx$ è il **valore medio** di $f(x)$ in $[a; b]$.

Teorema fondamentale del calcolo integrale

- Se f è una funzione continua in $[a; b]$, si dice **funzione integrale** di f in $[a; b]$ la funzione:

  $$F(x) = \int_a^x f(t)\,dt, \quad \forall x \in [a; b].$$

- **Teorema fondamentale del calcolo integrale**
  Se f è continua in $[a; b]$, allora la sua funzione integrale $F(x)$ è derivabile in $[a; b]$ e $F'(x) = f(x)$, $\forall x \in [a; b]$.
- **Calcolo dell'integrale definito**: se $\varphi(x)$ è una primitiva qualunque di $f(x)$ nell'intervallo $[a; b]$, allora:

  $$\int_a^b f(x)\,dx = [\varphi(x)]_a^b = \varphi(b) - \varphi(a).$$

Calcolo di aree

Aree di superfici piane

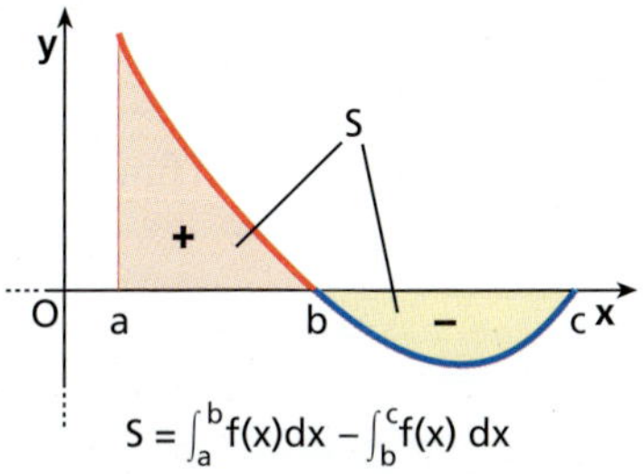

Area S della parte di piano compresa tra il grafico di una funzione e l'asse x.

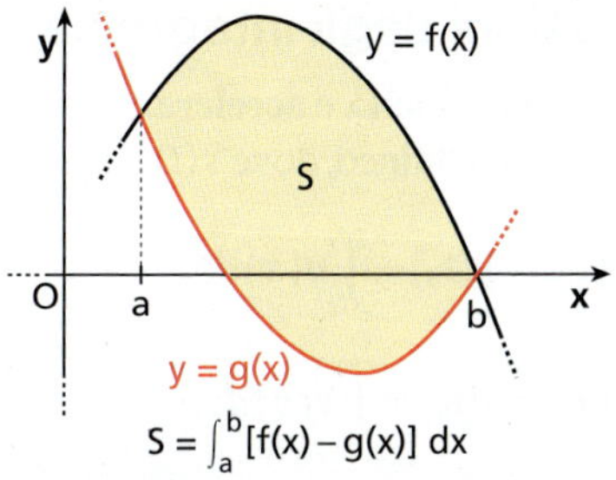

Area S della parte di piano compresa tra i grafici di due funzioni $f(x)$ e $g(x)$, con $f(x) \geq g(x)$.

Calcolo di volumi

- **Solidi di rotazione attorno all'asse *x***

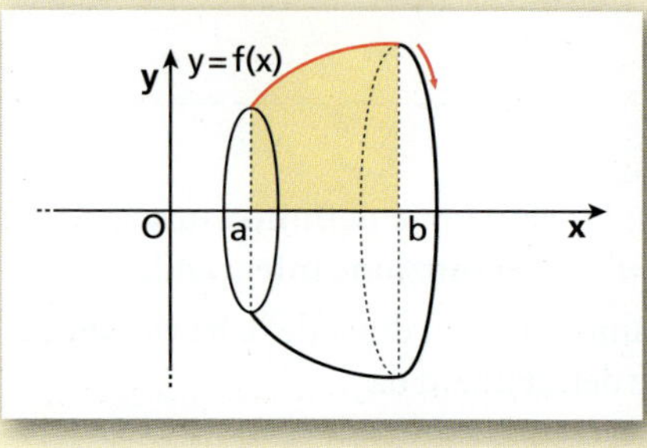

Dato il trapezoide della figura esteso all'intervallo $[a; b]$, delimitato dal grafico di $y = f(x)$ (positiva o nulla), dall'asse x e dalle rette $x = a$ e $x = b$, il **volume del solido** che si ottiene ruotando il trapezoide intorno all'asse x di un giro completo è:

$$V = \pi \cdot \int_a^b f^2(x)\,dx.$$

- **Volumi dei solidi con il metodo delle sezioni**

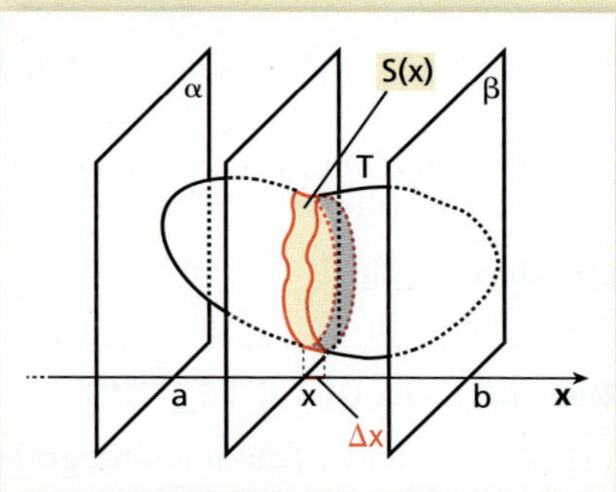

Dato il solido T della figura, consideriamo i due piani paralleli α e β che delimitano T, sono perpendicolari all'asse x e lo intersecano in a e b.
Consideriamo $x \in [a; b]$; se prendiamo il piano parallelo ad α e a β passante per x, esso, intersecando il solido, determina una sezione di area generica $S(x)$.
Il volume V del solido è allora:

$$V = \int_a^b S(x)\,dx.$$

Per poter utilizzare questa formula, deve essere nota la funzione $S(x)$, che esprime l'area della generica sezione del solido al variare di x.

Applicazioni degli integrali alla fisica

- **Posizione, velocità e accelerazione**
  In un moto rettilineo, dove $s(t)$ è la posizione, $v(t)$ la velocità e $a(t)$ l'accelerazione in funzione del tempo:

$$v(t) = v(t_0) + \int_{t_0}^t a(z)\,dz;$$

$$s(t) = s(t_0) + \int_{t_0}^t v(z)\,dz.$$

- **Lavoro di una forza**: $L = \int_a^b F(x)\,dx$, dove $F(x)$ è l'intensità della forza in funzione del punto di applicazione.

CAPITOLO 28
ESERCIZI

1 Integrale definito

Definizione di integrale definito

▶ Teoria a p. 1468

Trapezoide

Disegna il trapezoide individuato dalla funzione nell'intervallo scritto a fianco.

1 $y = x^2 + 2$, $[-1; 4]$.

2 $y = \sqrt{x}$, $[1; 3]$.

3 $y = x^3 - 1$, $[1; 2]$.

4 $y = \ln(x+1)$, $[0; e]$.

5 $y = \cos x$, $\left[-\frac{\pi}{4}; \frac{\pi}{2}\right]$.

6 $y = \frac{x+1}{x+2}$, $[-1; 2]$.

Trova, utilizzando sei suddivisioni di uguale ampiezza, un valore approssimato per eccesso e uno per difetto dell'area del trapezoide individuato dal grafico della funzione $f(x)$ nell'intervallo indicato a fianco.

7 $f(x) = -x^2 + 8x$, $[2; 8]$.

8 $f(x) = \frac{1}{x+1}$, $[0; 4]$.

Integrale definito

9 COMPLETA in modo che gli integrali indichino la misura dell'area corrispondente.

a. $A_1 = \int_{-1}^{\square} f(x)dx$

b. $A_1 \cup A_2 = \int_{\square}^{\square} f(x)dx$

c. $A_3 = \left| \int_{\square}^{\square} f(x)dx \right|$

d. $A_2 \cup A_3 = \int_{\square}^{\square} f(x)dx - \int_{\square}^{\square} f(x)dx$

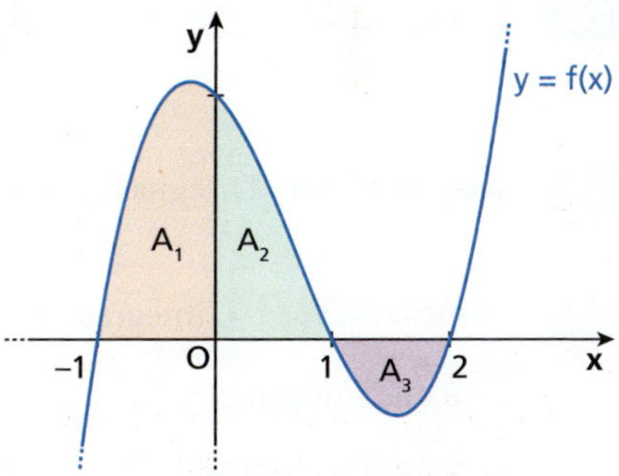

LEGGI IL GRAFICO Scrivi gli integrali che esprimono i valori delle aree delle regioni rappresentate nelle figure. (I grafici in cui non è indicato il tipo di equazione sono rette o parabole.)

10

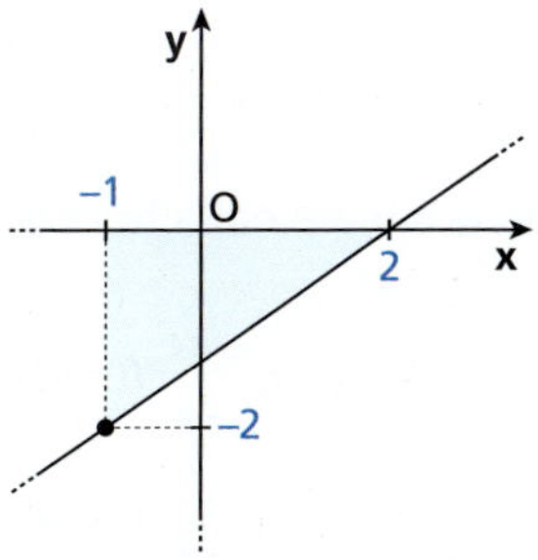

11

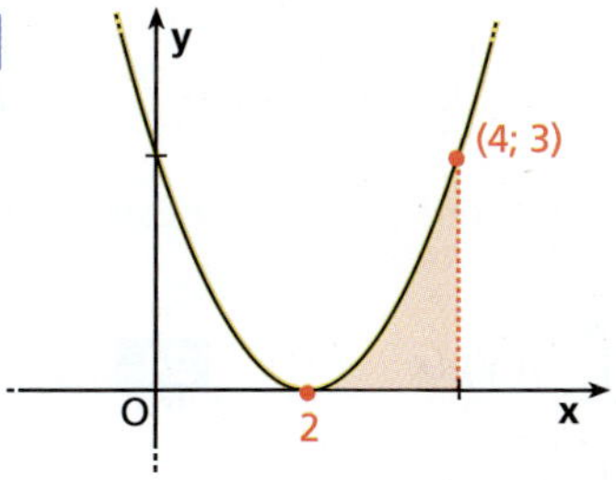

12

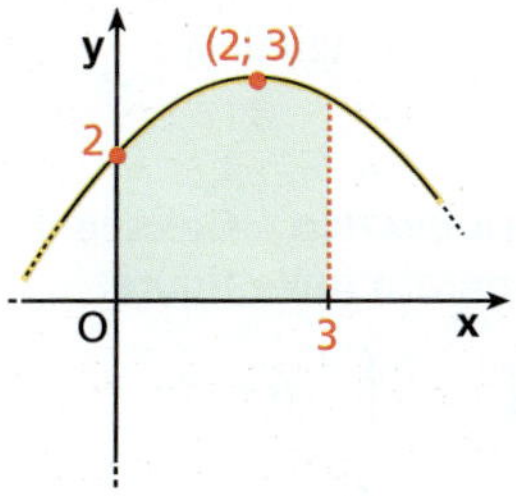

Rappresenta graficamente le regioni le cui aree sono date dagli integrali.

13 a. $\int_1^3 2x^2 dx$; b. $\int_0^{\frac{\pi}{4}} \cos x \, dx$.

14 a. $\int_1^4 (-x^2 + 4x)\, dx$; b. $\int_{\frac{1}{2}}^1 (-\ln x)\, dx$.

15 a. $\int_{-1}^1 (1-x)dx$; b. $\int_{-4}^0 \sqrt{-x}\, dx$.

16 a. $\int_{-1}^1 e^x dx$; b. $\int_{\pi}^{2\pi} -\sin x \, dx$.

17 ●○ **RIFLETTI SULLA TEORIA** Quali delle seguenti scritture non hanno significato? Motiva la risposta.

a. $\int_{-2}^{1}\sqrt{x}\,dx$ **b.** $\int_{-1}^{1}\frac{1}{x^2}dx$ **c.** $\int_{0}^{6}\sqrt{x+3}\,dx$ **d.** $\int_{0}^{2}\frac{1}{x-1}dx$ [a, b, d]

---

18 ●○ **VERO O FALSO?** Osserva il grafico di $f(x)$ e rispondi.

a. $\int_{0}^{2} f(x)dx > 0$ V F

b. $\int_{-3}^{4} f(x)dx > 0$ V F

c. $\int_{-7}^{-1} f(x)dx < 0$ V F

d. $\int_{-5}^{-3} -f(x)dx < 0$ V F

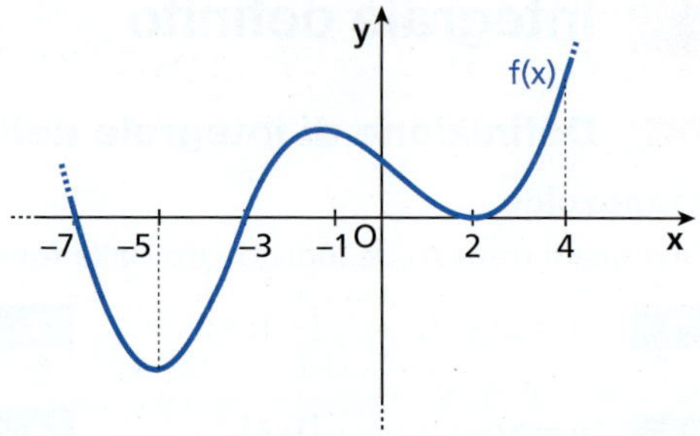

COMPLETA utilizzando i simboli >, <, =, dopo aver interpretato geometricamente ogni integrale.

19 ●○ $\int_{-6}^{-2} 3\,dx \;\square\; 0$; $\int_{-3}^{-1} 2x^2dx \;\square\; 0$; $\int_{5}^{1} x^4dx \;\square\; 0$.

20 ●○ $\int_{-1}^{2} (x^2+4)dx \;\square\; 0$; $\int_{0}^{1} (x^2-1)dx \;\square\; 0$; $\int_{2}^{1} 3x\,dx \;\square\; -\int_{1}^{2} 3x\,dx$.

21 ●○ **FAI UN ESEMPIO** Disegna il grafico di una funzione $f(x)$ tale che $\int_{0}^{3} f(x)dx < 0$ e $\int_{3}^{6} f(x)dx > 0$.

22 ●● **VERO O FALSO?** L'integrale $\int_{1}^{5}\frac{1}{x+1}dx$:

a. è una funzione. V F

b. è un numero positivo. V F

c. è la misura dell'area del trapezoide relativo a $\frac{1}{x+1}$ in [1; 5]. V F

d. è opposto a $\int_{5}^{1}\frac{1}{x+1}dx$. V F

e. è uguale a $-\int_{5}^{1}\frac{1}{x+1}dx$. V F

LEGGI IL GRAFICO Calcola il valore degli integrali indicati, riferendoti alle aree determinate dalla funzione rappresentata nelle figure.

23 ●○ **a.** $\int_{-2}^{-1} f(x)dx$ **b.** $\int_{0}^{2} f(x)dx$ **c.** $\int_{-2}^{0} f(x)dx$ **d.** $\int_{2}^{4} f(x)dx$

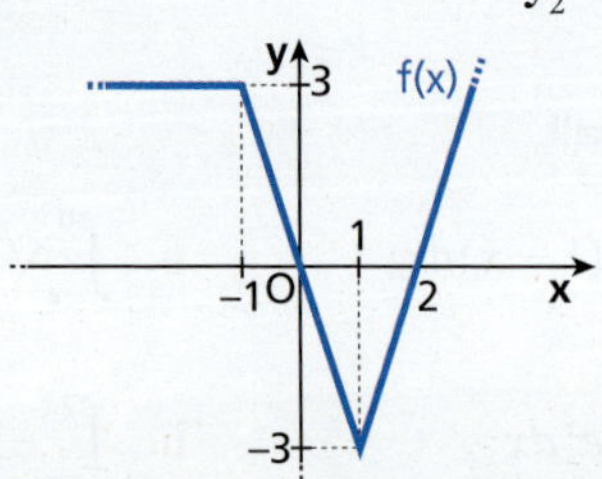

24 ●○ **a.** $\int_{-4}^{0} f(x)dx$ **b.** $\int_{0}^{2} f(x)dx$ **c.** $\int_{0}^{4} f(x)dx$ **d.** $\int_{4}^{6} f(x)dx$

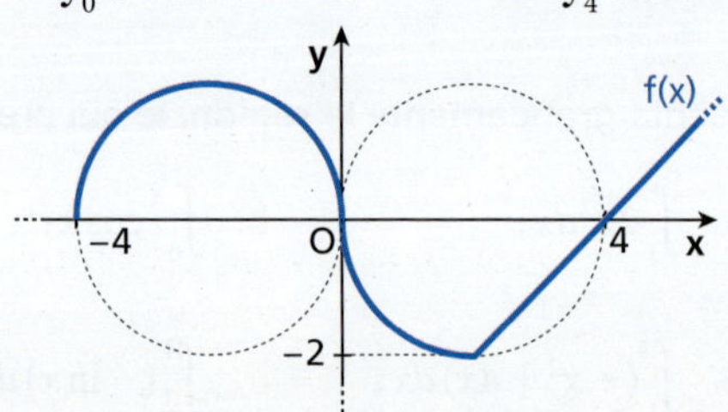

Rappresenta graficamente le regioni le cui aree sono date dagli integrali e calcola i loro valori.

25 $\int_1^4 2dx$ [6]

26 $\int_0^6 x\,dx$ [18]

27 $\int_0^2 (x+1)dx$ [4]

28 $\int_1^2 3x\,dx$ $\left[\frac{9}{2}\right]$

29 $\left|\int_0^3 (-2x)dx\right|$ [9]

30 $\left|\int_{-2}^1 (x-1)dx\right|$ $\left[\frac{9}{2}\right]$

Proprietà dell'integrale definito

▶ Teoria a p. 1472

31 VERO O FALSO?

a. $2\int_1^4 (x-1)\,dx = \int_1^4 (2x-2)\,dx$ V F

b. $\int_0^{\frac{\pi}{4}} \tan^2 x\,dx = \left(\int_0^{\frac{\pi}{4}} \tan x\,dx\right)^2$ V F

c. $\int_1^4 3\,dx = 9$ V F

d. $\int_1^3 (x^2+3x)dx = \int_1^3 x^2 dx + 3\int_1^3 x\,dx$ V F

e. $\int_{-1}^0 xe^x\,dx = \left(\int_{-1}^0 xdx\right)\left(\int_{-1}^0 e^x\,dx\right)$ V F

f. $\int_0^1 x\,dx \geq \int_0^1 x^2\,dx$ V F

32 Sapendo che $\int_0^2 f(x)dx = 4$ e $\int_2^5 f(x)dx = 6$, calcola:

a. $\int_0^5 f(x)dx$; b. $\int_0^2 3f(x)dx$; c. $\int_5^2 f(x)dx$ [a) 10; b) 12; c) − 6]

33 Sapendo che $\int_1^5 f(x)dx = 3$ e $\int_1^5 g(x)dx = 7$, calcola:

a. $\int_1^5 [f(x)+g(x)]dx$; b. $\int_1^5 [g(x)-4f(x)]dx$. [a) 10; b) − 5]

Calcola il valore dei seguenti integrali utilizzando i valori degli integrali definiti scritti a fianco e sfruttando le proprietà dell'integrale definito.

34 $\int_0^{\frac{\pi}{2}} (\cos x + 2\sin x)\,dx$; $\int_0^{\frac{\pi}{2}} \cos x\,dx = 1$, $\int_0^{\frac{\pi}{2}} \sin x\,dx = 1$. [3]

35 $\int_0^1 (2^x \ln 2 + 1)\,dx$; $\int_0^1 2^x\,dx = \frac{1}{\ln 2}$, $\int_0^1 dx = 1$. [2]

36 $\int_0^3 (x^2+6x)\,dx$; $\int_0^2 x^2 dx = \frac{8}{3}$, $\int_2^3 x^2 dx = \frac{19}{3}$, $\int_0^3 x\,dx = \frac{9}{2}$. [36]

37 $\int_1^3 (4x^3+2)\,dx$; $\int_1^2 x^3 dx = \frac{15}{4}$, $\int_2^3 x^3 dx = \frac{65}{4}$, $\int_1^3 2\,dx = 4$. [84]

38 $\int_1^9 (1+3\sqrt{x})\,dx$; $\int_1^4 \sqrt{x}\,dx = \frac{14}{3}$, $\int_4^9 \sqrt{x}\,dx = \frac{38}{3}$, $\int_1^9 dx = 8$. [60]

Teorema della media

▶ Teoria a p. 1473

Indica quali delle seguenti funzioni rispettano le ipotesi del teorema della media nell'intervallo scritto a fianco.

39 $y = \frac{4}{x-1}$, [1; 4]. [no]

40 $y = \sqrt{x}$, [0; 6]. [sì]

41 $y = \ln(x+3)$, [− 3; 0]. [no]

42 $y = \frac{x-2}{x^2-x-2}$, [0; 3]. [no]

Rappresenta graficamente i seguenti integrali e verifica che il punto di ascissa dato soddisfa la tesi del teorema della media.

43 $\int_0^4 (x+2)dx$, $z = 2$.

44 $\int_1^5 (2x+1)dx$, $z = 3$.

2 Teorema fondamentale del calcolo integrale

Funzione integrale

▶ Teoria a p. 1474

45 ●○ TEST Sia $F(x)=\int_{-1}^{x} t^2 dt$. Allora vale:

A $F(0)=0$. B $F(1)=0$. C $F(-1)=0$. D $F(1)=2$. E $F(-1)=1$.

LEGGI IL GRAFICO

46 ●○ Sia $F(x)=\int_{-2}^{x} f(t)dt$.

Osserva il grafico e calcola:

a. $F(-1)$; c. $F(-2)$;
b. $F(0)$; d. $F(1)$.

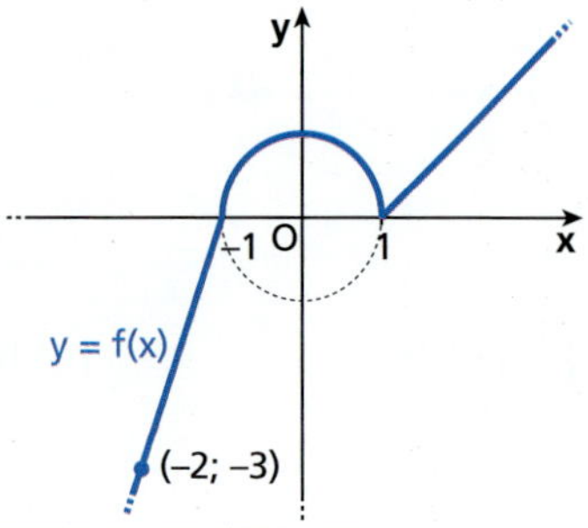

47 ●○ Sia $G(x)=\int_{-4}^{x} g(t)dt$.

Osserva il grafico e calcola:

a. $G(-2)$; c. $G(4)$;
b. $G(0)$; d. $G(-4)$.

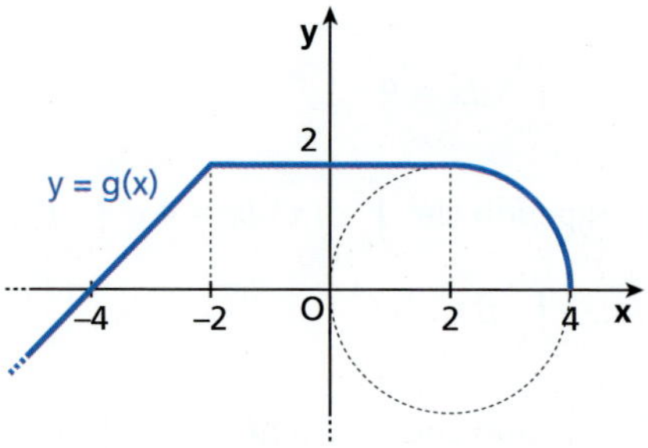

Calcolo dell'integrale definito

▶ Teoria a p. 1476

48 ESERCIZIO GUIDA Calcoliamo l'integrale definito $\int_1^2 (3x^2+x)\,dx$.

Utilizziamo la formula fondamentale:

$$\int_a^b f(x)\,dx = [\varphi(x)]_a^b = \varphi(b)-\varphi(a),$$

dove $\varphi(x)$ è una qualunque primitiva di $f(x)$.
Determiniamo le primitive di $3x^2+x$:

$$\int (3x^2+x)\,dx = x^3+\frac{1}{2}x^2+c.$$

Una primitiva è dunque $\varphi(x)=x^3+\frac{1}{2}x^2$.

Pertanto si ha:

$$\int_1^2 (3x^2+x)\,dx = \left[x^3+\frac{1}{2}x^2\right]_1^2.$$

Sostituiamo alla variabile x dentro la parentesi quadra prima 2 e poi 1 e calcoliamo la differenza:

$$\left[x^3+\frac{1}{2}x^2\right]_1^2 = (8+2)-\left(1+\frac{1}{2}\right)=\frac{17}{2}.$$

Quindi $\int_1^2 (3x^2+x)\,dx = \frac{17}{2}$.

Calcola i seguenti integrali definiti.

49 ●○ $\int_1^6 4x\,dx$ $[70]$

50 ●○ $\int_{-1}^{1} (2x+3)\,dx$ $[6]$

51 ●○ $\int_3^4 (5-6x)\,dx$ $[-16]$

52 ●○ $\int_{-2}^{0} (3x^2-x)\,dx$ $[10]$

53 ●○ $\int_1^3 (4x-3)\,dx$ $[10]$

54 ●○ $\int_{-1}^{0} (1+4x^3)\,dx$ $[0]$

55 ●○ $\int_{-1}^{1} (6x^2+x)\,dx$ $[4]$

56 ●○ $\int_2^5 (x+1)\,dx$ $\left[\frac{27}{2}\right]$

57 $\int_0^1 (x^2+x)\,dx$ $\left[\frac{5}{6}\right]$

58 $\int_{-2}^1 \frac{3x^2+2x-1}{3}\,dx$ $[1]$

59 $\int_1^2 \left(x^2+\frac{1}{x^2}\right)dx$ $\left[\frac{17}{6}\right]$

60 $\int_4^9 (3\sqrt{x}+2x)\,dx$ $[103]$

61 $\int_0^1 (\sqrt[3]{x}-x)\,dx$ $\left[\frac{1}{4}\right]$

62 $\int_2^3 \left(2x+\frac{1}{x}+1\right)dx$ $\left[6+\ln\frac{3}{2}\right]$

63 $\int_0^1 4(x+1)^3\,dx$ $[15]$

64 $\int_{-3}^0 (2x^2+5)\,dx$ $[33]$

65 $\int_{-1}^1 (x^3-3x^2+1)\,dx$ $[0]$

66 $\int_{\frac{1}{4}}^{\frac{1}{2}} \left(\frac{1}{x^3}+\frac{1}{x^2}\right)dx$ $[8]$

67 $\int_1^4 \frac{x-1}{x}\,dx$ $[3-2\ln 2]$

68 $\int_{-1}^0 e^{-x}\,dx$ $[e-1]$

69 $\int_0^1 (e^x+2x)\,dx$ $[e]$

70 $\int_0^1 \frac{3}{x+1}\,dx$ $[3\ln 2]$

71 $\int_{-1}^0 5e^{5x}\,dx$ $[1-e^{-5}]$

72 $\int_2^7 \frac{1}{\sqrt{x+2}}\,dx$ $[2]$

73 $\int_1^{\pi+1} \sin(x-1)\,dx$ $[2]$

74 $\int_0^2 \frac{4x}{1+x^2}\,dx$ $[2\ln 5]$

75 $\int_0^1 (e^{2x}+x)\,dx$ $\left[\frac{1}{2}e^2\right]$

76 $\int_{-3}^{-1} \frac{x^2+2}{x^2}\,dx$ $\left[\frac{10}{3}\right]$

77 $\int_3^8 \frac{3\sqrt{x+1}}{2}\,dx$ $[19]$

78 $\int_{-1}^{-\frac{1}{2}} \left(\frac{3}{x^4}-\frac{2}{x^2}\right)dx$ $[5]$

79 $\int_1^4 \left(\frac{3}{2}\sqrt{x}+3x^2+1\right)dx$ $[73]$

80 $\int_{-2}^{-1} \frac{x^2+1}{x}\,dx$ $\left[-\frac{3}{2}-\ln 2\right]$

81 $\int_1^2 \frac{3x^3-2}{x}\,dx$ $[7-\ln 4]$

82 $\int_1^e \frac{1-x}{x^2}\,dx$ $\left[-\frac{1}{e}\right]$

83 $\int_0^1 \frac{4x}{1+6x^2}\,dx$ $\left[\frac{1}{3}\ln 7\right]$

84 $\int_0^{\frac{1}{2}} \frac{4}{1+4x^2}\,dx$ $\left[\frac{\pi}{2}\right]$

85 $\int_0^1 x^3(x^4+1)^5\,dx$ $\left[\frac{21}{8}\right]$

86 $\int_0^2 x(x^2-1)^3\,dx$ $[10]$

87 $\int_0^{\sqrt{8}} 6x\sqrt{x^2+1}\,dx$ $[52]$

88 $\int_{-1}^0 \frac{x^3}{x^4+1}\,dx$ $\left[-\frac{1}{4}\ln 2\right]$

89 $\int_0^1 \frac{x}{(x^2-2)^4}\,dx$ $\left[\frac{7}{48}\right]$

90 $\int_0^1 \frac{x^2}{x^3+1}\,dx$ $\left[\frac{1}{3}\ln 2\right]$

91 $\int_1^e \frac{6\ln^2 x}{x}\,dx$ $[2]$

92 $\int_0^{\frac{\pi}{3}} \tan x\,dx$ $[\ln 2]$

93 $\int_1^3 \frac{4x+3}{2x^2+3x}\,dx$ $[\ln 27-\ln 5]$

94 $\int_2^{\sqrt{5}} 6x\sqrt{x^2-4}\,dx$ $[2]$

95 $\int_3^6 \frac{3}{x^2-4x+4}\,dx$ $\left[\frac{9}{4}\right]$

96 $\int_0^1 \frac{2}{x^2+6x+9}\,dx$ $\left[\frac{1}{6}\right]$

97 $\int_0^{\frac{\pi}{2}} (\sin x+\cos x)\,dx$ $[2]$

98 $\int_0^{\frac{\pi}{6}} (2\cos x-1)\,dx$ $\left[1-\frac{\pi}{6}\right]$

99 $\int_{-2}^{-1} 2e^x\,dx$ $\left[\frac{2}{e}\left(\frac{e-1}{e}\right)\right]$

100 $\int_{\frac{\pi}{6}}^{\frac{\pi}{2}} \frac{\cos x}{\sin x+1}\,dx$ $[\ln 4-\ln 3]$

101 $\int_0^{\pi} (\sin x-\cos x)\,dx$ $[2]$

102 $\int_0^{\pi} \sin 2x\,dx$ $[0]$

103 $\int_0^1 \frac{e^x}{e^x+1}dx$ $\left[\ln\frac{e+1}{2}\right]$

104 $\int_0^1 2xe^{x^2}dx$ $[e-1]$

105 $\int_0^1 (2x-1)\,5^{x^2-x}dx$ $[0]$

106 $\int_0^2 e^x\sqrt{e^x+1}\,dx$ $\left[\frac{2}{3}(\sqrt{(e^2+1)^3}-\sqrt{8})\right]$

107 $\int_{\frac{1}{2}}^1 6\pi x\sin(\pi x^2)\,dx$ $\left[3+\frac{3\sqrt{2}}{2}\right]$

108 $\int_0^{\frac{\pi}{2}} \frac{\cos x}{(\sin x+1)^2}dx$ $\left[\frac{1}{2}\right]$

109 $\int_4^9 \frac{e^{2\sqrt{x}-4}}{2\sqrt{x}}dx$ $\left[\frac{e^2}{2}-\frac{1}{2}\right]$

110 $\int_{\frac{\pi}{6}}^{\frac{\pi}{3}} 2\tan x\,dx$ $\left[-2\ln\frac{\sqrt{3}}{3}\right]$

111 $\int_{\frac{1}{3}}^{\frac{1}{2}} \frac{e^{\frac{1}{x}}}{x^2}dx$ $[e^3-e^2]$

112 $\int_e^{e^2} \frac{2}{x\ln^2 x}dx$ $[1]$

113 $\int_0^{\frac{\sqrt{3}}{2}} \frac{4x}{\sqrt{1-x^2}}dx$ $[2]$

114 $\int_{-\frac{\pi}{4}}^{\frac{\pi}{4}} \frac{\sin x}{\sqrt{1+\cos x}}dx$ $[0]$

115 EUREKA! Se $f(1)=3$, $f(5)=3$ e $f'(x)$ è continua nell'intervallo $[1;5]$, quanto vale $\int_1^5 f'(x)dx$?

Calcola i seguenti integrali definiti, utilizzando l'integrazione per parti.

116 $\int_2^4 x\ln\left(\frac{x}{2}\right)dx$ $[8\ln 2-3]$

117 $\int_1^e (\ln x+x)\,dx$ $\left[\frac{e^2}{2}+\frac{1}{2}\right]$

118 $\int_1^{e^2} \ln x\,dx$ $[e^2+1]$

119 $\int_{-\frac{\pi}{2}}^{\frac{\pi}{2}} x\cos x\,dx$ $[0]$

120 $\int_{-1}^2 xe^x\,dx$ $\left[e^2+\frac{2}{e}\right]$

121 $\int_0^1 xe^{x-1}dx$ $\left[\frac{1}{e}\right]$

122 $\int_1^2 2x\ln x\,dx$ $\left[4\ln 2-\frac{3}{2}\right]$

123 $\int_0^1 \arctan x\,dx$ $\left[\frac{\pi-\ln 4}{4}\right]$

Con il metodo di sostituzione

124 ESERCIZIO GUIDA Calcoliamo l'integrale definito $\int_0^{\frac{\pi}{2}} \frac{\cos x}{\sqrt{1+\sin x}}dx$.

Calcoliamo l'integrale definito per sostituzione, cambiando anche gli estremi di integrazione.
Poniamo $t=1+\sin x$ e calcoliamo il differenziale di t: $dt = \mathrm{D}[1+\sin x]\,dx = \cos x\,dx$.
Determiniamo il valore della variabile t in corrispondenza dei valori che la x assume negli estremi di integrazione:

Per $x=0 \rightarrow t=1+\sin 0=1$; per $x=\frac{\pi}{2} \rightarrow t=1+\sin\frac{\pi}{2}=1+1=2$.

Riscriviamo l'integrale dato e sostituiamo le espressioni ricavate in precedenza:

$$\int_0^{\frac{\pi}{2}} \frac{1}{\sqrt{1+\sin x}}\cdot\cos x\,dx = \int_1^2 \frac{1}{\sqrt{t}}dt = [2\sqrt{t}\,]_1^2 = 2\sqrt{2}-2.$$

Osservazione. In alternativa avremmo potuto calcolare per sostituzione l'integrale *indefinito*

$$\int \frac{\cos x}{\sqrt{1+\sin x}}dx = 2\sqrt{1+\sin x}+c$$

e poi utilizzare tale risultato per il calcolo dell'integrale definito:

$$\int_0^{\frac{\pi}{2}} \frac{\cos x}{\sqrt{1+\sin x}}dx = [2\sqrt{1+\sin x}\,]_0^{\frac{\pi}{2}} = 2\sqrt{1+\sin\frac{\pi}{2}} - 2\sqrt{1+\sin 0} = 2\sqrt{2}-2.$$

In questo modo si evita di calcolare gli estremi di integrazione per la variabile t.

Calcola i seguenti integrali utilizzando il metodo di sostituzione.

125 $\int_4^9 \frac{1}{x-\sqrt{x}}\,dx$ $[2\ln 2]$

126 $\int_{-3}^0 \frac{1}{\sqrt{3x+25}}\,dx$ $\left[\frac{2}{3}\right]$

127 $\int_1^3 \frac{1}{\sqrt{x}(1+x)}\,dx$ $\left[\frac{\pi}{6}\right]$

128 $\int_0^{\pi^2} \sin\sqrt{x}\,dx$ $[2\pi]$

129 $\int_2^5 \frac{x}{\sqrt{x-1}}\,dx$ $\left[\frac{20}{3}\right]$

130 $\int_{-1}^1 \frac{x+1}{\sqrt{x+2}}\,dx$ $\left[\frac{4}{3}\right]$

Trova per quale valore del parametro l'integrale assume il valore assegnato.

131 $\int_1^2 (-x^2+kx)\,dx = \frac{2}{3}$ $[2]$

132 $\int_1^3 (x+2a)^3\,dx = 60$ $\left[\frac{1}{2}\right]$

133 $\int_0^{e-1} \frac{1}{x+a}\,dx = 1 \quad (a>0)$ $[1]$

134 $\int_0^{\frac{\pi}{8}} k\cos 4x\,dx = 4$ $[16]$

135 $\int_\alpha^2 (3x-1)\,dx = -16$ $\left[-\frac{10}{3}, 4\right]$

136 $\int_0^\alpha \sin 3x\,dx = \frac{1}{3}$ $\left[\frac{\pi}{6}+k\frac{\pi}{3}\right]$

Valore medio di una funzione

137 ESERCIZIO GUIDA Calcoliamo il valore medio della funzione $y=\sqrt{x}$ nell'intervallo $[0; 9]$ e determiniamo il punto z in cui la funzione assume tale valore. Interpretiamo geometricamente il risultato.

Verificato che la funzione è continua nell'intervallo dato, per calcolare il valore medio $f(z)$ della funzione utilizziamo il teorema della media:

$$f(z) = \frac{1}{b-a}\int_a^b f(x)\,dx.$$

Quindi:

$$f(z) = \frac{1}{9-0}\int_0^9 \sqrt{x}\,dx = \frac{1}{9}\left[\frac{2}{3}x\sqrt{x}\right]_0^9 = \frac{1}{9}(18-0) = 2.$$

Poiché $f(z)=\sqrt{z}=2$, possiamo ricavare il valore di z, punto in cui la funzione vale 2:

$$z = 2^2 = 4.$$

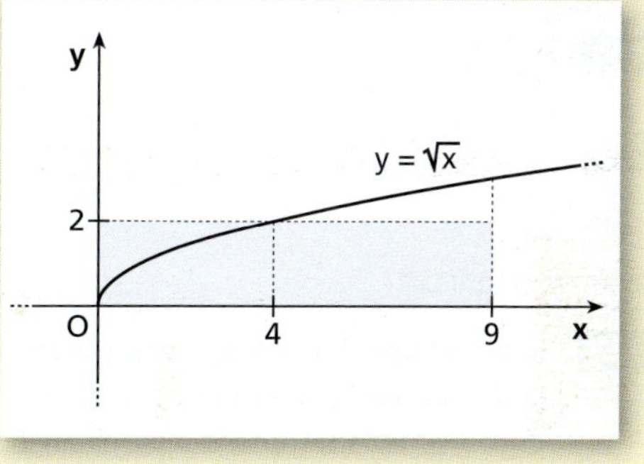

Riportiamo i risultati ottenuti in un diagramma cartesiano. L'area del rettangolo azzurro è uguale a quella del trapezoide relativo all'intervallo $[0; 9]$.

Determina il valore medio delle seguenti funzioni nell'intervallo scritto a fianco. Calcola il punto z in cui la funzione assume tale valore. Interpreta geometricamente il risultato.

138 $y=3x^2$, $[0; 1]$. $\left[f(z)=1; z=\frac{\sqrt{3}}{3}\right]$

139 $y=2x+4$, $[-1; 2]$. $\left[f(z)=5; z=\frac{1}{2}\right]$

140 $y=4-x^2$, $[1; 2]$. $\left[f(z)=\frac{5}{3}; z=\sqrt{\frac{7}{3}}\right]$

141 $y=\sqrt{x+2}$, $[-1; 2]$. $\left[f(z)=\frac{14}{9}; z=\frac{34}{81}\right]$

142 $y=\frac{1}{1+x^2}$, $[0; 1]$. $\left[f(z)=\frac{\pi}{4}; z=\sqrt{\frac{4}{\pi}-1}\right]$

143 $y=\frac{1}{(x-2)^2}$, $[3; 6]$. $\left[f(z)=\frac{1}{4}; z=4\right]$

ESERCIZI

LEGGI IL GRAFICO Determina le coordinate del punto P nelle figure in modo che i rettangoli colorati siano equivalenti ai trapezoidi indicati.

144

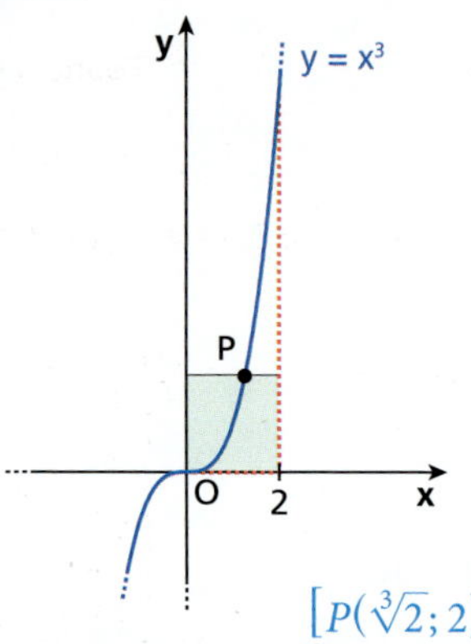

$\left[P(\sqrt[3]{2}; 2)\right]$

145

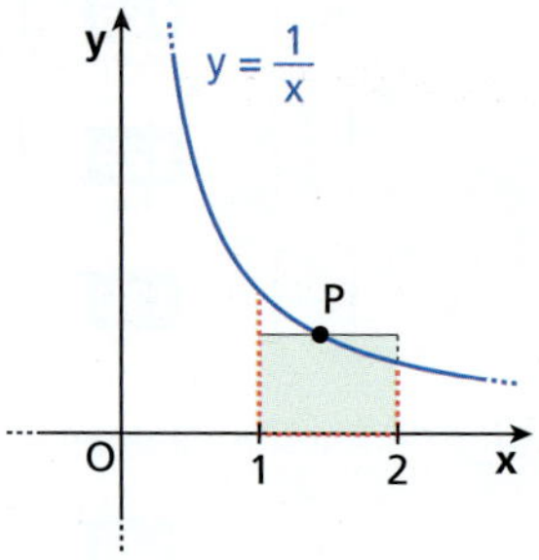

$\left[P\left(\frac{1}{\ln 2}; \ln 2\right)\right]$

146

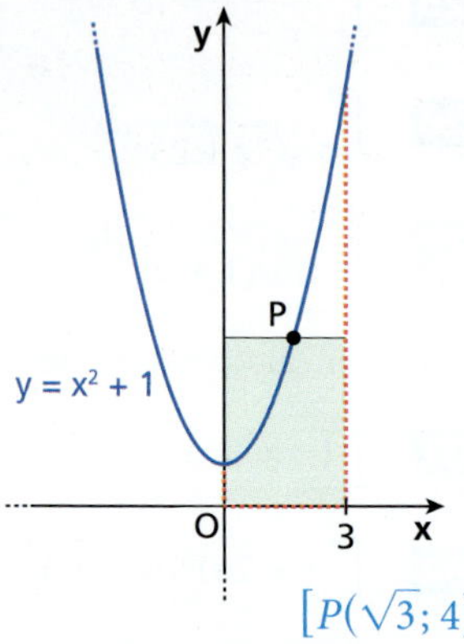

$\left[P(\sqrt{3}; 4)\right]$

Calcola il valore medio delle seguenti funzioni nell'intervallo dato.

147 $y = x^2 + 4x$, $[0; 3]$. $[9]$

148 $y = \sqrt{x} - x$, $[0; 4]$. $\left[-\frac{2}{3}\right]$

149 $y = x^3 - 1$, $[-2; 1]$. $\left[-\frac{9}{4}\right]$

150 $y = \cos x - \sin x$, $\left[-\frac{\pi}{2}; \frac{\pi}{2}\right]$. $\left[\frac{2}{\pi}\right]$

151 $y = 3e^x$, $[0; 2]$. $\left[\frac{3}{2}(e^2 - 1)\right]$

152 $y = \frac{\cos x}{1 + \sin x}$, $\left[0; \frac{\pi}{2}\right]$. $\left[\frac{2\ln 2}{\pi}\right]$

REALTÀ E MODELLI

153 **Saldi online** Un'azienda che vende vestiti online lancia il mese dei saldi. Le vendite danno un guadagno, in euro, $G(t) = 100(e^{2t} - 1)$, dove t sono le settimane a partire dall'inizio dei saldi. Calcola il guadagno medio a settimana nelle prime 4 settimane. [$\simeq$ € 37 149]

154

Aria di primavera La temperatura, misurata in °C, in una località marina tra le 8 e le 20 varia secondo la funzione $T(x) = -\frac{x^2}{4} + 3x + 10$, dove x è la variabile che misura il tempo in ore a partire dalle 8, quindi $x = 0$ indica le 8. Qual è la temperatura media nell'arco di tempo considerato? [16 °C]

TUTOR matematica Allenati con **15 esercizi interattivi** con feedback "hai sbagliato, perché..."
su.zanichelli.it/tutor3 risorsa riservata a chi ha acquistato l'edizione con tutor

3 Calcolo delle aree di superfici piane

Area compresa tra una curva e l'asse x

▶ Teoria a p. 1477

La funzione è positiva

LEGGI IL GRAFICO Calcola l'area del trapezoide rappresentato in ciascuna delle seguenti figure utilizzando gli integrali definiti.

155 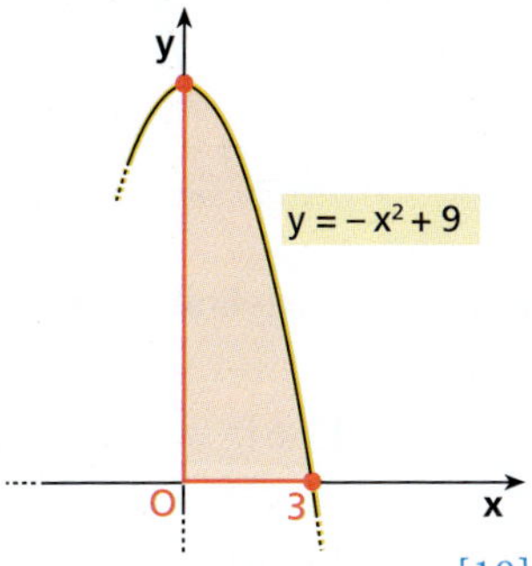

[18]

156 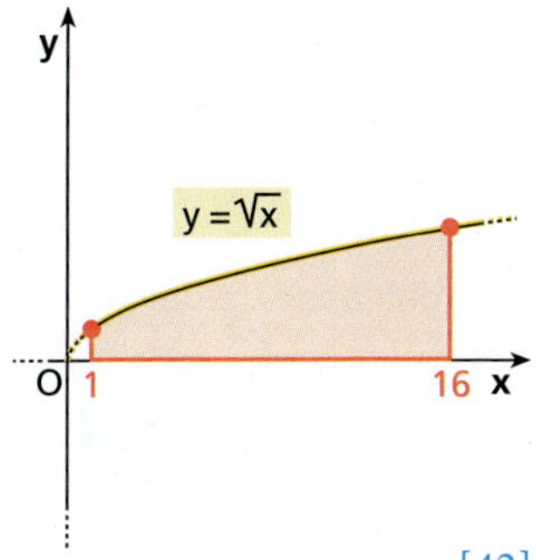

[42]

157 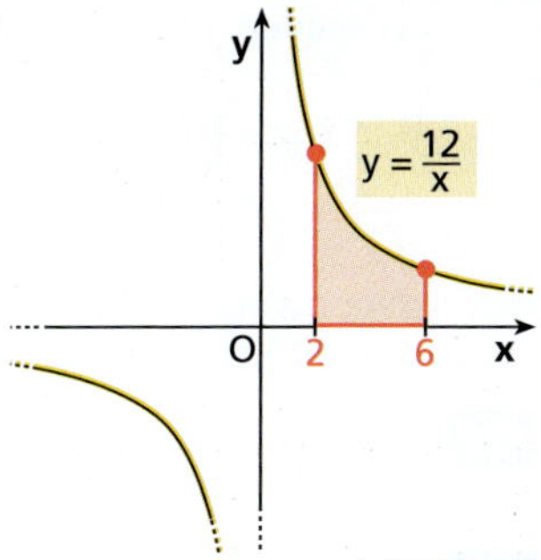

[12 ln 3]

Disegna i trapezoidi definiti dai grafici delle seguenti funzioni negli intervalli scritti a fianco e calcolane l'area utilizzando gli integrali definiti.

158 $y = 3x^2$, $[0; 2]$. $[8]$

159 $y = 16 - x^2$, $[-3; 3]$. $[78]$

160 $y = 4x^2 - 1$, $[1; 2]$. $\left[\frac{25}{3}\right]$

161 $y = -x^2 + 2x$, $[0; 2]$. $\left[\frac{4}{3}\right]$

162 $y = 1 - x^3$, $[0; 1]$. $\left[\frac{3}{4}\right]$

163 $y = \sqrt{x+1}$, $[-1; 1]$. $\left[\frac{4}{3}\sqrt{2}\right]$

164 $y = -\frac{1}{x}$, $[-2; -1]$. $[\ln 2]$

165 $y = \ln(x+1)$, $[0; 1]$. $[2\ln 2 - 1]$

166 $y = e^{-2x} + 1$, $[-1; 0]$. $\left[\frac{1}{2}(1+e^2)\right]$

167 $y = 2\tan x$, $\left[0; \frac{\pi}{4}\right]$. $\left[-2\ln\frac{\sqrt{2}}{2}\right]$

LEGGI IL GRAFICO Determina l'area colorata nelle figure.

168 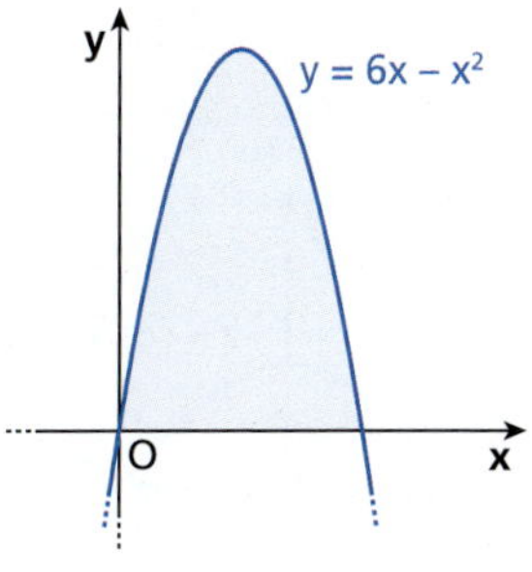

[36]

169 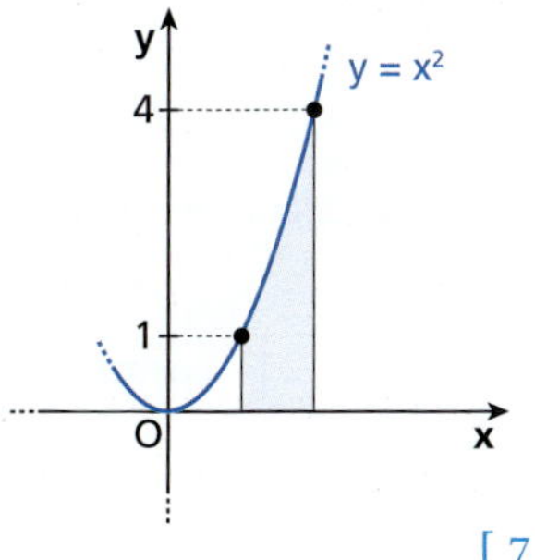

$\left[\frac{7}{3}\right]$

170 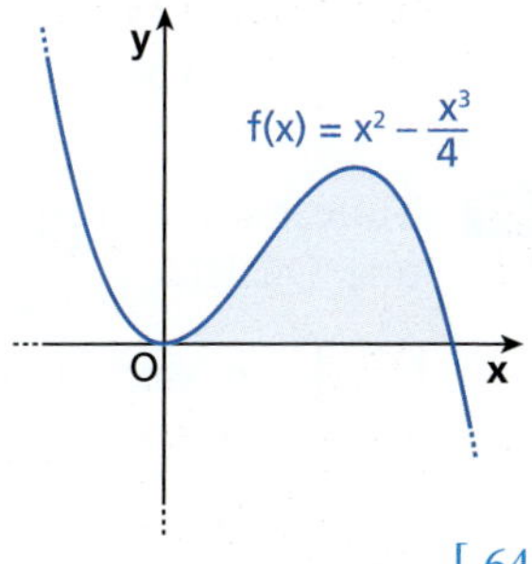

$\left[\frac{64}{3}\right]$

La funzione è negativa

171 **ESERCIZIO GUIDA** Determiniamo l'area S della superficie delimitata dall'asse x e dal grafico della funzione $y = x^2 - 9$ definita sull'intervallo $[0; 2]$.

Il grafico della funzione è una parabola di vertice $V(0; -9)$, che ha la concavità rivolta verso l'alto e incontra l'asse x nei punti di ascissa ± 3.

Disegniamo il grafico ed evidenziamo la superficie considerata.

Calcoliamo l'integrale definito esteso da 0 a 2:

$$\int_0^2 (x^2 - 9)\,dx = \left[\frac{x^3}{3} - 9x\right]_0^2 = \frac{8}{3} - 18 - 0 = -\frac{46}{3}.$$

Poiché la funzione è negativa in tutto l'intervallo, allora dobbiamo far precedere l'integrale definito da un segno meno, ossia:

$$S = -\int_0^2 (x^2 - 9)\,dx = -\left(-\frac{46}{3}\right) = \frac{46}{3}.$$

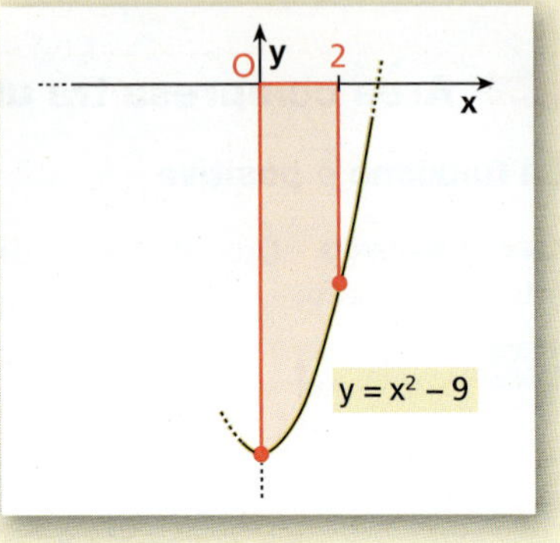

Dopo aver disegnato le superfici delimitate dall'asse x e dal grafico delle seguenti funzioni definite negli intervalli indicati, calcolane l'area.

172 $y = x^3$, $[-2; 0]$. $[4]$

173 $y = -6x^2$, $[0; 1]$. $[2]$

174 $y = x^2 - 5x$, $[1; 4]$. $\left[\frac{33}{2}\right]$

175 $y = x^2 - 6x + 5$, $[2; 4]$. $\left[\frac{22}{3}\right]$

176 $y = -\frac{3}{x}$, $[3; 6]$. $[3\ln 2]$

177 $y = -\sqrt{x}$, $[9; 16]$. $\left[\frac{74}{3}\right]$

178 $y = \sin x$, $[\pi; 2\pi]$. $[2]$

179 $y = \ln x$, $\left[\frac{1}{2}; 1\right]$. $\left[\frac{1}{2}(1 - \ln 2)\right]$

La funzione è in parte positiva o nulla e in parte negativa

TEST

180 Solo una delle seguenti espressioni permette di calcolare l'area colorata. Quale?

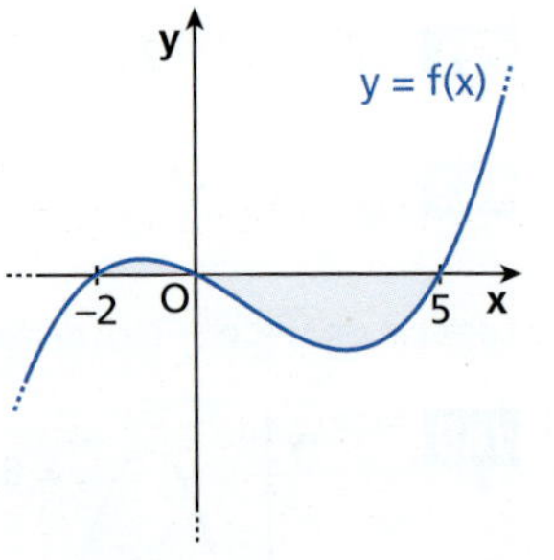

A $\int_{-2}^{5} f(x)dx$

B $\int_0^5 f(x)dx - \int_{-2}^0 f(x)dx$

C $\left|\int_{-2}^{5} f(x)dx\right|$

D $\int_{-2}^{0} f(x)dx + \int_0^5 f(x)dx$

E $\int_5^0 f(x)dx + \int_{-2}^0 f(x)dx$

181 Tutte le seguenti espressioni permettono di calcolare l'area colorata, tranne una. Quale?

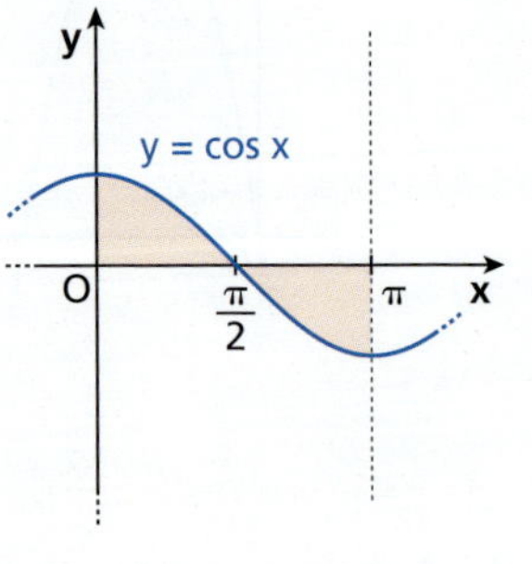

A $\int_0^{\frac{\pi}{2}} \cos x dx + \int_{\pi}^{\frac{\pi}{2}} \cos x dx$

B $2\int_0^{\frac{\pi}{2}} \cos x dx$

C $\int_0^{\pi} \cos x dx$

D $2\int_{\pi}^{\frac{\pi}{2}} \cos x dx$

E $\int_0^{\pi} |\cos x|\,dx$

182 ESERCIZIO GUIDA Determiniamo l'area S della superficie delimitata dall'asse x e dal grafico della funzione $y = -x^2 + 4$ definita sull'intervallo $[-1; 3]$.

Il grafico della funzione è una parabola di vertice $V(0; 4)$, che ha la concavità rivolta verso il basso e incontra l'asse x nei punti di ascissa ± 2. Evidenziamo nel grafico la superficie considerata.
Per calcolare l'area scomponiamo la superficie in due superfici: $ABCV$, delimitata dall'arco di curva CVA, in cui la funzione assume valori positivi, e CDE, delimitata dall'arco di curva CD, in cui la funzione assume valori negativi.
Calcoliamo i due integrali e cambiamo segno al secondo:

$$S = \int_{-1}^{2}(-x^2+4)\,dx - \int_{2}^{3}(-x^2+4)\,dx =$$

$$\left[-\frac{x^3}{3}+4x\right]_{-1}^{2} - \left[-\frac{x^3}{3}+4x\right]_{2}^{3} =$$

$$\left(-\frac{8}{3}+8-\frac{1}{3}+4\right)-\left(-\frac{27}{3}+12+\frac{8}{3}-8\right)=$$

$$-\frac{9}{3}+12+\frac{19}{3}-4=\frac{34}{3}.$$

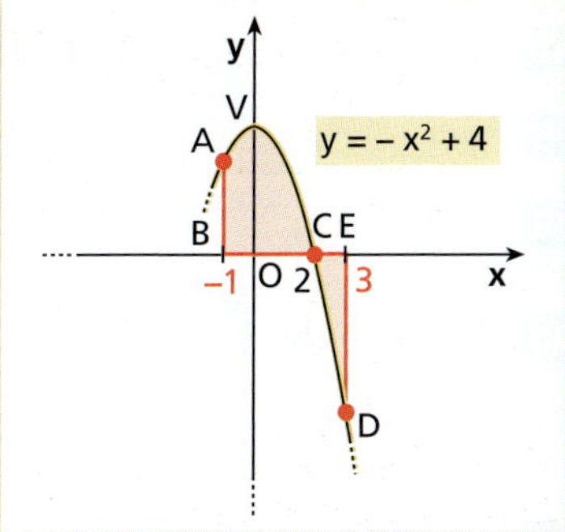

Dopo aver disegnato le superfici delimitate dall'asse x e dal grafico delle seguenti funzioni definite negli intervalli indicati, calcolane l'area.

183 $y=-x^3$, $[-1; 2]$. $\left[\frac{17}{4}\right]$

184 $y=x^2-3x$, $[-2; 2]$. $[12]$

185 $y=3x^2+6x$, $[-1; 3]$. $[56]$

186 $y=x-x^2$, $[0; 3]$. $\left[\frac{29}{6}\right]$

187 $y=x^3+1$, $[-4; 0]$. $\left[\frac{123}{2}\right]$

188 $y=-x^2+6x-8$, $[2; 5]$. $\left[\frac{8}{3}\right]$

189 $y=\sqrt{x}-1$, $[0; 4]$. $[2]$

190 $y=\cos x$, $\left[0; \frac{5\pi}{6}\right]$. $\left[\frac{3}{2}\right]$

191 $y=e^x-1$, $[-1; 1]$. $[e+e^{-1}-2]$

192 $y=\tan x$, $\left[-\frac{\pi}{4}; \frac{\pi}{3}\right]$. $\left[\frac{3}{2}\ln 2\right]$

Funzioni pari e dispari

AL VOLO

193 Sapendo che $f(x)$ è una funzione dispari e che $\int_0^4 f(x)dx=-7$, calcola il valore dell'area di:

a. S_1;
b. S_2;
c. $S_1 \cup S_2$.

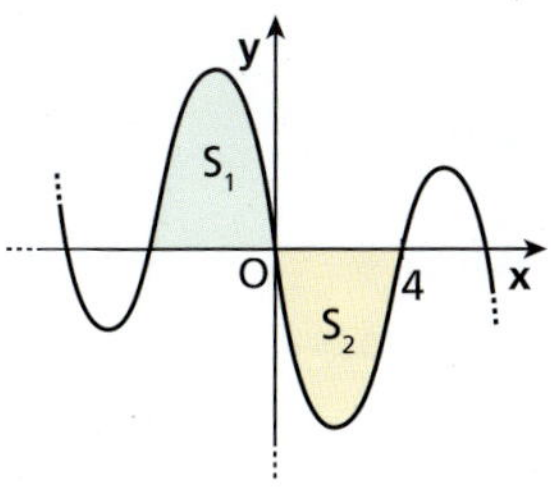

194 Sapendo che $f(x)$ è una funzione pari e che $\int_{-8}^{8} f(x)dx=18$, calcola il valore dell'area di:

a. S_1;
b. S_2;
c. $S_1 \cup S_2$.

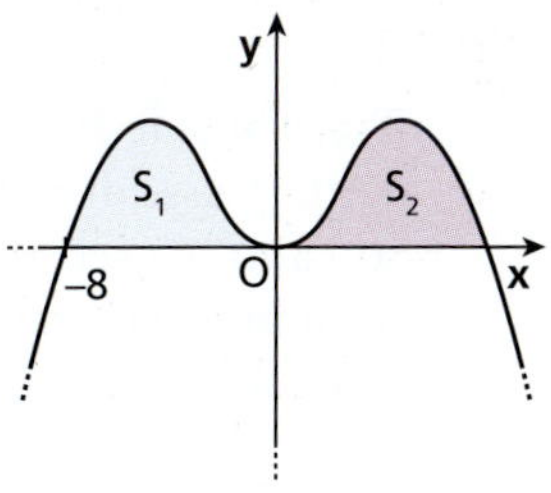

195 **VERO O FALSO?**

a. $\int_{-2}^{2} x^3 dx = 0$ V F

b. $\int_{-3}^{0} x^3 dx = \int_{0}^{3} x^3 dx$ V F

c. $\int_{4}^{-4} x^2 dx = 0$ V F

d. $\int_{0}^{3} x^4 dx = \frac{1}{2}\int_{-3}^{3} x^4 dx$ V F

ESERCIZI

196 AL VOLO Calcola il valore dei seguenti integrali.

a. $\int_{-6}^{6} 3x^5 dx$ b. $\int_{5}^{-5} (x - x^3) dx$ c. $\int_{-1}^{1} xe^{x^2} dx$

Determina l'area della regione delimitata dall'asse x e dalla funzione data negli intervalli indicati.

197 $y = 5x^4$; $[-1; 1]$, $[0; 1]$. $[2; 1]$

198 $y = -9x^2$; $[-2; 0]$, $[-2; 2]$. $[24; 48]$

199 $y = 3\sin x$; $\left[0; \frac{\pi}{2}\right]$, $\left[-\frac{\pi}{2}; \frac{\pi}{2}\right]$. $[3; 6]$

200 Sapendo che $\int_{-6}^{6} f(x)dx = 12$ e che f è una funzione pari, calcola:

$\int_{0}^{6} f(x)dx$, $\int_{0}^{-6} f(x)dx$, $\int_{-6}^{6} f(-x)dx$. $[6; -6; 12]$

201 Sapendo che $\int_{0}^{3} f(x)dx = 8$ e che f è una funzione dispari, calcola:

$\int_{-3}^{3} f(x)dx$, $\int_{0}^{3} f(-x)dx$, $\int_{0}^{-3} f(x)dx$. $[0; -8; 8]$

Area compresa tra due curve

▶ Teoria a p. 1478

LEGGI IL GRAFICO **Calcola l'area delle superfici evidenziate nelle seguenti figure.**

202

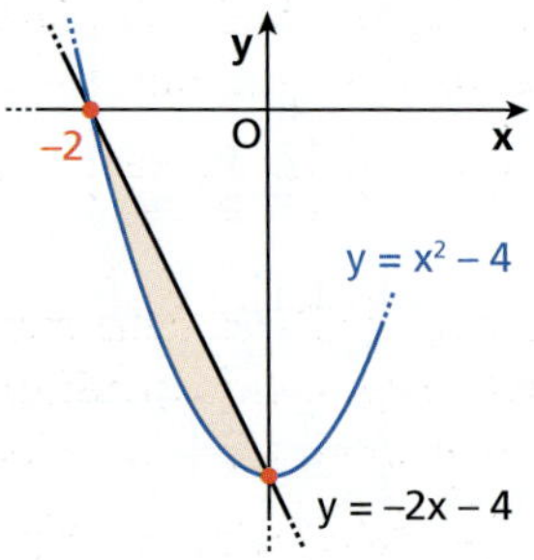

$\left[\frac{4}{3}\right]$

203

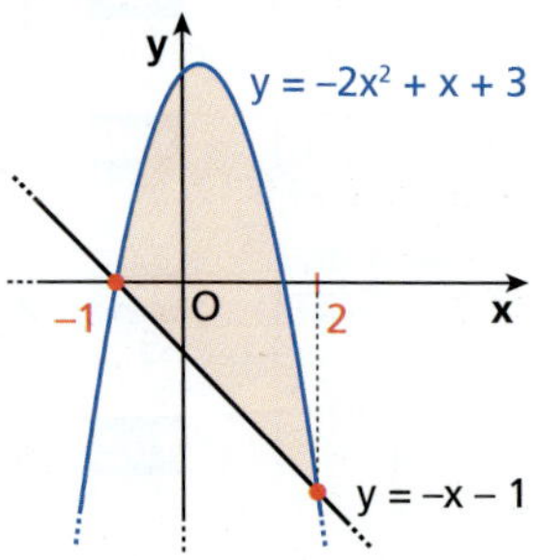

$[9]$

204

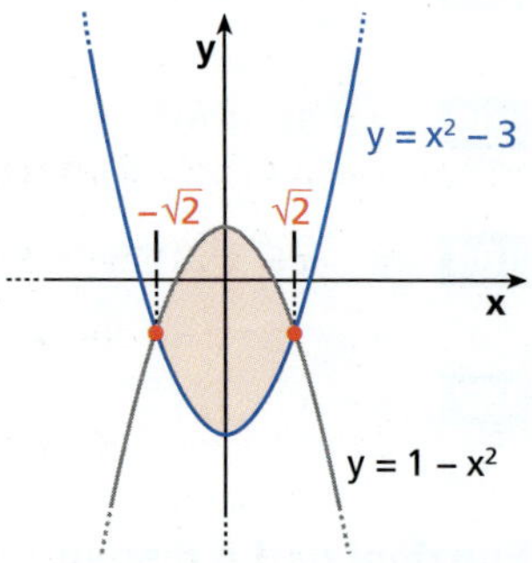

$\left[\frac{16}{3}\sqrt{2}\right]$

205 ESERCIZIO GUIDA Determiniamo l'area della superficie racchiusa dalle parabole di equazioni:

$y = x^2 + 1$ e $y = -x^2 + 4x + 1$.

Tracciamo le due parabole. La prima ha vertice nel punto $V_1(0; 1)$, asse di simmetria l'asse y e concavità rivolta verso l'alto. La seconda ha vertice nel punto $V_2(2; 5)$, asse di simmetria la retta di equazione $x = 2$ e concavità rivolta verso il basso.

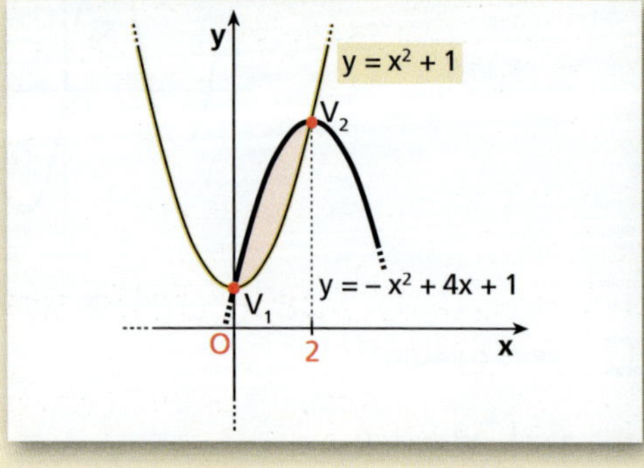

Le due parabole si intersecano nei punti V_1 e V_2, perciò gli estremi di integrazione sono 0 e 2.

L'area della superficie da esse racchiusa è data dall'integrale della differenza tra la funzione maggiore (che sta sopra) e quella minore (che sta sotto), perciò:

$$S = \int_0^2 [(-x^2 + 4x + 1) - (x^2 + 1)]dx = \int_0^2 (-2x^2 + 4x)\,dx = \left[-\frac{2}{3}x^3 + 2x^2\right]_0^2 = -\frac{16}{3} + 8 = \frac{8}{3}.$$

Rappresenta ogni coppia di funzioni e determina l'area della regione finita di piano da esse individuata.

206 $y = x^2$; $y = x + 2$. $\left[\frac{9}{2}\right]$

207 $y = x$; $y = x - x^2 + 1$. $\left[\frac{4}{3}\right]$

208 $y = 3x^2$; $y = 1 - x^2$. $\left[\frac{2}{3}\right]$

209 $y = 4 - x^2$; $y = -5$. $[36]$

210 $y = x^2 - 1$; $y = -x^2 - 3x - 1$. $\left[\frac{9}{8}\right]$

211 $y = 3x - 1$; $y = -x^2 + x + 2$. $\left[\frac{32}{3}\right]$

212 $y = x^2 + 4x$; $y = -2x^2 - 2x + 9$. $[32]$

213 $y = 4x^2 - x - 5$; $y = -2x^2 - x + 7$. $[16\sqrt{2}]$

214 $y = x + 4$; $y = -\frac{3}{x}$. $[4 - 3\ln 3]$

215 $y = \frac{4}{x}$; $y = x^2 - 6x + 9$. $[8\ln 2 - 3]$

---

216 Determina l'area della regione finita di piano contenuta nel primo quadrante e individuata dalla parabola di equazione $y = -x^2 + 2$, dalla curva di equazione $y = x^3$ e dall'asse y. $\left[\frac{17}{12}\right]$

217 YOU & MATHS Determine the area enclosed by the curve $y = x^2 + 1$ and the line $y = 5$.

(IR *Leaving Certificate Examination*, Higher Level) $\left[\frac{32}{3}\right]$

218 Calcola l'area della regione piana delimitata dalla curva di equazione $y = \frac{1}{1-x}$, dall'asse y e dalla retta di equazione $y = 4$. $[3 - \ln 4]$

219 Calcola l'area della regione delimitata dalla curva di equazione $y = x^2 - 2x + 2$ e dalla retta di equazione $y = 5$ nel primo quadrante. $[9]$

220 Trova l'area della regione finita di piano individuata dalla parabola di equazione $y = -x^2 + 6x$ e dalla retta di coefficiente angolare 1 passante per il punto della parabola di ascissa 4. $\left[\frac{9}{2}\right]$

221 Trova l'area delimitata dalla curva di equazione $y = x^3$ e dalla retta di equazione $y = 8$ nel primo quadrante. $[12]$

222 Dopo aver verificato che la parabola di equazione $y = -\frac{1}{2}x^2 + 1$ incontra la curva di equazione $y = 2^x$ nei punti $A\left(-1; \frac{1}{2}\right)$ e $B(0; 1)$, determina l'area della regione finita di piano delimitata dalle due curve. $\left[\frac{5}{6} - \frac{1}{\ln 4}\right]$

223 Trova l'area della regione finita di piano delimitata dalle curve di equazioni $y = \sin x$ e $y = -\cos x$ nell'intervallo $\left[-\frac{\pi}{4}; \frac{3\pi}{4}\right]$. $[2\sqrt{2}]$

224 Determina la misura dell'area della superficie chiusa individuata nel secondo quadrante dalle parabole di equazioni $y = -x^2 + 2x + 4$ e $y = \frac{x^2}{4} + 2x + 4$ e dalla retta di equazione $y = 1$. $[1]$

225 Rappresenta graficamente le funzioni di equazioni

$$y = -x^3 + x^2 \text{ e } y = x^2 - x$$

e calcola l'area della regione finita di piano delimitata dalle due curve. $\left[\frac{1}{2}\right]$

Riepilogo: Calcolo delle aree di superfici piane

226 ASSOCIA a ciascuna funzione $f(x)$ l'area della regione di piano che essa delimita con l'asse x nell'intervallo scritto a fianco.

a. 4 **b.** 9 **c.** 2 **d.** 12

1. $f(x) = |x|$ in $[-3; 3]$ **2.** $f(x) = \sin x$ in $[0; \pi]$ **3.** $f(x) = 6x$ in $[0; 2]$ **4.** $f(x) = 6x^2$ in $[-1; 1]$

ESERCIZI

LEGGI IL GRAFICO **In ognuna delle seguenti figure sono evidenziate delle superfici: calcolane l'area mediante gli integrali.**

227 ●○

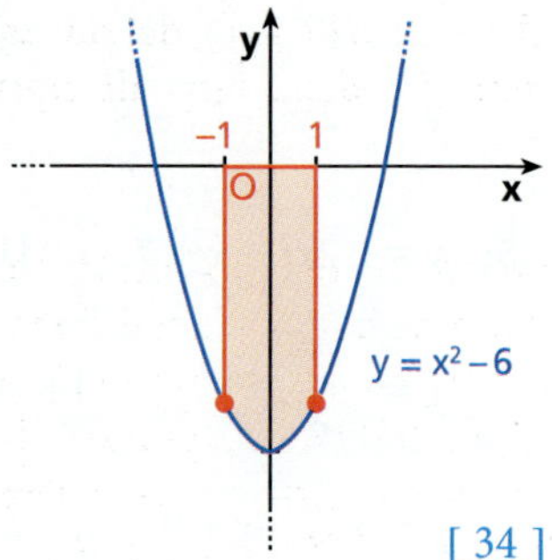

$\left[\frac{34}{3}\right]$

228 ●○

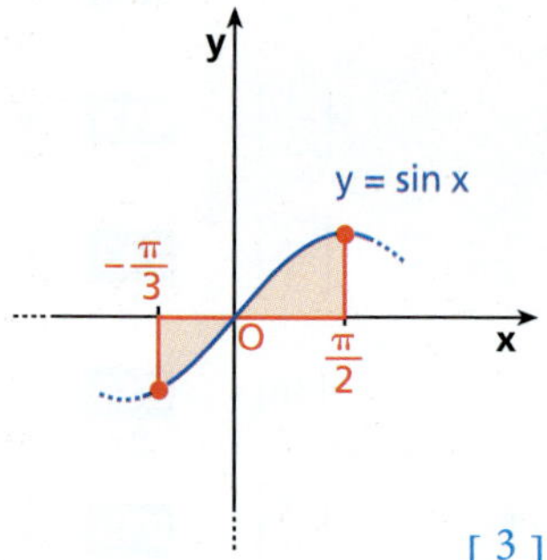

$\left[\frac{3}{2}\right]$

229 ●●

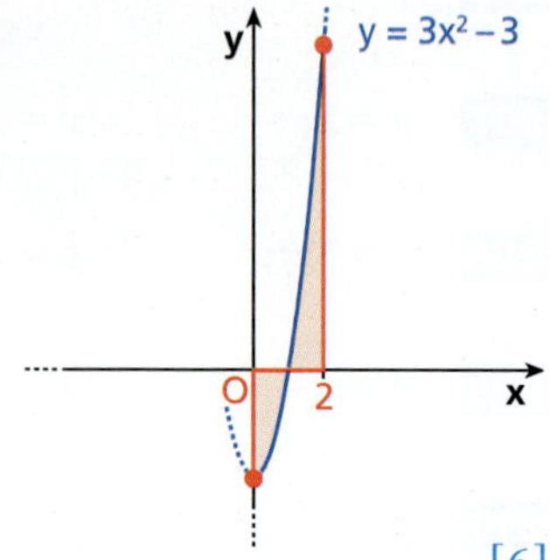

[6]

230 ●●

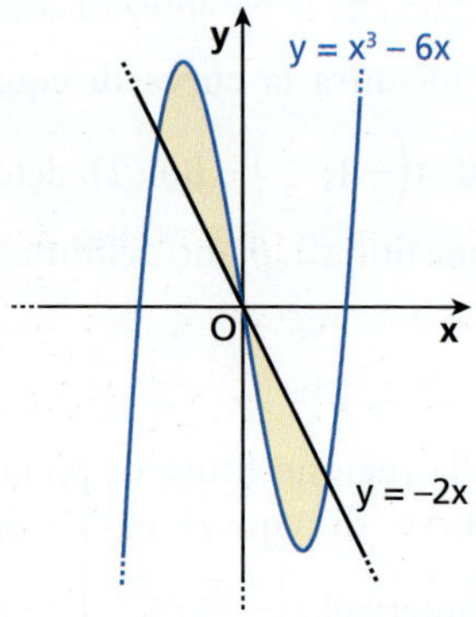

[8]

231 ●●

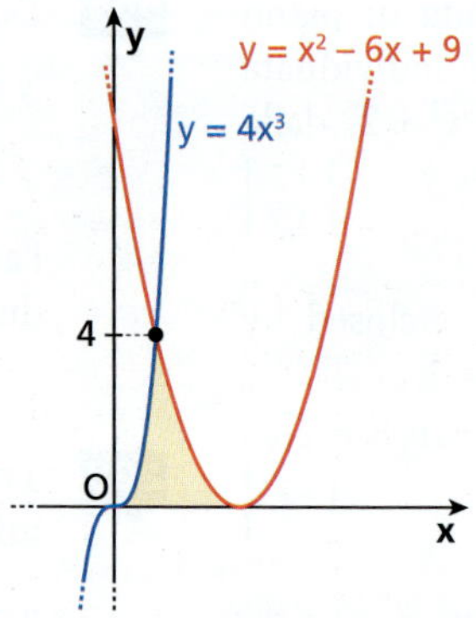

$\left[\frac{11}{3}\right]$

232 ●●

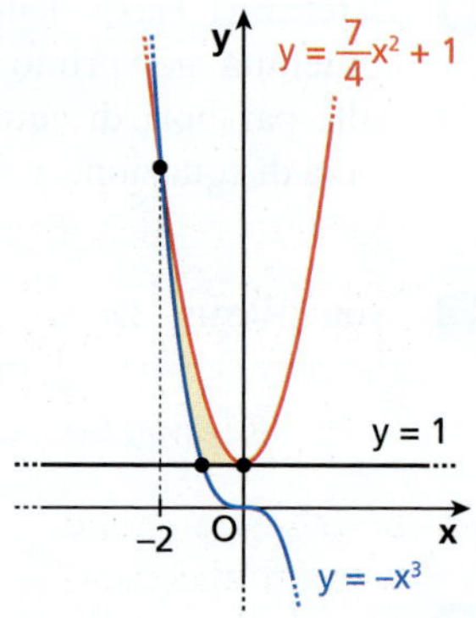

$\left[\frac{23}{12}\right]$

233 ●○ Calcola l'area della regione finita di piano delimitata dalla parabola di equazione $y = x^2 - 4x + 3$ e dall'asse x. $\left[\frac{4}{3}\right]$

234 ●○ Calcola l'area della regione finita di piano compresa tra la curva di equazione $y = 8 - x^3$ e gli assi cartesiani nel primo quadrante. [12]

235 ●○ Determina l'area della regione finita di piano delimitata dal grafico della funzione $y = e^{2x}$, dagli assi cartesiani e dalla retta di equazione $x = -1$. $\left[\frac{1}{2} - \frac{1}{2e^2}\right]$

236 ●○ Calcola l'area della regione finita di piano compresa tra la curva di equazione $y = \sqrt{x+4}$ e gli assi cartesiani. $\left[\frac{16}{3}\right]$

237 ●○ **YOU & MATHS** Find the area of the bounded region enclosed by the curve $y = \frac{2x}{x^2+1}$, the x-axis, the line $x = 1$, and the line $x = 2\sqrt{2}$.

(IR *Leaving Certificate Examination*, Higher Level)

$\left[\ln\left(\frac{9}{2}\right)\right]$

238 ●● Disegna le parabole di equazioni $y = x^2 - 4x - 5$ e $y = -x^2 + 2x + 3$. Calcola poi l'area delle due zone delimitate dalle parabole e dal segmento che congiunge i loro punti di intersezione. $\left[S_1 = S_2 = \frac{125}{6}\right]$

239 ●● **LEGGI IL GRAFICO** Trova la misura dell'area della superficie colorata racchiusa dalle due parabole γ_1 e γ_2, con γ_2 di equazione $y = -x^2 + 5x - 2$ e V vertice di γ_1. $\left[\frac{40}{3}\right]$

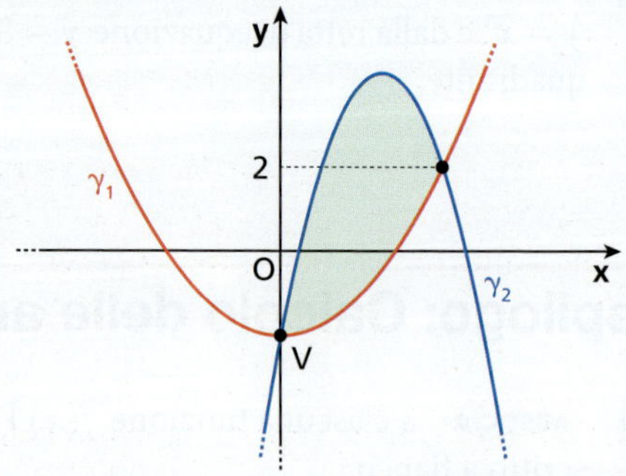

240 ●● LEGGI IL GRAFICO Nel grafico la retta è tangente alla parabola in A.
Trova l'equazione della parabola e calcola l'area della regione colorata.

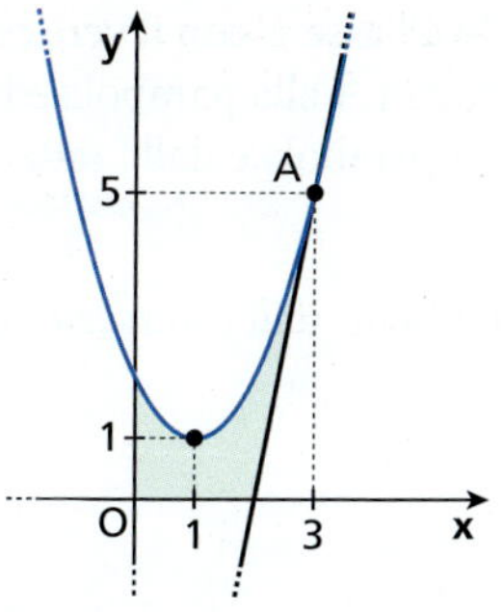

$\left[y = x^2 - 2x + 2; \frac{23}{8}\right]$

241 ●● Rappresenta graficamente la funzione di equazione $y = 2 + \frac{4}{x-1}$. Calcola l'area della regione finita di piano delimitata dalla curva data, dalla tangente alla curva nel suo punto di ascissa 0 e dall'asse x. $\left[4\ln 2 - \frac{5}{2}\right]$

242 ●● Calcola l'area della regione finita di piano delimitata dalla parabola di equazione $y = -x^2 + 4$ e dalle tangenti condotte alla parabola nei suoi punti di intersezione con l'asse x. $\left[\frac{16}{3}\right]$

243 ●● Le rette r e s sono tangenti alla parabola di equazione

$$y = -\frac{1}{2}x^2 + 2x$$

rispettivamente in O e A. Trova l'area della zona colorata.

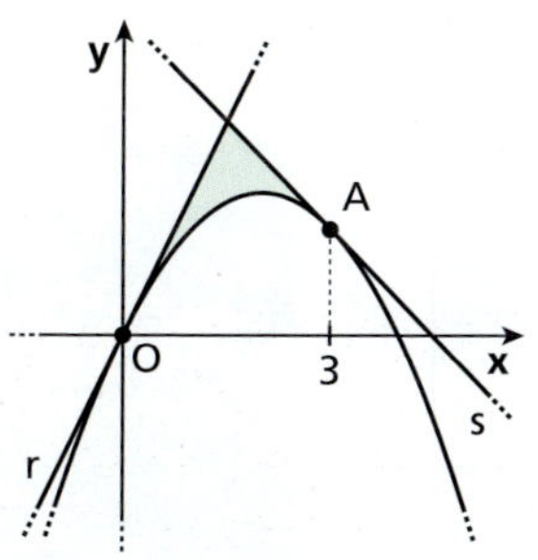

$\left[\frac{9}{8}\right]$

244 ●● Trova l'equazione della parabola con asse parallelo all'asse y, che ha il vertice di ordinata $-\frac{9}{4}$, passa per $A(0; 10)$ e ha la tangente in A di coefficiente angolare -7. Disegna la curva, considera la retta di equazione $y = -1$ e trova l'area della parte finita di piano delimitata dalla parabola e dalla retta. $\left[y = x^2 - 7x + 10; \frac{5}{6}\sqrt{5}\right]$

245 ●● EUREKA! Traccia il grafico della parabola di equazione $x = y^2 - 2y$ e calcola l'area della regione finita di piano compresa tra la curva e l'asse y. $\left[\frac{4}{3}\right]$

246 ●● Calcola l'area della parte di piano delimitata dai grafici delle funzioni $f(x) = \frac{1}{1+x^2}$ e $g(x) = \frac{x^2}{2}$. $\left[\frac{\pi}{2} - \frac{1}{3}\right]$

247 ●● Traccia il grafico di $f(x) = \frac{x^2 - 3x + 1}{x - 3}$ e successivamente calcola l'area della regione finita di piano delimitata dal grafico di $f(x)$, dal suo asintoto obliquo, dall'asse y e dalla retta di equazione $x = 2$. $[\ln 3]$

248 ●● Rappresenta graficamente l'iperbole di equazione $xy = 6$ e determina le equazioni delle tangenti all'iperbole nel suo punto A di ascissa 3 e nel suo punto B di ascissa 1. Individua il punto C di intersezione delle due tangenti e calcola l'area del triangolo mistilineo ABC, avente il lato AB appartenente all'iperbole.

$\left[2x + 3y - 12 = 0,\ 6x + y - 12 = 0; C\left(\frac{3}{2}; 3\right); 6(\ln 3 - 1)\right]$

249 ●● Trova l'area della parte di piano finita delimitata dalla parabola di equazione $y = \frac{3}{2}x^2 - 1$, dall'iperbole di equazione $y = \frac{x+3}{x-1}$ e dalla retta di equazione $3x - 8y + 1 = 0$. $\left[8\ln 2 + \frac{1}{2}\right]$

250 ●●

a. Considera la funzione $y = x^3 - 4x$ e rappresentala graficamente.

b. Traccia la tangente t alla curva nel suo punto di intersezione con il semiasse positivo delle ascisse.

c. Calcola l'area della regione finita di piano delimitata dalla curva data, dalla retta t e dall'asse y.

[b) $y = 8x - 16$; c) 12]

251 ●● Traccia il grafico della funzione $y = e^{-x} + 1$ e calcola l'area della regione finita di piano delimitata dal grafico, dagli assi cartesiani e dalla retta di equazione $x = 1$. $\left[2 - \frac{1}{e}\right]$

252 ●● Rappresenta graficamente la funzione

$$f(x) = \frac{2x^2 + 1}{x^2}$$

e determina l'area della regione finita delimitata dal grafico di $f(x)$, dall'asse x e dalle rette di equazioni $x = 1$ e $x = 2$. $\left[\frac{5}{2}\right]$

253 ●● Calcola l'area della regione compresa fra il grafico di $y = \ln x$, l'asse x e la retta di equazione $x = e$. [1]

254 ●● Determina l'equazione della parabola con asse parallelo all'asse y, con il vertice di ascissa $x = 2$ e passante per i punti $A(4; 0)$ e $B(-2; 12)$. Considera la retta t tangente in A alla parabola e la retta r parallela all'asse x passante per B. Calcola l'area della regione delimitata dalla parabola e dalle rette r e t. $\left[y = x^2 - 4x; S = \frac{14}{3}\right]$

255 ●● Calcola l'area delle due regioni finite di piano individuate dall'intersezione tra la parabola di equazione $y = 2x^2 + 2x$ e la curva di equazione $y = x^3 + 3x^2$. $\left[\frac{8}{3}; \frac{5}{12}\right]$

MATEMATICA AL COMPUTER

Area di una superficie Costruiamo una figura che permetta di assegnare un valore ai coefficienti a, b e c della parabola di equazione $q(x) = ax^2 + bx + c$ e che mostri, in corrispondenza, l'area dell'eventuale superficie finita di piano compresa fra la parabola di equazione $y = q(x)$ e la parabola di equazione $p(x) = -x^2 + 4$.
In particolare consideriamo:

$$q(x) = x^2 - 4x + 4.$$

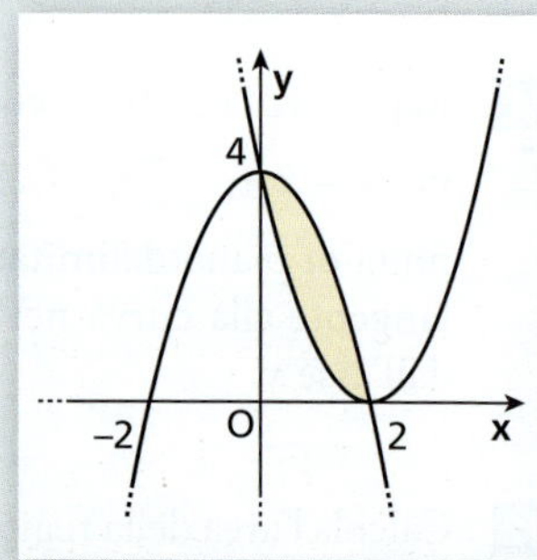

Risoluzione – 7 esercizi in più

RISOLVIAMO UN PROBLEMA

L'aiuola

Un'aiuola in un parco ha, vista in pianta, la forma indicata in figura.

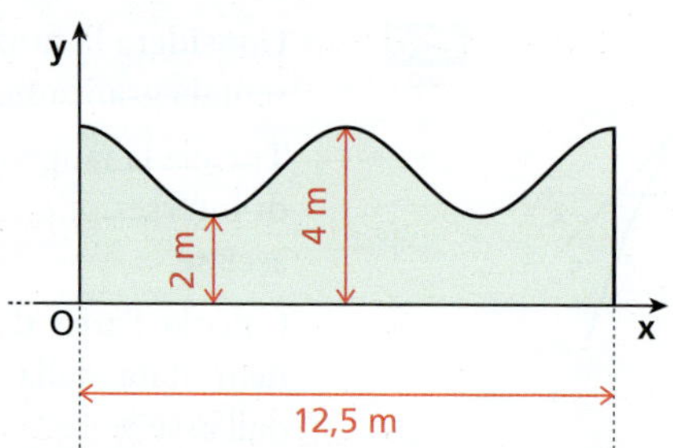

- Sapendo che il bordo superiore è descrivibile con la funzione $y = a\cos x + b$, determina a e b.
- Trova l'area occupata dall'aiuola.
- Bisogna riempire l'aiuola con uno strato, alto circa 70 cm, di terriccio speciale, che viene venduto in sacchi da 80 litri e costa € 11,80 al sacco. Calcola il costo totale del terriccio.

▶ **Determiniamo *a* e *b*.**

La distanza tra i «picchi» e le «valli» della cosinusoide è 2, pertanto l'ampiezza è 1. Allora $a = 1$.
Il grafico della funzione passa per il punto $(0; 4)$:

$$\cos 0 + b = 4 \quad \rightarrow \quad 1 + b = 4 \quad \rightarrow \quad b = 3.$$

La funzione è $y = \cos x + 3$.

▶ **Calcoliamo l'area.**

$$\int_0^{12,5} (\cos x + 3)dx = [\sin x + 3x]_0^{12,5} =$$

$$\sin 12,5 + 37,5 - 0 \simeq 37,4 \text{ m}^2.$$

▶ **Determiniamo il volume di terra necessario.**

Per calcolare il volume moltiplichiamo l'area di base per l'altezza:

$$V = 37,4 \cdot 0,70 = 26,18 \text{ m}^3 = 26\,180 \text{ L}.$$

▶ **Calcoliamo il costo totale.**

I sacchi da acquistare sono

$$\frac{26\,180}{80} = 327,25 \simeq 328.$$

Il costo totale è quindi:

$$328 \cdot € \, 11,80 = € \, 3870,40.$$

256 REALTÀ E MODELLI **Turismo nel verde** Una strada di campagna e un fiume delimitano un'area verde che il Comune decide di attrezzare per i turisti. Scegliendo sugli assi cartesiani l'unità uguale a 300 m, la strada e il fiume possono essere descritti come una retta di equazione $y = \frac{x+3}{2}$ e una curva di equazione $y = \frac{x^3}{4} + \frac{x^2}{2} - \frac{3}{4}x$, rispettivamente.

Quanto è estesa l'area verde? [$120\,000$ m^2]

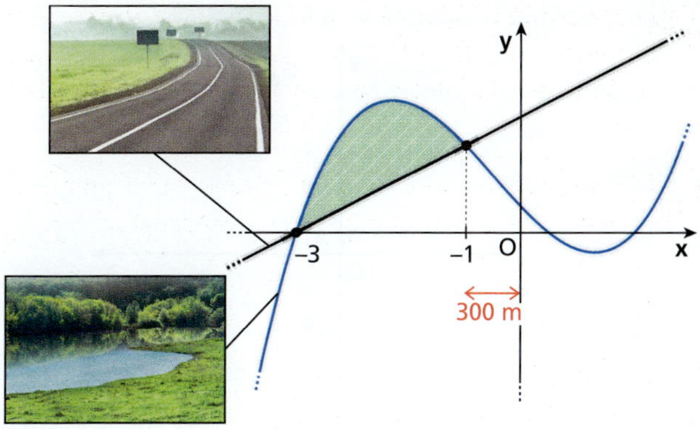

Aree, integrali definiti e parametri

257 Calcola per quali valori di a la parabola di equazione $y = -x^2 + ax$ forma con l'asse x una regione finita di piano di area uguale a 36. [$a = \pm 6$]

258 Determina per quali valori di k l'area della regione finita di piano individuata dalla retta di equazione $y = kx$ e dalla parabola di equazione $y = 3x^2$ è uguale a 32. [$k = \pm 12$]

259 Data la parabola di equazione $y = ax^2 + 3x + 5$, con $a \in \mathbb{R}$, determina il valore di a in modo che l'area della regione finita di piano individuata dalla parabola e dalla retta di equazione $y = x + 5$ sia uguale a $\frac{1}{3}$. [$a = \pm 2$]

260 EUREKA! Dimostra che l'area compresa fra la curva di equazione $y = \frac{1}{x}$, l'asse x e le rette di equazioni $x = a$ e $x = 2a$, con $a \neq 0$, non dipende da a.

261 Trova per quale valore di t l'integrale $\int_t^1 2\sqrt{1-x}\,dx$ è uguale all'area della parte finita di piano delimitata dalla parabola di equazione $y = x^2 - 2x$ e dall'asse x. [$t = 0$]

262 Data la parabola di equazione $y = -kx^2 + 2(k-1)x$, trova per quale valore di k $(k > 1)$ il suo grafico individua con l'asse x una regione finita di area uguale a $\frac{1}{3}$. [$k = 2$]

4 Calcolo dei volumi

Volume di un solido di rotazione

Teoria a p. 1480

Rotazione intorno all'asse x

263 ESERCIZIO GUIDA Consideriamo la funzione $y = x^2 + 1$ e calcoliamo il volume del solido di rotazione ottenuto facendo ruotare attorno all'asse x di un giro completo il trapezoide esteso all'intervallo $[1; 2]$.

- Disegniamo il solido: tracciamo il grafico della funzione nell'intervallo considerato e il suo simmetrico rispetto all'asse x (figura **a**).
  Tracciamo, in prospettiva, due circonferenze di raggio, rispettivamente, AB e CD. Rappresentiamo così il solido generato dalla rotazione completa intorno all'asse x del trapezoide $ABCD$ (figura **b**).

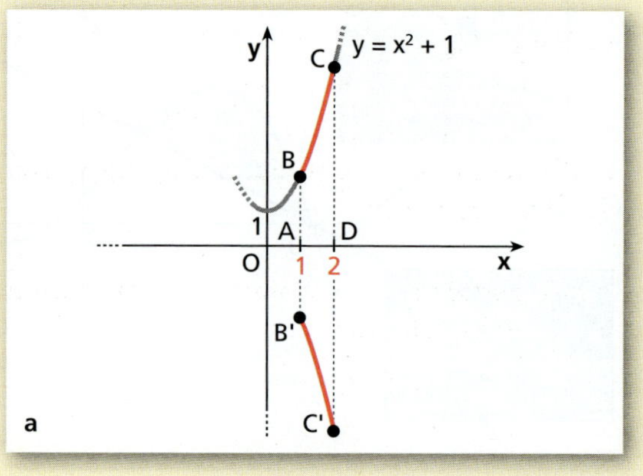

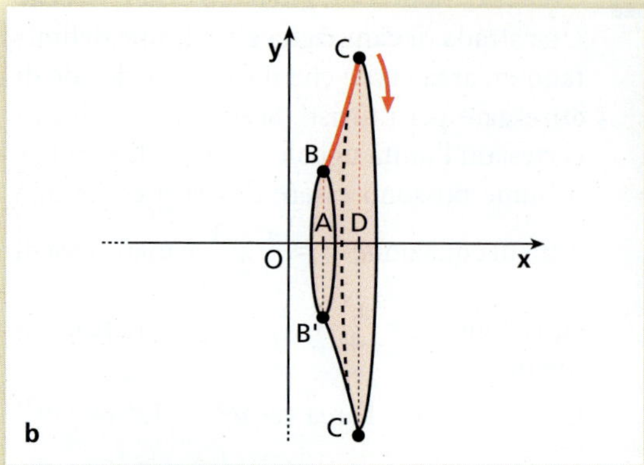

- Calcoliamo il volume di tale solido, applicando la formula $V = \pi \cdot \int_a^b f^2(x)\,dx$:

$$V = \pi \cdot \int_1^2 (x^2+1)^2 dx = \pi \cdot \int_1^2 (x^4+2x^2+1)\,dx = \pi \cdot \left[\frac{x^5}{5} + \frac{2x^3}{3} + x\right]_1^2 =$$

$$\pi \cdot \left(\frac{32}{5} + \frac{16}{3} + 1 - \frac{1}{5} - \frac{2}{3}\right) = \frac{178}{15}\pi.$$

Calcola il volume del solido generato dalla rotazione completa attorno all'asse *x* del trapezoide individuato dal grafico della funzione data, nell'intervallo indicato.

264 $y = 2$, $[2; 5]$. $[12\pi]$

265 $y = 3x$, $[0; 3]$. $[81\pi]$

266 $y = x^3$, $[0; 1]$. $\left[\frac{\pi}{7}\right]$

267 $y = x\sqrt{x}$, $[2; 4]$. $[60\pi]$

268 $y = \sqrt{x+4}$, $[0; 6]$. $[42\pi]$

269 $y = \frac{1}{x}$, $[1; 4]$. $\left[\frac{3}{4}\pi\right]$

270 $y = 9 - x^2$, $[0; \sqrt{5}]$. $[56\sqrt{5}\,\pi]$

271 $y = \frac{3}{5}\sqrt{25 - x^2}$, $[-5; 5]$. $[60\pi]$

272 $y = \sqrt{\sin x}$, $\left[0; \frac{\pi}{2}\right]$. $[\pi]$

273 $y = \frac{1}{\cos x}$, $\left[0; \frac{\pi}{4}\right]$. $[\pi]$

---

274 Disegna la retta di equazione $y = 5$ nell'intervallo $[1; 6]$. Che solido ottieni ruotando di 360° attorno all'asse x il trapezoide individuato? Calcolane il volume e verifica il risultato applicando la relativa formula geometrica. [cilindro; 125π]

275 Rappresenta la retta di equazione $y = 4 - 2x$ nell'intervallo $[0; 2]$ ed esegui una rotazione di 360° attorno all'asse x del grafico. Calcola il volume del solido ottenuto e verifica il risultato applicando la relativa formula geometrica. $\left[\frac{32}{3}\pi\right]$

276 Considera la funzione $y = \sqrt{-x^2 + 4x}$ nell'intervallo $[2; 4]$. Calcola il volume del solido ottenuto dalla rotazione di 360° attorno all'asse x del grafico della funzione. $\left[\frac{16}{3}\pi\right]$

277 Rappresenta graficamente la funzione $y = \sqrt{1 - x^2}$ e calcola il volume del solido che si ottiene ruotando di 360° attorno all'asse x il suo grafico. $\left[\frac{4}{3}\pi\right]$

278 Data la parabola di equazione $y = ax^2 + bx + c$, con $a, b, c \in \mathbb{R}$, trova i coefficienti a, b, c in modo che la parabola intersechi l'asse x nell'origine e in $A(1; 0)$ e in modo che l'arco $\overset{\frown}{OA}$ di parabola generi nella rotazione di 360° intorno all'asse x un solido di volume uguale a $\frac{49}{30}\pi$. $[a = \pm 7, b = \mp 7, c = 0]$

279 Rappresenta graficamente la funzione $y = \sqrt{e^{3x}}$ e determina il volume del solido ottenuto mediante una rotazione completa del grafico attorno all'asse x, con $x \in [0; 1]$. $\left[\frac{\pi}{3}(e^3 - 1)\right]$

Con i parametri

280 Trova per quale valore di $a > 0$ il solido generato dalla rotazione completa attorno all'asse x del trapezoide individuato dalla funzione $y = ax^2$ nell'intervallo [0; 1] ha volume 5π. $[a = 5]$

281 Determina per quale valore di k il solido generato dalla rotazione di 360° attorno all'asse x del trapezoide individuato dalla funzione $y = \sqrt{x + k}$ nell'intervallo [1; 4] ha volume 30π. $\left[k = \frac{15}{2}\right]$

REALTÀ E MODELLI

282 **Coppette** Una ditta di casalinghi produce delle coppette in legno la cui forma può essere schematizzata come il solido ottenuto dalla rotazione intorno all'asse x del grafico della funzione $y = \sqrt[4]{27x}$, se si utilizza 1 cm come unità di misura. Determina la capienza di una coppetta, trascurandone lo spessore e sapendo che è alta 3 cm. [56,5 cm^3]

283 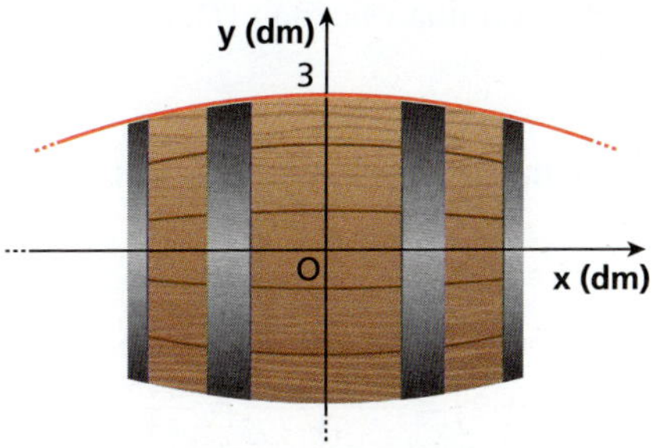

Botte piccola, vino buono Una botte *barrique* alta 80 cm ha il diametro di base di 50 cm e il diametro massimo di 60 cm. Può essere ottenuta ruotando un arco di parabola attorno all'asse x, come mostrato nella figura.

a. Determina l'equazione della parabola.

b. Quanti litri di vino può contenere questa botte?

$\left[\text{a) } y = -\frac{x^2}{32} + 3;\ \text{b) } 202 \text{ L}\right]$

Volume di un solido con il metodo delle sezioni

▶ Teoria a p. 1482

284 ESERCIZIO GUIDA Consideriamo la regione di piano finita $\mathscr{A}$ delimitata dalla curva di equazione $y = e^{-x}$, dall'asse x, dall'asse y e dalla retta di equazione $x = 2$. Calcoliamo il volume del solido che ha come base $\mathscr{A}$ e le cui sezioni ottenute con piani perpendicolari all'asse x sono dei quadrati.

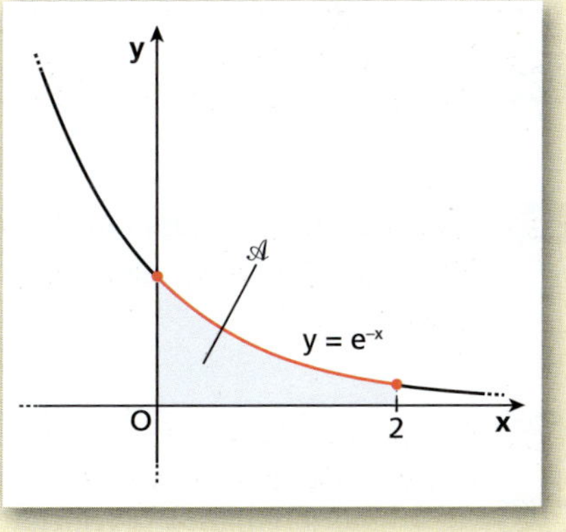

Tracciamo il grafico di $y = e^{-x}$ ed evidenziamo la regione $\mathscr{A}$. Costruiamo il solido che ha come base $\mathscr{A}$ e avente come sezioni perpendicolari all'asse x dei quadrati. L'area della generica sezione quadrata è $(e^{-x})^2$, quindi il volume si calcola con

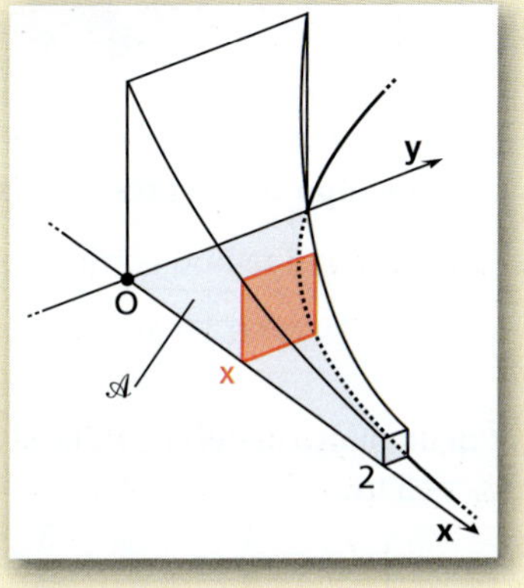

$$V = \int_0^2 (e^{-x})^2 dx.$$

Calcoliamo l'integrale definito:

$$\int_0^2 e^{-2x} dx = \left[-\frac{1}{2}e^{-2x}\right]_0^2 = -\frac{1}{2}e^{-4} + \frac{1}{2}.$$

Il volume del solido è $V = \frac{1}{2}\left(1 - \frac{1}{e^4}\right)$.

ESERCIZI

Calcola il volume dei solidi che hanno come base le regioni finite di piano delimitate dalle curve di equazioni assegnate e dall'asse x negli intervalli indicati a fianco e come sezioni perpendicolari all'asse x quelle scritte.

285 $y = -2x^2 + 8x$, $[0; 4]$; sezioni: quadrati. $\left[\frac{2048}{15}\right]$

286 $y = 2\sqrt{x}$, $[1; 4]$; sezioni: quadrati. $[30]$

287 $y = \frac{2}{x}$, $[1; 3]$; sezioni: rettangoli con base doppia dell'altezza. $\left[\frac{4}{3}\right]$

288 $y = -x^2 + 6x$, $[1; 3]$; sezioni: semicerchi. $\left[\frac{301}{5}\pi\right]$

5 Applicazioni degli integrali alla fisica

▶ Teoria a p. 1483

Posizione, velocità e accelerazione

289 ESERCIZIO GUIDA Determiniamo la distanza percorsa, nell'intervallo di tempo compreso fra gli istanti $t_0 = 2$ s e $t_1 = 5$ s, da un punto materiale che si muove su una retta con una velocità $v(t)$, espressa in m/s, che è funzione del tempo t ed è definita dalla legge $v(t) = 2t^2 + 1$.

Se $v(t) \geq 0$ nell'intervallo $[t_0; t_1]$, la distanza percorsa da un punto materiale nell'intervallo di tempo dall'istante t_0 all'istante t_1 è data da $s = \int_{t_0}^{t_1} v(t)\,dt$. Sostituiamo i dati:

$$s = \int_{t_0}^{t_1} v(t)\,dt = \int_2^5 (2t^2 + 1)\,dt = \left[\frac{2t^3}{3} + t\right]_2^5 = \frac{2 \cdot 125}{3} + 5 - \left(\frac{2 \cdot 8}{3} + 2\right) = \frac{265 - 22}{3} = \frac{243}{3} = 81.$$

La distanza percorsa dal punto materiale è perciò 81 m.

290 In un moto rettilineo la velocità di un punto materiale in m/s è data dalla legge $v(t) = 3t^2 - 2$. Determina la distanza percorsa nell'intervallo compreso fra gli istanti $t_0 = 1$ s e $t_1 = 5$ s. [116 m]

291 Un punto materiale si muove su una retta con accelerazione uguale a 2 m/s^2. Determina la velocità al tempo $t = 15$ s, sapendo che la velocità iniziale è di 10 m/s. [40 m/s]

292 Andrea lancia un sasso in verticale, con velocità iniziale $v_0 = 12$ m/s, da un'altezza $h_0 = 1$ m. Trova la legge del moto del sasso, sapendo che $a(t) = -10$ m/s^2. $[s(t) = 1 + 12t - 5t^2]$

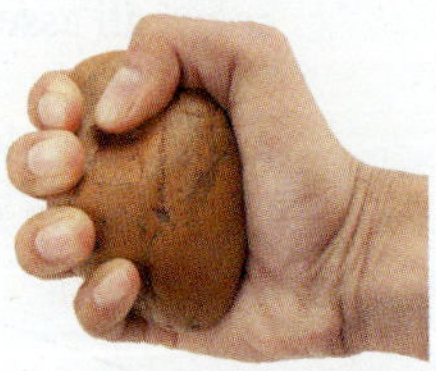

293 In un moto rettilineo la velocità di un punto materiale in m/s è funzione del tempo ed è espressa dalla legge: $v(t) = \frac{t}{t^2 + 2}$. Determina la velocità media e la distanza percorsa nell'intervallo di tempo compreso fra gli istanti $t_0 = 2$ s e $t_1 = 8$ s. $[v_m = 0{,}20 \text{ m/s}; s = 1{,}20 \text{ m}]$

294 Sia $a(t) = e^{2t} + 2$ la legge con cui varia nel tempo l'accelerazione in m/s^2 di un punto materiale P che si muove su una retta. Trova la legge oraria del moto, sapendo che $v_0 = 2$ m/s e $s_0 = 5$ m. $\left[s(t) = \frac{1}{4}e^{2t} + t^2 + \frac{3}{2}t + \frac{19}{4}\right]$

295 ●○ LEGGI IL GRAFICO Nel grafico è rappresentata la funzione velocità di un'automobile che si muove su una strada rettilinea. Calcola la distanza percorsa dall'auto, senza determinare l'espressione analitica di $v(t)$. [1,1 km]

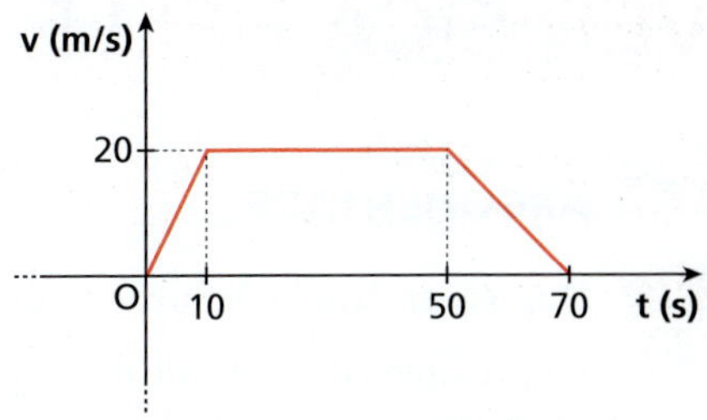

296 ●○ REALTÀ E MODELLI **A pieni polmoni** Un ciclo inspiratorio normale dura circa 5 s. La velocità con cui si inspira ed espira l'aria può essere modellizzata con la funzione $v(t) = \frac{1}{2}\sin\left(\frac{2\pi t}{5}\right)$, dove il tempo t è misurato in secondi e $v(t)$ in litri al secondo.

a. Determina dopo quanto tempo dall'inizio di un ciclo respiratorio la velocità di inspirazione/espirazione è massima e dopo quanto è minima.

b. Calcola la quantità d'aria inalata in un ciclo. [a) 1,25 s; 3,75 s; b) 0,8 L]

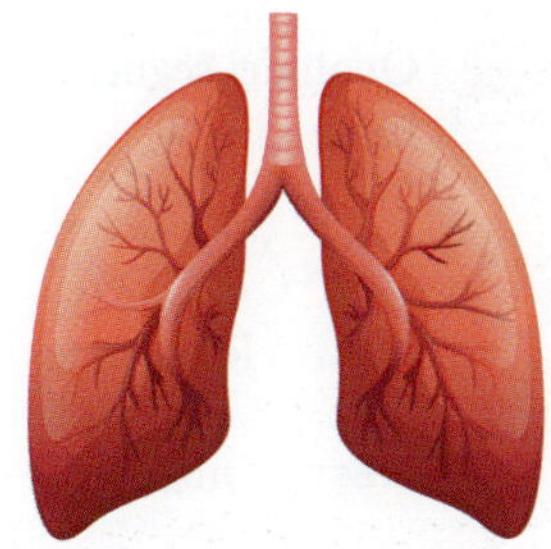

Lavoro di una forza

$$L = \int_a^b F(x)\,dx$$

297 ●○ Un punto materiale si muove su una retta, su cui è stato fissato un sistema di riferimento, sotto l'azione di una forza elastica F, misurata in newton, la cui intensità è legata all'ascissa del punto dalla legge $F(x) = -10x$. Determina il lavoro L compiuto dalla forza quando il punto materiale si sposta dalla posizione $x_0 = 5$ m alla posizione $x_1 = 1$ m. [120 J]

298 ●○ Su un punto materiale P che si muove lungo una retta orientata, su cui è stato fissato un sistema di riferimento, agisce una forza F, misurata in newton, che è legata all'ascissa di P dalla relazione $F(x) = x\sqrt{x^2+1}$. Determina il lavoro compiuto su P dalla forza F quando P si sposta dalla posizione $x_1 = 1$ m alla posizione $x_2 = 3$ m. [9,59 J]

299 ●○ Una forza misurata in newton, variabile a seconda della posizione in cui viene applicata, induce un corpo a spostarsi di un certo tratto. Calcola il lavoro, in joule (J), compiuto nello spostare il corpo dalla posizione $s_0 = 3$ m alla posizione $s_1 = 5$ m, se $F = 3s^2 - 4s + 2$. [70 J]

300 ●○ RIFLETTI SULLA TEORIA Un punto materiale si muove su una retta orientata sotto l'azione di una forza $F(x)$, dove x indica l'ascissa del punto. Spiega perché il lavoro di F è nullo quando sposta il punto materiale da $x_0 = a$ e lo riporta a $x_1 = a$.

301 ●○ Su un oggetto che si muove lungo una rotaia rettilinea, su cui è stato fissato un sistema di riferimento, agisce una forza F, misurata in newton, che ha la direzione della rotaia e intensità $F(x) = \frac{xe^{-x^2}}{4}$, dove x è l'ascissa dell'oggetto. Determina il lavoro compiuto da F per spostare l'oggetto dalla posizione $x_0 = 0$ m alla posizione $x_1 = 4$ m. [0,125 J]

302 ●● Una molla a riposo è lunga 15 cm e quando viene estesa a una lunghezza di 20 cm esercita una forza elastica di richiamo di intensità 45 newton (N).

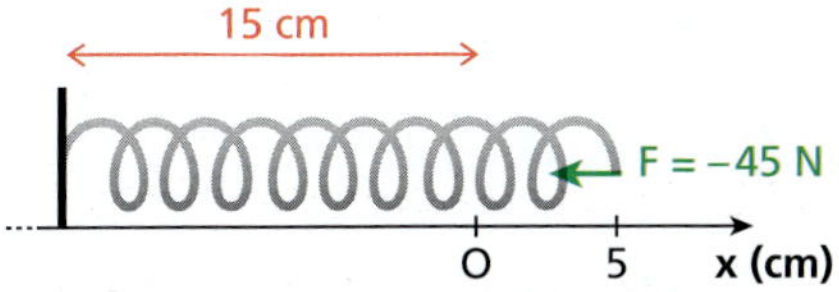

a. Ricordando che $F = -kx$, calcola k.

b. Determina il lavoro che bisogna compiere per allungare la molla da 20 cm a 25 cm. [a) 900 N/m; b) 3,375 J]

VERIFICA DELLE COMPETENZE

VERIFICA DELLE COMPETENZE ALLENAMENTO

ARGOMENTARE

1 Dopo aver dato la definizione di integrale definito di una funzione $f(x)$ in un intervallo $[a; b]$, indica cosa rappresenta tale integrale da un punto di vista geometrico. Calcola l'integrale $\int_0^3 (x^2 - 4x + 3)dx$ e interpreta geometricamente il risultato.

2 Quali dei seguenti integrali permettono di calcolare l'area compresa tra il grafico della funzione integranda e l'asse x?

a. $\int_{-1}^2 x\,dx$; **b.** $\int_{-1}^1 x^2 dx$; **c.** $\int_0^{2\pi} \sin x\,dx$; **d.** $\int_0^4 (x^2 - 4x)dx$.

Motiva le risposte.

3 TEST Quale delle seguenti uguaglianze è *errata*?

A $\int_a^b f(x)\,dx = -\int_b^a f(x)\,dx$

B $\int_a^a f(x)\,dx = \int_b^b f(x)\,dx$

C $\int_a^c f(x)\,dx = \int_a^b f(x)\,dx + \int_b^c f(x)\,dx$, con $a < b < c$.

D $\int_a^b [f(x) - g(x)]dx = \int_b^a [g(x) - f(x)]dx$

E $\int_{k\cdot a}^{k\cdot b} f(x)\,dx = k \cdot \int_a^b f(x)\,dx$

UTILIZZARE TECNICHE E PROCEDURE DI CALCOLO

4 TEST Solo uno dei seguenti integrali non è nullo. Quale?

A $\int_1^1 3x\,dx$ B $\int_{-1}^1 x^5 dx$ C $\int_{-2}^2 x^4 dx$ D $\int_0^{2\pi} \cos x\,dx$ E $\int_3^{-3} \sin x\,dx$

Calcola i seguenti integrali.

5 $\int_0^2 (x + 3x^3)dx$ $[14]$

6 $\int_{-1}^3 (4x + 5)\,dx$ $[36]$

7 $\int_{-1}^0 14x^6 dx$ $[2]$

8 $\int_{-1}^1 (3x^5 + 3x^2 - 1)\,dx$ $[0]$

9 $\int_1^2 x\sqrt{x^2 - 1}\,dx$ $[\sqrt{3}]$

10 $\int_0^4 (4\sqrt{x} - 3x^2)dx$ $\left[-\frac{128}{3}\right]$

11 $\int_1^2 \frac{x^2 + 5}{x}dx$ $\left[\frac{3}{2} + 5\ln 2\right]$

12 $\int_1^3 \frac{-4}{(2x - 1)^3}dx$ $\left[-\frac{24}{25}\right]$

13 $\int_{-2}^{-1} \frac{3x^2 + 2}{x^3 + 2x}dx$ $[-\ln 4]$

14 $\int_0^1 xe^{1-x^2} dx$ $\left[\frac{e - 1}{2}\right]$

15 $\int_0^{\frac{\pi}{2}} \cos x \cdot e^{\sin x} dx$ $[e - 1]$

16 $\int_0^2 \frac{1}{x + 1}dx$ $[\ln 3]$

17 $\int_0^1 \frac{e^x}{e^{2x} + 1}dx$ $\left[\arctan e - \frac{\pi}{4}\right]$

18 $\int_{\frac{\pi}{3}}^{\pi} \frac{\sin x}{1 - \cos x}dx$ $[\ln 4]$

19 $\int_e^{e^3} \frac{1}{x\ln x}dx$ $[\ln 3]$

20 $\int_0^1 (2 - e^x)(2x - e^x)^4 dx$ $\left[\frac{(2 - e)^5 + 1}{5}\right]$

ANALIZZARE E INTERPRETARE DATI E GRAFICI

Trova l'area delle regioni colorate.

21

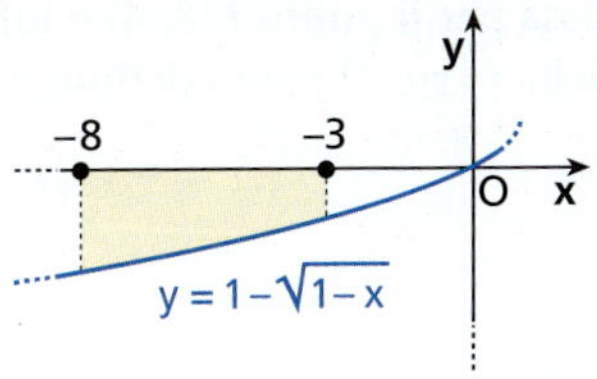

$\left[\frac{23}{3}\right]$

22

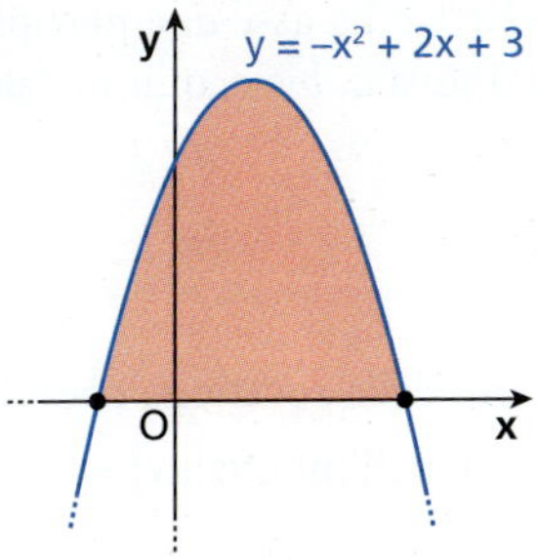

$\left[\frac{32}{3}\right]$

23

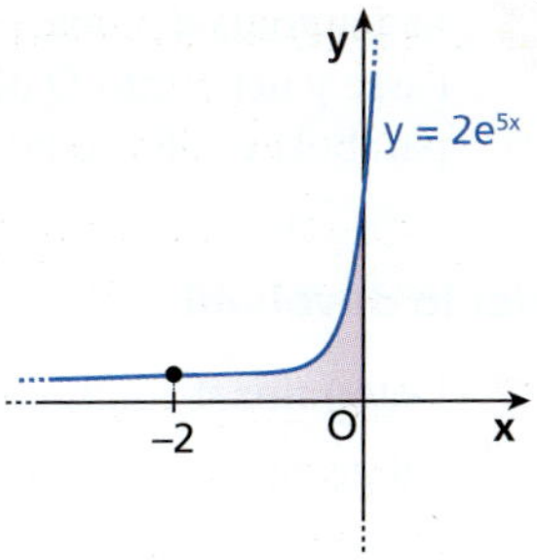

$\left[\frac{2}{5}-\frac{2}{5e^{10}}\right]$

---

24 **a.** Trova l'equazione della parabola e della retta r rappresentate in figura.

b. Determina l'area della superficie colorata.

$\left[\text{a) } y=x^2-2x-2,\ y=x-2;\ \text{b) } \frac{9}{2}\right]$

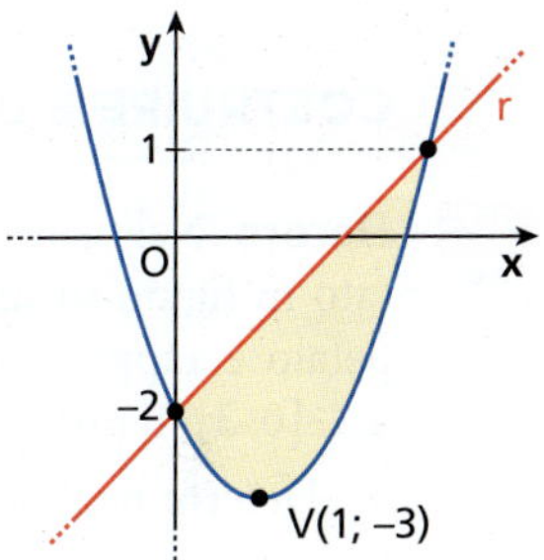

25 Trova il valore medio della funzione $g(x)=\frac{3}{(1+x)^2}$ nell'intervallo $[0; 8]$ e determina il punto z in cui g assume tale valore.
$\left[g(z)=\frac{1}{3},\ z=2\right]$

26 Verifica che le funzioni $f(x)=6x-x^2$ e $g(x)=9\pi\sin(\pi x)$ hanno lo stesso valore medio nell'intervallo $[0; 3]$.

RISOLVERE PROBLEMI

Calcolo di aree

27 Determina l'area della regione finita di piano delimitata dalla retta di equazione $y=-2x+6$ e dalla parabola di equazione $y=-x^2+2x+3$.
$\left[\frac{4}{3}\right]$

28 È data la regione finita di piano individuata dall'iperbole di equazione $y=\frac{1}{x}$, dal ramo di parabola di equazione $y=\sqrt{x}$ e dalla retta di equazione $x=9$. Calcola l'area.
$\left[\frac{52}{3}-\ln 9\right]$

29 Trova l'area della regione finita di piano delimitata dalla parabola di equazione $y=x^2+2x+1$, dalla tangente passante per il suo punto di ascissa 1 e dall'asse x.
$\left[\frac{2}{3}\right]$

30 Calcola l'area della regione finita di piano compresa tra le parabole di equazioni $y=x^2$ e $y=x^2-6x+6$ e la bisettrice del secondo e quarto quadrante.
$\left[\frac{5}{3}\right]$

31 Determina l'area della regione finita di piano delimitata dalle parabole di equazioni $y=x^2+2$ e $y=-\frac{x^2}{4}-\frac{5}{2}x+\frac{3}{4}$ e dalla retta di equazione $y=6$.
[1]

32 Traccia il grafico della curva di equazione $y = x^3 - 3x^2 - x + 3$ e calcola l'area della superficie compresa tra la curva e l'asse delle ascisse nell'intervallo [0; 3]. $\left[\frac{23}{4}\right]$

33 La parabola di equazione $y = ax^2 + bx + c$ ha asse di equazione $x = 2$, passa per il punto $P(8; 4)$ e interseca l'asse y nel punto Q di ordinata -4. Trova a, b e c, quindi calcola l'area della parte di piano delimitata dalla parabola e dalla retta PQ. $\left[a = \frac{1}{4}, b = -1, c = -4; \mathcal{A} = \frac{64}{3}\right]$

Calcolo di volumi

34 Determina il volume del solido generato dalla rotazione completa attorno all'asse x del trapezoide individuato dal grafico della funzione $y = \sqrt{3x^2 + 1}$ nell'intervallo $[-2; -1]$. $[8\pi]$

35 Disegna il solido generato dalla rotazione completa attorno all'asse x del trapezoide individuato dal grafico della funzione $y = \sqrt{-\cos x}$ nell'intervallo $\left[\frac{\pi}{2}; \frac{3\pi}{4}\right]$. Calcolane il volume. $\left[\left(1 - \frac{\sqrt{2}}{2}\right)\pi\right]$

COSTRUIRE E UTILIZZARE MODELLI

36 **Decoro** Nel piano cartesiano è riportato il motivo a petalo di fiore rappresentato in figura su una piastrella quadrata di lato 3 dm. Il profilo superiore del petalo è rappresentato da una funzione del tipo $f(x) = \sqrt{ax}$, con $a > 0$ e $x \in [0; 3]$. Il profilo inferiore è dato dalla funzione $g(x) = f^{-1}(x)$.

a. Determina l'espressione di $f(x)$ e $g(x)$.

b. Calcola l'area racchiusa dal petalo.

$\left[a)\ f(x) = \sqrt{3x},\ g(x) = \frac{x^2}{3};\ b)\ 3\ \text{dm}^2\right]$

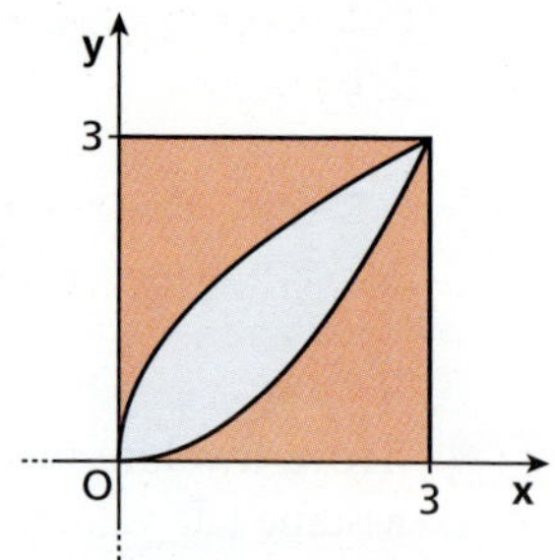

37 

Consumo benzina Un'automobile, inizialmente ferma, parte con un'accelerazione costante di 2,5 m/s^2, che mantiene per 10 s. Successivamente prosegue a velocità costante per altri 10 s e infine decelera fino a fermarsi, con decelerazione costante pari a 5 m/s^2 in valore assoluto.

a. Qual è la distanza totale percorsa dall'automobile?

b. Il consumo di benzina in fase di accelerazione, espresso in litri al secondo, è $3 \cdot 10^{-5} t^2$, mentre a velocità costante è 0,002 litri al secondo. Se trascuriamo il consumo di benzina in fase di frenata, quanti litri di carburante ha consumato la macchina?

[a) 437,5 m; b) 0,03 L]

38 **Sui cieli inglesi** Il dirigibile britannico R101, costruito tra il 1926 e il 1930, aveva una forma approssimativamente ellissoidale, generata dalla rotazione completa della curva di equazione $y = \frac{5}{28}\sqrt{112^2 - x^2}$ attorno all'asse x, avendo scelto 1 m come unità di misura.

a. Determina la lunghezza e il diametro massimo del dirigibile.

b. Calcola il volume occupato dal dirigibile.

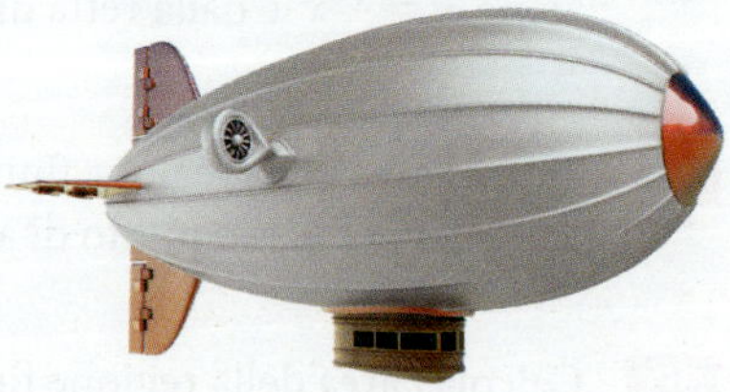

[a) 224 m, 40 m; b) 187 657 m^3]

VERIFICA DELLE COMPETENZE PROVE

1 ora

PROVA A

Calcola i seguenti integrali.

1 a. $\int_1^4 (8x-1)\,dx$ b. $\int_1^2 \frac{4x+6}{x^2+3x}\,dx$ c. $\int_0^1 (2x+1)e^{x^2+x}\,dx$

2 a. $\int_0^1 (3-x^4)\,dx$ b. $\int_0^{\frac{\pi}{2}} 6\sin 2x\,dx$ c. $\int_1^3 \frac{x^2+1}{x}\,dx$

3 a. Considera $F(x)=\int_1^x (3t^2-4t+1)\,dt$ e determina l'espressione analitica di $F'(x)$.

b. Calcola $F(0)$, $F(1)$, $F(3)$.

4 a. Trova il valore medio della funzione $f(x)=3x^2-1$ nell'intervallo $[0; 2]$.

b. Determina il punto z in cui la funzione assume tale valore.

5 Calcola l'area della regione finita di piano delimitata dalla parabola di equazione $y=x^2-6x+8$ e dalla retta di equazione $y=4-x$.

6 Determina il volume del solido generato dalla rotazione completa attorno all'asse x del trapezoide individuato dal grafico della funzione $y=\sqrt{6x+1}$ nell'intervallo $[0; 2]$.

PROVA B

Il vaso In figura è rappresentata una sezione di un vaso da fiori, dove i dati sono in centimetri.
Il suo profilo è costituito da:

- un arco di parabola per $0 \leq x \leq 12$ di vertice V;
- un arco della curva di equazione $y=e^{12-x}+k$ per $12 < x \leq 26$.

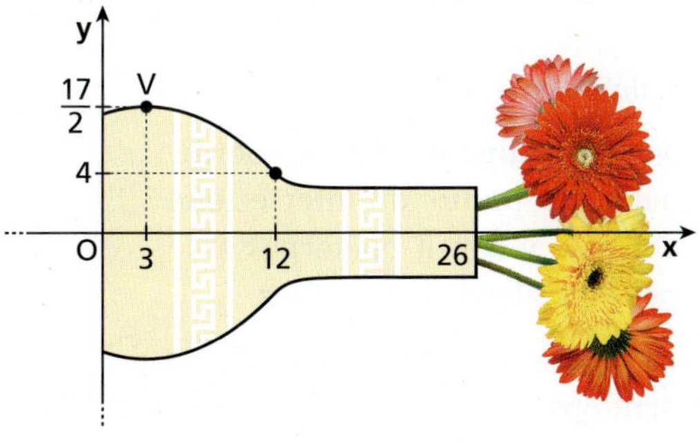

a. Determina l'equazione del profilo del vaso.

b. Verifica che si tratta di una funzione continua e derivabile in tutto il suo dominio.

c. Calcola l'area della sezione del vaso rappresentata in figura, esprimendola in dm^2.

d. Determina la massima capienza del vaso, in dm^3.

CAPITOLO

C10 GEOMETRIA ANALITICA NELLO SPAZIO

1 Coordinate nello spazio

▶ Esercizi a p. C114

Sistema di riferimento cartesiano

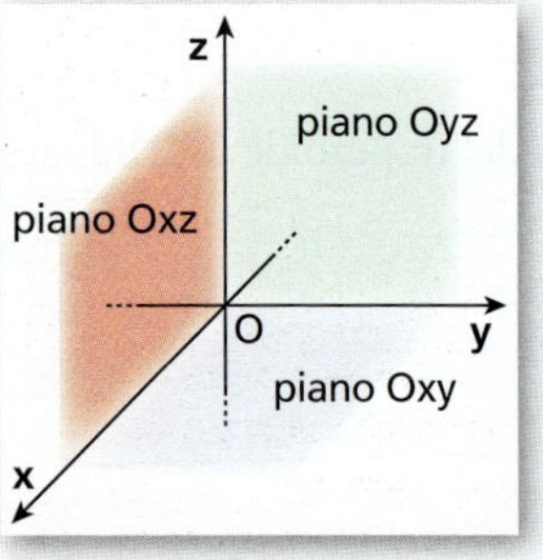

Lo spazio, analogamente al piano, può essere rappresentato con un riferimento di tipo cartesiano, utilizzando tre rette orientate x, y e z, a due a due perpendicolari, che si intersecano in un punto O, detto **origine** del sistema di riferimento. Le tre rette sono gli **assi coordinati** e sono orientate come nella figura. Gli assi definiscono tre piani Oxy, Oyz e Oxz, detti **piani coordinati**, che dividono lo spazio in otto parti, chiamate **ottanti**.

Punti nello spazio

Nel sistema di riferimento $Oxyz$ un punto P è individuato da una terna ordinata di numeri reali $(x_P; y_P; z_P)$, che sono le **coordinate** di P.

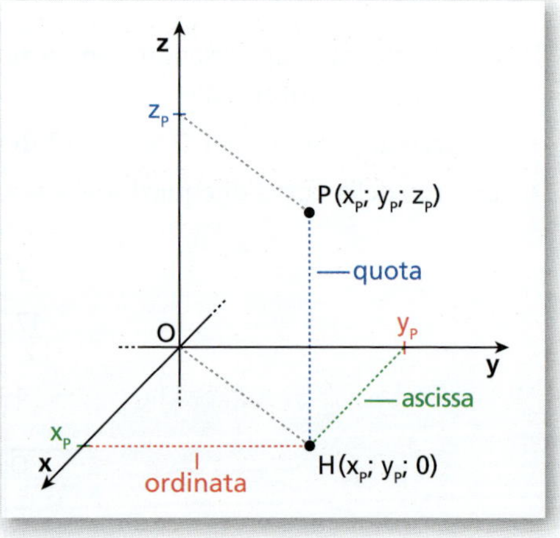

- x_P è l'**ascissa**, cioè la coordinata del punto di intersezione dell'asse x con il piano passante per P parallelo al piano Oyz.
- y_P è l'**ordinata**, cioè la coordinata del punto di intersezione dell'asse y con il piano passante per P parallelo al piano Oxz.
- z_P è la **quota**, cioè la coordinata del punto di intersezione dell'asse z con il piano passante per P parallelo al piano Oxy.

ESEMPIO

Il punto P della figura ha ascissa 2, ordinata 4 e quota 5. La sua proiezione A sul piano Oxy ha la stessa ascissa e la stessa ordinata, mentre la sua quota è 0.

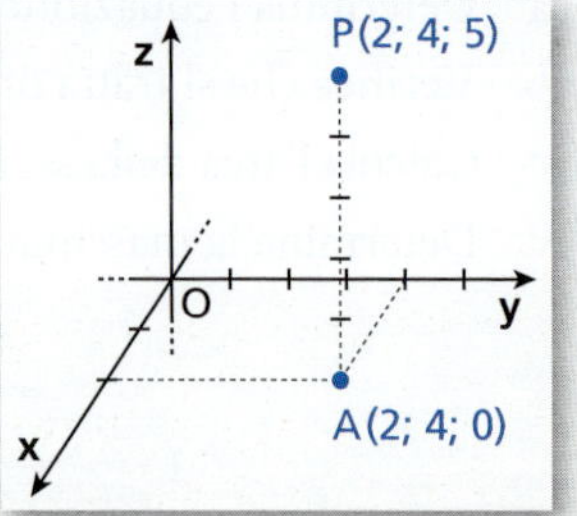

▶ Rappresenta i punti: $A(0; 1; 0)$, $B(2; 0; 1)$, $C(1; 3; -1)$.
Quali coordinate ha il punto proiezione di C sul piano Oxy?
E quelli proiezioni di C su Oxz e Oyz?

Distanza fra due punti

Consideriamo, nella figura, i punti $A(x_A; y_A; z_A)$ e $B(x_B; y_B; z_B)$, che abbiano ascisse, ordinate e quote diverse. Il segmento AB è una delle diagonali del parallelepipedo rettangolo costruito intersecando i piani paralleli ai piani coordinati passanti per A con i piani paralleli ai piani coordinati passanti per B.

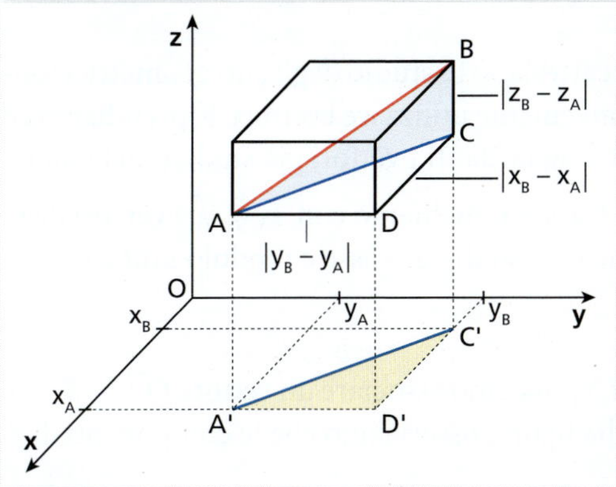

Otteniamo $\overline{AB}$ applicando il teorema di Pitagora al triangolo rettangolo ABC:

$$\overline{AB} = \sqrt{\overline{AC}^2 + \overline{BC}^2}.$$

Osserviamo che $\overline{AC} = \overline{A'C'}$, essendo A' e C' le proiezioni di A e C sul piano Oxy. Applicando il teorema di Pitagora al triangolo $A'D'C'$, otteniamo:

$$\overline{A'C'} = \sqrt{\overline{D'C'}^2 + \overline{A'D'}^2} = \sqrt{(x_B - x_A)^2 + (y_B - y_A)^2}.$$

$\overline{BC} = |z_B - z_A|$, perché B e C hanno la stessa ascissa e la stessa ordinata, quindi:

$$\overline{AB} = \sqrt{\underbrace{(x_B - x_A)^2 + (y_B - y_A)^2}_{\overline{AC}^2} + \underbrace{(z_B - z_A)^2}_{\overline{BC}^2}}.$$

Pertanto, la **distanza fra i punti** $A(x_A; y_A; z_A)$ e $B(x_B; y_B; z_B)$ è

$$\overline{AB} = \sqrt{(x_B - x_A)^2 + (y_B - y_A)^2 + (z_B - z_A)^2}.$$

ESEMPIO

La distanza fra i punti $A(2; 3; -7)$ e $B(6; -1; -5)$ è:

$$\overline{AB} = \sqrt{(6-2)^2 + (-1-3)^2 + (-5+7)^2} = \sqrt{4^2 + (-4)^2 + 2^2} = \sqrt{36} = 6.$$

Punto medio di un segmento

Consideriamo il segmento di estremi $A(x_A; y_A; z_A)$, $B(x_B; y_B; z_B)$ e il suo punto medio M. Si può dimostrare che le coordinate di M si ottengono utilizzando formule analoghe a quelle viste nella geometria analitica del piano.

$$x_M = \frac{x_A + x_B}{2}, \quad y_M = \frac{y_A + y_B}{2}, \quad z_M = \frac{z_A + z_B}{2}.$$

Baricentro di un triangolo

Dato un triangolo di vertici $A(x_A; y_A; z_A)$, $B(x_B; y_B; z_B)$ e $C(x_C; y_C; z_C)$, si dimostra che il suo baricentro G ha coordinate:

Listen to it

The distance between two points in three-dimensional Cartesian space is given by the generalization of the Pythagorean theorem.

MATEMATICA E NATURA

La mosca di Cartesio Si narra che una sera Cartesio, mentre si rilassava sdraiato sul suo letto, si mise a osservare le curve irregolari del volo di una mosca nella stanza. Si rese conto che avrebbe potuto determinare la posizione della mosca nello spazio in qualsiasi momento.

► Come si può descrivere il volo di una mosca?

La risposta

► Determina la lunghezza del segmento AB di estremi $A(2; 0; 0)$ e $B(1; 3; -\sqrt{6})$.

Listen to it

The coordinates of the **centroid** of a triangle are given by the arithmetic mean of the coordinates of their vertices.

$$x_G = \frac{x_A + x_B + x_C}{3},\ y_G = \frac{y_A + y_B + y_C}{3},\ z_G = \frac{z_A + z_B + z_C}{3}.$$

2 Vettori nello spazio

▶ Esercizi a p. C117

Se vogliamo ora ampliare allo spazio cartesiano lo studio degli enti geometrici fondamentali, come i piani e le rette, è conveniente utilizzare i vettori. Riprendiamo ed estendiamo allo spazio alcuni concetti riguardanti i vettori già studiati nel piano.

Consideriamo un sistema cartesiano $Oxyz$ e indichiamo con $\vec{i}$, $\vec{j}$, $\vec{k}$ i versori degli assi x, y, z, cioè i vettori con direzione e verso di ogni asse e modulo unitario.

Componenti cartesiane

A ogni punto nello spazio $A(a_x; a_y; a_z)$ possiamo associare un vettore $\overrightarrow{OA} = \vec{a}$, che ha primo estremo nell'origine O. Nella figura, osserviamo che le componenti di $\vec{a}$ sono $a_x\vec{i}$, $a_y\vec{j}$ e $a_z\vec{k}$, quindi:

$$\vec{a} = a_x\vec{i} + a_y\vec{j} + a_z\vec{k}.$$

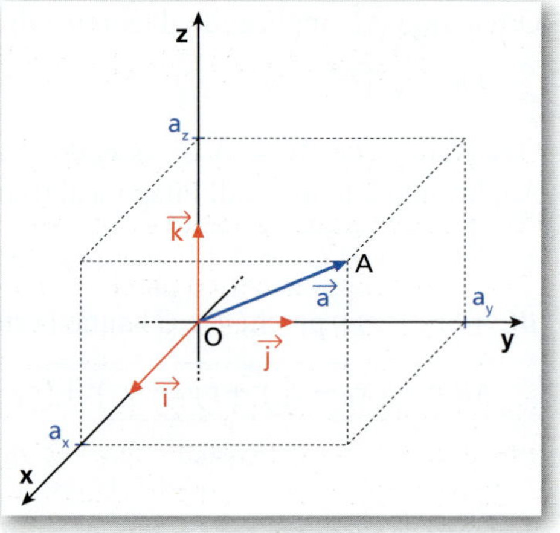

Indichiamo il vettore con

$$(a_x; a_y; a_z) \text{ o } \vec{a}(a_x; a_y; a_z).$$

Il **modulo** di $\vec{a}(a_x; a_y; a_z)$ è dato da

$$|\vec{a}| = \sqrt{a_x^2 + a_y^2 + a_z^2}.$$

Più in generale, le componenti di un vettore $\vec{v} = \overrightarrow{AB}$, con primo estremo $A(x_A; y_A; z_A)$ e secondo estremo $B(x_B; y_B; z_B)$, sono date dalla differenza tra le coordinate di B e quelle di A:

$$\overrightarrow{AB}(x_B - x_A; y_B - y_A; z_B - z_A).$$

Operazioni tra vettori

Consideriamo due vettori $\vec{a}(a_x; a_y; a_z)$ e $\vec{b}(b_x; b_y; b_z)$, ed esprimiamo mediante le componenti cartesiane i risultati delle operazioni tra essi, analoghe a quelle studiate nel piano.

- **Somma**: $\vec{a} + \vec{b} = (a_x + b_x; a_y + b_y; a_z + b_z)$.
- **Differenza**: $\vec{a} - \vec{b} = (a_x - b_x; a_y - b_y; a_z - b_z)$.
- **Prodotto per uno scalare**: $k\vec{a} = (ka_x; ka_y; ka_z)$.
- **Prodotto scalare**: $\vec{a} \cdot \vec{b} = a_xb_x + a_yb_y + a_zb_z$.

Vettori paralleli

Due vettori $\vec{a}$ e $\vec{b}$ non nulli sono **paralleli** se e solo se esiste $k \in \mathbb{R}$ tale che $\vec{a} = k\vec{b}$, cioè $\vec{a} = (kb_x; kb_y; kb_z)$. Se le componenti di $\vec{b}$ sono tutte diverse da 0, possiamo scrivere:

$$\vec{a} \,//\, \vec{b} \leftrightarrow \frac{a_x}{b_x} = \frac{a_y}{b_y} = \frac{a_z}{b_z} = k.$$

▶ Verifica che i vettori $\vec{a}(1; 3; -1)$ e $\vec{b}(-2; -6; 2)$ sono paralleli e che i vettori $\vec{c}(0; 1; 5)$ e $\vec{d}(3; 5; -1)$ sono perpendicolari.

ESEMPIO

$\vec{a}(-1; 2; 5)$ e $\vec{b}(-2; 4; 10)$ sono paralleli perché $\vec{b} = 2\vec{a}$: $\frac{-2}{-1} = \frac{4}{2} = \frac{10}{5} = 2$.

Vettori perpendicolari

Come nel piano, per definizione, il prodotto scalare di due vettori è $\vec{a} \cdot \vec{b} = |\vec{a}||\vec{b}|\cos\alpha$, se α è l'angolo tra $\vec{a}$ e $\vec{b}$.
I due vettori sono **perpendicolari** se e solo se $\alpha = \frac{\pi}{2}$, quindi se e solo se $\cos\alpha = 0$ e dunque se e solo se il loro prodotto scalare è nullo:

$$\vec{a} \perp \vec{b} \leftrightarrow a_x b_x + a_y b_y + a_z b_z = 0.$$

ESEMPIO

$\vec{a}(-3; 1; 2)$ e $\vec{b}(-1; -7; 2)$ sono perpendicolari perché:

$$\vec{a} \cdot \vec{b} = -3(-1) + 1(-7) + 2 \cdot 2 = 0.$$

3 Piano e sua equazione

Equazione generale del piano

▶ Esercizi a p. C118

Piano per un punto e vettore normale

Consideriamo un generico piano α nello spazio cartesiano. Sappiamo che, preso un punto P_0 su α, esiste una sola retta r per P_0 perpendicolare ad α. Viceversa, dati un punto P_0 e una retta r nello spazio, esiste un unico piano passante per P_0 e perpendicolare alla retta. Se associamo alla retta r un vettore $\vec{n}$ che ha la stessa direzione di r, allora possiamo dire che, dati un punto $P_0(x_0; y_0; z_0)$ e un vettore $\vec{n}(a; b; c)$ non nullo, è univocamente determinato il piano passante per P_0 e perpendicolare a $\vec{n}$, che viene detto **vettore normale** al piano. Questo piano è il luogo dei punti $P(x; y; z)$ dello spazio tali che il vettore $\overrightarrow{P_0P}$ è ortogonale a $\vec{n}$.
Poiché $\overrightarrow{P_0P}(x - x_0; y - y_0; z - z_0)$ e, inoltre, $\overrightarrow{P_0P}$ è perpendicolare a $\vec{n}$ se e solo se il prodotto scalare $\overrightarrow{P_0P} \cdot \vec{n} = 0$, l'equazione del piano passante per il punto $P(x_0; y_0; z_0)$ e avente vettore normale $\vec{n}(a; b; c)$ non nullo è

$$\boldsymbol{a(x - x_0) + b(y - y_0) + c(z - z_0) = 0}.$$

con a, b e c numeri reali non tutti nulli. Svolgendo i calcoli, otteniamo:

$$ax + by + cz - ax_0 - by_0 - cz_0 = 0$$ poniamo $d = -ax_0 - by_0 - cz_0$

$\boldsymbol{ax + by + cz + d = 0}$, **equazione generale del piano** in forma cartesiana.

I coefficienti a, b, c di x, y e z, che sono le componenti di $\vec{n}$, vengono detti **parametri direttori della direzione normale al piano**, mentre d è un generico numero reale dato da $-ax_0 - by_0 - cz_0$.

Listen to it

Given a plane of equation $ax + by + cz + d = 0$, the coefficients $(a; b; c)$ determine the **normal vector**.

▶ Individua il vettore normale al piano di equazione $x + y - 3z + 6 = 0$.

ESEMPIO

1. Il piano passante per il punto $A(2; -3; 1)$ e perpendicolare a $\vec{n}(4; 1; -1)$ ha equazione:

TEORIA

► Scrivi l'equazione del piano passante per il punto $B(1; 0; 3)$ e perpendicolare a $\vec{n}(2; -1; -2)$.

$$4(x-2)+1(y+3)-1(z-1)=0 \rightarrow 4x+y-z-4=0.$$

2. Un generico piano perpendicolare a $\vec{n}(1; -2; 5)$ ha equazione:

$$1x-2y+5z+k=0, \quad \text{con } k \in \mathbb{R}.$$

Casi particolari

- Se $d = 0$, il piano passa per l'origine.

ESEMPIO

Il piano di equazione $3x - y - 2z = 0$ è perpendicolare a $\vec{n}(3; -1; -2)$ e passa per l'origine. Possiamo verificare il passaggio per l'origine sostituendo nell'equazione del piano le coordinate di O:

$$3 \cdot 0 - 0 - 2 \cdot 0 = 0.$$

- Se nell'equazione $ax + by + cz + d = 0$ una variabile ha coefficiente 0, il piano è parallelo all'asse coordinato relativo a tale variabile e perciò perpendicolare al piano individuato dagli assi coordinati relativi alle altre due variabili.

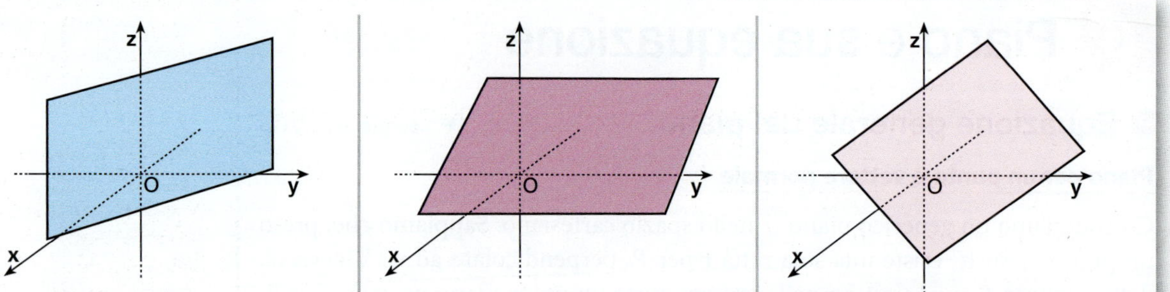

a. $c = 0$: il vettore normale è $(a; b; 0)$, il piano è parallelo all'asse z e perpendicolare al piano Oxy.
b. $b = 0$: il vettore normale è $(a; 0; c)$, il piano è parallelo all'asse y e perpendicolare al piano Oxz.
c. $a = 0$: il vettore normale è $(0; b; c)$, il piano è parallelo all'asse x e perpendicolare al piano Oyz.

- Se l'equazione generale contiene una sola variabile, cioè due variabili hanno coefficiente 0, il piano è parallelo agli assi relativi a quelle variabili, quindi è parallelo al piano coordinato che tali assi definiscono. In particolare:
  - $x = 0$, piano Oyz;
  - $y = 0$, piano Oxz;
  - $z = 0$, piano Oxy;
  - $x = k$, piano parallelo al piano Oyz;
  - $y = k$, piano parallelo al piano Oxz;
  - $z = k$, piano parallelo al piano Oxy.

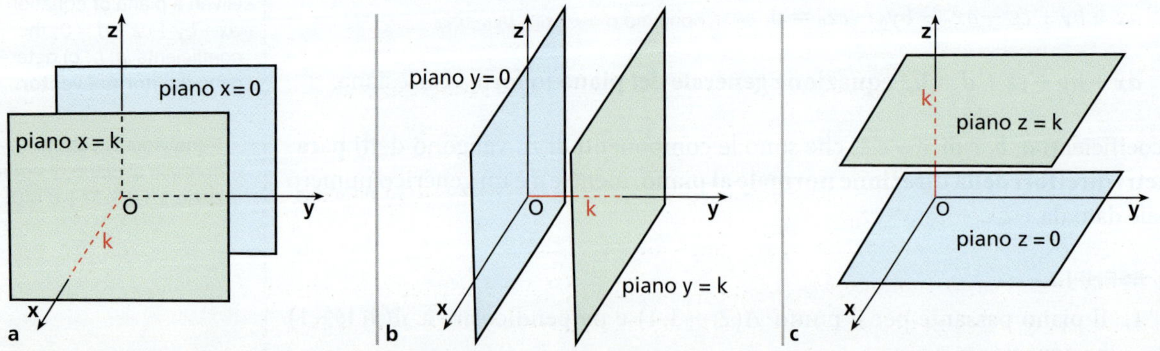

Piano passante per tre punti

Sappiamo che tre punti non allineati nello spazio individuano uno e un solo piano. Allora, dati tre punti A, B, C, possiamo scrivere l'equazione del piano passante per A, B e C, considerando l'equazione generale del piano e imponendo il passaggio per i tre punti.

ESEMPIO

Determiniamo l'equazione del piano α passante per i punti $A(2; 0; 0)$, $B\,(0; 1; 0)$, $C(0; 0; 3)$.
Sostituiamo le coordinate dei punti dati nell'equazione generale del piano $ax + by + cz + d = 0$, con a, b, c non tutti nulli:

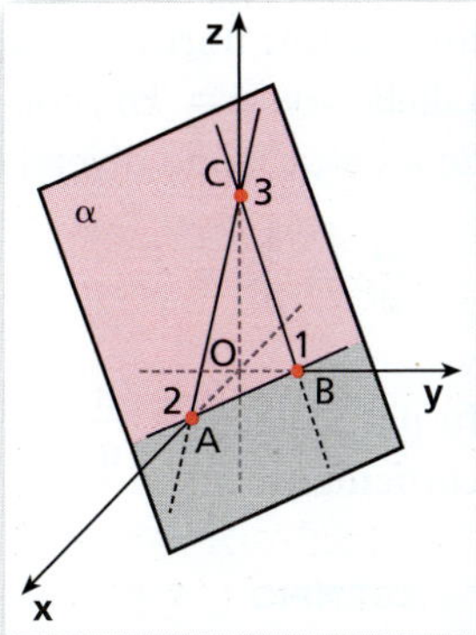

$$\begin{cases} 2a + 0b + 0c + d = 0 \\ 0a + b + 0c + d = 0 \\ 0a + 0b + 3c + d = 0 \end{cases} \rightarrow \begin{cases} a = -\dfrac{d}{2} \\ b = -d \\ c = -\dfrac{d}{3} \end{cases}.$$

Il piano ha equazione:

$$-\frac{d}{2}x - dy - \frac{d}{3}z + d = 0.$$

Dividiamo per d che è diverso da 0, perché a, b, c non possono essere tutti nulli.

$$-\frac{x}{2} - y - \frac{z}{3} + 1 = 0$$ moltiplichiamo per – 6

$$3x + 6y + 2z - 6 = 0.$$

Se i tre punti A, B e C sono allineati, esistono infiniti piani passanti per A, B e C e sono tutti i piani del fascio passante per la retta AB.

► Trova l'equazione del piano passante per i punti $P(1; 0; 1)$, $Q(0; 0; -2)$ e $R(3; 0; 0)$.

► Determina l'equazione del piano passante per l'origine e per i punti $A(3; -1; 2)$ e $B(-2; 2; -4)$.

Animazione

Posizione reciproca di due piani

► Esercizi a p. C121

Due piani nello spazio possono essere paralleli e distinti, paralleli e coincidenti o incidenti in una retta e, in particolare, perpendicolari quando intersecandosi formano quattro diedri retti.

Sistema delle equazioni e posizione reciproca

Per analizzare la posizione reciproca di due piani, mettiamo a sistema le loro equazioni (supponiamo a', b', c', d' diversi da 0):

$$\begin{cases} ax + by + cz + d = 0 \\ a'x + b'y + c'z + d' = 0 \end{cases}.$$

- Se $\frac{a}{a'} = \frac{b}{b'} = \frac{c}{c'} \neq \frac{d}{d'}$, il sistema è impossibile: i due piani sono paralleli e distinti.
- Se $\frac{a}{a'} = \frac{b}{b'} = \frac{c}{c'} = \frac{d}{d'}$, il sistema è verificato da ogni terna $(x; y; z)$ che soddisfa una delle due equazioni: i due piani sono coincidenti.
- Negli altri casi il sistema ammette infinite soluzioni, tutte appartenenti a una retta: i due piani sono incidenti in quella retta. Approfondiremo questo caso nel prossimo paragrafo.

Possiamo studiare il parallelismo o la perpendicolarità di due piani senza scrivere il sistema delle loro equazioni, attraverso il parallelismo o la perpendicolarità dei rispettivi vettori normali.

Piani paralleli

Due piani di equazioni $ax + by + cz + d = 0$ e $a'x + b'y + c'z + d' = 0$ sono **paralleli** se e solo se i loro vettori normali $\vec{n}(a; b; c)$ e $\vec{n}'(a'; b'; c')$ sono paralleli, cioè $\vec{n} = k\vec{n}'$, con $k \in \mathbb{R}$.
Se a', b', c' sono diversi da 0, possiamo scrivere:

$$\frac{a}{a'} = \frac{b}{b'} = \frac{c}{c'}.$$

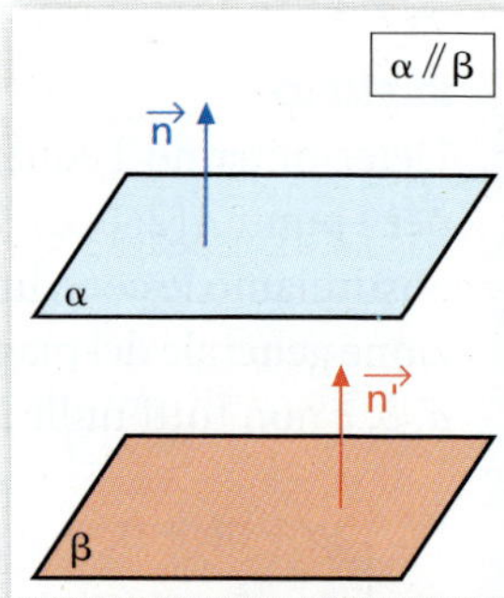

In particolare, se $\frac{a}{a'} = \frac{b}{b'} = \frac{c}{c'} = \frac{d}{d'}$, i piani sono **coincidenti**.

ESEMPIO
I piani di equazioni $x - 2y + z - 3 = 0$ e $-4x + 8y - 4z + 1 = 0$ sono paralleli perché i loro vettori normali $\vec{n}(1; -2; 1)$ e $\vec{n}'(-4; 8; -4)$ sono paralleli. Infatti è verificata la condizione $\frac{1}{-4} = \frac{-2}{8} = \frac{1}{-4}$.

Listen to it

To determine whether two planes are **parallel**, **perpendicular** or neither, we can compare their normal vectors.

▶ Scriviamo l'equazione del piano passante per il punto $A(4; -2; 0)$ e
a. parallelo al piano di equazione $x + y - z - 3 = 0$;
b. perpendicolare ai piani di equazioni $x - y = 0$ e $3x + y - z - 1 = 0$.

Animazione

▶ Scrivi l'equazione del piano passante per il punto $P(-2; 1; 2)$ perpendicolare ai piani di equazioni $3x - z = 0$ e $x + 2y + z - 3 = 0$.

Piani perpendicolari

Due piani di equazioni $ax + by + cz + d = 0$ e $a'x + b'y + c'z + d' = 0$ sono **perpendicolari** se e solo se lo sono i loro vettori normali $\vec{n}(a; b; c)$ e $\vec{n}'(a'; b'; c')$, cioè se $\vec{n} \cdot \vec{n}' = 0$:

$$aa' + bb' + cc' = 0.$$

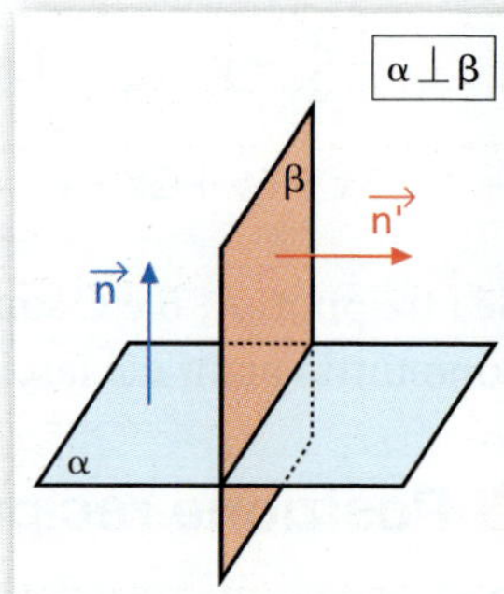

ESEMPIO
I piani di equazioni $2x - y + 2z + 7 = 0$ e $3x + 2y - 2z - 1 = 0$ sono perpendicolari perché il prodotto scalare dei loro vettori normali $\vec{n}(2; -1; 2)$ e $\vec{n}'(3; 2; -2)$ è nullo. Infatti $\vec{n} \cdot \vec{n}' = 2 \cdot 3 + (-1)2 + 2(-2) = 0$.

Distanza di un punto da un piano

▶ Esercizi a p. C124

Dati il piano α di equazione $ax + by + cz + d = 0$ e il punto $A(x_A; y_A; z_A)$, si dimostra che la distanza di A da α è:

$$d(A, \alpha) = \frac{|ax_A + by_A + cz_A + d|}{\sqrt{a^2 + b^2 + c^2}}.$$

ESEMPIO
Calcoliamo la distanza del punto $P(0; 1; -1)$ dal piano di equazione $x - y + 2z - 1 = 0$:

$$d = \frac{|1 \cdot 0 - 1 \cdot 1 + 2 \cdot (-1) - 1|}{\sqrt{1^2 + (-1)^2 + 2^2}} = \frac{4}{\sqrt{6}} = \frac{2}{3}\sqrt{6}.$$

▶ Calcola la distanza del punto $A(2; 0; -6)$ dal piano di equazione $4x - 3z + 1 = 0$.

T

TEORIA

4 Retta e sua equazione

Equazioni di una retta

▶ Esercizi a p. C127

Equazioni parametriche

Dati nello spazio un punto $P_0(x_0; y_0; z_0)$ e un vettore $\vec{v}(l; m; n)$ non nullo, è univocamente determinata la retta r passante per P_0 e parallela a $\vec{v}$, che viene detto **vettore direzione** della retta. Un punto $P(x; y; z)$ appartiene a tale retta se e solo se il vettore $\overrightarrow{P_0P}$ è parallelo a $\vec{v}$, cioè se e solo se si ha:

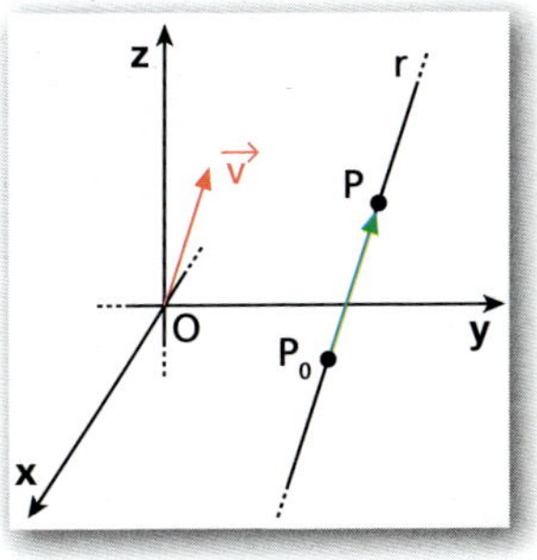

$$\overrightarrow{P_0P} = k\vec{v}, k \in \mathbb{R} \to \begin{cases} x - x_0 = kl \\ y - y_0 = km \\ z - z_0 = kn \end{cases} \to \begin{cases} \boldsymbol{x = x_0 + kl} \\ \boldsymbol{y = y_0 + km} \\ \boldsymbol{z = z_0 + kn} \end{cases}.$$

Queste sono le **equazioni parametriche** della retta passante per P_0 e parallela a $\vec{v}$. I numeri l, m e n costituiscono una terna ordinata di **coefficienti direttivi**, poiché determinano la direzione della retta.

ESEMPIO

Scriviamo le equazioni parametriche della retta passante per $P(-1; 2; 4)$ e di direzione $\vec{v}(2; -1; 3)$:

$$\begin{cases} x = -1 + k2 \\ y = 2 + k(-1) \\ z = 4 + k3 \end{cases} \to \begin{cases} x = -1 + 2k \\ y = 2 - k \\ z = 4 + 3k \end{cases}.$$

▶ Scrivi le equazioni parametriche della retta passante per il punto $A(0; 2; -3)$ e parallela al vettore $\vec{v}(1; -1; 0)$.

Le equazioni parametriche sono valide anche se uno dei coefficienti direttivi è nullo. In particolare:

- se $l = 0$, la retta è parallela al piano Oyz;
- se $m = 0$, la retta è parallela al piano Oxz;
- se $n = 0$, la retta è parallela al piano Oxy;
- se $l = m = 0$, la retta è parallela all'asse z;
- se $l = n = 0$, la retta è parallela all'asse y;
- se $m = n = 0$, la retta è parallela all'asse x.

Equazioni cartesiane

Se nelle equazioni parametriche di una retta tutti i coefficienti direttivi sono diversi da 0, possiamo eliminare il parametro k dal sistema:

$$\begin{cases} x - x_0 = kl & \text{dividiamo per } \ell \neq 0 \\ y - y_0 = km & \text{dividiamo per } m \neq 0 \\ z - z_0 = kn & \text{dividiamo per } n \neq 0 \end{cases} \to \begin{cases} \dfrac{x - x_0}{l} = k \\ \dfrac{y - y_0}{m} = k \\ \dfrac{z - z_0}{n} = k \end{cases} \to$$

$$\boldsymbol{\frac{x - x_0}{l} = \frac{y - y_0}{m} = \frac{z - z_0}{n}}.$$

Queste vengono chiamate **equazioni cartesiane** della retta, valide solo se l, m, n sono diversi da 0.

▶ Scrivi le equazioni e cartesiane della retta passante per il punto $B(3; 0; -4)$ e parallela al vettore $\vec{v}(5; 1; -1)$.

ESEMPIO

Scriviamo le equazioni cartesiane della retta passante per il punto $P(6; -1; 2)$ e parallela al vettore $\vec{v}(-2; 1; 7)$.

Scriviamo le equazioni parametriche, ricaviamo k e lo eliminiamo:

$$\begin{cases} k = \dfrac{x-6}{-2} \\ k = y+1 \\ k = \dfrac{z-2}{7} \end{cases} \rightarrow \frac{6-x}{2} = y+1 = \frac{z-2}{7}.$$

Se uno dei coefficienti direttivi è uguale a zero, nel sistema precedente non possiamo dividere per tale coefficiente. Per esempio, se $l = 0$, dal sistema iniziale otteniamo le equazioni cartesiane:

$$x - x_0 = 0, \qquad \frac{y-y_0}{m} = \frac{z-z_0}{n}.$$

Retta passante per due punti

La retta passante per due punti $A(x_1; y_1; z_1)$ e $B(x_2; y_2; z_2)$ ha direzione $\overrightarrow{AB}$ (o $\overrightarrow{BA}$), quindi per scrivere le sue equazioni determiniamo quelli della retta passante per A, o per B, e parallela al vettore $\overrightarrow{AB}$.

Il vettore $\overrightarrow{AB}$ ha componenti $(x_2 - x_1; y_2 - y_1; z_2 - z_1)$, quindi la retta passante per A con vettore direzione $\overrightarrow{AB}$ è:

$$\begin{cases} x = x_1 + k(x_2 - x_1) \\ y = y_1 + k(y_2 - y_1). \\ z = z_1 + k(z_2 - z_1) \end{cases}$$

Se scriviamo l'equazione della retta passante per B con vettore direzione $\overrightarrow{AB}$, otteniamo la stessa retta, anche se le equazioni parametriche sono apparentemente diverse.

Se i coefficienti direttivi sono non nulli, possiamo scriverla anche in forma cartesiana:

$$\begin{cases} k = \dfrac{x-x_1}{x_2-x_1} \\ k = \dfrac{y-y_1}{y_2-y_1} \\ k = \dfrac{z-z_1}{z_2-z_1} \end{cases} \rightarrow \boldsymbol{\frac{x-x_1}{x_2-x_1} = \frac{y-y_1}{y_2-y_1} = \frac{z-z_1}{z_2-z_1}}.$$

ESEMPIO

Determiniamo le equazioni parametriche e cartesiane della retta passante per $A(5; 0; 1)$ e $B(0; 1; -1)$.

Il vettore $\overrightarrow{AB}$ ha componenti $(0-5; 1-0; -1-1)$, quindi $\overrightarrow{AB}(-5; 1; -2)$.

La retta passante per A e parallela ad $\overrightarrow{AB}$ ha equazioni parametriche:

$$\begin{cases} x = 5 - 5k \\ y = k \\ z = 1 - 2k \end{cases}.$$

Scriviamo ora le equazioni cartesiane:

$$\begin{cases} k = \dfrac{x-5}{-5} \\ k = y \\ k = \dfrac{z-1}{-2} \end{cases} \rightarrow \frac{5-x}{5} = y = \frac{1-z}{2}.$$

Verifichiamo che le coordinate di B soddisfano le equazioni cartesiane, cioè che la retta passa per B:

$$\frac{5-0}{5} = 1 = \frac{1-(-1)}{2} \rightarrow 1 = 1 = 1.$$

▶ Scrivi le equazioni della retta passante per i punti $A(0;\,1;\,1)$ e $B(6;-2;-1)$.

Animazione

Condizioni di allineamento

Le equazioni cartesiane di una retta si possono utilizzare per verificare se tre punti $P(x;\,y;\,z)$, $A(x_1;\,y_1;\,z_1)$ e $B(x_2;\,y_2;\,z_2)$ sono allineati: infatti, se P soddisfa le equazioni della retta passante per A e B, allora P, A e B sono allineati.

ESEMPIO

Verifichiamo che i punti $P(2;-3;2)$, $A(1;0;3)$ e $B(-1;6;5)$ sono allineati.
Dobbiamo verificare che sono soddisfatte le condizioni:

$$\frac{x_P - x_A}{x_B - x_A} = \frac{y_P - y_A}{y_B - y_A} = \frac{z_P - z_A}{z_B - z_A} \rightarrow \frac{2-1}{-1-1} = \frac{-3-0}{6-0} = \frac{2-3}{5-3} \rightarrow$$

$$-\frac{1}{2} = -\frac{1}{2} = -\frac{1}{2}.$$

I tre punti sono allineati.

▶ Verifica che i punti $A(0;\,1;\,0)$, $B(2;4;-7)$ e $C(4;7:-14)$ sono allineati.

Retta come intersezione di due piani

Nello spazio due piani incidenti, cioè non paralleli e non coincidenti, si intersecano lungo una retta. Una retta può quindi essere individuata come intersezione di due piani da un sistema formato da due equazioni di primo grado che rappresentano due piani non paralleli:

$$\begin{cases} \boldsymbol{ax + by + cz + d = 0} \\ \boldsymbol{a'x + b'y + c'z + d' = 0} \end{cases}.$$

ESEMPIO

Il sistema

$$\begin{cases} x - 2y + z - 1 = 0 \\ 2x + y - z + 1 = 0 \end{cases}$$

rappresenta una retta. I due piani infatti non sono paralleli perché i coefficienti delle variabili corrispondenti non hanno lo stesso rapporto.

Listen to it

The system of the equations of two non-parallel planes defines a line in three-dimensional space.

Dalla retta come intersezione di due piani alla forma parametrica e viceversa

Se una retta è individuata dall'intersezione di due piani, possiamo determinare le sue equazioni parametriche ponendo $z = k$ e ricavando x e y in funzione di k, oppure ponendo $x = k$ o $y = k$ e ricavando le altre due variabili in funzione di k.

ESEMPIO

Determiniamo le equazioni parametriche della retta data da

$$\begin{cases} x+y-3z=0 \\ x-3y+z+4=0 \end{cases}$$ poniamo $z=k$ e ricaviamo x e y in funzione di k

$$\begin{cases} x+y=3k \\ x-3y=-k-4. \\ z=k \end{cases}$$ sottraiamo membro a membro le prime due equazioni

$$\begin{cases} 4y=4k+4 \\ x=3k-y \\ z=k \end{cases} \rightarrow \begin{cases} y=k+1 \\ x=3k-(k+1). \\ z=k \end{cases}$$

Le equazioni parametriche della retta sono $\begin{cases} x=-1+2k \\ y=1+k \\ z=k \end{cases}$.

Tale retta passa per il punto $P(-1;1;0)$ ed è parallela al vettore $\vec{v}(2;1;1)$.

Viceversa, partendo dalle equazioni parametriche ed eliminando il parametro k, troviamo le equazioni di due piani che hanno come intersezione la retta data.

ESEMPIO

Consideriamo le equazioni parametriche dell'esempio precedente.

$$\begin{cases} x=-1+2k \\ y=1+k \\ z=k \end{cases}$$ sostituiamo $z=k$ nelle prime due equazioni

$$\begin{cases} x=-1+2z \\ y=1+z \end{cases} \rightarrow \begin{cases} x-2z+1=0 \\ y-z-1=0 \end{cases}$$

Non abbiamo ottenuto le stesse equazioni da cui eravamo partiti nell'esempio precedente, ma le equazioni di altri due piani che si intersecano nella stessa retta. Verifichiamo che i due sistemi sono equivalenti.

Nel sistema ottenuto:

- sommiamo la prima e la seconda equazione membro a membro;
- sottraiamo membro a membro dalla prima equazione quella ottenuta dalla seconda moltiplicando per 3.

$$\begin{cases} x-2z+1=0 \\ y-z-1=0 \end{cases} \rightarrow \begin{cases} x+y-3z=0 \\ x-3y+z+4=0 \end{cases}$$

Abbiamo ritrovato il sistema di partenza.

Fascio di piani aventi una retta in comune

Il sistema

$$\begin{cases} ax+by+cz+d=0 \\ a'x+b'y+c'z+d=0 \end{cases}$$

che individua una retta non è unico, perché sono infiniti i piani che hanno per intersezione la retta. Dunque ogni sistema equivalente rappresenta la stessa retta.

Questa retta giace sui piani α: $ax + by + cz + d = 0$ e α': $a'x + b'y + c'z + d' = 0$ e su tutti gli infiniti piani del fascio di piani generato da α e α', che hanno in comune tutti e soli i punti della retta.
Il fascio ha equazione:

$$h(ax + by + cz + d) + k(a'x + b'y + c'z + d') = 0,$$

con $h, k \in \mathbb{R}$ non entrambi nulli. Per $h = 1$ e $k = 0$ si ottiene α, per $h = 0$ e $k = 1$ si ottiene α', per altri valori di h e k si trovano tutti gli infiniti piani del fascio.

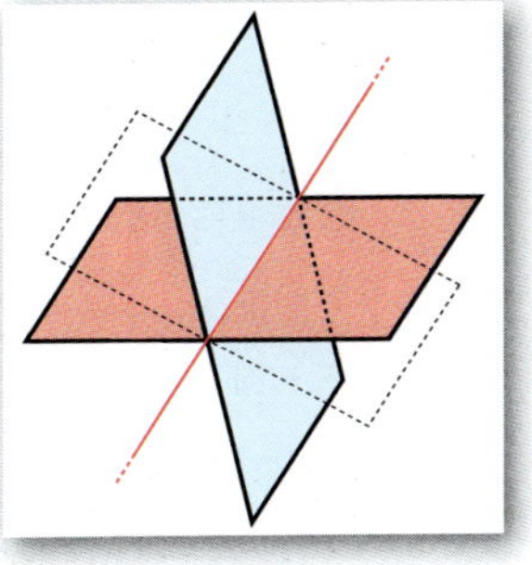

Posizione reciproca di due rette

▶ Esercizi a p. C130

Sappiamo che due rette nello spazio possono essere sghembe o complanari.
Se sono complanari, possono essere coincidenti, parallele e distinte o incidenti in un punto. Consideriamo due rette con vettori direzione $\vec{v}(l; m; n)$ e $\vec{w}(l'; m'; n')$ non nulli e vediamo come possiamo tradurre analiticamente le loro posizioni reciproche.

Rette parallele

Due rette sono **parallele** se e solo se sono paralleli i loro vettori direzione:

$$\vec{v} = k\vec{w}, \quad k \in \mathbb{R}.$$

Se $l', m', n' \neq 0$, possiamo scrivere:

$$\frac{l}{l'} = \frac{m}{m'} = \frac{n}{n'}.$$

Se due rette con vettori direzione paralleli hanno un punto in comune, allora hanno in comune tutti i loro punti e sono **coincidenti**.

Rette perpendicolari

Due rette sono **perpendicolari** se e solo se sono perpendicolari i loro vettori direzione:

$$\vec{v} \cdot \vec{w} = 0 \quad \to \quad ll' + mm' + nn' = 0.$$

Rette sghembe o incidenti

Se i due vettori direzione *non* sono paralleli, le due rette sono **sghembe** quando non hanno punti in comune, **incidenti** quando hanno un punto in comune.
Osserviamo che due rette perpendicolari possono essere sia incidenti sia sghembe: in figura le rette r e t sono perpendicolari e incidenti, mentre s e t sono perpendicolari ma sghembe.

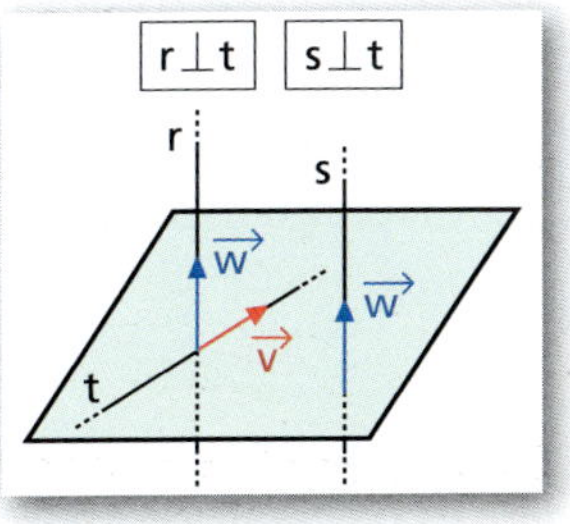

ESEMPIO
Determiniamo la posizione reciproca delle rette di equazioni:

$$\begin{cases} x = 1 + k \\ y = -2 - k \\ z = 5 + 3k \end{cases} \quad \text{e} \quad \begin{cases} x = -3 + 4t \\ y = 2 - 2t \\ z = -7 - 2t \end{cases}.$$

Listen to it

To determine whether two lines are **parallel**, **perpendicular** or **skew**, we can compare their direction vectors.

Video

Rette e piani nello spazio
Riassumiamo i concetti fondamentali per lo studio delle rette e dei piani nello spazio aiutandoci con i vettori.

I vettori direzione delle due rette sono $\vec{v}(1; -1; 3)$ e $\vec{w}(4; -2; -2)$.

Risulta:

$$\vec{v} \cdot \vec{w} = 1 \cdot 4 - 1 \cdot (-2) + 3 \cdot (-2) = 0.$$

Quindi le due rette sono perpendicolari.
Per verificare se sono incidenti, il sistema della loro intersezione deve avere una soluzione.

$$\begin{cases} 1 + k = -3 + 4t \\ -2 - k = 2 - 2t \\ 5 + 3k = -7 - 2t \end{cases} \rightarrow$$

$$\begin{cases} k = 4t - 4 \\ k = 2t - 4 \\ 3k = -2t - 12 \end{cases} \rightarrow$$

$$\begin{cases} t = 0 \\ k = -4 \end{cases}$$

Le due rette si incontrano in un punto che possiamo determinare ponendo $k = -4$ nelle equazioni della prima retta o $t = 0$ nelle equazioni della seconda: $P(-3; 2; -7)$.

Quindi le due rette sono perpendicolari e incidenti.

► Determina la posizione reciproca delle rette di equazioni:

$$\begin{cases} x = k \\ y = 2 + 3k \\ z = -k \end{cases}, \quad \begin{cases} x - 2z - 3 = 0 \\ y = 3 \end{cases}.$$

Animazione

5 Posizione reciproca di una retta e un piano

► Esercizi a p. C132

Consideriamo un piano con vettore normale $\vec{n}(a; b; c)$ non nullo e una retta con vettore direzione $\vec{v}(l; m; n)$ non nullo. Il piano e la retta sono:

- **paralleli** se e solo se $\vec{n}$ e $\vec{v}$ sono perpendicolari fra loro, ovvero

  $$\vec{n} \cdot \vec{v} = 0 \rightarrow \boldsymbol{al + bm + cn = 0};$$

  in particolare, se il piano e la retta hanno almeno un punto in comune, allora la retta giace sul piano;

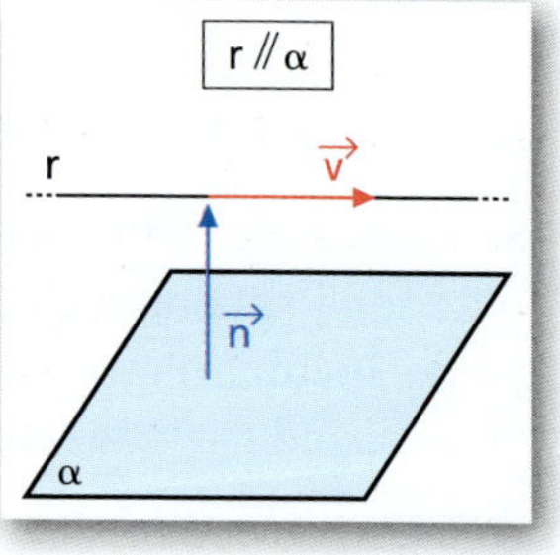

- **incidenti** se $\vec{n}$ e $\vec{v}$ *non* sono perpendicolari fra loro; in particolare, la retta e il piano sono **perpendicolari** se e solo se $\vec{n}$ e $\vec{v}$ sono paralleli, ovvero

  $$\vec{n} = k\vec{v}, \quad \text{con } k \in \mathbb{R},$$

  che possiamo scrivere anche, se $l, m, n \neq 0$,

  $$\boldsymbol{\frac{a}{l} = \frac{b}{m} = \frac{c}{n}}.$$

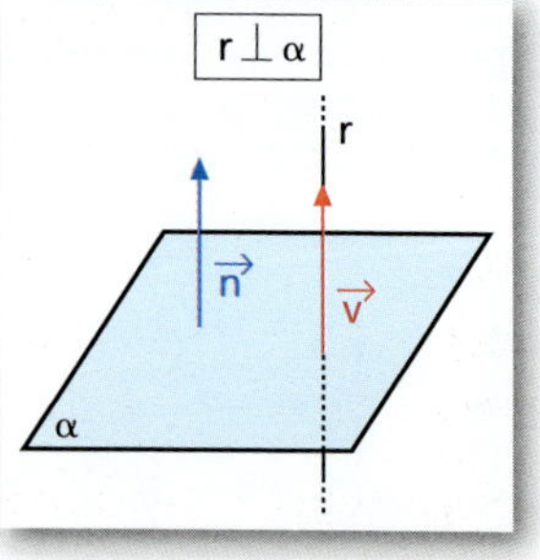

ESEMPIO

Scriviamo l'equazione della retta passante per il punto $A(4; 1; 0)$ e perpendicolare al piano di equazione $x - 3y - z + 2 = 0$.
Il piano dato ha vettore normale $\vec{n}(1; -3; -1)$. Allora la retta cercata deve avere vettore direzione $\vec{v}(1; -3; -1)$:

$$\begin{cases} x = 4 + k \\ y = 1 - 3k. \\ z = -k \end{cases}$$

▶ Scrivi l'equazione della retta passante per il punto $P(10; -1; 2)$ e perpendicolare al piano di equazione $x - 2y + z - 12 = 0$.

Distanza di un punto da una retta

Dati un punto P e una retta r nello spazio, calcoliamo la distanza di P da r.
Consideriamo il piano α passante per P e perpendicolare a r, che interseca r in un punto H: la lunghezza del segmento PH è la distanza cercata, poiché $PH \perp r$.

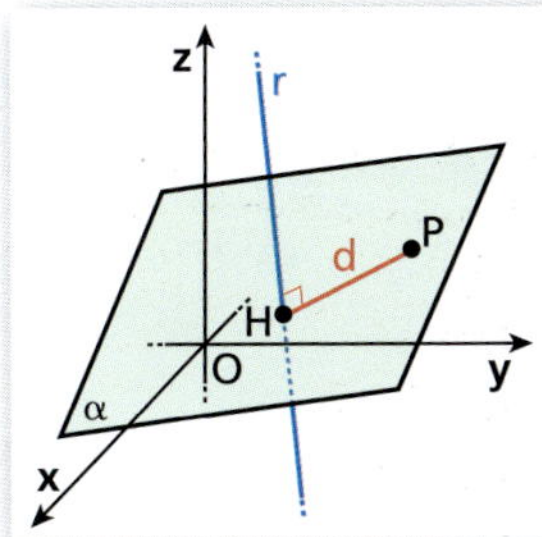

ESEMPIO

Calcoliamo la distanza del punto $P(9; -3; 0)$ dalla retta r di equazioni

$$\begin{cases} x = 2 - k \\ y = 4k \\ z = 1 + 2k \end{cases}.$$

Il vettore direzione di r è $\vec{v}(-1; 4; 2)$.
Scriviamo l'equazione del piano passante per P con vettore normale $\vec{v}$:

$$-1(x - 9) + 4(y + 3) + 2(z - 0) = 0$$ semplifichiamo

$$-x + 4y + 2z + 21 = 0.$$

Determiniamo il punto di intersezione H tra r e il piano, ponendo a sistema le loro equazioni.

$$\begin{cases} x = 2 - k \\ y = 4k \\ z = 1 + 2k \\ -x + 4y + 2z + 21 = 0 \end{cases} \rightarrow -(2 - k) + 4(4k) + 2(1 + 2k) + 21 = 0 \rightarrow$$

$$k = -1.$$

Poniamo $k = -1$ nelle equazioni di r e troviamo H:

$$H(3; -4; -1).$$

Calcoliamo la distanza di P da H, cioè la distanza di P da r:

$$\overline{PH} = \sqrt{(9-3)^2 + (-3+4)^2 + (0+1)^2} = \sqrt{38}.$$

▶ Calcola la distanza del punto $A(0; 1; 1)$ dalla retta di equazioni

$$\begin{cases} x = -1 - 2k \\ y = 4 \\ z = 4 + k \end{cases}.$$

Possiamo usare lo stesso metodo anche per calcolare la distanza tra due rette parallele. Basta infatti calcolare la distanza di un punto qualsiasi di una delle due rette dall'altra.

Negli esercizi vedremo anche come si calcola la distanza tra due rette sghembe.

Video

Distanza tra rette sghembe
Consideriamo due rette sghembe r e s.
- ▶ In quali punti su r e s le due rette sono più vicine?
- ▶ Qual è la distanza tra di loro?

ESERCIZI

CAPITOLO C10
ESERCIZI

1 Coordinate nello spazio

Teoria a p. C100

Punti e distanze nello spazio

1 Rappresenta i seguenti punti in un riferimento ortogonale nello spazio:
$A(0; 1; 3)$, $B(-3; -2; 0)$, $C(5; 0; -1)$, $D(-2; 2; -3)$.

2 Disegna il triangolo di vertici $A(-1; 3; -1)$, $B(2; -1; 2)$, $C(2; -2; -2)$.

3 Disegna il prisma che ha i seguenti vertici:
$A(-1; 0; 2)$, $B(-1; 0; 5)$, $C(-3; 0; 5)$, $D(-3; 0; 2)$, $A'(2; 4; 2)$, $B'(2; 4; 5)$, $C'(0; 4; 5)$, $D'(0; 4; 2)$.

TEST

4 Il punto $A(x_0; y_0; z_0)$ si trova sull'asse y. Che cosa è possibile dedurre?
A $y_0 = 0$.
B $y_0 \neq 0$.
C $x_0 = 0$ e $z_0 = 0$.
D $x_0 = 0$ e $y_0 = 0$.
E $y_0 = 0$ e $z_0 = 0$.

5 Il punto P ha coordinate $(-7; 1; -5)$; quelle del suo simmetrico rispetto all'asse z sono:
A $(7; -1; -5)$.
B $(-7; -1; -5)$.
C $(7; -1; 5)$.
D $(7; 1; 5)$.
E $(-7; -1; 5)$.

6 Un punto ha le coordinate $(-5; 2; -3)$; quelle del suo simmetrico rispetto all'asse x sono:
A $(5; 2; -3)$.
B $\left(-\frac{1}{5}; 2; -3\right)$.
C $(5; -2; 3)$.
D $(-5; -2; 3)$.
E $(2; -3; -5)$.

7 Determina le coordinate del punto simmetrico di $A(4; -2; 5)$ rispetto all'origine.

8 TEST I punti $P(7; -3; 4)$ e $P'(-7; 3; 4)$ sono simmetrici rispetto:
A all'asse x.
B all'asse y.
C all'asse z.
D all'origine.
E al piano Oxy.

Calcola la distanza fra le seguenti coppie di punti.

9 $A(\sqrt{2}; \sqrt{2}; \sqrt{2})$, $O(0; 0; 0)$. $[\sqrt{6}]$

10 $A(-2; 4; 1)$, $B(-4; 2; 3)$. $[2\sqrt{3}]$

11 $P(-1; 3; -2)$, $Q(0; -2; 0)$. $[\sqrt{30}]$

12 $C(-1; 8; 0)$, $D(-3; 5; -\sqrt{3})$. $[4]$

13 $A(3; 0; 1)$, $B(4; -2; 3)$. $[3]$

14 $P(5; -5; 0)$, $R(-5; 1; 2\sqrt{2})$ $[12]$

15 Trova per quali valori di k i punti $A(k; 0; k)$ e $B(1; 6; -2)$ hanno distanza $5\sqrt{5}$. $[6 \vee -7]$

16 Determina per quali valori di a la distanza tra $P(a; a+1; 0)$ e $Q(2a; -a; \sqrt{6})$ è 8. $\left[3 \vee -\frac{19}{5}\right]$

17 Trova un punto sull'asse z equidistante da $A(-1; 3; 2)$ e $B(2, -1; -1)$. $\left[\left(0; 0; \frac{4}{3}\right)\right]$

18 Un punto P si trova sull'asse z. Sapendo che la distanza di P dal punto $A(1; 1; 3)$ è la metà della distanza dal punto $B(-2; 2; 3)$, calcola le coordinate del punto P. $[P(0; 0; 3)]$

19 Verifica che il triangolo di vertici $A(0; 0; 1)$, $B(3; -1; 2)$ e $C(-3; 1; 2)$ è isoscele.

20 Verifica che il triangolo di vertici $A(-1; 1; 2)$, $B(-1; 2; 3)$, $C(0; 1; 3)$ è equilatero.

21 Determina l'equazione del luogo dei punti $P(x; y; z)$ equidistanti da $A(4; -1; 3)$ e da $B(0; 4; -1)$.
[$8x - 10y + 8z - 9 = 0$]

22 RIFLETTI SULLA TEORIA Determina l'espressione per la distanza di un punto $H(x; y; z)$ dagli assi coordinati.
[$d_x = \sqrt{y^2 + z^2}, d_y = \sqrt{x^2 + z^2}, d_z = \sqrt{x^2 + y^2}$]

23 Verifica che il triangolo di vertici $A(1; 2; 3)$, $B(4; 0; 5)$ e $C(3; 6; 4)$ è rettangolo.

24 Verifica che il triangolo di vertici $P(6; 0; -1)$, $Q(-1; 0; 3)$, $R(-1; 4; 3)$ è rettangolo e determina l'angolo acuto minore.
[$\tan \widehat{P} = \frac{4}{\sqrt{65}}$]

25 Verifica che il triangolo di vertici $A(3; 4; 1)$, $B(0; 1; 1)$ e $C(2; 5; -3)$ è rettangolo isoscele e calcola la sua area.
[9]

26 Un triangolo equilatero ha i vertici sui semiassi positivi di un riferimento cartesiano ortogonale nello spazio. Determina le coordinate dei vertici, sapendo che il perimetro del triangolo è $12\sqrt{2}$.
[$A(4; 0; 0)$, $B(0; 4; 0)$, $C(0; 0; 4)$]

YOU & MATHS

27 What is the volume of a sphere with a center at the origin and whose surface passes through the point (7, 4, 3)?
(Rocket City Math League, Senior Division)

28 The opposite vertices of a cube are at $A(1, 1, 1)$ and $G(3, 4, 5)$ in the Cartesian plane. Find the edge length of the cube.

A 3 B $\sqrt{\frac{29}{3}}$ C 4 D $\sqrt{\frac{50}{3}}$ E 5

(Canadian Math Kangaroo Contest, Grade 11-12)

Calcola il volume dei seguenti solidi.

29

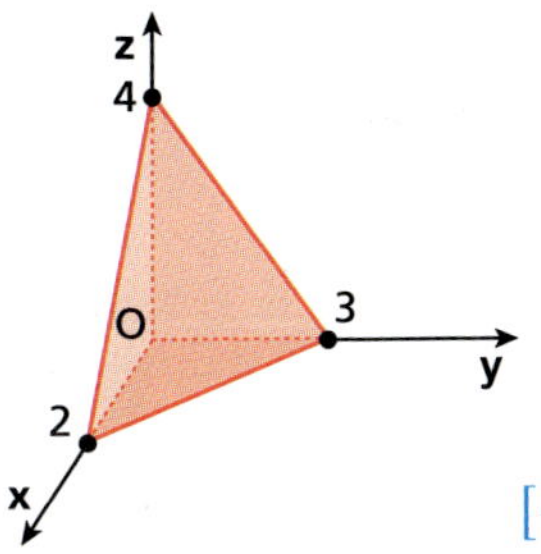

[4]

30

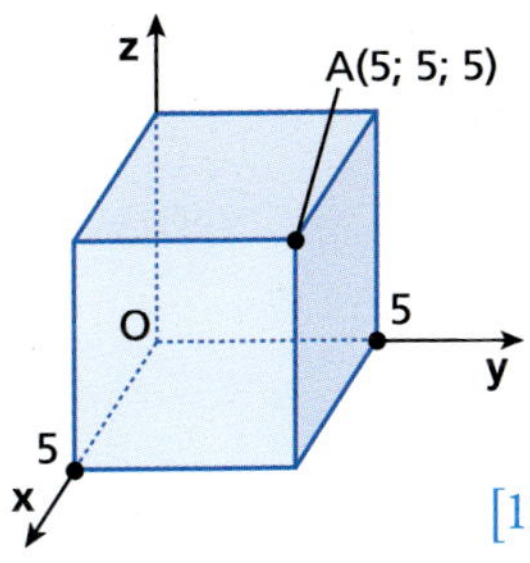

[125]

31

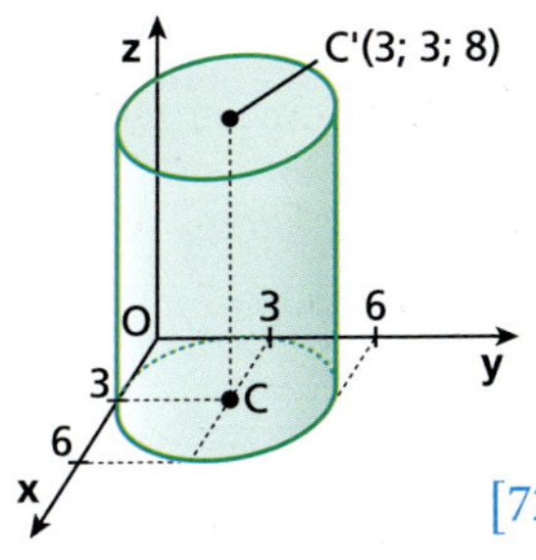

[72π]

Problemi REALTÀ E MODELLI

32 **Latitudine e longitudine** Un luogo che si trova sulla superficie della Terra può essere individuato tramite le coordinate geografiche latitudine e longitudine. Con riferimento alla figura:

- la latitudine del punto Q è l'angolo α che il raggio OQ forma con il piano equatoriale;
- la longitudine di Q è l'angolo β tra il meridiano passante per Q e il meridiano di riferimento (meridiano di Greenwich).

Calcola la latitudine e la longitudine del punto $Q\left(\frac{2}{3}; \frac{2}{3}; \frac{1}{3}\right)$ sulla sfera di centro $O(0; 0; 0)$ e raggio 1, quando il meridiano di riferimento è quello che giace nel piano Oxz. [$\alpha \simeq 19,5°$ nord; $\beta = 45°$ est]

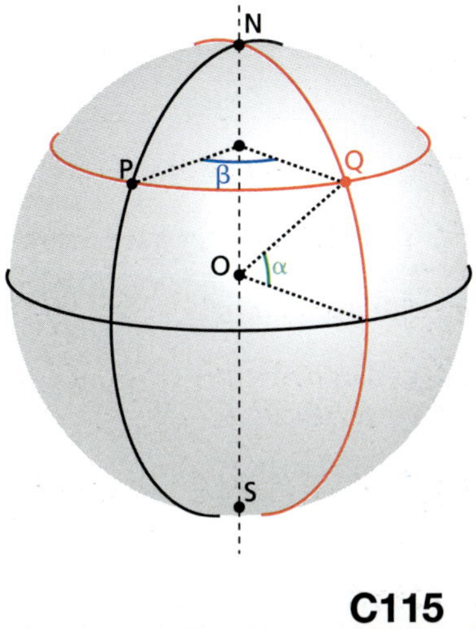

ESERCIZI

33 ●● **Sotto sorveglianza** Una telecamera di sicurezza è posta a 4 metri da terra sulla parete esterna di un edificio per controllare il parcheggio. Può ruotare di un angolo α da 0° a 180° in orizzontale e di un angolo β da 0° a 90° in verticale, dalla posizione orizzontale verso il basso. Disegna un sistema di riferimento cartesiano con origine sul suolo, asse x lungo la parete e la telecamera sull'asse z, rivolta verso il semispazio positivo delle ordinate. Poni $\alpha = 0°$ e $\beta = 0°$ in corrispondenza della telecamera allineata parallelamente alla direzione positiva dell'asse x. Determina verso quale punto del suolo è diretta la telecamera quando $\alpha = 90°$ e $\beta = 60°$. $\left[P\left(0; \frac{4}{3}\sqrt{3}; 0\right)\right]$

34 ●● Dato il prisma regolare a base triangolare di vertici $A(2; -2; 1)$, $B(4; 0; 1)$, $C(4; -2; 3)$, $D(2; -2; 5)$, $E(4; 0; 5)$ e $F(4; -2; 7)$, calcola l'area della superficie laterale, il volume e la lunghezza della diagonale AE della faccia laterale $ABED$. $[S_l = 24\sqrt{2}; V = 8\sqrt{3}; 2\sqrt{6}]$

35 ●● Un punto P con coordinate positive ha distanza 8 dall'origine. Sapendo che la retta OP forma un angolo di 60° con l'asse y e un angolo di 60° con l'asse z, trova le coordinate di P. $[(4\sqrt{2}; 4; 4)]$

Punto medio e baricentro

Determina le coordinate dei punti medi dei segmenti che hanno per estremi le seguenti coppie di punti.

36 ●○ $A(0; -6; 2)$, $B(4; 8; -2)$. $[(2; 1; 0)]$

37 ●○ $A(-4; 6; 4)$, $B(8; 6; -4)$. $[(2; 6; 0)]$

38 ●○ $C(\sqrt{3}; 0; 2)$, $D(3\sqrt{3}; -2; 6)$. $[(2\sqrt{3}; -1; 4)]$

39 ●○ $P(-1; 5; -\sqrt{2})$, $Q(3; 11; \sqrt{2})$. $[(1; 8; 0)]$

---

40 ●○ Determina le coordinate del punto simmetrico di $A(-4; 2; 3)$ rispetto a $P(-2; 0; 5)$. $[(0; -2; 7)]$

41 ●○ Trova le coordinate dell'estremo B del segmento AB, sapendo che $A(2; -3; 0)$ e che il punto medio di AB è $M(-1; 4; 3)$. $[(-4; 11; 6)]$

42 ●○ Dato il triangolo di vertici $A(4; -2; 3)$, $B(-2; 2; 1)$, $C(1; 2; 6)$, verifica che è isoscele, calcola l'area e determina gli angoli alla base. $\left[\overline{AC} = \overline{BC} = \sqrt{34}; 2\sqrt{70}; \tan C\widehat{A}B = \frac{\sqrt{70}}{7}\right]$

43 ●○ Verifica che il triangolo di vertici $A(-1; -3; 1)$, $B(-1; 2; 1)$, $C\left(2; -\frac{1}{2}; 3\right)$ è isoscele e calcola l'area. $\left[\overline{AC} = \overline{BC} = \frac{\sqrt{77}}{2}; \frac{5\sqrt{13}}{2}\right]$

44 ●○ Sia dato un triangolo nello spazio tridimensionale. I suoi vertici hanno coordinate (0; 0; 0), (1; 3; 4) e (− 1; 3; 4). Trova l'area del triangolo. (USA *Bay Area Math Meet, Bowl Sampler*) [5]

45 ●○ Dato il triangolo di vertici $A(3; -2; 1)$, $B(5; 6; 3)$ e $C(-1; 2; 5)$, determina la lunghezza delle sue mediane e le coordinate del suo baricentro. $\left[\sqrt{46}; 2\sqrt{13}; \sqrt{34}; G\left(\frac{7}{3}; 2; 3\right)\right]$

46 ●○ Il triangolo di vertici $A(0; 0; 3)$, $B(1; 4; 7)$ e C ha baricentro $G(1; 3; 3)$. Determina le coordinate di C. $[(2; 5; -1)]$

47 ●○ Dato il segmento AB di estremi $A(1; 0; 4)$ e $B(2; 3; -1)$, trova le coordinate dei due punti che lo dividono in tre parti uguali. $\left[P\left(\frac{4}{3}; 1; \frac{7}{3}\right), Q\left(\frac{5}{3}; 2; \frac{2}{3}\right)\right]$

48 ●● Verifica che il triangolo di vertici $A(4; 0; 0)$, $B(0; -4; 0)$, $C(0; 0; -4)$ è equilatero. Determina l'angolo α che l'altezza CH forma con il piano Oxy. $\left[\cos\alpha = \frac{1}{\sqrt{3}}\right]$

49 YOU & MATHS Three vertices of a cube in space have coordinates (2, 3, 0), (0, 5, 4) and (4, 1, 8). Compute the coordinates of the centre of the cube.

(USA *Florida Atlantic University, Stuyvesant Alumni Mathematics Competition*)

[(3; 2; 4)]

50 Verifica che i punti $A(-1; 3; 0)$, $B(3; -1; 0)$, $C(-1; -1; 1)$ e $D(3; 3; -1)$ sono vertici di un rombo.

2 Vettori nello spazio

▶ Teoria a p. C102

VERO O FALSO?

51 Il vettore $\overrightarrow{AB}$ di estremi $A(0; -3; 2)$ e $B(2; -1; 6)$:

a. ha modulo $2\sqrt{6}$. V F

b. ha componenti cartesiane $(-2; -2; -4)$. V F

c. è parallelo a $\vec{v}(4; -2; 12)$. V F

d. è parallelo a $\vec{w}(-2; -2; -4)$. V F

52 Il vettore $\vec{a}(5; 10; -1)$:

a. è perpendicolare a $\vec{b}(-1; 1; 5)$. V F

b. è parallelo a $\vec{d} = 4\vec{a}$. V F

c. ha modulo $3\sqrt{14}$. V F

d. è tale che $\vec{a} \cdot \vec{a} = \sqrt{126}$. V F

e. è tale che $\vec{a} + 2\vec{a} = (15; 30; 3)$. V F

53 Trova i moduli dei seguenti vettori: $\vec{a} = (1; -1; 4)$; $\vec{b} = (-2; 0; 1)$; $\vec{c} = (3; 1; -2)$. $[3\sqrt{2}; \sqrt{5}; \sqrt{14}]$

54 Dati i punti $P(-2; -5; 1)$ e $Q(0; -2; 6)$, scrivi i vettori $\overrightarrow{OP}$ e $\overrightarrow{OQ}$ in forma cartesiana e determina il loro modulo.

Determina le componenti cartesiane e il modulo del vettore $\overrightarrow{AB}$ di estremi A e B.

55 $A(1; 0; -1)$, $B(3; 0; 4)$. $[(2; 0; 5); \sqrt{29}]$

56 $A(4; -1; 0)$, $B(0; 3; -2)$. $[(-4; 4; -2); 6]$

57 $A(11; 9; -1)$, $B(10; 6; -2)$. $[(-1; -3; -1); \sqrt{11}]$

58 $A(4; 3; 1)$, $B(6; -3; 4)$. $[(2; -6; 3); 7]$

59 Dati i vettori $\vec{v} = -2\vec{i} + 3\vec{j} + \vec{k}$ e $\vec{w} = -\vec{i} - \vec{j} + 4\vec{k}$, calcola $\vec{v} + \vec{w}$, $\vec{v} - 3\vec{w}$, $\vec{v} \cdot \vec{w}$.

60 Dati i vettori $\vec{a}(-1; 3; 4)$ e $\vec{b}(1; -2; -1)$, calcola:

a. il loro modulo; b. $\vec{a} + \vec{b}$; c. $3\vec{a} - 2\vec{b}$; d. $\vec{a} \cdot \vec{b}$. [a) $\sqrt{26}$; $\sqrt{6}$; b) $(0; 1; 3)$; c) $(-5; 13; 14)$; d) -11]

61 Determina il vettore $\vec{a}$ tale che $\vec{a} + \vec{b} + \vec{c} = 0$, con $\vec{b}(1; 0; 4)$ e $\vec{c}(-2; -3; 6)$. $[\vec{a}(1; 3; -10)]$

Calcola il prodotto scalare tra $\vec{a}$ e $\vec{b}$.

62 $\vec{a}(1; 0; 1)$, $\vec{b}(4; -1; 7)$. [11]

63 $\vec{a}(10; -1; -4)$, $\vec{b}(-1; 1; 2)$. [−19]

64 $\vec{a}(-2; 5; 1)$, $\vec{b}(0; 3; -3)$. [12]

65 $\vec{a}(1; 7; -4)$, $\vec{b}(6; -2; -2)$. [0]

66 Considera i vettori $\vec{a}(2; -2; 1)$ e $\vec{b}(4; 0; -3)$. Calcola $\vec{a} \cdot \vec{b}$ e l'angolo formato da $\vec{a}$ e $\vec{b}$. $[5; \alpha \simeq 70°]$

Vettori paralleli

$\vec{v}(a; b; c)$ e $\vec{w}(a'; b'; c')$ sono paralleli se $\frac{a}{a'} = \frac{b}{b'} = \frac{c}{c'}$

67 FAI UN ESEMPIO Scrivi due vettori paralleli al vettore:

a. $\vec{v}(4; -1; 0)$; b. $\vec{w}(-3; 6; 1)$.

68 Stabilisci se $\vec{a}(-4; 2; -1)$ e $\vec{b}\left(-2; 1; -\frac{1}{2}\right)$ sono paralleli.

69 Trova i valori di a e b per cui i vettori $\vec{v}(a; b; 3)$ e $\vec{w}(1; -4; -9)$ sono paralleli. $\left[a = -\frac{1}{3}, b = \frac{4}{3}\right]$

Vettori perpendicolari

$\vec{v}(a; b; c)$ e $\vec{w}(a'; b'; c')$ sono perpendicolari se $aa' + bb' + cc' = 0$

70 FAI UN ESEMPIO Scrivi un vettore perpendicolare a $\vec{v}(3; 0; -2)$.

71 Stabilisci se i vettori $\vec{a}\left(-\frac{1}{2}; 16; 3\right)$ e $\vec{b}\left(4; \frac{1}{2}; -2\right)$ sono perpendicolari.

72 Trova il valore del parametro c affinché i vettori $\vec{u} = (4; -2; c)$ e $\vec{v} = (-1; 8; 4)$ siano perpendicolari. [5]

73 Determina i valori di a per cui i vettori $\vec{v}(a; 2a; a+1)$ e $\vec{w}(1; a; a)$ sono perpendicolari. $\left[a = 0 \vee a = -\frac{2}{3}\right]$

74 Determina i valori di k per cui i vettori $\vec{a}(k; k+1; -k)$ e $\vec{b}(k+2; -k; k+3)$ sono perpendicolari. $[k = 0 \vee k = -2]$

75 Trova almeno due vettori perpendicolari al vettore $\vec{v}(-1; 4; 2)$.

76 Determina un vettore perpendicolare ai vettori $\vec{a}(-2; -1; 2)$ e $\vec{b}(3; 2; -1)$.

77 Verifica se i vettori $\vec{a} = 4\vec{i} - 2\vec{j}$ e $\vec{b} = 2\vec{i} + 4\vec{j} + 2\vec{k}$ sono perpendicolari.

Date le seguenti coppie di vettori, stabilisci se sono paralleli, perpendicolari o né paralleli né perpendicolari.

78 $\vec{a}(3; -3; 1)$, $\vec{b}(-6; 6; 2)$.

79 $\vec{v}(1; 4; 12)$, $\vec{w}\left(\frac{1}{4}; 1; 3\right)$.

80 $\vec{a}(5; 1; 6)$, $\vec{b}(-2; 4; 1)$.

81 $\vec{c}(-6; 9; 15)$, $\vec{d}(-2; 3; 5)$.

82 $\vec{a}(1; 2; -4)$, $\vec{b}(1; 2; 1)$.

83 $\vec{v}(3; -2; 7)$, $\vec{w}(-3; -1; 1)$.

---

84 Dati i vettori $\vec{v}(3; -1; k)$ e $\vec{w}(6; k; -4)$, trova per quale valore di k sono:
a. paralleli; **b.** perpendicolari. $\left[\text{a) } -2; \text{ b) } \frac{18}{5}\right]$

85 Individua eventuali relazioni di parallelismo e perpendicolarità tra i vettori $\vec{a}(3; -4; 1)$, $\vec{b}(-1; 0; 3)$ e $\vec{c}(6; -8; 2)$.

86 Determina l'ampiezza dell'angolo tra i vettori $\vec{a}(4; 1; 2\sqrt{2})$ e $\vec{b}(-3; 5; \sqrt{2})$. $[\simeq 96°]$

87 Dati i vettori $\vec{a} = 2\vec{i} - 3\vec{j} - \vec{k}$, $\vec{b} = -\vec{i} + \vec{j} - 2\vec{k}$ e $\vec{c} = 2\vec{i} + \vec{j} + 2\vec{k}$, dimostra che $\vec{c}$ è perpendicolare al vettore $\vec{b} - \vec{a}$.

3 Piano e sua equazione

Equazione generale del piano

▶ Teoria a p. C103

88 Nelle seguenti equazioni di piani indica il corrispondente vettore normale.

$$2x - y + 5 = 0, \qquad x + 2y - z + 1 = 0, \qquad 10x - y + 3 = 0.$$

89 AL VOLO Scrivi il vettore normale ai seguenti piani.
a. $4x - y + 5 = 0$ **b.** $2y - z + 1 = 0$ **c.** $x + 2y - z = 0$ **d.** $12x - y + 7z + 4 = 0$

90 ASSOCIA ogni equazione di un piano al suo vettore normale.

a. $x + 6z + 1 = 0$
b. $x + 6y + z + 1 = 0$
c. $-x - 6y - z = 0$
d. $x + y + 6z - 1 = 0$

1. $\vec{n}(-1; -6; -1)$
2. $\vec{n}(1; 0; 6)$
3. $\vec{n}(1; 1, 6)$
4. $\vec{n}(1; 6; 1)$

Verifica se i punti P e Q appartengono al piano di equazione data.

91 $z = 2$; $P(5; 7; 1)$, $Q(1; 2; 2)$.

92 $x - 2y + z = 0$; $P(2; 2; 2)$, $Q(0; 6; 12)$.

93 $x + y = 0$; $P(1; -1; 4)$, $Q(4; 4; 1)$.

94 $3x - y + 5z - 2 = 0$; $P(4; 1; -2)$, $Q\left(0; -1; \frac{1}{5}\right)$.

95 **ESERCIZIO GUIDA** Scriviamo l'equazione del piano passante per il punto $P(-3; 2; -1)$ e con vettore normale $\vec{n}(-1; -2; 1)$.

Piano passante per $P(x_0; y_0; z_0)$ e con vettore normale $\vec{n}(a; b; c)$: $a(x - x_0) + b(y - y_0) + c(z - z_0) = 0$.

Nel nostro caso il piano cercato ha equazione

$$-1(x + 3) - 2(y - 2) + 1(z + 1) = 0 \quad \rightarrow \quad -x - 2y + z + 2 = 0.$$

Scrivi l'equazione del piano passante per il punto dato e con il vettore normale assegnato.

96 $A(3; 5; 0)$, $\vec{n}(0; 1; 0)$. [$y = 5$]

97 $B(1; -1; 1)$, $\vec{n}(2; -1; 0)$. [$2x - y - 3 = 0$]

98 $P(6; 1; 4)$, $\vec{n}(0; 4; -3)$. [$4y - 3z + 8 = 0$]

99 $A(1; -2; 4)$, $\vec{n}(1; -2; 3)$. [$x - 2y + 3z - 17 = 0$]

100 $Q(6; -1; 1)$, $\vec{n}(1; 0, 3)$. [$x + 3z - 9 = 0$]

101 $T(5; -5; 3)$, $\vec{n}(-4; -1; -1)$. [$4x + y + z - 18 = 0$]

---

102 **FAI UN ESEMPIO** Scrivi l'equazione di due piani perpendicolari al vettore $\vec{v}(-3; 1; -5)$.

103 **TEST** Quale dei seguenti vettori è perpendicolare al piano di equazione $4x - 3y + z = 2$?

A $\vec{v}(1; 1; 1)$ B $\vec{v}(-4; 3; -1)$ C $\vec{v}(4; -3; -1)$ D $\vec{v}\left(\frac{1}{4}; \frac{1}{3}; 1\right)$ E $\vec{v}\left(\frac{1}{4}; -\frac{1}{3}; -1\right)$

104 Indica quali delle seguenti equazioni rappresentano piani paralleli ai piani coordinati, piani paralleli agli assi coordinati, piani passanti per l'origine:

a. $2x - y = 0$; c. $2y + 7 = 0$; e. $x = -8$; g. $z + 6 = 0$;
b. $z = 4x - y$; d. $x + y + 1 = 0$; f. $z - 4y = 0$; h. $x + z - 4 = 0$.

105 Quali componenti ha un vettore $\vec{n}$ normale al piano Oyz?

106 **TEST** Quale tra le seguenti equazioni è quella del piano passante per $A(1; 3; 5)$ e parallelo al piano Oxy?

A $z = 2x + y$ B $y - 3 = 0$ C $x + y = 4$ D $x = 1$ E $z - 5 = 0$

107 Scrivi l'equazione dei piani che hanno le seguenti caratteristiche.

a. Passa per il punto $A(2; 3; 8)$ ed è parallelo al piano Oxy.
b. Passa per il punto $B(1; 4; 2)$ ed è parallelo al piano Oxz.
c. Passa per il punto $C(1; 0; 3)$ ed è parallelo al piano Oyz.
d. Passa per il punto $D(7; 3; 5)$ ed è perpendicolare all'asse x. [a) $z = 8$; b) $y = 4$; c) $x = 1$; d) $x = 7$]

108 Scrivi l'equazione dei piani che hanno le seguenti caratteristiche.

a. Passa per il punto $A(1; 2; 0)$ ed è perpendicolare all'asse y.
b. Passa per il punto $B(1; 1; 6)$ ed è perpendicolare all'asse z.
c. Passa per il punto $C(1; 2; 5)$ ed è parallelo al piano Oxy.
d. Passa per il punto $D(0; 1; 2)$ ed è perpendicolare all'asse y. [a) $y = 2$; b) $z = 6$; c) $z = 5$; d) $y = 1$]

---

109 **FAI UN ESEMPIO** Scrivi l'equazione di un piano parallelo all'asse y.

110 Disegna i seguenti piani:

a. $x = 6$; b. $z = -1$; c. $y = 3$.

ESERCIZI

VERO O FALSO?

111 Il piano di equazione $2x-3y+z=0$:

a. passa per l'origine. V F

b. è parallelo al vettore $\vec{v}(2;-3;1)$. V F

c. è parallelo all'asse z. V F

d. passa per $B(1;0;-2)$. V F

112 Il piano di equazione $y-4z+1=0$:

a. è perpendicolare al vettore $\vec{v}(0;-1;4)$. V F

b. è parallelo all'asse x. V F

c. passa per $A(3;1;0)$. V F

d. è parallelo al vettore $\vec{w}(1;0;0)$. V F

113 ESERCIZIO GUIDA Disegniamo il piano α di equazione $4x+2y+3z-8=0$.

Per rappresentare il piano α nello spazio $Oxyz$ determiniamo i suoi punti di intersezione con gli assi coordinati. Le coordinate di tali punti sono le soluzioni dei tre seguenti sistemi:

$$\begin{cases}4x+2y+3z-8=0\\ y=0\\ z=0\end{cases};\quad \begin{cases}4x+2y+3z-8=0\\ x=0\\ z=0\end{cases};\quad \begin{cases}4x+2y+3z-8=0\\ x=0\\ y=0\end{cases}.$$

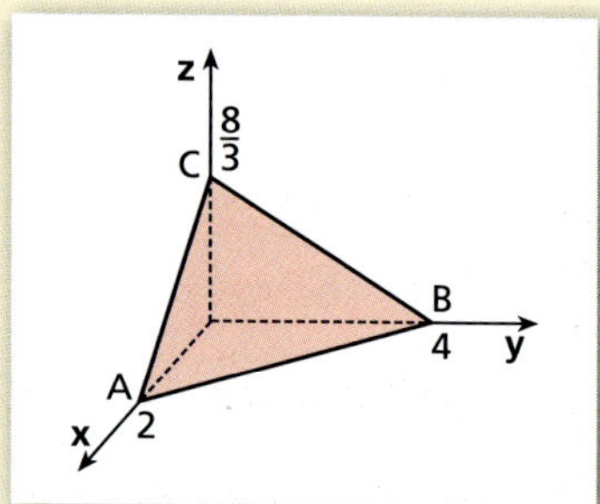

Risolvendo ciascun sistema, otteniamo i punti $A(2;0;0)$, $B(0;4;0)$, $C\left(0;0;\frac{8}{3}\right)$, che individuano il piano α.

Rappresenta i piani che hanno le seguenti equazioni.

114 a. $-x+3y-2z+6=0$; b. $6x-2y+3z-12=0$.

115 a. $4x-y+1=0$; b. $z=2x-8y+4$.

Piano passante per tre punti

116 ESERCIZIO GUIDA Scriviamo l'equazione del piano passante per i punti: $A(0;1;0)$, $B(1;-1;2)$ e $C(-3;0;2)$.

L'equazione di un piano generico nello spazio è del tipo $ax+by+cz+d=0$, con $a, b, c, d \in \mathbb{R}$ e con a, b, c non tutti nulli. Imponiamo il passaggio per i punti A, B e C e otteniamo il sistema:

$$\begin{cases}b+d=0 & \text{passaggio per } A\\ a-b+2c+d=0 & \text{passaggio per } B\\ -3a+2c+d=0 & \text{passaggio per } C\end{cases}$$

Abbiamo un sistema di tre equazioni in quattro incognite che risolviamo ricavando a, b, c in funzione di d:

$$\begin{cases}b=-d\\ a+d+2c+d=0\\ -3a+2c+d=0\end{cases}\to\begin{cases}b=-d\\ a=-2c-2d\\ -3(-2c-2d)+2c+d=0\end{cases}\to\begin{cases}b=-d\\ a=-2c-2d\\ 8c+7d=0\end{cases}\to$$

$$\begin{cases}b=-d\\ a=-2c-2d\\ c=-\frac{7}{8}d\end{cases}\to\begin{cases}b=-d\\ a=-\frac{1}{4}d\\ c=-\frac{7}{8}d\end{cases}$$

Sostituiamo nell'equazione di partenza e otteniamo:

$$-\frac{1}{4}dx - dy - \frac{7}{8}dz + d = 0.$$

Poiché i parametri a, b, c non possono essere tutti nulli, deve essere $d \neq 0$, quindi dividiamo entrambi i membri per d, ricavando l'equazione del piano passante per A, B, C:

$$2x + 8y + 7z - 8 = 0.$$

Scrivi l'equazione del piano passante per i punti indicati.

117 $A(1; 0; 0)$, $B(0; -3; 1)$, $C(2; -2; 0)$. $[2x + y + 5z - 2 = 0]$

118 $A(1; 5; -1)$, $B(0; -1; 2)$, $C(0; 0; 0)$. $[9x - 2y - z = 0]$

119 $A(2; 3; 1)$, $B(0; 0; 0)$, $C(1; 1; -2)$. $[7x - 5y + z = 0]$

120 $A(-1; 0; 3)$, $B(2; 4; 1)$, $C(5; 2; 1)$. $[2x + 3y + 9z - 25 = 0]$

121 $A\left(-2; 1; \frac{1}{3}\right)$, $B\left(1; -\frac{1}{2}; -\frac{5}{3}\right)$, $C(1; 1; 0)$. $[x - 10y + 9z + 9 = 0]$

122 $A(-1; -3; 0)$, $B(0; 2; 7)$, $C(-2; 1; 2)$. $[2x + y - z + 5 = 0]$

123 Scrivi l'equazione del piano parallelo all'asse x e passante per i punti $A(1; -2; 1)$ e $B(6; 3; 1)$. $[z = 1]$

124 Scrivi l'equazione del piano passante per l'origine, per $A(0; 0; 4)$ e per il punto medio del segmento BC, con $B(1; 0; 3)$ e $C(3; 2; 3)$. $[x - 2y = 0]$

125 Determina l'equazione del piano parallelo all'asse y e passante per i punti $P(4; -7; 2)$ e $Q(3; 1; -3)$. $[5x - z - 18 = 0]$

126 YOU & MATHS Find the equation of the plane passing through the point $A(0, 1, 1)$, $B(1, 0, 1)$, $C(1, 1, 0)$. $[x + y + z - 2 = 0]$

127 RIFLETTI SULLA TEORIA Quanti piani passanti per $A(3; 1; 6)$ e paralleli all'asse z esistono?

128 Verifica che i punti $A(1; 0; 4)$, $B(0; -3; 3)$, $C(-1; 2; -6)$ e $D(1; 4; 0)$ sono complanari.

129 Stabilisci se i punti $P(3; 0; 1)$, $Q(6; 2; 2)$, $R(0; 7; 0)$ e $S(1; 5; 3)$ sono complanari.

130 Trova l'equazione del piano passante per $L(3; -1; 8)$, $M(1; -3; 4)$ e $N(-1; -5; 0)$. Cosa puoi dedurre sui tre punti dati?

Posizione reciproca di due piani

Teoria a p. C105

Stabilisci la posizione reciproca dei piani che hanno le seguenti equazioni.

131 $3x + y - z - 1 = 0$, $6x + 2y - 2z + 2 = 0$. [paralleli]

132 $x - y + 2z = 0$, $2x - 2y + 8z + 1 = 0$. [secanti]

133 $x + 2y - z - 3 = 0$, $3x + 6y - 3z - 9 = 0$. [coincidenti]

134 $x - y + 4 = 0$, $4x + 4y + z + 4 = 0$. [perpendicolari]

135 $3x - 4y + z - 1 = 0$, $-x + y + 7z = 0$. [perpendicolari]

ESERCIZI

136 $2x - 6y + 4z + 1 = 0, \quad x - 3y + 2z = 0.$ [paralleli]

137 $z = 3x + 2y, \quad -6x - 4y + 2z + 7 = 0.$ [paralleli]

138 $2x - 4y + 2z + 5 = 0, \quad 3x + 2y + z + 1 = 0.$ [perpendicolari]

139 **FAI UN ESEMPIO** Scrivi l'equazione di due piani paralleli al piano α di equazione $5x + y + z - 1 = 0$.

140 **COMPLETA** in modo che i piani α e β siano perpendicolari.

a. α: $x + y - 4 = 0$; $\quad\beta$: $4x + \square\, y + \square\, z = 0$.

b. α: $3x - 2y - z - 5 = 0$; $\quad\beta$: $x - 3y + \square\, z - 1 = 0$.

c. α: $x + 3y + 6z - 1 = 0$; $\quad\beta$: $\square\, x + 5y - 3z + 2 = 0$.

141 **ESERCIZIO GUIDA** Troviamo per quali valori di k i piani di equazioni

$$-8x + (5-k)y + 2z - 1 = 0 \quad \text{e} \quad 4x + 2y - z + 2 = 0$$

sono:

a. paralleli;

b. perpendicolari.

a. Per le condizioni di parallelismo deve essere:

condizione di parallelismo: $\frac{a}{a'} = \frac{b}{b'} = \frac{c}{c'}$

$$\frac{-8}{4} = \frac{5-k}{2} = \frac{2}{-1} \rightarrow -2 = \frac{5-k}{2} \rightarrow -4 = 5 - k \rightarrow k = 9.$$

b. Applichiamo la condizione di perpendicolarità:

condizione di perpendicolarità: $aa' + bb' + cc' = 0$

$$-8 \cdot 4 + (5-k) \cdot 2 + 2 \cdot (-1) = 0 \rightarrow -32 + 10 - 2k - 2 = 0 \rightarrow -2k - 24 = 0 \rightarrow k = -12.$$

Determina, se esistono, i valori del parametro per i quali i piani rappresentati dalle seguenti coppie di equazioni sono paralleli e i valori per i quali i piani sono perpendicolari.

142 $(2-k)x + 2y - 4z + k = 0; \quad 6x + 3y - 6z + 1 = 0.$ $[k = -2; k = 7]$

143 $(a+3)x + (a-2)y + 3z = 0; \quad z = -\frac{4}{3}x + \frac{y}{3}.$ $\left[a = 1; a = -\frac{23}{3}\right]$

144 $2x + (k-3)y - kz - 3 = 0; \quad 4x - 4y - 2z + 5 = 0.$ $[k = 1; k = 10]$

145 $-(5+k^2)x + 3y + (15k-18)\frac{z}{2} - 11 = 0; \quad 3x - y - 2z - 4 = 0.$ $[k = 2; k = 0 \vee k = -5]$

146 Determina per quali valori di h e k i piani di equazioni $(k-2)x + (h+1)y - 3z = 0$ e $2x - 6y + z = 2$ sono paralleli. $[h = 17; k = -4]$

147 **ESERCIZIO GUIDA** Troviamo l'equazione del piano α passante per il punto $P(-1; 1; 1)$ e parallelo al piano β di equazione $x - 2y + z - 3 = 0$.

Il vettore normale a β è $\vec{n}(1; -2; 1)$. Allora il piano α: $ax + by + cz + d = 0$ è parallelo a β se ha il vettore normale $\vec{n}'$ parallelo a $\vec{n}$, quindi deve essere $a = 1$, $b = -2$ e $c = 1$: l'equazione diventa $x - 2y + z + d = 0$.

Imponiamo il passaggio per $P(-1; 1; 1)$: $-1 - 2 \cdot 1 + 1 + d = 0 \rightarrow d = 2$.

L'equazione del piano α è quindi $x - 2y + z + 2 = 0$.

Scrivi l'equazione del piano parallelo al piano assegnato e passante per il punto indicato.

148 $5x+2y-3z-2=0$; $P(2;-1;-1)$. $[5x+2y-3z-11=0]$

149 $2x+3y-3z+5=0$; $M(-1;-1;-1)$. $[2x+3y-3z+2=0]$

150 $4x-5y-z=0$; $R(0;1;-7)$. $[4x-5y-z-2=0]$

151 $7x-2z-8=0$; $O(0;0;0)$. $[7x-2z=0]$

TEST

152 Dato il piano α di equazione $3x-4z+1=0$, quale delle seguenti equazioni rappresenta il piano parallelo ad α e passante per il punto $A(0;4;-1)$?

- **A** $3x-4y+16=0$
- **B** $6x-8z+32=0$
- **C** $9x-12z-12=0$
- **D** $4x+y-3z-7=0$
- **E** $3x-4z-4=0$

153 Dato il piano α di equazione $2x-y+3z-1=0$, quale delle seguenti equazioni rappresenta un piano perpendicolare ad α e passante per il punto $P(1;-1;5)$?

- **A** $2y+z-3=0$
- **B** $2x-y+3z-18=0$
- **C** $x-y-z-5=0$
- **D** $x+2y+1=0$
- **E** $x+5y+2z+3=0$

154 **ESERCIZIO GUIDA** Scriviamo l'equazione del piano α perpendicolare al piano β di equazione

$$x-2y+z-3=0\ -3=0$$

e passante per i punti $A(1;-1;-5)$ e $B(-3;-2;0)$.

Il piano α ha equazione $ax+by+cz+d=0$, con a, b, c, d che soddisfano il sistema.

$$\begin{cases} a-2b+c=0 & \text{perpendicolarità con } \beta \\ a-b-5c+d=0 & \text{passaggio per } A \\ -3a-2b+d=0 & \text{passaggio per } B \end{cases}$$

Risolviamo il sistema.

$$\begin{cases} c=2b-a \\ a-b-5(2b-a)+(3a+2b)=0 \\ d=3a+2b \end{cases} \rightarrow \begin{cases} c=2b-a \\ a=b \\ d=3a+2b \end{cases} \rightarrow \begin{cases} c=b \\ a=b \\ d=5b \end{cases}$$

L'equazione del piano è $bx+by+bz+5b=0$ e, poiché i coefficienti non possono essere tutti nulli, deve essere $b\neq 0$. Dividendo quindi per b otteniamo:

$$x+y+z+5=0.$$

Scrivi l'equazione del piano perpendicolare al piano dato e passante per i punti *A* e *B*.

155 $3x+y=0$; $A(0;1;4)$, $B(1;0;0)$. $[x-3y+z-1=0]$

156 $x-2y-z+3=0$; $A\left(0;-1;\frac{1}{2}\right)$, $B\left(-\frac{3}{2};0;0\right)$. $[2x+2y-2z+3=0]$

157 $4x+y-2z-1=0$; $A(2;1;0)$, $B(-1;1;1)$. $[x+2y+3z-4=0]$

158 $5x-6y+z=0$; $A(1;-7;1)$, $B(2;-3;-4)$. $[x+y+z+5=0]$

ESERCIZI

Intersezioni tra piani

Determina l'intersezione dei tre piani di equazioni assegnate.

159 $x+y=4; \quad x-y-z-1=0; \quad 2x-y+z-6=0.$ [$P(3;1;1)$]

160 $2x-z=0; \quad x+y-z=0; \quad 3x+y-2z=0.$ [una retta]

161 $y+3z-1=0; \quad x+2y-z=0; \quad 2x+4y-2z-3=0.$ [insieme vuoto]

162 $3x-y-z+1=0; \quad x+y+z-1=0; \quad 5x-y+2z+10=0.$ [$P(0;4;-3)$]

Distanza di un punto da un piano

▶ Teoria a p. C106

Calcola la distanza fra il piano e il punto indicati.

$$d(A,\alpha)=\frac{|ax_A+by_A+cz_A+d|}{\sqrt{a^2+b^2+c^2}}$$

163 $2x+y-3z-28=0; \quad O(0;0;0).$ [$2\sqrt{14}$]

164 $3x+y-z=0; \quad A(-2;4;1).$ [$\frac{3}{\sqrt{11}}$]

165 $x-2y+4z-1=0; \quad P(-3;0;1).$ [0]

166 $3x-4y+3=0; \quad M(5;2;17).$ [2]

167 $3x-2y+z=0; \quad Q(3;5;4).$ [$\frac{3}{\sqrt{14}}$]

168 $3z-4y=0; \quad B(1;0;-5).$ [3]

169 Trova per quali valori di k il punto $P(k;1;5)$ dista $\sqrt{11}$ dal piano di equazione $3x+y-z=0$. [$k=-\frac{7}{3} \vee k=5$]

170 Determina a affinché il punto $A(0;3;-1)$ disti $\sqrt{26}$ dal piano di equazione $ax-3y+z=16$. [$a=\pm 4$]

171 Determina i punti dell'asse z che distano 9 dal piano di equazione $4x-2y-4z-6=0$. [$(0;0;12), (0;0;-15)$]

RIFLETTI SULLA TEORIA

172 Quanto vale la distanza del punto $A(x_A;\, y_A;\, z_A)$ dai piani Oxy, Oxz, Oyz?

173 Qual è la distanza dell'origine O del sistema di riferimento dal piano di equazione $ax+by+cz+d=0$?

174 ESERCIZIO GUIDA Verifica che i piani di equazioni $3x-y-z-1=0$ e $6x-2y-2z+3=0$ sono paralleli e calcola la loro distanza.

I vettori normali ai due piani sono $\vec{n}(3;-1;-1)$ e $\vec{m}(6;-2;-2)$ e sono tali che $\vec{m}=2\vec{n}$, quindi $\vec{m} \parallel \vec{n}$ e i due piani sono paralleli.
Per calcolare la loro distanza basta considerare un punto qualsiasi sul secondo piano e calcolare la sua distanza dal primo piano.

$$P\left(-\frac{1}{2};0;0\right) \rightarrow d=\frac{\left|3\left(-\frac{1}{2}\right)-0-0-1\right|}{\sqrt{9+1+1}}=\frac{5}{2\sqrt{11}}=\frac{5\sqrt{11}}{22}$$

La distanza tra i due piani è $\frac{5\sqrt{11}}{22}$.

Verifica che i seguenti piani sono paralleli e determina la loro distanza.

175 $x-3y-4z-1=0, \qquad x-3y-4z+2=0.$ [$\frac{3\sqrt{26}}{26}$]

176 $5x+y+z=0, \qquad 10x+2y+2z-1=0.$ [$\frac{\sqrt{3}}{18}$]

177 $\sqrt{2}x-y+z=0, \qquad 2x-\sqrt{2}y+\sqrt{2}z+7=0.$ [$\frac{7\sqrt{2}}{4}$]

178 ●○ Scrivi le equazioni dei piani paralleli al piano α, di equazione $2x + y + 2z - 4 = 0$, che distano 2 da α.
[$2x + y + 2z + 2 = 0$; $2x + y + 2z - 10 = 0$]

179 ●○ Determina l'equazione del piano α passante per il punto $A(1; -1; 4)$ e parallelo al piano β di equazione $2x - 3y + 4z + 5 = 0$, e calcola la distanza tra α e β.
$\left[2x - 3y + 4z - 21 = 0; \frac{26\sqrt{29}}{29}\right]$

180 ●● Determina l'equazione del luogo geometrico dei punti dello spazio equidistanti dai piani di equazioni $x + y = 0$ e $2x - 2z = 1$.
[$2y + 2z + 1 = 0$; $4x + 2y - 2z - 1 = 0$]

181 ●○

REALTÀ E MODELLI **Occhio alla testa!** In un parco divertimenti c'è una nuova attrazione su rotaia.
Due tratti di rotaia si trovano uno sopra l'altro su due piani paralleli di equazioni $x + 2y + 2z - 6 = 0$ e $x + 2y + 2z - 366 = 0$. Calcola la distanza tra i due piani, sapendo che l'unità di misura è il centimetro, e stabilisci se una persona di media statura, alta 80 cm da seduta, può stare comoda nel vagone, che ha i sedili a 30 cm dalla rotaia. [120 cm]

MATEMATICA E STORIA

Punti dello spazio e coseno George Salmon (1819-1904), matematico e teologo irlandese, scrive nel suo *A Treatise on the Analytic Geometry of Three Dimensions*:

«La lunghezza della proiezione ortogonale di una linea retta finita su un qualsiasi piano è uguale alla linea moltiplicata per il coseno dell'angolo che essa forma con il piano».

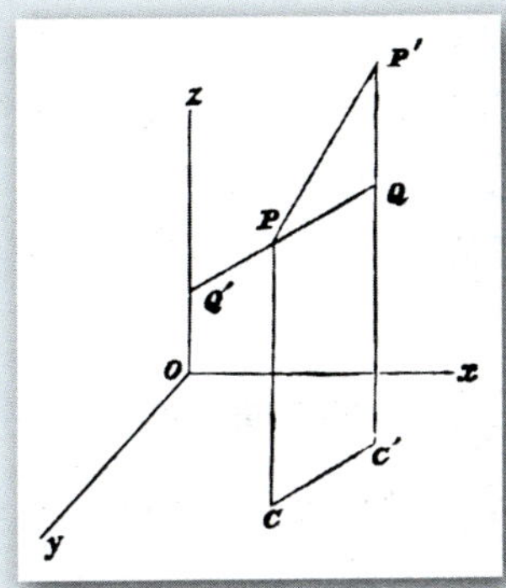

a. Con riferimento alla figura, completa la spiegazione attraverso la quale Salmon illustra la precedente proposizione.
«Siano tracciati ...... e ...... perpendicolari al piano ....
...... è la proiezione ortogonale della linea *PP'* sul piano.
Completa il rettangolo disegnando ...... parallelo a *CC'*: ...... risulterà uguale a ....
Ma ...... = ... *PP'* · cos ....»

Prosegue Salmon:

«La posizione di un punto è talvolta espressa per mezzo del suo raggio vettore e degli angoli che esso forma con i tre assi ortogonali. Questi angoli siano α, β, γ. Allora, essendo x, y, z le proiezioni del raggio vettore sui tre assi, abbiamo...».

b. Indicando con ρ il raggio vettore, esprimi x, y, z in funzione di α, β, γ.

c. Essendo $x^2 + y^2 + z^2 = \rho^2$, determina la relazione che lega i tre coseni di α, β, γ.

Risoluzione – Esercizio in più

Riepilogo: Piano e sua equazione

182 ●○ Scrivi l'equazione di un piano perpendicolare ai piani di equazioni $4x - 2y + z = 2$ e $x + y + 2z = 6$ e passante per l'origine.
[$5x + 7y - 6z = 0$]

183 ●○ Scrivi l'equazione di un piano perpendicolare al piano di equazione $z = x - y + 3$ e passante per i punti $A(-1; -4; 2)$ e $B(-3; 6; 0)$.
[$3x + y + 2z + 3 = 0$]

184 ●○ Scrivi l'equazione del piano α passante per il punto $A(1; 2; 3)$ e parallelo al piano β contenente i punti $B(6; 0; 1)$, $C(1; 3; -1)$ e $D\left(2; 4; -\frac{1}{2}\right)$.
[$7x + y - 16z + 39 = 0$]

185 ●○ Determina il perimetro del triangolo che ha per vertici i punti di intersezione del piano $x - 2y - z + 4 = 0$ con gli assi.
[$4\sqrt{5} + 4\sqrt{2}$]

186 ●○ Dimostra che le intersezioni del piano $x + y + z + 2 = 0$ con gli assi sono vertici di un triangolo equilatero.

187 ●○ Determina l'area del triangolo avente per vertici i punti $A(-2; 0; 2)$ e $B(-1; -1; 1)$, che appartengono al piano π di equazione $x + 2y - z + 4 = 0$, e il punto $C(4; -3; -4)$, sapendo che la perpendicolare da C a π interseca la retta AB.
$\left[\frac{3\sqrt{2}}{2}\right]$

ESERCIZI

188 Determina l'equazione del piano α passante per il punto $P(3; -1; 2)$ e parallelo al quadrato $ABCD$, di cui si conoscono i vertici $A(3; 2; 5)$, $B(6; 6; 5)$ e $C(-1; 5; 5)$. $[z = 2]$

189 Calcola il volume della piramide che ha per vertici l'origine e le intersezioni del piano $2x - 2y + 3z + 6 = 0$ con gli assi. [3]

190 Determina il punto P equidistante dai punti $A(1; 1; 1)$, $B(2; 0; 1)$, $C(0; 0; 2)$ e appartenente al piano di equazione $x - y + 3z = 0$. $\left[\left(\frac{1}{12}; -\frac{11}{12}; -\frac{1}{3}\right)\right]$

191 Una piramide ha per base un quadrato di vertici $A(1; 0; 0)$, $B(2; -2; 2)$, $C(0; -1; 4)$ e D, e vertice in $V(2; 3; 9)$. Calcola il volume della piramide. [17]

192 Individua il piano α tra i piani del tipo $(a+b)x + (b-a)y + az + 2a + b = 0$ che sia perpendicolare al piano passante per i punti $A(1; 1; 1)$, $B(3; 0; 0)$, $C(0; 0; 2)$. $[x + 7y - 3z - 2 = 0]$

193
a. Verifica che il triangolo OAB, con $A(2; -2; 1)$ e $B(6; 0; -3)$, è rettangolo e calcolane l'area.
b. Calcola il volume del tetraedro $OABV$, con $V(2; 4; 4)$. [a) 9; b) 18]

194 Determina l'equazione del luogo geometrico dei punti del piano equidistanti dai punti $P(1; 4; 0)$ e $Q(2; -1; -1)$. $[2x - 10y - 2z + 11 = 0]$

---

195 Determina i valori di k per cui il piano di equazione $(2-k)x + ky - 3kz + 1 + k = 0$:
a. passa per l'origine degli assi;
b. passa per il punto $P(3; 1; 0)$;
c. è perpendicolare al piano di equazione $5x - y - 2 = 0$.
$\left[\text{a) } -1; \text{ b) } 7; \text{ c) } \frac{5}{3}\right]$

196 Determina i valori di a per cui il piano di equazione $4ax - (a+1)y - (3-a)z + 2a = 0$:
a. passa per $Q(6; 0; -4)$;
b. è perpendicolare al piano di equazione $x + 4y - 3z - 1 = 0$;
c. dista $\sqrt{6}$ da $A(1; -1; -2)$.
$\left[\text{a) } -\frac{6}{11}; \text{ b) } \frac{5}{3}; \text{ c) } 1; \frac{11}{83}\right]$

---

197 Determina l'ampiezza dell'angolo diedro acuto formato dai piani di equazioni $x + \sqrt{2}\,y - z = 0$ e $3x + \sqrt{2}\,y - z + 5 = 0$. [30°]

198 Calcola l'ampiezza dell'angolo diedro acuto formato dai piani di equazioni $3x - y - 1 = 0$ e $x + y - 2z = 0$. $\left[\cos\vartheta = \frac{\sqrt{15}}{15}\right]$

199 REALTÀ E MODELLI **Grattugia il cielo** Il Leadenhall Building è un modernissimo grattacielo nella City di Londra, chiamato «la grattugia» per la sua forma a cuneo. Infatti, è costituito da tre pareti verticali e da una parete che forma un angolo di 10° con la verticale.
a. Scrivi, in un opportuno sistema di riferimento, l'equazione del piano che descrive la parete inclinata del grattacielo.
(SUGGERIMENTO Poni l'asse z lungo uno spigolo verticale e i lati di base lungo le direzioni positive degli assi coordinati)
b. Sapendo che il grattacielo è alto 225 m, trova l'area di base del grattacielo, presupponendo che sia a base quadrata.
c. Qual è l'area del piano situato a metà grattacielo?
$[\text{a) } z = -\tan 80° y + 225; \text{ b) } \simeq 1574 \text{ m}^2; \text{ c) } \simeq 393 \text{ m}^2]$

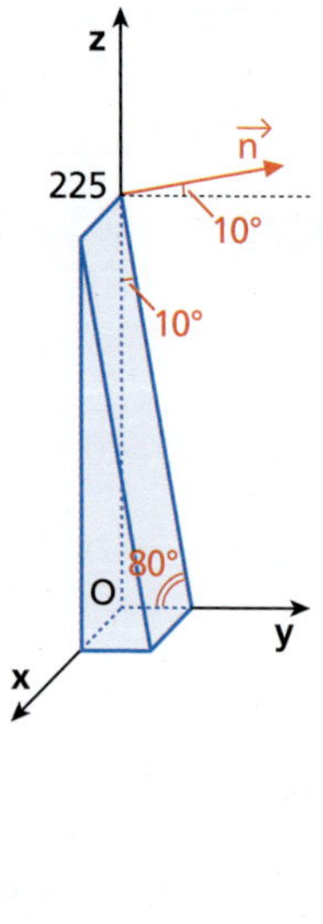

4 Retta e sua equazione

Equazioni di una retta

▶ Teoria a p. C107

Equazioni parametriche e cartesiane

Scrivi le equazioni parametriche della retta passante per il punto dato e parallela al vettore dato.

200 $A(1; -1; 4)$, $\vec{v}(0; 1; 2)$.

201 $P(3; 0; 4)$, $\vec{v}(-2; 3; 1)$.

202 $B(5; -5; 0)$, $\vec{w}(-1; 0; 0)$.

203 $Q(6; 1; 2)$, $\vec{a}(-3; -1; 1)$.

Scrivi le equazioni parametriche delle seguenti rette.

204 Asse x; asse y; asse z.

205 Retta per $P(3; 1; -1)$ e parallela all'asse y.

206 Retta per $A(0; -5; 3)$ e parallela all'asse z.

207 Verifica se i punti $A(-1; 4; -5)$ e $B(0; 3; 1)$ appartengono alla retta r di equazioni:

$$\begin{cases} x = 1 - t \\ y = 2 + t \\ z = -1 - 2t \end{cases}.$$

208 FAI UN ESEMPIO Scrivi le coordinate di almeno tre punti appartenenti alle rette che hanno le seguenti equazioni.

a. $\begin{cases} x = 4 - t \\ y = 1 + 3t \\ z = 5 \end{cases}$ **b.** $\begin{cases} x = 4k \\ y = 3 - k \\ z = -6 + k \end{cases}$

209 EUREKA! Verifica che le equazioni

$$\begin{cases} x = 2 + 3t \\ y = t \\ z = 1 - 2t \end{cases} \quad \text{e} \quad \begin{cases} x = -1 + 6t \\ y = -1 + 2t \\ z = 3 - 4t \end{cases}$$

rappresentano la stessa retta.

210 ESERCIZIO GUIDA Scriviamo le equazioni parametriche e cartesiane della retta passante per $P(4; 7; -2)$ di vettore direzione $\vec{v}(1; 0; 2)$.

Le equazioni parametriche sono: $\begin{cases} x = 4 + k \\ y = 7 \\ z = -2 + 2k \end{cases}$.

Uno dei coefficienti direttivi è nullo, quindi non possiamo scrivere le equazioni cartesiane nella forma $\frac{x-4}{l} = \frac{y-7}{m} = \frac{z+2}{n}$. Possiamo però eliminare k dalla prima e dalla terza equazione:

$$\begin{cases} x - 4 = \frac{z+2}{2} \\ y = 7 \end{cases}.$$

Scrivi le equazioni parametriche e cartesiane delle rette passanti per P e con vettore direzione $\vec{v}$.

211 $P(2; 0; 0)$, $\vec{v}(1; -1; 3)$.

212 $P(1; -3; 0)$, $\vec{v}(-2; 1; 2)$.

213 $P(2; -4; 1)$, $\vec{v}(3; 5; 1)$.

214 $P(0; 5; -1)$, $\vec{v}(0; 2; -2)$.

VERO O FALSO?

215 La retta di equazioni

$$\begin{cases} x = 1 + k \\ y = 3 \\ z = 1 - k \end{cases}:$$

a. passa per il punto $P(1; 3; 1)$. V F

b. ha direzione $\vec{v}(1; 3; 1)$. V F

c. è parallela al piano Oxz. V F

d. passa per il punto $A(2; 3; 0)$. V F

e. coincide con la retta di equazioni

$$x - 1 = 3 = 1 - z.$$ V F

216 La retta di equazioni

$$\begin{cases} x = -2 - 2t \\ y = 1 + 3t \\ z = t \end{cases}:$$

a. ha direzione $\vec{v}(-2; 3; 1)$. V F

b. passa per il punto $P(-4; 4; 1)$. V F

c. è parallela al piano Oxy. V F

d. è parallela al vettore $\vec{w}(4; -6; -2)$. V F

e. coincide con la retta di equazioni

$$-\frac{x+2}{2} = \frac{y-1}{3} = z.$$ V F

Trova i coefficienti direttivi delle seguenti rette.

217 $x - 1 = \frac{2y+1}{3} = z + 4$ $\left[1; \frac{3}{2}; 1\right]$

218 $\frac{2x+1}{4} = y = 3z - 1$ $\left[2; 1; \frac{1}{3}\right]$

219 $x = \frac{y-1}{5} = \frac{z+3}{2}$ $[1; 5; 2]$

220 $3x = \frac{y}{2} = 2 - z$ $\left[\frac{1}{3}; 2; -1\right]$

Retta passante per due punti

Scrivi le equazioni parametriche e cartesiane della retta passante per i due punti dati.

221 $A(2; 0; 3)$, $B(0; 4; -2)$.

$$\left[\begin{cases} x = 2 - 2t \\ y = 4t \\ z = 3 - 5t \end{cases}; \frac{2-x}{2} = \frac{y}{4} = \frac{3-z}{5}\right]$$

222 $M(0; -4; 5)$, $N(-3; 5; -1)$.

$$\left[\begin{cases} x = -3t \\ y = -4 + 9t \\ z = 5 - 6t \end{cases}; x = \frac{y+4}{-3} = \frac{z-5}{2}\right]$$

223 $A(-2; -4; -1)$, $B(3; 1; 2)$.

$$\left[\begin{cases} x = -2 + 5t \\ y = -4 + 5t \\ z = -1 + 3t \end{cases}; \frac{x+2}{5} = \frac{y+4}{5} = \frac{z+1}{3}\right]$$

224 $A(4; -4; 3)$, $B(-2; 5; 7)$.

$$\left[\begin{cases} x = 4 - 6t \\ y = -4 + 9t \\ z = 3 + 4t \end{cases}; \frac{x-4}{-6} = \frac{y+4}{9} = \frac{z-3}{4}\right]$$

225 $L(-6; 0; 4)$, $M(4; -2; 0)$.

$$\left[\begin{cases} x = -6 + 10t \\ y = -2t \\ z = 4 - 4t \end{cases}; \frac{x+6}{5} = -y = \frac{4-z}{2}\right]$$

226 $R(-7; 2; 3)$, $S(4; -3; 3)$.

$$\left[\begin{cases} x = -7 + 11t \\ y = 2 - 5t \\ z = 3 \end{cases}; \begin{cases} \frac{x+7}{11} = \frac{y-2}{-5} \\ z = 3 \end{cases}\right]$$

227 Scrivi le equazioni cartesiane della retta r passante per il punto $A(1; 1; 2)$ e per il punto B appartenente al semiasse negativo delle y e tale che il segmento AB misuri 3. $[2x = y + 1 = z]$

228 REALTÀ E MODELLI **Il gazebo** Giacomo e Caterina vogliono montare un gazebo a base quadrata per fare una festa in giardino. Osserva la figura, in cui l'unità di misura è il metro.

a. Determina l'area occupata dal gazebo.

b. Scrivi le equazioni cartesiane delle rette VB e VC e calcola la lunghezza dei pali di sostegno AB e VB.

$[$a) $16\ m^2$; b) $VB: x - 2 = y - 2 = 8 - 2z$, $VC: x = 4 - y = 6 - 2z$; $AB = 4$ m, $VB = 3$ m$]$

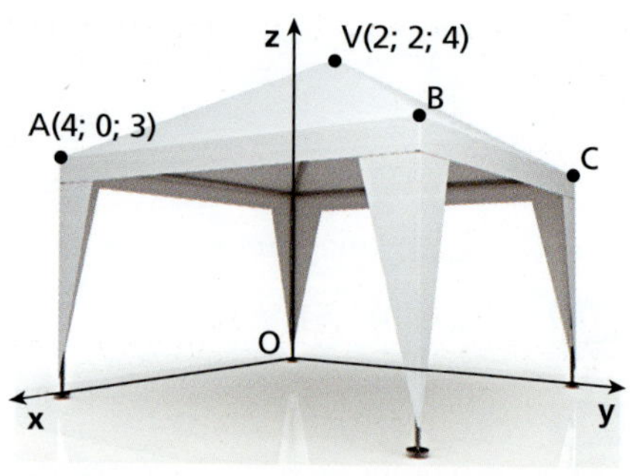

Stabilisci se i punti dati sono allineati.

229 $A(1; 0; 1)$, $B(2; 2; 4)$, $C(3; 4; 7)$.

230 $P(-1; 1; 3)$, $Q(0; 0, 3)$, $R(1; -1; 3)$.

231 $L(-2; 1; 3)$, $M(-1; 3; 2)$, $N(0; 5; 4)$.

232 $D(4; -2; 0)$, $E(7; -1; -2)$, $F(10; 0; -4)$.

233 YOU & MATHS The points P, Q, and S have position vectors $(2, 1, 3)$, $(11, 4, 0)$, and $(-1, 0, 4)$ respectively.

a. Find the equation of the straight line passing through P and Q.

b. Do the points P, Q, and S lie on the same straight line? Justify your answer.

(UK *University of Essex*, First Year Examination)

$\left[\text{a) } \frac{x-2}{3} = y - 1 = 3 - z; \text{ b) yes}\right]$

234 EUREKA! Se i tre punti $(1; a; b)$, $(a; 2; b)$, $(a; b; 3)$ sono allineati nello spazio, qual è il valore di $a + b$?

(USA *Harvard-MIT Mathematics Tournament*)

[4]

Retta come intersezione di due piani

Individua i sistemi che determinano una retta e scrivi l'equazione della retta in forma parametrica.

235 $\begin{cases} 4x - y - z = 0 \\ x + 2y + 2z = 0 \end{cases}$ $\left[\begin{cases} x = 0 \\ y = -k \\ z = k \end{cases}\right]$

236 $\begin{cases} x - 3y - z = 0 \\ x - 3y - z - 4 = 0 \end{cases}$ [piani paralleli]

237 $\begin{cases} x + 2y - 4z - 1 = 0 \\ x - y - 2z = 0 \end{cases}$ $\left[\begin{cases} x = \frac{1}{3} + \frac{8}{3}k \\ y = \frac{1}{3} + \frac{2}{3}k \\ z = k \end{cases}\right]$

238 $\begin{cases} 3x - 3y + z + 2 = 0 \\ x + 3y - 2z - 2 = 0 \end{cases}$ $\left[\begin{cases} x = \frac{k}{4} \\ y = \frac{2}{3} + \frac{7}{12}k \\ z = k \end{cases}\right]$

239 $\begin{cases} 3x - y - 4z - 1 = 0 \\ 6x - 2y - 8z = 0 \end{cases}$ [piani paralleli]

240 $\begin{cases} 2x + 6y - z + 1 = 0 \\ z - 5 = 0 \end{cases}$ $\left[\begin{cases} x = 2 - 3k \\ y = k \\ z = 5 \end{cases}\right]$

241 $\begin{cases} 6x - 3y - z + 2 = 0 \\ x + y - 1 = 0 \end{cases}$ $\left[\begin{cases} x = 1 - k \\ y = k \\ z = 8 - 9k \end{cases}\right]$

242 $\begin{cases} x + y + z - 2 = 0 \\ 2x - z = 0 \end{cases}$ $\left[\begin{cases} x = k \\ y = 2 - 3k \\ z = 2k \end{cases}\right]$

243 Trova l'equazione di due piani che si intersecano nella retta di equazioni $\begin{cases} x = 3 + k \\ y = -1 + 2k \\ z = -k \end{cases}$.

$[x + z - 3 = 0;\ y + 2z + 1 = 0]$

244 Trova due piani aventi per intersezione la retta di equazioni $\begin{cases} x = 1 - 2t \\ y = 3 - t \\ z = 2 + 8t \end{cases}$. $[x - 2y + 5 = 0;\ 4x + z - 6 = 0]$

Posizione reciproca di due rette

▶ Teoria a p. C111

TEST

245 Due rette hanno vettori direzione

$\vec{a}(1; 4; 0)$ e $\vec{b}(-2; -8; 0)$

e non hanno punti in comune. Allora sono:

A coincidenti.
B parallele e distinte.
C incidenti.
D sghembe.
E Non possono esistere due rette così.

246 Due rette hanno vettori direzione

$\vec{v}(3; 1; 1)$ e $\vec{w}(3; -1; 1)$

e si incontrano in un punto P. Allora sono:

A coincidenti.
B parallele e distinte.
C complanari.
D sghembe.
E Dipende dalle coordinate di P.

Trova, se esiste, il punto di intersezione delle seguenti coppie di rette.

247 $\frac{x-1}{2} = y = \frac{z}{5}$, $\quad \frac{x+3}{3} = y+1 = \frac{z+3}{4}$. [(3; 1; 5)]

248 $\begin{cases} x = k \\ y = 1-5k, \\ z = 6+k \end{cases}$ $\quad x+1 = \frac{6-y}{6} = \frac{5-z}{5}$. [(−1; 6; 5)]

249 $\begin{cases} x-y+1=0 \\ x+y+z-3=0 \end{cases}$, $\quad \begin{cases} y+z-1=0 \\ 2x+y-z-3=0 \end{cases}$. [rette sghembe]

250 $\frac{7-x}{7} = y = 1-z$, $\quad \frac{x+1}{8} = \frac{3-y}{3} = \frac{z+1}{2}$. [(7; 0; 1)]

251 REALTÀ E MODELLI **Preso in pieno!** Pietro si allena al tiro al piattello. Una macchina lancia i piattelli a velocità molto elevata, per cui possiamo approssimare la traiettoria iniziale di un piattello con una retta. Al primo lancio la macchina spara, dall'origine del sistema di riferimento, in direzione $\vec{v}(0; 2; 3)$ e Pietro, che si trova nel punto L, colpisce il piattello sparando in direzione $\vec{w}(-15; -2; 6)$. Approssimando anche la traiettoria del proiettile con una retta, determina a che altezza avviene l'impatto. [6 m]

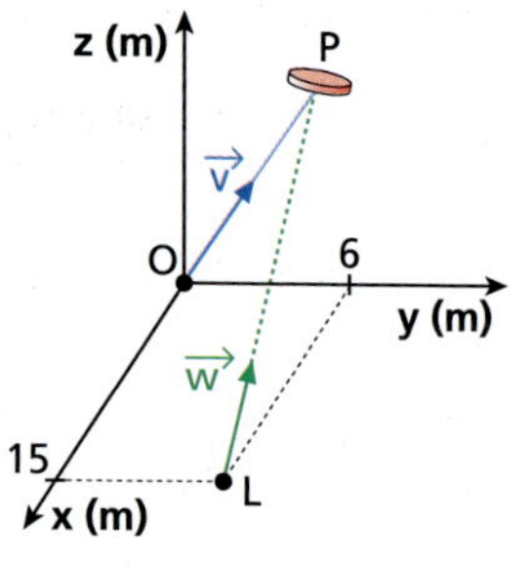

Stabilisci se le coppie di rette date sono parallele o perpendicolari.

252 $\begin{cases} x = 3t \\ y = 3-t, \\ z = t \end{cases}$ $\begin{cases} x = -k \\ y = 2+2k \\ z = -2+5k \end{cases}$. [perpendicolari]

253 $\begin{cases} x = 3+k \\ y = -2+4k, \\ z = 7-k \end{cases}$ $\begin{cases} x = 1+2t \\ y = -1+8t. \\ z = 10-2t \end{cases}$ [parallele]

254 $x-1 = y-2 = \frac{3-z}{4}$, $\quad x = y-1 = \frac{2-z}{4}$. [parallele]

255 $\begin{cases} x = 4-k \\ y = 2+6k, \\ z = 1+k \end{cases}$ $\begin{cases} x-3y+5=0 \\ 2x-3y+z-3=0 \end{cases}$. [perpendicolari]

rette di vettori direzione $\vec{v}(\ell; m; n)$ e $\vec{w}(\ell'; m'; n')$:

- parallele se
$\frac{\ell}{\ell'} = \frac{m}{m'} = \frac{n}{n'}$
- perpendicolari se
$\ell\ell' + mm' + nn' = 0$

256 Verifica che le rette di equazioni $\begin{cases} x-z+1=0 \\ y-z-1=0 \end{cases}$ e $\begin{cases} x = 1+t \\ y = 1+3t \\ z = 4-t \end{cases}$ sono complanari e non parallele.

257 Stabilisci se le rette di equazioni $\begin{cases} x-y+z+4=0 \\ x=-z \end{cases}$ e $\begin{cases} x=2+t \\ y=2t \\ z=3-t \end{cases}$ sono parallele.

258 Verifica che le rette di equazioni $\begin{cases} z=0 \\ x+2y=-1 \end{cases}$ e $\begin{cases} x=1+t \\ y=3+t \\ z=t \end{cases}$ sono sghembe.

259 Stabilisci la posizione reciproca delle rette AB e CD, con $A(1;1;1)$, $B(1;4;-2)$, $C(0;5;1)$ e $D(1;6;2)$.

[perpendicolari e sghembe]

260 Stabilisci la posizione reciproca tra la retta di equazioni $\begin{cases} x=-5+3t \\ y=1+2t \\ z=-1-2t \end{cases}$ e la retta AB, con $A(8;0;7)$ e $B(10;3;9)$.

[sghembe]

261 Scrivi, come intersezioni di piani, le equazioni delle rette che individuano i lati del triangolo ABC di vertici $A(3;3;0)$, $B(5;4;0)$ e $C(4;6;-3)$ e verifica che ABC è un triangolo rettangolo in B.

$\left[AB: \begin{cases} x-2y+3=0 \\ z=0 \end{cases}; BC: \begin{cases} 2x+y-14=0 \\ 3x-z-15=0 \end{cases}; AC: \begin{cases} 3x-y-6=0 \\ 3x+z-9=0 \end{cases}\right]$

262 Verifica che le rette $r: x=\frac{3-y}{4}=\frac{z-1}{3}$ e $s: x-2=\frac{y-1}{2}=-\frac{z}{4}$ sono incidenti e determina l'ampiezza di uno dei due angoli che individuano.

$\left[\vartheta=\arccos\left(-\frac{19}{\sqrt{546}}\right)\simeq 144,4°\right]$

263 **ESERCIZIO GUIDA** Scriviamo le equazioni cartesiane della retta r passante per $P(0;-2;1)$ e parallela alla retta $s: \begin{cases} 2x+y-1=0 \\ x+y+z=0 \end{cases}$.

Determiniamo le equazioni parametriche di s, ponendo $x=k$.

$$\begin{cases} x=k \\ y=1-2k \\ k+(1-2k)+z=0 \end{cases} \rightarrow \begin{cases} x=k \\ y=1-2k \\ z=-1+k \end{cases}$$

Il vettore direzione di s, e quindi di r, è $\vec{v}(1;-2;1)$. Scriviamo le equazioni di r:

$$r: \begin{cases} x=0+t \\ y=-2-2t \\ z=1+t \end{cases} \rightarrow x=\frac{y+2}{-2}=z-1.$$

264 Scrivi le equazioni cartesiane della retta passante per il punto $P(1;-1;1)$ e parallela alla retta data dall'intersezione dei piani

$\alpha: 2x+y-2z-3=0$ e $\beta: x+5z=1$.

$\left[\frac{x-1}{5}=\frac{y+1}{-12}=1-z\right]$

265 Scrivi le equazioni parametriche della retta passante per il punto $A(-4;2;3)$ e parallela a quella passante per i punti $P(-1;2;1)$ e $Q(6;0;4)$.

$\left[\begin{cases} x=-4+7t \\ y=2-2t \\ z=3+3t \end{cases}\right]$

ESERCIZI

266 Scrivi le equazioni parametriche della retta passante per il punto $A(6; -1; 5)$ e parallela alla retta di equazioni $x = y - 3 = \frac{z+1}{2}$.

$$\left[\begin{cases} x = 6 + k \\ y = -1 + k \\ z = 5 + 2k \end{cases}\right]$$

267 Trova per quale valore di k la retta di equazioni $\frac{x+1}{k} = y = \frac{z-1}{k}$ è perpendicolare alla retta passante per i punti $A(4; 0; 0)$ e $B(1; 3; -2)$.

$$\left[\frac{3}{5}\right]$$

268 Determina le equazioni cartesiane della retta passante per il punto $P(1; -5; 1)$ e perpendicolare alle rette r: $x - 2 = y + 4 = \frac{1-z}{2}$ e s: $\frac{2x-1}{3} = y + 1 = \frac{4z-2}{5}$. $\left[\frac{1-x}{13} = \frac{y+5}{17} = \frac{z-1}{2}\right]$

269 Dato il triangolo di vertici $A(2; 0; 1)$, $B(3; 4; 2)$ e $C(1; 2; 6)$, trova il piede H della perpendicolare condotta da C che interseca AB e calcola l'area del triangolo. $\left[H\left(\frac{8}{3}; \frac{8}{3}; \frac{5}{3}\right); 3\sqrt{11}\right]$

270 Scrivi le equazioni parametriche della retta passante per il punto $A(7; 0; 4)$, perpendicolare e incidente alla retta

$$r: \begin{cases} x = 1 + 4t \\ y = -1 - t \\ z = 3 + 3t \end{cases}.$$

(SUGGERIMENTO Considera un punto generico B su r e imponi $\overrightarrow{AB} \perp r$.)

$$\left[\begin{cases} x = 7 + 2k \\ y = 2k \\ z = 4 - 2k \end{cases}\right]$$

271 Scrivi le equazioni parametriche della retta passante per il punto $P(-3; -1; 1)$, perpendicolare e incidente alla retta AB, con $A(3; -3; 2)$ e $B(8; -2; 1)$.

$$\left[\begin{cases} x = -3 + t \\ y = -1 - 3t \\ z = 1 + 2t \end{cases}\right]$$

5 Posizione reciproca di una retta e un piano

► Teoria a p. C112

272 VERO O FALSO? Un piano α con vettore normale $\vec{n}$ e una retta r di direzione $\vec{v}$:

a. sono paralleli se $\vec{n} \parallel \vec{v}$. V F
b. possono avere al massimo un punto in comune. V F
c. sono tali che r giace su α se $\vec{n} \cdot \vec{v} = 0$ e hanno un punto in comune. V F
d. sono incidenti se $\vec{n} \cdot \vec{v} \neq 0$. V F

273 Determina l'intersezione del piano $3x + y - 5z + 9 = 0$ con l'asse x. $[(-3; 0; 0)]$

274 Determina l'intersezione del piano $2x - y - z + 5 = 0$ con l'asse y. $[(0; 5; 0)]$

275 Trova, se esiste, il punto di intersezione tra la retta r di equazioni

$$\begin{cases} x = 1 + t \\ y = -1 + 2t \\ z = -2 + t \end{cases}$$

e il piano di equazione $x - 2y + z - 3 = 0$. $[(0; -3; -3)]$

276 Trova, se esiste, il punto di intersezione tra il piano α: $4x - y + 2z - 3 = 0$ e la retta r: $\begin{cases} x = -2 - 2t \\ y = 1 + t \\ z = -5 - t \end{cases}$. $[(2; -1; -3)]$

277 Stabilisci se la retta r di equazioni $\begin{cases} 2x - y + z - 1 = 0 \\ 5x + 3y - 8 = 0 \end{cases}$ è parallela al piano di equazione $x - y + z + 10 = 0$.

278 Stabilisci se la retta r: $\frac{x-3}{2} = \frac{y+1}{1} = \frac{z-5}{3}$ e il piano α: $4x + 2y + 6z - 7 = 0$ sono perpendicolari.

279 ●○ Verifica se la retta r: $\frac{x-2}{4}=\frac{y+3}{5}=\frac{z+8}{2}$ e il piano β: $2x-2y+z+4=0$ sono paralleli.

280 ●○ Determina per quale valore di k la seguente retta r è parallela al piano α: $4x+5y+2z-7=0$.

$$r:\begin{cases}x=-1+kh\\y=2-kh\\z=-3+h\end{cases}$$ [2]

281 ●○ Trova per quale valore di a il piano β: $ax-3ay-4z+1=0$ è parallelo alla retta r: $x+2=y-3=4z$. $\left[-\frac{1}{2}\right]$

282 ●○ **FAI UN ESEMPIO** Scrivi l'equazione di un piano:
a. parallelo alla retta r di equazioni $3x-2=\frac{y-1}{2}=\frac{4-z}{3}$,
b. perpendicolare a r.

283 ●○ Scrivi le equazioni cartesiane della retta perpendicolare nell'origine al piano di equazione $3x-y-2z=0$. $\left[\frac{x}{3}=-y=-\frac{z}{2}\right]$

284 ●○ Scrivi l'equazione del piano perpendicolare alla retta di equazioni $\begin{cases}x-2y+3z+3=0\\x+2y=0\end{cases}$ e passante per il punto $P(1;1;0)$. $[6x-3y-4z-3=0]$

285 ●● Scrivi le equazioni cartesiane della retta r, passante per il punto $P(1;0;-1)$ e parallela ai piani α, di equazione $x+2y+z+3=0$, e β, di equazione $2x+y-z+1=0$. $[x-1=-y=z+1]$

286 **ESERCIZIO GUIDA** Verifichiamo che $A(1;0;0)$, $B(0;1;1)$ e r: $\begin{cases}x+z=1\\y=2\end{cases}$ giacciono tutti su un piano α.

I piani α contenenti la retta r sono individuati da una combinazione lineare delle due equazioni generali di r:

α: $k(x+z-1)+h(y-2)=0$.

Imponiamo il passaggio del generico piano α per i punti A e B:

$$\begin{cases}k(1-1)+h(-2)=0\\k(1-1)+h(1-2)=0\end{cases}\to$$

$$\begin{cases}h=0\\h=0\end{cases}\to h=0, k\in\mathbb{R}-\{0\}.$$

Il sistema è risolubile, quindi il piano α di equazione $x+z-1=0$ contiene r, A e B.

287 ●○ Verifica che la retta di equazioni $\begin{cases}x+2y-z+1=0\\x-y-2z-1=0\end{cases}$ giace sul piano di equazione $4x+11y-3z+6=0$.

288 ●○ Scrivi l'equazione del piano passante per $P(5;0;-2)$ e contenente la retta di equazioni $x-3=y+4=\frac{z}{2}$. $[5x-3y-z-27=0]$

289 ●○ Verifica che le rette r: $\begin{cases}x+y-6=0\\2x+z-12=0\end{cases}$ e s: $\begin{cases}2x+z=0\\x+y-3=0\end{cases}$ sono complanari e parallele, e determina l'equazione del piano che le contiene. $[2x+4y-z-12=0]$

290 ●● Scrivi le equazioni cartesiane della retta s passante per il punto $A(1;2;3)$ e perpendicolare al piano β, che contiene la retta r di equazioni $\frac{x-1}{2}=\frac{y-3}{2}=\frac{z+1}{1}$ e passa per il punto $B(6;0;1)$. $\left[\frac{x-1}{7}=y-2=\frac{3-z}{16}\right]$

291 Scrivi l'equazione del piano α passante per il punto $A(0; 2; -1)$ e parallelo al piano π contenente la retta r di equazioni $\frac{x-1}{2} = \frac{y-3}{2} = z+1$ e il punto $B(0; 10; -1)$. $[7x + y - 16z - 18 = 0]$

292 Scrivi l'equazione del piano α contenente la retta r di equazioni $\begin{cases} x - y + z + 2 = 0 \\ x + y + 1 = 0 \end{cases}$ e perpendicolare alla retta s di equazioni $\frac{x-1}{3} = y - 1 = z - 1$. $[3x + y + z + 4 = 0]$

Distanza di un punto da una retta

293 Trova la distanza della retta $r: \begin{cases} x = 5 + k \\ y = -6 - 2k \\ z = 4 + 6k \end{cases}$ dall'origine degli assi. [6]

294 Calcola la distanza del punto $P(1; -3; 5)$ dalla retta r passante per $A(-1; 0; 1)$ e $B(1; 2; 0)$. [5]

295 Verifica che la retta $r: \begin{cases} 4x - 3y - 1 = 0 \\ x + 3z - 4 = 0 \end{cases}$ e il piano $\alpha: x - y - z + 8 = 0$ non hanno punti di intersezione e calcola la distanza della retta del piano. $\left[\frac{7\sqrt{3}}{3}\right]$

296 Considera la retta r di equazione $\begin{cases} x - z = 1 \\ y = 2z \end{cases}$ e il punto di coordinate $P(1; 1; 2)$.

a. Calcola la distanza di P da r.

b. Determina l'equazione della retta perpendicolare a r, passante per P e parallela al piano di equazione $x + y = 1$.

$\left[\text{a) } \sqrt{\frac{7}{3}}; \text{ b) } \begin{cases} y + z - 3 = 0 \\ x + y = 2 \end{cases}\right]$

Distanza tra due rette sghembe

297 ESERCIZIO GUIDA Verifichiamo che le seguenti rette r e s sono sghembe e calcoliamo la loro distanza.

$$r: \begin{cases} x + y + z - 3 = 0 \\ x = 1 \end{cases} \qquad s: \begin{cases} x - 2y + 4z = 0 \\ x - 2y - 4 = 0 \end{cases}$$

Scriviamo le equazioni di r e s in forma parametrica:

$$r: \begin{cases} x = 1 \\ y = k \\ z = 2 - k \end{cases}, \quad s: \begin{cases} x = 4 + 2t \\ y = t \\ z = -1 \end{cases}.$$

I vettori direzione sono $\vec{n}_r(0; 1; -1)$ e $\vec{n}_s(2; 1; 0)$, e non soddisfano le condizioni di parallelismo o perpendicolarità, quindi anche le rette non sono né parallele né perpendicolari.

Mettiamo a sistema le equazioni delle rette r e s per stabilire se si intersecano:

$$\begin{cases} 1 = 4 + 2t \\ k = t \\ 2 - k = -1 \end{cases} \rightarrow$$

$$\begin{cases} t = -\frac{3}{2} \\ k = -\frac{3}{2} \\ \frac{7}{2} = -1 \end{cases} \rightarrow \quad \text{sistema impossibile.}$$

Quindi le due rette sono sghembe.

La distanza tra due rette sghembe r e s è data dalla lunghezza del segmento che unisce i punti di intersezione di r e s con l'unica retta t perpendicolare a entrambe. Per trovare la retta t cerchiamo i punti $R \in r$ e $S \in s$ tali che $\overrightarrow{RS} \perp r$, $\overrightarrow{RS} \perp s$:

$$R(1; k; 2-k),\ S(4+2t; t; -1) \rightarrow \overrightarrow{RS}(3+2t; t-k; k-3).$$

Scriviamo le condizioni di perpendicolarità dei vettori:

$$\begin{cases} \overrightarrow{RS} \cdot \vec{n}_r = 0 \\ \overrightarrow{RS} \cdot \vec{n}_s = 0 \end{cases} \rightarrow$$

$$\begin{cases} 0(3+2t)+1(t-k)-1(k-3)=0 \\ 2(3+2t)+1(t-k)+0(k-3)=0 \end{cases} \rightarrow$$

$$\begin{cases} t-k-k+3=0 \\ 6+4t+t-k=0 \end{cases} \rightarrow$$

$$\begin{cases} t=2k-3 \\ 6+5(2k-3)-k=0 \end{cases} \rightarrow$$

$$\begin{cases} t=-1 \\ k=1 \end{cases}.$$

Quindi i punti R e S hanno coordinate: $R(1; 1; 1)$, $S(2; -1; -1)$ e

$$d(r, s) = \overline{RS} = \sqrt{1+4+4} = 3.$$

La distanza tra le due rette è 3.

Osservazione. Un altro metodo che permette di calcolare la distanza tra due rette sghembe r e s consiste nell'individuare l'unico piano π contenente r e parallelo a s, e nel calcolare quindi la distanza di s da π.

298 ●● Calcola la distanza tra le rette r:

$$\begin{cases} x=1+t \\ y=0-t \\ z=1+t \end{cases} \text{ e } s: \frac{x-1}{2} = y-1 = 1-z.$$

$\left[\frac{\sqrt{2}}{2}\right]$

299 ●● Determina la distanza tra le rette r:

$$\begin{cases} x-y+z-3=0 \\ 2x-3y-6=0 \end{cases} \text{ e } s: \begin{cases} x=1+t \\ y=-1+t \\ z=1+t \end{cases}.$$

(SUGGERIMENTO Trova il piano passante per due punti A e B di r e parallelo a s.)

$\left[\frac{\sqrt{26}}{26}\right]$

CAPITOLO

C11 DISTRIBUZIONI DI PROBABILITÀ

1 Variabili casuali discrete e distribuzioni di probabilità

Variabili casuali discrete

Abbiamo un'urna contenente 6 palline verdi e 4 gialle. Estraiamo senza reimmissione 3 palline e valutiamo quante volte potrebbe uscire la pallina verde. Essa può non uscire mai, oppure una volta, o due, o tre volte.

Indichiamo con X una funzione, definita sullo spazio dei campioni dell'esperimento, che indica il numero di palline verdi estratte.

Se si verifica l'evento E = «non escono palline verdi», la funzione X vale 0. Quindi possiamo scrivere

E = «$X = 0$».

Analogamente possiamo scrivere l'evento «escono 2 palline verdi» come «$X = 2$», dato che in tal caso la funzione X vale 2. Per ogni valore assunto da X possiamo calcolare, perciò, la probabilità che X assuma quel valore. Avremo:

$$p_0 = p(X = 0) = p\text{ (non escono palline verdi)} = \frac{4}{10} \cdot \frac{3}{9} \cdot \frac{2}{8} = \frac{1}{30};$$

$$p_1 = p(X = 1) = p\text{ (esce una pallina verde)} = 3 \cdot \frac{6}{10} \cdot \frac{4}{9} \cdot \frac{3}{8} = \frac{3}{10};$$

$$p_2 = p(X = 2) = p\text{ (escono due palline verdi)} = 3 \cdot \frac{6}{10} \cdot \frac{5}{9} \cdot \frac{4}{8} = \frac{1}{2};$$

$$p_3 = p(X = 3) = p\text{ (escono tre palline verdi)} = \frac{6}{10} \cdot \frac{5}{9} \cdot \frac{4}{8} = \frac{1}{6}.$$

Valori assunti da *X*	0	1	2	3
Evento	$X = 0$	$X = 1$	$X = 2$	$X = 3$
Probabilità	$\frac{1}{30}$	$\frac{3}{10}$	$\frac{1}{2}$	$\frac{1}{6}$

Osserviamo che per qualunque valore x diverso da 0, 1, 2 e 3,

$$p(X = x) = p(\varnothing) = 0.$$

La funzione X è una *variabile casuale discreta*: *variabile* perché assume valori diversi, *casuale* perché i valori dipendono da un esperimento aleatorio, *discreta* perché assume un numero finito di valori.

DEFINIZIONE

Una **variabile casuale** (o **aleatoria**) **discreta** X è una funzione, definita sullo spazio dei campioni di un esperimento aleatorio, che assume un numero finito, o al più un'infinità numerabile, di valori.

Indichiamo con «$X = x$» l'evento «la variabile casuale X assume il valore x», e con $p(X = x)$ la probabilità di tale evento.

Distribuzioni di probabilità

▶ Esercizi a p. C151

Torniamo alle tre estrazioni dell'urna. Consideriamo la funzione $f(x) = p(X = x)$. Abbiamo che:

$$f(0) = \frac{1}{30}, \qquad f(1) = \frac{3}{10}, \qquad f(2) = \frac{1}{2}, \qquad f(3) = \frac{1}{6}.$$

La funzione f si chiama *distribuzione di probabilità* della variabile aleatoria X.

DEFINIZIONE

Data una variabile casuale discreta X, la **distribuzione di probabilità** di X è la funzione $f(x)$ che associa a ogni valore $x \in \mathbb{R}$ la probabilità che questo sia assunto:

$$f(x) = p(X = x).$$

Se X è una variabile casuale discreta che assume i valori x_1, x_2, … x_n e f è la sua distribuzione di probabilità, allora:

- $0 \le f(x) \le 1$;
- $f(x_1) + f(x_2) + \ldots + f(x_n) = 1$.

Possiamo rappresentare la distribuzione di probabilità di una variabile casuale discreta per mezzo di un istogramma o di un diagramma cartesiano.

ESEMPIO

Abbiamo un'urna con tre palline numerate da 1 a 3. Estraiamo consecutivamente due palline, rimettendo ogni volta la pallina estratta nell'urna. Costruiamo la distribuzione di probabilità della variabile casuale X = «somma dei due numeri estratti». Le coppie di palline che possiamo estrarre sono:

	somma dei numeri estratti
(1, 1)	2
(1, 2); (2, 1)	3
(1, 3); (3, 1); (2, 2)	4
(2, 3); (3, 2)	5
(3, 3)	6

Quindi la variabile casuale X può assumere i valori 2, 3, 4, 5, 6, e poiché ogni coppia di palline è estratta con probabilità $\frac{1}{9}$, abbiamo:

$$p(X = 2) = p(X = 6) = \frac{1}{9}; \quad p(X = 3) = p(X = 5) = \frac{2}{9};$$

$$p(X = 4) = \frac{3}{9} = \frac{1}{3}.$$

Listen to it

A **random variable** is a function whose value depends on the outcome of a random experiment; it is said **discrete** if the set of all possible values it can take is finite or countably infinite.

▶ Stabilisci per quale valore di c la funzione

$$f(x) = \begin{cases} 0{,}3 & \text{se } x = -1 \\ 0{,}1 & \text{se } x = 2 \\ c & \text{se } x = 4 \\ 0 & \text{altrimenti} \end{cases}$$

è una distribuzione di probabilità e quali sono i valori assunti dalla variabile X di cui f è distribuzione. [0,6]

MATEMATICA ED ECONOMIA

Matematica antifrode

Nel 1992 il matematico statunitense Mark Nigrini propose un metodo, utilizzato ancora oggi, per stanare gli evasori fiscali.

▶ Come si può riconoscere se una dichiarazione dei redditi non è veritiera?

La risposta

TEORIA

La variabile casuale X ha la seguente distribuzione di probabilità.

X	2	3	4	5	6
f	$\frac{1}{9}$	$\frac{2}{9}$	$\frac{1}{3}$	$\frac{2}{9}$	$\frac{1}{9}$

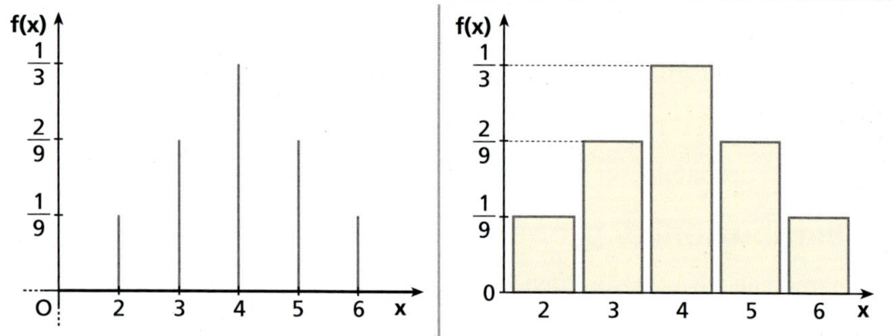

a. Diagramma cartesiano della distribuzione di probabilità di X.

b. Istogramma della distribuzione di probabilità di X.

► In una classe ci sono 15 maschi e 10 femmine. Vengono interrogati due alunni. Se X è la variabile casuale che indica il numero di maschi interrogati, determina la distribuzione della variabile X.

Animazione

Funzione di ripartizione

► Esercizi a p. C151

Riprendiamo il problema in cui estraiamo senza reimmissione 3 palline da un'urna contenente 6 palline verdi e 4 gialle e consideriamo la distribuzione di probabilità relativa al numero di palline verdi uscite.

X	**f**
0	$\frac{1}{30}$
1	$\frac{3}{10}$
2	$\frac{1}{2}$
3	$\frac{1}{6}$

Ci domandiamo qual è la probabilità che le palline verdi escano al massimo una volta, oppure al massimo due volte ecc.

Per il teorema della probabilità totale, a questa domanda possiamo rispondere associando a ciascun valore della variabile casuale la somma delle probabilità dei valori che lo precedono e della probabilità del valore stesso.

Per esempio, indicando con F la funzione che a ogni $x = 0, 1, 2, 3$ associa $F(x) = p(X \leq x)$, abbiamo quanto segue.

X	0	1	2	3
F	$\frac{1}{30}$	$\frac{1}{30}+\frac{3}{10}=\frac{1}{3}$	$\frac{1}{3}+\frac{1}{2}=\frac{5}{6}$	$\frac{5}{6}+\frac{1}{6}=1$

Possiamo definire la funzione F su tutto $\mathbb{R}$, infatti:

- se $x < 0$, $F(x) = p(X \leq x) = 0$: la probabilità che esca un numero negativo di palline verdi è 0;
- se $x > 3$, $F(x) = p(X \leq x) = 1$: al massimo X può valere 3, quindi è certo che X vale meno di un numero maggiore di 3;
- se per esempio $x = 1{,}5$, $F(1{,}5) = F(1)$: la probabilità che X non sia superiore a 1,5 si ottiene sommando le probabilità che X assuma il valore 0 oppure 1:

$$F(1{,}5) = p(X \leq 1{,}5) = p((X=0) \cup (X=1)) = p(X=0) + p(X=1) = \frac{1}{3}.$$

La funzione F è detta *funzione di ripartizione* di X.

DEFINIZIONE

La **funzione di ripartizione** di una variabile casuale X è la funzione $F(x)$ che, per ogni $x \in \mathbb{R}$, fornisce la probabilità che X assuma un valore non superiore a x:

$$F(x) = p(X \leq x).$$

Il grafico della funzione di ripartizione F dell'esempio è rappresentato a fianco.

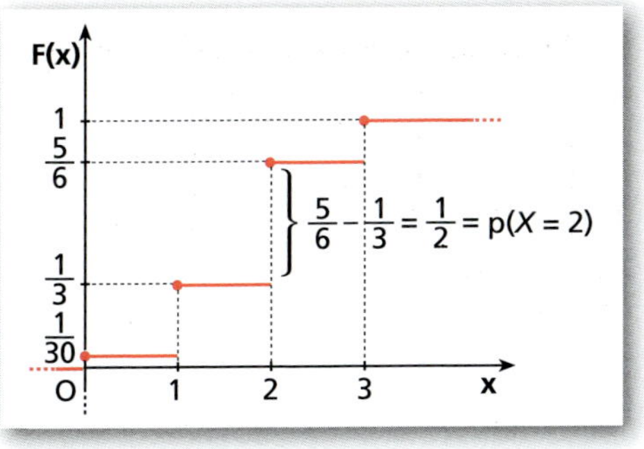

Osserviamo che la funzione F ha i punti di discontinuità in corrispondenza dei valori assunti dalla X e l'ampiezza del salto in ognuno di questi punti è uguale alla probabilità che X assuma quel valore.

Se la variabile casuale discreta X assume i valori $x_1 < x_2 < \ldots < x_n$ con probabilità $p_1, p_2, \ldots, p_n$, si ha

$$F(x_i) = p(X \le x_i) = p_1 + p_2 + \ldots + p_i = \sum_{k=1}^{i} p_k, \quad \text{con } i = 1, 2, \ldots, n,$$

e in generale:

$$F(x) = \begin{cases} 0 & \text{se } x < x_1 \\ \sum_{k=1}^{i} p_k & \text{se } x_i \le x < x_{i+1}. \\ 1 & \text{se } x \ge x_n \end{cases}$$

▶ Determina la funzione di ripartizione della variabile casuale X che indica il numero di maschi interrogati dell'esercizio precedente.

Nel caso dell'esempio delle palline verdi e gialle, la funzione di ripartizione è:

$$F(x) = \begin{cases} 0 & \text{se } x < 0 \\ \frac{1}{30} & \text{se } 0 \le x < 1 \\ \frac{1}{3} & \text{se } 1 \le x < 2. \\ \frac{5}{6} & \text{se } 2 \le x < 3 \\ 1 & \text{se } x \ge 3 \end{cases}$$

2 Valori caratterizzanti una variabile casuale discreta

▶ Esercizi a p. C152

Valore medio

Un'urna contiene 4 palline con il numero 50, 5 palline con il 54, 8 con il 58 e 3 con il 62.

Effettuiamo 50 estrazioni di una pallina nelle stesse condizioni, cioè rimettendo ogni volta la pallina estratta nell'urna. Otteniamo la tabella a fianco.

Se calcoliamo la media aritmetica, otteniamo:

$$M = \frac{50 \cdot 10 + 54 \cdot 12 + 58 \cdot 24 + 62 \cdot 4}{50} = 55{,}76.$$

Valore	Frequenza assoluta
50	10
54	12
58	24
62	4

Avremmo anche potuto scrivere la media nella forma:

$$M = 50 \cdot \frac{10}{50} + 54 \cdot \frac{12}{50} + 58 \cdot \frac{24}{50} + 62 \cdot \frac{4}{50} = 55{,}76,$$

dove compaiono le frequenze relative.

TEORIA

Consideriamo la variabile casuale X che indica il numero ottenuto in un'estrazione. Calcolando teoricamente la probabilità, abbiamo la seguente distribuzione.

X	50	54	58	62
f	$\frac{1}{5}$	$\frac{1}{4}$	$\frac{2}{5}$	$\frac{3}{20}$

La somma dei prodotti di ogni valore per la sua probabilità dà il *valore medio* di X:

$$M(X) = 50 \cdot \frac{1}{5} + 54 \cdot \frac{1}{4} + 58 \cdot \frac{2}{5} + 62 \cdot \frac{3}{20} = 56.$$

Il valore ottenuto, $\mu = 56$, esprime in modo sintetico la variabile casuale ed è un **valore teorico** che, come in questo caso, può non essere mai assunto dalla variabile casuale.

Listen to it

The **expected value** of a discrete random variable is the sum of every possible value weighted by its probability.

DEFINIZIONE

Data una variabile casuale discreta X che assume i valori $x_1, x_2, \ldots, x_n$ con probabilità $p_1, p_2, \ldots, p_n$, il **valore medio** (o **speranza**) $M(X)$ di X è la somma dei prodotti di ogni valore assunto dalla variabile casuale per la corrispondente probabilità:

$$M(X) = x_1p_1 + x_2p_2 + \ldots + x_np_n = \sum_{i=1}^{n} x_ip_i.$$

Significato del valore medio

Se consideriamo un numero elevato di prove relative a un esperimento aleatorio, per la legge empirica del caso la frequenza relativa di un evento approssima la sua probabilità teorica. Pertanto, se consideriamo le frequenze relative degli eventi corrispondenti ai valori della variabile casuale discreta X che descrive l'esperimento, abbiamo che la media aritmetica ponderata approssima il valore medio di X.

▶ La variabile casuale X assume i valori -5, 3, 10 rispettivamente con probabilità 0,3, 0,5 e 0,2. Determina il valore medio di X. [2]

Riferendoci all'esempio precedente, notiamo che la media aritmetica ottenuta nell'esperimento delle 50 estrazioni, cioè il valore 55,76, è molto vicino al valore medio 56. All'aumentare del numero di estrazioni, la media aritmetica tenderà al valore medio teorico.

Quindi possiamo dire che *il valore medio permette di fare una previsione teorica* sul risultato dell'esperimento aleatorio quando il numero di prove è molto grande.

Proprietà del valore medio

PROPRIETÀ

Siano X e Y due variabili casuali discrete e k, h due costanti numeriche.

1. Se X è *costante*, cioè assume sempre uno stesso valore a, allora $M(X) = a$;
2. $M(k \cdot X) = k \cdot M(X)$;
3. $M(X + h) = M(X) + h$;
4. $M(X + Y) = M(X) + M(Y)$;
5. Se X assume i valori $x_1, x_2, \ldots, x_n$ con probabilità $p_1, p_2, \ldots, p_n$:

$$M(X^2) = x_1^2p_1 + x_2^2p_2 + \ldots + x_n^2p_n = \sum_{i=1}^{n} x_i^2p_i.$$

Combinando la seconda e la terza proprietà, otteniamo:

$$M(k \cdot X + h) = k \cdot M(X) + h.$$

Varianza e deviazione standard

Sono date le seguenti variabili discrete e le relative distribuzioni di probabilità.

X	9	12	15	18	21
f_X	0,1	0,2	0,4	0,2	0,1

Y	3	9	15	21	27
f_Y	0,15	0,2	0,3	0,2	0,15

Esse hanno la stessa media $M(X) = M(Y) = \mu = 15$. Tuttavia, osserviamo le rappresentazioni grafiche delle distribuzioni di probabilità.

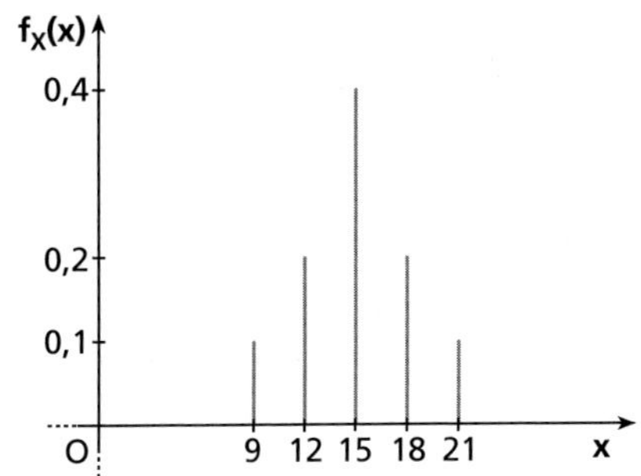

a. Grafico della distribuzione di probabilità di *X*.

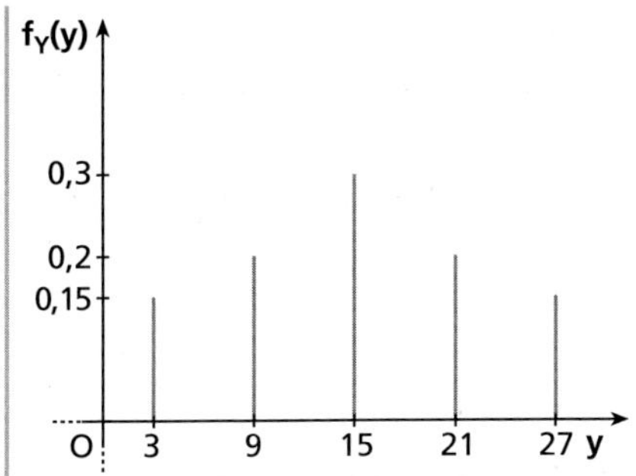

b. Grafico della distribuzione di probabilità di *Y*.

Vediamo che nel primo caso i valori risultano più vicini al valore medio, pertanto c'è una minore *dispersione*.
Per misurare questa dispersione possiamo considerare gli scarti di ogni valore dal valore medio, creando così la variabile casuale $X - \mu$, che chiamiamo *variabile casuale scarto*, con la seguente distribuzione di probabilità.

$X-\mu$	-6	-3	0	3	6
$f_{X-\mu}$	0,1	0,2	0,4	0,2	0,1

Osserviamo che il valore medio della variabile casuale scarto è nullo:

$$M(X-\mu) = -6 \cdot 0{,}1 - 3 \cdot 0{,}2 + 3 \cdot 0{,}2 + 6 \cdot 0{,}1 = 0.$$

Nello stesso modo $M(Y-\mu) = 0$. Il valore medio dello scarto non è quindi adatto per esprimere la dispersione. Consideriamo allora i *quadrati degli scarti dal valore medio*, cioè la variabile $(X-\mu)^2$.

Assumiamo come indice della dispersione il valore medio di questa variabile casuale, che chiamiamo *varianza* e indichiamo con $var(X)$:

$$var(X) = M\left[(X-\mu)^2\right] = (-6)^2 \cdot 0{,}1 + (-3)^2 \cdot 0{,}2 + 0^2 \cdot 0{,}4 +$$

$$+ 3^2 \cdot 0{,}2 + 6^2 \cdot 0{,}1 = 10{,}8.$$

Possiamo anche considerare, come indice della dispersione, la radice quadrata della varianza, detta *deviazione standard* $\sigma(X)$:

$$\sigma(X) = \sqrt{var(X)} = \sqrt{10{,}8} \simeq 3{,}29.$$

TEORIA

La variabile casuale scarto di Y ha la seguente distribuzione di probabilità.

$Y-\mu$	-12	-6	0	6	12
$f_{Y-\mu}$	0,15	0,2	0,3	0,2	0,15

$$var(Y) = M\left[(Y-\mu)^2\right] = (-12)^2 \cdot 0,15 + (-6)^2 \cdot 0,2 + 0^2 \cdot 0,3 + 6^2 \cdot 0,2 + $$
$$+ 12^2 \cdot 0,15 = 57,6; \qquad \sigma(Y) = \sqrt{57,6} \simeq 7,59.$$

Questi valori confermano la maggiore dispersione della variabile Y che avevamo rilevato confrontando i grafici di X e Y.
Generalizziamo.

Listen to it

The **variance** of a discrete random variable is the expected value of the squared differences between the possible values and the expected value of the random variable.

DEFINIZIONE

Data una variabile casuale discreta X che assume i valori $x_1, x_2, \ldots, x_n$ con probabilità $p_1, p_2, \ldots, p_n$, e con valore medio $M(X) = \mu$, si chiama **varianza** di X, e si indica con $var(X)$, il valore medio della variabile casuale quadrato dello scarto di X:

$$var(X) = M[(X-\mu)^2] = \sum_{i=1}^{n} (x_i - \mu)^2 \cdot p_i = (x_1 - \mu)^2 \cdot p_1 +$$
$$+ (x_2 - \mu)^2 \cdot p_2 + \ldots + (x_n - \mu)^2 \cdot p_n.$$

La varianza ci dice quanto sono concentrati i valori della variabile X attorno al valore medio μ. La varianza si può anche indicare con $\sigma^2(X)$.

DEFINIZIONE

La **deviazione standard** (o **scarto quadratico medio**) $\sigma(X)$ di una variabile casuale X è la radice quadrata della varianza di X:

$$\sigma(X) = \sqrt{var(X)}.$$

▶ Verifica l'uguaglianza $var(X) = M(X^2) - [M(X)]^2$ nel caso particolare della variabile casuale X con la seguente distribuzione e poi nel caso generale.

X	-3	1	2	3
f	0,1	0,15	0,3	0,45

Animazione

Attraverso il **valore di sintesi μ** e **il valore di dispersione σ^2**, possiamo, individuare le **caratteristiche di una variabile casuale**.

Si può inoltre dimostrare che vale il seguente teorema.

TEOREMA

Sia X una variabile casuale. La varianza di X è uguale alla differenza tra il valore medio della variabile X^2 e il quadrato del valore medio di X:

$$var(X) = M(X^2) - [M(X)]^2.$$

Proprietà della varianza

PROPRIETÀ

Siano X e Y due variabili casuali discrete e k, h due costanti numeriche:

1. $var(k \cdot X) = k^2 \cdot var(X)$;
2. $var(X + h) = var(X)$.

Combinando le prime due proprietà, otteniamo:

$$var(k \cdot X + h) = k^2 \cdot var(X).$$

3 Distribuzioni di probabilità di uso frequente

Per ogni fenomeno specifico si può costruire una sua variabile casuale. Lo statistico ha il compito di esaminare i fenomeni e di classificarli, andando oltre l'apparente diversità, per ricondurli a quelle «regolarità» che li descrivono.

Distribuzione uniforme discreta

▶ Esercizi a p. C155

Un'urna contiene cinque palline con i numeri 3, 5, 7, 9 e 11. Si estrae una pallina. Indichiamo con X la variabile casuale che rappresenta l'esito dell'estrazione. Ogni pallina ha la stessa probabilità delle altre di essere estratta, quindi, deve essere:

$$f(3) = f(5) = f(7) = f(9) = f(11) = \frac{1}{5}.$$

Pertanto, la distribuzione di X e la sua funzione di ripartizione sono le seguenti.

X	3	5	7	9	11
f	$\frac{1}{5}$	$\frac{1}{5}$	$\frac{1}{5}$	$\frac{1}{5}$	$\frac{1}{5}$
F	$\frac{1}{5}$	$\frac{2}{5}$	$\frac{3}{5}$	$\frac{4}{5}$	1

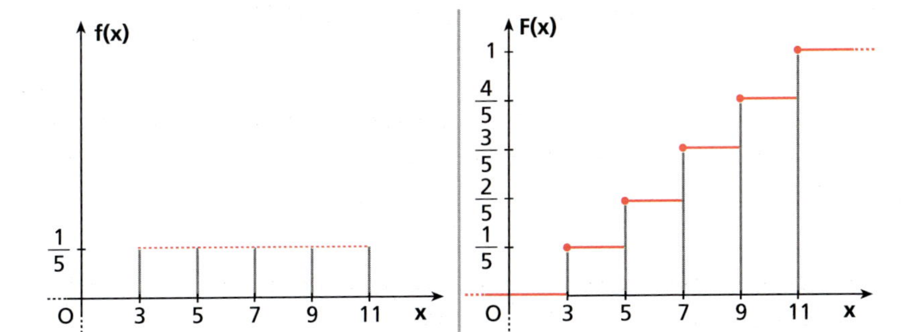

a. Grafico della distribuzione di probabilità di X.

b. Grafico della funzione di ripartizione di X.

In questo caso la distribuzione di probabilità è detta *uniforme*. Il grafico della sua distribuzione di probabilità ha un andamento rettilineo orizzontale. Il grafico della funzione di ripartizione è a gradini, con tutti i salti uguali e di ampiezza $\frac{1}{5}$.

DEFINIZIONE

Una variabile casuale discreta X ha una **distribuzione di probabilità uniforme** se tutti i suoi valori hanno la stessa probabilità, cioè, se X assume i valori $x_1, x_2, \dots, x_n$ e la probabilità è data da:

$$p(X = x_i) = \frac{1}{n}, \qquad i = 1, 2, \dots, n.$$

Listen to it

If a discrete random variable follows a **discrete uniform distribution**, then $p(X = x) = \frac{1}{n}$.

Più semplicemente diremo che una variabile casuale è *uniforme* o *distribuita uniformemente* se ha una distribuzione di probabilità uniforme.

TEORIA

Distribuzione binomiale

▶ Esercizi a p. C156

Un'urna contiene 8 palline nere e 24 bianche. Si estraggono consecutivamente cinque palline rimettendo ogni volta la pallina estratta nell'urna. Consideriamo l'evento «uscita della pallina nera».
Abbiamo un evento, con probabilità costante $p = \frac{1}{4}$, sottoposto a 5 prove tutte nelle stesse condizioni.
Consideriamo la variabile casuale X corrispondente al numero delle volte in cui l'evento può verificarsi. La variabile X assume i valori 0, 1, 2, 3, 4 e 5. Secondo lo schema delle prove ripetute, la probabilità che X assuma il valore x è:

$$p(X = x) = \binom{5}{x}\left(\frac{1}{4}\right)^x\left(\frac{3}{4}\right)^{5-x}.$$

La distribuzione e la funzione di ripartizione di X quindi sono le seguenti.

X	0	1	2	3	4	5
f	0,237305	0,395508	0,263672	0,087891	0,014648	0,000977
F	0,237305	0,632813	0,896484	0,984375	0,999023	1

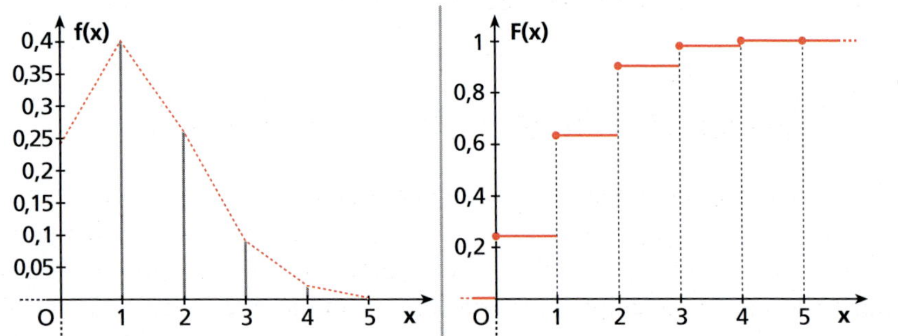

a. Grafico della distribuzione di probabilità di X.

b. Grafico della funzione di ripartizione di X.

In questo caso la distribuzione è detta *binomiale* di parametri 5 e $\frac{1}{4}$.

Listen to it

If a discrete random variable follows a **binomial distribution**, then $p(X = x) = \binom{n}{x}p^x(1-p)^{n-x}$.

DEFINIZIONE

Una variabile casuale discreta X, con valori $x = 0, 1, 2, \ldots, n$, ha una **distribuzione di probabilità binomiale** di *parametri* n e p (con $0 < p < 1$) se:

$$p(X = x) = \binom{n}{x}p^x(1-p)^{n-x}.$$

Una variabile casuale con distribuzione binomiale, detta *variabile binomiale*, descrive il numero di volte in cui si può verificare un evento aleatorio di probabilità p su n prove indipendenti.
Supponiamo di effettuare una sola prova. Abbiamo la seguente distribuzione di probabilità.

X_1	0	1
f	$1-p$	p

Questa particolare variabile binomiale di parametri 1 e p è detta **di Bernoulli** (o **bernoulliana**).

▶ Al poligono di tiro Andrea colpisce il bersaglio una volta su dieci. Fa 6 tiri. Qual è la probabilità che colpisca il bersaglio almeno 4 volte?
[0,00127]

Il valore medio di X_1 è

$$M(X_1) = 0 \cdot (1 - p) + 1 \cdot p = p$$

e la varianza vale:

$$var(X_1) = M(X_1^2) - [M(X_1)]^2 = p - p^2 = p(1 - p).$$

In generale, per una variabile binomiale X di parametri n e p, si può dimostrare che:

$$\boldsymbol{M(X) = np} \quad \text{e} \quad \boldsymbol{var(X) = np(1 - p)}.$$

ESEMPIO

Una macchina di precisione produce pezzi di ricambio per elettrodomestici con una percentuale del 2% di pezzi difettosi.
Calcoliamo il numero medio di pezzi difettosi che si possono prevedere su una produzione giornaliera di 400 pezzi e la deviazione standard.

Essendo $n = 400$, $p = 0{,}02$ e $1 - p = 0{,}98$, otteniamo:

$$\mu = 400 \cdot 0{,}02 = 8 \quad \text{e} \quad \sigma = \sqrt{400 \cdot 0{,}02 \cdot 0{,}98} = 2{,}8.$$

I valori assunti dalla variabile standardizzata Z di una variabile casuale X vengono chiamati **punti zeta** e hanno la stessa distribuzione di probabilità di X.

Video

Roulette e distribuzioni di probabilità
Alla roulette si può puntare su un gruppo di numeri.

► Qual è la probabilità di vincere almeno 40 volte se puntiamo 100 volte sulla prima dozzina di numeri?

► Usando i dati dell'esercizio precedente, qual è il numero medio di bersagli colpiti da Andrea? [0,6]

4 Variabili casuali continue

Consideriamo un esperimento in cui abbiamo un cronometro che fermiamo, in modo casuale, premendo un pulsante. Vogliamo determinare la probabilità che venga fermato, per esempio, esattamente dopo 8 secondi. La grandezza legata al fenomeno aleatorio è il tempo, che varia con continuità: a seconda della sensibilità del cronometro, possiamo pensare di considerare, oltre ai secondi, i decimi di secondo, i centesimi e così via. Se consideriamo un intervallo di tempo, per esempio fra 0 e 10 secondi, a ogni istante possiamo far corrispondere un numero reale e viceversa. In generale, diamo la seguente definizione.

DEFINIZIONE

Una **variabile casuale** (o **aleatoria**) **continua** X è una funzione, definita sullo spazio dei campioni di un esperimento aleatorio, che può assumere tutti i valori reali contenuti in un intervallo (limitato o illimitato).

Listen to it

A random variable is said to be **continuous** if it can take any value in a finite or infinite interval of real values.

Riprendiamo il nostro esempio.
La possibilità di fermare il cronometro dopo 8 secondi esatti è praticamente nulla, in quanto si tratta di «centrare» un istante preciso fra gli infiniti istanti possibili. Questo è vero anche per qualsiasi altro istante.

Il modello matematico che serve per descrivere le probabilità associate a una variabile casuale continua X che varia entro un intervallo $I = [a; b]$, dove $I \subseteq \mathbb{R}$, non si basa quindi sulle probabilità dei singoli valori di X, bensì sulla probabilità che X assuma valori compresi fra due estremi $x_1, x_2 \in I$.

Per esempio, nel caso del cronometro, potremmo chiederci qual è la probabilità di fermarlo in un istante compreso fra 7 e 9 secondi.

Per il calcolo della probabilità utilizziamo una funzione $f(x) \geq 0$, definita punto per punto in $\mathbb{R}$, chiamata *funzione densità di probabilità di X*: il valore della proba-

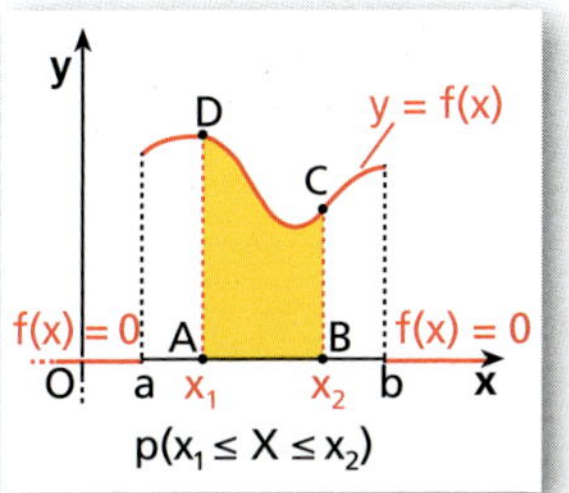

TEORIA

▶ Verifica che la funzione

$$f(x)=\begin{cases}3e^{-3x} & x\geq 0\\ 0 & x<0\end{cases}$$

è la densità di probabilità di una variabile casuale X e calcola $p(-3\leq X<4)$.

$[1-e^{-12}]$

Listen to it

The **probability density function** associated with a continuous random variable X is the function which computes the probability that X will assume some value within a given interval, while the **cumulative distribution function** gives the probability that X will assume a value smaller than or equal to a given value.

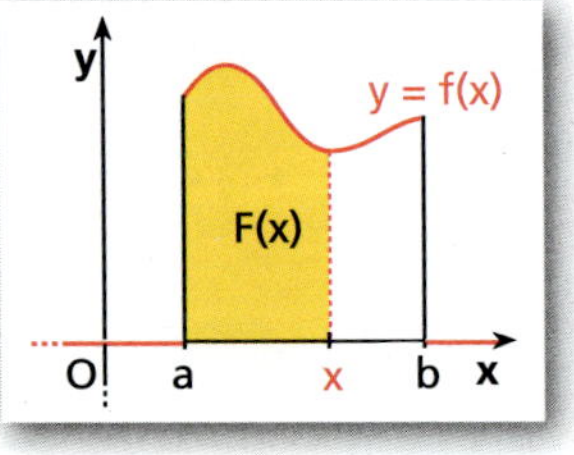

bilità $p(x_1\leq X\leq x_2)$ **è uguale all'area compresa fra il grafico di $f(x)$ e l'asse delle ascisse nell'intervallo** $[x_1; x_2]$.

DEFINIZIONE

La **funzione densità di probabilità** di una variabile casuale continua X è una funzione $f(x)$ tale che:

$$f(x)\geq 0,\quad \forall x\in\mathbb{R};\qquad \int_{-\infty}^{+\infty} f(x)\,dx=1;$$

$$p(x_1\leq X\leq x_2)=\int_{x_1}^{x_2} f(x)\,dx,\qquad \forall x_1<x_2.$$

Osserviamo che, quando l'intervallo I in cui varia X ha estremi finiti a e b, la funzione densità di probabilità ha valore $f(x)=0$, per $x<a$ e per $x>b$. L'area complessiva compresa tra il grafico di $f(x)$ e l'asse x coincide con quella relativa all'intervallo $I=[a; b]$.

Analogamente al caso discreto, introduciamo il concetto di funzione di ripartizione.

DEFINIZIONE

La **funzione di ripartizione** di una variabile casuale continua X con densità di probabilità $f(x)$ è la funzione $F(x)$ che, per ogni $x\in\mathbb{R}$, fornisce la probabilità che X assuma un valore non superiore a x:

$$F(x)=p(X\leq x)=\int_{-\infty}^{x} f(t)\,dt.$$

- $F(x)$ è uguale all'area compresa tra il grafico della funzione densità di probabilità $f(x)$ e l'asse delle ascisse nell'intervallo $]-\infty; x]$.
- Essa è una **primitiva della funzione densità di probabilità** $f(x)$, cioè:

$$F'(x)=\frac{dF(x)}{dx}=f(x).$$

- Possiamo utilizzare $F(x)$ per calcolare $p(x_1\leq X\leq x_2)$ applicando la relazione

$$p(x_1\leq X\leq x_2)=F(x_2)-F(x_1).$$

Anche per le variabili casuali continue possiamo parlare di valore medio, varianza e deviazione standard. Le formule sono l'estensione nel continuo di quelle per le variabili casuali discrete; l'integrale sostituisce la sommatoria.

Valore medio: $M(X)=\int_{-\infty}^{+\infty} x\cdot f(x)\,dx.$

Varianza: $var(X)=\int_{-\infty}^{+\infty}[x-M(X)]^2 f(x)\,dx.$

Deviazione standard: $\sigma(X)=\sqrt{var(X)}.$

È anche possibile definire la variabile casuale X^2, che ha media

$$M(X^2)=\int_{-\infty}^{+\infty} x^2 f(x)\,dx.$$

Come per le variabili casuali discrete, vale il teorema:

$$var(X)=M(X^2)-[M(X)]^2.$$

ESEMPIO

Una variabile casuale continua X varia nell'intervallo [0; 2] e la sua funzione densità di probabilità è:

$$f(x) = \begin{cases} \frac{x^3}{4} & \text{se } 0 \leq x \leq 2 \\ 0 & \text{se } x < 0 \text{ o } x > 2 \end{cases}.$$

Determiniamo la funzione di ripartizione:

$$F(x) = \begin{cases} 0 & \text{se } x < 0 \\ \int_0^x \frac{t^3}{4} dt = \left[\frac{t^4}{16}\right]_0^x = \frac{1}{16}x^4 & \text{se } 0 \leq x \leq 2. \\ 1 & \text{se } x > 2 \end{cases}$$

Calcoliamo la probabilità che X assuma un valore compreso tra 1 e 1,5,

$$p(1 \leq X \leq 1{,}5) = \int_1^{1{,}5} \frac{x^3}{4} dx = \left[\frac{x^4}{16}\right]_1^{1{,}5} = \frac{1}{16}(5{,}0625 - 1) \simeq 0{,}2539.$$

Il valore medio è $M(X) = \int_0^2 x \cdot \frac{x^3}{4} dx = \frac{8}{5}$.

La varianza è:

$$var(X) = \int_0^2 \left(x - \frac{8}{5}\right)^2 \frac{x^3}{4} dx = \frac{8}{75}.$$

Più semplicemente, applicando la proprietà $var(X) = M(X^2) - [M(X)]^2$:

$$var(X) = \int_0^2 x^2 \cdot \frac{x^3}{4} dx - \left(\frac{8}{5}\right)^2 = \int_0^2 \frac{x^5}{4} dx - \frac{64}{25} = \frac{8}{3} - \frac{64}{25} = \frac{8}{75}.$$

► Una variabile casuale X ha la seguente funzione di ripartizione:

$$F(x) = \begin{cases} 0 & \text{se } x < 1 \\ \ln x & \text{se } 1 \leq x \leq e. \\ 1 & \text{se } x > e \end{cases}$$

Calcola:

- $p(0 \leq X \leq \sqrt{e})$;
- $M(X)$;
- $var(X)$.

Animazione

Continuano a valere le proprietà:

$$M(X+h) = M(X) + h; \qquad M(kX) = kM(X);$$
$$var(X+h) = var(X); \qquad var(kX) = k^2 var(X).$$

Variabili standardizzate

Consideriamo una variabile casuale X che ha valore medio μ e deviazione standard σ. In alcune situazioni può essere utile considerare una variabile standardizzata, che ha lo stesso comportamento di X, ma non è influenzata né da μ né da σ.

DEFINIZIONE

Data una variabile casuale X con valore medio μ e deviazione standard σ, si chiama **variabile casuale standardizzata di X** la variabile casuale

$$Z = \frac{X - \mu}{\sigma}.$$

Applicando le proprietà del valore medio e della varianza osserviamo che

$$M(Z) = M\left(\frac{X-\mu}{\sigma}\right) = \frac{1}{\sigma}M(X-\mu) = \frac{1}{\sigma}[M(X) - \mu] = \frac{1}{\sigma}(\mu - \mu) = 0$$

e

$$var(Z) = M\left[\left(\frac{X-\mu}{\sigma}\right)^2\right] - 0 = \frac{1}{\sigma^2}M[(X-\mu)^2] = \frac{1}{\sigma^2} \cdot \sigma^2 = 1.$$

Pertanto vale la seguente proprietà.

PROPRIETÀ

Una variabile standardizzata Z ha valore medio nullo e varianza e deviazione standard unitarie: $M(Z) = 0$, $var(Z) = \sigma(Z) = 1$.

TEORIA

► Una variabile casuale X assume i valori -3, 2 e 5, e ha valore medio 1,5 e varianza 4. Trova i punti zeta della variabile standardizzata.
[$-2,25; 0,25; 1,75$]

Si può inoltre dimostrare che la probabilità che X assuma un valore compreso tra x_1 e x_2 coincide con la probabilità che la sua standardizzata Z assuma un valore compreso tra i relativi *punti zeta*, cioè $z_1 = \frac{x_1 - \mu}{\sigma}$ e $z_2 = \frac{x_2 - \mu}{\sigma}$. Si ha dunque:

$$p(x_1 \leq X \leq x_2) = p(z_1 \leq Z \leq z_2).$$

Distribuzione uniforme continua

► Esercizi a p. C159

Consideriamo una variabile casuale continua X a valori nell'intervallo [0; 10], che abbia una funzione densità di probabilità:

$$f(x) = \begin{cases} 0 & \text{se } x < 0 \\ \frac{1}{10} & \text{se } 0 \leq x \leq 10. \\ 0 & \text{se } x > 10 \end{cases}$$

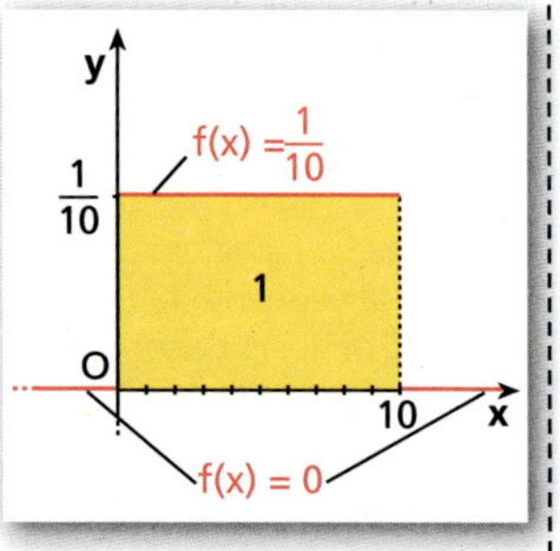

Il grafico di $f(x)$ è rappresentato nella figura a lato.
Una distribuzione di questo tipo è detta *uniforme*.

La probabilità che la variabile X assuma valori contenuti in un intervallo $[x_1; x_2]$, per esempio $x_1 = 7$ e $x_2 = 9$, è:

$$p(7 \leq X \leq 9) = \int_7^9 \frac{1}{10}\,dx = \left[\frac{x}{10}\right]_7^9 = \frac{1}{5}.$$

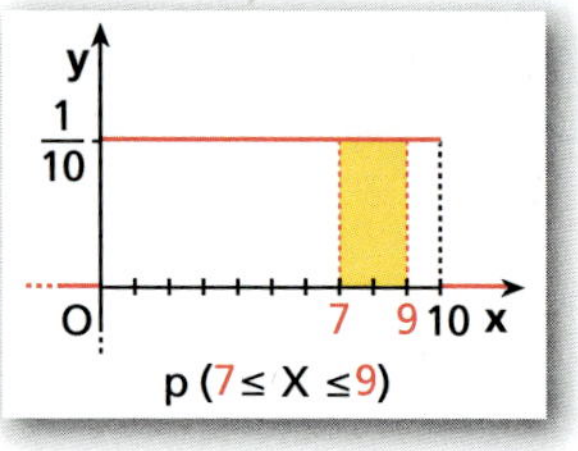

Determiniamo la funzione di ripartizione $F(x) = p(X \leq x) = \int_{-\infty}^{x} f(t)\,dt$.

Se $x < 0$ integriamo f su un intervallo in cui essa è nulla, quindi $F(x) = 0$.
Se $0 \leq x \leq 10$, allora:

$$F(x) = p(X \leq x) = \int_0^x \frac{1}{10}\,dt = \left[\frac{t}{10}\right]_0^x = \frac{x}{10}.$$

Se $x > 10$ integriamo f su un intervallo in cui essa è non nulla solo tra 0 e 10, quindi:

$$F(x) = \int_{-\infty}^{x} f(t)\,dt = \int_0^{10} \frac{1}{10}\,dt = 1.$$

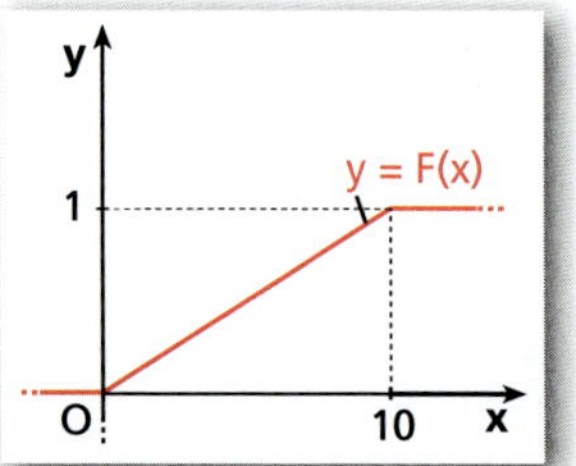

Il grafico della funzione di ripartizione è rappresentato nella figura a lato.

Utilizzando la funzione di ripartizione, possiamo calcolare in modo alternativo la probabilità che X assuma un valore compreso fra 7 e 9:

$$p(7 \leq X \leq 9) = F(9) - F(7) = \frac{9}{10} - \frac{7}{10} = \frac{1}{5}.$$

In generale abbiamo la seguente definizione.

DEFINIZIONE

Si dice che una variabile casuale continua X, a valori in $[a; b]$, ha una **distribuzione uniforme** se la sua funzione densità di probabilità è:

$$f(x) = \begin{cases} 0 & \text{se } x < a \\ \frac{1}{b-a} & \text{se } a \leq x \leq b. \\ 0 & \text{se } x > b \end{cases}$$

La probabilità che X assuma valori contenuti nell'intervallo $[x_1; x_2]$ (con $a \leq x_1 \leq x_2 \leq b$) è:

$$p(x_1 \leq X \leq x_2) = \int_{x_1}^{x_2} \frac{1}{b-a} dx = \left[\frac{x}{b-a}\right]_{x_1}^{x_2} = \frac{x_2 - x_1}{b-a}.$$

La funzione di ripartizione di X è:

$$F(x) = \begin{cases} 0 & \text{se } x < a \\ \int_a^x \frac{1}{b-a} dt = \frac{x-a}{b-a} & \text{se } a \leq x \leq b. \\ 1 & \text{se } x > b \end{cases}$$

Inoltre si può dimostrare che:

$$\boldsymbol{M(X) = \frac{a+b}{2}} \quad \text{e} \quad \boldsymbol{var(X) = \frac{(b-a)^2}{12}}.$$

▶ Una variabile casuale X è uniformemente distribuita sull'intervallo $[-3; 5]$. Determina: $p(-2 \leq X \leq 4)$, $p(X \geq 0)$, $M(X)$ e $var(X)$.

Animazione

Distribuzione normale o gaussiana

▶ Esercizi a p. C160

La *distribuzione normale* è una funzione densità di probabilità che è stata individuata come il modo con il quale si distribuiscono le misure ripetute, che differiscono fra loro per motivi accidentali, di una stessa grandezza X.

DEFINIZIONE

Si dice che una variabile casuale continua X ha una **distribuzione normale** (o **gaussiana**), e si indica con $N(\mu; \sigma^2)$, se la sua funzione densità di probabilità è definita in $\mathbb{R}$ e ha espressione:

$$f(x) = \frac{1}{\sigma\sqrt{2\pi}} \cdot e^{-\frac{(x-\mu)^2}{2\sigma^2}},$$

dove μ e σ sono parametri reali e $\sigma > 0$.

Per una variabile casuale normale, i parametri μ e σ coincidono con il valore medio e la deviazione standard. Vale a dire, se X ha distribuzione $N(\mu; \sigma^2)$:

$$\boldsymbol{M(X) = \mu}, \quad \boldsymbol{var(X) = \sigma^2}, \quad \boldsymbol{\sigma(X) = \sigma}.$$

La curva che rappresenta il grafico di una densità gaussiana è chiamata *curva degli errori accidentali* o, dalla sua forma dovuta alla simmetria, *curva a campana*.

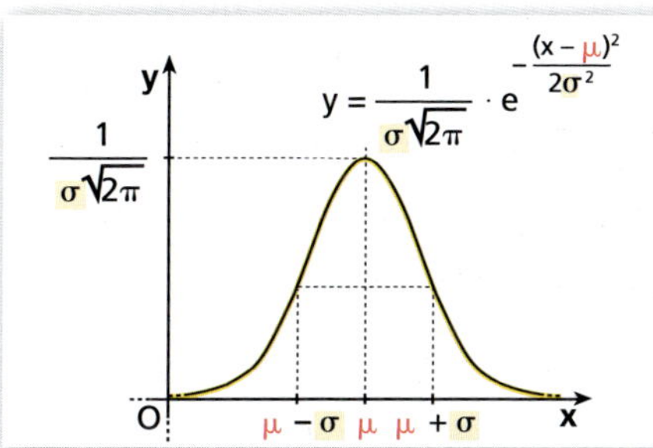

Sottolineiamo alcune caratteristiche di questa curva:

- è simmetrica rispetto all'asse di equazione $x = \mu$;
- la curva ha un massimo in corrispondenza del punto $\left(\mu; \frac{1}{\sigma\sqrt{2\pi}}\right)$;
- ha l'asse delle ascisse come asintoto orizzontale;
- presenta due punti di flesso in corrispondenza di $\mu - \sigma$ e $\mu + \sigma$.

Se consideriamo più variabili casuali normali con uguale valore medio μ, ma diverso valore di σ, vediamo che *la curva si appiattisce all'aumentare della deviazione standard* (figura a lato).

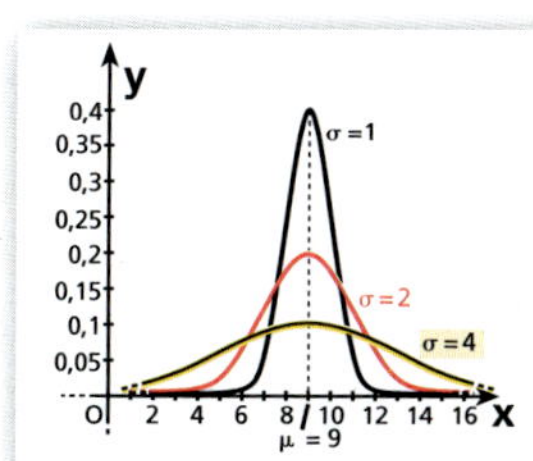

Consideriamo una variabile casuale Z con distribuzione $N(0; 1)$. Per calcolare, per esempio, $p(0 \leq Z \leq 1{,}35)$, dovremmo calcolare $\int_0^{1,35} \frac{1}{\sqrt{2\pi}} e^{-\frac{x^2}{2}} dx$.

TEORIA

Non esiste però una primitiva esplicita della funzione densità di probabilità gaussiana. Con metodi di approssimazione, tuttavia, è stata costruita la **tavola di Sheppard**, che fornisce i valori approssimati delle aree sotto la curva di una distribuzione $N(0; 1)$ nell'intervallo $[0; z]$, cioè i valori di

$$p(0 \leq Z \leq z) = \int_0^z \frac{1}{\sqrt{2\pi}} e^{-\frac{x^2}{2}} dx.$$

Riportiamo la tavola di Sheppard alla fine del volume.

In questa tavola, le righe corrispondono alla parte intera e alla prima cifra decimale del valore z e le colonne alla cifra dei centesimi.

Per esempio, per trovare $p(0 \leq Z \leq 1{,}35)$, occorre individuare la riga in cui compare il numero 1,3 e scorrerla fino alla colonna corrispondente a 0,05. La casella così individuata contiene il valore cercato:

$$p(0 \leq Z \leq 1{,}35) \simeq 0{,}4115.$$

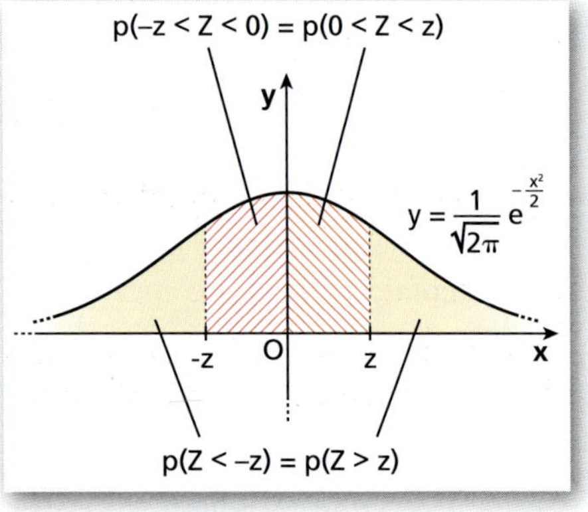

La simmetria della curva gaussiana rispetto all'asse y comporta che *la stessa tavola possa essere utilizzata anche per valori negativi della variabile* Z:

$$\mathbf{p(-z < Z < 0) = p(0 < Z < z)}.$$

Osservato che $p(Z > 0)$ corrisponde alla metà dell'area totale sottostante la curva gaussiana (che vale 1), abbiamo anche:

$$\mathbf{p(Z < -z)} = p(Z > z) = p(Z > 0) - p(0 < Z < z) = \mathbf{0{,}5 - p(0 < Z < z)}.$$

Vedremo alcuni esempi negli esercizi.
Osserviamo che nella tavola non compaiono numeri z maggiori di 3,99 e che l'area sotto il grafico nell'intervallo $[0; 3{,}99]$ è circa 0,5. Ciò vuol dire che l'area sotto il grafico a destra di 3,99 è praticamente nulla.

Calcoliamo ora la probabilità che la variabile casuale normale X con distribuzione $N(3; 4)$ assuma valori compresi nell'intervallo $[4; 6]$.

Per usare la tavola di Sheppard, *standardizziamo* la variabile X nella variabile Z:

$$Z = \frac{X - \mu}{\sigma} = \frac{X - 3}{2}.$$

In questo modo abbiamo ottenuto ancora una *variabile casuale normale*, ma con valore medio $\mu = 0$ e deviazione standard $\sigma = 1$, quindi con distribuzione $N(0; 1)$.

I punti zeta corrispondenti ai valori $x_1 = 4$ e $x_2 = 6$ sono:

$$z_1 = \frac{4-3}{2} = 0{,}5 \quad \text{e} \quad z_2 = \frac{6-3}{2} = 1{,}5.$$

Quindi, usando la tavola di Sheppard:

$$p(4 \leq X \leq 6) = p(0{,}5 \leq Z \leq 1{,}5) =$$
$$p(0 \leq Z \leq 1{,}5) - p(0 \leq Z \leq 0{,}5) \simeq$$
$$0{,}4332 - 0{,}1915 = 0{,}2417.$$

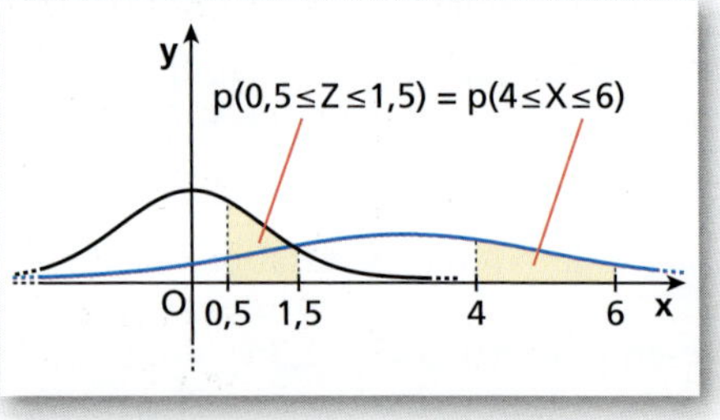

Video

Pacchetti di caffè
Un'azienda confeziona pacchetti di caffè il cui peso è una grandezza distribuita normalmente, con valore medio di 250 g e deviazione standard di 14 g.

- Qual è la probabilità che un pacchetto pesi fra 245 e 255 grammi?
- Su 100 pacchetti, quanti avranno un peso inferiore a 230 grammi?

- Il tempo necessario per eseguire un test diagnostico sulle auto si distribuisce come una variabile normale X con media di 2 ore e deviazione standard di 15 minuti. Calcola la probabilità che per eseguire un test occorrano:
  - più di 2 ore;
  - più di un'ora e mezza;
  - più di un'ora e meno di 3 ore.

Animazione

CAPITOLO C11
ESERCIZI

1 Variabili casuali discrete e distribuzioni di probabilità

1 ●○ **ASSOCIA** Su 20 ragazzi 6 non hanno fratelli, 10 hanno un fratello e 4 hanno due fratelli. Indica con X la funzione che indica il numero di fratelli di un ragazzo scelto a caso tra i 20. Associa a ogni elemento l'oggetto matematico che rappresenta.

X	probabilità
«$X = 1$»	variabile casuale
$p(X=1) = \frac{1}{2}$	evento

Distribuzioni di probabilità

▶ Teoria a p. C137

Nei seguenti esercizi determina la distribuzione di probabilità della variabile casuale indicata e rappresentala graficamente.

2 ●○ Si lancia un dado regolare. Variabile casuale: $X =$ «valore della faccia del dado che è uscita».

$\left[1, 2, \ldots; \frac{1}{6}, \frac{1}{6}, \ldots\right]$

3 ●○ Si lancia tre volte una moneta regolare. Variabile casuale: $X =$ «numero delle facce testa uscito».

$\left[0, 1, \ldots; \frac{1}{8}, \frac{3}{8}, \ldots\right]$

4 ●○ Si lanciano contemporaneamente due dadi regolari. Variabile casuale: $X =$ «somma dei due punteggi usciti».

$\left[2, 3, 4, \ldots; \frac{1}{36}, \frac{2}{36}, \frac{3}{36}, \ldots\right]$

5 ●○ Da un'urna contenente 4 palline nere e 5 rosse si estraggono consecutivamente senza reimmissione 4 palline. Variabile casuale: $X =$ «numero delle palline nere uscite».

$\left[0, 1, 2, \ldots; \frac{5}{126}, \frac{20}{63}, \frac{10}{21}, \ldots\right]$

6 ●○ Da un'urna contenente 2 palline nere e 1 rossa si estraggono consecutivamente, con reimmissione della pallina estratta, 4 palline. Variabile casuale: $X =$ «numero delle palline nere uscite».

$\left[0, 1, 2, \ldots; \frac{1}{81}, \frac{8}{81}, \frac{8}{27}, \ldots\right]$

Funzione di ripartizione

▶ Teoria a p. C138

7 ●○ **COMPLETA** Considera la seguente distribuzione di probabilità.

X	4	6	11	15
f	0,3	0,1	0,2	0,4

Completa la sua funzione di ripartizione.

$$F(x) = \begin{cases} 0 & \text{se } x < 4 \\ \square & \text{se } 4 \leq x < 6 \\ 0{,}4 & \text{se } \square \leq x < \square \\ \square & \text{se } 11 \leq x < 15 \\ 1 & \text{se } x \geq \square \end{cases}$$

8 ●○ **LEGGI IL GRAFICO** Osserva il grafico della funzione di ripartizione di una variabile casuale X. Stabilisci i valori assunti da X e la sua distribuzione di probabilità.

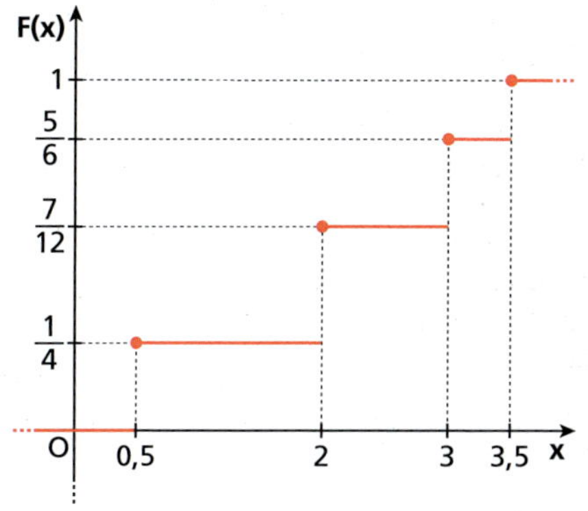

9 Rappresenta la funzione di ripartizione dell'esercizio 7 e rispondi.

a. In quali valori di ascissa la funzione è discontinua? Che cosa rappresentano rispetto alla variabile casuale?

b. Quanto vale l'ampiezza di ciascun salto nei punti di discontinuità?

10 **ESERCIZIO GUIDA** Da un'urna contenente 5 palline numerate da 1 a 5 se ne estraggono contemporaneamente due. Detta X la variabile casuale che indica il numero maggiore estratto, determiniamo la relativa distribuzione di probabilità, la funzione di ripartizione e calcoliamo la probabilità di avere un valore minore di 5 e la probabilità di avere un valore maggiore di 3.

La variabile casuale X può assumere i valori 2, 3, 4, 5.
L'evento «$X = 2$» corrisponde all'evento «escono 1 e 2», cioè alla coppia non ordinata $\{1; 2\}$:

$$p(X=2) = \frac{1}{\binom{5}{2}} = \frac{1}{\frac{5!}{3!2!}} = \frac{1}{\frac{5 \cdot 4}{2}} = \frac{1}{10}.$$

L'evento «$X = 3$» corrisponde all'evento «escono un 3 e un 1 o un 3 e un 2» cioè alle coppie non ordinate $\{1; 3\}$ e $\{2; 3\}$:

$$p(X=3) = \frac{2}{10} = \frac{1}{5}.$$

Analogamente:

$$p(X=4) = \frac{3}{10}; \qquad p(X=5) = \frac{4}{10} = \frac{2}{5}.$$

La funzione di ripartizione è

$$F(x) = \begin{cases} 0 & \text{se } x < 2 \\ \frac{1}{10} & \text{se } 2 \le x < 3 \\ \frac{1}{10} + \frac{1}{5} = \frac{3}{10} & \text{se } 3 \le x < 4 \\ \frac{3}{10} + \frac{3}{10} = \frac{6}{10} = \frac{3}{5} & \text{se } 4 \le x < 5 \\ \frac{3}{5} + \frac{2}{5} = 1 & \text{se } x \ge 5 \end{cases}.$$

La probabilità che X assuma un valore minore di 5 è

$$p(X < 5) = p(X \le 4) = F(4) = \frac{3}{5}.$$

La probabilità che x assuma un valore maggiore di 3 è

$$p(X>3) = 1 - p(X \le 3) = 1 - F(3) = 1 - \frac{3}{10} = \frac{7}{10}.$$

11 Un'urna contiene 4 palline rosse, 2 gialle e 3 nere. Si estraggono contemporaneamente due palline. Considera la variabile casuale X = «escono due palline con uguale colore», assegnando valore 1 se l'evento si verifica e valore 0 in caso contrario. Determina la distribuzione di probabilità e la funzione di ripartizione.

$\left[0, 1; \frac{13}{18}, \frac{5}{18}; \frac{13}{18}, 1\right]$

12 Un'urna contiene i 90 numeri del lotto. Si estrae una pallina. Considera la variabile casuale X = «esce un numero multiplo di 6», assegnando valore 1 se l'evento si verifica e valore 0 in caso contrario. Determina la distribuzione di probabilità e la funzione di ripartizione.

$\left[0, 1; \frac{5}{6}, \frac{1}{6}; \frac{5}{6}, 1\right]$

13 Due concorrenti tirano contemporaneamente a un bersaglio. Il primo ha la probabilità di colpirlo del 90% e il secondo del 70%. Determina la distribuzione di probabilità della variabile casuale relativa a quante volte viene colpito il bersaglio.

$[0, 1, 2; 0{,}03,\ 0{,}34,\ 0{,}63]$

2 Valori caratterizzanti una variabile casuale discreta

▶ Teoria a p. C139

14 **VERO O FALSO?**

a. Il valore medio permette di fare una previsione teorica sul risultato di un esperimento aleatorio. V F

b. Il valore medio coincide sempre con uno dei valori assunti dalla variabile X. V F

c. La varianza è un valore che indica il grado di dispersione dei valori di una variabile X rispetto al suo valore medio. V F

d. Date due variabili X e Y con uguale valore medio, ha valori più vicini al valore medio quella con varianza maggiore. V F

15 ESERCIZIO GUIDA Un'urna contiene 5 palline che portano i numeri 1, 2, 3, 6 e 7. Estraiamo consecutivamente due palline senza rimettere nell'urna la pallina estratta per prima, e consideriamo come variabile casuale X il valore del minore tra i due numeri estratti. Calcoliamo il valore medio, la varianza e la deviazione standard di X.

Troviamo la distribuzione di probabilità della variabile casuale X.
La variabile X può assumere i valori 1, 2, 3, 6.
L'evento «$X = 1$» si verifica se una delle due palline estratte ha il numero 1; quindi:

$$p(X=1) = \frac{\binom{1}{1}\binom{4}{1}}{\binom{5}{2}} = \frac{4}{10} = \frac{2}{5}.$$

Procedendo allo stesso modo abbiamo la seguente distribuzione.

X	1	2	3	6
f_X	$\frac{2}{5}$	$\frac{3}{10}$	$\frac{1}{5}$	$\frac{1}{10}$

Il valore medio di X è:

$$M(X) = 1 \cdot \frac{2}{5} + 2 \cdot \frac{3}{10} + 3 \cdot \frac{1}{5} + 6 \cdot \frac{1}{10} = \frac{11}{5} = 2{,}2.$$

$M(X) = x_1p_1 + x_2p_2 + \ldots + x_np_n$

Per determinare la varianza, consideriamo la variabile casuale degli scarti dalla media.

$X - M(X)$	−1,2	−0,2	0,8	3,8
$f_{X-M(X)}$	$\frac{2}{5}$	$\frac{3}{10}$	$\frac{1}{5}$	$\frac{1}{10}$

$var(X) = [x_1 - M(X)]^2p_1 + [x_2 - M(X)]^2p_2 + \ldots +$
$+ [x_n - M(X)]^2p_n$

Il valore medio dei *quadrati* degli scarti è la varianza di X:

$$var(X) = 1{,}44 \cdot \frac{2}{5} + 0{,}04 \cdot \frac{3}{10} + 0{,}64 \cdot \frac{1}{5} + 14{,}44 \cdot \frac{1}{10} = 2{,}16.$$

Dalla varianza si ottiene la deviazione standard:

$$\sigma(X) = \sqrt{var(X)} = \sqrt{2{,}16} \simeq 1{,}47.$$

La variabile casuale considerata è caratterizzata dal valore di sintesi $\mu = 2{,}2$ e dal valore di dispersione $\sigma^2 = 2{,}16$.

Per ognuno dei seguenti esercizi determina il valore medio μ e la deviazione standard σ che caratterizzano la variabile casuale.

16 Si lancia un dado regolare. Variabile casuale: X = «valore della faccia del dado che è uscita». [3,5; 1,708]

17 Si lancia tre volte una moneta regolare. Variabile casuale: X = «numero delle facce testa uscito». [1,5; 0,866]

18 Si lanciano contemporaneamente due dadi regolari. Variabile casuale: X = «somma dei due punteggi usciti». [7; 2,415]

19 In una classe ci sono 13 maschi e 15 femmine. Si estraggono a caso e contemporaneamente i nomi di due ragazzi. Variabile casuale: X = «valore 1 se escono due femmine e valore 0 in caso contrario». [0,278; 0,4478]

ESERCIZI

20 Un'urna contiene 8 palline numerate da 1 a 8 e si estrae una pallina. Costruisci la variabile casuale che indica il numero della pallina estratta e determina il valore medio e la varianza. [4,5; 5,25]

21 Una macchina durante un ciclo di lavorazione produce pezzi in 5 lotti da 10. Se durante la produzione di un lotto ci sono problemi, tutti i 10 pezzi risultano difettosi. Il numero di pezzi difettosi per ciclo ha la seguente distribuzione di probabilità.

Pezzi difettosi	10	20	30	40	50
Probabilità	0,4	0,3	0,2	0,05	0,05

Determina il numero medio dei pezzi difettosi, la deviazione standard e la probabilità che la macchina produca non più di 20 pezzi difettosi. [20,5; 11,17 circa; 0,7]

REALTÀ E MODELLI

22 **Investimenti rischiosi** Un investimento in Borsa determina guadagni o perdite con diverse probabilità. Sono considerati interessanti sia i guadagni medi, sia il rischio dell'investimento. Un indicatore di rischio è la varianza: maggiore è la varianza, più rischioso è l'investimento.

Anita può scegliere tra i due seguenti investimenti.

INVESTIMENTO A

Guadagno (€)	3000	6000	9000	−2000	−1500
Probabilità	0,3	0,25	0,1	0,25	0,1

INVESTIMENTO B

Guadagno (€)	2000	7000	10 000	−5000	−400
Probabilità	0,2	0,3	0,1	0,15	0,25

a. Qual è il guadagno medio per ciascun investimento?

b. Se Anita ha una bassa propensione al rischio, quale dei due investimenti deve scegliere?

[a) € 2650; b) A]

23 **Qualità media** Da un controllo sulle magliette prodotte da un'azienda, risulta che il 2% delle magliette contiene due difetti, il 3,5% un solo difetto e le rimanenti nessun difetto. Si decide di rivedere il ciclo produttivo nel caso in cui la deviazione standard del numero di difetti risulti maggiore di 0,5. In base all'ultimo controllo, sarà necessario rivedere il ciclo produttivo? [no, $\sigma = 0,331$]

24 Un'urna contiene i 90 numeri del lotto. Si estrae una pallina. Samuel vince € 4 nel caso esca un multiplo di 8 e perde € 1 in caso contrario. Indicando con X la variabile che rappresenta i guadagni di Samuel, quali sono la vincita media di Samuel e la deviazione standard delle vincite? [$\simeq$ € $-0,4$; $\simeq$ € $1,64$]

25 Un'urna contiene 24 palline di cui 12 con il numero uno, 6 con il numero due, 3 con il numero tre, 2 con il numero quattro e 1 con il numero cinque. Quando si estrae una pallina, si vince o si perde una somma (in euro) corrispondente al numero indicato sulla pallina: se il numero è pari si vince, se il numero è dispari si perde. Quali sono la vincita media e la deviazione standard? [€ $-0,25$; $\simeq$ € $2,22$]

26 YOU & MATHS Two fair dice are thrown. If the scores are unequal, the larger of the two scores is recorded. If the scores are equal, then that score is recorded. Let X be the number recorded.

a. Draw up a table showing the probability distribution of X and show that $p(X = 3) = \frac{5}{36}$.

b. Find the mean and the variance of X.

[b) 4.472; 1.97]

Proprietà del valore medio e della varianza

27 TEST Una variabile casuale X ha valore medio $\mu = 2$ e varianza $\sigma^2 = 0{,}09$. La variabile casuale $2 \cdot X + 3$ ha valore medio e varianza:

A 4 e 0,36. B 4 e 0,12. C 7 e 0,09. D 7 e 0,36. E 4 e 0,39.

28 Considera la seguente distribuzione di probabilità di una variabile casuale X.

$M(hX + k) = hM(X) + k$

$var(hX + k) = h^2 var(X)$

X	−4	−2	5	8	10
f	0,25	0,10	0,20	0,15	0,30

Calcola il valore medio e la varianza delle variabili casuali $X_1 = 2X$ e $X_2 = 2X + 8$. [X_1: 8; 132; X_2: 16; 132]

29 Calcola il valore medio e la varianza della variabile casuale X avente la seguente distribuzione di probabilità.

X	4	6	11	18	25
f	0,25	0,10	0,20	0,15	0,30

Determina, applicando le relative proprietà, il valore medio e la varianza delle seguenti variabili casuali aventi la stessa distribuzione di probabilità.

a.

Y	0	2	7	14	21

b.

T	0	4	14	28	42

[a) 10; 71,9; b) 20; 287,6]

30 REALTÀ E MODELLI **Fotocopiatrici e affari** Andrea è rappresentante di un'azienda che vende macchine fotocopiatrici. Dall'analisi dello storico delle vendite, Andrea nota che nel mese di agosto gli affari calano sensibilmente rispetto al resto dell'anno. La variabile aleatoria che rappresenta il numero di fotocopiatrici vendute in agosto ha la distribuzione di probabilità rappresentata in tabella.

X	0	1	2	3	4	5	6
f	0,03	0,14	0,22	0,26	0,17	0,12	0,06

a. Considerando che, con le stesse probabilità, Andrea nel mese di settembre pensa di triplicare il numero di fotocopiatrici vendute, determina il numero medio e la deviazione standard delle vendite nel mese di settembre.

b. Sapendo che il guadagno di Andrea dipende dal numero X di fotocopiatrici vendute secondo la relazione $G = 750 + 150X$, stima il guadagno atteso da Andrea nel mese di settembre. [a) 9; $\simeq$ 4,49; b) € 2100]

3 Distribuzioni di probabilità di uso frequente

Distribuzione uniforme discreta

▶ Teoria a p. C143

31 ESERCIZIO GUIDA Un'urna contiene 30 palline numerate da 1 a 30. Consideriamo la variabile casuale X che rappresenta il resto della divisione tra il numero presente sulla pallina estratta e il numero 6.
Determiniamo la distribuzione di probabilità, la funzione di ripartizione, il valore medio, la varianza e la deviazione standard di X.

I possibili resti della divisione con divisore 6 sono 0, 1, 2, 3, 4, 5 e ognuno di questi valori ha probabilità costante di verificarsi pari a $p = \frac{5}{30} = \frac{1}{6}$. Infatti i numeri sulle palline che divisi per 6 danno resto 1 sono: 1, 7, 13, 19, 25; i numeri che divisi per 6 danno resto 2 sono: 2, 8, 14, 20, 26; e così via.

ESERCIZI

Abbiamo una **distribuzione uniforme**

X	0	1	2	3	4	5
f	$\frac{1}{6}$	$\frac{1}{6}$	$\frac{1}{6}$	$\frac{1}{6}$	$\frac{1}{6}$	$\frac{1}{6}$
F	$\frac{1}{6}$	$\frac{1}{3}$	$\frac{1}{2}$	$\frac{2}{3}$	$\frac{5}{6}$	1

con i seguenti valori di media, varianza e deviazione standard:

$$\mu = \frac{0+1+2+3+4+5}{6} = \frac{15}{6} = 2,5;$$

$$\sigma^2 = \frac{(0-2,5)^2+(1-2,5)^2+(2-2,5)^2+(3-2,5)^2+(4-2,5)^2+(5-2,5)^2}{6} = \frac{17,5}{6} = 2,91\bar{6};$$

$$\sigma = \sqrt{2,91\bar{6}} \simeq 1,708.$$

32 Viene lanciato un dado regolare. Determina la distribuzione di probabilità della variabile casuale X = «valore della faccia» e calcola il valore medio, la varianza e la deviazione standard. Determina la probabilità di ottenere un numero inferiore a 4. [3,5; 2,917; 1,708; 0,5]

33 Una variabile casuale X può assumere tutti i valori naturali da 1 a 10 e ha distribuzione uniforme. La variabile $\frac{X}{4}$ ha distribuzione uniforme? Trova il suo valore medio e la sua varianza.

34 RIFLETTI SULLA TEORIA È possibile che una variabile casuale discreta X con distribuzione uniforme assuma come valori tutti i numeri naturali pari? Perché?

35 LEGGI IL GRAFICO Considera il grafico della funzione di ripartizione della variabile casuale X. Stabilisci i valori assunti da X e se la sua distribuzione è uniforme.

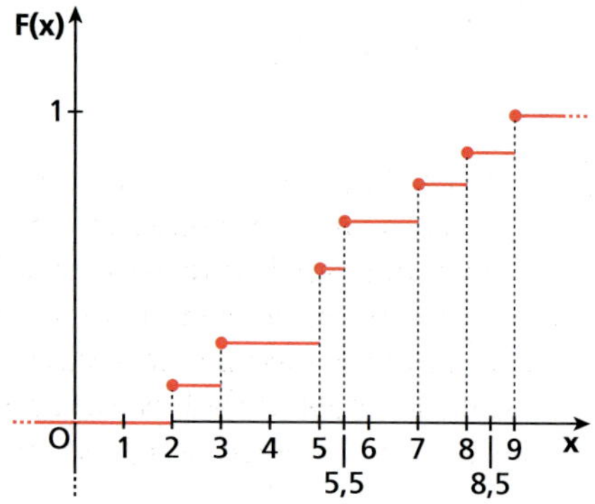

Distribuzione binomiale

Teoria a p. C144

36 ESERCIZIO GUIDA Vengono lanciate contemporaneamente quattro monete non regolari. La probabilità di uscita della faccia testa è $\frac{2}{3}$ e quella di uscita della faccia croce è $\frac{1}{3}$.

a. Determiniamo la distribuzione di probabilità e la funzione di ripartizione della variabile casuale X che esprime il numero di croci uscite.

b. Calcoliamo la probabilità che il valore della variabile casuale X non superi il valore 2.

c. Calcoliamo la probabilità che il valore della variabile casuale X superi il valore 1.

d. Troviamo il valore medio e la varianza di X.

a. Il numero di volte che la faccia croce può comparire varia da 0 a 4. La probabilità che esca croce, che consideriamo il successo, è $p = \frac{1}{3}$, quindi:

$$p(X = x) = \binom{n}{x} p^x (1-p)^{n-x}$$

$$p(X=0) = \binom{4}{0}\left(\frac{1}{3}\right)^0\left(\frac{2}{3}\right)^4 = \frac{16}{81} \quad \rightarrow \quad \text{nessuna croce (e quattro teste);}$$

$$p(X=1) = \binom{4}{1}\left(\frac{1}{3}\right)\left(\frac{2}{3}\right)^3 = \frac{32}{81} \quad \rightarrow \quad \text{una croce (e tre teste);}$$

$$p(X=2)=\binom{4}{2}\left(\frac{1}{3}\right)^2\left(\frac{2}{3}\right)^2=\frac{8}{27}$$ → due croci (e due teste);

$$p(X=3)=\binom{4}{3}\left(\frac{1}{3}\right)^3\left(\frac{2}{3}\right)=\frac{8}{81}$$ → tre croci (e una testa);

$$p(X=4)=\binom{4}{4}\left(\frac{1}{3}\right)^4\left(\frac{2}{3}\right)^0=\frac{1}{81}$$ → quattro croci (e nessuna testa).

La distribuzione di probabilità e la funzione di ripartizione della variabile casuale X sono le seguenti.

X	0	1	2	3	4
f	$\frac{16}{81}$	$\frac{32}{81}$	$\frac{8}{27}$	$\frac{8}{81}$	$\frac{1}{81}$
F	$\frac{16}{81}$	$\frac{16}{27}$	$\frac{8}{9}$	$\frac{80}{81}$	1

b. $p(X \leq 2) = F(2) = \frac{8}{9}$.

c. $p(X > 1) = 1 - F(1) = 1 - \frac{16}{27} = \frac{11}{27}$.

d. La variabile casuale X è binomiale di parametri $n = 4$ e $p = \frac{1}{3}$, quindi:

$$M(X) = \frac{4}{3}; \qquad var(X) = 4 \cdot \frac{1}{3} \cdot \frac{2}{3} = \frac{8}{9}.$$

$M(X) = np$
$var(X) = np(1-p)$

37 ●○ Da un'analisi di mercato è risultato che il 32% della popolazione usa il prodotto A. In un gruppo di 12 persone considera la variabile casuale X = «numero di persone che usa il prodotto A» e determina il valore medio, la varianza e la deviazione standard. Calcola la probabilità che le persone che usano detto prodotto sia un numero compreso tra 2 e 5.

[3,84; 2,611; 1,616; 0,783]

38 ●○ REALTÀ E MODELLI **Tiratore alla prova** Gianni è un appassionato di tiro a segno che ha la probabilità di colpire un bersaglio del 98%. A una gara di qualificazione ha a disposizione 8 tiri.

a. Quali sono il valore medio e la varianza del numero dei bersagli colpiti durante la gara?

b. Per qualificarsi non deve fare alcun errore, cioè deve colpire sempre il bersaglio. Qual è la probabilità che Gianni si qualifichi?

[a) 7,84; 0,1568; b) 0,8508]

39 ●● REALTÀ E MODELLI **Assicurati** Un'agenzia di una compagnia di assicurazione ha rilevato che, su 300 assicurati nel corso dell'anno precedente, 120 hanno denunciato un sinistro. Nel primo mese dell'anno nuovo si sono avuti 25 nuovi assicurati.

a. Qual è il valore medio del numero dei nuovi assicurati che denunceranno un sinistro?

b. Qual è la probabilità che al più 4 dei nuovi assicurati denuncino un sinistro?

[a) 10; b) 0,0095]

40 ●● Si lancia un dado regolare 6 volte. Determina la distribuzione di probabilità della variabile casuale X = «numero delle volte di uscita di una faccia con un numero dispari» e calcola il valore medio, la varianza, la deviazione standard. Rappresenta graficamente la distribuzione e calcola la probabilità che un numero dispari si presenti al massimo 4 volte.

[3; 1,5; 1,225; 0,89]

41 ●● REALTÀ E MODELLI **Bianco o nero?** Alberto e Beatrice si sfidano al seguente gioco. Beatrice ha davanti a sé una normale scacchiera di $8 \times 8 = 64$ caselle bianche e nere e una sola pedina; a ogni turno di gioco Beatrice colloca la pedina in una casella a suo piacimento e chiede ad Alberto, che non può vedere la scacchiera, di indovinare il colore della casella occupata. Ogni turno di gioco dura esattamente 10 secondi. Il gioco prosegue per 5 minuti.

a. Qual è la probabilità che Alberto indovini il colore *esattamente* 20 volte?

b. Qual è la probabilità che Alberto lo indovini *almeno* 10 volte?

c. Qual è la probabilità, espressa in frazione dell'unità, che Alberto non indovini mai il colore della casella?

$\left[\text{a) } 2{,}8\%; \text{ b) } 97{,}9\%; \text{ c) } \frac{1}{2^{30}} = \frac{1}{1\,073\,741\,824}\right]$

ESERCIZI

4 Variabili casuali continue

42 ESERCIZIO GUIDA Dopo aver verificato che la seguente funzione è una funzione densità di probabilità, consideriamo in [0; 4] una variabile casuale continua X avente tale funzione densità.

$$f(x)=\begin{cases}0 & \text{se } x<0\\ \frac{1}{8}x & \text{se } 0\le x\le 4\\ 0 & \text{se } x>4\end{cases}$$

a. Determiniamo la funzione di ripartizione $F(x)$ di X.

b. Calcoliamo $p(1 \le X \le 3)$.

c. Calcoliamo il valore medio e la varianza di X.

Verifichiamo che la funzione $f(x)$ è una funzione densità di probabilità:

$$f(x)\ge 0 \text{ in } \mathbb{R} \quad \text{e} \quad \int_{-\infty}^{+\infty} f(x)\,dx = \int_0^4 \frac{1}{8}x\,dx = \left[\frac{1}{8}\cdot\frac{x^2}{2}\right]_0^4 = 1.$$

a. Determiniamo la funzione di ripartizione $F(x)$:

$$F(x)=\int_{-\infty}^{x} f(t)\,dt = \int_0^x f(t)\,dt = \int_0^x \frac{1}{8}t\,dt = \left[\frac{1}{8}\cdot\frac{t^2}{2}\right]_0^x = \frac{x^2}{16}, \quad \text{per} \quad 0\le x\le 4;$$

$$F(x)=0, \quad \text{per} \quad x<0; \qquad F(x)=1, \quad \text{per} \quad x>4.$$

b. Calcoliamo $p(1 \le X \le 3)$ in due modi, cioè mediante la funzione densità di probabilità o mediante la funzione di ripartizione:

$$p(1\le X\le 3)=\int_1^3 \frac{1}{8}x\,dx = \left[\frac{x^2}{16}\right]_1^3 = \frac{9}{16}-\frac{1}{16}=\frac{1}{2};$$

$$p(1\le X\le 3)=F(3)-F(1)=\frac{9}{16}-\frac{1}{16}=\frac{1}{2}.$$

c. Calcoliamo il valore medio e la varianza di X:

$$M(X)=\int_{-\infty}^{+\infty} x\cdot f(x)\,dx = \int_0^4 x\cdot f(x)\,dx = \int_0^4 x\cdot\frac{1}{8}x\,dx = \left[\frac{1}{8}\cdot\frac{x^3}{3}\right]_0^4 = \frac{8}{3};$$

$$var(X)=M(X^2)-[M(X)]^2=\int_0^4 x^2\cdot\frac{1}{8}x\,dx-\left(\frac{8}{3}\right)^2=\left[\frac{1}{8}\cdot\frac{x^4}{4}\right]_0^4-\frac{64}{9}=8-\frac{64}{9}=\frac{8}{9}.$$

43 AL VOLO La variabile casuale X ha la seguente funzione di ripartizione. Calcola i valori di p indicati.

$$F(x)=\begin{cases}0 & \text{se } x<-2\\ \frac{x^3}{35}+\frac{8}{35} & \text{se } -2\le x<3\\ 1 & \text{se } x\ge 3\end{cases}$$

$p(16 < X < 128)$ $\quad$ $p(X > -3)$ $\quad$ $p(-3 < X < 4)$

Negli esercizi che seguono indichiamo le funzioni $f(x)$, definite in $\mathbb{R}$, solo negli intervalli in cui non si annullano. Verifica che esse sono funzioni densità di probabilità. Determina la funzione di ripartizione $F(x)$, il valore medio e la varianza della variabile casuale continua X avente $f(x)$ come funzione densità di probabilità. Rappresenta graficamente $f(x)$ e $F(x)$ e calcola la probabilità che X assuma valori compresi tra i due valori x_1 e x_2 indicati. (La funzione di ripartizione è indicata soltanto per gli intervalli in cui non vale 0 o 1.)

44 $f(x)=\frac{1}{5}$, $\quad$ [0; 5]; $\quad$ $x_1 = 1$, $\quad$ $x_2 = 4$. $\quad$ $\left[F(x)=\frac{1}{5}x; 2,5; \frac{25}{12}; 0,6\right]$

45 $f(x)=\frac{2}{9}x$, $\quad$ [0; 3]; $\quad$ $x_1 = 1,3$, $\quad$ $x_2 = 2,3$. $\quad$ $\left[F(x)=\frac{x^2}{9}; 2; \frac{1}{2}; 0,4\right]$

46 $f(x)=\frac{2}{x^2}$, $\quad$ [2; + ∞[; $\quad$ $x_1 = 2$, $\quad$ $x_2 = 4$. $\quad$ $\left[F(x)=1-\frac{2}{x}; \frac{1}{2}\right]$

47 ●● REALTÀ E MODELLI **Quanto durerà?** La durata di un componente elettronico per il settore navale si può misurare in mesi e si può modellizzare come una variabile casuale X con la seguente densità di probabilità.

$$f(x) = \begin{cases} \frac{1}{10} e^{-\frac{1}{10}x} & \text{se } x \geq 0 \\ 0 & \text{se } x < 0 \end{cases}$$

$M(X) = \int_{-\infty}^{+\infty} x f(x)\, dx$

a. Qual è la durata media del componente elettronico?

b. Il componente viene montato su una nave che sarà in mare per 10 mesi. Qual è la probabilità che il componente duri almeno per tutta la navigazione? [a) 10 mesi; b) e^{-1}]

48 ●● YOU & MATHS The wait time for starting service at a checkout line has probability distribution

$$f(x) = \begin{cases} 0{,}5e^{-0{,}5x} & \text{if } x \geq 0 \\ 0 & \text{otherwise} \end{cases}$$

(x is measured in minutes). What is the probability that the wait time will be between 1 and 3 minutes?

(USA *Arkansas Council of Teachers of Mathematics Regional Contest*)

[$\simeq 0{,}38$]

Distribuzione uniforme continua

▶ Teoria a p. C148

49 ●○ TEST Una variabile casuale continua ha funzione di densità $f(x) = \frac{1}{6}$ nell'intervallo [2; 8]. Il valore medio e la varianza sono rispettivamente:

A 3 e 8,3.   B 5 e 3.   C 4 e 1,3.   D 5 e 2.   E 3 e 3.

50 ●○ LEGGI IL GRAFICO Osserva il grafico che rappresenta la densità di una variabile casuale X uniformemente distribuita.

a. Calcola il valore medio e la varianza di X.

b. Trova la probabilità che X sia maggiore di 13,5.

[a) 12,5; $\frac{25}{12}$; b) 0,3]

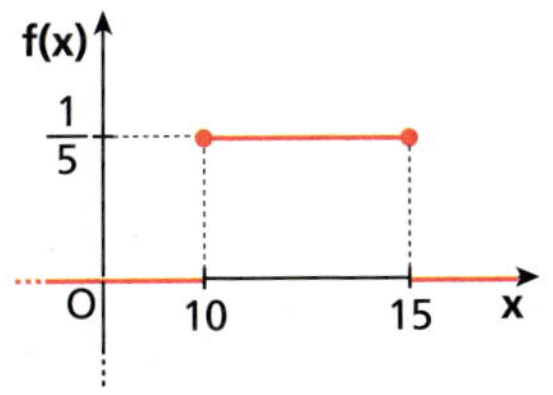

51 ESERCIZIO GUIDA Consideriamo una variabile casuale continua X che si distribuisce uniformemente nell'intervallo [2; 7].

a. Calcoliamo la funzione di ripartizione, il valore medio, la varianza e la deviazione standard di X.

b. Calcoliamo la probabilità che X assuma valori compresi tra 2,5 e 3.

La funzione densità di probabilità di X è $f(x) = \frac{1}{7-2} = \frac{1}{5}$ se $x \in [2; 7]$, altrimenti $f(x) = 0$.

a. La funzione di ripartizione è:

$$F(x) = \int_2^x \frac{1}{5}\, dt = \left[\frac{t}{5}\right]_2^x = \frac{x-2}{5} \text{ se } 2 \leq x < 7,\ F(x) = 0 \text{ se } x < 2,\ F(x) = 1 \text{ se } x \geq 7.$$

I valori di media, varianza e deviazione standard di X sono:

$$\mu = \frac{7+2}{2} = \frac{9}{2};\quad \sigma^2 = \frac{(7-2)^2}{12} = \frac{25}{12};\quad \sigma = \frac{5}{2\sqrt{3}}.$$

b. $p(2{,}5 \leq X \leq 3) = \int_{2,5}^3 \frac{1}{5}\, dx = \left[\frac{x}{5}\right]_{2,5}^3 = \frac{3}{5} - \frac{1}{2} = 0{,}1$, oppure, con la funzione di ripartizione,

$$p(2{,}5 \leq X \leq 3) = F(3) - F(2{,}5) = \frac{1}{5} - \frac{0{,}5}{5} = \frac{0{,}5}{5} = 0{,}1.$$

ESERCIZI

Calcola la funzione densità di probabilità e la funzione di ripartizione di una variabile casuale continua, con una distribuzione uniforme, che assume valori nell'intervallo indicato. Determina inoltre il valore medio, la varianza e la deviazione standard di tale variabile. Calcola $P(x_1 \leq X \leq x_2)$.

52 $[1; 5]$, $x_1 = 0,5$, $x_2 = 0,75$. $\left[f(x) = \frac{1}{4}; F(x) = \frac{x}{4} - \frac{1}{4}; 3; \frac{4}{3}; \frac{2}{\sqrt{3}}; 0,0625\right]$

53 $[-3; 5]$, $x_1 = -1$, $x_2 = 0,2$. $\left[f(x) = \frac{1}{8}; F(x) = \frac{x+3}{8}; 1; \frac{16}{3}; \frac{4}{\sqrt{3}}; 0,15\right]$

REALTÀ E MODELLI

54 **Velocisti** Durante gli allenamenti Carl ha visto che il tempo che impiega per correre i 100 metri si comporta come una variabile casuale uniformemente distribuita tra gli 11,5 e i 12,3 secondi.

a. Qual è il tempo medio in cui Carl corre i 100 metri?

b. Qual è la probabilità che in gara Carl impieghi meno di 12 secondi per correre i 100 metri?

[a) 11,9 secondi; b) 0,625]

55 **Tagliare la corda!** Carlotta lavora in un negozio di ferramenta. Un cliente le chiede un pezzo di corda lungo 1 m. Carlotta si avvicina al rotolo da 10 m e, fidandosi della sua esperienza, srotola un po' di corda e taglia in un punto a caso. Supponendo che la lunghezza del pezzo di corda che ottiene tagliando a caso abbia una lunghezza distribuita uniformemente, indica qual è la probabilità che Carlotta sia riuscita a tagliare un pezzo di corda:

a. della lunghezza esatta di 1 m.

b. di lunghezza compresa tra 0,90 m e 1,10 m. [a) 0; b) 0,02]

Distribuzione normale o gaussiana

▶ Teoria a p. C149

56 ESERCIZIO GUIDA Un'impresa costruisce rasoi elettrici la cui durata è una grandezza che si distribuisce normalmente. La durata media è di 6 anni, con una deviazione standard di 1,5 anni. Calcoliamo:

a. la probabilità che un rasoio abbia una durata fino a 8 anni;

b. la probabilità che abbia una durata di almeno 7 anni;

c. il numero di rasoi, su una produzione di 400, con una durata compresa tra 4 e 9 anni.

Indichiamo con X la durata dei rasoi, che ha una distribuzione normale $N(6; 2,25)$. Utilizziamo $Z = N(0; 1)$ standardizzata, che si ottiene con $Z = \frac{X-6}{1,5}$, in modo da usare la tavola di Sheppard.

a. Il punto zeta con $x = 8$ è $z = \frac{8-6}{1,5} \simeq 1,33$.

Sfruttiamo la simmetria di $f(z)$ e utilizziamo la tavola:

$$p(X \leq 8) \simeq p(Z \leq 1,33) =$$
$$p(Z < 0) + p(0 \leq Z \leq 1,33) \simeq$$
$$0,5 + 0,4082 = 0,9082.$$

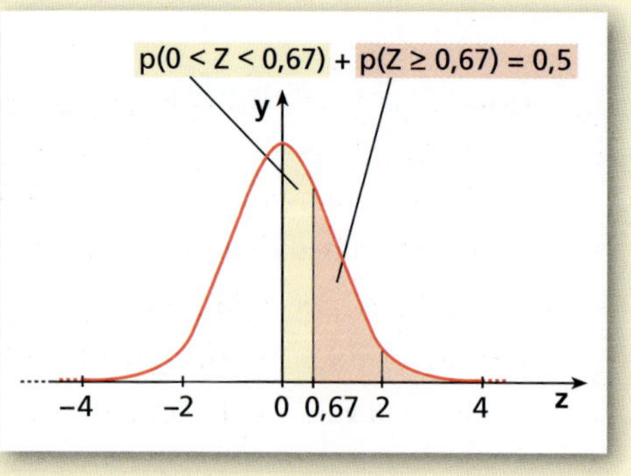

b. Il punto zeta corrispondente a $x = 7$ è $z = \frac{7-6}{1,5} \simeq 0,67$:

$$p(X \geq 7) \simeq p(Z \geq 0,67) = 0,5 - p(0 < Z < 0,67) \simeq$$
$$0,5 - 0,2486 = 0,2514.$$

c. Calcoliamo la probabilità che un rasoio abbia una durata compresa tra 4 e 9 anni.
Trasformando $x_1 = 4$ e $x_2 = 9$ otteniamo $z_1 \simeq -1{,}33$ e $z_2 = 2$:

$$p(4 \leq X \leq 9) \simeq p(-1{,}33 \leq Z \leq 2) =$$

$$p(0 \leq Z \leq 1{,}33) + p(0 \leq Z \leq 2) \simeq$$

$$0{,}4082 + 0{,}4772 = 0{,}8854.$$

Possiamo valutare il numero di rasoi che, su una produzione di 400, avranno una durata compresa tra 4 e 9 anni. Otteniamo: $400 \cdot 0{,}8854 \simeq 354$.

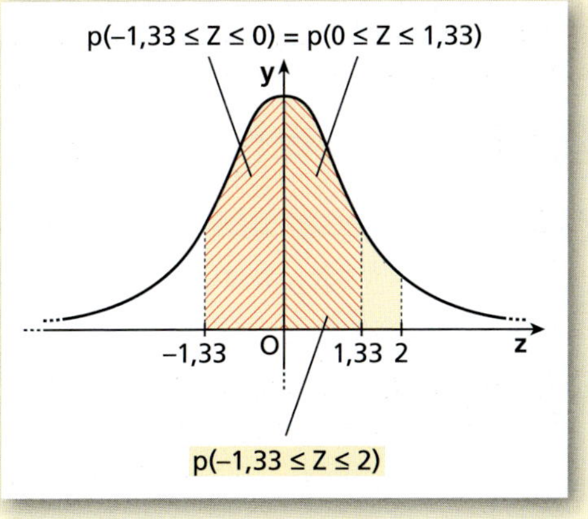

57 ●○ TEST Il valore medio del numero dei visitatori di una fiera campionaria che si svolge ogni anno è di 850 persone al giorno con una deviazione standard di 34 visitatori. Essendo la distribuzione del numero dei visitatori normale, la probabilità che in un certo giorno il numero dei visitatori superi il valore medio del 10% è:

A 0,7462. B 0,2469. C 0,0062. D 0,9938. E 0,4938.

58 ●○ Il tempo per rispondere a un test con quesiti a risposta multipla ha una distribuzione gaussiana con un tempo medio di 20 minuti e una varianza pari a 16 minuti. Qual è la probabilità che un test venga restituito entro 15 minuti? [0,1056]

59 ●○ La misura del diametro interno di alcuni tubi di plastica ha un andamento che si distribuisce secondo la curva di Gauss con una media di 8,5 cm e una deviazione standard di 0,08 cm. Calcola la percentuale di tubi che potrebbero avere un diametro:

a. maggiore di 8,7 cm; **b.** minore di 8,4 cm; **c.** compreso tra 8,48 cm e 8,52 cm.
[a) 0,62%; b) 10,56%; c) 19,74%]

60 ●○ Un'industria dolciaria che produce canditi compra cedri dolci sempre dallo stesso coltivatore in Calabria. I frutti di cui si rifornisce possono essere considerati uguali nelle dimensioni e la quantità di buccia che si ottiene da ogni frutto ha una distribuzione che si ritiene normale, con un valore medio di 1,2 kg e una deviazione standard di 0,2 kg. Determina qual è la probabilità che un frutto preso a caso abbia una scorza che pesa:

a. meno di 1 kg; **b.** tra 0,9 kg e 1,2 kg; **c.** più di 1,4 kg. [a) 0,1587; b) 0,4332; c) 0,1587]

REALTÀ E MODELLI

61 ●● **Durata delle lampadine** La vita media di una lampadina a lunga durata è di 1500 ore con una deviazione standard di 200 ore. Sapendo che la durata è una grandezza normale, calcola la probabilità che sia:

a. di almeno 1300 ore; **b.** al massimo di 1700 ore; **c.** al massimo di 1300 ore.
[a) 0,8413; b) 0,8413; c) 0,1587]

62 ●● **Tolleranza per i diametri dei dadi** In una fase di assemblaggio di biciclette per bambini si devono montare su viti dei dadi con un foro avente un diametro di 1,80 cm. Sono ammessi anche dadi che hanno un foro con un diametro compreso tra 1,75 cm e 1,85 cm. I dadi utilizzati hanno fori con diametri la cui misura si distribuisce normalmente con una media di 1,82 cm e con una deviazione standard di 0,02 cm.

a. Qual è la probabilità che un dado abbia un diametro compreso nei limiti di accettabilità?

b. Prendendo due dadi, qual è la probabilità che almeno un dado abbia un diametro inferiore a 1,75 cm?

c. Qual è il valore del diametro per cui l'1% dei dadi ha un valore maggiore? [a) 0,9330; b) 0,0004; c) 1,87]

VERSO L'UNIVERSITÀ

Sei alla fine del tuo percorso scolastico. Che cosa farai adesso?

Ti vuoi iscrivere a un corso universitario? Vuoi fare uno stage o un corso professionalizzante? Oppure preferisci cercare di entrare subito nel mondo del lavoro?
Studiare e lavorare insieme è possibile?

Su http://online.scuola.zanichelli.it/ideefuturo/ troverai le indicazioni per avere un'idea più dettagliata sulle realtà universitaria e lavorativa, per sapere a chi rivolgerti e per scoprire come affrontare al meglio i test universitari. Nella sezione **Lo sapevi che...**, invece, troverai risposta ai dubbi più immediati che ti si parano davanti mentre decidi che cosa fare da grande.

In **A chi rivolgersi**, infine, sono riportati alcuni enti e istituti certificati, che possono tornarti utili se hai bisogno di informazioni sul complesso mondo dell'università e del lavoro in Italia.

Le prove di ammissione

L'accesso ad alcuni corsi di laurea è filtrato da una **prova di ammissione**, che comprende una parte di cultura generale e ragionamento logico e una parte sulle materie che caratterizzano lo specifico indirizzo universitario.

La grande maggioranza delle prove, tra cui quelle per Medicina e Chirurgia, Professioni sanitarie e Ingegneria, è ricca di **quesiti di matematica**.

Struttura della prova

Tipicamente, la prova di ammissione consiste in **domande a scelta multipla**.
Ogni domanda presenta **5 risposte** e devi individuare l'unica corretta, scartando le conclusioni errate, arbitrarie o meno probabili.
Le 5 risposte proposte potrebbero sembrare inizialmente tutte plausibili. Sarai tu a dover scegliere basandoti non solo sulla tua conoscenza della materia, ma anche sulle tue capacità di ragionamento logico applicato ai vari ambiti.

Consigli pratici su come prepararsi alla prova di ammissione

Per superare la prova di ammissione devi essere in grado di rispondere correttamente al maggior numero di domande nel tempo che hai a disposizione. Uno dei fattori decisivi per la buona riuscita della prova di ammissione è la *gestione del tempo*. È fondamentale che ti prepari per sfruttare in modo efficiente tutti i minuti a tua disposizione, evitando di soffermarti troppo su alcuni quesiti.
Un altro consiglio utile è quello di esercitarti cercando di dedicare non più di un minuto e mezzo a ciascuna domanda. Questo ti aiuterà a ottimizzare il tempo, garantendoti di rispondere velocemente alle domande di cui sei certo e permettendoti di dedicare più attenzione alle domande su cui non sei sicuro.

Per affrontare con serenità questo tipo di prova devi esercitarti rispondendo a domande simili a quelle proposte nel test, in modo da abituarti sia alla struttura dei quesiti, sia al tempo a disposizione.

Puoi iniziare a metterti alla prova risolvendo i quesiti che ti proponiamo.

---

1 Quale tra i seguenti è l'unico risultato equivalente a $\frac{\sin 20°}{\sin 70°}$?

A $\tan 20°$

B $\sin\left(\frac{2°}{7}\right)$

C $\cos 20°$

D $\frac{2}{7}$

E $\tan 70°$

(*Prova di ammissione ad Architettura*, 2015)

2 La retta di equazione $y = 2x$ interseca la circonferenza di equazione $x^2 + y^2 = 20$ nel punto di coordinate $(a; b)$, dove $a \geq 0$ e $b \geq 0$.
Qual è il valore di $a + b$?

A 6

B 2

C 4

D 8

E 3

(*Prova di ammissione a Medicina veterinaria*, 2015)

3 Quale delle seguenti è un'equazione di una retta perpendicolare alla retta $4x + 6y = 5$?

A $3x - 2y = 14$
B $6x + 4y = 17$
C $2x + 3y = 5$
D $4x - 6y = 21$
E $x + 3y = 1$

(Prova di ammissione a Medicina e Chirurgia e a Odontoiatria e protesi dentaria, 2016)

4 La probabilità con cui un paziente deve attendere meno di dieci minuti il proprio turno in un ambulatorio medico è 0,8.
Qual è la probabilità che una paziente che si reca due volte presso l'ambulatorio medico attenda, almeno una delle due volte, meno di dieci minuti prima di essere ricevuta dal medico?

A 0,96
B 0,25
C 0,64
D 0,04
E 0,8

(Prova di ammissione a Medicina e Chirurgia e a Odontoiatria e protesi dentaria, 2016)

5 Calcolare il valore dell'espressione:

$$\cos\pi + \cos 2\pi + \cos 3\pi + \cos 4\pi + \ldots + \cos 10\pi$$

[gli angoli sono misurati in radianti].

A 0
B 1
C -1
D 10
E -10

(Prova di ammissione a Medicina veterinaria, 2015)

6 Risolvere la seguente disequazione: $(2x+1)^2 < 9$.

A $-2 < x < 1$
B $-1 < x < 2$
C $-\frac{1}{2} < x < 1$
D $x < -2$ o $x > 1$
E $x < 1$

(Prova di ammissione ad Architettura, 2016)

7 Calcolare il valore della seguente frazione:

$$\frac{127^2 - 73^2}{2}.$$

A 5400
B 1458
C 10 000
D 10 800
E 20 000

(Prova di ammissione a Medicina e Chirurgia e a Odontoiatria e protesi dentaria, 2015)

8 Semplificare la seguente espressione:

$$(4x)^{-2}\sqrt{16x^6}, \text{ con } x > 0.$$

A $\frac{x}{4}$
B x
C $64x$
D $\frac{x^2}{4}$
E x^2

(Prova di ammissione a Medicina e Chirurgia e a Odontoiatria e protesi dentaria, 2015)

9 Calcolare: $\log_2 16 - \log_2(0{,}25) - 2\log_2 32$.

A -4
B 9
C 4
D 0
E 8

(Prova di ammissione ad Architettura, 2015)

10 Trovare l'equazione della retta passante per i punti $(2; 5)$ e $(6; -1)$.

A $2y + 3x = 16$
B $3y + 2x = 16$
C $2y = 3x - 20$
D $3y = 2x - 15$
E $2y = 3x + 4$

(Prova di ammissione ad Architettura, 2015)

11 Tre amici ricevono complessivamente € 36 da suddividere tra di loro nelle seguenti proporzioni 2:3:7. Qual è la differenza tra l'ammontare più grande e quello più piccolo ricevuti dai tre amici?

A € 15
B € 3
C € 6
D € 9
E € 12

(Prova di ammissione a Medicina e Chirurgia e a Odontoiatria e protesi dentaria, 2015)

UNITUTOR

UniTutor Zanichelli ti prepara per il **test di ammissione ai corsi di laurea con accesso programmato**.

Il sito UniTutor
Nel sito online.zanichelli.it/unitutor/ trovi:
- il link a **ZTE (Zanichelli Test)** per esercitarti online su oltre 2500 quiz interattivi divisi per materia, con feedback che ti dice perché hai sbagliato, e per simulare la prova di ammissione;
- tutte le informazioni aggiornate sulla prova di ammissione di:
  - Ingegneria;
  - Medicina;
  - Professioni sanitarie.

UniversitApp
Sei pronto per il test di ammissione all'università?
UniversitApp ti prepara alle prove di ammissione a Medicina, Odontoiatria, Veterinaria e Professioni sanitarie.
Ti alleni con lo smartphone quando e dove vuoi con 300 quiz di Logica, Biologia, Chimica, Fisica e Matematica tratti dalle prove ufficiali.
Rispondi alle domande, supera i livelli e sarai pronto per affrontare molti quesiti del test di ammissione.

http://online.scuola.zanichelli.it/unitutor/universitapp/

DERIVATE

Le derivate

Potenze di *x*		Funzioni goniometriche
$\mathrm{D}\,k = 0$		$\mathrm{D}\sin x = \cos x$
$\mathrm{D}\,x^a = ax^{a-1}$,	$a \in \mathbb{Q}$	$\mathrm{D}\sin x^\circ = \dfrac{\pi}{180^\circ}\cos x^\circ$
$\mathrm{D}\,x = 1$		$\mathrm{D}\cos x = -\sin x$
$\mathrm{D}\sqrt{x} = \dfrac{1}{2\sqrt{x}}$,	$x > 0$	$\mathrm{D}\cos x^\circ = -\dfrac{\pi}{180^\circ}\sin x^\circ$
$\mathrm{D}\sqrt[n]{x} = \dfrac{1}{n\sqrt[n]{x^{n-1}}}$,	$x > 0, n \in \mathbb{N}$	$\mathrm{D}\tan x = \dfrac{1}{\cos^2 x} = 1 + \tan^2 x$
$\mathrm{D}\dfrac{1}{x} = -\dfrac{1}{x^2}$		$\mathrm{D}\cot x = -\dfrac{1}{\sin^2 x} = -(1 + \cot^2 x)$
Funzioni logaritmiche ed esponenziali		**Inverse delle funzioni goniometriche**
$\mathrm{D}\,a^x = a^x \ln a$,	$a > 0$	$\mathrm{D}\arctan x = \dfrac{1}{1+x^2}$
$\mathrm{D}\,e^x = e^x$		$\mathrm{D}\,\mathrm{arccot}\, x = -\dfrac{1}{1+x^2}$
$\mathrm{D}\log_a x = \dfrac{1}{x}\log_a e$,	$x > 0$	$\mathrm{D}\arcsin x = \dfrac{1}{\sqrt{1-x^2}}$
$\mathrm{D}\ln x = \dfrac{1}{x}$,	$x > 0$	$\mathrm{D}\arccos x = -\dfrac{1}{\sqrt{1-x^2}}$

Le regole di derivazione

$$\mathrm{D}[k \cdot f(x)] = k \cdot f'(x)$$

$$\mathrm{D}[f(x) + g(x)] = f'(x) + g'(x)$$

$$\mathrm{D}[f(x) \cdot g(x)] = f'(x) \cdot g(x) + f(x) \cdot g'(x)$$

$$\mathrm{D}[f(x) \cdot g(x) \cdot z(x)] = f'(x) \cdot g(x) \cdot z(x) + f(x) \cdot g'(x) \cdot z(x) + f(x) \cdot g(x) \cdot z'(x)$$

$$\mathrm{D}[f(x)]^a = a[f(x)]^{a-1} \cdot f'(x), \quad a \in \mathbb{R}$$

$$\mathrm{D}\left[\frac{1}{f(x)}\right] = -\frac{f'(x)}{f^2(x)}$$

$$\mathrm{D}\left[\frac{f(x)}{g(x)}\right] = \frac{f'(x) \cdot g(x) - f(x) \cdot g'(x)}{g^2(x)}$$

$$\mathrm{D}[f(g(x))] = f'(z) \cdot g'(x), \quad \text{con } z = g(x)$$

$$\mathrm{D}[f(g(z(x)))] = f'(u) \cdot g'(t) \cdot z'(x), \quad \text{con } t = z(x),\ u = g(t)$$

$$\mathrm{D}[f(x)]^{g(x)} = [f(x)]^{g(x)}\left[g'(x)\ln f(x) + \frac{g(x) \cdot f'(x)}{f(x)}\right]$$

$$\mathrm{D}[f^{-1}(x)] = \frac{1}{f'(x)}, \quad \text{con } x = f^{-1}(y)$$

STUDIO DELLE FUNZIONI

Per **tracciare il grafico** di una funzione $y = f(x)$ **studiamo**:

1. il **campo di esistenza** della funzione;
2. eventuali **simmetrie**: se la funzione è pari il grafico è simmetrico rispetto all'asse y; se è dispari è simmetrico rispetto all'origine; l'eventuale **periodicità**;
3. gli eventuali **punti di intersezione con gli assi cartesiani**;
4. il **segno della funzione**;
5. il **comportamento** della funzione **agli estremi del campo di esistenza**, calcolando i relativi **limiti**; gli eventuali **asintoti**; gli eventuali punti di **discontinuità**;
6. il campo di esistenza e il segno della **derivata prima**: se $f'(x) > 0$ la funzione è **crescente**, se $f'(x) < 0$ è **decrescente**; gli eventuali punti di **massimo** o **minimo relativo** e di **flesso orizzontale** e i punti singolari di $f'(x)$ (**flessi verticali**, **cuspidi** e **punti angolosi**);
7. il campo di esistenza e il segno della **derivata seconda**: se $f''(x) > 0$ il grafico volge la **concavità** verso l'alto, se $f''(x) < 0$ verso il basso; i **punti di flesso** a tangente obliqua.

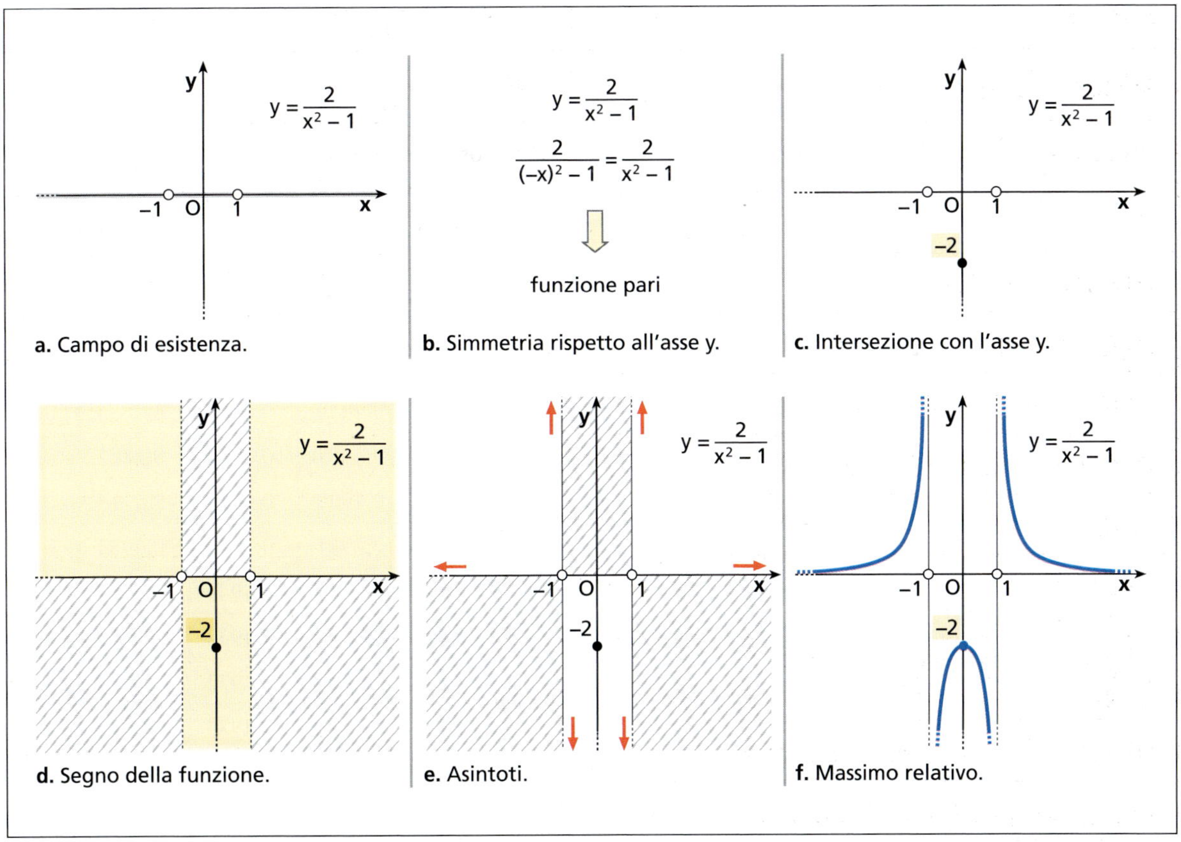

a. Campo di esistenza. **b.** Simmetria rispetto all'asse y. **c.** Intersezione con l'asse y. **d.** Segno della funzione. **e.** Asintoti. **f.** Massimo relativo.

TAVOLA DI SHEPPARD

Aree sotto la curva normale standardizzata da 0 a *z*.

z	0,00	0,01	0,02	0,03	0,04	0,05	0,06	0,07	0,08	0,09
0,0	0,0000	0,0040	0,0080	0,0120	0,0160	0,0199	0,0239	0,0279	0,0319	0,0359
0,1	0,0398	0,0438	0,0478	0,0517	0,0557	0,0596	0,0636	0,0675	0,0714	0,0753
0,2	0,0793	0,0832	0,0871	0,0910	0,0948	0,0987	0,1026	0,1064	0,1103	0,1141
0,3	0,1179	0,1217	0,1255	0,1293	0,1331	0,1368	0,1406	0,1443	0,1480	0,1517
0,4	0,1554	0,1591	0,1628	0,1664	0,1700	0,1736	0,1772	0,1808	0,1844	0,1879
0,5	0,1915	0,1950	0,1985	0,2019	0,2054	0,2088	0,2123	0,2157	0,2190	0,2224
0,6	0,2257	0,2291	0,2324	0,2357	0,2389	0,2422	0,2454	0,2486	0,2517	0,2549
0,7	0,2580	0,2611	0,2642	0,2673	0,2704	0,2734	0,2764	0,2794	0,2823	0,2852
0,8	0,2881	0,2910	0,2939	0,2967	0,2995	0,3023	0,3051	0,3078	0,3106	0,3133
0,9	0,3159	0,3186	0,3212	0,3238	0,3264	0,3289	0,3315	0,3340	0,3365	0,3389
1,0	0,3413	0,3438	0,3461	0,3485	0,3508	0,3531	0,3554	0,3577	0,3599	0,3621
1,1	0,3643	0,3665	0,3686	0,3708	0,3729	0,3749	0,3770	0,3790	0,3810	0,3830
1,2	0,3849	0,3869	0,3888	0,3907	0,3925	0,3944	0,3962	0,3980	0,3997	0,4015
1,3	0,4032	0,4049	0,4066	0,4082	0,4099	0,4115	0,4131	0,4147	0,4162	0,4177
1,4	0,4192	0,4207	0,4222	0,4236	0,4251	0,4265	0,4279	0,4292	0,4306	0,4319
1,5	0,4332	0,4345	0,4357	0,4370	0,4382	0,4394	0,4406	0,4418	0,4429	0,4441
1,6	0,4452	0,4463	0,4474	0,4484	0,4495	0,4505	0,4515	0,4525	0,4535	0,4545
1,7	0,4554	0,4564	0,4573	0,4582	0,4591	0,4599	0,4608	0,4616	0,4625	0,4633
1,8	0,4641	0,4649	0,4656	0,4664	0,4671	0,4678	0,4686	0,4693	0,4699	0,4706
1,9	0,4713	0,4719	0,4726	0,4732	0,4738	0,4744	0,4750	0,4756	0,4761	0,4767
2,0	0,4772	0,4778	0,4783	0,4788	0,4793	0,4798	0,4803	0,4808	0,4812	0,4817
2,1	0,4821	0,4826	0,4830	0,4834	0,4838	0,4842	0,4846	0,4850	0,4854	0,4857
2,2	0,4861	0,4864	0,4868	0,4871	0,4875	0,4878	0,4881	0,4884	0,4887	0,4890
2,3	0,4893	0,4896	0,4898	0,4901	0,4904	0,4906	0,4909	0,4911	0,4913	0,4916
2,4	0,4918	0,4920	0,4922	0,4925	0,4927	0,4929	0,4931	0,4932	0,4934	0,4936
2,5	0,4938	0,4940	0,4941	0,4943	0,4945	0,4946	0,4948	0,4949	0,4951	0,4952
2,6	0,4953	0,4955	0,4956	0,4957	0,4959	0,4960	0,4961	0,4962	0,4963	0,4964
2,7	0,4965	0,4966	0,4967	0,4968	0,4969	0,4970	0,4971	0,4972	0,4973	0,4974
2,8	0,4974	0,4975	0,4976	0,4977	0,4977	0,4978	0,4979	0,4979	0,4980	0,4981
2,9	0,4981	0,4982	0,4982	0,4983	0,4984	0,4984	0,4985	0,4985	0,4986	0,4986
3,0	0,4987	0,4987	0,4987	0,4988	0,4988	0,4989	0,4989	0,4989	0,4990	0,4990
3,1	0,4990	0,4991	0,4991	0,4991	0,4992	0,4992	0,4992	0,4992	0,4993	0,4993
3,2	0,4993	0,4993	0,4994	0,4994	0,4994	0,4994	0,4994	0,4995	0,4995	0,4995
3,3	0,4995	0,4995	0,4995	0,4996	0,4996	0,4996	0,4996	0,4996	0,4996	0,4997